国家电力投资集团有限公司
STATE POWER INVESTMENT CORPORATION LIMITED

国家电投集团

火电企业

技术监督实施细则和评估标准

陈以明　主编

中国科学技术出版社
·北 京·

图书在版编目（CIP）数据

国家电投集团火电企业技术监督实施细则和评估标准/
陈以明主编 . —北京：中国科学技术出版社，2020.1

ISBN 978 – 7 – 5046 – 8556 – 8

Ⅰ . ①国… Ⅱ . ①陈… Ⅲ . ①火电厂—技术监督—技
术管理—细则—中国 Ⅳ . ①TM621

中国版本图书馆 CIP 数据核字（2020）第 020082 号

策划编辑	王晓义	
责任编辑	罗德春	
封面设计	孙雪骊	
责任校对	焦　宁	
责任印制	徐　飞	

出　　版	中国科学技术出版社	
发　　行	中国科学技术出版社有限公司发行部	
地　　址	北京市海淀区中关村南大街 16 号	
邮　　编	100081	
发行电话	010 – 62173865	
传　　真	010 – 62179148	
网　　址	http://www.cspbooks.com.cn	

开　　本	787mm×1092mm　1/16	
字　　数	1324 千字	
印　　张	53.25	
版　　次	2020 年 1 月第 1 版	
印　　次	2020 年 1 月第 1 次印刷	
印　　刷	北京荣泰印刷有限公司	
书　　号	ISBN 978 – 7 – 5046 – 8556 – 8/TM・39	
定　　价	280.00 元	

编写委员会

序

　　电力工业是我国国民经济重要的基础产业，在我国经济社会发展中占有十分重要的地位，关系到经济的持续健康发展和社会的和谐稳定。中华人民共和国成立以来，火电作为我国装机容量最大、发电比重最高的支撑性电源，持续为我国经济社会发展提供了坚强的支撑。在今后较长的一段时期内，火电仍将处于基础地位，火电企业应大力支持产业的技术进步并加强安全保障。

　　火电技术监督，作为保障火电设备安全、环保、经济运行的主要抓手，在火电安全生产工作中发挥着重要作用，也为火电产业转型升级提供了强有力的支持。国家电力投资集团有限公司高度重视火电技术监督工作，积极推动产业技术进步。2016 年发布了《火电企业燃煤机组 11 项专业技术监督实施细则和检查评估标准》（试行版），历经三年的生产实践，相关技术监督管理体系和标准体系运转良好，有效推动了集团公司火电产业的技术进步，显著提高了火电机组的可靠性和火电设备的安全性。

　　在此基础上，火电技术监督课题组及时借鉴国内外火电领域的新技术、先进经验和研究成果，充分总结集团公司火电机组生产运行中的经验，并结合国家火电行业相关政策、标准、规程的发布和修订，形成了《国家电投集团火电企业技术监督实施细则和评估标准》，以更好地保障火电机组安全、可靠、高效运行。

　　《国家电投集团火电企业技术监督实施细则和评估标准》内容丰富，涵盖了机组设计、安装、调试、验收、运行、检修、改造等全过程监督的技术规范、管理重点和评价考核要求，具有较高的学术价值。该书针对性强，具体明确了火电技术监督工作的内容和流程，用定性分析与定量分析相结合的方法，全面规范了火电技术监督工作。当前，市场上能够较全面、有针对性地指导和评价火电技术监督工作的图书较少，该书的出版将有助于推动火电企业技术监督工作的高质量开展，对火电企业的生产实践具有指导意义，为火电行业发展提供了有益的借鉴。

2020 年 1 月 2 日

前　　言

电力体制改革以来，国家电力投资集团有限公司（简称国家电投集团，2015 年由中国电力投资集团公司和国家核电技术有限公司合并组建国家电力投资集团公司，2018 年 1 月更名为国家电力投资集团有限公司）电力板块快速发展。截至 2018 年 12 月，国家电投集团可控发电装机容量 13557.361 万千瓦，其中火电装机容量 7645.494 万千瓦。电力技术监督作为保障发供电设备安全、环保、可靠、经济运行的重要抓手，在国家电投集团创建世界一流能源企业战略目标中发挥着重要作用。2016 年，国家电投集团发布《火电企业燃煤机组 11 项专业技术监督实施细则和检查评估标准》（试行版），指导发电企业技术人员在设备管理中落实国家、行业标准。试行版的实施保证了技术监督工作的规范性、科学性和先进性。

为进一步完善标准体系，国家电投集团按照"依法监督、分级管理"的原则，有效发挥各级技术监督人员的管理作用，对电力建设和生产实施全过程、全方位的技术监督管理，以提高技术监督质量，确保发电设备、设施的安全、稳定、经济的运行。2016 年，国家电投集团发布《国家电力投资集团公司火电技术监督管理规定》和《国家电力投资集团公司关于进一步加强火电技术监督管理的要求》。2017 年，国家电投集团组织国家电投集团科学技术研究院有限公司、其他二级公司和火电企业技术人员开展《火电企业燃煤机组 11 项专业技术监督实施细则和检查评估标准》（试行版）的修编工作和《火电企业生产建（构）筑物技术监督实施细则》的编撰工作，最终形成并发布《国家电投集团火电企业技术监督实施细则和评估标准》。

由于国家电投集团近年的重组等变化，本系列标准在编写过程中使用了原企业的相关标准和规定，对这些标准和规定的名称没有新名称的仍然沿用原来的名称。

各专业监督标准按照《电力技术监督导则》（DL/T 1051—2007）要求，重点梳理 2015 年后新颁布的国家、行业标准，充分借鉴国内外发电行业新技术、先进经验和研究成果，对近年来国家电投集团发电企业发生的非停或设备损坏事件总结经验教训，提出整改措施并纳入标准。本系列标准涵盖机组设计、基建、调试、验收、运行、检修、改造等全过程监督的技术规范、管理重点和评价考核要求。国家电力投资集团有限公司火电企业系列专业技术监督实施细则强调对技术监督工作的指导，明确了监督工作内容、技术要求，补充了现有标准中缺失的内容。本书标准内容力求科学性和先进性，全面客观、贴近实际，便于理解和操作执行。由于编写人员的水平有限，难免存在疏漏和不当之处，敬请广大读者批评指正。

总 目 录

国家电力投资集团有限公司
STATE POWER INVESTMENT CORPORATION LIMITED

企 业 标 准

火电技术监督综合管理实施细则

2017-12-11 发布

2017-12-11 实施

国家电力投资集团有限公司　发布

目　　录

前　言

为加强国家电力投资集团有限公司（以下简称国家电投集团）火电技术监督综合管理工作，建立、健全火电技术监督管理体系，确保火电企业技术监督业务规范、有序、高效地开展，进一步提高火电技术监督质量及设备运行的安全性、可靠性，预防事故的发生，根据国家、行业有关规定，结合国家电投集团生产管理的实际状况，特制定本标准。

本标准由国家电投集团火电部提出、组织起草并归口管理。

本标准主要起草单位：国家电投集团科学技术研究院有限公司。

本标准主要起草人：门凤臣、宋敬霞。

本标准主要审查人：王志平、徐国生、章义发、岳乔、陈以明、华志刚、侯晓亮、王正发、刘宗奎、李晓民、刘江、李继宏、施鸿飞、蒋琳、郝飞、薛辉、陈立东、陈伟、许文彦、李国华。

火电技术监督综合管理实施细则

1 范围

本细则规定了国家电投集团火电技术监督综合管理的内容和要求。

本细则适用于国家电投集团所属火电企业的技术监督综合管理工作。

2 规范性引用文件

下列文件对于本细则的应用是必不可少的。凡是注日期的引用文件，仅注日期的版本适用于本细则。凡是未注日期的引用文件，其最新版本（包括所有的修改版本）均适用于本细则。

DL/T 1051　电力技术监督导则

国家电投规章〔2016〕124 号　国家电力投资集团公司火电技术监督管理规定

3 总则

3.1　通过建立高效、通畅、快速反应的技术监督管理体系，确保国家有关法律、法规和行业及国家电投集团的有关规程规范的贯彻实施。采用有效的监测和管理手段，对发电设备的有关参数、性能、指标进行监测与控制，提高发电设备的安全、环保、经济运行水平。

3.2　贯彻"安全第一、预防为主"的方针，按照"依法监督，分级管理"的原则，建立以安全、质量为中心，以相关的法律法规、标准、规程为依据，以计量、检验、试验、监测为手段的技术监督管理体系，对电力规划、建设和生产实施全过程、全方位的技术监督管理。

3.3　依靠科技进步，推广应用先进、成熟的设备诊断新技术，不断提高技术监督水平。

4 综合管理工作内容与要求

4.1 技术监督组织机构

4.1.1　各火电企业应按照国家电投规章〔2016〕124 号和本细则的要求，成立技术监督领导小组，由总工程师（或分管生产的副总经理）任组长，其成员由各相关部门负责人和专业监督负责人参加，负责管理本单位的技术监督工作。生产管理部门设专人负责本单位技术监督日常管理工作。

4.1.2　依据国家电投规章〔2016〕124 号，火电技术监督的内容包括绝缘、化学、金属和压力容器、电测、热工、环保、继电保护和安全自动装置、汽轮机及旋转设备、节能、电能质量、励磁 11 个专业等，同时增加生产建（构）筑物技术监督内容，各火电企业技术监督工作归口管理部门在企业技术监督领导小组的领导下，负责技术监督网络的组织建设工作，各专业技术监督负责人负责本专业技术监督的日常管理工作。

4.1.3 各火电企业技术监督工作归口管理部门应根据人员变动及时对领导小组成员和各专业技术监督网络成员进行调整。

4.1.4 监督网络实行三级管理。第一级为厂级，包括副总经理或总工程师领导下的生产管理部门专业技术部技术监督负责人；第二级为部门（车间）级，包括设备管理部门或运行检修管理部门的技术监督专工或联系人；第三级为班组级。

4.1.5 在总工程师（或分管生产的副总经理）领导下，由技术监督负责人统筹安排和协调，共同完成技术监督工作。

4.1.6 技术监督负责人对技术监督领导小组负责，各专业技术监督专责人对技术监督负责人负责。技术监督负责人和专责人应由具有较高专业技术水平和现场实践经验的技术人员担任。

4.2 技术监督规章制度

4.2.1 各火电企业应将国家、行业的有关技术监督法规、标准、规程、反事故措施及国家电投集团相关制度和技术标准等资料收集齐全，并保持最新有效。

4.2.2 各火电企业应按国家电投集团要求，并根据企业实际情况制定企业"技术监督管理制度"，建立健全各专业技术监督工作制度、标准、规程，制定规范的检验、试验或监测方法。

4.2.3 各技术监督负责人和专责人应根据新颁布的国家和行业标准、规程及上级单位的有关规定及受监设备的异动情况，对受监设备的运行规程、检修规程等技术文件中监督标准的有效性、准确性进行评估。

4.3 技术监督工作计划、总结

4.3.1 各火电企业技术监督负责人应于每年 11 月 30 日前制订下一年度技术监督工作计划，并对计划实施过程进行跟踪监督。

4.3.2 火电企业技术监督年度计划的制订依据至少应包括以下主要内容：

　　a）国家、行业、地方有关电力生产方面的政策、法规、标准、规程和反措要求；

　　b）国家电投集团（总部）、二级单位和火电企业技术监督管理制度和年度技术监督动态管理要求；

　　c）国家电投集团（总部）、二级单位和火电企业技术监督工作规划与年度生产目标；

　　d）技术监督体系健全和完善化；

　　e）人员培训和监督用仪器设备配备与更新；

　　f）机组检修计划；

　　g）主、辅设备目前的运行状态；

　　h）技术监督动态检查、告警、月报提出问题的整改计划和方案；

　　i）收集其他有关发电设备设计选型、制造、安装、运行、检修、技术改造等方面的动态信息。

4.3.3 火电企业技术监督工作计划应实现动态化，即各专业应每月根据年度计划制订月度技术监督工作计划。年度（月度）监督工作计划应包括以下主要内容：

 a）技术监督组织机构和网络完善；

 b）监督管理标准、技术标准规范制定、修订计划；

 c）人员培训计划（主要包括内部培训、外部培训取证，标准规范宣贯）；

 d）专业定期工作计划；

 e）检修期间应开展的技术监督项目计划；

 f）监督用仪器仪表送检（含检定）计划；

 g）技术监督自查、动态检查和复查评估计划；

 h）技术监督告警、动态检查等监督问题整改计划；

 i）技术监督网络工作会议计划。

4.3.4 各火电企业于每年 1 月 5 日前编制完成上年度技术监督工作总结，报送二级单位。

4.3.5 年度监督工作总结主要应包括以下内容：

 a）技术监督指标完成情况；

 b）主要监督工作完成情况、亮点、经验与教训；

 c）设备一般事故、危急缺陷和严重缺陷统计分析；

 d）存在的问题和改进措施；

 e）下一步工作思路及主要措施。

4.3.6 各二级单位于 1 月 15 日前将年度技术监督总结报送国家电投集团科学技术研究院，国家电投集团科学技术研究院 2 月 25 日前完成上年度国家电投集团技术监督年度总结报告，并提交国家电投集团（总部）。

4.4 监督过程实施

4.4.1 技术监督工作实行全过程、闭环监督管理方式，要依据相关技术标准、规程、规定和反措在以下环节开展发电设备的技术监督工作。

 a）设计审查；

 b）设备选型与监造；

 c）安装、调试、工程监理；

 d）机组运行；

 e）检修及停备用；

 f）技术改造；

 g）设备退役鉴定；

 h）仓库管理。

4.4.2 各火电企业对被监督设备（设施）的技术监督要求如下：

 a）应有技术规范、技术指标和检测周期；

 b）应有相应的检测手段和诊断方法；

 c）应有全过程的监督数据记录；

 d）应实现数据、报告、资料等的数字化管理；

 e）应有记录信息的反馈机制和报告的审核、审批制度。

4.4.3 火电企业要严格按技术标准、规程、规定和反措开展监督工作。当国家标准和制造厂标准存在差异时，按高标准执行；由于设备实际情况而不能执行技术标准、规程、规定和反措时，应进行认真分析讨论，制定相应的安全技术组织措施，由火电企业总工程师（或分管生产的副总经理）批准，并报上级技术监督管理部门备案。

4.4.4 火电企业要积极利用机组等级检修机会，开展技术监督工作。在检修前应广泛收集机组运行各项技术数据，分析机组修前运行状态，有针对性地制订重点治理项目的技术方案，并组织实施。在检修后要进行技术监督专项总结。

4.5 技术监督告警管理

4.5.1 技术监督工作实行监督异常告警管理制度。火电企业应明确各专业技术监督告警项目，并将其纳入日常监督管理和考核工作中。

4.5.2 火电企业内部提出的告警单整改完毕后，向告警提出单位提出验收申请，经验收合格后，由验收人员签字确认告警验收单。

4.5.3 技术监督管理服务单位要对监督服务中发现的问题，依据国家电投规章〔2016〕124号的要求及时提出和签发告警通知单，下发至相关火电企业，同时抄报二级单位。

4.5.4 国家电投集团科学技术研究院对监督工作中发现的问题，依据国家电投规章〔2016〕124号的要求及时提出告警通知单，下发至相关二级单位，同时抄报火电与售电部。

4.5.5 火电企业接到告警通知单后，按要求编报整改计划。

4.5.6 告警问题整改完成后，火电企业按照验收程序要求，向告警提出单位提出验收申请，经验收合格后，由验收单位填写告警验收单，并抄报国家电投集团火电部、二级单位备案。

4.6 技术监督问题整改

4.6.1 技术监督问题至少包括：

a）国家电投集团科学技术研究院、技术监督管理服务单位在技术监督动态检查、告警中提出的整改问题；

b）技术监督月（季）度报告中明确的国家电投集团（总部）或二级单位督办问题；

c）技术监督月（季）度报告中明确的火电企业需关注及解决的问题；

d）火电企业技术监督专责人每月对监督计划执行情况进行检查，对不满足监督要求的项目提出需要整改的问题。

4.6.2 技术监督工作实行问题整改跟踪管理方式。

4.6.2.1 技术监督动态检查发现问题的整改，火电企业在收到检查报告后，组织有关人员会同国家电投集团科学技术研究院或技术监督管理服务单位，在两周内完成整改计划的制订，经二级单位生产部门审核批准后，将整改计划报送国家电投集团（总部），同时抄送国家电投集团科学技术研究院、技术监督管理服务单位。火电企业应按照整改计划落实整改工作，并将整改实施情况及时在技术监督季报中总结上报。

4.6.2.2 技术监督告警问题的整改，火电企业按照4.5条执行。

4.6.2.3 技术监督月度报告中明确的督办问题、需要关注及解决的问题的整改，火电企业应结合本单位实际情况，制订整改计划及其实施方案。

4.6.3 技术监督问题整改计划应列入年度专业工作计划，火电企业按照整改计划落实整改工作，并将整改实施情况及时在技术监督月度报告中总结上报。

4.6.4 问题整改完成后，火电企业应保存问题整改相关的试验报告、现场图片、影像等技术资料，作为问题整改情况及实施效果评估的依据。

4.6.5 二级单位应加强对所管理火电企业技术监督问题整改落实情况的督促检查和跟踪，组织复查评估工作，保证问题整改落实到位，并将复查评估情况报送国家电投集团（总部）。

4.6.6 国家电投集团（总部）定期组织对火电企业技术监督问题整改落实情况和二级单位督办情况进行抽查。

4.7 技术监督工作会议

4.7.1 火电企业应每年至少召开两次技术监督工作会议，会议由火电企业技术监督领导小组组长主持，评估、总结、布置技术监督工作，对技术监督工作中出现的问题提出处理意见和防范措施，形成会议纪要，按管理流程批准后发布实施。

4.7.2 各专业应每月召开技术监督网络会议，传达上级有关技术监督工作的指示，听取各技术监督网络成员的工作汇报，分析存在的问题并制定、布置针对性纠正措施，检查技术监督各项工作的落实情况。形成会议纪要，报本单位技术监督办公室。

4.8 人员培训和持证上岗管理

4.8.1 国家电投集团（总部）、二级单位应定期组织火电企业技术监督和专业技术人员培训工作，重点学习宣贯新制度、标准和规范、新技术、先进经验和反措要求，不断提高技术监督人员水平。火电企业技术监督专责人员应经考核取得国家电投集团颁发的专业技术监督合格证书。

4.8.2 技术监督工作推行持证上岗制度。特殊专业岗位应符合国家、行业和国家电投集团明确的上岗资格要求，各火电企业应将人员培训和持证上岗纳入日常监督管理和考核工作。

4.8.3 从事电测、热工计量检测、化学水处理、水分析、化学仪表检验校准和运行维护、燃煤采制化和电力用油气分析检验、金属无损检测人员等，应通过国家或行业资格考试并获得上岗资格证书，每项检测和化验项目的工作人员持证人数不得少于2人。

4.9 建立健全监督档案

4.9.1 技术监督负责人应按照国家电投集团规定的技术监督资料目录和格式要求，建立健全技术监督各项台账、档案、规程、制度和技术资料，确保技术监督原始档案和技术资料的完整性和连续性。

4.9.2 技术监督专责人应建立本专业监督档案资料目录清册，并及时更新；根据监督组织机构的设置和设备的实际情况，明确档案资料的分级存放地点，并指定专人整理保管，实现技术档案的电子信息化。

4.9.3 所有技术监督档案资料，应在档案室保留原件，各专业技术监督专责人应根据需要留存复印件。

4.10 工作报告报送管理

4.10.1 技术监督工作实行工作报告管理方式。各二级单位、火电企业应按要求及时报送监督速报、监督月报等技术监督工作报告。

4.10.2 火电企业发生重大监督指标异常、受监设备重大缺陷、故障和损坏等事件后24h内，技术监督专责人应将事件概况、原因分析、采取措施等情况填写速报，报二级单位和国家电投集团科学技术研究院。

4.10.3 国家电投集团科学技术研究院应分析和总结各火电企业报送的监督速报，编辑汇总后在国家电投集团火电技术监督月度报告中发布，供各火电企业学习、交流。各火电企业要结合本单位设备实际情况，吸取经验教训，举一反三，确保设备安全运行。

4.10.4 火电企业技术监督专责人应按照各专业规定的月报格式和要求，组织编写上月份技术监督月报，每月5日前报送二级单位；各二级单位技术监督专责人每月10日前将二级单位技术监督月报报送国家电投集团科学技术研究院，国家电投集团科学技术研究院于每月25日前编写完成国家电投集团火电技术监督月度分析报告，报送国家电投集团（总部），经国家电投集团（总部）审核后，发送各二级单位及火电企业。

4.11 责任追究与考核

4.11.1 技术监督考核包括上级单位组织的技术监督现场考核、技术监督管理服务单位组织的技术监督考核以及自我考核。

4.11.2 火电企业应积极配合上级单位和技术监督管理服务单位组织的现场检查和技术监督考核工作。对于考核期间的技术监督事件不隐瞒，不弄虚作假。

4.11.3 火电企业应建立相应的技术监督奖惩制度，对于各级监督提出的问题，包括自查发现的问题，应明确整改责任人，根据整改情况对有关部门和责任人进行奖惩。

4.11.4 国家电投集团（总部）每年组织技术监督工作评比，对技术监督工作做出贡献的部门或人员给予表彰和奖励；对由于技术监督不当或擅自减少监督项目、降低监督标准而造成严重后果的，要追究当事者及相关人员的责任。

———————

国家电力投资集团有限公司
STATE POWER INVESTMENT CORPORATION LIMITED

企 业 标 准

火电企业绝缘技术监督实施细则

2017-12-11 发布

2017-12-11 实施

国家电力投资集团有限公司　发布

目　　录

前　言

　　绝缘监督是保证火电企业安全、经济、稳定、环保运行的重要基础工作之一。为进一步加强国家电力投资集团有限公司（以下简称国家电投集团）火电企业绝缘监督工作，根据国家、行业有关标准，结合国家电投集团生产管理的实际状况，特制定本标准。

　　本标准由国家电投集团火电部提出、组织起草并归口管理。

　　本标准主要起草单位：国家电投集团科学技术研究院有限公司。

　　本标准主要起草人：梅志刚。

　　本标准主要审查人：王志平、徐国生、章义发、岳乔、陈以明、华志刚、侯晓亮、王正发、刘宗奎、李晓民、刘江、李继宏、张章奎、王永、戚光宇、卜庆刚、徐晔、李秀平、邱纳新、李旺。

火电企业绝缘技术监督实施细则

1 范围

本细则规定了国家电投集团火电企业绝缘监督的范围、内容和管理要求。

本细则适用于国家电投集团火电企业的绝缘监督工作。

2 规范性引用文件

下列文件对于本细则的应用是必不可少的。凡是注日期的引用文件，仅注日期的版本适用于本细则。凡是未注日期的引用文件，其最新版本（包括所有的修改版本）适用于本细则。

GB 11023	高压开关设备六氟化硫气体密封试验导则
GB 26860	电力安全工作规程发电厂和变电站电气部分
GB 50061	66kV 及以下架空电力线路设计规范
GB 50147	电气装置安装工程　高压电器施工及验收规范
GB 50148	电气装置安装工程　电力变压器、油浸电抗器、互感器施工及验收规范
GB 50149	电气装置安装工程　母线装置施工及验收规范
GB 50150	电气装置安装工程　电气设备交接试验标准
GB 50168	电气装置安装工程　电缆线路施工及验收规范
GB 50169	电气装置安装工程　接地装置施工及验收规范
GB 50170	电气装置安装工程　旋转电机施工及验收规范
GB 50217	电力工程电缆设计规范
CB 50660	大中型火力发电厂设计规范
GB/T 311.1	绝缘配合　第 1 部分：定义、原则和规则
GB/T 755	旋转电机　定额和性能
GB/T 1094.1	电力变压器　第 1 部分：总则
GB/T 1094.2	电力变压器　第 2 部分：液浸式变压器的温升
GB/T 1094.3	电力变压器　第 3 部分：绝缘水平、绝缘试验和外绝缘空气间隙
GB/T 1094.5	电力变压器　第 5 部分：承受短路的能力
GB/T 1094.6	电力变压器　第 6 部分：电抗器
GB/T 1094.11	电力变压器　第 11 部分：干式电力变压器
GB/T 1984	高压交流断路器
GB/T 3190	变形铝及铝合金化学成分
GB/T 4109	交流电压高于 1000V 的绝缘套管

GB/T 4208	外壳防护等级（IP 代码）
GB/T 4942.1	旋转电机整体结构的防护等级（IP 代码）分级
GB/T 5231	加工铜及铜合金牌号和化学成分
GB/T 6451	油浸式电力变压器技术参数和要求
GB/T 6075.3	机械振动　在非旋转部件上测量和评价机器的机械振动　第 3 部分：额定功率大于 15kW、额定转速在 120～15000r/min 的在现场测量的工业机器
GB/T 7064	隐极同步发电机技术要求
GB/T 7354	局部放电测量
GB/T 7595	运行中变压器油质量
GB/T 7674	额定电压 72.5kV 及以上气体绝缘金属封闭开关设备
GB/T 8349	金属封闭母线
GB/T 8905	六氟化硫电气设备中气体管理和检测导则
GB/T 9326.1～5	交流 500kV 及以下纸绝缘电缆及附件（第 1 至 5 部分）
GB/T 10228	干式变压器技术参数和要求
GB/T 11017.1～3	额定电压 110kV（$U_m = 126kV$）交联聚乙烯绝缘电力电缆及其附件
GB/T 11022	高压开关设备和控制设备标准的共用技术要求
GB/T 11032	交流无间隙金属氧化物避雷器
GB/T 12706.3	额定电压 35kV（$U_m = 40.5kV$）及以下纸绝缘电力电缆及其附件　第 3 部分：电缆和附件试验
GB/T 12706.4	额定电压 1kV（$U_m = 1.2kV$）到 35kV（$U_m = 40.5kV$）挤包绝缘电力电缆及附件　第 4 部分：额定电压 6kV（$U_m = 7.2kV$）到 35kV（$U_m = 40.5kV$）电力电缆附件试验要求
GB/T 12976.3	额定电压 35kV（$U_m = 40.5kV$）及以下纸绝缘电力电缆及其附件　第 3 部分：电缆和附件试验
GB/T 14049	额定电压 10kV 架空绝缘电缆
GB/T 14542	运行变压器油维护管理导则
GB/T 17468	电力变压器选用导则
GB/T 17623	绝缘油中溶解气体组分含量的气相色谱测定法
GB/T 19749.1	耦合电容器及电容分压器　第一部分：总则
GB/T 20140	隐极同步发电机定子绕组端部动态特性和振动测量方法及评定
GB/T 20840.1	互感器　第 1 部分：通用技术要求
GB/T 20840.2	互感器　第 2 部分：电流互感器的补充技术要求
GB/T 20840.3	互感器　第 3 部分：电磁式电压互感器的补充技术要求
GB/T 20840.5	互感器　第 5 部分：电容式电压互感器的补充技术要求
GB/T 21209	变频器供电笼型感应电动机设计和性能导则
GB/T 22072	干式非晶合金铁心配电变压器技术参数和要求

GB/T 25096	交流电压高于1000V变电站用电站支柱复合绝缘子定义、试验方法及接收准则
GB/T 26218.1~3	污秽条件下使用的高压绝缘子的选择和尺寸确定
GB/T 50065	交流电气装置的接地设计规范
GB/Z 24846	1000kV交流电气设备预防性试验规程
DL/T 266	接地装置冲击特性参数测试导则
DL/T 298	发电机定子绕组端部电晕监测与评定导则
DL/T 342	额定电压66~220kV交联聚乙烯绝缘电力电缆接头安装规程
DL/T 343	额定电压66~220kV交联聚乙烯绝缘电力电缆GIS终端安装规程
DL/T 344	额定电压66~220kV交联聚乙烯绝缘电力电缆户外终端安装规程
DL/T 401	高压电缆选用导则
DL/T 402	高压交流断路器
DL/T 474.1~5	现场绝缘试验实施导则
DL/T 475	接地装置特性参数测量导则
DL/T 486	高压交流隔离开关和接地开关
DL/T 492	发电机环氧云母定子绕组绝缘老化鉴定导则
DL/T 572	电力变压器运行规程
DL/T 573	电力变压器检修导则
DL/T 574	变压器分接开关运行维修导则
DL/T 586	电力设备监造技术导则
DL/T 596	电力设备预防性试验规程
DL/T 603	气体绝缘金属封闭开关设备运行及维护规程
DL/T 615	高压交流断路器参数选用导则
DL/T 617	气体绝缘金属封闭开关设备技术条件
DL/T 618	气体绝缘金属封闭开关设备现场交接试验规程
DL/T 620	交流电气装置的过电压保护和绝缘配合
DL/T 626	劣化悬式绝缘子检测规程
DL/T 627	绝缘子用常温固化硅橡胶防污闪涂料
DL/T 651	氢冷发电机氢气湿度的技术要求
DL/T 664	带电设备红外诊断应用规范
DL/T 705	运行中氢冷发电机用密封油质量标准
DL/Z 722	变压器油中溶解气体分析和判断导则
DL/T 725	电力用电流互感器使用技术规范
DL/T 726	电力用电磁式电压互感器使用技术规范
DL/T 727	互感器运行检修导则
DL/T 728	气体绝缘金属封闭开关设备选用导则
DL/T 729	户内绝缘子运行条件　电气部分
DL/T 801	大型发电机内冷却水质及系统技术要求
DL/T 804	交流电力系统金属氧化物避雷器使用导则

DL/T 815   交流输电线路用复合外套金属氧化物避雷器

DL/T 838   发电企业设备检修导则

DL/T 848.1~5 高压试验装置通用技术条件

DL/T 849.1~6 电力设备专用测试仪器通用技术条件

DL/T 865   126~550kV 电容式瓷套管技术规范

DL/T 866   电流互感器和电压互感器选择及计算规程

DL/T 911   电力变压器绕组变形的频率响应分析法

DL/T 970   大型汽轮发电机非正常和特殊运行及维护导则

DL/T 984   油浸式变压器绝缘老化判断导则

DL/T 1000.3 标称电压高于1000V 架空线路用绝缘子使用导则 第 3 部分：交流系统用棒形悬式复合绝缘子

DL/T 1051   电力技术监督导则

DL/T 1054   高压电气设备绝缘技术监督规程

DL/T 1111   火力发电厂厂用高压电动机调速节能导则

DL/T 1163   隐极发电机在线监测装置配置导则

DL/T 1164   汽轮发电机运行导则

DL/T 1253   电力电缆线路运行规程

DL/T 5092   110~500kV 架空送电线路设计技术规程

DL/T 5153   火力发电厂厂用电设计技术规程

DL/T 5352   高压配电装置设计技术规程

JB/T 6227   氢冷电机气密封性检验方法及评定

JB/T 6228   汽轮发电机绕组内部水系统检验方法及评定

JB/T 8439   使用于高海拔地区的高压交流电机防电晕技术要求

JB/T 8446   隐极式同步发电机转子匝间短路测定方法

JB/T 10314.1~2 高压绕线转子三相异步电动机技术条件

国能安全〔2014〕161 号 防止电力生产事故的二十五项重点要求

国家电投规章〔2016〕124 号 国家电力投资集团公司火电技术监督管理规定

3 术语与定义

3.1 主设备

主设备是指连接在发电机出口的电气一次设备（包括启备变）。

3.2 一般设备

一般设备是指连接在高压厂用工作母线上的6kV（或10kV）电气一次设备。

3.3 危急缺陷

危急缺陷是指直接威胁到人身和设备安全、必须立即处理的绝缘缺陷。

4 总则

4.1 绝缘监督是保证火电企业发电设备安全、经济、稳定运行的重要基础工作，应坚持"安全第一、预防为主"的方针，实行全过程、全方位的监督。

4.2 绝缘监督通过对厂内高压电气设备绝缘状况和影响到绝缘性能的污秽状况、接地装置状况、过电压保护等进行监督，以确保高压电气设备在良好绝缘状态下运行，防止绝缘事故的发生。

4.3 高压电气设备绝缘监督应符合本标准和现行国家、行业标准有关的规定。对于进口设备的绝缘监督，参照本标准执行，具体监督项目和试验标准可按制造厂规定执行。其他电气设备可参照执行。

4.4 全过程监督是指从高压电气设备设计选型和审查、监造和出厂验收、安装和投产验收、运行维护、检修到技术改造，直至退出运行的监督，其中还包括对高压试验仪器仪表和绝缘工器具的监督。

4.5 从事绝缘监督的人员，应熟悉和掌握本标准和国家、行业标准中的规定。

5 绝缘监督范围及主要指标

5.1 绝缘监督范围

同步发电机；额定电压 6kV 及以上电压等级的变压器、电抗器、开关设备（包括 GIS）、互感器、耦合电容器、避雷器、消弧线圈、套管（含穿墙套管）、绝缘子、封闭母线、电动机、电力电缆；过电压防护和防雷接地装置；高压试验仪器仪表和绝缘工器具等。

5.2 绝缘监督指标

5.2.1 不发生由于监督不到位造成的电气设备损坏事故。

5.2.2 年度监督工作计划完成率达 100%。

5.2.3 绝缘监督现场检查提出问题整改完成率达 100%。

5.2.4 绝缘监督告警问题整改完成率达 100%。

5.2.5 绝缘监督报告或计划提出问题整改完成率达 100%。

5.2.6 预试完成率：主设备达 100%，一般设备达 98%。

5.2.7 缺陷消除率：
  a）危急缺陷消除率：100%；
  b）其他缺陷消除率：≥90%。

5.2.8 试验仪器校验率：100%。

6 绝缘监督内容

6.1 发电机的技术监督

6.1.1 发电机的选型

6.1.1.1 发电机的技术条件应符合 GB 755、GB 50660、GB/T 7064 和国能安全〔2014〕161 号的要求。

6.1.1.2 发电机的非正常运行和特殊运行能力及相关设备配置应满足 DL/T 970 规定的要求。

6.1.1.3 结构设计要求。

　　a）发电机定子、机座、端盖、出线罩和冷却器外罩等具有足够的强度和刚度。定子机壳与铁心之间有弹性连接的隔震措施。

　　b）定子线棒槽内固定及绕组端部固定应牢靠，定子绕组端部具有伸缩结构（刚—柔结构）。定子铁心采取防止松动措施，铁心端部结构如压指、压板等采用无磁性材质，并采取有效的屏蔽措施，避免产生局部过热。

　　c）发电机机壳、端盖、端罩、出线套管的接合面具有良好的粗糙度和平面度，密封严密，避免漏氢。

　　d）发电机滑环端的轴承座与底板和油管间、油密封座与端盖间加装便于在运行中测量绝缘电阻的双层绝缘垫。

　　e）发电机各部分结构强度在设计时应考虑能承受发电机单相接地故障或主变高压侧三相故障，以及发电机定子绕组出口端电压为 105% 的额定电压、满负荷时三相突发短路故障等任何形式的突发短路事故，而不发生有害变形。

　　f）发电机出线罩座采用非磁性材料，设计结构上能承受每个出线套管上分别吊装所需电流互感器的荷重和防振要求。具有防止漏氢的可靠技术措施并装设漏氢报警装置。

　　g）送出线路具有串联补偿的发电机，应准确掌握汽轮发电机组轴系扭转振动频率，以配合电网管理单位或部门共同防止次同步谐振。

6.1.1.4 氢气系统的组成及要求。

　　a）一套完整的氢气冷却系统，包括控制机内氢气压力的调节阀，连接供气系统的接头，氢气干燥器。若氢气冷却器冷却水的水质不良，其管材宜选用耐腐蚀性强的 B30。氢气干燥器宜选用吸附式，并保证有足够的冷却容量。

　　b）一套完整的置换气体系统（通常用 CO_2）可安全地向机座内充气和置换氢气。如果用加压空气从机内置换 CO_2，除置换 CO_2 过程外，要确保空气不能进入电机内，例如使用可移开的管接头设施，并配置换气体的纯度监测器。

　　c）氢气纯度、压力、湿度、温度除设置有防爆型就地指示和报警装置外，还设置输出到远方（DCS）指示及报警输出接点，并设置氢气消耗量及漏氢的在线监测器。

6.1.1.5 内冷水系统。

　　a）一套完整的内冷水系统包括泵、冷却器、过滤器和控制内冷水温度的调节器。冷却器材质根据冷却水的水质选定，若冷却水的水质不良，应考虑选用耐腐蚀的材料。

b）内冷却水系统配置应符合 DL/T 801 的要求。定子、转子的内冷水应有进出水压力、流量、温度测量装置；定子还应有直接测量进、出发电机水差压的测量装置，并将测量信号传至集控室显示。

c）内冷却水系统应有导电率、pH 值的在线测量装置，并将测量信号传至集控室显示。

d）应有保持水质合格的设备。设置有漏水监测装置及将漏入机内液体排出的措施。

6.1.1.6 密封油系统的组成及要求。

一套完整的密封油系统，包括监测密封油仪表盘。密封油的温度、油压、压差信号应能送达 DCS。配备主供油泵异常时，应能自动切换至密封油紧急备用的供给设备。若有必要需配备从密封油中除气和除水的装置。密封油系统用的密封垫应采用耐油材料。

6.1.1.7 监测装置的组成及要求。

按照 DL/T 1163 的要求配置发电机在线监测装置，并且发电机的在线监测仪表、装置应符合 DL/T 1164 3.2 的要求，还应满足如下要求：

a）氢气纯度、压力、湿度、温度应设有除就地指示和报警装置外，测点信号应能送至 DCS。

b）配备密封油的油压、压差及监测绕组内冷水流量、压力、差压和水温的测点信号能送至 DCS。

c）配备内冷水导电率、pH 值在线监测器。

d）配置封闭母线和内冷水箱漏氢的监测装置，测点信号能送至 DCS。

e）定子铁心、压指、压圈、屏蔽层、定子绕组层间、定子绕组出水埋置足够数量的测温元件，装设位置应考虑到引线漏环电流磁场的影响，以满足测量精度要求。测温元件数量满足进相试验的要求。每相定子绕组槽内至少应埋置 2 个检温计。氢内冷发电机的定子绕组出风口处至少应埋置 3 个检温计。对功率≥200MW 的水内冷发电机的定子绕组，在每槽线圈层间各埋置 1 个检温计，并在线圈出水端绝缘引水管的水接头上安装 1 个测水温的检温计。冷却介质、轴承的检温计配置应符合 GB/T 7064 的规定。应对检温元件的类型（热电阻或热电偶，单支或双支）、热电偶分度号等提出要求。

f）根据同型号机组的运行状况，选配发电机绝缘过热监测装置、局部放电监测仪、转子匝间短路监测器等在线监测装置。

6.1.2 发电机的监造和出厂验收

6.1.2.1 200MW 及以上容量的发电机应进行监造和出厂验收。监造工作应符合 DL/T 586 要求，并全面落实订货技术要求和设计联络文件要求，发现问题及时消除。

6.1.2.2 重点的监造项目主要包括：

a）重要部件的原材料材质、关键部件的加工精度验证；

b）定子铁心损耗试验；

c）水冷电机的绕组内部水系统的密封试验和流通性试验；

d）转子动态平衡及超速试验；

e）动态波形法检测发电机转子匝间短路；

f）定子绕组端部动态特性测量及评定。

6.1.2.3 监造工作结束后，应提交监造报告，监造报告内容应翔实，需包括产品制造过程中出现的问题及处理的方法和结果等。

6.1.2.4 出厂验收时，应确认重要部件、原材料材质和供货商符合订货技术协议的要求；确认关键部件的加工精度符合图纸的要求；确认铁心、定子、转子的装配工艺符合工艺文件要求，过程检验合格；出厂试验项目齐全、试验方法正确，试验结果合格。应移交发电机出厂试验报告、同类产品型式试验报告、产品使用说明书、安装说明书及图纸等技术文件。

6.1.2.5 出厂验收试验应符合订货技术要求和设计联络文件要求。出厂时，测量和试验检查记录一般包括：

    a）定、转子绕组的直流电阻值；

    b）绕组对地及相间的绝缘电阻值；

    c）耐压试验结果（包括直流耐压数据）；

    d）空载特性（型式试验报告）；

    e）稳态短路特性（型式试验报告）；

    f）损耗和效率（型式试验报告）；

    g）转子超速试验记录；

    h）埋置检温计的检查记录；

    i）冷却器的水压记录；

    j）定子铁心损耗发热试验记录；

    k）氢冷电机机座和端盖的水压试验和气密试验记录；

    l）水冷电机的绕组内部水系统的密封试验和流通性试验记录；

    m）不同转速下，转子绕组的交流阻抗；

    n）氢内冷转子通风孔检查记录；

    o）定子绕组端部手包绝缘施加直流电压测量的记录；

    p）定子绕组端部模态及固有振动频率的测定记录（200MW及以上）；

    q）定子绕组单根线棒和整相绕组端部的暗室起晕试验。

6.1.3 发电机的运输、安装及交接试验

6.1.3.1 发电机定、转子及部件运输时，应根据国家、行业标准中有关规定妥善包装，固定良好，采取防雨雪、防潮、防锈、防腐蚀、防震、防冲击等措施，以防止在运输过程中发生滑移和碰坏。运输发电机水冷部件时，应排净和吹干内部水系统中的水，并采取防冻措施。

6.1.3.2 安装前的保管应满足防尘、防冻、防潮、防爆和防机械损伤等要求；最低保管温度为5℃；应避免转子存放导致大轴弯曲；严禁定、转子内部落入异物。

6.1.3.3 安装前由订货方、制造厂、安装单位共同进行清洁度检查，以确认机内无异物存在。

6.1.3.4 发电机安装应严格按照GB 50170及相关要求执行，确保发电机安装质量。安装监督重点项目包括：

    a）发电机的引线及出线的接触面良好、清洁、无油垢，镀银层不应锉磨。

    b）发电机的引线及出线的连接应紧固，当采用铁质螺栓时，连接后不得构成闭合磁路。

    c）大型发电机的引线及出线连接后，应按制造厂的规定进行绝缘包扎处理。

    d）氢冷发电机必须分别对定子、转子及氢、油、水系统管路等进行严密性试验，试验合格后，方可进行整体性气密试验。试验压力和技术要求应符合制造厂规定。

    e）水内冷发电机绝缘水管不得碰及端盖，不得有凹瘪现象，绝缘水管相互之间不得碰触或摩擦。当有触碰或摩擦时应使用软质绝缘物隔开，并应使用不刷漆的软质带扎牢。

6.1.3.5 安装结束后，应按照 GB 50150、订货技术要求、调试大纲及其他相关规程和反事故措施的要求进行交接验收试验，至少应包括：

    a）绕组、埋置电阻检温计、轴承对地绝缘的绝缘电阻的测定；

    b）绕组和电阻检温计在实际冷态下直流电阻的测定；

    c）空载特性和稳态短路特性的测定；

    d）耐压试验；

    e）发电机冷却系统试验；

    f）测量轴电压；

    g）机械检查、测定轴承油温、轴和轴承的振动；

    h）转子绕组的交流阻抗；

    i）定子绕组端部手包绝缘施加直流电压的测量；

    j）氢内冷转子通风孔检查记录；

    k）发电机系统整体气密性检查记录；

    l）定子绕组端部模态及固有振动频率测定（200MW 及以上）；

    m）定子内部水系统流通性检查；

    n）有条件时，应进行定子绕组端部的暗室起晕试验。

    其中，重点监督项目包括 200MW 及以上发电机定子绕组端部模态及固有振动频率测定、定子内部水系统流通性检查，由具备相当技术力量的单位实施。

6.1.3.6 投产验收时应进行现场实地查看，并对发电机订货相关文件、设计联络文件、监造报告、出厂试验报告、设计图纸资料、开箱验收记录、安装记录、缺陷处理报告、监理报告、交接试验报告、调试报告等全部技术资料进行详细检查，审查其完整性、正确性和适用性，并将全部资料整理归档。

6.1.3.7 投产验收中发现安装施工及调试不规范、交接试验方法不正确、项目不全或结果不合格、设备达不到相关技术要求、基础资料不齐全等不符合技术监督要求的问题时，要立即整改，直至验收合格，方可申请启动。

6.1.3.8 启动调试应符合订货技术要求、调试大纲、相关规程及反事故措施的要求。试运行时应考核发电机出力、效率、振动值、氢冷发电机漏氢量是否达到制造厂的保证值。

6.1.4 发电机运行监督

6.1.4.1 应根据 DL/T 1164 的要求，结合本单位机组特点制定发电机运行规程并严格执行。

6.1.4.2 发电机运行参数应定时检查记录。励磁系统绝缘监测装置应每班记录一次。应定期对发电机各部件温度进行分析，尤其注意与历史数据的对比分析，发现异常，应查找原因，制定处理措施。在额定负荷及正常的冷却条件下运行时，发电机各部分的温度限值和温升限值应按制造厂家或表1～表4的规定执行。

表1　氢气和水直接冷却发电机的温度限值

部　　件	测量位置和测量方法	温度限值/℃	
定子绕组	直接冷却有效部分出口处的氢温，检温计法	110	
	槽内上、下层线圈埋置检温计法	90	
转子绕组	电阻法	转子全长上径向出风区数目/个	
		1 和 2	100
		3 和 4	105
		5 ～ 7	110
		8 及以上	115
定子铁心	埋设检温计法	120	
不与绕组接触的铁心及其他部分	这些部件的温度在任何情况下不应达到使绕组或邻近的任何部位的绝缘或其他材料有损坏危险的数值		
集电环（滑环）	温度计法	120	

注1：用埋置检温计法测得的温度并不表示定子绕组最热点的温度

注2：转子绕组的温度限值是以转子全长上径向出风区的数目分级的。端部绕组出风区在每端算一个风区，两个反方向的轴向冷却气体的共同出风口应作为两个出风区计算

注3：集电环（滑环）的绝缘等级应与此温度限值相适应，温度只限于用膨胀式温度计测得

a）定子线棒层间测温元件的温差和出水支路的同层各定子线棒引水管出水温差应加强监视。温差控制值应按制造厂规定，制造厂未明确规定的，应按照以下限额执行：定子线棒层间最高与最低温度间的温差达8K或定子线棒引水管出水温差达8K时应报警，应及时查明原因，此时可降低负荷。定子线棒温差达14K或定子引水管出水温差达12K，或任一定子槽内层间测温元件温度超过90℃或出水温度超过85℃时，应立即降低负荷，在确认测温元件无误后，应立即停机处理；进行反冲洗及相关检查处理。

b）全氢冷发电机定子线棒出口风温差达到8K，应立即停机处理。

表2 氢气间接冷却发电机的温升限值

部 件	测量位置和测量方法	冷却介质为40℃时的温升限值 K	
定子绕组	槽内上、下层线圈埋设检温计法	氢气绝对压力/MPa	
		0.15 及以下	80
		>0.15 ≤0.2	75
		>0.2 ≤0.3	70
		>0.3 ≤0.4	65
		>0.4 ≤0.5	62
转子绕组	电阻法	85	
定子铁心	埋设检温计法	80	
不与绕组接触的铁心及其他部分	这些部件的温升在任何情况下都不应达到使绕组或邻近的任何部位的绝缘或其他材料有损坏危险的数值		
集电环（滑环）	温度计法	80	

表3 水内冷发电机的温度限值

项 目	允许最高温度/℃	测量方法
定子铁心轭部	120	电阻测温元件
定子铁心齿部	120	电阻测温元件
定子绕组	90	层间电阻测温元件
定子绕组出水	85	温度计法
转子绕组出水	85	温度计法
定子端部冷却元件（铜屏蔽）出水	80	温度计法
集电环（滑环）	120	温度计法
不与绕组接触的铁心及其他部分	这些部件的温度在任何情况下都不应达到使绕组或邻近的任何部位的绝缘或其他材料有损坏危险的数值	

表4 空冷电机的温升限值

部 件	测量位置和测量方法	冷却介质为40℃时的温升限值 K
定子绕组	槽内上下层线圈间埋设检温计法	85
转子绕组	电阻法	间接冷却：90 直接冷却：75（副槽），65（轴向）
定子铁心	埋设检温计法	80
集电环	温度计法	80
不与绕组接触的铁心及其他部分	这些部件的温度在任何情况下都不应达到使绕组或邻近的任何部位的绝缘或其他材料有损坏危险的数值	

6.1.4.3 监测轴承出油温度、轴承座或轴承振动值的变化情况。当超出 DL/T 1164 或厂家的规定时，应查明原因。应在运行规程中规定轴承出油温度、轴承座或轴振振动值的限制值，并明确指标异常时的应对措施。

6.1.4.4 定期监测轴电压。可利用与大轴表面接触良好的碳刷或扁铜带引出轴电压信号，将轴电压信号接入专门配备的精密监测装置进行实时监测和报警，或者定期（视情况周期可为半年或 1 年）手工取样，接入示波器测量。监测装置或示波器的采样周期应不低于 500kHz。轴电压应不大于 20V 或厂家规定值。

6.1.4.5 运行中，应定期用红外成像仪或红外点温计检测碳刷装置的发热情况，监测周期应在现场运行规程中规定。

6.1.4.6 氢气系统的监督。

a）氢气系统正常运行时，发电机内氢压应达额定值，不宜降氢压运行；低于额定氢压允许值时，发电机允许的负荷值按制造厂家规定或专门的温升试验结果确定。

b）机内氢气冷风温度应符合厂家规定，氢压应高于定子内冷水水压。

c）氢气系统正常运行时，发电机内氢气纯度应在 96% 以上，气体混合物的氧气体积分数不得超过 0.5%。运行中，当机内氢纯度低于 96%，或氧气体积分数大于 0.5% 时，应立即进行排污，并查找原因，然后补充新鲜氢气，使氢气纯度恢复到正常值。排污时，应检查确定排污管出口附近无动火作业，以防发生氢气爆炸。

d）运行中，若发现氢压降低和内冷水压升高的现象同时发生，应立即检查内冷水箱顶部是否出现氢气或箱内充气压力有无变化，同时降低负荷。一旦判定机内漏水，应安排停机处理。

e）严格控制氢冷发电机氢气的湿度在规程允许的范围内，保证氢气干燥器连续运行，发现缺陷，及时处理。氢气系统正常运行时，发电机内氢气在运行氢压下的允许湿度的高限，发电机内的最低温度应符合表 5 的要求，允许湿度的低限为露点温度 −25℃。当机内氢气湿度露点温度高于 0℃时，应立即检查干燥装置，并进行排污和补氢。运行中当机内氢气湿度超出允许值，用排污补氢方法处理无效时，应查找原因，加以消除。

表 5　发电机在运行氢压下的氢气允许湿度高限值

发电机内最低温度/℃	5	≥10
发电机在运行氢压下的氢气允许湿度的高限（露点）	−5	0
注：发电机内最低温度，可按如下规定确定： 稳定运行中的发电机：以冷氢温度和内冷水入口水温中的较低者，作为发电机内的最低温度值 停运和开、停机过程中的发电机：以冷氢温度、内冷水入口水温、定子线棒温度和定子铁心温度中的最低者，作为发电机内的最低温度值，如制造厂家规定的湿度标准高于本标准，则应按厂家标准执行		

f）发电机漏氢量应每月定期测试一次，每昼夜漏氢量按以下方法计算。

1）测试时，发电机运行参数应等于或接近额定参数。测试前，氢压应先保持在额定值，氢气纯度、湿度在合格范围。然后在既不补氢也不排污的情况下进行测试。从测试起始直到测试结束的整个过程中，每小时记录一次机内氢压（应用标准压力表）、氢温（冷热风多点平均值）、周围大气压和室温。测试持续时间一般应达到 24h，特殊情况下不得少于 12h。

2）漏氢量按下式计算（或者按厂家提供的计算方法）：

$$\Delta V_H = 70320 \times \frac{V}{H} \left(\frac{P_1 + B_1}{273 + t_1} - \frac{P_2 + B_2}{273 + t_2} \right) \, \text{m}^3/\text{d}$$

式中：V——发电机的充氢容积（m^3）；

H——测试持续时间（h）；

P_1、P_2——测试起始、结束时机内氢压的表压力（MPa）；

B_1、B_2——测试起始、结束时发电机周围环境的大气压力（MPa）；

t_1、t_2——测试起始、结束时机内平均氢温（℃）。

由上式计算出的实际漏氢量表示每昼夜漏泄到充氢容积外，并已换算到规定状态下的氢气体积。规定状态为氢气压力 0.1MPa，温度 20℃。

3）国产发电机整套系统在额定氢压、转速下每昼夜的最大漏氢量一般应不超过表 6 所列值。

表 6　发电机每昼夜最大允许漏氢量（规定状态）

额定氢压/MPa	≥0.5	<0.5 ≥0.4	<0.4 ≥0.3	<0.3 ≥0.2	<0.2 ≥0.1	<0.1
合格值/（m^3/d）	18.0	16.0	14.5	7.5	5.0	4.0

4）为防止氢冷发电机的氢气漏入封闭母线，在发电机出线箱与封闭母线连接处应装设隔氢装置，并在适当地点设置排气孔。还应加装漏氢监测装置。应按时检测氢气冷却发电机油系统、主油箱内、封闭母线外套内的氢气体积含量，超过 1% 时，应停机查漏消缺。当内冷水箱内的含氢量（体积含量）达到 2% 时应加强对发电机的监视，超过 10% 时，应停机处理。当内冷水系统中漏氢量达到 0.3m^3/d 时应在计划停机时安排消缺，漏氢量大于 5m^3/d 时应立即停机处理。

6.1.4.7　内冷却水系统的监督。

a）在运行时，应监测记录内冷水进出口的水压、流量、温度、压差等数据。正常情况下，应保证进入发电机的内冷水温度为 40℃～50℃（PN≥200MW）；20℃～45℃（PN<200MW）。同时，定子内冷水进水温度应高于氢气冷风温度，以防止定子绕组结露。

b）发电机在运行过程中，应在线连续测量内冷却水的电导率和 pH 值，定期测量含铜量及当时内冷水的流量、含氨量、硬度等指标。

c）内冷却水水质应符合 DL/T 801 的要求，水氢氢发电机内冷却水水质的要求如表 7 所示。

表 7　水氢氢发电机内冷却水水质要求

pH 值（25℃）	电导率（25℃）/ （μs/cm）	含铜量/ （μg/L）	溶氧量/ （μg/L）
8～9	0.4～2.0	≤20	—
7.0～9.0			≤30

d）发电机内冷却水应采用除盐水或凝结水。当发现汽轮机凝汽器有循环水漏入时，内冷却水的补充水必须用除盐水。

e）运行中发电机定子在相同流量下，进出水压力差的变化比原始数据大 10% 时，应做相应检查、综合分析，并做相应处理。

f）发电机正常运行的反冲洗及其周期，按制造厂说明书的规定执行，或者在累计运行时间达两个月遇有停机或解列机会时，对定、转子内冷却水系统进行反冲洗。

g）运行中定子绕组断水最长允许时间应符合制造厂规定。

h）运行中定子内冷水电导率突然增大时，应检查该系统的冷却器是否漏水、离子交换器是否失效。如属前者，应切换备用冷却器。如属后者，应将离子交换器加以隔离，进行处理。

i）加强定子内冷水泵的运行维护，备用水泵应处在正常状态，防止切换过程中因备用水泵故障造成定子水回路断水，严防水箱水位偏低或水量严重波动导致断水故障。

j）水氢氢发电机在运行中发现机壳内有液体时，应立即检查并确定发电机内冷水是否存在泄漏，如确系漏水应立即安排停机处理。

k）双水内冷或空冷发电机运行中发现机壳内、风室、空冷器等处有水时，应立即分析检查，并处理。

6.1.4.8 密封油系统的监督。

a）密封油系统应保证发电机转轴处漏氢量最少，并保持机内氢气质量合格和氢压稳定；

b）密封油质应符合 DL/T 705 的要求，200MW 及以上容量发电机的油中含水量不得大于 50μL/L；

c）密封瓦内压力油室的油压应比机内氢压高，该压差值应遵照制造厂的规定。

6.1.4.9 运行中的检查维护。

a）发电机及其附属设备，应由值班人员进行定期的外部检查，检查周期应在现场运行规程中规定。此外，在出口短路以后，应按照厂家规定对发电机内部进行必要的检查。

b）集电环（滑环）的检查和维护应由电气专业人员负责。现场规程应规定检查时间和次数，并定期用吸尘器或压缩空气清除灰尘和碳粉。使用压缩空气吹扫时，压力应不超过 0.3MPa（表压），压缩空气中应无水分和油。

c）微正压装置的运行管理。宜加装空气湿度在线监测装置，定期记录封闭母线内空气湿度；定期检查封闭母线与主变压器低压侧升高座连接处是否存在积水、积油；机组大修时检查盘式绝缘子密封垫、窥视孔密封垫及非金属伸缩节的密封性，若存在密封不良或材质老化应及时更换。

d）应定期检查分析发电机绝缘过热、局部放电、转子匝间短路、定子端部振动等在线监测装置运行情况，装置发出报警信号时，应立即分析数据合理性，并根据发电机运行参数及大修试验数据进行综合判断，必要时应停机处理。

6.1.5 发电机的检修监督

6.1.5.1 发电机的检修周期及项目应按国家电投集团机组检修相关管理制度执行，并参照 DL/T 838 规定及制造厂技术要求。

6.1.5.2　发电机本体的检修重点。

　　a）检查发电机定子绕组端部紧固件（如压板紧固的螺栓和螺母、支架固定螺母和螺栓、引线夹板螺栓、汇流管所用卡板和螺栓、绑绳等）紧固情况和磨损的情况。

　　b）严格检查定子端部绕组中的异物，必要时使用内窥镜逐一检查。

　　c）检查大型发电机环形接线、过渡引线、鼻部手包绝缘、引水管水接头等处绝缘的情况。

　　d）测量定子绕组波纹板的间隙。

　　e）引水管外表应无伤痕。严禁引水管交叉接触，引水管之间、引水管与端罩之间应保持足够的绝缘距离。

　　f）检查定子铁心特别是边缘硅钢片有无断裂、松动、黑色油泥甚至断齿等异常现象。

　　g）大修轴转子后，应对氢内冷转子通风道进行通风试验（如主机制造厂有要求，可不进行此项试验）、检查导电螺钉的密封性及导电螺钉与导电杆之间的接触情况，对转子护环和风扇叶片进行探伤。

　　h）防止发电机内遗留金属异物。建立严格的现场管理制度，防止锯条、螺钉、螺母、工具等金属杂物遗留在定子内部，特别应对端部线圈的夹缝、上下渐伸线之间位置做详细检查。

　　i）校验定子各部分测温元件，保证测温元件的准确性。

　　j）冲洗外水路系统、连续排污，直至水路系统内可能存在的污物和杂物除尽为止。水质合格后，方允许与发电机内水路接通。制造厂有特殊规定者应遵守制造厂的规定。

　　k）大修后气密试验不合格的氢冷发电机严禁投入运行。整体气密性试验每昼夜最大允许漏气量见表8。

表8　整体气密性试验每昼夜最大允许漏气量

（0.1MPa，20℃）

额定氢压/MPa	≥0.5	<0.5 ≥0.4	<0.4 ≥0.3	<0.3 ≥0.2	<0.2 ≥0.1
最大允许漏气量/（m³/d）	4.7	4.2	3.8	2.0	1.3

　　l）两班制调峰发电机的检修项目应符合 DL/T 970 规定的要求。

　　m）在大小修后对轴承绝缘进行检查。

6.1.6　发电机的预防性试验

6.1.6.1　发电机预防性试验的试验周期、项目和要求按 DL/T 596 的规定及制造厂技术要求执行。

6.1.6.2　200MW 及以上的发电机在大修时，应做定子绕组端部振型模态试验，发现问题应采取针对性的改进措施，试验方法和判据参见 GB/T 20140。对模态试验频率不合格（振型为椭圆、固有频率为 94～115Hz）的发电机，应进行端部结构改造。

6.1.6.3　宜结合机组检修，应用交流阻抗法检测转子绕组是否存在匝间短路，其试验方法和判据参照 JB/T 8446。

6.1.6.4 氢冷发电机漏氢量大，查找氢气系统或部件泄漏点，应进行气密封性检验，其试验方法和判据参照 JB/T 6227。

6.1.6.5 运行中出现水内冷发电机定子、转子线棒温度异常或定子内冷水进出口水压差异常等情况时，应结合大修对定子、转子线棒分路做流量试验，试验方法参照 JB/T 6228。

6.1.6.6 定子铁心有异常时，应结合实际情况进行发电机定子铁心故障探测试验（EL-CID），或进行额定磁通的铁损试验。

6.1.6.7 发电机绕组端部绝缘表面有变色、爬电痕迹、碳化等现象，或者试验中有不明原因的直流泄漏电流增大现象的发电机，应进行绕组端部的暗室起晕试验，试验方法参见 DL/T 298。

6.1.6.8 判定发电机环氧云母定子绕组绝缘老化情况，应进行老化鉴定试验，其试验方法和判据参照 DL/T 492。

6.2 电力变压器的技术监督

6.2.1 变压器的设计选型

6.2.1.1 电力变压器的设计、选型应符合 GB/T 17468、GB/T 13499 和 GB/T 1094.5、GB/T 1094.1~3 等电力变压器标准和国能安全〔2014〕161 号的要求。油浸电力变压器的技术参数和要求应满足 GB/T 6451 的规定；电抗器的性能应满足 GB/T 1094.6 的规定；干式变压器的技术参数和要求应满足 GB/T 1094.11 和 GB/T 10228 的规定。

6.2.1.2 应对变压器的重要技术性能提出要求，包括：额定电压、容量、短路阻抗、损耗、绝缘水平、温升、噪声、抗短路能力、过励磁能力等。

6.2.1.3 应对变压器用硅钢片、电磁线、绝缘纸板、绝缘油及钢板等原材料；套管、分接开关、套管式电流互感器、散热器（冷却器）及压力释放器等重要组件的供货商、供货材质和技术性能提出要求。

6.2.1.4 应选择具有良好运行业绩和成熟制造经验生产厂家的产品。订货所选变压器厂必须通过同类型产品的型式试验及突发短路试验（特殊试验），并向制造厂索取做过突发短路试验变压器的试验报告和抗短路能力动态计算报告；在设计联络会前，应取得所订购变压器的抗短路能力计算报告。

6.2.1.5 变压器套管的过负荷能力应与变压器允许过负荷能力相匹配。变压器套管外绝缘不仅要提出与所在地区污秽等级相适应的爬电比距要求，也应对伞裙形状提出要求。重污区可选用大小伞结构瓷套。应要求制造厂提供淋雨条件下套管人工污秽试验的型式试验报告。不得订购有机黏结接缝过多的瓷套管和密集型伞裙的瓷套管，防止瓷套出现裂纹断裂和外绝缘污闪、雨闪故障。

6.2.1.6 变压器（电抗器）的设计联络会除讨论变压器（电抗器）外部接口、内部结构配置、试验、运输、生产进度等问题外，还应着重讨论设计中的电磁场、电动力、温升和过负荷能力等计算分析报告，保证设备有足够的抗短路能力、绝缘裕度和过负荷能力。

6.2.1.7 潜油泵的轴承应采取 E 级或 D 级。变压器冷却器风扇电机应采用防水电机，潜油泵应选用转速不大于 1500r/min 的低速油泵。

6.2.2 变压器的监造

6.2.2.1 220kV 及以上电压等级的变压器应赴厂监造和验收。监造工作应符合 DL/T 586 的要求，并全面落实变压器（电抗器）订货技术要求和设计联络文件的要求，使制造中发现的问题及时得到消除。

6.2.2.2 按变压器赴厂监造关键控制点的要求进行监造，监造验收工作结束后，赴厂人员应提交监造报告，并作为设备原始资料存档。监造报告内容包括：产品结构简述；监造内容、方式、要求和结果；同类产品型式试验报告，该变压器的出厂例行试验报告，并如实反映产品制造过程中出现的问题及处理的方法和结果等。

6.2.2.3 重点监造项目主要包括：

a）原材料（硅钢片、电磁线、绝缘油等）的原材料质量保证书、性能试验报告。

b）组附件（套管、分接开关、气体继电器等）的质量保证书、出厂或型式试验报告，压力释放阀、气体继电器、套管电流互感器等还应有工厂校验报告。

c）局部放电试验，出厂局部放电试验的要求：

1）220kV 及以上变压器，测量电压为 $1.5U_m/\sqrt{3}$ 时，自耦变中压端不大于 200pC；其他不大于 100pC。

2）110（66）kV 电压等级变压器，测量电压为 $1.5U_m/\sqrt{3}$ 时，高压侧的局部放电量不大于 100pC。

3）500kV 变压器应分别在油泵全部停止和全部开启时（除备用油泵）进行局部放电试验。局部放电试验前后都要对本体油进行色谱分析，前后组分浓度值无明显增长且无乙炔产生。

d）感应耐压试验。

6.2.2.4 向制造厂索取主要材料和附件的工厂检验报告和生产厂家出厂试验报告；工厂试验时应将供货的套管安装在变压器上进行试验；所有附件在出厂时均应按实际使用方式经过整体预装。

6.2.3 变压器的运输、安装、交接试验和试运行

6.2.3.1 变压器、电抗器在装卸和运输过程中，不应有严重的冲击和振动。电压在 220kV 及以上且容量在 150MVA 及以上的变压器和电压在 330kV 及以上的电抗器均应按照相应规范安装具有时标且有合适量程的三维冲击记录仪，冲击允许值应符合制造厂及合同的规定。到达目的地后，制造厂、运输部门、用户三方人员应共同验收，记录纸和押运记录应提供用户留存。

6.2.3.2 变压器在运输和现场保管时必须保持密封。对于充气运输的变压器，运输中油箱内的气压应保持在 0.01~0.03MPa，干燥气体的露点必须低于 -40℃，变压器、电抗器内始终保持正压力，并设压力表进行监视。现场存放时，负责保管单位应每天记录一次密封气体压力。安装前，应测定密封气体的压力及露点（压力 ≥0.01MPa，露点 -40℃），以判断固体绝缘是否受潮。当发现受潮时，必须进行干燥处理，合格后方可投入运行。干式变压器在运输途中，应采取防雨和防潮措施。

6.2.3.3 安装施工单位应严格按制造厂"电力变压器安装使用说明书"的要求和

GB 50148 的规定进行现场安装，确保设备安装质量。

6.2.3.4 变压器器身吊检和内检过程中，对检修场地应落实责任、设专人管理，做到对人员出入以及携带工器具、备件、材料等的严格登记管控，严防异物遗留在变压器内部。

6.2.3.5 注入的变压器油应符合 GB/T 7595 规定，110kV（66kV）及以上变压器必须进行真空注油，其他变压器有条件的时也应采用真空注油。

6.2.3.6 安装在供货变压器上的套管必须是进行出厂试验时该变压器所用的套管。油纸电容套管安装就位后，110~220kV 套管应静放 24h，330~500kV 套管应静放 36h 后方可带电。

6.2.3.7 变压器外部组部件的所有密封面安装要符合工艺要求，保证安装完工后不出现任何渗漏油现象。外部所有端子箱、控制箱的防护等级应符合相关技术条件的要求。

6.2.3.8 变压器安装最后一项试验工作要测量运行分接位置的直流电阻，测试结果应与出厂试验数据相符。变压器送电前，要确认分接开关位置正确无误。

6.2.3.9 安装结束后，应按 GB 50150、订货技术要求、调试大纲和反事故措施的规定进行交接验收试验。交接验收试验重点监督项目包括：

    a）局部放电试验；

    b）交流耐压试验；

    c）绕组变形试验；

    d）绝缘油试验。

6.2.3.10 新投运的变压器油中气体含量的要求：在注油静置后与耐压和局部放电试验 24h 后，测得的氢、乙炔和总烃含量应无明显区别；气体含量应符合 DL/T 722 的要求，见表 9。

表 9 新投运的变压器油气体含量

单位：μL/L

气 体	氢	乙 炔	总 烃
变压器和电抗器	<10	0	<20
套 管	<150	0	<10
注 1：套管中的绝缘油有出厂试验报告，现场可不进行试验			
注 2：电压等级为 500kV 的套管绝缘油，宜进行油中溶解气体的色谱分析			

6.2.3.11 新油在注入设备前，应首先对其进行脱气、脱水处理，其控制的项目及标准见表 10。

表 10 新油净化后的指标

项 目	设备电压等级/kV			
	500	330	220	66~110
击穿电压/kV	≥60	≥50	≥40	≥40
含水量/（μg/g）	≤10	≤10	≤15	≤20
含气量（体积比）/%	≤1	≤1	—	—
介质损耗 tgδ/%（90℃）	≤0.5	≤1	≤1	≤1

6.2.3.12 新油注入设备后，为了对设备本身进行干燥、脱气，一般需进行热油循环处理。

6.2.3.13 在变压器投用前应对其油品作一次全分析，并进行气相色谱分析，作为交接试验数据。

6.2.3.14 投产验收时应进行现场实地查看，并对变压器订货相关文件、设计联络文件、监造报告、出厂试验报告、设计图纸资料、开箱验收记录、安装记录、缺陷处理报告、监理报告、交接试验报告、调试报告等全部技术资料进行详细检查，审查其完整性、正确性和适用性，并将全部资料整理归档。

6.2.3.15 投产验收中发现安装施工及调试不规范、交接试验方法不正确、项目不全或结果不合格、设备达不到相关技术要求、基础资料不全等不符合技术监督要求的问题时，要立即整改，直至验收合格。

6.2.3.16 变压器、电抗器在试运行前，应按规定的检查项目进行全面检查，确认其符合运行条件，方可投入试运行。变压器、电抗器应进行启动试运行，带可能的最大负荷连续运行24h。变压器、电抗器在试运行时，应进行五次空载全电压冲击合闸试验，且无异常情况发生；当发电机与变压器间无操作断开点时可不作全电压冲击合闸。第一次受电后持续时间不应少于10min，励磁涌流不应引起保护装置的误动。带电后，检查变压器噪声、振动无异常；本体及附件所有焊缝和连接面，不应有渗漏油现象。

6.2.4 变压器的运行监督

6.2.4.1 变压器的例行巡视检查：变压器的日常巡视，每天至少一次，每周进行一次夜间巡视。变压器的巡视检查一般包括以下内容：

a）变压器的油位和温度计应正常，储油柜的油位应与温度相对应，各部位无渗油、漏油。

b）套管油位应正常，套管外部无破损裂纹、无严重油污、无放电痕迹及其他异常现象。

c）持续跟踪并记录油温和绕组温度，特别是高温天气及峰值负荷时温度。如果变压器温度有明显的增长趋势，而负荷并没有增加，在确认温度计正常的情况下，要检查了解冷却器是否积污严重。

d）检查吸湿器中干燥剂的颜色，当大约2/3干燥剂的颜色显示已受潮时，应予更换或进行再生处理；若干燥剂的变色速度异常（横比或纵比），应进行处理。

e）检查风扇、油泵、水泵运转正常，油流继电器工作正常，特别注意变压器冷却器潜油泵负压区出现的渗漏。

f）仔细辨听变压器的噪声，响声均匀、正常。

g）水冷却器的油压应大于水压（制造厂另有规定者除外）。

h）压力释放器及安全气道应完好无损。

i）各控制箱和二次端子箱应关严，无受潮，温控装置工作正常。

j）引线接头、电缆、母线应无发热迹象。

k）有载分接开关的分接位置及电源指示应正常。

l）气体继电器内应无气体（一般情况）。

m）干式变压器的外部表面应无积垢。

n）变压器室的门、窗、照明应完好，房屋不漏水，温度正常。

o）现场规程中根据变压器的结构特点补充检查的其他项目。

6.2.4.2 应对变压器作定期检查，其检查周期由现场规程规定。检查包括以下内容：

a）各部位的接地应完好，并定期测量铁心和夹件的接地电流；

b）强油循环冷却的变压器应作冷却装置的自动切换试验；

c）外壳及箱沿应无异常发热；

d）有载调压装置的动作情况应正确；

e）各种标志应齐全明显；

f）各种保护装置应齐全、良好；

g）各种温度计应在检定周期内，超温信号应正确可靠；

h）消防设施应齐全完好；

i）贮油池和排油设施应保持良好状态；

j）室内变压器通风设备应完好；

k）检查变压器及散热装置无任何渗漏油；

l）电容式套管末屏有无异常声响或其他接地不良现象；

m）变压器红外测温无异常发热。

6.2.4.3 变压器的特殊巡视检查：在下列情况下应对变压器进行特殊巡视检查，增加巡视检查次数。

a）新设备或经过检修、改造的变压器在投运 72h 内；

b）有严重缺陷时；

c）气象突变（如大风、大雾、大雪、冰雹、寒潮等）时；

d）雷雨季节特别是雷雨后；

e）高温季节、高峰负载期间。

6.2.4.4 变压器运行中其他注意事项。

a）冷却器应根据运行温度的规定，及时启停，将变压器的温升控制在比较稳定的水平。

b）运行中油流继电器指示异常时，应及时处理，并检查油流继电器挡板是否损坏脱落。

c）变压器在运行中滤油、补油、换潜油泵或更换净油器的吸附剂时，或当油位计的油面异常升高或呼吸系统有异常现象，需要打开放气或放油阀门时，应将其重瓦斯改接（信号），此时其他保护装置仍应接跳闸。

d）对于油中含水量超标或本体绝缘性能不良的变压器，如在寒冬季节停运一段时间，则投运前要用真空加热滤油机进行热油循环，按 DL/T 596 试验规程试验合格后再带电运行。

e）加强潜油泵、储油柜的密封监测，如发现密封不良应及时处理，应特别注意变压器冷却器潜油泵负压区出现的渗漏油。

f）变压器内部故障跳闸后，应切除油泵，避免故障产生的游离碳、金属微粒等异物进入变压器的非故障部位。

g）为保证冷却效果，变压器冷却器每 1 ~ 2 年应进行一次冲洗，变压器的风冷却器每 1 ~ 2 年用压缩空气或水进行一次外部冲洗，宜安排在大负荷来临前进行。

h）运行在中性点有效接地系统中的中性点不接地变压器，在投运、停运以及事故跳闸过程中，为防止出现中性点位移过电压，必须装设可靠的过电压保护。在投切空载变压器时，中性点必须可靠接地。

i）铁心、夹件通过小套管引出接地的变压器，应将接地引线引至适当位置，以便在运行中监测接地线中是否有环流，环流应小于 100mA。当运行中环流异常增长变化，应尽快查明原因，严重时应检查处理并采取措施，例如铁心多点接地而接地电流较大，又无法消除时，可在接地回路中串入限流电阻作为临时性措施，将电流限制在 300mA 左右，并加强监视。

j）作为备品的 110kV 及以上套管，应竖直放置。如水平存放，其抬高角度应符合制造厂要求，以防止电容芯子露出油面受潮。对水平放置保存期超过一年的 110kV 及以上套管，当不能确保电容芯子全部浸没在油面以下时，安装前应进行局部放电试验、额定电压下的介损试验和油色谱分析。

k）装有密封胶囊和隔膜的大容量变压器，必须严格按照制造厂说明书规定的工艺要求进行注油，防止空气进入。结合大修或有必要时对胶囊和隔膜的完好性进行检查。

l）对于装有金属波纹管贮油柜的变压器，如发现波纹管焊缝渗漏，应及时更换处理。要防止异物卡涩导轨，保证呼吸顺畅。

6.2.4.5 有载调压变压器的特殊要求。

a）正常情况下，一般使用远方电气控制。当检修、调试、远方电气控制回路故障和必要时，可使用就地电气控制或手摇操作。当分接开关处在极限位置又必须手摇操作时，必须确认操作方向无误后方可进行。

b）手动分接变换操作必须在一个分接变换完成后方可进行第二次分接变换。操作时应同时观察电压表和电流表的指示，不允许出现回零、突跳、无变化等异常情况，分接位置指示器及动作计数器的指示等都应有相应变动。

c）分接开关必须装有计数器，在采用自动控制方式时，应每天定时记录分接变换次数。当计数器失灵时，应暂停使用自动控制器，查明原因，故障消除后，方可恢复自动控制；在采用手动控制方式时，每次分接变换操作都应将操作时间、分接位置、电压变化情况做好记录，每月记录累计动作次数。

d）当变动分接开关操作电源后，在未确证电源相序是否正确前，禁止在极限位置进行电气控制操作。

e）运行中分接开关的气体继电器应有校验合格有效的测试报告。运行中多次分接变换后，气体继电器动作发信，应及时放气。若分接变换不频繁而发信频繁，应做好记录，并暂停分接变换，查明原因。若气体继电器动作跳闸，必须查明原因，按 DL/T 572 的有关规定办理。在未查明原因消除故障前，不得将变压器及其分接开关投入运行。

f）当怀疑油室因密封缺陷而渗漏，致使油室油位异常升高、降低或变压器本体绝缘油的色谱气体含量超标时，应暂停分接变换操作，调整油位，进行追踪分析。

g）运行中分接开关油室内绝缘油应符合表11的要求。

表 11　有载分接开关运行中油质要求

序号	项　　目	1 类开关 （用于中性点）	2 类开关 （用于线端或中部）	备　　注
1	击穿电压/kV	≥30	≥40	允许分接变换操作
2		<30	<40	停止自动电压控制器的使用
3		<25	<30	停止分接变换操作并及时处理
4	含水量/（μL/L）	≤40	≤30	若大于应及时处理

6.2.4.6　分接开关巡视检查项目。

　　a）电压指示应在规定电压偏差范围内；

　　b）控制器电源指示灯显示正常；

　　c）分接位置指示器应指示正确（操作机构中分接位置指示、自动控制装置分接位置指示、远方分接位置指示应一致，三相分接位置指示应一致）；

　　d）分接开关储油柜的油位、油色、吸湿器及其干燥剂均应正常；

　　e）分接开关及其附件各部位应无渗漏油；

　　f）计数器动作正常，能正确记录分接变换次数；

　　g）电动机构箱内部应清洁，润滑正常无卡涩，机构箱门关闭严密，防潮、防尘、防小动物等密封措施良好；

　　h）分接开关加热器应完好，并按要求及时投切。

6.2.5　变压器的检修监督

6.2.5.1　变压器检修的项目、周期、工艺及其试验项目按 DL/T 573 的有关规定和制造厂的要求执行；分接开关检修项目、周期、要求与试验项目应按 DL/T 574 的规定和制造厂的技术要求执行。

6.2.5.2　运行中的变压器是否需要检修和检修项目及要求，应在综合分析下列因素的基础上确定：

　　a）DL/T 573 推荐的检修周期和项目；

　　b）结构特点和制造情况；

　　c）运行中存在的缺陷及其严重程度；

　　d）负载状况和绝缘老化情况；

　　e）历次电气试验和绝缘油分析及在线监测设备的检测结果；

　　f）与变压器有关的故障和事故情况；

　　g）变压器的重要性。

6.2.5.3　变压器有载分接开关是否需要检修和检修项目及要求，应在综合分析下列因素的基础上确定：

　　a）DL/T 574 推荐的检修周期和项目；

　　b）制造厂有关的规定；

　　c）动作次数；

    d）运行中存在的缺陷及其严重程度；

    e）历次电气试验和绝缘油分析结果；

    f）变压器的重要性。

6.2.5.4 变压器检修时应重点注意以下事项：

    a）定期对套管进行清扫，防止污秽闪络和大雨时闪络。在严重污秽地区运行的变压器，可采取在瓷套上涂防污闪涂料等措施。

    b）气体继电器应定期校验，消除因接点短接等造成的误动因素。

    c）变压器油处理：大修后，注入变压器内的变压器油质量应符合 GB/T 7595 的要求；注油后，变压器应进行油样化验与色谱分析；变压器补油时应使用牌号相同的变压器油，如需要补充不同牌号的变压器油时，应先做混油试验，合格后方可使用。

    d）大修后的变压器应严格按照有关标准或厂家规定真空注油和热油循环，真空度、抽真空时间、注油速度及热油循环时间、温度均应达到要求。对有载分接开关的油箱应同时按照相同要求抽真空。

    e）变压器在吊检和内部检查时应防止绝缘受伤。安装变压器穿缆式套管应防止引线扭结，不得过分用力吊拉引线。如引线过长或过短应查明原因予以处理。检修时严禁蹬踩引线和绝缘支架。检修中需要更换绝缘件时，应采用符合制造厂要求，检验合格的材料和部件，并经干燥处理。

    f）在检修时应测试铁心绝缘，如有多点接地应查明原因，消除故障。

    g）变压器套管上部注油孔的螺栓胶垫，应结合检修检查更换。

    h）在大修时，应注意检查引线、均压环（球）、木支架、胶木螺钉等是否有变形、损坏或松脱。注意去除裸露引线上的毛刺及尖角，发现引线绝缘有损伤的应予修复。对线端调压的变压器要特别注意检查分接引线的绝缘状况。对高压引出线结构及套管下部的绝缘筒应在制造厂代表指导下安装，并检查各绝缘结构件的位置，校核其绝缘距离及等电位连接线的正确性。

    i）检修时应检查无励磁分接开关的弹簧状况、触头表面镀层及接触情况、分接引线是否断裂及紧固件是否松动。为防止拨叉产生悬浮电位放电，应采取等电位连接措施。

    j）变压器安装和检修后，投入运行前必须多次排除套管升高座、油管道中的死区、冷却器顶部等处的残存气体。强油循环变压器在投运前，要启动全部冷却设备使油循环，停泵排除残留气体后方可带电运行。更换或检修各类冷却器后，不得在变压器带电情况下将新装和检修过的冷却器直接投入，防止安装和检修过程中在冷却器或油管路中残留的空气进入变压器。

    k）在安装、大修吊罩或进入检查时，除应尽量缩短器身暴露于空气的时间外，还要防止工具、材料等异物遗留在变压器内。大修时器身暴露在空气中的时间应不超过如下规定：空气相对湿度≤65%，为 16h；空气相对湿度≤75%，为 12h。现场器身干燥，宜采用真空热油循环或真空热油喷淋方法。有载分接开关的油室应同时按照相同要求抽真空。进行真空油处理时，要防止真空滤油机轴承磨损或滤网损坏造成金属粉末或异物进入变压器；真空滤油机应装设逆止阀或缓冲罐。采用真空加热干燥时，应先进行预热，并根据制造厂规定的真空值进行抽真空；按变压器容量大小，以 10℃/h～15℃/h 的速度升温到指定温度，再以 6.7kPa/h 的速度递减抽真空；在抽真空期间，现场设专人值班监视，每小时记录一次真空度、温度、湿度，高真空度逐渐达到 −0.08MPa，维持 1h 检查油箱有无异常，如无异常继续提升真空度至 −0.1MPa，再次检查变压器本体有无异常，如无异常可抽真空至真空表残压显示在 133.3Pa 以下，开始计时，并记录在检修报告中，连续抽全真空（残压必须≤133.3Pa）48h 以上。

l）大修、事故检修或换油后的变压器，在施加电压前静止时间不应少于以下规定：110kV 及以下为 24h；220kV 为 48h；500kV 为 72h。

m）除制造厂有特殊规定外，在安装变压器时应进入油箱检查清扫，必要时应吊心检查、清除箱底异物。导向冷却的变压器要注意清除进油管道和联箱中的异物。

n）变压器安装或更换冷却器时，必须用合格绝缘油反复冲洗油管道、冷却器和潜油泵内部，直至冲洗后的油试验合格并无异物为止。如发现异物较多，应进一步检查处理；

o）变压器潜油泵的轴承应采取 E 级或 D 级，禁止使用无铭牌、无级别的轴承。对已运行的变压器，其高转速潜油泵（转速大于 1500r/min）宜进行更换。

p）复装时注意检查钟罩顶部与铁心上夹件的间隙，如有碰触，应及时消除。

q）干式变压器检修时，要对铁心和线圈的固定夹件、绝缘垫块检查紧固，检查低压绕组与屏蔽层间的绝缘，防止铁心线圈下沉、错位、变形，发生烧损；注意检查冷却装置，冷却风道清洁畅通，冷却效果良好；还应对测温装置进行校验。

6.2.5.5 变压器预防性试验的项目、周期、要求应符合 DL/T 596 的规定及制造厂的要求。

6.2.5.6 变压器红外检测的方法、周期、要求应符合 DL/T 664 的规定。

a）新建、改建或大修后的变压器，应在投运带负荷后不超过 1 个月内（但至少在 24h 后）进行一次检测。

b）220kV 及以上变压器每年不少于两次检测，其中一次可在大负荷前，另一次可在停电检修及预试前。110kV 及以下变压器每年检测一次。

c）每年进行一次精确检测，做好记录，将测试数据及图像存入红外数据库。

6.2.5.7 变压器现场局部放电试验。

a）运行中变压器油色谱异常，怀疑设备存在放电性故障，必要时可进行现场局部放电试验；

b）220kV 及以上电压等级变压器在大修后，拆装套管需内部接线或进入后，必须进行现场局部放电试验；

c）更换绝缘部件或部分线圈并经干燥处理后的变压器，必须进行现场局部放电试验。

6.2.5.8 变压器绕组变形试验：变压器在遭受出口短路、近区多次短路后，应做低电压短路阻抗测试及用频响法测试绕组变形，并与原始记录进行比较，同时应结合短路事故冲击后的其他电气试验项目进行综合分析。

6.2.5.9 对运行年久（10 年及以上）、温升过高的变压器、500kV 变压器和电抗器及 150MVA 以上升压变压器投运 3～5 年后，应进行油中糠醛含量测定，以确定固体绝缘老化的程度；必要时可取纸样做聚合度测量，进行绝缘老化鉴定。

6.2.5.10 事故抢修所装上的套管，投运后的首次计划停运时，应进行套管介损测量，必要时可取油样做色谱分析。

6.2.5.11 停运时间超过 6 个月的变压器在重新投入运行前，应按预试规程要求进行有关试验。

6.2.5.12 改造后的变压器应进行温升试验，以确定其负荷能力。

6.2.5.13 变压器油试验。

a）新变压器和电抗器在投运和变压器大修后按下列规定进行色谱分析：220kV 及以上的所有变压器、容量 120MVA 及以上的发电厂主变压器和 330kV 及以上的电抗器在投运后的 1d、4d、10d、30d 各做 1 次气相色谱分析。

b）在运行中按检测周期进行油色谱分析：330kV 及以上变压器和电抗器为 3 个月；220kV 变压器或 120MVA 及以上的发电厂主变压器为 6 个月；8MVA 及以上的变压器为 1 年；8MVA 以下的油浸式变压器自行规定。

c）变压器油和电抗器油简化分析的重点项目：330kV 和 500kV 变压器、电抗器油每年进行 1 次微水测试和油中含气量（体积分数）；66kV 及以上的变压器、电抗器和 1000kVA 及以上所、厂用变压器油，每年进行 1 次油击穿电压试验；35kV 及以下变压器油试验周期为 3 年进行 1 次油击穿电压试验。

6.2.5.14 有载分接开关的试验。

分接开关新投运 1~2 年或分接变换 5000 次，切换开关或选择开关应吊芯检查 1 次。运行中分接开关油室内绝缘油，每 6 个月至 1 年或分接变换 2000~4000 次，至少采样 1 次进行微水及击穿电压试验。分接开关检修超周期或累计分接变换次数达到所规定的限值时，应安排检修，并对开关的切换时间进行测试。

6.3 高压开关设备的技术监督

6.3.1 高压开关设备的选型

6.3.1.1 高压开关的设计选型应符合 GB/T 1984、GB/T 11022、DL/T 402、DL/T 486、DL/T 615 等标准和有关反事故措施的规定。高压开关设备有关参数选择应考虑电网发展需要，留有适当裕度，特别是开断电流、外绝缘配置等技术指标。

6.3.1.2 断路器操动机构应优先选用弹簧机构、液压机构（包括弹簧储能液压机构）。

6.3.1.3 断路器应选用无油化产品，其中真空断路器应选用本体和机构一体化设计制造的产品。

6.3.1.4 SF_6 密度继电器与开关设备本体之间的连接方式应满足不拆卸校验密度继电器的要求。密度继电器应装设在与断路器同一运行环境温度的位置，以保证其报警、闭锁接点正确动作。

6.3.1.5 高压开关柜应选用"五防"功能完备的加强绝缘型产品。断路器外绝缘必须符合当地防污等级要求，并满足条件：空气绝缘净距离：≥125mm（对 12kV），≥360mm（对 40.5kV）；爬电比距：≥18mm/kV（对瓷质绝缘），≥20mm/kV（对有机绝缘）。

6.3.1.6 开关柜中的绝缘件（如绝缘子、套管、隔板和触头罩等）严禁采用酚醛树脂、聚氯乙烯及聚碳酸酯等有机绝缘材料，应采用阻燃性绝缘材料（如环氧或 SMC 材料）。

6.3.1.7 开关设备机构箱、汇控箱内应有完善的驱潮防潮装置，防止凝露造成二次设备损坏。

6.3.1.8 在开关柜的配电室中配置通风防潮设备，在梅雨、多雨季节时启动，防止凝露导致绝缘事故。

6.3.1.9　为防止开关柜火灾蔓延，在开关柜的柜间、母线室之间及与本柜其他功能气室之间应采取有效的封堵隔离措施。另外，应加强柜内二次线的防护，二次线宜由阻燃型软管或金属软管包裹，防止二次线损伤。

6.3.1.10　220kV 及以下主变、启备变高压侧并网断路器应选用三相机械联动的断路器。

6.3.2　高压开关设备的监造、运输、安装和交接试验

6.3.2.1　根据 DL/T 1054 的规定，220kV 及以上电压等级的高压开关设备应进行监造和出厂验收。监造项目在订货技术文件中规定。

6.3.2.2　断路器及其操动机构应能保证断路器各零部件在运输过程中不致遭到脏污、损坏、变形、丢失及受潮。对于其中的绝缘部分及由有机绝缘材料制成的绝缘件应特别加以保护，以免损坏和受潮；对于外露的接触表面，应有预防腐蚀的措施。SF_6 断路器在运输和装卸过程中，不得倒置、碰撞或受到剧烈的振动。

6.3.2.3　产品在运输过程中，应充以符合标准的六氟化硫（SF_6）气体或氮气。

6.3.2.4　SF_6 断路器的安装，应在无风沙、无雨雪的天气下进行；灭弧室检查组装时，空气相对湿度应小于80%，并应采取防潮、防尘措施。

6.3.2.5　SF_6 断路器的安装应在制造厂家技术人员的指导下进行，安装应符合 GB 50147、产品技术条件和相关反事故措施的要求，且应符合下列规定：

　　a）设备及器材到达现场后应及时检查；安装前的保管应符合产品技术文件要求；应按制造厂的部件编号和规定顺序进行组装，不得混装。

　　b）断路器的固定应符合产品技术文件要求且牢固可靠。支架或底座与基础的垫片不宜超过 3 片，其总厚度不应大于 10mm，各垫片尺寸应与机座相符且连接牢靠。

　　c）新装 72.5kV 及以上电压等级断路器的绝缘拉杆，在安装前必须进行外观检查，不得有开裂起皱、接头松动及超过允许限度的变形，除进行直流泄漏电流试验外，必要时应进行工频耐压试验。

　　d）同相各支柱瓷套的法兰面宜在同一水平面上，各支柱中心线间距离的误差不应大于 5mm，相间中心距离的误差不应大于 5mm。所有部件的安装位置正确，并按产品技术文件要求保持其应有的水平或垂直位置。

　　e）密封槽面应清洁，无划伤痕迹；已用过的密封垫（圈）不得使用；涂密封脂时，不得使其流入密封垫（圈）内侧而与 SF_6 气体接触。

　　f）SF_6 气体注入设备后必须进行湿度试验，且应对设备内气体进行 SF_6 纯度检测，必要时进行气体成分分析。

　　g）应按产品技术文件要求更换吸附剂。应按产品技术文件要求选用吊装器具、吊点及吊装程序。

　　h）密封部位的螺栓应使用力矩扳手紧固，其力矩值应符合产品技术文件要求。

　　i）按产品技术文件要求涂抹防水胶。

6.3.2.6　断路器调整后的各项动作参数，应符合产品的技术规定。

6.3.2.7　设备载流部分检查以及引下线连接应符合下列规定：

　　a）设备载流部分的可挠连接不得有折损、表面凹陷及锈蚀；

b）设备接线端子的接触表面应平整、清洁、无氧化膜，镀银部分不得挫磨；

c）设备接线端子连接面应涂以薄层电力复合脂；

d）连接螺栓应齐全、紧固，紧固力矩符合 GB 50149 的有关规定；

e）引下线的连接不应使设备接线端子受到超过允许的承受应力。

6.3.2.8　新装的断路器必须严格按照 GB 50150，进行交接试验。220kV 及以上设备重点监督项目：交流耐压试验、SF_6 气体含水量测试。

6.3.2.9　隔离开关、真空断路器及高压开关柜的现场安装应符合 GB 50147、产品技术条件和相关反事故措施的规定。安装后应按 GB 50150 进行交接试验，各项试验应合格。

6.3.3　高压开关设备的运行监督

6.3.3.1　断路器巡视：日常巡视，升压站每天当班巡视不少于 1 次；夜间闭灯巡视，升压站每周 1 次。

　　a）油断路器巡视项目：

　　　　1）标志牌的名称和编号齐全、完好；

　　　　2）断路器的分、合位置指示正确，与实际运行工况相符；

　　　　3）本体无渗、漏油痕迹、无锈蚀、无放电、无异声；

　　　　4）套管、绝缘子无断裂、无裂纹，无损伤、无放电；

　　　　5）绝缘油位在正常范围内，油色透明无炭黑悬浮物；

　　　　6）放油阀关闭紧密，无渗、漏油；

　　　　7）引线的连接部位接触良好，无过热；

　　　　8）连杆、转轴、拐臂无裂纹、无变形；

　　　　9）端子箱电源开关完好、名称标注齐全、封堵良好、箱门关闭严密；

　　　　10）接地螺栓压接良好，无锈蚀；

　　　　11）基础无下沉、无倾斜；

　　　　12）断路器环境良好。户外断路器栅栏完好，设备附近无杂草和杂物；配电室的门窗、通风及照明应良好。

　　b）SF_6断路器巡视项目：

　　　　1）标志牌的名称和编号齐全、完好；

　　　　2）套管、绝缘子无断裂、无裂纹，无损伤、无放电；

　　　　3）分、合位置指示正确，与实际运行工况相符；

　　　　4）各部分及管道无异声（漏气声、振动声）及异味，管道夹头正常；

　　　　5）软连接及各导流压接点压接良好、无过热变色、无断股；

　　　　6）控制、信号电源正常，无异常信号发出；

　　　　7）SF_6气体压力表或密度表在正常范围内，记录压力值；

　　　　8）端子箱电源开关完好、名称标注齐全、封堵良好、箱门关闭严密；

　　　　9）各连杆、传动机构无弯曲、无变形、无锈蚀、轴销齐全；

　　　　10）接地螺栓压接良好，无锈蚀；

　　　　11）基础无下沉、无倾斜。

c）真空断路器的巡视项目：

1）标志牌的名称和编号齐全、完好；

2）灭弧室无放电、无异声、无破损、无变色；

3）分、合位置指示正确，并与实际运行工况相符；

4）绝缘拉杆完好、无裂纹；

5）各连杆、传动机构无弯曲、无变形、无锈蚀、轴销齐全；

6）引线连接部位接触良好、无过热变色；

7）端子箱电源开关完好、名称标注齐全、封堵良好、箱门关闭严密；

8）接地螺栓压接良好，无锈蚀。

6.3.3.2 隔离开关巡视检查项目：瓷套表面无严重积污，运行中不应出现放电现象；瓷套、法兰不应出现裂纹、破损或放电烧伤痕迹；涂敷 RTV 涂料的瓷外套涂层不应有缺损、起皮、龟裂。操动机构各连接拉杆无变形；轴销无变位、脱落；金属部件无锈蚀。

6.3.3.3 真空断路器和高压开关柜巡视检查重点项目：分、合位置指示正确，并与实际运行工况相符；支持绝缘子无裂痕及放电异声；引线接触部分无过热，引线弛度适中。

6.3.3.4 操动机构巡视。

a）电磁操动机构的巡视项目：

1）机构箱门平整、开启灵活、关闭紧密；

2）检查分、合闸线圈及合闸接触器线圈无冒烟异味；

3）直流电源回路接线端子无松脱、无铜绿或锈蚀；

4）加热器正常完好。

b）液压机构的巡视项目：

1）机构箱门平整、开启灵活、关闭紧密；

2）检查油箱油位正常、无渗漏油；

3）高压油的油压在允许范围内；

4）每天记录油泵启动次数；

5）机构箱内无异味；

6）加热器正常完好。

c）弹簧机构的巡视项目：

1）机构箱门平整、开启灵活、关闭紧密；

2）断路器在运行状态，储能电动机的电源闸刀或熔丝应在闭合位置；

3）检查储能电动机、行程开关接点无卡住和变形，分、合闸线圈无冒烟异味；

4）断路器在分闸备用状态时，分闸连杆应复归，分闸锁扣到位，合闸弹簧应储能；

5）加热器良好。

6.3.3.5 断路器绝缘油油质监督。

a）新油或再生油使用前应按 DL/T 596 规定的项目进行试验，注入断路器后再取样试验，结果记入档案；

b）运行中绝缘油应按 DL/T 596 规定进行定期试验；

c）绝缘油试验发现有水分或电气绝缘强度不合格，以及可能影响断路器安全运行的其他不合格项目时，应及时处理；

d）油位降低至下限以下时，应及时补充同一牌号的绝缘油，如需与其他牌号混用，需做混油试验。

6.3.3.6 断路器 SF_6 气体气质监督。

a）新装 SF_6 断路器投运前必须复测断路器本体内部气体的含水量和泄漏，灭弧室气室的含水量应小于 $150\mu L/L$（体积比），其他气室应小于 $250\mu L/L$（体积比），断路器年漏气率小于 1%。

b）运行中的 SF_6 断路器应定期测量 SF_6 气体含水量，新装或大修后，1 年内复测 1 次，如湿度符合要求，则正常运行中 1～3 年 1 次。灭弧室气室含水量应小于 $300\mu L/L$（体积比），其他气室小于 $500\mu L/L$（体积比）；运行中 SF_6 气体微量水分或漏气率不合格时，应及时处理；处理时，气体应予回收，不得随意向大气排放以防止污染环境及造成人员中毒事故。

c）新气及库存 SF_6 气应按 SF_6 管理导则定期检验，进口 SF_6 新气亦应复检验收入库，检查时按批号作抽样检验，分析复核主要技术指标，凡未经分析证明符合技术指标的气体（不论是新气还是回收的气体）均应贴上"严禁使用"标志。

d）SF_6 断路器需补气时，应使用检验合格的 SF_6 气体。

6.3.3.7 断路器操动机构的监督。

a）操动机构脱扣线圈的端子动作电压应满足：低于额定电压的 30% 时，应不动作；高于额定电压的 65% 时，应可靠动作。

b）操作机构合闸操作动作电压在额定电压的 85%～110% 时，应可靠动作。对电磁机构，当断路器关合电流峰值小于 50kA 时，直流操作电压范围为额定电压的 80%～110%。

c）气动机构合闸，压缩空气气源的压力应基本保持稳定，一般变化幅值不大于 $\pm 50kPa$。

d）液压操动机构及采用差压原理的气动机构应具有防"失压慢分"装置，并配有防"失压慢分"的机构卡具。

e）液压或气动机构的工作压力大于 1MPa（表压）时，应有压力安全释放装置。

f）加强操动机构的维护，保证机构箱密封良好，防雨、防尘、通风、防潮及防小动物进入等性能良好，并保持内部干燥清洁。机构箱应有通风和防潮措施，以防线圈、端子排等受潮、凝露、生锈。

g）液压机构箱应有隔热防寒措施。液压机构应定期检查回路有无渗漏油现象，应注意液压油油质的变化，必要时应及时滤油或换油，防止液压油中的水分使控制阀体生锈，造成拒动。做好油泵累计启动时间记录。

h）气动机构宜加装汽水分离装置和自动排污装置，防止压缩空气中的凝结水使控制阀体生锈，造成拒动。未加装汽水分离装置和自动排污装置的气动机构应定期放水，如放水发现油污时应检修空压机。在冬季或低温季节前，对气动机构应及时投入加热设备，防止压缩空气回路结冰造成拒动。气动机构各运动部位应保持润滑。做好空气压缩机的累计启动时间的记录。

i）液压机构发生失压故障时必须及时停电处理。为防止重新打压造成慢分，必须采取防止断路器慢分的措施。

6.3.3.8 其他注意事项。

a）断路器运行中，由于某种原因造成油断路器严重缺油、SF_6 断路器气体压力异常、液压（气动）操动机构压力异常导致断路器分合闸闭锁时，严禁对断路器进行操作。严禁油断路器在严重缺油情况下运行。油断路器开断故障电流后，应检查其是否喷油及油位变化情况，当发现喷油时，应查明原因并及时处理。

b）为防止运行断路器绝缘拉杆断裂造成拒动，应定期检查分合闸缓冲器，防止由于缓冲器性能不良使绝缘拉杆在传动过程中受冲击，同时应加强监视分合闸指示器与绝缘拉杆相连的运动部件相对位置有无变化，并定期做断路器机械特性试验，以及时发现问题。

c）积极开展真空断路器真空度测试，真空度符合厂家规定，可用断口交流耐压试验替代，预防由于真空度下降引发的事故。

d）根据可能出现的系统最大负荷运行方式，每年应核算开关设备安装地点的开断容量，并采取措施防止由于开断容量不足而造成开关设备烧损或爆炸。

e）每台断路器的年动作次数应做出统计，正常操作次数和短路故障开断次数应分别统计。

f）定期用红外热像仪检查断路器的接头部位，特别在高峰负荷或高温天气，要加强对运行设备温升的监视，发现异常应及时处理。

g）长期处于备用状态的断路器应定期进行分、合操作检查。在低温地区还应采取防寒措施和进行低温下的操作试验。

h）手车柜内应有安全可靠的闭锁装置，杜绝断路器在合闸位置推入手车。

i）室内安装运行的 SF_6 开关设备，应设置一定数量的氧量仪和 SF_6 浓度报警仪。

6.3.4 高压开关设备的检修监督

6.3.4.1 断路器应按规定的检修周期和实际累计短路开断次数及状态进行检修，尤其要加强对绝缘拉杆、机构的检修，防止断路器绝缘拉杆拉断、拒分、拒合和误动，以及灭弧室的烧损或爆炸，预防液压机构的漏油和慢分。

6.3.4.2 对 72.5kV 及以上电压等级少油断路器在新装前及投运一年后应检查铝帽上是否有砂眼，密封端面是否平整，应针对不同情况分别处理，如采取加装防雨帽等措施。在检查维护时应注意检查呼吸孔，防止被油漆等物堵死。

6.3.4.3 检修时应对断路器的各连接拐臂、联板、轴、销进行检查，如发现弯曲、变形或断裂，应找出原因，更换零件并采取预防措施。

6.3.4.4 当断路器大修时，应检查液压（气动）机构分、合闸阀的阀针是否松动或变形，防止由于阀针松动或变形造成断路器拒动；检查分、合闸线圈铁心应动作灵活，无卡涩现象，以防拒分或拒合。

6.3.4.5 调整断路器时应用慢分、慢合检查有无卡涩，各种弹簧和缓冲装置应调整和使用在其允许的拉伸或压缩限度内，并定期检查有无变形或损坏。

6.3.4.6 各种断路器的油缓冲器应调整适当。在调试时，应特别注意检查油缓冲器的缓冲行程和触头弹跳情况，以验证缓冲器性能是否良好，防止由于缓冲器失效造成拐臂和传动机构损坏。禁止在缓冲器无油状态下进行快速操作。低温地区使用的油缓冲器应采用适合低温环境条件的缓冲油。

6.3.4.7 断路器操动机构检修后，应检查操动机构脱扣器的动作电压是否符合 30% 和 65% 额定操作电压的要求。合闸机构在 80%（或 85%）额定操作电压下，可靠动作。

6.3.5 高压开关设备的试验

6.3.5.1 检修期间，断路器应按 DL/T 596 进行预防性试验。

6.3.5.2 加强断路器合闸电阻的检测和试验，防止断路器合闸电阻缺陷引发故障。在断路器产品出厂试验、交接试验及预防性试验中，应对合闸电阻的阻值、断路器主断口与合闸电阻断口的配合关系进行测试。

6.3.5.3 SF_6 密度继电器及压力表应按规定定期校验，或按厂家要求执行。

6.3.5.4 断路器红外检测的方法、周期、要求应符合 DL/T 664 的规定。

6.3.5.5 真空开关交流耐压试验应在开关投运一年内进行一次。以后按正常预防性试验周期进行。

6.4 气体绝缘金属封闭开关设备（GIS）的技术监督

6.4.1 气体绝缘金属封闭开关设备设计选型

6.4.1.1 气体绝缘金属封闭开关设备（以下简称 GIS）订货应符合 GB 7674、DL/T 617 和 DL/T 728 等标准和相关反事故的要求。

6.4.1.2 根据使用要求，确定 GIS 内部元件在正常负荷条件和故障条件下的额定值，并考虑系统的特点及其今后预期的发展来选用 GIS。

6.4.1.3 结构及组件的要求。

　　a）额定值及结构相同的所有可能要更换的元件应具有互换性；

　　b）应特别注意气室的划分，避免某处故障后劣化的 SF_6 气体造成 GIS 的其他带电部位的闪络，同时也应考虑检修维护的便捷性；

　　c）GIS 的所有支撑不得妨碍正常维修巡视通道的畅通；

　　d）GIS 的接地连线材质应为电解铜，并标明与地网连接处接地线的截面积要求；

　　e）当采用单相一壳式钢外壳结构时，应采用多点接地方式，并确保外壳中感应电流的流通，以降低外壳中的涡流损耗；

　　f）接地开关与快速接地开关的接地端子应与外壳绝缘后再接地，以便测量回路电阻、校验电流互感器变比、检测电缆故障。

6.4.2 监造、运输、安装和交接试验

6.4.2.1 根据 DL/T 1054 的规定，220kV 及以上电压等级的 GIS 成套设备应进行监造和出厂验收。GIS 监造项目参照 DL/T 586。

6.4.2.2 GIS 应在密封和充低压力的干燥气体（如 SF_6 或 N_2）的情况下包装、运输和贮存，以免潮气侵入。

6.4.2.3 GIS 应包装规范，并应能保证各组成元件在运输过程中不致遭到破坏、变形、丢失及受潮。对于外露的密封面，应有预防腐蚀和损坏的措施。各运输单元应适合于运输及

装卸的要求，并有标志，以便用户组装。包装箱上应有运输、贮存过程中必须注意事项的明显标志和符号。出厂产品应附有产品合格证书（包括出厂试验数据）和装箱单。

6.4.2.4 GIS 每个运输单元应安装冲击记录仪，以检查 GIS 在运输过程中有否受到冲击等情况。

6.4.2.5 安装施工单位应严格按制造厂安装说明书、GB 50147 和基建移交生产达标要求进行现场安装工作。

6.4.2.6 GIS 在现场安装后，投入运行前的交接试验项目和要求应符合 GB50150、DL/T 618 以及制造厂技术要求等有关规定执行。220kV 及以上设备重点监督项目：交流耐压试验、SF_6 气体含水量测试。

6.4.2.7 SF_6 气体压力、泄漏率和含水量应符合现行国家标准 GB 50150 及产品技术文件的规定。

6.4.3 GIS 的运行监督

6.4.3.1 GIS 运行维护技术要求应符合 DL/T 603 的规定。

6.4.3.2 巡视：每天至少 1 次。对运行中的 GIS 设备进行外观检查，主要检查设备有无异常情况，并做好记录。如有异常情况应按规定上报并处理。内容主要有：

　　a）标志牌的名称和编号齐全、完好。

　　b）外壳、支架等有无锈蚀、损坏，瓷套有无开裂、破损或污秽情况。外壳漆膜是否有局部颜色加深或烧焦、起皮现象。

　　c）GIS 室内的照明、通风和防火系统及各种监测装置是否正常、完好。GIS 室氧量仪指示不低于 18%，SF_6 气体含量不超过 $1000 \mu L/L$，无异常声音或异味。

　　d）断路器、隔离开关、接地开关及快速接地开关的位置指示正确，并与当时实际运行工况相符。

　　e）气室压力表、油位计的指示是否在正常范围内，并记录压力值。

　　f）检查断路器和隔离开关的动作指示是否正常，记录其累积动作次数。

　　g）避雷器在线监测仪指示正确，每半个月记录泄漏电流值和动作次数并进行分析。

　　h）各种指示灯、信号灯和带电监测装置的指示是否正常，控制开关的位置是否正确，控制柜内加热器的工作状态是否按规定投入或切除。

　　i）外部接线端子有无过热情况，汇控柜内有无异常现象。

　　j）接地端子有无发热现象，接触应完好。

　　k）各类箱、门关闭严密。

　　l）各类管道及阀门有无损伤、锈蚀，阀门的开闭位置是否正确，管道的绝缘法兰与绝缘支架是否良好。

　　m）压力释放装置有无异常，其释放出口有无障碍物。

　　n）设备有无漏气（SF_6 气体、压缩空气）、漏油（液压油、电缆油）。

　　o）可见的绝缘件有无老化、剥落，有无裂纹。

6.4.3.3 GIS 中 SF_6 气体监督。

　　a）SF_6 气体泄漏及压力监测：每天巡视记录一次，根据 SF_6 气体压力、温度曲线监视气体压力变化，发现异常，应查明原因，及时处理。

b) 气体泄漏检查：当发现压力表在同一温度下，相邻两次读数的差值达 0.01 ~ 0.03MPa 时，应进行气体泄漏检查。

c) SF_6 气体补充气：根据监测各气室的 SF_6 气体压力的结果，对低于绿色正常压力区的气室，一般应停电补充 SF_6 气体，并做好记录；个别特殊情况下须带电补气时，应在厂家指导下进行。GIS 设备补气时，应符合新气质量标准。

d) SF_6 气体湿度检测：定期进行微水含量检测，如发现不合格情况应及时进行处理。允许标准见表 12，或按制造厂标准。

表 12　SF_6 气体湿度允许标准

气　　室	有电弧分解的气室	无电弧分解的气室
交接验收值	≤150μL/L	≤250μL/L
运行允许值	≤300μL/L	≤500μL/L
注：测量时环境温度为 20℃，大气压力为 101325Pa		

6.4.3.4 SF_6 新气的质量管理。

a) SF_6 新气到货后，应检查是否有制造厂的质量证明书，其内容包括制造厂名称、产品名称、气瓶编号、净重、生产日期和检验报告单；

b) SF_6 新气到货的一个月内，应按 GB 50150 的要求进行抽样检验，并按 GB/T 12022、DL/T 603 的要求进行复核（见表 13）；

c) 对于国外进口的新气，应进行抽样检验，可按 GB/T 12022 验收；

d) 充气前，每瓶 SF_6 气体都应复核湿度，不得超过表 13 中的规定。

表 13　SF_6 新气质量标准

项　目　名　称	标准值（GB 12022）
纯度（SF_6）（质量分数）	≥99.8
空气（$N_2 + O_2$ 或空气）（质量分数）	≤0.05%
四氟化碳（CF_4）（质量分数）	≤0.05%
湿度（H_2O）	≤8μg/g
酸度（以 HF 计）	≤0.3μg/g
可水解氟化物（以 HF 计）	≤1.0μg/g
矿物油	≤10μg/g
毒性	生物试验无毒

6.4.4　GIS 的检修监督

6.4.4.1 定期检查：GIS 处于全部或部分停电状态下，专门组织的维修检查。每 4 年进行 1 次，或按厂家要求执行。内容主要有：

a) 对操动机构进行维修检查，处理漏油、漏气或缺陷，更换损坏零部件；

b) 维修检查辅助开关；

c) 检查或校验压力表、压力开关、密度继电器或密度压力表和动作压力值；

　　d）检查传动部位及齿轮等的磨损情况，对转动部件添加润滑剂；

　　e）断路器的机械特性及动作电压试验；

　　f）检查各种外露连杆的紧固情况；

　　g）检查接地装置；

　　h）必要时进行绝缘电阻、回路电阻测量；

　　i）油漆或补漆；

　　j）清扫 GIS 外壳，对压缩空气系统排污。

6.4.4.2 GIS 的分解检查。

　　断路器达到规定的开断次数或累计开断电流值；GIS 某部位发生异常现象、某气室发生内部故障；达到规定的分解检修周期时，应对断路器或其他设备进行分解检修，其内容与范围应根据运行中所发生的问题而定，这类分解检修宜由制造厂承包进行。GIS 解体检修后，应按 DL/T 603 的规定进行试验及验收。

　　a）断路器本体一般不用检修，在达到制造厂规定的操作次数或达到表 14 的操作次数应进行分解检修。断路器分解检修时，应有制造厂技术人员在场指导下进行。检修时将主回路元件解体进行检查，根据需要更换不能继续使用的零部件。

表 14　断路器动作（或累计开断电流）次数

使　用　条　件	规定操作次数
空载操作	3000 次
开断负荷电流	2000 次
开断额定短路开断电流	15 次

　　b）检修内容与周期。每 15 年或按制造厂规定应对主回路元件进行 1 次大修，主要内容包括：电气回路；操动机构；气体处理；绝缘件检查；相关试验。

6.4.5　GIS 的试验

6.4.5.1 GIS 预防性试验的项目、周期、要求应符合 DL/T 596 的规定。

6.4.5.2 GIS 解体检修后的试验应按 DL/T 603 的规定进行，试验项目为：

　　a）绝缘电阻测量；

　　b）主回路耐压试验；

　　c）元件试验；

　　d）主回路电阻测量；

　　e）密封试验；

　　f）联锁试验；

　　g）湿度测量；

　　h）局部放电试验（必要时）。

6.4.5.3 SF_6 新气到货后，充入设备前应按 GB/T 12022 及 DL/T 603 验收。

6.4.5.4 运行中 SF_6 气体的试验项目、周期和要求应符合 DL/T 596 的规定。

　　a）气体泄漏标准：每个气室年漏气率小于 1%；

　　b) SF_6 气体湿度：新设备投入运行后 1 年监测 1 次；运行 1 年后若无异常情况，间隔 1～3 年检测 1 次。

6.4.5.5　SF_6 密度继电器及压力表应按规定定期校验，或按厂家要求执行。

6.5　互感器、耦合电容器及套管的技术监督

6.5.1　互感器、耦合电容器及套管的选型

6.5.1.1　互感器的技术要求应符合 GB/T 20840.1、DL/T 725、DL/T 726 和 DL/T 866 等标准和反事故措施的有关规定。

6.5.1.2　电压互感器的技术参数和性能应满足 GB/T 20840.3 的要求；电容式电压互感器应满足 GB/T 20840.5 的要求。

6.5.1.3　电流互感器的技术参数和性能应满足 GB/T 20840.2 的要求；保护用电流互感器的暂态特性应满足 GB/T 20840.2 的要求。

6.5.1.4　耦合电容器选型应符合 GB/T 19749.1 和相关反事故措施的要求。

6.5.1.5　高压电容式套管选型应符合 GB/T 4109、DL/T 865、DL/T 1001 等标准及相关反事故措施的要求。

6.5.2　互感器、耦合电容器及套管的监造、运输、保管、安装和交接试验

6.5.2.1　根据 DL/T 1054 的规定，220kV 及以上电压等级的气体绝缘和干式互感器应进行监造和出厂验收，监造项目由订货技术条件确定。

6.5.2.2　互感器的包装，应保证产品及其组件、零件的整个运输和储存期间不致损坏及松动。干式互感器的包装，还应保证互感器在整个运输和储存期间不得受到雨淋。

6.5.2.3　油浸式互感器、耦合电容器的运输和放置应按产品技术条件的要求执行。

6.5.2.4　互感器在运输过程中应无严重震动、颠簸和冲击现象。

6.5.2.5　SF_6 气体绝缘电流互感器运输时，制造厂应采取有效固定措施，防止内部构件振动移位损坏。运输时所充的气压应严格控制在允许范围内，每台产品上安装振动测试记录仪器，到达目的地后应在各方人员到齐情况下检查振动记录，若振动记录值超过允许值，则产品应返厂检查处理。

6.5.2.6　电容式套管运输应该有良好的包装、固定措施，运输套管应该装设有三维冲撞记录仪，并场后进行运输过程检查，确定运输过程无异常。

6.5.2.7　互感器、耦合电容器在安装现场应该直立式存放，并有必要的防护措施。干式环氧浇注式互感器要户内存放，并有必要的防护措施。

6.5.2.8　电容式套管可以在安装现场短时水平存放保管，但若短期内（不超过一个月）不能安装，应置于户内且竖直放置；若水平存放，顶部抬高角度应符合制造厂要求，避免局部电容芯子较长时间暴露在绝缘油之外，影响绝缘性能。

6.5.2.9　互感器、耦合电容器、高压电容式套管的安装应严格按 GB 50148 和产品的安装技术要求进行，确保设备安装质量。

6.5.2.10　电流互感器一次端子所承受的机械力不应超过制造厂规定的允许值，其电气联结应接触良好，防止产生过热性故障。应检查膨胀器外罩、将军帽等部位密封良好，联结

可靠，防止出现电位悬浮。互感器二次引线端子应有防转动措施，防止外部操作造成内部引线扭断。

6.5.2.11　气体绝缘的电流互感器安装时，密封检查合格后方可对互感器充 SF_6 气体至额定压力，静置 24h 后进行 SF_6 气体微水测量，SF_6 气体微水含量在 20℃时不超过 $250\mu L/L$。气体密度继电器必须经过校验合格。

6.5.2.12　电容式电压互感器配套组合要和制造厂出厂配套组合相一致，严禁互换。

6.5.2.13　电容式套管安装时注意处理好套管顶端导电连接和密封面，检查端子受力和引线支承情况、外部引线的伸缩情况，防止套管因过度受力引起密封破坏渗漏油；与套管相连接的长引线，当垂直高差较大时要采取引线分水措施。

6.5.2.14　互感器、耦合电容器、高压套管安装后，应按照 GB 50150 进行试验并满足其相关要求。

6.5.2.15　投产验收时，应重点关注以下 7 个方面：各项交接试验项目齐全、合格；设备外观检查无异常；油浸式设备无渗漏油；SF_6 设备压力在允许范围内；变压器套管油位正常，油浸电容式穿墙套管压力箱油位符合要求；复合外套设备的外套、硅橡胶伞裙规整，无开裂、变形、变色等现象；接地规范、良好。

6.5.3　互感器、耦合电容器及套管的运行监督

6.5.3.1　互感器、耦合电容器、高压套管运行监督应依据 DL/T 727 的规定进行。正常巡视检查应每班不少于 1 次，夜间闭灯巡视应每周不少于一次。

6.5.3.2　运行中巡视检查，应包括以下基本内容：

　　a）油浸式互感器、变压器套管、油浸式穿墙套管：

　　　　1）设备外观是否完整无损，各部连接是否牢固可靠；

　　　　2）外绝缘表面是否清洁、有无裂纹及放电现象；

　　　　3）油色、油位是否正常，膨胀器是否正常；

　　　　4）有无渗漏油现象；

　　　　5）有无异常振动，异常音响及异味；

　　　　6）各部位接地是否良好，注意检查电流互感器末屏连接情况与电压互感器 N（X）端连接情况；

　　　　7）引线端子是否过热或出现火花，接头螺栓有无松动现象；

　　　　8）电流互感器是否过负荷，电压互感器端子箱内熔断器及自动断路器等二次元件是否正常；

　　　　9）特殊巡视补充的其他项目，视运行工况要求确定。

　　b）电容式电压互感器：除与上条油浸式互感器相关项目相同外，尚应注意检查项目如下：

　　　　1）330kV 及以上电容式电压互感器分压电容器各节之间防晕罩连接是否可靠；

　　　　2）分压电容器低压端子 N（δ、J）是否与载波回路连接或直接可靠接地；

　　　　3）电磁单元各部分是否正常，阻尼器是否接入并正常运行；

　　　　4）分压电容器及电磁单元有无渗漏油。

c）SF$_6$气体绝缘互感器、复合绝缘套管：除与上条油浸式互感器相关项目相同外，应特别注意检查项目如下：

　　1）检查压力表、气体密度继电器指示是否在正常规定范围，有无漏气现象；

　　2）复合绝缘套管表面是否清洁、完整、无裂纹、无放电痕迹、无老化迹象，憎水性良好。

d）树脂浇注互感器：

　　1）互感器有无过热，有无异常振动及声响；

　　2）互感器有无受潮，外露铁心有无锈蚀；

　　3）外绝缘表面是否积灰、粉蚀、开裂，有无放电现象。

6.5.3.3　互感器绝缘油监督。

a）绝缘油按 GB/T 14542 管理，应符合 GB/T 7595 和 DL/T 596 的规定；

b）当油中溶解气体色谱分析异常，含水量、含气量、击穿强度等项目试验不合格时，应分析原因并及时处理；

c）互感器油位不足应及时补充，应补充试验合格的同油源同品牌绝缘油。如需混油时，必须按规定进行有关试验，合格后方可进行。

6.5.3.4　互感器 SF$_6$ 气体监督。

a）SF$_6$ 气体按 GB/T 8905 管理，应符合 GB/T 12022 和 DL/T 596 的规定；

b）运行中应巡视检查气体密度表，产品年漏气率应小于 0.5%；

c）补充的气体应按有关规定进行试验，合格后方可补气；

d）若压力表偏出绿色正常压力区时，应引起注意，并及时按制造厂要求停电补充合格的 SF$_6$ 新气，控制补气速度约为 0.1MPa/h，一般应停电补气；

e）要特别注意充气管路的除潮干燥；

f）应监测 SF$_6$ 气体含水量不超过 300μL/L（体积比），若超标时应尽快退出，并通知厂家处理。

6.5.3.5　互感器应立即停用的几种情况，当发生下列情况之一时，应立即将互感器停用（注意保护的投切）：

a）电压互感器高压熔断器连续熔断 2~3 次。

b）高压套管严重裂纹、破损，互感器有严重放电，已威胁安全运行时。

c）互感器内部有严重异音、异味、冒烟或着火。

d）油浸式互感器严重漏油，看不到油位；SF$_6$气体绝缘互感器严重漏气、压力表指示为零；电容式电压互感器分压电容器出现漏油时。

e）互感器本体或引线端子有严重过热时。

f）膨胀器永久性变形或漏油。

g）压力释放装置（防爆片）已冲破。

h）电流互感器末屏开路，二次开路；电压互感器接地端子 N（X）开路、二次短路，不能消除时。

i）树脂浇注互感器出现表面严重裂纹、放电。

6.5.3.6　定期对互感器设备状况进行运行分析，内容应包括：

a）异常现象、缺陷产生的原因及发展规律；

b）故障或事故原因分析，处理情况和采取的对策；

c）根据系统变化，环境情况等做出事故预想；

d）对涉及电量结算的互感器，按 DL/T 448 要求定期进行误差性能试验。

6.5.3.7　其他注意事项。

a）硅橡胶套管应经常检查硅橡胶表面有无放电现象，如果有放电现象应及时处理。

b）运行人员正常巡视应检查记录互感器油位情况。对运行中渗漏油的互感器，应根据情况限期处理，必要时进行油样分析，对于含水量异常的互感器要加强监视或进行油处理。油浸式互感器严重漏油及电容式电压互感器电容单元渗漏油的应立即停止运行。

c）应及时处理或更换已确认存在严重缺陷的互感器。对怀疑存在缺陷的互感器，应缩短试验周期进行跟踪检查和分析查明原因。对于全密封型互感器，油中气体色谱分析仅 H_2 单项超过注意值时，应跟踪分析，注意其产气速率，并综合诊断，如产气速率增长较快，应加强监视；如监测数据稳定，则属非故障性氢超标，可安排脱气处理；当发现油中有乙炔大于 $1\mu L/L$ 时，应立即停止运行。

d）如运行中互感器的膨胀器异常伸长顶起上盖，应立即退出运行。当互感器出现异常响声时应退出运行。当电压互感器二次电压异常时，应迅速查明原因并及时处理。

e）在运行方式安排和倒闸操作中应尽量避免用带断口电容的断路器投切带有电磁式电压互感器的空母线；当运行方式不能满足要求时，应进行事故预想，及早制定预防措施，必要时可装设专门消除此类谐振的装置。

f）当采用电磁单元为电源测量电容式电压互感器的电容分压器 C1 和 C2 的电容量和介损时，必须严格按照制造厂说明书规定进行。

g）根据电网发展情况，应注意核算电流互感器动热稳定电流是否满足要求。若互感器所在变电站短路电流超过互感器铭牌规定的动热稳定电流值时，应及时改变变比或安排更换。

h）每年至少进行 1 次红外成像测温等带电监测工作，以及时发现运行中互感器的缺陷。

6.5.4　互感器、耦合电容器及套管的检修监督

6.5.4.1　互感器、耦合电容器及高压套管的检修随机组、线路和开关站的检修计划安排；临时性检修针对运行中发现的严重缺陷及时进行。

6.5.4.2　互感器检修项目、内容、工艺及质量应符合 DL/T 727 相关规定及制造厂要求。

6.5.4.3　110kV 及以上电压等级的互感器、耦合电容器及套管不应进行现场解体检修。

6.5.5　互感器、耦合电容器及套管的试验

6.5.5.1　互感器、耦合电容器及套管的预防性试验应按照 DL/T 596 规定及制造厂要求进行，并满足其相关要求。

6.5.5.2　红外检测的方法、周期、要求应符合 DL/T 664 的规定。

6.5.5.3　定期进行复合绝缘外套憎水性检测。

6.6 金属氧化物避雷器的技术监督

6.6.1 金属氧化物避雷器的选型、验收、安装和交接试验监督

6.6.1.1 金属氧化锌避雷器的设计选型应符合 GB/T 311.1、GB/T 11032、DL/T 815 和 DL/T 804 中的有关规定和相关反事故措施的要求。普通阀式避雷器属于淘汰产品，对 110~200kV 普通阀式避雷器，应积极进行更换。

6.6.1.2 为避免雷电侵入波过电压损坏发电厂高压配电装置的绝缘，应在变电站出线处布设避雷器。用于保护发电机灭磁回路、GIS、干式变压器等的金属氧化物避雷器的设计选型应特殊考虑，其技术要求需经供需双方协商确定。

6.6.1.3 根据 DL/T 1054 的规定，330kV 及以上电压等级的避雷器应进行监造和出厂验收。避雷器的安装和投产验收应符合 GB 50147 的要求。

6.6.1.4 复合外套避雷器在运输时严禁与腐蚀性物品放在同一车厢；保存时应存放无强酸碱及其他有害物质的库房中，温度范围在 −40℃ ~ +40℃。产品水平放置时，应避免让伞裙受力。安装前应取下运输时用以保护金属氧化物避雷器防爆片的上下盖子，防爆片应完整无损。

6.6.1.5 避雷器安装前，应进行下列检查：

　　a）瓷外套或复合外套应无裂纹、无损伤，与金属法兰应胶装牢固；金属法兰结合面应平整、无外伤或铸造砂眼，法兰泄水孔应通畅。

　　b）各节组合单元应经试验合格，底座绝缘应良好。

　　c）应取下运输时用以保护避雷器防爆膜的防护罩，防爆膜应完好、无损。

　　d）避雷器的安全装置应完整无损。

　　e）接地引线应满足设计要求。

6.6.1.6 避雷器的排气通道应通畅，排气通道口不得朝向巡检通道，排出气体不致引起相间或对地闪络，并不得喷及其他电气设备。

6.6.1.7 设备接线端子的接触面应平整、清洁；连接螺栓应齐全、紧固，紧固力矩应符合要求；避雷器引线的连接不应使设备端子受到超过允许的承受应力。

6.6.1.8 避雷器施工验收时，应进行下列检查：

　　a）现场制作件应符合设计要求；

　　b）避雷器外部应完整无缺损，封口处密封良好；

　　c）避雷器应安装牢固，其垂直度应符合要求，均压环应水平，在最低处宜打排水孔；

　　d）在线监测表计及放电计数器密封应良好，绝缘垫及接地应良好、牢固；

　　e）并列安装的避雷器三相中心应在同一直线上，相间中心距离允许偏差为 10mm，油漆应完整，相色正确；

　　f）交接试验应合格。

6.6.1.9 避雷器交接验收项目，应包括下列内容（无间隙金属氧化物避雷器的试验项目为 a、b、c、d，其中 b、c 可选做 1 项；有间隙金属氧化物避雷器的试验项目为 a、e）：

　　a）测量金属氧化物避雷器及基座绝缘电阻；

　　b）测量金属氧化物避雷器的工频参考电压和持续电流；

c）测量金属氧化物避雷器直流参考电压和 0.75 倍直流参考电压下的泄漏电流；

d）检查放电计数器动作情况及校验电流表指示；

e）工频放电电压试验。

6.6.2　金属氧化物避雷器的运行监督

6.6.2.1　巡视。

a）检查是否有影响设备安全运行的障碍物、附着物；

b）检查绝缘外套有无破损、裂纹和电蚀痕迹。

6.6.2.2　应在运行中按规程要求带电测量泄漏电流。当发现异常情况时，应及时查明原因。

a）新投产的 110kV 及以上避雷器应 3 个月后测量 1 次，超过 3 个月以后半年测量 1 次。以后每年雷雨季节前后各测量 1 次，测量应在晴朗天气下进行。

b）测量时应记录电压、环境温度、大气条件以及外套污秽状况等运行条件。

c）测量结果与出厂或投运时，以及前几次的数据进行比较，如发现异常可与同类设备的测量数据进行比较。当阻性电流增加 20% 时应缩短周期加强监测。当阻性电流增加 1 倍时，应进行停电试验。

6.6.2.3　110kV 及以上电压等级避雷器宜安装电导电流在线监测表计。对已安装在线监测表计的避雷器，每天至少巡视 1 次，每半个月记录 1 次，并加强数据分析。

6.6.2.4　定期用红外热像仪扫描避雷器本体、电气连接部位等，检查是否存在异常温升。

6.6.3　金属氧化物避雷器的试验

6.6.3.1　金属氧化物避雷器按 DL/T 596 和 DL/T 804 规定的有关试验项目进行试验。

6.6.3.2　红外检测的周期、方法、要求应符合 DL/T 664 的要求。检测周期如下：交接及大修后带电 1 个月内（但应超过 24h）；220kV 及以上变电站 3 个月，其他 6 个月；必要时。

6.7　接地装置的技术监督

6.7.1　接地装置的设计、施工和验收监督

6.7.1.1　接地装置应依据 GB/T 50065 等有关规定进行设计、施工、验收。

6.7.1.2　在工程设计时，应认真吸取接地网事故的教训，并按照相关规程规定的要求，改进和完善接地网设计。审查地表电位梯度分布、跨步电势、接触电势、接地阻抗等指标的安全性和合理性，以及防腐、防盗措施的有效性。

6.7.1.3　新建工程设计，应结合长期规划考虑接地装置（包括设备接地引下线）的热稳定容量，并提出接地装置的热稳定容量计算报告。

6.7.1.4　在扩建工程设计中，除应满足新建工程接地装置的热稳定容量要求以外，还应对前期已投运的接地装置进行热稳定容量校核，不满足要求的必须在本期的基建工程中一并进行改造。

6.7.1.5　接地装置腐蚀比较严重的电厂宜采用铜质材料的接地网，不应使用降阻剂。

6.7.1.6 变压器中性点应有两根与主接地网不同地点（不同干线）连接的接地引下线，且每根引下线均应符合热稳定的要求。重要设备及设备架构等宜有两根与主接地网不同地点连接的接地引下线，且每根接地引下线均应符合热稳定要求。连接引线应便于定期进行检查测试。

6.7.1.7 当输电线路的避雷线和电厂的接地装置相连时，应采取措施使避雷线和接地装置有便于分开的连接点。

6.7.1.8 施工单位应严格按照设计要求进行施工。接地装置的选择、敷设及连接应符合 GB 50169 的有关要求。预留的设备、设施的接地引下线必须确认合格，隐蔽工程必须经监理单位和建设单位验收合格后，方可回填土；并应分别对两个最近的接地引下线之间测量其回路电阻，确保接地网连接完好。

6.7.1.9 接地体（线）的连接应采用焊接，焊接必须牢固无虚焊。接至电气设备上的接地线，应用镀锌螺栓连接；有色金属接地线不能采用焊接时，可用螺栓连接、压接、热剂焊（放热焊接）方式连接。采用搭焊接时，其搭接长度必须符合相关规定。不同材料接地体间的连接应进行防电化学腐蚀处理。接地装置的焊接质量与检查应符合 GB/T 50065、GB 50169 及其他有关规定，各种设备与主接地网的连接必须可靠；扩建接地网与原接地网间应为多点连接。

6.7.1.10 对高土壤电阻率地区的接地网，在接地电阻难以满足要求时，应由设计确定采取措施后，方可投入运行。

6.7.1.11 接地装置验收测试应在土建完工后尽快进行；特性参数测量应避免雨天和雨后立即测量，应在连续天晴 3d 后测量。交接验收试验应符合 GB 50150 的规定。接地装置交接试验时，必须确保接地装置隔离，排除与接地装置连接的接地中性点、架空地线和电缆外皮的分流，对测试结果及评价的影响。

6.7.1.12 大型接地装置除进行 GB 50150 规定的电气完整性试验和接地阻抗测量，还必须考核场区地表电位梯度、接触电位差、跨步电位差、转移电位等各项特性参数测试，以确保接地装置的安全。试验的测试电源、测试回路的布置、电流极和电压极的确定以及测试方法等应符合 DL/T 475 的相关要求。有条件时宜按照 DL/T 266 规定进行冲击接地阻抗、场区地表冲击电位梯度、冲击反击电位测试等冲击特性参数测试。

6.7.1.13 在验收时应按下列要求进行检查：

a）接地施工质量符合 GB 50169 的要求；
b）整个接地网外露部分的连接可靠，接地线规格正确，防腐层完好，标志齐全明显；
c）避雷针（带）的安装位置及高度符合设计要求；
d）供连接临时接地线用的连接板的数量和位置符合设计要求；
e）工频接地电阻值及设计要求的其他测试参数符合设计规定。

6.7.1.14 验收时，应移交实际施工的记录图、变更设计的证明文件、安装技术记录（包括隐蔽工程记录等）、测试记录等资料和文件。

6.7.2 接地装置的运行维护监督

6.7.2.1 对于已投运的接地装置，应根据本地区短路容量的变化，每年校核接地装置（包括设备接地引下线）的热稳定容量，并结合短路容量变化情况和接地装置的腐蚀程度有针对性地对接地装置进行改造。对不接地、经消弧线圈接地、经低阻或高阻接地系统，必须按异点两相接地校核接地装置的热稳定容量。

6.7.2.2 接地引下线的导通检测工作应每 1~3 年进行 1 次，其检测范围、方法、评定应符合 DL/T 475 的要求，并根据历次测量结果进行分析比较，以决定是否需要进行开挖、处理。

6.7.2.3 定期（不多于 5 年）通过开挖抽查等手段确定接地网的腐蚀情况。根据电气设备的重要性和施工的安全性，选择 5~8 个点沿接地引下线进行开挖检查，要求不得有开断、松脱或严重腐蚀等现象。如发现接地网腐蚀较为严重，应及时进行处理。铜质材料接地体地网不必定期开挖检查。

6.7.3 接地装置的试验

接地装置试验的项目、周期、要求应符合 DL/T 596 及 DL/T 475 的规定。

6.8 设备外绝缘和绝缘子的技术监督

6.8.1 外绝缘的配置、订货、验收、安装和交接试验监督

6.8.1.1 绝缘子的型式选择和尺寸确定应符合 GB/T 26218.1~3、GB 50061、DL/T 5092 等标准的相关要求。设备外绝缘的配置应满足相应污秽等级对统一爬电比距的要求，并宜取该等级爬电比距的上限。

6.8.1.2 新建和扩建电气设备的电瓷外绝缘爬距配置应依据经审定的污秽区分布图为基础，并综合考虑环境污染变化因素，在留有裕度的前提下选取绝缘子的种类、伞形和爬距。

6.8.1.3 室内设备外绝缘爬距应符合 DL/T 729 的规定，并应达到相应所在区域污秽等级的配置要求，严重潮湿的地区要提高爬距。

6.8.1.4 绝缘子的订货应按照设计审查后确定的要求，在电瓷质量检测单位近期检测合格的产品中择优选定，其中合成绝缘子的订货必须在认证合格的企业中进行。

6.8.1.5 绝缘子包装件运至施工现场，必须认真检查运输和装卸过程中包装件是否完好。绝缘子现场储存应符合相关标准的规定。对已破损包装件内的绝缘子应另行储存，以待检查。绝缘子现场开箱检验时，必须按照标准和合同规定的有关外观检查标准，对绝缘子（包括金属附件及其热镀锌层）逐个进行外观检查。

6.8.1.6 合成绝缘子存放期间及安装过程中，严禁任何可能损坏绝缘子的行为；在安装合成绝缘子时，严禁反装均压环。

6.8.1.7 绝缘子安装时，应按 GB 50150 有关规定进行绝缘电阻测量和交流耐压试验。其中对盘形悬式瓷绝缘子的绝缘电阻测量应逐只进行。

6.8.2 外绝缘的运行监督

6.8.2.1 日常运行巡视，设备外绝缘应无裂纹、无破损，无放电痕迹。如出现爬电现象，及时采取防范措施。

6.8.2.2 外绝缘清扫应以现场污秽度监测为指导，并结合运行经验，合理安排清扫周期，提高清扫效果。110~500kV 电压等级每年清扫 1 次，宜安排在污闪频发季节前 1~2 个月

内进行。

6.8.2.3 定期进行盐密及灰密测量，掌握所在地区的年度现场污秽度和自清洗功能和积污规律，以现场污秽度指导全厂外绝缘配合工作。

    a）现场污秽度测量点选择的要求：

       1）厂内每个电压等级选择1个、2个测量点。在现场污秽度测量中，通常使用由7~9个参照盘形悬式绝缘子组成的串（最好是9个盘的串，以避免端部影响）或使用1个最少有14个伞的参照长棒形绝缘子为1个测点，不带电的绝缘子串的安装高度应尽可能接近于线路或母线绝缘子的安装高度。

       2）现场污秽度测量点的选取要从悬式绝缘子逐渐过渡到棒型支柱绝缘子。

       3）明显污秽成分复杂地段应适当增加测量点。

    b）现场污秽度测量的方法、使用仪器和测量周期按 GB/T 26218 中的规定执行。

6.8.2.4 当外绝缘环境发生明显变化及新的污源出现时，应核对设备外绝缘爬距，不满足污秽等级要求的应予以调整；如受条件限制不能调整的，应采取必要的防污闪补救措施，如防污闪涂料或防污闪辅助伞裙等。对于避雷器瓷套不宜单独加装辅助伞裙，但可将辅助伞裙与防污闪涂料结合使用。

6.8.2.5 RTV 防污闪涂料的技术要求

    a）选用的 RTV 防污闪涂料应符合 DL/T 627 的技术要求，宜优先选用 RTV-Ⅱ型防污闪涂料。

    b）运行中的 RTV 涂层出现起皮、脱落、龟裂等现象，应视为失效，采取复涂等措施。防污闪涂层在有效期内一般不需要清扫或水洗；发生闪络后防污闪涂层若无明显损伤，可不重涂。

    c）对涂覆 RTV 的设备设置憎水性监测点并做憎水性检测，结合停电时机进行，一般每年进行1次。监测点的选择原则是在每个生产厂家的每批 RTV 中，选择电压等级最高的一台设备的其中一相作为测量点。

6.8.2.6 按照 DL/T 596 的要求，做好绝缘子低、零值检测工作，并及时更换低、零值绝缘子。对运行3~5年以上的复合绝缘子要按照 DL/T 864 要求进行运行性能抽样检测，要特别注意复合绝缘子憎水性和机械性能的变化情况。

6.8.2.7 绝缘子投运后应在2年内普测1次，再根据所测劣化率和运行经验，可延长检测周期，但最长不能超过10年。

6.8.2.8 绝缘子的运行维护应按照 DL/T 741、DL/T 864 和 DL/T 596 的规定执行，日常巡视时，应注意玻璃绝缘子自爆、复合绝缘子伞裙破损、均压环倾斜等异常情况。定期统计绝缘子劣化率，并对绝缘子运行情况做出评估分析。

6.8.3 外绝缘的试验

6.8.3.1 支柱绝缘子、悬式绝缘子和合成绝缘子的试验项目、周期和要求应符合 DL/T 596 的规定。

6.8.3.2 合成绝缘子的运行性能检验项目按 DL/T 864 的规定执行。

6.8.3.3 按照 DL/T 664 的周期、方法、要求进行设备外绝缘红外检测。

6.9 高压电动机的技术监督

6.9.1 高压电动机的设计、选型、安装和交接试验监督

6.9.1.1 电动机的设计选型应符合 GB/T 755、GB/T 21209、DL/T 5153、DL/T 1111 等标准的规定。

a）审查电动机选型是否适用运行现场环境温度、相对湿度、海拔高度等地理环境，以及运行电压和频率、中性点接地方式等基本电气运行条件。选型时应提出对原材料，如硅钢片、导体、绝缘材料、半导电材料、绝缘纸及云母带的供货商和供货质量要求。应查阅近年发布的高能耗电动机清单，避免选用高能耗产品。

b）审查电动机能否满足拖动设备对其机械性能、启动性能、调速性能、制动性能和过载能力等的要求，能效等级指标是否符合技术协议。

c）电机外壳防护型式和冷却方法是否满足现场条件；轴承型式和润滑方式是否合理；电机检测装置及配件是否齐全、满足运行需要；安装方式、结构是否合理，检修维护是否方便。

6.9.1.2 厂用电动机的电压可按容量选择，其选择原则：

a）当高压厂用电电压为 10kV 及 3kV 两级时，1800kW 以上的电动机宜采用 10kV；200～1800kW 电动机宜采用 3kV；200kW 以下的电动机宜采用 380V。200kW 及 1800kW 左右的电动机可按工程的具体情况确定。

b）当高压厂用电压等级为 6kV 时，200kW 以上的电动机可采用 6kV；200kW 以下宜采用 380V。200kW 左右的电动机可按工程的具体情况确定。

c）当高压厂用电压等级为 3kV（或 10kV）时，100kW（或 200kW）以上的电动机采用 3kV（或 10kV），100kW（或 200kW）以下者采用 380V。100kW（或 200kW）左右的电动机可按工程的具体情况确定。

6.9.1.3 电动机的包装应能避免在运输中受潮与损伤。电动机采取运到现场验收，重点检查外包装完整，无破损和变形，电动机外观检查符合要求，产品出厂技术资料齐全。对重要或返厂维修的电动机宜采用文件见证，或者现场见证。

6.9.1.4 电动机的安装和交接试验按照 GB 50170 和 GB 50150 中的规定执行。安装时重点检查如下内容：

a）电动机基础、地脚螺栓孔、预埋件及电缆管位置、尺寸和质量，应符合设计和有关标准的要求。

b）转子的转动灵活，不得有碰卡声。

c）润滑脂无变色、变质及变硬等现象，其性能应符合电动机的工作条件。

d）定子、转子之间的气隙的不均匀度应符合产品技术条件的规定；当无规定时，垂直、水平径向空气间隙与平均空气间隙之差与平均空气间隙之比宜为 ±5%。

e）引出线鼻子焊接或压接良好；裸露带电部分的电气间隙应符合产品技术条件的规定。

f）底座和电动机外壳接地符合相关标准的规定。

6.9.1.5 电动机安装检查结束后，应进行空载试验，宜进行带载试验。电动机试运中，

重点监督声音、振动、各部位温度，其性能符合产品技术条件，电动机旋转方向符合要求，电气参数在规定的范围，应与出厂值相一致，远动信号与现场是否一致。

6.9.1.6 当电动机有下列情况之一时，应做抽转子检查（当制造厂规定不允许解体，发现本条所述情况时，另行处理）。

    a）出厂日期超过制造厂保证期限；

    b）经外观检查或电气试验，质量可疑时；

    c）开启式电机经端部检查可疑时；

    d）试运转时有异常情况。

6.9.2 电动机的运行监督

6.9.2.1 电动机连续负载运行时，电源电压应在（$1 \pm 5\%$）U_e 范围内，不应超过（$1 \pm 10\%$）U_e；相间不平衡电压不得超过 5%，不平衡电流不得超过额定值的 10%，且任一相电流不应超过额定值。

6.9.2.2 运行中的电动机巡视和检查内容：

    a）检查电机及各轴承运行正常、无异音。

    b）电动机电流不超载、不过热。

    c）电动机各部分温度在额定冷却条件下应符合产品技术文件的规定，在制造厂无明确规定时，可参照 JB/T 10314 等执行。

集电环温升应不超过 80K，滚动轴承温度应不超过 95℃，滑动轴承温度应不超过 80℃。当轴承无埋置检温元件，对于滚动轴承轴承室外壳温度不高于 80℃，滑动轴承出油温度不高于 65℃；对未安装绕组测温元件的电动机，必要时可监测外壳温度，外壳温度可自行规定或参照制造厂规定；制造厂无明确要求的不宜超过表 15 的经验值。外壳温度超出规定值或异常升高时应采取措施降低温度或降低出力。

表 15　运行中电动机的允许外壳温度的经验值

热分级	Y	A	E	B	F	H	C
绕组最高允许工作温度/℃	90	105	120	130	155	180	180 以上
外壳监视温度正常值/℃		90	105	120	130	155	180

    d）振动监督：

      1）滚动轴承不允许轴向振动；滑动轴承允许轴向窜动 2mm，最大不超过 4mm。

      2）安装振动传感器的电动机运行时，轴相对振动值应不超过产品技术文件的规定。无厂家的规定时，电动机振动的双倍振幅值不应大于表 16 的规定。

表 16　电动机振动的双倍振幅值

同步转速/（r/min）	3000	1500	1000	750 及以下
双倍振幅值/mm	0.05	0.08	0.10	0.12

      3）对未安装振动传感器的电动机，必要时可监测轴承座的振动，其限值应符合

GB/T 6075.3 的规定，如表 17 所示。建议报警值通常不超过区域 B 上限的 1.25 倍；停机值通常不应超过区域 C 上限的 1.25 倍。

表 17　转轴高度 $H \geqslant 315\text{mm}$ 的电动机轴承座的振动限值

支承类型	区域边界	位移均方根值/μm	速度均方根值/(mm/s)
刚性	A/B	29	2.3
	B/C	57	4.5
	C/D	90	7.1
柔性	A/B	45	3.5
	B/C	91	7.1
	C/D	140	11.0
注： 区域 A：新交付的设备的振动通常落在该区域； 区域 B：设备振动处在该区域通常认为可无限制长期运行； 区域 C：设备振动处在该区域一般不适宜作长时间连续运行，通常设备可在此状态运行有限时间直到有采取补救措施的合适时机为止； 区域 D：设备振动处在该区域通常认为其振动烈度足以导致设备损坏			

　　e）观察轴承无漏油，轴承内油量，油环旋转状况正常。

　　f）轴承的润滑油及温度正常；强力润滑轴承，其油系统和冷却水系统运行正常。

　　g）电动机及其周围温度不超过规定值，保持电动机附近清洁（不应有煤灰、水汽、油污、金属导线、棉纱头等）。

6.9.2.3　电动机在新安装或大修后，宜在空载情况下做第一次启动，空载运行时间宜在 2h，并记录电机的空载电流和振动值。

6.9.2.4　交流电动机的带负荷启动次数，应符合产品技术条件的规定，当产品技术条件无规定时，可符合下列规定：

　　a）在冷态时，可启动 2 次。每次间隔时间不得小于 5min。

　　b）在热态时，可启动 1 次。当在处理事故以及电动机启动时间不超过 2～3s 时，可再启动 1 次。

6.9.2.5　封闭电动机应进行定期巡查，其周期按现场规程的规定执行。重点检查项目如下：

　　a）运行环境应满足规定的电动机使用要求；

　　b）电动机及其所带机械各部位温度应正常、无异音；

　　c）电动机的振动、窜动应不超过规定值；

　　d）电动机各防护罩、接线盒、控制箱无异常情况；

　　e）润滑油或冷却系统工作正常，无漏水、漏油现象；

　　f）变频调速系统工作正常；

　　g）直流或绕线式电机滑环或整流子无火花，压力均匀，电刷不跳动。

6.9.3 电动机的检修监督

6.9.3.1 检修时间随机组检修计划安排；临时性检修针对运行中发现的严重缺陷及时进行。

6.9.3.2 检修应执行检修文件包的相关规定，包括：检修项目、工艺、质量、工时和材料消耗等主要内容。

6.9.4 电动机的试验

电动机预防性试验应按照 DL/T 596 规定及制造厂要求进行，并满足其相关要求。

6.10 电力电缆的技术监督

6.10.1 电力电缆的设计、敷设与验收监督

6.10.1.1 电力电缆线路的设计选型应符合 GB 50217、GB 11033、GB 50660、GB/T 11017、GB/Z 18890、GB/T 9326、GB/T 14049 和 DL/T 401 等各相应电压等级的电缆及附件的规定，审查电缆的绝缘、截面、金属护套、外护套、敷设方式等以及电缆附件的选择是否安全、经济、合理；审查电缆敷设路径设计是否合理，包括运行条件是否良好，运行维护是否方便，防水、防盗、防外力破坏、防虫害的措施是否有效等。

6.10.1.2 审查电缆的防火阻燃设计是否满足反事故技术措施，包括防火构造、分隔方式、防火阻燃材料、阻燃性或耐火性电缆的选用，以及报警或消防装置等的选择是否耐久可靠、经济、合理。

6.10.1.3 提出对原材料，如导体、绝缘材料、屏蔽用半导电材料、铅套用铅、绝缘纸及电缆油的供货商和供货质量要求。

6.10.1.4 根据 DL/T 1054 的规定，对 220kV 及以上电压等级的电力电缆及附件进行监造和出厂验收。电缆交接时应按 GB 50150 的规定进行试验。

6.10.1.5 电缆及其附件的运输、保管，应符合 GB 50168 的要求。当产品有特殊要求时，应符合产品的技术要求。

6.10.1.6 电缆及其附件到达现场后，应按下列要求及时进行检查：

  a) 产品的技术文件应齐全。

  b) 电缆型号、规格、长度应符合订货要求，附件应齐全；电缆外观不应受损。

  c) 电缆封端应严密。当外观检查有怀疑时，应进行受潮判断或试验。

  d) 附件部件应齐全，材质质量应符合产品技术要求。

  e) 充油电缆的压力油箱、油管、阀门和压力表应符合要求且完好无损。

  f) 电缆外护套必须打印的永久性标志，护套上印有永久性厂标并注明：制造厂名称、额定电压、电缆型号规格、长度标码。

  g) 当为阻燃电缆时，必须做电缆的成束燃烧试验，并符合 GB 12666.5 中 C 类燃烧标准。

  h) 测量电缆导体直流电阻，并折算到 20℃ 下电缆导体直流电阻，并满足国家标准 GB/T 3956 对直流电阻要求。

6.10.1.7 电缆及其有关材料的贮存应符合相关的技术要求。电缆及附件在安装前的保管期限为一年及以内。当需长期保管时，应符合设备保管的专门规定。电缆在保管期间，电缆盘及包装应完好，标志应齐全，封端应严密。当有缺陷时，应及时处理。

6.10.1.8 充油电缆应经常检查油压，并做记录，油压不得降至最低值。当油压降至零或出现真空时，应及时处理。

6.10.1.9 电缆线路的安装应按已批准的设计方案进行施工。电缆线路敷设和安装方式应符合 GB 50168、GB 50169、GB 50217、DL/T 342、DL/T 343 和 DL/T 344 等有关的规定。

6.10.1.10 金属电缆支架全长均应有良好的接地；直埋电缆在直线段每隔 50～100m 处、电缆接头处、转弯处、进入建筑物等处，应设置明显的方位标志或标桩。

6.10.1.11 电缆终端和接头应严格按制作工艺规程要求制作，制作环境应符合有关的规定，其主要性能应符合相关产品标准的规定。

6.10.1.12 新建、扩建工程中，各项电缆防火工程应与主体工程同时投产，应重点注意的防火措施包括：

a) 主厂房内的热力管道与架空电缆应保持足够的间距，其中与控制电缆的距离不小于 0.5m，与动力电缆的距离不小于 1m。靠近高温管道、阀门等热体的电缆应采取隔热、防火措施。

b) 在密集敷设电缆的主控制室下电缆夹层和电缆沟内，或在隧道、沟、浅槽、竖井、夹层等封闭式电缆通道中，不得布置热力管道、油气管以及其他可能引起着火的管道和设备，严禁有易燃气体或易燃液体的管道穿越。

c) 对于新建、扩建主厂房、输煤、燃油及其他易燃易爆场所，宜选用阻燃电缆。

d) 严格按正确的设计图册施工，做到布线整齐，各类电缆按规定分层布置，电缆的弯曲半径应符合要求，避免任意交叉，并留出足够的人行通道。

e) 控制室、开关室、计算机室等通往电缆夹层、隧道、穿越楼板、墙壁、柜、盘等处的所有电缆孔洞和盘面之间的缝隙（含电缆穿墙套管与电缆之间缝隙）必须采用合格的不燃或阻燃材料封堵，靠近带油设备的电缆沟盖板应密封，检修中损伤的阻火墙应及时恢复封堵。

f) 扩建工程敷设电缆时，应加强与运行单位密切配合，对贯穿在役机组产生的电缆孔洞和损伤的阻火墙，应及时恢复封堵。

g) 电缆竖井和电缆沟应分段做防火隔离，对敷设在隧道和厂房内构架上的电缆要采取分段阻燃措施；并排安装的多个电缆头之间应加装隔板或填充阻燃材料。

h) 应尽量减少电缆中间接头的数量。如需要，应按工艺要求制作安装电缆头，经质量验收合格后，再用耐火防爆槽盒将其封闭。

i) 对于 400V 重要动力电缆应选用阻燃型电缆。已采用非阻燃型塑料电缆的，应复查电缆在敷设中是否已采用分层阻燃措施，否则应尽快采取补救措施或及时更换电缆，以防电缆过热着火时引发全厂停电事故。

j) 在电缆交叉、密集及中间接头等部位应设置自动灭火装置。重要的电缆隧道、夹层应安装温度火焰、烟气监视报警器，并保证可靠运行。

k) 直流系统的电缆应采用阻燃电缆；两组电池的电缆应单独铺设。

6.10.1.13 电力电缆不应浸泡在水中（海底电缆等除外），单芯电缆不应有外护套破损，油纸绝缘电缆不应有漏油、压力箱失压现象。

6.10.1.14 电力电缆投入运行前，除按 GB 50150 的规定进行交接试验外，还应按 DL/T 1253 的要求，进行下列项目的试验：

    a）充油电缆油压报警系统试验；

    b）线路参数试验，包括测量电缆线路的正序阻抗、负序阻抗、零序阻抗、电容量和导体直流电阻等；

    c）电缆线路接地电阻测量。

6.10.1.15 隐蔽工程应在施工过程中进行中间验收，并做好见证。

6.10.1.16 验收时，应按 GB 50168 和 GB 50217 的要求进行检查，各项检查合格。并应提交设计资料和电缆清册、竣工图、施工记录及签证等基建阶段的全部技术资料，以及试验报告等有效文件。

6.10.2 电力电缆的运行监督

6.10.2.1 电力电缆运行中应按 DL/T 1253 的规定进行定期巡查和不定期巡查。

6.10.2.2 电缆巡查周期。

    a）敷设在土中、隧道中以及沿桥梁架设的电缆，每 3 个月至少 1 次。

    b）电缆竖井内的电缆，每半年至少 1 次。

    c）电缆沟、隧道、电缆井、电缆架及电缆线段等的巡查，至少每 3 个月 1 次。

    d）应结合运行状态评价结果，适当调整巡视周期。对挖掘暴露的电缆，按工程情况，酌情加强巡视。

6.10.2.3 终端头巡查周期。

    a）电缆终端头、中间接头根据现场运行情况每 1～3 年停电检查 1 次；

    b）装有油位指示的电缆终端头，应监视油位高度。污秽地区的电缆终端头的巡视与清扫的期限，可根据当地的污秽程度予以确定。

6.10.2.4 有油位指示的终端头，每年夏、冬季检查 1 次。

6.10.2.5 巡查内容。

    a）对敷设在地下的每一电缆线路，应查看路面是否正常、有无挖掘痕迹及路线标桩是否完整无缺等。

    b）对户外与架空线连接的电缆和终端头应检查终端头是否完整，引出线的接点有无发热现象，靠近地面一段电缆是否被车辆撞碰等。

    c）对电缆中间接头定期测温。多根并列电缆要检查电流分配和电缆外皮的温度情况。防止因接触不良而引起电缆过负荷或烧坏接点。

    d）电缆夹层、电缆沟、隧道、电缆井及电缆架等电缆线路分段防火和阻燃隔离设施是否完整，耐火防爆槽盒是否开裂、破损；隧道内的电缆要检查电缆位置是否正常、接头有无变形漏油、温度是否异常、构件是否失落及通风、排水、照明等设施是否完整。

    e）检查电缆夹层、竖井、电缆隧道和电缆沟等部位是否保持清洁、不积粉尘、不积水，电缆夹层、隧道内人行通道是否畅通，安全电压的照明是否充足，是否堆放杂物。

    f）电缆外皮、中间接头、终端头有无变形漏油，温度是否符合要求，钢铠、金属护套及屏蔽层的接地是否完好；终端头是否完整，引出线的接点有无发热现象和电缆铅包有无龟裂漏油。

g）电缆槽盒、支架及保护管等金属构件的接地是否完好，接地电阻是否符合要求；支架是否有严重腐蚀、变形或断裂脱开；电缆的标志牌是否完整、清晰。

h）靠近高温管道、阀门等热体的电缆隔热阻燃措施是否完整。

i）对电缆线路靠近热力管或其他热源、电缆排列密集处，应进行土壤温度和电缆表面温度监视测量，防止电缆过热。

j）锅炉、燃煤储运车间内桥电缆架上的粉尘是否严重。

6.10.2.6 巡查结果处理。

a）应将巡视电缆线路的结果，记入巡视记录簿内，并根据巡视结果，采取对策予以处理；

b）如发现电缆线路有重要缺陷，应做好记录，填写重要缺陷通知单，并及时采取措施，消除缺陷。

6.10.3 电力电缆的试验

电力电缆的试验按照 DL/T 596 有关规定进行，但 DL/T 596 中的"直流耐压试验"项目宜采用"20～300Hz 交流耐压试验"替代，试验标准建议按表 18 或按各地电网公司制定的预试规程执行。110kV 及以上电压等级的电缆可不进行定期交流耐压试验。

表 18 橡塑绝缘电力电缆 20～300Hz 交流耐压试验标准

（预试）

电压等级	试验电压	耐压时间/min
35kV 及以下	$1.6U_0$	5
66kV、110kV	$1.36U_0$	5
220kV	$1.36U_0$	5

6.11 封闭母线的技术监督

6.11.1 封闭母线的设计选型

6.11.1.1 封闭母线的设计选型应符合 GB/T 8439 的规定。

6.11.1.2 封闭母线的导体宜采用铝材或铜材，并符合 GB/T 3190 或 GB/T 5231 的要求。

6.11.1.3 外壳的防护等级应按 GB/T 4208 的要求选择，一般离相封闭母线为 IP54；共享封闭母线由供需双方商定。

6.11.1.4 对湿度、盐雾大的地区，应有干燥防潮措施，中压封闭母线可选用 DMC 或 SMC 支柱绝缘子或由环氧树脂与火山岩无机矿物质复合材料成型而成的全浇注母线。长距离、大容量的联络母线可选用气体绝缘金属封闭母线 GIL。

6.11.1.5 对封闭母线配套设备，包括：电流互感器、电压互感器、高压熔断器、避雷器、中性点消弧线圈或接地变压器等提出供货商和技术性能要求。

6.11.1.6 审查封闭母线的结构是否安全可靠、运行维护是否方便，包括：测温装置、密封隔氢措施及漏氢监测装置、防火措施、防结露措施、热胀冷缩或基础沉降的补偿装置、发电机三相短路试验短接装置、防止配套设备柜内故障波及母线措施等。

6.11.2 封闭母线的安装、交接试验和投产验收监督

6.11.2.1 封闭母线的安装和验收应符合 GB 50149 的规定。

6.11.2.2 封闭母线运输单元到达现场后，封闭母线的检查及保管应符合下列规定：

　　a）开箱清点，对规格、数量及完好情况进行外观检查；

　　b）封闭母线若不能及时安装，应存放在干燥、通风、没有腐蚀性物质的场所，并应对存放、保管情况每月进行一次检查；

　　c）封闭母线现场存放应符合产品技术文件的要求，封闭母线段两端的封罩应完好无损；

　　d）母线零件应储存在仓库的货架上，并保持包装完好、分类清晰、标识明确。

6.11.2.3 安装前，应检查并核对母线及其他连接设备的安装位置及尺寸，并应对外壳内部、母线表支撑件及金具表面进行检查和清理，绝缘子、盘式绝缘子和电流互感器经试验合格。

6.11.2.4 母线与外壳间应同心，其误差不得超过 5mm，段与段连接时，两相邻段母线及外壳应对准，连接后不应使母线及外壳受到机械应力，不得碰撞和擦伤外壳。

6.11.2.5 母线焊接应在封闭母线各段全部就位并调整误差合格后进行。

6.11.2.6 外壳封闭前，应对母线、PT、CT 等设备再次进行清理、检查、验收。

6.11.2.7 焊接封闭母线外壳的相间封闭母线短路板时，位置必须正确，以免改变封闭母线原来磁路而引起外壳发热。接地引线应采用非导磁材料。

6.11.2.8 安装结束后，与发电机、变压器等设备连接以前，按照 GB/T 8439 进行交接试验。试验时电压互感器等设备应予以断开。试验项目如下：

　　a）绝缘电阻测量；

　　b）工频干耐受电压试验；

　　c）自然冷却的离相封闭母线，其户外部分应进行淋水试验；

　　d）微正压充气的离相封闭母线，应进行气密封试验。

6.11.2.9 投产验收时，应进行下列检查：

　　a）金属构件加工、配制、螺栓连接、焊接等应符合现行标准的有关规定，焊缝应探伤检查合格；

　　b）所有螺栓、垫圈、闭口销、锁紧销、弹簧垫圈、锁紧螺母等应齐全、可靠；

　　c）母线配制及安装架设应符合设计规定，且连接正确，螺栓紧固，接触可靠，相间及对地电气距离符合要求；

　　d）瓷件应完整、清洁，铁件和瓷件胶合处均应完整无损；

　　e）相色正确，接地良好；

　　f）验收时，应移交基建阶段的全部技术资料和文件。

6.11.3 封闭母线的运行监督

6.11.3.1 对新投产机组，巡视检查时应关注基础沉降或其他原因引起的封闭母线位移或变形，如封闭母线外壳焊缝开裂、伸缩节开裂、绝缘子密封材料变形等现象，并及时上报。

6.11.3.2 运行中，应定期监视金属封闭母线导体及外壳，包括外壳抱箍接头连接螺栓及多点接地处的温度和温升。正常运行时不应超过产品技术文件的规定，若无规定时应按GB/T 8439 的要求执行。

6.11.3.3 定期巡视在线漏氢监测装置，监视每相封闭母线及中性点箱的氢气含量。当封闭母线外套内氢气含量超过 1% 时，应停机查漏消缺。

6.11.3.4 微正压装置应投入自动运行，在运行中应加强巡视检查，保证空压机和干燥器工作正常。如果微正压装置长时间连续运行而不停顿，应查明原因。如果安装了封闭母线泄水设备，应定期排水。

6.11.3.5 封闭母线的外壳及支持结构的金属部分应可靠接地。

6.11.3.6 当封闭母线通过短路电流时，外壳的感应电压应不超过 24V。

6.11.3.7 定期开展封母绝缘子密封检查和绝缘子清扫工作。应根据当地的气候条件和设备特点等制定相应的检查、清扫周期。

6.11.3.8 封闭母线停运后，做好封闭母线绝缘电阻的跟踪测量。在机组启动前，尤其是在阴雨潮湿、大雾等湿度较大的气候条件下，要提前测定绝缘电阻，以保证当封闭母线绝缘不合格时，有足够时间进行通风干燥处理。有条件时可加装热风保养装置，在机组启动前将其投入，母线绝缘正常后退出运行。

6.11.4 封闭母线的试验

6.11.4.1 封闭母线预防性试验的项目、周期、要求应符合 DL/T 596 的规定。

6.11.4.2 封闭母线的红外测温工作参照 DL/T 664 规定的检测方法、检测仪器及评定准则进行。

6.12 高压试验仪器仪表的技术监督

6.12.1 监督范围

高压试验仪器仪表的监督范围包括与绝缘监督相关的高压试验仪器仪表及装置的选型审查和验收、周期定检、维护及使用。

6.12.2 选型审查和验收

6.12.2.1 高压试验仪器、仪表及装置的选型应依据 GB 50150、DL/T 596、DL/T 474.1~5、DL/T 848.1~5、DL/T 849.1~6 等标准的规定和实际工作需要进行，应能充分保障本单位的绝缘监督工作的有效开展。

6.12.2.2 高压试验仪器、仪表及装置选型应考虑产品技术是否先进、性能是否准确可靠、是否经济合理、使用方便。对存在较严重缺陷的产品，要根据改进情况通过技术审查后方可选用。

6.12.2.3 高压试验仪器、仪表及装置到达现场后，应在规定期限内进行验收检查，并应符合下列要求：

    a）包装良好、外观检查合格；

    b）开箱检查型号、规格符合订货要求，仪器、仪表及装置无损伤、附件、备件齐全；

c）装箱单、出厂检验报告（合格证）、使用说明书、功能和技术指标测试报告等技术文件齐备。

6.12.3 定期检定

6.12.3.1 新购置仪器仪表必须送有检验资质的单位进行检验，首检合格后才能投入使用。

6.12.3.2 试验设备的定期检定应由相应资质的检定机构进行检定校验。

6.12.3.3 绝缘监督的测量仪器检验周期为1年，电气标准表检验周期按相关标准执行。

6.12.4 使用维护

6.12.4.1 现役的试验设备必须经过检定校验合格、在检定校验有效期内、合格标志清晰完整，未经检定校验或检定不合格的试验设备应视为失准，禁止使用。

6.12.4.2 试验仪器仪表应放置在干燥恒温的房间，保持仪器清洁，并根据其保养、维护要求进行及时或定期的干燥处理、充电、维护等，确保仪器正常。

6.13 绝缘工器具的技术监督

6.13.1 检验监督

6.13.1.1 绝缘工器具应按 GB 26860 规定的周期、要求进行检验。常用电气绝缘工具试验如表19所示。

表19 常用绝缘工器具试验一览表

序号	名称	电压等级/kV	周期	交流工频耐压/kV	持续时间/min	泄漏电流/mA	说明
1	绝缘杆	10	每年1次	45	1		试验长度0.7m
		35		95			试验长度0.9m
		63		175			试验长度1.0m
		110		220			试验长度1.3m
		220		440			试验长度2.1m
		330		380	5		试验长度3.2m
		500		580			试验长度4.1m
2	电容型验电器	10	每年1次	45	1		1. 试验长度与绝缘杆相同 2. 启动电压值不低于额定电压的15%，不高于额定电压的40%
		35		95			
		63	每年1次	175	1		
		110		220			
		220		440			
		330		380	5		
		500		580			

续表

序号	名称		电压等级/kV	周期	交流工频耐压/kV	持续时间/min	泄漏电流/mA	说明
3	绝缘挡板，绝缘罩		6～10	每年1次	30	1		
			35（20～44）		80			
4	绝缘夹钳		10	每年1次	45	1		试验长度0.7m
			35		95			试验长度0.9m
5	绝缘胶垫		高压	每年1次	15	1		使用在带点设备区域
			低压		3.5			
6	绝缘手套		高压	每6个月1次	8	1	≤9	
			低压		2.5		≤2.5	
7	绝缘靴		高压	每6个月1次	15	1	≤7.5	
8	核相器	绝缘部分工频耐压试验	10	每年1次	45	1		试验长度0.7m
			35		95			试验长度0.9m
		动作电压试验		每年1次				最低动作电压应达到0.25倍额定电压
		电阻管泄漏电流试验	10	每6个月1次	10	1	≤2	
			35		35			
9	绝缘绳		高压	每6个月1次	100/0.5m	5		
10	携带型短路接地线	操作棒的工频耐压试验	10	每年1次	45	1		试验电压加载护环与紧固头之间
			35		95			
			63		175			
			110		220			
			220		440			
			330		380	5		
			12500		580	5		
		成组直流电阻试验		不超过5年	在各接线鼻之间测量直流电阻，对于25、35、50、70、95、120（mm²）的截面，平均每米电阻值应分别小于0.79、0.56、0.40、0.28、0.21、0.16（mΩ）			同一批次抽检，不少于2条，接线鼻与软导线压接时应进行本试验

序号	名称	电压等级/kV	周期	交流工频耐压/kV	持续时间/min	泄漏电流/mA	说明
11	个人保护接地线的成组直流电阻试验		不超过5年	在各接线鼻之间测量直流电阻，对于10、16、25（mm²）的截面，平均每米电阻值应分别小于1.98、1.24、0.79（mΩ）			同一批次抽检，不少于2条

6.13.2 保管监督

绝缘工器具应登记造册，并建立每件工具的试验记录。应设置专用的绝缘工器具的存放场所，该存放场所应保持干燥，装设恒温除湿装置。对不合格的绝缘工器具，应有明显的标示并单独存放；对不能修复的绝缘工器具，应及时报废。

6.13.3 使用监督

使用绝缘工器具前应仔细检查其是否损坏、变形、失灵，并使用2500V绝缘摇表或绝缘检测仪进行分段绝缘检测（电极宽2cm，极间宽2cm），阻值应不低于700MΩ。操作绝缘工具时应戴清洁、干燥的绝缘手套，并应防止绝缘工器具在使用过程中脏污和受潮。

7 绝缘监督管理

7.1 绝缘监督组织机构

7.1.1 绝缘监督网络实行三级管理。第一级为厂级，包括副总经理或总工程师领导下的生产技术部技术监督负责人；第二级为部门（车间）级，包括设备管理部门或运行检修管理部门的绝缘监督专工或联系人；第三级为班组级。

7.1.2 绝缘监督专责人为技术监督领导小组成员，对技术监督负责人负责。

7.2 绝缘监督制度

7.2.1 应将国家、行业的有关绝缘监督法规、标准、规程、反事故措施及国家电投集团相关制度和技术标准等资料收集齐全，并保持最新有效。

7.2.2 绝缘监督专责人应根据新颁布的国家、行业标准、规程及上级单位的有关规定和受监设备的异动情况，对受监设备的运行规程、检修规程等技术文件中监督标准的有效性、准确性进行评估。

7.2.3 电厂的绝缘监督制度应涵盖下列内容：

    a）运行规程（电气部分）；

    b）检修规程（电气部分）；

    c）绝缘监督实施细则；

    d）试验报告审核制度（电气部分）；

e）点检定修管理制度和作业指导书（电气部分）；

f）设备异常、缺陷和事故管理制度（电气部分）；

g）设备异动、停用和退役管理制度（电气部分）；

h）高压试验设备、仪器仪表管理制度；

i）电气设备红外测温管理制度。

7.3 绝缘监督工作计划、总结

7.3.1 绝缘监督专责人应于每年 11 月 30 日前制订下年度绝缘监督工作计划，并对计划实施过程进行跟踪监督。

7.3.2 绝缘监督年度计划的制订依据至少应包括以下主要内容：

a）国家、行业、地方有关电力生产方面的政策、法规、标准、规程和反措要求；

b）国家电投集团（总部）、二级单位和火电企业技术监督管理制度和年度技术监督动态管理要求；

c）国家电投集团（总部）、二级单位和火电企业技术监督工作规划与年度生产目标；

d）技术监督体系健全和完善化；

e）人员培训和监督用仪器设备配备与更新；

f）机组检修计划；

g）主、辅设备目前的运行状态；

h）技术监督动态检查、告警、月报提出问题的整改计划和方案；

i）收集的其他有关发电设备设计选型、制造、安装、运行、检修、技术改造等方面的动态信息。

7.3.3 绝缘监督工作计划应实现动态化，即各专业应每月根据年度计划制订月度技术监督工作计划。年度（月度）监督工作计划应包括以下主要内容：

a）绝缘监督网络的完善；

b）绝缘监督管理标准、技术标准规范制定、修订计划；

c）人员培训计划（主要包括内部培训、外部培训取证，标准规范宣贯）；

d）预防性试验工作和定期红外测温计划；

e）检修期间应开展的技术监督项目计划；

f）仪器仪表送检（含检定）计划；

g）绝缘监督自查、动态检查和复查评估计划；

h）绝缘监督告警、动态检查等监督问题整改计划；

i）绝缘监督网络工作会议计划。

7.3.4 每年 1 月 1 日前编制完成上年度绝缘监督工作总结，报送技术监督负责人。

7.3.5 年度监督工作总结主要应包括以下内容：

a）绝缘监督指标完成情况；

b）主要监督工作完成情况、亮点、经验与教训；

c）设备危急缺陷和其他缺陷的统计分析；

d）存在的问题和改进措施；

e）下一步工作思路及主要措施。

7.4 监督过程实施

7.4.1 绝缘监督工作实行全过程、闭环监督管理方式，要依据相关技术标准、规程、规定和反措在以下环节开展发电设备的绝缘监督工作。

a) 设计审查；

b) 设备选型与监造；

c) 安装、调试、工程监理；

d) 机组运行；

e) 检修及停备用；

f) 技术改造；

g) 设备退役鉴定；

h) 备品备件管理。

7.4.2 被监督设备（设施）的绝缘监督要求如下：

a) 应有技术规范、技术指标和检测周期；

b) 应有相应的检测手段和诊断方法；

c) 应有全过程的监督数据记录；

d) 应实现数据、报告、资料等的数字化管理；

e) 应有记录信息的反馈机制和报告的审核、审批制度。

7.4.3 严格按技术标准、规程、规定和反措开展监督工作。当国家、行业标准与所在区域电网公司标准、制造厂技术要求存在差异时，按最严标准执行；由于设备实际情况而不能执行技术标准、规程、规定和反措时，应进行认真分析讨论，制定相应的安全技术组织措施，由火电企业总工程师（或分管生产的副总经理）批准，并报上级技术监督管理部门备案。

7.4.4 积极利用机组等级检修机会，开展绝缘监督工作。在修前应广泛收集机组运行各项技术数据，分析机组修前运行状态，有针对性地制订重点治理项目和技术方案，并组织实施。在检修后要进行绝缘监督专项总结。

7.5 绝缘监督告警管理

7.5.1 绝缘监督的专业告警项目按严重程度分为一般告警问题和严重告警问题。

7.5.1.1 一般告警问题。

a) 设备设计、选型和制造中，存在影响投运后安全运行和设备使用寿命的问题。

b) 交接、预试和检修后，监督范围内的设备试验项目出现漏项，试验报告中的数据没有分析过程，试验数据不符合规程规定。

c) 监督范围内的设备试验周期未按照预防性试验规程的要求执行（特殊情况需经总工程师批准）。

d) 预防性试验出现下列情况之一：

1) 试验使用的仪器仪表未经检验，导致试验数据失准，以致造成对设备状态判断错误；

2) 试验项目出现漏项或试验数据不符合规程规定而未制定设备运行监控措施；

　　　　3）未经总工程师批准降低试验标准；

　　　　4）预防性试验报告未经审核。

　　e）对设备未按运行规程的要求进行监视、巡视及记录，造成对设备安全运行失控。

　　f）对带缺陷运行的设备未实施有效的运行监控。

　　g）主变压器遭受近区突发短路后，未经任何试验而试投。

　　h）受监督设备出现的严重缺陷而未按计划要求按期消缺。

　　i）对检修及技术改造未实施有效的质量监督，造成技术措施未落实或检修质量未达到预期目标。

　　j）设备的技术数据、运行数据、试验数据、上报资料失实。

　　k）对绝缘技术监督现场检查和绝缘监督月报、季报、年报提出的问题，未及时制订整改计划或未按计划要求按期完成整改。

　　l）绝缘技术监督资料档案管理不善，造成资料档案较严重的缺漏或遗失。

7.5.1.2　严重告警问题。

　　a）设备出厂验收、工程交接验收、检修及技改质量验收、购入设备及材料质量验收中，未严格按照有关标准检查和验收，造成不合格设备投运或不合格材料使用。

　　b）生产运行中绝缘监督不到位造成受监督设备绝缘损坏事故。

　　c）发生受监督设备重大损坏事件、危急缺陷未及时上报。

　　d）监督管理不到位，受监督设备重复发生绝缘损坏事故；特别是对近期多发事故反映的缺陷，未制定并执行处理措施仍然让设备带病运行导致事故重复发生。

　　e）一般告警项目，未整改或未按期完成整改。

　　f）电气设备预试计划完成率低于95%，缺陷综合消缺率低于92%。

7.5.2　火电企业内部提出的告警单，整改完毕后，向告警提出专业提交验收申请，经验收合格后，由验收专业填写告警验收单。

7.5.3　技术监督管理服务单位要对监督服务中发现的问题，依据国家电投规章〔2016〕124号的要求及时提出和签发告警通知单，下发至相关火电企业，同时抄报二级单位。

7.5.4　国家电投集团科学技术研究院对监督工作中发现的问题，依据国家电投规章〔2016〕124号的要求及时提出告警通知单，下发至相关二级单位，同时抄报火电与售电部。

7.5.5　火电企业接到告警通知单后，按要求编报整改计划。

7.5.6　告警问题整改完成后，火电企业按照验收程序要求，向告警提出单位提出验收申请，经验收合格后，由验收单位填写告警验收单，并抄报国家电投集团火电部、二级单位备案。

7.6　绝缘监督问题整改

7.6.1　绝缘监督问题至少包括：

　　a）国家电投集团科学技术研究院、技术监督管理服务单位在技术监督动态检查、告警中提出的整改问题；

　　b）技术监督月度报告中明确的国家电投集团（总部）或二级单位督办问题；

　　c）技术监督月度报告中明确的火电企业需关注及解决的问题；

    d）火电企业技术监督专责人每月对监督计划执行情况进行检查，对不满足监督要求提出的整改问题。

7.6.2 技术监督工作实行问题整改跟踪管理方式。

7.6.2.1 技术监督动态检查发现问题的整改，火电企业在收到检查报告后，组织有关人员会同国家电投集团科学技术研究院或技术监督管理服务单位，在两周内完成整改计划的制订，经二级单位生产部门审核批准后，将整改计划报送国家电投集团（总部），同时抄送国家电投集团科学技术研究院、技术监督管理服务单位。火电企业应按照整改计划落实整改工作，并将整改实施情况及时在技术监督季报中总结上报。整改计划按附录A的格式编写。

7.6.2.2 技术监督告警问题的整改，火电企业按照本标准7.5条执行。

7.6.2.3 技术监督月度报告中明确的督办问题、需要关注及解决的问题的整改，火电企业应结合本单位实际情况，制订整改计划和实施方案。

7.6.3 技术监督问题整改计划应列入年度专业工作计划，火电企业按照整改计划落实整改工作，并将整改实施情况及时在技术监督月度报告中总结上报。

7.6.4 问题整改完成后，火电企业应保存问题整改相关的试验报告、现场图片、影像等技术资料，作为问题整改情况及实施效果评估的依据。

7.6.5 二级单位应加强对所管理火电企业技术监督问题整改落实情况的督促检查和跟踪，组织复查评估工作，保证问题整改落实到位，并将复查评估情况报送国家电投集团（总部）。

7.6.6 国家电投集团（总部）定期组织对火电企业技术监督问题整改落实情况和二级单位督办情况进行抽查。

7.7 绝缘监督工作会议

    每月召开绝缘监督网络会议，传达上级有关技术监督工作的指示，听取绝缘监督网络成员的工作汇报，分析存在的问题并制定、布置针对性纠正措施，检查绝缘监督各项工作的落实情况。形成会议纪要，报本单位技术监督领导小组。

7.8 人员培训和持证上岗管理

    绝缘监督专责人定期组织专业技术人员培训工作，重点学习宣贯新制度、标准和规范、新技术、先进经验和反措要求，不断提高技术监督人员水平。绝缘监督专责人员应经考核取得国家电投集团颁发的绝缘监督合格证书。

7.9 建立健全监督档案

7.9.1 绝缘监督专责人应按照国家电投集团规定的技术监督资料目录和格式要求，建立健全绝缘监督各项台账、档案、规程、制度和技术资料，确保绝缘监督原始档案和技术资料的完整性和连续性。绝缘监督技术资料档案应包括以下内容：

7.9.1.1 基建阶段技术资料。

    a）符合实际情况的电气设备一次系统图、防雷保护与接地网图纸；

    b）制造厂整套图纸、说明书、出厂试验报告；

   c）设备监造报告；

   d）设备安装验收记录、缺陷处理报告、交接试验报告、投产验收报告。

7.9.1.2　设备清册及设备台账。

   a）绝缘监督的电气一次设备清册；

   b）电气设备台账；

   c）设备外绝缘台账；

   d）试验仪器仪表台账。

7.9.1.3　试验报告和记录。

   a）电力设备预防性试验报告；

   b）绝缘油、SF_6 气体试验报告；

   c）特殊试验报告（事故分析试验、鉴定试验报告等）；

   d）在线监测装置数据及分析记录。

7.9.1.4　运行维护报告和记录。

   a）电气设备运行分析月报；

   b）发电机特殊、异常运行记录（调峰运行、短时过负荷、不对称运行等）；

   c）变压器异常运行记录（超温、气体继电器动作、出口短路、严重过电流等）；

   d）断路器异常运行记录（短路跳闸、过负荷跳闸等）；

   e）日常运行日志及巡检记录。

7.9.1.5　检修报告和记录。

   a）检修文件包（检修工艺卡）记录；

   b）检修报告；

   c）变压器油处理及加油记录；

   d）SF_6 气体补气记录；

   e）日常设备维修记录；

   f）电气设备检修分析季（月）报。

7.9.1.6　缺陷闭环管理记录。

   a）缺陷记录和处理情况；

   b）重大缺陷分析和处理报告。

7.9.1.7　事故管理报告和记录。

   a）设备非计划停运、障碍、事故统计记录；

   b）事故分析报告。

7.9.1.8　技术改造报告和记录。

   a）可行性研究报告；

   b）技术方案和措施；

   c）质量监督和验收报告；

   d）竣工总结和后评估报告。

7.9.1.9　监督管理文件。

   a）与绝缘监督有关的国家、行业和国家电投集团的技术法规、标准、规范、规程、制度；

    b) 电厂绝缘监督标准、规程、规定、措施等；

    c) 绝缘监督定期报表；

    d) 绝缘监督告警通知单和验收单；

    e) 绝缘监督会议纪要；

    f) 监督工作自我评价报告和外部检查评价报告；

    g) 人员技术档案、上岗考试成绩和证书；

    h) 与设备质量有关的重要工作来往文件。

7.9.2 绝缘监督专责人应建立本专业监督档案资料目录清册，并及时更新；根据监督组织机构的设置和设备的实际情况，明确档案资料的分级存放地点，并指定专人整理保管，实现绝缘监督档案的电子信息化。

7.9.3 绝缘监督档案资料，应在档案室保留原件，绝缘监督专责人根据需要留存复印件。

7.10 工作报告报送管理及日常管理

7.10.1 绝缘监督专责人应按照规定的月报格式和要求，按规定时间组织编写上月份绝缘监督月报，绝缘监督月度报告内容和格式见附录 B。

7.10.2 每年配合技术监督服务单位对绝缘监督范围的设备，按照《火电企业燃煤机组绝缘监督检查评分标准》的要求进行自查，撰写自查报告，对不符合项提出整改计划并执行。

7.10.3 根据标准要求，配置和完善绝缘监督检测仪器设备，建立仪器仪表台账；根据检定周期，每年制定检验计划，按计划做好定期校验工作；根据检验结果对仪器施行送修、报废。

7.10.4 组织协调与技术监督服务单位的工作，接受技术监督服务单位在监督工作中的专业管理；对所签订的技术监督服务合同执行情况进行考核。

7.10.5 根据合同约定，监督检修受托单位履行相关的技术监督管理职能，督促检修受托单位的技术监督管理工作。

7.11 绝缘监督工作的考核内容与标准

7.11.1 绝缘监督考核内容和评分标准按《火电企业燃煤机组绝缘监督检查评分标准》的要求进行。考核内容分为绝缘监督管理（含指标考核）和绝缘监督专业内容两部分。监督管理考核项目 27 项，标准分 400 分；专业内容考核项目 80 项，标准分 600 分，共计 107 项，标准分 1000 分。

7.11.2 考核分级标准。

    被考核的电厂按得分率的高低分为四个级别：优秀，得分率大于等于 90%；良好，得分率为 80%～89%；一般，得分率为 70%～79%；不符合，得分率低于 70%。

8 直流系统监督

8.1 规范性引用文件

    GB 50172   电气装置安装工程蓄电池施工及验收规范

GB/T 10963.2　　家用及类似场所用过电流保护断路器　第 2 部分：用于交流和直流的断路器

GB/T 14285　　继电保护和安全自动装置技术规程

GB/T 19638.2　　固定型阀控式铅酸蓄电池　第 2 部分：产品品种和规格

GB/T 19826　　电力工程直流电源设备通用技术条件及安全要求

DL/T 724　　电力系统用蓄电池直流电源装置运行与维护技术规程

DL/T 459　　电力系统直流电源柜订货技术条件

DL/T 856　　电力用直流电源监控装置

DL/T 5044　　电力工程直流电源系统设计技术规程

8.2　直流系统监督内容

8.2.1　直流电源、直流熔断器、直流断路器及相关回路设计阶段监督

8.2.1.1　一般要求。

发电厂直流系统应符合现行 GB/T 14285、GB/T 19638.2、GB/T 19826 和 DL/T 5044 等国家和行业标准的规定。

8.2.1.2　配置监督重点。

a）继电保护电源回路保护设备的配置，应符合下列规定：

1）当一个安装单元只有一台断路器时，继电保护和自动装置可与控制回路共用一组熔断器或直流断路器。

2）当一个安装单元有几台断路器时，该安装单位的保护和自动装置回路应设置单独的熔断器或直流断路器。各断路器控制回路熔断器或直流断路器可单独设置，也可接于公用保护回路熔断器或直流断路器之下。

3）两个及以上安装单元的公用保护和自动装置回路，应设置单独的熔断器或直流断路器。

4）发电机出口断路器及灭磁开关控制回路，可合用一组熔断器或直流断路器。

5）电源回路的熔断器或直流断路器均应加以监视。

b）继电保护和自动装置信号回路保护设备的配置，应符合下列规定：

1）继电保护和自动装置信号回路均应设置熔断器或直流断路器；

2）公用信号回路应设置单独的熔断器或直流断路器；

3）信号回路的熔断器或直流断路器应加以监视。

c）直流主屏应布置在蓄电池室附近单独的电源室内或继电保护室内。充电设备宜与直流主屏同室布置。直流分电柜宜布置在相应负荷中心处。

d）发电机组蓄电池组的配置应与其保护设置相适应，满足国能安全〔2014〕161 号 22.3.4 的要求。

e）直流系统的电缆应采用阻燃电缆，两组蓄电池的电缆应分别铺设在各自独立的通道内，尽量避免与交流电缆并排铺设，在穿越电缆竖井时，两组蓄电池电缆应加穿金属套管。

f）变电站直流系统配置应充分考虑设备检修时的冗余，330kV 及以上电压等级变电

站及重要的 220kV 升压站应采用三台充电、浮充电装置，两组蓄电池组的供电方式。每组蓄电池和充电机应分别接于一段直流母线上，第三台充电装置（备用充电装置）可在两段母线之间切换，任一工作充电装置退出运行时，手动投入第三台充电装置。变电站直流电源供电质量应满足微机型保护运行要求。

g）发电厂的直流网络应采用辐射状供电方式，严禁采用环状供电方式。高压配电装置断路器电机储能回路及隔离开关电机电源如采用直流电源宜采用环形供电，间隔内采用辐射供电。

h）继电保护的直流电源，电压纹波系数应不大于 2%，最低电压不低于额定电压的 85%，最高电压不高于额定电压的 110%。

i）选用充电、浮充电装置，应满足稳压精度优于 0.5%、稳流精度优于 1%、输出电压纹波系数不大于 0.5% 的技术要求。

j）新建或改造的发电厂，直流系统绝缘监测装置，应具备交流窜直流故障的监测和报警功能。原有的直流系统绝缘监测装置，应逐步进行改造，使其具备交流窜直流故障的监测和报警功能。

k）新建、扩建或改造的变电所直流系统用断路器应采用具有自动脱扣功能的直流断路器，严禁使用普通交流断路器。直流断路器应具有速断保护和过电流保护功能，可带有辅助触点和报警触点。

l）直流回路采用熔断器作为保护电器时，应装设隔离电器，如刀开关，也可采用熔断器和刀开关合一的刀熔开关。

m）蓄电池出口回路熔断器应带有报警触点，其他回路熔断器，必要时可带有报警触点。

n）除蓄电池组出口总熔断器以外，逐步将现有运行的熔断器更换为直流专用断路器。当直流断路器与蓄电池组出口总熔断器配合时，应考虑动作特性的不同，对级差做适当调整。

o）对装置的直流熔断器或直流断路器及相关回路配置的基本要求应不出现寄生回路，并增强保护功能的冗余度。

p）由不同熔断器或直流断路器供电的两套保护装置的直流逻辑回路间不允许有任何电的联系。

q）对于采用近后备原则进行双重化配置的保护装置，每套保护装置应由不同的电源供电，并分别设有专用的直流熔断器或直流断路器。

r）采用远后备原则配置保护时，其所有保护装置，以及断路器操作回路等，可仅由一组直流熔断器或直流断路器供电。

s）母线保护、变压器差动保护、发电机差动保护、各种双断路器接线方式的线路保护等保护装置与每一断路器的操作回路应分别由专用的直流熔断器或直流断路器供电。

t）有两组跳闸线圈的断路器，其每一跳闸回路应分别由专用的直流熔断器或直流断路器供电。

u）单套配置的断路器失灵保护动作后应同时作用于断路器的两个跳闸线圈。如断路器只有一组跳闸线圈，失灵保护装置工作电源应与相对应的断路器操作电源取自不同的直流电源系统。

v）直流断路器选择：

1）额定电压应大于或等于回路的最高工作电压。

2）额定电流应大于回路的最大工作电流。对于不同性质的负载，直流断路器的额定电流按照以下原则选择：

——蓄电池出口回路应按蓄电池 1h 放电率电流选择。并应按事故放电初期（1min）放电电流校验保护动作的安全性，且应与直流馈线回路保护电器相配合。

——可按 0.3 倍额定合闸电流选择，但直流断路器过载脱扣时间应大于断路器固有合闸时间。

——直流电动机回路，可按电动机的额定电流选择。

——断流能力应满足直流系统短路电流的要求。

——各级断路器的保护动作电流和动作时间应满足选择性要求，考虑上、下级差的配合，且应有足够的灵敏系数。

w）熔断器的选择：

1）额定电压应大于或等于回路的最高工作电压；

2）额定电流应大于回路的最大工作电流。对于不同性质的负载，熔断器的额定电流选择原则通直流断路器。

x）上、下级直流熔断器或直流断路器之间及熔断器与直流断路器之间的选择性应符合 DL/T 5044 的要求。

8.2.2 直流电源、直流熔断器、直流断路器及相关回路的安装及验收

蓄电池施工及验收执行 GB 50172 标准。直流电源屏和蓄电池的检查根据订货合同的技术协议，重点对直流电源屏（包括充电机屏和馈电屏）中设备的型号、数量、软件版本以及设备制造单位进行检查。对高频开关电源模块、监控单元、硅降压回路、绝缘监察装置、蓄电池管理单元、熔断器、刀闸、直流断路器、避雷器等设备进行检查。对蓄电池组的型号、容量、蓄电池组电压、单体蓄电池电压、蓄电池个数以及设备制造单位等进行检查。

8.2.3 直流系统的运行监督

8.2.3.1 对直流系统进行的运行与定期维护工作，应符合 DL/T 724 标准相关要求。

8.2.3.2 应定期对充电、浮充电装置进行全面检查，校验其稳压、稳流精度和纹波系数，不符合要求的，应及时对其进行调整。

8.2.3.3 浮充电运行的蓄电池组，除制造厂有特殊规定外，应采用恒压方式进行浮充电。浮充电时，严格控制单体电池的浮充电压上、下限，防止蓄电池因充电电压过高或过低而损坏，若充电电流接近或为零时应重点检查是否存在开路的蓄电池；浮充电运行的蓄电池组，应严格控制所在蓄电池室环境温度不能长期超过 30℃，防止因环境温度过高使蓄电池容量严重下降、运行寿命缩短。

8.2.4 直流系统的试验与维护

8.2.4.1 对直流系统进行维护与试验，应符合 GB/T 19826 及 DL/T 724 相关规定。

8.2.4.2 定期对蓄电池进行核对性放电试验，确切掌握蓄电池的容量。对于新安装或大修中更换过电解液的防酸蓄电池组，在第1年内，每半年进行1次核对性放电试验。运行1年以后的防酸蓄电池组，每隔1~2年进行1次核对性放电试验；对于新安装的阀控密封蓄电池组，应进行核对性放电试验。以后每隔2年进行1次核对性放电试验。运行了4年以后的蓄电池组，每年做1次核对性放电试验。

8.2.5 直流系统的技术资料

8.2.5.1 基建阶段技术资料。

蓄电池厂家产品使用说明书、产品合格证明书以及充、放电试验报告；充电装置、绝缘监察装置、微机型监控装置的厂家产品使用说明书、电气原理图和接线图、产品合格证明书以及验收检验报告等。

8.2.5.2 设备清册及设备台账。

a）蓄电池组、充电装置绝缘监察装置的定期试验报告；

b）直流系统的检修质量控制质检点验收记录；

c）安装使用调试说明书，产品技术条件；

d）厂家设备、装置性能测试记录，容量测试记录，图纸资料；

e）直流系统接线图；

f）直流空气断路器、熔断器配置一览表；

g）交接试验记录；

h）直流支路级差试验报告；

i）蓄电池定期充放电曲线、记录；

j）蓄电池运行测试记录；

k）缺陷记录。

8.2.6 直流系统的严重告警问题

直流系统配置不符合反事故措施要求，且未制定整改措施。

8.2.7 直流系统的一般告警问题

蓄电池组容量达不到额定容量的80%以上仍长期使用，未制订更换计划。

附录 A
（规范性附录）
绝缘监督现场检查及告警问题整改计划

A.1 概述

A.1.1 叙述计划的制订过程（包括科研院、技术监督服务单位及发电企业参加人等）；

A.1.2 需要说明的问题，如：上级单位督办问题整改计划的说明、需要较大资金投入或需要较长时间才能完成整改的问题说明。

表 A.1 上级单位督办问题整改计划表

问题描述	专业	整改措施	计划完成时间	技术监督服务单位责任人	电厂责任人	说明

表 A.2 其他问题整改计划表

问题描述	专业	整改措施	计划完成时间	技术监督服务单位责任人	电厂责任人	说明

附录 B
（规范性附录）
火力发电厂绝缘监督月度报告编写格式

电厂 20　年　月绝缘监督月度报告

编写人：　　　　　　　　　　　　　　固定电话/手机：
审核人：
批准人：
上报时间：

B.1　上月度上级单位通报或督办事宜的落实或整改情况

B.2　绝缘监督年度工作计划完成情况统计报表

表 B.1　年度技术监督工作计划和技术监督服务单位合同完成情况统计表

发电厂技术监督计划完成情况			技术监督服务单位合同工作项目完成情况		
年度计划项目数	截至本月度完成项目数	完成率/%	合同固定的工作项目数	截至本月度完成项目数	完成率/%

B.3　绝缘监督考核指标完成情况统计表

B.3.1　监督管理考核指标

监督指标上报说明：每月所上报的技术监督指标为截至本月的监督指标；12 月份所上报的指标为全年指标。

表 B.2　技术监督告警问题截至本月度整改完成情况统计表

严重告警问题			一般告警问题		
问题项数	完成项数	完成率/%	问题项数	完成项数	完成率/%

表 B.3　现场检查提出问题本月度整改完成情况统计表

检查年度	检查提出问题项目数			电厂已整改完成项目数统计结果			
	上级单位督办问题	其他问题	问题项数合计	上级单位督办问题	其他问题	完成项数合计	整改完成率/%

表 B.4　20　年　月仪器仪表校验率统计表

年度计划应校验仪表台数	截至本月度完成校验仪表台数	仪表校验率/%	考核值/%
			100

B.3.2　绝缘监督考核指标报表

表 B.5　20　年　月预试完成率月度统计表

主设备预试情况				一般设备预试情况			
应试总台数	实试总台数	预试率/%	考核值/%	应试总台数	实试总台数	预试率/%	考核值/%
			100				98

注：主设备是指连接在发电机出口的电气一次设备（包括启备变）；一般设备是指连接在高压厂用工作母线上的6kV（或3kV、10kV）电气一次设备

表 B.6　20　年　月缺陷消除率月度统计表

危急缺陷消除情况				其他缺陷消除情况			
缺陷项数	消除项数	消除率/%	考核值/%	缺陷项数	消除项数	消除率/%	考核值/%
			100				90

注：危急缺陷是指直接危及人身及设备安全，须立即处理的缺陷

B.3.3　绝缘监督指标简要分析

分析指标未达标的原因。

B.4　本月主要的绝缘监督工作

简述绝缘监督管理、试验、检修、运行、设备异动及设备遗留缺陷跟踪情况，尽量提供数据和图片。

B.5　本月度绝缘监督发现的问题、原因及处理情况

B.5.1　包括试验、检修、运行、巡视中发现的一般事故和一类障碍，危急缺陷和其他缺

陷；按事件简述、原因分析、处理情况和防范措施进行说明，尽量提供数据和图片。

B.5.2 一般事故和一类障碍。

B.5.3 危急缺陷。

B.5.4 其他缺陷。

B.6 其他

B.6.1 绝缘监督下月度重点工作。

B.6.2 其他需要说明的情况。

国家电力投资集团有限公司
STATE POWER INVESTMENT CORPORATION LIMITED

企 业 标 准

火电企业化学技术监督实施细则

2017-12-11 发布

2017-12-11 实施

国家电力投资集团有限公司　发布

目　录

前　　言

　　化学监督是火电企业保证安全、经济、稳定、环保运行的重要基础工作之一。采用科学的管理方法、完善的管理制度、明确的实施细则、科学的检测手段来掌握发电设备的状态，及时消除设备隐患，防止事故的发生是做好化学监督工作的关键。为进一步加强国家电力投资集团有限公司（以下简称国家电投集团）化学监督工作，根据国家、行业有关标准，结合国家电投集团生产管理的实际状况，特制定本标准。

　　本标准由国家电投集团火电部提出、组织起草并归口管理。

　　本标准主要起草单位：国家电投集团科学技术研究院有限公司。

　　本标准主要起草人：宋敬霞、李权耕。

　　本标准主要审查人：王志平、徐国生、章义发、岳乔、陈以明、华志刚、侯晓亮、王正发、刘宗奎、李晓民、刘江、李继宏、曹杰玉、游喆、洪新华、王中伟、谢祥贵、张志国、李伟。

火电企业化学技术监督实施细则

1 范围

本细则规定了国家电投集团火电企业化学监督的范围、内容和管理要求。
本细则适用于国家电投集团火电企业的化学监督工作。

2 规范性引用文件

下列文件对于本文件的应用是必不可少的。凡是注日期的引用文件，仅注日期的版本适用于本文件。凡是不注日期的引用文件，其最新版本（包括所有的修改单）适用于本文件。

GB 252	普通柴油
GB 474	煤样的制备方法
GB 475	商品煤样人工采取方法
GB 2536	电工流体　变压器和开关用的未使用过的矿物绝缘油
GB 2894	安全标志及其使用导则
GB 4962	氢气使用安全
GB 5903	工业闭式齿轮油
GB 8978	污水综合排放标准
GB 11118.1	液压油（L–HL、L–HM、L–HV、L–HS、L–HG）
GB 11120	涡轮机油
GB 12691	空气压缩机油
GB 25989	炉用燃料油
GB 50013	室外给水设计规范
GB 50050	工业循环冷却水处理设计规范
GB 50150	电气装置安装工程　电气设备交接试验标准（附条文说明）
GB 50177	氢气站设计规范
GB 50335	污水再生利用工程设计规范
GB 50660	大中型火力发电厂设计规范
GB/T 222	钢的成品化学成分允许偏差
GB/T 264	石油产品酸值测定法
GB/T 265	石油产品运动黏度测定法和动力黏度计算法
GB/T 267	石油产品闪点与燃点测定法（开口杯法）
GB/T 483	煤炭分析试验方法一般规定
GB/T 511	石油和石油产品及添加剂机械杂质测定法

GB/T 3625	换热器及冷凝器用钛及钛合金管
GB/T 4213	气动调节阀
GB/T 4334	金属和合金的腐蚀　不锈钢晶间腐蚀试验方法
GB/T 4756	石油液体手工取样法
GB/T 5475	离子交换树脂取样方法
GB/T 7252	变压器油中溶解气体分析和判断导则
GB/T 7595	运行中变压器油质量标准
GB/T 7596	电厂运行中汽轮机油质量
GB/T 7597	电力用油（变压器油、汽轮机油）取样方法
GB/T 7600	运行中变压器油水分含量测定法（库仑法）
GB/T 7735	钢管涡流探伤方法
GB/T 8509	六氟化硫电气设备中气体管理和检测导则
GB/T 11023	高压开关设备六氟化硫气体密封试验方法
GB/T 11143	加抑制剂矿物油在水存在下防锈性能试验法
GB/T 12145	火力发电机组及蒸汽动力设备水汽质量
GB/T 12022	工业六氟化硫
GB/T 12579	润滑油泡沫特性测定法
GB/T 13296	锅炉、热交换器用不锈钢无缝钢管
GB/T 13803.4	针剂用活性炭
GB/T 14541	电厂运行中汽轮机用矿物油维护管理导则
GB/T 14542	运行中变压器油维护管理导则
GB/T 18666	商品煤质量抽查和验收方法
GB/T 19494.1	煤炭机械化采样　第1部分：采样方法
GB/T 19494.2	煤炭机械化采样　第2部分：煤样的制备
GB/T 19494.3	煤炭机械化采样　第3部分：精密度和偏倚试验
GB/T 20878	不锈钢和耐热钢牌号及化学成分
GB/T 50619	火力发电厂海水淡化工程设计规范
DL 5000	火力发电厂设计技术规程
DL 5009.1	电力建设安全工作规程　第1部分：火力发电
DL/T 136	电力设备用六氟化硫气体
DL/T 246	化学监督导则
DL/T 290	电厂辅机用油运行及维护管理导则
DL/T 333.1	火电厂凝结水精处理系统技术要求　第1部分：湿冷机组
DL/T 333.2	火电厂凝结水精处理系统技术要求　第2部分：空冷机组
DL/T 336	石英砂滤料的检测与评价
DL/T 421	电力用油体积电阻率测定法
DL/T 423	绝缘油中含气量测定方法　真空压差法
DL/T 429.9	绝缘油介电强度测定法
DL/T 432	电力用油中颗粒污染度测量方法

DL/T 502	火力发电厂水汽分析方法
DL/T 506	六氟化硫电气设备中绝缘气体湿度测量方法
DL/T 519	火力发电厂水处理用离子交换树脂验收标准
DL/T 520	火力发电厂入厂煤检测实验室技术导则
DL/T 543	电厂用水处理设备验收导则
DL/T 561	火力发电厂水汽化学监督导则
DL/T 569	汽车、船舶运输煤样的人工采取方法
DL/T 571	电厂用磷酸酯抗燃油运行与维护导则
DL/T 582	火力发电厂水处理用活性炭使用导则
DL/T 595	六氟化硫电气设备气体监督细则
DL/T 596	电力设备预防性试验规程
DL/T 651	氢冷发电机氢气湿度的技术要求
DL/T 665	水汽集中取样分析装置验收导则
DL/T 677	发电厂在线化学仪表检验规程
DL/T 705	运行中氢冷发电机用密封油质量标准
DL/T 712	发电厂凝汽器及辅机冷却器管选材导则
DL/T 722	变压器油中溶解气体分析和判断导则
DL/T 747	发电用煤机械采制样装置性能验收导则
DL/T 794	火力发电厂锅炉化学清洗导则
DL/T 805.1	火电厂汽水化学导则　第1部分：直流锅炉给水加氧处理
DL/T 805.2	火电厂汽水化学导则　第2部分：锅炉炉水磷酸盐处理
DL/T 805.3	火电厂汽水化学导则　第3部分：汽包锅炉炉水氢氧化钠处理
DL/T 805.4	火电厂汽水化学导则　第4部分：锅炉给水处理
DL/T 805.5	火电厂汽水化学导则　第5部分：汽包锅炉炉水全挥发处理
DL/T 855	电力基本建设火电设备维护保管规程
DL/T 889	电力基本建设热力设备化学监督导则
DL/T 913	火电厂水质分析仪器质量验收导则
DL/T 914	六氟化硫气体湿度测定法（重量法）
DL/T 915	六氟化硫气体湿度测定法（电解法）
DL/T 916	六氟化硫气体酸度测定法
DL/T 917	六氟化硫气体密度测定法
DL/T 918	六氟化硫气体中可水解氟化物含量测定法
DL/T 919	六氟化硫气体中矿物油含量测定法（红外光谱分析法）
DL/T 920	六氟化硫气体中空气、四氟化碳的气相色谱测定法
DL/T 921	六氟化硫气体毒性生物试验方法
DL/T 941	运行中变压器用六氟化硫质量标准
DL/T 951	火力发电厂反渗透水处理装置验收导则
DL/T 952	火力发电厂超滤水处理装置验收导则
DL/T 956	火力发电厂停（备）用热力设备防锈蚀导则

DL/T 957	火力发电厂凝汽器化学清洗及成膜导则
DL/T 977	发电厂热力设备化学清洗单位管理规定
DL/T 1029	火电厂水质分析仪器实验室质量管理导则
DL/T 1051	电力技术监督导则
DL/T 1076	火力发电厂化学调试导则
DL/T 1094	电力变压器用绝缘油选用指南
DL/T 1096	变压器油中洁净度限值
DL/T 1115	火力发电厂机组大修化学检查导则
DL/T 1138	火力发电厂水处理用粉末离子交换树脂
DL/T 1151	火力发电厂垢和腐蚀产物分析方法
DL/T 1260	火力发电厂电除盐水处理装置验收导则
DL/T 1359	六氟化硫电气设备故障气体分析和判断方法
DL/T 5004	火力发电厂试验、修配设备及建筑面积配置导则
DL/T 5011	电力建设施工及验收技术规范（汽机篇）
DL/T 5068	火力发电厂化学设计技术规程
DL/T 5190.3	电力建设施工技术规范　第 3 部分：汽轮发电机组
DL/T 5190.6	电力建设施工技术规范　第 6 部分：水处理及制氢设备和系统
DL/T 5210.6	电力建设施工质量验收及评价规程　第 6 部分：水处理及制氢设备和系统
DL/T 5295	火力发电建设工程机组调试质量验收及评价规程
DL/T 5437	火力发电建设工程启动调试及验收规程
NB/SH/T 0636	L–TSA 汽轮机油换油指标
SH 3097	石油化工静电接地设计规范
SH/T 0193	润滑油氧化安定性的测定　旋转氧弹法
SH/T 0206	变压器油氧化安定性测定法
SH/T 0207	绝缘液中水含量的测定卡尔·费休电量滴定法
SH/T 0301	液压液水解安定性测定法（玻璃瓶法）
SH/T 0304	电气绝缘油腐蚀性硫试验法
SH/T 0308	润滑油空气释放值测定法
SH/T 0476	L–HL 液压油换油指标
SH/T 0586	工业闭式齿轮油换油指标
SH/T 0599	L–HM 液压油换油指标
SH/T 0804	电气绝缘油腐蚀性硫试验银片试验法

国能安全〔2014〕161 号　防止电力生产事故的二十五项重点要求

国家电投规章〔2016〕124 号　国家电力投资集团公司火电技术监督管理规定

3 总则

3.1 化学监督是保证火电企业发电设备安全、经济、稳定、环保运行的重要基础工作，应坚持"安全第一、预防为主"的方针，实行全过程监督。

3.2 化学监督的目的是对水、汽、电力用油（气）及燃料品质等进行质量监督，防止和减缓热力系统腐蚀、结垢、积盐及油质劣化，及时发现变压器等充油（气）电气设备潜伏性故障，指导锅炉安全经济燃烧、核实煤价、计算煤耗、核算污染物排放量等，最终提高设备的安全性，延长使用寿命，提高机组运行的经济性。

3.3 各火电企业应按照国家电投规章〔2016〕124 号和本细则的要求，结合本企业实际情况，制定化学监督实施细则，开展技术监督工作；依据国家和行业有关标准和规范，编制、执行运行规程、检修规程和检验及试验规程等相关支持性文件；以科学、规范的监督管理，保证化学监督工作目标的实现和持续改进。

3.4 从事化学监督的人员，应熟悉和掌握本细则及相关标准和规程中的规定。

4 化学监督范围及主要指标

4.1 化学监督范围

4.1.1 设计阶段的化学监督：化学工艺审核；设备选型确认。

4.1.2 制造阶段的化学监督：重要设备制造过程监督；重要制造工艺施工过程监督等。如：水处理系统设备防腐工艺过程、制氢设备等。

4.1.3 安装阶段化学监督：热力设备安装；水处理系统及制氢设备安装等。

4.1.4 调试阶段化学监督：化水系统调试；热力系统化学清洗；热力系统冲洗、吹管；发电机内冷水系统调试；制氢系统调试；循环水系统调试等。

4.1.5 运行阶段化学技术监督：水、汽、煤、油、气质量监督；水处理系统运行；制氢系统运行等。

4.1.6 停（备）用阶段化学监督：热力系统停用保护；热力系统检修化学监督等。

4.2 化学监督指标

4.2.1 水汽监督的主要指标

    a）水汽合格率；

    b）在线化学仪表的配备率、投入率、准确率；

    c）热力设备腐蚀、结垢、积盐等级；

    d）机组补水率、化学自用水率。

4.2.2 油务监督的主要指标

    a）变压器油油质合格率、汽轮机油、抗燃油油质合格率；

    b）变压器油油耗、汽轮机油油耗。

4.2.3 气体监督的主要指标

a）供氢纯度和湿度合格率；机组氢气纯度和湿度合格率；

b）六氟化硫（SF_6）合格率。

4.2.4 燃料监督的主要指标

a）入厂煤、入炉煤质检率；

b）机械采样装置投入率。

5 化学监督内容

5.1 设计阶段化学监督

5.1.1 设计工作开始前，火电企业负责向设计单位提供化学专业设计所需的各种资料，其中包括水源情况、水质全分析资料、供热情况、热力系统的相关情况、发电机冷却方式及参数等。

5.1.2 设计过程中，火电企业配合设计单位进行现场调研，并对设计所需的相关内容进行确认。

5.1.3 设计完成后，火电企业负责通知国家电投集团（总部）、国家电投集团科学技术研究院及相关专家参加设计资料评审。

5.1.4 设计评审根据 DL/T 5068 和国家电投集团的相关要求进行。

5.1.5 评审内容。

a）化学各系统的工艺设计是否满足安全生产、经济合理、技术水平和环境保护的要求。主要包括：水源选择、预处理工艺、预脱盐工艺、锅炉补给水处理工艺、凝结水精处理工艺、冷却水处理工艺、热力系统化学加药工艺、制（供）氢工艺、油质净化工艺、化学系统控制工艺等。

b）化学各系统设备出力的计算是否正确，设计数量是否合理。

c）化学在线仪表配置和选型，测点布置是否合理（参见附录 A）。实验室的仪表配置和选型是否合理（参见附录 B）。

d）水汽取样系统、燃料采制化设备配置等是否合理。

e）化学各系统及设备布置是否合理。

f）化学材料、药品的选择是否恰当，化学药品仓库的设计是否合理。

g）化学各系统设备、管道、阀门的防腐工艺是否合理。

h）热力系统设计中停（备）用保护的相关设备设计是否合理；热力设备水汽、油、气的取样点的设计是否合理；热力设备设计中与化学监督相关的设备设计是否恰当。

i）整体设计的技术经济性评价。

j）根据评审结果，对设计内容进行优化，提出优化方案，修订设计。

5.2 设备制造阶段化学监督

5.2.1 化学设备制造

a）应依据 DL/T 543 和双方技术协议的相关规定对化学水处理设备的材料选用、加工工艺、加工质量等进行监督和验收，在必要的情况下火电企业可对设备的制造过程进行监造。

b）主要设备的制造单位应具有国家、省（自治区）、直辖市或有关国家行政监督管理部门颁发的制造许可证。制造过程应具有符合标准和协议的作业指导书，制造工艺应符合作业指导书的要求，并有相关的检查验收材料。

c）化学设备制造过程中重点监督化学设备防腐工艺是否正确，防腐质量是否合格，包括防腐材料、防腐工艺、防腐层的厚度、质量等。

5.2.2 制氢设备

制氢设备的制造过程应符合国家和行业的相关技术和安全标准，并满足技术协议中的相关要求，有关键点的验收证明。

5.3 安装阶段化学监督

5.3.1 设备的到厂验收

5.3.1.1 化学设备的验收

a）根据供货合同，检查设备和材料到货数量、规格、包装、外观质量以及各项技术资料（包括供货清单、说明书、技术资料和图纸）是否符合订货要求。如发现设备或材料有锈蚀、冻裂、变质、损坏或缺陷等问题，应会同相关单位共同分析原因、查明责任、及时进行处理。

b）防腐设备到场后重点检查防腐层的质量，应进行"外观检查"和"漏电试验"检验。如发现缺陷，应分析原因查清责任，及时进行处理。各种水处理设备、管道的防腐方法和技术要求参照附录 C。

5.3.1.2 化学仪表的验收

a）实验室和在线电导率表、pH 值表、钠表、溶解氧表、硅表应按 DL/T 913 相关规定进行验收，其他仪器参考 DL/T 913 以及合同要求进行验收。

b）新购置仪表的验收程序见图 1，安全性能测试项目和技术要求见表 1。

c）在线化学仪表应按 DL/T 677 规定进行检验，保证投入率≥98%，准确率≥96%。

d）主要在线化学仪表包括：凝结水、给水、蒸汽氢电导率表；给水、炉水 pH 值表；补给水除盐设备出口、炉水、发电机内冷水电导率表；凝结水精除盐出口电导率或氢电导率表；蒸汽在线钠表、硅表；凝结水、给水溶解氧表；发电机氢气在线湿度和纯度表。

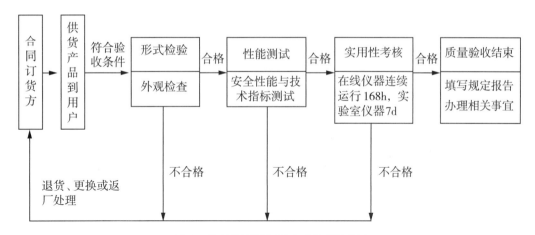

图1　分析仪器质量检查验收操作程序

表1　分析仪器安全性能测试项目与技术要求

测试项目	技术要求
绝缘电阻	1000V/20MΩ
耐压试验	2000V 50Hz/1min，无击穿、无飞弧

5.3.1.3　水处理材料的验收

5.3.1.3.1　离子交换树脂的验收

a）离子交换树脂取样按 GB/T 5475 规定的方法进行。

b）离子交换树脂验收按 DL/T 519 的要求进行。

c）树脂生产厂以每釜为一批取样，用户已收到的货每 5 批（或不足 5 批）为一个取样单元。

d）每个取样单元中，任取 10 包（件），单独计量，其总量不应小于铭牌规定的 10 包（件）量的和。若包装件中有游离水分，应除去游离水分后计量。

e）每包装件必须有树脂生产厂质量检验部门的合格证。

f）使用单位有权按标准对收到的树脂产品进行检验。并将部分样品封存以备复验。若需复验，应在收到树脂产品三个月内向树脂生产厂提出。

g）检验结果有某项技术指标不符合验收标准的要求时，应重新自该取样单元中两倍的包装件中取样复验，并以复验结果为准。

h）若用户对所定购离子交换树脂的技术要求超出标准时，应在供货合同上说明并作为验收依据。

5.3.1.3.2　滤料的采用及其验收

a）滤料的采用应符合设计要求，如设计未作规定时，可以根据滤料的化学稳定性和机械强度进行选择。一般要求如下：

    1）凝聚处理后的水，可采用石英砂；

    2）石灰处理后的水，可采用大理石、无烟煤；

    3）镁剂除硅后的水，可采用白云石或无烟煤；

    4）磷酸盐、食盐过滤器的滤料，可采用无烟煤；

    5）离子交换器、活性炭过滤器底部的垫层，应采用石英砂。

b）滤料的验收。

    1）对石英砂和无烟煤应进行酸性、碱性和中性溶液的化学稳定性试验。

    2）对大理石和白云石应进行碱性和中性溶液的化学稳定性试验。

    3）滤料浸泡 24h 后，应分别符合以下要求：

        ——全固形物的增加量不超过 20mg/L；

        ——二氧化硅的增加量不超过 2mg/L。

    4）用于离子交换器、活性炭过滤器垫层的石英砂，应符合以下要求。

        ——纯度：二氧化硅≥99%；

        ——化学稳定性试验合格。

    5）过滤材料的组成应符合制造厂或设计要求，如未作规定时，一般应用表 2 的规定。

    6）过滤器填充滤料前，应做滤料粒度均匀性的试验，并应达到有关标准。

表 2　过滤材料粒度表

序号	类别		粒径/mm	不均匀系数
1	单层滤料	石英砂	$d_{min}=0.5$，$d_{max}=1.0$	2
		大理石	$d_{min}=0.5$，$d_{max}=1.0$	
		白云石	$d_{min}=0.5$，$d_{max}=1.0$	
		无烟煤	$d_{min}=0.5$，$d_{max}=1.5$	
2	双层滤料	无烟煤	$d_{min}=0.8$，$d_{max}=1.8$	2～3
		石英砂	$d_{min}=0.5$，$d_{max}=1.2$	

c）活性炭验收。

    1）活性炭验收按 DL/T 582 的要求进行。

    2）活性炭的取样满足 GB/T 13803.4 的要求。

    3）活性炭物理性能指标的检验按 DL/T 582 所列试验方法进行，结果应符合 DL/T 582 中有关规定。

    4）对有机物吸附性能指标检验。

验收的活性炭样品与原样品对同一种水中天然有机物（通常为腐殖酸或富里酸）达到吸附平衡时，按 DL/T 582 计算平衡浓度为 5mg/L 时吸附值之间的偏差 S 小于或等于 10% 时，认为与原活性炭样品相同。也可按试验方法 DL/T 582 测定验收。

    5）余氯的吸附性能指标检验。

按 DL/T 582 计算验收的活性炭样品与原样品的碘值之间的偏差 S 应小于或等于

10%，认为与原活性炭样品相同。

d）水处理用药剂的技术要求。

水处理用化学药剂包括：盐酸、硫酸、氨、联氨、氢氧化钠、磷酸钠、阻垢剂和缓蚀剂等药剂，应按水处理工艺的技术要求进行采购。到货后根据有关规定标准逐批进行质量验收，对化学药剂纯度及其杂质含量进行分析。化学清洗的药剂验收也要参照相关标准并符合化学清洗方案的要求。

5.3.1.4 凝汽器管的验收

5.3.1.4.1 凝汽器铜管验收

a）防潮包装应合格，包装箱应牢固，附有物理性能及热处理的合格证。

b）应逐根进行外观检查，表面应无裂纹、砂眼、凹陷、毛刺、残碳膜等缺陷，管内应无油垢污物，管子不应弯曲。

c）凝汽器铜管100%涡流探伤，或是抽取总数的5%进行水压试验，水压试验压力为0.3~0.5MPa，轻敲铜管外壁应无渗漏。如发现不合格管子的数目达安装总数的1%时，则每根铜管均应进行试验。凡经涡流探伤和水压试验不合格的铜管，不得使用。

d）铜管按批量抽样进行化学成分分析，且检验结果符合相关标准要求。

e）抽取铜管总数的1‰，以氨熏法进行内应力试验，对不合格批号的铜管，应全部做整根管内应力的退火处理，退火蒸汽温度应为300℃~350℃，退火时间一般为4~6h。

f）抽取铜管总数的0.5‰~1‰进行胀管工艺性能试验（包括压扁试验、扩张试验），如试验不合格时，可在铜管的胀口部位进行450℃~550℃的退火处理。

5.3.1.4.2 凝汽器钛管验收

a）凝汽器钛管到货后首先检查标志、包装和数量是否符合要求。

b）检查各种技术资料是否齐全，包括各项指标检验报告、产品合格书、质量证明书等。

c）检验管材尺寸及其允许偏差、管材的椭圆度和弯曲度等指标，钛管应符合GB/T 3625的规定。

d）管材内外表面应采用目视检查，应无明显外伤。

e）钛管按GB/T 3625的有关规定进行化学成分、力学性能、压扁试验、扩口试验、液压试验或气压试验、超声波或涡流检验（具体要求：新管安装前应至少抽取5%的管子进行涡流探伤，若有一根不合格则进行100%涡流检验）、外形尺寸、外观质量的检验，如订货合同上有其他试验项目的，一并进行验收试验。

f）管材的尺寸和外形、表面质量、液压试验及超声波检验不合格时，定为单根不合格。

g）根据试验验收结果，一批中取样分析化学成分不合格，应认为该批不合格。室温力学性能试验、压扁试验、扩口试验中，如有一个试样试验结果不合格时，则从该批取双倍试样对不合格项目进行重复试验，如重复试验结果仍有一个试样不合格时，则该批产品不合格，但允许供方逐根对不合格项目进行检验，合格者重新组批。

5.3.1.4.3 凝汽器不锈钢管验收

a) 凝汽器不锈钢管到货后首先检查标志、包装和数量是否符合要求。

b) 检查各种技术资料是否齐全，包括各项指标检验报告，产品合格书、质量证明书等。

c) 无缝不锈钢管出厂前的热处理及力学性能要求应符合 GB/T 13296 的规定，焊接不锈钢管应参照 ASTM A249/A249 M 和 ASTM A268/A268 M 的规定进行热处理。

d) 按 GB/T 20878 规定检查不锈钢管的化学成分，偏差不应超过 GB/T 222 的规定。

e) 检验管材尺寸及其允许偏差、管材的椭圆度和弯曲度等指标，无缝不锈钢管应符合 GB/T 13296 的规定，焊接不锈钢管应参照 ASTM A249/A249 M 和 ASTM A268/A268 M 的规定。

f) 按 GB/T 13296 的要求检验无缝不锈钢管表面质量。焊接不锈钢管焊缝处不应有错边、咬边、凸起、凹陷等缺陷，管端无毛刺，内外表面颜色均匀、清洁。

g) 在新管安装前至少应对 5% 的管子进行涡流探伤，其中只要一根不合格者就应进行 100% 的涡流探伤。超过涡流探伤判废标准的管子不应安装。不锈钢管涡流探伤方法应按 GB/T 7735 的规定进行。

h) 不锈钢管应按照 GB/T 4334 的规定进行晶间腐蚀试验。

i) 不锈钢管焊缝的腐蚀速率与母材的腐蚀速率之比不应大于 1.25。

5.3.1.5 其他热力设备的验收

a) 所有出厂的管束、管道内部不允许有积水、泥沙、污物和明显的腐蚀产物。经过吹扫和清洗的省煤器、水冷壁、过热器、再热器管束及其联箱，管道以及可封闭的设备，所有的开口处均应有可靠的密封措施。

b) 长途运输、存放时间较长的设备和采用奥氏体钢作为再热器或过热器的管束外表面，应涂刷防护漆，管端应密封。

c) 除氧器、凝汽器等大型容器，出厂时必须采取防锈蚀措施，并在设备资料上进行说明。

d) 采用碳钢管材的高、低压加热器，在出厂时应清洗干净后密封充入氮气，并保持氮气压力不低于 0.03MPa，或采用有机胺等气相保护法进行保护，在产品资料上应有保护方法的说明。

e) 汽包内部的汽水分离装置应妥善包装，防止雨水、泥沙的污染或运输碰撞变形。对汽包内壁和汽水分离装置表面采用涂覆的方式进行防锈蚀时，不宜采用涂漆方式，应当考虑该涂覆材料在机组整套启动试运行前容易被去除干净。

f) 用奥氏体钢制作的设备出厂前水压试验用水应符合锅炉水压试验中的相关要求。

g) 防锈蚀保护设备：热力设备出厂前应检查其防锈蚀保护设备的配置是否符合设计和技术协议要求。

h) 订货合同中所规定的检验项目是否有检验完成后的质量证明书和相关检验报告。

5.3.1.6 油系统验收

a) 汽轮机的油套管和油管、抗燃油管必须采取除锈和防锈蚀措施，应有合格的防护包装。

b) 油系统设备验收时，除制造厂有书面规定不允许解体的外，一般均应解体检查其清洁度。

c) 油箱在验收时要注意内部结构是否合理，在运行中是否可以起到良好的除污作用。油箱内壁应涂耐油防腐漆，漆膜如有破损或脱落需要补涂。经过水压试验后的油箱内壁要排干水并吹干，必要时进行气相防锈蚀保护。

5.3.2 设备安装前的保管

设备到达现场后，基建单位应按 DL/T 855 的规定进行检查验收和妥善保管，保持设备良好的原始状况，重要设备火电企业要对保管情况进行监督检查。基建单位应设专人负责防锈蚀监督，做好检查记录，发现问题向有关部门提出要求，及时解决。

a) 热力设备和部件防锈蚀涂层损伤脱落时应及时补涂。

b) 过热器、再热器、水冷壁、高压加热器在组装前 2h 内方可打开密封罩，其他设备在施工当天方可打开密封罩。在搬运和存放过程中密封罩脱落应及时盖上或包覆。

c) 汽轮机的油套管和油管、抗燃油管在组装前 2h 内方可打开密封罩。

5.3.3 化学设备安装过程监督

5.3.3.1 安装过程参照 DL/T 5190.6，施工验收和评价参照 DL/T 5210.6，其中涉及机械安装、管道施工、焊接工艺、监测仪表及程序控制等部分，应与相应的专业技术标准配合使用。

5.3.3.2 各类设备的施工，应按设计图纸和制造厂的有关技术文件进行，如需修改设计或采用代用设备、材料时，应经过设计单位和火电企业同意，重要设备需国家电投集团（总部）同意，履行审批手续，并将修改设计变更单或代用设备，材料等技术文件附入验收签证书中。

5.3.3.3 非标设备的施工，应按合同或参照有关的规程、规范、标准及设计规定进行。国外引进的设备，应根据合同书中的有关技术条文确定相应的施工技术标准。

5.3.3.4 设备安装就位前，设备基础的相关土建工作应按已施工图完成并通过火电企业、安装单位、监理单位的验收。

5.3.3.5 原水预处理系统设备、离子交换除盐系统、膜处理设备、凝结水精处理中过滤器的安装和验收参照 DL/T 5190.6 执行。

5.3.3.6 机组取样及加药系统安装验收参照 DL/T 5190.6 及 DL/T 665 中的相关要求执行。

5.3.3.7 循环冷却水处理系统的安装验收按照 DL/T 5190.6 相关要求执行。需要强调的是对于有毒和易爆、易腐蚀的液、气体需采取安全有效的防毒和防爆措施。

5.3.3.8 化学水处理系统中的水箱、药箱、加药槽等的安装和验收按照 DL/T 5190.6 执行，特别注意其中防腐层的施工工艺和环境条件的控制，保证防腐层的完好。

5.3.3.9 化学设备中转动机械的安装和验收按照 DL/T 5190.6 相关要求进行。需要强调的是系统中承压容器应根据特种设备安全监督管理部门的有关条文进行验收和使用。

5.3.3.10 化水系统中特殊管道和阀门的安装验收：特殊管道包括塑料、玻璃钢、工程塑料管件、衬胶管道，特殊阀门包括衬胶阀门、气动阀门、蝶阀等。按照 DL/T 5190.6 执行。

5.3.3.11 化学系统防腐施工：防腐施工是安装过程化学监督的重要内容之一，防腐蚀层的施工验收参照 DL/T 5190.6 执行。防腐过程要注意以下几个方面：

　　a）设备和混凝土构筑物的防腐蚀保护层进行施工前，应制定严格的防火、防爆、防毒和防触电等安全措施，在容器内施工要安装通风设施。

　　b）设备本体的灌水、渗油或水压试验，设备本体及附属件的焊接及钳工工作必须在防腐前完成。

　　c）管道制作预安装就位，预留防腐层间隙，并打编号钢印。

　　d）除锈后的金属表面应呈均匀的金属本色，并有一定的粗糙度，无孔洞、裂纹、遗留铁锈和焊瘤，凹斑深度超过 3mm 时，应补焊磨平。准备进行防腐的金属表面采取有效措施防止二次锈的生成。如出现二次浮锈或污染后需重新处理。

　　e）设备除锈结束后必须由监理和火电企业相关人员检查合格。除锈合格后尽快涂刷底漆。

　　f）防腐所用漆料、涂料、胶料、溶剂和衬里材料应检查：生产厂家、合格证及有效期等信息，确认是否合格、有效及符合设计要求。

5.3.4 制氢设备的安装和验收

5.3.4.1 制氢设备的安装和验收参照 DL/T 5190.6 执行。

5.3.4.2 制氢室及其周围的防火、防爆应符合 GB 4962、GB 50177 及 DL 5009.1 的要求。

　　a）电解室应与明火或可能发生火花的电气设备、监督仪表隔离。电气设备、热工仪表的选型、配线和接地应符合 SH 3097 及 GB 50177 的要求。

　　b）在制氢站周围应按 GB 2894 的规定设置醒目的禁火标志。

　　c）制氢系统的各种阀门应选用气体专用阀门，确保严密不漏。用于电解液系统的阀门和垫圈，禁止使用铜材和铝材。

　　d）氢气管道与氧气管道平行敷设时，中间应用不燃物将管道隔开，或间距不小于 500mm。氢气管道应布置在外侧，分层敷设时，氢气管道应位于上方。

　　e）凡与电解液接触的设备和管道，禁止在其内部涂刷红丹和其他防腐漆；如已涂刷，则应在组装前清洗干净。

　　f）制氢设备的电解用水，应用除盐水。

　　g）电解槽对地、端极板对拉紧螺杆的绝缘，要求用 500V 摇表测量，绝缘电阻大于 1MΩ。电解槽各相邻组件间不允许有短路现象。

5.3.4.3 氢瓶供氢站宜设置氢瓶集装格起吊设施，起吊装置应采取防爆措施。氢气瓶应布置在通风良好、远离火源和热源的场所，并避免暴露在阳光直射处，可布置在封闭或半敞开式建筑物内，汇流排及电控设施宜分别布置在室内。

5.3.5 凝汽器安装过程化学监督

5.3.5.1 检查所有接至凝汽器的水汽管道，不应使水、汽直接冲击到凝汽器管上。进水管上的喷水孔应能使进水充分雾化。

5.3.5.2 拆箱搬运凝汽器管时应轻拿轻放，安装时不得用力锤击，避免增加凝汽器管内应力。

5.3.5.3 对于钛管或不锈钢管应抽取凝汽器管总数的5%进行涡流探伤，其中只要有一根不合格者就应进行100%的涡流探伤。

5.3.5.4 在穿管前应检查管板孔光滑无毛刺，并彻底清扫凝汽器壳体内部，除去壳体内壁的锈蚀物和油脂。

5.3.5.5 凝汽器管在正式胀接前，应进行试胀工作。胀口应无欠胀或过胀，胀口处管壁厚度减薄为4%~6%；胀口处应平滑光洁、无裂纹和显著切痕；胀口胀接深度一般为管板厚度的75%~90%，试胀工作合格后方可正式胀管。

5.3.5.6 安装钛管和钛管板的凝汽器，还应符合下列要求：

a）钛管、板和管端部在穿管前应使用白布以脱脂溶剂（如乙醇、三氯乙烯等）擦拭除去油污，管子胀好后，管板外伸部分也应用乙醇清洗后再焊接；

b）对管孔、穿管用导向器以及对管端施工用具，每次使用前都应用乙醇清洗，穿管时不得使用铅锤；

c）凝汽器组装应按照 DL/T 5011 工艺质量要求进行。

5.3.5.7 凝汽器组装完毕后，对凝汽器汽侧应进行灌水试验，灌水高度须高出顶部换热管 100mm，维持 24h 应无渗漏。

5.3.6 热力设备安装

设备及管系在组装前，应对其内部进行检查和清扫，去除内部铁锈、泥沙、尘土、焊渣、保温材料等污物，应用无油压缩空气吹扫，大口径管必要时可做人工除锈处理。为了提高清扫效果，小口径管也可用无油压缩空气，将相当于管径 2.5 倍的海绵球通过管内。

5.3.7 油系统安装化学监督

5.3.7.1 油系统在安装前必须进行清理，清除内壁积存的铁锈、铁屑、泥沙和其他杂物。清理方法应经过火电企业、监理单位的批准。

5.3.7.2 对制造厂组装成件的套装油管，安装时须复查组件内部的清洁程度。现场配制管段与管件安装前须经化学清洗合格并吹干密封。已经清理完毕的油管不得再在上面钻孔、气割或焊接，否则必须重新清理、检查和密封。油系统管道未全部安装接通前，对油管敞开部分应临时密封。

5.4 调试过程的化学监督

5.4.1 化学设备的调试要求

化学设备的调试应按照 DL/T 1076 的要求执行。

5.4.2 化学系统调试前具备的条件

5.4.2.1 火电企业已成立试运指挥部，并成立化学专业调试小组。

5.4.2.2 现场已有经试运指挥部批准的调试大纲或方案，化学监督负责人已对调试过程中的化学监督项目进行确认。

5.4.2.3 参加调试的人员已进行培训考试合格并到岗，有关运行检修规程和记录报表已编制印刷，分析、化验仪器、仪表已齐全。

5.4.2.4 现场调试所需的水处理材料已具备，已分析化验合格。

5.4.2.5 水处理系统土建施工已全部完工，现场道路，照明、标识已完备。

5.4.2.6 水处理系统设备安装完毕并已完成单体调试，有监理单位的验收签证。

5.4.2.7 化学系统在线仪表已安装校正完毕，可正常投运。

5.4.2.8 调试所需水源、气源、电源已符合要求。

5.4.2.9 控制系统已调试完毕。

5.4.2.10 现场工作环境已符合运行要求。

5.4.2.11 各类容器的内部已清理完毕，水压试验合格。

5.4.2.12 各系统设备已按要求完成水冲洗和水压试验，系统设备、管道、阀门的严密性合格，内部清理工作已完成。水压试验的条件及注意事项应按有关规定执行。

5.4.2.13 化学专业调试组已对调试前的工作检查完毕并签字确认。

5.4.3 化学设备及系统调试监督

5.4.3.1 预处理系统调试

a）预处理主要包括混凝澄清、过滤、活性炭吸附等工艺过程，主要设备有澄清池（器），过滤器（池），超（微）滤、活性炭过滤器及相应的加药设备等；

b）完成预处理系统与设备的检查；

c）完成混凝剂、助凝剂泵的出力试验，行程范围为20%～100%；

d）完成混凝剂、助凝剂的加药剂量的小型试验和调整试验；

e）完成澄清器（池）启动调整试验，确定加药量及设备出力，检验出水水质可在设计出力下是否可达到设计要求；

f）完成过滤器启动调整试验，确定反洗强度和正常运行参数，检验出水水质可在设计最大流速下是否可达到设计要求；

g）根据调试后要得到的正常运行的相关参数，及时修正运行规程的相关内容；

h）根据调试结果对超滤装置的性能进行验收，参考技术协议的相关规定或是表3、表4中的参数。

表3 超滤水处理装置的性能参数

序 号	项 目	要 求
1	平均水回收率	达到合同要求，一般大于或等于90%

序　号	项　目	要　求
2	产水量	额定压力时，达到相应水温条件下的设计值
3	透膜压差	满足合同要求
4	化学清洗周期	符合合同值，一般大于或等于30d
5	制水周期	大于或等于合同值
6	反洗历时	小于或等于合同值

表4　超滤水处理装置出水水质参考指标

序　号	项　目	指　标
1	淤泥密度指数（SDI_{15}）	<3
2	浊度	$<0.4NTU$
3	悬浮物	$<1mg/L$

5.4.3.2　除盐系统调试

a）包括反渗透预除盐、离子交换、电除盐等工艺过程，主要设备有反渗透装置、离子交换器、电除盐装置及相应的加药设备。在预处理调试合格，出水水质符合要求后才可进行除盐系统调试。

b）检查反渗透系统中设备、仪表是否齐全，是否可正常工作，自动保护装置试验正常。保安过滤器滤元、反渗透系统膜组件已安装就绪。

c）按操作规程启动高压泵、保安过滤器、反渗透装置，调整反渗透装置的脱盐率和出水品质，检测反渗透出水的 SDI、DD、余氯量、pH 值、温度、压力、流量等，使出水水质达到设计要求；根据调试结果，对照订货合同或技术协议，对反渗透装置进行验收，验收标准参考表5。

表5　反渗透本体的性能参数

序号	项　目	常规（苦咸水脱盐）反渗透	海水淡化反渗透
1	脱盐率	满足合同要求，一般第一年不小于98%	满足合同要求，一般第一年不小于98%
2	回收率	满足合同要求，一般不小于75%	满足合同要求，一般不小于40%
3	运行压力	满足设计要求，初始运行进水压力一般不大于1.5MPa	满足设计要求，一般不大于6.9MPa
4	能量回收装置		能量回收率一般不小于65%

序号	项　目	常规（苦咸水脱盐）反渗透	海水淡化反渗透
5	产水量	满足相应水温条件下的合同要求	
6	仪表	正确指示，精度达到合同要求	
7	连锁与保护	满足合同要求	
8	阀门	开关灵活，阀位状态指示正确；电动阀电机运转平稳，振动和噪声等指标满足电动阀技术要求	

　　d）离子交换器的充填：包括垫层充填，水冲洗；树脂的充填、预处理。参照树脂处理的相关标准（或根据厂家标准）。

　　e）完成离子交换树脂再生工艺确定的小型试验，确定再生剂浓度、再生剂比耗、流速、再生剂用量和再生时间等参数。

　　f）根据系统流程，按照选定的再生工艺依次对阳离子交换器、阴离子交换器、混合离子交换器进行再生，根据现场实际情况对再生工艺进行调整和确认。

　　g）当电除盐交换器进水水质符合设计要求时，进行 EDI 装置的调试，分别进行水冲洗、启动、调整、加药、出水水质分析、运行参数确定。

　　h）根据调试情况，对运行规程中的相关部分进行修正。

5.4.3.3　循环水系统调试

　　a）循环水处理工艺的确定要经过实验室的小型试验并结合相关火电企业的经验选择，主要有加药系统、澄清（沉淀）过滤系统、反渗透处理系统、离子交换处理系统、石灰软化处理工艺等。

　　b）循环水处理系统调试前应有相关的小型试验报告和运行中参数初始设计。

　　c）加药系统调试。

　　　　1）检查加药装置及系统安装应符合设计要求，处于备用状态，所用药品已就位并经分析化验合格备用；

　　　　2）对整个系统进行水冲洗，冲洗结束后将溶药箱做泡水试验，在溶药箱高水位处启动电动搅拌器观察其搅拌状态；

　　　　3）配制设计浓度的药液，调整加药泵或加药装置，使加药量能够符合设计需要。

　　d）澄清（沉淀）过滤系统的调试参照预处理系统中相同设备的调试。

　　e）反渗透设备、离子交换器的调试参照除盐系统中相似设备的调试。

　　f）石灰软化处理装置调试包括石灰粉输送系统、石灰乳配制系统、石灰乳加药系统的调试，调试各系统达到设计出力和设计要求。

5.4.3.4　凝结水精处理系统调试

　　a）包括除铁过滤器、离子交换、树脂粉末过滤工艺等的调试。主要设备有前置过滤器、离子交换器及体外再生设备、树脂粉末过滤器及铺膜设备等。

　　b）系统、设备的检查：在调试前对整个精处理系统设备进行检查、确保系统安装符合设计要求，管道通畅、洁净，气源、水源满足调试需要。

c）完成前置过滤器滤元的安装、离子交换树脂的加装和预处理。

d）完成前置过滤器的运行调试，确定运行参数，按供货合同要求和相关标准进行验收。

e）根据操作规程内容对离子交换装置的树脂输送、运行、分层、再生过程进行调试，对各过程参数进行确认。

f）完成粉末树脂过滤器铺膜、爆膜系统的调试。

g）调试过程中对设备、阀门、管道、地沟等进行检查，要求基建单位对存在的问题进行处理。

h）根据调试结果，对运行规程中的相关参数进行调整。

5.4.3.5 发电机内冷水系统调试

发电机内冷水处理系统调试包括对机组空心铜导线及内冷水系统用除盐水进行水冲洗，冲洗的流量、流速应大于正常运行下的流量、流速，冲洗至排水清澈无杂质颗粒、进排水 pH 值一致、电导率小于 2μS/cm 时结束，冲洗时间至少需要半个月以上。

5.4.3.6 化学仪器仪表调试

火电企业应依靠在线化学仪表监督水汽质量。随着高参数、大容量机组的投运，各火电企业应更加重视在线化学仪表的监督管理，确保在线化学仪表的配备率、投入率、准确率。在线化学仪表应配置计算机监控，能即时显示和查询历史曲线、自动记录、报警、储存，自动生成日报、月报。

a）参照 DL/T 913、DL/T 677、DL/T 1029 等标准验收、检验和管理化学仪表。

b）水质分析仪器考核时间与技术要求见表 6。

表 6　实用性考核时间与技术要求

分析仪器形式	考核时间	技术要求
在线式工业分析仪器	连续运行 168h	不同性质的异常次数≤2 次且无故障发生
离线式实验室分析仪器	7d，每天开机时间不少于 6h	

c）化学在线仪表的检验项目与技术要求。

1）在线工业电导率表。

检验项目与技术要求应符合表 7 规定。

表 7　在线工业电导率表检验项目与技术要求

项　　目		要　　求
整机配套检验	整机引用误差（δ_Z）/% FS	±1
	工作误差（δ_G）/% FS	±1
	温度测量误差（Δt）/℃	±0.5

项　　目		要　　求
二次仪表	温度补偿附加误差（δ_t）/（$\times 10^{-2}/10℃$）	±0.25
	引用误差（δ_Y）/%FS	±0.25
	重复性（δ_C）/%FS	<0.25
	稳定性（δ_W）/（$\times 10^{-2}/24h$）	<0.25
电极常数误差（δ_D）/%		±1
交换柱附加误差（δ_J）/%		±5

2）在线工业酸度计。

在线工业酸度计整机误差，示值重复性，二次仪表示值误差等检验项目与技术要求应符合表8的规定，电极的检验项目与技术要求应符合表9的规定。进行整机示值误差项目检验时，水样的pH值为3~10。

表8　在线工业酸度计检验项目与技术要求

项　　目		要　　求
整机配套检验	pH值整机示值误差（δ_S）	±0.05
	pH值工作误差（δ_G）	±0.05
	示值重复性（S）	<0.03
	pH值温度补偿附加误差（pH_t）/℃	±0.01
	温度测量误差（Δt）/℃	±0.5
二次仪表	pH值示值误差（ΔpH）	±0.03

表9　在线工业酸度计电极的检验项目与技术要求

检验项目	技术要求
参比电极内阻	≤10kΩ
电极电位稳定性	在±2mV/8h之内
液络部位渗透速度	可检出/5min
玻璃电极内阻 R_N/MΩ	5~20（低阻）；100~250（高阻）
百分理论斜率 PTS	≥90%
注：整机误差超标时进行电极性能的检验	

3）在线工业钠离子监测仪表。

在线工业钠离子监测仪表整机引用误差，示值重复性误差，温度补偿附加误差，二次仪表示值误差等检验项目与技术要求应符合表10的规定。

表10 在线工业钠离子监测仪表检验项目与技术要求

项 目		要 求
整机检验	整机引用误差（δ_Z)/% FS	< 10
	pNa 值温度补偿附加误差（δ_t)（10℃）	± 0.05
	示值重复性（S）	< 0.05
二次仪表	pNa 值示值误差（ΔpNa）	± 0.05

4）在线工业溶解氧分析仪表。

在线工业溶解氧分析仪表整机引用误差，零点误差，温度影响附加误差，示值重复性，流路密封性能指标应符合表11的规定。

表11 在线工业溶解氧分析仪表检验项目与技术要求

项 目	要 求
整机引用误差（δ_Z)/% FS	± 10
零点误差（δ_0)/（$\mu g/L$）	< 1.0
温度影响附加误差（δ_T)（10^{-2}/℃）	± 1%
流路泄漏附加误差（δ_L)/%	< 1.0
整机示值重复性（S)/（mg/L）	< 0.2

5）在线工业硅酸根分析仪表。

在线工业硅酸根分析仪整机引用误差，重复性，抗磷酸盐干扰性能指标等检验项目与技术要求应符合表12的规定。

表12 在线工业硅酸根分析仪检验项目与技术要求

项 目		要 求
整机配套检验	整机引用误差（δ_Z)/% FS	< 1.0
	重复性（δ_C)/% FS	< 0.5
抗磷酸盐干扰性能		在磷酸盐含量为 5mg/L 时产生的正向误差 ≤2μg/L；在 30mg/L 时，误差≤4μg/L

5.4.3.7 制氢系统的调试

a）制氢设备启动准备按设备说明进行。

b）制氢设备置换。

c）开启整流柜冷却水。

d）启动碱液循环泵，调节泵出口阀门，调整流量。

e）贮气罐可使用充水或充氮气置换。贮气罐至发电机补充氢气入口管道使用氮气置换。

f) 贮气罐采用排水取气法充氢气。由于采用此方法气体湿度较大，一般在每天清晨开启各贮气罐底部排放阀放水直至气体湿度合格。

g) 当制氢设备运行达到额定参数后，确定制氢设备是否达到额定出力。

5.4.4 水压试验过程化学监督

5.4.4.1 炉前水系统的预冲洗

a) 炉前水系统的试运行和水压试验，可与预冲洗的工序结合进行。对管道和设备进行冲洗和水压试验时应使用除盐水，并应符合下列要求：

　　1) 炉前水系统的冲洗可用凝结水泵进行，最低流速不低于1m/s或冲洗流量大于机组额定工况流量的50%。

　　2) 在冲洗过程中应变动流量，扰动系统中死角处聚积的杂质使其被冲洗出系统。大型容器冲洗后，应打开人孔，清扫容器内的滞留物。

　　3) 对于有滤网的系统，冲洗后应拆开滤网进行清理。

b) 预冲洗的排水应达到如下要求：

　　1) 进出口浊度的差值应小于10NTU；

　　2) 出口水的浊度应小于20NTU；

　　3) 出口水应无泥沙和锈渣等杂质颗粒，清澈透明。

5.4.4.2 锅炉水压试验前应具备的条件

a) 制备除盐水的补给水处理系统应在锅炉水压试验前具备供水条件；

b) 给水系统、凝结水系统加药装置的安装试运行，应在热力系统通水试运行前完成，具备加药和调节能力；

c) 锅炉水压试验使用的化学药品应为化学纯及以上等级药剂，并经过现场检验合格。

5.4.5 锅炉水压试验过程

5.4.5.1 汽包锅炉水冷壁和省煤器的单体或组件可以使用澄清水冲洗，并能分组单独进行水压试验。

5.4.5.2 锅炉整体水压试验应采用除盐水，水质要求应符合表13要求。

表13 机组锅炉整体水压水质

保护时间	氨水法调节 pH 值（25℃）	联氨法		Cl⁻/（mg/L）
		联氨/（mg/L）	加氨调节 pH 值（25℃）	
两周内	10.5～10.7	200	10.0～10.5	
0.5～1 个月	10.7～11.0	200～250	10.0～10.5	＜0.2
1～6 个月	11.0～11.5	250～300	10.0～10.5	

5.4.5.3 水压试验后的防锈蚀保护：经水压试验合格的锅炉，放置2周以上不能进行试运行时，应进行防锈蚀保护。保护方法如下：

a）当采用湿法保护时，根据保护时间，加药方法同水压试验；

b）当采用其他方式保护时，应符合 DL/T 889 相关要求。

5.5 化学清洗过程监督

5.5.1 资质要求

化学清洗从业单位资质必须符合 DL/T 977 的相关要求。

5.5.2 方案审核

业主、监理需对清洗方案进行审核，审核内容主要包括清洗方案、小型试验结果。

5.5.3 范围和要求

5.5.3.1 直流炉和过热蒸汽出口压力 9.8MPa 及以上的汽包炉，投产前应进行化学清洗。

5.5.3.2 过热器内铁氧化物大于 $100g/m^2$ 时，可选用化学清洗，应有防止立式管产生气塞、腐蚀产物在管内沉积和奥氏体钢腐蚀的措施。

5.5.3.3 再热器一般不进行化学清洗。出口压力为 17.4MPa 及以上机组的锅炉再热器可根据情况进行化学清洗，应保持管内清洗流速在 0.4m/s 以上，应有消除立式管内的气塞和防止腐蚀产物在管内沉积的措施。

5.5.3.4 200MW 及以上机组的凝结水及高压给水管道，铁氧化物大于 $150g/m^2$ 时，应进行化学清洗。铁氧化物小于 $150g/m^2$ 时，可采用流速大于 0.5m/s 的水冲洗。当系统管道内有油脂类防锈蚀涂层时，也应进行化学清洗或碱洗。

5.5.4 清洗条件

5.5.4.1 化学清洗介质及参数的选择，应根据垢的成分、锅炉、高加、凝汽器等需清洗设备的构造、材质、现场检查情况等，通过小型清洗试验确定。选择的清洗介质在保证清洗及缓蚀效果的前提下，应综合考虑其经济性及环保要求等因素。

5.5.4.2 清洗前必须由专业人员编制清洗方案，经过相关负责人员审核和批准后严格按照方案进行清洗，如需对清洗方案进行修改，必须经原负责人员批准。

5.5.4.3 确认化学清洗中化学监督所需试剂准确有效，仪器仪表校验合格，清洗所需药剂质量和数量合格。

5.5.4.4 为减小清洗介质对被清洗设备的腐蚀，清洗液的最大浓度应由试验确定，并应选择合适的酸洗缓蚀剂。

5.5.4.5 清洗液的流速、温度的控制、还原剂的添加等具体工艺指标应根据 DL/T 794、DL/T 957 中的有关要求和小试的结果来确定。

5.5.4.6 奥氏体钢清洗时，选用的清洗介质和缓蚀剂，不应含有易产生晶间腐蚀的敏感离子 Cl^-、F^- 和 S 元素，同时还应进行应力腐蚀和晶间腐蚀试验。

5.5.4.7 不参与清洗的设备、系统要与清洗系统做好可靠的隔离措施。

5.5.4.8 应根据需清洗的热力系统结构、材质、被清洗金属表面状态，结合化学清洗小型试验结果，依据 DL/T 794 和 DL/T 957 制定锅炉或热力设备化学清洗方案及实施措施，同时应充分考虑满足 DL/T 794 和 DL/T 957 中的技术要求。

5.5.4.9　热力设备化学清洗应按审核批准的方案进行，并对下列关键点进行监督检查。

    a）检查化学清洗系统和清洗设备安装是否正确，不参加清洗的固定设备应隔离；

    b）化学清洗药品的质量和数量经检验并合格，酸洗缓蚀剂经过验证性能可靠；

    c）供除盐水、加热蒸汽的能力满足清洗要求；

    d）锅炉清洗过程中化学监督测试项目依据 DL/T 794 执行。

5.5.5　清洗废液排放

清洗废液排放标准应符合当地环保标准，无标准的应符合 GB 8978 的要求，清洗废液处理方法见 DL/T 794。

5.5.6　锅炉、高加清洗质量

    a）清洗后的金属表面应清洁，基本上无残留氧化物和焊渣，无明显金属粗晶析出的过洗现象，不应有镀铜现象；

    b）用腐蚀指示片测量的金属平均腐蚀速度应小于 $8g/(m^2 \cdot h)$，腐蚀总量应小于 $80g/m^2$，除垢率不小于 90% 为合格，除垢率不小于 95% 为优良；

    c）清洗后的表面应形成良好的钝化保护膜，不应出现二次锈蚀，腐蚀指示片不应出现点蚀；

    d）固定设备上的阀门、仪表等不应受到损伤。

5.5.7　清洗后的内部清理

锅炉化学清洗结束后，应对汽包、水冷壁下联箱、除氧器水箱、凝汽器等进行彻底清扫，清除沉渣，目视检查容器内应清洁。

5.5.8　清洗后允许停放时间

锅炉及热力系统化学清洗的工期应安排在机组即将整套启动前。清洗结束至启动前的停放时间不应超过 20d。若 20d 内不能投入运行，应按照 DL/T 794 的要求采取防锈蚀措施，以防止和减少清洗后的再次锈蚀。

5.6　整套启动过程化学监督

5.6.1　机组整套启动前的水冲洗

5.6.1.1　锅炉启动点火前，对热力系统应进行冷态水冲洗和热态水冲洗。

5.6.1.2　水冲洗应具备的条件：除盐水设备应能连续正常供水；氨和联氨的加药设备能正常投运：热态冲洗时，除氧器能通汽除氧（至少在点火前 6h 投入），应使除氧器水尽可能达到低参数下运行的饱和温度。

5.6.1.3　在冷态及热态水冲洗过程中，当凝汽器与除氧器间建立循环后，应及时投入凝结水泵出口和给水泵入口加氨处理设备，控制冲洗水 pH 值为 9.0 ~ 9.5，以形成钝化体系，减少冲洗腐蚀。

5.6.1.4 在冷态及热态水冲洗的整个过程中，应监督给水、炉水、凝结水中的铁、二氧化硅及其 pH 值。

5.6.2 点火前的冷态水冲洗

5.6.2.1 直流炉、汽包炉的凝结水和低压给水系统冷态水冲洗

凝汽器和除氧器内部清洗结束后，应通过凝结水泵向低压给水加热器充水，冲洗低压给水管道，并向除氧器充水。冷态水冲洗应符合下列要求：

　　a）当凝结水及除氧器出口含铁量大于 $1000\mu g/L$ 时，应采取排放冲洗方式；

　　b）当冲洗至凝结水及除氧器出口水含铁量小于 $1000\mu g/L$ 时，可采取循环冲洗方式，投入凝结水处理装置，使水在凝汽器与除氧器间循环；

　　c）凝汽器应建立较高真空；

　　d）当除氧器出口水含铁量小于 $200\mu g/L$，凝结水系统、低压给水系统冲洗结束；

　　e）无凝结水处理装置时，应采用换水方式，冲洗至出水含铁量小于 $100\mu g/L$。

5.6.2.2 直流炉的高压给水系统至启动分离器间的冷态水冲洗

低压给水管道冲洗合格后，应向高压给水加热器充水，经省煤器、水冷壁和启动分离器，通过启动分离器出口排污管进行排放。

当启动分离器出口含铁量大于 $1000\mu g/L$，应采取排放冲洗；小于 $1000\mu g/L$ 时，将水返回至凝汽器循环冲洗，投入凝结水处理装置运行除去水中铁；当启动分离器出口含铁量降至小于 $200\mu g/L$ 时，冷态水冲洗结束。

5.6.2.3 汽包炉的冷态水冲洗

低压给水系统冲洗合格后，向高压给水加热器充水，经省煤器、水冷壁和汽包，通过锅炉排污管进行排放。

当锅炉水含铁量小于 $200\mu g/L$ 时，冷态水冲洗结束。

5.6.2.4 间接空冷系统的冷态冲洗

用除盐水冲洗空冷系统，应采用分组冲洗方式，当冲洗至排水含油量小于 $0.1mg/L$、进出口电导率一致时可结束冲洗。

5.6.2.5 直接空冷系统的冷态冲洗

在直接空冷系统安装完成后，应利用压缩空气或高压水对排汽管道、空冷岛蒸汽分配管、冷却管束、凝结水管道、凝结水收集管道内部进行清洗，除去其内部残留杂质。

5.6.2.6 运行前冲洗

全厂闭式循环冷却水系统投入运行前应进行水冲洗，冲洗流量应大于运行流量，冲洗至排水浊度小于 20NTU。闭式循环冷却水应是除盐水。

5.6.3 机组的热态水冲洗

5.6.3.1 冷态冲洗结束后，锅炉点火进行热态冲洗，冲洗期间应维持炉水温度在 140℃～170℃范围内。

5.6.3.2 直流炉热态水冲洗过程中，当启动分离器出口水含铁量大于 1000μg/L 时，应由启动分离器将水排掉；当含铁量小于 1000μg/L 时，将水回收至凝汽器，并通过凝结水处理装置做净化处理，直至启动分离器出口水含铁量小于 100μg/L 时，热态水冲洗结束。

5.6.3.3 汽包炉热态水冲洗依靠锅炉排污换水，冲洗至锅炉水含铁量小于 200μg/L 时，热态水冲洗结束。

5.6.3.4 直接空冷系统的热态冲洗应符合下列要求：

　　a）热态冲洗应除去排汽管道、空冷岛蒸汽分配管、冷却管束、凝结水管道、凝结水收集管道内壁的铁锈；

　　b）热态冲洗前应备有足够的除盐水；

　　c）应利用机组汽轮机排汽进行热态冲洗，通过临时排水箱、排水管排放冲洗废水；

　　d）冲洗时汽轮机排汽压力宜控制在 50kPa 左右，排汽温度在 80℃ 左右，每列空凝器应进行多次间断性冲洗，当某列空凝器被清洗时，此列的风机运行，其他各列风机低速运行或停止，其运行条件应保证机组背压和散热器安全；

　　e）当冲洗至凝结水中含铁量小于 1000μg/L 时热态冲洗结束。

5.6.3.5 停炉放水后应对凝汽器、除氧器、汽包等容器底部进行清扫或冲洗。

5.6.4 蒸汽吹管

5.6.4.1 锅炉蒸汽吹管是保证蒸汽系统洁净的重要措施之一，吹管阶段应对锅炉水、汽质量进行监督。

5.6.4.2 蒸汽吹管阶段应监督给水的含铁量、pH 值、硬度、二氧化硅等项目，具体标准参照表 14 执行。

表 14　蒸汽吹管阶段给水控制标准

炉型	锅炉过热蒸汽压力/MPa	铁/(μg/L)	二氧化硅/(μg/L)	溶解氧/(μg/L)	硬度/(μmol/L)	pH 值(25℃)	联氨[a]/(μg/L)
直流炉	12.7～18.3	≤50	≤50	≤30	0	有铜系统 9.0～9.3 无铜系统 9.2～9.6	10～30
	18.3～22.5	≤30	≤30	≤30			
	>22.5	≤20	≤20	≤30			
汽包炉	≥12.7	≤80	≤60	≤30	0		
[a] 仅针对 AVT（R）工况							

5.6.4.3 汽包炉进行蒸汽吹管时，炉水 pH 值为 9.0～9.7。每次吹管前应检查炉水外观或含铁量。当炉水含铁量大于 1000μg/L 时，应加强排污，或在吹管间歇时，以整炉换水方式降低其含量。

5.6.4.4 在吹管后期，应进行蒸汽质量监督，测定蒸汽中铁、二氧化硅的含量，观察水样应清亮透明。

5.6.4.5 直流炉吹管停歇时，直流炉中的水应采取凝汽器—除氧器—锅炉—启动分离器间的循环，进行凝结水处理，以保持水质正常。

5.6.4.6 吹管结束后，以带压热炉放水方式排放锅炉水。应清理凝结水泵、给水泵滤网。排空凝汽器热水井和除氧器水箱内的水，清除容器内滞留的铁锈渣和杂物。

5.6.4.7 吹管结束，锅炉系统恢复正常后，锅炉应按本细则5.9.1要求进行防锈蚀保护。

5.7 机组整套启动试运行

5.7.1 整套启动试运行需具备的条件

5.7.1.1 机组水汽取样分析装置具备投运条件。水样温度和流量应符合设计要求，能满足人工和在线化学仪表同时分析的要求。机组满负荷试运行时，在线化学仪表应投入运行。

5.7.1.2 凝结水、给水和炉水自动加药装置应能够投入运行，满足水质调节要求。

5.7.1.3 除氧器投入运行，除氧器水可以达到运行参数的饱和温度，有足够的排汽，降低给水溶解氧量。

5.7.1.4 汽轮机油在线滤油机应保持连续运行，能够有效去除汽轮机油系统和调速系统中的杂质颗粒和水分，油质分析质量合格。

5.7.1.5 抗燃油在线过滤装置和旁路再生装置应能连续投运。

5.7.1.6 应根据实际情况储备有足够的锅炉补给水。

5.7.1.7 设计为锅炉给水加氧处理的直流炉或汽包炉，在机组试运行期间给水应采用加氨或加氨和联氨处理。

5.7.1.8 循环水加药系统应能投入运行，按设计或调整试验后的技术条件对循环水进行阻垢、缓蚀以及杀生灭藻处理。凝汽器胶球清洗系统应能投入运行。

5.7.1.9 闭式循环冷却水系统投入运行前应进行水冲洗，冲洗流量应大于运行流量，冲洗至排水清澈无杂质颗粒。闭式循环冷却水应是化学除盐水或凝结水。

5.7.2 油系统化学监督

5.7.2.1 油系统投运之前必须进行循环过滤冲洗，并监测油的颗粒污染度，直到将油系统全部设备和管道冲洗达到合格的洁净度。

5.7.2.2 油系统中某些装置在出厂前已组装清洁和密封不参与清洗的要做好与清洗系统的隔离措施，直到其他系统冲洗合格。

5.7.2.3 机组启动阶段油质控制指标。

　　a）在机组投运前，变压器油、汽轮机油、抗燃油均应做全分析，其分析结果均应符合运行变压器油、运行汽轮机油和运行抗燃油质量标准；

　　b）汽轮机油在注入系统连续循环24h后取4L样进行检验，检验项目包括外观、颜色、黏度、酸值、颗粒度、水分、破乳化度、泡沫特性等，以该次分析数据作为基准同以后运行中的分析数据对比，若与新油的试验结果有质量差异，应查找原因并解决；

c）抗燃油除机组启动前做全分析外，启动 24h 后应测定颗粒污染度，并符合运行抗燃油质量标准；

d）机组启动时，油系统的清扫要求：

1）机组启动时，润滑油系统清扫要求：新机组投运前润滑系统管路往往会存在焊渣、碎片、砂粒等杂物，若未彻底清除干净，投运后会带来很大麻烦，严重时会造成轴承磨损和调速器卡涩等问题。这些杂质还能影响油的物理化学性能降低，导致油质变坏。所以润滑系统每个部件都应预先清洗过并加强防护措施，防止腐蚀和污染物的进入。在现场贮存期间要保持润滑油系统内表面清洁，安装部件时要使系统开口最小，减少和避免污染，保持清洁。

2）机组启动时，抗燃油系统清扫要求：抗燃油系统不能用含氯量大于 1mg/L 的溶剂清洗系统。按照制造厂规定的材料更换密封衬垫，注意抗燃油对密封衬垫材料的相溶性。在机组启动的同时，应开启旁路再生装置，该装置是利用硅藻土、分子筛等吸附剂的吸附作用，除去运行油老化产生的酸性物质、油泥、水分等有害物质的，是防止油质劣化的有效措施。

5.7.3 启动过程监督

5.7.3.1 给水质量控制

整套启动过程中给水品质应达到蒸汽吹管时的给水品质。

5.7.3.2 炉水质量控制

整套启动试运阶段，汽包炉应采取磷酸盐处理或全挥发处理，使炉水 pH 值维持上限运行，降低蒸汽中二氧化硅的含量。整套启动期间，炉水品质应符合表 15 要求，二氧化硅含量应以保证蒸汽二氧化硅含量满足标准要求。

表 15　整套启动试运期间炉水品质控制标准

过热蒸汽压力/MPa	炉水处理方式	pH 值	磷酸根/（mg/L）	电导率/（μS/cm）	二氧化硅/（mg/L）	铁/（μg/L）
12.7～15.6	磷酸盐处理	9.0～9.7	1～3	<25	≤0.45	≤400
15.7～18.3	磷酸盐处理	9.0～9.7	0.5～1	<20	≤0.25	≤300
	全挥发处理	9.0～9.5	—	<20	≤0.2	≤300
>18.3	全挥发处理	9.0～9.5	—	<20	≤0.2	≤300

5.7.3.3 蒸汽质量控制

整套启动期间和 168h 试运行期间，蒸汽品质应符合表 16 标准。

表 16 整套启动试运及 168h 运行期间蒸汽品质控制指标

炉型	锅炉过热蒸汽压力/MPa	阶段	二氧化硅/(μg/kg)	氢电导(25℃)/(μS/cm)	钠/(μg/kg)	铁/(μg/kg)	铜/(μg/kg)
汽包炉	12.7~18.3	带负荷试运行	≤60	≤1.0	≤20	—	—
		"168h"试运行	≤20	≤0.15	≤5	≤10	≤3
直流炉	12.7~18.3	带负荷试运行	≤30	—	≤20	—	—
		"168h"试运行	≤10	≤0.15	≤3	≤5	≤3
	18.4~25.0	"168h"试运行	≤10	≤0.15	≤3	≤5	≤2

5.7.3.4 凝结水处理系统

设置有凝结水处理装置的机组，在机组整套启动试运行前，凝结水处理装置应具备投运条件，应保证凝结水处理设备可靠运行。在整套启动试运行阶段，为减少结垢物质、有害离子和金属腐蚀产物进入热力系统，减少热损失和纯水损失，应尽早投入凝结水处理装置。

5.7.3.5 凝结水质量要求

机组整套启动时，凝结水回收应以不影响给水质量为前提。回收的凝结水质量应符合表 17 要求，但应采取措施在短期内达到启动时给水质量要求。

表 17 整套启动期间凝结水回收质量标准

外观	硬度/(μmol/L)	铁/(μg/L)	二氧化硅/(μg/L)	铜/(μg/L)
无色透明	≤5.0	≤80	≤80	≤30
注：海滨电厂还应控制含钠量不大于 80μg/L				

5.7.3.6 锅炉补给水质量

机组整套启动时，补给水质量应符合表 18 要求。

表 18 补给水质量标准

二氧化硅/(μg/L)	电导率/(μS/cm)
≤20	≤0.4

5.7.4 疏水监督

在机组整套启动试运行时，应严格注意疏水的监督和管理，特别是高、低压加热器、汽动给水泵等设备首次投入运行时，应注意对凝结水和疏水水质的影响。当高、低压加热器疏水含铁量大于 $400\mu g/L$ 时，不应回收。

5.7.5 发电机内冷却水质量要求

5.7.5.1 发电机内冷却水系统投入运行前应进行冲洗，冲洗水质应符合锅炉补给水水质要求。冲洗水的流量、流速应大于正常运行下的流量、流速。当冲洗至排水清澈无杂质颗粒，进、排水的 pH 值基本一致，电导率小于 $2\mu S/cm$ 时，冲洗结束。

5.7.5.2 机组试运行期间，发电机内冷却水的补充水应采用除盐水或凝结水混床出水，运行中的发电机内冷却水质量应符合表 19 的要求。

表 19　发电机内冷水水质标准

内冷水	电导率（25℃）/（$\mu S/cm$）	铜/（$\mu g/L$）		pH 值（25℃）	
	标准值	标准值	期望值	标准值	期望值
双水内冷	<5.0	≤40	≤20	7.0~9.9	8.3~8.7
定子冷却水	≤2.0	≤20	≤10	8.0~8.9	8.3~8.7
不锈钢	<1.5	—	—	—	—

5.7.6 水汽质量的劣化处理

机组带负荷试运行时，当水汽质量发生劣化，应迅速检查取样的代表性、化验结果的准确性，并综合分析系统中水、汽质量的变化，确认判断无误后，按下列三级处理原则执行。

a）一级处理——有因杂质造成腐蚀、结垢、积盐的可能性，应在 72h 内恢复至相应的标准值；

b）二级处理——肯定有因杂质造成腐蚀、结垢、积盐的可能性，应在 24h 内恢复至相应的标准值；

c）三级处理——正在发生快速腐蚀、结垢、积盐，如果 4h 内水质不好转，应停炉。

在异常处理的每一级中，如果在规定的时间内尚不能恢复正常，则应采用更高一级的处理方法。

凝结水（凝结水泵出口）水质异常时的处理值见表 20 的规定。锅炉给水水质异常时的处理值见表 21 的规定。锅炉水水质异常时的处理值见表 22 的规定。

表 20　机组带负荷试运时凝结水水质劣化处理标准

项　　目		标准值	处理等级		
			一级	二级	三级
氢电导率（25℃）/ (μS/cm)	有精处理除盐	≤0.30ᵃ	>0.30ᵃ	—	—
	无精处理除盐	≤0.30	>0.30	>0.40	>0.65
钠/（μg/L）ᵇ	有精处理除盐	≤10	>10	—	—
	无精处理除盐	≤5	>5	>10	>20
ᵃ　主蒸汽压力大于 18.3MPa 的直流炉，凝结水氢电导率标准值为不大于 0.20μS/cm，一级处理为大于 0.20μS/cm ᵇ　用海水冷却的电厂，当凝结水中的含钠量大于 400μg/L，且给水氢电导率大于 0.3μS/cm 时，应紧急停机					

表 21　机组带负荷试运时锅炉给水水质劣化处理标准

项　　目		标准值	处理等级		
			一级	二级	三级
pH 值ᵃ（25℃）	无铜给水系统ᵇ	9.2~9.6	<9.2	—	—
	有铜给水系统	8.8~9.3	<8.8 或 >9.3	—	—
氢电导率（25℃）/ (μS/cm)	无精处理除盐	≤0.30	>0.30	>0.40	>0.65
	有精处理除盐	≤0.15	>0.15	>0.20	>0.30
溶解氧/（μg/L）	还原性全挥发处理	≤7	>7	>20	—
ᵃ　直流炉给水 pH 值低于 7.0，按三级处理等级处理 ᵇ　对于凝汽器管为铜管、其他换热器管均为钢管的机组，给水 pH 值标准值为 9.1~9.4，则一级处理为小于 9.1 或大于 9.4。采用加氧处理的机组（不包括采用中性加氧处理的机组），一级处理为 pH 值小于 8.5					

表 22　机组带负荷试运时锅炉炉水水质劣化处理标准

锅炉汽包压力/ MPa	处理方式	pH 值（25℃） 标准值	处理等级ᵃ		
			一级	二级	三级
3.8~5.8	炉水固体碱化剂处理	9.0~11.0	<9.0 或 >11.0	—	—
5.9~10.0		9.0~10.5	<9.0 或 >10.5	—	—
10.1~12.6		9.0~10.0	<9.0 或 >10.0	<8.5 或 >10.3	—
>12.6	炉水固体碱化剂处理	9.0~9.7	<9.0 或 >9.7	<8.5 或 >10.0	<8.0 或 >10.3
	炉水全挥发处理	9.0~9.7	<9.0	<8.5	<8.0
ᵃ　炉水 pH 值低于 7.0，应立即停炉					

国家电投集团火电企业技术监督实施细则和评估标准

5.8 运行阶段化学监督

5.8.1 水汽质量监督

5.8.1.1 监督内容

5.8.1.1.1 各火电企业应结合本企业机组型式、参数等级、水处理系统及化学仪表配置等情况，按照 GB/T 12145 和国家电投集团的有关规定，确定机组的水汽监督项目与指标（可参照制造厂规定执行，标准不得低于同类型、同参数的国家和行业标准规定）。必要时，汽包炉可通过热化学试验和调整试验来确定相关指标。超超临界机组宜按期望值执行。

5.8.1.1.2 各火电企业应充分利用在线化学仪表监督水汽质量，特别是高参数、大容量的机组，应高度重视化学在线仪表的监督管理工作，确保在线化学仪表的配备率、投入率、合格率。并按 DL/T 677 的技术要求和检验条件，实施在线化学仪表的在线检验。化学在线仪表应配置计算机进行数据采集，即时显示、历史曲线查询、自动记录、报警、储存、自动生成日报、月报。

5.8.1.1.3 人工监控项目的测定周期应为每班 1 次，水汽系统铜、铁的测定应每周 1 次，无铜系统机组铜的测定每月 1 次；原水水质全分析每季度 1 次。如发现水质异常或工况发生变化（如机组启动、水源变化等情况）时，应根据具体情况，增加测定次数和项目。

5.8.1.1.4 运行锅炉改变锅内水处理工艺之前，或对原锅内水处理工艺进行某些控制指标修改时，要通过严格的科学试验确认，并有明确的工艺监控指标。当发生下列情况之一时，宜进行锅炉热化学试验或调整试验：

　　a）提高额定蒸发量；

　　b）改变锅内装置、改变锅炉热力循环系统或改变燃烧方式；

　　c）发生不明原因的蒸汽质量恶化或汽轮机通流部分积盐加重。

5.8.1.1.5 对疏水、生产返回水的质量要加强监督，不合格时，不得直接进入热力系统。

5.8.1.1.6 给水的加药处理宜采用自动化控制，连续均匀地加入系统内。

5.8.1.1.7 汽包炉应根据炉水水质确定排污方式及排污量，并应按水质变化进行调整。

5.8.1.1.8 机组的汽水损失率应符合下列要求，当汽水损失高于标准值时要查出损失的原因并采取有效措施。

　　a）600MW 级及以上机组应不大于额定蒸发量的 1.0%；

　　b）200～300MW 级机组应不大于额定蒸发量的 1.5%；

　　c）100～200MW（不含）机组应不大于额定蒸发量的 2.0%；

　　d）100MW 以下机组应不大于额定蒸发量的 3.0%。

5.8.1.1.9 运行的水处理设备进行工艺改造后，应对水处理设备进行调整试验。

5.8.1.1.10 加强对水处理药剂的验收，严格按照药剂标准进行验收，保证水质安全。

5.8.1.1.11 重视循环水处理系统的监督管理。根据凝汽器管材、水源水质和环保要求，通过科学试验选择兼顾防腐、防垢的缓蚀阻垢剂和循环水处理运行工况，并严格执行，严格控制循环水的各项监控指标（包括浓缩倍率）；制定凝汽器胶球系统投运的有关规定，并认真执行。

5.8.1.1.12 发电机内冷水的水质监督按 GB/T 12145 的有关规定执行（制造厂家有要求的，按制造厂要求执行）。

5.8.1.2 机组启动阶段水汽质量监督

5.8.1.2.1 机组启动前，要进行冷态冲洗，用加有氨和联氨的除盐水冲洗高低压给水管和锅炉本体，待全铁的含量合格后方可点火。

5.8.1.2.2 锅炉点火后需进行热态冲洗，冲洗至全铁含量合格。机组启动过程中，凝结水、疏水质量不合格不准回收，蒸汽质量不合格不准并汽。

5.8.1.2.3 备用或检修后的机组投入运行时，应及时投入除氧器，并使溶氧合格。新的除氧器投产后，应进行调整试验，以确定最佳运行方式，保证除氧效果。如给水溶氧长期不合格，应考虑对除氧器结构及运行方式进行改进。

5.8.1.2.4 应冲洗取样器。冲洗后应按规定调节样品流量，保持样品温度在 30℃ 以下（南方地区夏季不宜超过 40℃）。

5.8.1.2.5 机组启动阶段水汽质量控制标准见附录 D。

5.8.1.3 机组正常运行时水汽质量监督

5.8.1.3.1 机组正常运行时的水汽质量控制标准见附录 E。

5.8.1.3.2 根据水汽质量控制标准及时调整水处理系统设备和加药系统设备的出力。

5.8.1.3.3 当水汽质量偏离标准值时要积极分析原因并采取有效措施使水汽质量恢复至标准值或期望值。

5.8.1.4 水汽质量异常时的处理

当水汽质量异常时，应按 GB/T 12145 中"水汽质量劣化时的处理"原则执行，尽快查明原因，消缺处理，恢复正常。若不能恢复，并威胁设备安全经济运行时，应采取紧急措施，直至停止机组运行。

5.8.2 燃料质量监督

5.8.2.1 监督要求

a）从事燃料采制化工作的人员，必须经过有关部门组织的专业取证培训，取得上岗合格证后方可进行相关工作。

b）燃料采制化人员原则上应由本单位正式职工担任。

c）燃料监督工作必须有完整的监管和审核程序。

d）燃煤采样工作尽量采用机械采样装置，避免人工采样，机械采样装置投用前或检修后必须由相关单位根据 GB/T 19494 中的相关要求完成性能验收试验，合格后方可投用。

e）燃料监督使用的各种仪器设备应按照检定规定定期进行校验和检定。热量计、天平、温度计、热电偶、氧弹（使用 2 年）等仪器应按规定进行定期计量检定。

5.8.2.2　燃煤和燃油的检测项目及检测周期

5.8.2.2.1　入厂煤检测项目及周期

a）火车运入厂煤应逐车采样、船运煤应采用皮带采样机或是汽车采样机进行采样，按批对煤种进行工业分析及全水分、发热量和全硫值的检验，对新进煤源，还应对其煤灰熔融性、可磨性系数、煤的磨损指数、煤灰成分及其元素分析等进行化验，以确认该煤源是否适用于本厂锅炉的燃烧。

b）入厂煤应每季度进行一次元素分析，确定各个煤源煤的氢值，以计算低位发热量，并可根据生产需求进行一些非常规项目的分析。每半年要按煤源对入厂煤源的混合样进行一次煤、灰全分析，以充分掌握各矿的煤质特性及其变化趋势，为今后选择煤源提供依据。具体检测项目及检测周期见表23。

表23　入厂煤检测项目及周期

检测项目	采制样	全水分	内水	灰分	挥发分	发热量	全硫	非常规项目
检测周期	车车采样 批批制样	批批化验						生产需要时测定
检测项目	碳		氢		氮	样品贮存		审核及数据处理
检测周期	每种煤每月1次					每个样品保留3个月		每次检测结束进行
注1：如测定浮煤挥发分时，应增加浮煤检测项目 注2：非常规项目：灰熔点、灰比电阻、煤着火温度、煤燃烧分布曲线、煤燃尽特性、煤着火稳定性和煤冲刷磨损性试验								

5.8.2.2.2　入炉煤检测项目及周期

入炉煤质量监督以每次上煤的上煤量为一个采样单元，全水分测定以每次上煤量为一个分析检验单元，一天的加权平均值作为全天的全水分。工业分析、发热量测定以一天（24h）的上煤量混合样作为一个分析检验单元。如果入炉煤煤质波动大时，应按每次上煤量作为一个分析检验单元，再用加权平均值计算一天（24h）入炉煤的全水分、工业分析、发热量。每半年及年终要对入炉煤按月的混合样进行煤、灰全分析。各厂还应按日对工业分析、发热量等常规项目进行月度（重量）加权平均值的计算，以积累入炉煤质资料。此外，还需每班（值）测定飞灰可燃物，煤粉细度。具体的检测项目及周期见表24。

表24　入炉煤、飞灰检测项目及周期

检测项目	全水分	工业分析	发热量	全硫	煤、灰全分析	飞灰可燃物	煤粉细度
检测周期	每值	24h（每值）	24h（每值）	24h（每值）	每半年	每值	每值
数据处理	1d加权平均值	1d及月度（重量）加权平均值					

5.8.2.2.3 燃油的检测项目及检测周期

a）常用油种每年至少进行元素分析二次，新油种应进行黏度、闪点、密度、含硫量、水分、机械杂质、灰分、凝固点、热值测定及元素分析。常用燃油和新燃油的检测项目及检测周期见表25、表26。

表25　常用燃油检测项目及周期

检测项目	黏度	闪点	密度	硫分	水分	元素分析
检测周期	每月2~3次					1年2次

表26　新燃油检测项目及周期

检测项目	黏度	闪点	密度	硫分	水分	元素分析
检测周期	进厂采样化验					
注：每种新燃油源还需测定黏度与温度的关系曲线						

b）测定各种燃油不同温度时的黏度，绘制黏—温特性曲线，以满足燃油加热及雾化的要求；每批、每罐测定燃油热值，对燃用含硫量较高的渣油、重油或发现锅炉受热面腐蚀、积垢较多时，应进行必要的测试或油种鉴别，以便采取对策。

5.8.2.3 燃煤的采样

5.8.2.3.1　入厂煤采样有火车顶部、汽车上、船舶内和码头皮带上采样之分，入炉煤采样因采样点设置不同，包括皮带中部和端部两种。采取方法应符合 GB 475 和 GB/T 19494 中的要求。

5.8.2.3.2　入厂煤的采样。

a）采样精密度。采样精密度主要取决于煤的不均匀度，而不均匀度又与煤的品种、灰分和粒度紧密相关。燃煤的采样精密度要求，见表27。

表27　煤的采样精密度要求

入厂煤				入炉煤
原煤、筛选煤		精煤	其他洗煤（包括中煤）	±1% （绝对值）
灰分（Ad）≤20%	灰分（Ad）>20%			
±1/10×灰分，但不超出±1%（绝对值）	±2% （绝对值）	±1% （绝对值）	±1.5% （绝对值）	

b）子样数目。1000t 原煤、筛选煤、精煤及其他洗煤和粒度大于100mm 块煤应采的最少子样数，见表28。

表28　1000t 煤量最少子样数目

单位：个

采样地点		煤流	火车	汽车	船舶	煤堆
原煤、筛选煤	干基灰分＞20%	60	60	60	60	60
	干基灰分≤20%	30	60	60	60	60
精煤		15	20	20	20	20
其他洗煤（包括中煤）和粒度 大于100mm块煤		20	20	20	20	20

煤量超过 1000t 时，应采的子样数目按下式计算：

$$N = n \sqrt{\dfrac{m}{1000}}$$

式中：N——实际应采子样数目，个；

　　　n——表 28 规定的子样数目，个；

　　　m——实际被采样煤量，t。

煤量少于 1000t 时，应采的子样数目根据表 28 规定比例递减，但不得少于表 29 规定的数目。

表29　煤量少于1000t 的最少子样数目

单位：个

采样地点		煤流	火车	汽车	船舶	煤堆
原煤、筛选煤	干基灰分＞20%	表28 规定 数目的1/3	18	18	表28 规定 数目的1/2	表28 规定 数目的1/2
	干基灰分≤20%		18	18		
精煤		表28 规定 数目的1/3	6	6	表28 规定 数目的1/2	表28 规定 数目的1/2
其他洗煤（包括中煤）和粒度 大于100mm块煤			6	6		

c）子样质量。子样质量根据燃煤最大粒度确定，按表30确定。

表30　子样质量

最大粒度/mm	＜25	＜50	＜100	＞100
子样质量/kg	1	2	4	5

d）留样量。制样过程中，煤样的最少留样量应按表31 规定选用。

表31　制样中不同粒度的留样量

煤样粒度/mm	一般煤样和共用煤样/kg	全水分煤样/kg
≤25	40	8
≤13	15	3

煤样粒度/mm	一般煤样和共用煤样/kg	全水分煤样/kg
≤6	3.75	1.25
≤3	0.7	0.65
≤1.0	0.1	—

e）全水分采样。按车皮对角线5点循环法的顺序于每一车皮上采取一个子样，然后将各子样合并成全水分煤样。皮带上全水分的取样方法与入炉煤一致。

5.8.2.3.3 入炉煤的采样。

a）根据每小时的上煤量和每次上煤所需要采到的子样量确定采样间隔时间，将子样均匀分布于煤流中，然后合并成所需煤样，将24h内各值煤样按上述煤量混合后制成分析煤样，采样机的技术要求符合GB 19494.1的相关要求。

b）全水分煤样的采取。全水分煤样应由每次上煤后取得的煤样中按制样程序获取。全水分煤样应随采随封入口盖，放入严密的容器中，并尽快送实验室制样和化验。

5.8.2.4 煤样制备

煤样制备（分析煤样、全水分煤样）应按GB 474中的规定执行。制样程序和设备应按要求完成精密度测试，合格后方可使用。

5.8.2.5 入厂煤质量验收的允许差（界定值）

入厂煤质量验收应按GB/T 18666执行。对同一批煤的验收，其灰分和发热量，全硫的验收分析结果不应超过表32、表33规定的界定值。

表32 灰分和发热量允许差

煤的品种	灰分（以检验值计）	允许差（报告值－检验值）	
	A_d/%	ΔA_d/%	$\Delta Q_{gr.d}$/（MJ/kg）
原煤和筛选煤	20.00~40.00	-2.82	+1.12
	10.00~20.00	-0.141A_d	+0.056A_d
	<10.00	-1.41	+0.56
非冶炼用精煤	—	-1.13	按原煤、筛选煤计
其他洗煤	—	-2.12	
冶炼用精煤	—	-1.11	—

注1：检验值是指检验单位按国家标准方法对被检验批煤进行采样、制样和化验所得的煤炭质量指标值。报告值是指被检验单位出具的被检验批煤质量指标值

注2：ΔA_d为灰分（干燥基）允许差

注3：$\Delta Q_{gr.d}$为发热量（干燥基高位）允许差

表33 全硫允许差

煤的品种	全硫（以检验值计）$S_{t.d}$/%	允许差（报告值－检验值）/%
冶炼用精煤	<1.00	－0.16
	≥1.00	－0.16$S_{t.d}$
其他煤	<1.00	－0.17
	1.00～2.00	－0.17$S_{t.d}$
	2.00～3.00	－0.34

5.8.3 电力用油化学监督

5.8.3.1 变压器油质量监督

5.8.3.1.1 新变压器油质量验收

a）在新油交货时，应对接受的全部油样进行监督，以防出现差错或带入污物。国产新变压器油应按 GB 2536 标准验收。对进口的变压器油则应按国际标准（IEC 60296）或合同规定指标验收。

b）新油注入设备前必须用真空脱气滤油设备进行过滤净化处理，以脱除油中的水分、气体和其他杂质，随时进行油品的检验，以达到表 34 的要求。互感器和套管用油的检验依据 GB 50150 有关规定执行。

表34 新油净化后检验标准

项目	设备电压等级/kV					
	1000	750	500	330	220	≤110
击穿电压/kV	≥75	≥75	≥65	≥55	≥45	≥45
水分/（mg/L）	≤8	≤10	≤10	≤10	≤15	≤20
介质损耗因数（90℃）	≤0.005					
颗粒污染度/粒[a]	≤1000	≤1000	≤2000	—	—	—
注：100mL 油中大于 5μm 的颗粒数						
[a] 必要时，新油净化后可按照 DL/T 722 进行油中溶解气体组分含量的检验						

c）新油经真空过滤净化处理达到要求后，应从变压器下部阀门注入油箱内，使氮气排尽，最终油位达到大盖以下 100mm 以上，油的静置时间应不小于 12h，经检验油的指标应符合表 35 规定。真空注油后，应进行热油循环，热油经过二级真空脱气设备由油箱上部进入，再从油箱下部返回处理装置，一般控制净油箱出口温度为 60℃（制造厂另外规定除外），连续循环时间为三个循环周期。经过热油循环后，应按表 36 规定进行试验。

表35 热油循环后油质检验标准

项目	设备电压等级/kV					
	1000	750	500	330	220	≤110
击穿电压/kV	≥75	≥75	≥65	≥55	≥45	≥45
水分/(mg/L)	≤8	≤10	≤10	≤10	≤15	≤20
油中含气量/%（体积分数）	≤0.8	≤1	≤1	≤1	—	—
介质损耗因数（90℃）	≤0.005					
颗粒污染度/粒[a]	≤1000	≤2000	≤3000	—	—	—
[a] 100mL油中大于5μm的颗粒数						

5.8.3.1.2 运行中变压器油的监督

运行中变压器油的监督根据 GB/T 7595 的要求执行。运行中变压器油检验项目、标准、周期见表36～表38。

表36 运行中变压器油质量标准

序号	检验项目	设备电压等级/kV	质量标准		检验方法
			投入运行前的油	运行油	
1	外观	各电压等级	透明、无沉淀物和悬浮物		外观目视
2	色度/号	各电压等级	≤2.0		GB/T 6540
3	水溶性酸（pH 值）	各电压等级	>5.4	≥4.2	GB/T 7598
4	酸值(以 KOH 计)/(mg/g)	各电压等级	≤0.03	≤0.10	GB/T 264
5	闪点(闭口)/℃	各电压等级	≥135		GB/T 261
6	水分/(mg/L)	330～1000	≤10	≤15	GB/T 7600
		220	≤15	≤25	
		≤110	≤20	≤35	
7	界面张力（25℃）/(mN/m)	各电压等级	≥35	≥25	GB/T 6541
8	介质损耗因数（90℃）	500～1000	≤0.005	≤0.020	GB/T 5654
		≤330	≤0.010	≤0.040	

129

序号	检验项目	设备电压等级/kV	质量标准		检验方法
			投入运行前的油	运行油	
9	击穿电压/kV	750~1000	≥70	≥65	GB/T 507
		500	≥65	≥55	
		330	≥55	≥50	
		66~220	≥45	≥40	
		≤35	≥40	≥35	
10	体积电阻率（90℃）/（Ω·m）	500~1000	≥6×10^{10}	≥1×10^{10}	DL/T 421
		≤330		≥5×10^9	
11	油中含气量（体积分数）/%	750~1000	≤1	≤2	DL/T 703
		330~500		≤3	
		电抗器		≤5	
12	油泥与沉淀物[a]（质量分数）/%	各电压等级	—	≤0.02（以下可忽略不计）	GB/T 8926－2012
13	析气性	≥500	报告		NB/SH/T 0810
14	带电倾向/（pC/mL）	各电压等级	—	报告	DL/T 385
15	腐蚀性硫	各电压等级	非腐蚀性		DL/T 285
16	颗粒污染度/粒[b]	1000	≤1000	≤3000	DL/T 432
		750	≤2000	≤3000	
		500	≤3000	—	
17	抗氧化添加剂含量（质量分数）/% 含抗氧化添加剂油	各电压等级	—	大于新油原始值的60%	SH/T 0802
18	糠醛含量（质量分数）/（mg/kg）	各电压等级	报告	—	NB/SH/T 0812 DL/T 1355
19	二苄基二硫醚（DBDS）含量（质量分数）/（mg/kg）	各电压等级	检测不出[c]	—	IEC 62697－1

a 按照 GB/T 8926（方法 A）对"正戊烷不溶物"进行检测

b 100mL 油中大于 5μm 的颗粒数

c 指 DBDS 含量小于 5mg/kg

表 37　运行中断路器油质量标准

序号	检验项目	设备电压等级/kV	质量标准	检验方法
1	外观	各电压等级	透明、无游离水分、无杂质或悬浮物	外观目视
2	水溶性酸（pH 值）	各电压等级	≥4.2	GB/T 7598
3	击穿电压/kV	>110	投运前或大修后≥45 运行中≥40	GB/T 507
		≤110	投运前或大修后≥40 运行中≥35	

表 38　运行中变压器油、断路器油检测周期及检验项目

设备类型	设备电压等级	检测周期	检验项目
变压器、电抗器	330～1000kV	投运前或大修后	外观、色度、水溶性酸、酸值、闪点、水分、界面张力、介质损耗因数、击穿电压、体积电阻率、油中含气量、颗粒污染度[a]、糠醛含量
		每年至少 1 次	外观、色度、水分、介质损耗因数、击穿电压、油中含气量
		必要时	水溶性酸、酸值、闪点、界面张力、体积电阻率、油泥与沉淀物、析气性、带电倾向、腐蚀性硫、颗粒污染度[a]、抗氧化添加剂含量、糠醛含量、二苄基二硫醚含量、金属钝化剂[b]
	66～220kV	投运前或大修后	外观、色度、水溶性酸、闪点、水分、界面张力、介质损耗因数、击穿电压、体积电阻率、糠醛含量
		每年至少 1 次	外观、色度、水分、介质损耗因数、击穿电压
		必要时	水溶性酸、酸值、界面张力、体积电阻率、油泥与沉淀物、带电倾向、腐蚀性硫、抗氧化添加剂含量、糠醛含量、二苄基二硫醚含量、金属钝化剂[b]
	≤35kV	3 年至少 1 次	水分、介质损耗因数、击穿电压
断路器	>110kV	投运前或大修后	外观、水溶性酸、击穿电压
		每年 1 次	击穿电压
	≤110kV	投运前或大修后	外观、水溶性酸、击穿电压
		3 年至少 1 次	击穿电压

注 1：油量少于 60kg 的断路器油 3 年检测 1 次击穿电压或以换油代替预试

注 2：互感器和套管用油的检验项目及检测周期按照 DL/T 596 的规定执行

[a] 500kV 及以上变压器油颗粒污染度的检测周期参考 DL/T 1096 的规定执行

[b] 特指含金属钝化剂的油。油中金属钝化剂含量应大于新油原始值的 70%，检测方法为 DL/T 1459

5.8.3.1.3 试验结果分析

变压器油在运行中劣化程度和污染状况应根据试验室中所测得的所有试验结果同油的劣化原因及确认的污染来源一起考虑，方能评价油是否可以继续运行，以保证设备的安全可靠。

5.8.3.1.4 油质超标应采取的相应措施

对于运行中变压器油的所有检验项目超过质量控制极限值的原因分析及应采取的措施见表39，同时遇到下列情况应该引起注意。

表39 运行中变压器油超极限原因及对策

项 目	超极限值		可能原因	采取对策
外观	不透明、有可见杂质或油泥沉淀物		油中含有水分或纤维、炭黑及其固形物	调查原因并与其他试验（如含水量）配合决定措施
颜色	油色很深		可能过度劣化或污染	核查酸值、闪点、油泥、有无气味，以决定措施
水分/（mg/kg）	330~500kV 及以上	>20	1）密封不严、潮气侵入 2）运行温度过高、导致固体绝缘老化或油质劣化	1）检查胶囊有无破损，呼吸器吸附剂是否失效，潜油泵是否漏气 2）降低运行温度 3）采用真空过滤处理
	220kV	>30		
	110kV 及以下	>40		
酸值/（mgKOH/g）	>0.1		1）超负荷运行 2）抗氧化剂消耗 3）补错了油 4）油被污染	调查原因，增加试验次数，投入净油器，测定抗氧剂含量并适当补加，或考虑再生
击穿电压/kV	500kV 及以上设备	<50	1）油中水分含量过大 2）油中有杂质颗粒污染	检查水分含量，对大型变电设备可检测油中颗粒污染度；进行精密过滤或换油
	330kV 设备	<45		
	220kV 设备	<40		
	66~110kV	<35		
	35kV 及以下	<30		

项　　目	超极限值		可能原因	采取对策
介质损耗因数 （90℃）	500kV 及以上设备	>0.020	1）油质老化程度较深 2）油被杂质污染 3）油中含有极性胶体物质	检查酸值、水分、界面张力数据；查明污染物来源并进行吸附过滤处理，或考虑换油
	330kV 及以下设备	>0.040		
界面张力 （25℃）/（mN/m）	<19		1）油质老化严重，油中有可溶性或沉析性油泥 2）油质污染	结合酸值、油泥的测定采取再生处理或换油
体积电阻率 （90℃）/（Ω·m）	500kV 及以上设备	$<1 \times 10^{10}$	同介质损耗因数	同介质损耗因数
	330kV 及以下设备	$<5 \times 10^{9}$		
闪点（闭口）/ ℃	低于新油原始值10℃以上		1）设备存在严重过热或电性故障 2）补错了油	查明原因、消除故障，进行真空脱气处理或换油
油泥与沉淀物/ %	>0.02		1）油质深度老化 2）杂质污染	考虑油再生或换油
油中溶解气体组分含量	见 GB/T 7252 或 DL/T 722		设备存在局部过热或放电性故障	进行跟踪分析，彻底检查设备，找出故障点并消除，进行真空脱气处理
油中含气量/%	>3		设备密封不严	进行严密性处理
水溶性酸 （pH 值）	<4.2		1）油质老化 2）油被污染	与酸值比较，查找原因，进行吸附处理或换油

a）当试验结果超出了所推荐的极限值范围时，应与以前的试验结果进行比较，如情况许可时，在进行任何措施之前，应重新取样分析以确认试验结果无误。

b）如果油质快速劣化，则应进行跟踪试验，必要时可通知设备制造商。

c）某些特殊试验项目。如击穿电压低于极限值要求，或是色谱检测发现有故障存在，则可以不考虑其他特性项目，应果断采取措施以保证设备安全。

d）电力变压器、电抗器、互感器、套管油中溶解气体组分含量的检测周期和要求。

1）检测周期。

投运前，应至少做一次检测。如果在现场进行感应耐压和局部放电试验，则应在试验后再做一次检测。制造厂规定不取样的全密封互感器不做检测。

投运时油中溶解气体组分含量的检测，新的或大修后的变压器和电抗器至少应在投运后 1d（仅对电压 330kV 及以上的变压器和电抗器、容量在 120MVA 及以上的火电企业升压变压器）、4d、10d、30d 各做一次检测，若无异常，可转为定期检测。

定期检测按表 40 进行，制造厂规定不取样的全密封互感器不作检测；套管在必要时检测。

表 40　运行中设备油中溶解气体组分含量的定期检测周期

设备名称	设备电压等级和容量	检测周期
变压器和电抗器	电压 330kV 及以上 容量 240MVA 及以上 所有火电企业升压变压器	3 个月 1 次
	电压 220kV 及以上 容量 120MVA 及以上	6 个月 1 次
	电压 66kV 及以上 容量 8MVA 及以上	1 年 1 次
	电压 66kV 及以下 容量 8MVA 以下	自行规定
互感器[a]	电压 66kV 及以上	1～3 年 1 次
套管		必要时
[a]　对于制造厂规定不取样的全密封互感器，一般在保证期内不做检测，在超过保证期后，应在不破坏密封的情况下取样分析		

当设备出现异常情况时（如气体继电器动作，受大电流冲击或过励磁等），或对测试结果有怀疑时，应立即取油样进行检测，并根据检测出的气体含量情况，适当缩短检测周期。

2）新设备投运前油中溶解气体含量应符合表 41 的要求，而且投运前后两次检测结果不应有明显的区别。

表 41　新设备投运前油中溶解气体含量要求

单位：μL/L

设　　备	气体组分	含　　量	
		330kV 及以上	220kV 及以下
变压器和电抗器	氢气	<10	<30
	乙炔	<0.1	<0.1
	总烃	<10	<20
互感器	氢气	<50	<100
	乙炔	<0.1	<0.1
	总烃	<10	<10

设　备	气体组分	含　量	
		330kV 及以上	220kV 及以下
套管	氢气	<50	<150
	乙炔	<0.1	<0.1
	总烃	<10	<10

e）运行中设备油中溶解气体的注意值和设备中气体增长率注意值见表 42 和表 43。

表 42　运行中设备油中溶解气体含量注意值

单位：μL/L

设　备	气体组分	含　量	
		330kV 及以上	220kV 及以下
变压器和电抗器	氢	150	150
	乙炔	1	5
	总烃	150	150
	一氧化碳	（见 DL/T 722 10.2.3.1）	（见 DL/T 722 10.2.3.1）
	二氧化碳	（见 DL/T 722 10.2.3.1）	（见 DL/T 722 10.2.3.1）
电流互感器	氢	150	300
	乙炔	1	2
	总烃	100	100
电压互感器	氢	150	150
	乙炔	2	3
	总烃	100	100
套管	氢	500	500
	乙炔	1	2
	甲烷	100	100
注：该表所列数值不适用于从气体继电器放气嘴取出的气样			

表 43　运行中设备油中溶解气体绝对产气速率注意值

单位：mL/d

气体组分	开放式	密封式
氢	5	10
乙炔	0.1	0.2
总烃	6	12
一氧化碳	50	100
二氧化碳	100	200
注 1：对乙炔 <0.1μL/L 且总烃小于新设备投运要求时，总烃的绝对产气率可不作分析判断		
注 2：新设备投运初期，一氧化碳和二氧化碳的产气速率可能会超过表中的注意值		
注 3：当检测周期已缩短时，本表中注意值仅供参考，周期较短时，不适用		

　　仅仅根据分析结果的绝对值是很难对故障的严重性做出正确判断的。因为故障常常以低能量的潜伏性故障开始，若不及时采取相应的措施，可能会发展成较严重的高能量的故障。因此，必须考虑故障的发展趋势，也就是故障点的产气速率。产气速率与故障消耗能量大小、故障部位、故障点的温度等情况有直接关系。具体情况参考 GB/T 7252 标准。变压器和电抗器绝对产气速率的注意值如表 43 所示。相对产气速率也可以用来判断充油电气设备内部的状况。总烃的相对产气速率大于 10% 时，应引起注意。对总烃起始含量很低的设备，不宜采用此判据。

　　产气速率在很大程度上依赖于设备类型、负荷情况、故障类型和所用绝缘材料的体积及其老化程度，应结合这些情况进行综合分析。判断设备状况时，还应考虑到呼吸系统对气体的逸散作用。

　　对怀疑气体含量有缓慢增长趋势的设备，使用在线监测仪随时监视设备的气体增长情况是有益的，以便监视故障发展趋势。

5.8.3.2　汽轮机油质量监督

5.8.3.2.1　监督原则

　　a）润滑油系统旁路净化装置应连续运行，以减少油中杂质的积累和达到要求的洁净度水平。

　　b）正常情况下的补油率每年应少于 10%。

　　c）正常的运行监督试验应从冷油器出口取样；日常检查油中水分和杂质时，应从油箱底部取样，当系统进行冲洗时，应在系统中设置管道取样点。具体取样规定应符合 GB/T 14541 中的有关要求。

　　d）新油的验收指标和标准参照 GB 11120 执行，运行中汽轮机油的监督指标和检验周期参照表 44，运行汽轮机油的检验项目及周期参照表 45 和表 46 执行。

表 44　运行中汽轮机油的质量指标及检验周期

序号	项　　目		质量指标	检验方法
1	外观		透明，无杂质或悬浮物	DL 429.1
2	色度		≤5.5	GB/T 6540
3	运动黏度[a]（40℃）/（mm²/s）	32	不超过新油测定值 ±5%	GB/T 265
		46		
		68		
4	闪点（开口杯）/℃		≥180，且比前次测定值不低 10℃	GB/T 3536
5	颗粒污染等级[b] SAE AS4059F 级		≤8	DL/T 432
6	酸值（以 KOH 计）/（mg/g）		≤0.3	GB/T 264
7	液相锈蚀[c]		无锈	GB/T 11143（A 法）
8	抗乳化性（54℃）/min		≤30	GB/T 7605

续表

序号	项 目		质量指标	检验方法
9	水分/（mg/L）		≤100	GB/T 7600
10	泡沫性（泡沫倾向/泡沫稳定性）/（mL/mL）	24℃	≤500/10	GB/T 12579
		93.5℃	≤100/10	
		后 24℃	≤500/10	
11	空气释放值（50℃）/min		≤10	SH/T 0308
12	旋转氧弹值（150℃）/min		不低于新油原始测定值的25%，且汽轮机用油、水轮机用油≥100 燃气轮机用油≥200	SH/T 0193
13	抗氧剂含量/%	T501 抗氧剂	不低于新油原始测定值的25%	GB/T 7602
		受阻酚类或芳香胺类抗氧剂		ASTM D6971

a　32、46、68 为 GB/T 3141 中规定的 ISO 黏度等级

b　对于 100MW 及以上机组检测颗粒污染等级，对于 100MW 以下机组目视检查机械杂质。对于调速系统或润滑系统和调速系统共用油箱使用矿物汽轮机油的设备，油中颗粒污染等级指标应参考设备制造厂提出的指标执行或参见 GB/T 7596 附录 A

c　对于单一燃汽轮机用矿物涡轮机油，该项指标可不用检测

表45　运行中汽轮机油试验项目及周期

序号	试验项目	投运 1 年内	投运 1 年后
1	外观	1 周	1 周
2	色度	1 周	1 周
3	运动黏度	3 个月	6 个月
4	酸值	3 个月	3 个月
5	闪点	必要时	必要时
6	颗粒污染等级	1 个月	3 个月
7	泡沫性	6 个月	1 年
8	空气释放值	必要时	必要时
9	水分	1 个月	3 个月
10	抗乳化性	6 个月	6 个月
11	液相锈蚀	6 个月	6 个月
12	旋转氧弹	1 年	1 年
13	抗氧剂含量	1 年	1 年

注 1：如发现外观不透明，则应检测水分和破乳化度
注 2：如怀疑有污染时，则应测定闪点、抗乳化性能、泡沫性和空气释放值

表46 汽轮机组（100MW 及以上）投运 12 个月内的检验项目及周期

项目	外观	颜色	黏度	酸值	闪点	水分	洁净度	破乳化时间	防锈性	泡沫特性	空气释放值
检验周期	每天	每周	1~3个月	每月	必要时	每月	1~3个月	每6个月	每6个月	必要时	必要时

5.8.3.2.2 新机组投运前及运行 1 年内的检验

新油注入设备后的检验项目和要求：

油样：经循环 24h 后的油样，并保留 4L 油样；

外观：清洁、透明；

颜色：与新油颜色相似；

黏度：应与新油结果相一致；

酸值：同新油；

水分：无游离水存在；

洁净度：≤SAE AS4059F 7 级；

破乳化度：同新油要求；

泡沫特性：同新油要求。

5.8.3.2.3 汽轮机油质量监测

根据表 44 运行汽轮机油质量标准的规定，对汽轮机油质量试验结果进行分析。如果油质指标超标，应查明原因，采取相应处理措施。运行汽轮机油油质指标超标的可能原因及参考处理方法见表 47。在原因分析时还应考虑到补油（注油）或补加防锈剂等因素及可能发生的混油等情况。

表47 运行中汽轮机油油质异常原因及处理措施

序号	项目	警戒极限	异常原因	处理措施
1	外观	1）乳化不透明 2）有颗粒悬浮物 3）有油泥	1）油中含水或被其他液体污染 2）油被杂质污染 3）油质深度劣化	1）脱水处理或换油 2）过滤处理 3）投入油再生装置或必要时换油
2	颜色	1）迅速变深 2）颜色异常	1）有其他污染物 2）油质深度劣化 3）添加剂氧化变色	1）换油 2）投入油再生装置
3	运动黏度（40℃）/（mm²/s）	比新油原始值相差±5%以上	1）油被污染 2）油质已严重劣化 3）加入高或低黏度的油	如果黏度低，测定闪点，必要时进行换油

续表

序号	项 目	警戒极限		异常原因	处理措施
4	闪点（开口）/℃	比新油高或者低出15℃以上		油被污染或过热	查明原因，结合其他试验结果比较，考虑处理或换油
5	颗粒污染等级 SAE AS4059F 级	>8		1）补油时带入颗粒 2）系统中进入灰尘 3）系统中锈蚀或部件有磨损 4）精密过滤器未投运或失效 5）油质老化产生软质颗粒	查明和消除颗粒来源，检查并启动精密过滤装置、清洁油系统，必要时投入油再生装置
6	酸值（以 KOH 计)/（mg/g）	增加值超过新油 0.1 以上		1）油温高或局部过热 2）抗氧化剂耗尽 3）油质劣化 4）油被污染	1）采取措施控制油温并消除局部过热 2）补加抗氧剂 3）投入油再生装置 4）结合旋转氧弹结果，必要时考虑换油
7	液相锈蚀	有锈蚀		防锈剂消耗	添加防锈剂
8	抗乳化性（54℃)/min	>30		油污染或劣化变质	进行再生处理，必要时换油
9	水分/（mg/L）	>100		1）冷油器泄漏 2）油封不严 3）油箱未及时排水	检查破乳化度，启用过滤设备，排出水分，并注意观察系统情况，消除设备缺陷
10	泡沫性/mL	24℃及后24℃	倾向性＞500 稳定性＞10	1）油质老化 2）消泡剂缺失 3）油质被污染	1）投入油再生装置 2）添加消泡剂 3）必要时换油
		93.5℃	倾向性＞100 稳定性＞10		
11	空气释放值/min	>10		油污染或劣化变质	必要时考虑换油
12	旋转氧弹（150℃)/min	小于新油原始测定值的25%，或小于100min		1）抗氧剂消耗 2）油质老化	1）添加抗氧剂 2）再生处理，必要时换油
13	抗氧剂含量	小于新油原始测定值25%		1）抗氧剂消耗 2）错误补油	1）添加抗氧剂 2）检测其他项目，必要时换油

5.8.3.3　抗燃油质量监督

5.8.3.3.1　新油监督

新油注入设备后应进行油循环过滤，对油系统进行冲洗，以滤除系统内的颗粒杂质。在冲洗过程中取样测试颗粒污染度，直至测定结果达到设备制造厂要求后停止冲洗过滤。油循环结束后，取样进行油质全分析，试验结果应符合表48的要求。

表48　新磷酸酯抗燃油质量标准

序号	项　　目		指　　标	试验方法
1	外观		透明，无杂质或悬浮物	DL/T 429.1
2	颜色		无色或淡黄	DL/T 429.2
3	密度（20℃）/（kg/m^3）		1130～1170	GB/T 1884
4	运动黏度（40℃）/（mm^2/s）	ISO VG32	28.8～35.2	GB/T 265
		ISO VG46	41.4～50.6	
5	倾点/℃		≤－18	GB/T 3535
6	闪点（开口）/℃		≥240	GB/T 3536
7	自燃点/℃		≥530	DL/T 706
8	颗粒污染度 SAE AS4059F 级		≤6	DL/T 432
9	水分/（mg/L）		≤600	GB/T 7600
10	酸值/（mgKOH/g）		≤0.05	GB/T 264
11	氯含量/（mg/kg）		≤50	DL/T 433 或 DL/T 1206
12	泡沫特性/（mL/mL）	24℃	≤50/0	GB/T 12579
		93.5℃	≤10/0	
		后24℃	≤50/0	
13	电阻率（20℃）/（Ω·cm）		≥1×10^{10}	DL/T 421
14	空气释放值（50℃）/min		≤6	SH/T 0308
15	水解安定性/（mgKOH/g）		≤0.5	EN 14833
16	氧化安定性	酸值/（mgKOH/g）	≤1.5	EN 14832
		铁片质量变化/mg	≤1.0	
		铜片质量变化/mg	≤2.0	

5.8.3.3.2　运行监督

a）运行人员巡检下列项目：

1）定期记录油温、油箱油位；

2）记录油系统及旁路再生装置精密过滤器的压差变化情况；

3）记录每次补油量、油系统及旁路再生装置精密过滤器滤芯、旁路再生装置的再生滤芯或吸附剂的更换情况。

b）化学分析项目及周期。

1）机组正常运行情况下，化学分析项目及周期见表49，每年至少进行1次油质全分析。运行中抗燃油的监督项目及标准见表50。

2）机组启动运行24h后，应从设备中取两份油样，一份作全分析，一份保存备查。油质全分析结果应符合表50的运行油质量标准要求。

3）运行中的电液调节系统需要补加磷酸酯抗燃油时，应补加经检验合格的相同品牌、相同牌号规格的磷酸酯抗燃油。补油前应对混合油样进行油泥析出试验，油样的配比应与实际使用的比例相同，试验合格方可补加。

4）不同品牌规格的抗燃油不宜混用。

表49 实验室试验项目及周期

序号	试验项目	第1个月	第2个月后
1	外观、颜色、水分、酸值、电阻率	两周1次	每月1次
2	运动黏度、颗粒污染度	—	3个月1次
3	泡沫特性、空气释放值、矿物油含量	—	6个月1次
4	外观、颜色、密度、运动黏度、倾点、闪点、自燃点、颗粒污染度、水分、酸值、氯含量、泡沫特性、电阻率、空气释放值、矿物油含量	—	机组检修重新启动前、每年至少1次
5	颗粒污染度	—	机组启动24h后复查
6	运动黏度、密度、闪点、颗粒污染度	—	补油后
7	倾点、闪点、自燃点、氯含量、密度	—	必要时

表50 运行中磷酸酯抗燃油质量标准

序号	项 目		指 标	试验方法
1	外观		透明，无杂质或悬浮物	DL/T 429.1
2	颜色		橘红	DL/T 429.2
3	密度（20℃）/（kg/m³）		1130～1170	GB/T 1884
4	运动黏度（40℃）/（mm²/s）	ISO VG32	27.2～36.8	GB/T 265
		ISO VG46	39.1～52.9	
5	倾点/℃		≤-18	GB/T 3535
6	闪点/℃		≥235	GB/T 3536
7	自燃点/℃		≥530	DL/T 706

序号	项 目		指 标	试验方法
8	颗粒污染度（SAE AS4059F）级		≤6	DL/T 432
9	水分/（mg/L）		≤1000	GB/T 7600
10	酸值/（mgKOH/g）		≤0.15	GB/T 264
11	氯含量/（mg/kg）		≤100	DL/T 433
12	泡沫特性/（mL/mL）	24℃	≤200/0	GB/T 12579
		93.5℃	≤40/0	
		后24℃	≤200/0	
13	电阻率（20℃）/（Ω·cm）		≥6×10^9	DL/T 421
14	矿物油含量/%		≤4	DL/T571 附录 C
15	空气释放值（50℃）/min		≤10	SH/T 0308

5.8.3.3.3 油质异常原因及处理措施

a）根据运行磷酸酯抗燃油质量标准，对油质试验结果进行分析。如果油质指标超标，应进行评估并提出建议，并通知有关部门，查明油质指标超标原因，并采取相应处理措施。运行磷酸酯抗燃油油质指标超标的可能原因及参考处理方法见表51。

表51 运行中抗燃油油质异常原因及处理措施

项 目	异常极限值	异常原因	处理措施
外观	浑油，有悬浮物	1）油中进水 2）被其他液体或杂质污染	1）脱水过滤处理 2）换油
颜色	迅速加深	1）油品严重劣化 2）油温升高，局部过热 3）磨损的密封材料污染	1）更换旁路吸附再生滤芯或吸附剂 2）采取措施控制油温 3）消除油系统中存在的过热点 4）检修中对油动机等解体检查、更换密封圈

142

项　　目	异常极限值	异常原因	处理措施
密度 20℃/（kg/m³）	<1130 或 >1170	被矿物油或其他液体污染	换油
倾点/℃	>−15		
运动黏度（40℃）/（mm²/s）	与新油牌号代表的运动黏度中心值相差超过±20%		
矿物油含量/%	>4		
闪点/℃	<220		
自燃点/℃	<500		
酸值/（mgKOH/g）	>0.25	1）运行油温高，导致老化 2）油系统存在局部过热 3）油中含水量大，发生水解	1）采取措施控制油温 2）消除局部过热 3）更换吸附再生滤芯，每隔48h取样分析，直至正常 4）如果更换系统的旁路再生滤芯还不能解决问题，可考虑采用外接带再生功能的抗燃油滤油机滤油 5）换油
水分/（mg/L）	>1000	1）冷油器泄漏 2）油箱呼吸器的干燥剂失效，空气中水分进入 3）投用了离子交换树脂再生滤芯	1）消除冷油器泄漏 2）更换呼吸器的干燥剂 3）进行脱水处理
氯含量/（mg/kg）	>100	含氯杂质污染	1）检查检修维护过程中是否使用过含氯的材料或清洗剂等 2）换油
电阻率(20℃)/（Ω·cm）	$<6 \times 10^9$	1）油质老化 2）可导电物质污染	1）更换旁路再生装置的再生滤芯或吸附剂 2）必要时采用外接带再生功能的抗燃油滤油机滤油 3）换油

项　目	异常极限值		异常原因	处理措施
颗粒污染度 （SAE AS4059F）级	>6		1）被机械杂质污染 2）精密过滤器失效 3）油系统部件有磨损	1）检查精密过滤器是否破损、失效，必要时更换滤芯 2）检修时检查油箱密封及系统部件是否有腐蚀磨损 3）消除污染源，进行旁路过滤，必要时增加外置过滤系统过滤，直至合格
泡沫特性/（mL/mL）	24℃	>250/50	1）油老化或被污染 2）添加剂不合适	1）消除污染源 2）更换旁路再生装置的再生滤芯或吸附剂 3）添加消泡剂 4）考虑换油
	93.5℃	>50/10		
	后24℃	>250/50		
空气释放值（50℃）/min	>10		1）油质劣化 2）油质污染	1）更换旁路再生滤芯或吸附剂 2）考虑换油

b）为了延长磷酸酯抗燃油的使用寿命，在运行中应对抗燃油进行在线过滤和旁路再生处理：

1）系统中的精密过滤器的绝对过滤精度应在 3μm 以内，以除去运行中因磨损等原因产生的机械杂质，保证运行油的清洁度；

2）对油系统进行定期检查，如发现精密过滤器压差异常，应及时查明原因，及时更换；

3）定期检查油箱呼吸器的干燥剂，如发现干燥剂失效，应及时更换；

4）在机组启动的同时投入旁路再生装置；

5）定期从旁路再生装置出口取样分析油的酸值、电阻率，如果油的酸值升高或电阻率降低，及时更换再生滤芯及吸附剂。

5.8.3.4　密封油监督

5.8.3.4.1　新密封油验收标准

新密封油验收应按 GB 11120 的质量标准规定进行。

5.8.3.4.2　运行中的密封油质量标准

运行中的密封油质量标准应符合表 52 的规定。

表52　运行中氢冷发电机用密封油质量标准

序号	项　　目	质量标准	测试方法
1	外观	透明	目视
2	运动黏度（40℃）/（mm²/s）	与新油原测定值的偏差不大于20%	GB/T 265
3	闪点（开口杯）/℃	不低于新油原测定值15℃	GB/T 267
4	酸值/（mgKOH/g）	≤0.30	GB/T 264
5	机械杂质	无	外观目视
6	水分/（mg/L）	≤50	GB/T 7600
7	空气释放值（50℃）/min	10	GB/T 12597
8	泡沫特性（24℃）/mL	600	SH/T 0308

5.8.3.4.3　密封油常规检验周期和检验项目

对密封油系统与润滑油系统分开的机组，应从密封油箱底部取样化验；对密封油系统与润滑油系统共用油箱的机组，应从冷油器出口处取样化验。机组正常运行时的常规检验项目和周期应符合表53的规定。新机组投运或机组检修后启动运行3个月内，应加强水分和机械杂质的检测。机组运行异常或氢气湿度超标时，应增加油中水分检验次数。

表53　运行中氢冷发电机用密封油常规检验周期和检验项目

检验项目	检验周期
水分、机械杂质	0.5月1次
运动黏度、酸值	0.5年1次
空气释放值、泡沫特性、闪点	每年1次

5.8.3.5　辅机用油质量监督

5.8.3.5.1　适用范围：有油箱且用油量大于100L的火电企业辅机用油。用油量小于100L或无油箱的各种辅机，运行中应现场观察油的外观、颜色和机械杂质。如外观异常或有较多肉眼可见的机械杂质，应进行换油处理；如无异常变化，则每次大修时或按照设备制造商要求做换油处理。

5.8.3.5.2　主要用油类型如下：

a）水泵用油：主要为32号或46号汽轮机油，32号或46号液压油，6号液力传动油。

b）风机用油：主要为32号、46号、68号、100号汽轮机油，22号、46号、68号液压油。

c）磨煤机及湿磨机用油：主要为150号、220号、320号、460号和680号齿轮油，46号和100号液压油。

d）空气预热器用油：主要为100号、150号、320号和680号齿轮油。

　　e）空气压缩机用油：主要为 32 号、46 号空气压缩机油。

5.8.3.5.3　油系统取样：取样前系统在正常情况下至少运行 24h，所有用于测试的油样应从油箱底部取样口取样。如发现油质被污染或外观突然发生明显变化，必要时增加取样点（如油箱顶部或过滤器出口等）取样，以便查明污染原因。

5.8.3.5.4　新油的验收。

　　a）在新油交货时，应对接收的油品进行取样验收。新油验收标准应符合表 54 的规定。

表 54　辅机用油新油验收标准

新油名称	验收标准
防锈汽轮机油	GB 11120
液压油	GB 11118.1
齿轮油	GB 5093
空气压缩机用油	GB 12691
液压传动油	TB/T 2957

　　b）必要时，可按有关国际标准或双方合同约定的指标验收，验收试验应在设备注油前全部完成。

5.8.3.5.5　运行监督。

　　a）新油注入设备后进行系统冲洗时，应在连续循环中定期取样分析，直至油的洁净度经检查达到运行油标准要求，且循环时间大于 24h 后，方能停止油系统的连续循环。

　　b）在新油注入设备或换油后，应在经过 24h 循环后，取约 2L 样品按照运行油的检测项目检验，用这些样品的分析结果作基准，同以后的试验进行比较。若新油和 24h 循环后的样品之间能鉴别出有质量上的差异，就应进行调查，寻找原因并消除。

　　c）定期记录油温、油箱油位；每次补油量、补油日期、油系统各部件的更换情况。

　　d）辅机用油按照表 55、表 56 和表 57 中的检验项目和周期进行检验。汽轮机油应按照 GB/T 7596 执行，6 号液力传动油应按照表 55 执行。

　　e）正常的检验周期是基于保证机组安全运行而制定的。但对于机组检修后的补油、换油以后的试验则应另行增加检验次数；如果试验结果指出油已经变坏或接近它的运行寿命终点，则检验次数也应增加。

表 55　运行液压油的质量指标及检验周期

序号	项　目	质量指标	检验周期	试验方法
1	外观	透明，无机械杂质	1 年或必要时	外观目视
2	颜色	无明显变化	1 年或必要时	外观目视
3	运动黏度（40℃）/（mm^2/s）	与新油原始值相差在 ±10% 内	1 年、必要时	GB/T 265

续表

序号	项 目	质量指标	检验周期	试验方法
4	闪点（开口杯）/℃	与新油原始值比不低于15℃	必要时	GB/T 267 GB/T 3536
5	洁净度 （NAS 1638）级	报告	1年或必要时	DL/T 432
6	酸值/ （mgKOH/g）	报告	1年或必要时	GB/T 264
7	液相锈蚀（蒸馏水）	无锈	必要时	GB/T 11143
8	水分	无	1年或必要时	SH/T 0257
9	铜片试验（100℃，3h）级	≤2a	必要时	GB/T 5096

表56 运行齿轮油的质量指标及检验周期

序号	项 目	质量指标	检验周期	试验方法
1	外观	透明，无机械杂质	1年或必要时	外观目视
2	颜色	无明显变化	1年或必要时	外观目视
3	运动黏度（40℃）/ （mm²/s）	与新油原始值相差在±10%内	1年、必要时	GB/T 265
4	闪点（开口杯）/℃	与新油原始值比不低于15℃	必要时	GB/T 267 GB/T 3536
5	机械杂质/%	≤0.2	1年或必要时	GB/T 511
6	液相锈蚀（蒸馏水）	无锈	必要时	GB/T 11143
7	水分	无	1年或必要时	SH/T 0257
8	铜片试验（100℃，3h）级	≤2b	必要时	GB/T 5096
9	极压性能（Timken试验机法）OK负荷值 N(1b)	报告	必要时	GB/T 11144

表57 运行空气压缩机油的质量指标及检验周期

序号	项 目	质量指标	检验周期	试验方法
1	外观	透明，无机械杂质	1年或必要时	外观目视
2	颜色	无明显变化	1年或必要时	外观目视
3	运动黏度（40℃）/（mm²/s）	与新油原始值相差在±10%内	1年、必要时	GB/T 265
4	洁净度（NAS 1638）级	报告	1年或必要时	DL/T 432

序号	项 目	质量指标	检验周期	试验方法
5	酸值/（mgKOH/g）	与新油原始值比增加≤0.2	1年或必要时	GB/T 264
6	液相锈蚀（蒸馏水）	无锈	必要时	GB/T 11143
7	水分/（mg/L）	报告	1年或必要时	GB/T 7600
8	旋转氧弹（150℃）/min	≥60	必要时	SH/T 0193

5.8.4　气体监督

5.8.4.1　氢气监督

a）制氢站、发电机用氢气及气体置换用惰性气体的质量标准应按表58执行。

表58　制氢站、发电机氢气及气体置换用惰性气体的质量标准

用　途	气体纯度/%	气体中含氧量/%	气体湿度（露点温度）/℃
制氢站产品或发电机充氢、补氢用氢气（H$_2$）	≥99.8	≤0.2	≤ -25℃
发电机内氢气（H$_2$）	≥96.0	≤2.0	发电机最低温度5℃时： < -5℃；> -25℃ 发电机最低温度≥10℃时： <0℃；> -25℃
气体置换用惰性气体（N$_2$或CO$_2$）	≥98.0	≤2.0	同上
新建、扩建机火电企业制氢站氢气（H$_2$）	≥99.8	≤0.2	≤ -50℃
注：制氢站产品或发电机充氢、补氢用氢气湿度为常压下的测定值；发电机内氢气湿度为发电机运行压力下的测定值			

b）发电机气体置换时各种气体控制浓度。

——由二氧化碳排空气至二氧化碳纯度＞85%；

——由氢气排二氧化碳至氢气纯度＞96%；

——由二氧化碳排氢气，二氧化碳纯度＞95%；

——由空气排二氧化碳，二氧化碳浓度＜3%。

c）发电机气体置换时的用气量。

1）静止状态下置换时，排除原有空气所需的二氧化碳气体，至少为发电机气体容积的1.5倍（在标准温度和压力下）。为了达到99%~99.5%的纯度，排除二氧化碳所需氢气一般为发电机气体容积的2倍。

2）在转动状态下置换时，所需的二氧化碳和氢气量，将接近发电机气体容积的

3 倍。

3）用空气充满气体系统时，应进行到气体系统中完全排除二氧化碳为止。如果发电机停机检修，在气体混合物中，空气的含量达到 90% 时，充气即可认为终了。

5.8.4.2 六氟化硫质量监督

5.8.4.2.1 SF_6 气体质量标准：新 SF_6 气体质量标准见表 59。

5.8.4.2.2 SF_6 气体检测周期见表 60。

表 59 新 SF_6 气体质量标准

指标名称	IEC 标准	国家标准
空气（氧、氮）	≤0.05%（m/m）	≤0.05%（m/m）
四氟化碳	≤0.05%（m/m）	≤0.05%（m/m）
湿度	≤15μg/g	≤8μg/g
游离酸（用 HF 表示）	≤0.3μg/g	≤0.3μg/g
可水解氟化物（用 HF 表示）	≤1.0μg/g	≤1.0μg/g
矿物油	≤10μg/g	≤10μg/g
SF_6	≥99.80%（质量分数）	≥99.80%（质量分数）
生物毒性实验	无毒	无毒

表 60 运行中 SF_6 气体的试验项目、周期和要求

序号	项 目	周 期	要 求	说 明
1	湿度（20℃，体积分数）（10^{-6}）	1）1~3 年（35kV 以上） 2）大修后 3）必要时	1）断路器灭弧室气室大修后不大于 150，运行中不大于 300 2）其他气室大修后不大于 250，运行中不大于 500	1）按 DL/T 506 进行 2）新装及大修后 1 年内复测 1 次，如湿度符合要求，则正常运行中 1~3 年 1 次 3）周期中的"必要时"是指新装及大修后 1 年内复测湿度不符合要求或漏气超过 DL/T 596 表 10 中序号 2 的要求和设备异常时，按实际情况增加的检测
2	毒性	必要时	无毒	按 DL/T 921 进行
3	酸度/（μg/g）	1）大修后 2）必要时	≤0.3	按 DL/T 916 或用检测管进行测量

序号	项 目	周 期	要 求	说 明
4	四氟化碳 （质量分数）/%	1）大修后 2）必要时	1）大修后≤0.05 2）运行中≤0.1	按 DL/T 920 进行
5	空气（质量分数）/%	1）大修后 2）必要时	1）大修后≤0.05 2）运行中≤0.2	按 DL/T 920 进行
6	可水解氟化物/ （μg/g）	1）大修后 2）必要时	≤1.0	按 DL/T 918 进行
7	矿物油/（μg/g）	1）大修后 2）必要时	≤1.0	按 DL/T 919 进行

5.8.4.2.3 六氟化硫气体检测要求。

a）湿度检测：126～550kV 新设备投入运行后 3～6 个月测量 1 次，如无异常，以后可每 1～2 年测量 1 次。40.5～72.5kV 设备，投入运行后，1 年复检 1 次，若无异常，以后可 2～3 年测量 1 次。

b）漏气检测：按 GB/T 11023 操作。

c）漏气指标：SF_6 设备中，SF_6 气体的漏气率应≤1%/年。

d）吸附剂的更换：SF_6 设备大修或解体时，应更换吸附剂。

e）SF_6 新气在用户存放时间超过半年者，使用前应进行湿度测量，质量应符合新气质量标准。SF_6 变压器的监督要求应按 DL/T 595 的规定执行。

f）SF_6 电气设备制造厂在设备出厂前，应检验设备气室内气体的湿度和空气含量，并将检验报告提供给使用单位。

g）SF_6 电气设备安装完毕，在投运前（充气 24h 以后）应复验 SF_6 气室内的湿度和空气含量。

h）设备通电后一般每 3 个月，亦可 1 年内复核 1 次 SF_6 气体中的湿度，直至稳定后，每 1～3 年检测湿度 1 次。发现气体质量指标有明显变化时，应制定具体处理措施进行处理。

i）对充气压力低于 0.35MPa 且用气量少的 SF_6 电气设备（如 35kV 以下的断路器），只要不漏气，交接时气体湿度合格，除在异常时，运行中可不检测气体湿度。

5.8.4.3 仪用气体的质量要求

5.8.4.3.1 仪用气源质量应满足 GB/T 4213 的规定。

5.8.4.3.2 气源中无明显的油蒸气、油和其他液体。

5.8.4.3.3 气源中无明显的腐蚀性气体、蒸汽和溶剂。

5.9 机组停（备）阶段化学监督

5.9.1 机组停（备）阶段的防锈蚀保护

5.9.1.1 机组停（备）用包括机组正常停（备）用和机组计划检修停运。机组在停（备）用期间必须采用恰当的防锈蚀保护措施，减少热力系统在停（备）用和检修期间的锈蚀，影响设备的使用寿命和机组的经济运行。火电企业热力设备在停（备）用期间防锈蚀措施可结合企业的具体情况参照 DL/T 956 标准中推荐的相关方法，经过试验和筛选来制订。

5.9.1.2 防锈蚀保护工作要求。

   a）化学专业负责制定防锈蚀保护方案，检查防锈蚀药剂，进行加药和保护期间的化学监督，并对保护效果进行检查、评价、总结。

   b）锅炉、汽机专业负责防锈蚀设备和系统的安装、操作和维护，值长负责保护方案的实施。

   c）各火电企业应统计热力设备停（备）用期间的防锈蚀率和防锈蚀指标合格率，并达到以下要求：

      1）停、备用热力设备防锈蚀率应达到80%以上，防锈蚀率的计算公式如下：

$$\eta = (d_f/d_t) \times 100\%$$

     式中：d_f——热力设备停用期间防锈蚀时间；

         d_t——热力设备停用时间。

      2）停、备用期间防锈蚀指标合格率达到90%以上。

     防锈蚀指标指的是主要监督指标，根据采用方法的不同，主要监督指标有：溶解氧浓度、除氧剂浓度、缓蚀剂浓度、pH 值、相对湿度、氮气压力或纯度。

5.9.1.3 热力设备防锈蚀方法的选择。

5.9.1.3.1 机组参数和类型、机组给水、炉水处理方式；停、备用条件；可操作性和经济性。

5.9.1.3.2 当地大气条件，机组停（备）用期间是否存在冻结的可能性。

5.9.1.3.3 是否有废液处理设施，废液排放能否符合当地环保排放标准。

5.9.1.3.4 停、备用所采用的化学条件和运行期间化学水工况之间的兼容性。

5.9.1.3.5 防锈蚀保护方法不会破坏运行中所形成的保护膜。

5.9.1.3.6 防锈蚀保护方法不应影响机组按电网要求随时启动运行。

5.9.1.3.7 防锈蚀保护方法不影响检修工作和检修人员的安全。

5.9.1.3.8 防锈蚀保护期间监督指标的可监测性和火电企业本身的监测能力。

5.9.1.3.9 防锈蚀保护措施的具体执行方法可参照标准 DL/T 956，结合本厂设备的具体情况执行。

5.9.1.4 热力设备停（备）用期间常用的防锈蚀保护方法见表61。

表61 机组停（备）用期间的防锈蚀保护常用方法

防锈蚀方法		适用状态	适用设备	防锈蚀方法的工艺要求	停用时间					备注
					≤3天	<1周	<1月	<3月	>3月	
干法防锈蚀保护	热炉放水余热烘干法	临时检修、小修	锅炉	炉膛有足够余热，系统严密，放水门、空气门无缺陷	√	√	√			应无积水
	负压余热烘干法	大、小修	锅炉	炉膛有足够余热，配备有抽气系统，系统严密		√	√	√		
	邻炉热风烘干法	冷备用大、小修	锅炉	邻炉有富裕热风，有热风连通道，热风应能连续供给		√	√			
	干风干燥法	冷备用大、小修	锅炉汽轮机	备有干风系统和设备，干风应能连续供给			√	√	√	
	热风吹干法	冷备用大、小修	锅炉汽轮机	备有干风系统和设备，干风应能连续供给			√	√	√	
	干燥剂去湿法	冷备用、封存	小容量和低参数锅炉、汽轮机	设备严密，内部空气相对湿度应不高于60%				√	√	
	气相缓蚀剂法	冷备用、封存	锅炉，高、低压加热器	要配置热风气化系统，系统应严密，锅炉，高、低压加热器应基本干燥			√	√	√	
	氨、联氨钝化烘干法	冷备用大、小修	锅炉、给水系统	停炉前2h，加氨提高给水pH值，加大联氨浓度，热炉放水，余热烘干	√	√	√	√		
	氨水碱化烘干法	冷备用大、小修	锅炉、无铜给水系统	停炉前4h加氨，给水pH值：9.4~10.0，热炉放水，余热烘干	√	√	√	√		
	吹灰排烟通干风法	冷备用、封存	锅炉烟气侧	配备吹灰、排烟气设备和干风设备			√	√	√	
	通风干燥法	冷备用大、小修	凝汽器水侧	备有通风设备		√	√	√	√	

续表

防锈蚀方法		适用状态	适用设备	防锈蚀方法的工艺要求	停用时间					备注
					≤3天	<1周	<1月	<3月	>3月	
湿法防锈蚀保护	蒸汽压力法	热备用	锅炉	锅炉保持一定压力	√	√				
	给水压力法	热备用	锅炉及给水系统	锅炉保持一定压力,给水水质保持运行水质	√	√				
	维持密封、真空法	热备用	汽轮机、再热器、凝汽器汽侧	维持凝汽器真空,汽轮机轴封蒸汽保持使汽轮机处于密封状态	√	√				
	氨水法	冷备用、封存	锅炉,高、低压给水系统	有配药、加药系统			√	√		
	氨—联氨法	冷备用、封存	锅炉,高、低压给水系统	有配药、加药系统和废液处理系统			√	√	√	
	充氮法	冷备用、封存	锅炉,高、低压给水系统	配置充氮系统,系统有一定严密性			√	√	√	
	成膜胺法ᵃ	冷备用大、小修	锅炉、汽轮机和高压给水系统	配有加药系统,停机过程中实施			√	√	√	
	通蒸汽加热循环法	热备用	除氧器	维持水温高于105℃	√	√				
	循环水运行法	备用	凝汽器水侧	维持水侧一台循环水泵运行	√					

a

1）给水采用加氧处理的机组不应使用成膜胺

2）确定使用成膜胺前,应充分考虑成膜胺及其分解产物对机组运行水汽品质、精处理树脂可能造成影响

3）有凝结水精除盐的机组,开始加成膜胺前,凝结水精除盐设备应退出运行;实施成膜胺保护后,机组启动时,只有确认凝结水不含成膜胺后,方可投运凝结水精除盐设备

4）实施成膜胺保护前,应将一些不必要的化学仪表,如溶解氧表、硅表、钠表、联氨表和磷酸根表隔离

5）实施成膜胺保护过程中,每30min监测一次水汽的pH值、电导率和氢电导率,每1h测定一次水汽中的铁含量

6）实施成膜胺保护过程中,应保证炉水或分离器出水pH值大于9.0,如果预计成膜胺会造成pH值降低时,汽包锅炉应提前向炉水加入适量的氢氧化钠,直流锅炉应提前加大给水加氨量,提高pH值至9.2~9.6

7）实施成膜胺保护时,停机和启动过程中给水、炉水、蒸汽的氢电导率会出现异常升高现象

8）实施成膜胺保护时，停机和启动过程中热力系统含铁量有时会升高，可能会发生热力系统取样和仪表管堵塞现象
9）成膜胺加完后，加药箱应立即用除盐水冲洗，并继续运行加药泵 30～60min，充分冲洗加药管道
10）热力系统使用成膜胺保护后，应该确认凝结水不含成膜胺，才能作为发电机冷却水的补充水
11）使用成膜胺保护后，应放空凝汽器热井；在汽轮机冲转后应加强凝结水的排放
12）在使用成膜胺过程中，如果出现异常停机，应立即停止加药，并充分冲洗系统
13）成膜胺加药后，应保持有足够的给水流量和循环时间，以防止成膜胺在局部发生沉积

5.9.1.5　机组防锈蚀保护期间的监督。

5.9.1.5.1　防锈蚀保护用的化学药品、气体等，在使用前，应对其纯度进行监测，防止有害杂质进入系统。

5.9.1.5.2　机组防锈蚀保护措施必须严格按操作规程执行，并有相应的记录。

5.9.1.5.3　根据所采取的防锈蚀保护方法要求，定期完成防锈蚀期间的监督项目监测，并根据监测结果采取相应的措施。

5.9.1.5.4　常用防锈蚀保护方法的监督项目和监督标准见表62。

表62　常用防锈蚀保护方法的监督项目和监督标准

防锈蚀方法	监督项目	控制标准	监测方法及仪器	取样部位	其　他
热炉放水余热烘干法 负压余热烘干法 邻炉热风烘干法	相对湿度	<70% 或不大于环境相对湿度	干湿球温度计法、相对湿度计	空气门、疏水门、放水门	烘干过程每小时测定 1 次，停（备）用期间每周 1 次
干风干燥法	相对湿度	<50%	相对湿度计	排气门	干燥过程每小时测定 1 次，停（备）用期间每 48h 测定 1 次
热风吹干法	相对湿度	不大于环境湿度	干湿球温度计法、相对湿度计	排气门	烘干过程每小时测定 1 次，停（备）用期间每周 1 次
气相缓蚀剂法	缓蚀剂浓度	>30g/m³		空气门、疏水门、放水门、取样门	充气过程每小时测定 1 次，停（备）用期间每周 1 次
氨、联氨钝化烘干法	pH 值、联氨		GB/T 6904 GB/T 6906	水、汽取样	停炉期间每小时测定 1 次

防锈蚀方法	监督项目	控制标准	监测方法及仪器	取样部位	其　他
氨碱化烘干法	pH 值		GB/T 6904	水、汽取样	停炉期间每小时测定 1 次
蒸汽压力法	压力	>0.5MPa	压力表	锅炉出口	每班记录 1 次
给水压力法	压力、pH 值、溶解氧、氢电导率	压力 0.5～1.0MPa，其他指标满足运行要求	压力表、GB/T 6904 GB/T 6906	水、汽取样	每班记录 1 次压力，分析 1 次 pH 值、溶解氧、氢电导率
氨水法	氨含量	500～700mg/L	GB/T 12146	水、汽取样	充氨液时每 2h 测定 1 次，保护期间每天分析 1 次
氨－联氨法	pH 值、联氨含量	pH 值：10.0～10.5 联氨≥200mg/L	GB/T 6904 GB/T 6906	水、汽取样	充氨－联氨溶液时每 2h 测定 1 次，保护期间每天分析 1 次
充氮密封法	压力、氮气纯度	0.01～0.03MPa >98%			
成膜胺法	pH 值、成膜胺含量	pH 值：9.0～9.6 成膜胺使用量由供应商提供	GB/T 6906 成膜含量测定方法由供应商提供	水、汽取样	停机过程测定

5.9.1.6 机组停、备用防锈效果的评价。

根据机组启动时水汽质量情况和热力设备腐蚀检查结果评价停用保护效果。

a）停、备用机组启动时的水汽质量。

　　1）经过防锈蚀保护的机组在启动过程中，冲洗时间比未经过防锈蚀保护的冲洗时间短；

　　2）锅炉启动期间，给水、蒸汽、凝结水质量符合启动阶段水汽质量标准（附录 D）；

　　3）给水、蒸汽质量在机组并网 8h 内可以达到正常运行的标准值（附录 E）。

b）如果是在机组检修期间，应对重要热力设备的防锈蚀情况进行检查，如对锅炉受热面进行割管检查，对汽包、除氧器、凝汽器、高加、低加、汽轮机低压缸进行目视检查，这些部位应无明显的停用腐蚀现象。应将检查结果与上次检查结果以及其他机组的检查结果相比较，以便于完善停用保护措施。

5.9.2 机组检修阶段化学监督

5.9.2.1 机组检修阶段化学监督主要是指机组大、小、临时性检修过程中化学监督的主要工作，其主要内容是通过对热力设备的化学检查，了解热力系统受热面情况，发现设备隐患，分析隐患的性质、范围和程度，采取相应措施，预防事故的发生。

5.9.2.2 检修阶段化学专业的主要工作。

5.9.2.2.1 根据机组停运时间和检修类型，提出检修期间的化学检查大纲或方案，编制化学监督项目计划，包括化学清洗及凝汽器铜管镀膜等计划。

5.9.2.2.2 采集垢样化验，对受热面结垢情况进行分析和评价，对存在的问题提出整改措施。

5.9.2.2.3 组织完成检修期间的化学检查工作，参加热力设备、化学水处理设备及各类加药设备等的检查、验收及设备定级工作。

5.9.2.2.4 编写检修阶段化学检查报告（大修结束后1个月内，小修后半个月）。

5.9.2.2.5 建立检修阶段化学检查的技术档案。

5.9.2.3 检修阶段机炉专业主要工作。

在机组停运之前，完成停用保护前的防锈蚀保护工作。在热力设备解体前，机炉专业人员通知化学专业人员进行内部检查，按化学监督工作要求进行割管检查，完成化学清洗等工作。

5.9.2.4 检修前的准备工作。

5.9.2.4.1 收集机组运行数据，对机组运行情况进行分析，列出本次检修化学监督的主要工作。如停用设备防锈蚀措施、化学清洗方案、锅炉受热面割管、受热面检查、凝汽器抽管等，对大修中需更换的炉管，事先进行化学清洗。机组小修时，可根据要求对水冷壁割管检查；机组大修时，应对水冷壁、省煤器、过热器、再热器进行割管检查，其中水冷壁应依据 DL/T 794 相关要求进行割管。必要时，凝汽器要进行抽管检查。

5.9.2.4.2 准备化学监督用仪器、工具、记录报表和设备示意图等。

5.9.2.5 热力设备检修化学监督。

5.9.2.5.1 在机组大修中，根据化学检查大纲，在检修设备解体后，化学监督负责人会同有关监督人员，对省煤器、水冷壁、过热器、再热器、除氧器、凝汽器和汽轮机以及相关的辅机设备叶片、隔板的腐蚀、结垢、沉积情况进行全面检查，做好详细记录，具体的检查内容见表63，直流炉的启动分离器的检查参照汽包的检查进行。应对油系统进行检查，包括汽轮机油系统、抗燃油系统等。在化学检查完成之前，要保持热力设备解体状态，不得清除内部沉积物，不得进行破坏表面原始状态的检修工作。在机组小修和临时检修过程中，根据机组的检修范围和运行情况确定检查部位，检查内容与大修相同。

表63 热力设备各部位的重点检查内容及要求

部　位		内　容
锅炉设备	汽包	检查积水情况
		沉积物情况，量大时进行成分分析
		汽侧有无锈蚀和盐垢，盐垢 pH 值测定，量大时成分分析
		水侧有无沉积物和锈蚀，沉积物厚度超过 0.5mm，应刮取一定面积（不小于 100mm×100mm）的垢量，计算沉积率
		检查水汽界线情况
		检查汽水分离装置是否完好，表面有无腐蚀或沉积物
		检查汽包内衬的焊接完整性
		检查加药管短路现象
		检查汽侧管口有无积盐和腐蚀、炉水下降管、上升管管口有无沉积物，记录其状态
		检查腐蚀指示片有无沉积物附着和腐蚀情况，测量并计算沉积速率和腐蚀速率
		检查联箱内有无沉积物和焊渣等杂物
		汽包检修和清理后的检查验收
	水冷壁	监视管段内壁积垢、腐蚀情况
		向、背火侧垢量及计算结垢速率，对垢样做成分分析
		水冷壁进口下联箱内壁腐蚀及结垢情况
		检查水冷壁进口下联箱（下水包）内壁腐蚀及结垢情况
		沉积物分布情况、颜色、数量
	省煤器	观察沉积物分布情况、颜色
		氧腐蚀程度，腐蚀形态、深度
		单位面积蚀坑数量
		有无油污
		做结垢量和成分分析
	过热器及再热器	有无积盐
		立式弯头处有无积水
		腐蚀结盐程度，微积盐进行 pH 值测试，积盐多时进行化学成分分析
		高过、高再烟流温度最高处氧化皮的生成状况，测量氧化皮厚度，记录脱落情况
		腐蚀产物沉积情况，测其 pH 值

部　　位		内　　容
汽轮机及辅机	汽轮机本体	调速级以及随后数级叶片、中压缸前数级叶片有无机械损伤或坑点
		目视各级叶片及隔板积盐情况，对沉积量较大的叶片，用硬质工具刮取结垢量最大部位的沉积物，进行化学成分分析，计算单位面积的沉积量
		定性检测有无铜
		中压缸一、二级围带氧化铁积集程度
		检查每级叶片及隔板表面 pH 值，计算单位面积结盐量，对垢样做成分分析
		检查并记录末级叶片的水蚀情况
	凝汽器管	水侧水室淤泥、杂物的沉积及微生物的生长、附着情况
		凝汽器管外壁有无腐蚀或磨损减薄
		管口冲刷、污堵、内壁结垢、黏泥及腐蚀程度
		有无泄漏点，胀口有无伤痕
		管板防腐层是否完整
		水室内壁、内部支撑构件的腐蚀情况
		水室及其管道的阴极保护情况
		灌水查漏情况
		汽侧顶部最外层凝汽器管有无砸伤、吹损情况，重点检查受汽轮机启动旁路排汽、高压疏水等影响的管子
		最外层管隔板处的磨损或隔板间因振动引起的裂纹情况
		管外壁腐蚀产物的沉积情况
		壳体内壁锈蚀情况
		底部沉积物的堆积情况
	除氧器	检查除氧头内壁颜色及腐蚀情况，内部多孔板装置是否完好，喷头有无脱落
		检查水箱内壁内部有无腐蚀损坏，喷头有无脱落，填料有无布置不匀
		给水箱底部有无沉积物，箱体有无腐蚀，防腐层是否完好
	高、低加	检查水室换热管端的冲刷腐蚀和管口腐蚀产物的附着情况，水室底部沉积物的堆积情况
		吊芯有无腐蚀、泄漏，必要时抽管采垢样分析
		对于腐蚀严重或存在泄漏情况，进行汽侧上水查漏

部　位	内　容
油系统	检查汽轮机油、抗燃油主油箱、密封油箱内壁的腐蚀和底部油泥沉积情况
	检查冷油器管水侧的腐蚀泄漏情况
	检查冷油器油侧和油管道油泥附着情况
发电机内冷水系统	检查水箱和冷却器的腐蚀情况，重点检查药剂是否有不溶解现象以及微生物附着生长情况
	有无异物
	有无氧化铜沉积
	外冷水系统冷却器的腐蚀和微生物的附着生长情况
循环水系统	塔内填料沉积物附着、支撑柱上藻类附着、水泥构件腐蚀、池底沉积物及杂物情况
	冷却水管道的腐蚀、生物附着、黏泥附着情况
	冷却系统防腐情况等
凝结水精处理系统	检查过滤器、混床进出水装置和内部防腐层的完整性
	检查树脂捕捉器缝隙的均匀性和变化情况
	检查体外再生设备内部装置及防腐层的完整性
炉内加药、取样系统	检查加药设备、容器有无污堵、腐蚀、泄漏等缺陷
	检查水汽取样装置（过滤器、阀门等）是否污堵
水箱	检查除盐水箱和凝结水补水箱防腐层及顶部密封装置的完整性，有无杂物

5.9.2.5.2　机组大修时水冷壁至少割管两根，割管要求依据 DL/T 794 进行。割管有双面水冷壁的锅炉，还应增加割管两根。如发生爆管，应对爆管及邻近管进行割管检查。如发现炉管外观变色、胀粗、鼓包或有局部火焰冲刷减薄等情况时，要增加对异常管段的割管检查。管样割取长度，锯割时至少 0.5m，火焰切割时至少 1m。火焰切割带鳍片的水冷壁时，保留鳍片长度 3mm 以上。

5.9.2.5.3　机组大修时省煤器管至少割管两根，其中 1 根是监视管段，应割取易发生腐蚀的部位管段。锯割时至少 0.5m，火焰切割时至少 1m。

5.9.2.5.4　过热器根据需要割取 1~2 根，首先选择曾经爆管及其附近的部位，其次选择管径发生胀粗或管壁颜色有明显变化的部位，最后选择烟温高的部位。

5.9.2.5.5　对各种水箱及低温管道的腐蚀情况需定期进行检查，对高压加热器和省煤器入口管段的腐蚀情况进行检查，检查后做好记录，发现问题及时处理。水箱污脏时应进行清扫，若水箱、排水沟、中和池等防腐层脱落，应进行修补或重新防腐。

5.9.2.5.6　机组大修时凝汽器铜管应进行涡流探伤抽检（抽检比例按 5% 进行）。

5.9.2.5.7　锅炉检修后水压试验应用加有氨且调节 pH 值 > 10.5 的除盐水。各种加热器和凝汽器灌水找漏应使用凝结水或除盐水。

5.9.2.5.8　根据垢量情况，根据 DL/T 794 的有关规定确定是否进行锅炉化学清洗，清洗条件见表64。高加清洗应根据高压加热器的端差、结垢和腐蚀检查结果等情况确定是否需要进行化学清洗。当运行机组凝汽器端差超过运行规定时，应安排抽管取样检查外壁有无腐蚀，内部隔板部位铜管的磨损减薄，内壁结垢、黏泥和腐蚀的程度。局部腐蚀泄漏或大面积均匀减薄量达 1/3 以上厚度时，应先换管再清洗，垢厚不小于 0.5mm 或污垢导致端差大于8℃时应进行化学清洗。

表64　锅炉化学清洗参照标准

炉　　型	汽包锅炉				直流炉
主蒸汽压力/MPa	<5.9	5.9～12.6	12.7～15.6	>15.6	—
垢量/(g/m²)	>600	>400	>300	>250	>200
清洗间隔年限/a	10～15	7～12	5～10	5～10	5～10

注1：垢量的确定为：洗垢法、向火侧180°
注2：以重油和天然气为燃料的锅炉及液态排渣炉应按表中的规定提高一级参数锅炉的垢量确定化学清洗
注3：进口机组可参照制造厂规定的标准执行

5.9.2.5.9　拟定化学清洗方案后监督化学清洗过程，具体内容如下：

　　a）审核化学清洗单位是否符合 DL/T 977 要求的 A 级资质。

　　b）对清洗药品的数量进行检查和记录，对药品的检测质量报告进行监督审核。

　　c）对清洗小型实验结果进行检查确认。

　　d）对缓蚀剂性能验收结果进行检查确认。

　　e）对清洗前后腐蚀指示片称重进行监督，记录腐蚀指示片的编号和称量结果，计算腐蚀指示片的腐蚀量和腐蚀速率。对清洗质量进行评价，清洗结束后应进行总结并按当地环保标准进行废液的处理。

5.9.2.5.10　采取的热力设备附着物样品，应妥善保存，并应对其取样部位、外状、堆积厚度、数量、物理性质等做详细描述记录，割管样品应注明名称、部位、割管日期等并妥善保存。

5.9.2.5.11　腐蚀速率或沉积速率计算时间，凡是监视管段或腐蚀指示片，时间应自装上之日起开始计算。原始管段应自锅炉化学清洗之后算起。叶片应自前次清理后计算。

5.9.2.5.12　检修中所取管样的保存期：一般管样应至少保存一台机组的两个检修周期，至第三次检修，典型管样一直保存。管样的保存应在化学专业要求和特定环境条件下，使其始终有代表性。

5.9.2.5.13　根据热力设备检查情况和热力设备受热面的腐蚀速率情况对热力设备进行评级和评价，评价标准参照表65、表66。

5.9.2.5.14　化学监督专责人对热力设备的腐蚀、结垢、积盐情况进行全面分析，写出机组检修化学检查报告，机组检修化学检查报告的格式和内容见附录 F，对机组化学监督状况做出综合判断，并针对存在的问题提出整改措施和改进意见。

表 65　热力设备腐蚀评价标准

部　位		类　别		
		一　级	二　级	三　级
省煤器		基本没腐蚀或点蚀深度<0.3mm	轻微均匀腐蚀或点蚀深度0.3~1mm	有局部溃疡性腐蚀或点蚀深度>1mm
水冷壁		基本没腐蚀或点蚀深度<0.3mm	轻微均匀腐蚀或点蚀深度0.3~1mm	有局部溃疡性腐蚀或点蚀深度>1mm
过热器、再热器		基本没腐蚀或点蚀深度<0.3mm	轻微均匀腐蚀或点蚀深度0.3~1mm	有局部溃疡性腐蚀或点蚀深度>1mm
汽轮机转子叶片、隔板		基本没腐蚀或点蚀深度<0.1mm	轻微均匀腐蚀或点蚀深度0.1~0.5mm	有局部溃疡性腐蚀或点蚀深度>0.5mm
凝汽器管	铜管[a]	无局部腐蚀，均匀腐蚀速率小于0.005mm/a	均匀腐蚀速率0.005~0.02mm/a或点蚀深度不大于0.3mm	均匀腐蚀速率大于0.02mm/a或点蚀、沟槽深度大于0.3mm或已有部分管子穿孔
	不锈钢管[b]	无局部腐蚀，均匀腐蚀速率小于0.005mm/a	均匀腐蚀速率0.005~0.02mm/a或点蚀深度不大于0.3mm	均匀腐蚀速率大于0.02mm/a或点蚀、沟槽深度大于0.3mm或已有部分管子穿孔

[a] 均匀腐蚀速率可用游标卡尺测量管壁厚度的减少量除以时间得出
[b] 凝汽器管为不锈钢时，如未发生泄漏，一般不进行抽管检查

表 66　热力设备结垢、积盐评价

部　位	类　别		
	一　级	二　级	三　级
省煤器	结垢速率小于40g/(m²·a)	结垢速率40~80g/(m²·a)	结垢速率大于80g/(m²·a)
水冷壁	结垢速率小于40g/(m²·a)	结垢速率40~80g/(m²·a)	结垢速率大于80g/(m²·a)
汽轮机转子叶片、隔板	结垢、积盐速率小于1mg/(cm²·a)或沉积物总量小于5mg/cm²	结垢、积盐速率1~10mg/(cm²·a)或沉积物总量5~25mg/cm²	结垢、积盐速率大于10mg/(cm²·a)或沉积物总量大于25mg/cm²
凝汽器管	垢层厚度小于0.1mm或沉积量小于8mg/cm²	垢层厚度0.1~0.5mm或沉积量8~40mg/cm²	垢层厚度大于0.5mm或沉积量大于40mg/cm²

注1：锅炉化学清洗后一年内省煤器和水冷壁割管检查评价标准：一类，结垢速率小于80g/(m²·a)；二类，结垢速率80~120g/(m²·a)；三类，结垢速率大于120g/(m²·a)
注2：对于省煤器、水冷壁和凝汽器的垢量均指多根样管中垢量最大的一侧
注3：取结垢、积盐速率或沉积物总量高者进行评价
注4：计算结垢、积盐速率所用的时间为运行时间与停用时间之和

6 监督管理要求

6.1 健全监督网络与职责

6.1.1 按照国家电投集团《火电技术监督综合管理实施细则》，化学技术监督网络实行三级管理。第一级为副总经理或总工程师领导下的化学技术监督专责人；第二级为生产管理及运行检修等部门级化学专工；第三级为班组级，包括各专工领导的班组人员。在副总经理或总工程师领导下由化学技术监督专责人统筹安排，协调生产管理及运行检修等部门，协调化学、锅炉、汽机、热工、金属、电气、燃料等相关专业共同配合完成化学技术监督工作。

6.1.2 按照国家电投集团《火电技术监督管理规定》《火电企业化学技术监督实施细则》编制本企业化学技术监督管理标准，做到分工、职责明确，责任到人。

6.2 制定和执行制度

6.2.1 各火电企业应配备与化学监督有关的国家、行业技术规程和标准，并能够及时进行宣贯和学习，相关人员熟练掌握并按标准执行。

6.2.2 各火电企业根据化学监督的需要可制定下列规章制度：
    a) 化学技术监督实施细则（包括执行标准、工作要求）；
    b) 化学运行规程；
    c) 化学设备检修工艺规程；
    d) 在线化学仪表检验、维护规程；
    e) 化学实验室管理规定；
    f) 化学实验室仪器仪表设备管理规定；
    g) 机组检修化学检查规定；
    h) 化学药品（及危险品）管理制度；
    i) 大宗材料（树脂、膜材料等）和大宗药品管理制度；
    j) 油务管理制度；
    k) SF_6气体管理制度；
    l) 燃料质量管理制度；
    m) 培训及其考核制度。
    以上规章与制度，应根据具体情况的变化及时修订或补充。

6.3 确定监督标准符合性

6.3.1 化学监督标准应符合国家、行业及上级主管单位的有关规定和要求。

6.3.2 化学技术监督专责人每年应根据新颁布的标准规范及设备运行、技术参数以及异动情况，组织对化学运行规程、检修规程等规程、制度的有效性进行评估并修订不符合项，经归口职能管理部门领导审核、生产主管领导审批后发布实施。国标、行标及上级单位监督规程、规定中涵盖的相关化学监督工作均应在电厂规程及规定中详细列全。在化学设备规划、设计、建设、更改过程中的化学监督要求等同采用每年发布的相关标准。

6.4 确定仪器仪表有效性

6.4.1 建立化学监督用仪器仪表设备清单和台账，根据检验、使用及更新情况进行补充完善。

6.4.2 根据校验、检定周期，每年制定化学监督仪器、仪表的校验、检定计划，根据计划定期进行校验或送检，对校验合格的可继续使用，对校验不合格的则送修，对送修仍不合格的作报废处理。

6.4.3 按 DL/T 677 的要求对在线化学仪表进行定期校验和维护。

6.5 制定监督工作计划

6.5.1 化学技术监督专责人每年 11 月 30 日前组织完成下年度技术监督工作计划的制定工作，并将计划报送二级单位。

6.5.2 火电企业化学技术监督年度计划的制定依据至少应包括以下几方面。

    a）国家、行业、地方有关电力生产方面的法律、法规、标准、规范、政策、要求；

    b）国家电投集团（总部）、二级单位、火电企业技术监督工作规划和年度生产目标；

    c）国家电投集团（总部）、二级单位、火电企业技术监督管理制度和年度技术监督动态管理要求；

    d）技术监督体系健全和完整化；

    e）人员培训和监督用仪器设备配备和更新；

    f）机组检修计划；

    g）化学运行和监督设备上年度异常、缺陷等；

    h）化学运行和监督设备目前的运行状态；

    i）技术监督动态检查、告警、季（月）报提出的问题；

    j）收集的其他有关化学设备设计选型、制造、安装、运行、检修、技术改造等方面的动态信息。

6.5.3 化学技术监督年度计划主要内容应包括以下方面。

    a）健全化学技术监督组织机构；

    b）监督标准、相关技术文件制定、修订；

    c）机组检修期间应开展的技术监督项目计划，包括热力设备化学清洗计划，反渗透、EDI 系统离线清洗计划，超滤、反渗透和 EDI 组件更换计划，离子交换树脂更换和补充计划；

    d）定期工作计划；

    e）实验室仪器仪表和在线化学仪表校验、检定计划；

    f）实验室仪器仪表和在线化学仪表更新和备品、配件采购计划；

    g）大宗化学药品、材料采购和水处理设备备品、配件采购计划；

    h）技术监督工作自我评价与外部检查迎检计划；

    i）技术监督发现问题的整改计划；

    j）人员培训计划（主要包括内部培训、外部培训取证，规程宣贯）；

k）技术监督月报、总结编制、报送计划；

l）网络活动计划。

6.5.4 化学技术监督专责人每月应对监督年度计划执行和监督工作开展情况进行检查评估，对不满足监督要求的问题，通过技术监督不符合项通知单下发到相关部门监督整改，并对相关部门进行考评。

6.6 技术监督告警

6.6.1 化学技术监督告警条件。

a）水汽质量异常，未能在"三级处理"原则规定的时间内恢复正常（一级72h、二级24h、三级4h），及在24h内未向二级单位技术监督管理部门和技术监督服务单位汇报；

b）水汽监督不到位，延误水汽异常的处理时间；

c）未按规定购置水处理材料，分析仪器等设备，造成严重后果，影响安全生产；

d）在线化学仪表的配置或投入不满足技术监督制度的要求；

e）汽轮机油、抗燃油颗粒度检测连续两次不合格，机组检修后油中颗粒度不合格擅自开机；

f）不按规定对燃料进行采、制、化；

g）不按规定对电气设备的绝缘油做油样分析；

h）全厂水汽质量合格率低于98%，或单项水汽指标（给水、凝结水、炉水、补给水、循环水、蒸汽）低于96%；

i）汽轮机油油质合格率低于98%，抗燃油油质合格率低于98%；

j）氢气质量合格率低于98%。

6.6.2 火电企业应将异常告警项目纳入日常化学监督管理和考核工作中。

6.6.3 火电企业接到告警通知单后，应认真组织人员研究有关问题，制定整改计划，整改计划中明确整改措施、责任人、完成日期。

6.6.4 告警问题整改完成后，火电企业按照验收程序要求，向告警提出单位提出验收申请，经验收合格后，由验收单位填写告警验收单，并抄报国家电投集团（总部）、二级单位备案。

6.7 技术监督工作会议和培训

6.7.1 火电企业每年至少召开两次化学技术监督工作会议，检查、总结、布置全厂化学技术监督工作。对化学技术监督中出现的问题提出处理意见和防范措施，形成会议纪要，按管理流程批准后发布实施。

6.7.2 化学技术监督工作会议主要内容包括：

a）上次监督会议以来化学监督工作开展情况；

b）设备及系统的故障、缺陷分析及处理措施；

c）化学监督存在的主要问题以及解决措施、方案；

d）上次监督会议提出问题的整改落实情况，提出评价意见；

e）技术监督工作计划发布及执行情况，监督计划的变更；

f）国家电投集团技术监督月报、监督通讯，国家电投集团（总部）或二级单位化学典型案例，新颁布的国家、行业标准规范，监督新技术等学习交流；

    g）化学监督需要领导协调或其他部门配合和关注的事项；

    h）至下次技术监督会议期间内的工作要点。

6.8 人员培训和持证上岗管理规定

6.8.1 技术监督工作实行持证上岗制度。各火电企业应将人员培训和持证上岗纳入日常监督管理和考核工作中。从事化学水处理、水分析、化学仪表检验校准和运行维护、燃煤采制化和电力用油气分析检验人员应通过资格考试并获得上岗资格证书，每项检测和化验项目的工作人员持证人数不得少于2人。

6.8.2 应制定年度化学监督培训计划，利用多种媒体开展培训工作，员工应积极参加各种形式的交流和培训。每年至少举办一次化学监督讲座、知识问答等活动。

6.8.3 化学监督培训的主要内容包含：

    a）国家、行业和国家电投集团新颁布的有关法规、标准、规范的宣贯；

    b）国家、行业和国家电投集团新发布的有关文件解读与落实；

    c）组织对化学监督新技术、新材料、新方法的学习；

    d）化学监督整改措施案例分析；

    e）主要化学监督岗位人员的岗位能力培训，获得岗位能力证书。

6.8.4 积极鼓励专业技术人员参加外部培训工作。

6.9 技术资料与档案管理

6.9.1 基建阶段技术资料

6.9.1.1 设计资料：锅炉补给水处理系统设计资料、凝结水处理系统设计资料、循环水系统设计资料、冷却水系统设计资料、加药系统设计资料、化学仪表设计资料、制氢系统设计资料、化学实验室设计资料、燃料采制样设备设计资料等与化学监督相关的设计资料。设计变更资料及审批记录。

6.9.1.2 设备制造资料：重要设备监造阶段主要记录、验收报告；制造过程存在问题的处理记录；化学设备技术规范；化学设备和有关重要监督设备、系统的设计和制造图纸、说明书、出厂验收报告等。

6.9.1.3 设备安装资料：设备到厂验收资料（包括说明书、检验报告、配件明细等）；到厂后的检验报告；重要事件的处理报告；设备保管记录；设备领用记录；设备安装前的检查报告；设备安装施工图；设备安装方案；设备安装过程验收记录；设备安装后的验收报告等。

6.9.1.4 设备调试资料：设备调试方案；设备调试前的检验报告；设备调试人员培训记录；设备调试过程记录；调试过程中存在问题的解决方案；设备调试合格验收报告；锅炉水压试验方案和报告；化学清洗方案；化学清洗过程记录；化学清洗质量验收报告；锅炉冲洗记录；启动试运报告；整体运行报告等。

6.9.2 设备清册、台账及图纸资料

    a）化学设备清册。

b）化学监督设备台账。

　　1）实验室化学仪器、仪表和在线化学分析仪表清单和维护、校验台账，参见附录 G.1；

　　2）重要辅机设备用油台账，参见附录 G.2；

　　3）化学设备台账，参见附录 G.3，应包括以下系统设备：

　　　　①预处理系统设备；

　　　　②除盐处理系统设备；

　　　　③凝结水精处理系统设备；

　　　　④机组加药系统设备；

　　　　⑤制氢和储氢系统设备；

　　　　⑥水汽集中取样装置；

　　　　⑦循环水处理系统设备；

　　　　⑧热网补充水处理系统和热网循环水处理系统设备；

　　　　⑨发电机定子冷却水处理系统设备。

c）全厂水汽热力系统图册。

d）全厂化学设备系统图册。

e）汽轮发电机组油气监督设备系统图册。

6.9.3　试验报告、记录和台账

a）化学实验室水汽质量查定记录和台账，参见附录 G.4；

b）机组运行水汽质量报表；

c）汽轮机油、抗燃油和电气设备用油、气试验检测记录、报告和台账，参见附录 G.5；

d）机组启动水汽化学监督记录，参见附录 G.6；

e）机组检修热力设备结垢、积盐和腐蚀检查台账，参见附录 G.7；

f）预处理、补给水处理、凝结水精处理、循环水处理、制氢（供氢）等系统运行记录。

6.9.4　运行报告和记录

a）月度运行分析和总结报告；

b）经济性分析和节能对标报告；

c）设备定期轮换记录；

d）定期试验执行记录；

e）运行日志；

f）交接班记录；

g）培训记录；

h）化学专业反事故措施；

i）与化学监督有关的事故（异常）分析报告，凝汽器泄漏处理报告，水汽品质劣化三级处理报告，油气质量异常跟踪分析报告；

j）待处理缺陷的措施和及时处理记录；

k）给水、炉水处理及水汽品质优化试验报告；

l）凝结水精处理优化试验报告；

m）循环水动静态模拟试验报告；

n）化学补给水系统调整试验报告；

o）年度监督计划、化学监督工作总结；

p）化学监督会议记录和文件。

6.9.5 检修维护记录和报告

a）机组检修热力设备化学监督检查方案、记录和报告；

b）热力设备停（备）用防锈蚀记录及报告；

c）运行热力设备（锅炉、高压加热器、凝汽器和其他换热器）的化学清洗措施和总结报告；

d）化学设备检修文件包；

e）检修记录及竣工资料；

f）检修总结；

g）日常设备维修（缺陷）记录和异动记录。

6.9.6 运行报表

a）水汽质量合格率统计表；

b）锅炉补给水及水处理药剂消耗统计报表；

c）燃料质量监督报表；

d）电力用油质量监督报表；

e）在线化学仪表配备率、投入率、准确率报表；

f）氢气质量监督统计报表；

g）SF_6气体质量监督报表。

6.9.7 监督管理文件

a）与化学监督有关的国家法律、法规及国家、行业、国家电投集团标准、规范、规程、制度；

b）电厂制定的化学监督标准、规程、规定、措施等；

c）年度化学监督工作计划和总结；

d）化学监督月报、速报、告警通知单和验收单；

e）化学监督网络会议纪要；

f）监督工作自我评价报告和外部检查评价报告；

g）实验室水、油分析人员，燃料采、制、化人员，在线化学仪表维护、校验人员上岗证书；

h）岗位技术培训计划、记录和总结；

i）与化学设备以及监督工作有关重要往来文件。

6.9.8 监督档案管理

6.9.8.1 火电企业应按照本细则规定的文件、资料、记录和报告目录以及格式要求，建立健全化学技术监督档案、规程、制度和技术资料，确保技术监督原始档案和技术资料的完整性和连续性。

6.9.8.2 根据化学技术监督组织机构的设置和设备的实际情况，明确档案资料的分级存放地点，并指定专人负责整理保管。

6.9.8.3 化学技术监督负责人应建立化学档案资料目录清册，并负责及时更新。

6.10 监督报告管理

6.10.1 火电企业发生因主要化学监督指标异常而停机，凝汽器泄漏导致水汽品质恶化停机事件24h内，化学技术监督专责人应将事件概况、原因分析、采取措施按照附录H的格式，填写速报并报二级单位。

6.10.2 化学技术监督专责人应按照规定的月报格式和要求，组织编写上月化学技术监督月报，经电厂归口职能管理部门汇总后，于每月5日前报送二级单位。

6.10.3 化学技术监督专责人于每年1月5日前组织完成上年度技术监督工作总结报告的编写，经电厂归口职能管理部门汇总后，于每年1月10日前报送二级单位。

6.10.4 各火电企业报送的有关资料均应通过企业技术监督负责领导审核批准。

6.11 技术监督检查与考核

6.11.1 技术监督检查与评价

6.11.1.1 火电企业每年由生产副总经理（总工程师）按国家电投《火电技术监督检查评估标准》表3组织进行自检。

6.11.1.2 各火电企业结合每年的自检，按照国家电投《火电技术监督检查评估标准》表3于6月30日前完成自评价，并将自评价得分表连同半年度总结一起报二级单位。

6.11.1.3 二级单位根据各火电企业的自评价，结合技术监督年度检查，按照国家电投集团监督评分标准进行技术监督评价复核工作。

6.11.2 技术监督考核

6.11.2.1 结合每年的技术监督检查、评价结果，评比国家电投集团技术监督先进单位、先进个人。

6.11.2.2 技术监督检查、评价结果与星级企业评定结合。

6.11.2.3 技术监督检查、评价结果与个人工资晋级、评职称挂钩。

附录 A
（资料性附录）
火电企业在线化学仪表的配备

汽包锅炉机组水汽集中在线化学仪表最低按表 A.1 配备。直流锅炉机组水汽集中在线化学仪表最低按表 A.2 配备。

表 A.1 汽包锅炉机组水汽集中取样点及在线仪表配备

项 目	应设置的取样点位置	超高压机组	亚临界机组
		配置仪表及手工取样	
凝结水	凝结水泵出口	CC O$_2$ M	Na CC O$_2$ M
给水	除氧器入口	SC M	SC M
	除氧器出口	M	M
	省煤器入口	CC O$_2$ pH 值 M	CC SC pH 值 O$_2$ M
炉水	汽包炉水左侧	SC pH 值 PO$_4^{3-}$ M	CC SC pH 值 PO$_4^{3-}$
	汽包炉水右侧		SiO$_2$ 氯表 M
饱和蒸汽	饱和蒸汽左侧	CC M	CC Na M
	饱和蒸汽右侧		
过热蒸汽	过热蒸汽左侧	CC SiO$_2$ M	CC SiO$_2$ M
	过热蒸汽右侧		
再热蒸汽	再热蒸汽左侧	M	CC M
	再热蒸汽右侧		
疏水	高压加热器	M	M
	低压加热器	M	M
	暖风器	M	M
	热网加热器	M	CC pH 值 M
冷却水	取样冷却装置冷却水/闭式循环冷却水	M	SC pH 值 M
	发电机冷却水	M	SC pH 值 M
	间接空冷机组循环冷却水	M	SC pH 值 M
生产回水	返回水管或返回水箱出口	M	CC pH 值 M

注1：CC，带有氢离子交换柱的电导率表；O$_2$，溶氧表；pH 值，pH 值表；Na，钠表；SiO$_2$，硅表；PO$_4^{3-}$，磷表；SC，电导率表；M 表示人工取样

注2：每个监测项目的样品流量为 300~500mL/min，或根据仪表制造商要求

注3：硅表可选择多通道仪表，但炉水不得与给水或蒸汽共用 1 块硅表

注4：采用低磷酸盐处理工艺的锅炉应配备炉水在线磷表

注5：采用给水加氧的热力系统应增加溶氧表的配置点（如除氧器入口、汽包炉的下降管等点）

注6：凝结水精处理出口加药点之后应配备电导率表、pH值表

注7：必要时炉水宜增加氢电导率的测定，有精处理系统的机组应配备氢电导率的测定

注8：给水取样点设置位置应为省煤器入口，省煤器再循环管路之前或直流锅炉（带炉水循环泵）炉水循环管之前

注9：亚临界机组饱和蒸汽应配备在线钠表

注10：对于13.7MPa以上机组，如采用海水冷却时，其凝结水应考虑装钠表；直接空冷机组凝结水可不配置钠表

注11：必要时根据水质情况增加相应仪表

表A.2　直流锅炉机组水汽集中取样点及在线仪表配备

水样	取样点名称	配置仪表及手工取样
凝结水	凝结水泵出口	CC　O_2　Na　M
给水	除氧器入口	SC　O_2　M
	除氧器出口	M
	省煤器入口	CC　SC　氯表　pH值　O_2　SiO_2　M
蒸汽	主蒸汽左侧	CC　Na　SiO_2　M
	主蒸汽右侧	
	再热蒸汽左侧	CC　M
	再热蒸汽左侧	
疏水	高压加热器	M
	低压加热器	M
	热网加热器	CC　pH值　M
冷却水	发电机冷却水	SC　pH值　M
	取样冷却装置冷却水/闭式冷却水	SC　pH值　M
	间接空冷机组循环冷却水	SC　pH值　M
热态冲洗水	启动分离器排水	CC　M
凝汽器检漏装置	凝汽器	CC

注1：CC，带有氢离子交换柱的电导率表；O_2，溶氧表；pH值，pH值表；Na，钠表；SiO_2，硅表；SC，电导率表；M表示人工取样

注2：每个监测项目的样品流量为300～500mL/min，或根据仪表制造商要求

注3：硅表可选择多通道仪表

注4：直流锅炉分离器出口（361阀或溢流阀前）必须设置取样点

注5：给水取样点设置位置应为省煤器入口，省煤器再循环管路之前或直流锅炉（带炉水循环泵）炉水循环管之前

注6：凝结水精处理出口加药点之后应配备电导率表、pH值表

注7：空冷机组凝结水可不配置钠表

注8：给水pH值表建议采用计算型pH值表

附录 B
（资料性附录）
化学实验室的主要仪器设备

水分析主要仪器设备见表 B.1。煤分析主要仪器设备见表 B.2。油分析主要仪器设备见表 B.3。火电企业抗燃油化验需用仪器见表 B.4。

表 B.1 水分析主要仪器设备

序号	设备名称	规 范	单位	数 量		
				高压	超高压及亚临界参数	超/超超临界参数
1	电子精密天平	称量 200g，感量 0.1mg	台	1	2	2
2	电子天平	称量 200g，感量 1mg	台	1	1	1
3	电子天平	称量 2000g，感量 10mg	台	1	1	1
4	箱形高温炉	最高炉温：1000℃ （325mm×200mm×125mm）	台	1	1	1
5	电热干燥箱	额定温度：250℃ （350mm×450mm×450mm）	台	2	2	2
6	钠度计	测量范围：pNa0～7，精确度 0.05pNa 稳定性：±0.02pNa/2h	台	2	2	2
7	电导率仪	测量范围：0～10^5 μS/cm 精确度：±1.5%	台	2	2	2
8	便携式数字电导率仪	测量范围：0～10^5 μS/cm 精确度（满量程）：±1%	台	1	1	2
9	便携式数字纯水电导率仪	测量范围：0～100μS/cm 精度等级：0.001级，带自动温度补偿，流动电极杯	台	1	1	1
10	便携式溶氧仪	最低检测限：0.1μg/L	台	1	1	2
11	便携式氧化还原电位测定仪		台	1	1	2
12	酸度计	测量范围：pH 值 0～14 数字式：pH 值 0～14，0.05	台	1	2	2

序号	设备名称	规 范	单位	数 量		
				高压	超高压及亚临界参数	超/超超临界参数
13	实验室酸度计	测量范围：pH 值 0 ~ 14，每 2pH 值为一档 测量毫伏：0 ~ ±1400mV，200mV 为一档 测量精度：pH 值 ±0.02pH 值/2pH 值 稳定性：漂移 ±0.02pH 值/8h	台	1	1	1
14	分光光度计	波长范围：300 ~ 900nm 波长精度：±2nm（参考）	台	1	2	2
15	紫外—可见分光光度计	波长范围：190 ~ 900nm 波长精度：±0.3nm 基线稳定性：0.004ABS/h 平坦度：0.001ABS	台	1	1	1
16	原子吸收分光光度计	带石墨炉，自动进样器，检出限：Cd：0.15pg，Cu：1pg，Fe：1.5pg	台			1
17	离子色谱仪	一次 1mL 进样量时，对阴离子最低检测限为： F^-：0.02μg/L； CH_3COO^-：0.4μg/L； $HCOO^-$：0.2μg/L； Cl^-：0.1μg/L； SO_4^{2-}：0.2μg/L	台			1
18	微量硅比色计	测量范围：0 ~ 50μg/L	台	1	2	3
19	白金蒸发皿和坩埚		g	60	80	100
20	实体显微镜	100 ~ 200 倍	台		1	1
21	生物显微镜		台			1
22	总有机碳测定仪	灵敏度：<50μg/L	台			1
23	便携式酸度计	测量范围：pH 值 0 ~ 14	台	1	1	1
24	玛瑙研钵		台	1	1	1
25	电冰箱	180L	台		1	1
26	计算机		台	1	1	1

表 B.2 煤分析主要仪器设备

序号	设备名称	规范	单位	数量	备注
1	自动水分分析仪	符合 GB/T 211 要求	台	2	
2	自动工业分析仪	符合 GB/T 212 要求	台	2	
3	自动量热仪	符合 GB/T 213 要求	台	2	
4	自动测硫仪	符合 GB/T 214 要求	台	2	
5	碳氢分析仪	符合 GB/T 476 要求	台	2	
6	灰熔点测定仪	符合 GB/T 219 要求	台	1	
7	电热干燥箱	自动控温，温度能控制在（30～40）℃和（100～105）℃，每小时能换气 5 次以上	台	2	
8	通氮干燥箱	自动控温，温度能控制在（100～105）℃，有较小空间，能容纳适量称量瓶，每小时能换气 15 次以上	台	2	
9	智能马弗炉	符合 GB/T 212 要求	台	2	
10	电子天平1	称量 100～200g，感量 0.1mg	台	2	具备数据输出功能
11	电子天平2	称量 100～200g，感量 1mg	台	2	
12	工业天平	称量 5000g，感量 0.1g	台	2	
13	条码机		台	1	
14	计算机		台	1	
注：以上仪器数量为最低配置数量，电厂可根据来煤批量适当增加					

表 B.3 油分析主要仪器设备

序号	设备名称	规范	单位	数量		
				高压	超高压及亚临界参数	超/超超临界参数
1	开口闪点测定仪	功率＜120W	台	1	1	1
2	闭口闪点测定仪	功率＜100W	台	1	1	1
3	工业天平	称量 200g，感量 1mg	台	1	1	1
4	真空泵	功率 0.25kW	台	1	1	1
5	电热鼓风干燥箱	额定温度 250℃	台	1	1	1

续表

序号	设备名称	规 范	单位	数 量		
				高压	超高压及亚临界参数	超/超超临界参数
6	电热恒温水浴锅	8孔双列，温度100℃	台	1	1	1
7	油浴箱	温度300℃	台	1	1	1
8	酸度计	测量范围：pH值0~14.0 最小分度：pH值0.02，2mV 灵敏度：0.02pH值	台	1	1	1
9	界面张力仪	灵敏度：0.1mN/m 测量范围：5~100mN/m	台	1	1	1
10	气相色谱仪	灵敏度：H_2最小检知量10μL/L，C_2H_2最小检知量1μL/L	套		1	1
11	脱气装置	恒温振荡式或变径活塞式	台		1	1
12	微量水分测定仪	测量范围：10~30000μg 水灵敏度：1μg 10μg~1mg 精确度：≤5μg >1mg 精确度：≤0.5%	台			1
13	比重计	测量范围：0.600~2.000 刻度0.001	台	1	1	1
14	分析天平	最大称量200g，感量0.0001g	台	1	1	1
15	锈蚀测定仪		台	1	1	1
16	凝固点测定仪	精确度：±1℃ 测量范围：-50℃~0℃	台	1	1	1
17	耐压试油器	速度2kV/s，范围：0~60kV	台	1	1	1
18	运动黏度计	0.8~1.5mm²/s	台		1	1
19	分光光度计	波长范围：360~800nm 波长精度：±3nm	台	1	1	1
20	电冰箱	150~175L	台	1	1	1
21	电阻率测定仪	温控范围：20℃~95℃ 精确度：±0.5℃ 测量范围：10^8~1.8×$10^{15}\Omega$·cm	台	1	1	1
22	颗粒度仪	粒度尺寸范围：2~400μm	台		1	1

表 B.4 抗燃油分析主要仪器设备

序号	仪器名称	单位	数 量	备 注
1	微量水分测定仪	台		与油分析共用
2	泡沫体积测定仪	台	1	
3	电阻率测定仪	台		与油分析共用
4	自燃点测定仪	台	1	
5	空气释放值测定仪	台	1	
6	闪点测定仪	台		与油分析共用
7	破乳化度仪	台	1	
8	运动黏度仪	台		与油分析共用
9	凝固点测定仪	台		与油分析共用
10	密度仪	台	1	
11	水分仪	台	1	

附录 C
（资料性附录）
各种设备、管道的防腐方法和技术要求

表 C.1 规定了各种设备、管道的防腐方法和技术要求。

表 C.1 各种设备、管道的防腐方法和技术要求

序号	项　　目	防腐方法	技术要求
1	活性炭过滤器	衬胶	衬胶厚度 3～4.5mm
2	钠离子交换器	涂耐蚀漆	涂漆 4～6 度
3	除盐系统各种离子交换器	衬胶	衬胶厚度 4.5mm（共两层）
4	中间（除盐、自用）水泵和化学废水泵	不锈钢	根据介质性质选择相应材质
5	除二氧化碳器	衬胶，衬耐蚀玻璃钢	衬胶厚度 3～4.5mm 玻璃钢 4～6 层
6	真空除气器	衬胶	压力 1.07～2.67kPa（即真空度 752～740mmHg），衬胶厚度 3～4.5mm
7	中间水箱	衬胶，衬耐蚀玻璃钢，聚脲	衬胶 3～4.5mm，玻璃钢 4～6 层，聚脲防腐层 0.8～1.2mm
8	除盐水箱，凝结水补水箱	涂漆（漆酚树脂，环氧树脂，氰凝，氯磺化聚乙烯等），玻璃钢，聚脲	涂漆 4～6 度，衬玻璃钢 2～3 层，聚脲防腐层 0.8～1.2mm
9	盐酸贮存槽	钢衬胶	衬胶厚度 4.5mm（共两层）
10	浓硫酸贮存槽及计量箱	钢制	不应使用有机玻璃及塑料附件
11	凝结水精处理用氢氧化钠贮存槽及计量箱	钢衬胶	衬胶厚度 3mm
12	次氯酸钠贮存槽	钢衬胶，FRP/PVC 复合玻璃钢	耐 NaOCl 橡胶衬胶厚度 4.5mm（共两层）
13	食盐湿贮存槽	衬耐酸瓷砖，耐蚀玻璃钢	玻璃钢 2～4 层
14	浓碱液贮存槽及计量箱	钢制（必要时可防腐）	——

序号	项　　目	防腐方法	技术要求
15	盐酸计量箱	钢衬胶，FRP/PVC 复合玻璃钢，耐蚀玻璃钢	衬胶厚度 3～4.5mm
16	稀硫酸箱、计量箱	钢衬胶	衬胶厚度 3～4.5mm
17	食盐溶液箱、计量箱	涂耐蚀漆、FRP/PVC 复合玻璃钢	涂漆 4～6 度
18	加混凝剂的钢制澄清器、过滤器，清水箱	涂耐蚀漆	涂漆 4～6 度
19	混凝剂溶液箱，计量箱	钢衬胶，FRP/PVC 复合玻璃钢	衬胶 3～4.5mm
20	氨、联氨溶液箱	钢制（应为无铜件），不锈钢（亚临界参数及以上机组）	
21	酸、碱中和池	衬耐蚀玻璃钢，花岗石	玻璃钢 4～6 层
22	盐酸喷射器	钢衬胶，耐蚀玻璃钢	衬胶厚度 3～4.5mm
23	硫酸喷射器	耐蚀、耐热合金，聚四氟乙烯等	
24	碱液喷射器	钢制（应为无铜件）耐蚀玻璃钢	
25	系统（除盐，软化）主设备出水管	钢衬胶，钢衬塑管，ABS 管	衬胶厚度 3mm
26	浓盐酸溶液管	钢衬胶，钢衬塑管	衬胶厚度 3mm
27	稀盐酸溶液管	钢衬胶，钢衬塑管，ABS 管，FRP/PVC 复合管等	衬胶厚度 3mm
28	浓硫酸管	钢管，不锈钢管	
29	稀硫酸溶液管	钢衬胶，钢衬塑管，ABS 管，FRP/PVC 复合管等	衬胶厚度 3mm
30	凝结水精处理用氢氧化钠碱液管	钢衬胶，钢衬塑管，ABS 管，FRP/PVC 复合管，不锈钢管等	衬胶厚度 3mm
31	碱液管	钢制（必要时可防腐）	
32	混凝剂和助凝剂管	不锈钢管，钢衬塑管，ABS 管	应根据介质性质，选择相应的材质
33	食盐溶液管	钢衬塑管，ABS 管，FRP/PVC 复合管，钢衬胶等	衬胶厚度 3mm

续表

序号	项　目	防腐方法	技术要求
34	氨、联氨溶液管	钢管；不锈钢管（亚临界参数及以上机组）	
35	氯气管	紫铜	
36	液氯管	钢管	
37	氯水及次氯酸钠溶液管	钢衬塑管，FRP/PVC 复合管，ABS 管等	
38	水质稳定剂药液管	钢衬塑管，ABS 管，不锈钢管，FRP/PVC 复合管	
39	氢气管	不锈钢管，钢管	
40	气动阀门用压缩空气母管	不锈钢管	
41	其他压缩空气管	钢管	
42	盐酸、碱贮存槽和计量箱地面	衬耐蚀玻璃钢，衬耐酸瓷砖或其他耐蚀地坪	玻璃钢 4～6 层
43	硫酸贮存槽和计量箱地面	衬耐酸瓷砖，耐蚀地坪，花岗石	玻璃钢 4～6 层
44	酸、碱性水排水沟	衬耐蚀玻璃钢，花岗石	玻璃钢 4～6 层
45	酸、碱性水排水沟盖板	水泥盖板衬耐蚀玻璃钢，铸铁盖板、FRP 格栅	
46	受腐蚀环境影响的钢平台、扶梯及栏杆、设备和管道外表面（包括直埋钢管）等	涂刷耐酸（碱）涂料，如环氧沥青漆、氯磺化聚乙烯等	除锈干净，涂料按规定施工并不少于两度，色漆按工艺要求
47	氧气管（10MPa 及以上）	紫铜、铜合金	
48	氧气管（10MPa 以下）	不锈钢	
注 1：当使用和运输的环境温度低于 0℃时，衬胶应选用半硬橡胶 注 2：ABS 管材不能使用再生塑料			

附录 D
（规范性附录）
机组启动阶段水汽控制标准

D.1 蒸汽质量

锅炉启动后，并汽或汽轮机冲转前的蒸汽质量，可按表 D.1 控制，并在机组并网后 8h 内应达到表 E.1 的标准值。

表 D.1 汽轮机冲转前的蒸汽质量

炉型	锅炉过热蒸汽压力/MPa	氢电导率（25℃）/（μS/cm）	二氧化硅	铁	铜	钠
			μg/kg			
汽包炉	3.8~5.8	≤3.00	≤80	—	—	≤50
	>5.8	≤1.00	≤60	≤50	≤15	≤20
直流炉	—	≤0.50	≤30	≤50	≤15	≤20

D.2 给水质量

锅炉启动时，给水质量应符合表 D.2 的规定，在热启动时 2h 内、冷启动时 8h 内应达到表 E.2 的标准值。直流炉热态冲洗合格后，启动分离器水中铁和二氧化硅含量均应小于 100μg/L。

表 D.2 锅炉启动时给水质量

炉型	锅炉过热蒸汽压力/MPa	硬度/（μmol/L）	氢电导率（25℃）/（μS/cm）	铁	二氧化硅
				μg/L	
汽包炉	3.8~5.8	≤10.0	—	≤150	—
	5.9~12.6	≤5.0	—	≤100	—
	>12.6	≤5.0	≤1.00	≤75	≤80
直流炉	—	≈0	≤0.50	≤50	≤30

D.3 凝结水质量

机组启动时，无凝结水精处理装置的机组，凝结水应排放至满足表 D.2 给水水质标准方可回收。有凝结水处理装置的机组，凝结水的回收质量应符合表 D.3 的规定，处理后的水质应满足给水要求。

表 D.3　机组启动时，凝结水回收标准

凝结水处理形式	外观	硬度/($\mu mol/L$)	钠/($\mu g/L$)	铁/($\mu g/L$)	二氧化硅/($\mu g/L$)	铜/($\mu g/L$)
过滤	无色透明	≤5.0	≤30	≤500	≤80	≤30
精除盐	无色透明	≤5.0	≤80	≤1000	≤200	≤30
过滤 + 精除盐	无色透明	≤5.0	≤80	≤1000	≤200	≤30

D.4　疏水

机组启动时，应监督疏水质量。疏水回收至除氧器时，应确保给水质量符合表 D.2 要求；有凝结水处理装置的机组，疏水铁含量不大于 $1000\mu g/L$ 时，可回收至凝汽器。

附录 E
（规范性附录）
机组正常运行时水汽质量控制标准

E.1 蒸汽质量标准

表 E.1 机组正常运行时蒸汽质量标准

过热蒸汽压力/MPa	钠/(μg/kg)		氢电导率(25℃)/(μS/cm)		二氧化硅/(μg/kg)		铁/(μg/kg)		铜/(μg/kg)	
	标准值	期望值	标准值	期望值	标准值	期望值	标准值	期望值	标准值	期望值
3.8~5.8	≤15	—	≤0.30	—	≤20	—	≤20	—	≤5	—
5.9~15.6	≤5	≤2	≤0.15ᵃ	—	≤15	≤10	≤15	≤10	≤3	≤2
15.7~18.3	≤3	≤2	≤0.15ᵃ	≤0.10ᵃ	≤15	≤10	≤10	≤5	≤3	≤2
>18.3	≤2	≤1	≤0.10	≤0.08	≤10	≤5	≤5	≤3	≤2	≤1

> a　表面式凝汽器、没有凝结水精除盐装置的机组，蒸汽的脱气氢电导率标准值不大于 0.15μS/cm，期望值不大于 0.10μS/cm；没有凝结水精除盐装置的直接空冷机组，氢电导率标准值不大于 0.3μS/cm，期望值不大于 0.15μS/cm

E.2 锅炉给水质量标准

E.2.1 给水质量应符合表 E.2 的规定。
E.2.2 当给水采用全挥发处理时，给水的调节指标应符合表 E.3 的规定。
E.2.3 当采用加氧处理处理时，给水的调节指标应符合表 E.4 的规定。

表 E.2 锅炉给水质量标准

控制项目		标准值和期望值	过热蒸汽压力/MPa					
			汽包炉				直流炉	
			3.8~5.8	5.9~12.6	12.7~15.6	>15.6	5.9~18.3	>18.3
氢电导率(25℃)/(μS/cm)		标准值	—	≤0.30	≤0.30	≤0.15ᵃ	≤0.15	≤0.10
		期望值	—	—	—	≤0.10	≤0.10	≤0.08
硬度/(μmol/L)		标准值	≤2.0	—	—	—	—	—
溶解氧ᵇ/(μg/L)	AVT（R）	标准值	≤15	≤7	≤7	≤7	≤7	≤7
	AVT（O）	标准值	≤15	≤10	≤10	≤10	≤10	≤10

控制项目	标准值和期望值	过热蒸汽压力/MPa					
		汽包炉				直流炉	
		3.8~5.8	5.9~12.6	12.7~15.6	>15.6	5.9~18.3	>18.3
铁/(μg/L)	标准值	≤50	≤30	≤20	≤15	≤10	≤5
	期望值	—	—	—	≤10	≤5	≤3
铜/(μg/L)	标准值	≤10	≤5	≤5	≤3	≤3	≤2
	期望值	—	—	—	≤2	≤2	≤1
钠/(μg/L)	标准值	—	—	—	—	≤3	≤2
	期望值	—	—	—	—	≤2	≤1
二氧化硅/(μg/L)	标准值	应保证蒸汽二氧化硅符合表 E.1 的规定			≤20	≤15	≤10
	期望值				≤10	≤10	≤5
氯离子/(μg/L)	标准值	—	—	—	≤2	≤1	≤1
TOCi/(μg/L)	标准值	—	≤500	≤500	≤200	≤200	≤200

a 没有凝结水精处理除盐装置的机组，给水氢电导率应不大于 0.30μS/cm

b 加氧处理溶解氧指标按表 E.4 控制

液态排渣炉和原设计为燃油的锅炉，其给水的硬度和铁、铜的含量，应符合比其压力高一级锅炉的规定。

表 E.3 全挥发处理给水的调节指标

炉型	锅炉过热蒸汽压力/MPa	pH 值（25℃）	联氨/(μg/L)	
			AVT（R）	AVT（O）
汽包炉	3.8~5.8	8.8~9.3	—	
	5.9~15.6	8.8~9.3（有铜给水系统）或 9.2~9.6a（无铜给水系统）	≤30	—
	>15.6			
直流炉	>5.9			

a 凝汽器管为铜管和其他换热器管为钢管的机组，给水 pH 值宜为 9.1~9.4，并控制凝结水铜含量小于 2μg/L。无凝结水精除盐装置、无铜给水系统的直接空冷机组，给水 pH 值应大于 9.4

表 E.4 加氧处理给水 pH 值、氢电导率和溶解氧的含量

pH 值（25℃）	氢电导率（25℃）/(μS/cm)		溶解氧/(μg/L)
	标准值	期望值	标准值
8.5~9.3	≤0.15	≤0.10	10~150a

注：采用中性加氧处理的机组，给水的 pH 值宜为 7.0~8.0（无铜给水系统），溶解氧宜为 50~250μg/L

a 氧含量接近下限值时，pH 值应大于 9.0

E.3 凝结水质量标准

E.3.1 凝结水的硬度、钠、溶解氧的含量和氢电导率应符合表 E.5 的规定。

E.3.2 经精除盐装置后的凝结水质量应符合表 E.6 的规定。

表 E.5 凝结水泵出口水质标准

锅炉过热蒸汽压力/MPa	硬度/（μmol/L）	钠/（μg/L）	溶解氧[a]/（μg/L）	氢电导率（25℃）/（μS/cm）	
				标准值	期望值
3.8～5.8	≤2.0	—	≤50	—	
5.9～12.6	≈0	—	≤50	≤0.30	—
12.7～15.6	≈0	—	≤40	≤0.30	≤0.20
15.7～18.3	≈0	≤5[b]	≤30	≤0.30	≤0.15
>18.3	≈0	≤5	≤20	≤0.20	≤0.15

[a] 直接空冷机组凝结水溶解氧浓度标准值应小于100μg/L，期望值小于30μg/L。配有混合式凝汽器的间接空冷机组凝结水溶解氧浓度宜小于200μg/L

[b] 凝结水有精处理除盐装置时，凝结水泵出口的钠浓度可放宽至10μg/L

表 E.6 凝结水除盐后的水质

锅炉过热蒸汽压力/MPa	氢电导率（25℃）/（μS/cm）		钠		氯离子		铁		二氧化硅	
			（μg/L）							
	标准值	期望值	标准值	期望值	标准值	期望值	标准值	期望值	标准值	期望值
≤18.3	≤0.15	≤0.10	≤3	≤2	≤2	≤1	≤5	≤3	≤15	≤10
>18.3	≤0.10	≤0.08	≤2	≤1	≤1	—	≤5	≤3	≤10	≤5

E.4 锅炉炉水质量标准

汽包炉炉水的电导率、氢电导率、二氧化硅和氯离子含量，根据水汽品质专门试验确定，也可按表 E.7 控制，炉水磷酸根含量与 pH 值指标可按表 E.8 控制。

表 E.7 汽包炉炉水电导率、氢电导率、氯离子和二氧化硅含量标准

锅炉汽包压力/MPa	处理方式	二氧化硅	氯离子	电导率（25℃）/（μS/cm）	氢电导率（25℃）/（μS/cm）
		（mg/L）			
3.8～5.8	炉水固体碱化剂处理	—	—	—	—
5.9～10.0		≤2.0[a]	—	<50	—
10.1～12.6		≤2.0[a]	—	<30	—
12.7～15.6		≤0.45[a]	≤1.5	<20	—
>15.6	炉水固体碱化剂处理	≤0.10	≤0.4	<15	<5[b]
	炉水全挥发处理	≤0.08	≤0.03	—	<1.0

a 汽包内有清洗装置时，其控制指标可适当放宽。炉水二氧化硅浓度指标应保证蒸汽二氧化硅浓度符合标准
b 仅适用于炉水氢氧化钠处理

表 E.8　汽包炉炉水磷酸根含量和 pH 值标准

锅炉汽包压力/MPa	处理方式	磷酸根/（mg/L）	pH 值（25℃）	
		标准值	标准值	期望值
3.8~5.8	炉水固体碱化剂处理	5~15	9.0~11.0	—
5.9~10.0		2~10	9.0~10.5	9.5~10.0
10.1~12.6		2~6	9.0~10.0	9.5~9.7
12.7~15.6		≤3ª	9.0~9.7	9.3~9.7
>15.6	炉水固体碱化剂处理	≤1ª	9.0~9.7	9.3~9.6
	炉水全挥发处理	—	9.0~9.7	—
a 控制炉水无硬度				

E.5　锅炉补给水质量标准

锅炉补给水的质量，以不影响给水质量为标准，可按表 E.9 的规定控制。

表 E.9　锅炉补给水质量标准

锅炉过热蒸汽压力/MPa	二氧化硅/（μg/L）	除盐水箱进水电导率（25℃）/（μS/cm）		除盐水箱出口电导率（25℃）/（μS/cm）	TOCiª/（μg/L）
		标准值	期望值		
5.9~12.6	—	≤0.20	—	≤0.40	—
12.7~18.3	≤20	≤0.20	≤0.10		≤400
>18.3	≤10	≤0.15	≤0.10		≤200
a 必要时监测。对于供热机组，补给水 TOCi 含量应满足给水 TOCi 含量合格					

E.6　水处理系统进、出水质量标准

E.6.1　澄清器出水质量标准。

澄清器（池）出水水质应满足下一级处理对水质的要求；澄清器（池）出水浊度正常情况下小于 5FTU，短时间小于 10FTU。

E.6.2　水处理设备进水水质标准应符合表 E.10 规定。

表 E.10 水处理设备进水水质标准

项目	固定床离子交换器		卷式反渗透装置	
	顺流再生	对流再生	醋酸纤维膜	芳香聚酰胺复合膜
水温/℃	—	—	5 ~ 30	4 ~ 35
pH 值	—	—	4 ~ 6	2 ~ 11
浊度/FTU	5	2	<0.2	<0.2
淤泥密度指数 SDI	—	—	<4	<4
残余氯/(mg/L)	<0.1	<1	<0.1	
化学耗氧量/(mg/L)	<2	<1.5	<1.5	
注1：淤泥密度指数 SDI 与污染指数 FI 意义等同 注2：化学耗氧量：KMnO₄ 30min 水浴煮沸法				

E.6.3 EDI 装置进水水质标准应符合表 E.11 规定。

表 E.11 EDI 装置进水水质标准

项目	指标
电导率	<40μS/cm，25℃
二氧化硅	<1mg/L
铁、锰、亚硫酸盐	<0.01mg/L
残余氯	<0.01mg/L
硬度	<1mg/L（以 $CaCO_3$ 计）
溶解性有机物	<0.5mg/L TOC（以 C 计）
pH 值	4 ~ 11

E.7 减温水质量标准

锅炉蒸汽采用混合减温时，其减温水质量，应保证减温后蒸汽中的钠、二氧化硅和金属氧化物的含量符合蒸汽质量标准表 E.1 的规定。

E.8 疏水和生产回水质量标准

a）疏水和生产回水的回收，应保证给水质量符合表 E.2 的规定；

b）有凝结水精除盐装置的机组，回收到凝汽器的疏水和生产回水质量，可按表 E.12 控制；

c）回收至除氧器的热网疏水质量，可按表 E.13 控制；

d）对生产回水，还应根据回水的性质增加必要的化验项目。

表 E.12　回收到凝汽器的疏水和生产回水质量

名　称	硬度/（μmol/L）		铁/（μg/L）	TOCi/（μg/L）
	标准值	期望值		
疏水	≤2.5	≈0	≤100	—
生产回水	≤5.0	≤2.5	≤100	≤400

表 E.13　回收至除氧器的热网疏水质量

炉　型	锅炉过热蒸汽压力/MPa	氢电导率（25℃）/（μS/cm）	钠离子/（μg/L）	二氧化硅/（μg/L）	全铁/（μg/L）
汽包锅炉	12.7～15.6	≤0.30	—	—	≤20
	>15.6	≤0.30	—	≤20	
直流炉	5.9～18.3	≤0.20	≤5	≤15	
	超临界压力	≤0.20	≤2	≤10	

E.9　热网补充水质量标准

热网补充水质量一般按表 E.14 规定控制。

表 E.14　热网补充水质量标准

总硬度/（μmol/L）	悬浮物/（mg/L）
<600	<5

E.10　闭式循环冷却水质量标准

闭式循环冷却水的质量可参照表 E.15 控制。

表 E.15　闭式循环冷却水质量标准

材质	电导率（25℃）/（μS/cm）	pH 值（25℃）
全铁系统	≤30	≥9.5
含铜系统	≤20	8.0～9.2

E.11　水内冷发电机的冷却水质量标准

E.11.1　空心铜导线的水内冷发电机的冷却水质量可按表 E.16 和表 E.17 控制。

E.11.2　空心不锈钢导线的水内冷发电机的冷却水，应控制电导率小于 1.5μS/cm。

表 E.16　发电机定子空心铜导线冷却水水质控制标准

溶氧量/(μg/L)	pH 值（25℃）		电导率（25℃）/(μS/cm)	含铜量/(μg/L)	
	标准值	期望值		标准值	期望值
—	8.0~8.9	8.3~8.7	≤2.0	≤20	≤10
≤30	7.0~8.9	—			

表 E.17　双水内冷发电机内冷却水水质控制标准

pH 值（25℃）		电导率（25℃）/(μS/cm)	含铜量/(μg/L)	
标准值	期望值		标准值	期望值
7.0~9.0	8.3~8.7	< 5.0	≤40	≤20

E.12　应加强循环水处理系统与药剂的监督管理

根据凝汽器管材、水源水质和环保要求，通过科学试验选择兼顾防腐、防垢的缓蚀阻垢剂和循环水处理运行工况，提高循环水的浓缩倍率，达到节水目的；严格控制循环水的各项监控指标（包括浓缩倍率）。

附录 F

（规范性附录）

机组检修化学检查报告的基本内容

F.1 报告的基本内容

报告名称、化学检查起止日期、报告编写人、审阅人、批准人以及报告编写日期；检查记录表和典型照片作为检查报告的附件。

F.2 两次检修期间运行情况

表 F.1 机组运行情况

本次检修起始日期			
本次检修结束日期			
上次检修结束日期			
运行小时数	上次检修以来		
	自机组投运以来		
	上次大修以来		
自上次检修以来	锅炉蒸发量/(t/h)	最大	
		平均	
	机组负荷/MW	最大	
		平均	
	锅炉补水率/%	最大	
		平均	
	锅炉排污率/%	最大	
		平均	
	停运次数		
	停备小时数		
	停用保护措施		
	停用保护合格率		
	上次检修以来其他检修情况		
	与化学监督有关的异常或障碍		

F.3 上次检修以来的水汽质量情况

表 F.2 机组上次检修以来的水汽质量统计

项 目		单位	最大值	最小值	合格率
补给水	SiO_2	μg/L			
	电导率	μS/cm			
凝结水	溶氧	μg/L			
	CC	μS/cm			
	钠	μg/L			
	硬度	μmol/L			
给水	处理方式				
	溶氧	μg/L			
	pH 值				
	联氨	μg/L			
	铜	μg/L			
	铁	μg/L			
炉水	处理方式				
	pH 值				
	SC 或 CC	μS/cm			
主蒸汽	SiO_2	μg/kg			
	钠	μg/kg			
	CC	μS/cm			
发电机冷却水	SC	μS/cm			
	铜	μg/L			
	pH 值				

F.4 设备化学检查及验收

F.4.1 锅炉

F.4.1.1 汽包。

F.4.1.2 水冷壁。

F.4.1.3　省煤器。

F.4.1.4　过热器。

F.4.1.5　再热器。

F.4.2　汽轮机

F.4.2.1　高压缸。

F.4.2.2　中压缸。

F.4.2.3　低压缸。

F.4.2.4　凝汽器。

F.4.3　其他设备

F.4.3.1　除氧器。

F.4.3.2　高、低压加热器。

F.4.3.3　油系统。

F.4.3.4　发电机冷却水系统。

F.4.3.5　循环水冷却系统。

F.4.3.6　凝结水精处理系统。

F.4.3.7　炉内加药、取样系统。

F.4.3.8　水箱。

F.5　热力设备腐蚀、结垢、积盐评价

F.6　存在的问题及解决方案

附录 G

（资料性附录）

化学技术监督记录和台账格式

G.1 实验室、在线化学仪器仪表清单和设备台账

G.1.1 水、煤和油分析检测仪器仪表清单

化学实验室应分别建立水、汽、煤和油质分析仪器仪表清单，清单表格型式见表 G.1，清单表格型式见表 G.1，并动态管理；在线化学仪表维护、检验班组应建立全厂在线化学仪器仪表清单（按系统），清单表格型式见表 G.2，并动态管理。

表 G.1 发电厂化学实验室分析仪器仪表清单

序号	名称	型号	测量范围	允许误差	检出限	精度等级	出厂编号	生产厂家	出厂时间	使用时间	使用地点	校验周期	校验日期	校验/维护人	备注

表 G.2 发电厂在线化学仪表清单

序号	设备编号	系统名称	仪表名称	型号	测量量程	生产厂家	备注

G.1.2 化学实验室仪器仪表和在线化学仪表维护台账

建立每台仪表的维护台账，表格形式见表 G.3。

表 G.3 发电厂化学实验室仪器仪表和在线化学仪表维护台账

仪表名称		型号		检出限		检验、检定	
制造厂家		测量范围		电极型号		校准、检定	
出厂编号		允许误差		电极参数		检验	
电极编号		精度等级		电极使用时间		规定水样	
使用地点							

主要附属设备技术参数							
序号	设备名称	编号	型号	主要规范	制造厂	制造日期	出厂编号

校准、检定和检修、维护以及零部件更换记录				
时间	检验、检定、检修、维护内容	检验、检定、检修、维护内容	责任人	验收人

G.2 主要辅机用油台账

表 G.4 机组辅机用油技术台账

序号	设备名称	使用部位、油品名称	设计牌号、生产厂商/实际牌号、生产厂商	单台设备油量	规定换油周期	技术监督要求	油质监督异常处理情况（处理、补油、换油等）

说明：

G.3 化学运行系统主要设备清单和设备（检修）台账

G.3.1 化学运行管理系统主要设备清单

应建立化学运行管理的每个系统的主要设备清单，表格形式参见表 G.5。化学运行系统包括：预处理、除盐、凝结水精处理、机组加药、杀菌剂制取设备、制氢和储氢设备、集中取样、循环水处理、定子冷却水处理等系统。

表 G.5　系统主要设备清单

系统名称＿＿＿＿＿＿＿＿＿＿

序　　号	设备名称	备　　注

G.3.2　化学运行系统设备（检修）台账

应按照表 G.6 规定格式建立化学运行主要设备台账，并动态管理。

表 G.6　系统设备台账

系统名称		供货厂商		设备编号	
设备名称		型号		生产厂家/出厂时间	
数量		安装时间		投用时间	
使用地点		设备状态		设备责任人	
检修责任人					
技术性能描述					

设备技术参数	编号	技术参数名称		技术参数	

主要零部件	序号	部件名称	数量	型号及规范	备注说明

专用工具					
随机资料					

检修情况记录			
时间	内容（检修项目、原因）		检修验收、效果评价/责任人

G.4 化学实验室水汽品质查定记录和台账

表 G.7 机组水汽品质实验室查定记录、台账

水样名称	主蒸汽								炉水								给水					除氧器出口		凝结水			
测试项目	CC	Fe	Cu	Na	SiO_2	Cl	SC	CC	pH值	PO_4^{3-}	SiO_2	Fe	Cl	SC	CC	pH值	Fe	Cu	TOC	Cl	O_2	CC	Fe	O_2	Na	Fe	Cu
单位	μS/cm	μg/kg	μg/kg	μg/kg	μg/kg	μg/kg	μS/cm	μS/cm		mg/L	μg/L	μg/L	μg/L	μS/cm	μS/cm		μg/L	μg/L	μg/L	μg/L	μg/L	μS/cm	μg/L	μg/L	μg/L	μg/L	μg/L
标准值																											
期望值																											
分析项目 分析时间																											

水样名称	除盐设备出口		除盐水箱出口				前置过滤器出水		高速混床出水（A/B/C）					高加疏水	热网加热器疏水			发电机内冷水		
							A	B												
测试项目	SC	SiO₂	SC	SiO₂	Fe	TOC	Fe	Fe	Fe	SiO₂	SC	Na	Cl	Fe	CC	硬度	Fe	SC	pH值	Cu
单位	μS/cm	μg/L	μS/cm	μg/L	μg/L	μg/L	μg/L	μg/L	μg/L	μg/L	μS/cm	μg/L	μg/L	μg/L	μS/cm	μmol/L	μg/L	μS/cm		μg/L
标准值																				
期望值																				
分析项目																				
分析时间																				

注1：查定项目数据包括发电厂化学实验室和外委分析检测结果

注2：CC、SC、pH值、Na、O₂ 为在线表的测量数据。其中 Na 也可采用离子色谱或等离子发射光谱仪测量

注3：氯离子每季度检测一次或必要时检测，TOC 必要时进行分析检测，必要时是指：
（1）氢电导率指标出现不明原因超标；（2）机组检修炉管和汽轮机叶片积盐元素分析氯离子含量超过 1%；（3）低压缸通流部件出现腐蚀现象

表 G.8 机组循环水实验室查定记录、台账

项目 分析 时间	外观	pH值	电导率 μS/cm	全碱度 mmol/L	硬度 mmol/L	钙硬 mmol/L	氯根 mg/L	硫酸根 mg/L	正磷 mg/L	总磷 mg/L	浓缩倍率

G.5 汽轮机油、抗燃油和电气设备用油、气质量实验室分析记录、合账

G.5.1 汽轮机油和密封油质量化验记录、合账

表 G.9 机组汽轮机、密封油质量分析化验记录、合账

工作地点 分析项目 检测时间	贮油容量					油品种类					油品牌号			备注
	外观	运动粘度(40℃)/(mm²/s)	开口闪点/℃	机械杂质	洁净度 NAS/级	酸值/(mgKOH/g)	水分/(mg/L)	破乳化度/min	空气释放值(50℃)/min	液相锈蚀(蒸馏水)	泡沫特性/(mL/mL)			
											24℃	93.5℃	后 24℃	
标准值														
														定期试验
														启机前
														异常值
														跟踪检测

注1：备注中说明以下检测情况：（1）定期试验；（2）新建/大修机组机组启动前；（3）异常值；（4）异常处理跟踪检测等

注2：此表格填写单台机组（汽轮机、燃气轮机、给水泵、发电机密封）油历次分析化验结果时，油历次分析化验结果，则称为合账；填报某次分析化验结果时，称为记录

注3：合账记录应外委分析结果

G.5.2 抗燃油质量化验记录、台账

表 G.10 机组抗燃油质量分析化验记录、台账

分析项目 检测时间	外观	密度 (20℃)/ (g/cm³)	运动黏度 (40℃)/ (mm²/s)	倾点/ ℃	开口闪点/(℃)	自燃点/ ℃	洁净度 NAS/级	水分/ (mg/L)	酸值/ (mgKOH/g)	电阻率 (20℃)/ (Ω·cm)	空气释放值(50℃)/ min	氯含量/ (mg/kg)	矿物油含量%	泡沫特性/(mL/mL) 24℃	93.5℃	后 24℃	备注
控制指标 标准值																	
																	定期试验
																	启机前
																	异常值
																	跟踪检测

注1：备注中说明以下检测情况：(1) 定期试验；(2) 新建/大修机组启动前；(3) 异常值；(4) 异常处理跟踪检测等
注2：此表格填写单台机组（主机、旁路）抗燃油历次分析化验结果，则称为台账；填报某次分析化验结果时，称为记录
注3：台账应记录外委分析结果

200

G.5.3 绝缘油分析化验记录、台账

表 G.11 绝缘油质量分析化验记录、台账

电压等级

分析项目 检测时间	外状	水溶性酸（pH值）	酸值/（mgKOH/g）	闭口闪点/℃	水分/（mg/L）	界面张力(25℃)/（mN/m）	介质损耗因数(90℃)	击穿电压/kV	体积电阻率(90℃)/（Ω·cm）	油中含气量/%	油泥与沉淀物/%	析气性	带电倾向	腐蚀性硫	油中洁净度	备注
标准值																
																耐压试验后
																定期试验
																异常值跟踪检测

（容量 贮油容量 油品种类 油品牌号）

注1：备注中说明以下检测情况：（1）定期试验；（2）耐压试验后；（3）异常值；（4）异常处理跟踪检测等

注2：此表格填写单台设备历次化验检测数据时，则称为台账；填报某次分析化验结果时，称为记录

注3：台账应记录外委分析结果

G.5.4 绝缘油特征气体色谱分析记录、台账

表 G.12 绝缘油特征气体色谱分析记录、台账

设备参数	电压/容量			牌号			油量			备 注
试验项目	H_2	CO	CO_2	CH_4	C_2H_4	C_2H_6	C_2H_2	总烃	水分	
单位	μL/L	μL/L	μL/L	μL/L	μL/L	μL/L	μL/L	μL/L	mg/L	
注意值										
										投运前
										投运后
										定期试验
										耐压试验后
										检修后
										异常值
										跟踪检测

注1：备注中说明以下检测情况：(1) 到厂后，投运前后，定期试验；(2) 耐压试验后；(3) 异常值；(4) 异常处理跟踪检测；(5) 检修后；(6) 出现的注意值的原因分析结果

注2：此表格填写单台设备历次化验检测数据时，则称为台账；填报某次分析化验结果时，称为记录

注3：台账应记录外委分析结果

G.5.5 六氟化硫质量监督检测记录、台账

表 G.13 机组六氟化硫质量监督检测记录、台账

检测项目 / 检测时间	泄漏量（年泄漏量）	CF₄	空气（N₂＋O₂）	湿度（H₂O）（20℃）	酸度（以HF计）	密度（20℃，101325Pa）	纯度（SF₆）	毒性	矿物油	可水解氟化物（以HF计）	设备运行状态
控制指标 单位	‰	（质量分数）%	（质量分数）%	μg/g	μg/g	g/L	（质量分数）%	生物试验	μg/g	μg/g	
标准值											

注1：六氟化硫设备交接时，大修后：（1）度（露点温度℃）要求：箱体和开关应≤－40；电缆箱等其余部位≤－35；（2）相关杂质组分（CO₂、CO、HF、SO₂、SF₄、SOF₂、SO₂F₂）：有条件时报告（记录原始值）

注2：运行六氟化硫设备：（1）度（露点温度℃）要求：箱体和开关应≤－35；电缆箱等其余部位≤－30；（2）相关杂质组分（CO₂、CO、HF、SO₂、SF₄、SOF₂、SO₂F₂）：必要时报告（建议有条件1次/年）

注3：SF₆在充入设备24h后，才能进行试验

注4：此表格填写单台设备历次化验检测数据时，则称为台账；填报某次分析化验结果时，则称为记录

注5：台账应记录外委分析结果

G.6 机组启动水冲洗和水汽监督记录

表 G.14 机组启动水冲洗和水汽监督记录

启动机组容量和参数										
机组停机原因					停机、启动时间					

第一阶段 机组热力系统冲洗

水冲洗阶段 / 化验时间	凝结水 CC/(μS/cm)	硬度/(μmol/L)	Na/(μg/L)	Fe/(μg/L)	SiO₂/(μg/L)	除氧器出水 CC/(μS/cm)	pH值	Fe/(μg/L)	SiO₂/(μg/L)	给水 CC/(μS/cm)	pH值	硬度/(μmol/L)	Fe/(μg/L)	Cu/(μg/L)	炉水/启动分离器 SC/(μS/cm)	pH值	Fe/(μg/L)	SiO₂/(μg/L)	备注
冷态水冲洗																			
热态水冲洗																			

第二阶段 机组启动汽水品质监督

启动机组阶段 / 化验时间	凝结水 CC/(μS/cm)	硬度/(μmol/L)	Na/(μg/L)	Fe/(μg/L)	SiO₂/(μg/L)	给水 CC/(μS/cm)	pH值	Na/(μg/L)	Fe/(μg/L)	炉水/启动分离器 SC/(μS/cm)	SiO₂/(μg/L)	Fe/(μg/L)	过热蒸汽 CC/(μS/cm)	SiO₂/(μg/kg)	Na/(μg/kg)	Fe/(μg/kg)	Cu/(μg/kg)
点火																	
冲转																	
并网																	
并网 4h																	
并网 8h																	

注:(1)报表应说明机组启动过程汽水指标不能达到规定要求的原因;(2)水质异常的主要问题及采取的措施;(3)其他情况说明;(4)应填写每个阶段的每次化验数据;(5)无铜给水系统只检测发电机内冷水铜含量

G.7 热力设备结垢、积盐和腐蚀检查台账

表 G.15 机组检修热力设备结垢、积盐和腐蚀化学检查台账

锅炉型号				汽轮机型号				
机组投运时间								
二次检查时间间隔								
历年锅炉化学清洗时间								
检修检查检测时间								
样品名称	位置		取样部位	检测结果	取样部位	检测结果	取样部位	检测结果
水冷壁	向火侧	结垢量/(g/m^2)						
		结垢速率/$[g/(m^2 \cdot a)]$						
		腐蚀深度/mm						
	背火侧	结垢量/(g/m^2)						
		结垢速率/$[g/(m^2 \cdot a)]$						
		腐蚀深度/mm						
	结垢评级							
	腐蚀评级							
	向火侧	结垢量/(g/m^2)						
		结垢速率/$[g/(m^2 \cdot a)]$						
		腐蚀深度/mm						
	背火侧	结垢量/(g/m^2)						
		结垢速率/$[g/(m^2 \cdot a)]$						
		腐蚀深度/mm						
	结垢评级							
	腐蚀评级							
	向火侧	结垢量/(g/m^2)						
		结垢速率/$[g/(m^2 \cdot a)]$						
		腐蚀深度/mm						
	背火侧	结垢量/(g/m^2)						
		结垢速率/$[g/(m^2 \cdot a)]$						
		腐蚀深度/mm						
	结垢评级							
	腐蚀评级							

续表

		水冷壁结垢评级				
		水冷壁腐蚀评级				
省煤器	入口管	结垢量/（g/m²）				
		结垢速率/［g/（m²·a）］				
		腐蚀深度/mm				
		结垢评级				
		腐蚀评级				
	出口管	结垢量/（g/m²）				
		结垢速率/［g/（m²·a）］				
		腐蚀深度/mm				
		结垢评级				
		腐蚀评级				
		省煤器结垢评级				
		省煤器腐蚀评级				
汽轮机	高压缸	沉积量/（mg/cm²）				
		沉积速率/［g/（cm²·a）］				
		腐蚀深度/mm				
		沉积评级				
		腐蚀评级				
	中压缸	沉积量/（mg/cm²）				
		沉积速率/［g/（cm²·a）］				
		腐蚀深度/mm				
		沉积评级				
		腐蚀评级				
	低压缸	沉积量/（mg/cm²）				
		沉积速率/［g/（cm²·a）］				
		腐蚀深度/mm				
		沉积评级				
		腐蚀评级				
		汽轮机沉积评级				
		汽轮机腐蚀评级				

注：锅炉受热面或汽轮机增加时，在表中重复增加

附录 H
（规范性附录）
技术监督信息速报

单位名称				
设备名称		事件发生时间		
事件概况	注：有照片时应附照片说明			
原因分析				
已采取的措施				
监督专责人签字		联系电话 传真		
生产副厂长或 总工程师签字		邮箱		

国家电力投资集团有限公司
STATE POWER INVESTMENT CORPORATION LIMITED

企 业 标 准

火电企业金属和压力容器技术监督实施细则

2017–12–11 发布

2017–12–11 实施

国家电力投资集团有限公司　发布

目　　录

前　言

为了规范国家电力投资集团有限公司（以下简称国家电投集团）火电企业金属和压力容器监督管理，进一步提高设备运行的可靠性，保证火电企业安全、稳定、经济运行，根据国家、电力行业的相关法律、法规、标准、规程、规定和制度，结合火电企业生产的实际情况制定本文件。

本文件由国家电投集团火电部提出、组织起草并归口管理。

本文件主要起草单位（部门）：国家电投集团科学技术研究院有限公司。

本文件主要起草人：刘宝军、宋效琦。

本文件主要审查人：王志平、徐国生、章义发、岳乔、陈以明、华志刚、侯晓亮、王正发、刘宗奎、李晓民、刘江、李继宏、李益民、汤国祥、赵灿、严晓东、王宜华、孙铭楷、李相龙、雷为革。

火电企业金属和压力容器技术监督实施细则

1 范围

本细则规定了国家电投集团火电企业金属和压力容器监督的范围、检验项目、内容及相应的技术要求，以及金属和压力容器监督的日常管理、监督管理的内容、方法和标准。

本细则适用于国家电投集团火电企业开展金属和压力容器监督管理、发电设备的技术监督，以及对相应企业开展金属和压力容器监督管理和考核评价。

生物质发电机组、燃气发电机组的金属和压力容器监督管理可参照本细则执行。

2 规范性引用文件

下列文件对于本文件的应用是必不可少的。凡是注日期的引用文件，仅注日期的版本适用于本文件。凡是不注日期的引用文件，其最新版本（包括所有的修改单）适用于本文件。

GB/T 1591	低合金高强度结构钢
GB/T 5310	高压锅炉用无缝钢管
GB/T 5677	铸钢件射线照相检测
GB/T 5777	无缝钢管超声波探伤检验方法
GB/T 7233.2	铸钢件 超声检测 第 2 部分：高承压铸钢件
GB/T 8732	汽轮机叶片用钢
GB/T 9443	铸钢件渗透检测
GB/T 9444	铸钢件磁粉检测
GB/T 11263	热轧 H 型钢和剖分 T 型钢
GB/T 16507.2	水管锅炉 第 2 部分：材料
GB/T 16507.4	水管锅炉 第 4 部分：受压元件强度计算
GB/T 16507.5	水管锅炉 第 5 部分：制造
GB/T 16507.6	水管锅炉 第 6 部分：检验、试验和验收
GB/T 17394.1	金属材料 里氏硬度试验 第 1 部分：试验方法
GB/T 19624	在用含缺陷压力容器安全评定
GB/T 20410	涡轮机高温螺栓用钢
GB/T 22395	锅炉钢结构设计规范
GB 50049	小型火力发电厂设计规范
GB 50660	大中型火力发电厂设计规范
GB 50764	电厂动力管道设计规范
TSG 08	特种设备使用管理规则

TSG 21	固定式压力容器安全技术监察规程
TSG G0001	锅炉安全技术监察规程
TSG G7001	锅炉监督检验规则
TSG G7002	锅炉定期检验规则
TSG ZF001	安全阀安全技术监察规程
NB/T 47008	承压设备用碳素钢和合金钢锻件
NB/T 47010	承压设备用不锈钢和耐热钢锻件
NB/T 47013	承压设备无损检测（所有部分）
NB/T 47014	承压设备焊接工艺评定
NB/T 47018	承压设备用焊接材料订货技术条件（所有部分）
NB/T 47019	锅炉、热交换器用管材订货技术条件（所有部分）
NB/T 47043	锅炉钢结构制造技术规范
NB/T 47044	电站阀门
DL/T 297	汽轮发电机合金轴瓦超声波检测
DL/T 438	火力发电厂金属技术监督规程
DL/T 439	火力发电厂高温紧固件技术导则
DL/T 440	在役电站锅炉汽包的检验及评定规程
DL/T 441	火力发电厂高温高压蒸汽管道蠕变监督规程
DL/T 473	大直径三通锻件技术条件
DL/T 505	汽轮机主轴焊缝超声波探伤规程
DL/T 515	电站弯管
DL/T 531	电站高温高压截止阀、闸阀技术条件
DL/T 586	电力设备用户监造技术导则
DL/T 612	电力行业锅炉压力容器安全监督规程
DL/T 616	火力发电厂汽水管道与支吊架维修调整导则
DL 647	电站锅炉压力容器检验规程
DL/T 654	火电机组寿命评估技术导则
DL/T 674	火电厂用20号钢珠光体球化评级标准
DL/T 678	电力钢结构焊接通用技术条件
DL/T 694	高温紧固螺栓超声检测技术导则
DL/T 695	电站钢制对焊管件
DL/T 714	汽轮机叶片超声波检验技术导则
DL/T 715	火力发电厂金属材料选用导则
DL/T 717	汽轮发电机组转子中心孔检验技术导则
DL/T 718	火力发电厂三通及弯头超声波检测
DL/T 734	火力发电厂锅炉汽包焊接修复技术导则
DL/T 752	火力发电厂异种钢焊接技术规程
DL/T 753	汽轮机铸钢件补焊技术导则
DL/T 773	火电厂用12Cr1MoV钢球化评级标准

DL/T 785	火力发电厂中温中压管道（件）安全技术导则
DL/T 786	碳钢石墨化检验及评级标准
DL/T 787	火力发电厂用 15CrMo 珠光体球化评级标准
DL/T 819	火力发电厂焊接热处理技术规程
DL/T 820	管道焊接接头超声波检验技术规程
DL/T 821	钢制承压管道对接焊接接头射线检验技术规程
DL/T 850	电站配管
DL/T 855	电力基本建设火电设备维护保管规程
DL/T 868	焊接工艺评定规程
DL/T 869	火力发电厂焊接技术规程
DL/T 874	电力工业锅炉压力容器安全监督管理（检验）工程师资格考核规则
DL/T 884	火电厂金相组织检验与评定技术导则
DL/T 922	火力发电用钢制通用阀门订货、验收导则
DL/T 925	汽轮机叶片涡流检验技术导则
DL/T 930	整锻式汽轮机实心转子体超声波检验技术导则
DL/T 939	火力发电厂锅炉受热面管监督检验技术导则
DL/T 940	火力发电厂蒸汽管道寿命评估技术导则
DL/T 991	电力设备金属光谱分析技术导则
DL/T 999	电站用 2.25Cr–1Mo 钢球化评级标准
DL/T 1105	电站锅炉集箱小口径接管座角焊缝无损检测技术导则（所有部分）
DL/T 1113	火力发电厂管道支吊架验收规程
DL/T 1161	超（超）临界机组金属材料及结构部件检验技术导则
DL/T 1317	火力发电厂焊接接头超声衍射时差检测技术规程
DL/T 1422	18Cr–8Ni 系列奥氏体不锈钢锅炉管显微组织老化评级标准
DL/T 1423	在役发电机护环超声波检测技术导则
DL/T 1603	奥氏体不锈钢锅炉管内壁喷丸层质量检验及验收技术条件
DL/T 5054	火力发电厂汽水管道设计技术规定
DL 5190.2	电力建设施工技术规范　第 2 部分：锅炉机组
DL 5190.3	电力建设施工技术规范　第 3 部分：汽轮发电机组
DL 5190.5	电力建设施工技术规范　第 5 部分：管道及系统
DL/T 5204	火力发电厂油气管道设计规程
DL/T 5210.2	电力建设施工质量验收及评价规程　第 2 部分：锅炉机组
DL/T 5210.3	电力建设施工质量验收及评价规程　第 3 部分：汽轮发电机组
DL/T 5210.5	电力建设施工质量验收及评价规程　第 5 部分：焊接
DL/T 5366	火力发电厂汽水管道应力计算技术规程
JB/T 1265	25～200MW 汽轮机转子体和主轴锻件　技术条件
JB/T 1266	25～200MW 汽轮机轮盘及叶轮锻件　技术条件
JB/T 1267	50～200MW 汽轮发电机转子锻件　技术条件
JB/T 1268	汽轮发电机 Mn18Cr5 系无磁性护环锻件　技术条件

JB/T 5263　电站阀门铸钢件技术条件

JB/T 6439　阀门受压件磁粉探伤检验

JB/T 6902　阀门液体渗透检测

JB/T 7024　300MW 以上汽轮机缸体铸钢件　技术条件

JB/T 7026　50MW 以下汽轮发电机转子锻件　技术条件

JB/T 7027　300MW 以上汽轮机转子锻件　技术条件

JB/T 7030　汽轮发电机 Mn18Cr18N 无磁性护环锻件　技术条件

JB/T 8705　50MW 以下汽轮发电机无中心孔转子锻件　技术条件

JB/T 8706　50~200MW 汽轮发电机无中心孔转子锻件　技术条件

JB/T 8707　300MW 以上汽轮机无中心孔转子锻件　技术条件

JB/T 8708　300~600MW 汽轮发电机无中心孔转子锻件　技术条件

JB/T 9625　锅炉管道附件承压铸钢件　技术条件

JB/T 9626　锅炉锻件技术条件

JB/T 10087　汽轮机承压铸钢件技术条件

JB/T 10326　在役发电机护环超声波检验技术标准

JB/T 11017　1000MW 及以上火电机组发电机转子锻件　技术条件

JB/T 11018　超临界及超超临界机组汽轮机用 Cr10 型不锈钢铸件　技术条件

JB/T 11019　超临界及超超临界机组汽轮机高中压转子锻件　技术条件

JB/T 11020　超临界及超超临界机组汽轮机用超纯净钢低压转子锻件　技术条件

JB/T 11030　汽轮机高低压复合转子锻件　技术条件

ASME SA-182/SA-182M　高温用锻制或轧制合金钢和不锈钢管道法兰、锻制管件、阀门和部件技术条件（Specification for forged or rolled alloy and stainless steel pipe flanges, forged fittings, and valves and parts for high-temperature service）

ASME SA-213/SA-213M　锅炉、过热器和热交换器用无缝铁素体、奥氏体合金钢管技术条件（Specification for seamless ferritic and austenitic alloy-steel boiler, superheater, and heat-exchanger tubes）

ASME SA-335/AS-335M　高温用无缝铁素体合金钢管技术条件（Specification for seamless ferriitic alloy-steel pipe for high-temperature service）

ASME-I　锅炉制造规程（Rules for construction of power boilers）

DIN EN 10216-2　承压无缝钢管技术条件　第 2 部分：高温用碳钢和合金钢管（Seamless steel tubes for pressure purposes - Technical delivery conditions Part 2: Non alloy and alloy steel tubes with specified elevated temperature properties）

DIN EN 10216-5　承压无缝钢管技术条件　第 5 部分：不锈钢管（Seamless steel tubes for pressure purposes - Technical delivery conditions - Part 5: Stainless steel tubes）

BS EN 10246-14　钢管的无损检测　第 14 部分：无缝和焊接（埋弧焊除外）钢管分层缺欠的超声检测［Non-destructive testing of steel tubes - Part 14: Automatic ultrasonic testing of seamless and welded (except submerged arc-welded) steel tubes for the detection of laminar imperfections］

国家电投规章〔2016〕124 号　火电技术监督管理规定

3 定义和术语

下列术语和定义适用于本文件。

3.1

高温集箱 High Temperature Headers
指工作温度高于等于400℃的集箱。

3.2

低温集箱 Low Temperature Headers
指工作温度低于400℃的集箱。

3.3

监督段 Supervision Section of Pipe
蒸汽管道上主要用于金相组织和硬度跟踪检验的区段。

3.4

A 级检修 A Class Maintenance
A 级检修是指对机组进行全面的解体检查和修理，以保持、恢复或提高设备性能。国产机组 A 级检修间隔为 4~6 年，进口机组 A 级检修间隔为 6~8 年。

3.5

B 级检修 B Class Maintenance
B 级检修是指针对机组某些设备存在的问题，对机组部分设备进行解体检查和修理。B 级检修可根据机组设备状态评估结果，有针对性地实施部分 A 级检修项目或定期滚动检修项目。

3.6

四大管道 Four Main Pipeline
主蒸汽管道、再热热段蒸汽管道、再热冷段蒸汽管道、高压旁路管道、低压旁路管道、高压给水管道、给水再循环管道以及高压旁路减温水管道的简称。

3.7

中温中压管道 Medium Temperature and Pressure Pipeline
最高工作温度大于等于 100℃并小于 400℃或最高工作压力大于等于 1.6MPa 并小于 5.9MPa 的管道的总称，不包括低温再热蒸汽管道和最高工作温度大于等于 400℃的导汽管。

3.8

特殊管道　Special Pipeline

发电企业区域内输送生产必需的燃油、EH 油、氢气、氨气等介质的管道的总称。

4　总则

4.1　金属和压力容器监督是保证火电机组安全运行的重要措施，应坚持"安全第一、预防为主"的方针，实行在机组设计、制造、安装（包括工厂化配管）、工程监理、调试、运行、停用、检修、技术改造等全过程的监督。

4.2　金属和压力容器监督的目的：通过对受监部件的检验和诊断，及时了解并掌握设备金属部件的质量状况，防止机组设计、制造、安装中出现的与金属材料相关的问题以及运行中材料老化、性能下降等引起的各类事故，从而减少机组非计划停运次数和时间，提高设备安全运行的可靠性，延长设备的使用寿命。

4.3　各火电企业应按照国家电投规章〔2016〕124 号和《火电技术监督综合管理实施细则》的要求，建立健全生产副总经理或总工程师领导（以下简称"技术监督主管领导"）下的金属和压力容器技术监督小组，成员应包括金属和压力容器监督负责人，金属检测、焊接、锅炉、汽轮机、电气、热工等专业技术人员和物资供应部门的主管人员；金属和压力容器监督负责人应有相关专业知识和工作经验。

4.4　火电企业技术监督主管领导在金属和压力容器监督方面的职责如下：

4.4.1　按照 TSG 08 的要求，取得相应的特种设备安全管理人员资格证书。

4.4.2　领导本厂金属和压力容器监督工作，落实金属和压力容器监督责任制；贯彻上级有关金属和压力容器监督的各项规章制度和要求；审批、颁布本厂金属和压力容器监督实施细则和相关措施。

4.4.3　审批金属和压力容器监督工作规划、计划，月、季、年报表和总结。

4.4.4　组织落实运行、检修、技改、日常管理、定期监测、试验等工作中的金属和压力容器监督要求。

4.4.5　安排召开金属和压力容器监督工作会议；检查、总结、考核本厂金属和压力容器监督工作。

4.4.6　组织分析本厂金属和压力容器监督存在问题，采取措施，提高技术监督工作效果和水平。

4.5　火电企业金属和压力容器监督负责人的职责如下：

4.5.1　认真贯彻执行上级有关金属和压力容器监督的各项规章制度和要求，协助本厂技术监督主管领导做好金属和压力容器监督工作；组织编写本厂的金属和压力容器监督实施细则和相关措施。

4.5.2　组织编写金属和压力容器监督工作规划、计划，月、季、年报表和总结。

4.5.3　参加大修项目的制定会、协调会、总结会、事故分析与缺陷处理等会议。

4.5.4　汇总审核金属和压力容器监督范围内相关专业提出的检修或安装过程中的金属和压力容器监督检测项目，并在检修或安装过程中监督、协调执行。

4.5.5 对于金属和压力容器监督检验过程发现的超标缺陷，提出处理建议，审核处理措施并监督实施。

4.5.6 参加金属和压力容器监督有关的事故调查以及反事故技术措施的制定工作。

4.5.7 参与基建过程中有关金属和压力容器监督工作的全过程管理。

4.5.8 组织建立健全金属和压力容器监督主要设备档案。

4.5.9 定期召开金属和压力容器监督工作会议；分析、总结、汇总本厂金属和压力容器监督工作情况，指导金属和压力容器监督工作。

4.5.10 按要求及时报送各类金属和压力容器监督报表、报告。

4.5.11 分析本厂金属和压力容器监督存在问题，采取措施，提高技术监督工作效果和水平。

4.6 从事金属和压力容器监督的人员，应熟悉和掌握本标准及相关标准和规程中的规定。

5 监督范围、指标和工作内容

5.1 监督范围

5.1.1 工作温度高于等于400℃的高温承压部件（含主蒸汽管道、高温再热蒸汽管道、过热器管、再热器管、集箱和三通），以及与管道、集箱相连的小管。

5.1.2 工作温度高于等于400℃的导汽管、联络管。

5.1.3 工作压力高于等于3.8MPa的锅筒、直流锅炉的汽水分离器及储水罐。

5.1.4 工作压力高于等于5.9MPa的承压汽水管道和部件（含水冷壁管、省煤器管、集箱、减温水管道、疏水管道和主给水管道）。

5.1.5 汽轮机大轴、叶轮、叶片、拉金、轴瓦和发电机大轴、护环、风扇叶。

5.1.6 工作温度高于等于400℃的螺栓。

5.1.7 工作温度高于等于400℃的汽缸、汽室、主汽门、调速汽门、喷嘴、隔板、隔板套和阀壳。

5.1.8 300MW及以上机组带纵焊缝的低温再热蒸汽管道。

5.1.9 锅炉钢结构。

5.1.10 符合TSG 21规定的压力容器及其安全附件。

5.1.11 符合DL/T 785规定的中温中压管道、特殊管道及部件。

5.2 监督指标及合格标准

5.2.1 锅炉压力容器检验率100%。

5.2.2 金属监督检验计划完成率100%。

5.2.3 金属监督部件缺陷消除率100%。

5.2.4 锅炉"四管"更换焊缝检验一次合格率不低于95%。

5.3 金属材料的监督

5.3.1 在火电机组设备招评标过程中，应对部件的选材，特别是超（超）临界机组高温部件的选材进行论证。火电机组设备的选材参照 DL/T 715。

5.3.2 四大管道、锅筒、汽水分离器及储水罐、集箱、汽轮机大轴、叶轮、发电机大轴、护环、大型铸件等重要金属部件订货时，应在订货合同或技术协议中明确相关验收依据标准名称和编号；对相关产品的设计、制造、检验、验收标准规定内容不明确和无相关标准依据时，双方应在订货合同或技术协议中明确相关验收技术条款。

5.3.3 受监范围内金属材料及其部件的质量，应严格按照相应的国内外技术标准和订货技术条件的规定进行检验。火电企业常用金属材料和重要部件的国内外技术标准参见附录 A，火电企业常用金属材料最高使用温度及中外钢号对照表参见附录 B。

5.3.4 电厂备用金属材料或金属部件不是由材料制造商直接提供时，供货单位应提供材料质量证明书原件或者材料质量证明书复印件并加盖供货单位公章和经办人签章。

5.3.5 对进口钢材、钢管和备品、配件等，进口单位应在索赔期内，按合同规定进行质量验收，除应符合相关国家的标准和合同规定的技术条件外，还应有报关单、商检合格证明书。

5.3.6 物资供应部门、各级仓库、车间和工地储存受监范围内的钢材、钢管、焊接材料和备品、配件等，应建立严格的质量验收和领用制度，管理制度中应明确相关的管理工作流程和责任人员。

5.3.7 材料的质量验收。

5.3.7.1 受监的金属材料应符合相关国家标准、国内外行业标准（无国家标准、国内外行业标准，可按企业标准）；进口金属材料，应符合合同规定的相关国家的技术法规、标准。

5.3.7.2 受监的钢材、钢管、备品和配件应按质量证明书进行质量验收。质量证明书中一般应包括材料牌号、炉批号、化学成分、热加工工艺、力学性能及金相（标准或技术条件要求时）、无损探伤、工艺性能试验结果等。数据不全的应进行补检，补检的方法、范围、数量应符合相关标准或订货技术条件。

5.3.7.3 重要的金属部件，如锅筒、汽水分离器及储水罐、集箱、四大管道、导汽管、汽轮机大轴、汽缸、叶轮、叶片、高温螺栓、发电机大轴、护环等，应有部件质量保证书，质量保证书中的技术指标应符合相关标准或订货技术条件。

5.3.7.4 电厂设备更新改造及检修更换材料、备用金属材料的检验按照本标准中相关规定执行，锅炉部件金属材料的复检按照 GB/T 16507.2、TSG G0001 以及订货技术条件执行。

5.3.7.5 受监金属材料的个别技术指标不满足相应标准的规定或对材料质量发生疑问时，应按相关标准扩大抽样检验比例和检验项目。

5.3.7.6 金相照片均应注明分辨率（标尺）。

5.3.7.7 受监金属材料及备品配件的入库质量验收，应按使用规定的要求认真填写《受监金属材料及受监金属备品配件入库验收卡片》（附录 C.1）。合金钢部件入库质量验收应进行 100% 的宏观和光谱检验；P(T,F)91、P(T,F)92、P(T,F)122 系列材料还应进行硬度检查；高温紧固件除进行硬度检查外，每批次还应抽一根进行金相检验，并根据实际情况至少抽查 10% 进行超声波探伤。

5.3.8 凡是受监范围的合金材料及部件，在制造、安装或检修中更换时，应验证其材料牌号，防止错用。安装前应进行光谱检验，确认材料无误，方可使用，并认真填写《受监金属材料及受监金属备品配件领用单》（附录 C.2）。

5.3.9 备用的合金钢管，应 100%进行光谱、硬度检验，特别注意奥氏体耐热钢管的硬度检验。若发现硬度明显高或低，应检查金相组织是否正常，锅炉管和汽水管道材料的金相组织按 GB/T 5310 执行。

5.3.10 受监范围内的钢材、钢管和备品、配件，无论是短期或长期存放，均应挂牌，标明材料牌号、规格，按材料牌号和规格分类存放。

5.3.11 原材料的存放应根据存放地区的气候条件、周围环境和存放时间的长短，采取防止变形、腐蚀和损伤的措施。

5.3.12 材料代用原则按 DL/T 715 中的有关条款执行。其要点如下：

a）选用代用材料时，应选化学成分、设计性能和工艺性能相当或略优者，应保证在使用条件下各项性能指标均不低于设计要求；若代用材料工艺性能不同于设计材料，应经工艺评定验证后方可使用。

b）制造、安装（含工厂化配管）中使用代用材料，应得到设计单位的同意；若涉及现场安装焊接，还需告知使用单位，并由设计单位出具代用通知单。使用单位应予以见证。

c）机组检修中使用代用材料时，应征得金属和压力容器监督负责人的同意，并经主管领导批准。

d）合金材料代用前和组装后，应对代用材料进行光谱复查，确认无误后，方可投入运行。

e）采用代用材料后，应做好记录，同时应修改相应图纸并在图纸上注明。

5.3.13 奥氏体钢部件的运输、储存和使用：

a）奥氏体钢部件在运输、储存过程中，应避免碰撞、擦伤，保护好表面膜。

b）运输过程中，采取措施避免海水或其他腐蚀性介质的腐蚀，避免遭受雨淋。对于沿海及有此类介质环境的发电厂应特别注意，制定切实可行的储存保管措施。

c）奥氏体钢部件的保管要设置专门的存放场地单独存放，严禁与其他钢材混放或接触。奥氏体钢材料存放不允许接触地面，管子端部应全部安装堵头，应严格按照 DL/T 855 的相关规定，做好防锈、防蚀措施。

d）奥氏体钢部件在吊装过程中不允许直接接触钢丝绳；不应有敲击、碰撞、弯曲以免产生应力，导致锈蚀或腐蚀。

e）奥氏体钢部件表面打磨时，应采用不锈钢打磨专用的砂轮片打磨。

f）不允许在奥氏体钢部件上打钢印，如采用记号笔标记，应选用不含氯离子或硫化物成分的记号笔。

g）应定期检查奥氏体钢备品、配件的存放保管情况，对发现的问题应及时整改。

5.4 焊接质量的监督

5.4.1 凡受监范围内的锅炉、汽轮机承压管道和部件的焊接，应由具有相应资质的焊工担任。对有特殊要求的部件焊接，焊工应做焊前模拟性练习，熟悉该部件材料的焊接特性。

5.4.2　凡焊接受监范围内的各种管道和部件，焊接材料的选择、焊接工艺，焊接质量检验方法、范围和数量以及质量验收标准，应按 DL/T 869 和相关技术协议的规定执行，焊后热处理按 DL/T 819 执行。

5.4.3　锅炉产品焊接前，施焊单位应有按 NB/T 47014 或 DL/T 868 的规定进行的、涵盖所承接焊接工程的焊接工艺评定和报告。对不能涵盖的，应按 NB/T 47014 或 DL/T 868 进行焊接工艺评定。

5.4.4　焊接材料（焊条、焊丝、焊剂、钨棒、保护气体、乙炔等）的质量应符合相应的国家标准或行业标准，焊接材料均应有制造厂的质量合格证。承压设备用焊接材料应符合 NB/T 47018。

5.4.5　焊接材料应设专库储存，保证库房内湿度和温度符合要求，并按相关技术要求进行管理。

5.4.6　外委工作中凡属受监范围内的部件和设备的焊接，应遵循如下原则：

　　a）对承包商施工资质、焊接质量保证体系、焊接技术人员、焊工、热处理工的资质及检验人员资质证书原件进行见证审核，并留复印件备查归档。

　　b）承担单位应有按照 NB/T 47014 或 DL/T 868 规定进行的焊接工艺评定，且评定项目能够覆盖承担的焊接工作范围。

　　c）承担单位应具有相应的检验试验能力，或委托有资质的检验单位承担其范围内的检验工作。

　　d）委托单位方应对焊接过程、焊接质量检验和检验报告进行监督检查。

　　e）工程竣工时，承担单位应向委托单位提供完整的技术报告。

5.4.7　受监范围内部件不合格焊缝应按照 DL/T 869 的规定处理，要点如下：

　　a）焊缝外观质量检验不合格时，不允许进行其他项目的检验。

　　b）应查明造成不合格焊缝的原因，对于重大的不合格焊缝事件应进行事故原因分析，同时提出返修措施。返修后还应按原检验方法重新进行检验。

　　c）表露缺陷应采取机械方法消除。

　　d）有超过标准规定、需要补焊消除的缺陷时，可以采取挖补方式返修。但同一位置上的挖补次数不宜超过 3 次，耐热钢不应超过 2 次。

　　e）经评价为焊接热处理温度或时间不够的焊缝，应重新进行热处理；因温度过高导致焊接接头部位材料过热的焊缝，应进行正火热处理，或割掉重新焊接。

　　f）经光谱分析确认不合格的焊缝应割掉重新焊接。

5.4.8　采用代用材料，除执行本标准 5.3.12 外，还应做好材料变更后的用材及焊缝位置的变化记录。

5.5　主蒸汽管道、再热蒸汽管道及导汽管的监督

5.5.1　设计阶段的监督

5.5.1.1　主蒸汽管道、高温再热蒸汽管道的设计必须符合 DL/T 5054 的有关要求。设计单位应提供管道单线立体布置图。图中标明：

　　a）管道的材料牌号、规格、理论计算壁厚、壁厚偏差；

  b）设计采用的材料许用应力、弹性模量、线膨胀系数；

  c）管道的冷紧口位置及冷紧值；

  d）管道对设备的推力、力矩；

  e）管道最大应力值及其位置。

5.5.1.2 采用100%高压旁路取代过热器安全阀功能的机组，低温再热蒸汽进口管道、高压旁路阀减温减压后管道，原使用碳钢管的应更换为 SA-691 1-1/4CrCL22、15CrMoG 或者更高等级的合金钢管，高压旁路阀后更换长度不低于5m。

5.5.1.3 主蒸汽管道、高温再热蒸汽管道上的堵板应采用锻件。

5.5.1.4 新建机组主蒸汽管道、高温再热蒸汽管道可不安装蠕变变形测点。

5.5.1.5 对主蒸汽、高温再热蒸汽管道和导汽管上的疏水管、测温管、压力表管、空气管、安全阀、排气阀、充氮、取样管等接管应选取管道同种材料，接管后的材料可以根据介质温度等实际情况选择。

5.5.2 制造阶段的监督

5.5.2.1 管道材料的监督按5.3执行。

5.5.2.2 管件质量验收标准。

  a）国产管件应满足以下标准：

   1）弯管应符合 DL/T 515 的规定；

   2）弯头、三通和异径管应符合 DL/T 695 的规定；

   3）锻制的大直径三通应符合 DL/T 473 的规定。

  b）进口管件质量验收可参照 ASME SA-182/ ASME SA-182M 执行。

5.5.2.3 受监督的管道，在工厂化配管前，应由有资质的检测单位进行如下检验：

  a）钢管表面上的出厂标记（钢印或漆记）应与该制造商产品标记相符，并应从钢管的标记、表面加工痕迹来初步辨识管道的真伪，以防止出现假冒管道；见证有关进口报关单、商检报告，必要时到到货港口进行拆箱见证。

  b）100%进行外观质量检验。钢管内外表面不允许有裂纹、折叠、轧折、结疤、离层等缺陷，钢管表面的裂纹、机械划痕、擦伤和凹陷以及深度大于1.5mm 的缺陷应完全清除，清除处应圆滑过渡，实际壁厚不应小于壁厚偏差所允许的最小值，且不应小于按 GB 50764 计算的最小需要厚度。对一些可疑缺陷，必要时进行表面探伤。

  c）热轧（挤）钢管内外表面不允许有尺寸大于壁厚5%，且最大深度大于0.4mm 的直道缺陷。

  d）检查校核钢管的壁厚和管径应符合相关标准的规定。

  e）对合金钢管逐根进行光谱检验，光谱检验按 DL/T 991 执行。

  f）对合金钢管按同规格根数的30%进行硬度检验，每种规格至少抽查1根；在每根钢管的3个截面（两端和中间）检验硬度，每一截面上硬度检测尽可能在圆周四等分的位置。若由于场地限制，可不在四等分位置，但至少在圆周测3个部位；每个部位至少测量5点。

  g）对合金钢管按同规格根数的10%进行金相组织检验，每炉批至少抽查1根，检验方法和验收分别按 DL/T 884 和 GB/T 5310 执行。

h）对直管按同规格至少抽取 1 根进行以下项目试验，确认下列项目符合国家标准、行业标准或合同规定的技术条件，或国外相应的标准；若同规格钢管为不同制造商生产，则对每一制造商供货的钢管应至少抽取 1 根进行试验。

　　1）化学成分；

　　2）拉伸、冲击、硬度；

　　3）金相组织、晶粒度和非金属夹杂物；

　　4）弯曲试验取样参照 ASME SA-335/SA-335M 执行。

i）钢管按同规格根数的 20% 进行超声波探伤，重点为钢管端部的 0～500mm 区段，若发现超标缺陷，则应扩大检查，同时在钢管端部进行表面探伤，超声波探伤按 GB/T 5777 执行，层状缺陷的超声波检测按 BS EN 10246-14 执行。对钢管端部的夹层缺陷，应在钢管端部 0～500mm 区段内从内壁进行测厚，周向至少测 5 点，轴向至少测 3 点，一旦发现缺陷，则在缺陷区域增加测点，直至确定缺陷范围。对于钢管 0～500mm 区段的夹层类缺陷，按 BS EN 10246-14 中的 U2 级别验收；对于距焊缝坡口 50mm 附近的夹层缺陷，按 U0 级别验收；配管加工的焊接坡口，检查发现夹层缺陷，应予以机械切除。

j）对带纵焊缝的低温再热蒸汽管道，根据焊缝的外观质量，按同规格根数抽取 20%（至少抽 1 根），对抽取的管道按焊缝长度的 10% 依据 NB/T 47013.3、NB/T 47013.4 进行超声、磁粉检测，必要时依据 NB/T 47013.2 进行射线检测，同时对抽取的焊缝进行硬度和壁厚检查。

k）管道有下列情况之一时，为不合格：

　　1）最小壁厚小于按 GB/T 50764 或 DL/T 5366、DL/T 5054、ASME B31.1 计算的管子或管道的最小需要壁厚；

　　2）无损探伤发现超标缺陷；

　　3）机械性能（拉伸、冲击、硬度）不合格。

5.5.2.4　硬度检验可采用便携式里氏硬度计按照 GB/T 17394.1 测量；一旦硬度检验结果偏离本规程的规定值，应在硬度异常点附近扩大检查区域，检查出硬度异常的区域、程度，同时宜采用便携式布氏硬度计测量校核。同一位置 5 个布氏硬度测量点的平均值应处于本标准附录 D 的规定范围，但允许其中一个点超出规定范围 5HB。对于本规程中金属部件焊缝的硬度检验，按照金属母材的方法执行。

5.5.2.5　钢管硬度高于本规程或拉伸强度高于相关标准的上限应进行再次回火；硬度低于本规程或拉伸强度低于相关标准规定的下限，可重新正火（淬火）＋回火。重新正火（淬火）＋回火不应超过 2 次，重新回火不宜超过 3 次。电站常用金属材料硬度值见本标准附录 D。

5.5.2.6　受监督的弯头/弯管，在工厂化配管前，应由有资质的检测单位进行如下检验：

a）弯头/弯管表面上的出厂标记（钢印或漆记）应与该制造商产品标记相符。

b）100% 进行外观质量检查。弯头/弯管表面不允许有裂纹、折叠、重皮、凹陷和尖锐划痕等缺陷。对一些可疑缺陷，必要时进行表面探伤。表面缺陷的处理及消缺后的壁厚参照本标准 5.5.2.3 中 b）执行。

c）按质量证明书校核弯头/弯管规格，并检查以下几何尺寸：

　　1）逐件检验弯头/弯管的中性面和外/内弧侧壁厚；宏观检查弯头/弯管内弧侧的

波纹，对较严重的波纹进行测量；对弯头/弯管的椭圆度按 20% 进行抽检，若发现不满足 DL/T 515、DL/T 695 或本规程的规定，应加倍抽查；对弯头的内部几何形状进行宏观检查，若发现有明显扁平现象，应从内部测椭圆度。

2）弯管的椭圆度应满足：热弯弯管椭圆度小于 7%；冷弯弯管椭圆度小于 8%；公称压力大于 8MPa 时，所有弯管的椭圆度均应小于 5%。

3）弯头的椭圆度应满足：公称压力大于等于 10MPa 时，椭圆度小于 3%；公称压力小于 10MPa 时，椭圆度小于 5%（弯管或弯头的椭圆度为弯曲部分同一圆截面上最大外径与最小外径之差与公称外径之比）。

d）合金钢弯头/弯管应逐件进行光谱检验。

e）对合金钢弯头/弯管 100% 进行硬度检验，选 0°、45°、90° 三个截面，每一截面至少在外弧侧和中性面测 3 个部位，每个部位至少测量 5 点。弯头的硬度测量宜采用便携式里氏硬度计。若发现硬度异常，应在硬度异常点附近扩大检查区域，检查出硬度异常的区域、程度。弯头/弯管的硬度检验按本标准 5.5.2.4 执行，对于便携式布氏硬度计不易检测的区域，根据同一材料、相近规格、相近硬度范围内便携式里氏硬度计与便携式布氏硬度计测量的对比值，对便携式里氏硬度计测量值予以校核。确认硬度低于或高于规定值，按本标准 5.5.2.5 处理。

f）对合金钢弯头/弯管按同规格数量的 10% 进行金相组织检验（同规格的不应少于 1 件），检验方法按 DL/T 884 执行，验收参照 GB/T 5310。

g）弯头/弯管的外弧面按同规格数量的 10% 进行探伤抽查，弯头/弯管探伤按 DL/T 718 执行。对于弯头/弯管的夹层类缺陷，参照本标准 5.5.2.3 中 i）执行。

h）弯头/弯管有下列情况之一时，为不合格。

1）存在晶间裂纹、过烧组织或无损探伤等超标缺陷；

2）弯头/弯管外弧、内弧侧和中性面的最小壁厚小于按 GB 16507.4 计算的最小需要厚度；

3）弯头/弯管椭圆度超标；

4）焊接弯管焊缝存在超标缺陷。

5.5.2.7 受监督的锻制、热压和焊制三通以及异径管，配管前应由有资质的检测单位进行如下检验：

a）三通和异径管表面上的出厂标记（钢印或漆记）应与该制造商产品标记相符。

b）100% 进行外观质量检验。锻制、热压三通以及异径管表面不允许有裂纹、折叠、重皮、凹陷和尖锐划痕等缺陷。对一些可疑缺陷，必要时进行表面探伤。表面缺陷的处理及消缺后的壁厚若低于名义尺寸，则按本标准 5.5.2.3 中 b）进行壁厚校核。

c）对三通及异径管进行壁厚测量，热压三通应包括肩部的壁厚测量。三通及异径管的壁厚应满足 DL/T 695 的要求。

d）合金钢三通、异径管应逐件进行光谱检验，按 DL/T 991 执行。

e）合金钢三通、异径管按 100% 进行硬度检验，三通至少在肩部和腹部位置 3 个部位测量，异径管至少在大、小头位置测量，每个部位至少测量 5 点。三通、异径管的硬度检验按本标准 5.5.2.4 执行，若发现硬度异常，应在硬度异常点附近扩大检查区域，检查出硬度异常的区域、程度。对于便携式布氏硬度计不易检测的区域，根据同一材料、相近规格、相近硬度范围内便携式里氏硬度计与便携式布氏硬度计测量的对比值，对便携式里氏硬度计测量值予以校核。确认硬度低于或高于规定值，按本标准 5.5.2.5 处理。

f）对合金钢三通、异径管按 10% 进行金相组织检验（不应少于 1 件），检验方法按 DL/T 884 执行，验收参照 GB/T 5310。

g）三通、异径管按 10% 进行表面探伤和超声波抽查，重点检查截面突变部位，若发现缺陷则扩大抽查比例。对整锻三通，宜在精加工后从内壁按 100% 进行表面探伤。三通超声波探伤按 DL/T 718 执行。

h）三通、异径管有下列情况之一时，为不合格。

1）存在晶间裂纹、过烧组织或无损探伤发现超标缺陷；

2）焊接三通焊缝存在超标缺陷；

3）几何形状和尺寸不符合 DL/T 695 中有关规定；

4）三通主管/支管壁厚、异径管最小壁厚或三通主管/支管的补强面积小于按 GB 50764 计算的最小需要厚度或补强面积。

5.5.2.8 对验收合格的直管段与管件，按 DL/T 850 进行组配，组配件应由有资质的检测单位进行如下检验：

a）对管道组配件表面质量 100% 进行检查，焊缝质量按 DL/T 869 执行，钢管和管件的表面质量分别按 GB/T 5310 和 DL/T 695 执行。

b）对配管的长度偏差、法兰形位偏差按同规格数量的 20% 进行测量，同规格至少测量 1 个；对环焊缝按焊缝数量的 20% 检查错口和壁厚，特别注意焊缝邻近区域的管道壁厚，检查结果应符合 DL/T 850 的规定。

c）对合金钢管焊缝按数量的 20% 进行光谱检验，一旦发现用错焊材，则扩大检查。

d）低合金钢管组配件热处理后应按焊接接头数量的 10% 进行硬度检验，P91、P92 为 100%；同时，组配件整体热处理后还应对合金钢管、管件按数量的 10% 进行硬度抽查，同规格至少抽查 1 根。钢管、弯头/弯管和管件的硬度检查部位分别按本标准 5.5.2.3 中 f)、5.5.2.6 中 e)、5.5.2.7 中 e) 执行；环焊缝焊接接头硬度检测尽可能在圆周四等分的位置，若由于场地限制，可不在四等分位置，但至少在圆周测 3 个部位，每个部位应包括焊缝、熔合区、热影响区和邻近母材，每个部位至少测量 5 点。硬度检测方法按本标准 5.5.2.4 执行。

e）组配件对接焊缝、接管座角焊缝按焊缝数量的 10% 进行无损探伤，表面探伤按 NB/T 47013 执行，超声波探伤按 DL/T 820 执行。

f）管段上的接管（疏水管、测温管、压力表管、空气管、安全阀、排气阀、充氮、取样管等）应按数量的 20% 进行形位偏差测量，结果应符合 DL/T 850 中的规定。

g）组配件焊缝硬度高于或低于 DL/T 869 的规定值，应分析原因，确定处理措施。若高于 DL/T869 的规定值，可再次进行回火，重新回火不宜超过 3 次；若低于 DL/T 869 的规定值，应挖除重新焊接和热处理。同一部位挖补，碳钢不宜超过 3 次，耐热钢不应超过 2 次。

5.5.2.9 受监督的阀门，安装前应由有资质的检测单位进行如下检验：

a）阀壳表面上的出厂标记（钢印或漆记）应与该制造商产品标记相符。

b）国产阀门的检验按照 NB/T 47044、JB/T 5263、DL/T 531 和 DL/T 922 执行；进口

阀门的检验按照相应国家的技术标准执行，并参照上述 4 个标准。

c）校核阀门的规格，并 100% 进行外观质量检验。铸造阀壳内外表面应光洁，不应存在裂纹、气孔、毛刺和夹砂及尖锐划痕等缺陷；锻件表面不应存在裂纹、折叠、锻伤、斑痕、重皮、凹陷和尖锐划痕等缺陷；焊缝表面应光滑，不应有裂纹、气孔、咬边、漏焊、焊瘤等缺陷；若存在上述表面缺陷，则应完全清除，清除深度不应超过公称壁厚的负偏差，清除处的实际壁厚不应小于壁厚偏差所允许的最小值。对一些可疑缺陷，必要时进行表面探伤。

d）对合金钢制阀壳逐件进行光谱检验，光谱检验按 DL/T 991 执行。

e）同规格阀壳件按数量的 20% 进行无损探伤，至少抽查 1 件。重点检验阀壳外表面非圆滑过渡的区域和壁厚变化较大的区域。阀壳的渗透、磁粉和超声波检测分别按 JB/T 6902、JB/T 6439 和 GB/T 7233.2 执行。焊缝区、补焊部位的探伤按 NB/T 47013.2、NB/T 47013.5 执行。

f）对低合金钢、10% Cr 钢制阀壳分别按数量的 10%、50% 进行硬度检验，硬度检验方法按本标准 5.5.2.4 执行，每个阀门至少测 3 个部位。若发现硬度异常，则扩大检查区域，检查出硬度异常的区域、程度。对于便携式布氏硬度计不易检测的区域，根据同一材料、相近规格、相近硬度范围内便携式里氏硬度计与便携式布氏硬度计测量的对比值，对便携式里氏硬度计测量值予以校核。确认硬度低于或高于规定值，按本标准 5.5.2.5 处理。

5.5.2.10 主蒸汽管道、高温再热蒸汽管道上的堵板/封头在安装前应进行光谱检验、强度校核；安装前和安装后的焊缝应进行 100% 磁粉和超声波检测。

5.5.3 安装阶段的监督

5.5.3.1 对已安装了蠕变变形测点的蒸汽管道，可继续按照 DL/T 441 进行测量。

5.5.3.2 对服役温度高于等于 450℃ 的主蒸汽管道、高温再热蒸汽管道，应在直管段上设置监督段（主要用于金相和硬度跟踪检验）；监督段应选择该管系中实际壁厚最薄的同规格钢管，其长度为 1000mm；监督段应包括锅炉蒸汽出口第一道焊缝后的管段。

5.5.3.3 在主蒸汽管道、高温再热蒸汽管道以下部位可装设安全状态在线监测装置：

a）管道应力危险区段；

b）管壁较薄，应力较大或运行时间较长，以及经评估后剩余寿命较短的管道。

5.5.3.4 安装前，安装单位应按 DL/T 5190.5 对直管段、管件、管道附件和阀门进行相关检验，检验结果应符合 DL/T 5190.5 及相关标准规定。

5.5.3.5 安装前，安装单位应对直管段、弯头/弯管、三通进行内外宏观检验和几何尺寸抽查：

a）管段按数量的 20% 测量直管的外（内）径和壁厚；

b）弯管/弯头按数量的 20% 进行椭圆度、壁厚（特别是外弧侧）测量；

c）测量热压三通肩部、管口区段以及焊制三通管口区段的壁厚；

d）测量异径管的壁厚和直径；

e）测量管道上小接管的形位偏差。

5.5.3.6 安装前，安装单位应对合金钢管、合金钢制管件（弯头/弯管、三通、异径管）

100%进行光谱检验，管段、管件分别按数量的20%和10%进行硬度和金相组织检查；每种规格至少抽查1个，硬度异常的管件应扩大检查比例且进行金相组织检验。

5.5.3.7　主蒸汽管道、高温再热蒸汽管道上的堵阀/堵板阀体、焊缝按10%进行无损探伤抽查。

5.5.3.8　主蒸汽管道、高温再热蒸汽管道和高温导汽管的安装焊接应采取氩弧焊打底。焊接接头在热处理后或焊后（不要热处理的焊接接头）应进行100%无损探伤，特别注意与三通、阀门相邻部位。管道焊接接头的超声波探伤按DL/T 820执行，射线探伤按DL/T 821执行，质量评定按DL/T5210.5、DL/T 869执行。对虽未超标但记录的缺陷，应确定位置、尺寸和性质，并记入技术档案。

5.5.3.9　安装焊缝的外观、光谱、硬度、金相检验和无损探伤的比例、质量要求按DL/T 869、DL/T5210.5、DL/T 1161中的规定执行；对9%～12%Cr类钢制管道的有关检验监督项目按5.5.5执行。

5.5.3.10　管道安装完应对监督段进行硬度和金相组织检验。

5.5.3.11　管道保温层表面须有焊缝位置的标志。

5.5.3.12　安装单位应向电厂提供与实际管道和部件相对应的以下资料：

　　a）安装焊缝坡口形式、焊缝位置、焊接及热处理工艺及各项检验结果。

　　b）直管的外观、几何尺寸和硬度检查结果；合金钢直管还应有金相检查结果。

　　c）弯管/弯头的外观、椭圆度、壁厚等检验结果。

　　d）合金钢制弯头/弯管的硬度和金相组织检验结果。

　　e）管道系统合金钢部件的光谱检验记录。

　　f）代用材料记录。

　　g）安装过程中异常情况及处理记录。

　　h）标注有焊缝位置定位尺寸的管道立体布置图，图中应注明管道的材质、规格、支吊架的位置、类型。

5.5.3.13　主蒸汽管道、高温再热蒸汽管道露天布置的区段，以及与油管平行、交叉和可能滴水的区段，应加包金属薄板保护层，露天吊架处应有防雨水渗入保护层的措施。

5.5.3.14　主蒸汽管道、高温再热蒸汽管道要保温良好，严禁裸露运行，保温材料应符合设计要求；运行中严防水、油渗入管道保温层。保温层破裂或脱落时，应及时修补；更换容重相差较大的保温材料时，应考虑对支吊架的影响；严禁在管道上焊接保温拉钩，严禁借助管道及管道附件起吊重物。

5.5.3.15　服役温度高于等于450℃的锅炉出口、汽轮机进口的导汽管，参照主蒸汽管道、高温再热蒸汽管道的监督检验规定执行。

5.5.3.16　监理单位应向电厂提供钢管、管件原材料检验、焊接工艺执行监督以及安装质量检验监督等相应的监理资料。

5.5.4　在役机组的检验监督

5.5.4.1　管件及阀门的检验监督

　　a）机组第一次A级检修或B级检修，应查阅管件及阀门的质保书、安装前检验记录，根据安装前对管件、阀壳的检验结果，重点检查缺陷相对严重、受力较大部位以及壁厚较薄的部位。检查项目包括外观、光谱、硬度、壁厚、椭圆度检验和无损探伤。若发现硬度异常，宜进行金相组织检查。对安装前检验正常的管件、阀壳，根据设备的运行工况，按大于等于管件、阀壳数量的 10% 进行以上项目检查，后次 A 级检修或 B 级检修的抽查部件为前次未检部件。

b）每次 A 级检修，应对以下管件进行硬度、金相组织检验，硬度、金相组织检验点应在前次检验点处或附近区域，金相照片应注明放大倍率：

1）安装前硬度、金相组织异常的管件；

2）安装前椭圆度较大、外弧侧壁厚较薄的弯头/弯管；

3）锅炉出口第一个弯头/弯管、汽轮机入口邻近的弯头/弯管。

c）机组每次 A 级检修，应对安装前椭圆度较大、外弧侧壁厚较薄的弯头/弯管进行椭圆度和壁厚测量；对存在较严重缺陷的阀门、管件，每次 A 级检修或 B 级检修应进行无损探伤。

d）服役温度高于等于 450℃ 的导汽管弯管，参照主蒸汽管道、高温再热蒸汽管道弯管监督检验规定执行。

e）服役温度在 400℃~450℃ 范围内的管件及阀壳，运行 8 万小时后根据设备运行状态，随机进行硬度和金相组织抽查，下次抽查时间和比例根据上次检查结果确定。

f）弯头/弯管、三通和异径管发现下列情况时，应及时处理或更换：

1）弯头/弯管发现本标准 5.5.2.6 中 h）所列情况之一时，三通和异径管发现本标准 5.5.2.7 中 h）所列情况之一时。

2）产生蠕变裂纹或严重的蠕变损伤（蠕变损伤 4 级及以上）时。蠕变损伤评级按本标准附录 E 执行。

3）碳钢、钼钢弯头、三通和焊接接头石墨化达 4 级时。石墨化评级按 DL/T 786 规定执行。

4）已运行 20 万小时的铸造弯头、三通，检验周期应缩短到 2 万小时，根据检验结果决定是否更换。

5）对需更换的三通和异径管，推荐选用锻造、热挤压、带有加强的焊制三通。

g）铸钢阀壳存在裂纹、铸造缺陷，经打磨消缺后的实际壁厚小于 NB/T 47044 中规定的最小壁厚时，应及时修复或更换。

h）累计运行时间达到或超过 10 万小时的主蒸汽管道和高温再热蒸汽管道，其弯管为非中频弯制的应予更换。若不具备更换条件，应予以重点监督，监督的内容主要有：

1）弯管外弧侧、中性面的壁厚和椭圆度；

2）弯管外弧侧、中性面的硬度；

3）弯管外弧侧的金相组织；

4）外弧表面磁粉检测和中性面内壁超声波检测。

5.5.4.2 低合金耐热钢及碳钢管道的检验监督

a）机组第一次 A 级检修或 B 级检修，应查阅直段的质保书、安装前直段的检验记录，根据安装前及安装过程中对直段的检验结果，对受力较大部位、壁厚较薄的部位以及检查焊缝拆除保温的邻近直段进行外观检查，所查管段的表面质量应符合 GB/T 5310 规定，焊缝表面质量应符合 DL/T 869 规定；对存在超标的表面缺陷应予以磨除，磨除要求按本标准 5.5.2.3 中 b）执行；同时检查直管段有无直观可视的胀粗。此后的检查除上述区段外，根据机组运行情况选择检查区段。

b）机组每次 A 级检修，应对以下管段和焊缝进行硬度和金相组织检验，硬度和金相组织检验点应在前次检验点处或附近区域，金相照片应注明放大倍率：

　　1）监督段直管；

　　2）安装前硬度、金相组织异常的直段和焊缝；

　　3）正常区段的直段、焊缝，按数量的 10% 进行硬度抽检，硬度检验部位、检验方法按本标准 5.5.2.3 中 f)、5.5.2.4 执行。

c）管道焊缝应进行如下检验：

　　1）机组第一次 A 级检修或 B 级检修，应查阅环焊缝的制造、安装检验记录，根据安装前及安装过程中对环焊缝（无损检测、硬度、金相组织以及壁厚、外观等）的检测结果，检查质量相对较差、返修过的焊缝；对正常焊缝，按不低于焊缝数量的 10% 进行无损探伤。以后的检查重点为质量较差、返修、受力较大部位以及壁厚较薄部位的焊缝，特别注意与三通、阀门相邻焊缝的无损探伤；逐步扩大对正常焊缝的抽查，后次 A 级检修或 B 级检修的抽查为前次未检的焊缝，至 3～4 个 A 级检修完成全部焊缝的检验。焊缝表面探伤按 NB/T 47013 执行，超声波探伤按 DL/T 820 规定执行。

　　2）机组第一次 A 级检修或 B 级检修，对带纵焊缝的再热冷段蒸汽管道，应根据安装前对焊缝质量（外观、无损检测、硬度以及壁厚等）的检测评估结果，检测质量相对较差、返修过的焊缝区段；对正常焊缝，按同规格根数抽取 20%（至少抽 1 根），对抽取的管道按焊缝长度的 10% 进行无损检测，同时对抽取的焊缝进行硬度、壁厚检查；若硬度异常，进行金相组织检查。后次 A 级检修或 B 级检修的抽查为前次未检的焊缝，焊缝表面探伤按 NB/T 47013 执行，超声波探伤按 DL/T 820 规定执行。

d）与管道相联的小口径管，应进行如下检验：

　　1）机组每次 A 级检修或 B 级检修，对与管道相联的小口径管（测温管、压力表管、充氮等）管座角焊缝按不少于 20% 的比例进行检验，至少应抽检 5 个。安全阀、排气阀管座角焊缝 100% 进行检验。检验内容主要为角焊缝外观和表面探伤，必要时进行超声波、涡流或磁记忆检测。后次抽查部位为前次未检部位，至 10 万小时完成 100% 检验。运行 10 万小时的小口径管，根据此前的检查结果，重点检查缺陷较严重的管座角焊缝，必要时割取管座进行管孔检查。表面、超声波、涡流或磁记忆检测分别按 NB/T 47013、DL/T 1105.2、DL/T 1105.3 和 DL/T 1105.4 执行。

　　2）小口径管道的管件和阀壳的检验与处理参照本标准 5.5.4.1 中 a）执行。

　　3）对联络管（旁通管）、高压门杆漏气管道、疏水管等小口径管道，应重点检查其与母管相连的角焊缝、母管开孔的内孔周围、弯头等部位的裂纹和冲刷，其管道、弯头、三通和阀门，运行 10 万小时后，宜结合检修全部更换。

e）服役温度高于等于 450℃、运行时间较长和受力复杂的碳钢、钼钢制蒸汽管道，重点检验石墨化和珠光体球化；对石墨化倾向日趋严重的管道，还应按规定做好管道运行、维修，防止超温、水冲击等；碳钢的石墨化和珠光体球化评级按 DL/T 786 和 DL/T 674 执行，钼钢的石墨化和珠光体球化评级可参考 DL/T 786 和 DL/T 674。

f）服役温度在 400℃~450℃ 范围内的管道，运行 8 万小时后根据设备运行状态，随机抽查硬度和金相组织，下次抽查时间和比例根据上次检查结果确定。同时参照本标准 5.5.4.2 中 a）、b）、c）进行直管段表面质量和焊缝探伤检验。

g）对服役时间达到或超过 20 万小时、服役温度高于等于 450℃ 的主蒸汽管道、高温再热蒸汽管道，根据检测的金相组织、硬度状况宜割管进行材质评定，割管部位应包括焊接接头。当割管试验表明材质损伤严重时（材质损伤程度根据割管试验的各项力学性能指标和微观金相组织的老化程度由金属监督人员确定），应进行寿命评估；管道寿命评估按 DL/T 940 执行。

h）已运行 20 万小时的 12CrMoG、15CrMoG、12Cr1MoVG、12Cr2MoG（2.25Cr-1Mo、P22、10CrMo910）钢制蒸汽管道，经检验符合下列条件，直管段一般可继续运行至 30 万小时。

1）实测最大蠕变应变小于 0.75% 或最大蠕变速度小于 0.35×10^{-5}%/h；

2）监督段金相组织珠光体未严重球化（即未达到 5 级），12CrMoG、15CrMoG 钢的珠光体球化评级按 DL/T 787 执行，12Cr1MoVG 钢的珠光体球化评级按 DL/T 773 执行，12Cr2MoG、2.25Cr-1Mo、P22 和 10CrMo910 钢的珠光体球化评级按 DL/T 999 执行；

3）未发现严重的蠕变损伤。

i）12CrMoG、15CrMoG、12Cr1MoVG、12Cr2MoG 和 15Cr1Mo1V 钢制蒸汽管道，当蠕变应变达到 0.75% 或蠕变速度大于 0.35×10^{-5}%/h，应割管进行材质评定和寿命评估。

j）运行 20 万小时的主蒸汽管道、再热蒸汽管道，经检验发现下列情况之一时，应及时处理或更换。

1）自机组投运以后，蠕变测量数据连续，其蠕变应变达 1.5%；

2）存在一个或多个晶粒长的蠕变微裂纹。

k）对 15Cr1Mo1V 钢制管道每次 A 级检修，焊缝应按数量的 50% 进行磁粉、超声波检测；对焊缝裂纹的挖补，宜采用 R317 或 R317L 焊条，或采用去 Nb 的 337 焊条进行焊接。

l）工作温度高于等于 450℃ 的锅炉出口、汽轮机进口的导汽管，根据不同的机组型号在运行 5 万~10 万小时，应进行外观和无损检验，以后检验周期约为 5 万小时。对启停次数较多、原始椭圆度较大和运行后有明显复圆的弯管，应特别注意，发现超标缺陷或裂纹时，应及时更换。

5.5.5　9%~12%Cr 系列钢制管道、管件的检验监督

5.5.5.1　9%~12%Cr 系列钢包括 10Cr9Mo1VNbN/P91、10Cr9MoW2VNbBN/P92、10Cr11-MoW2VNbCu1BN/P122、X20CrMoV121、X20CrMoWV121、ČSN41 7134 等；

5.5.5.2　管道、管件制造前对其管材的检验参照本标准 5.5.2.3 中相关条款执行，并按以下条款进行检验：

a）对管材应进行 100% 硬度检验。直管段母材的硬度应均匀，硬度控制在 185~250HB。硬度检验按本标准 5.5.2.4 执行，若硬度低于或高于规定值，按本标准 5.5.2.5

处理。

b）对管材按管道段数的 20% 进行金相组织检验。δ–铁素体含量的检验用金相显微镜在 100 倍下检查，取 10 个视场的平均值，金相组织中的 δ–铁素体含量不超过 5%。

c）对 P92 钢管端部（0～500mm 区段）100% 进行超声波检测，重点检查夹层类缺陷。夹层检验按 BS EN 10246－14 执行，并按本标准 5.5.2.3 中 i）的规定检验验收。P91 钢管端部夹层类缺陷检查按钢管数量的 30% 进行，若发现超标夹层缺陷，应扩大检查范围。

5.5.5.3　热推、热压和锻造管件的硬度应均匀，且控制在 180～250HB；F92 锻件的硬度控制在 180～269HB。管道、管件的硬度检验按本标准 5.5.2.4 执行，若硬度低于或高于规定值，按本标准 5.5.2.5 执行。

5.5.5.4　对于公称直径大于 150mm 或壁厚大于 20mm 的管道，100% 进行焊接接头硬度检验；其余规格管道的焊接接头按 5% 抽检；焊后热处理记录显示异常的焊接接头应进行硬度检验；焊缝硬度应控制在 185～270HB，热影响区的硬度应高于等于 175HB。

5.5.5.5　硬度检验的打磨深度通常为 0.5～1.0mm，并以 120 号或更细的砂轮、砂纸精磨。表面粗糙度 $Ra < 1.6\mu m$；硬度检验部位包括焊缝和近缝区的母材，同一部位至少测量 5 点。

5.5.5.6　母材、焊缝硬度超出控制范围，首先在原测点附近两处和原测点 180° 位置再次进行测量；其次在原测点可适当打磨较深位置，打磨后的管道壁厚不应小于按 GB 50764 计算的最小需要壁厚。

5.5.5.7　对于公称直径大于 150mm 或壁厚大于 20mm 的管道，按 20% 进行焊接接头金相组织检验。焊缝组织中的 δ–铁素体含量不超过 5%，最严重视场中不超过 10%；熔合区金相组织中的 δ–铁素体含量不超过 10%，最严重视场中不超过 20%。观察整个检验面，100 倍下取 10 个视场的平均值。

5.5.5.8　对制造、安装焊接接头按 20% 进行无损检测抽查，表面探伤按 NB/T 47013 执行，超声波探伤按 DL/T 820 执行。根据缺陷情况，必要时采用超声衍射时差法（TOFD）对可疑的小缺陷进行跟踪检查并记录，TOFD 检测按 DL/T 1317 执行。

5.5.5.9　机组服役期间，管道、管件的监督检验参照本标准 5.5.4.2 中 a）～d）执行；

5.5.5.10　机组服役 3～4 个 A 级检修时，根据机组运行情况、历次检测结果以及国内其他机组 9%～12%Cr 系列钢制管道的运行/检验情况，宜在主蒸汽管道监督段、高温再热蒸汽管道割管进行以下试验：

a）化学成分分析；

b）硬度检验，并与每次检修现场检测的硬度值进行比较；

c）拉伸性能（室温、服役温度）；

d）室温冲击性能；

e）微观组织的检验与分析（光学金相显微镜、透射电子显微镜检验）；

f）依据试验结果，对管道的材质状态做出评估；

g）第 2 次割管的试验项目，除上述 a）～e）外，还应进行持久断裂试验；

h）第 2 次割管试验后，依据试验结果，对管道的材质状态和剩余寿命做出评估。

5.5.5.11　对服役温度高于 600℃ 的 9%～12%Cr 钢制高温再热蒸汽管道、管件，机组每次 A 级检修或 B 级检修，应对外壁氧化情况进行检查，宜对内壁氧化层进行测量；运行 2~3 个 A 级检修，宜割管进行本标准 5.5.5.10 中的 a）~e）试验；其焊缝检验参照本标准 5.5.4.2 中 c）执行。

5.6　高温集箱的监督

5.6.1　制造、安装阶段的监督

5.6.1.1　见证集箱制造质量的技术文件，其内容应符合相关标准或订货技术条件。

a）母材和焊接材料的化学成分、力学性能、工艺性能。管材技术条件应符合 GB/T 5310、GB/T 16507.2 中相关条款的规定及合同规定的技术条件，进口管材应符合相应国家的标准及合同规定的技术条件，高温集箱材料及制造有关技术条件见本标准附录 B。

b）制造商对集箱材料进行的理化性能复验报告，或制造商验收人员按照采购技术要求在材料制造单位进行验收，并签字确认的质量证明书。

c）制造商提供的集箱图纸、强度计算书。

d）制造商提供的焊接及焊后热处理资料。对于首次使用的集箱材料，制造商应提供焊接工艺评定报告。

e）制造商提供的焊接接头探伤资料。

f）在制造厂进行的水压试验资料。

g）设计修改资料，制造缺陷的返修处理记录。

5.6.1.2　集箱安装前，电力安装单位应按 DL 5190.2 进行相关检验，并且由建设单位委托有资质的检测单位进行如下检验：

a）对母材和焊缝表面进行 100% 宏观检验，重点检验焊缝的外观质量。母材不允许有裂纹、尖锐划痕、重皮、腐蚀坑等缺陷；筒体焊缝和管座角焊缝不允许存在裂纹、未熔合以及气孔、夹渣、咬边、根部凸出和内凹等超标缺陷，管座角焊缝应圆滑过渡。对一些可疑缺陷，必要时进行表面探伤。表面缺陷的处理及消缺后的壁厚参照本标准 5.5.2.3b）执行。

b）对合金钢制高温集箱每个筒节、封头和每道焊缝进行光谱检验，每种规格的管接头按 20% 进行光谱抽查，但不应少于 1 个。

c）对高温集箱筒体、封头进行壁厚测量，每个筒体、封头至少测 2 个部位，特别注意环焊缝邻近区段的壁厚。对不同规格的管接头按 20% 测量壁厚，但不应少于 1 个。壁厚应满足设计要求，不应小于壁厚偏差所允许的最小值，且不应小于制造商提供的最小需要厚度。

d）对集箱制造环焊缝抽查一条进行表面探伤和超声波检测；筒体壁厚小于 80mm 的管座角焊缝按数量的 30% 进行表面探伤复查，大于等于 80mm 的管座角焊缝按数量的 50% 进行表面探伤复查。发现裂纹，应扩大检查比例，必要时对管座角焊缝进行超声波、涡流和磁记忆检测。环焊缝超声波探伤按 DL/T 820 执行，表面探伤按 NB/T 47013 执行，管座角焊缝超声波、涡流和磁记忆检测按 DL/T 1105.2、DL/T 1105.3、DL/T 1105.4 执行。

e）检验集箱上接管的形位偏差应符合设计规定。

f）对存在内隔板的集箱，应对内隔板与筒体的角焊缝进行内窥镜检测。

　　g）用内窥镜检查减温器喷孔、内套筒表面情况及焊接质量，内套筒分段焊接时，焊接接口应开坡口。

　　h）对合金钢制集箱，按筒体段数和制造焊缝的20%进行硬度检验，所查集箱的母材及焊缝至少各选1处；对集箱过渡段100%进行硬度检验。硬度检测按本标准5.5.2.4执行，若硬度低于或高于规定值，按本标准5.5.2.5执行。

　　i）用于制作集箱的9%～12%Cr钢管硬度应控制在185～250HB，集箱的母材硬度应控制在180～250HB，焊缝的硬度应控制在185～270HB，热影响区的硬度应高于等于175HB，母材和焊缝的金相组织按照本标准的5.5.5.2和5.5.5.7执行。

　　j）锅炉冲管后及整套启动前，应对屏式过热器、高温过热器、高温再热器进口集箱以及减温器的内套筒衬垫部位进行内窥镜检查，重点检查有无异物堵塞。

5.6.1.3　集箱筒体、焊缝有下列情况时，应予返修或判不合格。

　　a）母材存在裂纹或无损探伤发现超标缺陷；

　　b）焊缝存在裂纹、未熔合以及超标的气孔、夹渣、咬边等超标缺陷；

　　c）筒体和管座的壁厚小于按GB/T 16507.4计算的最小需要厚度；

　　d）筒体与管座形式、规格、材料牌号不匹配；

　　e）筒体或焊缝的硬度不满足本规程的规定。

5.6.1.4　安装焊缝的外观、光谱、硬度、金相和无损探伤的比例、质量要求由安装单位按DL/T 5210.2、DL/T 5210.5和DL/T 869中的规定执行。对9%～12%Cr类钢制集箱安装焊缝的母材、焊缝的硬度和金相组织按照本细则5.6.1.2 i）执行。

5.6.1.5　对超（超）临界锅炉，安装前和安装后应重点进行以下检查：

　　a）集箱、减温器等应进行100%内窥镜检查，发现异物应清理，重点检查集箱内部孔缘倒角、接管座角焊缝根部以及水冷壁或集箱节流圈等部位。

　　b）锅炉冲管后及整套启动前应对屏式过热器、高温过热器、高温再热器进口集箱以及减温器的内套筒衬垫部位进行内窥镜检查，重点检查有无异物堵塞。

　　c）集箱水压试验后临时封堵口的割除，检修管子及手孔的切割应采用机械切割，不应采用火焰切割；返修焊缝、焊缝根部缺陷应采用机械方法消缺。

5.6.1.6　集箱要保温良好，严禁裸露运行，保温材料应符合设计要求。运行中严防水、油渗入集箱保温层；保温层破裂或脱落时，应及时修补；更换的保温材料不应对管道金属有腐蚀作用；严禁在集箱筒体上焊接保温拉钩。

5.6.1.7　安装单位应向电厂提供与实际集箱相对应的以下资料：

　　a）安装焊缝坡口形式、焊接及热处理工艺和各项检验结果；

　　b）筒体的外观、壁厚检验结果；

　　c）合金钢制集箱筒体、焊缝的硬度和金相组织检验结果；

　　d）合金钢制集箱筒体、焊缝及接管的光谱检验记录；

　　e）安装过程中异常情况及处理记录。

5.6.1.8　监理单位应向电厂提供集箱筒体、接管原材料检验、焊接工艺执行监督以及安装质量检验监督等相应的监理资料。

5.6.2 机组运行期间的监督

5.6.2.1 机组每次 A 级检修或 B 级检修，应对集箱进行以下项目和内容的检验：

a）对安装前发现的硬度、金相组织异常的集箱筒体部位、焊缝进行硬度和金相组织检验。

b）对有记录缺陷的焊缝进行无损探伤复查。

c）机组每次 A 级检修，应查阅集箱筒体、封头环焊缝的制造、安装检验记录，根据安装前及安装过程中对焊缝质量（无损检测、硬度、金相组织以及壁厚、外观等）的检测评估，对质量相对较差、返修过的焊缝进行外观、无损探伤、硬度及壁厚检测；对正常焊缝，每个集箱抽查 1 道焊缝。以后的检验重点为质量较差、返修、受力较大部位以及壁厚较薄部位的焊缝；逐步扩大对正常焊缝的抽查比例，后次 A 级检修的抽查为前次未检的焊缝，至 3～4 个 A 级检修完成全部焊缝的检验。对一些缺陷较严重的焊缝，无论机组 A 级检修或 B 级检修，均应复查。焊缝表面探伤按 NB/T 47013 执行，超声波探伤按 DL/T 820 执行。

d）按至少 20% 对集箱管座角焊缝进行抽查外观检验和表面探伤，必要时进行超声波、涡流或磁记忆检测，重点检查定位管及其附近接管座焊缝、制造质量检查中缺陷较严重的角焊缝。后次抽查部位为前次未检部位，至 3～4 个 A 级检修完成 100% 检验。表面、超声波、涡流或磁记忆检测分别按 NB/T 47013、DL/T 1105.2、DL/T 1105.3 和 DL/T 1105.4 执行。

e）机组每次 A 级检修或 B 级检修，应宏观检查与集箱相连的接管的氧化、腐蚀、胀粗等；环形集箱弯头/弯管外观应无裂纹、重皮和损伤，外形尺寸符合设计要求。

f）根据集箱的运行参数，按筒节、焊缝数量的 10%（选温度最高的部位，至少选 1 个筒节、1 道焊缝）对筒节、焊缝及邻近母材进行硬度和金相组织检验，后次的检查部位为首次检查部位或其邻近区域；对集箱过渡段 100% 进行硬度检验。硬度检验按本标准 5.5.2.4 执行，若硬度低于或高于规定值，应分析原因，并提出监督运行措施。

g）对集箱的 T23 钢制接管座角焊缝应进行外观检验和表面探伤，抽查重点为外侧第 1、2 排管座。

h）对过热器、再热器集箱排空管接管座焊缝应进行外观检验和表面探伤，对排空管座内壁、管孔进行超声波检验，必要时进行内窥镜检查；应对排空用一次门和取样用三通之间管道内表面进行超声波检验。

i）机组每次 A 级检修或 B 级检修，应检查与集箱相联的管座角焊缝，检查数量、方法按照本标准 5.5.4.2 中 d）执行。

j）机组每次 A 级检修对集汽集箱的安全阀、排气阀管座角焊缝进行无损探伤。

k）机组每次 A 级检修对吊耳与集箱焊缝进行外观检验和表面探伤，必要时进行超声波探伤。

l）对存在内隔板的集箱，运行 10 万小时后用内窥镜对内隔板位置及焊缝进行全面检查。

m）顶棚过热器管发生下陷时，应检查下垂部位集箱的弯曲度及其连接管道的位移情况。

5.6.2.2 服役温度在 400℃～450℃范围内的集箱，运行 8 万小时后根据设备运行状态，随机对筒体、焊缝的硬度和金相组织进行抽查，下次抽查时间和比例根据上次检查结果确定。同时参照本标准 5.6.2.1 对集箱表面质量、管座角焊缝和环焊缝进行检查。

5.6.2.3 根据设备状况，结合机组检修，对减温器集箱进行以下检查：

a）对混合式（文丘里式）减温器集箱，每隔 1.5 万～3 万小时检查 1 次，应采用内窥镜进行内部检查，喷头应无脱落、喷孔无扩大，联箱内衬套应无裂纹、腐蚀和断裂，对安装内套管的管段进行胀粗检查。减温器内衬套长度小于 8m 时，除工艺要求的必须焊缝外，不宜增加拼接焊缝；若必须采用拼接时，焊缝应经 100% 探伤合格后方可使用。

b）对内套筒定位螺栓封口焊缝和喷水管角焊缝进行表面探伤。

c）表面式减温器运行 2 万～3 万小时后进行抽芯，检查冷却管板变形、内壁裂纹、腐蚀情况及冷却管水压检查泄漏情况，以后每隔约 5 万小时检查 1 次。

d）减温器集箱对接焊缝按本标准 5.6.2.1 中 c）的规定进行无损探伤。

5.6.2.4 工作温度高于等于 400℃的碳钢、钼钢制集箱，当运行至 10 万小时时，应进行石墨化检查，以后的检查周期约 5 万小时；运行至 20 万小时时，则每次机组 A 级检修或 B 级检修应按本标准 5.6.2.1 中有关规定执行。

5.6.2.5 已运行 20 万小时的 12CrMoG、15CrMoG、12Cr2MoG（P22、2.25Cr–1Mo、10CrMo910）、12Cr1MoVG 钢制集箱，经检查符合下列条件，筒体一般可继续运行至 30 万小时。

a）金相组织未严重球化（即珠光体球化未达到 5 级）；

b）未发现严重的蠕变损伤；

c）筒体未见明显胀粗。

5.6.2.6 对珠光体球化达到 4 级，硬度下降明显的集箱，应参照 DL/T 940 进行寿命评估。

5.6.2.7 集箱发现下列情况时，应及时处理或更换：

a）当发现本标准 5.6.1.3 所列规定之一时。

b）筒体产生蠕变裂纹或严重的蠕变损伤（蠕变损伤 4 级及以上）时。

c）碳钢和钼钢制集箱，当石墨化达 4 级时，应予更换；石墨化评级按 DL/T 786 规定执行。

d）集箱筒体周向胀粗超过公称直径的 1% 时。

5.6.2.8 9%～12% Cr 钢制集箱运行期间的监督检验按照本标准 5.6.2.1 中有关条款执行，并参照本标准 5.5.3 中有关条款执行。

5.6.2.9 对服役温度高于 600℃的 9%～12% Cr 钢制集箱，机组每次 A 级检修或 B 级检修，应对外壁氧化情况进行检查，宜对内壁氧化层进行测量；特别关注高温段再热蒸汽集箱接管外壁氧化情况和内壁氧化层的测量。

5.7 受热面管子的监督

5.7.1 设计阶段的监督

5.7.1.1 设计阶段，应对锅炉受热面的选材、管屏布置、强度计算书、设计面积、壁温计算书、材料最高许用壁温、壁温测点布置等进行审核，必要时组织第三方进行审核。

5.7.1.2 对于大型亚临界、超（超）临界锅炉，设计时应充分考虑过热器、再热器管材料实际抗高温蒸汽氧化能力和内壁氧化皮剥落后堵管的隐患问题，所选材料的允许使用温度应高于计算壁温并留有裕度，可参考附录 B 执行。

5.7.1.3 受热面应考虑采用国内外应用成熟的钢种：超临界锅炉高温过热器、再热器不宜选择 T23、T91、TP304H 材料；超超临界锅炉高温过热器、再热器不宜选择 TP304H、TP347H 材料；超（超）临界锅炉选用奥氏体不锈钢时，应优先选用内壁喷丸处理过的钢管或细晶粒钢。

5.7.1.4 图纸应清楚标出材料分界点、规格和名称，同一管圈材质不宜超过 3 种。

5.7.1.5 对于超（超）临界锅炉，设计时应根据投运后受热面管壁温实际监视需要，配置必要的炉膛出口或高温受热面两侧烟温测点、高温受热面壁温测点，应加强对烟温偏差和受热面壁温的监视和调整。

5.7.1.6 锅炉受热面管屏穿顶棚管与密封钢板的设计连接结构形式和焊接工艺，应能防止与管子的密封焊缝产生焊接裂纹、较大的焊接残余应力和长期运行后发生疲劳开裂泄漏事故。

5.7.1.7 对循环流化床锅炉易磨损部位受热面、煤粉锅炉燃用高硫煤时易发生高温硫腐蚀的部位，应设计相应的防磨、防腐涂层。

5.7.2 制造、安装前的监督

5.7.2.1 制造阶段应依据 DL/T 586、原中国电力投资集团公司《火电机组防止锅炉受热面泄漏管理导则》的要求，委托有资质的设备监造单位开展设备监造。

5.7.2.2 对受监范围的受热面管子，制造、安装前应根据 5.3 条的规定或相应的技术标准，对管材质量进行监督检查。主要监督检查管子供应商的质量保证书和材料复检记录或报告，进口管材应有报关单和商检报告。主要见证内容应包括：

a）管材制造商的质保书，进口管材的报关单和商检报告。

b）国产锅炉受热面用无缝钢管的质量应符合 GB/T 5310、GB/T 16507.2 的规定及订货技术条件，同时参照 NB/T 47019 的规定；进口钢管的质量应符合相应牌号的国外标准（若无相应国内外标准，可按企业标准）及订货技术条件，重要的钢管技术标准有 ASME SA-213/SA-213M、DIN EN 10216-2、DIN EN 10216-5，同时对比 NB/T 47019 补齐缺少的检验项目。

c）管子内外表面不允许有大于以下尺寸的直道及芯棒擦伤缺陷：热轧（挤）管，大于壁厚的 5%，且最大深度为 0.4mm；冷拔（轧）钢管，大于公称壁厚的 4%，且最大深度为 0.2mm。若发现可能超标的直道、芯棒擦伤等缺陷的管子，应取样用金相法判断深度。

d）管材入厂复检报告或制造商验收人员按照采购技术要求在材料制造单位进行验收，并签字确认。

e）细晶粒奥氏体耐热钢管晶粒度检验报告。

f）内壁喷丸的奥氏体耐热钢管的喷丸层检验报告，并对喷丸表面进行宏观检验。

1）喷丸表面应洁净，无锈蚀或残留附着物，不应存在目视可见的漏喷区域，也不应存在喷丸过程中附加产生的机械损伤等宏观缺陷。

　　2）有效喷丸层深度的测量可采用金相法或显微硬度曲线法。若采用金相法，有效喷丸层深度应不小于70μm；若采用硬度曲线法，有效喷丸层深度应不小于60μm。

　　3）在喷丸管同一横截面距内壁面60μm处，沿时钟方向3点、6点、9点、12点4个位置测得的硬度值应高于基体硬度100HV，且4个位置硬度值的差值不宜大于50HV。

　　4）喷丸管的质量验收按DL/T 1603执行。

5.7.2.3　受热面管屏制造、安装前，应检查见证焊材质保书，其内容应符合本标准5.4中相关条款。

5.7.2.4　受热面安装前，应见证设计、制作工艺和检验等资料，内容应符合国家、行业标准，包括：

　　a）受热面管屏图纸、管子强度计算书和过热器、再热器壁温计算书，设计修改等资料；

　　b）对于首次用于锅炉受热面的管材和异种钢焊接，锅炉制造商应提供焊接工艺评定报告；

　　c）管屏的焊接、焊后热处理报告；

　　d）制造缺陷的返修处理报告；

　　e）管子（管屏）焊缝的无损检测报告应符合GB/T 16507.6的规定；

　　f）管屏的几何尺寸检验报告应符合GB/T 16507.6的规定；

　　g）合金钢管屏管材及焊缝的光谱检验报告；

　　h）管子的对接接头或弯管的通球检验记录，通球球径应符合GB/T 16507.6的规定；

　　i）锅炉的水压试验报告应符合GB/T 16507.6的规定。

5.7.2.5　膜式水冷壁的鳍片应选与管子同类的材料。

5.7.2.6　弯曲半径小于1.5倍管子公称外径的小半径弯管宜采用热弯；若采用冷弯，当外弧伸长率超过工艺要求的规定值时，弯制后应进行回火处理。

5.7.2.7　奥氏体耐热钢管冷弯后是否进行固溶处理参照ASME－I中PG19执行。弯曲半径小于2.5D或接近2.5D（D为钢管直径）的奥氏体不锈钢管冷弯后宜进行固溶处理，热弯温度应控制在要求的温度范围内，否则热弯后也应重新进行固溶处理。

5.7.2.8　受热面管屏安装前，电力安装单位应按照DL/T 5190.2进行相关检验。并且由建设单位委托有资质的检测单位进行如下检验：

　　a）按100%检查受热面管屏、管排的平整度和部件外形尺寸，管排平整度和部件外形尺寸应符合图纸要求；吊卡结构、防磨装置、密封部件质量良好；螺旋管圈水冷壁悬吊装置与水冷壁管的连接焊缝应无漏焊、裂纹及咬边等超标缺陷；液态排渣炉水冷壁的销钉高度和密度应符合图纸要求，销钉焊缝无裂纹和咬边等超标缺陷。

　　b）应检查管内有无杂物、积水及锈蚀。

　　c）对管屏表面质量进行检查。管子的表面质量应符合GB/T 5310，对一些可疑缺陷，必要时进行表面探伤；焊缝与母材应平滑过渡，焊缝应无表面裂纹、夹渣、弧坑等超标缺陷。焊缝咬边深度不超过0.5mm，两侧咬边总长度不超过管子周长的20%，且不超过40mm。

　　d）对超（超）临界锅炉水冷壁用的管径较小、壁厚较大的 15CrMoG 钢制水冷壁管，壁厚较大的 T91 钢制过热器管，要特别注意管端 0～300mm 内外表面的宏观裂纹检查，监造宜按 10% 对管端 0～300mm 内外表面进行表面探伤。

　　e）同一材料制作的不同规格、不同弯曲半径的弯管各抽查 10 根，测量圆度、外弧侧壁厚减薄率和内弧侧表面轮廓度，应符合 GB/T 16507.5 的规定。

　　f）膜式水冷壁的鳍片焊缝质量控制按 GB/T 16507.5 执行，重点检查人孔门、喷燃器、三叉管等附近的手工焊缝，同时要检查鳍片管的扁钢熔深。

　　g）随机抽查受热面管子的外径和壁厚，不同材料牌号和不同规格的直段各抽查 10 根，每根测 2 点，管子壁厚不应小于制造商强度计算书中提供的最小需要厚度。

　　h）不同规格、不同弯曲半径的弯管各抽查 10 根，检查弯管的圆度、压缩面的皱褶波纹、弯管外弧侧的壁厚减薄率和内弧的壁厚，应符合 GB/T 16507.4 的规定。

　　i）对合金钢管及焊缝按数量的 20% 进行光谱抽查。

　　j）抽查合金钢管及其焊缝硬度。不同规格、材料的管子各抽查 10 根，每根管子的焊缝母材各抽查 1 组。9%～12%Cr 钢制受热面管屏硬度控制在 180～250HB，焊缝的硬度控制在 185～290HB；硬度检验方法按本标准 5.5.2.4 执行。其他钢制受热面管屏焊缝硬度按 DL/T 869 执行。若母材、焊缝硬度高于或低于本标准规定，应扩大检查，必要时割管进行相关检验。硬度异常处理要求如下：

　　　　1）若母材整体硬度偏低，割管样品应选硬度较低的管子，若割取的低硬度管子在实验室测量的硬度、拉伸性能和金相组织满足相关标准规定，则该部件性能满足要求；若母材整体硬度偏高，割管样品应选硬度较高的管子，除在实验室进行硬度、拉伸试验和金相组织检验外，还应进行压扁试验。若割取的高硬度管子在实验室测量的硬度、拉伸、压扁试验和金相组织满足标准规定，则该部件性能满足要求。

　　　　2）若焊缝硬度整体偏低，割管样品应选硬度较低的焊接接头，若割取的低硬度管子焊接接头在实验室测量的硬度、拉伸性能和金相组织满足标准规定，则该部件性能满足要求；若焊缝整体硬度偏高，割管样品应选硬度较高的焊接接头，除在实验室进行硬度、拉伸试验和金相组织检验外，还应进行弯曲试验。若割取的高硬度管子焊缝在实验室测量的硬度、拉伸、弯曲试验和金相组织满足标准规定，则该部件性能满足要求。

　　k）若对钢管厂、锅炉制造厂奥氏体耐热钢管的晶粒度、内壁喷丸层的检验有疑，可对奥氏体耐热钢管的晶粒度、内壁喷丸层随机进行抽检。

　　l）对管子（管屏）按不同受热面焊缝数量的 5/1000 进行无损探伤抽查。发现不合格时，应加倍抽查；若仍存在不合格现象，应进行 100% 无损探伤，并通知制造商采取相应措施。

　　m）用内窥镜对超（超）临界锅炉管子节流孔板进行检查，确定是否存在异物或加工遗留物。

5.7.3　受热面的安装质量监督

5.7.3.1　锅炉受热面安装后提供的资料应符合 DL/T 939 中相关条款，监理单位应向电厂提供钢管、管件原材料检验、焊接工艺执行监督以及安装质量检验监督等相应的监理资料。

5.7.3.2 锅炉受热面的安装质量检验验收按 DL/T 939 和 DL/T 5210.2 中的相关条款执行。

5.7.3.3 安装焊缝的外观质量、无损探伤、光谱检验、硬度和金相组织检验以及不合格焊缝的处理按 DL/T 869、DL/T 5210.2、DL/T 5210.5 中相关条款执行。

5.7.3.4 低合金、奥氏体耐热钢和异种钢焊缝的硬度分别按 DL/T 869 和 DL/T 752 中的相关条款执行；9% ~12% Cr 钢焊缝的硬度控制在 185 ~290HB。

5.7.3.5 对 T23 钢制水冷壁定位块焊缝应进行 100% 宏观检查和 50% 表面探伤。

5.7.4 机组运行期间的监督

5.7.4.1 火电企业应对受热面壁温超温情况进行定期统计、分析，对经常超温的管屏（子）或超温幅度有上升趋势的管屏（子），应加强监督和分析，防止超温爆管事故的发生。

5.7.4.2 按照"逢停必检"原则，在锅炉检修期间对受热面管进行外观质量检验，包括管子外表面的磨损、腐蚀、刮伤、鼓包、变形（含蠕变变形）、氧化及表面裂纹等情况，视检验情况确定采取的措施。

5.7.4.3 受热面管壁厚应无明显减薄。对于水冷壁、省煤器、低温段过热器和再热器管，壁厚减薄量不应超过设计壁厚的 30%；对于高温段过热器管，壁厚减薄量不应超过设计壁厚的 20%。同时，壁厚应满足按 GB/T 16507.4 计算的管子最小需要厚度。

5.7.4.4 锅炉受热面管在运行过程中失效时，应查明失效原因，采取措施及时处理，防止损坏范围扩大。若发生爆管泄漏事故，则必须进行原因分析，并研究采取针对性的措施，防止同类事故重复发生。

5.7.4.5 更换受热面管时，在焊缝外观检查合格后，应按 DL/T 820 或 DL/T 821 进行 100% 的超声波或射线探伤，焊缝质量应符合 DL/T 869 要求，并做好记录。

5.7.4.6 省煤器管的在役金属检验监督按 DL/T 939 中相关条款执行。

5.7.4.7 水冷壁管的在役金属检验监督按 DL/T939 中相关条款和下列要求执行：

a）冷灰斗区域水冷壁管应无落焦造成的严重碰伤及磨损，必要时进行测厚，严重碰伤部位可进行修磨圆滑过渡或修补，修磨后的壁厚应满足按 GB/T 16507.4 计算的最小需要厚度；

b）水冷壁背火面与刚性梁、限位及止晃装置、支吊架等相配合的拉钩等焊件应完好，无损坏和脱落；

c）直流锅炉蒸发段水冷壁管，运行约 5 万小时后每次大修在温度较高的区域分段割管进行硬度、拉伸性能和金相组织检验；

d）锅炉每次检修，应尽可能多地对锅炉四角部位和拘束应力较高区域的 T23 钢制水冷壁焊缝进行无损检测；

e）检修中应对内螺纹垂直管圈膜式水冷壁节流孔圈进行射线检测，对 T23 钢制水冷壁热负荷较高区域的对接焊缝应进行 100% 射线检验，对焊缝上下 300mm 区域的鳍片进行 100% 磁粉检验；

f）检修中应重点对膜式水冷壁的人孔门、喷燃器、三叉管等附近的手工焊缝、鳍片进行宏观检查，对可疑裂纹应进行表面探伤。

5.7.4.8 过热器、再热器管的在役金属检验按 DL/T 939 中相关条款和下列要求执行：

a）过热器、再热器管穿炉顶部位或穿膜式壁部位密封焊缝应无裂纹等超标缺陷，必要时进行无损探伤。

b）低温再热器管排间距应均匀，不存在烟气走廊；重点检查后部弯头、上部管子表面及烟气流速较快部位的管子有无明显磨损，必要时进行测厚。

c）检修中应特别注意管屏夹持管与屏内管接触部位的磨损情况。

d）对于奥氏体耐热钢制高温过热器和高温再热器管，根据运行状况对管子内壁氧化层进行检测，特别注意下弯头内壁的氧化层剥落堆积情况，依据检验结果，决定是否进行割管处理。

e）锅炉运行 5 万小时后，检修时应对与奥氏体耐热钢相连的异种钢焊缝按 10% 进行无损检测。

f）锅炉运行 5 万小时后，对壁温高于等于 450℃ 的过热器管和再热器管应取样检测管子的壁厚、管径、硬度、内壁氧化层厚度、拉伸性能、金相组织及脱碳层。取样在管子壁温较高区域，割取 2 ~ 3 根管样。10 万小时后每次 A 级检修取样，后次的割管尽量在前次割管的附近管段或具有相近温度的区段。

g）锅炉运行 5 万小时后，应对过热器管、再热器管及与奥氏体耐热钢相连的异种钢焊接接头取样检测管子的壁厚、管径、焊缝质量、内壁氧化层厚度、拉伸性能、金相组织。取样在管子壁温较高区域，割取 2 ~ 3 根管样。10 万小时后每次 A 级检修取样检验，后次割管尽量在前次割管的附近管段或服役温度相近的区段。

5.7.4.9 当发现下列情况之一时，应对过热器和再热器管进行材质评定和寿命评估：

a）碳钢和钼钢管石墨化达到 4 级；20 钢、15CrMoG、12Cr1MoVG 和 12Cr2MoG（2.25Cr-1Mo、T22、10CrMo910）的珠光体球化达到 5 级；T91、T92、T122 钢管的组织老化达到 5 级；12Cr2MoWVTiB（钢 102）钢管碳化物明显聚集长大（3 ~ 4μm）；18Cr-8Ni 系列奥氏体耐热钢管老化达到 4 级；T91 钢管的组织老化评级按 DL/T 884 执行，T92、T122 钢管的组织老化评级参照 DL/T 884；18Cr-8Ni 系列奥氏体耐热钢的组织老化评级按 DL/T 1422 执行。

b）管材的拉伸性能低于相关标准要求。

5.7.4.10 当发现下列情况之一时，应及时更换管段。

a）管子外表面有宏观裂纹和明显鼓包；

b）高温过热器管和再热器管外表面氧化皮厚度超过 0.6mm；

c）T91、T122 类管子外径蠕变应变大于 1.2%，低合金钢管外径蠕变应变大于 2.5%，碳素钢管外径蠕变应变大于 3.5%，奥氏体耐热钢管子蠕变应变大于 4.5%；

d）管子腐蚀减薄后的壁厚小于按 GB/T 16507.4 计算的管子最小需要厚度；

e）金相组织检验发现晶界氧化裂纹深度超过 5 个晶粒或晶界出现蠕变裂纹；

f）奥氏体耐热钢管及焊缝产生沿晶、穿晶裂纹，特别要注意焊缝的检验。

5.8 锅筒、汽水分离器及储水罐的监督

5.8.1 制造、安装阶段的监督

5.8.1.1 锅筒、汽水分离器及储水罐的监督检验参照 DL/T 612、DL 647 和 DL/T 440 中相关条款执行。

5.8.1.2 锅筒、汽水分离器及储水罐安装前，应检查见证制造商的质量保证书是否齐全。质量保证书中应包括以下内容：

a）锅筒、汽水分离器及储水罐材料；母材和焊接材料的化学成分、力学性能、制作工艺。板材技术条件应符合 GB 713 中相关条款的规定；进口板材应符合相应国家的标准及合同规定的技术条件；锻件应符合 NB/T 47008、NB/T 47010、JB/T 9626 中相关条款。锅筒、汽水分离器及储水罐材料及制造有关技术标准见本标准附录 B。

b）制造商对每块钢板、整个筒体、锻件进行的理化性能复验报告，或制造商验收人员按照采购技术要求在材料制造单位进行验收，并签字确认的质保书。

c）制造商提供的锅筒、汽水分离器及储水罐图纸、强度计算书。

d）制造商提供的焊接及热处理工艺资料。对于首次使用的材料，制造商应提供焊接工艺评定报告。

e）制造商提供的焊缝探伤及焊缝返修资料。

f）在制造厂进行的水压试验资料。

5.8.1.3 锅筒、汽水分离器及储水罐安装前，安装单位应按 DL 5190.2 进行相关检验。并且由建设单位委托有资质的检测单位进行如下检验：

a）对母材和焊缝内外表面进行 100% 宏观检验，重点检验焊缝的外观质量。不允许有裂纹、重皮、腐蚀坑等缺陷。对一些可疑缺陷，必要时进行表面探伤。深度为 3~4mm 凹陷、疤痕、划痕应修磨成圆滑过渡，修磨后实际壁厚不应小于按 GB/T 16507.4 计算的最小需要厚度；深度大于 4mm 的宜补焊，补焊按 DL/T 734 执行。人孔门及人孔盖密封面应无径向刻痕。

b）对合金钢制锅筒、汽水分离器及储水罐的每块钢板、每个管接头、锻件和每道焊缝进行光谱检验。

c）对锅筒、汽水分离器及储水罐筒体、封头进行壁厚测量，每节筒体、封头至少测 2 个部位。对不同规格的管接头按 30% 测量壁厚，每种规格不少于 1 个，每个至少测 2 个部位。筒体、封头和管接头壁厚应满足设计要求，不应小于壁厚偏差所允许的最小值且不应小于制造商提供的最小需要厚度。

d）锅筒纵、环焊缝和集中下降管管座角焊缝分别按 25%、10% 和 50% 进行表面探伤和超声波探伤，检验中应包括纵向、环向焊缝的"T"形接头；分散下降管、给水管、饱和蒸汽引出管等管座角焊缝按 10% 进行表面探伤；安全阀及向空排汽阀管座角焊缝进行 100% 表面探伤。抽检焊缝的选取应参考制造商的焊缝探伤结果，焊缝无损探伤按照 NB/T 47013 执行。

e）汽水分离器及储水罐封头环焊缝按 10% 进行表面探伤和超声波探伤，接管座角焊缝按 20% 进行表面探伤，焊缝无损探伤按照 NB/T 47013 执行。

f）对锅筒、汽水分离器及储水罐纵向、环向焊接接头100%进行硬度检查，每条焊缝至少测2个部位；焊接接头硬度检查按本标准5.5.2.4执行，若焊接接头硬度低于或高于规定值，按DL/T 869的规定处理，同时进行金相组织检验。

5.8.1.4　锅筒、汽水分离器及储水罐的安装焊接和焊缝热处理应有完整的记录，安装和检修中严禁在筒身焊接拉钩及其他附件。所有的安装焊缝应100%进行无损探伤，对焊接接头和邻近母材进行硬度检验；焊接接头硬度检查按本标准5.5.2.4执行，若焊接接头硬度低于或高于规定值，按DL/T 869的规定处理，同时进行金相组织检验。

5.8.1.5　锅筒、汽水分离器及储水罐的安装质量验收按DL/T 612、DL 647和DL/T 5210.2中的相关条款执行。

5.8.2　机组运行阶段的监督

5.8.2.1　机组每次A级检修，应对锅筒、汽水分离器及储水罐做以下检验：

a）对筒体和封头内表面（尤其是水线附近和底部）和焊缝的可见部位100%进行表面质量检验，特别注意管孔和预埋件角焊缝是否有裂纹、咬边、凹坑、未熔合和未焊满等缺陷，并评估其严重程度，必要时进行表面除锈。对一些可疑缺陷，必要时按NB/T 47013进行表面探伤。

b）对安装前检验发现缺陷相对较严重的锅筒、汽水分离器及储水罐的纵向、环向焊缝和锅筒的集中下降管管座角焊缝应进行无损探伤复查；同时对偏离硬度正常范围的区域和焊缝应进行表面探伤；至少抽查1个纵向、环向焊缝的"T"形接头（若有）进行无损探伤；检查内壁面，特别是管孔周围有无疲劳裂纹，若发现疲劳裂纹，应清除并按NB/T 47013进行表面探伤。

c）锅筒的分散下降管、给水管、饱和蒸汽引出管等管座角焊缝按10%抽查进行表面检查和无损探伤，汽水分离器及储水罐接管座角焊缝按20%抽查进行表面检查和无损探伤，在锅炉运行至3～4个A级检修期时，完成100%检验；对锅筒、汽水分离器及储水罐缺陷较少、质量较好的纵向、环向焊缝每次A级检修至少抽查1条焊缝，抽查焊缝的部位和长度根据制造检验质量确定。

5.8.2.2　根据检验结果采取以下处理措施：

a）若发现锅筒、汽水分离器及储水罐筒体或焊缝有表面裂纹，首先应分析裂纹性质及产生原因，根据裂纹的性质和产生原因采取相应的措施；表面裂纹和其他表面缺陷可磨除，磨除后对该部位进行探伤以确认裂纹消除，同时对壁厚进行测量，必要时按GB/T 16507.4进行壁厚校核，依据磨除深度和校核结果决定是否进行补焊或监督运行。

b）锅筒的补焊按DL/T 734执行，汽水分离器及储水罐的补焊按DL/T 869执行。

c）对超标缺陷较多，超标幅度较大，暂时又不具备条件处理，或采用一般方法难以确定裂纹等超标缺陷严重程度和发展趋势时，按GB/T 19624进行安全性和剩余寿命评估；若评定结果为不可接受的缺陷，则应进行挖补，或降参数运行，并加强运行监督措施。

5.8.2.3　对按基本负荷设计的频繁启停的机组，应按GB/T 16507.4附录A的要求，对锅筒、汽水分离器及储水罐的低周疲劳寿命进行校核。国外引进的锅筒、汽水分离器及储水罐，可按生产国规定的疲劳寿命计算方法进行。

5.8.2.4　对已投入运行的含较严重超标缺陷的锅筒、汽水分离器及储水罐，应尽量降低锅炉启停过程中的温升、温降速度，尽量减少启停次数，必要时可视具体情况，缩短检查的间隔时间或降参数运行。

5.9 给水管道和低温集箱的监督

5.9.1 制造、安装阶段监督

5.9.1.1 给水管道的材料、制造和安装检验应按照本标准 5.5.2、5.5.3 中的相关条款执行。

5.9.1.2 低温集箱材料、制造和安装检验应按照本标准 5.6.1 中的相关条款执行。

5.9.2 机组运行阶段的监督

5.9.2.1 机组每次 A 级检修，应对拆除保温层的管道、集箱部位进行筒体、焊接接头和弯头/弯管的外观质量检查，一旦发现表面裂纹、严重划痕、重皮和严重碰磨等缺陷，应予以消除。管道、集箱缺陷清除处的实际壁厚分别不应小于按 GB 50764、GB/T 16507.4 计算的最小需要厚度。首次检验应对主给水管道调整阀门后的管段和第一个弯头进行检验。对一些可疑缺陷，必要时进行表面探伤。

5.9.2.2 机组每次 A 级检修或 B 级检修，应检查与集箱和给水管道相连的小口径管（疏水管、测温管、压力表管、空气管、安全阀、排气阀、充氮、取样、压力信号等）管座角焊缝，检查数量、方法按照本标准 5.5.4.2 中 d）执行。

5.9.2.3 机组每次 A 级检修，应对集箱筒体、封头环焊缝进行检查，检查数量、项目和方法按照本标准 5.6.2.1 中 c）执行。

5.9.2.4 机组每次 A 级检修或 B 级检修，按 20% 对集箱管座角焊缝进行抽查外观检验和表面探伤，必要时进行超声波、涡流或磁记忆检测，重点检查制造质量检查中缺陷较严重的角焊缝。后次抽查部位为前次未检部位，至 3~4 个 A 级检修期完成 100% 检验。表面、超声波、涡流和磁记忆检测分别按 DL/T 1105.2、DL/T 1105.3、DL/T 1105.4 和 NB/T 47013 执行。

5.9.2.5 机组每次 A 级检修，应对吊耳与集箱焊缝进行外观质量检验，必要时进行无损检测。

5.9.2.6 机组每次 A 级检修，应查阅主给水管道焊缝的制造、安装检验记录，根据安装前及安装过程中对焊缝质量（无损检测、硬度、金相组织以及壁厚、外观等）的检测评估，对质量相对较差、返修过的焊缝进行外观、无损探伤、硬度及壁厚检测；对正常焊缝，按不少于 10% 进行无损探伤。以后的检验重点为质量较差、返修、受力较大部位以及壁厚较薄部位的焊缝；逐步扩大对正常焊缝的抽查，后次抽查为前次未检的焊缝，至 3~4 个 A 级检修期完成全部焊缝的检验。焊缝表面探伤按 NB/T 47013 执行，超声波探伤按 DL/T 820 规定执行。

5.9.2.7 机组每次 A 级检修或 B 级检修，应对主给水管道的三通、阀门进行外表面检验，特别注意与三通、阀门相邻的焊缝，一旦发现可疑缺陷，应进行表面探伤，必要时进行超声波探伤。

5.9.2.8 机组每次 A 级检修或 B 级检修，应对主给水管道、集箱焊缝上相对较严重的缺陷进行复查；对偏离硬度正常值的区段和焊缝进行跟踪检验。

5.9.2.9 机组每次 A 级检修或 B 级检修，应对主给水管道、集箱筒体、焊缝在制造、安装中发现的硬度较低或较高的区域进行硬度抽查，以与原测量数值进行比较。若无制造、安装中的测量数值，首次 A 级检修或 B 级检修按集箱数量和主给水管段数量的 20% 对母材进行硬度检测，按焊缝数量的 20% 进行硬度检测。若发现硬度偏离正常值，应分析原因，提出处理措施。此后的监督主要为硬度异常的区段和焊缝。硬度检测按本标准 5.5.2.4 执行。

5.10 管道支吊架的检验监督

5.10.1 设计阶段的监督

5.10.1.1 汽水管道支吊架的设计选型应符合 DL/T 5054 的规定。

5.10.1.2 汽水管道设计文件上应有支吊架的类型及布置，支吊架的结构荷重、工作荷重、支吊架的冷位移和热位移值。

5.10.2 制造阶段的监督

5.10.2.1 制造阶段应依据 DL/T 1113 的规定和要求，对汽水管道支吊架的制造质量进行监督检验和资料审查、出厂验收。

5.10.2.2 管道支吊架的弹簧应有产品质量保证书和合格证，用于变力弹簧或恒力弹簧支吊架的弹簧特性应进行 100% 检查，变力弹簧支吊架、恒力弹簧支吊架和阻尼装置等功能件的性能试验必须逐台检验。

5.10.2.3 合金钢材料的支吊架管夹、承载块和连接螺栓应进行 100% 光谱复查，复查结果应与设计要求相一致，代用材料必须有设计单位出具的更改通知单。

5.10.2.4 恒力弹簧支吊架应进行载荷偏差度、恒定度和超载试验，恒力弹簧支吊架载荷偏差度应小于等于 5%、恒定度应小于等于 6%、超载载荷值应不小于 2 倍支吊架标准载荷值。

5.10.2.5 变力弹簧支吊架应进行超载试验，超载载荷值应不小于 2 倍最大工作载荷值。

5.10.2.6 支吊架弹簧的外观及几何尺寸检查应符合下列要求：
    a）弹簧表面不应有裂纹、折叠、分层、锈蚀、划痕等缺陷；
    b）弹簧尺寸偏差应符合图纸的要求；
    c）弹簧工作圈数偏差不应超过半圈；
    d）在自由状态时，弹簧备圈节距应均匀，偏差不得超过平均节距的 ±10%；
    e）弹簧两端支承面与弹簧轴线应垂直，其偏差不得超过自由高度的 2%。

5.10.2.7 支吊架上用螺栓及螺母的螺纹应完整，无伤痕、毛刺等缺陷，螺栓与螺母应配合良好，无松动或卡涩现象。

5.10.2.8 支吊架出厂文件资料至少应包括以下内容：
    a）产品检验合格证、使用说明书、热处理记录；
    b）恒力支吊架、变力弹簧支吊架、液压阻尼器、弹簧减震器的性能试验报告。

5.10.3 安装阶段的监督

5.10.3.1 安装前，应依据 DL/T 1113 标准的规定，对管道支吊架进行开箱验收。

5.10.3.2 安装前，应对支吊架承重部件按 20% 进行几何尺寸抽查，检验结果应符合设计要求；对卡块的角焊缝进行宏观检查，必要时按 NB/T 47013 进行无损检测；对合金钢部件还应按 DL/T 991 进行 20% 的光谱检验，光谱检验按 DL/T 991 执行。检验结果应符合设计要求。

5.10.3.3 支吊架的安装应符合设计文件、使用说明书、DL/T 1113 的规定。

5.10.3.4 支吊架安装完毕后应依据 DL/T 1113 标准的规定，对支吊架安装质量进行水压试验前、水压试验后升温前、运行条件下三个阶段的检查和验收。

5.10.3.5 检查支吊架安装质量应符合如下要求：

　　a) 支吊架的设置、吊杆偏装方向和偏装量应符合设计图纸、相应标准的要求；

　　b) 管道穿墙处应留有足够的管道热位移间距；

　　c) 弹簧支吊架的冷态指示位置应符合设计要求，支吊架热位移方向和范围内应无阻挡；

　　d) 支吊架调整后，各连接件的螺杆丝扣必须带满、锁紧螺母应锁紧；

　　e) 活动支架的滑动部分应裸露，活动零件与其支承件应接触良好，滑动面应洁净，活动支架的位移方向、位移量及导向性能应符合设计要求；

　　f) 固定支架应固定牢靠；

　　g) 变力弹簧支吊架位移指示窗口应便于检查；

　　h) 参加锅炉启动前水压试验的管道，其支吊架定位销应安装牢固；

　　i) 定位销应在管道系统安装结束且水压试验及保温后方可拆除，全部定位销应完整、顺畅地拔除。

5.10.3.6 在机组试运行方案中，应有防止发生管道水冲击的事故预案，以预防管道发生水冲击并引发支吊架损坏事故的发生。

5.10.3.7 在机组试运行前，应确认所有的弹性吊架的定位装置均已松开。

5.10.3.8 在机组试运行期间，在蒸汽温度达到额定值 8h 后，应对主蒸汽管道、高温再热蒸汽管道、高压旁路管道与启动旁路管道所有的支吊架进行一次目视检查，对弹性支吊架荷载标尺或转体位置、减振器及阻尼器行程、刚性支吊架及限位装置状态进行一次记录。发现异常应分析原因，并进行调整或处理。固定吊架调整完毕后，螺母应用点焊与吊杆固定。

5.10.3.9 机组试运行结束后，支吊架热位移方向和热位移量应与设计基本吻合：支吊架热态位移无受阻现象：管道膨胀舒畅、无异常振动。

5.10.3.10 安装过程中，不应将弹簧、吊杆、滑动与导向装置的活动部分包在保温内。

5.10.3.11 在对支吊架安装质量进行水压试验前、水压试验后升温前、运行条件下三个阶段的检查和验收过程中，如发现支吊架安装位置不符合设计文件、使用说明书的情况，应及时予以整改。如发现支吊架有严重的失载、超载、偏斜情况，以及其他经分析判断支吊架有明显的选型不当情况时，应安排对支吊架进行全面的检验和管系应力分析的设计计算校核。

5.10.4 运行阶段的监督

5.10.4.1 运行期间，每年应在热态下对主蒸汽、再热热段和冷段、高压给水管道等重要管道和外置式集箱的支吊架进行一次外观检查，并对检查情况进行记录和建档保存。检查项目和内容如下：

　　a）各支吊架结构正常，转动或滑动部位灵活和平滑。支吊架根部、连接件和管部部件应无明显变形，焊缝无开裂；

　　b）各支吊架热位移方向符合设计要求。恒力和变力弹簧吊架的吊杆偏斜角度应小于4°，刚性吊架的吊杆偏斜角度应小于3°；

　　c）恒力弹簧支吊架热态应无失载或过载、弹簧断裂情况，位移指示在正常范围以内；

　　d）变力弹簧支吊架热态应无失载或弹簧压死的过载、弹簧断裂情况，弹簧高度在正常范围以内；

　　e）活动支架的位移方向、位移量及导向性能符合设计要求；

　　f）防反冲刚性吊架横担与管托之间不得焊接，热态间距符合设计要求；

　　g）管托应无松动或脱落情况；

　　h）刚性吊架受力正常，无失载；

　　i）固定支架牢固可靠，混凝土支墩无裂缝、损坏；

　　j）减振器结构完好，液压阻尼器液位正常无渗油现象。

5.10.4.2 对有振动情况的主蒸汽、再热热段和冷段、高压给水管道等重要管道，应加强对支吊架状态的检查和记录，发现断裂、严重变形等情况时应及时处理。

5.10.4.3 对在巡检或外部检查过程中发现的支吊架失效（包括失载）情况，应及时检查分析原因，并采取措施修复处理。

5.10.4.4 严禁在管道或支吊架上增加任何永久性或临时性载荷。

5.10.4.5 应依据 DL/T 438、DL/T 616 的规定和要求，对汽水管道支吊架进行检查、维修、调整、改造和缺陷问题处理。

5.10.4.6 每次 A 级检修时，应对主蒸汽、再热热段和冷段、高压给水管道等重要管道的管部、根部、连接件、吊杆、弹簧组件、减振器与阻尼器进行一次全面的检查，并做好记录。全面检查的项目和内容执行 DL/T 616。

5.10.4.7 每次 A 级检修时，应对一般汽水管道（除主蒸汽、再热热段和冷段、高压给水管道外）的支吊架进行外观检查。检查项目至少应包括以下内容：

　　a）承受安全阀、泄压阀排汽反力作用的液压阻尼器的油系统与行程；

　　b）承受安全阀、泄压阀排汽反力作用的刚性支吊架间隙；

　　c）限位装置、固定支架结构状态是否正常；

　　d）大荷载刚性支吊架结构状态是否正常。

5.10.4.8 对主蒸汽、再热热段和冷段、高压给水管道等重要管道和集箱支吊架热态检验以及 A 级检修发现的支吊架超标缺陷和异常情况，应及时进行维修或调整、改造处理。支吊架发生断裂、存在大量的失载或超载、无法调整或明显选型错误的情况时，应对管道或集箱支吊架在进行全面的冷、热态位移和承载状态检验的基础上，对管系应力进行一次全面的校核计算，对支吊架进行调整或进行重新设计选型、改造。

5.10.4.9 检修过程中，当更换管道规格不同于原管道，或在原管道上连接其他管道或管件、阀门，或新更换阀门不同于原规格时，应对管系应力进行一次全面的校核计算，对支吊架进行调整或进行重新设计选型、改造。

5.10.4.10 管道大范围更换保温材料时，应将弹簧支吊架、恒力支吊架暂时锁定，待保温恢复后再解除锁定。新换保温材料容重与原材料不同时，应对管系应力进行一次全面的计算校核，对支吊架进行调整或进行重新设计选型、改造。

5.11 中温中压管道、特殊管道的监督

5.11.1 设计、安装阶段的监督

5.11.1.1 中温中压管道、特殊管道的设计、选材、安装质量应符合 GB 50660 、DL/T 5204、DL 5190.2、DL 5190.3、《防止电力生产事故的二十五项重点要求》等规定。

5.11.1.2 油气管道设计时不宜采用法兰连接，尽量使用焊接连接方式和减少焊缝，禁止使用铸铁阀门。

5.11.1.3 中温中压管道、特殊管道设计时，三通应选取有大小头过渡的结构形式，避免采用插入式结构形式。

5.11.1.4 公称直径 50mm 及以下中温中压管道、特殊管道应采用全氩弧焊焊接方法，其他管道至少应采用氩弧焊打底，焊缝的坡口类型、焊缝检验应按 DL/T 869 的规定执行。

5.11.1.5 安装前，检查中温中压管道、特殊管道质量保证书，管道的外径和壁厚、材料牌号应符合设计要求。

5.11.1.6 安装前，对合金钢管道和管件应进行 100% 的光谱检验，检验结果应符合设计要求，光谱检验按 DL/T 991 执行。

5.11.1.7 安装前，对中温中压管道、特殊管道、管件、阀门进行 100% 的外观检验，检查结果应无严重的机械划伤、穿孔、裂纹、重皮、折叠等缺陷。

5.11.1.8 汽轮机（包括小汽轮机）高压抗燃油系统的管道（包括取样管）、管件、油箱宜选用不锈钢材料；管道弯头宜采用大曲率半径弯管，不宜采用直角接头；弯管表面应光滑，无皱纹、扭曲、压扁；弯管时应使并弯管半径均等，弯管两端应留有直段；不锈钢管道焊接应采用氩弧焊焊接方法。

5.11.1.9 中温中压管道安装焊缝无损检测比例不低于 DL/T 869 的要求，介质温度300℃以上管道的无损检测比例不应低于 20%；抗燃油管道安装焊缝 100% 进行射线检测。射线检测应按 DL/T 821 或 NB/T 47013 进行。

5.11.1.10 安装过程中，中温中压管道、特殊管道应布置整齐，尽量减少交叉，固定卡牢固，防止运行中由振动而引起的疲劳失效。

5.11.1.11 不锈钢管道不得采用含有氯化物的溶剂清洗，不锈钢管道与非不锈钢支吊架接触的地方应采用不锈钢垫片或氯离子含量不超过万分之五的非金属垫片隔离。

5.11.1.12 中温中压管道、特殊管道安装完毕后，管道的支吊架应符合设计要求；要保证管道在机组运行工况下自由膨胀。

5.11.2 运行阶段的监督

5.11.2.1 运行期间，应加强对中温中压管道、特殊管道的巡检，对有振动现象的管道，

应及时查明原因，并消除振动，以防止管道疲劳开裂引起事故的发生。

5.11.2.2 运行期间，修复中温中压管道、特殊管道时，新更换管道、管件的质量和焊接工作按5.11.1条的相关规定执行。

5.11.2.3 对插入式结构形式的三通焊缝、结构突变部位的焊缝，应在每次A级检修中进行宏观和渗透探伤检查，渗透探伤按NB/T 47013执行；尤其注意加强对有明显震动的管路的监督检查，并采取措施消除或减小管路振动幅度。

5.11.2.4 A级检修期间，应查阅中温中压管道、特殊管道安装焊缝的无损检测资料，每种管道抽取2~3道焊缝进行无损检测。当发现存在超标缺陷时，应扩大检查范围；对存在超标缺陷的焊缝应及时安排返修，返修时应全部割除原焊缝，返修后的焊缝应按5.11.1条的相关规定执行。

5.12 汽轮机部件的监督

5.12.1 安装前的监督

5.12.1.1 对汽轮机转子大轴、轮盘及叶轮、叶片、喷嘴、隔板和隔板套等部件，出厂前应进行以下资料见证检查：

　　a）制造商提供的部件质量证明书，质量证明书中有关技术指标应符合现行国家标准、国内外行业标准（若无国家标准、国内外行业标准，可按企业标准）和合同规定的技术条件；对进口锻件，除应符合有关国家的技术标准和合同规定的技术条件外，还应有商检合格证明单。

　　b）转子大轴、轮盘及叶轮见证的技术内容包括：

　　　　1）部件图纸；

　　　　2）材料牌号；

　　　　3）部件制造商；

　　　　4）大轴、轮盘及叶轮、叶片坯料的冶炼、锻造及热处理工艺；

　　　　5）化学成分；

　　　　6）力学性能：拉伸、硬度、冲击、脆性形貌转变温度$FATT_{50}$（若标准中规定）或$FATT_{20}$；

　　　　7）金相组织、晶粒度；

　　　　8）残余应力；

　　　　9）无损探伤结果；

　　　　10）几何尺寸；

　　　　11）转子热稳定性试验结果。

　　c）叶片、喷嘴、隔板和隔板套等部件的技术指标根据部件质量证明书可增减。

5.12.1.2 国产汽轮机转子体、轮盘及叶轮、叶片的验收，应满足以下规定：

　　a）超（超）临界机组汽轮机高中压转子体锻件技术要求和质量检验，应符合JB/T 11019或制选企业相关标准的要求；

　　b）300MW及以上容量汽轮机转子体锻件技术要求和质量检验应符合JB/T 7027的要求；

  c）300MW 以上容量汽轮机无中心孔转子锻件技术要求和质量检验应符合 JB/T 8707 的要求；

  d）25～200MW 汽轮机转子体和主轴锻件技术要求和质量检验应符合 JB/T 1265 的要求；

  e）25～200MW 汽轮机轮盘及叶轮锻件的技术要求和质量检验应符合 JB/T 1266 的要求；

  f）超（超）临界机组汽轮机低压转子体锻件技术要求和质量检验应符合 JB/T 11020 的要求；

  g）汽轮机高低压复合转子体锻件技术要求和质量检验应符合 JB/T 11030 或制造企业相关标准的要求；

  h）汽轮机叶片用钢的技术要求和质量检验应符合 GB/T 8732。

5.12.1.3 汽轮机安装前，安装单位应按照 DL/T 5190.3 执行。并且由建设单位委托有资质的检测单位进行如下检验：

  a）对汽轮机转子、叶轮、叶片、喷嘴、隔板和隔板套等部件进行外观检验，对易出现缺陷的部位进行重点检查，应无裂纹、严重划痕、碰撞痕印，依据检验结果做出处理措施。对一些可疑缺陷，必要时进行表面探伤。

  b）对汽轮机转子进行硬度检验，圆周不少于 4 个截面，且应包括转子两个端面，高中压转子有一个截面应选在调速级轮盘侧面；每一截面周向间隔 90°进行硬度检验，同一圆周线上的硬度值偏差不应超过 30HB，同一母线的硬度值偏差不应超过 40HB。硬度检查按本标准 5.5.2.4 执行，若硬度偏离正常值幅度较多，应分析原因，同时进行金相组织检验。

  c）若制造商质量证明书中未提供转子探伤报告或对其提供的报告有疑问时，应进行无损探伤。转子中心孔无损探伤按 DL/T 717 执行，焊接转子无损探伤按 DL/T 505 执行，实心转子探伤按 DL/T 930 执行。

  d）各级推力瓦和轴瓦应按 DL/T 297 进行超声波探伤，检查是否有脱胎或其他缺陷。

  e）镶焊有司太立合金的叶片，应对焊缝进行无损探伤。叶片无损探伤按 DL/T 714、DL/T 925 执行。

  f）对隔板进行外观质量检验和表面探伤。

5.12.2 机组运行阶段的监督

5.12.2.1 机组投运后每次 A 级检修，应对转子大轴轴颈，特别是高中压转子调速级叶轮根部的变截面处和前汽封槽等部位，叶轮、轮缘小角及叶轮平衡孔部位，叶片、叶片拉金、拉金孔和围带等部位，喷嘴、隔板、隔板套等部件进行表面检验，应无裂纹、严重划痕、碰撞痕印。有疑问时进行表面探伤。

5.12.2.2 机组投运后首次 A 级检修，应对高、中压转子大轴进行硬度检验。硬度检验部位为大轴端面和调速级轮盘平面（标记记录检验点位置），此后每次 A 级检修在调速级叶轮侧平面首次检验点邻近区域进行硬度检验。若硬度相对前次检验有较明显变化，应进行金相组织检验。

5.12.2.3 机组每次 A 级检修，应对低压转子末三级叶片和叶根、高中压转子末一级叶片和叶根进行无损探伤；对高、中、低压转子末级套装叶轮轴向键槽部位应进行超声波探伤，叶片探伤按 DL/T 714、DL/T 925 执行。有条件时应对低压转子末三级叶根，高中压转子采用超声波相控阵检测技术（PAUT）进行检测。

5.12.2.4　机组运行 10 万小时后的第一次 A 级检修，视设备状况对转子大轴进行无损探伤；带中心孔的汽轮机转子，可采用内窥镜、超声波、涡流等方法对转子进行检验；若为实心转子，则对转子进行表面探伤和超声波探伤。下次检验为 2 个 A 级检修期后。转子中心孔无损探伤按 DL/T 717 执行。焊接转子无损探伤按 DL/T 505 执行，实心转子探伤按 DL/T 930 执行。

5.12.2.5　运行 20 万小时的机组，每次 A 级检修应对转子大轴进行无损探伤。

5.12.2.6　"反 T 形"结构的叶根轮缘槽，运行 10 万小时后的每次 A 级检修，应首选超声波技术或 PAUT 对轮缘槽 90°角等易产生裂纹部位进行检查。

5.12.2.7　600MW 机组或超临界及以上参数机组，一旦发现高中压隔板累计变形超过 1mm，应对静叶与外环的焊接部位进行 PAUT 检查，结构条件允许时静叶与内环的焊接部位也应进行 PAUT 检查。

5.12.2.8　对存在超标缺陷的转子，按照 DL/T 654 用断裂力学的方法进行安全性评定和缺陷扩展寿命估算；同时根据缺陷性质、严重程度制定相应的安全运行监督措施。

5.12.2.9　机组运行中出现异常工况，如严重超速、超温、转子水激弯曲等，应视损伤情况对转子进行硬度、无损探伤等。

5.12.2.10　根据设备状况，结合机组 A 级检修或 B 级检修，对各级推力瓦和轴瓦进行外观质量检验和无损探伤。

5.12.2.11　根据检验结果采取如下处理措施：

　　a）对表面较浅缺陷应磨除。

　　b）叶片产生裂纹时应更换；或割除开裂叶片和位向相对应的叶片（180°），必要时进行动平衡试验。

　　c）叶片产生严重冲蚀时，应修补或更换。

　　d）高、中压转子调速级叶轮根部的变截面处和汽封槽等部位产生裂纹后，应对裂纹进行车削，车削后应进行表面探伤以保证裂纹完全消除，且应在消除裂纹后再车削约 1mm 以消除疲劳硬化层，然后进行轴径强度校核，同时进行疲劳寿命估算。转子疲劳寿命估算按照 DL/T 654 执行。

5.12.2.12　机组进行超速试验时，转子大轴的温度不得低于转子材料的脆性转变温度。

5.13　发电机部件的监督

5.13.1　制造、安装前的监督

5.13.1.1　发电机转子大轴、护环等部件，出厂前应进行以下资料检查见证：

　　a）部件质量证明书，制造商提供的质量证明书中有关技术指标应符合现行国家标准、国内外行业标准（若无国家标准、国内外行业标准，可按企业标准）和合同规定的技术条件；对进口锻件，除应符合有关国家的技术标准和合同规定的技术条件外，还应有商检合格证明单。

b）转子大轴和护环的技术指标包括：

　　1）部件图纸；

　　2）材料牌号；

　　3）锻件制造商；

　　4）坯料的冶炼、锻造及热处理工艺；

　　5）化学成分；

　　6）力学性能：拉伸、硬度、冲击、脆性形貌转变温度 $FATT_{50}$（若标准中规定）或 $FATT_{20}$；

　　7）金相组织、晶粒度；

　　8）残余应力测量结果；

　　9）无损探伤结果；

　　10）发电机转子、护环电磁特性检验结果；

　　11）几何尺寸。

5.13.1.2　国产汽轮发电机转子、护环锻件验收，应满足以下规定：

a）1000MW 及以上汽轮发电机转子锻件技术要求和质量检验应符合 JB/T 11017 的要求；

b）300~600MW 汽轮发电机转子锻件技术要求和质量检验应符合 JB/T 8708 的要求；

c）50~200MW 汽轮发电机转子锻件技术要求和质量检验应符合 JB/T 1267 的要求；

d）50~200MW 汽轮发电机无中心孔转子锻件技术要求和质量检验应符合 JB/T 8706 的要求；

e）50MW 以下汽轮发电机转子锻件技术要求和质量检验应符合 JB/T 7026 的要求；

f）50MW 以下汽轮发电机无中心孔转子锻件技术要求和质量检验应符合 JB/T 8705 的要求；

g）300~600MW 汽轮发电机无磁性护环锻件技术要求和质量检验应符合 JB/T 7030 的要求；

h）50~200MW 汽轮发电机无磁性护环锻件技术要求和质量检验应符合 JB/T 1268 的要求。

5.13.1.3　发电机转子安装前应进行如下检验：

a）对发电机转子大轴、护环等部件进行外观检验，对易出现缺陷的部位重点检查，应无裂纹、严重划痕，依据检验结果采取处理措施。对一些可疑缺陷，必要时进行表面探伤。对表面较浅的缺陷应磨除，转子若经磁粉探伤应进行退磁。

b）若制造商未提供转子、护环探伤报告或对其提供的报告有疑问时，应对转子、护环进行无损探伤。

c）对转子大轴进行硬度检验，圆周不少于 4 个截面且应包括转子两个端面，每一截面周向间隔90°进行硬度检验。同一圆周的硬度值偏差不应超过30HB，同一母线的硬度值偏差不应超过40HB。硬度检查按本标准5.5.2.4执行，若硬度偏离正常值幅度较多，应分析原因，同时进行金相组织检验。

5.13.2　机组运行期间的检验监督

5.13.2.1　机组每次 A 级检修，应对转子大轴（特别注意变截面位置）、护环、风冷扇叶等部件进行表面检验，应无裂纹、严重划痕、碰撞痕印，有疑问时进行无损探伤；对表面较浅的缺陷应磨除；转子若经磁粉探伤应进行退磁。

5.13.2.2 护环拆卸时应对内表面进行渗透检测，应无裂纹类缺陷；护环不拆卸时应按 DL/T 1423 或 JB/T 10326 进行超声波检测。

5.13.2.3 机组每次 A 级检修，应对转子滑环（或称集电环）进行表面质量检测，应无裂纹类缺陷。

5.13.2.4 机组运行 10 万小时后的第一次 A 级检修，应视设备状况对转子大轴的可检测部位进行无损探伤。以后的检验为 2 个 A 级检修周期。

5.13.2.5 对存在超标缺陷的转子，按照 DL/T 654 用断裂力学方法进行安全性评定和缺陷扩展寿命估算；同时根据缺陷性质和严重程度，制定相应的安全运行监督措施。

5.13.2.6 机组运行 10 万小时后的第一次 A 级检修，对护环进行无损探伤。以后的检验为 2 个 A 级检修周期。

5.13.2.7 对 Mn18Cr18 系钢制护环，在机组第三次 A 级检修时开始进行无损检测和晶间裂纹检查（通过金相检查），此后每次 A 级检修进行无损检测和晶间裂纹检验，金相组织检验完后应对检查点进行多次清洗；对 Mn18Cr5 系钢制护环，在机组每次 A 级检修时，应进行无损检测和晶间裂纹检查（通过金相检查）；对存在晶间裂纹的护环，应作较详细的检查，根据缺陷情况，确定消缺方案或更换。

5.13.2.8 机组超速试验时，转子大轴的温度不应低于材料的脆性转变温度。

5.14 紧固件的监督

5.14.1 高温紧固件的选材原则、使用前和投运后的检验、更换及报废按 DL/T 439 中的相关条款执行。紧固件的超声波检测按 DL/T 694 执行。

5.14.2 对国外引进材料制造的螺栓，若无国家或行业标准，应见证制造厂企业标准，明确螺栓强度等级。

5.14.3 高温紧固件材料的非金属夹杂物、低倍组织和 δ－铁素体含量按 GB/T 20410 相关条款执行。

5.14.4 汽轮机/发电机大轴联轴器螺栓安装前应进行外观质量、光谱、硬度检验和表面探伤，机组每次检修应进行外观质量检验，按数量的 20% 进行无损探伤抽查。

5.14.5 IN783、GH4169 合金制螺栓，安装前应进行下列检查：

a）对螺栓表面进行宏观检验，特别注意检查中心孔表面的加工粗糙度；

b）100% 进行硬度检测，若硬度超过 370HB，应对光杆部位进行超声波检测，螺纹部位渗透检测；

c）按数量的 10% 进行无损检测，光杆部位进行超声波检测，螺纹部位进行渗透检测。

5.14.6 锅筒人孔门、导汽管法兰、主汽门、调节汽门螺栓，安装前应进行光谱分析、硬度检验；机组运行检修期间应进行外观质量检验，按数量的 20% 进行无损探伤抽查。

5.14.7 大于等于 M32 的高温紧固件的质量检验按 DL/T 439、GB/T 20410 执行。

5.14.8 机组每次 A 级检修，应对 20Cr1Mo1VNbTiB（争气 1 号）、20Cr1Mo1VTiB（争气 2 号）钢制螺栓进行 100% 的硬度检查、20% 的金相组织抽查；同时对硬度高于 DL/T 439

中规定上限的螺栓也应进行金相检查，一旦发现晶粒度粗于 5 级，应予以更换。

5.14.9　凡在安装或拆卸过程中，使用加热棒对螺栓中心孔加热的螺栓，应对其中心孔进行宏观检查，必要时使用内窥镜检查中心孔内壁是否存在过热和烧伤。

5.15　大型铸件的监督

5.15.1　安装前的检验

5.15.1.1　大型铸件如汽缸、汽室、主汽门、调节汽门、平衡环、阀门等部件，安装前应进行以下资料检查见证：

　　a）部件质量证明书，制造商提供的质量证明书中有关技术指标应符合现行国家标准、国内外行业标准（若无国家标准、国内外行业标准，可按企业标准）和合同规定的技术条件；对进口部件，除应符合有关国家的技术标准和合同规定的技术条件外，还应有商检合格证明单。汽缸、汽室、主汽门、阀门等材料及制造有关技术条件见本标准附录 B。

　　b）部件的技术资料包括：

　　　　1）部件图纸；

　　　　2）材料牌号；

　　　　3）坯料制造商；

　　　　4）化学成分；

　　　　5）坯料的冶炼、铸造和热处理工艺；

　　　　6）力学性能：拉伸、硬度、冲击、脆性形貌转变温度 $FATT_{50}$（若标准中规定）或 $FATT_{20}$；

　　　　7）金相组织；

　　　　8）射线或超声波探伤结果，特别注意铸钢件的关键部位，包括铸件的所有浇口、冒口与铸件的相接处、截面突变处以及焊缝端头的预加工处；

　　　　9）汽缸坯料补焊的焊接资料和热处理记录。

5.15.1.2　汽轮机、锅炉用铸钢件的验收，应满足以下规定：

　　a）汽轮机承压铸钢件的技术指标和质量检验应符合 JB/T 10087 的规定；

　　b）超临界及超超临界机组汽轮机用 10% Cr 钢铸件技术指标和质量检验应符合 JB/T 11018 的规定；

　　c）300MW 及以上汽轮机缸体铸钢件的技术指标和质量检验应符合 JB/T 7024 的规定；

　　d）锅炉管道附件承压铸钢件的技术指标和质量检验，应符合 JB/T 9625 的规定。

5.15.1.3　部件安装前，安装单位应按照 DL/T 5190.3 执行。并且由建设单位委托有资质的检测单位进行如下检验：

　　a）铸钢件 100% 进行外表面和内表面可视部位的检查，内外表面应光洁，不应有裂纹、缩孔、粘砂、冷隔、漏焊、砂眼、疏松及尖锐划痕等缺陷。对一些可疑缺陷，必要时进行表面探伤；若存在上述缺陷，则应完全清除，清理处的实际壁厚不应小于壁厚偏差所允许的最小值且应圆滑过渡；若清除处的实际壁厚小于壁厚的最小值，则应进行补焊。对挖补部位应进行无损探伤和金相、硬度检验。汽缸补焊参照 DL/T 753 执行。

　　b）若汽缸坯料补焊区硬度偏高，补焊区出现淬硬马氏体组织，应重新挖补并进行硬

国家电投集团火电企业技术监督实施细则和评估标准

度、无损检测。

c）若汽缸坯料补焊区发现裂纹，应打磨消除并进行无损检测；若打磨后的壁厚小于壁厚的最小值，应重新补焊。

d）对汽缸的螺栓孔进行无损探伤。

e）若制造厂未提供部件探伤报告或对其提供的报告有疑问时，应进行无损探伤；若含有超标缺陷，应加倍复查。铸钢件的超声波检测、渗透检测、磁粉检测和射线检测分别按 GB/T 7233.2、GB/T 9443、GB/T 9444 和 GB/T 5677 执行。

f）对铸件进行硬度检验，特别要注意部件的高温区段。硬度检查按本标准 5.5.2.4 执行，若硬度偏离正常值幅度较多，应分析原因，同时进行金相组织检验。

5.15.2 运行阶段的监督

5.15.2.1 机组每次 A 级检修，应对受监的大型铸件进行表面检验，特别要注意高压汽缸高温区段的变截面拐角、结合面和螺栓孔部位以及主汽门内表面；有疑问时进行无损探伤。

5.15.2.2 大型铸件发现表面裂纹后，应分析原因，并进行打磨或打止裂孔，若打磨处的实际壁厚小于壁厚的最小值，根据打磨深度由金属和压力容器监督负责人提出是否挖补。对挖补部位修复前、后应进行无损探伤、硬度和金相组织检验。

5.15.2.3 机组每次 A 级、B 级检修，应对高中压主汽门、调速汽门的合金密封面进行表面和超声波探伤，表面探伤按 NB/T 47013 执行，超声波探伤参照 DL/T 297 执行。

5.15.2.4 根据部件的表面质量状况，确定是否对部件进行超声波探伤。

5.16 锅炉钢结构金属的监督

5.16.1 锅炉钢结构制造、安装前，对板材、型材应进行以下资料检查见证：

a）制造商提供的板材、型材质量证明书，质量证明书中有关技术指标应符合现行国家或行业技术标准和合同规定的技术条件；对进口部件，除应符合有关国家的技术标准和合同规定的技术条件外，还应有商检合格证明单。

b）板材、型材的技术资料包括：

1）材料牌号；

2）制造商；

3）材料的化学成分；

4）材料的拉伸、弯曲、冲击性能；

5）材料的金相组织；

6）材料无损检测结果，厚度大于 60mm 的板材应进行超声波检测复查。

c）锅炉钢结构板材、型材的质量验收按 GB/T 3274、GB/T 11263、GB/T 1591 执行。

d）锅炉钢结构制造质量应符合 NB/T 47043。

5.16.2 对锅炉钢结构板材、型材应进行外观检验，表面不应有裂纹、结疤、折叠、夹杂、分层和氧化铁皮压入。表面缺陷允许打磨，打磨处应平滑无棱角，打磨后的板材、型材厚度应符合图纸要求。

5.16.3 若板材、型材打磨后的厚度不符合图纸要求，可进行补焊。板材、型材的补焊按

256

DL/T 678 执行，并参照 GB/T 22395、GB/T 11263、GB/T 3274 中关于补焊的条款。

5.16.4 对制作的锅炉大板梁、立柱、主要横梁进行外观检查，特别注意焊缝质量的检验，应无裂纹、咬边、凹坑、未填满、气孔、漏焊等缺陷。焊缝缺陷允许打磨、补焊，补焊工艺参照 DL/T 678 执行。

5.16.5 见证锅炉大板梁、立柱、主要横梁焊缝的无损检测报告。

5.16.6 对制作的锅炉大板梁、立柱、主要横梁进行尺寸检查，柱、板、梁的弯曲、波浪度应符合设计规定。

5.16.7 对螺栓孔连接摩擦面和防腐漆层进行检查，应符合设计规定。

5.17 锅炉、压力容器及部件的监督

5.17.1 火电企业金属和压力容器监督负责人应按 DL/T 612、DL/T 874 和 TSG 08 的规定，考取电力工业锅炉压力容器安全监督管理工程师和锅炉压力容器压力管道安全管理人员资格证书，经单位聘用，方可从事相应的安全监督管理工作。

5.17.2 锅炉、压力容器及部件的监督包括以下内容：

　　a）新建锅炉、压力容器采购合同谈判中的设计审查资料；

　　b）锅炉、压力容器安全性能的检验；

　　c）锅炉、压力容器安装质量监督；

　　d）锅炉、压力容器的使用安全监督管理与定期检验监督管理；

　　e）锅炉、压力容器重大修理改造方案的审查；

　　f）锅炉、压力容器停用及重新启用的监督管理。

5.17.3 新建锅炉、压力容器合同谈判中设计审查的主要内容包括：设计、制造资质审查；设计总图审查；设计、制造所采用的标准；监造、验收的标准和要求；产品应提供的设计、制造资料；进口锅炉、压力容器的安全技术要求应符合 TSG G0001、TSG 21 等安全法规的基本要求，特殊情况不能满足我国安全法规基本要求的，应征得国家主管部门的同意，执行合同中双方同意的国际标准或某国标准体系。

5.17.4 锅炉、压力容器安装前必须由有资格的检验单位按 TSG 21、TSG G7001、DL 647 等标准进行安全性能检验。

5.17.5 锅炉、压力容器安装单位应到当地负责特种设备安全监督管理的部门办理告知手续；新建锅炉、压力容器的安装质量监督检验必须由有资格的检验单位进行。

5.17.6 锅炉压力容器在投运 30 日之内必须到当地负责特种设备安全监督管理的部门办理注册使用登记手续。

5.17.7 在役锅炉、压力容器实行定期检验制度，应按 TSG G0001、TSG G7002、TSG 21、DL/T 612 和 DL 647 等规程执行。

5.17.7.1 锅炉定期检验包括运行状态下的外部检验、停炉状态下的内部检验和水压试验，三种检验结果都合格，且在有效期内才可运行。

5.17.7.2 压力容器定期检验包括运行状态下的年度检验、停机状态下的定期检验和耐压试验，三种检验结果都合格，且在有效期内才可运行。

5.17.8 锅炉、压力容器的重大修理改造技术方案须经注册单位审查同意。

5.17.9 锅炉、压力容器停用一年及以上应到当地负责特种设备安全监督管理的部门办理

手续，重新启用前必须按有关规程由有资格的检验单位进行检验并到当地负责特种设备安全监督管理的部门办理手续。

5.17.10　火电企业应按照 TSG G7002、TSG 21、TSG ZF001、DL/T 612 和 DL 647 等规程的要求做好安全阀、液位计和压力表等安全附件的校验、维护工作。

6　监督管理

6.1　金属和压力容器监督管理依据

金属和压力容器监督组织机构建设，规章制度、工作计划、总结编制，监督过程实施，告警管理，问题整改，工作会议，人员培训和持证上岗管理，仪器仪表有效性确认，监督档案建立健全，工作报告报送，责任追究与考核等管理工作应按照《火电技术监督综合管理实施细则》的要求执行。

6.2　金属和压力容器监督管理制度

火电企业金属和压力容器监督应建立健全的制度，应包括但不限于以下项目：

a）金属、压力容器监督实施细则；

b）锅炉受热面防磨防爆管理制度；

c）金属试验室管理制度（如有）；

d）承压部件焊接管理制度（如有）；

e）金属材料和备品备件入库验收、保管、领用管理制度；

f）外委金属检验、焊接工作管理制度。

6.3　金属和压力容器监督管理计划

金属和压力容器监督年度工作计划应实现动态化，根据情况将监督工作项目完善，并分解到月，以便于执行计划和考核。金属和压力容器监督年度工作计划至少应包括以下内容。

6.3.1　金属和压力容器监督体系的健全和完善（主要包括组织机构完善、制度的制定和修订）计划。

6.3.2　金属和压力容器监督标准规范的收集、更新和宣贯计划。

6.3.3　金属和压力容器监督人员培训计划（包括内部和外部培训）。

6.3.4　金属和压力容器监督定期工作会议计划（监督小组定期会议和年度会议计划）。

6.3.5　定期报送资料工作计划（计划、总结、月报、事故和缺陷报告）。

6.3.6　金属检验仪器设备校验及申购计划。

6.3.7　运行和检修期间技术监督计划（检修期间定期金属检验和检修质量监督计划）。

6.3.8　金属和压力容器监督存在问题的整改计划。

6.4　金属和压力容器监督年度工作总结

金属和压力容器监督年度工作总结应包括以下内容。

6.4.1 监督管理工作情况。

a）金属和压力容器监督体系的健全和完善（主要包括组织机构完善、制定的制订和修订计）工作开展情况；

b）金属和压力容器监督相关标准规范的收集、更新和宣贯工作开展情况；

c）金属和压力容器监督人员培训（包括内部和外部培训）工作开展情况；

d）金属和压力容器监督定期工作会议（监督小组定期会议和年度会议计划）工作开展情况；

e）定期报送资料（计划、总结、月报、事故和缺陷速报）工作开展情况；

f）金属检验仪器设备校验及申购工作开展情况；

g）金属和压力容器监督档案健全和完善化工作开展情况。

6.4.2 金属和压力容器监督指标完成情况及分析。包括锅炉压力容器检验率、检验计划（包括技术监督服务单位应提供的服务项目）完成率、监督部件缺陷消除率、锅炉"四管"焊缝一次检验合格率的统计和分析。

6.4.3 受监范围内设备事故和缺陷的简述、原因分析，超温情况统计分析。

6.4.4 运行和检修期间金属和压力容器监督工作开展情况（包括发现的问题）。

6.4.5 金属和压力容器监督问题整改情况，包括动态检查提出问题的整改情况和告警问题的整改情况。

6.4.6 金属和压力容器监督中目前存在的主要管理问题、设备问题及整改措施。

6.5 金属和压力容器监督资料与技术档案

6.5.1 原始资料档案

a）受监金属部件的制造资料包括部件的质量保证书或产品质保书。通常应包括：部件材料牌号、化学成分、热加工工艺、力学性能、检验试验情况、结构几何尺寸、强度计算书等。

b）受监金属部件的监造、安装前检验技术报告和资料。

c）锅炉和压力容器设计图、安装技术资料等。

d）四大管道设计图、安装技术资料等。

e）安装、监理单位移交的有关技术报告和资料。

6.5.2 运行、检修和检验技术档案

a）机组投运时间，累计运行小时数和启停次数。

b）机组或部件的设计、实际运行参数。

c）超温超压监督档案。

d）检修检验技术档案，应按机组号、部件类别建立档案。应包括部件的运行参数（压力、温度、转速等）、累计运行小时数、维修与更换记录、事故记录和事故分析报告、历次检修的检验记录或报告等。包括：

1）四大管道的检验监督档案；

2）受热面管子的检验监督档案；

    3）锅筒、汽水分离器及储水罐的检验监督档案；

    4）各类集箱的检验监督档案；

    5）支吊架的检验监督档案；

    6）汽轮机部件的检验监督档案；

    7）发电机部件的检验监督档案；

    8）高温紧固件的检验监督档案；

    9）大型铸件的检验监督档案；

    10）锅炉、压力容器及其安全附件检验、校验档案；

    11）锅炉钢结构检验监督档案。

6.5.3 技术管理档案

    a）不同类别的金属技术监督规程、导则；

    b）金属和压力容器技术监督小组的组织机构和职责条例；

    c）金属和压力容器技术监督工作计划、总结等；

    d）焊接、热处理和金属检验人员技术管理档案；

    e）专项检验试验报告；

    f）仪器设备档案；

    g）反事故措施及受监部件缺陷处理情况档案；

    h）大、小修记录、总结档案。

6.5.4 原材料及备件监督档案

    包括承压部件用原材料、焊接材料和零部件原始检验资料，材质单、合格证和质保书，承压部件用原材料、焊接材料和承压部件验收单、检验报告，入库、验收和领用台账。

6.5.5 受监部件清册和技术台账

    应分类建立受监设备清册和技术台账。台账应包括部件的设计参数和型号规格，安装调试过程发现的问题和处理情况，定期监督检验情况，运行中缺陷和漏泄及处理情况，检修和更换情况，遗留缺陷情况等。

6.6 金属和压力容器监督告警

6.6.1 金属和压力容器监督告警条件：

    a）未按金属监督标准、规程要求进行检验，存在严重缺项、漏项或检验发现的问题没有及时消除；

    b）主要受监金属部件，如主、再热蒸汽管道、集箱、受热面管、锅筒、汽缸、转子、除氧器等进行技术改造或更换未制定工艺方案和审批即实施；

    c）更换合金钢部件不进行光谱、成分分析或涡流检查，错用钢材和焊接材料或部件有制造缺陷；

    d）金属检查人员和焊工不持证上岗；

　　e）大修或大量焊接工作，焊缝一次合格率低于 90%；

　　f）对小管检修焊缝，没有进行射线或超声检验；或进行了射线检验，但检验比例低于 50%；

　　g）对于与主蒸汽管相连的联络管、防腐管、仪表管等机、炉外小管道的管子，运行 10 万小时后，未进行检验或更换；

　　h）金属部件缺陷消除率低于 95%。

6.6.2　对于上级监督单位签发的异常情况告警通知单，火电企业应认真组织人员研究有关问题，制定整改计划，整改计划中应明确整改措施、责任人、完成日期。

6.6.3　告警问题整改完成后，按照验收程序要求，火电企业应向告警提出单位提出验收申请，经验收合格后，由验收单位填写告警验收单，并报送告警签发单位备案，形成闭环处理。

6.6.4　火电企业应将异常告警项目纳入日常金属和压力容器监督管理和考核中。

6.7　金属和压力容器监督报表

6.7.1　火电企业每月 7 日前上报金属和压力容器监督月报表，见附录 F。

6.7.2　监督范围内设备发生故障，导致机组或主要辅机停止运行的事件，检修中发现设备重大损坏和重大隐患，应以监督信息速报方式报送国家电投集团（总部），同时抄送国家电投集团科学技术研究院，见附录 G。

附录 A
（资料性附录）
火电企业常用金属材料和重要部件技术标准

A.1　国内标准

GB 713—2014	锅炉和压力容器用钢板	
GB/T 983—2012	不锈钢焊条	
GB/T 984—2001	堆焊焊条	
GB/T 1220—2007	不锈钢棒	
GB/T 1221—2007	耐热钢棒	
GB/T 1591—2008	低合金高强度结构钢	
GB/T 3077—2015	合金结构钢	
GB/T 3274—2007	碳素结构钢和低合金结构钢　热轧厚钢板和钢带	
GB/T 5117—2012	碳钢焊条	
GB/T 5118—2012	低合金钢焊条	
GB/T 5310—2017	高压锅炉用无缝钢管	
GB/T 5677—2007	铸钢件射线照相检测	
GB/T 5777—2008	无缝钢管超声波探伤检验方法	
GB/T 6394—2002	金属平均晶粒度测定法	
GB/T 7233.2—2010	铸钢件　超声检测　第2部分：高承压铸钢件	
GB/T 7735—2016	无缝和焊接（埋弧焊除外）钢管缺欠的自动涡流检测	
GB/T 8732—2014	汽轮机叶片用钢	
GB/T 9443—2007	铸钢件渗透检测	
GB/T 9444—2007	铸钢件磁粉检测	
GB/T 10561—2005	钢中非金属夹杂物含量的测定　标准评级图显微检验法	
GB/T 11259—2015	无损检测　超声检测用钢参考试块的制作与检验方法	
GB/T 11263—2005	热轧H型钢和剖分T型钢	
GB/T 11344—2008	无损检测　接触式超声脉冲回波法测厚方法	
GB/T 11345—2013	焊缝无损检测　超声检测技术、检测等级和评定	
GB/T 12459—2005	钢制对焊无缝管件	
GB 13296—2013	锅炉、热交换器用不锈钢无缝钢管	
GB/T 13298—2015	金属显微组织检验方法	
GB/T 13299—1991	钢的显微组织评定方法	
GB/T 16507—2013	水管锅炉（所有部分）	
GB/T 17394.1—2014	金属材料　里氏硬度试验　第1部分：试验方法	

GB/T 17394.2—2012	金属材料　里氏硬度试验　第 2 部分：硬度计的检验与校准
GB/T 17394.3—2012	金属材料　里氏硬度试验　第 3 部分：标准硬度块的标定
GB/T 17394.4—2014	金属材料　里氏硬度试验　第 4 部分：硬度值换算表
GB/T 19624—2004	在用含缺陷压力容器安全评定
GB/T 20409—2006	高压锅炉用内螺纹无缝钢管
GB/T 20410—2006	涡轮机高温螺栓用钢
GB/T 20490—2006	承压无缝和焊接（埋弧焊除外）钢管分层的超声检测
GB/T 22395—2008	锅炉钢结构设计规范
GB/T 23900—2009	无损检测　材料超声速度测量方法
GB/T 23902—2009	无损检测　超声检测　超声衍射声时技术检测和评价方法
GB/T 23904—2009	无损检测　超声表面波检测方法
GB/T 23905—2009	无损检测　超声检测用试块
GB/T 23906—2009	无损检测　磁粉检测用环形试块
GB/T 23907—2009	无损检测　磁粉检测用试片
GB/T 23908—2009	无损检测　接触式超声脉冲回波直射检测方法
GB/T 23909.1—2009	射线透视检测　成像性能的定量测量
GB/T 23909.2—2009	射线透视检测　成像装置长期稳定性和校验
GB/T 23909.3—2009	射线透视检测　金属材料 X 和伽马射线透视检测总则
GB/T 23910—2009	无损检测　射线照相检测用金属增感屏
GB/T 23911—2009	无损检测　渗透检测用试块
GB/T 23912—2009	无损检测　液浸式超声纵波脉冲反射检测方法
GB 50017—2003	钢结构设计规范
GB 50049—2011	小型火力发电厂设计规范
GB 50205—2001	钢结构工程施工质量验收规范
GB 50660—2010	大中型火力发电厂设计规范
GB 50764—2012	电厂动力管道设计规范
TSG G0001—2012	锅炉安全技术监察规程
TSG 08—2017	特种设备使用管理规则
TSG 21—2016	固定式压力容器安全技术监察规程
TSG D0001—2009	压力管道安全技术监察规程
TSG D7004—2010	压力管道定期检验规则——公用管道
TSG Z6002—2010	特种设备焊接操作人员考核细则
TSG ZF001—2006	安全阀安全技术监察规程
NB/T 47008—2010	承压设备用碳素钢和合金钢锻件
NB/T 47009—2010	低温承压设备用低合金钢锻件
NB/T 47010—2010	承压设备用不锈钢和耐热钢锻件
NB/T 47013—2015	（所有部分）承压设备无损检测

NB/T 47015—2011　　压力容器焊接规程

NB/T 47018—2011　　（所有部分）承压设备用焊接材料订货技术条件

NB/T 47019—2011　　（所有部分）锅炉、热交换器用管材订货技术条件

NB/T 47027—2012　　压力容器法兰用紧固件

NB/T 47032—2013　　余热锅炉用小半径弯管技术条件

NB/T 47043—2014　　锅炉钢结构制造技术规范

NB/T 47044—2014　　电站阀门

DL/T 292—2011　　火力发电厂汽水管道振动控制导则

DL/T 297—2011　　汽轮发电机合金轴瓦超声波检测

DL/T 369—2010　　电站锅炉管内压蠕变试验方法

DL/T 370—2010　　承压设备焊接接头金属磁记忆检测

DL/T 438—2016　　火力发电厂金属技术监督规程

DL/T 439—2006　　火力发电厂高温紧固件技术导则

DL/T 440—2004　　在役电站锅炉汽包的检验及评定规程

DL/T 441—2004　　火力发电厂高温高压蒸汽管道蠕变监督规程

DL/T 473—2017　　大直径三通锻件技术条件

DL/T 505—2016　　汽轮机主轴焊缝超声波检测规程

DL/T 515—2004　　电站弯管

DL/T 531—2016　　电站高温高压截止阀闸阀技术条件

DL/T 541—2014　　钢熔化焊角焊缝射线照相方法和质量分级

DL/T 542—2014　　钢熔化焊 T 型接头角焊缝超声波检验方法和质量分级

DL/T 561—2013　　火力发电厂水汽化学监督导则

DL/T 586—2008　　电力设备用户监造技术导则

DL/T 612—2017　　电力行业锅炉压力容器安全监督规程

DL/T 616—2006　　火力发电厂汽水管道与支吊架维护调整导则

DL 647—2004　　电站锅炉压力容器检验规程

DL/T 654—2009　　火电机组寿命评估技术导则

DL/T 674—1999　　火电厂用 20 号钢珠光体球化评级标准

DL/T 675—2014　　电力工业无损检测人员考核规则

DL/T 678—2013　　电站结构钢焊接通用技术条件

DL/T 679—2012　　焊工技术考核规程

DL/T 694—2012　　高温紧固螺栓超声检测技术导则

DL/T 695—2014　　电站钢制对焊管件

DL/T 712—2010　　发电厂凝汽器及辅机冷却器管选材导则

DL/T 714—2011　　汽轮机叶片超声波检验技术导则

DL/T 715—2015　　火力发电厂金属材料选用导则

DL/T 717—2013　　汽轮发电机组转子中心孔检验技术导则

DL/T 718—2014　　火力发电厂三通及弯头超声波检测

DL/T 734—2000　　火力发电厂锅炉汽包焊接修复技术导则

DL/T 748.1—2001 火力发电厂锅炉机组检修导则 第1部分：总则
DL/T 748.2—2016 火力发电厂锅炉机组检修导则 第2部分：锅炉本体检修
DL/T 748.3—2001 火力发电厂锅炉机组检修导则 第3部分：阀门与汽水系统检修
DL/T 752—2010 火力发电厂异种钢焊接技术规程
DL/T 753—2015 汽轮机铸钢件补焊技术导则
DL/T 754—2013 母线焊接技术规程
DL/T 773—2016 火电厂用12Cr1MoV钢球化评级标准
DL/T 776—2012 火力发电厂绝热材料
DL/T 785—2001 火力发电厂中温中压蒸汽管道（件）安全技术导则
DL/T 786—2001 碳钢石墨化检验及评级标准
DL/T 787—2001 火力发电厂用15CrMo钢珠光体球化评级标准
DL/T 794—2012 火力发电厂锅炉化学清洗导则
DL/T 819—2010 火力发电厂焊接热处理技术规程
DL/T 820—2002 管道焊接接头超声波检验技术规程
DL/T 821—2002 钢制承压管道对接焊接接头射线检验技术规范
DL/T 838—2003 发电企业设备检修导则
DL/T 850—2004 电站配管
DL/T 855—2004 电力基本建设火电设备维护保管规程
DL/T 868—2014 焊接工艺评定规程
DL/T 869—2012 火力发电厂焊接技术规程
DL/T 874—2004 电力工业锅炉压力容器安全监督管理(检验)工程师资格考试规则
DL/T 883—2004 电站在役给水加热器铁磁性钢管远场涡流检验技术导则
DL/T 884—2004 火电厂金相检验与评定技术导则
DL/T 889—2015 电力基本建设热力设备化学监督导则
DL/T 905—2016 汽轮机叶片、水轮机转轮焊接修复技术规程
DL/T 907—2004 热力设备红外检测导则
DL/T 922—2016 火力发电用钢制通用阀门订货、验收导则
DL/T 925—2005 汽轮机叶片涡流检验技术导则
DL/T 930—2005 整锻式汽轮机实心转子体超声波检验技术导则
DL/T 931—2005 电力行业理化检验人员资格考核规则（2017即将实施）
DL/T 939—2016 火力发电厂锅炉受热面管监督检验技术导则
DL/T 940—2005 火力发电厂蒸汽管道寿命评估技术导则
DL/T 956—2005 火力发电厂停（备）用热力设备防锈蚀导则
DL/T 991—2006 电力设备金属光谱分析技术导则
DL/T 999—2006 电站用2.25Cr—1Mo钢球化评级标准
DL/T 1051—2007 电力技术监督导则
DL/T 1097—2008 火电厂凝汽器管板焊接技术规程
DL/T 1105.1—2009 电站锅炉集箱小口径接管座角焊缝 无损检测 通用要求
DL/T 1105.2—2010 电站锅炉集箱小口径接管座角焊缝 无损检测 超声检测

DL/T 1105.3—2010	电站锅炉集箱小口径接管座角焊缝　无损检测　涡流检测
DL/T 1105.4—2010	电站锅炉集箱小口径接管座角焊缝　无损检测　磁记忆检测
DL/T 1113—2009	火力发电厂管道支吊架验收规程
DL/T 1114—2009	钢结构腐蚀防护热喷涂（锌、铝及合金涂层）及其试验方法
DL/T 1161—2012	超（超）临界机组金属材料及结构部件检验技术导则
DL/T 1317—2014	火力发电厂焊接接头超声衍射时差检测技术规程
DL/T 1324—2014	锅炉奥氏体不锈钢管内壁氧化物堆积检测技术导则
DL/T 1422—2015	18Cr—8Ni 系列奥氏体不锈钢锅炉管显微组织老化评级标准
DL/T 1423—2015	在役发电机护环超声波检测技术导则
DL/T 1603—2016	奥氏体不锈钢锅炉管内壁喷丸层质量检验及验收技术条件
DL/T 1621—2016	发电厂轴瓦巴氏合金焊接技术导则
DL/T 5054—2016	火力发电厂汽水管道设计规范
DL 5190.2—2012	电力建设施工技术规范　第2部分：锅炉机组
DL 5190.3—2012	电力建设施工技术规范　第3部分：汽轮发电机组
DL 5190.5—2012	电力建设施工技术规范　第5部分：管道及系统
DL 5190.8—2012	电力建设施工技术规范　第8部分：加工配制
DL/T 5210.2—2018	电力建设施工质量验收及评价规程　第2部分：锅炉机组
DL/T 5210.3—2018	电力建设施工质量验收及评价规程　第3部分：汽轮发电机组
DL/T 5210.5—2018	电力建设施工质量验收及评价规程　第5部分：焊接
DL/T 5366—2014	发电厂汽水管道应力计算技术规程
JB/T 1265—2014	25～200MW 汽轮机转子体和主轴锻件　技术条件
JB/T 1266—2014	25～200MW 汽轮机轮盘及叶轮锻件　技术条件
JB/T 1267—2014	50～200MW 汽轮发电机转子锻件　技术条件
JB/T 1268—2014	汽轮发电机 Mn18Cr5 系无磁性护环锻件　技术条件
JB/T 1269—2014	汽轮发电机磁性环锻件　技术条件
JB/T 1581—2014	汽轮机、汽轮发电机转子和主轴锻件超声检测方法
JB/T 1582—2014	汽轮机叶轮锻件超声检测方法
JB/T 3073.5—1993	汽轮机用铸造静叶片　技术条件
JB/T 3223—1996	焊接材料质量管理规程
JB/T 3375—2002	锅炉用材料入厂验收规则
JB/T 4010—2006	汽轮发电机钢质护环超声波探伤
JB/T 5263—2005	电站阀门铸钢件技术条件
JB/T 6315—1992	汽轮机焊接工艺评定
JB/T 6439—2008	阀门受压件磁粉探伤检验
JB/T 6440—2008	阀门受压铸钢件射线照相检验
JB/T 6902—2008	阀门液体渗透检测
JB/T 7024—2014	300MW 及以上汽轮机缸体铸钢件技术条件
JB/T 7025—2004	25MW 以下汽轮机转子体和主轴锻件　技术条件
JB/T 7026—2004	50MW 以下汽轮发电机转子锻件　技术条件

JB/T 7027—2014　　　300MW 以上汽轮机转子体锻件　技术条件
JB/T 7028—2004　　　25MW 以下汽轮机轮盘及叶轮锻件　技术条件
JB/T 7029—2004　　　50MW 以下汽轮发电机无磁性护环锻件　技术条件
JB/T 7030—2014　　　汽轮发电机 Mn18Cr18N 无磁性护环锻件　技术条件
JB/T 8705—2014　　　50MW 以下汽轮发电机无中心孔转子锻件　技术条件
JB/T 8706—2014　　　50～200MW 汽轮发电机无中心孔转子锻件　技术条件
JB/T 8707—2014　　　300MW 以上汽轮机无中心孔转子锻件　技术条件
JB/T 8708—2014　　　300～600MW 汽轮发电机　无中心孔转子锻件　技术条件
JB/T 9625—1999　　　锅炉管道　附件承压铸钢件　技术条件
JB/T 9626—1999　　　锅炉锻件　技术条件
JB/T 9628—1999　　　汽轮机叶片　磁粉探伤方法
JB/T 9630.1—1999　　汽轮机铸钢件　磁粉探伤及质量分级方法
JB/T 9630.2—1999　　汽轮机铸钢件　超声波探伤及质量分级方法
JB/T 9632—1999　　　汽轮机主汽管和再热汽管的弯管　技术条件
JB/T 10087—2016　　　汽轮机承压铸钢件　技术条件
JB/T 10326—2002　　　在役发电机护环超声波检验技术标准
JB/T 10814—2007　　　无损检测　超声表面波检测
JB/T 11017—2010　　　1000MW 及以上火电机组发电机转子锻件　技术条件
JB/T 11018—2010　　　超临界及超超临界机组汽轮机用 Cr10 型不锈钢铸件　技术条件
JB/T 11019—2010　　　超临界及超超临界机组汽轮机高中压转子锻件　技术条件
JB/T 11020—2010　　　超临界及超超临界机组汽轮机用超纯净钢低压转子锻件技术条件
JB/T 11030—2010　　　汽轮机高低压复合转子锻件　技术条件
YB/T 2008—2007　　　不锈钢无缝钢管圆管坯
YB/T 4173—2008　　　高温用锻造镗孔厚壁无缝钢管
YB/T 5137—2007　　　高压用热轧和锻制无缝钢管圆管坯
YB/T 5222—2014　　　优质碳素结构钢热轧和锻制圆管坯
电源质〔2002〕100 号　　T91/P91 钢焊接工艺导则
国能安全〔2014〕161 号　　防止电力生产事故的二十五项重点要求

A.2　国外标准

ASME SA-20M　　压力容器用钢板通用技术条件
ASME SA-106M　　高温用无缝碳钢公称管
ASME SA-182M　　高温用锻制或轧制合金钢和不锈钢法兰、锻制管件、阀门和部件
ASME SA-193M　　高温用合金钢和不锈钢螺栓材料
ASME SA-194M　　高温高压螺栓用碳钢和合金钢螺母
ASME SA-209M　　锅炉和过热器用无缝碳钼合金钢管子
ASME SA-210M　　锅炉和过热器用无缝中碳钢管子
ASME SA-213M　　锅炉、过热器和换热器用无缝铁素体和奥氏体合金钢管子
ASME SA-234M　　中温与高温下使用的锻制碳素钢及合金钢管配件

ASME SA-299M	压力容器用碳锰硅钢板
ASME SA-302M	压力容器用合金钢、锰－钼和锰－钼－镍钢板技术条件
ASME SA-335M	高温用无缝铁素体合金钢公称管
ASME SA-387M	压力容器用合金钢板、铬－钼钢板技术条件
ASME SA-450M	碳钢、铁素体合金钢和奥氏体合金钢管子通用技术条件
ASME SA-515M	中、高温压力容器用碳素钢板
ASME SA-516M	中、低温压力容器用碳素钢板
ASME SA-672M	中温高压用电熔化焊钢管
ASME SA-691M	高温、高压用碳素钢和合金钢电熔化焊钢管
ASME SA-960M	锻制钢管管件通用技术条件
ASME SA-999M	合金钢和不锈钢公称管通用技术条件
ASME B31.1	动力管道
ASME BPVC I	锅炉制造规程
BS EN 10028	压力容器用钢板
BS EN 10095	耐热钢和镍合金
BS EN 10222	承压用钢制锻件
BS EN 10246	钢管无损检测
BS EN 10295	耐热钢铸件
BS EN 10246-14	钢管的无损检测　第14部分：无缝和焊接（埋弧焊除外）钢管分层缺欠的超声检测
DIN EN 10216	承压用无缝钢管交货技术条件
EN　10095	耐热钢和镍合金
EN ISO10893-8	钢管的无损检测　第8部分：无缝钢管和焊接钢管层状缺陷的超声波检测
JIS G3203	高温压力容器用合金钢锻件
JIS G3463	锅炉、热交换器用不锈钢管
JIS G4107	高温用合金钢螺栓材料
JIS G5151	高温高压装置用铸钢件
ГОСТ 5520	锅炉和压力容器用碳素钢、低合金钢和合金钢板技术条件
ГОСТ 5632	耐蚀、耐热及热强合金钢牌号和技术条件
ГОСТ 18968	汽轮机叶片用耐蚀及热强钢棒材和扁钢
ГОСТ 20072	耐热钢技术条件

附录 B
（资料性附录）

火电企业常用金属材料最高使用温度及中外钢号对照表

表 B.1　火电企业常用金属材料最高使用温度及中外钢号对照表

中国钢号与技术条件	美国 ASME	日本 JIS	德国 DIN/欧盟 EN	俄罗斯 ГОСТ	捷克 ČSN	最高使用温度/℃
20 (20G) GB/T 699 (GB/T 5310)		S20C	C22, CK22	CT22	N2024	430（蒸汽管道、集箱） 460（受热面管）
15MoG GB/T 5310	A209-T1 A335-P1	STBA12 STPA12	15Mo3	15M（ЧМТУ）	15020	480（受热面管）
12CrMoG GB/T 5310	A209-T2 A335-P2		12CrMo195	12MX		550（蒸汽管道、集箱） 560（受热面管）
15CrMoG GB/T 5310	A209-T12 A335-P12	STBA22 STPA22				550（蒸汽管道、集箱） 560（受热面管）
12CrMoV GB/T 3077			14MoV63	12MXΦ	15128 15123.9	540（蒸汽管道、集箱） 570（过热器管）
12Cr1MoVG GB/T 5310			13CrMoV42 12Cr1MoV（曼内斯曼）	12X1MΦ	15225	565（蒸汽管道、集箱） 580（受热面管）
15Cr1MoV GB/T 5310	A405-61T			15X1M1Φ		580（蒸汽管道、集箱）
12Cr2MoG GB/T 5310	A209-T22 A335-P22	STBA24 STPA24	10CrMo910			570（蒸汽管道、集箱） 580（过热器、再热器管）
12Cr2MoWVTiB（钢102） GB/T 5310				12X2MΦCP		600（过热器、再热器管）
12Cr3MoVSiTiB GB/T 5310			JT-11			600（过热器、再热器管）
15NiCuMoNb5			（WB36）			500（管道、集箱、钢筒）

续表

中国钢号与技术条件	美国 ASME	日本 JIS	德国 DIN/欧盟 EN	俄罗斯 ГОСТ	捷克 CSN	最高使用温度/℃
X20CrMoV121			X20CrMoWV121 (F12)	1X12B2MФ 2X12MФBP		560（蒸汽管道、集箱） 610（过热器管） 650（再热器管）
10Cr5MoWVTiB (G106)	T5, T5C	STBA25				650（再热器管）
1Cr9Mo	T9, P9	STBA26 STPA26	X12CrMo91			620（蒸汽管道、集箱、过热器管、再热器管）
1Cr9Mo2 (HCM9M)		STPA27				620（导汽管、集箱、过热器管、再热器管）
10Cr9Mo1VNbN GB/T 5310	T91, P91	STPA28	X10CrMoVNb91			600（蒸汽管道、集箱） 650（过热器、再热器管）
10Cr9MoW2VNbBN GB/T 5310	T92, P92	STPA29 (NF616)	X10CrWMoVNb9-2			630（蒸汽管道、集箱） 650（过热器、再热器管）
11Cr9Mo1W1NbBN GB/T 5310	T911, P911		X11CrMoWVNb9-1-1			
07Cr19Ni10 GB/T 5310	TP304H	SUS304 TB SUS304 TP				670（过热器管、再热器管）
10Cr18Ni9NbCu3BN GB/T 5310	S30432	SUS304JIHTB				705（过热器管、再热器管）
07Cr19Ni11Ti GB/T 5310	TP321H	SUS321 TB SUS321 TP		12X18H12T		670（过热器管、再热器管）
07Cr18Ni11Nb GB/T 5310	TP347H	SUS347TB SUS347TP	X10CrNiNb189	08X18H12Б		670（过热器管、再热器管）
07Cr25Ni21NbN GB/T 5310	TP310HCbN	SUS310JITB (HR3C)				730（过热器管、再热器管）

续表

中国钢号与技术条件	美国 ASME	日本 JIS	德国 DIN/欧盟 EN	俄罗斯 ГОСТ	捷克 ČSN	最高使用温度/℃
08Cr18Ni11NbFG GB/T 5310	TP347HFG		X7CrNiNb18-10			700（过热器管、再热器管）
35、40、45 GB 699						400（汽轮机主轴或汽轮发电机转子、螺栓）
35SiMn GB 3077						400（汽轮机主轴、汽轮发电机中心环、螺栓等）
35CrMo GB 3077						480（汽轮机主轴、叶轮、螺栓等）
24CrMoV GB 3077						500（直径小于 500mm 的汽轮机主轴、叶轮等）
25Cr2MoVA GB 3077				ЗИ10		510（螺栓）
25Cr2Mo1VA GB 3077				ЗИ723		550（螺栓）
35CrMoV GB 3077						520（汽轮机主轴、叶轮等）
30Cr1Mo1VE JB/T 1265	ASTM A470 Class8					540（汽轮机高、中压转子）
27Cr2MoV (30Cr2MoV)			30CrMoV9	P2		550（汽轮机整锻转子和叶轮）
28CrNiMoVE JB/T 1265						540（汽轮机高、中压转子）
25Cr2NiMoV						汽轮机低压焊接转子
34CrNi1Mo JB/T 1265						400（汽轮机及汽轮发电机转子和叶轮）

271

续表

中国钢号与技术条件	美国 ASME	日本 JIS	德国 DIN/欧盟 EN	俄罗斯 ГОСТ	捷克 ČSN	最高使用温度/℃
34CrNi2Mo JB/T 1265						400 (汽轮机及汽轮发电机转子和叶轮)
34CrNi3MoE JB/T 1265						400 (汽轮机及汽轮发电机转子和叶轮)
25CrNi3MoV JB/T 7027						大功率汽轮机低压转子和汽轮发电机转子
25Cr2Ni4MoV JB/T 7027						大功率汽轮机低压转子和汽轮发电机转子
30Cr2Ni4MoVE JB/T 7027						大功率汽轮机低压转子和汽轮发电机转子
20Cr3MoWV GB 3077				ЭИ415		550 (汽轮机转子和叶轮)
33Cr3MoWV						450 (截面厚度小于450mm的汽轮机转子和叶轮)
18Cr2MnMoB						450 (轮毂厚度大于300mm的叶轮, 直径大于500mm的汽轮机转子和主轴)
25Mn2V			25MnV8			450 (中温中压汽轮机压力级动叶片和隔板板叶片)
20CrMo GB 3077						中压125MW以下汽轮机压力级叶片
24CrMoV						500 (汽轮机压力级叶片)
1Cr13 GB 1220	410	SUS410	X10Cr13	12X13		450 (汽轮机变速级叶片及其他几级动叶片, 静叶片)
2Cr13 GB 8732	420	SUS420J1	X20Cr13			450 (截面较大、强度要求较高的后几级叶片及低温长叶片)

续表

中国钢号与技术条件	美国 ASME	日本 JIS	德国 DIN/欧盟 EN	俄罗斯 ГОСТ	捷克 ČSN	最高使用温度/℃
1Cr11MoV GB 1221				15X11МФ		540（变速级叶片及高温区动、静叶片）
1Cr12WMoV GB 1221				15X12ВНРМФ（ЭИ802）		580（变速级叶片及高温区动、静叶片）
2Cr12WMoVNbB				18X12ВМБФР（ЭИ993）		590（汽轮机叶动片及螺栓）
2Cr12NiMoWV GB 1221	C—422	SUH 616				550（汽轮机动叶片及围带）570（螺栓）
2Cr12Ni2W1Mo1V						300MW 汽轮机末级和次末级叶片
1Cr17Ni2	431	SUS 431	X22CrNi17	14X17H2		450（耐蚀性和高强度的叶片）
0Cr17Ni4Cu4Nb GB 1221	630	SUS630				既要求耐蚀性又要求较高强度的汽轮机低压末级动叶片
20Cr1Mo1V1 DL 439				ЭИ909		550（螺栓）
20Cr1Mo1VNbTiB DL 439						570（螺栓）
20Cr1Mo1VTiB DL 439						570（螺栓）
1Cr15Ni36W3Ti				ЭИ612		650（螺栓）
12Cr10NiMoWVNbN JB/T 11019			X12CrMoWVNbN10-1-1			600（汽轮机高/中压转子）
13Cr10NiMoVNbN JB/T 11019		TMK—1				600（汽轮机高/中压转子）
14Cr10NiMoWVNbN JB/T 11019		TOS107				600（汽轮机高/中压转子）

续表

中国钢号与技术条件	美国 ASME	日本 JIS	德国 DIN/欧盟 EN	俄罗斯 ГОСТ	捷克 ČSN	最高使用温度/℃
15Cr10NiMoWVNbN JB/T 11019		KT5916				600（汽轮机高/中压转子）
ZG 230—450 JB/T 9625				25Л		425（汽缸、阀门、隔板等）
ZG20CrMo JB/T 9625				20XM		510（汽缸、蒸汽室、隔板等）
ZG20CrMoV JB/T 9625				20XMФЛ		540（汽缸、蒸汽室、管道附件等）
ZG15Cr1Mo	A356，A217					538（内外缸等）
ZG15Cr1Mo1V JB/T 9625				15X1M1ФЛ		570（高中压缸、喷嘴室、主汽阀等）
ZG15Cr2Mo1	A356，A217					566（汽轮机内缸、喷嘴室、阀壳等）

附录 C
（规范性附录）
受监金属材料及受监金属备品配件管理

表 C.1　受监金属材料及受监金属备品配件入库验收卡片

卡片编号：

部件名称		生产厂家	
供货状态		材质（钢号）	
合格证号		规格	
供货数量		入库交货人	

入库前文件见证					
序号	资料名称	份数	审查结果	质保单位	资料审查人
1	产品合格证				
2	材质证明单				
3	无损检测报告、理化检测报告（性能、金相）				
4	耐压试验报告、热处理报告（热处理规范）				
5	国家商检报告（进口材料）				
6	重要备品配件设计图				

入库前的质量验收工作项目					
序号	验收工作内容	检验结果	验收部门	检验人员	检验日期
1	宏观检查				
2	厚度测量、几何尺寸				
3	光谱分析				
4	硬度检验				
5	无损探伤（射线、超声波、磁粉、渗透）				

宏观检查、厚度、几何尺寸：
合金元素含量及报告编号：
硬度值及检测报告编号：
探伤结果及报告编号：

验收结果	1. 经入库前资料审查与金属技术监督检验，该（批）钢材及备品配件检验合格，准予入库。（　　） 2. 经入库前资料审查与金属技术监督检验，该（批）钢材及备品配件检验不合格，应预予退货处理。（　　）	订货部门技术员	
		物资部门	
		生技部备品专工	
		金属技术监督	

国家电投集团火电企业技术监督实施细则和评估标准

备注：受监金属材料及受监金属备品配件入库验收卡片的使用规定。

1. 卡片的第一项金属材料及备品配件状态，供货参数等由供货方和物资部门人员填写。

2. 卡片的第二项入库前生产厂家相关资料审查工作由物资部门、使用单位及金属技术监督专工按相关条文逐项审查。

3. 卡片的第三项入库前质量验收工作项目主要由备品备件归属部门负责进行（宏观检查、理化分析等），对无检测设备或无检测能力的个别项目应由生技部负责外委检验。

4. 卡片的第四项最终验收结果由物资部门、使用单位备品专责及企业金属和压力容器监督负责人共同签署意见。对资料审查与验收项目中任意一项不合格者，则该产品判为不合格，物资部门应予以退货或报废处理。

5. 本卡片一式三份，一份金属专工存档，二份留存于物资部门，其中一份在领用时随工件交付使用单位留档。

6. 使用单位及物资部门应严格执行本规定，对无入库验收卡片的设备、备品及配件，使用单位应拒绝领用。

表 C.2 受监金属材料及受监金属备品配件领用单

卡片编号：

领用单位		领用人	
部件名称		生产厂家	
领用数量		入库验收卡号	
使用部位		材质（钢号）	
使用前检查项目					
序号	检查工作内容	检查结果	检验人员	检验日期
1	宏观检查			
2	厚度测量、几何尺寸			
3	光谱分析			
4	硬度检验			
5	无损探伤（射线、超声波、磁粉、渗透）			
宏观检查、厚度、几何尺寸： 合金元素含量及报告编号： 硬度值及检测报告编号： 探伤结果及报告编号：				
发放人		发放日期		

附录 D

（规范性附录）

火电企业常用金属材料硬度范围

表 D.1　火电企业常用金属材料硬度范围

序号	材 料 牌 号	硬度/HB	产品类别
1	20G	120～160	钢管
2	25MnG、SA-106B、SA-106C、SA210-C	130～180	
3	20MoG、STBA12、16Mo3	125～160	
4	12CrMoG、15CrMoG、T2/P2、T11/P11、T12/P12	125～170	
5	12Cr2MoG、T22/P22、10CrMo910	125～180	
6	12Cr1MoVG	135～195	
7	15Cr1Mo1V	145～200	
8	T23、07Cr2MoW2VNbB	150～220	
9	12Cr2MoWVTiB（G102）	160～220	
10	WB36、15NiCuMoNb5-6-4、15NiCuMoNb5 15Ni1MnMoNbCu、P36	185～255	
11	SA672 B70CL22、SA672 B70CL32	130～185	
12	SA691 1-1/4CrCL22、SA691 1-1/4CrCL32	150～200	
13	10Cr9Mo1VNbN、T91、P91、10Cr9MoW2VNbBN、T92、P92、10Cr11MoW2VNbCu1BN、T122、P122、X20CrMoV121、X20CrMoWV121、CSN41 7134 等	185～250	
14	07Cr19Ni10、TP304H、07Cr18Ni11Nb、TP347H、TP347HFG、07Cr19Ni11Ti、TP321H	140～192	
15	10Cr18Ni9NbCu3BN/S30432	150～219	
16	07Cr25Ni21NbN/HR3C	175～256	
17	T91、T92、P122	180～250	管屏
18	P91、P92、P122	180～250	组配件、集箱
19	T23	150～260	焊缝
20	P91、P92、P122	185～270	
21	T91、T92、T122	185～290	
22	20G	106～160	管件
23	A105	137～187	管件、阀门

续表

序号	材料牌号	硬度/HB	产品类别
24	A106B、A106C、A672 B70 CL22/32	130～197	管件
25	P2、P11、P12、P21、P22/10CrMo910、12Cr1MoVG、12CrMoG、15CrMoG	130～197	
26	A691 Gr. 1－1/4 Cr、A691 Gr. 2－1/4 Cr	130～197	
27	P91、P92、P122、X11CrMoWVNb9－1－1、X20CrMoV11－1	180～250	
28	F11、CL1、F12、CL1	121～174	
29	F11、CL2、F12、CL2	143～207	
30	F22、CL1	130～170	
31	F22、CL3	156～207	
32	F91	175～248	
33	F92	180～269	
34	20、Q245R	110～160	锻件
35	35	136～192	
36	16Mn、Q345R	121～178	
37	15CrMo	118～180（壁厚≤300mm）	
38		115～178（壁厚300～500mm）	
39	20MnMo	156～208（壁厚≤300mm）	
40		136～201（壁厚300～500mm）	
41		130～196（壁厚500～700mm）	
42	35CrMo	185～235（壁厚≤300mm）	
43		180～223（壁厚300～500mm）	
44	12Cr1MoV	118～195（壁厚≤300mm）	
45		115～195（壁厚300～500mm）	
46	0Cr18Ni9、0Cr17Ni12Mo2	139～192（壁厚≤150mm）	
47		130～187（壁厚150～300mm）	

278

续表

序号	材 料 牌 号	硬度/HB	产品类别
48	00Cr19Ni10、00Cr17Ni14Mo2	128~187（壁厚≤100mm）	锻件
49		121~187（壁厚100~200mm）	
50	0Cr18Ni10Ti、0Cr18Ni12Mo2Ti	139~187（壁厚≤100mm）	
51		131~187（壁厚100~200mm）	
52	00Cr18Ni5Mo3Si2	175~235（壁厚≤100mm）	
53	06Cr17Ni12Mo2	139~192	
54	12Cr13（1Cr13）	192~211	动叶片
55	20Cr13（2Cr13）、14Cr11MoV（1Cr11MoV）	212~277	动叶片
56	15Cr12MoWV（1Cr12MoWV）	229~311	
57	35	146~196	螺栓
58	45	187~229	
59	20CrMo	197~241	
60	35CrMo	255~311（直径<50mm）	
61		241~285（直径≥50mm）	
62	42CrMo	255~321（直径<65mm）	
63		248~311（直径≥65mm）	
64	25Cr2MoV、25Cr2Mo1V、20Cr1Mo1V1	248~293	
65	20Cr1Mo1VTiB	255~293	
66	20Cr1Mo1VNbTiB	252~302	
67	20Cr12NiMoWV（C422）、1Cr11MoNiW1VNbN、2Cr11NiMoNbVN	277~331	
68	2Cr11Mo1VNbN、2Cr12NiW1Mo1V 2Cr11Mo1NiWVNbN	290~321	
69	45Cr1MoV	248~293	
70	R-26（Ni-Cr-Co合金）、GH445	262~331	

序号	材 料 牌 号	硬度/HB	产品类别
71	ZG20CrMo	135～180	铸钢
72	ZG15Cr1Mo、ZG15Cr2Mo1 ZG20CrMoV、ZG15Cr1Mo1V	140～220	
73	ZG10Cr9Mo1VNbN	185～250	
74	ZG12Cr9Mo1VNbN	190～250	
75	ZG11Cr10MoVNbN ZG13Cr11MoVNbN ZG14Cr10Mo1VNbN ZG11Cr10Mo1NiWVNbN ZG12Cr10Mo1W1VNbN－1 ZG12Cr10Mo1W1VNbN－2 ZG12Cr10Mo1W1VNbN－3	210～260	

注：考虑到奥氏体耐热钢管的管屏制管及矫直工序，钢管表面易形成加工硬化层，造成表层硬度高于心部，故表面硬度上限允许至202HB

附录 E
（规范性附录）
低合金耐热钢蠕变损伤评级标准

E.1　蠕变损伤检查方法按 DL/T 884 执行。

E.2　蠕变损伤评级见表 E.1。

表 E.1　低合金耐热钢蠕变损伤评级

损伤级别	微观组织形貌
1	新材料，正常金相组织
2	珠光体或贝氏体已经分散，晶界有碳化物析出，碳化物球化达到 2~3 级
3	珠光体或贝氏体基本分散完毕，略见其痕迹，碳化物球化达到 4 级
4	珠光体或贝氏体完全分散，碳化物球化达到 5 级，碳化物颗粒明显长大且在晶界呈具有方向性（与最大应力垂直）的链状析出
5	晶界上出现一个或多个晶粒长度的微裂纹

附录 F
（规范性附录）
金属和压力容器监督报表

F.1 受监金属部件损伤统计表

设备名称	部件名称	材质/规格/mm	损伤位置	检验分析及缺陷处理结果	损伤日期	备注

注：包括所有受监金属部件典型缺陷。如：炉内受热面爆管，检验发现裂纹，金相组织变化，机械性能降低，螺栓硬度超标，支吊架异常，锅炉压力容器缺陷，机组检修发现的缺陷等

F.2 受监焊缝一次检验合格率统计表

设备名称	部件名称	材质/规格/mm	焊缝数量	返修焊缝	检验一次合格率/%		备注
					射线	超声波	

注：一次检验合格率统计排管更换等批量焊接项目

F.3 锅炉、汽轮机累计运行时间统计表

设备编号	主蒸汽额定参数		超温记录		累计运行数据		统计截止 年/月/日	备注
	温度/℃	压力/MPa	ΔT_{max}	累计时间/min	启停次数	运行时间/h		
锅炉								
汽机								

注：统计锅炉累计运行时间和启停次数。主蒸汽额定参数包括设计参数＋最高允许参数（如540℃＋5℃，541℃＋5℃）

F.4 主要监督指标完成情况

序号	技术监督指标名称	集团公司内先进值	二级单位内先进值	公司考核指标	本单位指标标值	与集团先进指标差距	计划应完成焊缝检验数	实际完成焊缝检验数	焊缝合格数量	焊缝不合格数量	计划应完成监督设备部件检验数	实际完成监督设备部件检验数	发现存在缺陷设备台、件数	实际已消除缺陷设备台、件数	备注
1	焊缝检验率/%	100	100	100	100										
2	焊缝检验一次合格率/%	100	100	≥95	100										
3	监督设备部件检验率/%	100	100	100	100										
4	缺陷消除率/%	100	100	100	100										

F.5 主要监督指标未完成（或变化）原因分析及措施

序号	指标名称	未完成（或变化）原因分析	改进措施	计划完成时间
1	焊缝检验率/%			
2	焊缝检验一次合格率/%			
3	监督设备部件检验率/%			
4	缺陷消除率/%			

F.6 上级单位及企业自查发现问题整改措施计划和整改完成情况

F.6.1 集团公司和二级单位技术监督检查问题

序号	存在问题	检查单位建议	整改措施及完成情况	计划完成时间	实际完成时间	未按计划时间完成的原因	负责单位及负责人	配合单位及配合人	验收部门及验收人
一、集团公司技术监督检查问题									
1									
2									
二、二级单位技术监督检查问题									
1									
2									
3									

续表

序号	存在问题	检查单位建议	整改措施及完成情况	计划完成时间	实际完成时间	未按计划时间完成的原因	负责单位及负责人	配合单位及配合人	验收部门及验收人
三、技术监督服务单位动态检查问题								
1									
2									
3									
4									

F.6.2 企业自查发现问题

序号	存在问题	技术监督服务单位建议	整改措施及完成情况	计划完成时间	实际完成时间	未按计划时间完成的原因	负责单位及负责人	配合单位及配合人	验收部门及验收人
1									

F.7 本月主要工作及完成情况

序号	本月所做的主要工作	工作完成情况	完成时间或周期	负责单位及专责人	验收部门及验收人
1					
2					
3					
4					

F.8 下月主要技术监督工作计划

序号	计划工作内容	计划完成时间或周期	负责单位及监督专责人	管理部门及监督负责人
1				
2				
3				
4				

F.9 专业技术监督会会议纪要

金属监督专业组会议纪要

附照片

F. 10　报表审核单

金属和压力容器监督负责人	技术监督联系人	生产部主任	生产副总经理（总工程师）
年　月　日	年　月　日	年　月　日	年　月　日

附录 G
（规范性附录）
金属和压力容器监督信息速报

单位名称				
设备名称		事件发生时间		
事件概况	注：有照片时，应附照片说明			
原因分析				
已采取的措施				
金属和压力容器监督 负责人签字		电话： 传真： 邮箱：		
技术监督主管领导签字				

国家电力投资集团有限公司
STATE POWER INVESTMENT CORPORATION LIMITED

企 业 标 准

火电企业电测技术监督实施细则

2017-12-11 发布

2017-12-11 实施

国家电力投资集团有限公司　发布

目　录

前　　言

为了规范国家电力投资集团有限公司（以下简称国家电投集团）火电企业电测技术监督管理，特制定本标准。

本标准依据《中华人民共和国电力法》《中华人民共和国计量法》《中华人民共和国计量法实施细则》及国家和行业有关标准、规程、规定编写制定。

通过本标准的实施，确保国家电投集团火电企业电测量值传递准确、可靠。

本标准由国家电投集团火电部提出、组织起草并归口管理。

本标准主要起草单位（部门）：国家电投集团科学技术研究院有限公司。

本标准主要起草人：王舟宁。

本标准主要审查人：王志平、徐国生、章义发、岳乔、陈以明、华志刚、侯晓亮、王正发、刘宗奎、李晓民、刘江、李继宏、贺国刚、杨帆、李关辉、路长江、陈东。

火电企业电测技术监督实施细则

1 范围

本标准规定了国家电投集团火电企业电测技术监督的基本原则、监督范围、监督内容和相关的技术管理要求。

本标准适用于国家电投集团火电企业燃煤机组，燃机机组参照执行。

2 规范性引用文件

下列文件（附录A）对于本文件的作用是必不可少的。凡是注日期的引用文件，仅标注日期的版本适用于本文件；凡是不标注日期的引用文件，其最新版本（包括所有的修改单）适用于本文件，见附录A。

3 总则

3.1 电测技术监督应按照国家电投集团（总部）、二级单位、火电企业三级技术监督体系，实行三级管理，确保国家及行业有关技术法规的贯彻实施，确保国家电投集团电测技术监督管理指令的畅通。

3.2 电测技术监督工作应通过对电测仪表及电能计量装置进行正确的系统设计、安装、调试及周期性的日常检定、检验、维护、修理等工作，使之始终处于完好、准确、可靠的状态。

3.3 电测技术监督工作应以质量为中心，以标准为依据，以计量为手段，根据设备状况和运行环境的变化进行管理，做到监督内容动态化，监督形式多样化，不断完善技术监督的体制和内容，提高技术监督的工作质量。

3.4 电测技术监督管理工作应做到法制化、制度化、动态化。对仪器仪表和计量装置及其一、二次回路要积极开展从设计审查、设备选型、设备订购、设备监造、安装调试、交接验收、运行维护、周期检验、技术改造等全方位、全过程的技术监督。

3.5 电测技术监督工作应加强技术培训和技术交流，依靠科技进步，采用和推广成熟、行之有效的新技术、新方法，不断提高技术监督的专业水平。

4 术语和定义

下列术语和定义适用于本文件。

4.1 交流采样测量装置

将工频电量、电流、电压、频率量值经数据采集、转换、计算的各种交流电量量值

（电流、电压、有功功率、无功功率、频率、功率因数或相位角等）转变为数字量传送至本地或远端的装置（以下简称：交采装置）。

4.2 电测量变送器

将交流电量量值（电流、电压、频率、有功功率、无功功率、频率、功率因数、相位角等）转变为直流电流或电压模拟量的装置。

4.3 重要仪器仪表

发电机组主系统、主变压器系统、厂用电主系统（6kV 母线及以上）、变电站主系统中电测仪器仪表。

4.4 计量标准

具有确定的量值和相关联的测量不确定度，实现给定量定义的参照对象。

4.5 计量标准考核

计量标准考核是国家主管部门对计量标准测量能力的评定和利用该标准开展量值传递资格的确认。

4.6 电能计量装置

由各种类型的电能表或与计量用电压、电流互感器（或专用二次绕组）及其二次回路相连接组成的用于计量电能的装置，包括电能计量柜（箱、屏）。

5 综合管理工作内容与要求

5.1 电测技术监督组织机构

5.1.1 各火电企业应按照国家电投规章〔2016〕124 号和本细则的要求，成立电测技术监督领导小组，由主管生产的副总经理或总工程师任组长。电测技术监督网络实行三级管理：第一级为厂级，包括副总经理或总工程师领导下的生产技术部技术监督负责人；第二级为部门级，包括设备管理部门或运行检修管理部门的技术监督专工；第三级为班组级，包括电测专工及班组人员。

5.1.2 生产管理部门负责人统筹安排，协调运行、检修等部门，协调各专业共同配合完成电测技术监督工作。

5.1.3 建立健全技术监督网络成员体系，包括：上一级及本单位技术监督网络成员表、技术服务单位监督网络成员表。监督网络成员表包括的主要内容有：单位名称、人员姓名、职务、联系电话、电子邮箱等；各火电企业电测技术监督工作管理部门每年年初应根据人员变动及时对领导小组成员和全厂各专业技术监督网络成员进行调整。

5.2 电测技术监督规章制度

5.2.1 国家、行业的有关技术监督法规、标准、规程及防止电力生产事故的反事故措施，以及国家电投集团相关制度和技术标准，是做好电测技术监督工作的重要依据，各火电企业应对电测技术监督使用标准等资料，收集齐全，并保持现行有效。每项工作制度、标准、规程，都应当建立文档及文件集目录，并在文件集目录中注明各种文件保存的地点和方式。同时应保证上述文件的有效性。

5.2.2 电测专业技术监督工作制度。

各火电企业建立的各项工作制度至少应包括下列内容。

a）电测技术监督管理制度；

b）电测技术监督各级岗位责任制度；

c）事故报告分析制度；

d）资料及报告档案保管制度；

e）人员培训管理制度；

f）仪器仪表委托检定管理制度；

g）关口电能计量装置管理制度；

h）异常告警制度。

5.3 技术监督工作计划和总结

5.3.1 电测技术监督应制定年度技术监督工作计划，并对计划实施过程进行跟踪监督。

5.3.2 电测技术监督专责人每年 11 月 30 日前应组织制定下年度技术监督工作计划。

5.3.3 电测技术监督年度计划的制定依据至少应包括以下主要内容。

a）国家、行业、地方有关电力生产方面的政策、法规、标准、规程、防止电力生产事故的反事故措施要求；

b）国家电投集团（总部）、二级单位和火电企业技术监督管理制度和年度技术监督动态管理要求；

c）国家电投集团（总部）、二级单位和火电企业技术监督工作规划与年度生产目标；

d）技术监督体系健全和完善化；

e）人员培训和监督用仪器设备配备与更新；

f）电测重要仪器仪表检定计划；

g）电测重要仪器仪表技术改造计划；

h）收集与电测专业相关设备设计选型、制造、安装、运行、检修、技术改造等方面的动态信息；

i）技术监督动态检查、告警、季报提出问题的整改。

5.3.4 电测技术监督工作计划应实现动态化，即每季度制定电测技术监督工作计划。年度（季度）监督工作计划应包括以下主要内容。

a）技术监督组织机构和网络完善；

b）监督管理标准、技术标准规范制定、修订计划；

c）人员培训计划（主要包括内部培训、外部培训取证，标准规范宣贯）；

d）技术监督例行工作计划；

e）检修期间应开展的技术监督项目计划；

f）仪器仪表检定计划；

g）技术监督自查、动态检查和复查评估计划；

h）技术监督告警、动态检查等监督问题整改计划；

i）技术监督定期工作会议计划。

5.3.5　火电企业每年1月5日前编制完成上年度技术监督工作总结，报送二级单位，同时抄送国家电投集团科学技术研究院。

5.3.6　火电企业应按附录C规定的格式及内容编制完成技术监督季度报表，并对监督指标进行统计分析，在每季度首月5日前将上一季度报表报送二级单位，同时抄送国家电投集团科学技术研究院。

5.3.7　年度监督工作总结主要应包括以下内容。

a）主要监督工作完成情况、监督指标完成情况、特点、经验与教训；

b）设备一般事故、危急缺陷和严重缺陷统计分析；

c）电测技术监督检查与评价，提出问题及整改完成情况汇报；

d）技术培训情况汇报；

e）存在的问题和改进措施；

f）下一步工作思路及主要措施。

5.4　技术监督告警管理

5.4.1　技术监督异常情况告警分类

5.4.1.1　一般告警是指技术监督指标超出合格范围，需要引起重视，但不至于短期内造成重要设备损坏、停机、系统不稳定。电测技术监督一般告警包括：

a）计量标准未经检定或未经检定合格，开展量值传递工作；

b）计量标准未经考核，开展仪器仪表检定工作；

c）关口电能计量装置中，电能表、电流互感器、电压互感器检定结果不符合规程规定仍然继续使用；

d）关口电能计量装置中，电压互感器二次压降测试结果不符合规程规定。

5.4.1.2　重要告警是指一般告警问题存在劣化现象且劣化速度超出有关标准规程范围。电测技术监督重要告警为：连续两次一般告警仍未完成整改的。

5.4.2　技术监督异常情况告警通知单

技术监督异常情况告警通知单见附录B，国家电投集团（总部）或技术监督服务单位发现问题需要发出预警时，应及时填写《技术监督异常情况告警通知单》，经审核、签发后下发至相关火电企业，同时抄报国家电投集团相关部门。

5.4.3　技术监督告警问题的闭环管理

火电企业对技术监督告警问题，要立即组织安排整改工作，制定措施或应急预案、全过程要责任到人，整改计划要上报二级单位技术监督管理部门，整改工作完成后要将整改结果报送上级单位和有关技术监督服务单位，形成闭环处理。

5.5 技术监督问题整改

5.5.1 技术监督工作实行问题整改跟踪管理方式。技术监督问题的提出包括：

a）国家电投集团科学技术研究院、技术监督服务单位在技术监督动态检查、告警中提出的整改问题；

b）技术监督季度报告中明确的国家电投集团（总部）或二级单位督办问题；

c）技术监督季度报告中明确的火电企业需关注及解决的问题；

d）火电企业技术监督专工每季度对监督计划执行情况进行检查，对不满足监督要求提出的整改问题。

5.5.2 对于技术监督动态检查发现问题的整改，火电企业在收到检查报告两周内，组织有关人员会同国家电投集团科学技术研究院或技术监督服务单位，在两周内完成整改计划的制订，经二级单位生产部门审核批准后，将整改计划报送国家电投集团（总部），同时抄送国家电投集团科学技术研究院、技术监督服务单位。火电企业应按照整改计划落实整改工作，并将整改实施情况及时在技术监督季报中总结上报。

5.5.3 技术监督告警问题的整改，火电企业按照5.4条执行。

5.5.4 技术监督季度报告中明确的督办问题、需要关注及解决的问题的整改，火电企业应结合本单位实际情况，制定整改计划和实施方案。

5.5.5 技术监督问题整改计划应列入或补充列入年度监督工作计划，火电企业按照整改计划落实整改工作，并将整改实施情况及时在技术监督季度报告中总结上报。

5.5.6 对整改完成的问题，火电企业应保存问题整改相关的试验报告、现场图片、影像等技术资料，作为问题整改情况及实施效果评估的依据。

5.6 技术监督工作会议

5.6.1 火电企业每年至少召开两次电测技术监督工作会议，会议由火电企业技术监督领导小组组长主持，检查与评估、总结、布置技术监督工作，对电测技术监督中出现的问题提出处理意见和防范措施，形成会议纪要，按管理流程批准后发布实施。

5.6.2 电测专业每月召开技术监督网络会议，传达上级有关技术监督工作的指示，听取各技术监督网络成员的工作汇报，分析存在的问题并制定、布置针对性纠正措施，检查技术监督各项工作的落实情况。

5.7 人员培训和上岗能力管理

5.7.1 各火电企业应当为每项计量标准配备至少两名具有相应能力，并满足有关计量法律法规要求的检定或校准人员。

5.7.2 从事电测专业技术人员应经过计量专业理论和实际操作培训或考核合格，确保具有从事计量检定或校准工作的相应能力，其能力证明可以是"培训合格证明"，也可以是其他能够证明具有相应能力的计量证件。

5.7.3 电测技术监督和电测专业技术人员应定期组织、参加培训工作，重点学习国家标准、规程宣贯等，学习新技术及先进经验和防止电力生产事故的反事故措施要求，不断提高技术监督人员水平。

5.8 确认仪器仪表有效性

5.8.1 电测计量标准实验室。

电测计量标准实验室（以下简称"实验室"），是用以进行电测计量仪器仪表检定、检修的工作场所。实验室应符合下列要求。

a）实验室的温度、相对湿度、洁净度、保护接地网、振动、外电磁场等环境条件应当满足计量检定规程或计量技术规范的要求；并应设立与外界隔离的保温防尘缓冲间；实验室互不相容的活动区域应进行有效隔离。

b）实验室宜建在远离振动、烟尘的场所，应有防尘、防火措施。实验室动力电源与照明电源应分路设置，动力电源容量按实际所需容量的3倍设计。

c）实验室应配备专用工作服、鞋帽及存放设施。

5.8.2 电测计量标准。

火电企业燃煤机组应结合本企业运行的电测仪器仪表实际情况配置电测计量标准（以下简称"计量标准"）。根据《中华人民共和国计量法》有关规定，必须经过考核合格后方能投入使用。配置计量标准的要求如下：

a）企业应当按照计量检定规程或计量技术规范的要求，科学合理，完整齐全的配置计量标准器及配套设备（包括计算机及软件），并能满足开展检定或校准工作的需要。

b）计量标准应是技术先进、性能可靠、功能齐全、操作简便、自动化程度高的产品，应具备与配套管理的计算机联网进行检定和数据管理功能。检定数据应能自动存储且不能被人为修改，数据导出及备份方式应灵活方便。

c）一般应配置：交直流仪表检定装置、电量变送器检定装置、交流采样测量装置检定装置、交流电能表检定装置、万用表检定装置、钳形电流表检定装置、绝缘电阻表检定装置等。

5.8.3 火电企业应编制仪器仪表使用、操作、维护规程和制度，规范仪器仪表管理。内容包括：

a）计量标准操作规程；

b）仪器仪表委托检定管理制度；

c）实验室岗位管理制度；

d）计量标准使用维护管理制度；

e）量值溯源管理制度；

f）环境条件及设施管理制度；

g）计量检定规程或技术规范管理制度；

h）原始记录及证书管理制度；

i）事故报告管理制度；

j）计量标准文件建档及管理制度。

5.8.4 如火电企业采用外部委托方式开展电测计量检定，受委托服务人员纳入技术监督管理体系，受委托服务单位资质应满足本细则有关要求。

5.8.5 建立健全仪器仪表设备台账（计算机电子档案），台账内容应根据检验、使用及更新情况进行补充完善，台账信息至少包括：设备名称、型号、编号、规格、等级、制造

厂、检定时间、检定周期、有效期、检定单位、检定结论、检定人，现场运行电测计量设备还应有一次设备名称、安装地点、安装日期、设备外形尺寸、接线端子状况等。

应建立台账的电测计量设备包括：

a）关口电能计量装置（电能表、互感器）；

b）计量标准及辅助设备；

c）便携式仪器仪表；

d）现场运行仪器仪表；

e）其他仪器仪表。

5.8.6 火电企业应根据检定周期和项目，制定仪器仪表年度检验计划，按规定进行检验、送检和量值传递，对检验合格的可继续使用，对检验不合格的送修或报废处理，保证仪器仪表有效性。

5.8.6.1 电测计量设备的检定周期。

a）检定计量标准。电测计量标准属于强制检定的范围，须由法定或授权的计量检定机构执行强制检定，检定周期执行相应的国家计量检定规程；一般便携式仪表、变送器（交流采样）、电能表检定装置检定周期为 1 年；仪表、电能表检定装置（台体）首次检定后 1 年进行第一次后续检定，此后后续检定的检定周期为 2 年。

b）绝缘电阻表的检定周期。

绝缘电阻表属于强制检定的范围，指针式绝缘电阻表（兆欧表）检定至少每 2 年检验一次；电子式绝缘电阻表、接地电阻表的检定周期一般不超过 1 年。

c）关口电能计量装置的检定周期。

I 类电能计量装置宜每 6 个月现场检验 1 次；II 类电能计量装置宜每 12 个月现场检验 1 次；III 类电能计量装置宜每 24 个月现场检验 1 次。运行中的电压互感器，其二次回路电压降引起的误差应定期检测，35kV 及以上电压互感器二次回路电压降引起的误差，宜每两年检测 1 次；当二次回路及其负荷变动时，应及时进行现场检验；当二次回路负荷超过互感器额定二次负荷或二次回路电压降超差时应及时查明原因，并在 1 个月内处理。运行中的电压、电流互感器应定期进行现场检验，要求如下：高压电磁式电压、电流互感器宜每 10 年现场检验 1 次；高压电容式电压互感器宜每 4 年现场检验 1 次。

d）电能表的检定周期。

重要电能表（发电机、主变压器、高压厂用变压器、高压厂用备用变压器）应每年检验一次；其他电能表 4~6 年检验一次。电能表虚负荷检验周期不得超过 6 年。

e）电测量变送器、交流采样测量装置、多功能表的检定周期。

重要仪器仪表类的电测量变送器应每年检定 1 次，其他电测量变送器应每 3 年检定 1 次；交流采样测量装置应每 3 年至少检定 1 次；多功能表应每 3 年至少检定 1 次。

f）盘表的检定周期。

重要盘表、励磁系统盘表、电除尘整流柜盘表应 1 年检定 1 次，其他设备盘表应与该仪表所连接主要设备的大修周期一致。

g）数字仪表的检定周期。

五位半及以上的数字多用表一般作为标准表使用，检定周期为 1 年。四位半及以下的数字多用表作为工具表使用，检定周期可延长至 3 年。

5.8.6.2 电测计量设备的检定计划。

各企业应根据关口电能计量装置、计量标准及辅助设备、便携式仪器仪表、现场运行计量器具、其他仪器仪表配置的情况，分别制定检定计划，检定计划内容包括：设备名称、型号、编号、准确度等级、制造厂、上次检定日期、检定周期、检定单位、计划检定日期等信息。

5.9 建立健全监督档案

5.9.1 电测技术监督负责人应按照国家电投集团电测专业规定的技术监督资料目录和格式要求，建立健全电测技术监督规程、各项设备台账、档案、制度和技术资料等，确保技术监督原始档案和技术资料的完整性和连续性。内容包括：

　　a) 国家检定规程、规定；

　　b) 设备台账；

　　c) 设备检修规程、操作规程；

　　d) 设备原理图，一次和二次接线图，施工设计图和施工变更资料、竣工图，设备使用说明书；

　　e) 计量标准档案、关口计量装置档案；

　　f) 设备检定证书及检定原始记录；

　　g) 设备异常的整改措施、分析报告。

5.9.2 电测技术监督专工应建立电测技术监督档案资料和目录清册，并及时更新；根据监督组织机构的设置和设备的实际情况，明确档案资料的分级存放地点，并指定专人整理保管，逐步实现技术档案的电子信息化和网络化。

5.10 工作报告报送管理

技术监督工作实行工作报告管理方式，电测专业应按要求及时报送监督速报、监督季报等技术监督工作报告。

5.10.1 电测专业发生重大监督指标异常，受监设备重大缺陷、故障和损坏事件，火灾事故等重大事件后的24h内，电测技术监督专工应将事件概况、原因分析、采取措施等情况填写速报并报上级部门。同时应组织本专业学习、交流国家电投集团科学技术研究院发布的各企业速报分析、总结，并结合本单位设备实际情况，吸取经验教训，举一反三，认真开展电测技术监督工作，确保设备健康服役和安全运行。

5.10.2 火电企业电测技术监督专工应按照规定的季报格式和要求（见附录C），组织编写上季度技术监督季报，每季度首月5日前报送二级单位和国家电投集团科学技术研究院。

5.11 责任追究与考核

5.11.1 技术监督考核包括上级单位组织的技术监督现场考核、属地技术监督服务单位组织的技术监督考核以及自我考核。

5.11.2 各企业应积极配合上级单位和属地技术监督服务单位组织的现场检查和技术监督考核工作。对于考核期间的技术监督事件不隐瞒，不弄虚作假。

5.11.3 对技术监督工作做出贡献的部门或人员给予表彰和奖励；对由于技术监督不当或擅自减少监督项目、降低监督标准而造成严重后果的，要追究当事者及相关人员的责任。

6 电测技术监督范围、内容与主要指标

6.1 电测技术监督范围

对仪器仪表和计量装置及其一次和二次回路开展从设计审查、设备选型、设备订购、设备监造、安装调试、交接验收、运行维护、周期检验、现场抽检、技术改造等全方位、全过程的技术监督。

6.2 电测技术监督主要对象

a）直流仪器仪表；

b）电测量指示仪器仪表；

c）电测量数字仪器仪表；

d）电测量记录仪器仪表（包括统计型电压表）；

e）电能表（包括最大需量电能表、分时电能表、多费率电能表、多功能电能表、标准电能表等）；

f）电能表检定装置、电能计量装置（包括电力负荷监控装置）；

g）电流互感器、电压互感器（包括测量用互感器、标准互感器、互感器检验仪及检定装置、负载箱）；

h）变换式仪器仪表（包括电量变送器）；

i）交流采样测量装置；

j）电测量系统二次回路（包括 TV 二次回路压降测试装置、二次回路阻抗测试装置）；

k）电测计量标准装置；

l）电能质量标准器具及电能质量监测仪；

m）电试类测量仪器（包括继电保护测试仪、高压计量测试设备等）；

n）电能信息采集与管理系统；

o）电测计量检测人员。

6.3 电测技术监督主要指标

6.3.1 各种电测仪器仪表检验率为 100%。

6.3.2 便携式仪表、重要仪器仪表调前合格率不低于 98%。其他仪表调前合格率不低于 95%。

6.3.3 计量标准合格率应为 100%。

6.3.4 关口电能计量装置中电能表、电流互感器、电压互感器及电压互感器二次回路导线压降合格率均应为 100%。

6.3.5 计量标准考核率100%。

6.3.6 电测技术监督用计算公式。

6.3.6.1 仪器仪表检验率计算公式

$$检验率 = \frac{A_F - A_x}{A_F} \times 100\%$$

式中：A_x——未按周期检验仪表数；

A_F——按规定周期应检验的仪表总数。

6.3.6.2 重要仪器仪表调前合格率计算公式

$$调前合格率 = \frac{A_F - A_x}{A_F} \times 100\%$$

式中：A_x——已检重要仪器仪表调前不合格数；

A_F——已检重要仪器仪表总数。

6.3.6.3 计量标准、电能表、互感器、二次压降合格率计算公式

$$合格率 = \frac{A_F - A_x}{A_F} \times 100\%$$

式中：A_x——已检计量器具不合格数；

A_F——已检计量器具总数。

6.3.6.4 计量标准考核率计算公式

$$考核率 = \frac{A_F - A_x}{A_F} \times 100\%$$

式中：A_x——未按要求考核的计量标准；

A_F——按规定应考核的计量标准总数。

7 电测技术监督过程实施

7.1 设计审查及设备选型

7.1.1 火电企业燃煤机组电测量及电能计量装置的设计应做到技术先进、经济合理、准确可靠、监视方便，以满足本企业安全经济运行和商业化运营的需要。

7.1.2 设计审查阶段电测技术监督的要求。

7.1.2.1 电能计量装置要求。

a）电能计量装置设计审查的主要依据：DL/T 448、GB/T 50063、GB 17167、DL/T 5137、DL/T 566、DL/T 614、DL/T 5202、DL/T 698、DL/T 825、Q/GDW 347 中相关设计原则和技术要求，详见附录 A.2。

b）设计审查的内容包括：计量点、计量方式、电能表与互感器接线方式的选择、电能表的型式和装设套数的确定等符合 DL/T 448 要求。

7.1.2.2 电测量设备要求。

a）电测量设备设计审查的主要依据：DL/T 5137、DL/T 630、DL/T 5226、DL/T 1075、GB/T 13850 中相关设计原则和技术要求；

b）电量变送器、交流采样测量装置、仪器仪表及其二次回路控制、计算机监测（控）系统的测量等符合 GB/T 50063 要求；

c）电量变送器辅助交流电源必须可靠，重要变送器应采用交流不停电电源；

d）参与发电机组控制功能的有功电量变送器，应满足暂态特性要求。

7.1.3 设备选型阶段电测技术监督的要求。

7.1.3.1 电压、电流互感器应满足 GB/T 20840 的要求。

7.1.3.2 多功能电能表应满足 GB/T 17215、DL/T 614/DL/T 645 等的要求。

7.1.3.3 电测量变送器应满足 GB/T 13850 的要求。

7.1.3.4 交流采样测量装置应满足 GB/T 13729、DL/T 630、DL/T 1075 的要求。

7.1.3.5 安装式数字仪表应满足 GB/T 22264 的要求。

7.1.3.6 电测量模拟式指针仪表应满足 GB/T 7676 的要求。

7.1.3.7 数字多用表应满足 GB/T 13978 的要求。

7.2 验收、试验

7.2.1 订购的电测量设备及电能计量装置的各项性能和技术指标应符合国家、电力行业相应标准的要求，投运前应进行全面的验收。

7.2.2 开箱验收。

a）装箱单、出厂检验报告（合格证）、使用说明书；

b）铭牌、外观结构、安装尺寸、辅助部件。

7.2.3 投运前验收。

7.2.3.1 设备型号、规格、许可标志、出厂编号应与计量检定证书和技术资料的内容相符。

7.2.3.2 产品外观质量应无明显瑕疵和受损。

7.2.3.3 安装工艺质量应符合有关标准要。

7.2.3.4 接线情况应和竣工图一致。

7.2.4 验收试验。

7.2.4.1 电流、电压互感器实际二次负载及电压互感器二次回路压降测试。

7.2.4.2 电流、电压互感器现场检验。

7.2.4.3 交流采样测量装置虚负荷检验。

7.2.4.4 电测量变送器检定。

7.2.5 技术资料验收。

7.2.5.1 电能计量装置技术资料验收。

a）电能计量装置计量方式原理图，一次与二次接线图，施工设计图和施工变更资料、竣工图等；

b）电能表及电压、电流互感器安装使用说明书、出厂检验报告、法定计量检定机构的检定证书；

c）电能信息采集终端的使用说明书、出厂检验报告、合格证；

d）计量设备二次回路导线或电缆的型号、规格及长度资料；

e）电压互感器二次回路中的快速自动空气开关、接线端子的说明书和合格证等；

f）电能表和电能信息采集终端的参数设置记录；

g）关口电能表辅助电源原理图和安装图；

　　h）计量用电流、电压互感器的实际二次负荷及电压互感器二次回路压降的检测报告；

　　i）计量用电流、电压互感器使用变比确认记录；

　　j）实际施工过程中需要说明的其他资料。

7.2.5.2　电测设备技术资料验收。

　　a）电测设备二次接线图，施工设计图和施工变更资料、竣工图等；

　　b）电测设备安装使用说明书、出厂检验报告、检定证书；

　　c）测量用电流、电压互感器使用变化确认记录；

　　d）实际施工过程中需要说明的其他资料。

7.2.6　安装的电测仪器仪表应在其明显位置粘贴检验合格证。

7.3　运行维护

7.3.1　用于贸易结算的关口电能表、电压互感器、电流互感器属于强制检定的范围，须由法定或授权的计量检定机构执行强制检定。

7.3.2　企业内部电量考核、电量平衡、经济技术指标分析的电能计量装置，应按国家计量检定规程要求进行检定。计量用电压互感器二次回路压降及二次负荷宜根据运行状态进行检测。

7.3.3　建立电测计量设备缺陷记录，包括故障、检修记录等。记录主要项目：记录日期、故障时间、处理情况、恢复正常日期等。

7.3.4　对电能计量装置厂站端设备应定期巡视，检查和核对关口电能表信息采集数据、重要电能表信息采集数据，每天巡视一次，并应有记录。

7.3.5　对运行中的电量变送器、交流采样测量装置应每半年至少一次检查和核对遥测值，并应有记录。核对时可参考相应固定式的计量表计。

7.3.6　运行中的电测仪器仪表发生异常现象时，应采用在线检验的方法、申请退出运行等措施，并及时处理。

7.3.7　按计划完成计量标准、便携式仪器仪表送检，对计量检定证书及时归档。

7.3.8　按计划完成现场运行电测计量设备的检定、测试，完成检定原始记录填写，并判定合格与否，检定合格的设备应粘贴检定标识，检定不合格的设备应及时调整或更换。

7.3.9　当电测设备电压、电流回路发生拆接线工作时，应在工作结束后，须对回路正确性进行检查。

7.3.10　定期对计量标准进行稳定性考核和重复性试验。

7.3.11　计量标准送检结束，如出具校准证书，应对校准结果进行溯源结果确认，判定其数据可用性。

7.3.12　电测专业屏柜内设备按规范要求布置。

　　a）电测屏柜内未布置无关设备；

　　b）端子排标识、回路编号准确、清晰；

　　c）符合二次回路接线要求，接线规范。

7.3.13　电测设备电压回路、电源回路可靠。

　　a）重要设备供电源应由 UPS 供电；

　　b）UPS 按规程定期做切换试验；

  c）重要设备电压回路应在本屏柜内端子排分别引接，并有独立的开关控制；

  d）重要设备辅助电源回路应在本屏柜内端子排分别引接，并有独立的开关控制；

  e）电流回路端子的一个连接点不应压两根导线，也不应将两根导线压在一个压接头再接至一个端子。

7.3.14 集成（多功能）变送器可靠性。

  单台集成变送器只允许输出 1 路参与控制的电气量。

7.3.15 经互感器接入的贸易结算用电能计量装置应按计量点配置电能计量专用电压、电流互感器或专用二次绕组，并不得接入与电能计量无关的设备。

7.3.16 电能计量专用电压、电流互感器或专用二次绕组及其二次回路应有计量专用二次接线盒及试验接线盒。电能表与试验接线盒应按一对一原则配置。

7.3.17 Ⅰ类电能计量装置、计量单机容量 100MW 及以上发电机组上网贸易结算电量的电能计量装置应配置型号、准确度等级相同的计量有功电量的主副两只电能表。

7.3.18 贸易结算用高压电能计量装置应具有符合 DL/T 566—95 要求的电压失压计时功能。

7.3.19 互感器二次回路的连接导线应采用铜质单芯绝缘线，对电流二次回路，连接导线截面积应按电流互感器的额定二次负荷计算确定，至少应不小于 $4mm^2$；对电压二次回路，连接导线截面积应按允许的电压降计算确定，至少应不小于 $2.5mm^2$。

附录 A
（资料性附录）
电测专业相关规程、规范、标准

A.1 规范性文件

JJF 1001—2011　　通用计量术语及定义

JJF 1033—2016　　计量标准考核规范

JJF 1059　　　　　测量不确定度评定与表示

DL/T 1051　　　　电力技术监督导则

DL/T 1199—2013　电力技术监督规程

国家电投规章〔2016〕124 号　　国家电力投资集团公司火电技术监督管理规定

A.2 设计审查规程

GB/T 7676　　　　直接作用模拟指示电测量仪表及其附件

GB/T 13729　　　远动终端设备

GB/T 13850　　　交流电量转换为模拟量或数字信号的电量变送器

GB/T 13978　　　数字多用表国家标准

GB 17167　　　　用能单位能源计量器具配备和管理通则

GB/T 17215　　　静止式交流有功电能表

GB/T 22264　　　安装时数字显示电测量仪表

GB/T 50063　　　电力装置的电测量仪表装置设计规范

DL/T 448—2016　电能计量装置技术管理规程

DL/T 630　　　　交流采样远动终端技术条件

DL/T 645　　　　多功能电能表通信协议

DL/T 1075　　　　数字式保护侧控装置通用技术条件

DL/T 5137　　　　电测量及电能计量装置设计技术规程

DL/T 5226　　　　火力发电厂电力网络计算机监控系统设计

DL/T 5202　　　　电能计量系统设计技术规程

DL/T 566　　　　电压失压计时器技术条件

DL/T 614　　　　多功能电能表

DL/T 698　　　　电能信息采集与管理系统

DL/T 825　　　　电能计量装置安装接线规则

Q/GDW 347　　　电能计量装置通用设计

A.3 检定、检验规程

JJG 124—2005　　　　　电流表、电压表、功率表及电阻表

JJG 126—1995	交流电量变换为直流电量电工测量变送器
JJG 307—2006	机电式交流电能表
JJG 315—1983	直流数字电压表（试行）
JJG 596—2012	电子式交流电能表
JJG 597—2005	交流电能表检定装置
JJG 598—1989	直流数字电流表试行检定规程
JJG 622—1997	绝缘电阻表（兆欧表）检定规程
JJG 780—1992	交流数字功率表
JJG 1005—2005	电子式绝缘电阻表
JJG 1021—2007	电力互感器
JJG（电力）01—1994	电测量变送器检定规程
JJG（航天）34—1999	交流数字电压表检定规程
JJG（航天）35—1999	交流数字电流表检定规程
JJF 1075—2001	钳形电流表校准规范
DL/T 980—2005	数字多用表检定规程
DL/T 1112—2009	交、直流仪表检验装置检定规程
SD 110—1983	电测量指示仪表检验规程
Q/GDW 1899—2013	交流采样测量装置检验规范
Q/GDW 140—2006	交流采样测量装置运行检验管理规程

说明：

1. 凡是标注日期的引用文件，仅标注日期的版本适用于本文件。凡是不标注日期的引用文件，其最新版本（包括所有的修改单）适用于本文件。

2. 中华人民共和国国家标准"GB……"。

3. 中华人民共和国国家计量检定规程"JJG……"。

4. 中国航天工业总公司航天计量检定规程"JJG（航天）……"。

5. 中华人民共和国国家计量技术规范"JJF……"。

6. 中华人民共和国电力行业标准"DL……"。

7. 中华人民共和国水利电力部标准"SD……"。

8. 国家电网公司企业标准"Q/GDW……"。

附录 B
（规范性附录）
技术监督异常情况告警通知单

表 B.1 技术监督异常情况告警通知单

通知单编号：T-　　　　　　　　　预警类别：　　　　　　　　　　　　年　　月　　日

火电企业名称			
设备名称、编号			
异常情况			
可能造成或已经造成的后果			
整改建议			
整改日期要求			
通知单发出单位		签发人	

通知单编号：T-DCJD-年度-顺序号　　　　　　　　预警类别：一般预警、重要预警

附录 C
（规范性附录）
技术监督季度格式

火电企业名称
年　　季度电测技术监督季报

编写人：_____

联系电话：_____

审核人：_____

批准人：_____

填报日期：_____年_____月_____日

一、本季度电测专业完成的主要工作

1. 文字描述
2. 文字描述
3. ……

二、本季度电测技术监督指标及分析

1. 本季度电测技术监督指标完成情况（填写表 C.1）
2. 电测技术监督指标完成情况及简要分析
   1）文字描述
   2）文字描述
   3）……

三、本季度发现的问题分析及相应对策

1. 文字描述
2. 文字描述
3. ……

四、上季度存在问题的状态

1. 文字描述
2. 文字描述
3. ……

五、本季度遗留的问题

1. 文字描述
2. 文字描述
3. ……

六、下一季度电测技术监督工作重点

1. 文字描述
2. 文字描述
3. ……

国家电投集团火电企业技术监督实施细则和评估标准

表 C.1　　年　季度电测技术监督指标季报报表

单位：

序号	分类		总数/（台/块）	本季计划检验数/（台/块）	本季实际检验数/（台/块）	调前不合格数/（台/块）	本季度检验率/%	调前合格率/%
1	计量标准器							
2	0.5级及以上标准表							
3	绝缘电阻表							
4	接地电阻表							
5	万用表							
6	钳形表							
7	重要配电盘（控制盘）表							
8	重要电能表							
9	重要电测量变送器							
10	重要交流采样测量装置							
11	其他仪器仪表							
12	关口电能表	周期检定						
		现场检验						

续表

序号	分类		总数/(台/块)	本季计划检验数/(台/块)	本季实际检验数/(台/块)	调前不合格数/(台/块)	本季度检验率/%	调前合格率/%
13	关口计量用互感器	电流互感器						
		电压互感器						
14	关口计量用电压互感器二次回路电压降							
15	不合格计量器具名称	型号	等级	测试点	误差	处理方式		

注1：配电盘（控制盘）表指各类指针式仪表、数字式仪表等
注2：交流采样测量装置按装置统计

编制：　　　　　　审核：　　　　　　批准：　　　　　　日期：

国家电力投资集团有限公司
STATE POWER INVESTMENT CORPORATION LIMITED

企 业 标 准

火电企业热工技术监督实施细则

2017-12-11 发布

2017-12-11 实施

国家电力投资集团有限公司　发布

目　录

前　　言

为了规范国家电力投资集团有限公司（以下简称国家电投集团）火电企业热工技术监督管理，进一步提高设备运行的可靠性，保证火电企业安全、稳定、经济运行，根据国家、电力行业的相关法律、法规、标准、规程、规定和制度，结合火电企业生产的实际情况制定本标准。

本标准由国家电投集团火电部提出、组织起草并归口管理。

本标准主要起草单位（部门）：国家电投集团科学技术研究院有限公司。

本标准主要起草人：李松华、门凤臣。

本标准主要审查人：王志平、徐国生、章义发、岳乔、陈以明、华志刚、侯晓亮、王正发、刘宗奎、李晓民、刘江、李继宏、金丰、高升、施惠佳、蒋琳、高文松、周鹏、王亚顺、杨天明。

火电企业热工技术监督实施细则

1 范围

本细则规定了国家电投集团火电企业热控系统（定义参见 DL/T 1056）从设计选型和审查、监造和出厂验收、安装和调整试运、运行和检修维护以及技术改造等全过程热工技术监督工作的相关技术标准和监督管理要求。

本细则适用于国家电投集团火电企业（以下简称三级单位）热工技术监督管理工作。

2 规范性引用文件

下列文件对于本文件的应用是必不可少的。凡是注日期的引用文件，仅注日期的版本适用于本文件。凡是不注日期的引用文件，其最新版本（包括所有的修改单）适用于本文件。

GB 26164.1　电力安全工作规程　第 1 部分：热力和机械

GB 50174　数据中心设计规范

GB 50254　电气装置安装工程施工及验收规范

GB/T 50093　自动化仪表工程施工及质量验收规范

GB 50660　大中型火力发电厂设计规范

GB/T 13399　汽轮机安全监视装置技术条件

JJF 1033　计量标准考核规范

DL/T 261　火力发电厂热工自动化系统可靠性评估技术导则

DL/T 589　火力发电厂燃煤锅炉的检测与控制技术条件

DL/T 590　火力发电厂凝汽式汽轮机的检测与控制技术条件

DL/T 591　火力发电厂汽轮发电机的检测与控制技术条件

DL/T 592　火力发电厂锅炉给水泵的检测与控制技术条件

DL/T 655　火力发电厂炉膛安全监控系统验收测试规程

DL/T 656　火力发电厂汽轮机控制系统验收测试规程

DL/T 657　火力发电厂模拟量控制系统验收测试规程

DL/T 658　火力发电厂开关量控制系统验收测试规程

DL/T 659　火力发电厂分散控制系统验收测试规程

DL/T 701　火力发电厂热工自动化术语

DL/T 774　火力发电厂热工自动化系统检修运行维护规程

DL/T 775　火力发电厂除灰除渣系统热工自动化系统调试规程

DL/T 824　汽轮机电液调节系统性能验收导则

DL/T 834　火力发电厂汽轮机防进水和冷蒸汽导则

DL/T 838　燃煤火力发电企业设备检修导则

DL/T 869　火力发电厂焊接技术规程

DL/T 924　火力发电厂厂级监控信息系统技术条件

DL/T 996　火力发电厂汽轮机电液控制系统技术条件

DL/T 1056　发电厂热工仪表及控制系统技术监督导则

DL/T 1083　火力发电厂分散控制系统技术条件

DL/T 1091　火力发电厂锅炉炉膛安全监控系统技术规程

DL/T 1210　火力发电厂自动发电控制性能测试验收规程

DL/T 1211　火力发电厂磨煤机检测与控制技术规程

DL/T 1212　火力发电厂现场总线设备安装技术导则

DL/T 1213　火力发电机组辅机故障减负荷技术规程

DL/T 1340　火力发电厂分散控制系统故障应急处理导则

DL/T 1393　火力发电厂锅炉汽包水位测量系统技术规程

DL/T 5004　火力发电厂实验、修配设备及建筑面积配置导则

DL/T 5175　火力发电厂热工控制系统设计技术规定

DL/T 5182　火力发电厂热工自动化就地设备安装、管路及电缆设计技术规定

DL/T 5190.4　电力建设施工技术规范　第4部分：热工仪表及控制装置

DL/T 5210.4　电力建设施工质量验收规程　第4部分：热工仪表及控制装置

DL/T 5227　火力发电厂辅助系统热工自动化设计技术规定

DL/T 5294　火力发电建设工程机组调试技术规范

DL/T 5428　火力发电厂热工保护系统设计规定

DL/T 5437　火力发电建设工程启动试运及验收工程

DL/T 5455　火力发电厂热工电源及气源系统设计技术规程

国能安全〔2014〕161号　防止电力生产事故的二十五项重点要求

国函〔1986〕59号　水利电力部门电测、热工计量仪表和装置检定管理的规定

国发〔1987〕31号　强制检定的工作计量器具检定管理办法

国家电投规章〔2016〕124号　国家电力投资集团公司火电技术监督管理规定

国家电网工〔2003〕153号　电力建设工程施工技术管理导则

SD1/Z 901—64　电力工业未安装设备维护保管规程

JJF 1033　计量标准考核规范

JJG 640　差压或流量计

JJG 882　压力变送器检定规程

JJG 52　弹性元件式一般压力表、压力真空表和真空表

JJG 351　工作用廉金属热电偶检定规程

JJG 229　工业铂、铜热电阻

MDJG 16—89　火力发电厂热工自动化设计技术规定

3 术语和定义

3.1

分散控制系统　distributed control system；DCS

采用计算机、通信和屏幕显示技术，实现对生产过程的数据采集、控制和保护等，并利用通信技术实现数据共享的多微型计算机监视和控制系统。分散控制系统的主要特点是功能分散、数据共享，根据具体情况也可以是硬件布置上的分散。

3.2

控制处理器　control processor；CP

以微型计算机或微处理器为核心，完成控制逻辑和控制算法的专用模块化单元。

3.3

过程控制站　distributed process unit；DPU

能够实现生产过程中相对独立子系统的数据来集、控制和保护功能的装置。包含控制处理器 CP、输入输出模件、通信模件、现场信号接口等硬件。它是 DCS 主控通信网络上的节点。

3.4

通用站说明　general station description；GSD

一种可读的 ASCII 电子文本文件，包含用于通信和网络组态的通用的和设备专用的参数，不同语言的通用站说明可采用带相应文件扩展符号的不同文档（如英语文档采用＊．gse，德语文件采用＊．gsg）等，或统一采用＊．gsd 文档。

3.5

电子设备描述语言　electronic device description language；EDDL

用于定义现场总线设备参数、用户接口和路由通信等的语法和语义的标准化的设备描述语言，包括现场总线设备的静态和动态特征。

3.6

现场总线控制系统　field bus control system；FCS

以现场总线技术为基础，实现过程控制站与现场测控设备双向数据通信，并对这类现场设备进行组态、监视、诊断、管理的控制系统。

3.7

机组快速减负荷　fast cut back；FCB

当汽轮机或发电机甩负荷时，使锅炉（包括常压循环流化床）不停运的一种措施。根据 FCB 后机组的不同运行要求，可分为机组带厂用电或停机不停炉两种不同的运行方式。

3.8

辅机故障减负荷　run back；RB

是针对机组主要辅机故障采取的控制措施。即当主要辅机（如给水泵、送风机、引风机）发生故障部分退出工作、机组不能带当前负荷时，快速降低机组负荷的措施。

3.9

厂级监控信息系统　supervisory information system at plant level；SIS

采集发电厂各系统的实时生产过程数据，以全厂生产过程实时/历史数据库为平台，为全厂实时生产过程综合优化服务的监控和管理信息系统。

3.10

模拟量控制系统　modulating control system；MCS

对锅炉、汽轮机、辅助系统的过程参数进行连续自动调节的控制系统总称。包括过程参数的自动补偿和计算，自动调节、控制方式的无扰切换，以及偏差报警等功能。

3.11

单元机组协调控制系统　unit coordinated control system；CCS

单元机组的一个主控系统，作用是对动态特性差异较大的锅炉和汽轮发电机组进行整体负荷平衡控制，使机组尽快响应调度的负荷变化要求，并保证主蒸汽压力和机炉主要运行参数在允许的范围内。在一些特定工况下，通过保护控制回路和控制方式的转换保持机组的稳定和经济运行。主要包括机组负荷指令控制、机炉主控、压力设定、频率校正、辅机故障减负荷等控制回路，直接作用的执行级是锅炉控制系统和汽轮机控制系统。

3.12

自动发电控制　automatic generation control；AGC

根据电网调度中心负荷指令控制机组发电功率达到规定要求的控制。

3.13

数字式电液控制系统　digital electro – hydraulic control system；DEH

是由按电气原理设计的敏感元件、数字电路（计算机），以及按液压原理设计的放大元件和液压伺服机构构成的汽轮机控制系统。

3.14

顺序控制系统　sequence control system；SCS

按照规定的时间和逻辑的顺序，对（某一工艺系统或辅机）多个终端控制元件进行一系列操作的控制系统。

3.15

可编程逻辑控制器 programmable logic controller；PLC

用于顺序控制的专用计算机，通过编程系统，利用布尔逻辑或继电器梯形图等编程语言来改变顺序控制逻辑。目前，可编程逻辑控制器可根据需要扩展模拟量控制功能（国外也称PAC），配置有多个输入和输出装置，可承受更宽的温度变化范围，更苛刻的电气噪声、振动和冲击等。

3.16

汽轮机监视仪表 turbine supervisory instruments；TSI

连续测量汽轮机转速、振动、膨胀、位移等机械参数，并将测量结果送入控制系统、保护系统等用于控制变量及运行人员监视的自动化系统。

3.17

炉膛安全监控系统 furnace safety supervisory system；FSSS

保证锅炉燃烧系统中各设备按规定的操作顺序和条件安全启停、切断和投入，并能在危急工况下迅速切断进入锅炉炉膛的全部燃料（包括点火燃料），防止爆燃、爆炸、内爆等破坏性事故发生，以保证炉膛安全的保护和控制系统。炉膛安全监控系统包括炉膛安全系统和燃烧器控制系统。

3.18

总燃料跳闸 master fuel trip；MFT

由人工操作或保护信号动作，快速切除进入锅炉（或常压循环流化床）的所有燃料（包括到炉膛、点火器、风道燃烧器等的燃料）的控制措施。

3.19

油燃料跳闸 oil fuel trip；OFT

快速关闭燃油阀，切除进入锅炉炉膛的所有燃料油。

3.20

超速保护控制 over – speed protection control；OPC

抑制超速的控制功能。当汽轮机转速达到或超过额定转速的103%，或转子加速度超过规定值时，自动关闭调节汽门，当转速恢复到正常时再开启调节汽门，如此反复，直至正常转速控制回路可以维持额定转速。

3.21

超速跳闸保护 over-speed protection trip；OPT

当汽轮机转速上升到某一限值时，采取紧急停机措施，自动迅速的关闭主汽门和调节汽门，是汽轮机保护系统功能之一。

3.22

汽轮机紧急跳闸系统　emergency trip system；ETS

当汽轮机运行过程中出现异常、可能危急设备安全时，采取紧急措施停止汽轮机运行的保护系统。

3.23

事件顺序记录　sequence of event；SOE

当反映事件的开关量信号变态时，自动将开关量变态的时间记录下来，按顺序排列，可按时间先后顺序打印出来。

3.24

数据采集系统　data acquisition system；DAS

采用数字计算机系统对工艺系统和设备的运行参数、状态进行检测，对检测结果进行处理、记录、显示和报警，对机组的运行情况进行计算和分析，并提出运行指导的监视系统。

3.25

烟气连续监视系统　continuous emissions monitoring system for flue gas；CEMS

通过采样方式或直接测量方式，实时、连续的测定火电企业排放的烟气中各种污染物浓度的监视系统。全面的锅炉烟气连续监视系统主要由烟尘检测子系统、气态污染物检测子系统、烟气排放参数检测子系统、系统控制及数据采集处理子系统组成。

3.26

输入输出　input and output；I/O

具有如下功能的部件或组件：能够将生产过程参数转换为工业控制计算机系统能够接收的数字信号输入系统，或将工业控制计算机系统输出的数字信号转换为相应过程控制部件、设备能够接收的物理量或电能量。

3.27

SAMA 图　SAMA diagram

基于美国 SAMA（科学制造商协会）仪表与控制系统功能图制图 PMC22.1 标准所规定的图例符号和制图规定，用于表示控制系统逻辑或控制策略的功能框图。

3.28

TCPS SAMA 图　TCPS SAMA diagram

4　总则

4.1　为提高国家电投集团火力发电机组设备可靠性，确保火力发电机组设备安全、经济

国家电投集团火电企业技术监督实施细则和评估标准

运行，根据国家及行业标准和《国家电力投资集团公司火电技术监督管理规定》，制定本实施细则。

4.2　开展电力技术监督是提高发电设备可靠性、保证电厂安全经济运行的重要基础工作，热工技术监督的主要任务是通过对热工仪表及控制系统进行正确的系统设计、设备选型、安装调试、维护检修、周期检定、调整、技术改造和技术管理等工作，保证热工设备处于完好、可靠工作状态，为机组提供先进可靠的监控手段，从而保证火电企业安全经济运行。

4.3　热工技术监督工作贯彻"安全第一，预防为主"的方针，实行技术监督责任制，按照依法监督、分级管理的原则，对各火电企业火力发电机组热工控制系统的设计、施工、调试、试运行及商业运行实行全过程技术监督。

4.4　热工技术监督的任务是通过对热工仪表及控制装置进行正确的系统设计、安装调试、周期性检定、维护检修和技术改进等工作，使之经常处于完好、准确、可靠状态，以满足生产过程的要求。

4.5　热工技术监督范围。

4.5.1　对火力发电机组热力系统的热工参数进行参数检测及监视控制的装置统称为热工仪表及设备。主要包括检测元件（温度、压力、流量、转速、振动、物位、火焰、氧量、煤量等物理量及其他一次元件）；脉冲管路（一次门后的管路及阀门）；二次线路（补偿导线、补偿盒、热控电缆及槽架和支架、二次接线盒及端子排）；二次仪表及控制设备（显示、记录、累计仪表、数据采集装置、智能前端、调节器、执行器、热控电源和气源等）；保护、联锁及工艺信号设备（保护或联锁设备、信号灯及音响装置等）；汽轮机监视仪表；过程控制计算机（分散控制系统（DCS）、可编程序控制器（PLC）等计算机控制设备；热工计量标准器具及装置。

4.5.2　对火力发电机组及热力系统生产工艺过程进行调节、控制、保护与联锁的装置称为热工控制系统。主要包括数据采集监控系统（DAS）；模拟量控制系统（MCS）；保护、联锁及工艺信号系统；顺序控制系统（SCS）；炉膛安全监控系统（FSSS）；数字式电液控制系统（DEH）；汽轮机紧急跳闸系统（ETS）；汽轮机安全监视系统（TSI）；机炉辅机控制系统；高低压旁路控制系统；脱硫及脱硝控制系统、厂级监控信息系统等。主要热工仪表和控制系统见本细则附录 A。

4.6　热工技术监督工作要依靠科技进步，采用和推广成熟、行之有效的设备诊断新技术和技术监督仪器设备，不断提高技术监督的专业水平。

4.7　为了加强火电企业的热工技术监督工作，保证新建、改建、扩建的热工专业设备质量，保证已投入商业运行的发电机组的安全经济运行，参照《中华人民共和国电力法》《发电厂热工仪表及控制系统技术监督导则》和《防止电力生产重大事故的二十五项重点要求》（以下简称为"二十五项重点要求"）等法律、法规、标准及规定，制定本实施细则。

4.8　本实施细则是火力发电机组热工技术监督工作的依据，各火电企业应根据《国家电力投资集团公司火电技术监督管理规定》及本实施细则所规定的内容，并结合本发电企业的具体情况，制定相应的实施细则。

5 设备选型及系统设计阶段监督

5.1 设备选型

5.1.1　新建、扩建及改造机组热工仪表及控制设备的系统设计工作应贯彻先进可靠的方针，并应与机组运行方式和运行岗位配置相结合，注重实效；凡设计选用的设备和系统应是成熟的设备或系统，应可靠地应用于生产，并发挥效益；热工仪表或控制设备在新建工程中进行工业性试验时，应经上级主管部门正式批准，并在工程初步设计中予以明确。

5.1.2　热工仪表及控制设备的选型应符合 GB 50660、DL/T 5175、DL/T 5182、DL/T 5428、DL/T 5455 等相关标准及二十五项重点要求的规定。

5.1.3　引进的热工仪表及控制设备应具有先进性和可靠性、可扩展性；所有指示、显示参数均应采用国际或国家法定计量单位。

5.1.4　进入电厂生产流程的热工控制设备必须具有相应的产品合格证，用于机组联锁保护及机组主要控制参数的调节装置、显示仪表还应有该产品在同类型电厂中使用的业绩。若无使用业绩，则按 5.1.1 执行。

5.1.5　锅炉、汽轮机、发电机、给水泵汽轮机、给水泵、风机、空预器、磨煤机、给煤机、凝结水泵、循环水泵、真空泵、EH 油泵、润滑密封及顶轴油泵等各类重要辅机厂家配套提供的各种检测、控制设备的形式规范和技术功能，除在技术上已有明确规定外，应可由用户根据实际要求进行选择，厂家就对拟配套提供的各种设备和装置提出至少三种可选择的产品供用户选用。

5.1.6　热工控制系统的选型。

5.1.6.1　热工控制系统主要包括机组分散控制系统（DCS）、锅炉炉膛安全监控系统（FSSS）、汽轮机紧急跳闸系统（ETS）、汽轮机电液调节控制系统（DEH）、汽轮机安全监视装置（TSI）及辅机控制系统等。

5.1.6.2　分散控制系统宜满足一体化的控制要求，硬件设备易于扩展并具有良好的开放性，同时还应具有良好的防病毒入侵能力。

5.1.6.3　机柜内的模件应允许带电插拔而不影响其他模件正常工作。模件的种类和规格应尽可能标准化。在配置冗余控制器的情况下，当工作控制器故障时，系统应能自动切换到冗余控制器工作，并在操作员站上报警。处于后备的控制器应能根据工作控制器的状态不断更新自身的信息。

5.1.6.4　冗余控制器的切换时间和数据更新周期，应保证系统不因控制器切换而发生控制扰动或延迟。

5.1.6.5　冗余控制器的在线下装，应具有分别下装的操作控制或自动完成分别下装的控制功能，并能通过显示器监视控制器下装过程。

5.1.6.6　事件顺序记录模件宜采用同时具有事件顺序记录、并可直接参与逻辑运算控制功能的 SOE 模件。

5.1.6.7　汽轮机电液调节系统（DEH）、锅炉炉膛安全监控系统（FSSS）、脱硫及脱硝控制系统均应纳入主机分散控制系统（DCS）控制。

5.1.6.8 分散控制系统的选型应符合 DL/T 1083、DL/T 659、DL/T 996 及 DL/T 1091 等相关标准、规程的要求；

5.1.6.9 锅炉炉膛安全监控系统 FSSS 控制器跳闸输出指令宜采用失电跳闸方式，应采用由三块 DO 模件输出的 3 路 DO 输出通道输出跳闸指令至 MFT 硬跳闸继电器柜。

5.1.6.10 锅炉炉膛安全监控系统硬跳闸继电器柜宜采用带电跳闸方式。供电电源可采用两路交流电源供电方式、交直流混合供电方式或两路直流供电方式。

5.1.6.11 锅炉炉膛安全监控系统硬跳闸继电器柜当采用两路交流供电方式时，可配置一套跳闸继电器，两路交流供电电源应采用继电器切换方式实现一用一备的冗余切换控制；当采用交、直流混合供电时，或者采用两路直流供电时，硬跳闸继电器应为控制功能完全相同的两套冗余配置方式，两路电源分别为两套跳闸继电器供电。

5.1.6.12 汽轮机紧急跳闸系统（ETS）宜纳入主机分散控制系统（DCS）控制，也可采用可编程序控制器（PLC）单独控制。当纳入主机 DCS 控制时，ETS 所用控制器控制周期必须小于或等于 50ms，并满足失电动作控制要求。

5.1.6.13 汽轮机紧急跳闸系统（ETS）当采用独立装置（PLC）实现 ETS 保护控制时，必须采取冗余配置方式。在确保 PLC 的 CPU 冗余切换可靠的前提下，PLC 装置宜采用 CPU 控制器冗余热备的配置方式；当采用双套 PLC 冗余配置方式时，必须满足任意一台 PLC 死机、故障（包括 CPU 故障、信号通道故障等）及失电时，ETS 均能可靠的动作。

5.1.6.14 汽轮机紧急跳闸系统（ETS）当采用独立装置（PLC）实现 ETS 保护控制时，应具有与主机分散控制系统（DCS）通信的能力。

5.1.6.15 汽轮机安全监视装置的选型应符合 GB/T 13399 及 DL/T 1012 等规程、标准的要求。

5.1.6.16 汽轮机安全监视装置应能满足转速、振动、位移、胀差等重要信号输入通道的冗余要求，至少应保证信号传输通道的冗余。

5.1.6.17 辅助控制系统的选型可采用与主机分散控制系统（DCS）一体化控制方式，也可采用独立的可编程序控制器（PLC）控制方式。

5.1.6.18 当辅控系统不与 DCS 实现一体化控制时，辅控系统应尽可能采用相同型号或相同系列的可编程序控制器（PLC），并与主机组分散控制系统（DCS）具有通信接口；

5.1.7 现场仪表和控制设备的选型。

5.1.7.1 热工就地仪表和控制设备选型应符合 DL/T 50660、DL/T 5182 、DL/T 5175 等相关规程、标准及国能安全〔2014〕161 号的二十五项反事故措施的要求。

5.1.7.2 变送器、阀门、执行机构、检测元件等就地设备的选型应满足工艺标准和现场使用环境的要求。

5.1.7.3 热电偶、热电阻应选用适应电厂使用环境要求的产品；用于风粉混合物温度测量的测温元件保护套管应选用具有抗磨损抗腐蚀特性的产品。

5.1.7.4 变送器应选择高性能的智能变送器；在 DCS 模拟量测量模件条件允许时，宜采用具有 HART（可寻址远程传感器数据公路）通信协议功能的变送器；变送器的性能应满足热工监控功能要求。

5.1.7.5 炉膛压力保护信号的检测可选用压力变送器，便于随时观察取压管路堵塞情况和灵活改变保护策略；变送器的测量量程应满足锅炉炉膛压力最大变化量的要求。炉膛压力保护和炉膛压力调节不应采用同一组压力变送器。

5.1.7.6 执行机构宜采用电动或气动执行机构。环境温度较高或力矩较大的被控对象，宜选用气动执行器。要求动作速度较快的被控对象，也可采用液动执行机构。脱硫、制粉等工作环境恶劣区域的执行机构力矩的选择至少要留有 1.5 倍以上的裕量。

5.1.7.7 电动执行机构和阀门电动装置应具有可靠的制动性能和双向力矩保护装置；当执行机构失去电源或失去信号时，应能保持在失信号前或失电源前的位置不变，并具有供报警用的输出接点。

5.1.7.8 气动执行机构应根据被操作对象的特点和工艺系统的安全要求选择保护功能，即当失去控制信号、失去仪用气源或电源故障时，保持位置不变或使被操作对象按预定的方式动作。

5.1.7.9 执行机构与拉杆之间及被控制机构与拉杆之间的连接宜采用球型铰链。当连接杠杆与转臂不在同一平面时，应采用球型铰链。

5.1.7.10 汽轮机调速汽门阀位反馈装置（LVDT）应采用冗余方式设计，由于主设备原因不具备安装双支 LVDT 条件时，必须采用经实际使用验证确实安全可靠的 LVDT 装置；

5.1.7.11 主辅机振动仪表选用性能可靠的振动仪表，提供统一的 4～20mA 及开关量接点输出信号。

5.1.7.12 高低加、凝汽器、除氧器中用于液位报警、联锁及保护的信号测量宜选用性能优良的液位开关，且应安装全量程的液位变送器。

5.1.7.13 不使用含有对人体有害物质的仪器和仪表设备，严禁使用含汞仪表。

5.1.7.14 配电箱选用多回路配电箱，就地盘箱柜等含有电子部件室外就地设备，其防护等级为 IP56；安装在室内的仪表盘柜，其防护等级为 IP52。

5.1.8 脱硫、脱硝环保监测仪表选型。

5.1.8.1 环保监测仪表选型应符合 DL/T 5190.4、DL/T 5210.4 等相关标准及二十五项重点要求的规定。

5.1.8.2 脱硫装置烟气连续监视系统（CEMS）应具备脱硫系统入口和出口 SO_2、SO_3、O_2、NO_x 测量功能，为保证环保数据的传送，应设计烟囱入口流量、烟尘浓度、温度、湿度、压力测量装置等。应设计环保数据传送平台，保证环保数据及时、准确向外传送。

5.1.8.3 脱硝装置烟气连续监视系统（CEMS）应具备脱硝系统入口和出口 NO_x、O_2 测量功能，设计出入口差压测量装置、混合器入口氨气流量测量装置、出入口温度测点和氨逃逸测量装置，可使用带 CO 测量功能的 CEMS 仪表。应设计环保数据传送平台，保证环保数据及时、准确向外传送。

5.1.8.4 脱硫、脱硝装置出口烟气连续分析仪应能同时满足监控与环保监测要求。

5.1.9 电缆及电缆桥架选择。

5.1.9.1 电缆选型应符合 DL/T 5182、DL/T 1340 等相关标准及反事故措施的规定，所选电缆应满足信号屏蔽和阻燃性能要求。

5.1.9.2 室内用计算机通信光缆的可采用普通单铠光缆，室外用计算机通信光缆的应采用双护双铠光缆。

5.1.9.3 用于 4～20mA 模拟量信号电缆及热电偶补偿电缆屏蔽形式采用对绞分屏加总屏的屏蔽方式。

5.1.9.4 计算机电缆屏蔽形式采用分屏。

5.1.9.5 控制电缆屏蔽形式原则上考虑采用总屏电缆。

5.1.9.6 电源电缆不考虑屏蔽电缆。

5.1.9.7 主厂房及燃油泵房、制氢区、脱硫系统、脱硝系统所有电缆均选用 C 级阻燃型，其他区域可采用普通电缆。

5.1.9.8 除有腐蚀的车间外，其他桥架一律采用镀锌钢桥架。

5.1.10 厂级监控信息系统（SIS）的选型。

5.1.10.1 厂级监控信息系统（SIS）的设计应遵循 DL/T 5456、DL/T 924 等相关标准及二十五项重点要求的规定。

5.1.10.2 系统配置应结合工程实际情况合理规划，满足用户功能需求，并应留有足够的扩展接口。

5.1.10.3 SIS 和机组 DCS 应分别设置独立的网络，信息流应按单向设计，在 SIS 与 DCS 之间应安装单向隔离装置，只允许 DCS 向 SIS 发送数据；SIS 与其他系统之间的数据为单向传输，并应设置硬件防火墙，满足电力二次系统安全防护的要求（满足 DL/T 924 4.7 条要求）。

5.1.10.4 SIS 网络形式选用 1000M 以太网标准网络，网络通信容量应按照可满足将全厂和今后扩建各台机组连入的要求选取（满足 DL/T 924 4.7 条要求）。

5.1.11 新建、扩建、改建发电厂的热工仪表及控制系统的设计应根据现行 DL/T 50660、NDGJ 16—89 的要求进行设计。

5.1.12 现场总线设备应选择经过国际现场总线组织授权机构认证的设备，协议版本应统一。应根据机组和工艺系统的安全性、经济性等技术指标，合理地选择现场总线设备或常规 I/O 系统设备。

5.2 控制系统设计

5.2.1 控制系统设计应遵循 GB 50660、DL/T 5175、DL/T 5182、DL/T 1083、DL/T 1091、DL/T 996、DL/T 5227 等相关标准及国能安全〔2014〕161 号二十五项重点要求的规定。

5.2.2 热工控制系统的设计应根据工程特点、机组容量、工艺系统、主辅机可控性及自动化水平确定。

5.2.3 热工控制系统的设计应按照在少量就地操作和巡回检查的配合下，在单元控制室内可实现机组的启动操作、运行工况监视和调整、停机操作和事故处理的自动化水平进行设计。控制室应以操作员站为监视控制中心，对于单元机组应实现炉、机、电统一的单元集中控制。

5.2.4 各种容量机组都应有较完善的热工模拟量控制系统，单元制机组应采用机、炉协调控制，并能参与一次调频、AGC，其功能应根据机组容量大小合理选定。300MW 及以上容量机组的协调控制系统运行方式包括 AGC、机炉协调、机跟踪、炉跟踪方式，并应积极采用成熟的优化控制新技术，改善调节系统品质指标，提高机组运行的经济性。

5.2.5 由 DCS 实现的模拟量控制系统，其组态逻辑中应具有防止因自动系统失灵而使被调量突变的控制功能；由常规仪表实现的模拟量控制系统，应安装防止因自动系统失灵而使被调量突变的保位装置（即当自动系统突然失灵时，其执行机构阀位应保持在失灵前的状态不变）。

5.2.6 分散控制系统（DCS）的电源应采用两路电源供电，其中至少有一路电源取自 UPS 供电系统。UPS 电源至少应能保证连续供电 30min，确保安全停机停炉需要。

5.2.7 分散控制系统中用于控制器的两路 220VAC 供电电源，不宜采用交流切换的方式互为备用，而宜采用两路交流总电源彼此相互独立，分别送至分散控制系统的电源装置中，其输出直流电源相互冗余。

5.2.8 分散控制系统中用于操作站等外部设备的两路 220VAC 供电电源，不宜采用由交流接触器简单搭接而成的切换逻辑，而宜采用专用的 220VAC 切换装置，或者在每个操作员站的供电源处，设置专用的小容量的 UPS，其电源应能保证至少连续供电 10min，以满足在切换过程操作员站不发生重新启动的要求。

5.2.9 分散控制系统的冗余供电总电源及其每个控制器（柜）冗余供电装置中，均应设置电源故障及失电报警。该报警应满足如下要求：无论运行人员监视任何一幅工艺流程画面，当 DCS 总电源中或任何一个控制器的电源模块中任一个电源失电，运行人员均可看到（或者听到）电源失电报警信号，在故障未被消除之前，其报警状态应一直保持在运行人员的听觉或视觉范围内。并且该报警信号不得与其他工艺参数报警信号共用同一报警标志。

5.2.10 宜在显示器画面上单独设置电源报警监视画面，当发出电源失电报警后，通过调出此画面，即可看到发生失电的电源装置。

5.2.11 分散控制系统的接地应满足供货厂家的技术要求。当分散控制系统采用独立接地网时，若制造厂无特殊要求，则其接地极与电厂电气接地网之间应保持 10m 以上的距离，其接地网接地电阻不得超过 2Ω，每个控制机柜与接地网汇流铜排之间的导通电阻值不应大于 0.1Ω。当分散控制系统与电厂电力系统共用一个接地网时，其接地电阻应小于 0.5Ω，每个控制机柜与接地网汇流铜排之间的导通电阻值不应大于 0.1Ω。直流地和交流地应在接地端汇合为一点接地，且接地点应远离大的动力设备接地点，如给水泵、磨煤机等，接地点之间的距离应大于 $15\sim20m$ 以上。DCS 系统的信号屏蔽接地点必须保证在 DCS 侧单端接地。

5.2.12 分散控制系统中，开关量输入访问电压宜在 $48\sim120V$ 范围内，条件不许可时允许采用 24V 电压。DO 和 AO 卡件应具有当在线更换卡件时，其输出状态不发生改变的控制功能，对输出保位的控制功能。

5.2.13 分散控制系统的电子间、工程师站应安装足够容量的空调装置，对干燥地区还应配备加湿装置，其温度、湿度在一年四季都应符合计算机的使用环境要求，空调进风口应设置在无腐蚀性气体处，并有防尘滤网，电子间、工程师站及控制室内计算机柜下电缆孔都应密封，电子间、工程师站应有专人负责并制定工作制度。

5.2.14 分散控制系统中所有控制器的 CPU 负荷率在恶劣工况下不得超过 60%。所有计算机站、数据管理站、操作员站、工程师站、历史站等的 CPU 负荷率不得超过 40%，并应留有适当的裕度。

5.2.15 当分散控制系统中冗余控制器（或服务器）发生脱网/离线或故障时，在其他任何一台操作员站的任何一幅显示器监视画面上，运行人员均应可以立即看到其报警信号，并且该报警信号不得与其他工艺参数报警信号共用同一报警标志。

5.2.16 工程师站的设置不宜过多，并且每台机组只能设置一台工程师主站，其他辅助工程师站必须以客户端的方式同工程师主站进行连接，通过设置相应的权限，确保只有工程师主站才能对系统逻辑进行修改。

5.2.17 历史站应独立设置，不采用操作员或工程师站兼作历史站的配置方式，并保证历史数据存储时间至少在 3 个月以上。

5.2.18 严格控制分散控制系统与外网的直接连接，除采用远程 I/O、可编程序控制器 PLC 及 DCS 厂家允许的第三方软件可与分散控制系统通信外，不允许任何系统以任何方式、任何手段、任何媒介与分散控制系统进行网络通信。

5.2.19 分散控制系统中控制器模件（DPU、CP）必须冗余配置。

5.2.20 重要保护系统的 I/O 模件必须采用冗余配置，并且冗余模件应分配在不同框架或分支上。

5.2.21 重要 I/O 点应采用非同一板件的冗余配置；分配控制回路和 I/O 通道信号时，应使一个控制器或一块 I/O 板件损坏时对机组安全运行的影响尽可能小。对于 I/O 卡件应适当考虑隔离措施，且非主要保护系统的操作回路应尽量采用带电动作的方式，I/O 卡件及其电源故障时，应使 I/O 处于对系统安全的状态，不出现误动。

5.2.22 采用同时具有 CPU 运算、输入信号采集及输出指令控制的专用模件完成汽轮机紧急跳闸系统（ETS）、锅炉炉膛安全监控系统（FSSS）控制时，其控制模件应冗余配置。

5.2.23 采用分散控制系统控制的单元机组，应按照控制系统分层分散的设计原则设计。

    a）模拟量控制可分为三级：
        1）协调控制级；
        2）子回路控制级；
        3）执行级。
    b）开关量控制可分为三级：
        1）功能组级；
        2）子功能组级；
        3）驱动级。

5.2.24 控制站数量的配置应满足如下要求：用于转速控制、液位控制、压力控制等变化较快的模拟量控制的控制站，其控制周期不应大于 125ms；用于温度控制等变化较缓慢的模拟量控制的控制站，其控制周期不应大于 250ms；用于开关量控制的控制站，其控制周期不应大于 100ms；用于 ETS 控制的控制站，其控制周期不应大于 50ms，用于 OPC 控制的控制站，其控制周期不应大于 20ms。

5.2.25 控制站的配置可以按功能划分，也可按工艺系统功能区划分，无论按哪种方式进行控制站的分配，都应满足 DL/T 1083 的要求，即两台成对运行或两台一用一备的重要辅机不能分配在同一控制器中。配置时应考虑项目的工程管理和电厂的运行组织方式，并兼顾分散控制系统的结构特点，同时应考虑一用一备的重要辅机联锁用状态信号的传递方式必须满足"硬连接"的要求。控制站的划分应满足现场运行的要求。

5.2.26 分散控制系统通信总线应有冗余设置，通信负荷率在繁忙工况下不得超过 30%；对于以太网则不得超过 20%。

5.2.27 控制回路应按照保护、联锁控制优先的原则设计，以保证人身和机组设备的安全；分配控制任务应以一个部件（控制器、输入/输出模件）故障时对系统功能影响最小为原则。

5.2.28 SOE 点数的配置必须满足工艺系统要求，对于重要的主、辅机保护及联锁信号，必须作为 SOE 点进行记录；SOE 点的记录分辨率应小于或等于 1ms。

5.2.29 由分散控制系统控制的机组，必须设有独立于 DCS 控制系统及 PLC 可编程序控制器之外的人工操作控制。

    a）紧急停机操作按钮（双按钮、具有自保持功能）；

    b）紧急停炉操作按钮（双按钮、具有自保持功能）；

    c）发变组出口断路器分闸操作按钮（双按钮）；

    d）交流润滑油泵启动操作按钮；

    e）直流润滑油泵启动操作按钮；

    f）直流密封油泵启动操作按钮；

    g）汽轮机真空破坏门开启按钮（双按钮）；

    h）锅炉电磁安全门操作开关；

    i）锅炉汽包事故放水电动门操作开关；

    j）柴油发电机启动操作按钮。

5.2.30 一次调频不应设计可由运行人员随意切除的操作窗口，保证一次调频功能始终在投入状态。

5.2.31 锅炉汽包水位测量系统的配置必须采用两种及以上测量工作原理共存、水位取样点彼此相互独立的配置方式。至少应装有 1 套就地水位计、3 套可在控制室监视的差压式水位测量装置和 1 套电极式水位测量装置。

5.2.32 锅炉汽包水位测量中，宜配置 6 台汽包水位变送器及 6 台汽包压力变送器，其中 3 台用于汽包水位调节，3 台用于汽包水位保护。

5.2.33 汽包水位测量系统中，每台水位变送器应由彼此相互独立的取样点取出，当汽包水位测量取样点数量不能满足要求，采用两台变送器共用同一差压取样点时，每台变送器应有各自独立设置的一次门及脉冲取样管路测量系统，以防止由于一次门或测量管路故障而导致汽包水位信号失灵。

5.2.34 汽包水位调节用的 3 个汽包水位信号及 3 个汽包压力补偿信号，均应分别通过 MCS 控制站中的 3 个独立的 I/O 模件引入 DCS；汽包水位保护用的 3 个汽包水位信号及 3 个汽包压力补偿信号，均应分别通过 FSSS 控制站中 3 个独立的 I/O 模件引入 DCS。

5.2.35 汽包水位信号的压力补偿应独立设置，某一汽包水位信号与其相对应的压力补偿信号宜接入同一 I/O 模件。

5.2.36 汽包水位测量系统取样点宜彼此之间相互独立，当确有困难不能实现六台变送器彼此之间完全独立时，至少应保证有 3 组差压取样点彼此之间相互独立，每一组取样点接入 1 台用于汽包水位调节的变送器和 1 台用于汽包水位保护的变送器。

5.2.37 当汽包水位测量系统仅能安装 3 台差压变送器和 3 台压力变送器时，其压力补偿方式仍采用独立设置方式（即一个汽包水位信号与一个汽包压力信号相对应），通过 3 个独立的 I/O 模件引入 DCS，某一汽包水位信号与其相对应的压力补偿信号宜接入同一 I/O

模件。汽包水位信号有压力补偿信号宜首先送入 MCS 控制站，在 MCS 控制站中进行补偿运算，用于汽包水位调节的水位信号经三取中后进入汽包水位调节控制逻辑；用于汽包水位保护的水位信号经三取二运算、并经信号质量判断自动改变冗余方式后，形成汽包水位高三值综合动作指令，经 MCS 站中 3 个独立的 DO 模件输出通道送出，在 FSSS 控制站中经 3 个独立的 DI 模件输入通道接入，经三取二逻辑判断后，形成"汽包水位高三值"保护跳闸指令；同理，在 MCS 控制站中形成汽包水位低三值综合动作指令，经 MCS 站中 3 个独立的 DO 模件输出通道送出，在 FSSS 控制站中经 3 个独立的 DI 模件输入通道接入，经三取二逻辑判断后，形成"汽包水位低三值"保护跳闸指令。

5.2.38 为保证汽包水位测量中补偿计算的准确性，在水位测量用单室平衡容器附近，宜安装环境温度测量元件，送到 DCS 系统，以实现对其进行准确的补偿。

5.2.39 发生满足辅机故障减负荷（RB）触发条件的辅机跳闸后，不论机组控制系统处于何种状态，均应能触发该 RB 功能所对应的磨煤机/给粉机跳闸。

5.2.40 带有脱硫、脱硝系统并设计有增压风机的机组，在 RB 动作工况下，宜考虑增压风机压力超驰控制逻辑。

5.2.41 直吹式制粉系统的每台磨煤机应有计量其供煤量的装置，以控制其总燃料量与总风量之比；对仓储式制粉系统，应确保给粉量的可控性。

5.2.42 除 ETS 中 AST 电磁阀控制指令为长信号外，其他所有风机、油泵、水泵等受 DCS 控制的转动机械启停控制指令，均应采用脉冲信号控制（设备厂家有特殊要求除外），以防止 DCS 失电或 DO 卡件故障而导致辅机设备误停运。

5.2.43 单机容量为 300MW 及以上的机组，锅炉金属壁温、汽轮机汽缸及法兰壁温、发电机线圈及铁芯温度等监视信号，宜采用独立的数采前端经数据通信接口送入分散控制系统；也可直接由分散控制系统的远程 I/O 完成。

5.2.44 为提高热工联锁保护用测量信号的准确可靠，及时发现和处理运行中发生的信号故障，热工保护控制系统用测量信号，在保证测量变送器质量可靠的前提下，宜采用模拟量信号作为保护测量信号，并必须具有质量判断，当测量信号故障时，必须保证闭锁保护信号的误动。

5.2.45 主机及辅机的温度保护中，为防止保护误动和拒动，应设置温度变化速率判断，其变化速率应具有方向性判断，即只有当温度上升速率超过设定值时，才能自动闭锁保护输出指令。变化率超限后，应在显示器画面有报警显示，变化率超限后，其闭锁状态应具有自保持功能，可设置人工手动恢复，也可设置为自动恢复，无论采用哪种恢复方式，均需加入条件判断，以防止因误恢复而导致保护误动。温度信号变化率在（5～10）℃/s 选择。

5.2.46 操作员站及少数重要操作按钮的配置应能满足机组各种工况下的操作要求，特别是紧急故障处理的要求。紧急停机停炉按钮配置，应采用与 DCS 分开的单独操作回路，直接动作于跳闸继电器，以保证安全停机、停炉的需要。

5.2.47 中储式给粉系统的控制，应考虑在 DCS 外部设定合适的给粉机最低转速，确保在 DCS 调节瞬时失灵的情况下不会造成给粉中断，维持最低负荷燃烧；直吹式给粉系统的控制，应考虑在 DCS 外部设定合适的给煤机最低转速，确保在 DCS 调节瞬时失灵的情况下不会造成给煤中断。

5.2.48　汽轮机电液控制系统电子控制装置宜采用与机组 DCS 分散控制系统组件一体化配置。对于未采用 DCS 系统控制的机组，应选用成熟的电液调节系统和专用的电子控制装置。

5.2.49　汽轮机电液控制系统用于控制和操作的重要数字量和模拟量（如转速、功率、压力等）应三重冗余，重要开关量应三重或双重冗余。

5.2.50　汽轮机电液控制系统所涉及需另外配备的仪表、设备，其所需单相交流电源及直流电源，均应由 DEH 系统提供。超速保护（OPT）和超速限制（OPC）宜采用专用保护板卡，不经软逻辑运算直接动作输出；对于采用 DCS 控制系统软逻辑实际的 OPT 或 OPC 控制，为满足超速保护（OPT）和超速限制（OPC）的响应速度，其控制器控制周期（输出信号对输入信号的响应时间）不大于 20ms。

5.2.51　采用抗燃油的汽轮机电液控制系统系统，一般采用以电液伺服阀为转换装置，液压放大执行机构，1 只调节汽门配置 1 只油动机、1 只电液伺服阀和独立的控制接口。采用透平油的 DEH 系统，一般采用以电液伺服阀、电液转换器为转换装置，液压放大执行机构；或以大力矩线形输出的执行器为转换装置，力放大执行机构。1 只油动机配置 1 只转换装置，控制多只调节汽门。

5.2.52　辅助系统应根据工艺系统的划分及地理位置，适当合并控制系统及控制点，辅助系统监控点不宜超过 3 个，每个控制点采用上位机监控；也可设置煤、灰、水就地集中控制室，或集中在主控室进行控制，在条件许可时可进一步减少控制点。

5.2.53　热网站控制可纳入主机分散控制系统。

5.2.54　满足模拟量控制回路控制周期不超过 250ms（包含总线循环时间）、开关最控制周期不超过 100ms（包含总线循环时间）的前提下，可在现场仪表和设备层采用现场总线技术。影响机组安全运行的锅炉、汽轮机和发电机保护系统不宜在现场仪表和设备层采用现场总线技术。

5.2.55　应根据控制回路或子系统要求和被控对象特点，以及现场总线技术规范的要求，合理设置和配置现场总线系统。

5.2.56　应用现场总线技术的自动控制系统的控制站应保持其区域自治性能；不应由于现场总线通信故障，使设备或系统失去保护功能。

5.2.57　现场总线网段应采集、组态和解析现场总线设备提供的状态、诊断信息，满足电厂生产和管理的信息化需求。

5.2.58　现场总线设备地址、通信速率、控制模式应设置正确，现场总线设备地址设定时需注意数据格式十六进制和十进制的区分。

5.2.59　采用现场总线技术的控制系统组态配置中，使用的设备描述文件（EDDL 或 GSD 或 DTM）应与该设备相匹配。

5.3　热工保护报警设计

5.3.1　热工保护系统设计应满足 DL/T 50660、DL/T 435、DL/T 655、DL/T 834、DL/T 1091、DL/T 5175、DL/T 5428 等相关标准及反事故措施的规定。

5.3.2　在锅炉主保护 FSSS 和汽轮机主保护 ETS 中，对由单独工艺参数引发的保护跳闸（如汽包水位的超限、炉膛压力的超限、蒸汽压力的超限、汽轮机转速的超限、汽机润滑油压的超限、汽机真空度的超限等）其信号选取方式，不允许采用单点设置或二冗余设置，至少应采取三取二的冗余方式。

5.3.3　重要热工保护信号采用四冗余方式时，信号采用正逻辑运算方式时（即正常时为"0"，动作时为"1"），应按"两或一与"组合方式实现信号的冗余组合；信号采用反逻辑运算方式时（即正常时为"1"，动作时为"0"），应按"两与一或"组合方式实现信号的冗余组合。

5.3.4　采用四冗余方式时并且采用四个信号分配到两块 DI 卡中时，当保护逻辑采用正逻辑运算时，进行"或"运算的两个信号不能分配在同一块 DI 模件中；当保护逻辑采用反逻辑运算时，进行"与"运算的两个信号必须分配在同一块 DI 模件中。

5.3.5　热工保护系统的设计应有防止误动和拒动的措施，保护系统电源中断或恢复不会发出误动作指令。

5.3.6　由重要辅机停运引发的机炉主保护动作时，不应采用单点设置。若辅机不能提供三个独立的停运状态信号时，其保护跳闸条件宜采用"停运状态""运行状态取反""辅机电流经阈值判断"三取二冗余后形成该辅机停运的保护判据。

5.3.7　热工保护系统应遵守下列"独立性"原则：

　　a）炉、机跳闸保护系统的逻辑控制器应单独冗余设置；

　　b）保护系统应有独立的 I/O 通道，并有电隔离措施；

　　c）冗余的 I/O 信号应通过不同的 I/O 模件引入和送出；

　　d）触发机组跳闸的保护信号的开关量仪表和变送器应单独设置，当确有困难而需与其他系统合用时，其信号应首先进入保护系统（锅炉汽包水位保护除外）；

　　e）机组跳闸指令不应通过通信总线传送，应通过硬接线方式连接。

5.3.8　300MW 及以上容量机组汽轮机紧急跳闸系统（ETS）在机组运行中宜能在不解除保护功能和不影响机组正常运行情况下进行在线动作试验。

5.3.9　汽轮机紧急跳闸系统（ETS）在线试验中，应具有可分别进行 EH 油压低、润滑油压低、凝汽器真空低等一二通道的在线试验、可分别进行 AST 电磁阀的单阀在线试验的控制功能。

5.3.10　汽轮机紧急跳闸系统（ETS）在线试验中，试验允许条件应能保证在显示器画面上无论如何操作 ETS 在线试验按钮，均不能发生汽轮机紧急跳闸系统的误动。

5.3.11　当汽轮机紧急跳闸系统（ETS）采用 PLC 控制方式时，其电源模块、CPU 控制模块及重要跳机保护信号和通道必须冗余配置，I/O 模块宜采用冗余设计。输出继电器必须可靠。

5.3.12　汽轮机紧急跳闸控制系统（ETS）应采取失电动作方式。并且必须保证其跳闸控制部分与跳闸驱动部分均满足失电动作的要求，不允许出现仅 AST 电磁阀为失电动作、而 AST 电磁阀的控制部分为带电动作的控制方式。

5.3.13　汽轮机紧急跳闸系统（ETS）所配电源必须可靠，电压波动值不得大于 ±5%。汽轮机紧急跳闸控制系统（ETS）中跳闸电磁阀工作电源可采用交流供电方式或直流供电方式，无论哪种供电方式，必须采用两路冗余供电电源，并且不应采用继电器切换方式或二极管冗余方式，而应采用两路电源独立供电方式。对于采用四跳闸电磁阀方式的机组保护，其中一路电源用于驱动 AST1、AST3 电磁阀，另一路电源用于驱动 AST2、AST4 电磁阀。

5.3.14 当 ETS 的控制逻辑与 DCS 采用一体化设计时，其控制逻辑所用电源的供电方式同 DCS 控制器供电相同；当 ETS 的控制逻辑采用 PLC 控制时，其 PLC 控制器工作电源宜采用两路交流 220VAC 分别送至两个电源模块中，分别为两个 CPU 控制模块供电；当 I/O 模块为非冗余设计时，两个电源模块输出直流采用二极管冗余方式，形成直流冗余电源，为 I/O 模块供电；当 I/O 模块为冗余设计时，则每个电源模块为 1 套 CPU 及 I/O 模块供电。

5.3.15 汽轮机监视仪表（TSI）所用的两路交流冗余电源、汽轮机紧急跳闸系统（ETS）控制逻辑所用的两路交流冗余电源及 AST 跳闸电磁阀所用的两路直流（或交流）冗余电源，必须满足无论运行人员监视任何一幅工艺流程画面，当任一个电源失电时，运行人员均可看到（或者听到）电源失电报警信号，在故障未被消除之前，其报警状态应一直保持在运行人员的视觉范围内。并且该报警信号不得与其他工艺参数报警信号共用同一报警标志。

5.3.16 汽轮机润滑油压低联锁保护中，润滑油压低一值报警，低二值联锁启动交流润滑油泵，低三值 ETS 紧急跳闸，同时联锁启动直流润滑油泵，低四值联锁停止盘车。

5.3.17 汽轮机润滑油压低联锁保护中，除 DCS 软逻辑实现对交、直流润滑泵的联锁控制功能外，必须设置对直流润滑油泵的硬接线联锁控制回路，联锁用的压力开关必须独立设置，联锁用控制电缆必须由压力开关直接接至直流润滑油泵就地控制柜。

5.3.18 汽轮机抗燃油压力低保护中，EH 油压低一值报警，低二值联锁启动备用 EH 油泵，低三值 ETS 紧急跳闸。

5.3.19 汽轮机紧急跳闸系统（ETS）至少应包括如下跳闸条件。

　　a）汽轮机 TSI 电超速；

　　b）汽轮机 DEH 电超速；

　　c）汽轮机 EH 油压低三值；

　　d）汽轮机润滑油压低三值；

　　e）汽轮机凝汽器真空过低；

　　f）汽轮机轴振动大；

　　g）汽轮机轴向位移大；

　　h）汽轮机 DEH 系统失电；

　　i）发电机主保护动作；

　　j）单元机组未设置 FCB 功能时，无论何种原因引起的发电机解列；

　　k）单元机组锅炉总燃料跳闸（MFT 动作）；

　　l）汽轮机润滑油箱油位过低；

　　m）手动停机；

　　n）发电机断水（此保护条件亦可直接送至电气发变组保护，ETS 中不设此跳闸条件）；

　　o）汽轮机、发电机等制造厂提供的其他保护项目。

5.3.20 为防止因干扰信号引起保护误动，在轴承振动保护中，允许适当加入延时设置，但其延时时间最大不得超过 1s。

5.3.21 汽轮机监视仪表（TSI）系统必须配置两个互为冗余的电源模块，其交流供电总电源必须采用冗余设计，每路交流电源接至一个电源模块，两个电源模块的直流输出采用二极管冗余方式为其他模件供电。交流供电总电源必须取自厂用 UPS 或厂用保安电源，其电压波动值不得大于 ±5%。

5.3.22 汽轮机转速的测量，应保证在汽轮机轴系的不同轴段上，至少有两处转速测量装置。

5.3.23 汽轮机防进水和冷蒸汽保护。

5.3.23.1 汽包锅炉汽包水位高保护。

　　a）汽包水位高一值时，报警；

　　b）汽包水位高二值时，报警，联锁打开汽包事故放水门，当汽包水位回落到正常值时，联锁关闭汽包事故放水门；

　　c）汽包水位高三值时，锅炉紧急停炉（MFT 动作）。

5.3.23.2 直流锅炉汽水分离器水位高保护。

　　a）当汽水分离器水位高一值时，报警，并依次打开分离器的疏水阀；

　　b）当汽水分离器水位高二值时，报警，并关闭分离器到主蒸汽系统的截止阀，停止所有给水泵或关闭分离器进水截止阀。

5.3.23.3 主蒸汽、再热蒸汽减温水保护。

　　a）当发生 MFT、汽轮机跳闸或机组负荷低至规定值，主汽温度及再热汽温自动调节系统均应自动解除自动运行方式；

　　b）当发生 MFT、汽轮机跳闸或机组负荷低至规定值，自动超驰关闭喷水调节阀、截止阀及其旁路阀。

5.3.23.4 再热蒸汽冷段防进水保护。

　　a）疏水袋的疏水阀在失气或失电时应自动开启；

　　b）疏水袋水位高一值时，高一值报警，同时联锁开启疏水阀；

　　c）疏水袋水位高二值时，高二值报警，由运行人员决定是否停机；

　　d）在高压缸排汽口的冷段再热垂直管上与冷段再热管最低点，各分别装设一支测温元件，送至 DCS 中，在 DCS 中组态计算该两点温差，并设置温差大报警，判断管内是否积水。

5.3.23.5 汽轮机轴封系统防进水保护。

　　a）轴封汽源各管道、轴封联箱均应设置温度测点；

　　b）低压缸轴封喷水调节阀前截止阀应为电动或气动截止阀，当轴封系统未投入或低压缸轴封喷水调节阀全关（或开度小于 5%）时，联锁关闭该截止阀。

5.3.23.6 汽轮机本体防进水保护。

　　a）应在汽轮机的高、中压缸外缸顶部和相应的底部，沿轴向分几个截面成对地装设检测进水用的热电偶；

　　b）上述温度测量全部进入 DCS 系统，并计算上、下相对应的两点温差，当温差超过规定值时，报警。

5.3.23.7 高压加热器水位保护。

　　a）高加水位高一值时，报警。

b）高加水位高二值时，联锁打开本级加热器的事故疏水阀，同时禁开上级高加正常疏水门。

c）高加水位高三值时，联锁关闭上一级加热器来的疏水阀；联锁关闭相应的抽汽逆止阀和抽汽隔离阀；联锁打开相应抽汽管道上的疏水阀；联锁打开高加水侧旁路阀，关闭高加水侧入口阀和出口阀，解列高压。

5.3.23.8 低压加热器水位保护。

a）低加水位高一值时，报警。

b）低加水位高二值时，联锁打开本级加热器的事故疏水阀，同时禁开上级低加正常疏水门。

c）低加水位高三值时，联锁关闭上一级加热器来的疏水阀；联锁关闭相应的抽汽逆止阀和抽汽隔离阀；联锁打开相应抽汽管道上的疏水阀；联锁打开低加水侧旁路阀，关闭低加水侧入口阀和出口阀，解列低压。

5.3.23.9 除氧器水位保护。

a）除氧器水位高一值时，报警；联锁打开凝结水至回收水箱截止阀。

b）除氧器水位高二值时，联锁打开除氧器溢流截止阀。

c）除氧器水位高三值时，联锁关闭所有汽源截止阀和抽汽逆止阀。

5.3.24 在控制台上必须设置总燃料跳闸、停止汽轮机和解列发电机的跳闸按钮，跳闸按钮应直接接至停炉、停机的驱动回路。

5.3.25 具有三个及以上保护跳闸条件的热工保护中，应设置保护跳闸原因首出功能，机炉主保护（ETS、FSSS）及重要辅机保护中应设置事件顺序记录。

5.3.26 当 MCS 控制指令、SCS 控制指令及保护动作指令同时作用于某一被控设备时，保护动作指令应优先于其他任何指令，即执行"保护优先"的原则。

5.3.27 保护回路中不应设置供运行人员切、投保护的任何操作接口。

5.3.28 对机组保护功能不纳入分散控制系统的机组，其功能可采用可编程控制器（PLC）实现。当采用可编程控制器时，宜与分散控制系统有通信接口，将监视信息送入分散控制统。

5.3.29 锅炉炉膛安全保护系统的设计应能满足 DL/T 1091 的要求。

5.3.30 炉膛压力信号以开关量信号（压力开关）方式取样的锅炉安全保护系统，宜具有对炉膛压力取样系统在线监测手段。

5.3.31 锅炉炉膛安全保护系统（FSSS）与 DCS 一体化设计时，其 FSSS 控制逻辑应采取失电跳闸方式，即跳闸输出指令正常工况时为"1"状态，保护动作时为"0"。

5.3.32 锅炉炉膛安全保护系统（FSSS）硬跳闸继电器宜采取带电跳闸方式。若采用失电跳闸方式时，其供电电源必须保证跳闸继电器所用的冗余电源任一路失电时保护不发生误动。

5.3.33 锅炉炉膛安全保护系统（FSSS）必须设置独立的跳闸继电器柜。跳闸继电器柜应满足如下要求：

a）其跳闸继电器工作电源必须冗余设计；

b）当跳闸继电器采用直流方式供电时，应设置两套完全相同的硬跳闸继电器逻辑，两个直流电源分别为两套继电器逻辑提供工作电源，其中任一套继电器动作，均可完成

MFT 跳闸控制；

c）当跳闸继电器采用交流方式供电或交直流混合供电方式，应设置两套完全相同的硬跳闸继电器逻辑，两套电源分别为两套继电器逻辑提供工作电源，其中任一套继电器动作，均可完成 MFT 跳闸控制；

d）当采用一套跳闸继电器、并且采用交流供电方式时，两路冗余电源若采用继电器冗余切换方式，则必须设置小功率 UPS 装置，以保证实现零秒切换的要求。

5.3.34 锅炉安全保护系统不允许设置手动对控制逻辑中 MFT 的跳闸状态进行复位的操作按钮。控制逻辑中的 MFT 跳闸状态的复位，必须由锅炉吹扫完成信号控制。即当锅炉吹扫完成后，自动对控制逻辑中的 MFT 跳闸状态予以复位。

5.3.35 锅炉安全保护系统不允许在操作盘台上或操作员站显示器画面上设置可手动切投保护的操作开关，保护控制逻辑的设计应满足当锅炉运行工况满足保护投入的条件后，其锅炉安全保护应能自动投入。

5.3.36 锅炉炉膛安全保护系统跳闸继电器可采用脉冲指令控制方式或长指令控制方式。若为脉冲指令控制方式时，其脉冲宽度至少应为 180s 为宜。当采用长指令控制方式时，在操作员站上可设置对跳闸继电器的手动复位按钮，即 MFT 动作后，可通过显示器上手动按钮或吹扫完成指令两种方式对跳闸继电器的状态予以复位。

5.3.37 锅炉安全保护系统炉膛吹扫逻辑中，不允许设置跨越吹扫逻辑，不允许设置手动吹扫完成的控制按钮。即必须保证只有当实际吹扫完成后，才能发出"吹扫完成"状态信号，使吹扫完成后的后续动作才能继续执行。

5.3.38 用于 FSSS 及 ETS 等重要保护装置中的保护跳闸条件信号取样，必须满足其取样系统彼此相互独立的原则，不允许两个及以上变送器、压力开关共用同一取样点。

5.3.39 汽包锅炉必须配置汽包水位保护。并且应具有如下基本功能。

a）水位高 I 值（或低 I 值）时，发出热工报警信号；

b）水位高 II 值时，联锁开启锅炉汽包事故放水电动门；

c）水位返回正常值时，联锁关闭锅炉汽包事故放水电动门；

d）水位高 III 值（或低 III 值）时，锅炉紧急停炉。

5.3.40 锅炉汽包水位保护中，当任一个水位信号故障时，应自动转为单点信号选取方式，并发出水位测量信号故障报警。当三个水位信号均故障时，水位保护自动退出，同时发出"水位保护已退出"报警信号，并开始延时计时，计时时间为 28800s（8h），在计时时间内，若水位保护重新投入，则计时中止；若计时时间到，则水位保护动作，MFT 跳闸。

5.3.41 锅炉炉膛安全保护（FSSS）中，主燃料跳闸（MFT）至少应包括如下跳闸条件。

a）炉膛压力高二值；

b）炉膛压力低二值；

c）汽包水位高三值（汽包锅炉）；

d）汽包水位低三值（汽包锅炉）；

e）给水流量过低或给水泵全停（直流锅炉）；

f）炉水循环泵压差低或炉水循环泵全停（强制循环锅炉）；

g）全炉膛火焰丧失（除循环流化床锅炉外）；

h）床温低于主燃料允许投入温度且启动燃烧器火焰未确认（循环流化床锅炉）；

i）全部送风机跳闸；

j）全部引风机跳闸；

k）煤粉燃烧器投运时，全部一次风机跳闸；

l）全部磨组停运（同层燃烧器磨煤机停运，或给煤机停运，即为本层磨组停运），且燃油总阀关闭或全部燃油分阀关闭（直吹式制粉系统燃料全部中断）；

m）全部给粉机停运或全部排粉机停运，且燃油总阀关闭或全部燃油分阀关闭（中贮式制粉系统燃料全部中断）；

n）给煤机全部停运，且燃油总阀关闭或燃油分阀全部关闭，且床温不适合任何燃料投入（循环流化床锅炉燃料全部中断）；

o）总风量过低；

p）FGD 请求跳闸；

q）手动停炉指令；

r）锅炉炉膛安全监控系统失电；

s）床温过高或炉膛出口烟气温度过高（循环流化床锅炉）；

t）火检冷却风丧失；

u）单元制系统汽轮机跳闸（未设置运行用旁路或运行用旁路容量不合适时）；

v）锅炉制造厂提出的其他停炉保护条件。

5.3.42 锅炉炉膛安全保护（FSSS）中应包括下列功能。

a）锅炉吹扫；

b）油系统检漏试验；

c）主燃料跳闸。

5.3.43 为防止因干扰信号或炉膛压力波动引起的保护误动，在 FSSS 炉膛压力保护中，允许适当加入延时设置，但其延时时间最大不得大于 3s（以保护不发生拒动为准）。

5.3.44 为防止因干扰信号或汽包水位波动引起的保护误动，在 FSSS 汽包水位保护中，允许适当加入延时设置，但其延时时间最大不得超过 3s。

5.3.45 锅炉蒸汽系统应有下列热工保护。

a）主蒸汽压力高（超压）保护；

b）再热蒸汽压力高（超压）保护；

c）再热蒸汽温度高喷水保护。

5.3.46 具有机械控制方式的锅炉安全门保护和热工电磁铁控制的锅炉安全门保护，热工安全门保护控制逻辑应能保证当热工安全门保护控制系统故障时，不应影响机械安全门的正常动作。不宜采用关方向线圈长带电控制方式。

5.3.47 不是由于送风机或引风机解列引起的 MFT 动作时，不应解列送风机和引风机。

5.3.48 当采用的联锁是成对启、停和跳闸送风机、引风机时，如果只有一台送风机跳闸，则应将对应的引风机跳闸，且两台风机相关的挡板应关闭。如果是运行中的最后一台送风机跳闸时，引风机仍应维持在受控状态下运行，且送风机的相关挡板保持在开启的位置。

5.3.49 当采用的联锁是成对启、停和跳闸送风机、引风机时，如果只有一台引风机跳闸，则应将对应的送风机跳闸，且两台风机相关的挡板应关闭。如果是运行中的最后一台引风机跳闸时，对应的送风机亦应联锁跳闸，但最后跳闸的引风机、送风机的相关挡板保持在开启的位置。

5.3.50 当 MFT 动作 60s 后，若炉膛正压仍超过锅炉制造厂的规定值（炉膛压力高三值），则所有送风机均应跳闸；若炉膛负压仍超过锅炉制造厂的规定值（炉膛压力低三值），则所有引风机均应跳闸。

5.3.51 热工报警可由常规报警和/或数据采集系统中的报警功能组成。热工报警应包括下列内容。

    a）工艺系统热工参数偏离正常运行范围；

    b）热工保护动作及主要辅助设备故障；

    c）热工监控系统故障；

    d）热工电源、气源故障；

    e）主要电气设备故障；

    f）辅助系统故障。

5.3.52 热工分散控制系统电源故障（各控制站冗余电源中的任一电源故障）综合报警、FSSS 冗余电源任一故障、ETS 冗余电源任一故障、TSI 冗余电源任一故障、DEH 冗余电源任一故障，应设置一个独立于 DCS 系统综合报警光字牌或可区别于其他报警的音响装置；并且在 DCS 画面中组态每个电源故障的报警软件光字牌。

5.3.53 为确保锅炉安全门保护的可靠性，防止保护装置拒动的发生，锅炉汽包安全门、过热器安全门及再热器安全门热工保护控制系统中的压力取样，原则上应采取冗余设置，其压力取样应分别取自两个及以上彼此相互独立的取样点；若汽包原设计不能满足独立取样方式，则取样一次门也应分别单独设立，以使压力检测系统相对独立。

5.3.54 机炉电大联锁中，"炉跳机"联锁保护应满足下述两方面的要求。

    a）由 MFT 跳闸继电器柜输出 3 个开关量信号（由 3 个继电器输出），由 ETS 控制装置中 3 个不同模件的 DI 通道接入，在 ETS 中通过三取二冗余运算，形成"MFT 动作"保护跳闸信号，驱动汽轮机紧急跳闸。

    b）由 FSSS 控制器输出 3 个"FSSS 动作"跳闸指令信号（正逻辑信号），由 ETS 控制装置中 3 个不同模件的 DI 通道接入，在 ETS 中通过三取二冗余运算，形成"MFT 动作"保护跳闸信号，驱动汽轮机紧急跳闸。

5.3.55 机炉电大联锁中，"机跳炉"联锁保护应满足如下要求之一。

    a）若 ETS 中具有"挂闸油压低"保护跳闸控制功能，则由 ETS 控制装置输出 3 个"ETS 动作"跳闸指令信号（正逻辑信号），由 FSSS 控制装置中 3 个 DI 通道接入，在 FSSS 中通过三取二冗余运算，形成"汽轮机紧急停机"保护动作信号，驱动锅炉紧急跳闸。

    b）若 ETS 中不具有"挂闸油压低"保护跳闸控制功能，则机跳炉的保护条件中，除"ETS 动作"指令外，还应具有"汽轮机挂闸油压低驱动 MFT 跳闸"的保护控制功能。即由 DEH 将挂闸油压低状态信号通过 3 个 DO 通道输出，由 FSSS 中经 3 个 DI 通道接入，在 FSSS 中采用三取二的冗余运算，形成"汽轮机跳闸"保护动作信号，驱动锅炉紧急跳闸。

5.3.56 机炉电大联锁中，"机跳电"联锁保护应满足如下要求之一。

a）若 ETS 中已具有"挂闸油压低"保护控制功能时，则机跳电信号可仅采用"ETS 跳闸输出指令"，即由 ETS 装置的两个独立的 DO 通道输出"ETS 跳闸指令（正逻辑方式）"至发变组保护的电量保护屏 A、B，作为发变组保护中程序逆功率保护的辅助判据，经程序逆功率保护驱动发变组跳闸，实现"机跳电"的联锁保护动作。

b）若 ETS 中不具有"挂闸油压低"保护控制功能时，则机跳电信号应仅采用"ETS 跳闸输出指令或者挂闸油压低"的综合判据，即在 ETS 中将"挂闸油压低"信号同"ETS 跳闸指令"进行"或"运算后，由 ETS 装置的两个独立的 DO 通道输出"ETS 跳闸指令（正逻辑方式）"至发变组保护的电量保护屏 A、B，作为发变组保护中程序逆功率保护的辅助判据，经程序逆功率保护驱动发变组跳闸，实现"机跳电"的联锁保护动作。

c）可采用"主汽门关闭"状态信号作为发变组保护中程序逆功率保护的辅助判据，经程序逆功率保护驱动发变组跳闸，实现"机跳电"的联锁保护动作。但"主汽门关闭"状态宜采用综合判据，即由 DEH（或 DCS）经"两个高压主汽门中任一个关到位，并且两个中压主汽门任一个关到位"逻辑判断后，形成"主汽门关闭"的综合判据，由 DEH（或 DCS）的两个独立的 DO 通道输出至发变组保护的电量保护屏 A、B 中。

5.3.57 机炉电大联锁中，"电跳机"联锁保护应满足如下两个要求。

a）由发变组保护电量保护 A、B 屏和非电量保护 C 屏分别各送出一个"发变组保护已动作"的开关量信号，并且该三个开关量信号应在发变组保护屏出线端子排处采用"环并"的方式并联，在 ETS 保护装置中通过三个 DI 通道（不同模件）将其接入，采用三取二的冗余方式，形成"发变组保护已动作"的跳闸判据，驱动汽轮机紧急跳闸。

b）在 DEH 中，将"发电机已并网"信号（三取二判断后）取反，形成"发电机已解列"状态信号，采用脉冲信号方式，通过"DEH 请求跳闸"的跳闸通道，驱动汽轮机紧急跳闸。

5.3.58 DEH 应具有"接受汽轮机紧急跳闸系统（ETS）指令，实现对机组的停机保护"功能。

5.3.59 汽轮机润滑油系统、发电机定子冷却水系统及真空系统等重要辅机控制逻辑中应具有防止误操作的限制条件。

5.3.60 机组主控系统中，重要辅机设备配置并列或主/备运行方式时，应将并列或主/备辅机系统的控制、保护功能配置在不同的控制处理器中。

5.4 热工电源、气源要求

5.4.1 热工控制系统供电电源、仪用气源的设计应遵循 DL/T 5455、DL/T 5227 等相关标准及二十五项重点要求的规定。

5.4.2 热工控制系统供电总电源至少应包括如下内容。

a）分散控制系统供电总电源（两路交流）；

b）汽机侧热工控制系统总电源（两路交流）；

c）锅炉侧热工控制系统总电源（两路交流）；

d）公用系统热工控制系统总电源（两路交流）；

e）热工保护用直流总电源（两路直流）。

5.4.3　热工控制系统用交流电源必须有可靠的两路独立的供电电源，其中一路取自厂用不停电段（UPS 段），另一路取自厂用保安段；当厂用具有两套 UPS 供电装置时，分散控制系统两路供电电源亦可分别取自厂用两套 UPS 系统。单元机组热工控制系统供电电源应采用本机供电方式。不允许两套电源取自同一个厂用段上。

5.4.4　热工分散控制系统应设置电源柜，柜内设置两台总电源空气开关，其熔断能力应按机组实际控制站、操作员站、工程师站、历史站等的配置进行核算，并按规程要求留有一定的裕量。

5.4.5　热工分散控制系统两路供电总电源应分别为 DCS 系统内每个控制站的两路冗余电源装置、每个操作员站、历史站、工程师站及服务器的电源切换装置等提供两路独立的工作电源，在电源柜内不设置交流电源切换装置。

5.4.6　热工分散控制系统历史站、工程师站等非冗余配置的设备应设置供电电源切换装置，分散控制系统电源柜为其切换装置提供两路独立的供电电源。

5.4.7　热工分散控制系统的操作员站、服务器等具有冗余配置的设备，当不设置电源切换装置时，应按每路工作电源各带部分操作员站、服务器的配置方式，以防止当一路电源失去时，所有操作操作员或服务器全部失电。

5.4.8　汽机侧热工控制系统总电源应分为两部分：一部分为经过电源切换装置，为只能接入单路电源的热工设备提供工作电源；另一部分为不经过电源切换装置，为可同时接入两路冗余电源的热工设备提供工作电源。

5.4.9　锅炉侧热工控制系统总电源应分为两部分：一部分为经过电源切换装置，为只能接入单路电源的热工设备提供工作电源；另一部分为不经过电源切换装置，为可同时接入两路冗余电源的热工设备提供工作电源。

5.4.10　公用系统热工控制系统总电源，应分别取自两台机组不停电段（UPS 段）。

5.4.11　热工保护用直流总电源应分别取自厂用电气直流 1 号馈电屏和 2 号馈电屏。热工保护用直流电源不宜采用二极管冗余方式实现电源冗余，宜采用热工设备冗余的方式接入直流 220VDC 工作电源。ETS 保护中，采用四个跳闸电磁阀控制方式时，AST1 和 AST3 用同一直流电源供电，AST2 和 AST4 用另一直流电源供电；DEH 的 OPC 保护中，两个 OPC 电磁阀分别用两个直流电源供电；FSSS 跳闸继电器柜若采用直流供电方式时，宜设置两套功能完全相同的继电器跳闸逻辑，各自分别用一套直流电源供电。

5.4.12　热工控制系统各电源柜内所设置的熔断器、空气开关、保险丝等，应按负载实际正常工作电流进行核算，并按规程要求裕量设置其熔断能力，以防止过负荷跳闸或越级跳闸。

5.4.13　热工控制系统机柜两路进线电源及切换/转换后的各重要装置与子系统的冗余电源均应进行监视，任一路总电源消失、风扇故障等，控制室内电源故障声光报警信号均应正确显示。

5.4.14　为保证硬接线回路在电源切换过程中不失电，提供硬接线回路电源的电源继电器的切换时间应不大于 60ms。

5.4.15　重要的热控系统双路供电回路，应取消人工切换开关；所有的热工电源（包括机柜内检修电源）必须专用，不得用于其他用途，严禁非控制系统用电设备连接到控制系统的电源装置。保护电源采用厂用直流电源时，应有发生系统接地故障时不造成保护误动的措施。

5.4.16 所有装置和系统的内部电源切换（转换）可靠，电源机柜内各供电电源分开关之间采用环路连接方式，各电源分开关之间中任一条（而非任两条）接线松动时不会导致电源异常而影响装置和系统的正常运行。

5.4.17 电源配置的一般原则。

a）分散控制系统电源应优先采用直接取自 UPSA/B 段的双路电源，分别供给控制主、从站和 I/O 站电源模件的方案，避免任何一路电源失去引起设备异动的事件发生。

b）电源负荷根据 380VAC、220VAC、110VDC（220VDC）分类计算。380VAC 电源负荷一般按接入负荷的同时率考虑；220VAC 电源负荷一般为所有各供电支路额定负荷的总和；110VDC（220VDC）电源负荷一般按所有供电支路额定负荷的总和计算；且均应考虑备用回路的负荷。

c）独立配置的重要控制子系统（如汽轮机紧急跳闸系统、汽轮机监视仪表、炉膛安全监控系统硬跳闸继电器柜、火焰检测器等），应具有可同时接入两路互为冗余供电电源的能力，且当两路电源中任一路故障时不会对系统产生干扰。

5.4.18 气动仪表、电气定位器、气动调节阀、气动开关阀等应采用仪表控制气源，仪表连续吹扫取样防堵装置宜采用仪表控制气源。

5.4.19 气源装置宜选用无油空压机，提供的仪表与控制气源必须经过除油、除水、除尘、干燥等空气净化处理，其气源品质应符合以下要求。

a）固体颗粒不大于 $1mg/m^3$，含尘颗粒直径不大于 $3\mu m$；

b）水蒸气含量不大于 $0.12g/m^3$，含油量不大于 $1mg/m^3$；

c）出口空气在排气压力下的露点，应低于当地最低环境温度 20℃；

d）气源压力应能控制在 0.6～0.8MPa 范围，过滤减压阀的气压设定值符合运行要求。

5.4.20 仪表与控制气源中不含易燃、易爆、有毒、有害及腐蚀性气体或蒸汽。

5.4.21 仪表与控制气源装置的运行总容量应能满足仪表与控制气动仪表和设备的最大耗气量。

5.4.22 当气源装置停用时，仪表与控制用压缩空气系统的贮气罐的容量，应能维持不小于 5min 的耗气量。

5.4.23 仪用压缩空气供气母管及分支配气母管应采用不锈钢管，至仪表及气动设备的配气支管管路宜采用不锈钢管或紫铜管；仪表控制气源系统管路上的隔离阀门宜采用不锈钢截止阀或球阀。

5.4.24 配气网络的供气管路宜采用架空敷设方式安装，管路敷设时，应避开高温、腐蚀、强烈震动等环境恶劣的位置。供气管路敷设时应有 0.1%～0.5% 的倾斜度，在供气管路某个区域的最低点应装设排污门。

5.4.25 仪用压缩空气供气母管上应配置空气露点检测仪，以便于实时监测压缩空气含水状况；多台空压机的启停应设计完善的压力联锁功能，以保持空气压力稳定。

5.5　DCS 出厂验收

5.5.1　DCS 出厂验收标准

DCS 出厂验收应遵循 DL/T 1083、DL/T 655、DL/T 656、DL/T 657、DL/T 658、DL/T 659、DL/T 1091 等相关标准及反事故措施的要求。

5.5.2　文档资料检查

5.5.2.1　硬件资料检查。应检查系统硬件手册、系统操作手册、系统维护手册、系统组态手册、构成系统所有部件的原理图、电源系统接线图及机柜电源分配图断路器、熔断器容量计算书、DCS 系统网络拓扑图、接地系统图、DPU（或 I/O 控制站）柜内布置图、柜内配线图、FSSS 跳闸继电器柜原理图、首次应用于工程项目的产品记录。

5.5.2.2　软件资料检查。应检查数据库清册、控制原理图的定义和组态说明（包括对每一张 SAMA 图和逻辑图所做的说明）、含联锁和判据的逻辑图（应标出与之相关的 SAMA 图的对应编号和注释）、组态文件打印程序、与编程语言有关的指导和参考手册、系统软件光盘。

5.5.2.3　DCS 供货商测试记录检查。应检查 I/O 模件测试报告（应含抗共模、串模干扰、噪音容限及模件负载能力测试等测试报告）、应用工程出厂前联调自测报告、系统连续拷机记录、具有测试资质单位的电磁兼容性检测报告。

5.5.3　系统硬件配置检查

5.5.3.1　操作员站检查：应检查计算机、显示器、键盘的型号、数量及配置。

5.5.3.2　工程师站检查：应检查计算机、显示器、打印机及键盘的型号、数量及配置。

5.5.3.3　历史站检查：应检查计算机、显示器、打印机及键盘的型号、数量及配置。

5.5.3.4　服务器检查（交换机）：应检查计算机、显示器、打印机及键盘的型号、数量及配置。

5.5.3.5　各控制站检查：应检查 DPU（CPU）、电源模块、模块的型号、数量及配置。

5.5.3.6　系统实际测点数：应检查各种模件配置数量是否满足合同要求，模拟量 4~20mA 输入模件、模拟量热电偶输入模件、模拟量热电阻输入模件、模拟量 4~20mA 输出模件、开关量输入模件、开关量输出模件、脉冲量输入模件、SOE 模件、其他特殊模件（转速测量、通信模件等）。

5.5.4　机柜 I/O 余量检查

5.5.4.1　机柜模件槽位备用余量应为 10%~15%；

5.5.4.2　各类型 I/O 模块通道数备用余量应为 10%~15%；

5.5.4.3　接线端子排的备用余量应为 10%~15%；

5.5.4.4　所有备用余量应均匀分布于各机柜中。

5.5.5　系统运行环境检查

5.5.5.1　检查计算机的网络设置是否与网络拓扑图相符；

5.5.5.2　检查 IP 地址的设置是否正确；

5.5.5.3　检查交换机的相关参数的设置；

5.5.5.4　检查打印机驱动程序是否正确；

5.5.5.5　检查时区和日期、时间格式设置。

5.5.6　系统软件安装检查

5.5.6.1　各操作员站软件版本为统一的最新版本；

5.5.6.2　各控制站软件版本为统一的最新版本；

5.5.6.3　各服务器软件版本为统一的最新版本；

5.5.6.4　工程师站软件版本为最新版本；

5.5.6.5　所有系统软件必须为正版，必须有软件使用许可证。

5.5.7　系统安全性能测试

5.5.7.1　接地检查

a）检查系统保护地接地是否正确，系统保护地为机柜外壳与地直接相连，不得与系统屏蔽地混淆。

b）检查系统屏蔽地接地是否正确，各机柜系统屏蔽地不得自行与地相连，必须是各机柜系统屏蔽地通过接地电缆相连，最后通过一汇流点与地相连，不得与系统保护地混淆。

5.5.7.2　绝缘检查

检查测试机柜与信号屏蔽地的绝缘电阻。在机柜断电的情况下，采用绝缘电阻表（100V 数字兆欧表）进行测试，绝缘电阻表（兆欧表）的线路端钮与接地端钮分别接至信号通道输入端与信号屏蔽地端，端钮电压为 60VDC，信号通道输入端与信号屏蔽地端之间的绝缘电阻，应不小于 100MΩ。

5.5.7.3　容错能力测试

a）供电系统容错能力测试。在电源切换过程中，控制系统应正常工作，中间数据及累计数据不得丢失。

b）操作容错能力测试。在操作员站的键盘上操作任何未经定义的键或操作鼠标时，确认操作员站涉及的所有控制系统不发生出错、死机或其他异常现象。

c）通信网络容错能力测试。通过切、投通信网络上部分设备的电源，控制系统应运行正常，系统不得出错或出现死机情况，故障诊断显示与实际相符。

5.5.7.4　容余测试

a）电源冗余。进行系统电源冗余测试，观察系统是否能够正常运转，无出错报警，且数据不丢失。

b）控制器（或 DPU 或 I/O 控制站）冗余，进行系统控制单元冗余切换测试，观察系统的控制输出及计算结果在切换前后是否变化。

c）网络冗余。将冗余配置的两条通信网络电缆分别离线，I/O 站与操作员站之间的数据传递仍正确。系统不得出错或出现死机情况，恢复时，通信系统应工作正常。

d）操作员站冗余。人为退出正在运行的任一台操作员站，其功能应能在其他的操作员站上实现。

e）模件冗余。人为退出冗余模件中正在运行的模件，这时备用的模件应自动投入工作，在冗余模件的切换过程中，系统不得出错或出现死机情况。

f）服务器冗余。人为退出冗余服务器中的运行服务器，备用服务器应自动投入工作，DCS 通信应正常，存储的数据不得有丢失，DCS 的其他功能不受任何影响。

5.5.7.5 模件带电插拔测试

在系统运行时，任意拔出一块 I/O 模件，画面能够显示该模件的异常状态，状态指示应与实际相符。在拔出和恢复模件的过程中，I/O 信号无跳变，控制系统的其他功能未受影响，系统应能保持正常运行。

5.5.7.6 重置能力测试

在系统运行时，切除并恢复系统的外围设备，控制系统不应出现异常工况。

5.5.7.7 输出掉电保护测试

选择一个模拟量输出模件点（核查其安全模式设计要求，例如：是保位或是归零），在操作员站上对该点设置一输出值，并记下此值，将该 DPU（I/O 控制站）主控单元系统电源关闭（当系统电源为冗余配置时，则全关闭），然后再恢复。该模拟量输出模件应能够按照预先设定的安全模式，控制外部设备保证工艺系统的安全运行。检查屏幕画面，诊断状态显示与报警正确。

5.5.8 系统性能指标检查

5.5.8.1 抗射频干扰能力测试

a）在操作员站上选择具有热电偶信号显示的画面，回路中输入一固定信号值，并记录显示值。用频率为 400～500MHz，功率为 5W 的步话机，在距敞开柜门的机柜 1.5m 及 VDU 处正常音量对之讲话，以此作干扰源发出射频干扰信号进行试验，测试过程中系统应正常工作，测量信号示值变化范围，应不大于测量系统允许误差的 2 倍。

b）用不同制式的手机作干扰源发出信号，逐渐接近敞开柜门的机柜进行试验，记录当计算机系统出现异常或测量信号示值有明显变化时，手机与机柜的实际距离。

5.5.8.2 SOE 分辨率测试

通过 SOE 测试仪分别对同一 SOE 卡各通道、同一控制站不同 SOE 卡各通道、不同控制站内 SOE 卡各通道发出脉冲宽度为 1ms 的脉冲序列，测试同一块 SOE 卡件各通道之间、同一控制站内不同 SOE 卡之间、不同控制站内 SOE 卡之间的分辨率。分辨率应不大于 1ms。

5.5.8.3 显示器画面响应时间测试

用秒表计量在操作员站最后一个调用操作完成到该幅画面全部内容显示完毕的时间。任意抽取 10 幅画面进行测试，计算 VDU（屏幕）画面响应时间的平均值，其值应小于 1.5s（一般画面不大于 1s，复杂画面小于 2s）。

5.5.8.4 控制器处理周期测试

a）测试控制器设定周期的准确性。采用 DCS 外部标准计时器、DCS 内部"加 1 累加器"方式，测试 DCS 控制器设定周期的准确性。

b）测试控制器 I/O 响应时间。在 DCS 组态中，将 DI 输入直接送至 DO 输出，短接 DI 输入，观察 DO 输出，用示波器测量 DI/DO 的时间差，其差值不应大于控制器设定周期的二倍。

5.5.8.5 系统响应时间测试

用示波器测量操作员站上鼠标发出控制指令开始，至控制指令 DO 点输出动作为止，二者时间差不应大于 2s。

5.5.8.6 GPS 时钟校时功能测试

检查 GPS 时钟输出信号类型，GPS 时钟输出信号精度达到 0.1ms 要求，DCS 能使挂在数据通信总线上的各个站的时钟同步，当 DCS 时钟与 GPS 时钟失锁时，DCS 应有输出报警。

5.5.8.7 模拟量模件通道精度测试

a）通道精度测试采取抽样检查的方法，抽检总量应不小于每一类模件数量的方根和，或按照测试方、DCS 供货商双方协商一致的模件抽检率进行检查，被抽检的模件必须全部合格，否则应成倍增加抽检数量，直至全部检查；

b）模拟量输入（AI）通道：在相应端子用信号发生器，依次加上该测点全量程 0%、25%（示值取整）、50%（示值取整）、75%（示值取整）、100% 的信号，在操作员站上观察并记录测试结果；

c）模拟量输出（AO）通道：在操作员站上分别设置该测点全量程 0%、25%（示值取整）、50%（示值取整）、75%（示值取整）、100% 五点的输出给定值，在相应端子上用表计测量实际输出值，并记录测试结果；

d）模拟量模件通道精度合格标准为误差不大于 0.2%。

5.5.8.8 负荷率测试

a）DCS 的中央处理单元（CPU）负荷率、通信负荷率的测试方法由 DCS 供货商提供，经测试方确认后，方可作为测试方法使用。控制器负荷率不应大于 40%。

b）数据通信负荷率采用网络测试仪进行测试，以太网负荷不应大于 20%。

5.5.8.9 电源电压波动影响

在 DCS 供应商规定的供电电压范围内，改变 DCS 供电电源电压，DCS 应能保持正常运行。通常控制站电源电压波动允许范围为 +10%，-15%，即 187~242VAC，操作员站电源电压波动允许范围为 ±20%，即 176~264VAC。

5.5.9 组态功能测试

5.5.9.1 MCS 功能测试

MCS 测试方法与核查内容。

a）在工程师站上，核对控制器内控制回路的组态功能（含初始参数设置）与 MCS 的设计功能说明书应一致。

b）MCS 控制回路与仿真系统（硬件仿真设备或 DCS 内部仿真组态逻辑）相连。

c）测试手/自动切换功能。在手动、自动按钮之间进行切换时，核查下列几点：

　　1）模拟图画面手操站和组态图手操站状态显示一致并真实反映实际状态；

　　2）手/自动切换应为无扰切换；

　　3）正确实现故障时手动切换的功能。

d）输出值和设定值的修改。测试并修改输出值和设定值，算法中的过程变量（PV）和设定值（SP）应有相应变化。

e）分别设置 SP > PV 与 SP < PV，输出值按组态的正反作用方向变化应正确。

f）分别修改 P、I、D 3 个参数，数据应写入算法，趋势曲线应对应变化。

5.5.9.2 SCS 功能测试

SCS 功能测试方法与核查内容。

a）在工程师站上，核对各控制回路的逻辑组态、启动许可条件、操作顺序、运行方式及各控制回路初始参数设置，应符合设计要求。

b）控制器内组态功能实现与功能说明书功能要求应一致。

c）与 DCS 内部仿真组态逻辑相连，进行仿真试验。

d）人机界面测试1：模拟工艺联锁条件，对模拟图中的对象进行单操，相关设备操作连接方式和状态显示应正确。

e）人机界面测试2：通过 SCS 专用操作画面进行操作检查，包括功能组、子组的自动启停、单步操作和对对象的单操。控制对象动作状态、每一步的执行情况和时间在流程或模拟图上应能监视，对应控制对象开、关方向的输出信号和闭锁条件与运行实际要求相符、系统动作状态、首出记忆功能、操作记录及故障时的报警正确。

f）功能测试1：典型功能组，进行自动启动和停止测试，操作和显示应正确。

g）功能测试2：典型功能子组，进行自动启动和停止测试，操作和显示应正确。

h）功能测试3：典型备用逻辑，进行切、投备用和自启停测试，操作和显示应正确。

i）功能测试4：典型的联锁逻辑，进行联锁试验测试，操作和显示应正确。

5.5.9.3　FSSS 功能测试

FSSS 测试方法与核查内容：

a）在工程师站上，抽查控制器内组态功能实现与功能说明书功能要求应一致；

b）人机界面测试 1：检查炉膛安全监视与保护功能的画面是否齐全，画面显示和操作内容是否齐全；

c）人机界面测试 2：检查燃烧器管理功能画面显示和操作内容是否齐全；

d）功能测试 1：炉膛吹扫功能测试满足要求；

e）功能测试 2：MFT（总燃料跳闸）和 OFT（燃油切断）条件覆盖齐全；

f）功能测试 3：MFT 和 OFT 首出原因正确显示；

g）功能测试 4：是否能显示火焰状况；

h）功能测试 5：点火的单控方式、层控方式皆能正确动作、执行；

i）MFT 跳闸前后信号追忆显示时间与内容符合设计要求。

5.5.9.4　DEH 功能测试

对于控制范围覆盖 DEH 的 DCS 系统，要对 DEH 功能其进行测试。测试方法与核查内容。

a）在工程师站上，核对控制系统软件逻辑、各控制回路初始参数设置应与设计要求一致。

b）操作任何未经定义的键，系统不应出错或出现死机情况。

c）操作员站上调出各模拟量控制子系统相关画面，确认各控制子系统齐全。

d）按惯例，凡是控制范围覆盖 DEH 的 DCS，都设计有仿真系统。测试时，DEH 系统的仿真接口连接仿真器，通过 DEH 的 I/O 模件，使 DEH 与仿真器形成模拟闭环系统。

e）进行 DEH 系统的控制功能测试（按内置仿真器说明书进行测试操作）：升速、暖机、并网、OPC（超速保护控制）试验、严密性试验、OPT（超速跳闸保护）、升负荷、单/多阀（单/顺序阀）切换、阀门试验回路投/切（阀门活动试验）、遥控功能、甩负荷等。DEH 的功能和逻辑应符合设计要求。

5.5.10　出厂验收准备

在 DCS 系统出厂验收前，应组织有关各方召开 DCS 系统验收会议，就验收项目，验收程序，验收组成人员，验收结果评估标准等事项制定简单实用的工作程序，作为验收过程的指导文件。

5.5.11　DCS 验收文件

在 DCS 系统出厂验收各项测试结束后，汇编测试记录，提交测试报告，经测试方、DCS 供货商双方认可、签字后存档备查。各单项测试签单由双方具体测试工作人员签字，DCS 测试总表必须由测试方、DCS 供货商双方的项目负责人签字。

5.5.12　总线验收

PROFIBUS 现场总线出厂验收、现场调试验收、竣工验收按照 DL/T 1556 的规定执行，其他类型现场总线可参照 DL/T 1556 的规定执行。

6 安装、调试及试生产阶段监督

6.1 设备安装阶段监督

6.1.1 热工设备安装应遵循 GB/T 50093、DL/T 5190.4、DL/T 5182、DL/T 5210.4 和 DL/T 1212 等相关标准及二十五项重点要求的规定。

6.1.2 热工仪表及控制系统的系统施工图纸的会审应按国家电网工〔2003〕153 号中的有关规定进行。施工前应全面对热工仪表及控制系统布置以及电缆接线、盘内接线和端子排接线图进行核对，如发现差错或不当之处，应及时提出修改图纸并做好记录，以减少临时变更。

6.1.3 待装的热工仪表及控制系统应按 SD1/Z 901-64 及其他有关规定妥善保管，防止破损、受潮、受冻、过热及灰尘浸污，施工单位质量检查负责人和热工安装技术负责人应对热工仪表及控制系统的保管情况进行监督。凡因保管不善或其他损失造成严重损伤的热工仪表及控制系统，必须上报总工程师并及时通知生产单位代表，确定处理办法。

6.1.4 热工仪表及控制系统施工前必须对施工人员进行技术交底，以便科学地组织施工，确保热工仪表及控制系统的安装和调试质量。严禁非专业人员施工、接线。

6.1.5 设备安装前应由电厂对取源部件、检测元件、就地设备、就地设备防护、管路、电缆敷设及接地等提出安装要求，安装单位编制安装方案报电厂审核通过后方可实施安装。

6.1.6 热工仪表及控制系统施工中若发现在图纸审核时未能发现的有关设计问题，且设计代表又不在现场时，对于非原则性的设计变更（如二次回路端子排少量变更），可经施工单位热工技术负责人同意和做出记录后进行施工，并在一周内通知设计单位复核追补设计变更手续。对于较大的设计变更，须有设计变更通知方可施工。

6.1.7 热工仪表及控制系统施工中的高温、高压部件安装及焊接工作，应遵照 DL/T 5190.4、DL/T 5210.4、DL/T 5007 的规定进行施工和检查验收。

6.1.8 热工仪表及控制系统系统的施工质量管理和验收，必须严格贯彻执行 DL/T 5190.4、DL/T 5210.4。

6.1.9 所有热工参数检测系统（包括变送器、补偿导线、补偿盒、测温袋、节流装置、测温元件等）安装前均需进行检查和检定，安装后对重要热工参数检测系统应作系统综合误差测定，并填写热工参数检测系统安装前检定证书和综合误差报告（节流装置填写复核尺寸数据报告）。所有检定证书和综合误差报告（包括节流装置尺寸复核数据）和竣工图应在机组投入运行时一并移交生产单位，作为热工参数检测系统原始技术资料建档存查。严禁将不合格的热工参数检测系统安装使用和投入运行。

6.1.10 热控系统施工前应全面对热控系统的布置、电缆、盘内接线盒端子接线进行核对，如发现差错和不当之处，应及时修改并做好记录。

6.1.11 在密集敷设电缆的主控室下电缆夹层及电缆沟内，不得布置热力管道、油气管，以及其他可能引起着火的管道和设备。

6.1.12 新建扩建及改造的电厂应设计热控电缆走向布置图，注意强电与弱电分开，防止强电造成的磁 场干扰，所有二次回路测量电缆和控制电缆必须避开热源和有防火措施。进入 DCS 的信号电缆及补偿导线必须采用质量合格的屏蔽阻燃电缆，都应符合计算机使用规定的抗干扰的屏蔽要求。模拟量信号必须采用对绞对屏电缆连接，且有良好的单端接地。

6.1.13 热工用控制盘柜（包括就地盘安装的仪表盘）及电源柜内的电缆孔洞，应采用合格的不燃或阻燃材料封堵。

6.1.14 主厂房内架空电缆与热体管路之间的最小距离应满足如下要求。

    a）控制电缆与热体管路之间距离不应小于 0.5m；

    b）动力电缆与热体管路之间的距离不应小于 1m；

    c）热工控制电缆不应有与汽水系统热工用变送器脉冲取样管路相接触的地方。

6.1.15 合理布置动力电缆和测量信号电缆的走向，允许直角交叉方式，但应避免平行走线，如无法避免，除非采取了屏蔽措施，否则两者间距应大于 1m；竖直段电缆必须固定在横档上，且间隔不大于 2m。

6.1.16 控制和信号电缆不应有中间接头，若必须则应按工艺要求对电缆中间接头进行冷压或焊接连接，经质量验收合格后再进行封闭；补偿导线敷设时，不允许有中间接头。

6.1.17 光缆的敷设环境温度应符合产品技术文件的要求，布线应避免弯折，如需弯折，则不应小于光缆外径的 15 倍（静态）和 20 倍（动态）。

6.1.18 光缆芯线终端接线应满足下列要求。

    a）采用光纤连接盒对光纤进行连接、保护，在连接盒中光纤的弯曲半径应符合安装工艺要求。

    b）光纤熔接处应加以保护和固定，使用连接器以便于光纤的跳接。

    c）光纤连接盒面板应有标识。

    d）光纤连接损耗值：多模光纤平均值不大于 0.15dB，最大值不大于 0.3dB；单模光纤平均值不大于 0.15dB，最大值不大于 0.3dB。

6.1.19 测量油、水、蒸汽等的一次仪表不应引入控制室。可燃气体参数的测量仪表应有相应等级的防爆措施，其一次仪表严禁引入任何控制室。

6.1.20 凝汽器和低压加热系统用于水位测量的接管内径尺寸不小于 DN20。

6.1.21 所有热工温度测量用一次元件（包括随主设备厂家提供的温度元件，但发电机及电动机线圈温度测量用一次元件除外），施工单位在安装前必须进行 100% 的检定，并填写符合计量检定规程标准要求的检定报告，施工监理单位及基建技术监督单位应不定期对施工单位的检定报告进行抽查。

6.1.22 所有热工检测参数测量用的变送器、常规仪表及控制开关（流量开关、压力开关、温度开关、液位开关等。包括随主设备厂家提供的仪表在内），在安装前必须进行 100% 的检定，并填写符合计量检定规程标准要求的检定报告，施工监理单位及基建技术监督单位应不定期地对施工单位的检定报告进行抽查。

6.1.23 对重要热工仪表做系统综合误差测定，确保仪表的综合误差在允许范围内。

6.1.24 检定和调试校验用的标准仪器仪表，应具有有效的检定证书，装置经考核合格，开展与批准项目系统的检定项目。无有效检定合格证书的标准仪器仪表不应使用。

6.1.25　温度测量用保护套管，施工单位在安装前应对不同批次的套管进行随机抽样进行金属分析检查，确认所用材质与设计材质一致。对检查结果应按金属分析检验报告的标准要求，做出检验报告备查。

6.1.26　流量测量用的孔板、喷嘴等一次测量元件，施工单位在安装前，应按孔板（或喷嘴）计算书中所给出的几何尺寸，检查确认其孔板、喷嘴的正确性，并确认其所测工艺参数的安装位置是否正确。

6.1.27　汽包水位测量用单室平衡容器取样管路的安装，必须满足如下要求：汽包水位测量正压侧（汽侧）取样孔引出管，应按1:100的倾斜角度引至单室平衡容器，并保证其长度不小于1m；坡度方向为：汽包取样孔侧低，单室平衡器侧高。汽包水位测量负压侧（水侧）取样孔引出管，应按1:100的倾斜角度引至与单室平衡容器向下在同一轴线的位置处，其长度与汽侧引压管相同，坡度方向为：汽包取样孔侧高，单室平衡容器向下同一轴线位置处低。

6.1.28　为保证汽包水位测量中补偿计算的准确性，水位测量用单室平衡容器及其正负压侧引压管路不宜进行保温。

6.1.29　汽包水位计水侧取样孔位置应低于汽包水位保护中低水位停炉动作值，以防止低水位保护拒动事件的发生。

6.1.30　信号取样管路敷设应整齐、美观、牢固，减少弯曲和交叉，不应有急弯和复杂的弯。成排敷设的管路，其弯头弧度应一致。

6.1.31　测量管道上的压力时，应设置在流速稳定的直管段上，不应设置在有涡流的部位。

6.1.32　测量不同介质时压力取样孔的位置确定。

　　a）测量气体压力时，测点在管道的上部；

　　b）测量液体压力时，测点在管道的下半部与管道的水平中心线成45°角的范围内；

　　c）测量蒸汽压力时，测点在管道的上半部及下半部与管道水平中心线成45°角的范围内。

6.1.33　压力测量中，引压管的长度最长不得大于150m，当测量微压（如炉膛压力）及真空时，最长不得超过100m。

6.1.34　当被测介质的压力大于6.4MPa或引压管长度大于3m时，必须设有一次门和二次门。否则只装有二次门。

6.1.35　当压力测量与温度测量同在时，按介质流向，压力测点在前，温度测点在后。

6.1.36　当在有控制阀门的管道上测量压力时，其压力测点与阀门的距离应满足（D为管道的直径）如下要求：

　　a）在阀门上游时（按介质流向），压力测点与阀门的距离不得小于$2D$；

　　b）在阀门下游时（按介质流向），压力测点与阀门的距离不得小于$5D$。

6.1.37　当被测介质温度等于大于60°时，就地安装的压力表在二次门与取样口之间必须设置环形弯或U形弯，且环形弯的直径不得小于10mm。

6.1.38　炉膛压力的取样测孔宜设置在燃烧室火焰中心的上部，一般设置在炉顶下2～3m处。

6.1.39　测量低于0.1MPa的压力时，应尽量减少引压管液柱高度引起的测量误差。联锁保护用压力开关及电接点压力表动作值整定时，应修正由于测量系统液柱高度产生的误差。

6.1.40　直插式热电偶热电阻的保护套管，插入深度必须满足以下要求。

　　a）高温高压（主蒸汽）管道中，管道直径≤250mm 时，插入深度为 70mm；

　　b）高温高压（主蒸汽）管道中，管道直径＞250mm 时，插入深度为 100mm；

　　c）一般介质流体管道中，管道直径≤500mm 时，插入深度为管道外径的 1/2；

　　d）一般介质流体管道中，管道直径＞500mm 时，插入深度为管道外径的 300mm；

　　e）烟、风及风粉混合物介质管道中，插入深度为管道外径的 1/3 ~ 1/2；

　　f）燃油管道上的测温元件，必须全部插入被测介质中；

　　g）双金属温度计的感温元件、压力式温度计的感温包，必须全部浸在被测介质中；

　　h）热套式热电偶的保护套管，其三角锥面必须完全坚固的支撑于管孔内壁并与管道垂直（否则，长时间运行，会发生根部断裂）。

6.1.41　流量测量中直管段必须满足：

　　a）节流件上、下游直管段的最小长度，通常应满足"前 10 后 5"的要求，即节流件上游，其直管段长度至少应大于管道直径的 10 倍，节流件下游，其直管段长度至少应大于管道直径的 5 倍。

　　b）由于管道的弯头、变径、闸阀及直径比 β（节流件直径与管道直径之比）不同，则节流件上下游直管段的要求长度也不同，具体要求参见 DL/T 5190.4。节流件的安装方向必须正确：孔板——圆柱形锐边应迎着介质流动方向，喷嘴——曲面大口应迎着介质流动方向。

6.1.42　现场布置的热工设备应根据需要采取必要的防护、防冻和防爆措施。

6.1.43　现场总线设备安装应具备下列条件。

　　a）设计施工图纸、有关技术文件及必要的仪表安装使用说明书已齐全；

　　b）施工图纸已经过会审；

　　c）已经过技术交底和必要的技术培训等技术准备工作；

　　d）施工现场已具备仪表工程的施工条件；

　　e）各种类型现场总线设备安装前应通过专业测试平台的连接试验。

6.1.44　现场总线设备标志牌上的文字及线缆进出口编号等应书写正确、清楚。

6.1.45　为避免油、水及灰尘进入接线盒内，现场总线设备上进出线的引入口不应朝上，否则，应采取密封措施。

6.1.46　现场总线设备安装前应外观完整、附件齐全，并按设计规定检查其型号、规格及材质。

6.1.47　现场总线设备安装时不应撞击及振动，安装后应牢固、平整。

6.1.48　现场总线设备的接线应符合下列规定。

　　a）接线前应确认设备总线类型及总线电缆类型；

　　b）剥绝缘层时不应损伤线芯和屏蔽层；

　　c）连接处应均匀牢固、导电良好；

　　d）锡焊时应使用无腐蚀性焊药；

　　e）电缆（线）与端子的连接处应固定牢固，并留有适当的余度；

　　f）接线应正确，布置应美观。

6.1.49 现场总线仪表、现场总线执行设备、现场总线通信组件及连接件、现场总线电缆/光纤的安装、防护和接地要求按照 DL/T 1212 的规定执行。

6.1.50 现场总线设备安装除应遵循本细则的要求外，还应按 GB 50254、DL/T 1212、DL/T 1556 和 DL/T 5182 的规定执行。

6.2 系统调试阶段监督

6.2.1 热工设备调试应遵循 DL/T 5294、DL/T 5277 等相关标准及二十五项重点要求的规定。

6.2.2 新投产机组的热控系统调试应由有相应资质的调试机构承担。调试单位和监督、监理单位应参与工程前期的设计审定及出厂验收等工作。

6.2.3 新投产机组在调试前，调试单位应针对机组设备的特点及系统配置，编制热工保护装置和热工自动调节装置的调试大纲和调试措施，以及详细的热工参数检测系统及控制系统调试计划。调试措施的内容应包括各部分的调试步骤、完成时间和质量标准。调试计划应详细规定热工参数检测系统及控制系统在新机组分部试运和整套启动两个阶段中应投入的项目、范围和质量要求。为此，必须在调试计划的安排中保证热工保护和自动调节系统有充足的调试时间和验收时间。

6.2.4 检查安装单位的仪表校验室，应清洁、光线充足，不应有震动和较强电磁场的干扰，室内应有上、下水设施，试验室温度应保持在 20℃±5℃，相对湿度应在 45%～85%。试验室环境条件不满足上述要求，不允许安装单位开展热工仪表的检定工作。

6.2.5 检查安装单位热工计量检定仪器，检验用的标准仪表和仪器均应具备有效的检定合格证书，封印应完整，不得任意拆修。其基本误差的绝对值不应超过被校验仪表基本误差绝对值的 1/3。

6.2.6 按在装设备（热电偶、热电阻、变送器、压力开关、温度开关）数量的 20% 比例抽查热工测量和控制设备安装前的检验记录，应全部合格。被抽查检定记录不合格数量超过被抽查数量的 5% 时，即可认定安装前校验不合格，安装单位应重新进行检查和校验。

6.2.7 热工仪表校验中，检验点应在全刻度范围内均匀选取，其数目除有特殊规定外，应不少于 5 点，其中应包括常用点。

6.2.8 安装单位计量检定人员应配合技术监督部门完成对安装仪表的抽检工作。按在装设备（热电偶、热电阻、变送器、压力开关、温度开关）数量的 2% 的比例进行抽检，应全部合格。抽检不合格数量或与安装前检定记录不相符数量超过被抽检数量的 5% 时，即可认定安装前校验不合格，安装单位应重新进行检查和校验。

6.2.9 就地安装的仪表经检验合格后，应加盖封印，有整定值的就地仪表，调校定值后，应将调整定值用的螺丝漆封。

6.2.10 所有用于压力、差压测量的变送器、就地仪表、压力开关、差压开关等均应为国际单位制，不允许使用非国际单位制的热工仪表。

6.2.11 就地压力表（尤其是设备自带压力表）应按 JJG 52 的要求进行检定。应做到100% 的检验，抽查就地压力仪表，仪表面板应清洁，刻度和字迹清楚；工程单位应为国际单位制；压力表在轻敲表壳后，指针位移不应超过允许基本误差绝对值的一半；电接点压力表输出接点应正确可靠；对安装在与取样点不在同一水平位置的压力仪表，检验时应考虑实际使用中仪表引压管路中液柱高度的修正值。

6.2.12 压力、差压变送器的检定应按 JJG 882、JJG 640 的要求进行检定。压力及差压变送器应按制造厂要求的压力进行严密性试验，充压保持在 5min，不应有泄漏；变送器的基本误差和回程误差，不应超过变送器的基本误差；用于液位测量的变送器，应根据实际运行要求进行零点的正、负向迁移。

6.2.13 热电偶的检定应按 JJG 351 检定规程的要求进行检定。除预埋在电机线圈中的测温元件外，包括设备制造厂设备自带的热电偶，安装前均应进行 100% 的检定。热电偶的允许误差应符合规程要求；热电偶分度号及热电偶长度应与设计图纸一致。检查测试与热电偶相配套使用的补偿导线，其分度号应与热电偶一致，允差等级应相符。

6.2.14 热电阻的检定应按 JJG 229 检定规程的要求进行检定。除预埋在电机线圈中的测温元件外，包括设备制造厂设备自带的热电阻，安装前均应进行 100% 的检定。热电阻的允许误差应符合规程要求；热电阻分度号及热电阻长度应与设计图纸一致。用 100VMΩ 表测量热电阻与保护管之间及双支热电阻之间的绝缘电阻，常温环境下，铂电阻的绝缘电阻应不小于 100MΩ，铜电阻的绝缘电阻应不小于 50MΩ。

6.2.15 用于热工控制系统中的重要继电器及电磁阀应按主要性能和规范进行检查和校验。主要校验内容包括：测量继电器或电磁阀线圈电阻，测试继电器或电磁阀励磁电压、释放电压，继电器触点接触电阻，继电器接点动作无抖动。

6.2.16 检查热工仪表管路及仪表阀门试压记录。

6.2.16.1 取源阀门及用于汽、水系统热工信号测量的仪表管路严密性试验应满足用 1.25 倍工作压力进行水压试验，5min 内无渗漏现象；

6.2.16.2 气动信号管路严密生试验应满足用 1.5 倍工作压力进行水压试验，5min 内压力降低值不应大于 0.5%；

6.2.16.3 风压管路及切换开关的严密性试验应满足用 0.10～0.15MPa（表压）压缩空气试压无渗漏，然后降至 6kPa 压力进行耐压试验，5min 内压力降低值不应超过 50Pa；

6.2.16.4 油管路及真空管路严密试验应满足用 0.10～0.15 MPa（表压）压缩空气试压，15min 内压力降低值不应大于试验压力的 3%；

6.2.16.5 氢管路严密试验应随同发电机氢系统一起作严密性试验，试验标准按 DL 5190.3 的规定执行。

6.2.17 检查热工控制设备电源电缆绝缘测试记录。重点抽查热工分散控制系统供电总电源电缆、热工分散控制系统各机柜供电电源电缆、热工机侧电源柜供电电源电缆、热工炉侧电源柜供电电源电缆、炉膛安全保护跳闸继电器电源电缆、汽轮机紧急跳闸控制柜电源电缆、汽轮机电液调节系统控制柜电源电缆、汽轮机安全监视装置电源电缆的检查记录，其中主要包括电缆型号、规格及电缆线间、对地绝缘测试结果。交直流电力回路用 500VMΩ 表测量电缆线间及对地的绝缘，一般地区应不小于 1MΩ，潮湿地区应不小于 0.5MΩ。

6.2.18 调试单位在发电企业和电网调度单位的配合下，应逐套对保护系统、模拟量控制系统和顺序控制系统按照有关规定和要求做各项试验。

6.2.19 分散控制系统（DCS）的调试及验收应按照 DL/T 659 的要求进行。

6.2.19.1 检查分散控制系统性能测试记录或报告，其中应包括如下内容。

　　a）系统容错（冗余）能力测试结论；

　　b）系统供电电源切换测试结论；

　　c）控制器无扰切换测试结论；

　　d）控制器无扰在线下装测试结论；

　　e）模件可维护性能力（模件带电插拔）测试结论；

　　f）系统重置能力测试结论；

　　g）系统储备容量测试结论；

　　h）抗电磁干扰能力测试结论；

　　i）系统显示器画面响应时间测试结论；

　　j）系统响应时间测试结论；

　　k）控制器运算周期测试结论；

　　l）SOE 分辨率测试结论；

　　m）控制器负荷率测试结论；

　　n）数据通信负荷率测试结论；

　　o）GPS 时钟同步精度测试结论；

　　p）DCS 系统电源适应能力测试结论。

6.2.19.2　检查分散控制系统功能测试记录或报告，其中应包括如下内容。

　　a）检查 I/O 模件精度测试记录，并对每种 I/O 模件进行实际抽样检查，其精度应满足 0.2% 的要求，抽检点应与模件精度测试记录一致；

　　b）人机接口功能的检查结论；

　　c）显示功能的检查结论；

　　d）打印和制表功能的检查结论；

　　e）事件顺序记录功能的检查结论，抽查 SOE 记录功能；

　　f）操作员事件记录功能的检查结论，抽查操作员事件记录功能；

　　g）历史数据存储功能的检查结论，抽查历史数据记录；

　　h）I/O 通道冗余功能测试结论。

6.2.19.3　检查分散控制系统文档资料验收记录或报告，其中应包括如下内容。

　　a）系统硬件手册；

　　b）系统操作手册；

　　c）系统维护手册；

　　d）系统组态手册；

　　e）机柜内部布置图；

　　f）DCS 的 I/O 清单及接线图纸；

　　g）机柜、操作台的布置图、连接图；

　　h）DCS 系统的网络拓扑图；

　　i）DCS 系统电源原理图及安装接线图；

　　j）DCS 系统接地图；

　　k）DCS 系统硬件、软件清册；

　　l）控制逻辑组态说明；

m）控制逻辑组态 SAMA 图；

n）显示器图形、画面清册；

o）DCS 数据库清单。

6.2.20 模拟量控制系统（MCS）的调试及验收应按照 DL/T 657 的要求进行。

6.2.20.1 检查模拟量控制系统性能测试记录或报告，其中应包括如下内容。

a）MCS 性能测试报告（应包括所有设计自动调节系统）；

b）CCS 负荷变动试验报告；

c）AGC 试验报告；

d）一次调频试验报告；

e）RB 试验报告。

6.2.20.2 检查模拟量控制系统功能测试记录或报告，其中应包括如下内容。

a）无扰切换试验记录，其中主要包括：

1）AGC 中远方/就地控制方式的无扰切换；

2）CCS 中协调控制方式/锅炉跟随方式/汽机跟随方式之间的无扰切换；

3）MCS 中自动/手动控制方式的无扰切换；

4）MCS 中单冲量/三冲量信号模式的无扰切换。

b）偏差报警试验记录，其中主要包括：

1）二冗余或三冗余测量信号两两之间偏差大报警；

2）过程值与设定值之间偏差大报警；

3）调节器输出指令与执行机构位置反馈之间偏差大报警。

c）方向性闭锁试验记录，其中主要包括：

1）CCS 中负荷指令的增减闭锁；

2）炉膛压力高/低对送引风机动叶调节的开/关闭锁；

3）燃料量和风量之间的交叉限制；

4）MCS 各自动调节系统中实现的方向性闭锁。

d）MCS 中超驰保护试验记录，其中主要包括：

1）协调控制系统中负荷指令的迫增与迫降控制功能的试验；

2）送引风自动调节系统中，防止炉膛内爆动叶超驰动作的试验；

3）MCS 其他调节系统实现的超驰保护动作试验。

6.2.21 开关量控制系统（MCS）的调试及验收应按照 DL/T 658 的要求进行。

6.2.21.1 检查开关量控制系统性能测试记录或报告，其中应包括如下内容。

a）开关量信号通断试验及重要开关量信号冗余测试，其中主要包括：

1）输入输出通道检查；

2）用于重要保护系统中冗余开关量信号的冗余功能试验；

3）交、直流润滑油泵硬联锁控制功能的试验；

4）操作台硬手操控制功能检查试验。

b）开关量控制回路可靠性的性能试验，其中主要包括：

1）检查用于主机组及重要辅机联锁保护的模拟量信号，应将其质量判断开关量点作为保护屏蔽或超驰动作的条件；

　　2）检查测试主机组及重要辅机联锁保护中，置于不同控制器中的开关量，是否按规定通过硬接线和网络通信实现冗余；

　　3）检查测试重要开关量信号是否接入 SOE；

　　4）检查重要的热工保护控制系统（ETS、FSSS）的系统动作时间（从引发保护动作的信号发生开始，至热工保护动作输出指令产生之间的时间）。

6.2.21.2　检查开关量控制系统功能测试记录或报告，其中应包括如下内容。

　　a）开关量控制设备的单操（电动门的开、关操作，电动机的启、停操作）控制；

　　b）备自投设备的备用投入与退出控制、联锁启、停控制；

　　c）辅机保护动作、跳闸首出、状态报警；

　　d）辅机操作允许限制条件；

　　e）功能组试验。

6.2.22　汽轮机控制系统（DEH）的调试及验收应按照 DL/T 656 的要求进行。

6.2.22.1　检查 DEH 性能测试记录或报告，其中应包括如下内容。

　　a）与 DCS 一体化设计时，控制系统硬件性能与分散控制系统性能指标相同，见 6.2.19.1；采用独立 DEH 装置时，应具有硬件测试报告及与 DCS 通信接口试验测试记录。

　　b）检查 OPC 控制器处理周期，采用硬件的 OPC 动作回路响应时间应不大于 20ms，采用软件系统的 OPC 处理周期应不大于 50ms。

6.2.22.2　检查 DEH 功能测试记录或报告，其中应包括如下内容。

　　a）转速控制功能试验；

　　b）负荷控制功能试验，其中包括一次调频试验；

　　c）阀门管理和阀门在线试验功能的测试；

　　d）机组保护控制功能试验，主要包括 OPC 试验及 RB 试验；

　　e）机组保护跳闸功能试验，主要包括 OPT 试验及 ETS 跳闸试验。

6.2.23　锅炉炉膛安全监控系统（FSSS）的调试及验收应按照 DL/T 655 的要求进行。

6.2.23.1　检查 FSSS 性能测试记录或报告，其中应包括如下内容：

　　a）火焰检测装置测试记录。

　　b）炉膛压力测量元件检定记录。

　　c）FSSS 供电电源冗余检查及切换试验记录。

　　d）与 DCS 一体化设计时，控制系统硬件性能与分散控制系统性能指标相同，见 6.2.19.1；采用独立 FSSS 装置时，应具有硬件测试报告及与 DCS 通信接口试验测试记录。

　　e）抗射频干扰能力试验记录。

6.2.23.2　检查 FSSS 功能测试记录或报告，其中应包括如下内容：

　　a）MFT 跳闸功能试验；

　　b）OFT 跳闸功能试验；

　　c）炉膛吹扫功能试验；

　　d）燃油泄漏试验；

　　e）锅炉点火功能组试验；

　　f）磨煤机功能组试验；

g）一台送风机跳闸试验；

h）机组 RB 功能试验；

i）锅炉实际灭火试验；

j）机炉电大联锁试验；

k）炉膛压力保护定值应合理，要综合考虑炉膛防爆能力、炉底密封承受能力和锅炉正常试验的要求，新机启动必须进行炉膛压力保护带工质传动试验及实际灭火试验。

6.2.24　现场总线调试应遵循现场调试安全和技术规范。调试人员应经过现场总线培训，应了解现场总线基础知识、总线网段配置、DCS 总线网络结构、总线安装规范等。现场总线系统按照单体调试、网段调试、设备监视与管理调试分步进行。

6.2.25　现场总线现场调试应具备下列条件。

a）现场总线主站、通信组件功能正常，按照设计要求设定了地址，通信链路完整；

b）现场总线通信线缆敷设安装合格；

c）现场总线设备安装、接线合格，电源连接合格；

d）接地及屏蔽线敷设、安装符合规范；

e）网段上配置的设备均已按照设计完成组态；

f）配备基本的现场总线通信诊断工具；

g）现场总线设备均通过互联和互操作测试，满足协议要求。

6.2.26　调试期间，非热工调试人员或热工专业授权人员未经批准，不得进入电子间和工程师站进行工作。工程师站、操作员站等人机接口系统应分级授权使用。严禁非授权人员使用工程师站和/或操作员 站的系统组态功能。

6.2.27　新投产机组热控系统的启动验收应按国家及行业的有关规定进行。新建锅炉的各项设备及重要仪器、仪表，未安装完毕并经验收检验合格前，锅炉不应启动。安全保护系统在未调试合格前，锅炉不允许交付生产运行。

6.2.28　安装、调试单位应将设计单位、设备制造厂家和供货单位为工程提供的技术资料、专用工具、备品备件以及仪表校验记录、调试记录、调试总结等有关档案材料列出清单全部移交生产单位。

6.3　试生产期监督

6.3.1　新装机组热工仪表及控制系统系统的启动验收应遵照 DL/T 5437 进行。在机组分部试运行时，与试运行设备直接有关的热工参数检测系统、远方操作装置、热工信号、保护与联锁应及时投入。在进行机组整套启动试运行时，除需生产期间提供条件方可进行调试投入的自动调节和控制系统外，其他热工仪表及控制系统均应按设计项目投入，以保障机组安全，并对热工仪表及控制系统的设备、系统设计、施工质量进行考验。在新装机组进行试生产期间，调试单位在生产单位和系统调度的配合下必须按规定和要求对自动调节系统逐套做各种运行工况下的阀门特性、对象特性及扰动试验，保证达到合格的调节品质标准；在试生产结束前，所有设计的自动控制系统必须全部投入运行。

6.3.2　新装机组试运行前施工、调试单位应编制热工保护装置和热工自动调节装置的调试大纲和调试措施以及热工仪表及控制系统系统的试运计划，试运计划应详细规定热工仪表及控制系统热工仪表及控制系统在新机组分部试运行和机组整套启动两个阶段中应投入的项目、范围和质量要求。为此，必须在机组启动调试计划安排中保证有保护和自动调节系统的调试时间。

6.3.3　在试生产期，电网调度应在安全运行的条件下，满足热控系统调试所提出的机组启动及负荷变 动的要求，运行人员应全力配合，满足调试需要的各种不同工况的要求。

6.3.4　试生产期内热工专业应根据国家及行业有关规定协助其他专业完成各项特性试验，包括辅机故障减负荷（RB）试验和热工设备的性能考核试验。

6.3.5　在新装机组的试运阶段和试生产期，调试、生产、施工和系统调度等应相互协作，做好在机组各种工况运行条件下热工自动调节系统和控制、保护装置的调试与投入工作。

6.3.6　热工仪表及控制系统热工仪表及控制系统系统试运行期间，应有专人维护管理。在试运行中的仪表盘（台）及保护、控制柜进行施工、调试作业时，应做好安全防护措施，并有专人监护。

6.3.7　在试生产期，必须解决热控系统所有遗留问题，使之符合国家相关技术标准。

6.3.8　试生产期内应继续提高模拟量控制系统的投入率，并使模拟量控制系统的调节品质满足热工技术监督考核指标的规定。

　　a）数据采集系统（DAS）测点完好率≥99%；

　　b）DCS 机组模拟量控制系统投入率≥95%；

　　c）热工保护投入率 = 100%；

　　d）顺序控制系统投入率≥90% 。

6.3.9　试生产期内应全面考核热工仪表及控制系统，对不能达到相关规程及热工技术监督考核指标（见本细则附录 B）要求的应进一步完善，保证试生产期结束前满足热工技术监督的要求。

6.3.10　试生产期结束前，应由发电企业或其委托的建设单位负责组织调试、生产、施工、监督、监理、制造等单位按照有关规定对各项装置和系统的各项试验进行逐项考核验收，测试验收应按照 DL/T 1083、DL/T 655、DL/T 656、DL/T 657、DL/T 658、DL/T 659 等验收测试规程进行。

6.3.11　试生产期结束前，热工控制系统与保护装置应符合 DL/T 5437 的要求，并应做好（但不限于）以下工作。

　　a）新建或 C 级及以上检修后的火电机组启动前应做机炉电大联锁试验，联锁应正确；

　　b）汽轮机重要参数的测量探头及功率、频率变送器应定期校验，测量系统工作应正常；

　　c）汽轮机主保护中的作为定值保护的执行元件，如 EH 油压低、润滑油压低、转速信号器、温度信号器等，应定期校验，定值应正确；

　　d）停炉停机保护装置应随机组运行时投入；

　　e）未经规定的手续批准不得随意切除保护功能；

　　f）试生产期结束前，300MW 及以上机组的自动发电控制（AGC）和一次调频应具备完善的功能，其性能指标达到属地并网调度协议或其他有关规定的要求，并随时可以投入运行。

6.3.12　新建机组投运 18 个月内应按照 DL/T 659 所规定的测试项目及相应的指标进行 DCS 系统性能的全面测试，确认 DCS 系统（包括 DEH 及辅控网）的功能和性能是否达到

（或符合）有关在线测试验收标准及供货合同中的特殊约定，评估 DCS 系统可靠性，并据此编制本企业《热工检修维护规程》中的 DCS 部分及《DCS 故障处理预案》。

6.3.13　调试及试生产结束后，施工调试单位应将设计单位、设备制造厂家和供货单位为工程项目提供的热工仪表及控制系统热工仪表及控制系统系统的技术资料、专用工具、产品配件、备品备件、图纸和施工校验调试记录、调试总结（包括每套自动调节控制系统的试验报告、试验数据及曲线等）及有关档案等全部移交生产单位。

7　运行监督

7.1　热工仪表及控制系统的运行维护的有关标准

热工仪表及控制系统的运行维护应执行 DL/T 1056、DL/T 774 、DL/T 1210、DL/T 1213 等相关标准及二十五项重点要求的规定。

7.2　热工仪表及控制系统运行要求

运行中的热工仪表及控制系统应符合下列要求。

7.2.1　运行中的热工检测系统指示误差应符合精度等级要求，仪表反应灵敏，记录清晰，并应定期测试全套仪表的系统误差，发现问题及时处理。

7.2.2　由热工自动控制系统控制的重要运行参数应有越限报警或监控保护装置，报警状态应正确无误，不应出现误报、漏报。

7.2.3　在机组正常运行的工况下，被调量不应超过调节系统运行质量指标的规定范围，在扰动后被调量应能恢复正常值。

7.2.4　运行中的热控设备应保持整洁、完好，不应有设备缺失、损坏。

7.2.5　信号光字牌应书写正确；清晰，灯光和音响报警应正确、可靠。

7.2.6　熔断器应符合使用设备及系统的要求，应注明其容量和用途。

7.2.7　热工仪表及控制系统热工仪表及控制系统盘内、外应有良好的照明，应保持盘内外整洁。

7.2.8　热工仪表及控制系统热工仪表及控制系统的电缆、脉冲管路和一次设备，应有明显的名称、走向的标志牌。

7.3　热工仪表及控制系统标识

热工仪表及控制系统标识应正确、清晰、齐全。

7.3.1　电子设备间各盘柜及就地控制盘柜均应有标识牌，标识牌名称可按盘柜顺序号确定，也可按盘柜主要工作内容确定。

7.3.2　热工设备盘柜内每个设备应有明显标识牌，标识牌名称可按仪表名称确定，也可按模件类型及所在位置的顺序确定。

7.3.3　热工电源盘内各电源开关应有明显标识牌，标识牌名称必须与电源图纸一致，并且其中应标明电源开关容量及额定工况下所带负载的容量。

7.3.4　热工电缆（电源电缆、控制电缆、信号电缆）在电缆的两端均应挂有电缆标识牌，其中内容应包括：电缆编号、电缆型号、起止位置，其中电缆编号应与设计院图纸相符。

7.3.5 热工信号温度测量一次元件应有明显的标识牌，其中内容包括设备的编号、被测温度点的名称及分度号（必要时可标注元件的长度）。

7.3.6 热工就地压力表应有明显标识牌，其中应包括设备的编号、被测压力点的名称。

7.3.7 热工变送器（压力、差压、液位、流量、温度等）应有明显标识牌，其中应包括设备的编号、被测介质的名称。

7.3.8 压力、差压、液位及温度开关应有明显标识牌，其中应包括设备的编号、被测介质的名称、整定点动作值。

7.3.9 现场设备标识牌，应通过颜色区分其重要等级。所有进入热工保护的就地一次检测元件以及可能造成机组跳闸的就地元部件，其标识牌都应有明显的高级别的颜色标志（颜色标识的标准可由企业自行确定，但应在企业管理规范中列出），以防止人为原因造成热工保护误动。

7.3.10 机柜内电源端子排和重要保护端子排应有明显标识。DCS 机柜内应张贴本柜内 IO 接线表（IO 分配表）及重要保护原理图及实际安装接线图，并保持及时更新。

7.3.11 热工仪表及控制系统的操作开关、按钮、操作器（包括软操）及执行机构（包括电动门）手轮等操作装置，要有明显的开、关方向标识，并保持操作灵活、可靠。

7.4 热工设备应日常巡回检查

7.4.1 对运行中的热工仪表及控制系统，热工专业应制定明确可行的巡检路线，热工人员每天至少巡检一次，并将巡检情况记录在热工设备巡检日志上。为防止巡检工作不到位，巡检记录在现场存放并安排专人每周检查。在热工设备巡检中发现重要问题，巡检人员及设备管辖班组、专业要及时逐级汇报。

7.4.2 每天对主机 DCS 系统运行工作状态进行巡回检查，重点检查操作员站、工程师站、历史站和各控制站的运行状态；检查控制器及网络工作/备用状态；检查每个控制器是否存在未下装的组态逻辑修改；检查各散热风扇运转情况及电子间环境温、湿度；冗余电源的工作状态；对所检查内容及检查结果均应填写检查记录备查。

7.4.3 采用 PLC 独立装置完成的汽轮机紧急跳闸系统，每天应对 PLC 工作状态进行一次检查，查看工作/备用状态，PLC 装置是否有故障及报警出现，PLC I/O 模件状态指示灯是否正常，对所检查内容及检查结果均应填写检查记录备查。

7.4.4 对在机炉主保护（ETS、FSSS）及重要辅机保护控制逻辑中存在保护投退控制的保护系统，每天应检查并记录保护的投退状态，发现有变化时（尤其是保护被退出时），应及时向有关部门及领导汇报，并记录投退变化的原因。对未经主管领导批准擅自退出的保护装置，经立即汇报有并领导，并履行保护投退管理制度，检查确认无误后，应及时投入。

7.4.5 每天应检查并记录 MCS 系统每套自动投入情况，发现自动调节系统切为手动时，应及时向有关部门及领导汇报，并记录自动退出原因。由于调节系统超差而导致自动退出时，热工专业应及时对调节系统参数进行调整，使调节品质满足运行工况要求，使自动系统及时投入。

7.4.6 热工班组日常巡检可借助红外设备对电源配线、继电器接点等重点部位进行定期普查。

7.4.7 热工班组应制定和执行《热工接线防松动措施》，有条件应借助红外设备对电源配线、继电器接点等重点部位进行定期普查。

7.4.8 热工班组雨季要加强露天设备巡检，防止雨水进入热工仪表及控制系统，造成测量信号失灵，导致保护误动或受控设备控制失灵。

7.4.9 热工班组冬季要加强伴热系统巡检（南方无霜冻区域电厂除外），防止测量取样管路或控制气源管路结冰，造成测量信号失灵，导致保护误动或受控设备控制失灵。

7.4.10 热电联产及烟气排放数据采集和传输系统，应每日对上位机数据显示、电源、通信卡件、测量卡件工作状态等进行巡检，确保数据传输正确连续。

7.5 热工保护的投退

7.5.1 原设计的热工保护系统中的任一保护条件，未经电厂管理流程规定负责人批准，不得擅自取消。

7.5.2 热工保护投退应执行 DL/T 774 等相关标准及二十五项重点要求的规定，保护投退申请格式可结合本厂实际参考本细则附录 C 制定。

7.5.3 运行中的机炉主要保护装置（ETS 中所有保护跳闸条件、FSSS 中所有保护跳闸条件），在未经厂总工程师批准，严禁任何人解除。经批准解除的保护装置，应具有书面批准报告备查。

7.5.4 当需解除保护时，按热工保护投退管理规定的要求履行审批手续后，由热工专业人员解除保护。

7.5.5 机组启动前，热工保护装置应随主设备准确可靠地投入运行。

7.5.6 若发生热工保护装置（系统、包括一次检测设备）故障，应开具工作票，经批准后方可处理。锅炉炉膛压力、全炉膛灭火、汽包水位（直流炉断水）和汽轮机超速、轴向位移、机组振动、润滑油压低、EH 油压低、凝汽器真空低等重要保护装置在机组运行中严禁退出，当其故障被迫退出运行时，应制定可靠的安全措施，并在 8h 内恢复；其他保护装置被迫退出运行时，应在 24h 内恢复。

7.5.7 机炉重要辅机保护在运行中严禁退出，当其故障被迫退出运行时，应制定可靠的安全措施，并在 24h 内恢复，不允许将重要辅机保护中某个保护条件长期退出，对经论证后确实不需要的辅机保护条件，应按本细则 7.5.1 执行。

7.5.8 原设计有汽轮机轴瓦振动和轴振动保护的机组，其设计振动保护必须全程投入运行。

7.6 运行中的故障处理

7.6.1 运行中的热工仪表及控制系统停运检修或处理缺陷时，应严格执行工作票制度。

7.6.2 当全部操作员站出现故障时（所有上位机"黑屏"或"死机"），若主要后备硬手操及监视仪表可用且暂时能够维持机组正常运行，则转用后备操作方式运行，同时排除故障并恢复操作员站运行方式，否则应立即停机、停炉。若无可靠的后备操作监视手段，也应停机、停炉。

7.7 热工设备运行

7.7.1 热工检测参数指示误差符合精度等级要求，测量系统反应灵敏，数据记录存储准确，并按抽检计划进行被检测参数的系统误差测试，发现问题要认真处理。

7.7.2 热工仪表及控制系统盘内照明电源及检修电源应由专门电源盘提供，热工仪表及控制系统电源不得用做照明电源、检修电源及动力设备电源使用。

7.7.3 电子设备间要配备消防器具，并检查消防器具在有效期内，确保可靠备用。

7.7.4 对运行中的热工仪表及控制系统，非热工人员不得进行调整、拨动或改动；热工人员在未办理工作票的情况下，也不得进行调整、拨动或改动；对其设定值进行调整时，应按厂有关规定执行，做好记录。

7.7.5 热工仪表及控制系统在扰动试验中若发现异常现象时，要立即停止试验，采取相应措施，使主设备恢复正常运行状态。

7.7.6 热工仪表及控制系统出现异常时，应及时进行数据追忆、备份，以便于进行异常、障碍分析。

7.7.7 热工仪表及控制系统用过的记录纸、打印纸等，应注明用途和记录日期，由热工专业集中保存。保存时间不少于 3 个月；遇有反映设备重大缺陷或故障的记录纸，应按厂有关规定建档保存。

7.7.8 未经总工程师批准，运行中的热工仪表及控制系统盘面或操作台面不得进行开孔作业。

7.7.9 DCS 电子设备间和工程师站应配备专用空调，环境应满足相关标准要求，不应有 380V 及以上动力电缆及产生较大电磁干扰的设备。如果 DCS 电子设备间已经布置了热工动力控制盘，应采取必要的隔离措施。

7.7.10 机组运行期间，热工控制机房、电子设备间内禁止使用无线通信工具。

7.7.11 非热工专业 DCS 工作人员未经批准，不得进入电子设备间和工程师站进行工作。

7.7.12 控制系统的工程师站应分级授权使用，机组运行中需要进行计算机软件组态、设定值修改等工作应履行审批手续，并留有相关的行为记录。

7.7.13 两台及以上机组共用同一工程师站室时，各机组工程师站应有明确的物理区域划分与标识。

7.7.14 热工信号根据工作需要暂时强制的，要办理有关手续，由热工人员执行，并指定专人进行监护。

7.7.15 在 DCS 控制系统数据库中，坏质量点（其中包括组态参数与实际参数不相符的点）数量不应超过系统 I/O 总点数的 1%。对于出现的坏质量点，应及时处理；对于已确认运行中不存在或不需要的点，应从数据库中予以删除。

7.7.16 200MW 及以上机组的汽包锅炉，汽包水位测量应以差压式水位计为基准，在水位测量系统组态逻辑中，应设计压力修正控制逻辑。严禁将已在热工标准试验室内校准的水位测量用差压变送器，再在额定工况下，通过与就地水面计比较后重新调整。

7.7.17 检查汽包水位测量系统，应采取正确的保温、伴热及防冻措施，以保证汽包水位测量系统的正常运行及正确指示。

7.7.18 运行机组 AGC 与一次调频控制的具体指标及要求，应满足电网调度部门制定的有关技术规定。

7.7.19 DCS 报警信号应按运行实际要求进行合理分级，避免误报、漏报和次要报警信息的频繁报警，通过对报警功能的不断完善，使报警信号达到描述正确、清晰，闪光和音响报警可靠。

7.7.20 主要自动调节系统在需要投运工况下不得随意退出，确需退出时间超过 24h 以上的应办理审批手续。

7.8 热工定期工作

7.8.1 运行中的热工自动调节系统、热工保护系统应按本厂模拟量控制系统定期扰动试验制度及热工联锁保护系统定期试验制度的要求试验周期，进行定期试验，并编制试验报告。

7.8.2 在役的锅炉炉膛安全监视保护装置的动态试验（指在静态试验合格的基础上，通过调整锅炉运行工况，达到 MFT 动作的现场整套炉膛安全监视保护系统的闭环试验），但间隔不得超过 3 年。

7.8.3 为防止因抽汽逆止门失控而产生抽汽倒流引起机组超速，除随汽轮机保护（主汽门关闭联锁关闭抽汽逆止门）和高加保护（高加跳闸联锁关闭抽汽逆止门）试验时进行抽汽逆止门联锁动作试验外，还应建立抽汽逆止门联锁保护定期试验制度，即利用机组停机时间，进行定期试验，重点检查抽汽逆止门关到位终端开关是否正常好用及自动主汽门联锁关闭抽汽逆止门是否正常，逆止门关到位信号是否正常，关到位信号与实际逆止门位置是否相符，以确保运行人员对抽汽逆止门工作状态的准确判断。

7.8.4 各发电企业应根据本厂在装热工控制系统的实际情况，建立本厂热工专业定期工作制度。

7.8.5 定期工作制度中必须明确定期工作的具体内容。

7.8.6 定期工作制度中必须明确定期工作的周期，定期工作中必须完成的记录内容及记录格式。

7.8.7 定期工作记录必须有工作完成人、热工专业监督专责人、生产管理部门监督专责人签字，对定期试验内容，还应有参与试验的运行人员签字。主要模拟量调节系统的定期扰动试验中，还应根据试验曲线，对其调节品质进行分析，形成调节品质分析报告，经分析后做出是否满足调节品质要求的结论。

7.8.8 定期工作的主要内容。热工专业至少应包括如下（但不限于此）定期工作。

a）主要模拟量调节系统的定期扰动试验（每半年一次，负荷变动试验或定值扰动试验均可）。

b）检修机组启动前或机组停运 15d 以上，应对机、炉主保护及其他重要热工保护装置进行静态模拟试验，检查跳闸逻辑、报警及保护定值。热工保护联锁试验中，尽量采用物理方法进行实际传动，如条件不具备，可在现场信号源处模拟试验，但禁止在控制柜内通过开路或短路输入端子的方法进行试验。

c）重要辅机热工联锁的定期传动试验（至少每年一次，结合 A、B、C 级检修进行）。

d）AST 跳闸电磁阀动作的定期试验（至少每月一次）。

e）具有汽轮机润滑油压低、EH 油压低、凝汽器真空低在线试验装置的机组，EH 油压低、凝汽器真空低信号回路在线试验至少每季度一次；汽轮机润滑油压低联锁至少每月度一次。

    f）热工报警、联锁、保护定值的定期核查（至少每两年一次）。

    g）主要热工检测参数测量系统的定期抽检（每月一次）。

    h）强检仪表的强制检定（每半年一次）。

    i）热工 DCS 冗余控制器的定期切换试验（至少每半年一次）。

    j）热工 DCS 系统冗余供电电源的定期切换试验（至少每半年一次）。

    k）热工 DCS 系统冗余网络的定期切换试验（至少每半年一次）。

    l）热工技术监督报表（每月一次）。

    m）热工二类标准计量器具的定期检定。

    n）热工一类标准计量器具的定期送检。

7.9　热工保护定值管理

7.9.1　热工仪表及控制系统的保护和报警定值修改，须办理审批手续后，方可由热工专业落实执行。

7.9.2　运行机组应每两年核查并发布一次热工报警、保护和联锁定值，把核查热工定值工作纳入机组热工标准化检修项目中。新建机组试运行结束后 30d 内，应由运行和机务人员结合实际运行情况完成对热工定值的重新确认，由热工专业人员对新的热工定值的执行结果进行全面核对确认。

8　检修监督

8.1　热工仪表及控制系统的检修

    热工仪表及控制系统的检修一般随机炉主设备检修同时进行。检修所需的调试时间和条件，厂部应列入计划给予保证。主要改进项目的设计和措施要经厂部批准。

8.2　检修计划的编制及质量验收点的确定

8.2.1　发电企业热工专业根据本企业机组年度检修计划，并结合机组健康状况，进行标准检修项目和非标准检修项目的检修计划编制。具体可根据工艺系统的划分，结合热工设备的特点编制。检修计划要做到应修必修，并符合 DL/T 774 的相关要求。

8.2.2　结合标准检修项目和非标准检修项目的检修计划，应明确 W、H 点质检验收要求，制定热工技术监督项目计划，W、H 点质检项目和热工技术监督项目要避免重复设置，本细则附录 D 中设置的 W、H 点质检项目和热工技术监督项目，供 300MW 以上机组（含300MW）A 级检修参考。原则可多于但不能少于本细则附录 D 中设置的 W、H 点质检项目和热工技术监督项目。

8.2.3　W、H 点质检项目和热工技术监督项目应包括主机和主要辅机保护测量元件检查、保护定值检验、保护传动试验；机组主要检测参数系统误差测试；热工电源配置检查及切换试验；DCS、DEH 系统性能试验等内容。

8.2.4 供热机组检修应将相应热工设备列入标准检修项目。

8.3 检修管理

8.3.1 热工仪表及控制系统的检修要执行检修计划，不得漏项。热工设备检修、检定和调试按热工检修规程的要求进行，并符合 DL/T 774 及反事故措施的技术要求，做到文明检修。

8.3.2 应编制检修作业指导书，检修计划内的所有检修项目，均应有作业指导书，检修过程中，检修人员按作业指导书要求内容开展检修工作。

8.3.3 对热工就地仪表及测量装置的校验应遵循 JJF、JJG 系列相关标准，原则上校验周期不宜超过一年。

8.3.4 热工仪表及控制系统检修后，热工专业应严格按有关规程和规定进行分级验收，并对检修质量做出评定。属于主设备的控制保护装置（如汽机串轴、胀差传感器等），应由主设备所属分场会同热工专业共同调试。

8.3.5 检修工作结束后，热工控制盘（合）的底部电缆孔洞必须封闭良好，必要时应覆盖绝缘胶皮。

8.3.6 热工 DCS 控制装置的检修及缺陷处理时，工作人员必须戴好防静电接地环，并确认可靠接地后，方可在控制柜机上拔、插模件，模件离开机架后，立即装在专用防静电袋中。在放入静电袋时，不准接触电路，搬运模件必须装入防静电袋进行。备品模件也必须在防静电袋内存放。备品模件的存放条件应符合制造厂规定。

8.3.7 机炉主蒸汽系统、再热蒸汽系统、抽汽系统及给水系统中的热工温度检测元件用的保护套管及其管座，应有计划的进行检查。

8.3.8 汽轮机轴向位移保护、胀差保护、轴瓦振动保护、轴振动保护及轴弯曲保护中的测量元件在机组 A 修时必须检定，并出具检定合格证书，存档备查。经检定不合格的测量元件严禁使用。

8.3.9 汽轮机紧急跳闸系统（ETS）和汽轮机监视仪表（TSI）应加强定期巡视检查。汽轮机超速、轴向位移、振动、低油压保护、低真空等保护（装置）每次机组检修后起动前应进行静态试验；所有检测用的传感器必须在规定的有效检验周期内。

8.3.10 检修后的热工参数检测系统，在主设备投入运行前应进行系统的测试。检修后的热工自动调节系统，在主设备投入运行后应及时投入运行，并做各种扰动试验，其调节质量应符合调节系统运行质量指标要求。

8.3.11 检修后的顺序控制、信号、保护和联锁装置，应进行系统检查和试验。由运行人员确认正确可靠，方可投入运行。

8.3.12 机组检修后，应根据被保护设备的重要程度，按本企业标准《热工联锁保护传动试验规程》进行控制系统基本性能与应用功能的全面检查、测试和调整，以确保各项指标达到规程要求。整个检查、试验和调整时间，A 级、B 级检修后机组整套启动前（期间）至少应保证 72h，C 级检修后机组整套前应保证 36h，为确保控制系统的可靠运行，该检查、试验和调整的总时间应列入机组检修计划，并予以充分保证。

8.3.13 热工仪表及控制系统热工仪表及控制系统检修、改进、校验和试验的各种技术资料以及记录数据、图纸应与实际情况相符，并应在检修工作结束后 1 个月内整理完毕归档。

8.4 检修过程质量验收

8.4.1 机组检修过程中,单项检修项目结束后,应按三级验收制度要求实施班组、部门、厂级三级验收,参加验收人员要对检修质量做出评价。

8.4.2 重点检修项目中包含隐蔽作业内容时,如主蒸汽温度元件、轴向位移传感器的安装等,在回装结束后,应按三级验收制度要求进行验收,确认安装质量满足测量要求。

8.4.3 机组 A 或 B 级检修时热工检修项目全部完成后,根据单项验收记录或报告,要进行冷态验收,在冷态验收过程中,对重要联锁保护项目、主要参数测量系统以及重点控制设备可进行抽查检验。

8.4.4 机组首次 A 级检修或 DCS 改造后应按照 DL/T 659 所规定的测试项目及相应的指标进行 DCS 性能的全面测试,确认 DCS 的功能和性能是否达到(或符合)有关在线测试验收标准,评估 DCS 可靠性。

8.4.5 检修后的热工电源,母线及重要分支开关要有触点直阻测量记录,所有开关要合、断灵活,接触良好,双路电源的备自投要可靠。冷态验收过程中,应抽查验收记录中重要热工电源(如 DCS 供电总电源、ETS 供电电源、FSSS 供电电源等)的检修数据的真实性。

8.4.6 检修后的主要热工仪表及 DCS 测量通道,在主设备投入运行前要进行系统综合误差测试,实测误差满足 DL/T 774、DL/T 1056 的有关要求。特殊分析仪表要根据厂家要求进行校验或标定。冷态验收过程中,应抽查验收记录中主要热工检测参数(如主蒸汽温度、主蒸汽压力、机组负荷等)的检定数据的真实性。

8.4.7 热工仪表及控制系统的检修应执行热工接线防松动措施,保证热工测量、保护、控制回路可靠性。

8.4.8 修后热工设备评价:热工设备 A、B 级检修后应按 DL/T 838 的要求,完成热工设备 A、B 级检修后评价报告,报告格式参见本细则附录 E。

8.5 修后试验管理

8.5.1 热工保护传动试验应遵循 DL/T 774、DL/T 655、DL/T 656 等相关标准及二十五项重点要求的规定。静态传动试验是指热工专业为验证联锁保护回路的正确性,通过模拟信号、短接信号等方式,观察联锁保护动作指令指令是否正确,从而完成对保护回路及逻辑的正确性进行检查的过程;动态试验是指由运行人员主持、热工专业配合,通过实际施加保护动作信号、驱动跳闸对象实际动作,对保护回路及逻辑的正确性进行验证的过程。

8.5.2 热工联锁保护装置检修后应进行 100% 的静态传动试验与动态试验。在机组投入运行前机组保护系统应使用真实改变机组物理参数的办法进行传动试验,如汽机润滑油压低保护试验和锅炉汽包水位保护试验等;对于无法采用真实传动进行的热工试验项目,应采用就地短接改变机组物理参数方法进行传动试验,信号应从源头端加入,并尽量通过模拟物理量的实际变化。

8.5.3 在试验过程中如发现缺陷,应及时消除后重新试验。所有试验应有试验方案或试验操作单,试验结束后应填写试验报告,试验时间、试验内容、试验结果及存在的问题应填写正确。试验方案、试验报告、试验曲线等应归档保存。

8.5.4 对于需要在机组运行过程中进行的试验，试验前应做好事故预想，当试验发生异常时，应立即中止试验，运行人员手动干预保持机组处于安全状态。

8.5.5 汽轮机紧急跳闸系统（ETS）的试验。

8.5.5.1 ETS 保护中，润滑油压低、EH 油压低应采取实际降低压力的方法进行保护跳闸试验。

8.5.5.2 在 TSI 信号通道已确认正确的前提下，ETS 保护中，电超速、轴向位移、胀差及振动等汽轮机轴系保护应在 TSI 开关量输出端子处采取短接信号的方法进行保护跳闸试验。

8.5.5.3 ETS 保护中所有跳闸试验中，至少应进行一次包括主汽门实际动作在内的完整性试验。

8.5.5.4 手动紧急停机试验，应分别进行硬跳闸逻辑试验和软跳闸逻辑试验。硬跳闸逻辑试验时，应将手动停机按钮至 DCS（或 PLC）的信号屏蔽掉，按下手动停机按钮时，AST 电磁阀失电动作，此时无跳闸首出，若具有"控制油压低"保护功能时，此时首出应显示"控制油压低"首出；软跳闸逻辑试验时，将手动停机按钮在 ETS 跳闸回路中的常闭接点短接，按下手动停机按钮时，AST 电磁阀失电动作，跳闸首出显示为"手动停机"。

8.5.5.5 对于 ETS 系统中在线试验功能，应在静态试验完成的基础上，在机组启动过程中（并网前）进行动态在线试验。

8.5.6 锅炉炉膛安全保护（FSSS）的试验。

8.5.6.1 锅炉汽包水位保护在静态传动试验正常的基础上，应进行实际传动校验，即用上水方法进行高水位停炉保护试验，用排污门放水的方法进行低水位停炉保护试验，严禁用信号短接方法进行模拟传动替代。

8.5.6.2 炉膛压力保护应采用通过实际转送、引风机的方式，使炉膛压力达到动作条件。

8.5.6.3 全炉膛灭火保护应在火焰检测装置处通过短接火焰消失状态信号的方法，发出火焰消失状态信号。

8.5.6.4 燃料全中断保护应在磨煤机 6kV 开关全部置为试验位置、燃油速断阀开启、燃油分阀全部开启（也可部分开启）、给煤机全部模拟运行方式下进行保护跳闸试验。通过实际操作 6kV 开关及实际关闭油阀，分别进行磨组全停（某一磨煤机/给煤机组中，磨煤机停运，或者给煤机停，即该磨组停运）且燃油速断阀关闭，保护跳闸试验；磨组全停，燃油分阀全部关闭，保护跳闸试验。

8.5.6.5 转动机械全停（如送风机全停等）保护跳闸试验应采取将风机置为试验位置，通过实际操作 6kV 开关和模拟风机电流信号的方式，发出保护跳闸指令。

8.5.6.6 手动紧急停炉试验，应分别进行硬跳闸逻辑试验和软跳闸逻辑试验。硬跳闸逻辑试验时，应将手动停炉按钮至 DCS 的信号屏蔽掉，将 FSSS 输出至 MFT 跳闸继电器柜的动作指令屏蔽掉，将磨煤机 6kV 开关置于试验位置，并且使之置于运行状态，按下手动停炉按钮时，MFT 跳闸继电器动作，磨煤机跳闸；软跳闸逻辑试验时，将手动停炉按钮在 MFT 跳闸继电器回路中的常开接点断开，将磨煤机 6kV 开关置于试验位置，并且使之置于运行状态，将跳闸继电器柜至磨煤机的控制指令断开，按下手动停炉按钮时，MFT 跳闸继电器动作，磨煤机跳闸，跳闸首出显示为"手动停炉"。

8.5.6.7 FSSS 控制器失电保护跳闸试验时，将磨煤机 6kV 开关置于试验位置，并且使之置于运行状态，在 MFT 控制系统全部正常运行的条件下，切断 FSSS 控制器供电电源中的任一路，MFT 不应动作，当两路电源全部切除时，MFT 跳闸继电器动作，磨煤机跳闸。

8.5.7　机炉电大联锁试验。机组检修结束并在汽机保护（ETS）试验、锅炉炉膛安全保护（FSSS）试验及电气专业发变组保护试验全部完成后，在机组启动前，应进行机炉电大联锁动作试验。

8.5.7.1　机跳炉、机跳电试验。

　　a）准备工作：汽轮机已挂闸，主汽门开启；锅炉吹扫完成，MFT 已复位，启动任一台磨煤机（可在试验位置）；电气主保护已复位。

　　b）试验开始：控制台同时按下两个手动紧急停机按钮。

　　c）试验结果：汽轮机跳闸，主汽门关闭；锅炉 MFT 动作，磨煤机跳闸；电气发变组主保护非电量保护柜中，汽轮机跳闸（或主汽门关闭）信号状态产生，当逆功率信号出现延时 3s 后，发变组跳闸。

8.5.7.2　炉跳机、机跳电试验。

　　a）准备工作：同 8.5.7.1。

　　b）试验开始：控制台同时按下两个手动紧急停炉按钮。

　　c）试验结果：锅炉 MFT 动作，磨煤机跳闸；汽轮机跳闸，主汽门关闭；电气发变组主保护非电量保护柜中，汽轮机跳闸（或主汽门关闭）信号状态产生，当逆功率信号出现延时 3s 后，发变组跳闸。

8.5.7.3　电跳机、机跳炉试验。

　　a）准备工作：同 8.5.7.1。

　　b）试验开始：电气专业在发变组主保护屏中模拟触发发变组主保护动作中任一保护条件，使发变组主保护动作。

　　c）试验结果：汽轮机跳闸，主汽门关闭；锅炉 MFT 动作，磨煤机跳闸。

8.6　定期维护

8.6.1　加强对 DCS 系统的监视检查，特别是发现 CPU、网络、电源等故障时，应及时通知运行人员并迅速做好相应对策。

8.6.2　应定期检查 DCS 系统的接地情况，发现接地不良立即处理，当与电气共用一个接地网时，接地应采用"热熔焊"连接方式。

8.6.3　定期检查测试通信负荷率，若超过设计指标，应采取好措施，优化组态，降低通信量。

8.6.4　加强对运行中的热工仪表及控制系统的巡检工作，热工专责人员每天至少巡检一次，及时消除缺陷，并做好记录。

8.6.5　锅炉炉膛压力取样装置、一次（二次）风流量取样表管等运行中可能被堵塞，要定期进行吹扫，防止堵塞现象发生，并将吹扫情况填写备案记录。定期吹扫工作原则每月至少进行一次，存在堵塞严重的测点需要每半个月吹扫一次。

8.6.6　锅炉炉膛火焰检测装置要每月进行检查，防止火检信号偏弱导致火焰丧失信号误发，并将检查情况填写备案记录。

8.6.7 定期检查冗余的 LVDT 反馈装置，防止芯棒螺栓松动造成芯棒脱落或调门振荡，发现问题及时处理。

8.7 定期核查及定期抽检

8.7.1 对采用由温度、压力、流量、液位变送器测量，再经参数整定后输出开关量的联锁保护系统，每季度定期对热工联锁保护定值的进行核查检验，对其检查试验结果，应填写核查报告，并附带校验记录。

8.7.2 对压力容器中的热工报警信号的定值，每半年应进行一次定期的核查试验，并填写核查报告。

8.7.3 主要热工检测参数系统应进行定期现场抽测校核试验，主要热工检测参数的实际系统误差应不大于该系统各部分引用误差的综合误差的 2/3，主蒸汽温度表和主蒸汽压力表在常用段范围内的误差不大于其综合误差的 1/2。主要热工检测参数现场抽检每月一次，其抽检数量为：350MW 及以下机组，每台机组每月抽检数量不得少于 2 点；350MW 以上机组，每台机组每月抽检数量不得少于 3 点。

9 计量监督

9.1 计量建标

9.1.1 各发电企业应按 JJF 1033 要求，建立本企业热工计量最高标准。

9.1.2 各发电企业根据本企业热工检测仪表的实际配置，在国家计量标准范围内（附录 M），建立适合于本企业的计量标准。

9.1.3 各发电企业最高计量标准必须在有效期内，超期开展计量检定工作均属非法检定，其检定结果不具备法律效力。

9.1.4 各发电企业最高计量标准有效期为 5 年，有效期结束前，必须提前 6 个月向当地计量主管部门授权的计量检定机构提出计量复查申请，必须保证本企业最高计量标准的连续性。

9.2 量值传递

9.2.1 各发电企业热工最高计量标准接受计量主管部门授权的计量检定机构热工计量标准的传递和监督。

9.2.2 各发电企业生产工艺过程中所使用的计量器具（检测仪表、一次元件、数据采集等）接受本企业热工最高计量标准的传递和监督。

9.3 热工计量标准室

9.3.1 环境要求。

　a）热工计量标准室的设计应满足 DL/T 5004 相关部分的要求。

　b）热工计量标准室应远离震动大、灰尘多、噪声大、潮湿或有强磁场干扰的场所。地面应防静电及防震动措施；墙壁应装有防潮层。

c）热工计量标准室入口应设置缓冲间。标准仪表间应有防尘、恒温、恒湿设施。二级计量标准室温度应保持20℃±2℃，三级计量标准室温度应保持20℃±5℃，相对湿度均应在45%~70%范围内。

d）恒温源间（设置检定炉、恒温油槽的房间）应设排烟、降温装置。

e）热工计量标准室应配备消防设施。对装有检定炉、恒温油槽的区域，检定炉与油槽之间应设置隔断，并应设置灭火装置。

f）热工计量标准室的照明设计应符合精细工作室对采光的要求。

9.3.2 计量标准器具的配备及管理。

a）用于热工自动化计量检定、校准或检验的标准计量器具，至少应满足 DL/T 5004 的要求；

b）热工自动化试验室的标准计量仪器和设备配置应满足对电厂控制设备和仪表进行检定、校准和检验、调试和维修的需要；

c）应建立完整的标准仪器设备台账，做到账、卡、物相符；

d）暂时不使用的计量标准器具和仪表可报请上级检定机构封存，再次使用时需经上级检定机构启封，并经检定合格后使用；

e）标准计量器具和设备应具备有效的检定合格证书、计量器具制造许可证或者国家的进口设备批准书，铅封应完整；

f）热工计量标准器具和仪表必须按周期进行检定，送检率达到100%，不合格或超过检定周期的标准器具和仪表不准使用。

9.3.3 热工计量标准室应具有符合要求的量值传递系统图。

9.3.4 企业应根据本厂计量标准器具的配置情况，结合计量标准器具的使用说明书及计量检定规程，编制适合于本厂计量标准器具的操作使用规程。

9.4 热工计量检定

9.4.1 发电企业的最高标准应由上一级检定机构制定周检计划，计划一经下达不得随意更改。

9.4.2 热工计量标准器具和工业仪表必须按周期进行检定，不合格或超过检定周期的标准器具和仪表不准使用。

9.4.3 各发电企业热工计量标准室应对本企业所管辖范围的热工检测元件和仪表制定周检计划，并按期完成。

9.4.4 用于热工计量工作的电测计量器具，如电位差计、检流计、电桥、电阻箱等统一归本发电企业电测检定机构进行检定；本发电企业不能检定的，由电测检定机构统一报送上级检定机构。

9.4.5 运行中的主要热工参数检测系统及压力容器中安装的强检压力表，应具备如下内容：

a）制定定期检定计划。

b）定检计划的完成记录及表计检定记录。

c）在定检中，除对单块表计检定外，还应进行检测系统的系统误差测试，即连同变送器或补偿导线、连接电缆在一起的综合测试，并填写测试记录。其系统误差不应超过检测系统中各元件（如变送器、补偿导线、线路电阻等）允许误差的方和根值。

d）对于采用冷端补偿器分组进行冷端补偿的温度温量系统，每季度应对其补偿器进行一次检查，其误差不应超过 ±2℃，并填写检查测试报告。

e）对于采用就地端子箱环境温度补偿的温度测量系统，其端子箱内环境温度测量电阻（即冷端补偿电阻），每半年应校验一次，其误差不应超过 ±1℃。

9.4.6　测量用的测温元件，在安装前应做到100％检定，并出具检定记录。

9.4.7　对外供热仪表及涉及贸易结算的仪表，由上级计量管理部门负责检定。

9.4.8　热工测量和控制仪表应定期进行校验和抽检，包括热工主要检测参数、节能统计分析仪表、化学分析仪表、烟气连续监视系统（CEMS）、供热计量结算仪表等，校准周期由电厂按照国家、行业标准或仪表使用说明书的规定，结合现场使用条件、频繁程度和重要性（包括节能、环保、化水、供热等专业对计量仪表的准确度要求）来确定，最长不得超过1年。

9.4.9　新购的检测仪表投入使用前，须经过检定或校准；运行中的检测仪表应按照计量管理要求进行分类，按周期进行检定和校准，使其符合本身精确度等级的要求，达到最佳的工作状态，并满足现场使用条件。根据调前记录评定等级并经批准，校准周期可适当缩短（调整前检查性校准记录评定为不合格表）或延长（调整前检查性校准记录评定为优表）。

9.4.10　仪表经校准合格后，应贴有效的计量标签（标明编号、校准日期、有效周期、校准人、用途）。

9.4.11　经检定确认不合格的标准计量器具，应做封存处理或履行报废手续，并应以新的标准计量器具替代。

10　技术监督管理

10.1　热工技术监督体系管理

10.1.1　热工技术监督体系的组成原则

热工技术监督工作以保证火力发电厂安全经济运行为中心，以 DL/T 1056 为依据，以电力行业与热工监控系统有关的设计、安装、调试、检修、试验、维护及运行的有关标准、规程为准则，以计量为手段，建立质量、标准、计量三位一体的技术监督体系，并实行三层三级监督管理网络。

10.1.2　第一层热工技术监督网络

本层分为三级管理模式。第一级为国家电投集团（总部）生产技术管理部门热工技术监督专责人，第二级为二级单位热工技术监督专责人，第三级为技术监督服务单位热工技术监督专责人。

10.1.3　第二层热工技术监督网络

本层分为三级管理模式。第一级为二级单位生产技术管理部门热工技术监督专责人，第二级为发电企业技术监督服务单位热工技术监督专责人，第三级为各发电企业生产部热工技术监督专责人。

10.1.4　第三层热工技术监督网络

本层分为三级管理模式。第一级为各发电企业生产部热工技术监督专责人，第二级为热工分场（检修部或维护部热工专业）技术监督专责人，第三级热工分场技术监督专项监督专责人。其中，发电企业生产部热工技术监督专责人为本企业技术监督网络中热工技术监督专责人。

10.1.5　热工分场技术监督专项监督专责人

按照热工技术监督网络结构组成原则的要求，各发电企业必须建立健全本企业热工技术监督网络，其中，第三层网络中必须明确如下四个方面的监督负责人。
    a）热工自动调节系统监督负责人；
    b）热工联锁保护系统监督负责人；
    c）热工分散控制系统（DCS系统工程师）监督负责人；
    d）热工计量传递监督专责。

10.1.6　热工技术监督专责人逐步推行持证上岗

10.2　热工技术监督规程及制度管理

10.2.1　发电企业根据本企业热工设备实际配置，应具有、并且执行附录N所列出的部分国家计量检定规程。

10.2.2　发电企业应至少应具有、并且执行附录O所列出的国家行业法律法规及行业的技术标准及规程。

10.2.3　发电企业应具有并且执行国家电投集团发布的有关热工技术监督的规定及细则。
    a）国家电投集团火电技术监督管理规定；
    b）国家电投集团火电企业热工技术监督实施细则；
    c）国家电投集团火电技术监督检查评估标准。

10.2.4　发电企业应根据DL/T 1056、《国家电力投资集团公司火电技术监督管理规定》及本细则，编制本企业的热工技术监督实施细则。

10.2.5　发电企业应根据国家法律法规、行业标准、规范、规程及国家电投集团监督规定及本细则的有关规定，结合本企业实际情况自行编制下列相关标准、规程、制度。
    a）热控系统检修、运行维护规程。

应按照DL/T 774的要求，并结合本企业热控设备的实际情况进行编制，其中至少应包括热工设备检修工艺标准、热工设备检修步骤要求、热工设备检修维护作业指导书、热工设备点检定修管理标准；热工参数报警信号的内容及试验方法、热工联锁装置的内容及其相应的静态传动试验及实际动态的方法步骤及相关规定、热工主辅机保护的内容及其相应的静态传动及实际动态试验方法步骤及相关规定、热工模拟量调节系统静态传动试验及动态扰动试验的方法步骤及相关规定、热工自动调节系统运行质量标准、热工设备日常检查维护项目的内容及要求等。

可执行 DL/T 5294 第 8 章。

b）标准计量器具（试验用仪器仪表）操作使用规程。

应根据本企业热工计量标准室所配备的标准仪器使用说明书编制其操作使用规程，对每台计量器具应明确具体的操作使用步骤。

c）热工设备施工质量验收规程。

可执行 DL/T 5190.4。

d）安全工作规程。

要求：可执行 GB 26164.1 以及《火力发电厂安全工作规程》。

e）热工仪表及控制系统检修工作票制度。

f）热工仪表及控制系统检修质量三级验收制度。

g）热工专业文明生产制度。

h）热工参数检测系统、控制装置、标准计量器具定期试验、定期校验、定期抽检及周期检定制度。

要求定期试验应包括热工联锁保护装置的定期静态传动试验、定期动态试验、自动调节系统的定期扰动试验的相关规定；定期校验应包括对主要检测参数的有关设备（测量元件、变送器、指示仪表等）的定期校验的相关规定；定期抽检应包括对主要检测参数的测量系统抽检的相关规定；周期检定为标准计量器具的定期检定。

i）热控设备缺陷和事故管理制度。

应包括对缺陷的分类原则、对事故的分类原则、对各类缺陷消缺的相关规定以及对事故的调查、处理等相关规定。

j）热控设备的反事故措施。

应以国能安全〔2014〕161 号的二十五项反事故措施及 DL/T 1340 为依据并结合本企业热控系统的实际状况进行编制，并包括 DCS 死机的应急处理预案。

k）热控技术资料、图纸管理及计算机软件管理制度。

l）热工报警联锁保护定值定期核查制度。

m）热工人员技术考核、培训管理制度。

n）技术监督考核和奖惩制度。

o）热工仪表及控制系统防火制度（包括热控电缆、热控盘台管理制度）。

p）热工设备定期巡回检查制度。

q）热工设备异动、停用及报废管理制度。

r）岗位责任制度。

应包括热工专业各行政岗位（主任、副主任、专责工程师、班长、组长、技术员）的职责、各监督岗位（热工自动调节系统监督专责、热工联锁保护系统监督专责、热工分散控制系统（DCS 系统工程师）监督专责、热工计量传递监督专责）的职责、各管理岗位（安全员、培训员、材料员等）的职责、热工计量标准实验室岗位责任制度。

s）热工技术监督定期查评及异常告警制度。

t）热工技术监督工作会议制度。

u）计量检定原始记录及证书核验制度。

    v）计量标准技术档案管理制度。

    w）标准计量器具的管理制度。

    x）计量检定员的管理制度。

10.3　热工技术监督计划及规划管理

10.3.1　发电企业热工技术监督专责人每年11月30日前应组织完成下年度技术监督工作计划的制定工作，并将计划报送二级单位，同时抄送技术监督服务机构。

10.3.2　热工技术监督年度计划的制定依据至少应包括以下几方面。

    a）国家及行业有关电力生产方面的法规、政策、标准、规范的更新；

    b）国家电投集团（总部）、二级单位及发电企业技术监督工作规划和年度生产目标；

    c）技术监督体系建设；

    d）本企业《年度检修计划》；

    e）本企业《热工仪表及控制系统定期试验、定期校验及定期抽检制度》；

    f）本企业《热工人员技术考核、培训管理制度》；

    g）本企业《计量管理制度》；

    h）本企业《热工技术监督工作会议制度》；

    i）本企业《热工技术监督定期查评及异常告警制度》；

    j）本企业《热控设备的反事故措施》；

    k）本企业计量标准装置和监督用仪器设备配备和更新；

    l）主、辅设备目前的运行状态；

    m）技术监督动态检查提出问题的整改。

10.3.3　热工年度监督计划总体要求。

10.3.3.1　热工年度监督计划应具有可操作性，能够用来指导本企业全年热工技术监督工作的有序开展。

10.3.3.2　按热工年度监督计划开展技术监督活动，应能够保证年度内热工技术监督工作不漏项。

10.3.3.3　热工年度监督计划应以表格方式编写，计划完成时间应有具体的年月日时间值。

10.3.3.4　热工年度监督计划不能预期完成或年中予以取消，应在备注栏中予以说明。

10.3.4　热工年度监督计划主要内容应包括以下几方面。

10.3.4.1　反措计划。热工年度监督计划不应与年度检修计划相混淆，监督计划是在年度检修计划的基本上，将年度反措工作具体分解落实到全年的检修工作中。根据国能安全〔2014〕161号的二十五项重点要求，结合本企业生产实际情况，制定本年度应完成的反措内容。监督计划中应有具体的反措内容、简要的技术方案（或措施）说明、计划完成时间、责任人。

10.3.4.2　企业技术标准、规程及制度的修订计划。企业在制定年度监督计划之前，应进行国家行业最新技术标准及规程进行查新，根据新的标准及规程要求，制定本企业技术标准、规程及制度的修订计划，监督计划中应包括企业新修订或新建立的技术标准、规程及制度的名称、主要起草人、编制完成时间、审定完成时间及开始执行时间等内容。

10.3.4.3　技术监督动态检查中发现的重大问题整改计划。根据二级单位或电科院组织的技术监督动态检查（通常为半年一次的监督检查、临时专项监督检查）提出的重大问题整改计划。计划中应包括重大问题的内容、整改措施的简要描述、计划整改完成时间、责任人。

10.3.4.4 模拟量控制系统定期扰动试验计划。通常模拟量控制系统定期扰动试验要求每季度一次，按照本企业定期工作制度中模拟量定期扰动试验制度及规程内容要求，将重要模拟量控制系统的扰动试验分解安排到一个季度的3个月中完成，监督计划中应明确被试验的自动调节系统名称、具体试验时间（年、月、日）、责任人。

10.3.4.5 热工联锁保护定期试验计划。按照本企业定期工作制度中联锁保护定期试验制度及规程内容要求，根据本企业年度检修计划的时间安排，将应定期进行试验的联锁保护系统分解安排到全年工作中完成，监督计划中应明确被试验的联锁保护系统名称、具体试验时间（年、月、日）、责任人。

10.3.4.6 热工定期抽检计划。按照本企业热工检定参数定期抽检制度的要求，将全厂各台机组主要热工检测参数分解到全年12个月中，有计划的每月对部分主要热工检测参数进行抽检。监督计划中应保证全年每月都有抽检任务（不受机组运行状态影响），做到抽检率100%。监督计划中应明确被抽检检测参数的名称、具体抽检时间（年、月、日）、责任人。

10.3.4.7 热工强检仪表强检计划。压力容器中在装就地压力表为强检仪表，应根据本企业强检仪表技术档案的内容，制定强检计划。按规程要求，强检仪表检定周期为半年，在监督计划中，应明确强检仪表的名称、计划检定时间及责任人。

10.3.4.8 热工联锁保护定值核查计划。按照本企业热工联锁保护定值定期核查制度的要求，将全厂热工联锁保护定值表中的内容分解到全年12个月中，有计划的每月对部分热工联锁保护定值进行核查。监督计划中应保证全年对热工联锁保护定值清单中内容全部进行一次核查，做到保护定值核查率100%。监督计划中应明确被保护定值的名称、保护定值数值、具体核查完成时间（年、月）、责任人。

10.3.4.9 热工计量标准装置复查计划。按照本企业计量管理制度的要求，监督计划中应明确本企业所建立的计量标准装置中，本年度应复查的项目（通常本企业内所有计量标准装置建标日期为同一时间），计划中注明计量建标时间（年、月、日）、上次复查时间（年、月、日），本年度计划复查或计划提出复查申请的时间（年、月）。其中计量建标时间和上次复查时间以计量标准合格证书时间为准。

10.3.4.10 热工标准计量器具送检计划。按照本企业计量管理制度的要求，监督计划中应明确本年度应送上级计量监督部门进行检定的器具内容，上次检定时间，本年度计划送检时间（年、月）；监督计划中应明确应在企业计量标准室完成的标准计量器具检定内容，上次检定时间，本次计划检定时间（年、月），责任人。

10.3.4.11 热工计量检定员培训考核（复证）计划。按照本企业计量管理制度的要求，监督计划中应明确本年度应参加上级热工计量检定员培训考核人员，其中分清新取证人员和复证人员，监督计划中应明确具体检定员名单主要开展的检定项目，培训考核复证的时间（年、月），若为复证人员，还应明确上次取证（复证）时间。

10.3.4.12 热工定期查评计划。监督计划中应明确企业自查时间（年、月），上级技术监督部门半年及全年监督检查时间（年、月）。

10.3.4.13 热工年度培训计划。主要指内部培训计划，监督计划中应明确计划开展培训的时间（年、月）、计划培训内容及培训讲课老师等。参加外部培训及上级规程宣贯等临时性培训，因具有随机性，因此，对已确定的内容可在监督计划中列出，否则可不列入监督计划中。

10.3.4.14 技术监督定期工作会议计划。按热工技术监督导则要求，结合本企业生产实际，每月召开一次热工技术监督专题会议，在监督计划中应予以明确计划召开的时间。

10.3.5 热工技术监督计划的执行。

10.3.5.1 发电企业热工技术监督专责人应按年度监督计划的要求，将每月应完成的具体监督工作内容，下发至热工分场（或检修热工专业）。

10.3.5.2 热工分场（或检修热工专业）应按企业热工技术监督专责人下发的月度监督工作计划内容，逐项予以落实完成。对不能按时完成的监督项目，热工分场应以书面形成，上报企业热工技术监督专责人批复。

10.3.5.3 热工专业应有月度监督计划完成情况小结，热工技术监督计划的执行情况应在热工技术监督报表中予以体现，并随同热工技术监督报表上报二级单位及发电企业技术监督服务单位管理部门。

10.3.5.4 热工技术监督专责人每季度对热工分场（检修部或维护部热工专业）热工技术监督计划的执行情况进行检查，对无故未完成监督计划内容的，以技术监督不符合项通知单的形式下发到相关部门进行整改，并对热工技术监督的相关部门进行考核。技术监督不符合项通知单编写格式见附录 F。

10.4 热工技术监督资料及档案管理

10.4.1 基建阶段技术资料

a）热工技术监督相关技术规范（主辅机、DCS 招标资料及相关文件）；

b）DCS 功能说明和硬件配置清单；

c）热工检测仪表及控制系统技术资料（包含说明书、出厂试验报告等）；

d）安装竣工图纸（包含系统图、实际安装接线图等）；

e）设计变更、修改文件；

f）设备安装验收记录、缺陷处理报告、调试报告、竣工验收报告。

10.4.2 设备清册及设备台账

a）DCS 系统中 I/O 清单；

b）主要热控系统或装置（FSSS、火焰检测装置、ETS、DEH、TSI、PLC 等）台账；

c）标准计量器具设备台账（其中至少包括名称、型号、技术参数、检定周期、上次检定日期、下次待检日期）、出厂说明书以及历次检定记录、证书。

10.4.3 至少建立下述技术档案

a）汽轮机安全保护技术档案；其中至少应包括如下内容。

　　1）保护装置；

　　2）测量信号；

    3）供电电源；

    4）硬回路原理图；

    5）硬回路安装接线图；

    6）保护控制逻辑 SAMA 图；

    7）保护条件清单（包括信号冗余方式、延时）；

    8）保护定值；

    9）保护静态传动及动态试验方案。

b）炉膛安全保护控制系统技术档案，其中至少应包括如下内容。

    1）保护装置；

    2）测量信号（除汽包水位测量信号外）；

    3）供电电源；

    4）硬跳闸继电器柜的配置；

    5）硬回路原理图；

    6）硬回路安装接线图；

    7）保护控制逻辑 SAMA 图；

    8）保护条件清单（包括信号冗余方式、延时）；

    9）保护定值；

    10）保护静态传动及动态试验方案。

c）汽包水位测量系统技术档案；其中至少应包括如下内容。

    1）汽包几何参数（汽包长度、汽包直径、水位中心线的位置）；

    2）信号取样方式（平衡容器的形式、取样点的位置、取样点测量范围）；

    3）水位测量类型（变送器、电接点）；

    4）一次设备型号、参数（变送器、电接点）；

    5）一次设备的检定记录；

    6）一次设备所在的控制系统（MCS、FSSS、DAS）。

d）重要辅机保护技术档案按单台辅机建立，至少应包括如下内容。

    1）每台辅机的名称；

    2）测量信号；

    3）保护控制逻辑 SAMA 图；

    4）保护条件清单（包括信号冗余方式、延时）；

    5）保护定值；

    6）一次元件检定记录。

e）重要联锁控制技术档案按单台辅机建立，至少应包括如下内容。

    1）每台辅机的名称；

    2）测量信号；

    3）联锁条件清单（包括信号冗余方式、延时）；

    4）联锁定值；

    5）一次元件检定记录。

    f）主要自动控制系统技术档案。

        1）自动控制系统的名称；

        2）测量信号；

        3）执行机构；

        4）调节品质标准；

        5）一次元件检定记录。

    g）汽轮机监视仪表（TSI）技术档案。

        1）TSI 型号；

        2）功能说明；

        3）板卡的配置、型号；

        4）前置器配置、型号；

        5）测量探头的配置、型号、参数；

        6）测量探头的检定记录；

        7）测量探头的安装记录；

        8）供电电源。

    h）本厂压力容器（以本厂安监部门统计内容为准）中在装的强检仪表技术档案至少应包括如下内容。

        1）表计型号；

        2）测量量程；

        3）表计检定记录。

10.4.4　主辅机报警、联锁、保护定值清单

    相应清单参考格式见附录 J。

10.4.5　试验报告

    a）FSSS 试验报告；

    b）ETS 试验报告；

    c）一次调频试验报告；

    d）AGC 系统试验报告；

    e）RB 试验报告；

    f）重要辅机保护试验报告；

    j）重要辅机联锁试验报告；

    h）TSI 调整试验报告；

    i）热工自动调节系统扰动试验报告。

10.4.6　日常维护记录

    a）热工设备日常巡检记录；

    b）热工保护系统投退记录；

    c）热工定期工作（试验）执行情况记录（定期工作参考附录 G 制定）；

　　d）DCS 逻辑组态强制、修改记录；

　　e）热控系统软件和应用软件备份记录；

　　f）热工计量标准仪器仪表检定记录；

　　g）热工专业培训记录；

　　h）与热工技术监督有关的事故（异常）分析报告；

　　i）热工技术监督网络活动（会议）记录。

10.4.7　检修维护报告和记录

　　a）检修质量控制质检点验收单；

　　b）检修文件包；

　　c）热控系统静态传动试验报告单；

　　d）检修记录及竣工资料；

　　e）检修总结；

　　f）日常设备维修记录。

10.4.8　缺陷闭环管理记录

　　a）缺陷处理记录；

　　b）月度缺陷分析报告。

10.4.9　事故管理报告和记录

　　a）热工设备非计划停运、障碍、事故统计记录；

　　b）事故分析报告。

10.4.10　技术改造报告和记录

　　a）可行性研究报告；

　　b）技术方案和措施；

　　c）技术图纸、资料、说明书；

　　d）质量监督和验收报告；

　　e）完工总结报告和后评估报告。

10.4.11　监督管理文件

　　a）热工技术监督年度工作计划和总结；

　　b）热工技术监督报表；

　　c）热工技术监督告警通知单（见附录 H）和验收单（见附录 I）；

　　d）热工技术监督会议纪要；

　　e）热工技术监督工作自我评价报告和外部检查评价报告；

　　f）热工计量人员资质证书、热工计量试验室标准装置定期校验报告。

10.4.12　热工图纸管理，至少应具备如下技术图纸

　　a）分散控制系统 I/O 清单。

b）热工仪表及控制系统电源系统图。企业应根据设计院设计图纸及各热控设备电源的实际构成情况，按树形结构要求绘制本企业热控系统电源系统图，从电源的源头开始，至最后一级负载电源结束，其中应明确各级电源开关（空气开关、保险丝、熔断器）的设备编号、型号及容量。

c）汽轮机紧急跳闸系统（ETS）硬控制回路的原理图及实际安装接线图。实际安装接线图一般情况下设备厂家可以给出，但原理图需要企业根据 ETS 跳闸回路的实际结构自行绘制。其中应明确驱动电源、DCS（或 PLC）输出控制指令、手动停机按钮及 AST 电磁阀之间的逻辑关系。

d）锅炉炉膛安全保护系统（FSSS）硬跳闸继电器柜的原理图及实际安装接线图；实际安装接线图一般情况下设备厂家可以给出，但原理图需要企业根据 FSSS 跳闸回路的实际结构自行绘制。其中应明确驱动电源、DCS 输出控制指令、手动停炉按钮及跳闸继电器之间的逻辑关系。

e）润滑油泵硬联锁控制回路的实际安装接线图。

f）热工参数检测测点系统图（设计院 PID 图）。

g）热工仪表常用部件的加工图。

h）流量测量装置（如孔板、喷嘴等）的设计计算原始资料。

10.4.13 档案管理

10.4.13.1 根据热工技术监督组织机构的设置和受监设备的实际情况，要明确设备台账、技术档案、检定记录、检修记录、数据报表、图纸资料等分级存放地点和指定专人负责整理保管。

10.4.13.2 为便于上级检查和自身管理的需要，热工技术监督专责人要存有全厂热工档案资料目录清册，并负责实时更新。

10.4.13.3 热工技术监督管理工作制度、档案、规程及设备制造、安装、调试、运行、检修及技术改造等过程的原始技术资料，由设备管理部门负责移交档案管理部门，确保其完整性和连续性。

10.4.13.4 热工检修资料归档是热工技术监督档案管理的重要组成部分，应确保资料归档及时、细致、正确。检修实施过程中的各项验收签字记录，热工仪表及控制系统的变更记录，调校和试验的检定报告、测试报告，热工设备检修台账，热工图纸更改，原始测量记录等检修技术资料，在检修工作结束后 1 个月内整理完毕并归档。

10.5 热工技术监督会议及培训管理

10.5.1 发电企业技术监督主管领导及热工技术监督专责人应按时参加上级技术监督部门召开的年度热工技术监督工作会议，并贯彻落实监督工作会议提出的年度技术监督主要任务。

10.5.2 各发电企业热工技术监督网每月召开一次专题会议，其活动内容应针对本企业热工生产及管理中当前存在的主要问题进行研讨，制定整改解决方案，形成会议纪要以便落实和备查。会议主要内容包括：

a）上次监督例会以来热工技术监督工作开展情况；

b）热工设备及系统的故障、缺陷分析及处理措施；

c）热工技术监督存在的主要问题以及解决措施/方案；

d）上次监督例会提出问题整改措施完成情况的评价；

e）技术监督工作计划发布及执行情况，监督计划的变更；

f）国家电投集团技术监督季报、监督通信、新颁布的国家、行业标准规范、监督新技术学习交流；

g）热工技术监督需要领导协调、其他部门配合和关注的事项。

10.5.3 发电企业热工技术监督网应针对生产过程中出现的问题，每个季度至少开展一次专项技术监督活动。

10.5.4 发电企业热工专业应根据员工结构及技术特点，制订培训计划，编写培训大纲，每季度至少组织开展一次技术培训活动。

10.5.5 热工技术培训应有培训课件、培训考试试卷、培训人员清单及培训考核成绩清单备查。

10.6 热工技术监督告警管理

10.6.1 技术监督告警程序

10.6.1.1 国家电投集团（总部）对所属二级单位的技术监督异常情况告警通知单由火电与售电部出具。

10.6.1.2 二级单位或技术监督服务单位的技术监督异常情况告警通知单发给存在问题的三级单位。技术监督服务单位在发出告警通知单的同时要抄送二级单位火电管理部（告警通知单见附录 H）。

10.6.2 技术监督告警整改

10.6.2.1 收到《技术监督异常情况告警通知单》的单位，要立即组织安排整改工作，并明确整改完成时间，整改计划要上报上级单位技术监督管理部门。整改工作完成后一周内要将整改结果以文字形式报送上级单位技术监督管理部门。

10.6.2.2 发电企业应认真组织人员研究告警单中有关问题，制订整改计划，明确整改内容、措施、目标、完成时限、工作负责人和验收人；一级告警单下发一个月之内，企业应做出整改计划，或针对告警单问题做出临时预防措施，整改计划最长不得超过两个月；二级告警单下发半个月之内，企业应做出整改计划，或针对告警单问题做出临时预防措施，整改计划最长不得超过一个月。

10.6.2.3 整改计划应由厂主管领导审查批准（签字），生技部门负责人审查批准（签字），批准后的整改计划应及时分到有关责任部门及整改工作督办人。

10.6.2.4 整改结束后，发电企业应形成书面报告，并附有整改后试验或测试的技术数据。按照验收程序要求，向告警单发出单位提出验收申请，验收合格后，由告警单发出单位填写告警验收单，并下发至发电企业存档备查。

10.6.2.5 对于不能按时完成的整改，应说明其原因，并制定临时技术措施，以保证在未进行整改期间，最大限度地防止事故隐患的发生。

10.6.2.6 企业应将告警单、验收单及整改计划的统一管理，每一份告警单与之对应的就应有一份验收单、整改计划或临时技术措施。

10.6.2.7 发出技术监督异常情况告警通知单的单位，要负责跟踪告警通知单的整改落实情况，并对整改结果进行评估和验收。

10.7 热工技术监督报表与总结管理

10.7.1 热工技术监督指标是各级管理机构和检定监督机构考核发电企业的重要指标之一，热工技术监督报表是对企业月度热工技术监督工作的总结，是上级监督管理机构及时了解和掌握企业热工技术监督工作开展情况的重要途径，发电企业生技部门应认真做好热工技术监督报表的填报工作。

10.7.2 热工技术监督报表的主要内容包括以下内容。

10.7.2.1 热工自动调节系统主要统计：自动调节系统列表统计、自动调节系统的完好率及投入率、影响自动投入率的主要原因分析及整改措施等。

10.7.2.2 热工联锁保护系统主要统计：联锁保护装置的列表统计、主机保护及重要辅机保护的完好率、投入率、正确动作率、影响保护投入率的主要原因分析及整改措施、保护动作情况统计、保护错误动作原因分析等。

10.7.2.3 热工主要检测参数主要统计：DCS 系统 I/O 测点的投入率、热工主要检测参数列表统计、月度抽检数据、抽检率、抽检合格率。

10.7.2.4 强检仪表月度强制检定完成数据统计，其中主要为强检完成率及强检合格率。

10.7.2.5 月度监督计划的完成情况统计。

10.7.2.6 每月热工安全生产数据统计，其中主要包括异常、障碍、非停次数统计及非停原因分析等。

10.7.2.7 反措工作落实数据统计，其中主要包括年度反措计划内应完成的反措项目在每月工作中完成的情况统计。

10.7.2.8 热工计量工作数据统计，其中主要包括计量标准列表统计及是否超期、热工标准计量器具列表统计及是否超期、热工计量检定员证列表统计及是否超期。

10.7.2.9 热工技术监督报表按固定格式填报。

10.7.3 所有发电企业热工技术监督报表采用统一格式，报表采用 Excel 表格形式，其中所有基础数据全部由企业一次性正确录入完成，由上级技术监督管理部门通过密码保护予以封存；报表中所有统计数据全部由嵌入在 Excel 中的公式自动计算完成，企业报表中只能填报基础数据（如投入率中某一套保护是否投入情况、抽检中具体检定数据值等）；企业每月只能对其动态数据进行修改，保证监督报表数据的一致性和真实性。

10.7.4 监督报表中指标汇总表，是对企业月度热工技术监督指标的综合汇总，数据由其他各分表自动获取，汇总表企业应以纸版方式打印，由企业主管领导对其数据进行确认审批，企业存档备查。

10.7.5 热工技术监督报表时间：各发电企业每月 5 日前将上月本企业热工技术监督报表以电子邮件方式上报二级单位及技术监督服务单位监督管理部门。

10.7.6 半年总结报告：各发电企业每年 7 月 10 日前将本企事业上半年热工技术监督工作完成情况进行总结，以电子邮件方式上报二级单位及技术监督服务单位监督管理部门。

要求内容如下：

  a）半年中热工技术监督指标完成情况（汇总）；

  b）与上一年同期相比，热工技术监督指标出现的差异及其原因分析（提高或降低）；

  c）热工保护动作情况分析；

  d）半年中完成的主要工作，取得的主要成绩；

  e）消除的重大缺陷及设备隐患；

  f）计量工作完成情况（检定员、标准器具、计量认证、仪表定检）；

  g）存在的主要问题；

  h）下半年工作的重点。

10.7.7 全年总结报告：各发电企业每年12月25日前将本企业全年热工技术监督工作完成情况进行总结，以电子邮件方式上报二级单位及技术监督服务单位监督管理部门。要求内容如下：

  a）年度热工技术监督指标完成情况（汇总）；

  b）与上一年相比，热工技术监督指标出现的差异及其原因分析（提高或降低）；

  c）热工保护动作情况分析；

  d）全年完成的主要工作，取得的主要成绩；

  e）消除的重大缺陷及设备隐患；

  f）计量工作完成情况（检定员、标准器具、计量认证、仪表定检）；

  g）存在的主要问题；

  h）来年热工技术监督工作的重点。

10.7.8 专项技术报告：热工专业发生的重大技术改造（机炉主要热工保护系统的控制方式的更改、DCS控制系统或热工自动保护设备的更换），在改造前应有改造方案及其技术论证；在改造后应有技术总结。方案及总结分别在改造前15d及改造后15d内，均应以电子邮件方式上报二级单位及技术监督服务单位监督管理部门。

10.7.8.1 改造方案及技术论证。

  a）原控制系统或设备存在的问题；

  b）采用的新技术新设备及解决问题的方法；

  c）改造后将达到的目的。

10.7.8.2 改造工作技术总结。

  a）问题的提出；

  b）解决的方法；

  c）改造后的试验方法及试验结果；

  d）投入运行后的动态试验或实际运行情况分析；

  e）改造前后的运行工况分析；

  f）改造结论。

10.7.9 重大事件报告：由热工控制系统故障（DCS系统死机、保护错误动作、自动系统失灵、仪表指示错误导致机组发生重大事故）应在事故发生后4h内将事故的起因简要地向二级单位及技术监督服务单位监督管理部门报告。事故调查结束后5d内，以电子邮件方式向二级单位及技术监督服务单位监督管理部门提交事故分析报告。

10.8 热工技术监督检查与考核管理

10.8.1 发电企业热工技术监督检查分为三种检查模式，即企业自查、技术监督服务单位技术监督检查、国家电投集团（总部）（或二级单位）技术监督检查。

10.8.1.1 企业定期自查。发电企业根据本企业定期查评制度要求，每年在规定的时间段内，由企业生产技术部门负责，按国家电投集团《火电技术监督检查评估标准》（以下简称"评分标准"）对本企业热工技术监督工作开展情况进行查评，并编制企业定期查评报告；定期自评工作应按评分标准严格要求，报告如实编制，不允许虚报、谎报及弄虚作假；定期自查评工作每年至少进行 2 次。

10.8.1.2 二级单位或技术监督服务单位集中监督检查之前，发电企业应按照评分标准进行企业自查，并编制自查报告，在二级单位或技术监督服务单位集中监督检查时，提交自查报告。企业自查工作应按评分标准严格要求，报告如实编制，不允许虚报、谎报及弄虚作假。

10.8.1.3 技术监督服务单位技术监督检查。此类检查属定期检查。技术监督服务单位每年应对发电企业进行 2 次技术监督检查。其中年中检查应在每年 4 ~ 6 月份完成，7 月 15 日前应向二级单位提交半年监督检查报告；年终检查应 10 ~ 12 月份完成，下一年 1 月 15 日前应向二级单位提交全年监督检查报告。

10.8.1.4 国家电投集团（总部）（或二级单位）技术监督检查。此类检查属不定期检查或专项检查。发电企业上级公司依据评分标准，不定期地对发电企业进行技术监督抽查或对某一类共性问题进行专项检查。

10.8.2 各发电企业应督促技术监督服务单位依据技术监督服务合同的规定，提供技术支持和监督服务，依据相关监督标准定期对电厂技术监督工作开展情况进行检查和评价分析，形成评价报告报送电厂，电厂应将报告归档管理，并落实问题整改。

10.8.3 国家电投集团（总部）对严重违反技术监督制度、由于技术监督不当或监督项目缺失、降低监督标准而造成严重后果、对技术监督发现问题不进行整改的电厂，予以通报并限期整改。

10.8.4 热工技术监督考核指标要纳入本厂生产管理指标中，对热工三率指标完成情况要有明确的奖惩制度。

10.8.5 热工技术监督考核内容及考核办法。

10.8.5.1 热工技术监督管理综合考评项目。

    a）不发生因热工技术监督不到位造成非计划停运；

    b）不发生因热工技术监督不到位造成主设备损坏；

    c）监督告警整改完成率 100%；

    d）动态监督检查发现问题整改完成率不低于 90%。

10.8.5.2 热工技术监督考核内容见国家电投《火电技术监督检查评估标准》表 6。

10.8.5.3 国家电投《火电技术监督检查评估标准》表 6 内容分为技术监督标准执行和技术监督管理两部分，总分为 1000 分，其中技术监督管理部分 8 大项、40 小项，计 300 分；技术监督标准执行部分 13 大项、165 小项，计 700 分。每项检查时，如扣分超过本项应得分，则扣完为止。

10.8.5.4 年度热工技术监督检查考核结果，将作为企业评先依据之一。

附录 A
（规范性附录）
主要热工仪表和控制系统

A.1 主要检测参数

A.1.1 锅炉

包括但不限于：主蒸汽压力、温度、流量；再热蒸汽压力、温度；主给水压力、温度、流量；炉膛压力、直流炉中间点温度、汽水分离器储水箱水位、汽水分离器压力；排烟温度；一次风压、一次风量和二次风量、总风量；烟气含氧量；燃料量；磨煤机出口风粉混合温度；煤粉仓煤粉温度；燃油炉进油压力、流量；汽包金属壁温、过热器、再热器管壁温度；吸收塔液位、吸收塔出口温度、增压风机入口压力、SCR 入口烟气温度等。

A.1.2 汽轮机、发电机

包括但不限于：主蒸汽压力、温度、流量；再热蒸汽温度、压力；汽轮机转速、轴承振动、轴向位移、差胀；汽缸热膨胀、各级抽汽压力；速度级压力；轴封蒸汽压力；轴承温度；轴承回油温度；推力瓦温度；排汽压力；排汽温度；调速油压力；润滑油压力；供热流量；凝结水流量；凝结水导电度；汽缸及法兰螺栓温度；发电机定子线圈及铁芯温度；发电机氢气压力；氢气纯度和湿度；发电机定子、转子冷却水压力、流量。

A.1.3 辅助及公用系统

包括但不限于：除氧器蒸汽压力、水箱水位；给水泵润滑油压力；汽动给水泵转速；主要辅机的振动和轴承温度；烟气流量、烟尘浓度、二氧化硫浓度、氮氧化物浓度、氨逃逸浓度；热网送汽、水母管温度、流量、压力；公用系统的重要测量参数。

A.2 主机组保护控制系统

A.2.1 锅炉 FSSS

炉膛火焰保护，燃料全停保护，送风机全停保护，引风机全停保护，空气预热器全停保护，给水泵全停保护，风量低保护，一次风机全停保护、饱和蒸汽压力保护、过热器压力保护、再热器压力保护、手动紧急停炉保护、炉膛压力保护、直流炉断水保护和分离器水位保护、炉水循环泵保护、吸收塔液位保护、吸收塔出口温度高、浆液循环泵（海水循环泵）全停、增压风机全停、增压风机入口压力保护。

A.2.2 汽轮机 ETS

汽轮机轴向位移保护、汽轮机超速保护、润滑油压保护、凝汽器真空保护、EH 油压低保护、高压加热器水位保护、抽汽逆止门保护、汽轮机旁路保护、发电机断水保护、汽轮机轴系振动保护、主/再热汽温度突降保护、手动紧急停机保护。

A.3 重要辅机保护及联锁控制系统

A.3.1 锅炉

送风机保护、引风机保护、一次风机保护、空预器保护、磨煤机保护、给煤机保护、炉水循环泵保护、磨煤机润滑油压低联锁、风机油站油压低联锁、炉水循环泵联锁。

A.3.2 汽机

电动给水泵保护、给水泵汽轮机保护、汽动给水泵保护、汽轮机润滑油系统联锁、顶轴油泵联锁、EH 油泵联锁、发电机密封油泵联锁、发电机定子冷却水泵联锁、凝结水泵联锁、循环水泵联锁。

A.4 主要顺序控制系统

A.4.1 锅炉

点火顺序控制、吹灰顺序控制、定期排污顺序控制、风烟系统顺序控制、制粉系统顺序控制。

A.4.2 汽机

高压加热器顺序控制、低压加热器顺序、凝汽器铜管胶球清洗顺序控制、调速电动给水泵顺序控制。

A.5 主要模拟量控制系统

A.5.1 单元机组

自动发电控制、一次调频控制、机组协调控制。

A.5.2 锅炉

给水调节，主蒸汽温度调节，再热蒸汽温度调节，主蒸汽压力调节，二次风量及氧量调节，炉膛压力调节，直流炉中间点温度（焓值）调节，磨煤机负荷、温度及一次风量调节，一次风压调节。

A.5.3 汽机

汽轮机转速调节，汽轮机负荷调节，汽轮机旁路调节，汽轮机凝汽器水位调节，汽轮机轴封压力调节，高、低压加热器水位调节，除氧器压力及水位调节。

附录 B
（规范性附录）
热工技术监督及模拟量控制系统性能指标

机组在生产考核期结束后（无生产考核期的则在机组整套启动试运移交后）热工仪表及控制系统应满足以下质量标准。

B.1 热工技术监督指标

热工技术监督指标应保证达到下列指标。

B.1.1 完好率

a）保护控制装置完好率100%；
b）自动调节系统完好率100%；
c）分散控制系统 I/O 测点完好率99%。

B.1.2 投入率

a）保护控制装置投入率100%；
b）自动调节系统投入率：根据机组容量及热工设备不同，分别为：
　　1）容量大于等于200MW且采用DCS控制系统的机组，自动调节系统应投入协调控制系统，投入率不低于95%；
　　2）单机容量小于200MW且采用DCS控制系统的机组，其自动投入率应达到90%；
　　3）未采用DCS控制系统的机组，其自动投入率应达到80%。
c）顺序控制系统投入率不低于80%。
d）分散控制系统 I/O 测点投入率99%。

B.1.3 检定完成率

a）主要热工检测参数（包括主要热工仪表）抽检完成率①应达到100%；
b）分散控制系统模拟量通道精度抽校率②应不低于模拟量通道总数的10%；
c）强检仪表强制检定③完成率应达到100%；

---

①主要热工检测参数（包括主要热工仪表）抽检：指对主要热工检测参数测量系统的综合误差的检定，抽检时，应在现场一次测量元件端（不包括一次测量元件），通过计量标准器具，施加标准信号。
②分散控制系统模拟量通道精度抽校：是指对DCS系统中模拟量卡件精度检定。抽校时，应在电子设备间DCS盘柜内，通过计量标准器具，在模拟量卡件通道上施加标准信号。
③强检仪表强制检定：是指对压力容器上就地压力仪表的检定。强检时，应在热工计量标准室内，通过计量标准器具，对仪表进行检定。

d) 热工标准计量器具送检率100%。

B.1.4 检定合格率

a) 主要热工检测参数（包括主要热工仪表）抽检合格率应达到100%；
b) 分散控制系统模拟量通道精度抽校合格率不应低于99%；
c) 强检仪表强制检定合格率应达到100%；
d) 热工标准计量器具检定合格率100%。

B.2 相关热控系统

相关热控系统应满足以下各项。
a) 数据采集系统（DAS）设计功能全部实现；
b) 顺序控制系统（SCS）应符合生产流程操作要求；
c) 炉膛安全监控系统（FSSS）应正常投运且动作无误；
d) 汽轮机监视仪表（TSI）应正常投运且输出无误；
e) 汽轮机电液调节系统（DEH、MEH）应正常投运且动作无误。

B.3 热工仪表及控制系统"三率"统计方法

B.3.1 完好率

a) 自动装置完好率。

$$自动装置完好率 = \frac{一二类自动装置总数}{全厂自动装置总数} \times 100\%$$

一类自动装置：已投入运行的自动调节系统。

二类自动装置：热工自动控制系统设备良好，满足投入条件，但由于主设备或热力系统存在问题，致使不能投入运行的自动调节系统。

b) 保护装置完好率。

$$保护装置完好率 = \frac{一二类保护装置总数}{全厂保护装置总数} \times 100\%$$

一类保护装置：已投入运行的保护装置系统。

二类保护装置：热工保护控制装置设备良好，满足投入条件，但由于主设备或热力系统存在问题，致使不能投入运行的保护控制系统。

c) 分散控制系统I/O测点完好率。

$$分散控制系统I/O测点完好率 = \frac{分散控制系统中I/O测点的总数 - 分散控制系统中I/O测点的坏质量点总数}{分散控制系统中I/O测点的总数} \times 100\%$$

B.3.2 投入率

a) 热工自动控制系统投入率。

$$热工自动控制系统投入率 = \frac{自动控制系统投入总数}{全厂自动控制系统总数} \times 100\%$$

全厂热工自动控制系统总数按原设计的总数统计。其中协调系统按一套统计，直流炉给水系统按两套（干态、湿态）统计，汽包炉给水系统按一套统计。其余控制系统按单套统计。

热工自动控制系统投运标准为：调节品质满足考核标准的要求且累计投运时间超过主设备运行时间的90%。

b）保护装置投入率。

$$保护装置投入率 = \frac{保护装置投入总数}{全厂保护装置总数} \times 100\%$$

总燃料跳闸保护（MFT）、汽轮机危急遮断保护（ETS）按设计跳闸条件数统计套数。

重要辅机保护按辅机台数统计，其中单台辅机保护投入按实际投入条件数与设计保护条件数的比值统计。即：

$$单台辅机保护投入 = \frac{保护条件投入数}{本台辅机设计保护条件数}$$

c）顺序控制系统投入率。

$$顺序控制系统投入率 = \frac{实际投入的顺序控制系统总数}{DCS 中实际设计的顺序控制系统总数} \times 100\%$$

d）分散控制系统 I/O 测点投入率。

$$分散控制系统 I/O 测点投入率 = \frac{DCS 中实际投入的 I/O 测点数}{分散控制系统 I/O 清单中测点总数} \times 100\%$$

B.3.3 检定完成率

a）主要热工检测参数抽检率。

$$主要热工检测参数（包括主要热工仪表）抽检率 = \frac{主要检测参数实际抽检总数}{全厂主要检测参数应抽检总数} \times 100\%$$

主要热工检测参数（包括主要热工仪表）应抽检数的确定：

单台机组 IO 点不大于 4000 点，单台机组每月应抽本台机组总点数的 0.3%；

单台机组 IO 点大于 4000 点，不大于 8000 点，单台机组每月应抽本台机组总点数的 0.15%；

单台机组 IO 点大于 8000 点，单台机组每月应抽本台机组总点数的 0.1%。

b）分散控制系统模拟量通道精度抽校率。

$$分散控制系统模拟量通道精度抽校率 = \frac{全厂 DCS 在装模拟量卡件通道精度抽查校验数}{全厂 DCS 在装模拟量卡件通道总数} \times 100\%$$

c）强检仪表强制检定完成率。

$$强检仪表强制检定完成率 = \frac{年度强检仪表中已检定总数}{全厂强检仪表总数} \times 100\%$$

强检仪表总数的确定：按本企业安监部门确定的（已报地方压力容器监察部门备案）压力容器中压力、温度仪表确定（本厂强检仪表技术档案）。

d）热工标准计量器具送检率。

$$热工标准计量器具送检率 = \frac{已完成送检数}{年度送检计划中器具台件总数} \times 100\%$$

B.3.4　检定合格率

a）主要热工检测参数。

$$主要热工检测参数（包括主要热工仪表）抽检合格率 = \frac{主要检测参数抽检合格总数}{全厂主要检测参数实际抽检总数} \times 100\%$$

b）分散控制系统模拟量通道精度。

$$分散控制系统模拟量通道精度抽校合格率 = \frac{全厂 DCS 在装模拟量卡件通道精度抽查校验合格数}{全厂 DCS 在装模拟量卡件通道精度抽查校验数} \times 100\%$$

c）强检仪表。

$$强检仪表强制检定合格率 = \frac{年度已完成强检仪表的合格数}{年度已完成强检仪表总数} \times 100\%$$

d）热工标准计量器具。

$$热工标准计量器具检定合格率 = \frac{被送检标准计量器具中合格台件总数}{年度标准计量器具送检台件总数} \times 100\%$$

B.4　自动调节系统动态、稳态品质指标

a）负荷变动试验及 AGC 负荷跟随试验动态及稳态品质指标应符合 DL/T 657 的要求，见表 B.1。

表 B.1　负荷变动试验及 AGC 负荷跟随试验品质指标

指标类型	负荷变动试验及 AGC 负荷跟随试验动态品质指标			稳态品质指标
机组类型	煤粉锅炉机组	循环流化床机组	燃机机组	各类型机组
负荷指令变化速率/（%Pe/min）	≥1.5	≥1	≥3	≥0
实际负荷变化速率/（%Pe/min）	≥1.2	≥0.8	≥2.5	—
负荷响应纯迟延时间/s	60	60	30	—
负荷偏差/%Pe	±2	±2	±1.5	±1
主蒸汽压力偏差/%P0	±3	±3	±3	±2
主蒸汽温度/℃	±8	±8	±8	±3
再热蒸汽温度/℃	±10	±10	±10	±4
中间点温度（直流炉）/℃	±10	—	—	±5
床温（循环流化床）/℃	—	±30	—	±15
汽包水位（汽包炉）/mm	±60	±60	±60	±25
炉膛压力/Pa	±200	—	—	±100
烟气含氧量/%	—	—	—	±0.5
注1：P_0 为机组额定主蒸汽压力值，Pe 为机组额定负荷值 注2：模拟量调节控制子系统性能测试标准，见表 B.2				

394

表 B.2　模拟量调节系统定值扰动试验品质指标

控制系统	被调量	扰动量	稳定时间允许值	衰减率允许值
主蒸汽压力控制系统	主蒸汽压力	0.6MPa	<6min	0.75~0.9
给水控制系统	汽包水位	60mm	<5min	0.75~0.9
中间点温度控制系统	中间点温度	±8℃	<15min	0.75~0.9
主蒸汽温度控制系统	主蒸汽温度	±5℃	<15min	0.75~0.9
再热蒸汽温度控制系统	再热蒸汽温度	±5℃	<30min	0.75~0.9
炉膛负压控制系统	炉膛压力	±200Pa	<3min	0.9~0.95
二次风量控制系统	二次风箱与炉膛差压	±100Pa	<60s	0.9~0.95
	二次风量	±100t/h	<60s	0.9~0.95
一次风压控制系统	一次风压力	±500Pa	<60s	0.9~0.95
磨煤机一次风量控制系统	磨煤机入口一次风量	±10%	<20s	0.9~0.95
磨煤机出口温度控制系统	磨煤机出口温度	±3℃	<5min	0.9~0.95
磨煤机入口风压控制系统（中储式制粉系统）	磨煤机入口风压	±50Pa	<20s	0.9~0.95
注：定值扰动时，被调参数的超调量应不大于扰动量的25%				

附录 C
（资料性附录）
热工保护投退申请单

机组号		保护名称				
保护退出				保护投入		
退出原因：				投入原因：		
措施步骤			是否执行	措施步骤		是否执行
（1）				（1）		
（2）				（2）		
（3）				（3）		
（4）				（4）		
申请保护退出时间： 自　年　月　日　时　分开始 至　年　月　日　时　分结束				申请保护恢复时间： 于　年　月　日　时　分此保护申请恢复投入		
保护退出申请	申请人	申请单位：		保护投入申请	申请人	申请单位：
		申请人：				申请人：
	审核人	热工分场专工：			审核人	热工分场专工：
		生产部专工：				生产部专工：
	批准人	生产部主任：			批准人	生产部主任：
		副厂长或总工：				副厂长或总工：
执行退出操作	执行人			执行投入操作	执行人	
	监护人				监护人	
	值班员				值班员	
	值长				值长	
保护实际退出时间				保护实际投入时间		
注1：由非热工班组提出保护退出、恢复申请时，提出人员只填写"保护名称""解除原因"和申请退出时间，其余项目均由热工人员填写 注2：保护退出、恢复提出申请人负责完成相关的审批程序 注3：此表一式两份，一份由运行保留，一份由热工保留						

附录 D
（资料性附录）
A 级检修质检及热工技术监督项目

表 D.1　300MW 及以上机组 A 级检修 W、H 点质检项目及热工技术监督项目

序号	项 目 名 称	W/H 点	热工技术监督点
1	锅炉侧		
1.1	炉膛压力保护定值校验	H	
1.2	炉膛压力系统综合误差检查		热工技术监督
1.3	MFT 保护传动试验（含脱硫）	H	
1.4	ERV（PCV）阀动作定值核查	W	
1.5	汽包水位（汽包炉）保护定值核查	W	
1.6	一次风母管压力系统综合误差检查		热工技术监督
1.7	炉侧主汽压力系统综合误差检查		热工技术监督
1.8	过热汽温度系统综合误差检查		热工技术监督
1.9	给水流量低（直流炉）保护定值核查	W	
1.10	送风机联锁保护传动试验	W	
1.11	一次风机联锁保护传动试验	H	
1.12	引风机联锁保护传动试验	H	
1.13	磨煤机联锁保护传动试验	W	
1.14	磨煤机风粉温度高保护定值核查	W	
1.15	炉侧主要热工信号回路核查	W	
2	汽机侧（含发电机）		
2.1	高压缸末级叶片温度高高保护传动试验	H	
2.2	机侧主汽压力系统综合误差检查		热工技术监督
2.3	低压缸排汽温度高保护传动试验	W	
2.4	机侧再热汽压力系统综合误差检查		热工技术监督
2.5	真空低保护定值核验	W	
2.6	真空低保护传动试验	H	
2.7	真空系统综合误差检查		热工技术监督
2.8	润滑油压低保护传动试验	H	

序号	项 目 名 称	W/H 点	热工技术监督点
2.9	润滑油压低保护定值核验	W	
2.10	润滑油压系统综合误差检查		热工技术监督
2.11	润滑油箱油位低保护传动试验	W	
2.12	EH 油压系统综合误差检查		热工技术监督
2.13	EH 油压低保护传动试验	H	
2.14	小机 ETS 保护传动试验	H	
2.15	高加保护传动试验	W	
2.16	机侧主要热工信号回路核查	W	
2.17	除氧器压力高保护传动试验	W	
2.18	发电机断水保护传动试验	H	
3	DCS 和 DEH 系统		
3.1	DCS 系统各机柜电源切换试验	H	
3.2	DCS 系统操作员站电源切换试验	W	
3.3	DCS 系统网络交换机切换试验	W	
3.4	DCS 系统历史记录、SOE、打印功能检查		热工技术监督
3.5	DCS 系统接地检查		热工技术监督
3.6	DEH 系统各机柜电源切换试验	H	
3.7	DEH 系统操作员站电源切换试验	W	
3.8	DEH 系统网络交换机切换试验	W	
3.9	DEH 系统历史记录、SOE、打印功能检查		热工技术监督
3.10	DEH 系统接地检查		热工技术监督
4	热工电源		
4.1	炉侧保安电源盘电源切换试验	W	
4.2	炉侧 UPS 电源盘电源切换试验	H	
4.3	炉侧电源盘电源配置核查		热工技术监督
4.4	火检专用电源切换试验	H	
4.5	机侧保安电源盘电源切换试验	W	
4.6	机侧 UPS 电源盘电源切换试验	H	
4.7	炉侧电源盘电源配置核查		热工技术监督
统计	W 点：20 项，H 点：15 项，热工技术监督：15 项		

H 点：停顿待验　hold point

H 验收方式。采用该验收方式的验收项目验收时，检修部热工专工、生产部热工专工双方必须同时在场，有一方不在场，验收工作必须停顿，H 验收方式为不可逾越的停顿待验点。

W 点：试验见证　witness point

W 验收方式。采用该验收方式的验收项目验收时，检修部热工专工、生产部热工专工双方应同时在场，若在规定的地点及规定的时间内，生产部专工未能到达，检修部热工专工可组织热工检修人员按标准规定进行试验进程，并填写试验记录，生产部专工对热工检修提供的试验记录（正式版）进行见证，W 验收方式为生产部热工专工对热工检修自行进行试验项目的见证点。

国家电投集团火电企业技术监督实施细则和评估标准

附录 E
（资料性附录）
A/B 级检修后热工专业评价报告

E.1 概述

＊＊＊＊厂＊＊＊号机组在 年 月 日 — 年 月 日进行了总工期 天的 级检修。现对该机组热工专业的等级检修实施情况检查和评估如下：

1）检修项目完成情况。

	标准检修项目	特殊检修项目	技术改造项目	监督及消缺项目	合 计
计划数					
实际数					

2）检修前后热工"三率"统计。

内容	修 前					修 后				
	设计数量/（块/套）	完好数量/（块/套）	投入数量/（块/套）	完好率/%	投入率/%	设计数量/（块/套）	完好数量/（块/套）	投入数量/（块/套）	完好率/%	投入率/%
自动调节										
联锁保护										
I/O测点										

E.2 控制系统组态及保护联锁定值变动情况说明

1）

2）

E.3 对发现缺陷的处理情况简述

1）

2）

E.4 等级检修完成项目质量验收

内容	H 点			W 点			监督点			不符合项	备注
	合计	合格	不合格	合计	合格	不合格	合计	合格	不合格	合计	
计划数											
实际数											

E.5 热工专业检修亮点（借鉴之处）

1）

2）

E.6 现场检查

等级检修后热工仪表及控制系统检查评估表

序号	分类	检查评估项目/内容	检查情况
1	DCS	检修后系统和外设设备的全面清扫	
2		GPS 与系统时钟核对、系统接地	
3		控制系统软件和数据的备份、保存情况	
4		硬件检修及功能试验（包括网络及控制站冗余检查、处理器备用电池测试、检查）	
5		系统及外设设备的基本性能和功能测试	
6		自备 UPS 电源检修试验	
7	DAS	数据采集系统检修与功能试验	
8		模件处理精度测试及调整情况	
9		显示异常（坏点）的参数处理、主要检测参数综合误差抽查	
10	MCS	模拟量控制系统设备的系统检查（系统跟踪和调节规律正确）	
11		调节品质异常或有较大修改的模拟量控制系统品质、设备特性试验	
12	BMS	炉膛安全监控与电厂保护系统逻辑修改、检查、核对情况	
13		炉膛安全监控与电厂保护系统静态及动态试验	
14		燃油泄露试验和炉膛吹扫功能检查	
15	SCS	开关量控制系统逻辑修改、检查、核对	
16		开关量控制系统静态试验	

序号	分类	检查评估项目/内容	检查情况
17	DEH	DEH 系统逻辑修改、检查、软件核对	
18		DEH 系统的全功能模拟传动操作检查和联锁试验	
19	MEH	给水控制系统逻辑修改、检查、软件核对	
20		MEH 系统的全功能模拟传动操作检查和联锁试验	
21	TSI ETS	各检测信号准确性检查	
22		各回路静态及动态试验	
23	综合	检修安全总结	
24		检修技术总结（说明存在问题及原因）	
25		重大技改项目检修总结（说明存在问题及以后改进方向）	
26		检修专项交代（重点说明运行操作和安全注意事项）	
27	信号及电源	热工信号系统检查与试验	
28		热工报警、保护（包括软报警）定值的修改、校准、核对	
29		报警信号的分级整理	
30		SOE 系统检查、整理与试验	
31		报表打印系统检查、检修与试验	
32		热工专用电源系统检查、性能测试和切换试验	
33		电源系统设备及熔丝完好情况检查、更换	
34	仪表部件	所有检测仪表、元件、变送器、装置的检修、校准	
35		电动门、气动门、执行设备的检修，加注新润滑油，校准	
36		继电器动作及释放电压测试	
37	测量控制系统	隐蔽的热工检测元件检查、更换	
38		接地系统可靠性检查，设备和线路绝缘测试，电缆和接线整理	
39		机柜、台盘、接线端子箱内部清洁	
40		取源部件的检修、清扫；测量管路、阀门吹扫及接头紧固	
41		检修工作结束后的屏、盘、台、柜、箱孔洞封堵	
42		现场设备防火、防水、防灰堵、防振、防人为误动措施完善	
43		测量设备计量标签：管路、阀门、电缆、设备挂牌和标志	
44	其他	技术监督和安评中发现问题的整改情况	
45		运行及小、中修中无法处理而遗留的设备缺陷消除	
46		DCS 系统功能试验时临时强制点的恢复	

E.7 检修后尚存在的主要问题及建议

    1）

    2）

E.8 评价

附录 F
（规范性附录）
技术监督不符合项通知单

编号（No）：

不符合项描述	不符合项描述：			
	不符合标准或规程条款说明：			
整改措施	整改措施：			
	制订人/日期：		审核人/日期：	
整改验收评价	整改自查验收评价：			
	整改人/日期：		自查验收人/日期：	
复查验收评价	复查验收评价：			
	复查验收人/日期：			
改进建议	对此类不符合项的改进建议：			
	建议提出人/日期：			
不符合项关闭	整改人意见/签字：	自查验收人意见/签字：	复查验收人意见/签字：	签发人意见/签字：
编号说明	年份＋专业代码＋本专业不符合项顺序号			

发现部门：　　专业：　　被通知部门、班组：　　签发：　　日期：　　年　月　日

附录 G
（资料性附录）
热工技术监督定期工作内容（模板）

序号	定期工作项目	执行时间	责任班组	责任人	监督人	工作标准及安全措施	备注
一	定期维护工作						
1	火焰探头吹扫	每月 5 日、15 日、25 日	炉控班				
2							
二	定期检查工作						
1	电子设备间检查	每天上午 9 时					
2							
三	定期试验工作						
1	DCS 控制器切换试验	每月 10 日					
2							
四	监督管理工作						
1	热工技术监督报表	每月 5 日	热工分场				
2							

附录 H
（规范性附录）
热工技术监督告警通知单

告警级别：　　　告警时间：　　年　月　日　告警单编号：T

发电企业名称	
被告警内容类别	
具体告警内容描述	
可能造成的危害	
整改要求及建议	
处理情况	

提出单位		监督专业		签发	

通知单编号：T－告警类别编号－顺序号－年度　　　告警级别编号：一级告警为1，二级告警为2

热工技术监督告警项目

H.1 二级告警

1）热工计量标准器具超过使用有效期一个月未送上级计量部门检定。

2）热工自动调节系统的主要系统如温度、压力、给水、送风、引风自动等随意切除。或者协调未投入。

3）连续两个月未进行主要检测参数抽检。

4）全年未对主要模拟量调节系统进行定期扰动试验。

5）热工联锁保护装置未按规定进行传动试验。

6）200MW 及以上机组自动调节系统投入率低于 95％；200MW 以下机组（有 DCS 系统）自动调节系统投入率低于 90％。

H.2 一级告警

1）监督制度中要求的重要保护装置随意退出、停用。锅炉灭火保护、锅炉火焰电视监视装置、汽机超速及轴向位移大保护若经批准退出，但未在规定时间内恢复并正常投入。

2）ETS、FSSS 保护不满足设计规程及二十五项反事故措施要求，经 2 次技术监督检查后提出整改要求而未整改。

3）AGC 及一次调频装置异常，不能按电网要求调整。

附录I

（规范性附录）

热工技术监督告警验收单

告警级别：　　告警单编号：Y－　　告警提出时间：　年　月　日　验收时间：　年　月　日

发电企业名称		
被告警内容类别		
具体告警内容描述		
技术监督服务单位	整改建议	
整改计划		
整改结果		

验收单位		监督专业		验收人	

验收单编号：Y－告警类别编号－顺序号－年度

告警级别编号：一级告警为1，二级告警为2，三级告警为3

附录 J
（资料性附录）
热工报警、联锁、保护逻辑定值单

表 J.1　热工报警、联锁、保护逻辑定值单（模板）

××××××电厂　号机组热工报警、联锁、保护定值单

序号	保护项目及动作条件描述	单台机组套数	定值	延时时间	保护条件冗余方式	测点类型	测点编号
一	锅炉炉膛安全保护（FSSS）	21					
1	汽包水位高	1	>250mm	3s	2/3	AI	2MMMFFFTTTAI1
2							
二	汽轮机紧急跳闸保护（ETS）	18					
1	润滑油压低	1	<0.06MPa		2/4（两或一与）	DI	2EEETTTSSSDI1
2							
三	A磨煤机保护	14					
1	A磨出口温度高	1	<90℃	5s	单点	RTD	2AAAAAABBBRTD1
2							
四	汽轮机润滑油压联锁	3					
1	连交流润滑油泵	1	<0.07MPa		单点	DI	2DDDDDDDDDI1
2	连直流润滑油泵	1	<0.06MPa		单点	DI	2DDDDDDDDDI2
3	停盘车	1	<0.03MPa		单点	DI	2DDDDDDDDDI3
五	RB	8					
1	负荷大于60%，任一台送风机跳闸	2				DI	
2	负荷大于60%，任一台引风机跳闸	2				DI	

附录 K
（规范性附录）
DCS 分散控制系统质量标准

K.1 控制器处理周期

1）CPU 运算周期（合格标准）：

开关量控制系统，≤100ms；

模拟量控制系统，≤250ms；

汽轮机紧急跳闸（ETS）系统，≤50ms；

汽轮机超速限制（OPC）和超速保护（OPT）控制，≤20ms。

2）控制器输出对输入信号的响应时间：

合格标准：≤CPU 设定周期的 2 倍。

K.2 系统响应时间

合格标准：≤1s。

K.3 显示器画面响应时间（合格标准）

1）一般画面的调用时间：<1s；

2）复杂画面的调用时间：<2s。

K.4 SOE 分辨能力

合格标准：≤1ms。

K.5 抗射频干扰能力

合格标准：用功率为 5W、频率为 400~500MHz 的步话机作干扰源，距敞开柜门的 DCS 机柜 1.5m 处进行发射，DCS 系统应运行正常。

K.6 供电电源适应能力

合格标准：

1）控制站交流供电电源在 187~242V 范围内变化时，DCS 系统应运行正常；

2）操作员站交流供电电源在 176~264V 范围内变化时，操作员站应正常工作，不应出现黑屏、重启或故障。

K.7 供电系统电源切换

合格标准：两路供电电源发生任何方向的切换时，DCS 控制系统均应运行正常。

K.8 冗余控制器无扰切换

合格标准：冗余控制器发生任何方向的切换时，DCS 控制系统均应运行正常。

K.9 控制器无扰在线下装

合格标准：控制器在线下装过程中，被下装控制器中的相关数据、控制逻辑及显示状态等，均应正常工作，无异常现象发生。

K.10 控制站间同步精度

合格标准：
1）具有 SOE 卡件的控制站之间，时钟之差≤1ms；
2）无 SOE 功能的控制站之间，时钟之差≤1s。

K.11 以太网网络负荷率

合格标准：≤20%。

K.12 DCS 控制系统接地电阻或接地电缆导通

合格标准：
1）DCS 系统具有独立接地网时，其控制机柜接地电阻 <2Ω；
2）DCS 系统接地电缆接至主机组主接地网时，其控制柜与接地汇流母排之间的接地电缆导通值应 <100mΩ。

K.13 系统可用率

合格标准：≥99.9%。

K.14 控制器负荷率

合格标准：
1）一般情况下，≤40%；
2）机组正常启停及事故跳闸情况下，≤60%。

K.15 硬件备用裕量

合格标准：
1）内部存储器占用容量≤50%，外存储器占有容量≤40%；
2）I/O 点裕量 10% ~15%；
3）I/O 插件槽裕量 10% ~15%。

K.16 DCS 分散控制系统 UPS 供电质量标准

1）UPS 容量应有 20% ~30% 余量；
2）电压波动小于 10% 额定电压；

3）波形失真不大于5%；

4）备用电源切换时间小于5ms；

5）电压稳定度：稳态时不大于±5%额定电压，动态时不大于±10%；

6）UPS应有过流、过压、输入浪涌保护功能，并有故障切换报警显示；

7）UPS电池连续供电时间不得小于30min。

附录 L
（规范性附录）
DEH 控制系统质量标准

L.1 转速控制方式合格标准

1）机组实际稳定转速与设定转速的偏差应小于额定转速的 0.1%；

2）最大升速率下的超调量应小于额定转速的 0.15%；

3）OPC（超速保护控制）动作的转速偏差应小于 2r/min。

L.2 功率控制方式合格标准

实际负荷与负荷指令的偏差为 ±1.5%。

L.3 压力控制方式合格标准

实际压力与设定值的偏值为 ±0.3MPa。

L.4 100%甩负荷合格标准

1）转速的最高飞升小于 200r/min；

2）油动机全行程快速关闭时间 <0.15s。

附录 M
（规范性附录）
国家计量标准名称及代码

序号	标 准 名 称	代 码
1	热电偶标准装置	04113200
2	铂铑 10 – 铂热电偶标准装置	04113201
3	热电阻温度计标准装置	04113800
4	一等铂电阻温度计标准装置	04113801
5	二等铂电阻温度计标准装置	04113803
6	一等水银温度计标准装置	04114701
7	二等水银温度计标准装置	04114702
8	配热阻用温度仪表检定装置	04117101
9	配热偶用温度仪表检定装置	04117103
10	电子自动平衡电桥检定装置	04117105
11	自动平衡式显示仪表检定装置	04117106
12	电子自动电位差计检定装置	04117107
13	温度变送器检定装置	04117108
14	温度变送器标准装置	04117109
15	红外测湿仪检定装置	04118900
16	差压式流量计检定装置	12314305
17	流量二次仪表检定装置	12318200
18	压力真空计标准装置	12413700
19	二等活塞式压力计标准装置	12414131
20	差压变送器标准装置	12414132
21	压力变送器检定装置	12414133
22	补偿式微压计标准装置	12414900
23	精密压力表标准装置	12415100
24	数字式压力计检定装置	12416500
25	转速标准装置	12714700
26	转速表检定装置	12716100

附录 N
（规范性附录）
国家计量检定规程

表 N.1　国家计量检定规程

序号	规程编号	规 程 名 称
1	JJF 1022—2014	计量标准命名技术规范
2	JJF 1033—2016	计量标准考核规范
3	JJF 1048—1995	数据采集系统校准规范
4	JJF 1059—1999	测量不确定度评定与表示
5	JJG 49—2013	弹性元件式精密压力表和真空表检定规程
6	JJG 52—2013	弹性元件式一般压力表、压力真空表和真空表检定规程
7	JJG 59—2007	活塞式压力计检定规程
8	JJG 105—2000	转速表检定规程
9	JJG 134—2003	磁电式速度传感器检定规程
10	JJG 172—2011	倾斜式微压计检定规程
11	JJG 186—1997	动圈式温度指示、指示位式调节仪表检定规程
12	JJG 226—2001	双金属温度计检定规程
13	JJG 229—2010	工业铂、铜热电阻检定规程
14	JJG 310—2002	压力式温度计检定规程
15	JJG 351—1996	工作用廉金属热电偶检定规程
16	JJG 368—2000	工作用铜–铜镍热电偶检定规程
17	JJG 535—2004	氧化锆氧分析器试行检定规程
18	JJG 544—2011	压力控制器检定规程
19	JJG 573—2003	膜盒压力表检定规程
20	JJG 617—1996	数字温度指示调节仪检定规程
21	JJG 624—2005	动态压力传感器检定规程
22	JJG 640—1994	差压式流量计检定规程
23	JJG 644—2003	振动位移传感器检定规程
24	JJG 650	电子皮带秤试行检定规程
25	JJG 669—2003	称重传感器检定规程

序号	规程编号	规 程 名 称
26	JJG 829—1993	电动温度变送器检定规程
27	JJG 860—2015	压力传感器（静态）检定规程
28	JJG 874—2007	温度指示控制仪检定规程
29	JJG 882—2004	压力变送器检定规程
30	JJG 951—2011	模拟式温度指示调节仪检定规程
31	JJG 1027—1991	测量误差及数据处理技术规范

附录 O
（规范性附录）
国家行业技术标准及规程

表 O.1　国家行业技术标准及规程

序号	规程编号	规 程 名 称
1	GB 4205—2010	人机界面标志标识的基本方法和安全规则操作规则
2	GB 50174—2017	数据中心设计规范
3	GB 50660—2011	大中型火力发电厂设计规范
4	GB 13399—2012	汽轮机安全监视装置技术条件
5	GB 26863—2011	火电站监控系统术语
6	GB 18271.3	过程测量和控制装置通用性能评定方法和程序
7	DL 5277－2012	火电工程达标投产验收规程
8	DL/T 261－2012	火力发电厂热工自动化系统可靠性评估技术导则
9	DL/T 367—2010	火力发电厂大型风机的检测与控制技术条件
10	DL/T 435	电站煤粉锅炉炉膛防爆规程
11	DL/T 589—2010	火力发电厂燃煤锅炉的检测与控制技术条件
12	DL/T 590—2010	火力发电厂凝汽式汽轮机的检测与控制技术条件
13	DL/T 591—2010	火力发电厂汽轮发电机的检测与控制技术条件
14	DL/T 592—2010	火力发电厂锅炉给水泵的检测与控制技术条件
15	DL 612—1996	电力工业锅炉压力容器监察规程
16	DL/T 655—2017	火力发电厂锅炉炉膛安全监控系统验收测试规程
17	DL/T 656—2016	火力发电厂汽轮机控制系统验收测试规程
18	DL/T 657—2015	火力发电厂模拟量控制系统验收测试规程
19	DL/T 658—2017	火力发电厂开关量控制系统验收测试规程
20	DL/T 659—2016	火力发电厂分散控制系统验收测试规程
21	DL/T 701—2012	火力发电厂热工自动化术语
22	DL/T 774—2015	火力发电厂热工自动化系统检修运行维护规程
23	DL/T 775—2012	火力发电厂除灰除渣系统热工自动化系统调试规程
24	DL/T 824—2002	汽轮机电液调节系统性能验收导则
25	DL/T 834—2003	火力发电厂汽轮机防进水和冷蒸汽导则

序号	规程编号	规 程 名 称
26	DL/T 924—2016	火力发电厂厂级监控信息系统技术条件
27	DL/T 996—2006	火力发电厂汽轮机电液控制系统技术条件
28	DL/T 1051—2007	电力技术监督导则
29	DL/T 1056—2007	发电厂热工仪表及控制系统技术监督导则
30	DL/T 1083—2008	火力发电厂分散控制系统技术条件
31	DL/T 1091—2008	火力发电厂锅炉炉膛安全监控系统技术规程
32	DL/T 1210—2013	火力发电厂自动发电控制性能测试验收规程
33	DL/T 1211—2013	火力发电厂磨煤机检测与控制技术规程
34	DL/T 1212—2013	火力发电厂现场总线设备安装技术导则
35	DL/T 1213—2013	火力发电机组辅机故障减负荷技术规程
36	DL/T 1340—2014	火力发电厂分散控制系统故障应急处理导则
37	DL/T 1393—2014	火力发电厂锅炉汽包水位测量系统技术规程
38	DL/T 5004—2010	火力发电厂试验、修配设备及建筑面积配置导则
39	DL/T 5175—2003	火力发电厂热工控制系统设计技术规定
40	DL/T 5182—2004	火力发电厂热工自动化就地设备安装、管路及电缆设计技术规定
41	DL/T 5190.4—2012	电力建设施工技术规范 第4部分：热工仪表及控制装置
42	DL/T 5210.4—2018	电力建设施工质量验收规程 第4部分：热工仪表及控制装置
43	DL/T 5227—2005	火力发电厂辅助系统热工自动化设计技术规定
44	DL/T 5294—2013	火力发电建设工程机组调试技术规范
45	DL/T 5428—2009	火力发电厂热工保护系统设计规定
46	DL/T 5455—2012	火力发电厂热工电源及气源系统设计技术规程

国家电力投资集团有限公司
STATE POWER INVESTMENT CORPORATION LIMITED

企 业 标 准

火电企业环境保护技术监督实施细则

2017-12-11 发布

2017-12-11 实施

国家电力投资集团有限公司　发布

目　录

前　言

为加强国家电力投资集团有限公司（以下简称国家电投集团）火电企业环境保护监督（以下简称环保监督）管理，使环保监督工作更加科学化、标准化、规范化，保证电厂的安全、可靠、环保、经济运行，特制定本标准。

本标准由国家电投集团火电部提出、组织起草并归口管理。

本标准主要起草单位：国家电投集团科学技术研究院有限公司。

本标准主要起草人：俞冰、王元。

本标准主要审查人：王志平、徐国生、章义发、岳乔、陈以明、华志刚、侯晓亮、王正发、刘宗奎、李晓民、刘江、李继宏、任德刚、曹双全、陶雷行、孙昕、程晓明、邱宝庆、武梦阳。

火电企业环境保护技术监督实施细则

1 范围

本细则规定了国家电投集团火电企业环保监督的范围、内容和管理要求。

本细则适用于国家电投集团火电企业的环保监督工作。

2 规范性引用文件

下列文件对于本文件的应用是必不可少的。凡是注日期的引用文件，仅注日期的版本适用于本文件。凡是不注明日期的引用文件，其最新版本（包括所有的修改单）适用于本文件。

GB 150	压力容器
GB 536	液体无水氨
GB 2440	尿素
GB 3095	环境空气质量标准
GB 5085	危险废物鉴别标准
GB 5750	生活饮用水标准检验方法
GB/T 6719	袋式除尘器技术要求
GB 8978	污水综合排放标准
GB 12348	工业企业厂界环境噪声排放标准
GB 13223	火电厂大气污染物排放标准
GB 14554	恶臭污染物排放标准
GB 14848	地下水质量标准
GB 16297	大气污染物综合排放标准
GB 18597	危险废物贮存污染控制标准
GB 18599	一般固体废物储存、处置场污染控制标准
GB 50235	工业金属管道工程施工规范
GB/T 212	煤的工业分析方法
GB/T 214	煤中全硫的测定方法
GB/T 2440	尿素
GB/T 6719	袋式除尘器技术要求
GB/T 6920	水质 pH 值的测定 玻璃电极法
GB/T 7484	水质 氟化物的测定 离子选择电极法
GB/T 7485	水质 总砷的测定 二乙基二硫代氨基甲酸银分光光度法
GB/T 11901	水质 悬浮物的测定 重量法

GB/T 11914	水质　化学需氧量的测定　重铬酸盐法
GB/T 12452	企业水平衡测试通则
GB 13223	火电厂大气污染物排放标准
GB/T 14679	空气质量氨的测定次氯酸钠—水杨酸分光光度法
GB/T 15432	环境空气总悬浮物颗粒物的测定重量法
GB/T 16157	固定污染源排气中颗粒物测定与气态污染物采样方法
GB/T 20801.1	压力管道规范　工业管道　第1部分：总则
GB/T 21509	燃煤烟气脱硝技术装备
GB/T 27869	电袋复合除尘器
GB/T 31584	平板式烟气脱硝催化剂
GB/T 31587	蜂窝式烟气脱硝催化剂
DL/T 260	燃煤电厂烟气脱硝装置性能试验规范
DL/T 296	火电厂烟气脱硝技术导则
DL/T 322	火电厂烟气脱硝（SCR）装置检修规程
DL/T 334	输变电工程电磁环境监测技术规范
DL/T 335	火电厂烟气脱硝（SCR）系统运行技术规范
DL/T 341	火电厂石灰石/石灰—石膏湿法烟气脱硫装置检修导则
DL/T 387	火力发电厂烟气袋式除尘器选型导则
DL/T 414	火电厂环境监测技术规范
DL/T 461	燃煤电厂电除尘器运行维护管理导则
DL/T 514	电除尘器的制造要求与检验规则
DL/T 586	电力设备监造技术导则
DL/T 678	电力钢结构焊接通用技术条件
DL/T 748	火力发电厂锅炉机组检修导则
DL/T 748.6	火力发电厂锅炉机组检修导则　第6部分：除尘器检修
DL/T 838	发电企业设备检修导则
DL/T 852	锅炉启动调试导则
DL/T 855	电力基本建设火电设备维护保管规程
DL/T 895	除灰除渣系统运行导则
DL/T 938	火电厂排水水质分析方法
DL/T 988	高压交流架空送电线路、变电站工频电场和磁场测量方法
DL/T 997	火电厂石灰石—石膏法脱硫废水水质控制指标
DL/T 1050	电力环境保护技术监督导则
DL/T 1121	燃煤电厂锅炉烟气袋式除尘工程技术规范
DL/T 1175	火力发电厂锅炉烟气袋式除尘器滤料滤袋技术条件
DL/T 1262	火电厂在役湿烟囱防腐技术导则
DL/T 1477	火力发电厂脱硫装置技术监督导则
DL/T 5046	火力发电厂废水治理设计技术规程
DL/T 5047	电力建设施工及验收技术规范锅炉机组篇

DL/T 5196　火力发电厂烟气脱硫设计技术规程

DL/T 5257　火电厂烟气脱硝工程施工验收技术规程

DL/T 5417　火电厂烟气脱硫工程施工质量验收及评定规程

DL/T 5418　火电厂烟气脱硫吸收塔施工及验收规程

DL/T 5480　火力发电厂烟气脱硝设计技术规程

HJ 487　水质　氟化物的测定　茜素磺酸锆目视比色法

HJ 488　水质　氟化物的测定　氟试剂分光光度法

HJ 535　水质　氨氮的测定　纳氏试剂分光光度法

HJ 562　火电厂烟气脱硝工程技术规范—选择性催化还原法

HJ 563　火电厂烟气脱硝工程技术规范—选择性非催化还原法

HJ 580　含油污水处理工程技术规范

HJ 637　水质　石油类和动植物油类的测定—红外分光光度法

HJ 2015　水污染治理工程技术导则

HJ 2020　袋式除尘工程通用技术规范

HJ 2025　危险废弃物收集、储存、运输技术规范

HJ 2028　电除尘器工程通用技术规范

HJ 2040　火电厂烟气治理设施运行管理技术规范

HJ/T 75　固定污染源烟气排放连续监测技术规范

HJ/T 76　固定污染源烟气排放连续监测系统技术要求及检测方法

HJ/T 178　火电厂烟气脱硫工程技术规范烟气循环流化床法

HJ/T 179　火电厂烟气脱硫工程技术规范石灰石/石灰—石膏法

HJ/T 212　污染源在线自动监控系统数据传输标准

HJ/T 327　环境保护产品技术要求袋式除尘器滤袋

HJ/T 353　水污染源在线监测系统安装技术规范（试行）

HJ/T 354　水污染源在线监测系统验收技术规范

HJ/T 562　火电厂烟气脱硝工程技术规范选择性催化还原法

HJ/T 563　火电厂烟气脱硝工程技术规范选择性非催化还原法

JB/T 5910　电除尘器

JB/T 5911　电除尘器焊接件技术要求

JB/T 11263　燃煤烟气干法/半干法脱硫设备运行维护规范

JB/T 11638　湿式电除尘器

SH 3007　石油化工储运系统罐区设计规范

国务院令第 253 号　建设项目环境保护管理条例

国务院令第 591 号　危险化学品管理条例

环办函〔2014〕990 号　关于加强废烟气脱硝监管工作的通知

发改价格第 536 号　燃煤发电机组环保电价及环保设施运行监管办法

国家环保总局令第 13 号　建设项目竣工环境保护验收管理办法

环保部环发第 88 号　国家重点监控企业污染源自动监测数据有效性审核办法

国能安全〔2014〕328 号　燃煤发电厂液氨罐区安全管理规定

国家电投规章〔2016〕124 号　　国家电力投资集团公司火电技术监督管理规定
国家电投安环　　环境保护污染事件应急预案

3　总则

3.1　国家电投集团以"奉献绿色能源、服务社会公众"为宗旨。按照"预防为主，防治结合"的工作方针，实施在可研、环评、设计、制造、安装、调试、验收、运行、检修等各阶段全过程环保技术监督。

3.2　环保技术监督的目的是确保燃煤发电厂的污染物排放指标满足国家和地方的排放标准。

3.3　从事环保技术监督的人员，应熟悉和掌握本细则及相关标准和规程中的规定。

4　环保技术监督范围及指标

4.1　燃煤电厂环保技术监督范围

发电燃料（煤、油）和水源及其相关的原材料；发电过程中产生、治理、排放的各种污染物（气体污染物：烟尘、二氧化硫 SO_2、氮氧化物 NO_x、汞等，固体废弃物灰、渣、石膏等，废水和噪声以及工频电场、磁场等）；污染物治理设备、设施（除尘器、脱硫系统、烟囱、脱硝系统、水处理系统、降低噪声设施等）；污染物在线监测和测量仪器、仪表；综合利用设施储灰罐、储灰（渣、石膏）场，储煤场及其采取的环保治理设备、设施等。

4.2　环保技术监督的主要指标

a）大气污染物排放浓度、排放总量、排放达标率；

b）水污染物排放浓度、排放总量、排放达标率；

c）厂界噪声与敏感点环境噪声；

d）环境监测任务完成率；

e）废水处理设施投运率；

f）电除尘器电场投运率；

g）烟气脱硫系统投运率；

h）烟气脱硝系统投运率；

i）除尘、脱硫、脱硝设施处理效率达到设计或调整值；

j）灰、渣及脱硫石膏等固体废弃物利用率；

k）危险废弃物处置；

l）工频电场、磁场。

5 环保技术监督内容

5.1 除尘器

5.1.1 除尘器设计

5.1.1.1 除尘器的设计应满足 GB 13223、地方排放标准及环评批复的要求。

5.1.1.2 火电企业应向除尘器制造厂家提供设计所需的燃煤成分、烟气参数、飞灰特性及工况参数、工程条件、设计参数等技术性能要求，由制造厂家根据技术性能要求，按照国家及行业标准设计。

5.1.1.3 在确定制造厂家时，既要考虑价格因素，又要考虑制造厂家设计制造能力和业绩。除尘器设计上要留有一定裕度，以应对燃用煤种变化和运行的性能降低，以及环保排放标准的逐步提高，应保证设备选型合理。

5.1.1.4 电除尘器的设计按照 DL/T 514、HJ 2028、JB/T 5910 执行，适应采用电除尘器的粉尘比电阻一般在 $10^4 \sim 10^{13} \, \Omega \cdot cm$。

5.1.1.5 袋式除尘器设计按照 GB/T 6719、DL/T 387、DL/T 1121、HJ 2020 执行。电袋复合除尘器设计按照 GB/T 27869 执行。袋式除尘器（电袋复合除尘器）不得设置烟气旁路，应设计预涂灰装置。根据具体情况可在空预器出口烟道设计紧急喷雾降温装置，喷嘴的数量根据烟气量和温升的情况确定，喷水量和液滴直径应保证在进入除尘器之前能完全蒸发，喷嘴应有防堵、防磨措施。

5.1.1.6 袋式除尘器的运行阻力设计一般 1000～1300Pa；高粉尘燃料机组设计在1300～1800Pa。

5.1.1.7 湿式电除尘。

a）湿式电除尘器的设计选型按照 JB/T 11638 执行；

b）湿式电除尘器系统应设置结构合理、运行稳定的工艺水系统，工艺水水质符合要求；

c）湿式电除尘器根据具体情况可选用不同类型的阳极板，为保证湿式电除尘器长期高效稳定运行，需进行结构防腐和防火系统的设计；

d）湿式电除尘器设计时应明确出口烟尘浓度、雾滴含量、SO_3、PM2.5、重金属（汞）去除率和排放指标。

5.1.2 除尘器的监造、安装、调试

5.1.2.1 火电企业应按照 DL/T 586 的要求，对除尘器的主要设备安排人员到制造厂进行质量监造，电除尘器的制造应符合 DL/T 514、HJ 2028 的规定。

5.1.2.2 电除尘器的主要零部件（包括底梁、立柱、大梁、阳极板、阴极线、阴极框架、工艺水系统）应符合 JB/T 5910、JB/T 5911 及相关国家标准的规定，检验合格的零部件方可出厂。

5.1.2.3 电除尘器系特大型设备，其零部件一般在制造厂内制造，运到现场总装。出厂前重点检验产品主件：大梁、底梁、立柱、阳极板、阴极线、阴极框架、高压电源等；湿

式电除尘还需检验喷淋系统喷嘴和水循环系统管道。

5.1.2.4 袋式除尘器和电袋复合除尘器的制造至少满足 HJ 2020 的规定，滤袋应符合 DL/T 1175 及 HJ/T 327 的规定，特殊性要求可执行除尘行业技术规范。

5.1.2.5 钢结构件所有的焊缝应符合 DL/T 678 的规定，所用材料及紧固件按国家标准或行业标准验收，符合设计规定方可使用。

5.1.2.6 所有出厂的设备、容器、管道内部不允许有泥沙、杂物和缺陷，设备表面应涂刷防护漆，管端应密封。设备及零部件到达现场，验收合格后应按照 DL/T 855 及制造厂说明书要求妥善保管。

5.1.2.7 安装前，复检各零部件，合格后方可安装。施工单位应按照国家标准、施工图及制造厂提供的安装图样进行安装质量检验，制造厂派驻工地代表负责安装质量监督，并协助解决安装中的问题；监理单位和建设单位应按照程序组织复检、停工待检、隐蔽工程验收等全过程质量管理。

5.1.2.8 电除尘器的调试按照 DL/T 461、DL/T 852、HJ 2028 及调试大纲、调试方案执行；除尘器的调试监督主要内容包括：冷态空载升压试验、冷态气流分布试验、低压控制回路、阴阳极、槽板振打机构、灰斗料位计及出灰系统、所有加热器、各控制系统的报警和跳闸功能、冷态空载、热态负荷整机、湿式电除尘工艺水系统、湿式电除尘电场投水前后的伏安特性曲线等；袋式除尘器，在投运前应进行预涂灰，预涂灰完成后不得清灰，直至除尘器正式投入运行。

5.1.2.9 调试结束时，调试技术资料应齐全并归档。168h 试运完成后及时向环境保护行政主管部门提出环保验收申请，并向相应级别发改委（或经贸委）备案。

5.1.3 除尘器运行

5.1.3.1 除尘器投运率达到 100%，除尘器效率、压力损失、漏风率、出口烟尘浓度达到设计保证值。

5.1.3.2 电除尘器的整流变压器、电抗器油温升不超过 80℃，无异常声音；高压整流变运行电压电流应在正常范围。

5.1.3.3 检查电除尘器振打系统、灰斗料位计、灰斗加热系统及出灰系统，应运行正常。当高料位信号报警时，应及时处理，保证出灰系统运行正常。

5.1.3.4 若除尘器前设置低温或低低温省煤器，按运行规程要求控制好凝结水流量和除尘器入口烟温。

5.1.3.5 袋式除尘器运行要监视压力损失和清灰效果，监视进口烟气温度：当烟气温度达到设定的高温或低温限值时应发出报警，并立即采取应急措施。

5.1.3.6 袋式除尘器喷吹系统检查：检查空气压缩机电流、排气压力、储气罐压力及稳压气包喷气压力正常。巡检脉冲阀和其他阀门的运行状态和密封情况。

5.1.3.7 锅炉停运后，袋式除尘系统应继续运行 5 ~ 10min，进行通风清扫。锅炉短期停运（不超过 4d）时，除尘器可不清灰，再启动时可不用进行预涂灰。

5.1.3.8 锅炉长期停运时，袋式除尘器应对滤袋彻底清灰，并清理灰斗的存灰，再次启动时应进行预涂灰。

5.1.3.9 袋式除尘器运行期间，滤袋备件不少于 5%，滤袋寿命期前 6 个月应批量采购滤袋。

5.1.3.10 湿式除尘器运行。

    a）检查各加热系统工作电流正常；

    b）检查各指示灯及报警控制板的功能良好；

    c）高压控制柜指示的一次侧电流、电压，二次侧电流、电压正常；

    d）各箱罐的液位、补给水泵、加碱泵、循环水泵运行正常，各泵运行显示流量正常；

    e）循环水过滤系统运行正常；

    f）观察电场火花率、pH 值，并在实际运行中逐步调到最佳状态，直至达到满意的除尘效率。

5.1.4 除尘器检修

按照 DL/T 748.6 及 DL/T 461 执行。

5.1.4.1 电除尘器检修应包括：阳极板、阴极线、绝缘瓷件等内部组件的清灰、定位及损坏的修复。全面检查调整极距，阴极悬挂装置、大小框架及振打传动装置；检查阳极振打系统及传动设备；检查减速机、承击振打中心位置、磨损情况；检查各振打轴、锤紧固情况，保险销是否有断裂、损坏；检查灰斗卸灰及输灰系统。

5.1.4.2 电除尘器检修应包括：全面检查电加热或蒸汽加热系统、热风吹扫系统、料位报警装置、电除尘器控制系统；检查绝缘子室及绝缘套管、阴极线、高压硅整流变压器。

5.1.4.3 湿式除尘器的检修监督还应包括：检查壳体、阳极板和支撑梁腐蚀损坏及修复情况；检查湿式除尘器工艺水系统电磁阀状态、冲洗管网及喷嘴堵塞情况并修复。

5.1.4.4 布袋除尘器检修监督滤袋和袋笼：查看每一个过滤仓室的滤袋破损情况，检查袋笼、气流分布板磨损、变形和腐蚀情况。

5.1.4.5 监督布袋除尘器清灰系统：检查吹灰装置是否有错位、松动和脱落，检查压缩空气系统除油、脱水、干燥过滤设备及空气过滤器堵塞情况。检查灰斗卸灰及输灰系统：检查灰斗卸灰装置、料位计报警装置、加热装置。

5.1.4.6 监督布袋除尘器烟道预喷涂装置：检查烟道上预喷涂法兰或喷孔磨损、腐蚀、堵塞情况。检查喷雾降温系统的喷嘴磨损、腐蚀、堵塞情况。检查电磁脉冲阀的灵活性和严密性。

5.1.5 其他要求

5.1.5.1 除灰除渣系统运行按照 DL/T 895 的规定执行。

5.1.5.2 除尘器的运行记录保留时间不少于 1 年。

5.1.5.3 新投产机组运行 3～6 个月应进行除尘器性能验收试验；现役机组进行除尘器技术改造、A 级检修及更换布袋后，应进行除尘器性能验收试验。性能试验报告应及时归档。

5.2 脱硫系统

5.2.1 脱硫系统设计

5.2.1.1 脱硫系统设计应满足 GB 13223、地方排放标准及环评的要求。

5.2.1.2 脱硫工艺的选择应根据锅炉容量、可预计供应的燃料品质、脱硫效率及排放标准和总量控制要求、吸收剂的供应、脱硫副产物的综合利用、场地布置、脱硫技术发展现状、安全可靠性和运行经济性的要求等因素，经全面分析论证后确定。

5.2.1.3 新建机组配套建设的脱硫系统设计，应根据设计煤种和校核煤种的硫份，在锅炉最大连续工况（BMCR）下，考虑最不利烟气条件、对应的煤种为脱硫最不利煤种等因素，此时，二氧化硫排放指标应满足环保标准要求，并留有适当的裕量，脱硫系统场地预留进一步改造空间。

5.2.1.4 现役机组脱硫装置增容改造设计，应根据锅炉最大负荷、燃煤成分、吸收剂品质及用水水质最不利的工况下烟气（含裕量）参数、现有场地条件、机组停机时间、机组节能降耗和工程投资情况以及国家和地方对排放限值及总量削减要求等因素，因地制宜，制定最合适的方案。一般情况下，吸收系统、烟气系统和公用系统应协调改造。

5.2.1.5 火电企业应向脱硫设备制造厂提供设计时所必需的技术性能要求和各种指标，制造厂根据要求并按 DL/T 5196 设计。石灰石/石灰—石膏法脱硫的设计、制造、安装及调试按照 HJ/T 179 等相关标准执行；烟气循环流化床干法脱硫的设计、制造、安装及调试按照 HJ/T 178 等相关标准执行。

5.2.1.6 设计脱硫 DCS 系统时，应考虑以下因素：

　　a）对于湿法脱硫系统和烟气循环流化床脱硫系统，DCS 系统要记录发电负荷（或锅炉负荷）、烟气温度和流量、增压风机电流和叶片开度、氧化风机和密封风机电流、脱硫剂输送泵电流、脱硫岛 pH 值及烟气进出口二氧化硫（SO_2）、氮氧化物（NO_x）、烟尘浓度等参数。

　　b）对于循环流化床锅炉炉内脱硫系统和炉外活化增湿脱硫系统，DCS 系统要记录自动添加脱硫剂系统输送风机电流以及烟气出口温度、流量、SO_2、烟尘、NO_x 浓度等参数。

　　c）DCS 系统要实现能随机调阅上述运行参数及趋势曲线，相关数据至少保存 1 年以上的要求。数据采集、传输点位设计应提前与地方环保主管部门沟通，确保符合主管部门要求。

5.2.2 脱硫系统设备监造、安装、调试

5.2.2.1 火电企业应按照 DL/T 586 的要求对脱硫系统主要设备进行监造，确定必要的设备、部件监造清单，合理安排人员到制造厂进行质量监造，确保制造过程质量控制符合国家标准、行业标准及技术文件要求。

5.2.2.2 脱硫系统设备、部件的材质耐磨性、抗腐蚀性应符 HJ/T 179 等相关标准，应确保与接触介质的理化特性相匹配甚至略高，检验合格的设备、部件方可出厂。

5.2.2.3 钢结构件所有的焊缝应符合 DL/T 678 的规定，所用材料及紧固件按国家标准及行业标准验收，符合设计规定方可使用。

5.2.2.4 所有出厂的设备、容器、管道内部不允许有泥沙、杂物和缺陷，设备表面应涂刷防护漆，管端应密封。设备及零部件到达现场，验收合格后应按照 DL/T 855 及制造厂说明书要求妥善保管。

5.2.2.5 脱硫设备的安装按照 DL/T 5417 中规定及制造厂安装说明书执行。

5.2.2.6 湿法脱硫吸收塔的施工按照 DL/T 5418 的规定执行。

5.2.2.7 监理单位、工程公司和建设单位应按照程序组织复检、停工待检、隐蔽工程验

收等全过程质量管理。安装前，复检各零部件，合格后方可安装；施工单位应按照国家标准、施工图及制造厂提供的安装图样进行安装质量检验，有防腐内衬的容器、管道要进行电火花检测等防腐性能复检，复检合格方可使用；现场进行的内衬防腐施工应执行监理旁站，工程公司和建设单位技术人员应严格执行停工待检、隐蔽工程等全过程质量验收。

5.2.2.8　脱硫系统调试应执行国家标准、行业标准及各方签订的技术文件。

5.2.2.9　脱硫分系统的调试监督主要内容包括工艺水系统、压缩空气系统、烟气系统、吸收塔系统、石灰石存储及浆液制备系统、石膏脱水系统、脱硫废水处理系统、电气系统、热控系统等。

5.2.2.10　脱硫系统整套启动调试监督的主要内容：系统的完整性、设备的可靠性、管路的严密性、仪表的准确性、保护和自动的投入效果，不同运行工况下脱硫系统的适应性；烟气系统、SO_2 吸收系统热态运行和调试；石膏脱水、脱硫废水处理等系统带负荷试运和调试；完善 pH 值调节、引（增）压风机热态动（静）叶调整、脱水调节、液位调节等。

5.2.2.11　调试结束时，调试技术资料应齐全并归档。168h 试运完成后及时向环境保护行政主管部门提出环保验收申请，并向相应级别发改委（或经贸委）备案。

5.2.3　石灰石/石灰—石膏湿法脱硫系统运行

5.2.3.1　SO_2 吸收系统。

　　a）通过启停浆液循环泵调节吸收塔浆液循环量，从而适应不同含硫量和不同机组负荷工况。

　　b）根据吸收塔入口烟气流量、SO_2 浓度及石灰石浆液品质、密度变化，调节石灰石供浆量以控制吸收塔浆液 pH 值。应严格控制 pH 值符合设计范围。

　　c）通过控制吸收塔石膏浆液排出量来实现吸收塔浆液密度调整，应严格控制吸收塔浆液密度符合设计范围。

　　d）通过控制吸收塔废水排放量来实现吸收塔浆液氯离子含量控制，氯离子含量应控制在 20000mg/L 以下。

5.2.3.2　吸收剂制备系统。

　　a）石灰石氧化钙含量、活性、细度等指标达到设计要求。石灰石氧化钙含量、细度等常规指标每批测量 1 次。

　　b）石灰石给料稳定，石灰石浆液浓度合格。

5.2.3.3　工艺水系统。

5.2.3.4　除雾器冲洗水压力满足设计要求。

5.2.3.5　石膏脱水系统。

　　a）脱硫石膏品质达到设计值；

　　b）石膏旋流子投入数量及入口压力正常，底流、溢流浆液密度符合设计要求；

　　c）脱水机运行符合设计要求。

5.2.4　干法脱硫系统运行

5.2.4.1　脱硫效率、出口 SO_2 浓度达到环保部门要求。

5.2.4.2　生石灰石中氧化钙含量、活性、细度等指标达到设计要求，氧化钙含量、细度等常规指标每批测量 1 次。

5.2.4.3 脱硫塔出口烟气温度满足后续除尘装置安全稳定运行要求。

5.2.5 石灰石/石灰—石膏湿法脱硫系统检修

5.2.5.1 烟气系统。

a）增压风机：检查外壳、衬板、叶片、出口导叶的磨损情况；检查调整液压驱动装置，校对叶片开度；检查传动装置；对轮系统进行检查、清理。

b）GGH（烟气—烟气热交换器）：检查 GGH 原、净烟气侧积灰和结垢情况，及时清理积灰和结垢；检查 GGH 密封系统，进行各密封间隙测量、调整；定期检查导向、支撑轴承；检查扇形板及调整间隙；检查吹灰器、喷嘴并清理堵塞；检查密封风机系统；减速箱各齿轮传动齿面磨损检查及间隙的调整。

c）检查烟道各处膨胀节应无开裂和漏泄现象；检查烟道防腐脱落及磨损情况。

5.2.5.2 SO₂吸收系统。

a）吸收塔：检查塔本体有无漏浆、漏烟现象；检查塔内损坏的部件并对其更换；检查吸收塔的内壁、钢梁、支撑件和喷淋层的防腐；检查、清理更换喷嘴。

b）除雾器：检查除雾器元件是否脱落、变形；检查除雾器元件的堵塞情况，表面是否清洁；检查冲洗水喷嘴是否脱落、角度是否正确；检查除雾器冲洗管道是否堵塞、泄漏，除雾器支撑件是否正常，如有必要进行局部更换。

c）吸收塔搅拌器：检查油封；清理减速机内部；检查轴承、叶轮，必要时修理或更换；搅拌器轴检修；检查更换润滑油；检查搅拌器震动情况，机封是否泄漏，皮带是否松动。

d）浆液循环泵：检查紧固地脚螺栓；检查联轴器螺栓；检查轴承间隙；修补叶轮，必要时更换；检查入口滤网堵塞、破损情况。

5.2.5.3 石膏脱水系统。

a）真空皮带脱水机：检查修补真空皮带脱水机滤布、脱水皮带；检查、清理冲洗水喷嘴；滚筒轴承、托辊轴承更换；检查皮带磨损情况；检查皮带跑偏开关、冲洗水流量控制系统和纠偏装置；检查真空盘和真空泵。

b）检查石膏旋流器有无堵塞、磨损或破损现象。

5.2.5.4 石灰石/石灰—石膏湿法烟气脱硫装置检修按照 DL/T 341 执行；烟气干法/半干法脱硫设备检修参照 JB/T 11263 执行。

5.3 脱硝系统

5.3.1 脱硝系统设计

5.3.1.1 脱硝工艺的选择按照 DL/T 296 执行。

a）烟气脱硝工艺应根据国家环保排放标准、环评批复要求、锅炉特性、燃料成分、还原剂的供应条件、水源和气源的可利用条件、还原剂制备区的要求、场地布置等因素、经全面技术经济论证后确定。

b）优选锅炉低氮燃烧技术措施，在使用燃烧控制技术后仍不能满足 NO_x 排放要求的，可根据地区、煤质、炉型条件选择技术成熟、经济可行并便于实施的选择性催化还原技术（简称 SCR）或选择性非催化还原技术（简称 SNCR）。

c）新建、改建、扩建的燃煤机组（除循环流化床锅炉之外）烟气脱硝宜采用 SCR 脱硝工艺。对于循环流化床锅炉脱硝工艺优先选择 SNCR。

5.3.1.2　还原剂的选择。

a）还原剂主要有液氨（NH_3）、尿素[$CO(NH_2)_2$]、氨水（$NH_3 \cdot H_2O$ 或 $NH_4 \cdot OH$）。还原剂的选择应根据其安全性、可靠性、外部环境敏感度及技术经济比较后确定。

b）火电企业地处远郊或远离城区，且液氨产地距火电企业较近，在能保证运输安全、正常供应的情况下，宜选择液氨作为还原剂。火电企业位于大中城市及其近郊区或受液氨运输条件限制的地区，宜选择尿素作为还原剂。

c）火电企业采用液氨作为还原剂的储存严格按照国能安全〔2014〕328 号执行。

d）SNCR 脱硝系统应采用尿素为还原剂。

e）尿素应符合 GB/T 2440 的要求。尿素溶解罐宜布置在室内，各设备间的连接管道应保温。所有与尿素溶液接触的设备材料应采用不锈钢材质。液氨应符合 GB 536 的要求。液氨运输工具应采用专用密封槽车。还原剂储存、制备和使用应符合 HJ/T 563 的规定。

f）当采用尿素制备氨气时，制备系统出力按脱硝系统设计工况下氨气消耗量的 120% 设计。

5.3.1.3　催化剂。

a）催化剂的设计选型应按 DL/T 5480 执行。

b）催化剂层数设计尽可能留有备用层。其层数的配置及寿命管理模式应进行技术经济比较，优选最佳模式。基本安装层数应根据催化剂化学、机械性能衰减特性及环保要求确定。

c）火电企业应根据实际运行情况，对催化剂试块进行性能测试，其化学寿命和运行寿命应满足脱硝的要求。

5.3.1.4　脱硝设施设计。

a）脱硝设施的设计应满足 GB 13223、地方排放标准及环评批复的要求。脱硝设施的设计按照 DL/T 5480 的规定执行，工艺系统、技术要求、检验验收按照 GB/T 21509 执行。

b）选择性催化还原法烟气脱硝系统设计参照 HJ/T 562 执行；选择性非催化还原法烟气脱硝系统设计参照 HJ/T 563 执行。

c）脱硝设备的设计应综合考虑环保标准变化趋势、实际烟气量、燃煤成分、灰渣特性等指标，并留有足够的裕度。

d）氨站应设置完备的消防系统、洗眼器及防毒面罩等；应设防晒及喷淋措施，喷淋设施应考虑工程所在地冬季气温因素；应设置工业电视监视探头，并纳入工业电视监视系统。厂界氨气的浓度应符合 GB 14554 的要求。

e）脱硝反应器入口 CEMS 数据应包含烟气流量、NO_x 浓度（以 NO_2 计）、烟气含氧量等；脱硝反应器出口数据应包括 NO_x 浓度、烟气含氧量、氨逃逸浓度等，同时满足环保部门要求，CEMS 与环保等相关部门联网。

f）脱硝催化剂安装高度应为催化剂模块高度、支撑梁高度、单轨吊高度、安装与检修空间之和。

g）SCR 反应器及入口烟道整体设计应充分考虑在第一层催化剂入口的烟气流速偏差、

烟气温度偏差、NH_3/NO_x 摩尔比偏差等因素，应通过数模或物模试验合理配置导流板，将上述因素控制在允许范围内。

5.3.2 脱硝系统设备监造、安装、调试

5.3.2.1 火电企业应按照 DL/T 586 的要求对脱硝系统主要设备进行监造，确定必要的设备、部件监造清单，合理安排人员到制造厂进行质量监造，确保制造过程质量控制符合国家标准、行业标准及技术文件要求。

5.3.2.2 火电企业应按照 GB/T 31587、GB/T 31584 中对催化剂的生产进行监造。

5.3.2.3 所有与尿素溶液、氨水溶液接触的泵和输送管道等材料应采用不低于 S304 不锈钢材质。

5.3.2.4 氨输送用管道应符合 GB/T 20801.1～6 有关规定，所有可能与氨接触的管道、管件、阀门等部件均应严格禁铜。液氨管道上应设置安全阀，设计应符合 SH 3007 有关规定。

5.3.2.5 脱硝系统设备、部件的材质抗腐蚀性应符合 DL/T 5480、HJ/T 562、HJ/T 563 等相关标准的规定。

5.3.2.6 脱硝设备中压力容器制造应按照 GB 150 执行。

5.3.2.7 钢结构件所有的焊缝应符合 DL/T 678 的规定，所用材料及紧固件按国家标准及行业标准验收，符合设计规定方可使用。

5.3.2.8 所有出厂的设备、容器、管道内部不允许有泥沙、杂物和缺陷，设备表面应涂刷防护漆，管端应密封。设备及零部件到达现场，验收合格后应按照 DL/T 855 及制造厂说明书要求妥善保管。

5.3.2.9 氨系统管道和尿素溶液管道的安装质量标准和检验方法（水压试验、气密性试验）应符合 GB 50235 相关规定。

5.3.2.10 压力容器的安装质量标准和检验方法（水压试验、气密性试验）应符合 GB 150.1～4 相关规定。

5.3.2.11 脱硝设备的安装质量标准及验收检验方法参照 DL/T 5047、DL/T 5257 中有关规定及制造厂安装说明书执行。

5.3.2.12 监理单位、工程公司和建设单位应按照程序组织复检、停工待检、隐蔽工程验收等全过程质量管理及验收。安装前，复检各零部件、材料等，合格后方可使用、安装；施工单位应按照国家标准、施工图及制造厂提供的安装图样进行安装质量检验，复检合格方可使用。

5.3.2.13 催化剂层的安装方案应方便催化剂的检修、维护与换装。

5.3.2.14 脱硝设备调试按照 GB/T 32156、DL/T 335 标准及各方签订的技术文件执行。

5.3.2.15 脱硝分系统调试的主要内容包括烟气系统、喷氨系统、吹灰系统、除灰系统、还原剂制备系统、电气系统、热控系统等。

5.3.2.16 脱硝整套启动调试的主要内容：系统的完整性、设备的可靠性、管路的严密性、仪表的准确性、保护和自动的投入效果；检验不同运行工况下脱硝系统的适应性、检验还原剂制备系统、公用系统满足脱硝装置整套运行情况；烟气系统、脱硝反应器热态运行和调试。

5.3.2.17 调试期间应进行 NH_3/NO_x 摩尔比分布优化调整试验。

5.3.2.18 调试结束时，调试技术资料应齐全并归档。168h 试运完成后及时向环境保护行政主管部门提出环保验收申请，并向相应级别发改委（或经贸委）备案。

5.3.3 脱硝系统运行

5.3.3.1 SCR 脱硝运行。

a）SCR 脱硝设备运行按照 HJ/T 562 执行，脱硝出口 NO_x 浓度应满足 GB 13223 及地方排放标准的要求。

b）脱硝效率、SO_2/SO_3 的转化率（一般 ≤1%）、系统压力损失等达到设计保证值。氨逃逸浓度 <3μL/L，同时应不影响后续设备正常稳定运行，并达到环保排放标准要求。

c）脱硝用还原剂的储存应符合化学危险品处理有关规定。以液氨作为还原剂的火电企业，氨区（接卸、储存液氨及制备氨气的生产区域）的运行维护严格按照国能安全〔2014〕328 号执行，氨区作业人员应熟知氨区作业规程规范和应急措施，作业前按等级进行风险评价，并做好安全交底。

d）对于失效或活性不符合要求的催化剂可进行再生，延长催化剂整体寿命。再生催化剂的化学活性应达到新催化剂的 90% 以上。

5.3.3.2 SNCR 脱硝运行。

a）SNCR 脱硝设备运行按照 HJ/T 563 执行，脱硝出口 NO_x 浓度应满足 GB 13223 及地方排放标准的要求。

b）脱硝效率、系统压力损失等达到设计保证值。氨逃逸浓度 <10μL/L，同时应不影响后续设备正常稳定运行，并达到环保排放标准要求。

c）脱硝用还原剂的储存应符合化学危险品处理有关规定。

5.3.3.3 现役机组技术改造或更换催化剂 1 个月后，应进行脱硝设备性能试验，其性能试验参照 DL/T 260 执行。

5.3.4 脱硝系统的检修

5.3.4.1 脱硝系统检修按照 DL/T 322 执行。

5.3.4.2 脱硝反应区。

检查稀释风机、取样风机、氨—空气混合器、稀释风加热器、喷氨装置、反应器及催化剂、吹灰器、烟道补偿器和烟气均布板装置等。

5.3.4.3 还原剂制备区。

a）氨区的检修作业必须严格执行工作票制度，在采取可靠隔离措施并充分置换后方可作业，不准带压修理和紧固法兰等设备。

b）检查液氨制氨系统：液氨卸料压缩机、液氨储罐、液氨供应泵、液氨蒸发器、氨气缓冲罐、氨气瓶组、氮气储罐、废水泵等。

c）检查尿素制氨系统：尿素溶液输送泵、尿素喷枪、喷嘴、管路伴热系统等。

d）检查氨水制氨系统：氨水储罐、氨水泵等。

5.3.4.4 检修要求。

a）氨系统检修人员应通过有关危险化学品知识培训，考试合格取得资格证书。储氨罐维护人员，还应取得压力容器操作证书。

b）氨气系统设备、管道进行检修前应进行气体置换，用氮气置换氨气，再用空气置换氮气，并对作业区域周围进行氨气浓度监测，要求 $NH_3 \leqslant 30 \times 10^{-6}$，保证容器内氧含量 $>20\%$ 才作业。

c）氨区检修与维护时使用铜制工具，严禁动火操作，如必须动火处理，须做好隔离措施。在氨罐内检查清理杂物时，应设专人监护。

d）作业人员离开氨罐时，应将作业工具带出，不得留在氨罐内。氨罐内照明，应使用电压不超过 12V 低压防爆灯。

e）催化剂要求做到停炉必查，其中，催化剂的检修包括停炉检查、清灰、活性检测、现场性能测试、加装和更换。SCR 反应器内部检修过程中应做好催化剂的防护工作，不造成催化剂单元孔堵塞和破损。

5.4 烟气排放连续监测系统（CEMS）

5.4.1 CEMS 的安装及监测

5.4.1.1 CEMS 的安装位置、采样点的选取应符合 HJ/T 75、HJ/T 76 及地方环保部门的要求和规定。

5.4.1.2 新建燃煤机组 CEMS 采样点宜安装在烟囱上。

5.4.1.3 环保监测用的 CEMS 测量项目至少应包括：烟尘浓度、SO_2 浓度、NO_x 浓度、烟气参数（温度、压力、流量、含氧量、流速、湿度等），同时应满足地方环保部门的要求和规定。

5.4.1.4 CEMS 的技术验收由参比方法验收和联网验收两部分组成。

a）参比方法测点的验收检测项目及考核指标见表 1；

b）联网验收检测项目及考核指标见表 2。

表 1　参比方法验收检测项目及考核指标

检测项目	考核指标及准确度
颗粒物	当参比方法测定烟气中颗粒物排放浓度 $\leqslant 50mg/m^3$ 时，绝对误差 $\pm 15mg/m^3$ $>50mg/m^3$ 且 $\leqslant 100mg/m^3$ 时，相对误差 $\pm 25\%$ $>100mg/m^3$ 且 $\leqslant 200mg/m^3$ 时，相对误差 $\pm 20\%$ $>200mg/m^3$ 时，相对误差 $\pm 15\%$
气态污染物	当参比方法测定烟气中 SO_2 和 NO_x 排放浓度 $\leqslant 20\mu mol/mol$ 时，绝对误差 $\pm 6\mu mol/mol$ $>20\mu mol/mol$ 且 $\leqslant 250\mu mol/mol$ 时，相对误差 $\pm 20\%$ $>250\mu mol/mol$ 时，相对准确度 $\leqslant 15\%$
流速	流速 $>10m/s$ 时，相对误差 $\pm 10\%$ 流速 $\leqslant 10m/s$ 时，相对误差 $\pm 12\%$
烟温	绝对误差 $\pm 3℃$

表 2　联网验收检测项目及考核指标

检测项目	考核指标
通信稳定性	1. 现场机在线率为 90% 以上 2. 正常情况，掉线后应在 5min 之内重新上线 3. 单台数据采集传输仪每日掉线次数在 5 次以内 4. 报文传输稳定性在 99% 以上，当出现报文错误或丢失时，启动纠错逻辑要求重新发送报文
数据传输安全性	1. 对所传输的数据应按照 HJ/T 212 中规定的加密处理传输，保证数据传输的安全性 2. 服务器端对请求连接的客户端进行身份验证
通信协议正确性	现场机和上位机的通信协议应符合 HJ/T 212 中的规定，正确率 100%
数据传输正确性	系统稳定运行 1 周后，对数据进行检查，对比接收的数据和现场的数据要完全一致，抽查数据正确率 100%
联网稳定性	系统稳定运行 1 个月，不出现除通信稳定性、通信协议正确性、数据传输正确性以外的其他联网问题

5.4.1.5　通过环保部门现场验收和联网验收的 CEMS，才可纳入固定污染源监控系统，并与环保等部门的监控中心联网。

5.4.2　CEMS 的定期校准

5.4.2.1　具有自动校准功能的颗粒物和气态污染物 CEMS 每 24h 至少自动校准一次仪器零点和跨度。具有自动校准功能的流速 CEMS 每 24h 至少自动校准一次仪器零点和跨度。

5.4.2.2　无自动校准功能的颗粒物和气态污染物 CEMS 每 3 个月校准一次仪器零点和跨度。

5.4.2.3　直接测量法气态污染物 CEMS 每 15 天（国控重点污染源）至少用校准装置通入零气和接近烟气中污染物浓度的标准气体校准一次仪器零点和工作点。

5.4.2.4　无自动校准功能的气态污染物 CEMS 每 15 天至少用零气和接近烟气中污染物浓度的标准气体校准一次仪器零点和工作点。

5.4.2.5　无自动校准功能的流速 CEMS 每 3 个月至少校准一次仪器零点和跨度。

5.4.2.6　抽气式气态污染物 CEMS 每 3 个月至少进行一次全系统的校准。

5.4.3　CEMS 的定期校验

5.4.3.1　每 3 个月至少做一次校验，校验用参比方法和 CEMS 同时段数据进行比对。

5.4.3.2　当校验结果不符合表 1 要求时，则应扩展为对颗粒物 CEMS 方法的相关系数的校正、评估气态污染物 CEMS 的相对准确度和流速 CEMS 的速度场系数的校正，直到烟气 CEMS 达到表 1 要求。

5.4.4 CEMS 的监测数据的有效性审核

5.4.4.1 火电企业应配合环保主管部门进行有效性审核工作。

5.4.4.2 有效性审核工作按照环保部环发第 88 号等有关规定进行，重点审核污染源自动监测数据准确性、数据缺失和异常等情况。

5.4.5 CEMS 缺失数据的处理

5.4.5.1 烟气 CEMS 故障期间、维修期间、失控时段、参比方法替代时段，以及有计划地维护保养、校准、校验等时间段均为 CEMS 缺失数据时间段。

5.4.5.2 不论何种原因导致的 CEMS 监测数据缺失，火电企业均应在 8h 内上报当地环保部门及二级单位。

5.4.5.3 任一参数的烟气 CEMS 数据缺失 24h 以内，缺失数据按该参数缺失前 1h 的有效小时均值和恢复后 1h 的有效均值的算术平均值进行补遗。

5.4.5.4 颗粒物 CEMS、气态污染物 CEMS 数据缺失超过 24h，缺失的小时排放量按该参数缺失前 720h 有效均值中最大小时排放量进行补遗，其浓度值不需补遗。

5.4.5.5 除颗粒物、气态污染物以外的其他参数的烟气 CEMS 数据缺失超过 24h 时，缺失的小时排放量按该参数缺失前 720h 有效均值算术平均值进行补遗。

5.4.6 CEMS 日常维护

5.4.6.1 根据 CEMS 说明书的要求确定 CEMS 系统保养内容、保养周期、耗材更换周期，每次保养情况进行记录并归档。每次进行备件或材料更换时，更换的备件或材料的品名、规格、数量等进行记录并归档。

5.4.6.2 对日常巡检或维护保养中发现的故障或问题，应及时处理并记录。对于一些容易诊断的故障，如电磁阀控制失灵、泵膜裂损、气路堵塞、数据采集器死机、通信和电源故障等，应 24h 内及时解决；对不易维修的仪器故障，若 72h 内无法排除，应准备相应的备用仪器。备用仪器或主要关键部件（如光源、分析单元）经调换后应按照规定的方法对系统重新调试，经环保部门认可后方可投入运行。

5.4.7 CEMS 定期维护

5.4.7.1 机组停运到开机前应及时到现场清洁浊度仪光学镜面。

5.4.7.2 每 30 天至少清洗一次隔离烟气与光学探头的玻璃视窗，检查一次仪器光路的准确情况；对清吹空气保护装置进行一次维护，检查空气压缩机或鼓风机、软管、过滤器等部件。每 3 个月至少检查一次气态污染物 CEMS 的过滤器、采样探头和管路的结灰和凝结水情况、气体冷却部件、转换器、泵膜老化状态。

5.4.7.3 每 3 个月至少检查一次流速探头的积灰和腐蚀情况、反吹泵和管路的工作状态。

5.4.8 环保在线监管信息系统要求

5.4.8.1 环保在线监管信息系统要保持运行稳定、数据准确、应用功能完整，并做好维护。

5.4.8.2　环保在线监管信息系统要做事日常维护和定期维护。

5.5　废水处理系统

5.5.1　废水处理设施设计

5.5.1.1　废水处理设施的设计应满足 GB 8978、地方排放标准及环评批复的要求。火电企业应向制造厂家提供设计时所必需的技术性能要求，厂家根据要求并按照 DL/T 5046 设计。

5.5.1.2　废水处理设施的设计及选型参照 HJ 2015、DL/T 5046 执行。含油污水处理设施的设计及选型按照 HJ 580 执行。

5.5.1.3　设计应按照火力发电厂水务管理要求执行，充分考虑分类使用或梯级使用，提高废水的重复利用率，减少废水排放量。设计规模应按照火电企业规划容量和分期建设情况确定。

5.5.1.4　脱硫废水应单独处理，回收利用。其他废水均应处理至达到回用标准后重复利用。废水处理系统的排出口宜设置在线监测仪表和人工监测取样点。

5.5.1.5　废水处理系统应设计自动控制系统。

5.5.2　废水系统设备监造、安装、调试

5.5.2.1　火电企业应按照 DL/T 586 的要求对废水系统主要设备进行监造，确定必要的设备、部件监造清单，合理安排人员到制造厂进行质量监造，确保制造过程质量控制符合国家标准、行业标准及技术文件要求。

5.5.2.2　废水处理系统设备、部件选用材质的耐磨性、抗腐蚀性应符合 DL/T 5046 等相关标准要求，应确保与接触介质的理化特性相匹配甚至略高，检验合格的设备、部件方可出厂。

5.5.2.3　钢结构件所有的焊缝应符合 DL/T 678 的规定，所用材料及紧固件按国家标准及行业标准验收，符合设计规定方可使用。金属管道施工及验收按照 GB 50235 的规定执行。

5.5.2.4　所有出厂的设备、容器、管道内部不允许有泥沙、杂物和缺陷，设备表面应涂刷防护漆，管端应密封。设备及零部件到达现场，验收合格后应按照 DL/T 855 及制造厂说明书要求妥善保管。

5.5.2.5　废水处理设备的安装按照相关标准及制造厂安装说明书执行。

5.5.2.6　监理单位、工程公司和建设单位应按照程序组织复检、停工待检、隐蔽工程验收等全过程质量管理。安装前，复检各零部件，合格后方可使用、安装；施工单位应按照国家标准、施工图及制造厂提供的安装图样进行安装质量检验，有防腐内衬的容器、管道要进行电火花检测等防腐性能复检，复检合格方可使用；现场进行的内衬防腐施工应执行监理旁站，工程公司和建设单位技术人员应严格执行停工待检、隐蔽工程等全过程质量验收。

5.5.2.7　废水处理系统调试应执行国家标准、行业标准及各方签订的技术文件。废水处理设施的调试应按照 DL/T 5046 、HJ 2015、DL/T 1076 执行。

5.5.2.8　废水处理系统的调试监督应包括：工业废水、脱硫废水、化学废水、含煤废水、含油废水及生活污水处理设施及回用等系统。

5.5.2.9　调试结束时，调试技术资料应齐全并归档。168h 试运完成后及时向环境保护行政主管部门提出环保验收申请。

5.5.3　废水处理设施的运行

5.5.3.1　外排废水中污染物的排放应满足 GB 8978 及地方排放标准和总量要求。出口水质应达到设计要求。废水处理系统产生的污泥应按照环保部门有关规定进行无害化处理。

5.5.3.2　工业废水处理设施。

　　a）主要设备（废水收集池及空气搅拌装置、废水提升泵、混凝剂、助凝剂配药、计量、加药设备、混凝和絮凝设备、气浮装置、泥渣浓缩装置）和附属设备应正常投运。

　　b）加药计量泵运转状态良好，按照处理水质进行药量的调整。废水提升泵出力、扬程达到额定值。

　　c）混凝澄清效果良好，排出水浊度达到设计值。气浮设备溶气罐压力一般控制在 0.25～0.4MPa。

　　d）泥浆脱水系统正常投运。反冲洗泵可满足反冲洗强度要求，可使滤料达到设计膨胀率。

5.5.3.3　脱硫废水处理设施。

　　a）脱硫废水监测项目参照 DL/T 997 执行。

　　b）pH 值调节箱、有机硫加药混合箱、絮凝箱内搅拌机正常投运，搅拌强度达到设计值。混凝、絮凝效果良好，泥浆脱水系统正常投运，泥水分离效果良好。加药计量泵运行良好。

5.5.3.4　含煤废水处理设施。

　　含煤废水处理设施正常投入运行，处理后的废水重复利用。

5.5.3.5　含油废水处理设施。

　　含油废水处理设施正常投入运行，经过油水分离器处理后回收废油中含水率＜5%，出口排水含油量≤10mg/L。油水分离器排放的沉淀物应考虑防火措施。

5.5.3.6　生活污水处理设施。

　　a）生活污水处理系统正常投入运行；

　　b）一级与二级生物处理单元污水中应含有足够的溶解氧（DO），采用空压机不间断供气，确保水中溶氧量含量符合设计值。

5.5.3.7　在线监测 pH 值、流量等表计指示正确，定期进行校准和比对。

5.5.3.8　废水外排监测的主要项目、监测周期参照 DL/T 414 执行，详见表3；外排废水的监测方法按照 DL/T 414 规定执行。日常具体监测项目及监测周期可以根据排水的性质、火电企业的实际情况、当地环保部门要求及相关地方标准增减。

表3　外排废水的主要监测项目、监测周期

监测项目	工业废水	灰场废水	生活污水	脱硫废水	备　注
pH 值	1 次/旬	1 次/旬		1 次/旬	
悬浮物	1 次/旬	1 次/旬	1 次/月	1 次/季	
COD	1 次/旬	1 次/旬	1 次/月	1 次/季	
石油类	1 次/月	1 次/季			
氟化物	1 次/月	1 次/月		1 次/月	
总　砷	1 次/月	1 次/月		1 次/季	
硫化物	1 次/月			1 次/季	
挥发酚	1 次/年	1 次/年			
氨　氮		1 次/月	1 次/月		
BOD$_5$			1 次/季		
动植物油			1 次/月		
水　温		1 次/月		1 次/月	
排水量	1 次/月	1 次/月	1 次/月		
总　铅				1 次/季度	
总　汞				1 次/季度	
总　镉				1 次/季度	
总　铬				1 次/季度	
总　镍				1 次/季度	
总　锌				1 次/季度	

5.5.4　废水处理设施的检修

5.5.4.1　工业废水处理设施。

　　a）加药设施：检查配药箱、计量箱液位指示正确；检查药量调节阀调整正确；检查计量箱排污管是否堵塞。

　　b）混凝澄清池设施：检查加药混合箱防腐是否脱落、气浮池内释放器有无堵塞、溶气罐填料有无污堵、澄清器内斜板有无损坏、过滤设施内外部防腐层有无脱落、滤料有无污堵。

5.5.4.2　脱硫废水处理设施。

　　a）检查石灰浆液泵、净水泵、废水泵、废水循环泵、废水收集池外排泵等的机械密封是否泄漏。检查絮凝剂、混凝剂、助凝剂、有机硫加药泵及其管路是否堵塞、泄漏及腐蚀，手动调节部件是否灵活。

　　b）泥浆脱水系统：检查泥浆浓缩池搅拌机转数是否可调、泥浆输送泵管路系统有无泄漏、泥浆脱水机是否正常等。

5.5.4.3　含煤废水处理设施。

　　检查排泥浆系统是否堵塞、控制阀操作是否灵活、过滤器滤料是否平整、是否有泥渣堵塞等。

5.5.4.4　含油废水处理设施。

　　检查油水分离器、储油罐连接管路有无泄漏。

5.5.4.5　生活污水处理设施。

　　生活污水除渣设施：要保持捞渣机清洁，定期清理格栅。检查生化池内防腐层有无脱落，微孔曝气器有无腐蚀、微孔有无堵塞，立体弹性填料有无损坏。

5.5.4.6　在线监测表计。

5.5.4.7　应检查 pH 值、浊度、流量等表计的取样系统是否堵塞，取样阀门操作灵活；表计应按期校验合格。

5.5.4.8　废水处理设施检修验收指标参照 HJ/T 255 执行。

5.6　烟囱防腐

5.6.1　烟囱防腐设计

5.6.1.1　无论脱硫系统是否设置 GGH，均应考虑烟囱防腐设计。不设置 GGH 的湿烟囱顶部宜考虑防止冬季结冰的措施。

5.6.1.2　烟气 CEMS 安装位置、手工监测孔及其他相关设施应符合环保监测要求。

5.6.2　烟囱防腐改造

　　现役烟囱防腐改造前，应进行烟囱结构安全评估和防腐方案论证。

5.6.3　主要防腐材料

5.6.3.1　防腐材料应有抗酸性、抗渗性、耐磨性和强的粘接性，且具有自重轻、吸水性差的特性。

5.6.3.2　防腐材料（镍基合金—钢复合板、钛合金—钢复合板、无机内衬发泡玻璃砖、有机内衬发泡陶瓷砖、黏结剂、底层涂料等）的性能要求按照 DL/T 1262 执行。

5.6.4　烟囱防腐施工工艺控制

5.6.4.1　施工单位应按照相关标准、施工图及材料厂商提供的施工工艺、方法、步骤进行质量控制。

5.6.4.2　金属内衬防腐施工及焊接质量验收，无机内衬防腐及有机内衬防腐施工规范及检验均按照 DL/T 1262 执行。

5.6.4.3　进行内衬防腐施工应执行监理旁站；监理单位、工程公司和建设单位应按照程序组织停工待检、隐蔽工程验收等全过程质量监督管理。监督烟囱内部防腐施工涂层均匀，厚度符合设计和技术协议要求，涂层无孔隙、开裂、气泡和空洞等。

5.6.5 湿烟囱的运维

5.6.5.1 金属内衬防腐的烟囱，检修监督应以检查烟囱内外壁焊缝为主。

5.6.5.2 无机内衬及有机内衬防腐的烟囱，检修维护应定期进行，重点监督防腐层的局部脱落及由此引起的腐蚀渗漏。

5.7 厂界噪声

5.7.1 应按照环境影响报告书、环评批复及环保部门的要求，进行防噪、降噪设施的设计、制造、安装、调试、运行及检修。

5.7.2 降低厂界噪声的重点：火电企业的冷却水塔、锅炉风机和露天布置的其他转动设备。

5.7.3 降低噪声的主要设施：消音器、吸音和隔音墙、隔音罩、声屏障等。

5.7.4 在给冷却水塔加设声屏障时，声屏障的高度、位置的设置除考虑声学效果外，还应考虑对冷却水塔进风的影响，声屏障的高度原则上以隔断声源到达受声点的直达声波，并使绕射声的衰减量达到降噪标准为最低限度。

5.7.5 厂界噪声排放限值及测量方法按照 GB 12348 执行。监测频次按照 HJ 820 执行。

5.8 厂界工频电场、磁场

5.8.1 新建火电企业必须测量一次。如果升压站或输出线路有变动时，可能会引起厂界工频电场、磁场发生较大变化时，应再测量一次。

5.8.2 测量方法按照 DL/T 334、DL/T 988 执行。

5.9 无组织排放监督

5.9.1 储灰（渣、石膏）场的选址、设计及管理应符合 GB 18599 的规定。

5.9.2 煤场、储灰（渣、石膏）场、石灰石料场的设计应按照国家标准要求采取相应防止扬尘和防渗措施，并满足环评批复要求。储灰（渣、石膏）场应定期进行洒水、及时碾压；停运灰场应尽可能进行灰渣综合利用，不能综合利用的应进行覆土、绿化或表面固化处理。

5.9.3 储煤场、储灰（渣、石膏）场、石灰石料场粉尘及氨区氨的无组织排放监测按照 HJ/T 55 的规定执行。

5.9.4 储煤场、储灰（渣、石膏）场、石灰石料场的颗粒物无组织排放监测分析方法按照 GB/T 15432 执行；氨区氨的无组织排放监测分析方法按照 GB/T 14679 执行。

5.9.5 储灰（渣、石膏）场的地下水水质监督。

5.9.5.1 测点设置：测点设在储灰（渣、石膏）场的地下水质监控井，具体测点参照本厂项目环评中监测计划规定的监测点位。

5.9.5.2 监测方法：按照 GB 5750 的规定执行。

5.9.5.3 监测结果：按照 GB 14848 的规定，根据测量数据的变化，判断储灰（渣、石膏）场对地下水水质的影响，以便及时采取措施。

5.10 废弃物

5.10.1 一般废弃物

5.10.1.1 可回收废弃物应委托有相关资质回收公司进行回收处理、再利用。

5.10.1.2 不可回收的废弃物如生活垃圾等应送至垃圾转运站或处理场，由环保部门进行统一处理。

5.10.2 危险废弃物

5.10.2.1 危险废弃物应按照 GB 5085 和环办函〔2014〕990 号执行。

5.10.2.2 危险废弃物的收集、储存、运输、标识等应按照 HJ 2025 执行。

5.10.2.3 危险废物应按照环保部门要求对种类、数量、储存、处置等进行申报、备案。

5.10.2.4 审查危险废弃物处置单位的资质，委托有资质的单位对危险废弃物进行处置，并到有关部门办理相关手续。

5.11 燃煤中硫分、灰分

5.11.1 入厂煤中硫分、灰分每批测量一次。入炉煤硫分、灰分每班测量一次。

5.11.2 煤中硫分测量方法按照 GB/T 214 执行。煤中灰分测量方法按照 GB/T 212 执行。

6 环保技术监督各阶段重点工作

6.1 可行性研究、环境影响评估

6.1.1 可研阶段的厂址选择要充分考虑燃煤发电对环境的影响因素，避开保护区、景点等争议地区。委托有资质的单位编制环境影响评价文件，报送环保主管部门审查，并获取相应的批准文件。

6.1.2 未取得环评批复电力建设项目不得开工建设。

6.1.3 建设项目的环境影响评价文件经批准后，建设项目的性质、规模、地点、生产工艺或者污染防治措施发生重大变动的，建设单位应向原批准部门报送建设项目的环境影响评价变更报告，并获得批复。

6.1.4 建设项目的环境影响评价文件自批准之日起超过 5 年方决定该项目开工建设的，建设单位应向原批准部门报送其环境影响复核报告，并获得重新批复。

6.1.5 审核初可研和可行性研究报告中环保篇章，应有大气、废水、固体废弃物、噪声等方面的污染防治措施的论证内容，拟排放的各类污染物应达到国家及地方的排放标准。

6.2 设计、选型

6.2.1 根据环评报告书及批复文件委托设计单位进行环保设施的设计，火电企业技术人员应参与环保设施的可研、设计、设备选型及设备招投标等技术评审。

6.2.2 对照环评报告书及其批复文件，检查设计说明书中各项污染防治措施的落实情况，确保环保设施与主体工程"三同时"。

6.2.3　环保设施应采用工艺先进、运行可靠、经济合理的最佳实用技术，设计选型应具有前瞻性和先进性。

6.2.4　按照批复的环评报告书配置火电企业监测站的设备与人员，采购先进、成熟、准确、操作方便的监测仪器，按照要求配备并培训监测人员，持证上岗。

6.3　制造、安装

6.3.1　监督环保设备制造厂执行合同要求，重点监督重要部件及原材料材质。

6.3.2　对环保设备的制造质量进行抽样检查，做好抽检记录，编制抽检报告。对设备出厂试验项目、试验方法、试验结果进行监督。检查出厂试验报告、产品使用说明书、安装说明书及图纸、质量检验证书等。

6.3.3　审查安装单位编制的工程计划、施工方案及进度网络图。严格按照图纸及相关标准进行施工。环保设备、系统的安装质量应符合相关规定。

6.3.4　设备安装过程中应发挥工程监理的作用，监理提出的合理建议，应积极整改。

6.3.5　对环保设备的安装质量要进行抽样检查，并做好抽样记录，编制抽检报告。安装单位要提供各类环保设备的安装图纸、工程质量大纲、安装记录、质检记录和验收记录。

6.4　调试、验收

6.4.1　审查调试人员的资质，审核调试单位编制的调试大纲。

6.4.2　火电企业环保监督人员应参与环保设施的分部和整套调试工作，检查调试方案的实施，保证各项指标达到设计值，并对环保设施调试结果进行验收签字。

6.4.3　整体调试中，酸洗废水应有相应的处理设施，排水应符合 GB 8978 及地方排放标准的要求。噪声敏感地区不宜在夜间进行锅炉吹管，吹管时应采取降噪措施。

6.4.4　火电建设项目主体工程完工后，其配套建设的环保设施必须与主体工程同时投入运行，建设单位需向环保主管部门提出申请，经批准后方可进行调试及试运。

6.4.5　工程竣工后，建设单位需向环保主管部门申请项目竣工环境保护验收。建设单位在申请环保主管部门验收前应组织内部验收，对照环评要求逐条自查落实情况，二级单位要监督到位。建设单位应委托有资质的单位，进行验收监测并出具报告，根据环评批复，逐条落实污染防治措施，对照执行的排放标准，检查污染物达标情况，验收合格后方可正式投入生产。

6.5　运行、检修

6.5.1　环保技术监督的三大主要污染物治理设施：除尘器、脱硫设施和脱硝设施的运行必须按照发改价格第 536 号的规定执行，全年有效投入率应达到规定要求。

6.5.2　确保除尘、脱硫、脱硝、CEMS 和废水处理等环保设施的安全、稳定运行，保证其投运率达到 100%，烟气中烟尘、SO_2、NO_x 排放浓度超标时，应及时进行调整和处理。当环保设施出现故障停运时，应按照规定及时向环保主管部门和二级单位报告故障原因、处理措施及恢复投运时间，并及时办理停运手续。

6.5.3　根据《国家电投集团公司环境污染事件应急预案》，结合本单位实际情况编制

《环境污染事件应急预案》，下发到各有关工作岗位并定期组织演练；当发生环境污染事故时，立即采取相应的应急措施，避免事故扩大，并及时向上级公司和地方环保主管部门报告。

6.5.4 火电企业应按照国家法律法规要求，及时缴纳排污税费，同时要结合本厂环保设施改造工程安排，积极争取环保治理专项资金。

6.5.5 监督环保设备检修计划、检修方案，检修过程应严格按照检修文件包的要求进行工艺和质量控制。建立健全环保设施检修分析、设备台账和消缺记录。

6.5.6 凡发生超标排放的火电企业，必须及时报告上级公司，说明超标排放的原因及被处罚情况。

7 环保技术监督管理

7.1 技术监督组织体系建设

7.1.1 火电企业应建立健全由主管生产的副厂长（副总经理）或总工程师领导下的环保技术监督三级管理网。第一级为厂级，包括生产副厂长（副总经理）或总工程师领导下的环保技术监督专责人；第二级为部门分场级，包括运行部、检修部相关负责人和专业专工；第三级为班组级，包括各相关班组人员。在生产副厂长（副总经理）或总工程师领导下由环保技术监督专责人统筹安排，协调运行、检修等部门，协调环保、锅炉、汽机、热工、金属、电气、燃料、化学等相关专业共同配合完成环保技术监督工作。环保技术监督三级网应严格执行岗位责任制。

7.1.2 按照国家电投规章〔2016〕124号编制火电企业环保技术监督管理标准，做到分工、职责明确，责任到人。

7.1.3 火电企业环保技术监督工作归口职能管理部门在火电企业技术监督领导小组的领导下，负责环保技术监督的组织建设工作，建立健全技术监督网络，并设环保技术监督专责人，负责全厂环保技术监督日常工作的开展和监督管理。

7.1.4 火电企业应根据人员岗位变动情况及时对网络成员进行调整；人员配备应符合持证上岗要求。

7.2 制度

7.2.1 按照国家电投规章〔2016〕124号和本实施细则，根据国家有关电力环保技术监督的政策、法规及行业有关规程、标准、制度，结合燃煤火电企业的实际情况，制定本单位有关环保技术监督的管理制度、标准、实施细则等规章、制度。

7.2.2 编制环保技术监督相关/支持性文件，包括：

a)《环保技术监督实施细则》；

b)《环保设施运行维护管理办法》；

c)《环境污染事件应急预案》；

d) 各类环保设备运行规程、检修规程、系统图等；

e)《废弃物管理制度》。

7.3 年度工作计划与规划

7.3.1 各火电企业应按照规定时间编制完成上年度技术监督工作总结及下年度工作计划，报送二级单位。

7.3.2 年度工作计划主要内容。

    a）根据实际情况对环保技术监督组织机构进行完善；

    b）环保技术监督标准、制度的制定和修订计划；

    c）环保技术监督定期工作计划；

    d）制定检修期间环保技术监督项目计划；

    e）制定环保技术监督发现的重大问题整改计划；

    f）试验仪器仪表检验计划；

    g）制定人员培训计划（包括内部培训、外部培训取证，标准宣贯）。

7.4 技术资料与档案管理

7.4.1 环保设备、设施清册、规程、制度等技术资料。

7.4.2 环保设施可研、环评、设计、制造、安装、调试、运行、检修、技术改造等原始资料。

7.4.3 技术监督原始和运行监测资料。

    a）厂址附近地表水、灰场附近地表水的水文、水质资料；

    b）当地气象资料；

    c）厂址及灰场附近污染源调查、环保现状监测及评价资料；

    d）企业污染事件的记录材料；

    e）水、气、声、渣的产污点、排放源、排放口监测点分布图；

    f）企业污染物排放数据表；

    g）全厂用水、排水系统流程及水平衡图等资料；

    h）环保监测、环保试验表计的计量检定合格证书及检定报告；

    i）技术监督报表等资料。

7.4.4 基建工程移交生产时，建设单位应同时移交环保设施、原材料设计、制造、安装、调试及设计变更的全部原始资料。

7.5 技术监督工作会议和培训

7.5.1 各火电企业每年要根据环保技术监督实际情况召开交流、总结会议。每年至少召开一次环保技术监督工作会，总结、分析、部署环保技术监督工作。发现问题并提出处理意见和改进措施，形成会议纪要，不断完善并改进工作。

7.5.2 工作会议内容：

    a）上次会议以来环保技术监督工作开展情况；

    b）环保技术监督工作计划发布及执行情况；

    c）环保技术监督存在的主要问题以及解决措施和方案；

    d）上次会议提出的问题整改完成情况；

e）设备及系统的故障、缺陷分析及处理措施；

f）国家电投集团环保技术监督季报、年报、技术监督通信、新颁布的国家、行业标准、环保技术监督新技术等学习交流；

g）至下次会议时间内的环保技术监督工作要点和计划。

7.5.3 环保技术监督网络要定期对环保技术监督专责和特殊技能岗位进行培训，每年至少进行一次。对于新到岗人员要进行岗位培训。

7.5.4 学习新的政策法规、新技术和好的运行及检修经验。对国家、行业和国家电投集团的环保的法规、制度等进行定期学习。

7.5.5 环保技术监督监测人员要做到持证上岗。

7.6 技术监督告警

7.6.1 技术监督工作实行监督异常告警管理制度。环保技术监督的参数和指标超出标准（超标运行）的异常情况进行告警，分为两种：一般告警和重要告警（详细分类请见附录A）。

7.6.2 国家电投集团科学技术研究院、技术监督服务单位要对监督服务中发现的问题，依据国家电投规章〔2016〕124号的要求及时提出和签发告警通知单，下发至相关火电企业，同时抄报国家电投集团（总部）、二级单位。

7.6.3 火电企业接到《环保技术监督异常情况告警通知单》后，要立即组织安排整改工作，并明确整改完成时间。整改计划一周内上报。整改工作完成后一周内要书面报送整改结果。

7.6.4 告警问题整改完成后，火电企业按照验收程序要求，向告警提出单位提出验收申请，经验收合格后，由验收单位填写告警验收单，并抄报国家电投集团（总部）、二级单位备案。

7.6.5 发出环保技术监督异常情况告警通知单的单位，要负责跟踪告警通知单的整改落实情况，并对整改结果进行评价和验收。

7.7 定期报告、报表及总结的上报

7.7.1 各火电企业每月、每季度、每年度的环保技术监督项目及指标完成情况，按规定的格式、时间和要求上报所属二级单位，季报和年报同时报送国家电投集团科学技术研究院，报表的格式详见附录B。

7.7.2 环保技术监督速报的报告：当火电企业发生重大环保指标异常，环保设备发生重大故障和损坏事故后24h内，应将事件概括、原因分析、采取措施上报二级单位和国家电投集团科学技术研究院。

7.7.3 技术监督服务单位每季度应对所监督火电企业的环保技术监督工作和指标情况进行一次评价（包括告警），确保及时发现问题及时改进工作。

7.8 评价与考核

7.8.1 评价

7.8.1.1 环保技术监督评价按照国家电投《火电技术监督检查评估标准》表7执行。

7.8.1.2 环保技术监督检查评分标准共分三个部分：环保技术监督管理，占 400 分；环保设施及指标，占 400 分；各阶段监督，占 200 分；总分 1000 分。每项检查评分如扣分超过本项应得分，则扣完为止。

7.8.1.3 被评价考核的火电企业按得分率的高低分为四个级别，即优秀、良好、一般、不符合。各专业评级标准按照技术监督综合管理部分执行。

7.8.1.4 环保技术监督评价主要是国家电投集团（总部）组织专家开展评价、二级单位组织专家开展评价和发电厂自己组织的自评价。

7.8.2 考核

7.8.2.1 环保监督工作实行"一票否决"制，因环保监督工作不力造成重大不良影响，年度内不得参评国家电投集团先进单位。

7.8.2.2 国家电投集团（总部）和各二级单位每年应在年度工作会议上对所属企业环保技术监督情况进行全面点评。

7.8.2.3 对环保技术监督工作中发现的异常情况下发告警通知单，提出整改意见，督促责任单位限期整改。

7.8.2.4 国家电投集团按照环保违法违纪行为，根据国家有关法律、法规和国家电投集团规章制度给予行政处分。触犯法律的依法处理。

附录 A
（规范性附录）
环保技术监督告警

A.1 一般告警

序号	一 般 告 警 项 目	备 注
1	烟尘、SO_2、NO_x 及重要环保指标超标在 120% 以内，月累计超标超过 12h 以上或连续超标 6h 以上	
2	CEMS 系统投运率小于 98%，或个别 CEMS 有效性数据审核不符合环保要求	
3	废水处理设施故障停运不超过 72h 尚未导致水污染物重要指标连续超标排放	
4	厂界有 3 个及以上敏感点噪声超标，发生居民投诉至县、区级以下环保部门	
5	新、改、扩建项目整套启动 168h 后 3 个月未申请环保验收	
6	在环保部门重要核查过程中，发生被市县级环保部门通报或处罚的事件	
7	考评期内连续 2 次或累计 3 次未按照要求向上级管理部门报送重要环保报表、总结及其他环保材料	

A.2 重要告警

序号	一 般 告 警 项 目	备 注
1	烟尘、SO_2、NO_x 及其重要环保指标超标在 120% 以上，月累计超标超过 24h 以上或连续超标 12h 以上	
2	个别 CEMS 有效性数据怀疑有人为修改的问题或没有留存一年的环保设施运行记录	
3	废水处理设施故障停运超过 72h，导致水污染物重要指标连续超标排放并造成一定的污染	
4	厂界有 3 个及以上敏感点噪声超标，发生居民投诉省、地市级及以上环保部门	
5	新、改、扩建项目整套启动 168h 后，1 年以上未申请环保验收或验收未通过	
6	在环保部门重要核查过程中，存在比较严重的环保事件风险，或发生被省级及以上环保部门通报或处罚的事件	
7	不能按期完成集团或地方下达的节能减排目标责任书、重点污染防治或者限期治理任务	
8	其他违反环境保护法律、法规进行建设、生产和经营活动，存在可能被当地环保督查中心或环境保护部处以通报、罚款等处罚的风险	

附录 B
（规范性附录）
环保技术监督指标报表

附表 B.1 环保技术监督指标月度报表

项　　目	单位	#1	#2	#3	#4	累计值	考核值
机组容量	MW						
发电量	万 kW·h						
燃煤量	t						
燃煤收到基灰分	%						
燃煤收到基硫分	%						
烟尘排放浓度	mg/m³						
烟尘排放量	t						
SO_2 排放浓度	mg/m³						
SO_2 排放量	t						
NO_x 排放浓度	mg/m³						
NO_x 排放量	t						
废水排放量	t						
烟尘超标排放时间	h						
SO_2 超标排放时间	h						
NO_x 超标排放时间	h						
废水超标排放时间	h						
灰渣综合利用率							
石膏综合利用率	%						
脱硫效率	%						
脱硝效率	%						
除尘效率	%						
脱硫设施投运率	%						
脱硝设施投运率	%						
除尘器投运率	%						

附表 B.2　发电企业　　　　年　　　月脱硫参数月报表

（发电）公司

机组编号	容量/MW	发电量/万千瓦		燃煤量/万吨		硫分 S/%		脱硫综合效率 η/%		二氧化硫排放浓度/(mg/m³)	二氧化硫排放量/t				二氧化硫去除量/t		脱硫厂用电率/%	石灰石消耗量/t		石膏产生量/t		石膏利用量/t
		月	累计	月	累计	设计/入炉煤	溢出值 K	设计值/环保要求	实际值/环保指标	混合烟道	月	累计	集团指标	地方指标	月	累计		月	累计	月	累计	

（每月 3 日前填报上月数据）

批准：　　　　　　　审核：　　　　　　　填报：　　　　　　　填报日期：

附表 B.3 发电企业　　　年　　　月脱硝参数月报表

（发电）公司

单位名称	机组编号	容量/ MW	发电量/ 万千瓦		燃煤量/ 万吨		低氮燃烧装置		脱硝效率η/ %			氮氧化物浓度/（mg/m³）			氮氧化物排放量/t				氮氧化物去除量/t		还原剂耗量/ t	
			月	累计	设计	入炉煤	设计效率	设计出口浓度	设计值	实际值	环保要求	入口	出口	环保指标	月	累计	集团指标	地方指标	月	累计	月	累计

（每月 3 日前填报上月数据）

批准：　　　　　审核：　　　　　填报：　　　　　填报日期：

454

附表 B.4 发电企业　　年　　季度废水监测季报表

（发电）公司　　　　　　　　　　　　　　　　　　　　　　　　　　　　　　　　　　　　　　单位：mg/L（pH 值除外）

项目	灰场排水				厂区工业废水				厂区生活污水				脱硫废水			
	均值	标准值	超标/次	达标率/%	均值	标准值	超标/次	达标率/%	均值	标准值	超标/次	达标率/%	均值	标准值	超标/次	达标率/%
pH 值																
悬浮物																
COD																
石油类																
氟化物																
总砷																
硫化物																
挥发酚																
氨氮																
BOD_5																
动植物油																
水温																

续表

单位：mg/L（pH值除外）

（发电）公司

项目	灰场排水				厂区工业废水				厂区生活污水				脱硫废水			
	均值	标准值	超标/次	达标率/%	均值	标准值	超标/次	达标率/%	均值	标准值	超标/次	达标率/%	均值	标准值	超标/次	达标率/%
排水量																
总铅																
总汞																
总镉																
总铬																
总镍																
总锌																
执行标准	国标号及标准级别：														
备注	监测项目及监测周期按照5.5.5.7表3执行														

（1月、4月、7月、10月5日前填报上季度数据）

批准：　　　　审核：　　　　填报：　　　　填报日期：

附表 B.5 发电企业　　年　　半年度厂界噪声监测季报表

（发电）公司

项目		实测值/dB（A）		标准值/dB（A）	
		昼	夜	昼	夜
噪声	平均值				
	最高值				
	超标率				
	超标点数				
	监测点数				
	超标原因				
	执行标准	工业企业厂界环境噪声排放标准（GB 12348）　类			

（1月、7月5日前填报数据）

批准：　　　　　审核：　　　　　填报：　　　　　填报日期：

附录 C
（资料性附录）
环保设施投运率与污染物排放达标率计算公式

C.1 烟尘排放达标率

$$烟尘排放达标率 = \frac{达标排放的烟尘量之和}{排放的烟尘总量} \times 100\%$$

C.2 除尘效率

$$除尘效率 = 电除尘器的除尘效率 + 脱硫系统的除尘效率$$

$$除尘效率 = \frac{C_1 - C_2}{C_1} \times 100\%$$

式中：C_1——除尘器入口烟气中烟尘的折算浓度（标准状态、干基、$6\%\,O_2$），mg/m^3；

$\quad\quad C_2$——脱硫后净烟气中烟尘的折算浓度（标准状态、干基、$6\%\,O_2$），mg/m^3。

C.3 除尘器电场投运率

$$除尘器电场投运率 = \frac{A - B}{A} \times 100\%$$

式中：A——发电机组的运行小时数，h；

$\quad\quad B$——除尘器因故障停运的时间，h。

C.4 二氧化硫排放达标率

$$二氧化硫排放达标率 = \frac{达标排放的二氧化硫量之和}{排放的二氧化硫总量} \times 100\%$$

C.5 脱硫效率

$$脱硫效率 = \frac{C_1 - C_2}{C_1} \times 100\%$$

式中：C_1——脱硫前原烟气中 SO_2 的折算浓度（标准状态、干基、$6\%\,O_2$），mg/m^3；

$\quad\quad C_2$——脱硫后净烟气中 SO_2 的折算浓度（标准状态、干基、$6\%\,O_2$），mg/m^3。

C.6 脱硫设施投运率

$$脱硫设施投运率 = \frac{A - B}{A} \times 100\%$$

式中：A——发电机组的运行时间，h；

$\quad\quad B$——脱硫装置因脱硫系统故障停运的时间，h。

C.7 氮氧化物排放达标率

$$氮氧化物排放达标率 = \frac{达标排放的氮氧化物之和}{排放的氮氧化物总量} \times 100\%$$

C.8 脱硝效率

$$脱硝效率 = \frac{C_1 - C_2}{C_1} \times 100\%$$

式中：C_1——脱硝反应器入口烟气中 NO_x（以 NO_2 计）的折算浓度（标准状态、干基、6% O_2），mg/m^3；

C_2——脱硝反应器出口烟气中 NO_x（以 NO_2 计）的折算浓度（标准状态、干基、6% O_2），mg/m^3。

C.9 脱硝设施投运率

$$脱硝设施投运率 = \frac{A - B}{A} \times 100\%$$

式中：A——发电机组的运行时间，h；

B——脱硝装置因故障停运的时间，h。

国家电力投资集团有限公司
STATE POWER INVESTMENT CORPORATION LIMITED

企 业 标 准

火电企业继电保护和安全自动
装置技术监督实施细则

2017-12-11 发布

2017-12-11 实施

国家电力投资集团有限公司　发布

目　录

前　言

继电保护和安全自动装置监督是保证火电企业安全、经济、稳定、环保运行的重要基础工作之一。为进一步加强国家电力投资集团有限公司（以下简称国家电投集团）火电企业继电保护和安全自动装置监督工作，根据国家、行业有关标准，结合国家电投集团生产管理的实际状况，特制定本标准。

本标准由国家电投集团火电部提出、组织起草并归口管理。

本标准主要起草单位：国家电投集团科学技术研究院有限公司。

本标准主要起草人：赵军。

本标准主要审查人：王志平、徐国生、章义发、岳乔、陈以明、华志刚、侯晓亮、王正发、刘宗奎、李晓民、刘江、李继宏、吴志琪、刘菊菲、纪进卜、彭颖、郑宣真、矫健、汪洋。

火电企业继电保护和安全自动装置技术监督实施细则

1 范围

本细则规定了国家电投集团火电企业继电保护和安全自动装置监督（以下简称"继电保护监督"）的范围、内容和管理要求。

本细则适用于国家电投集团火电企业的继电保护监督工作。

2 规范性引用文件

下列文件对于本文件的应用是必不可少的。凡是注日期的引用文件，仅注日期的版本适用于本文件。凡是不注日期的引用文件，其最新版本（包括所有的修改单）适用于本文件。

GB 1094.5	电力变压器　第5部分：承受短路能力
GB 20840.2—2014	互感器　第2部分：电流互感器的补充技术要求
GB 50171	电气装置安装工程盘、柜及二次回路结线施工及验收规范
GB 50172	电气装置安装工程蓄电池施工及验收规范
GB/T 7261	继电保护和安全自动装置基本试验方法
GB/T 14285	继电保护和安全自动装置技术规程
GB/T 14598.301	微机型发电机变压器故障录波装置技术要求
GB/T 14598.303	数字式电动机综合保护装置通用技术条件
GB/T 15145	输电线路保护装置通用技术条件
GB/T 15544.1	三相交流系统短路电流计算　第1部分：电流计算
GB/T 22386	电力系统暂态数据交换通用格式
GB/T 26862	电力系统同步相量测量装置检测规范
GB/T 26866	电力系统的时间同步系统检测规范
GB/T 50062	电力装置的继电保护和自动装置设计规范
GB/T 50976	继电保护及二次回路安装及验收规范
DL/T 242	高压并联电抗器保护装置通用技术条件
DL/T 280	电力系统同步相量测量装置通用技术条件
DL/T 317	继电保护设备标准化设计规范
DL/T 478	继电保护和安全自动装置通用技术条件
DL/T 526	备用电源自动投入装置技术条件
DL/T 527	继电保护及控制装置电源模块（模件）技术条件
DL/T 540	气体继电器检验规程
DL/T 553	电力系统动态记录装置通用技术条件

DL/T 559	220~750kV 电网继电保护装置运行整定规程
DL/T 572	电力变压器运行规程
DL/T 584	3~110kV 电网继电保护装置运行整定规程
DL/T 587	继电保护和安全自动装置运行管理规程
DL/T 623	电力系统继电保护及安全自动装置运行评价规程
DL/T 624	继电保护微机型试验装置技术条件
DL/T 667	远动设备及系统 第5部分：传输规约 第103篇：继电保护设备信息接口配套标准
DL/T 670	母线保护装置通用技术条件
DL/T 671	发电机变压器组保护装置通用技术条件
DL/T 684	大型发电机变压器继电保护整定计算导则
DL/T 744	电动机保护装置通用技术条件
DL/T 770	变压器保护装置通用技术条件
DL/T 860	变电站通信网络和系统
DL/T 866	电流互感器和电压互感器选择及计算规程
DL/T 886	750kV 电力系统继电保护技术导则
DL/T 995	继电保护和电网安全自动装置检验规程
DL/T 1073	发电厂厂用电源快速切换装置通用技术条件
DL/T 1100.1	电力系统的时间同步系统 第1部分：技术规范
DL/T 1153	继电保护测试仪校准规范
DL/T 1309	大型发电机组涉网保护技术规范
DL/T 1502	厂用电继电保护整定计算导则
DL/T 5044	电力工程直流电源系统设计技术规程
DL/T 5136	火力发电厂、变电站二次接线设计技术规程
DL/T 5137	电测量及电能计量装置设计技术规程
DL/T 5153	火力发电厂厂用电设计技术规定
DL/T 5294	火力发电建设工程机组调试技术规范
DL/T 5295	火力发电建设工程机组调试质量验收及评价规程

国能安全〔2014〕161号 防止电力生产事故的二十五项重点要求

国家电投规章〔2016〕124号 国家电力投资集团公司火电技术监督管理规定

3 总则

3.1 继电保护监督是保证火电企业发电设备安全、经济、稳定、环保运行的重要基础工作，应坚持"安全第一、预防为主"的方针，实行全过程、全方位的监督。

3.2 继电保护监督通过对电力系统继电保护装置、安全自动装置及其二次回路、相关的继电器等设备的性能指标、健康状况进行监督，确保继电保护装置和安全自动装置正确动作。

3.3 本细则应符合现行国家、行业标准和国家电投集团的有关规定。

3.4 从事继电保护监督工作的人员，应熟悉和掌握本细则和现行国家、行业标准、国家电投集团的有关规定。

4 继电保护监督范围及主要指标

4.1 继电保护监督范围

4.1.1 继电保护装置包括发电机、变压器、电动机、电抗器、母线、输电线路、电缆、断路器等设备的继电保护装置。

4.1.2 安全自动装置包括发电机励磁调节装置、发电机自动同期装置、厂用电快切装置、备用电源自动投入装置、稳控装置、自动重合闸、故障录波装置、故障信息子站、厂站测控单元等安全自动装置。

4.1.3 控制屏、信号屏与继电保护有关的继电器和元件。

4.1.4 继电保护、安全自动装置的二次回路。

4.1.5 继电保护专用的通道设备。

4.1.6 继电保护试验设备、仪器仪表。

4.2 继电保护监督指标

4.2.1 年度监督工作计划完成率100%。

4.2.2 主系统继电保护及安全自动装置投入率100%。

4.2.3 全厂继电保护及安全自动装置正确动作率不低于98%。

4.2.4 故障录波装置完好率100%。

5 继电保护监督内容

5.1 设计阶段监督

5.1.1 一般规定

5.1.1.1 继电保护设计阶段基本要求。

继电保护设计中，装置选型、装置配置及其二次回路等的设计应符合 GB/T 14285、GB/T 14598.301、GB/T 14598.303、GB/T 15145、GB/T 22386、GB/T 50976、DL/T 242、DL/T 280、DL/T 317、DL/T 478、DL/T 526、DL/T 527、DL/T 553、DL/T 667、DL/T 670、DL/T 671、DL/T 744、DL/T 770、DL/T 886、DL/T 1073、DL/T 1309、DL/T 5044、DL/T 5136、国能安全〔2014〕161号等相关标准要求。

5.1.1.2 装置选型应满足的基本要求。

5.1.1.2.1 应选用经电力行业认可的检测机构检测合格的微机型继电保护装置；

5.1.1.2.2 应优先选用原理成熟、技术先进、制造质量可靠，并在国内同等或更高的电压等级有成功运行经验的微机型继电保护装置；

5.1.1.2.3 选择微机型继电保护装置时，应充分考虑技术因素所占的比重。

5.1.1.2.4　选择微机型继电保护装置时，在国家电投集团及所在电网的运行业绩应作为重要的技术指标予以考虑。

5.1.1.2.5　同一厂站内同类型微机型继电保护装置宜选用同一型号，以利于运行人员操作、维护校验和备品备件的管理。

5.1.1.2.6　要充分考虑制造厂商的技术力量、质保体系和售后服务情况。

5.1.1.3　线路、变压器、电抗器、母线和母联保护的通用要求。

5.1.1.3.1　220kV及以上电压等级线路、变压器、高压并联电抗器、母线和母联（分段）及相关设备的保护装置的通用要求、保护配置及二次回路的通用要求、保护及辅助装置标号原则执行DL/T 317标准。

5.1.1.3.2　750kV及以下电压等级线路、变压器、高压并联电抗器、母线和母联（分段）及相关设备的保护装置的通用要求、保护配置及二次回路的通用要求、保护及辅助装置标号原则参照DL/T 317标准相关规定执行。

5.1.1.3.3　发电机、变压器组及厂用电系统的保护装置的通用要求、保护配置及二次回路的通用要求、保护及辅助装置标号原则可参照DL/T 317标准相关规定执行。

5.1.1.4　继电保护双重化配置。

5.1.1.4.1　电力系统重要设备的微机型继电保护均应按以下要求采用双重化配置，双套配置的每套保护均应含有完整的主、后备保护，能反应被保护设备的各种故障及异常状态，并能作用于跳闸或给出信号。

　　a）100MW及以上容量发电机变压器组电气量保护应采用双重化配置。600MW及以上发电机变压器组除电气量保护采用双重化配置外，对非电气量保护也应根据主设备配套情况，有条件的可进行双重化配置。

　　b）220kV及以上电压等级发电厂的母线电气量保护应采用双重化配置。

　　c）220kV及以上电压等级线路、变压器、电抗器等设备电气量保护应采用双重化配置。

5.1.1.4.2　双重化配置的继电保护应满足以下基本要求。

　　a）两套保护装置的交流电流应分别取自电流互感器（以下简称"CT"）互相独立的绕组；交流电压宜分别取自电压互感器（以下简称"PT"）互相独立的绕组。其保护范围应交叉重叠，避免死区。

　　b）两套保护装置的直流电源应取自不同蓄电池组供电的直流母线段。

　　c）两套保护装置的跳闸回路应与断路器的两个跳闸线圈分别一一对应。

　　d）两套保护装置与其他保护、设备配合的回路应遵循相互独立的原则。

　　e）每套完整、独立的保护装置应能处理可能发生的所有类型的故障。两套保护之间不应有任何电气联系，当一套保护退出时不应影响另一套保护的运行。

　　f）线路纵联保护的通道（含光纤、微波、载波等通道及加工设备和供电电源等）、远方跳闸及就地判别装置应遵循相互独立的原则按双重化配置。

　　g）有关断路器的选型应与保护双重化配置相适应，应具备双跳闸线圈机构。

　　h）采用双重化配置的两套保护装置应安装在各自保护柜内，并应充分考虑运行和检修时的安全性。

5.1.1.5　微机型保护装置应具有的故障记录功能。

5.1.1.5.1 微机型保护装置应具有故障记录功能,以记录保护的动作过程,为分析保护动作行为提供详细、全面的数据信息,但不要求代替专用的故障录波装置。保护装置故障记录应满足以下要求。

  a) 记录内容应为故障时的输入模拟量和开关量、输出开关量、动作元件、动作时间、返回时间、相别;

  b) 应能保证发生故障时不丢失故障记录信息;

  c) 应能保证在装置直流电源消失时,不丢失已记录信息。

5.1.1.6 其他重点要求。

5.1.1.6.1 保护装置应优先通过继电保护装置自身实现相关保护功能,尽可能减少外部输入量,以降低对相关回路和设备的依赖。

5.1.1.6.2 应优化回路设计,在确保可靠实现继电保护功能的前提下,尽可能减少屏(柜)内装置间以及屏(柜)间的连线。

5.1.1.6.3 制定保护配置方案时,对两种故障同时出现的稀有情况可仅保证切除故障。

5.1.1.6.4 保护装置在 PT 一、二次回路一相、二相或三相同时断线、失压时,应发告警信号,并闭锁可能误动作的保护。

5.1.1.6.5 技术上无特殊要求及无特殊情况时,保护装置中的零序电流方向元件应采用自产零序电压,不应接入 PT 的开口三角电压。

5.1.1.6.6 保护装置在 CT 二次回路断线时,应发告警信号,除母线保护外,允许跳闸。

5.1.1.6.7 在各类保护装置接于 CT 二次绕组时,应考虑到既要消除保护死区,同时又要尽可能减轻 CT 本身故障时所产生的影响。对确实无法解决的保护动作死区,在满足系统稳定要求的前提下,可采取启动失灵和远方跳闸等后备措施加以解决。

5.1.1.6.8 电力设备或线路的保护装置,除预先规定的以外,都不应因系统振荡引起误动作。

5.1.1.6.9 双重化配置的保护,宜将被保护设备或线路的主保护(包括纵、横联保护等)及后备保护综合在一整套装置内,共用直流电源输入回路及交流 PT 和 CT 的二次回路。该装置应能反应被保护设备或线路的各种故障及异常状态,并动作于跳闸或给出信号。

5.1.1.6.10 对仅配置一套主保护的设备,应采用主保护与后备保护相互独立的装置。

5.1.1.6.11 保护装置应具有在线自动检测功能,包括保护硬件损坏、功能失效和二次回路异常运行状态的自动检测。自动检测应是在线自动检测,不应由外部手段启动;并应实现完善的检测,做到只要不告警,装置就处于正常工作状态,但应防止误告警。

5.1.1.6.12 除出口继电器外,装置内的任一元件损坏时,装置不应误动作跳闸,自动检测回路应能发出告警或装置异常信号,并给出有关信息指明损坏元件的所在部位,在最不利情况下应能将故障定位至模块(插件)。

5.1.1.6.13 保护装置的定值应满足保护功能的要求,应尽可能做到简单、易整定。

5.1.1.6.14 保护装置应以时间顺序记录的方式记录正常运行的操作信息,如开关变位、开入量输入变位、压板切换、定值修改、定值区切换等,记录应保证充足的容量。

5.1.1.6.15 保护装置应能输出装置的自检信息及故障记录,后者应包括时间、动作事件报告、动作采样值数据报告、开入、开出和内部状态信息、定值报告等。装置应具有数字/图形输出功能及通用的输出接口。

5.1.1.6.16　保护装置应具有独立的 DC/DC 变换器供内部回路使用的电源。拉、合装置直流电源或直流电压缓慢下降及上升时，装置不应误动作。直流消失时，应有输出触点以启动告警信号。直流电源恢复（包括缓慢恢复）时，变换器应能自启动。

5.1.1.6.17　保护装置不应要求其交、直流输入回路外接抗干扰元件来满足有关电磁兼容标准的要求。

5.1.1.6.18　使用于 220kV 及以上电压的电力设备非电量保护应相对独立，并具有独立的跳闸出口回路。

5.1.1.6.19　继电器和保护装置的直流工作电压，应保证在外部电源为 80% ~ 115% 额定电压条件下可靠工作。

5.1.1.6.20　跳闸出口应能自保持，直至断路器断开。自保持宜由断路器的操作回路来实现。

5.1.1.6.21　保护跳闸出口压板及与失灵回路相关压板采用红色，功能压板采用黄色，压板底座及其他压板采用浅驼色。

5.1.1.6.22　发电厂出线方式为一路出线或同杆并架双回线路，同时跳闸会造成母线出现零功率的发电厂宜加零功率保护、功率突变或稳控装置。

5.1.1.6.23　电力设备和线路的原有继电保护装置，凡不能满足技术和运行要求的，应逐步进行改造。微机型继电保护装置的合理使用年限一般不低于 12 年，对于运行不稳定、工作环境恶劣的微机型继电保护装置可根据运行情况适当缩短使用年限。发电厂应根据设备合理使用年限做好改造方案及计划工作。

5.1.1.6.24　继电器室环境条件应满足继电保护装置和控制装置的安全可靠要求。应考虑空调、必要的采暖和通风条件以满足设备运行的要求。要有良好的电磁屏蔽措施。同时应有良好的防尘、防潮、照明、防火、防小动物措施。

5.1.1.6.25　对于安装在断路器柜中 10 ~ 66kV 微机型继电保护装置，要求环境温度在 −5℃ ~ 45℃ 范围内，最大相对湿度不应超过 95%。微机型继电保护装置室内最大相对湿度不应超过 75%，应防止灰尘和不良气体侵入。微机型继电保护装置室内环境温度应在 5℃ ~ 30℃，若超过此范围应装设空调。

5.1.2　发电机保护设计阶段监督

5.1.2.1　容量在 1000MW 及以下的发电机的保护配置应符合 GB/T 14285、DL/T 671、DL/T 1309 相关要求。对下列故障及异常运行状态，应装设相应的保护。容量在 1000MW 以上的发电机可参照执行。

　　a）定子绕组相间短路；

　　b）定子绕组接地；

　　c）定子绕组匝间短路；

　　d）发电机外部相间短路；

　　e）定子绕组过电压；

　　f）定子绕组过负荷；

　　g）转子表层（负序）过负荷；

　　h）励磁绕组过负荷；

  i）励磁回路接地；

  j）励磁电流异常下降或消失；

  k）定子铁芯过励磁；

  l）发电机逆功率；

  m）频率异常；

  n）失步；

  o）发电机突然加电压；

  p）发电机启、停机故障；

  q）其他故障和异常运行。

5.1.2.2 对发电机变压器组，当发电机与变压器之间有断路器时，100MW以下的发电机装设单独的纵联差动保护；对100MW及以上发电机—变压器组，每一套主保护应具有发电机纵联差动保护和变压器纵联差动保护作为定子绕组相间短路、发电机外部相间短路主保护。

5.1.2.3 对于定子绕组为星形接线，每相有并联分支且中性点有分支引出端子的发电机，应装设零序电流型横差保护和裂相横差保护，作为发电机内部匝间短路、定子绕组分支断线的主保护，保护应瞬时动作于停机。

5.1.2.4 300MW及以上容量发电机应装设启、停机保护，该保护在发电机正常运行时应可靠地退出。

5.1.2.5 300MW及以上容量发变组的出口断路器应配置断口闪络保护，断口闪络保护出口延时0.1~0.2s，机端有断路器的动作于机端断路器跳闸，机端没有断路器的动作于灭磁同时启动失灵保护；

5.1.2.6 对300MW及以上机组装设误上电保护。误上电保护的全阻抗特性整定和低频低压过流特性整定，其出口延时0.1~0.2s，动作于解列灭磁。

5.1.2.7 300MW及以上发电机装设失步保护。在短路故障、系统同步振荡、电压回路断线等情况下，保护不应误动作。通常保护动作于信号。当振荡中心在发电机变压器组内部，失步运行时间超过整定值或电流振荡次数超过规定值时，保护动作于解列，并保证断路器断开时的电流不超过断路器允许开断电流。

5.1.2.8 对300MW及以上汽轮发电机，发电机励磁回路一点接地、发电机运行频率异常、励磁电流异常下降或消失等异常运行方式，保护动作于停机时，宜采用程序跳闸方式。采用程序跳闸方式，由逆功率继电器作为闭锁元件。

5.1.2.9 300MW及以上发电机，应装设过励磁保护。保护装置可装设由低定值和高定值两部分组成的定时限过励磁保护和反时限过励磁保护。

5.1.2.9.1 定时限过励磁保护，低定值部分带时限动作于信号和降低励磁电流；高定值部分动作于程序跳闸或解列灭磁。

5.1.2.9.2 发电机组过励磁保护如果配置反时限保护，反时限保护应动作于程序跳闸或解列灭磁。

5.1.2.9.3 反时限的保护特性曲线应与发电机的允许过励磁能力相配合。

5.1.2.9.4 反时限过励磁保护启动值不得低于额定值的1.07倍。

5.1.2.9.5 汽轮发电机装设了过励磁保护可不再装设过电压保护。

5.1.2.10 自并励发电机的励磁变压器宜采用电流速断保护作为主保护；过电流保护作为后备保护。对交流励磁发电机的主励磁机的短路故障宜在中性点侧的 CT 回路装设电流速断保护作为主保护，过电流保护作为后备保护。

5.1.3 电力变压器保护设计阶段监督

5.1.3.1 对升压、降压、联络变压器保护的设计，应符合 GB/T 14285、DL/T 317、DL/T 478、DL/T 572、DL/T 671、DL/T 684 和 DL/T 770 等标准的规定。对变压器下列故障及异常运行状态，应装设相应的保护。

    a）绕组及其引出线的相间短路和中性点直接接地或经小电阻接地侧的接地短路；

    b）绕组的匝间短路；

    c）外部相间短路引起的过电流；

    d）中性点直接接地或经小电阻接地电力网中外部接地短路引起的过电流及中性点过电压；

    e）过负荷；

    f）过励磁；

    g）中性点非有效接地侧的单相接地故障；

    h）油面降低；

    i）变压器油温、绕组温度过高及油箱压力过高和冷却系统故障；

    j）其他故障和异常运行。

5.1.3.2 220kV 及以上电压等级变压器保护应配置双重化的主、后备保护一体变压器电气量保护和一套非电量保护。

5.1.3.3 330kV 及以上电压等级变压器保护的主保护应满足。

    a）配置纵差保护或分相差动保护。若仅配置分相差动保护，在低压侧有外附 CT 时，需配置不需要整定的低压侧小区差动保护。

    b）为提高切除自耦变压器内部单相接地短路故障的可靠性，可配置由高中压和公共绕组 CT 构成的分侧差动保护。

    c）可配置不需要整定的零序分量、负序分量或变化量等反映轻微故障的故障分量差动保护。

5.1.3.4 220kV 电压等级变压器保护的主保护应满足：

    a）配置纵差保护；

    b）可配置不需要整定的零序分量、负序分量或变化量等反映轻微故障的故障分量差动保护。

5.1.3.5 变压器保护各侧 CT 应按以下原则接入。

    a）纵差保护应取各侧外附 CT 电流。

    b）330kV 及以上电压等级变压器的分相差动保护低压侧应取三角内部套管（绕组）CT 电流。

    c）330kV 及以上电压等级变压器的低压侧后备保护宜同时取外附 CT 电流和三角内部套管（绕组）CT 电流。两组电流由装置软件折算至以变压器低压侧额定电流为基准后共用电流定值和时间定值。

5.1.3.6 变压器非电气量保护不应启动失灵保护。变压器非电量保护应同时作用于断路器的两个跳闸线圈。未采用就地跳闸方式的变压器非电量保护应设置独立的电源回路（包括直流空气小断路器及其直流电源监视回路）和出口跳闸回路，且必须与电气量保护完全分开。当变压器采用就地跳闸方式时，应向监控系统发送动作信号。

5.1.3.7 在变压器低压侧未配置母线差动和失灵保护的情况下，为提高切除变压器低压侧母线故障的可靠性，宜在变压器的低压侧设置取自不同电流回路的两套电流保护。当短路电流大于变压器热稳定电流时，变压器保护切除故障的时间不宜大于 2s。

5.1.3.8 作用于跳闸的非电量保护，启动功率应大于 5W，动作电压在额定直流电源电压的 55%～70%，额定直流电源电压下动作时间为 10～35ms，应具有抗 220V 工频干扰电压的能力。

5.1.4 并联电抗器保护设计阶段监督

5.1.4.1 对油浸式并联电抗器的保护配置，应符合 GB/T 14285、DL/T 242、DL/T 317 和 DL/T 572 相关要求。对下列故障及异常运行方式，应装设相应的保护。

    a）线圈的单相接地和匝间短路及其引出线的相间短路和单相接地短路；

    b）油面降低；

    c）油温度升高和冷却系统故障；

    d）过负荷；

    e）其他故障和异常运行。

5.1.4.2 主保护。

    a）主电抗器差动保护；

    b）主电抗器零序差动保护；

    c）主电抗器匝间保护。

5.1.4.3 主电抗器后备保护：

    a）主电抗器过电流保护；

    b）主电抗器零序过流保护；

    c）主电抗器过负荷保护。

5.1.4.4 中性点电抗器后备保护：

    a）中性点电抗器过电流保护；

    b）中性点电抗器过负荷保护。

5.1.4.5 其他。

5.1.4.5.1 高抗非电量保护包括主电抗器和中性点电抗器，主电抗器 A、B、C 相非电量分相开入，作用于跳闸的非电量保护三相共用一个功能压板。

5.1.4.5.2 重瓦斯保护作用于跳闸，其余非电量保护宜作用于信号。

5.1.5 母线保护设计阶段监督

5.1.5.1 母线保护应符合 GB/T 14285、DL/T 317、DL/T 670 及当地电网相关要求。并满足以下重点要求。

    a）保护应能正确反应母线保护区内的各种类型故障，并动作于跳闸；

b）对各种类型区外故障，母线保护不应由于短路电流中的非周期分量引起 CT 的暂态饱和而误动作；

c）对构成环路的各类母线（如 3/2 断路器接线、双母线分段接线等），保护不应因母线故障时流出母线的短路电流影响而拒动；

d）母线保护应能适应被保护母线的各种运行方式；

e）双母线接线的母线保护，应设有电压闭锁元件；

f）母线保护仅实现三相跳闸出口，且应允许接于本母线的断路器失灵保护共用其跳闸出口回路；

g）母线保护动作后，除 3/2 断路器接线外，对不带分支且有纵联保护的线路，应采取措施，使对侧断路器能速动跳闸；

h）母线保护应允许使用不同变比的 CT；

i）当交流电流回路不正常或断线时应闭锁母线差动保护，并发出告警信号，对 3/2 断路器接线可以只发告警信号不闭锁母线差动保护。

5.1.5.2 3/2 断路器接线方式每段母线应配置两套母线保护，每套母线保护应具有断路器失灵经母线保护跳闸功能，保护功能包括：

a）差动保护；

b）断路器失灵经母线保护跳闸；

c）CT 断线判别功能。

5.1.5.3 双母线接线方式配置双套含失灵保护功能的母线保护，每套线路保护及变压器保护各启动一套失灵保护。保护功能包括：

a）差动保护；

b）失灵保护；

c）母联（分段）失灵保护；

d）母联（分段）死区保护；

e）CT 断线判别功能；

f）PT 断线判别功能。

5.1.6 线路保护设计阶段监督

5.1.6.1 线路保护配置及设计应符合 GB/T 14285、GB/T 15145、DL/T 317 及当地电网相关要求。

5.1.6.2 110kV 及以上电压线路的保护装置，应具有测量故障点距离的功能。故障测距的精度要求对金属性短路误差不大于线路全长的 ±3%。

5.1.6.3 220kV 及以上电压线路的保护装置其振荡闭锁应满足如下要求：

a）系统发生全相或非全相振荡，保护装置不应误动作跳闸；

b）系统在全相或非全相振荡过程中，被保护线路如发生各种类型的不对称故障，保护装置应有选择性地动作跳闸，纵联保护仍应快速动作；

c）系统在全相振荡过程中发生三相故障，故障线路的保护装置应可靠动作跳闸，并允许带短延时。

5.1.6.4 220kV 及以上电压线路（含联络线）的保护装置应满足以下要求。

a）除具有全线速动的纵联保护功能外，还应至少具有三段式相间、接地距离保护，反时限和/或定时限零序方向电流保护的后备保护功能。

b）对有监视的保护通道，在系统正常情况下，通道发生故障或出现异常情况时，应发出告警信号。

c）能适用于弱电源情况。

d）在交流失压情况下，应具有在失压情况下自动投入的后备保护功能，并允许不保证选择性。

e）联络线应装设快速主保护，保护动作于断开联络线两端的断路器。220kV及以上的联络线应装设双重化主保护。

f）联络线可与其一端的电力设备共用纵联差动保护；但是当联络线为电缆或管道母线而且其连接线路时，需配置独立的T区保护，确保联络线内发生单相故障，应动作三跳，启动远跳，并可靠闭锁重合闸，而在线路故障时可靠不动作。

g）当联络线两端电力设备的纵差保护范围均不包括联络线时，应装设单独的纵联差动保护。

h）当联络线大于600m时，应装设单独的主保护，宜采用光纤纵联差动保护。

i）对各类双断路器接线方式，当双断路器所连接的线路或元件退出运行而断路器之间的仍连接运行时，应装设短引线保护以保护双断路器之间的连接线。

j）联络线的每套保护应能对全线路内发生的各种类型故障均快速动作切除。对于要求实现单相重合闸的线路，在线路发生单相经高阻接地故障时，应能正确选相并动作跳闸。

k）对于远距离、重负荷线路及事故过负荷等情况，宜采用设置负荷电阻线或其他方法避免相间、接地距离保护的后备段保护误动作。

l）应采取措施，防止由于零序功率方向元件的电压死区导致零序功率方向纵联保护拒动，但不宜采用过分降低零序动作电压的方法。

5.1.6.5 纵联距离（方向）保护装置中的零序功率方向元件应采用自产零序电压。纵联零序方向保护不应受零序电压大小的影响，在零序电压较低的情况下应保证方向元件的正确性；对于平行双回或多回有零序互感关联的线路发生接地故障时，应防止非故障线路零序方向保护误动作。

5.1.6.6 有独立选相跳闸功能的线路保护装置发出的跳闸命令，应能直接传送至相关断路器的分相跳闸执行回路。

5.1.6.7 3/2断路器接线方式配置监督重点。

5.1.6.7.1 线路、过电压及远方跳闸保护按以下原则配置。

配置双重化的线路纵联保护，每套纵联保护应包含完整的主保护和后备保护。配置双重化的远方跳闸保护，采用"一取一"或"二取二"经就地判别方式，当系统需要配置过电压保护时，过电压保护应集成在远方跳闸保护装置中。

5.1.6.7.2 断路器保护及操作箱按以下原则配置。

断路器保护按断路器配置。失灵保护、重合闸、充电过流（2段过流＋1段零序电流）、三相不一致和死区保护等功能应集成在断路器保护装置中；配双组跳闸线圈分相操作箱。

5.1.6.7.3 短引线保护按以下原则配置。

配置双重化的短引线保护，每套保护应包含差动保护和过流保护。

5.1.6.8 双母线接线方式配置监督重点。

5.1.6.8.1 配置双重化的线路纵联保护，每套纵联保护应包含完整的主保护和后备保护以及重合闸功能；

5.1.6.8.2 当系统需要配置过电压保护时，配置双重化的过电压保护及远方跳闸保护，过电压保护应集成在远方跳闸保护装置中，远方跳闸保护采用"一取一"或"二取二"经就地判别方式；

5.1.6.8.3 配分相操作箱及电压切换箱。

5.1.6.9 自动重合闸配置监督重点。

5.1.6.9.1 使用于单相重合闸线路的保护装置，应具有在单相跳闸后至重合前的两相运行过程中，健全相再故障时快速动作三相跳闸的保护功能；

5.1.6.9.2 用于重合闸检线路侧电压和检同期的电压元件，当不使用该电压元件时，PT断线不应报警；

5.1.6.9.3 检同期重合闸所采用的线路电压应该是自适应的，可自行选择任意相间或相电压；

5.1.6.9.4 单相重合闸、三相重合闸、禁止重合闸和停用重合闸应有而且只能有一项置"1"，如不满足此要求，保护装置报警并按停用重合闸处理；

5.1.6.9.5 对220kV及以上电压等级的同杆并架双回线路，为了提高电力系统安全稳定运行水平，可采用按相自动重合闸方式。

5.1.7 断路器保护设计阶段监督

5.1.7.1 断路器保护的设计应符合GB/T 14285、DL/T 317等的相关标准要求。

5.1.7.2 220kV及以上电压等级线路或电力设备的断路器失灵时应启动断路器失灵保护，并应满足以下要求。

a）失灵保护的判别元件一般应为电流判别元件与保护跳闸触点组成"与门"逻辑关系。对于电流判别元件，线路、变压器支路应采用相电流、零序电流、负序电流组成"或门"逻辑关系。判别元件的动作时间和返回时间均不应大于20ms，其返回系数也不宜低于0.9。

b）双母线接线变电站的断路器失灵保护在保护跳闸触点和电流判别元件同时动作时去解除复合电压闭锁，故障电流切断、保护收回跳闸命令后应重新闭锁断路器失灵保护。

c）3/2断路器接线的失灵保护应瞬时再次动作于本断路器的跳闸线圈跳闸，再经一时限动作于断开其他相邻断路器。

d）"线路—变压器"和"线路—发变组"的线路和主设备电气量保护均应启动断路器失灵保护。当本侧断路器无法切除故障时，应采取启动远方跳闸等后备措施加以解决。

e）变压器的断路器失灵时，除应跳开失灵断路器相邻的全部断路器外，还应跳开本变压器连接其他电源侧的断路器。

5.1.7.3 失灵保护装设闭锁元件的设计应满足以下原则要求。

a）3/2 断路器接线的失灵保护不装设闭锁元件；

b）有专用跳闸出口回路的单母线及双母线断路器失灵保护应装设闭锁元件；

c）与母线差动保护共用跳闸出口回路的失灵保护不装设独立的闭锁元件，应共用母线差动保护的闭锁元件；

d）发电机、变压器和高压电抗器断路器的失灵保护，为防止闭锁元件灵敏度不足应采取相应措施或不设闭锁回路；

e）母联（分段）失灵保护、母联（分段）死区保护均应经电压闭锁元件控制；

f）除发电机出口断路器保护外，断路器失灵保护判据中严禁设置断路器合闸位置闭锁触点或断路器三相不一致闭锁触点。

5.1.7.4 失灵保护动作跳闸应满足下列要求。

a）对具有双跳闸线圈的相邻断路器，应同时动作于两组跳闸回路；

b）对远方跳对侧断路器的，宜利用两个传输通道传送跳闸命令；

c）保护动作时应闭锁重合闸；

d）发电机变压器组的断路器三相位置不一致保护应启动失灵保护；

e）应充分考虑 CT 二次绕组合理分配，对确实无法解决的保护动作死区，在满足系统稳定要求的前提下，可采取启动失灵和远方跳闸等后备措施加以解决；

f）断路器保护屏上不设失灵开入投（退）压板，需要投（退）线路、变压器等保护的失灵启动回路时，通过投（退）线路、变压器等保护屏上各自的启动失灵压板实现。

5.1.7.5 双母线接线的断路器失灵保护应满足以下要求。

a）母线保护双重化配置时，断路器失灵保护宜与母线差动共用出口，宜采用母线保护装置内部的失灵电流判据。两套母线保护只接一套断路器失灵保护时，该母线保护出口应同时启动断路器的两个跳闸线圈。

b）为解决主变压器低压侧故障时，按母线集中配置的断路器失灵保护中复压闭锁元件灵敏度不足的问题，主变压器支路应具备独立于失灵启动的解除复压闭锁的开入回路。"解除复压闭锁"开入长期存在时应告警。宜采用主变压器保护"动作触点"解除失灵保护的复压闭锁，不采用主变压器保护"各侧复合电压闭锁动作"触点解除失灵保护复压闭锁。启动失灵和解除失灵电压闭锁应采用主变压器保护不同继电器的跳闸触点。

c）母线故障主变压器断路器失灵时，除应跳开失灵断路器相邻的全部断路器外，还应跳开本变压器连接其他电源侧的断路器，失灵电流再判别元件应由主变压器保护实现。

d）为缩短失灵保护切除故障的时间，失灵保护跳其他断路器宜与失灵跳母联共用一段时限。

5.1.7.6 3/2 断路器主接线形式的断路器失灵保护应满足以下要求。

a）设置线路保护三个分相跳闸开入，主变压器、线路保护（永久跳闸）共用一个三相跳闸开入。

b）设置相电流元件，零序、负序电流元件。保护装置内部设置"有无电流"的相电流元件判别元件，其最小电流门槛值应大于保护装置的最小精确工作电流（0.05IN）；作为判别分相操作断路器单相失灵的基本条件。

c）失灵保护不设功能投/退压板。

d）三相不一致保护如需增加零、负序电流闭锁，其定值可以和失灵保护的零、负序电流定值相同，均按躲过最大负荷时的不平衡电流整定。

e）线路保护分相跳闸开入和发电机变压器组（线路保护永久跳闸）三相跳闸开入，失灵保护应采用不同的启动方式：任一分相跳闸触点开入后经电流突变量或零序电流启动并展宽后启动失灵；三相跳闸触点开入后不经电流突变量或零序电流启动失灵；失灵保护动作经母线差动保护出口时，应在母线差动保护装置中设置灵敏的、不需整定的电流元件并带 20 ~ 50ms 的固定延时。

5.1.7.7 其他要求。

5.1.7.7.1 断路器三相不一致保护功能应由断路器本体机构实现，断路器三相位置不一致保护的动作时间应与其他保护动作时间相配合；

5.1.7.7.2 断路器防跳功能应由断路器本体机构实现，防跳继电器动作时间应与断路器动作时间配合；

5.1.7.7.3 断路器的跳、合闸压力异常闭锁功能应由断路器本体机构实现；

5.1.7.7.4 500kV 变压器低压侧断路器宜采用双组跳闸线圈三相联动断路器。

5.1.8 故障记录及故障信息管理设计阶段监督

5.1.8.1 容量 200MW 及以上发电机组、110kV 及以上升压站、启/备电源变压器应装设专用故障录波装置。该装置设计应满足 GB/T 14285、GB/T 14598.301、DL/T 5136 相关要求。

5.1.8.2 启/备电源变压器可根据录波信息量与机组合用或单独设置。

5.1.8.3 并联电抗器可与相应的系统故障录波装置合用，也可单独设置。

5.1.8.4 故障录波装置的电流输入应接入 CT 的保护级线圈，可与保护装置共用一个二次绕组，接在保护装置之后。

5.1.8.5 配置监督重点。

5.1.8.5.1 微机型发电机变压器组故障录波装置的主要功能。

a）装置应具有非故障启动的、数据记录频率不小于 1kHz 的连续录波功能，能完整记录电力系统大面积故障、系统振荡、电压崩溃等事件的全部数据，数据存储时间不小于 7 天。

b）装置应具有连续录波数据的扰动自动标记功能。当电网或发电机发生较大扰动时，装置能根据内置自动判据在连续录波数据上标记出扰动特征，以便于事件（扰动）提醒和数据检索。

c）装置应有模拟量启动、开关量启动及手动启动方式，应具备外部启动触点的接入回路。

d）装置应具有必要的信号指示灯及告警信号输出触点，装置应具有失电报警功能，并有不少于两副的触点输出。

e）装置应具有自复位功能，当软件工作不正常时应能通过自复位等手段自动恢复正常工作，装置对自复位命令应进行记录。

f）装置屏（柜）端子不应与装置弱电系统（指 CPU 的电源系统）有直接电气上的联系。针对不同回路，应分别采用光电耦合、带屏蔽层的变压器磁耦合等隔离措施。

g）装置应有独立的内部时钟，每 24h 与标准时钟的误差不应超过 ±0.5s；应提供外部标准时钟（如北斗、GPS时钟装置）的同步接口，与外部标准时钟同步后，装置与外部标准时钟的误差不应超过±0.5ms，以便于对反应同一事件的异地多端数据进行综合分析。

5.1.8.5.2 微机型发电机变压器组故障录波装置记录量的配置。

a）交流电压量：用于记录发电厂的母线电压、线路电压、主变压器各侧电压等；

b）交流电流量：用于记录发电厂的发电机机端电流、中性点各分支电流、励磁变压器高压侧电流、高压厂用变压器高压侧电流、线路电流、主变压器各侧电流、主变压器中性点/间隙电流及母联、旁路、分段等联络开关电流等；

c）直流量：用于记录发电厂的直流控制电源的正负极对地电压、发电机转子电压/电流、主励磁机转子电压/电流等；

d）开关量：用于记录发电厂继电保护及安全自动装置的跳闸/重合触点、开关辅助及其他重要触点等。

5.1.8.5.3 故障信息传送原则。

a）全厂的故障信息，必须在时间上同步。在每一事件报告中应标定事件发生的时间。

b）传送的所有信息，均应采用标准规约。

5.1.8.5.4 微机型发电机变压器组故障录波装置离线分析软件配置。

离线分析软件应配有能运行于常用操作系统下的离线分析软件，可对装置记录的连续录波数据进行离线的综合分析。数据的综合分析功能应包括。

a）采用图形化界面；

b）录波数据应能快速检索、查询；

c）应具有编辑、漫游功能，提供波形的显示、叠加、组合、比较、剪辑、添加标注等分析工具，可选择性打印；

d）应具有谐波分析（不低于7次谐波）、序分量分析、矢量分析等功能，能将记录的电流、电压及导出的阻抗和各序分量形成向量图，并显示阻抗变化轨迹；

e）故障的计算分析，应能计算频率、有功功率、无功功率、功率因数、差流和阻抗等导出量，计算精度满足使用要求；

f）可提供格式符合GB/T 22386规定的数据，以方便与其他故障分析设备交换数据。

5.1.9 继电保护通道设计阶段监督

5.1.9.1 线路全线速动主保护的通道按照GB/T 14285、DL/T 317、DL/T 5136要求设置。

5.1.9.2 双重化配置的线路纵联保护通道应相互独立，通道及接口设备的电源也应相互独立。

5.1.9.3 线路纵联保护优先采用光纤通道。当构成全线速动线路主保护的通信通道采用光纤通道，且线路长度不大于50km时，应优先采用独立光纤芯通道；50km以上线路宜采用复用光纤，采用复用光纤时，优先采用2Mbit/s数字接口，还可分别使用独立的光端机。具有光纤迂回通道时，两套装置宜使用不同的光纤通道。

5.1.9.4 双回线路采用同型号纵联保护，或线路纵联保护采用双重化配置时，在回路设计和调试过程中应采取有效措施防止保护通道交叉使用。分相电流差动保护应采用同一路由收发、往返延时一致的通道。

5.1.9.5 对双回线路，若仅其中一回线路有光纤通道且按上述原则采用光纤通道传送信息外，另一回线路传送信息的通道宜采用下列方式：

a）如同杆并架双回线，两套装置均采用光纤通道传送信息，并分别使用不同的光纤芯或 PCM 终端；

b）如非同杆并架双回线，其一套装置采用另一回线路的光纤通道，另一套装置采用其他通道，如电力线载波、微波或光纤的其他迂回通道等。

5.1.9.6　一般情况下，一套线路纵联保护接入一个通信通道，有特殊要求的 500kV 线路纵联保护也可以采用双通道。

5.1.9.7　线路纵联电流差动保护通道的收发延时应相同。

5.1.9.8　双重化配置的远方跳闸保护，其通信通道应相互独立。线路纵联保护采用数字通道的，远方跳闸命令经线路纵联保护传输或采用独立于线路纵联保护的通道。

5.1.9.9　2Mbit/s 数字接口装置与通信设备采用 75Ω 同轴电缆不平衡方式连接。

5.1.9.10　安装在通信机房继电保护通信接口设备的直流电源应取自通信直流电源，并与所接入通信设备的直流电源相对应，采用 −48V 电源，该电源的正端应连接至通道机房的接地铜排。

5.1.9.11　通信机房的接地网与主网有可靠连接时，继电保护通信接口设备至通信设备的同轴电缆的屏蔽层应两端接地。

5.1.9.12　传输信息的通道设备应满足传输时间、可靠性的要求。其传输时间应符合下列要求。

a）传输线路纵联保护信息的数字式通道传输时间应不大于 12ms；点对点的数字式通道传输时间应不大于 5ms。

b）传输线路纵联保护信息的模拟式通道传输时间，对允许式应不大于 15ms；对采用专用信号传输设备的闭锁式应不大于 5ms。

c）系统安全稳定控制信息的通道传输时间应根据实际控制要求确定。原则上应尽可能地快。点对点传输时，传输时间要求应与线路纵联保护相同。

d）信息传输接收装置在对侧发信信号消失后收信输出的返回时间应不大于通道传输时间。

5.1.10　继电保护相关回路及设备设计阶段监督

5.1.10.1　继电保护回路及设备的设计应符合 GB/T 14285、DL/T 317、DL/T 866 及 DL/T 5136 等标准的相关要求。

5.1.10.2　二次回路的工作电压不宜超过 250V，最高不应超过 500V。

5.1.10.3　互感器二次回路连接的负荷，不应超过继电保护工作准确等级所规定的负荷范围。

5.1.10.4　应采用铜芯的控制电缆和绝缘导线。在绝缘可能受到油侵蚀的地方，应采用耐油绝缘导线。

5.1.10.5　按机械强度要求，控制电缆或绝缘导线的芯线最小截面，强电控制回路，不应小于 1.5mm²，屏、柜内导线的芯线截面应不小于 1.0mm²；弱电控制回路，不应小于 0.5mm²。电缆芯线截面的选择还应符合下列要求。

a）电流回路：应使 CT 的工作准确等级符合继电保护的要求；

b）电压回路：当全部继电保护动作时，PT 到继电保护屏的电缆压降不应超过额定电压的 3%；

c）操作回路：在最大负荷下，电源引出端到断路器分、合闸线圈的电压降，不应超过额定电压的 10%。

5.1.10.6　在同一根电缆中不宜有不同安装单元的电缆芯。对双重化保护的电流回路、电压回路、直流电源回路、双组跳闸绕组的控制回路等，两套系统不应合用一根多芯电缆。

5.1.10.7　保护和控制设备的直流电源、交流电流、电压及信号引入等二次回路应采用屏蔽电缆。

5.1.10.8　发电厂重要设备和线路的继电保护和自动装置，应有经常监视操作电源的装置。各断路器的跳闸回路，重要设备和线路的断路器合闸回路，以及装有自动重合装置的断路器合闸回路，应装设回路完整性的监视装置。监视装置可发出光信号或声光信号，或通过自动化系统向远方传送信号。

5.1.10.9　在有振动的地方，应采取防止导线绝缘层磨损、接头松脱和继电器、装置误动作的措施。发电机本体 CT 的二次回路引线宜采用多股导线。每个接线端子每侧接线宜为 1 根，不得超过 2 根；对于插接式端子，不同截面的两根导线不得接在同一端子中；螺栓连接端子接两根导线时，之间应加平垫片。

5.1.10.10　屏、柜和屏、柜上设备的前面和后面，应有必要的标志。

5.1.10.11　气体继电器的重瓦斯保护两对触点应并联或分别引出到保护装置，禁止串联或只用一对触点引出。

5.1.10.12　在变压器和并联电抗器的气体继电器与中间端子盒之间的连线等绝缘可能受到油侵蚀的地方应采用防油绝缘导线。中间端子盒应具有防雨措施。对单相变压器的瓦斯保护宜分相报警。变压器及并联电抗器瓦斯保护动作后应有自保持。未采用就地跳闸方式的变压器非电量保护应设置独立的电源回路（包括直流空气小断路器及其直流电源监视回路）和出口跳闸回路，且必须与电气量保护完全分开。如采用就地跳闸方式，非电量保护中就地部分的中间继电器由强电直流启动且应采用启动功率较大的中间继电器。

5.1.10.13　主设备非电量保护设施应防水、防震、防油、防渗漏、密封性好，若有转接柜则要做好防水、防尘及防小动物等防护措施。变压器户外布置的压力释放阀、气体继电器和油流速动继电器应加装防雨罩。

5.1.10.14　交流端子与直流端子之间应加空端子，并保持一定距离，必要时加隔离措施。

5.1.10.15　发电机过励磁保护的电压量应采用线电压，不应采用相电压，以防发电机定子发生接地故障或 PT 二次回路发生异常，造成中性点电位抬高，导致过励磁保护误动作。

5.1.10.16　对于 3/2 接线方式，应防止在"和电流"的差动保护回路接线造成 CT 二次回路短接引起的保护误动。

5.1.10.17　CT 的二次回路不宜进行切换。当需要切换时，应采取防止开路的措施。

5.1.10.18　继电保护用 CT 二次回路电缆截面的选择应保证互感器误差不超过规定值。计算条件应为系统最大运行方式下最不利的短路形式，并应计及 CT 二次绕组接线方式、电缆阻抗换算系数、继电器阻抗换算系数及接线端子接触电阻等因素。

5.1.10.19　保护用 CT 的要求。

5.1.10.19.1　保护用 CT 的准确性能应符合 DL/T 866 标准的有关规定。

5.1.10.19.2　CT 带实际二次负荷在稳态短路电流下的准确限值系数或励磁特性（含饱和拐点）应能满足所接保护装置动作可靠性的要求。

5.1.10.19.3　CT 在短路电流含有非周期分量的暂态过程中和存在剩磁的条件下，可能使其严重饱和而导致很大的暂态误差。在选择保护用 CT 时，应根据所用保护装置的特性和暂态饱和可能引起的后果等因素，慎重确定互感器暂态影响的对策。必要时应选择能适应暂态要求的 TP 类 CT，其特性应符合 GB 20840.2 标准的要求。如保护装置具有减轻互感器暂态饱和影响的功能，可按保护装置的要求选用适当的 CT。

　　a）330kV 及以上系统保护、高压侧为 330kV 及以上的变压器和 300MW 及以上的发电机变压器组差动保护用 CT 宜采用 TPY 类 CT。互感器在短路暂态过程中误差应不超过规定值。

　　b）220kV 系统保护、高压侧为 220kV 的变压器和 100～200MW 级的发电机变压器组差动保护用 CT 可采用 P 类、PR 类或 PX 类 CT。互感器可按稳态短路条件进行计算选择，为减轻可能发生的暂态饱和影响宜具有适当暂态系数。220kV 系统的暂态系数不宜低于 2，100～200MW 级机组外部故障的暂态系数不宜低于 10。

　　c）110kV 及以下系统保护用 CT 可采用 P 类 CT。

　　d）母线保护用 CT 可按保护装置的要求或按稳态短路条件选用。

5.1.10.19.4　保护用 CT 的配置及二次绕组的分配应尽量避免主保护出现死区。按近后备原则配置的两套主保护应分别接入互感器的不同二次绕组。

5.1.10.19.5　差动保护用 CT 的相关特性应一致。

5.1.10.19.6　宜选用具有多次级的 CT。优先选用贯穿（倒置）式 CT。

5.1.10.20　保护用 PT 的要求。

5.1.10.20.1　保护用 PT 应能在电力系统故障时将一次电压准确传变至二次侧，传变误差及暂态响应应符合 DL/T 866 标准的有关规定。电磁式 PT 应避免出现铁磁谐振。

5.1.10.20.2　PT 的二次输出额定容量及实际负荷应在保证互感器准确等级的范围内。

5.1.10.20.3　双断路器接线按近后备原则配备的两套主保护，应分别接入 PT 的不同二次绕组；对双母线接线按近后备原则配置的两套主保护，可以合用 PT 的同一二次绕组。

5.1.10.20.4　在 PT 二次回路中，除开口三角线圈和另有规定者外，应装设自动断路器或熔断器。接有距离保护时，装设自动断路器。

5.1.10.20.5　发电机出口和高压厂用电 PT 的一次侧熔断器熔体的额定电流均应为 0.5A。

5.1.10.21　断路器及隔离开关二次回路应满足 DL/T 5136 标准的有关规定，应尽量附有防止跳跃的回路，采用串联自保持时，接入跳合闸回路的自保持线圈，其额定电流不应大于跳合闸线圈额定电流的 50%，线圈压降小于额定电压的 5%。

5.1.10.22　断路器应有足够数量的、动作逻辑正确、接触可靠的辅助触点供保护装置使用。辅助触点与主触头的动作时间差不大于 10ms。

5.1.10.23　隔离开关应有足够数量的、动作逻辑正确、接触可靠的辅助触点供保护装置使用。

5.1.10.24　断路器及隔离开关的闭锁回路、送 DEH 并网信号及断路器跳闸回路等可能由于直流母线失电导致系统误判引发的停机或事故的辅助触点数量不足时，不允许用重动继电器扩充触点。

5.1.10.25　根据升压站和一次设备安装的实际情况，宜敷设与发电厂主接地网紧密连接的等电位接地网。等电位接地网应满足 DL/T 5136 标准的有关规定，满足以下要求。

a）应在主控室、保护室、敷设二次电缆的沟道、开关场的就地端子箱及保护用结合滤波器等处，使用截面不小于 $100mm^2$ 的铜排（缆）敷设与主接地网紧密连接的等电位接地网。

b）在主控室、保护室柜屏下层的电缆室内，按柜屏布置的方向敷设 $100mm^2$ 的专用铜排（缆），将该专用铜排（缆）首末端连接，形成保护室内的等电位接地网。保护室内的等电位网与厂主地网只能存在唯一的接地点，连接位置宜选在保护室外部电缆入口处。为保证连接可靠，连接线必须用至少 4 根以上、截面不小于 $50mm^2$ 的铜缆（排）构成共同接地点。

c）静态保护和控制装置的屏（柜）下部应设有截面不小于 $100mm^2$ 的接地铜排。屏（柜）内装置的接地端子应用截面不小于 $4mm^2$ 的多股铜线和接地铜排相连。接地铜排应用截面不小于 $50mm^2$ 的铜缆与保护室内的等电位接地网相连。

d）沿二次电缆的沟道敷设截面不少于 $100mm^2$ 的铜排（缆），构建室外的等电位接地网。

e）分散布置的保护就地站、通信室与集控室之间，应使用截面不少于 $100mm^2$ 的、紧密与厂、站主接地网相连接的铜排（缆）将保护就地站与集控室的等电位接地网可靠连接。

f）开关场的就地端子箱内应设置截面不少于 $100mm^2$ 的铜排，并使用截面不少于 $100mm^2$ 的铜缆与电缆沟道内的等电位接地网连接。

g）保护及相关二次回路和高频收发信机的电缆屏蔽层应使用截面不小于 $4mm^2$ 多股铜质软导线可靠连接到等电位接地网的铜排上。

h）在开关场的变压器、断路器、隔离刀闸、结合滤波器和 CT、PT 等设备的二次电缆应经金属管从一次设备的接线盒（箱）引至就地端子箱，并将金属管的上端与上述设备的底座和金属外壳良好焊接，下端就近与主接地网良好焊接。在就地端子箱处将这些二次电缆的屏蔽层使用截面不小于 $4mm^2$ 多股铜质软导线可靠单端连接至等电位接地网的铜排上。

i）在干扰水平较高的场所，或是为取得必要的抗干扰效果，宜在敷设等电位接地网的基础上使用金属电缆托盘（架），并将各段电缆托盘（架）与等电位接地网紧密连接，并将不同用途的电缆分类、分层敷设在金属电缆托盘（架）中。

5.1.10.26　微机型继电保护装置所有二次回路的电缆应满足 DL/T5136 标准的有关规定，并使用屏蔽电缆，严禁使用电缆内的空线替代屏蔽层接地。二次回路电缆敷设应符合以下要求。

a）合理规划二次电缆的路径，尽可能远离高压母线、避雷器和避雷针的接地点、并联电容器、电容式 PT、耦合电容及电容式套管等设备。避免和减少迂回，缩短二次电缆的长度。与运行设备无关的电缆应予拆除。

b）交流电流和交流电压回路、交流和直流回路、强电和弱电回路，以及来自开关场PT 二次的四根引入线和 PT 开口三角绕组的两根引入线均应使用各自独立的电缆。

c）双重化配置的保护装置、母线差动和断路器失灵等重要保护的启动和跳闸回路均应使用各自独立的电缆。

5.1.10.27 PT 二次绕组的接地应满足 DL/T 5136 标准的有关规定，并符合下列规定。

a）PT 的二次回路只允许有一点接地。为保证接地可靠，各 PT 的中性点接地线中不应串接有可能断开的设备。

b）对中性点直接接地系统，PT 星形接线的二次绕组采用中性点一点接地方式。

c）对中性点非直接接地系统，PT 星形接线的二次绕组宜采用中性点一点接地方式。

d）对 V–V 接线的 PT，宜采用 B 相一点接地，B 相接地线上不应串接有可能断开的设备。

e）PT 开口三角绕组的引出端之一应一点接地，接地引线上不应串接有可能断开的设备。

f）几组 PT 二次绕组之间有电路联系或者地中电流会产生零序电压使保护误动作时，接地点应集中在继电器室内一点接地。无电路联系时，可分别在不同的继电器室或配电装置内接地。

5.1.10.28 CT 的二次回路应有且只能有一个接地点，宜在配电装置处经端子排接地。由几组 CT 绕组组合且有电路直接联系的回路，CT 二次回路应在"和"电流处经端子排一点接地。

5.1.10.29 经长电缆跳闸回路，宜采取增加出口继电器动作功率等措施，防止误动。所有涉及直接跳闸的重要回路应采用动作电压在额定直流电源电压的 55%~70% 范围以内的中间继电器，并要求其动作功率不低于 5W。

5.1.10.30 针对来自系统操作、故障、直流接地等异常情况，应采取有效防误动措施，防止保护装置单一元件损坏可能引起的不正确动作。断路器失灵启动母线差动、变压器侧断路器失灵启动等重要回路宜采用双开入接口，必要时，还可增加双路重动继电器分别对双开入量进行重动。

5.1.10.31 遵守保护装置 24V 开入电源不出保护室的原则，以免引进干扰。

5.1.10.32 发电机转子大轴接地应配置两组并联的接地碳刷或铜辫，并通过 50mm² 以上铜线（排）与主地网可靠连接，以保证励磁回路接地保护稳定运行。

5.1.10.33 控制电缆应具有必要的屏蔽措施并妥善接地。

5.1.10.33.1 在电缆敷设时，应充分利用自然屏蔽物的屏蔽作用。必要时，可与保护用电缆平行设置专用屏蔽线。

5.1.10.33.2 屏蔽电缆的屏蔽层应在开关场和控制室内两端接地。在控制室内屏蔽层宜在保护屏上接于屏（柜）内的接地铜排；在开关场屏蔽层应在与高压设备有一定距离的端子箱接地。

5.1.10.33.3 电力线载波用同轴电缆屏蔽层应在两端分别接地，并紧靠同轴电缆敷设截面不小于 100mm² 两端接地的铜导线。

5.1.10.33.4 传送数字信号的保护与通信设备间的距离大于 50m 时，应采用光缆。

5.1.10.33.5 对于双层屏蔽电缆，内屏蔽应一端接地，外屏蔽应两端接地。

5.1.10.33.6 两点接地的屏蔽电缆宜采取相关措施，防止在暂态电流作用下屏蔽层被烧熔。

5.1.10.34 保护输入回路和电源回路应根据具体情况采用必要的减缓电磁干扰措施。

5.1.10.34.1 保护的输入、输出回路应使用空触点、光耦或隔离变压器等措施进行隔离。

5.1.10.34.2 直流电压在110V及以上的中间继电器应在线圈端子上并联电容或反向二极管作为消弧回路，在电容及二极管上都应串入数百欧的低值电阻，以防止电容或二极管短路时将中间继电器线圈短接。二极管反向击穿电压不宜低于1000V。

5.1.11 继电保护装置与监控自动化系统的配合

5.1.11.1 继电保护装置与计算机监控、DCS监控、ECMS监控的配合应符合GB/T 14285和DL/T 5136等标准的相关要求。

5.1.11.2 微机型继电保护装置与厂自动化系统的配合及接口。

应用于厂站自动化系统中的微机型保护装置功能应相对独立，具有与厂自动化系统进行通信的接口，具体要求如下：

a）微机型继电保护装置及其出口回路不应依赖于厂自动化系统，并能独立运行；

b）微机型继电保护装置逻辑判断回路所需的各种输入量应直接接入保护装置，不宜经厂自动化系统及其通信网转接；

c）微机型继电保护装置应具有2个及以上的通信接口，能满足同时与继电保护信息管理系统和监控系统通信的要求。

5.1.11.3 与厂自动化系统通信的微机型保护装置应能送出或接收以下类型的信息。

a）装置的识别信息、安装位置信息；

b）开关量输入（例如断路器位置、保护投入连接片等）；

c）异常信号（包括装置本身的异常和外部回路的异常）；

d）故障信息（故障记录、内部逻辑量的事件顺序记录）；

e）模拟量测量值；

f）装置的定值及定值区号；

g）自动化系统的有关控制信息和断路器跳合闸命令、时钟对时命令等。

5.1.11.4 通信协议。

微机型保护装置与发电厂自动化系统（继电保护信息管理系统）的通信协议应符合DL/T 667或DL/T 860等标准的规定。

5.1.12 厂用电继电保护设计阶段监督

5.1.12.1 厂用电继电保护应符合GB/T 14285、GB/T 50062、DL/T 744、DL/T 770及DL/T 5153等标准的要求。

5.1.12.2 各类常用保护装置的灵敏系数不宜低于如下数值。

a）纵联差动保护取2；

b）电流速断保护取2（按保护安装处短路计算）；

c）过电流保护取1.5；

d）动作于信号的单相接地保护取1.2；

e）动作于跳闸的单相接地保护取1.5。

5.1.12.3 保护用CT（包括中间CT）的稳态误差不应大于10%。当技术上难以满足要求，且不至于使保护装置不正确动作时，可允许较大的误差。小变比高动热稳定的CT应能保证馈线三相短路时保护可靠动作。差动保护回路不应与测量仪表合用CT的二次绕组。

其他保护装置也不宜与测量仪表合用 CT 的二次绕组，若受条件限制测量仪表和保护或自动装置共用 CT 的同一个二次绕组时，应按下列原则处理。

  a）保护装置应设置在仪表之前，以避免校验仪表时影响保护装置的工作；

  b）对于电流回路开路可能引起保护装置不正确动作，而又未装设有效的闭锁和监视时，仪表应经中间 CT 连接，当中间 CT 二次回路开路时，保护用 CT 的稳态比误差仍应不大于 10%。

5.1.12.4 PC 进线断路器保护装置宜配置独立的保护装置。

5.1.12.5 中性点非直接接地的厂用电系统的单相接地保护。

5.1.12.5.1 高压厂用变压器电源侧的单相接地保护。

  a）当厂用电源从母线上引接，且该母线为非直接接地系统时，如母线上的出线都装有单相接地保护，则厂用电源回路也应装设单相接地保护。保护装置的构成方式与该母线上出线的单相接地保护装置相同。

  b）当厂用电源从发电机出口引接时，单相接地保护由发电机变压器组的保护来确定。

5.1.12.5.2 高压厂用电系统的单相接地保护。

  a）不接地系统。

当系统的单相接地电流在 10A 及以上时，厂用电动机回路的单相接地保护应瞬时动作于跳闸。当系统的单相接地电流在 15A 及以上时，其他馈线回路的单相接地保护也应动作于跳闸。

  b）高电阻接地系统（接地保护动作于信号）。

当单相接地电流小于 15A 时，保护动作于信号；厂用电动机回路：当单相接地电流小于 10A 时，应装设接地故障检测装置；其他馈线回路：当单相接地电流小于 15A 时，单相接地保护动作于信号。

  c）低电阻接地系统（接地保护动作于跳闸）。

厂用母线和厂用电源回路：单相接地保护宜由接于电源变压器中性点的电阻取得零序电流来实现，保护动作后带时限切除本回路断路器；厂用电动机及其他馈线回路：单相接地保护由安装在该回路上的零序 CT 取得零序电流来实现，保护动作后切除本回路的断路器。

5.1.12.5.3 低压厂用电系统的单相接地保护。

高电阻接地的低压厂用电系统，单相接地保护应利用中性点接地设备上产生的零序电压来实现，保护动作后应向值班地点发出接地信号。低压厂用中央母线上的馈线回路应装设接地故障检测装置。检测装置由反应零序电流的元件构成，动作于就地信号。

5.1.12.5.4 为了保证单相接地保护动作的正确性，零序 CT 套装在电缆上时，应使电缆头至零序 CT 之间的一段金属外护层不能与大地相接触。此段电缆的固定应与大地绝缘，其金属外护层的接地线应穿过零序 CT 后接地，使金属外护层中的电流不致通过零序 CT。如回路中有 2 根及以上电缆并联，且每根电缆上分别装有零序 CT 时，则应将各零序 CT 的二次绕组串联或并联后接至继电器。

5.1.12.6 高压厂用变压器的保护。

5.1.12.6.1 高压厂用工作变压器应装设下列保护。

  a）容量为 6.3MVA 及以上的变压器和 2MVA 及以上采用电流速断保护灵敏性不符合要求的变压器应装设纵联差动保护；

b) 容量为6.3MVA以下的变压器应装设电流速断保护;

c) 分支限时速断保护;

d) 具有单独油箱的带负荷调压的油浸式变压器的调压装置及0.8MVA及以上油浸式变压器和0.4MVA及以上室内油浸式变压器应装设瓦斯保护;

e) 过电流保护;

f) 单相接地保护;

g) 低压侧分支差动保护。

5.1.12.6.2 高压厂用启动/备用变压器应装设下列保护。

a) 10MVA及以上或带有公用负荷6.3MVA及以上变压器和2MVA及以上采用电流速断保护灵敏性不符合要求的变压器应配置纵联差动保护;

b) 10MVA以下的变压器装设电流速断保护;

c) 分支限时速断保护;

d) 具有单独油箱的带负荷调压的油浸式变压器的调压装置及0.8MVA及以上油浸式变压器和0.4MVA及以上室内油浸式变压器应装设瓦斯保护;

e) 过电流保护;

f) 单相接地保护;

g) 备用分支的过电流保护(如有备用分支);

h) 零序电流保护;

i) 当变压器高压侧接于330kV及以上的电力系统时应装设过励磁保护。

5.1.12.7 低压厂用变压器保护。低压厂用变压器应装设下列保护。

a) 2MVA及以上用电流速断保护灵敏性不符合要求的变压器应纵联差动保护;

b) 电流速断保护;

c) 800kVA及以上的油浸变压器和400kVA及以上的室内油浸变压器应装设瓦斯保护;

d) 过电流保护;

e) 单相接地短路保护;

f) 单相接地保护;

g) 供电距离较远时应装设低压保护;

h) 温度保护。

5.1.12.8 高压厂用电动机保护。

5.1.12.8.1 电压为3kV及以上的异步电动机和同步电动机装设以下保护。

a) 电流速断保护;

b) 2MW及以上的电动机应装设差动保护,2MW以下中性点具有分相引线的电动机,当电流速断保护灵敏性不够时,也应装设差动保护;

c) 负序电流保护;

d) 定子绕组过负荷保护;

e) 热过载保护;

f) 接地保护;

g) 低电压保护;

h）堵转保护；

i）同步电动机失磁保护；

j）同步电动机失步保护；

k）同步电动机非同步冲击保护。

5.1.12.8.2　装设变频器启动的电动机保护。

a）安装在变频器后的电动机保护装置应适应电动机工作频率范围 10~70Hz 连续变化，并能适用于变频启动和工频启动两种不同的启动方式。

b）变频运行的电动机差动保护配置的 CT 应能在保护装置工作频率范围内具有良好的线性度，满足 10% 误差曲线。

c）具备变频/工频自动切换运行方式的电动机应设置总电源断路器，保护整定值按常规直接启动电动机保护整定。在变频器进线端单独设置断路器，保护整定值按变压器保护整定，以保护变频器的移相隔离变压器；在工频旁路单独设置旁路断路器，旁路断路器应配置相应的电动机保护。

d）变频器应有防止误操作功能。应配置变压器超温、通风系统故障、控制系统故障、过流、过载、过热、短路、缺相、电压不平衡、电流不平衡保护。

5.1.12.9　低压厂用电动机保护。低压厂用电动机应装设下列保护。

a）相间短路保护；

b）单相接地短路保护；

c）单相接地保护；

d）过负荷保护；

e）两相运行保护；

f）低电压保护。

5.1.12.10　厂用线路的保护。

5.1.12.10.1　3~10kV 厂用线路应装设下列保护。

a）相间短路保护；

b）单相接地保护。

5.1.12.10.2　6~35kV 厂用升压或隔离变压器线路组的保护：

a）相间短路保护；

b）瓦斯保护（800kVA 及以上油浸变压器）；

c）单相接地保护。

5.1.12.10.3　6~35kV 厂用线路上降压变压器（包括分支连接的降压变压器）的保护，宜采用高压跌落式熔断器作为降压变压器的相间短路保护。

5.1.12.10.4　低压厂用线路应装设下列保护。

a）相间短路保护；

b）单相接地短路保护（低压厂用电系统中性点为直接接地时应装设本保护）；

c）单相接地保护。

5.1.12.11　柴油发电机的保护。

5.1.12.11.1　柴油发电机定子绕组及引出线相间短路故障的保护配置，应能适应发电机单独运行和与厂用电系统并列运行的两种运行方式，故过电流保护装置宜装设在发电机中性点的各相引出线上。

5.1.12.11.2　柴油发电机应装设下列保护。

 a）电流速断保护；

 b）1MW 以上或 1MW 及以下电流速断保护灵敏度不够的发电机应装设纵联差动保护；

 c）过电流保护；

 d）单相接地保护。

5.1.12.12　厂用电控制、信号、测量及自动装置。

5.1.12.12.1　高、低压厂用电源的控制和信号设计应按 DL/T 5136 的规定及电气进入分散控制系统（DCS）的规定执行。厂用电动机的信号系统的控制方式、控制地点及工艺要求符合 DL/T 5153 相关规定。

5.1.12.12.2　厂用电气设备的测量仪表设计应符合 DL/T 5137 和 DL/T 5153 相关规定。

5.1.12.12.3　柴油发电机的控制、信号、测量及自动装置设计应符合 DL/T5153 相关规定。

5.1.12.12.4　备用电源自动投入装置（以下简称"备自投"）切换方式的设计应符合 GB/T 14285、DL/T 526、DL/T 1073 和 DL/T 5153 相关规定。安装条件应符合 GB/T 14285 有关规定。备自投装置的功能应符合 DL/T 526 和 DL/T 1073 相关规定。

 a）在下列情况下，应配置备自投装置。

  1）具有备用电源的发电厂厂用电源；

  2）由双电源供电，其中一个电源经常断开作为备用的电源；

  3）有备用机组的某些重要辅机。

 b）备自投装置的主要功能应符合下列要求。

  1）在正常运行中需要切换厂用电时，应有双向切换功能。当工作电源和备用电源属于同一系统时宜选择并联切换方式。

  2）在电气事故或不正常运行（包括工作母线低电压和工作断路器偷跳）时应能自动切向备用电源，且只允许采用串联切换方式，在合备用电源断路器之前应确认工作电源断路器已经跳闸；在非电气事故需要切换厂用电时，允许采用同时切换方式。

  3）串联切换应同时开放快速切换、同相位切换及残压切换三种切换方式，在工作断路器跳闸瞬间满足快切条件时执行快速切换，如不满足切换条件，则执行同相位切换及残压切换。

  4）在并联切换中，应防止两电源长期并列形成环流，并列时间不宜超过 1s。

  5）当备用电源切换到故障母线上时，应具有启动后加速保护快速切除故障功能；在工作母线 PT 断线或备用电源降低时，应闭锁切换。

  6）当工作电源失电时，备自投只允许动作一次。

5.2　基建及验收阶段监督

5.2.1　基建及验收依据及基本要求

5.2.1.1　对于基建、更改工程，应以保证设计、调试和验收质量为前提，合理制定工期，严格执行相关技术标准、规程、规定和反事故措施，不得为赶工期减少调试项目，降低调试质量。

5.2.1.2 验收单位应制定详细的验收标准和合理的验收计划,确保验收质量。

5.2.1.3 对新安装的继电保护装置进行验收时,应以订货合同、技术协议、设计图和技术说明书及有关验收规范等规定为依据,按 GB 50171、GB 50172、DL/T 995、DL/T 5294、DL/T 5295 等标准及有关规程和规定进行调试,并按定值通知单进行整定。检验整定完毕,并经验收合格后方可允许投入运行。

5.2.1.4 在基建验收时,应按相关规程要求,检验线路和主设备的所有保护之间的相互配合关系,对线路纵联保护还应与线路对侧保护进行一一对应的联动试验,并有针对性的检查各套保护与跳闸连接片的唯一对应关系。

5.2.1.5 并网发电厂机组投入运行时,相关继电保护、自动装置和电力专用通信配套设施等应同时投入运行。

5.2.1.6 新建工程的电气设备参数,应按照有关基建工程验收规程的要求,在投入运行前进行实际测试。

5.2.1.7 对于基建、更改工程,应配置必要的继电保护试验设备和专用工具。

5.2.1.8 新设备投产时应认真编写保护启动方案,做好事故预想,确保设备故障时能被可靠切除。

5.2.1.9 新设备投入运行前,基建单位应按 GB 50171、GB 50172、DL/T 995、DL/T 5294 和 DL/T 5295 等验收规范的有关规定,与发电厂进行设计图、仪器仪表、调试专用工具、备品备件、试验报告、变更设计的证明文件、质量验收记录和制造厂提供的产品技术文件等移交工作。

5.2.2 装置安装及其检查、检验的监督重点

5.2.2.1 安装装置的验收检验前应进行的准备工作。

5.2.2.1.1 了解设备的一次接线及投入运行后可能出现的运行方式和设备投入运行的方案,该方案应包括投入初期的临时继电保护方式。

5.2.2.1.2 检查装置的原理接线图(设计图)及与之相符合的二次回路安装图、电缆敷设图、电缆编号图、断路器操作机构图、二次回路分线箱图及 CT、PT 端子箱图等全部图纸以及成套保护、自动装置的原理和技术说明书及断路器操作机构说明书,CT、PT 的出厂试验报告等。以上技术资料应齐全、正确。若新装置由基建部门负责调试,生产部门继电保护验收人员验收全套技术资料之后,再验收技术报告。

5.2.2.1.3 根据设计图纸,到现场核对所有装置的安装位置及接线是否正确。

5.2.2.2 CT、PT 及其回路检查与验收监督重点。

5.2.2.2.1 检查 CT、PT 的铭牌参数是否完整,出厂合格证及试验资料是否齐全,如缺乏上述数据时,应由有关制造厂或基建、生产单位的试验部门提供下列试验资料。

    a) 所有绕组的极性;

    b) 所有绕组及其抽头的变比;

    c) PT 在各使用容量下的准确级;

    d) CT 各绕组的准确级(级别)、容量及内部安装位置;

    e) 二次绕组的直流电阻(各抽头);

    f) CT 各绕组的伏安特性。

5.2.2.2.2　CT、PT 检查。

　　a）CT、PT 的变比、容量、准确级必须符合设计要求。

　　b）测试互感器各绕组间的极性关系，核对铭牌上的极性标志是否正确。检查互感器各次绕组的连接方式及其极性关系是否与设计符合，相别标识是否正确。

　　c）有条件时，可自 CT 的一次分相通入电流，检查工作抽头的变比及回路是否正确（发、变组保护所使用的外附互感器、变压器套管互感器的极性与变比检验可在发电机作短路试验时进行）。

　　d）自 CT 的二次端子箱处向负载端通入交流电流，测定回路的压降，计算电流回路每相与零相及相间的阻抗（二次回路负担）。将所测得的阻抗值按保护的具体工作条件和制造厂提供的出厂资料来验算是否符合互感器 10% 误差的要求。

5.2.2.2.3　CT 二次回路检查。

　　a）检查 CT 二次绕组所有二次接线的正确性及端子排引线螺钉压接的可靠性。

　　b）检查电流二次回路的接地点与接地状况，CT 的二次回路必须只能有一点接地，一般应在就地端子箱处接地；由几组 CT 二次组合的电流回路，应在有直接电气连接处一点接地。

5.2.2.2.4　PT 二次回路检查。

　　a）检查 PT 二次绕组的所有二次回路接线的正确性及端子排引线螺钉压接的可靠性。

　　b）经控制室零相小母线（N600）连通的几组 PT 二次回路，只应在控制室将 N600 一点接地，各 PT 二次中性点在开关场的接地点应断开；为保证接地可靠，各 PT 的中性线不得接有可能断开的断路器或接触器等。独立的、与其他互感器二次回路没有直接电气联系的二次回路，可以在控制室也可以在开关场实现一点接地。来自 PT 二次回路的 4 根开关场引入线和互感器开口三角回路的 2（3）根开关场引入线必须分开，不得共用。

　　c）检查 PT 二次回路中所有熔断器（自动断路器）的装设地点、熔断（脱扣）电流是否合适（自动断路器的脱扣电流需通过试验确定）、质量是否良好，能否保证选择性、自动断路器线圈阻抗值是否合适，禁止误用直流自动断路器。

　　d）检查串联在电压回路中断路器、隔离开关及切换设备触点接触的可靠性。

　　e）测量电压回路自互感器引出端子到配电屏电压母线的每相直流电阻，并计算 PT 在额定容量下的压降，其值不应超过额定电压的 3%。

　　f）10kV 以上系统 PT 二次空开应为单极空开，并通过辅助接点接入信号告警系统。

5.2.2.3　二次回路检查与检验监督重点。

5.2.2.3.1　二次回路绝缘检查。

　　在对二次回路进行绝缘检查前，必须确认被保护设备的断路器、CT 全部停电，交流电压回路已在电压切换把手或分线箱处与其他单元设备的回路断开，并与其他回路隔离完好后，才允许进行。从保护屏（柜）的端子排处将所有外部引入的回路及电缆全部断开，分别将电流、电压、直流控制、信号回路的所有端子各自连接在一起，用 1000V MΩ 表测量回路的下列绝缘电阻，其阻值均应大于 10MΩ。

5.2.2.3.2　二次回路的验收检验。

　　a）对回路的所有部件进行观察、清扫与必要的检修及调整。所述部件包括：与装置有关的操作把手、按钮、插头、灯座、位置指示继电器、中央信号装置及这些部件回路中端子排、电缆、熔断器等。

b）利用导通法依次经过所有中间接线端子，检查由互感器引出端子箱到操作屏（柜）、保护屏（柜）、自动装置屏（柜）或至分线箱的电缆回路及电缆芯的标号，并检查电缆簿的填写是否正确。

c）当设备新投入或接入新回路时，核对熔断器（空气开关）的额定电流是否与设计相符或与所接入的负荷相适应，并满足上下级之间的配合。

d）检查屏（柜）上的设备及端子排内部、外部连线的标号应正确完整，接触牢靠，并利用导通法进行检验。且应与图纸和运行规程相符合，并检查电缆终端和沿电缆敷设路线上的电缆标牌是否正确完整，与相应的电缆编号相符，与设计相符。

e）检验直流回路是否确实没有寄生回路存在。检验时应根据回路设计的具体情况，用分别断开回路的一些可能在运行中断开（如熔断器、指示灯等）的设备及使回路中某些触点闭合的方法来检验。每一套独立的装置，均应有专用于直接到直流熔断器（空气开关）正负极电源的专用端子对，这一套保护的全部直流回路包括跳闸出口继电器的线圈回路，都必须且只能从这一对专用端子取得直流的正、负电源。

f）信号回路及设备可不进行单独的检验。

5.2.2.3.3　断路器、隔离开关及其二次回路的检验。

a）继电保护检验人员应了解掌握有关设备的技术性能及其调试结果，并负责检验自保护屏（柜）引至断路器（包括隔离开关）二次回路端子排处有关电缆线连接的正确性及螺钉压接的可靠性。

b）断路器的跳闸线圈及合闸线圈的电气回路接线方式（包括防止断路器跳跃回路、三相不一致回路等措施）。

c）与保护回路有关的辅助触点的开、闭情况，切换时间，构成方式及触点容量。

d）断路器二次操作回路中的气压、液压及弹簧压力等监视回路的工作方式。

e）断路器二次回路接线图。

f）断路器跳闸及合闸线圈的电阻值及在额定电压下的跳、合闸电流。

g）断路器跳闸电压及合闸电压，其值应满足相关规程的规定。

h）断路器的跳闸时间、合闸时间以及合闸时三相触头不同时闭合的最大时间差，应不大于规定值。

5.2.2.4　屏（柜）及装置检查与检验监督重点。

5.2.2.4.1　装置外观检查。

a）检查装置的实际构成情况：装置的配置、型号、额定参数（直流电源额定电压、交流额定电流、电压等）是否与设计相符合。

b）主辅设备的工艺质量、导线与端子采用材料等的质量。装置内部的所有焊接头、插件接触的牢靠性等属于制造工艺质量的问题，主要依靠制造厂负责保证产品质量。进行新安装装置的验收检验时，检验人员只作抽查。

c）屏（柜）上的标志应正确完整清晰，并与图纸和运行规程相符。

d）检查安装在装置输入回路和电源回路的减缓电磁干扰器件和措施应符合相关标准和制造厂的技术要求。

e）应将保护屏（柜）上的备用连片取下，或采取其他防止误投的措施。

5.2.2.4.2 装置绝缘试验。

a）按照装置技术说明书的要求拔出插件。在保护屏（柜）端子排内侧分别短接交流电压回路端子、交流电流回路端子、直流电源回路端子、跳闸和合闸回路端子、开关量输入回路端子、调度自动化系统接口回路端子及信号回路端子。

b）断开与其他保护的弱电联系回路。

c）将打印机与装置断开。

d）装置内所有互感器的屏蔽层应可靠接地。

e）在测量某一组回路对地绝缘电阻时，应将其他各组回路都接地。

f）用500VMΩ表测量绝缘电阻值，要求阻值均大于20MΩ。测试后，应将各回路对地放电。

5.2.2.5 输入、输出回路检验监督重点。

5.2.2.5.1 开关量输入回路检验。

a）在保护屏（柜）端子排处，按照装置技术说明书规定的试验方法，对所有引入端子排的开关量输入回路依次加入激励量，观察装置的行为。

b）按照装置技术说明书所规定的试验方法，分别接通、断开连片及转动把手，观察装置的行为。

5.2.2.5.2 输出触点及输出信号检查。

在装置屏（柜）端子排处，按照装置技术说明书规定的试验方法，依次观察装置所有输出触点及输出信号的通断状态。

5.2.2.5.3 各电流、电压输入的幅值和相位精度检验。

按照装置技术说明书规定的试验方法，分别输入不同幅值和相位的电流、电压量，观察装置的采样值满足装置技术条件的规定。

5.2.2.6 整定值的整定及检验监督重点。

应按照经审批的保护整定通知单上的整定项目，按照装置技术说明书或制造厂推荐的试验方法，对保护的每一功能元件进行逐一检验。

5.2.2.7 纵联保护通道检验监督重点。

5.2.2.7.1 载波通道检验监督重点。

a）继电保护专用载波通道中的阻波器、结合滤波器、高频电缆等加工设备的试验项目与电力线载波通信规定的相一致（符合国际标准）。与通信合用通道的试验工作由通信部门负责，其通道的整组试验特性除满足通信本身要求外，也应满足继电保护安全运行的有关要求。

b）传输远方跳闸信号的通道，在新安装或更换设备后应测试其通道传输时间。采用允许式信号的纵联保护，除了测试通道传输时间，还应测试"允许跳闸"信号的返回时间。

c）继电保护利用通信设备传送保护信息的通道（包括复用载波机及其通道），还应检查各端子排接线的正确性、可靠性，并检查继电保护装置与通信设备不应有直接电气连接。

5.2.2.7.2 光纤通道检验监督重点。

a）对于光纤通道可以采用自环的方式检查光纤通道的完好性。

b）对于与光纤通道相连的保护用附属接口设备应对其继电器输出触点、电源和接口设备的接地情况进行检查。

c）通信专业应对光纤通道的误码率和传输时间进行检查，保护复用光纤通道误码率应不大于1.0E°；传输线路纵联保护信息的数字式通道传输时间应不大于12ms；点对点的数字式通道传输时间应不大于5ms。

d）对于利用专用光纤通道传输保护信息的远方传输设备，应对其发信电平、收信灵敏电平进行测试，并保证通道的裕度满足运行要求。

5.2.2.8 操作箱检查与检验监督重点。

5.2.2.8.1 进行每一项试验时，检验人员须准备详细的试验方案，尽量减少断路器的操作次数。

5.2.2.8.2 对分相操作断路器，应逐相传动防止断路器跳跃的每个回路。

5.2.2.8.3 对于操作箱中的出口继电器，还应进行动作电压范围的检验，确认其值在55%~70%额定电压之间。对于其他逻辑回路的继电器，应满足80%额定电压下可靠动作。

5.2.2.8.4 操作箱的检验以厂家调试说明书并结合现场情况进行。并重点检验下列元件及回路的正确性。

a）防止断路器跳跃回路和三相不一致回路；

b）如果使用断路器本体的防止断路器跳跃回路和三相不一致回路，则检查操作箱的相关回路是否满足运行要求；

c）交流电压的切换回路；

d）合闸回路、跳闸1回路及跳闸2回路的接线正确性，并保证各回路之间不存在寄生回路。

5.2.2.8.5 利用操作箱对断路器进行下列传动试验。

a）断路器就地分闸、合闸传动；

b）断路器远方分闸、合闸传动；

c）防止断路器跳跃回路传动；

d）断路器三相不一致回路传动；

e）断路器操作闭锁功能检查；

f）断路器操作油压或空气压力继电器、SF_6密度继电器及弹簧压力等触点的检查，检查各级压力继电器触点输出是否正确，检查压力低闭锁合闸、闭锁重合闸、闭锁跳闸等功能是否正确；

g）断路器辅助触点检查，远方、就地方式功能检查；

h）在使用操作箱的防跳回路时，应检验串联接入跳合闸回路的自保持线圈，其动作电流不应大于额定跳合闸电流的50%，线圈压降小于额定值的5%；

i）所有断路器信号检查。

5.2.2.9 整组试验监督重点。

5.2.2.9.1 新安装装置的验收检验时，需要先进行每一套保护（指几种保护共用一组出口的保护总称）带模拟断路器（或带断路器及采用其他手段）的整组试验。每一套保护传动完成后，还需模拟各种故障，用所有保护带实际断路器进行整组试验。

5.2.2.9.2 整组试验应着重做如下检查。

a）各套保护间的电压、电流回路的相别及极性是否一致。

b）在同一类型的故障下，应该同时动作于发出跳闸脉冲的保护，在模拟短路故障中是否均能动作，其信号指示是否正确。

c）有两个线圈以上的直流继电器的极性连接是否正确，对于用电流启动（或保持）的回路，其动作（或保持）性能是否可靠。

d）所有相互间存在闭锁关系的回路，其性能是否与设计符合。

e）所有需要由运行值班员操作的把手及连片的连线、名称、位置标号是否清晰、准确，在运行过程中与这些设备有关的名称、使用条件是否一致。

f）中央信号装置的动作及有关光字牌、音响信号指示是否正确。

g）各套保护在直流电源正常及异常状态下（自端子排处断开其中一套保护的负电源等）是否存在寄生回路。

h）断路器跳、合闸回路的可靠性，其中装设单相重合闸的线路，验证电压、电流、断路器回路相别的一致性及与断路器跳合闸回路相连的所有信号指示回路的正确性。对于有双组跳闸线圈的断路器，应检查两组跳闸线圈接线极性是否一致。

i）自动重合闸是否能确实保证按规定的方式动作并保证不发生多次重合现象。

5.2.2.10 用一次电流及工作电压的检验监督重点。

5.2.2.10.1 新安装或经更改的电流、电压回路，应直接利用工作电压检查电压二次回路，利用负荷电流检查电流二次回路接线的正确性。装置未经该检验，不能正式投入运行。在进行该项试验前，需完成下列工作。

a）具有符合实际情况的图纸与装置的技术说明及现场使用说明；

b）运行中需由运行值班员操作的连片、电源开关、操作把手等的名称、用途、操作方法等应在现场使用说明中详细注明。

5.2.2.10.2 通过用一次电流和工作电压判定如下事项：

a）对接入电流、电压的相互相位、极性有严格要求的装置（如带方向的电流保护、距离保护等），其相别、相位关系以及所保护的方向是否正确；

b）电流差动保护（母线、发电机、变压器的差动保护、线路纵联差动保护及横差保护等）接到保护回路中的各组电流回路的相对极性关系及变比是否正确；

c）利用相序滤过器构成的保护所接入的电流（电压）的相序是否正确、滤过器的调整是否合适；

d）每组 CT（包括备用绕组）的接线是否正确，回路连线是否牢靠。

5.2.2.10.3 用一次电流与工作电压检验的项目包括：

a）测量电压、电流的相位关系。

b）对使用 PT 三次电压或零序 CT 电流的装置，应利用一次电流与工作电压向装置中的相应元件通入模拟的故障量或改变被检查元件的试验接线方式，以判明装置接线的正确性。由于整组试验中已判明同一回路中各保护元件间的相位关系是正确的，因此该项检验在同一回路中只需选取其中一个元件进行检验即可。

c）测量电流差动保护各组 CT 的相位及差动回路中的差电流（或差电压），以判明差动回路接线的正确性及电流变比补偿回路的正确性。所有差动保护（母线、变压器、发电机的纵、横差等）在投入运行前，除测定相回路和差回路外，还必须测量各中性线的不平衡电流、电压，以保证装置和二次回路接线的正确性。

d）相序滤过器不平衡输出。

e）对高频相差保护、导引线保护，须进行所在线路两侧电流电压相别、相位一致性的检验。

f）对导引线保护，须以一次负荷电流判定导引线极性连接的正确性。

5.2.2.10.4　对变压器差动保护，需要用在全电压下投入变压器的方法检验保护能否躲开励磁涌流的影响。

5.2.2.10.5　对发电机差动保护，应在发电机投入前进行的短路试验过程中，测量差动回路的差电流，以判明电流回路极性的正确性。

5.2.2.10.6　对零序方向元件的电流及电压回路连接正确性的检验要求和方法，应由专门的检验规程规定。对使用非自产零序电压、电流的并联高压电抗器保护、变压器中性点保护等，在正常运行条件下无法利用一次电流、电压测试时，应与调度部门协调，创造条件进行利用工作电压检查电压二次回路，利用负荷电流检查电流二次回路接线的正确性。

5.2.2.10.7　对于新安装变压器，在变压器充电前，应将其差动保护投入使用，在一次设备运行正常且带负荷之后，再由检验人员利用负荷电流检查差动回路的正确性。

5.2.2.10.8　对用一次电流及工作电压进行的检验结果，必须按当时的负荷情况加以分析，拟订预期的检验结果，凡所得结果与预期的不一致时，应进行认真细致的分析，查找确实原因，不允许随意改动保护回路的接线。

5.2.2.11　其他检验。

5.2.2.11.1　机组并网前，应做好核相及假同期试验等工作。

5.2.2.11.2　发电机在进相运行前，应仔细检查和校核发电机失磁保护的测量原理、整定范围和动作特性，防止发电机进相运行时发生误动行为。

5.2.2.11.3　新安装的气体继电器必须经校验合格后方可使用。气体继电器应在真空注油完毕后再安装。瓦斯保护投运前必须对信号、跳闸回路进行保护试验。

5.2.3　竣工验收资料应满足的要求

5.2.3.1　电气设备及线路有关实测参数完整正确。

5.2.3.2　全部保护装置竣工图纸符合实际。

5.2.3.3　装置定值符合整定通知单要求。

5.2.3.4　检验项目及结果符合检验规程的规定。

5.2.3.5　核对CT变比、伏安特性及10%误差，其二次负荷满足误差要求。

5.2.3.6　检查屏前、后的设备整齐、完好，回路绝缘良好，标志齐全、正确。

5.2.3.7　检查二次电缆绝缘良好，标号齐全、正确。

5.2.3.8　向量测试报告齐全。

5.2.3.9　用一次负荷电流和工作电压进行验收试验，判断互感器极性、变比及其回路的正确性，判断方向、差动、距离、高频等保护装置有关元件及接线的正确性。

5.2.3.10　调试单位提供的继电保护试验报告齐全。

5.2.4　微机型继电保护装置投运时应具备的技术文件

5.2.4.1　竣工原理图、安装图、设计说明、电缆清册等设计资料。

5.2.4.2 制造厂商提供的装置说明书、保护屏（柜）电原理图、装置电原理图、故障检测手册、合格证明和出厂试验报告等技术文件。

5.2.4.3 新安装检验报告和验收报告。

5.2.4.4 微机型继电保护装置定值通知单。

5.2.4.5 制造厂商提供的软件逻辑框图和有效软件版本说明。

5.2.4.6 微机型继电保护装置的专用检验规程或制造厂商保护装置调试大纲。

5.3 运行阶段监督

5.3.1 定值整定计算与管理

5.3.1.1 继电保护整定计算原则

5.3.1.1.1 继电保护短路电流应按照 GB/T 15544.1 标准进行计算。发电机变压器保护按照 GB 1094.5、DL/T 684 和 DL/T 1309 等标准要求进行整定，220~750kV 电压等级线路保护分别按照 DL/T 559 等标准要求进行整定，3~110kV 电压等级线路按照 GB 1094.5、DL/T 584 等标准要求进行整定，厂用电按照 DL/T 1052 等标准要求进行整定，互感器一次侧按照 DL/T 866 等标准要求进行整定。定值整定完成后应组织专家审核后使用，并根据所在电网定期提供的系统阻抗值及时校核。

5.3.1.1.2 发电厂继电保护定值整定中，在考虑兼顾"可靠性、选择性、灵敏性、速动性"时，应按照"保人身、保设备及保电网"的原则进行整定。

5.3.1.1.3 发电厂继电保护定值整定中，当灵敏性与选择性难以兼顾时，应首先考虑以保灵敏度为主，防止保护拒动。

5.3.1.1.4 发电厂应根据相关继电保护整定计算规定、电网运行情况及主设备技术条件，校核涉网的保护定值，并根据调度部门的要求，做好每年度对所辖设备的整定值进行校核工作。当电网结构、线路参数和短路电流水平发生变化时，应及时校核相关涉网保护的配置与整定，避免保护发生不正确动作行为。为防止发生网源协调事故，并网发电厂大型发电机组涉网保护装置的技术性能和参数应满足所接入电网要求。

5.3.1.1.5 并网发电厂发电机组配置的频率异常、低励限制、定子过电压、定子低电压、失磁、失步、过励磁、过励限制及保护、重要辅机保护等涉网保护定值应满足电力系统安全稳定运行的要求。其配置及定值配合应按照 DL/T 1309 及当地电网相关要求进行。

5.3.1.1.6 大型发电机组涉网保护的定值应在当地调度部门备案，备案应至少包括下列内容：

　　a）失磁保护、低励限制定值；

　　b）失步保护定值；

　　c）低频保护、过频保护定值；

　　d）过励磁保护定值；

　　e）定子低电压、过电压保护定值；

　　f）过励限制及保护、转子绕组过负荷保护定值。

5.3.1.1.7 发电机变压器组保护定值设置。在对发电机变压器组保护进行整定计算时应注意以下原则：

a) 在整定计算大型机组高频、低频、过压和欠压保护时应分别根据发电机组在并网前、后的不同运行工况和制造厂提供的发电机组的特性曲线进行；

b) 在整定计算发电机变压器组的过励磁保护时应全面考虑主变压器及高压厂用变压器的过励磁能力，并按调节器 V/Hz 限制首先动作，然后是发电机变压器组过励磁保护动作；

c) 励磁调节器中的低励限制应与失磁保护协调配合，遵循低励限制灵敏度高于失磁保护的原则，低励限制线应与静稳极限边界配合，且留有一定裕度；

d) 整定计算发电机定子接地保护时应根据发电机在带不同负荷的运行工况下实测基波零序电压和三次谐波电压的实测值数据进行；

e) 整定计算发电机变压器组负序电流保护应根据制造厂提供的对称过负荷和负序电流的 A 值进行；

f) 整定计算发电机、变压器的差动保护时，在保护正确、可靠动作的前提下，不宜整定过于灵敏，以避免不正确动作；

g) 发电机组失磁保护中静稳极限阻抗应基于系统最小运行方式的电抗值进行校核。

5.3.1.1.8 变压器非电量保护设置。在对变压器非电量保护进行整定计算时应注意以下原则：

a) 国产变压器无特殊要求时，油温、绕组温度过高和压力释放保护出口方式宜设置动作于信号。

b) 重瓦斯保护出口方式应设置动作于跳闸。

c) 轻瓦斯保护出口方式应设置动作于信号。

d) 国产强迫油循环风冷变压器，应安装冷却器故障保护。当冷却器系统全停时，宜设置动作于信号；如设置为出口跳闸，则强迫油循环的变压器冷却器全停保护应设置为冷却器全停 + 顶层温度超限（75）+ 延时 20min 动作于跳闸和冷却器全停 + 延时 60min 动作于跳闸。

e) 油浸（自然循环）风冷和干式风冷变压器，风扇停止工作时，允许的负载和工作时间应按照制造厂规定。油浸风冷变压器当冷却系统部分故障停风扇后，顶层油温不超过 65℃时允许带额定负载运行，保护应设置动作于信号。

f) 冷却器全停时除以上保护动作外，还应瞬时发"冷却器全停"信号。

g) 进口变压器的非电量保护动作出口方式可根据制造厂产品说明书要求进行设置。

5.3.1.1.9 对于 300MW 及以上大型发电机的转子接地保护宜采用两段式转子一点接地保护方式，一段报信，二段跳闸。二段保护申程序控制跳闸。定值按照 DL/T 684 相关要求进行整定。

5.3.1.1.10 100MW 及以上容量发电机定子接地保护宜将基波零序保护与三次谐波电压保护的出口分开，基波零序保护投跳闸，三次谐波保护投信号。定子接地保护也可采用注入式保护方式。

5.3.1.1.11 为了保证高厂变和启/备变的动稳定能力，所有高厂变和启/备变分支侧应结合 GB 1094.5 要求设置定时速断保护，对于容量在 2500kVA 及以下变压器，延时设置不大于 0.5s；对于容量在 2500kVA 以上变压器，延时设置不大于 0.3s。对于各支路馈线（低压厂变、高压电机）速断保护则应设置瞬时动作。使分支（高压厂用母线进线）与各馈线支路（厂用高压输出线）的速断保护有一定的时差，保证馈线支路短路时分支保护不会误动。

5.3.1.1.12 中压 F - C 真空接触器的保护配置，除过流保护延时与熔断器的安 - 秒特性曲线配合外，还宜配置大电流闭锁功能。

5.3.1.1.13 PC 进线断路器保护整定值应与高压保护配合，避免低压侧故障时造成越级跳闸。

5.3.1.2 定值通知单管理。

5.3.1.2.1 对涉网保护定值通知单应按如下规定执行。

a）涉网设备的保护定值按网调、省调等继电保护主管部门下发的继电保护定值单执行。运行单位接到定值通知单后，应在限定日期内执行完毕，并在继电保护记事簿上写出书面交代，将"定值单回执"寄回发定值通知单单位。对网、省调下发的继电保护定值单，原件由继电保护专业部门（班组）留存，给其他部门的定值单可用复印件。

b）定值变更后，由现场运行人员与上级调度人员按调度运行规程的相关规定核对无误后方可投入运行。调度人员和现场运行人员应在各自的定值通知单上签字和注明执行时间。

c）旁路代送线路。

旁路保护各段定值与被代送线路保护各段定值应相同；旁路断路器的微机型保护型号与线路微机型保护型号相同且两者 CT 变比亦相同，旁路断路器代送该线路时，使用该线路本身型号相同的保护定值，否则，使用旁路断路器专用于代送线路的保护定值。

5.3.1.2.2 发电厂继电保护专业人员负责本厂调度的继电保护设备的整定计算和现场实施。继电保护专业编制的定值通知单上由计算人、复算人、审核人、批准人签字并加盖"继电保护专用章"方能有效。

5.3.1.2.3 定值通知单一式四份，应分别发给责任部门（班组）、运行部门、厂技术主管部门和档案室。运行部门现场应配置保护定值本，并根据定值的更改情况及时进行定值单的变更。报批时定值单可以只有一份，原件责任部门（班组）留存，其他部门可用复印件。

5.3.1.2.4 定值通知单应按年度统一编号，注明所保护设备的简明参数、相应的执行元件或定值整定名称、保护是否投入跳闸、信号等。此外，还应注明签发日期、限定执行日期、定值更改原因和作废的定值通知单号等。

5.3.1.2.5 新的定值通知单下发到相应部门执行完毕后应由执行人员和运行人员签字确认，注明执行日期，同时撤下原作废定值单。如原作废定值单无法撤下，则应在无效的定值通知单上加盖"作废"章。执行完毕的定值通知单应反馈至责任部门（班组）统一管理。

5.3.1.2.6 继电保护责任部门（班组）应有继电保护定值变更记录本，详细记录继电保护定值变更情况。

5.3.1.2.7 做好继电保护定检期间定值管理工作，现场定检后要进行三核对，核对检验报告与定值单一致、核对定值单与设备整定值一致、核对设备参数整定值符合现场实际。

5.3.1.2.8 66kV 及以上系统微机型继电保护装置整定计算所需的电力主设备及线路的参数，应使用实测参数值。新投运的电力主设备及线路的实测参数应于投运前 1 个月，由运行单位统一归口提交负责整定计算的继电保护部门。

5.3.2 软件版本管理

5.3.2.1 微机型保护软件必须经国家级质检中心检测合格方可入网运行。发电厂应定期与继电保护管理部门沟通及时获取经发布允许入网的微机型保护型号及软件版本。微机型保护装置的各种保护功能软件（含可编程逻辑）均须有软件版本号、校验码和程序生成时间等完整软件版本信息（统称软件版本）。

5.3.2.2 继电保护设备技术合同中应明确微机型保护软件版本。在设备出厂验收时需核对保护厂家提供的微机型保护软件版本及保护说明书，确认其与技术合同要求一致；在保护设备投入运行前，对微机型保护软件版本进行核对，核对结果备案，需报当地电网的还需将核对结果报调度部门。同一线路两侧的微机型线路保护软件版本应保持一致。

5.3.2.3 对于涉网的微机型保护软件升级，发电厂应在下列情况下及时提出，由装置制造厂家向相应调度提出书面申请，经调度审批后方可进行保护软件升级。

    a）保护装置在运行中由于软件缺陷导致不正确动作；

    b）试验证明保护装置存在影响保护功能的软件缺陷；

    c）制造厂家为提高保护装置的性能，需要对软件进行改进。

5.3.2.4 运行或即将投入运行的微机型继电保护装置的内部逻辑不得随意更改。未经相应继电保护运行管理部门同意，不得进行继电保护装置软件升级工作。

5.3.2.5 微机型继电保护装置运行维护单位应按要求的时间将继电保护软件版本与定值回执单同时报定值单下发单位。

5.3.2.6 认真做好微机型保护装置等设备软件版本的管理工作，特别注重计算机安全问题，防止因各类计算机病毒危及设备而造成保护装置不正确动作和误整定、误试验等事件的发生。

5.3.2.7 发电厂应设置专人负责微机型保护的软件档案管理工作；其软件档案应包括保护型号、制造厂家、保护说明书、软件版本、保护厂家的软件升级申请等需登记在册，定期监督检查。

5.3.2.8 并网发电厂的高压母线保护、线路保护、断路器失灵保护等涉及电网安全的微机型保护软件，向相应调度报批和备案。

5.3.3 巡视检查

5.3.3.1 应按照 DL/T 587 及制造厂提供的资料等及时编制、修订继电保护运行规程，在工作中应严格执行各项规章制度及反事故措施和安全技术措施。通过有秩序的工作和严格的技术监督，杜绝继电保护人员因人为责任造成的"误碰、误整定、误接线"事故。

5.3.3.2 发电厂应统一规定本厂的微机型继电保护装置名称，装置中各保护段的名称和作用。

5.3.3.3 新投产的发电机变压器组、变压器、母线、线路等保护应认真编写启动方案呈报有关主管部门审批，做好事故预想，并采取防止保护不正确动作的有效措施。设备启动正常后应及时恢复为正常运行方式，确保故障能可靠切除。

5.3.3.4 检修设备在投运前，应认真检查各项安全措施恢复情况，防止电压二次回路

（特别是开口三角回路）短路、电流二次回路（特别是备用的二次回路）开路和不符合运行要求的接地点的现象。

5.3.3.5 在一次设备进行操作或 PT 并列时，应采取防止距离保护失压，以及变压器差动保护和低阻抗保护误动的有效措施。

5.3.3.6 每天巡视微机型继电保护装置及自动装置。并定期核对微机型继电保护装置和故障录波装置的各相交流电流、各相交流电压、零序电流（电压）、差电流、外部开关量变位和时钟，并做好记录，核对周期不应超过 1 个月。

5.3.3.7 每月检查和分析每套保护在运行中反映出来的各类不平衡分量。微机型差动保护应能在差流越限时发出告警信号，应建立定期检查和记录差流的制度，从中找出薄弱环节和事故隐患，及时采取有效对策。

5.3.3.8 要建立与完善阻波器、结合滤波器等高频通道加工设备的定期检修制度，落实责任制，消除检修管理的死区。

5.3.3.9 结合技术监督检查、检修和运行维护工作，检查本单位继电保护接地系统和抗干扰措施是否处于良好状态。

5.3.3.10 若微机型线路保护装置和收发信机都有远方启动回路，只能投入一套远方启动回路，应优先采用微机型线路保护装置的远方启动回路。

5.3.3.11 继电保护复用通信通道管理应符合以下要求：

a）应明确继电保护复用通信通道的管辖范围和维护界面，防止因通信专业与保护专业职责不清造成继电保护装置不能正常运行或不正确动作。

b）应统一规定管辖范围内的继电保护与通信专业复用通道的名称。

c）若通信人员在通道设备上工作影响继电保护装置的正常运行，作业前通信人员应填写工作票，经主管部门批准后，通信人员方可进行工作。

d）通信部门应定期对与微机型继电保护装置正常运行密切相关的光电转换接口、接插部件、PCM（或 2M）板、光端机、通信电源的通信设备的运行状况进行检查，可结合微机型继电保护装置的定期检验同时进行，确保微机型继电保护装置通信通道正常。光纤通道要有监视运行通道的手段，并能判定出现的异常是由保护还是由通信设备引起。

e）继电保护复用的载波机有计数器时，现场运行人员要每天检查一次计数器，发现计数器变化时，应立即向上级调度汇报，并通知继电保护专业人员。

5.3.3.12 运行资料应由专人管理，并保持齐全、准确。

5.3.4 保护装置操作

5.3.4.1 对运行中的保护装置的外部接线进行改动，应履行如下程序：

a）先在原图上作好修改，经主管技术领导批准。

b）按图施工，不允许凭记忆工作；拆动二次回路时应逐一做好记录，恢复时严格核对；改完后，应作相应的逻辑回路整组试验，确认回路、极性及整定值完全正确，然后交由值班运行人员确认后再申请投入运行。

c）完成工作后，应立即通知现场与主管继电保护部门修改图纸，工作负责人在现场修改图上签字，没有修改的原图应作废。

5.3.4.2 在下列情况下应停用整套微机型继电保护装置。

　　a）微机型继电保护装置使用的交流电压、交流电流、开关量输入、开关量输出等回路作业；

　　b）装置内部作业；

　　c）继电保护人员输入定值影响装置运行时。

5.3.4.3 微机型继电保护装置在运行中需要切换已固化好的成套定值时，应按规定的方法改变定值，此时不必停用微机型继电保护装置，但应立即显示（打印）新定值，并与主管调度核对定值单。

5.3.4.4 带纵联保护的微机型线路保护装置如需停用直流电源，应在两侧纵联保护停用后，才允许停直流电源。

5.3.4.5 对重要发电厂配置单套母线差动保护的母线应尽量减少母线无差动保护时的运行时间。严禁无母线差动保护时进行母线及相关元件的倒闸操作。

5.3.4.6 运行中的装置作改进时，应有书面改进方案，按管辖范围经继电保护主管部门批准后方允许进行。改进后应做相应的试验，及时修改图样资料并做好记录。

5.3.4.7 应定期检查打印机功能是否完好、打印纸是否充足。

5.3.5 保护动作的分析评价

5.3.5.1 应按照 DL/T 623 对所管辖的各类（型）继电保护装置的动作情况进行统计分析，并对装置本身进行评价。对不正确的动作应分析原因，提出改进对策，并及时报主管部门。

5.3.5.2 对于微机型继电保护装置投入运行后发生的第一次区内、外故障，继电保护人员应通过分析微机型继电保护装置的实际测量值来确认交流电压、交流电流回路和相关动作逻辑是否正常。既要分析相位，也要分析幅值。

5.3.5.3 高压厂用电及以上设备继电保护动作后，应在规定时间、周期内向上级部门报送管辖设备运行情况和统计分析报表。

5.3.5.3.1 事故发生后应在规定时间内上报继电保护和故障录波装置报告，并在事故后 3 天内及时填报相应动作评价信息。

5.3.5.3.2 继电保护动作统计报表内容包括：保护动作时间，保护安装地点，故障及保护装置动作情况简述，被保护设备名称，保护型号及生产厂家，装置动作评价，不正确动作责任分析，故障录波装置录波次数等。

5.3.5.3.3 继电保护动作评价：除了继电保护动作统计报表内容外，还应包括保护装置动作评价及其次数、保护装置不正确动作原因等。

5.3.5.3.4 保护动作波形应包括：继电保护装置上打印的波形，故障录波装置打印波形并下载数据文件。

5.3.6 保护装置的事故处理与备品备件

5.3.6.1 继电保护装置出现异常时，当值运行人员应根据该装置的现场运行规程进行处理，并立即向主管领导汇报，及时通知继电保护专业人员。

5.3.6.2 微机型继电保护装置插件出现异常时，继电保护人员应用备用插件更换异常插件，更换备用插件后应对整套保护装置进行必要的检验。

5.3.6.3　继电保护装置动作（跳闸或重合闸）后，现场运行人员应按要求做好记录和复归信号，将动作情况和测距结果立即向主管领导汇报，并打印故障报告。未打印出故障报告之前，现场人员不得自行进行装置试验。

5.3.6.4　应加强发电机及变压器主保护、母线差动保护、断路器失灵保护、线路快速保护等重要保护的运行维护，重视快速主保护的备品备件管理和消缺工作。应将备品备件的配备，以及母线差动等快速主保护因缺陷超时停役纳入本厂的技术监督的工作考核之中。

5.3.6.5　应储备必要的备用插件，备用插件宜与微机型继电保护装置同时采购。备用插件应视同运行设备，保证其可用性。储存有集成电路芯片的备用插件，应有防止静电措施。

5.3.6.6　微机型保护装置的电源板（或模件）应每 6 年对其更换一次，以免由此引起保护拒动或误启动。

5.3.6.7　新投运或电流、电压回路发生变更的 220kV 电压等级及以上电气设备，在第一次经历区外故障后，宜通过打印保护装置和故障录波装置报告的方式校核保护交流采样值、收发信开关量、功率方向以及差动保护差流值的正确性。

5.4　检验阶段监督

5.4.1　继电保护装置检验基本要求

5.4.1.1　继电保护装置检验，应符合 DL/T 995 及有关微机型继电保护装置检验规程、反事故措施和现场工作保安相关规定。

5.4.1.2　对继电保护装置进行计划性检验前，应编制继电保护标准化作业指导书，检验期间认真执行继电保护标准化作业书，不应为赶工期减少检验项目和简化安全措施。

5.4.1.3　进行微机型继电保护装置的检验时，应充分利用其自检功能，主要检验自检功能无法检测的项目。

5.4.1.4　新安装、全部和部分检验的重点应放在微机型继电保护装置的外部接线和二次回路。

5.4.1.5　对运行中的继电保护装置外部回路接线或内部逻辑进行改动工作后，应做相应的试验，确认回路接线及逻辑正确后，才能投入运行。

5.4.1.6　继电保护装置检验应做好记录，检验完毕后应向运行人员交代有关事项，及时整理检验报告，保留好原始记录。

5.4.1.7　继电保护检验所选用的微机型校验仪器应符合 DL/T 624 相关要求，定期检验应符合 DL/T 1153 相关要求。做好微机型继电保护试验装置的检验、管理与防病毒工作，防止因试验设备性能、特性不良而引起对保护装置的误整定、误试验。

5.4.1.8　检验所用仪器、仪表应由专人管理，特别应注意防潮、防震。确保试验装置的准确度及各项功能满足继电保护试验的要求，防止因试验仪器、仪表存在问题而造成继电保护误整定、误试验事件的发生。

5.4.2　仪器、仪表的基本要求与配置

5.4.2.1　装置检验所使用的仪器、仪表必须经过检验合格，并应满足 GB/T 7261 相关规

定。定值检验所使用的仪器、仪表的准确级应不低于 0.5 级。

5.4.2.2 继电保护班组应至少配置微机型继电保护试验装置，数字式电压表、数字式电流表、钳形电流表、相位表、500VMΩ 表、1000VMΩ 表、2500VMΩ 表和可记忆示波器等。

5.4.2.3 根据本厂保护装置及状况，选配以下装置：

    a）测试载波通道应配置高频振荡器和选频表、无感电阻、可变衰耗器等；

    b）调试纵联电流差动保护宜配置 GPS 对时天线和选用可对时触发的微机型成套试验仪；

    c）调试光纤纵联通道时应配置光源、光功率计、误码仪、可变光衰耗器等仪器；

    d）便携式录波器（波形记录仪）；

    e）模拟断路器。

5.4.3 继电保护装置检验种类

继电保护检验主要包括新安装装置的验收检验、运行中装置的定期检验（以下简称定期检验）和运行中装置的补充检验（以下简称补充检验）3 种类型。

5.4.3.1 新安装装置的验收检验，在下列情况下进行：

    a）当新安装的一次设备投入运行时；

    b）当在现有的一次设备上投入新安装的装置时。

5.4.3.2 定期检验分为 3 种，包括：

    a）全部检验；

    b）部分检验；

    c）用装置进行断路器跳、合闸试验。

5.4.3.3 补充检验分为 5 种，包括：

    a）对运行中的装置进行较大的更改或增设新的回路后的检验；

    b）检修或更换一次设备后的检验；

    c）运行中发现异常情况后的检验；

    d）事故后检验；

    e）已投运行的装置停电 1 年及以上，再次投入运行时的检验。

5.4.4 定期检验的内容与周期

5.4.4.1 定期检验应根据 DL/T 995 所规定的周期、项目及各级主管部门批准执行的标准化作业指导书的内容进行。

5.4.4.2 定期检验周期计划的制订应综合考虑设备的电压等级及工况，按 DL/T995 要求的周期、项目进行。在一般情况下，定期检验应尽可能配合在一次设备停电检修期间进行。220kV 电压等级及以上继电保护装置的全部检验及部分检验周期见表 1 和表 2。电网安全自动装置的定期检验参照微机型继电保护装置的定期检验周期进行。

国家电投集团火电企业技术监督实施细则和评估标准

表 1　全部检验周期表

编号	设备类型	全部检验周期/年	定义范围说明
1	微机型装置	6	包括装置引入端子外的交、直流及操作回路以及涉及的辅助继电器、操作机构的辅助触点、直流控制回路的自动断路器等
2	非微机型装置	4	
3	保护专用光纤通道，复用光纤或微波连接通道	6	指站端保护装置连接用光纤通道及光电转换装置
4	保护用载波通道的设备（包含与通信复用、自动装置合用且由其他部门负责维护的设备）	6	涉及如下相应的设备：高频电缆、结合滤波器、差接网络、分频器

表 2　部分检验周期表

编号	设备类型	部分检验周期/年	定义范围说明
1	微机型装置	2~4	包括装置引入端子外的交、直流及操作回路以及涉及的辅助继电器、操作机构的辅助触点、直流控制回路的自动断路器等
2	非微机型装置	1	
3	保护专用光纤通道，复用光纤或微波连接通道	2~4	指光头擦拭、收信裕度测试等
4	保护用载波通道的设备（包含与通信复用、自动装置合用且由其他部门负责维护的设备）	2~4	指传输衰耗、收信裕度测试等

5.4.4.3　制定部分检验周期计划时，可视装置的电压等级、制造质量、运行工况、运行环境与条件，适当缩短检验周期、增加检验项目。

5.4.4.3.1　新安装装置投运后 1 年内应进行第一次全部检验。在装置第二次全部检验后，若发现装置运行情况较差或已暴露出了应予以监督的缺陷，可考虑适当缩短部分检验周期，并有目的、有重点地选择检验项目。

5.4.4.3.2　110kV 电压等级的微机型装置宜每 2~4 年进行一次部分检验，每 6 年进行一次全部检验；非微机型装置参照 220kV 及以上电压等级同类装置的检验周期。

5.4.4.3.3　低压厂用电 PC 进线断路器若配置智能保护器，宜每 2~4 年做 1 次定值试验，保护出口动作试验应结合断路器跳闸进行。智能保护器试验一般分为长时限过流、短时限过流和电流速断保护试验。智能保护器试验一般使用厂家配备的专用试验仪器。

5.4.4.3.4　利用装置进行断路器的跳、合闸试验宜与一次设备检修结合进行。必要时，可进行补充检验。

5.4.4.4　母线差动保护、断路器失灵保护及自动装置中投切发电机组、切除负荷、切除线路或变压器的跳、合断路器试验，允许用导通方法分别证实至每个断路器接线的正确性。

5.4.5 补充检验的内容

5.4.5.1 因检修或更换一次设备（断路器、CT 和 PT 等）所进行的检验，应根据一次设备检修（更换）的性质，确定其检验项目。

5.4.5.2 运行中的装置经过较大的更改或装置的二次回路变动后，均应进行检验，并按其工作性质，确定其检验项目。

5.4.5.3 凡装置发生异常或装置不正确动作且原因不明时，均应根据事故情况，有目的地拟定具体检验项目及检验顺序，尽快进行事故后检验。检验工作结束后，应及时提出报告。

5.4.6 继电保护现场检验的监督重点

5.4.6.1 对新投入运行设备的装置试验，应先进行如下的准备工作：

a）了解设备的一次接线及投入运行后可能出现的运行方式和设备投入运行的方案，该方案应包括投入初期的临时继电保护方式。

b）检验前应确认相关资料齐全准确。资料包括：装置的原理接线图（设计图）及与之相符合的二次回路安装图，电缆敷设图，电缆编号图，断路器操作机构图，CT、PT 端子箱图及二次回路分线箱图等全部图纸，以及成套保护装置的技术说明及断路器操作机构说明，CT、PT 的出厂试验报告等。

c）根据设计图纸，到现场核对所有装置的安装位置是否正确，CT 的安装位置是否合适，有无保护死区等。

d）对扩建装置的调试，除应了解设备的一次接线外，还应了解与已运行的设备有关联部分的详细情况（例如新投线路的母线差动保护回路如何接入运行中的母线差动保护的回路中等），按现场的具体情况订出现场工作的安全措施，以防止发生误碰运行设备的事故。

5.4.6.2 对装置的定值校验，应按批准的定值通知单进行。检验工作负责人应熟知定值通知单的内容，并核对所给的定值是否齐全，确认所使用的 CT、PT 的变比值是否与现场实际情况相符合。

5.4.6.3 对试验设备及回路的基本要求：

a）试验工作应注意选用合适的仪表，整定试验所用仪表的精度应为 0.5 级或以上，测量继电器内部回路所用的仪表应保证不致破坏该回路参数值，如并接于电压回路上的，应用高内阻仪表；若测量电压小于 1V，应用电子毫伏表或数字型电压表；串接于电流回路中的，应用低内阻仪表。绝缘电阻测定，一般情况下二次回路用 1000V 摇表进行。

b）试验回路的接线原则，应使通入装置的电气量与其实际工作情况相符合。例如对反映过电流的元件，应用突然通入电流的方法进行检验；对正常接入电压的阻抗元件，则应用将电压由正常运行值突然下降、而电流由零值突然上升的方法，或从负荷电流变为短路电流的方法进行检验。

c）在保证按定值通知单进行整定试验时，应以上述符合故障实际情况的方法作为整定的标准。

d）模拟故障的试验回路，应具备对装置进行整组试验的条件。装置的整组试验是指自装置的电压、电流二次回路的引入端子处，向同一被保护设备的所有装置通入模拟的电压、电流量，以检验各装置在故障及重合闸过程中的动作情况。

5.4.6.4 继电保护装置停用后，其出口跳闸回路应要有明显的断开点（打开了压板或接线端子片等）才能确认断开点以前的保护已经停用。

5.4.6.5 对于采用单相重合闸，由压板控制正电源的三相分相跳闸回路，停用时除断开压板外，应断开各分相跳闸回路的输出端子，才能认为该保护已停用。

5.4.6.6 不允许在未停用的保护装置上进行试验和其他测试工作；也不允许在保护未停用的情况下，用装置的试验按钮（除闭锁式纵联保护的启动发信按钮外）做试验。

5.4.6.7 所有的继电保护定值试验，都应以符合正式运行条件为准。

5.4.6.8 分部试验应采用和保护同一直流电源，试验用直流电源应由专用熔断器（空气开关）供电。

5.4.6.9 只能用整组试验的方法，即除由电流及电压端子通入与故障情况相符的模拟故障量外，保护装置处于与投入运行完全相同的状态下，检查保护回路及整定值的正确性。不允许用卡继电器触点、短路触点或类似人为手段作保护装置的整组试验。

5.4.6.10 应对保护装置作拉合直流电源的试验，保护在此过程中不得出现有误动作或误发信号的情况。

5.4.6.11 对于载波收发信机，无论是专用或复用，都应有专用规程按照保护逻辑回路要求，测试收发信回路整组输入/输出特性。

5.4.6.12 在载波通道上作业后应检测通道裕量，并与新安装检验时的数值比较。

5.4.6.13 新投入、大修后或改动了二次回路的差动保护，保护投运前应用一次电流及工作电压加以检验和判定并测量差回路的不平衡电流，以确认二次极性及接线正确无误。变压器第一次投入系统时应将差动保护投入跳闸，变压器充电良好后停用，然后变压器带上部分负荷，用一次电流及工作电压加以检验和判定，同时测差回路的不平衡电流，证实二次接线及极性正确无误后，才再将保护投入跳闸，在上述各种情况下，变压器的重瓦斯保护均应投入跳闸。

5.4.6.14 新投入、大修后或改动了二次回路的差动保护，在投入运行前，除测定相回路及差回路电流外，应测各中性线的不平衡电流，以确证回路完整、正确。

5.4.6.15 所有试验仪表、测试仪器等，均应按使用说明书的要求做好相应的接地（在被测保护屏的接地点）后，才能接通电源；注意与引入被测电流电压的接地关系，避免将输入的被测电流或电压短路；只有当所有电源断开后，才能将接地点断开。

5.4.6.16 所有正常运行时动作的电磁型电压及电流继电器的触点，应严防抖动。

5.4.6.17 多套保护回路共用一组CT，停用其中一套保护进行试验时，或者与其他保护有关联的某一套进行试验时，应特别注意做好其他保护的安全措施，例如将相关的电流回路短接，将接到外部的触点全部断开等。

5.4.6.18 新安装及解体检修后的CT应作变比及伏安特性试验，并作三相比较以判别二次线圈有无匝间短路和一次导体有无分流；注意检查CT末屏是否已可靠接地。

5.4.6.19 变压器中性点CT的二次伏安特性应与接入的电流继电器启动值校对，保证后者在通过最大短路电流时能可靠动作。

5.4.6.20 应注意校核继电保护通信设备（光纤、微波、载波）传输信号的可靠性和冗余度，防止因通信设备的问题而引起保护不正确动作。

5.4.6.21 在电压切换和电压闭锁回路、断路器失灵保护、母线差动保护、远跳、远切、联切回路以及"和电流"等接线方式有关的二次回路上工作时，以及3/2断路器接线等主设备检修而相邻断路器仍需运行时，应特别认真做好安全隔离措施。

5.4.6.22 双母线中阻抗比率制动式母线差动保护在带负荷试验时，不宜采用一次系统来验证辅助变流器二次切换回路正确性。辅助变流器二次回路正确性检验宜在母线差动保护整组试验阶段完成。

5.4.6.23 在安排继电保护装置进行定期检验时，要重视对快切装置及备自投装置的定期检验，要按照 DL/T 995 相关要求，按照动作条件，对快切装置及备自投装置做模拟试验，以确保这些装置随时能正确地投切。

5.4.6.24 为防止试验过程中分合闸线圈通电时间过长造成线圈损坏，在进行断路器跳合闸回路试验中，不能采用电压缓慢增加的方式，而是采用试验电压突加法，并在试验仪设置输出电压 100～350ms，确保线圈通电时间不超过 500ms，以检查断路器的动作情况。

5.4.6.25 多通道差动保护（如变压器差动保护、母线差动保护）为防止因备用电流通道采样突变引起保护误动，应将备用电流通道屏蔽，或将该通道 CT 变比设置为最小。

5.4.6.26 大修后或改动了二次回路保护装置需在低负荷情况下检查校核保护装置通道采样值、功能测量值是否正确。

5.4.6.27 保护装置检修结束，在装置投运后应打印保护定值，并核对、存档。

5.4.7 继电保护现场检验现场安全监督重点

5.4.7.1 现场检验基本要求。

5.4.7.1.1 规范现场人员作业行为，防止发生人身伤亡、设备损坏和继电保护"三误"（误碰、误接线、误整定）事故，保证电力系统一、二次设备的安全运行。

5.4.7.1.2 继电保护现场工作至少应有 2 人参加。现场工作人员应熟悉继电保护及自动装置和相关二次回路。

5.4.7.1.3 外单位参与工作的人员在工作前，应了解现场电气设备接线情况、危险点和安全注意事项。

5.4.7.1.4 工作人员在现场工作过程中，遇到异常情况（如直流系统接地等）或断路器跳闸，应立即停止工作，保持现状，待查明原因，确定与本工作无关并得到运行人员许可后，方可继续工作。若异常情况或断路器跳闸是本身工作引起，应保留现场，立即通知运行人员，以便及时处理。

5.4.7.1.5 继电保护人员在发现直接危及人身、设备和电网安全的紧急情况时，应停止作业或在采取可能的紧急措施后撤离作业场所，并立即报告。

5.4.7.2 现场工作前准备。

5.4.7.2.1 了解工作地点、工作范围、一次设备和二次设备运行情况，与本工作有联系的运行设备，如失灵保护、远方跳闸、自动装置、联跳回路、重合闸、故障录波装置、变电站自动化系统、继电保护及故障信息管理系统等，了解需要与其他专业配合的工作。

5.4.7.2.2 拟订工作重点项目、需要处理的缺陷和薄弱环节。

5.4.7.2.3 应具备与实际状况一致的图纸、上次检验报告、最新整定通知单、标准化作业指导书、保护装置说明书、现场运行规程，合格的仪器、仪表、工具、连接导线和备品备件。确认微机型继电保护和自动装置的软件版本符合要求，试验仪器使用的电源正确。

5.4.7.2.4 工作人员应分工明确，熟悉图纸和检验规程等有关资料。

5.4.7.2.5 对重要和复杂保护装置，如母线保护、失灵保护、主变压器保护、远方跳闸、有联跳回路的保护装置、自动装置和备自投装置等的现场检验工作，应编制经技术负责人审批的检验方案和继电保护安全措施票。

5.4.7.2.6 现场工作中遇有下列情况应填写继电保护安全措施票。

　　a）在运行设备的二次回路上进行拆、接线工作；

　　b）在对检修设备执行隔离措施时，需断开、短接和恢复与运行设备有联系的二次回路工作。

5.4.7.2.7 继电保护安全措施票中"安全措施内容"应按实施的先后顺序逐项填写，按照被断开端子的"保护屏（柜）（或现场端子箱）名称、电缆号、端子号、回路号、功能和安全措施"格式填写。

5.4.7.2.8 开工前应核对安全措施票内容和现场接线，确保图纸与实物相符。

5.4.7.2.9 在继电保护屏（柜）的前面和后面，以及现场端子箱的前面应有明显的设备名称。若一面屏（柜）上有 2 个及以上保护设备时，在屏（柜）上应有明显的区分标志。

5.4.7.2.10 若高压试验、通信、仪表、自动化等专业人员作业影响继电保护和自动装置的正常运行，应办理审批手续，停用相关保护。作业前应填写工作票，工作票中应注明需要停用的保护。在做好安全措施后，方可进行工作。

5.4.7.3 现场工作。

5.4.7.3.1 工作人员应逐条核对运行人员做的安全措施（如压板、二次熔丝或二次空气断路器的位置等），确保符合要求。运行人员应在工作屏（柜）的正面和后面设置"在此工作"标志。

　　a）若工作的屏（柜）上有运行设备，应有明显标志，并采取隔离措施，以便与检验设备分开；

　　b）若不同保护对象组合在一面屏（柜）时，应对运行设备及其端子排采取防护措施，如对运行设备的压板、端子排用绝缘胶布贴住或用塑料扣板扣住端子。

5.4.7.3.2 运行中的继电保护和自动装置需要检验时，应先断开相关跳闸和合闸压板，再断开装置的工作电源。在继电保护相关工作结束，恢复运行时，应先检查相关跳闸和合闸压板在断开位置。投入工作电源后，检查装置正常，用高内阻的电压表检验压板的每一端对地电位都正确后，才能投入相应出口压板。

5.4.7.3.3 在检验继电保护和自动装置时，凡与其他运行设备二次回路相连的压板和接线应有明显标记，应按安全措施票断开或短路有关回路，并做好记录。

5.4.7.3.4 更换继电保护和自动装置屏（柜）或拆除旧屏（柜）前，应在有关回路对侧屏（柜）做好安全措施。

5.4.7.3.5 对于"和"电流构成的保护，如变压器差动保护、母线差动保护和 3/2 接线的线路保护等，若某一断路器或 CT 作业影响保护和电流回路，作业前应将 CT 的二次回路与保护装置断开，防止保护装置侧电流回路短路或电流回路两点接地，同时断开该保护跳此断路器的出口压板。

5.4.7.3.6 不应在运行的继电保护、自动装置屏（柜）上进行与正常运行操作、停运消缺无关的其他工作。若在运行的继电保护、自动装置屏（柜）附近工作，有可能影响运行设备安全时，应采取防止运行设备误动作的措施。

5.4.7.3.7 在现场进行带电工作（包括做安全措施）时，作业人员应使用带绝缘把手的工具（其外露导电部分不应过长，否则应包扎绝缘带）。若在带电的 CT 二次回路上工作时，还应站在绝缘垫上，以保证人身安全。同时将邻近的带电部分和导体用绝缘器材隔离，防止造成短路或接地。

5.4.7.3.8 在试验接线前，应了解试验电源的容量和接线方式。被检验装置和试验仪器不应从运行设备上取试验电源，取试验电源要使用隔离刀闸或空气断路器，隔离刀闸应有熔丝并带罩，防止总电源熔丝越级熔断。核实试验电源的电压值符合要求，试验接线应经第二人复查并告知相关作业人员后方可通电。被检验保护装置的直流电源宜取试验专用直流电源。

5.4.7.3.9 现场工作应以图纸为依据，工作中若发现图纸与实际接线不符，应查线核对。如涉及修改图纸，应在图纸上标明修改原因和修改日期，修改人和审核人应在图纸上签字。

5.4.7.3.10 改变二次回路接线时，事先应经过审核，拆动接线前要与原图核对，改变接线后要与新图核对，及时修改底图，修改在用和存档的图纸。

5.4.7.3.11 改变保护装置接线时，应防止产生寄生回路。

5.4.7.3.12 改变直流二次回路后，应进行相应的传动试验。必要时还应模拟各种故障，并进行整组试验。

5.4.7.3.13 对交流二次电流、电压回路通电时，应可靠断开至 CT、PT 二次侧的回路，防止反充电。

5.4.7.3.14 CT 和 PT 的二次绕组应有一点接地且仅有一点永久性的接地。

5.4.7.3.15 在运行的 PT 二次回路上工作时，应采取下列安全措施：

　　a）不应将 PT 二次回路短路、接地或断线。必要时，工作前申请停用有关继电保护或自动装置。

　　b）接临时负载，应装有专用的隔离开关（刀闸）和熔断器。

　　c）不应将回路的永久接地点断开。

5.4.7.3.16 在运行的 CT 二次回路上工作时，应采取下列安全措施：

　　a）不应将 CT 二次侧开路，必要时，工作前申请停用有关继电保护或自动装置；

　　b）短路 CT 二次绕组，应用短路片或专用短接线短路；

　　c）工作中不应将回路的永久接地点断开；

　　d）应使用绝缘工具，并且人员应站在绝缘垫上；

　　e）不允许在运行的 CT 和短接线之间的二次回路上工作。

5.4.7.3.17 对于被检验保护装置与其他保护装置共用 CT 绕组的特殊情况，应采取以下措施防止其他保护装置误启动。

　　a）核实 CT 二次回路的使用情况和连接顺序。

　　b）若在被检验保护装置电流回路后串接有其他运行的保护装置，原则上应停运其他运行的保护装置。如确无法停运，在短接被检验保护装置电流回路前、后，应监测运行的保护装置电流与实际相符。若在被检验保护电流回路前串接其他运行的保护装置，短接被检验保护装置电流回路后，监测到被检验保护装置电流接近于零时，方可断开被检验保护装置电流回路。

5.4.7.3.18　按照先检查外观，后检查电气量的原则，检验继电保护和自动装置，进行电气量检查之后不应再插、拔插件。

5.4.7.3.19　应根据最新定值通知单整定保护装置定值，确认定值通知单与实际设备相符（包括互感器的接线、变比等），已执行的定值通知单应有执行人签字。

5.4.7.3.20　所有交流继电器的最后定值试验应在保护屏（柜）的端子排上通电进行，定值试验结果应与定值单要求相符。

5.4.7.3.21　进行现场工作时，应防止交流和直流回路混线。继电保护或自动装置检验后，以及二次回路改造后，应测量交、直流回路之间的绝缘电阻，并做好记录；在合上交流（直流）电源前，应测量负荷侧是否有直流（交流）电位。

5.4.7.3.22　进行保护装置整组检验时，不宜用将继电器触点短接的办法进行。传动或整组试验后不应再在二次回路上进行任何工作，否则应做相应的检验。

5.4.7.3.23　带方向性的保护和差动保护新投入运行时，一次设备或交流二次回路改变后，应用负荷电流和工作电压检验其电流、电压回路接线的正确性。

5.4.7.3.24　对于母线保护装置的备用间隔 CT 二次回路应在母线保护屏（柜）端子排外侧断开，端子排内侧不应短路。

5.4.7.3.25　在导引电缆及与其直接相连的设备上工作时，按带电设备工作的要求做好安全措施后，方可进行工作。

5.4.7.3.26　在运行中的高频通道上进行工作时，应核实耦合电容器低压侧可靠接地后，才能进行工作。

　　a）应特别注意电子仪表的接地方式，避免损坏仪表和保护装置中的插件；

　　b）在微机型保护装置上进行工作时，应有防止静电感应的措施，避免损坏设备。

5.4.7.4　现场工作结束。

5.4.7.4.1　现场工作结束前，应检查检验记录。确认检验无遗漏项目，试验数据完整，检验结论正确后，才能拆除试验接线。

5.4.7.4.2　整组带断路器传动试验前，应紧固端子排螺丝（包括接地端子），确保接线接触可靠。检查端子接线压接处接线无折痕、开裂，防止回路断线。

5.4.7.4.3　复查临时接线全部拆除，断开的接线全部恢复，图纸与实际接线相符，标志正确。

5.4.7.4.4　工作结束，全部设备和回路应恢复到工作开始前状态。

5.4.7.4.5　工作结束前，应将微机型保护装置打印或显示的整定值与最新定值通知单进行逐项核对。

5.4.7.4.6　工作票结束后不应再进行任何工作。

6 继电保护监督管理

6.1 继电保护监督组织体系建设

6.1.1 各发电企业应按国家电投规章〔2016〕126 号的要求建立健全由生产副总经理或总工程师领导下的继电保护监督网。继电保护监督网实行三级管理。第一级为厂级,包括生产副厂长、副总经理或总工程师领导下的继电保护监督专职负责人;第二级为部门级,包括设备管理部门或运行检修管理部门的继电保护监督专工或联系人;第三级为班组级,包括各专工领导的班组人员。在生产副厂长副总经理或总工程师领导下由监督专责人统筹安排,协调运行、检修等部门共同配合完成继电保护监督工作。

6.1.2 各级继电保护监督人员应严格按照国家电投规章〔2016〕124 号的要求落实岗位责任制,并根据其要求编制电厂继电保护监督管理标准,做到分工明确,职责清晰,责任到人。继电保护监督专职负责人应由具有较高专业技术水平和现场实际经验的技术人员担任,并保证继电保护监督网络的相对稳定。继电保护监督工作归口职能管理部门的继电保护监督专工负责全厂继电保护监督日常工作的开展。

6.1.3 厂级继电保护监督负责人的职责。

a)领导发电企业继电保护监督工作,落实继电保护技术监督责任制;贯彻上级有关继电保护技术监督的各项规章制度和要求;审批本企业专业技术监督实施细则。

b)审批继电保护技术监督工作规划、计划。

c)组织落实运行、检修、技改、日常管理、定期监测、检验等工作中的继电保护技术监督要求。

d)安排召开继电保护技术监督工作会议;检查、总结、考核本企业继电保护监督工作。

e)组织分析本企业继电保护监督存在问题,采取措施,提高继电保护监督工作效果和水平。

6.1.4 部门级继电保护监督专责工程师的职责。

a)认真贯彻执行上级有关继电保护监督的各项规章制度和要求,组织编写本企业的继电保护技术监督实施细则和相关措施;

b)组织编写继电保护技术监督工作规划、计划;

c)落实运行、检修、技改、日常管理、定期监测、检验等工作中的继电保护监督的要求;

d)定期召开继电保护监督工作会议,分析、总结本企业继电保护监督工作情况,指导继电保护技术监督工作;

e)按要求及时报送各类继电保护监督报表、报告,对危及安全的重大缺陷应立即上报;

f)分析本企业继电保护技术监督存在问题,采取措施,提高技术监督工作效果和水平;

g)建立健全本企业继电保护技术档案;

h)协助本企业有关部门解决继电保护技术监督工作中的技术问题并组织专业培训。

6.1.5 班组级继电保护监督工程师的职责是面向设备、具体巡检、组织消缺、监督或实施检验。

6.2 继电保护监督制度

6.2.1 本厂编制和执行的继电保护监督制度应符合国家、行业及上级主管单位的有关规定和要求。

6.2.2 每年年初，继电保护监督专责应根据新颁布的标准及设备异动情况，对电厂电气设备运行规程、检修规程等规程和制度的时效性和正确性进行评估，修订不符合项，经归口职能部门领导审核、生产主管领导审批完成后发布实施。国标、行标及上级监督规程、规定中涵盖的继电保护监督工作相关内容应在电厂规程、规定中详细列写齐全，在继电保护规划、设计、建设、变更过程中的继电保护监督要求等同采用最新标准。

6.2.3 电厂的继电保护监督制度应涵盖下列内容。

    a）继电保护及安全自动装置检验规程；

    b）继电保护及安全自动装置运行规程；

    c）继电保护及安全自动装置检验管理规定；

    d）继电保护及安全自动装置定值管理规定；

    e）微机保护软件管理规定；

    f）继电保护装置投退管理规定；

    g）继电保护反事故措施管理规定；

    h）继电保护图纸管理规定；

    i）故障录波装置管理规定；

    j）继电保护及安全自动装置巡回检查管理规定；

    k）继电保护及安全自动装置现场保安工作管理规定；

    l）继电保护试验仪器、仪表管理规定；

    m）继电保护及安全自动装置缺陷管理标准；

    n）设备异动管理标准；

    o）设备停用、退役管理标准。

6.3 继电保护监督工作规划与年度工作计划

6.3.1 继电保护监督负责人应组织相关部门和人员，根据上级公司的要求和本单位实际情况，制定本厂继电保护监督工作规划。在每一年度末期，组织完成下一年度继电保护监督工作计划的制定工作，并将计划报送给上级单位，同时抄送至科研院及技术监督服务单位。

6.3.2 发电厂继电保护监督年度计划的制定依据至少应包括以下几方面：

    a）国家、行业、地方有关电力生产方面的法规、政策、标准、规范、反措要求；

    b）上级单位和本厂的继电保护监督工作规划和年度生产目标；

    c）上级单位和本厂的继电保护监督管理制度和年度继电保护监督管理要求；

    d）对继电保护监督体系的不断完善；

    e）人员培训和监督用仪器设备配备和更新；

f）机组检修计划；

g）继电保护装置目前的运行状态；

h）继电保护监督检查、告警、月（季报）提出的问题；

i）收集的其他单位有关电气设备设计选型、制造、安装、运行、检修、技术改造等方面的动态信息。

6.3.3 年度继电保护监督工作计划主要内容应包括以下方面：

a）根据实际情况对继电保护监督组织机构进行完善；

b）继电保护监督技术标准、监督管理制度制定或修订计划；

c）继电保护监督定期工作计划；

d）制定检修期间应开展的继电保护监督项目计划；

e）制定人员培训计划（主要包括内部培训、外部培训取证，规程宣贯）；

f）制定继电保护监督发现的重大问题整改计划；

g）试验仪器仪表检验计划；

h）根据上级继电保护监督动态检查报告制定技术监督动态检查发现问题整改计划；

i）继电保护监督定期工作会议计划；

j）继电保护监督自我评价与外部检查迎检计划。

6.3.4 继电保护监督专责人每季度对继电保护监督各部门的监督计划的执行情况进行检查，对不满足监督要求的通过技术监督不符合项通知单的形式下发到相关部门进行整改，并对继电保护监督的相关部门进行考评。

6.4 技术资料与档案管理

6.4.1 各发电企业应按照本标准规定的资料目录，并按照一定格式要求，建立和健全继电保护技术监督档案，并确保技术监督原始档案和技术资料的完整性和连续性。

6.4.2 本单位建设全过程继电保护监督的全部原始档案资料，设备主管单位应妥善保管。基建工程移交生产时，建设单位应同时移交设备制造、设计、安装、调试过程的全部档案和资料。

6.4.3 根据继电保护监督组织机构的设置和受监督设备的实际情况，要明确档案资料的分级存放地点和指定专人负责整理保管。

6.4.4 继电保护监督专责人应指导档案保管人员建立继电保护监督档案资料目录清册，并负责及时更新。逐步实现技术档案的电子信息化和网络化。

6.4.5 所有继电保护监督档案资料，应在档案室保留一份原件，三级继电保护监督网络的负责人应根据需要留存复印件。

6.4.6 继电保护监督技术资料档案应包括以下内容。

6.4.6.1 基建阶段技术资料。

a）竣工原理图、安装图、设计说明、电缆清册等设计资料；

b）制造厂商提供的装置说明书、保护柜（屏）原理图、合格证明和出厂试验报告、保护装置调试大纲等技术资料；

c）继电保护及安全自动装置新安装检验报告（调试报告）；

d）整定计算书、定值单及各试验方案等。

6.4.6.2　设备清册及设备台账。

a）继电保护装置清册及台账，包括线路（含电缆）保护、母线保护、变压器保护、发电机（发电机变压器组）保护、并联电抗器保护、断路器保护、短引线保护、过电压及远方跳闸保护、电动机保护、其他保护等；

b）安全自动装置清册及台账，包括同期装置、厂用电源快速切换装置、备用电源自动投入装置、安全稳定控制装置、继电保护及故障信息管理系统子站等；

c）故障录波清册及台账。

6.4.6.3　试验报告。

a）继电保护及安全自动装置定期检验报告；

b）微机型监控装置等的定期试验报告；

c）继电保护试验仪器、仪表定期校准报告。

6.4.6.4　运行报告和记录。

a）继电保护及安全自动装置动作记录表；

b）继电保护及安全自动装置缺陷及故障记录表；

c）故障时故障录波装置启动记录表；

d）继电保护整定计算报告；

e）继电保护定值通知单；

f）装置打印的定值清单。

6.4.6.5　检修维护报告和记录。

a）检修质量控制质检点验收记录；

b）检修文件包（继电保护现场检验作业指导书）；

c）检修记录及竣工资料；

d）检修总结；

e）设备检修记录和异动记录。

6.4.6.6　缺陷闭环管理记录主要包括月度缺陷分析。

6.4.6.7　事故管理报告和记录。

a）设备事故、一类障碍统计记录；

b）继电保护动作分析报告。

6.4.6.8　技术改造报告和记录。

a）可行性研究报告；

b）技术方案和措施；

c）技术图纸、资料、说明书；

d）质量监督和验收报告；

e）完工总结报告和后评估报告。

6.4.6.9　监督管理文件。

a）与继电保护监督有关的国家法律、法规及国家、行业、国家电投集团标准、规范、规程、制度；

b）电厂制定的继电保护监督标准、规程、规定、措施等；

c）继电保护监督年度工作计划和总结；

  d）继电保护监督定期报表；

  e）继电保护监督告警通知单和验收单；

  f）继电保护监督会议纪要；

  g）继电保护监督工作自我评价报告和外部检查评价报告；

  h）继电保护监督人员档案、上岗证书；

  i）岗位技术培训计划、记录和总结；

  j）与继电保护装置以及监督工作有关重要来往文件。

6.5 继电保护监督工作会议和培训

6.5.1 发电公司主管生产的副总经理或总工程师每季度召开技术监督网络会议，传达上级有关技术监督工作的指示，听取各技术监督管理人员的工作汇报，分析存在的问题并制定、布置针对性纠正措施，检查技术监督各项工作的落实情况；电厂每年至少召开两次技术监督工作会，检查、布置、总结技术监督工作，对技术监督中出现的问题提出处理意见和防范措施。工作会议要形成纪要，布置的工作应落实并有监督检查。

6.5.2 继电保护监督网络工作例会主要内容包括：

  a）上次监督例会以来继电保护监督工作开展情况；

  b）继电保护装置的故障、缺陷分析及处理措施；

  c）继电保护监督存在的主要问题以及解决的技术措施和方案；

  d）上次监督例会提出问题整改措施完成情况的评价；

  e）技术监督工作计划发布及执行情况，监督计划的变更；

  f）国家电投集团技术监督通报、新颁布的国家、行业标准规范、监督新技术学习交流；

  g）监督需要领导协调和其他部门配合和关注的事项；

  h）至下次监督例会时间内的工作要点。

6.5.3 电厂继电保护监督负责人应定期对继电保护监督人员进行培训，重点对新制度、新标准规范、新技术、先进经验、新的反措要求进行宣贯，对集团通报进行学习交流，不断提高技术监督人员的素质。

6.5.4 继电保护监督专责工程师应经考核取得国家电投集团颁发的专业监督资格证书，使监督人员实现持证上岗。

6.6 继电保护监督告警与问题整改

6.6.1 继电保护监督的专业告警项目。

6.6.1.1 继电保护和安全自动装置不正确动作，不认真分析原因并采取有效措施。

6.6.1.2 电厂无专人负责继电保护和安全自动装置整定工作。

6.6.1.3 继电保护和安全自动装置整定计算错误，并下达到现场执行。

6.6.1.4 继电保护正确动作率低于95%。

6.6.1.5 未严格按照规程要求进行继电保护和安全自动装置校验，继电保护和安全自动装置超过检验周期。

6.6.1.6 新建、改建、扩建设备投产，继电保护和安全自动装置不能同期全部投产。

6.6.2　对于上级单位的告警通知单（表3），电厂应立即组织安排整改工作，并明确整改措施、责任人和完成时间，并将所制定的整改计划（可参照附录）上报至告警通知单签发单位。

6.6.3　整改工作完成后一周内要将告警整改结果以文字形式报送至告警通知单签发单位，并向其提出验收申请，经验收合格后，由验收单位填写告警验收单（表4）。告警验收单应分别在电厂和签发单位留存。

表3　继电保护监督异常告警通知单

编号：　　　　　　　　　　　　　　　　　　　　　　　　　　年　月　日

被告警单位名称	
设备（系统）及指标名称	
异常告警情况及可能或已造成的后果	
整改建议	
整改时间要求	
发出单位	

编写：　　　　　　　　审核：　　　　　　　　批准：

表4　继电保护监督告警验收单

编号：　　　　　　　　　　　　　　　　　　　　　　　　　　年　月　日

被告警单位名称	
告警通知单发出单位	
设备（系统）及指标名称	
异常告警情况	
整改建议	
整改计划	
整改结果	
验收单位	
验收人	

6.6.4　除告警问题之外，对于技术服务单位或上级单位在现场检查时提出的问题、近期继电保护监督提出的需要关注的问题、继电保护监督年度计划中需要执行的问题等，应按照附录A的要求提出整改计划，并自行验收，将验收过程和结果相关的试验报告、现场图片和影像等技术资料存档备查。

6.7　继电保护监督定期报告、报表及总结的上报及日常工作

6.7.1　当电厂发生继电保护拒动、误动事件后24h内，应将事件概况、原因分析、采取措施迅速报送至二级单位和国家电投集团科学技术研究院。

6.7.2　掌握本单位继电保护装置的运行、试验、检验情况，保证继电保护监督数据的真

实性、可靠性，每季度首月 5 日前按规定向二级单位和国家电投集团科学技术研究院上报技术监督数据，内容和格式见附录 B。

6.7.3 每年配合技术监督服务单位对继电保护监督范围的设备，按照国家电投火电监评标准中表 8 的要求进行自查，撰写自查报告，对不符合项提出整改计划并执行。

6.7.4 根据标准要求，配置和完善继电保护监督检测仪器和仪表，建立仪器仪表台账；根据检定周期，每年制定检验计划，按计划做好定期校验；根据检验结果对仪器施行送修、报废。

6.7.5 组织协调与技术监督服务单位的工作，接受技术监督服务单位在监督工作中的专业管理；对所签订的技术监督服务合同执行情况进行考核。

6.7.6 根据合同约定，监督检修受托单位履行相关的技术监督管理职能，督促检修受托单位的技术监督管理工作。

6.7.7 继电保护技术监督专责人应在规定时间内组织编写上年度技术监督工作总结报告并及时上报，工作总结应包含以下内容：主要监督工作完成情况和经验；设备缺陷、一般事故和异常统计分析；继电保护动作分析评价；监督工作存在的主要问题和改进措施；下年度工作思路和重点工作。

6.8 对继电保护监督工作的检查与考核

6.8.1 考核内容与标准。

6.8.2 继电保护监督考核内容和评分标准按国家电投《火电技术监督检查评估标准》表 8 的要求进行。考核内容分为继电保护监督管理和继电保护监督专业内容两部分。监督管理考核项目（含指标考核）14 项，标准分 350 分；专业内容考核项目 43 项，标准分 650 分，共计 57 项，标准分 1000 分。

6.8.3 考核分级标准

被考核的电厂按得分率的高低分为四个级别：优秀，得分率大于等于 90%；良好，得分率在 80%~89%；一般，得分率在 70%~79%；不符合，得分率低于 70%。

6.8.4 考核组织方式及要求。

6.8.4.1 技术监督考核包括上级单位组织的技术监督现场考核、属地电力技术监督服务单位组织的技术监督考核以及技术监督自我考核。

6.8.4.2 电厂应积极配合上级单位和属地电力技术监督服务单位组织的现场检查和技术监督考核工作。对于考核期间的技术监督事件不隐瞒，不弄虚作假。

6.8.4.3 对于各级考核提出的问题，包括电厂自查发现的问题，应将不符合项以通知单的形式下发到有关部门，明确整改责任人，根据整改情况对有关部门和责任人进行责任追究工作。

附录 A
（规范性附录）
继电保护监督现场检查及告警问题整改计划

A.1 概述

A.1.1 叙述计划的制订过程（包括科研院、技术监督服务单位及发电企业参加人等）；

A.1.2 需要说明的问题，如：严重问题中重点问题整改计划的说明、需要较大资金投入或需要较长时间才能完成整改的问题说明。

A.2 严重问题整改计划表

问题描述	专 业	整改措施	计划完成时间	技术监督服务单位责任人	电厂责任人	说　明

A.3 一般问题整改计划表

问题描述	专 业	整改措施	计划完成时间	技术监督服务单位责任人	电厂责任人	说　明

附录 B

（规范性附录）
火力发电厂继电保护监督季度报告编写格式

电厂20　年第　季度继电保护监督季度报告

编写人：　　　　　　　　　　　　固定电话/手机
审核人：
批准人：
上报时间：

B.1　上季度上级单位通报或督办事宜的落实或整改情况

B.2　继电保护监督年度工作计划完成情况统计报表

表 B.1　年度技术监督工作计划和技术监督服务单位合同完成情况统计表

发电厂技术监督计划完成情况			技术监督服务单位合同工作项目完成情况		
年度计划项目数	截至本季度 完成项目数	完成率/%	合同固定的 工作项目数	截至本季度 完成项目数	完成率/%

B.3　继电保护监督考核指标完成情况统计表

B.3.1　监督管理考核指标

监督指标上报说明：每年的1、2、3季度所上报的技术监督指标为季度指标；第4季度所上报的指标为全年指标。

表 B.2　技术监督告警问题至本季度整改完成情况统计表

问题项数	完成项数	完成率/%

B.3.2 继电保护监督考核指标报表

表 B.3 现场检查提出问题本季度整改完成情况统计表

检查年度	检查提出问题项目数			电厂已整改完成项目数统计结果			
	严重问题	一般问题	问题项数合计	严重问题	一般问题	完成项数合计	整改完成率/%

表 B.4 20 年第 季度仪器仪表校验率统计表

年度计划应校验仪表台数	截至本季度完成校验仪表台数	仪表校验率/%	考核值/%
			100

表 B.5 20 年第 季度缺陷消除率季度统计表

危急缺陷消除情况			严重缺陷消除情况			检验计划完成率	
缺陷项数	消除项数	消除率/%	缺陷项数	消除项数	消除率/%	计划项数	完成项数

注：危急缺陷是指直接危及人身及设备安全，须立即处理的缺陷；严重缺陷是指暂时尚能坚持运行，但需尽快处理的缺陷

表 B.6 20 年第 月继电保护和安全自动装置动作统计分析月报表

填报单位：				统计月份：				填报日期：			
编号	时间	保护安装地点	电压等级	故障及保护装置动作情况简述	被保护设备名称	保护型号及生产厂家	动作评价			不正确动作责任分析	责任部门	故障录波器	
							正确次数	误动次数	拒动次数			录波次数	完好次数
1													

1. 全部保护装置动作总次数____，其中正确动作____次，不正确动作____次。

2.110kV 及以下系统保护装置动作 总次数____，其中正确动作____次，不正确动作____次。

3.220kV 及以上系统保护装置动作总次数____，其中正确动作____次，不正确动作____次。

4.500kV 系统保护装置动作总次数____，其中正确动作____次，不正确动作____次。

5. 元件保护动作总次数____，其中正确动作____次，不正确动作____次。

6. 故障录波器动作总次数____次，其中录波完好____次，录波不完好____次。

总工程师：　　　　　　审核：　　　　　　继电保护专责人：

注1：全部保护装置包括：220kV 及以上系统保护装置、110kV 及以下系统保护装置（不含厂用电系统）、厂用电系统保护装置

注2：220kV 及以上系统保护装置指 100MW 及以上发电机、50MVar 及以上调相机、电压为 220kV 及以上变压器、电抗器、电容器、母线和线路（含电缆）的继电保护装置及自动重合闸

注3：110kV 及以下系统保护装置（不含厂用电系统）指 100MW 以下发电机、50MVar 以下调相机、接入 110kV 及以下电压的变压器、母线、线路（含电缆）、电抗器、电容器、直接接在发电机变压器组的高压厂用变压器的继电保护装置及自动重合闸

注4：厂用电系统保护装置指高压厂用电系统及低压厂用电系统的厂用馈线、低压厂用变压器、高压电动机及低压电动机等的继电保护装置

表 B.7　20　年第　季度继电保护和安全自动装置故障及退出运行报表

编号	保护型号	保护名称	制造厂家	装置故障退出运行情况		
				故障退出时段	退出运行时间/h	故障退出原因

表 B.8　20　年第　季度继电保护和安全自动装置动作记录报表

编号	时间	保护安装地点	电压等级/kV	故障及保护动作情况简述	被保护设备名称	保护生产厂家及型号	保护版本号	装置动作评价			不正确动作责任分析	责任部门	故障录波装置	
								正确次数	误动次数	拒动次数			应启动录波次数	录波完好次数

B.3.3　继电保护监督指标简要分析

分析指标未达标的原因。

B.4　本季度主要的继电保护监督工作

简述继电保护监督管理、检修、运行、变更及设备遗留缺陷跟踪情况，尽量提供数据和图片。

B.5　本季度继电保护监督发现的问题、原因及处理情况

包括检修、运行、巡视中发现的一般事故和一类障碍，危急缺陷和严重缺陷；按事件简述、原因分析、处理情况和防范措施进行说明，尽量提供数据和图片。

B.6　继电保护监督下季度重点工作

B.7　其他需要说明的情况

国家电力投资集团有限公司
STATE POWER INVESTMENT CORPORATION LIMITED

企 业 标 准

火电企业汽轮机及旋转设备
技术监督实施细则

2017-12-11 发布

2017-12-11 实施

国家电力投资集团有限公司　发布

目　录

前　言

为了规范国家电力投资集团有限公司（以下简称国家电投集团）火电企业汽轮机及旋转设备技术监督管理，进一步提高发电机组安全、经济、稳定运行，特制定本标准。

本标准依据国家和行业有关标准、规程和规范，以及国家电投集团火电技术监督管理规定，结合国内外发电领域的新技术和监督经验制定。

本标准由国家电投集团火电部提出、组织起草并归口管理。

本标准主要起草单位（部门）：国家电投集团科学技术研究院有限公司。

本标准主要起草人：尧国富、郭延秋、马骁。

本标准主要审查人：王志平、徐国生、章义发、岳乔、陈以明、华志刚、侯晓亮、王正发、刘宗奎、李晓民、刘江、李继宏、杨宇、叶彬、付怀仁、沈文玲、马延发、姚玉刚、王维桂。

火电企业汽轮机及旋转设备技术监督实施细则

1　范围

本细则规定了国家电投集团火电企业汽轮机及重要旋转设备监督相关的技术内容和管理要求。其他形式汽轮机参照本细则执行。

本细则适用于国家电投集团火电企业汽轮机及重要旋转设备的技术监督工作。

本细则所指重要旋转设备，范围包括：发电机、小汽轮机、给水泵、凝结水泵、循环水泵、一次风机、磨煤机、送风机、引风机、脱硫增压风机，以及上述设备配套电动机等。

2　规范性引用文件

下列文件对于本文件的应用是必不可少的。凡是注日期的引用文件，仅注日期的版本适用于本文件。凡是不注日期的引用文件，其最新版本（包括所有的修改单）适用于本文件。

GB 11120	涡轮机油
GB 26164.1	电业安全工作规程　第 1 部分：热力和机械
GB 50108	地下工程防水技术规范
GB 50208	地下防水工程质量验收规范
GB 50573	双曲线冷却塔施工与质量验收规范
GB 50660	大中型火力发电厂设计规范
GB/T 4272	设备及管道绝热技术通则
GB/T 5578	固定式发电用汽轮机规范
GB/T 6075.1	机械振动　在非旋转部件上测量评价机器的振动　第 1 部分：总则
GB/T 6075.2	机械振动　在非旋转部件上测量评价机器的振动　第 2 部分：50MW 以上，额定转速 1500r/min、1800r/min、3000r/min、3600r/min 陆地安装的汽轮机和发电机
GB/T 6075.3	机械振动　在非旋转部件上测量评价机器的振动　第 3 部分：额定功率大于 15kW 额定转速在 120r/min 至 15000r/min 之间的在现场测量的工业机器
GB/T 7596	电厂运行中汽轮机油质量
GB/T 8117.1	汽轮机热力性能验收试验规程　第 1 部分：方法 A 大型凝汽式汽轮机高准确度试验
GB/T 8117.2	汽轮机热力性能验收试验规程　第 2 部分：方法 B 各种类型和容量的汽轮机宽准确度试验

GB/T 11348.2	机械振动　在旋转轴上测量评价机器的振动　第2部分：功率大于50MW、额定工作转速1500r/min、1800r/min、3000r/min、3600r/min陆地安装的汽轮机和发电机
GB/T 11348.3	机械振动　在旋转轴上测量评价机器的振动　第3部分：耦合的工业机器
GB/T 13399	汽轮机安全监视装置　技术条件
GB/T 17116	管道支吊架
GB/T 27698.1	热交换器及传热元件性能测试方法　第1部分：通用要求
GB/T 27698.2	热交换器及传热元件性能测试方法　第2部分：管壳式热交换器
GB/T 27698.3	热交换器及传热元件性能测试方法　第3部分：板式热交换器
GB/T 27698.4	热交换器及传热元件性能测试方法　第4部分：螺旋板式热交换器
GB/T 27698.5	热交换器及传热元件性能测试方法　第5部分：管壳式热交换器用换热管
GB/T 28558	超临界及超超临界机组参数系列
GB/T 28559	超临界及超超临界汽轮机叶片
GB/T 28566	发电机组并网安全条件及评价
GB/T 28785	机械振动　大中型转子现场平衡的准则和防护
GB/T 50102	工业循环水冷却设计规范
DL 5009.1	电力建设安全工作规程　第1部分：火力发电
DL 5190.3	电力建设施工技术规范　第3部分：汽轮发电机组
DL 5190.5	电力建设施工技术规范　第5部分：管道及系统
DL 5277	火电工程达标投产验收规程
DL/T 290	电厂辅机用油运行及维护管理导则
DL/T 292	火力发电厂汽水管道振动控制导则
DL/T 300	火电厂凝汽器管防腐防垢导则
DL/T 302.1	火力发电厂设备维修分析技术导则　第1部分：可靠性维修分析
DL/T 302.2	火力发电厂设备维修分析技术导则　第2部分：风险维修分析
DL/T 338	并网运行汽轮机调节系统技术监督导则
DL/T 552	火力发电厂空冷塔及空冷凝汽器试验方法
DL/T 571	电厂用磷酸酯抗燃油运行维护导则
DL/T 581	凝汽器胶球清洗装置和循环水二次过滤装置
DL/T 586	电力设备监造技术导则
DL/T 590	火力发电厂凝汽式汽轮机的检测与控制技术条件
DL/T 592	火力发电厂锅炉给水泵的检测与控制技术条件
DL/T 607	汽轮发电机漏水、漏氢的检验
DL/T 711	汽轮机调节控制系统试验导则
DL/T 712	发电厂凝汽器及辅机冷却器管选材导则
DL/T 776	火力发电厂绝热材料
DL/T 793	发电设备可靠性评价规程

DL/T 834　　　　火力发电厂汽轮机防进水和冷蒸汽导则

DL/T 838　　　　发电企业设备检修导则

DL/T 839　　　　大型锅炉给水泵性能现场试验方法

DL/T 863　　　　汽轮机启动调试导则

DL/T 892　　　　电站汽轮机技术条件

DL/T 932　　　　凝汽器与真空系统运行维护导则

DL/T 933　　　　冷却塔淋水填料、除水器、喷溅装置性能试验方法

DL/T 934　　　　火力发电厂保温工程热态考核测试与评价规程

DL/T 956　　　　火力发电厂停（备）用热力设备防锈蚀导则

DL/T 1051　　　 电力技术监督导则

DL/T 1055　　　 发电厂汽轮机、水轮机技术监督导则

DL/T 1078　　　 表面式凝汽器运行性能试验规程

DL/T 1141　　　 火电厂除氧器运行性能试验规程

DL/T 1164　　　 汽轮发电机运行导则

DL/T 1270　　　 火力发电建设工程机组甩负荷试验导则

DL/T 1290　　　 直接空冷机组真空严密性试验方法

DL/T 5054　　　 火力发电厂汽水管道设计技术规定

DL/T 5072　　　 火力发电厂保温油漆设计规程

DL/T 5210.3　　 电力建设施工质量验收及评价规程　第3部分：汽轮发电机组

DL/T 5294　　　 火力发电建设工程机组调试技术规范

DL/T 5295　　　 火力发电建设工程机组调试质量验收及评价规程

DL/T 5437　　　 火力发电建设工程启动试运及验收规程

JB/T 5862　　　 汽轮机表面式给水加热器性能试验规程

国能安全〔2014〕161号　防止电力生产事故的二十五项重点要求

国能安全〔2014〕45号　火力发电工程质量监督检查大纲

国家电投规章〔2016〕124号　国家电力投资集团公司火电技术监督管理规定

3　技术监督范围和指标

3.1　技术监督范围

3.1.1　汽轮机本体范围内的轴承、轴瓦；

3.1.2　小汽轮机；

3.1.3　电机供电电压等级6kV及以上的给水泵、凝结水泵、循环水泵、一次风机、磨煤机、送风机、引风机、脱硫增压风机等重要旋转机械及其配套电动机。

3.2　技术监督指标及合格标准

3.2.1　主机轴瓦振动合格率，应为100%；

3.2.2　辅机轴瓦振动合格率，应为100%；

3.2.3 主机轴瓦（轴承）温度合格率，应为 100%；

3.2.4 辅机轴瓦（轴承）温度合格率，应为 100%。

4 技术监督

4.1 设计技术监督

4.1.1 汽轮机设备的设计、选型技术监督应执行的标准和规范：GB/50660、GB/T 5578 中的规定；汽轮机本体范围内的汽水管道设计应执行 DL/T 5054，必要时还应与制造厂协商确定；管道支吊架的材料、设计应执行 GB/T 17116，同时还应符合各类管道有关的国家现行规范的要求；汽轮机辅助系统及设备主要包括油系统、给水系统、凝结水系统、疏放水设施、凝汽器及其辅助设施、循环水系统等，这些系统的设计应满足 GB 50660、DL/T 892 的要求；汽轮机疏水系统设计应执行 DL/T 834，必要时还应结合机组的具体情况和运行、启动方式，做进一步优化；工业循环水冷却设施的类型选择，应根据生产工艺对循环水的水量、水温、水文和供水系统的运行方式等方面的使用要求，经技术经济比较后确定，可以参照 GB/T 50102 执行；汽轮机设备、管道及其附件的保温、油漆的设计应符合 DL/T 5072。凡未经国家、省级鉴定的新型保温材料，不得在保温设计中使用；设计应执行所签订的合同、技术协议。

4.1.2 应对发电设备的设计审查阶段进行技术监督与管理，实行技术负责人责任制，该阶段各发电企业应明确汽轮机技术监督专责人。在设计阶段应对设计方案、供货厂家设计方案、图纸、设计单位设计资料（包括软硬件、布置、选材等）和原理图纸进行审查。

4.1.3 对承担设计的单位进行资质监督审查。

4.1.3.1 营业执照、资质等级证书；

4.1.3.2 质量管理/职业安全健康/环境管理体系认证证书；

4.1.3.3 完成相似工程设计的经验及其履行情况和正在履行的合同情况；

4.1.3.4 拟分包的主要工程设计项目及拟承担分包设计项目的承包方情况。

4.1.4 当采用新工艺、新方法、新技术或对原有设计做重要改动时，应根据工程具体条件通过论证比较后决定。

4.2 监造技术监督

4.2.1 汽轮机设备监造技术监督应执行的标准和规范：DL/T 586；设备供货合同、设备监造合同中规定的国内通用标准；制造厂的企业标准、相关设备合同与技术协议等。

4.2.2 火力发电企业在监造阶段应设置汽轮机专业技术监督专责人。

4.2.3 设备的监造，应派监造人员常驻制造厂进行监造，监造人员应有丰富的专业工作经验。

4.2.4 监造人员可委托监造单位派遣，也可由本企业相关人员承担，都受专业技术监督专责人监督管理，或专业技术监督专责人直接作为监造人员承担相关工作。如果委托监造单位，项目单位则应依法通过招标选择监造单位，并签订监造合同，合同中明确承担的监造项目、内容和责任。监造单位与制造厂不得有隶属关系和利害关系。

4.2.5 设备监造阶段应对主机、主要辅机及其他关键设备进行监造。

4.2.6 设备的监造方式分为停工待检、现场签证、文件见证3种。

4.2.6.1 停工待检项目，需有监造人员参加检验并签证后，才能转入下道工序。

4.2.6.2 现场签证项目，制造厂在进行试验或检验前规定的时间内通知监造人员参加工序检验或试验，必要时监造人员可进行抽检或复测，核定各部分检测、试验数据，然后进行现场见证签证。制造厂应在完成检验或试验后提交记录或报告。

4.2.6.3 文件见证项目，制造厂提交的原材料报告和证书，以及制造记录和报告，在完成检验或试验后，监造人员应认真查阅、核实制造生产的原始记录、图纸技术文件、工序质量检验、试验记录、见证监检点检验单是否正确合格。

4.2.7 国内设备监造的重要项目、停工待检点的监督检查或重大设备出厂前检验，由监造人员按设备监造计划派有关人员和聘请的专家组成专检小组赴制造厂进行监造检验。

4.2.8 国外设备的监造按监造计划表进行，合同中规定派人赴现场进行见证的项目及其监造的时间、地点。由制造厂提前与项目单位联系，项目单位派出监造专检小组，按协议中监造内容赴制造厂进行文件核查、见证监造，并按要求填写监造见证书。

4.3 安装技术监督

4.3.1 相关标准

汽轮机设备及系统安装技术监督应执行的标准和规范执行 GB/ 50108、DL/ 5190.3、DL/ 5190.5、国能安全〔2014〕161 号；施工质量检验及评定执行 GB/ 50208、DL/T 5210.3、国能安全〔2014〕45 号；所签订的工程施工、安装合同。

4.3.2 监督、审查、验收

发电企业在基建安装阶段应设置汽轮机专业技术监督专责人，在汽轮机安装阶段从技术管理和技术实施两个方面进行监督。

4.3.2.1 对承担安装工程单位的资质进行监督审查。

    a）营业执照、资质等级、劳动部门颁发的安全施工合格证书；

    b）质量管理/职业安全健康/环境管理体系认证证书；

    c）完成相似工程的经验及其履行情况和现在正在履行的合同情况；

    d）拟分包的主要工程项目及拟承担分包项目的承包方情况。

4.3.2.2 对施工组织进行监督审查。

    a）主要施工方案；

    b）工程投入的主要物资、施工机械设备情况及主要施工机械进场计划；

    c）项目管理班子成员配备；

    d）确保工程质量的技术组织措施；

    e）确保安全（文明）施工的技术组织措施；

    f）施工进度网络图表；

    g）施工总平面布置设计。

4.3.2.3 工程施工应按设计完成，按照施工图纸和合同要求完成内部三级验收，并配合和接受业主及监理工程师进行的监督检查和四级验收。检查验收需遵照如下图纸文件。

a）经会审签证的施工图纸和设计文件；

b）批准签证的设计变更；

c）设备制造厂家提供的图纸和技术文件；

d）合同中有关质量条款。

4.3.3 汽轮机本体

4.3.3.1 汽轮机基座、台板和垫铁。

a）建筑交付安装记录签证齐全；

b）基础沉降均匀，沉降观测记录完整；

c）垫铁的布设符合图纸要求，台板与垫铁及每叠垫铁间接触及间隙符合规范，检查验收记录完整。

4.3.3.2 汽缸、轴承座及滑销系统。

a）汽缸、轴承座与台板间隙符合规范，记录完整；

b）汽缸喷嘴室、调阀汽室隐蔽签证记录完整；

c）各轴承座进行的检漏试验、签证记录完整；

d）汽缸、轴承座水平、扬度符合设计要求，记录完整；

e）滑销、猫爪间隙符合制造厂要求，记录完整；

f）汽缸法兰结合面间隙符合规范规定，记录完整；

g）汽缸负荷分配记录符合制造厂要求；

h）监督检查低压缸与凝汽器或直接空冷排汽装置的连接，验收签证记录完整。

4.3.3.3 轴承和油挡。

a）轴瓦接触（重点监督检查轴瓦乌金接触、垫铁接触）符合规范规定，记录完整；

b）推力瓦乌金接触及推力间隙符合规范，记录完整；

c）轴承座与轴瓦油挡间隙符合图纸要求，记录完整。

4.3.3.4 汽轮机转子。

a）转子轴径椭圆度和不柱度记录符合规范规定；

b）转子弯曲符合厂家要求；

c）全实缸状态下测量转子轴径扬度符合制造厂要求，记录完整；

d）转子推力盘端面瓢偏记录符合规范规定；

e）转子联轴器晃度及端面瓢偏符合规范，记录完整；

f）转子对汽封（或油挡）洼窝中心记录符合制造厂要求或规范规定；

g）全实缸状态下测量转子联轴器找中心数值符合制造厂要求，记录完整；

h）转子就位后复测转子缸外轴向定位值，记录完整。

4.3.3.5 通流部分。

a）静叶持环或隔板安装符合规范规定，记录完整；

b）全实缸状态下测量轴封及通流间隙符合制造厂要求，记录完整；

c）全实缸状态下做转子推拉试验，推拉值符合厂家图纸要求，记录完整。

4.3.3.6 新安装机组首次扣盖前，应对调频叶片的固有频率进行测定，并鉴定其频率分散率和频率避开率。

4.3.4 调节保安及油系统

4.3.4.1 油管道阀门安装应符合设备安装手册以及二十五项反措中的相关规定。

4.3.4.2 新汽轮机油的验收应严格执行 GB/T 7596 标准。

4.3.4.3 对于套装油管路，应在制造、运输、储存和安装过程中严格控制油系统的清洁度。

4.3.4.4 油循环冲洗应包括厂家供货油管道、非厂家供货管道、设备及设备附属管道，其冲洗方法可参照厂家技术文件或相关标准。

4.3.4.5 新装或扩建机组的润滑油系统（含套装回油管）、顶轴油系统等管道宜采用不锈钢材质。

4.3.4.6 抗燃油系统安装监督。

    a）抗燃油系统的安装必须保证管道强度和管道洁净度，做好管材及焊材选用，严格控制安装工艺，同时确保管材及管系吹扫清洗合格；

    b）抗燃油系统管道安装时，其焊口必须全氩弧焊接、100% 射线探伤；

    c）采用插接式焊接时，必须保证焊接强度，预留插接管的膨胀余量，防止膨胀余量不够对焊缝造成额外应力；

    d）管子对接时要考虑到奥氏体钢的热膨胀系数较大的问题，防止多个焊口膨胀积累，对管系及焊口带来附加应力，可以通过调整配管长度来抵消焊口的膨胀积累；

    e）必须采用性能可靠的活接、丝头、密封圈、连接件，严格安装工艺管理，防止强行对口，防止活接、丝头紧固不到位，防止损伤密封面、密封线、密封圈，防止管道膨胀受阻、振动摩擦、热体烤灼、腐蚀氧化等不正常现象；

    f）抗燃油的监督应执行 DL/T 571 相关规定。

4.3.4.7 油系统安装完毕质量验收时，检查下列隐蔽签证和报告。

    a）各油箱封闭签证；

    b）冷油器严密性试验签证；

    c）润滑油和密封油冲洗前、后检查签证；

    d）抗燃油系统冲洗前、后检查签证；

    e）抗燃油、润滑油和密封油系统冲洗后油质化验报告。

4.3.5 发电机本体部分的安装

4.3.5.1 发电机本体部分的安装监督应执行 GB 50170。

4.3.5.2 定子槽楔应无裂纹、凸出及松动现象。每根槽楔的空响长度符合制造厂工艺规范要求，端部槽楔必须嵌紧；槽楔下采用波纹板时，应按产品要求进行检查。

4.3.5.3 进入定子堂内工作，应保持清洁，严谨遗留物件，不得损伤绕组端部和铁芯。

4.3.5.4 转子上的紧固件应紧牢，平衡块不得增减或变位，平衡螺丝应锁牢，氢内冷转子应按制造厂规定进行通风检查，检查结果应符合制造厂的规定。风扇叶片应安装牢固，无破损、裂纹及焊口开裂。

4.3.5.5 穿转子时，应使用专用工具，不得碰伤定子绕组和铁芯。

4.3.5.6 凸极式电机的磁极绕组绝缘应完好，磁极应稳固，磁极间撑块和连接线应牢固。

4.3.5.7 电机的空气间隙和磁场中心应符合产品的要求。

4.3.5.8 安装端盖前，电机内部应无杂物和遗留物，冷却介质及气封通道应通畅。安装后，端盖接合处应紧密。采用端盖轴承的电机，端盖接合面应采用 $10\text{mm} \times 0.05\text{mm}$ 塞尺检查，塞入深度不得超过 10mm。

4.3.6 旋转设备

4.3.6.1 重要旋转设备安装完毕质量验收时，应监督检查下列施工技术记录完整，数据符合要求。

    a) 各旋转设备基础及预埋件检查记录；

    b) 台板安装记录；

    c) 轴承各部间隙测量记录；

    d) 推力轴承间隙、接触检查记录；

    e) 轴瓦垫块及轴瓦与轴颈接触检查记录；

    f) 各旋转设备联轴器找中心记录；

    g) 水塔风机和空冷风机主轴晃度记录；

    h) 水塔风机和空冷风机叶片安装记录。

4.3.6.2 旋转设备安装完毕质量验收时，监督检查下列隐蔽签证：

    a) 二次灌浆前检查签证；

    b) 各旋转设备轴承座封闭签证；

    c) 汽动给水泵驱动汽轮机扣盖签证。

4.3.7 其他设备及系统

4.3.7.1 凝汽器（或空冷排汽装置）和低压缸排汽室后部的焊接，应严格监视和采取措施控制焊接变形，将因焊接引起的垂直位移保持在允许的范围之内。

4.3.7.2 高、低压加热器和除氧器在制造厂监造时水压试验合格签证书可作为现场水压试验的依据，安装时不宜再做水压试验，以利防腐。

4.3.7.3 汽轮机设备及系统的保温应按 GB/T 4272 的规定执行。所有管道、汽缸保温应使用良好的保温材料，如硅酸铝纤维毡等，严禁含石棉制品，安装后应做好成品保护。

4.3.7.4 安装完毕质量验收时，检查下列隐蔽签证：

    a) 凝汽器穿管前检查签证；

    b) 凝汽器与汽缸连接前检查签证；

    c) 凝汽器灌水试验签证；

    d) 凝汽器汽侧、水侧封闭签证；

    e) 空冷系统严密性试验签证；

    f) 空冷装置汽侧封闭签证；

    g) 空冷装置风道检查签证；

    h) 抽气设备封闭签证；

    i) 除氧器封闭签证；

j）热交换器水压试验签证。

4.4 调试及性能验收试验技术监督

4.4.1 相关标准

汽轮机调试及性能验收试验技术监督应执行的标准和规范：汽轮机调试应执行 DL/T 863、DL/T 5294、DL/T 5437、《防止电力生产事故的二十五项重点要求》国能安全〔2014〕161 号；调试质量检验及评定执行 DL/T 5295、DL 5277、DL/T 5210.3、国能安全〔2014〕45 号；所签订的项目调试、性能验收试验合同。

4.4.2 监督、检查

发电企业在基建调试及性能验收试验阶段应设置汽轮机专业技术监督专责人，从技术管理和技术实施两个方面进行监督。

4.4.2.1 调试资质的监督审查。

a）承担汽轮机启动调试的主体调试单位必须具备相应的资质；

b）汽轮机启动调试的专业负责人由具有汽轮机调试经验的专业调试技术人员担任；

c）汽轮机调试人员在调试工作中应具备指导、监督、处理和分析问题、编写措施和总结的能力。

4.4.2.2 调试单位宜及早参与设备选型、设计审查、设计联络会等有关工作。

4.4.2.3 调试单位主要工作内容。

a）编制工程调试大纲中规定的汽轮机部分的调试措施（方案），明确汽轮机调试项目、调试步骤、试验的方案及工作职责，并制定相应的调试工作计划与质量、职业健康安全和环境管理措施。汽轮机整套启动调试措施（方案）及重要的分系统调试措施必须经过建设、监理等单位的会审并需经过试运指挥部的批准后方能实施。

b）向参与调试的其他单位进行调试措施技术交底。

c）参加设备系统的验收及启动条件的检查。

d）进行分系统调试与汽轮机整套启动调试，并完成全过程的调试记录。

e）按汽轮机启动调整试运质量检验及评定要求，对调试项目的各项质量指标进行检查验收与评定签证，经验收合格后移交试生产。

f）汽轮机启动调试工作完成后，调试单位应编写"调试报告"，调试报告应对调试过程中出现的问题进行分析，并提出指导机组运行的建议。

4.4.3 调试过程主要监督内容

4.4.3.1 分部试运项目试运合格后，施工、监理、调试、业主和生产单位均应签字确认。

4.4.3.2 分系统试运的记录和报告，应由承担调试方负责整理、提供，符合质量体系的要求。

4.4.3.3 分系统试运应具备的条件。

a）相应的建筑和安装工程已完成，并验收合格；

b）试运需要的建筑和安装工程的记录等资料齐全；

c）一般应具备设计要求的正式电源、汽（气）源和水源；

d）组织、人员落实到位，分部试运计划、分案和措施已审批、交底。

4.4.3.4 整套启动试运应具备的条件。

a）试运现场条件满足要求，各项分部试运完成；

b）组织机构健全，职责分明；

c）人员配备齐全，生产准备工作就绪；

d）技术文件准备充分，符合要求；

e）已接受工程所在地电力建设工程质量监督中心站的监督，按照"质检大纲"确认并通过。

4.4.3.5 整套启动试运按空负荷调试、带负荷调试和满负荷试运三个阶段进行，进入满负荷试运前，应完成所有的调试项目，并满足相关条件（如技术指标、电网具体要求）。

4.4.3.6 调试过程主要试验项目监督。

a）完成主汽门、调速汽门关闭时间测试，执行 DL/T 711 的要求。

b）汽轮机首次冲转至 3000r/min 时进行危急保安器（若有）注油试验。

c）汽轮机超速试验，按以下要求进行。

1）超速试验前完成高中压主汽门和调速汽门严密性试验，且严密性合格。

2）进行超速试验前应严格按照超速试验规程的要求，机组冷态启动带 10% ~ 25% 额定负荷（或按照制造商要求），运行 3 ~ 4h（或按制造商要求）后立即进行试验。

3）机械超速保护动作转速应在额定转速的 109% ~ 111%，每个危急保安器应至少试验两次，且两次动作转速之差不大于 0.6%。

4）电气超速保护每个通道应进行一次实际超速试验，动作转速值应符合制造商规定。当超速保护动作时，超速指示应正确。

d）真空系统严密性试验应符合下列要求。

1）机组负荷应稳定在 80% 额定负荷以上，真空度满足试验要求，真空平均下降值应符合现行行业标准 DL/T 5295、DL/T 1290 的要求；

2）空冷机组试验应选择在天气状况平稳时进行。

e）甩负荷试验。

1）新投产机组应进行甩负荷试验，按现行行业标准 DL/T 1270 进行；

2）甩 50% 负荷时，若最高飞升转速超过 105% 额定转速，则应中断试验，查找问题原因并解决，直到具备条件后再进行甩 100% 额定负荷试验。

f）进行汽门严密性试验时，主/再热蒸汽的压力均应不低于额定压力的 50%。

g）润滑油低油压联锁可采用通道试验，或采用常规的放油方式对油泵启动及其动作值进行检验外，还应检查油泵间电气联锁时最低的暂态油压和直流油泵全容量启动是否存在过流跳闸现象。

4.4.4 性能验收试验监督

4.4.4.1 性能验收试验应由发电企业组织，由有资质的第三方单位负责，试验人员应有相应的资质证书，设备供货方、发电企业、设计和安装等单位配合。

4.4.4.2　承担试验的单位应根据签订的合同，贯彻质量管理保证体系、检测/校准实验室认证、计量认证等，以促进试验质量不断提高。

4.4.4.3　汽轮机热力性能验收试验应按照合同签订时指定的国际、国家、行业标准进行，以验证供货方提供的保证值。

4.4.4.4　试验大纲/方案由承担性能验收试验的单位提供，与发电企业、设备供货方、设计等单位讨论后确定。

4.4.4.5　试运结束后半年试生产期间内应完成相关性能试验，半年后的老化修正应经发电企业同意。

4.4.4.6　性能验收试验对于汽轮机主机及其系统而言，主要包括：

　　a）汽轮机额定出力试验；

　　b）汽轮机最大出力试验；

　　c）汽轮机热耗试验；

　　d）汽轮发电机组轴系振动试验；

　　e）噪声测试。

4.4.4.7　如合同中签订了其他辅助设备和附属机械性能验收试验，则采用相应的国际/国家/行业试验标准执行。

4.5　生产运营期间技术监督

4.5.1　机组试验技术监督

4.5.1.1　各保安装置均应完好，并正常投入。

4.5.1.2　在正常蒸汽参数和凝汽器真空下，调节系统应能维持汽轮机在额定转速下运行。负荷稳定时，机组负荷不应摆动。负荷变动时调节系统动作平稳。

4.5.1.3　液压调节系统的速度变动率一般为额定转速 3% ~ 6%，迟缓率小于或等于 0.2%。电调速度变动率一般为额定转速 5%（3% ~7% 可调），迟缓率（包括执行机构）一般小于 0.1%。

4.5.1.4　机组甩额定负荷时，调节系统应能维持汽机空转运行，转速不超过危急遮断器或超速保护动作转速。

4.5.1.5　调节系统静态调整试验。

调节系统新安装和重大改造后必须进行阀门联动试验和静态调整试验。检修后的调节系统根据运行中的具体情况确定是否进行静态调整试验。试验内容包括：

　　a）静止试验：调速器特性、油动机特性、配汽机构特性；

　　b）空负荷试验：主要测量调速器特性，同步器调整范围；

　　c）带负荷试验：测量油动机行程与负荷关系。

根据静止试验、空负荷试验和带负荷试验结果，确定下列数据：

　　a）同步器在高限与中限位置速度变动率与迟缓率；

　　b）调速器迟缓率与油动机来回偏差值；

　　c）调节汽门 的重叠度及开启侧的富裕行程；

　　d）同步器调节范围；

e）调节系统的稳定性及同步器调节的灵活性。

4.5.1.6 主汽门、调速汽门关闭时间试验。

机组 A 级检修后；汽轮机主汽门、调速汽门解体检修后；停机时间超过 2 个月以上应进行主汽门、调速汽门关闭时间试验。

手动脱扣测量阀门关闭时间，关闭时间应符合制造商要求；制造商无相关要求时，应符合表 1 要求。

表 1 机组额定功率与主汽门、调速汽门关闭时间表

机组额定功率/MW	调速汽门/s	主汽门/s	机组额定功率/MW	调速汽门/s	主汽门/s
<100（包括100）	<0.5	<1.0	200~600（包括600）	<0.4	<0.3
100~200（包括200）	<0.5	<0.4	>600	<0.3	<0.3

4.5.1.7 超速试验。

4.5.1.7.1 超速试验一般在下列情况进行：新建机组初次启动；汽轮机 A 级检修后；调节保安系统解体或调整后；停机一个月后再启动；进行甩负荷试验前；机组运行 2000h 后（机组运行 2000h 后、EH 油质较好情况下，可用危急保安器注/充油试验代替）。

4.5.1.7.2 每个危急遮断器的超速试验，在同一情况下应作两次，两次动作转速之差不应超过额定转速的 0.6%。试验方法及限额标准按制造厂规定进行。一般危急遮断器动作转速为 109%~111% 额定转速。

4.5.1.7.3 冷态启动做超速试验，应按制造厂要求或者带 10%~25% 的额定负荷连续运行 3~4h 后方可进行。

4.5.1.7.4 超速试验必须在高、中压主汽门、调速汽门严密性试验，关闭时间试验，高、中压主汽门活动试验进行完毕且合格后进行。

4.5.1.7.5 超速试验过程中，手动跳闸/复置手柄必须始终有专人负责，以备必要时能及时手动脱扣机组。

4.5.1.7.6 若机组转速升至 3330r/min 以上时，电超速保护仍不能动作应立即手动脱扣机组，重新整定电超速保护动作值。

4.5.1.7.7 超速试验中，应严密监视机组转速、振动、轴向位移、低压缸排汽温度等参数变化。

4.5.1.8 高、中压主汽门，调速汽门活动试验。

4.5.1.8.1 高、中压主汽门，调速汽门活动试验应每周进行一次，全关闭试验每月进行一次。每次 A 级检修之后，对主汽门、调速汽门（包括高压缸排汽/回热/至除氧器逆止门）的关闭时间、特性进行测试，应满足 DL/T 1055 标准附录 E 的要求。

4.5.1.8.2 试验负荷及方法按制造厂要求执行。

4.5.1.8.3 试验时应监视下列参数的变化：主蒸汽压力及温度、再热器压力及温度、各轴承金属温度及回油温度、轴向位移及汽机振动、发电机负荷。

4.5.1.8.4 试验时必须现场确认阀门动作正常，无卡涩现象，方可进行复归或继续试验。

4.5.1.9 抽汽逆止门活动试验。

4.5.1.9.1　抽汽逆止门活动试验每周进行一次。

4.5.1.9.2　试验时负荷及方法按运行规程要求进行。

4.5.1.10　主汽门，调速汽门严密性试验。

4.5.1.10.1　新投产机组、每次 A 级检修后或主汽门、调速汽门改进后应进行严密性试验。

4.5.1.10.2　试验方法及标准应按制造厂的规定，一般在单独关闭某一汽门（主汽门或调速汽门），而另一汽门全开时，在额定汽压下，机组转速降至 1000r/min 以下为合格。

4.5.1.10.3　试验时主、再热蒸汽压力维持在不低于额定压力的 50%。

如试验压力低于额定值，转速可按下式换算。

$$合格转速 = \frac{试验汽压}{额定气压} \times 1000r/min$$

4.5.1.10.4　试验时应维持凝汽器真空正常，并监视轴向位移与推力瓦温度，避免在临界转速附近长时间停留并监视机组振动，如果异常应立即停机，防止汽轮机超速事故发生。

4.5.1.11　ETS 保护试验。

4.5.1.11.1　ETS 保护试验在机组检修后和机组正常运行中进行。

4.5.1.11.2　ETS 保护试验项目：轴向位移大、润滑油压低－低、EH 油压低－低、凝汽器 A、B 真空低－低、汽机电超速、远方跳闸等项目。

4.5.1.12　油系统技术监督。

4.5.1.12.1　汽轮机油系统安装及检修工艺及油循环要求，应严格按照制造厂要求进行。

4.5.1.12.2　按 GB/T 14541 对润滑/调速用油（包括给水泵等）进行定期评价。采取有效维护措施和制度，做好油质监督维护工作。

4.5.1.12.3　汽轮机轴封调节应投入自动，轴封供汽压力不允许超设计值长期运行，以免造成油中进水发生乳化现象。

4.5.1.12.4　机组启、停过程及运行中，交、直流润滑油泵连锁开关应处于投入状态，在任何情况下连锁应均能使油泵启动，不应有任何的延时和油泵自身的保护。

4.5.1.12.5　在线油净化装置应正常投入运行。

4.5.1.12.6　对新抗燃油的验收及运行油的监督、维护。质量标准（驱动给水泵汽轮机、高压旁路等），应按 DL/T 571 中相关规定要求执行。运行中的主要指标如酸值、颗粒度、氯含量、微水、电阻率应在标准范围内。

4.5.1.12.7　每 2 个月进行一次蓄能器充氮压力检查。

4.5.1.12.8　机组 B 级以上检修后，对 EH 油系统进行 1.25 倍耐压试验。

4.5.1.12.9　保证油管路畅通、无漏泄点和堵塞现象发生，按国能安全〔2014〕161 号 8.4 条款要求，防止汽轮机轴瓦损坏事故发生。

4.5.2　汽轮机运行技术监督

4.5.2.1　汽轮机运行中的监督。

4.5.2.1.1　运行中对负荷、主蒸汽参数、再热蒸汽参数、真空、胀差、轴向位移等主要参数进行重点监视并做好记录。

4.5.2.1.2 定期对汽轮机运行参数进行汇总分析，提交月度、季度和年度机组运行技术分析报告。

4.5.2.1.3 对运行中的异常情况应及时组织分析，并制定专项处置措施和监视、操作措施。

4.5.2.1.4 汽轮机运行安全技术监督。

a）根据机组承担负荷的性质，在寿命期内合理分配冷态、温态、热态、极热态启动等的寿命消耗。

b）汽水化学监督应严格按化学技术监督标准等规定进行，确保热力设备不因腐蚀、结垢、积盐而发生事故。

c）对润滑油、抗燃油等的监督严格按化学技术监督标准等规定进行。

d）高压加热器应维持正常水位运行。如因故障停用，应按照制造厂规定的高压加热器停用台数和负荷的关系，或根据汽轮机抽汽压力来确定机组的最大允许出力。

e）机组启、停及运行过程中，交、直流润滑油泵联锁应可靠投入。

f）应按有关规定，整定润滑油低油压联锁动作值。

g）对已投产尚未进行甩负荷试验的机组，应积极创造条件进行甩负荷试验。调节系统经重大改造的机组应进行甩负荷试验。

h）应借助于计算机、数据采集和网络技术等，对汽轮机及其附属设备进行性能测试，综合考虑经济性和运行安全性，确定最优运行方式。

i）设备及管道编号、标志应采取规范的方式并与现场实际相符合。

j）对于运行事故分析，按国家/行业标准、技术/管理法规查找事故原因，总结经验教训和事故规律，采取预防措施。

4.5.2.2 汽轮机定期工作技术监督。

4.5.2.2.1 汽轮机设备定期试验。

汽轮机调节系统/DEH重要定期试验周期及内容，见附录B。其他设备定期试验见附表2、附表3、附表4。

4.5.2.2.2 各项定期工作应详细记录试验的时间、过程、结果。如果试验结果异常，应进行原因分析，并进行处理。

4.5.2.3 运行指标技术监督。

4.5.2.3.1 对反映机组经济性的主要参数和指标，如主蒸汽压力、温度，再热蒸汽温度，再热减温水量，给水温度，高压加热器投入率，凝汽器端差，凝结水过冷度，凝汽器真空度，真空严密性，加热器上、下端差，胶球清洗装置投入率和收球率，机组补水率及厂用电率等进行监督。

对于润滑油压、轴承回油温度、轴瓦温度、胀差、汽缸膨胀、汽缸上下缸温差、推力瓦温度等，应控制在汽轮机运行规程规定范围内。

辅机正常运行时监控各运行参数（如辅机出口压力、电机电流、电机温升、轴承温度、轴承振动等）、运行方式、阀门状态是否正确，备用辅机是否具备启动允许条件，轴承温度、电动机温升的监控合格值分别见表2和表3。

表2 辅机、电动机轴承温度监控合格值

类　　别	滚动轴承	滑动轴承
电动机/℃	≤100	≤80
辅机/℃	≤80	≤70

表3 辅机电动机温升监控合格值

绝缘等级（环境温度40℃）	A 级	E 级	B 级	F 级
电动机温升/℃	≤65	≤80	≤90	≤115

4.5.2.3.2 根据机组设备特性、机组负荷、环境因素等优化汽轮机及其附属设备的运行方式。

4.5.2.3.3 定期对真空严密性进行测试，借助科学的手段，提高真空严密性。

4.5.2.3.4 提高凝汽器胶球清洗装置的投入率和收球率，保证凝汽器的清洁度。

4.5.2.3.5 减少设备运行期间跑、冒、滴、漏造成的能量浪费，提高机组经济性。

4.5.2.4 振动技术监督。

4.5.2.4.1 汽轮机及旋转设备振动监督应执行的标准和规范：GB/T 6075.2、GB/T 11348.2 以及汽轮机运行和检修规程进行，监督对象是汽轮机主机和重要的旋转设备（发电机、小汽轮机、给水泵、凝结水泵、循环水泵、一次风机、磨煤机、送风机、引风机、脱硫增压风机，以及上述设备配套电动机等）的振动。

4.5.2.4.2 应明确机组启停过程和正常运行中的轴振动、瓦振动的振动标准。

4.5.2.4.3 汽轮机振动在线监测装置、保护应可靠投入。

4.5.2.4.4 对检修装配过程中与振动有关的质量标准、工艺过程等进行监督，防止因检修工艺问题而产生异常振动。机组启动前应进行全面检查验收，机组启动中应按照运行规程充分暖机，防止因暖机不充分而发生异常振动。

4.5.2.4.5 测取机组启停的各阶临界转速及其振动值。

4.5.2.4.6 绘制机组异常振动的启停波特图，与机组典型启停波特图作对比，分析机组启停时的振动状况。

4.5.2.4.7 测量和记录运行过程中汽轮机及旋转设备振动和与振动有关的运行参数、设备状况，对异常振动及时进行分析处理。

4.5.2.4.8 建立振动台账。

a）原始设备资料：汽轮发电机组轴承结构及临界转速、轴瓦型式及失稳转速、动平衡加重位置和出厂时的动平衡情况、轴承振动及金属温度限值、汽缸支撑和滑销系统结构、发电机冷却方式和励磁机的有关资料、振动测量系统的技术性能等。

b）设备安装和检修资料：基础沉降、汽缸及轴承负荷分配，各部滑销间隙，轴瓦间隙紧力，油挡间隙，轴颈椭圆度及不柱度，轴的原始弯曲，推力盘端面瓢偏、轴颈扬度，刚性或半挠性联轴器端面瓢偏、轴系各转子联轴器找中心情况，汽封间隙及通流部分间隙等。

c）调试和运行资料：汽轮机转子的最大弯曲值、最大弯曲点、轴向及周向位置（以便与原始数据进行对比）；启动和带负荷时轴和轴承的振动值；各阶临界转速实测值和过临界时的最大振动值；各轴瓦温度及回油温度；各轴瓦顶轴油压（代表油膜压力）；盘车电流及电流摆动值；汽轮机各部分金属温度及膨胀值；轴向位移及胀差值；汽轮机惰走曲线等。记录与振动有关的事故情况、振动超标及处理情况。

其他重要旋转设备台账可以参照汽轮机台账进行。

4.5.2.4.9　振动日常监测。

a）机组正常运行和启、停过程中的振动监测。监测分为在线监测和离线监测。如果离线监测到振动发生异常，异常数据应记录在案，监测周期应当缩短，并及时分析原因。

b）日常监测的内容包括各轴承的轴振动（X、Y方向）、轴瓦振动（⊥、一、⊙方向）、轴瓦金属温度、轴承油压（顶轴油压）和回油温度，以及机组负荷（或转速）、蒸汽参数及真空、轴向位移、汽缸膨胀、润滑油温等有关参数。

4.5.2.4.10　振动定期监测。

a）为了全面掌握机组振动状况和变化趋势，对运行机组进行每年定期（或修前停机和A级检修后启动）的振动监测。如果机组振动超过限值或有重大隐患，监测周期应当缩短。

b）定期监测的内容除日常监测的项目之外，还应全面测量振动相位、频谱等参数，并且要检查和分析运行监测记录。

4.5.2.4.11　振动的评价准则。

a）根据国能安全〔2014〕161号中的8.3.4条款要求，机组启动过程中，在中速暖机之前，轴承振动超过30μm应立即打闸停机；通过临界转速时，轴承振动超过100μm或相对轴振动值超过260μm，应立即打闸停机，严禁强行通过临界转速或降速暖机。或严格按照制造商要求执行；制造商无相关要求时，应符合表4与表5要求。

表4　汽轮发电机组轴振动评价参考值

项　　目	相对轴振/μm	绝对轴振/μm
合格（A）	<80	<100
报警（C）	≥125	≥150
打闸（D）	>260	>320
注：本表引自ISO/7919—2 A1. 陆地安装的汽轮机和发电机组（相对轴振动）		

表5　汽轮发电机组轴承座振动评价参考值

3000/(r/min)	优	良	合格	打闸
振动双幅值/μm	≤20	≤30	≥50	≥80
注1：轴承振动评定标准－位移峰－峰值　水电部1959年颁发的《电力工业技术管理法规》中关于汽轮发电机组轴承的振动标准。要求机组垂直、水平和轴向均满足该标准				
注2：当汽轮发电机组任何一个轴承的任何方向（X、Y）轴振动超过80μm，任何方向（⊥、一、⊙）轴承座振动超过30μm时都应及时查找原因，进行处理				

b）根据国能安全〔2014〕161号中的8.3.4条款要求，机组运行中轴承振动不超过30μm或相对轴振动不超过80μm，超过时应设法消除，当相对轴振动大于260μm应立即打闸停机。当轴承振动或相对轴振动变化量超过报警值的25%，应查明原因设法消除，当

轴承振动突然增加报警值100%，应立即打闸停机。

汽轮机轴系中有两个轴承以上的轴振动或轴承座振动超标，就定义为轴系振动不合格。

c）振动值在报警状态下，机组可运行一段时间，但应加强监视和采取措施。停机值的放宽应当慎重，应由生产副总经理（或总工程师）批准，并应报上级部门。

d）机组在启、停过程和过临界转速时的振动限值可根据制造厂的规定、同类机组的运行经验、本机组的运行历史和设备状况等综合考虑，该振动值须经生产副总经理（或总工程师）批准。

e）火电机组其他旋转设备如送风机、引风机、脱硫增压风机、给水泵、凝结水泵、循环水泵及驱动风机或给水泵小汽轮机等旋转设备评价，按 GB/T 6075.2 和 GB/T 6075.3 标准，根据旋转设备不同转数或功率进行振动幅值标准确定，具体见表6。

表6　不同转数旋转设备振动参考值

额定转速/(r/min)	750 以下	1000	1500	3000 以上
振动双幅值/μm	≤120	≤100	≤80	≤50
注：本表引自《机械振动　在非旋转部件上测量和评价机器的机械振动》（GB/T 6075.2）					

f）电动机振动标准。

电动机也属于旋转机械。国际标准化组织制订的 ISO/32373 标准和德国标准 DIN/45665 定义了电动机振动标准，见表7。

表7　ISO/32373 和 DIN/45665 电动机振动参考值

质量等级	转速/(r/min)	电动机中心高 $H = 80 \sim 400$mm，允许最大 V_{rms}/(mm/s)		
		$S \leqslant H \leqslant 132$	$132 \leqslant H \leqslant 225$	$225 \leqslant H \leqslant 400$
A（正常值）	600 ~ 3600	1.8	2.8	4.5
B（良好级）	600 ~ 1800	0.71	1.12	1.8
	1800 ~ 3600	1.12	1.8	2.8
C（特佳级）	600 ~ 1800	0.45	0.71	1.12
	1800 ~ 3600	0.71	1.12	1.8

注1：电动机按其中心高度（H）分为三类，中心高度越大，振动阈值越大

注2：电动机状态判别分为三个等级：正常、良好、特佳

注3：以上标准是指电动机在空转（不带负荷）条件下的阈值

注4：振动标准为速度有效值（V_{rms}）

4.5.2.4.12 故障诊断。

a）当机组振动报警时，必要时应组织振动专家进行故障诊断。根据机组运行中振动变化特点及频谱分析结果，选择一些运行参数（如转速、负荷、励磁电流、真空、润滑油温等）进行测试和试验，分析机组振动与运行参数的关系，根据分析的结果提出处理

意见。

b）如果机组振动的幅值合格，但短期内变化量超过报警值的 25%，不论是振动变大或变小都要引起注意。特别是振动变化较大、变化较快的情况下，要对振动信号进行频谱分析及检查机组运行工况。

4.5.2.5　机组运行档案技术监督。

a）机组运行档案包括投产前的安装调试试验、大小修后的调整试验、常规试验和定期试验。

b）机组事故档案包括无论大小事故均应建立档案，如事故名称、性质、原因、处理和防范措施等。

4.5.2.6　汽轮机停（备）用技术监督。

汽轮机设备停（备）用防锈蚀监督应按 DL/T 956 配合化学技术监督专业进行，长期停机备用机组的设备要按运行机组的标准进行技术监督管理。

4.5.2.6.1　热力设备在停（备）用期间的防锈蚀方法分为干法和湿法两大类，防锈蚀方法的主要选择原则有：机组的参数和类型、机组给水、炉水处理方式，停（备）用时间的长短和性质、现场条件、可操作性和经济性，还应该考虑下列因素。

停（备）用所采用的化学条件和运行期间的化学水工况之间的兼容性。

a）防锈蚀保护方法不会破坏运行中所形成的保护膜；

b）防锈蚀保护方法不应影响机组按电网要求随时启动运行；

c）所采用的保护方法不影响检修工作和检修人员的安全。

4.5.2.6.2　按规程要求做好设备停（备）用期间的定期巡视、检查，缺陷及时录入缺陷管理系统，仍在运行的设备要做好定期切换，并做好相关记录。

a）停机备用期间，每半个月启动交流润滑油泵，进行油系统循环，每次盘车不少于 4h，直至转子偏心值恢复至原始值 ±0.02mm。

b）每半个月启动高压油泵及抗燃油泵，活动主汽门、调速汽门等调节保安系统各部件（包含小机），以防调速系统锈蚀。

c）每半个月及油泵启动前都应排放油箱底部分层水分，每月对油质进行一次化验，油质合格方可启动机组。

d）高、低压加热器停机后疏水温度低于 100℃ 时放净疏水。停机时注意观察高、低加疏水水位，并且在给水泵、凝泵试运时检查高低加水侧是否泄漏，并选用合适的方法进行干燥保养。

e）停机后凝汽器汽侧放水干燥保养，具体措施为凝汽器上、下人孔打开，进行不低于 8h 的强制通风干燥，然后封闭人孔。

f）除氧器在水温低于 80℃ 时，水箱放水，打开人孔进行通风干燥，确认无积水后封闭人孔，并注意检查与公用系统隔离阀是否泄漏，如有泄漏应加堵板隔离。

g）停机后每月应对抽汽逆止阀、高排逆止阀进行活动检查一次。

h）射水泵（真空泵）、疏水泵、胶球泵、清污机及旋转滤网等应进行正常维护，每 3 周盘动转子（含真空泵工作、冷却水滤网）一次（不少于 2 圈）检查轴套等部件锈蚀情况，以防止轴套锈死或轴弯曲卡涩。对于使用润滑脂润滑轴承的转动设备，连续试运行不少于 1h，同时监测振动、声音、压力等参数应正常。给水泵、循环水泵、凝结水泵停机备用后，应检查油质合格方可启动。

i）冷却塔停运时间在 1 个月以上，若水池不放水，应在循环水泵试转时由化学根据水质情况决定是否加药杀生灭藻处理。

j）停机备用期间，隔绝一切可能进入汽轮机内部的汽、水系统，并开启汽轮机本体、主再热蒸汽管道、抽汽管道疏水阀；隔绝与公用系统连接的有关汽、水阀门，并放尽其内部剩余的水、汽；冬季机组停运，应采取可靠的防冻措施。

4.5.3 检修技术监督

4.5.3.1 汽轮机及旋转设备检修应执行的标准与规范：汽轮机检修应执行标准《燃煤发电设备检修管理导则》T/CEEMA 001；国能安全〔2014〕161 号，汽轮机相关设备制造厂家的相关标准和要求；DL/T 5210.3、国能安全〔2014〕45 号；设备检修合同和技术协议。

4.5.3.2 一般规定。

汽轮机检修技术监督主要是对汽轮机经济性和安全性有重要影响的关键环节和部位的检修进行监督，以促进火电企业检修作业标准化，形成一套优化检修模式，切实提高汽轮机及其附属设备的可靠性，保障机组的安全、经济运行。

4.5.3.3 开工前对检修项目进行监督。

4.5.3.3.1 对大小修及非计划检修进行监督，根据机组运行状况，完善检修项目、检修方案。

4.5.3.3.2 对 A 级检修的机组，根据设备运行状况、技术监督数据和历次检修情况及修前热力试验结果，对机组进行 A 级检修前状态评估，并根据评估结果和年度检修计划要求，确定 A 级检修工作重点，对检修项目进行确认和必要的调整，制订符合实际的技术措施。

4.5.3.3.3 对实施检修技改的项目进行质量技术监督，对其中发现的缺陷提供处理建议。

4.5.3.4 对检修施工组织的监督主要包括：

a）主要项目的检修技术措施与方案。

b）检修费用、材料和备品配件计划落实等，以及材料和备品配件的采购、验收和保管工作。

c）所有对外发包工程合同的签订工作，以及承担检修施工方资质的监督检查。

d）检修管理班子配备。

e）确保检修质量的技术组织措施。

f）根据检修项目和工序管理的重要程度，制定质量管理、质量验收和质量考核等管理制度，明确检修单位和质检部门职责。编写或修编标准项目检修文件包，制订特殊项目的工艺方法、质量标准、技术措施、组织措施。

g）确保安全（文明）施工的技术组织措施、安全措施。

h）编制机组检修实施计划，编制检修进度网络图，核定检修项目的工时及费用。

i）绘制检修现场定置管理图。

4.5.3.5 设备解体。

应按照检修文件包的规定拆卸需解体的设备，做到工序、工艺正确，使用工具、仪器、材料正确。对解体的设备，应做好各部套之间的位置记号，按检修现场定置管理图摆放，并封好与系统连接的管道开口部分。

4.5.3.6 设备检查。

a）应做好部件清理工作，及时测量、记录各项技术数据，并对设备进行全面检查，查找设备缺陷，掌握设备技术状况，鉴定以往重要检修项目和技术改造项目的效果。对于已掌握的设备缺陷应进行重点检查，分析原因。

b）根据设备的检查情况及所测的技术数据，对照设备现状、历史数据、运行状况，对设备进行全面评估，并根据评估结果，及时调整检修项目、进度和费用。

4.5.3.7 修理和回装。

a）设备经过修理，符合工艺要求和质量标准，缺陷确已消除，经验收合格，方可进行回装；

b）设备检查发现不符合工艺要求和质量标准的，应及时更换。

4.5.3.8 记录。

设备解体、检查、修理和回装的整个过程中，应有详尽的技术检验和技术记录，数据真实，测量分析准确，必要时应绘图说明。

4.5.3.9 汽轮机重要部件、辅机的解体检查、检修重点与监督要求。

汽轮机主、辅设备解体后，检修过程中，应该进行如下的检查与监督。

4.5.3.9.1 汽轮机转子。

a）对转子的完好情况进行目视检查。

b）机组每次 A 级检修中，必须进行转子表面和中心孔（如有）探伤检查。对高温段应力集中部位可进行金相和探伤检查，选取不影响转子安全的部位进行硬度试验。对常有缺陷的部件和部位应重点检查。

c）对 200MW 及以上汽轮机大轴中心孔（如有）部位和焊接转子焊缝，必须进行无损探伤检查。

4.5.3.9.2 汽轮机转子检查结果的处理措施。

根据检查结果采取如下处理措施：

a）对表面较浅缺陷，应磨除。

b）热槽和变截面 R 过渡区失效层应去除。

c）对存在超标缺陷的转子，应组织相关专业技术人员及制造厂家进行安全性评定。带缺陷、需监督运行的转子，应根据情况制定安全运行技术措施，并报上级单位批准执行。

4.5.3.10 叶片技术监督。

4.5.3.10.1 新投运机组应由制造厂提供叶片频率数据的资料，包括叶片级的轮系频率及模态试验。

4.5.3.10.2 机组 A 级检修后，应对调频叶片进行频率测试。

4.5.3.10.3 叶片资料建档需参考的设备资料。

a）叶片基本数据：节圆直径、叶片工作高度、工作温度、叶根、拉金、围带和汽封结构情况、动叶数、静叶数、动叶材料、叶根形式、叶根宽度、装配形式等。

b）叶片强度基本数据：计算静频率、动频率、制造厂实测频率范围、温度修正系数、安全倍率、频率允许范围等。

c）动静间隙、叶片探伤记录、叶片冲刷情况、叶片和叶轮缺陷记录等。

4.5.3.10.4 机组 A 级检修时汽轮机叶片检查。

a）在动、静叶片清理后，逐级逐片地用目测、放大镜或无损探伤等方法仔细检查，特别对调频叶片级、安全倍率小的级、本机组或同类型机组上曾发生过缺陷的级，在型线部断面过渡区、进出汽边缘、应力集中处、叶片铆钉头、围带铆钉孔、拉金孔、叶片硬化区和接刀处等薄弱环节要仔细检查有无裂纹或损伤变形。每项检查应有详细记录，必要时拍照存档，检查人员需签名。

b）检查围带是否松动、变形或有摩擦痕迹。检查封口叶片及其他叶片有否松动、外拔、倾斜、位移等。

c）检查叶片结垢情况，严重结垢叶片在清洗前应取样分析，并记录颜色、形状、厚薄、分布等情况。

d）检查叶片表面受冲刷、腐蚀或损伤的情况，严重者应做好样板，测量尺寸或照相备查。

e）检查喷嘴（静叶）节距的均匀性和上、下隔板中分面的严密性，若中分面不严密，应进行修复。

f）对调频叶片进行切向 A_0 型振动频率测量，有明显变化或落入共振区时，应邀请有关单位共同分析原因，根据具体情况作出处理。

4.5.3.10.5 叶片事故分析。

a）发现叶片受损，首先要保护现场，搜集所有残体。协同金属监督人员现场检查，做好记录，并保护好叶片断口、裂纹等损坏现象，拍照留存。

b）对损坏级叶片先作宏观检查，有无加工不良、应力集中、冲刷、腐蚀、机械损伤、弯曲变形、松动位移等异常现象。对检查有疑点的叶片，进一步用 5～10 倍放大镜、着色法、磁粉探伤或超声波作进一步详细检查。

c）对断裂叶片保留实物及保护断面，检查断面位置、形状、断口特征、受力状态等，对断叶片应做金相分析、硬度检查、电镜检查，必要时进行材料成分分析和机械性能试验。

d）对损坏级的其他叶片进行叶片振动特性测量，是否落入共振，对照原始的振动频率特性，按照制造厂给出的标准进行分析。

e）根据运行记录、事故特点和上面检查结果综合分析事故原因和性质，并提出改进措施。

4.5.3.11 大型铸件检修的技术监督。

4.5.3.11.1 大型铸件如汽缸、汽室、主汽门等进行外观检查，应无裂纹、夹渣、重皮、焊瘤、铸砂和损伤缺陷等。发现裂纹时，应查明其长度、深度和分布情况，会同制造厂等有关单位研究处理措施。

4.5.3.11.2 汽轮机本体轴承检修的技术监督。

a）对汽轮机本体支持轴承的质量进行检查：钨金应无夹渣、气孔、凹坑、裂纹等缺陷，承力面部位不得有黏合不良现象；检查瓦口以下的楔形油隙和油囊应符合制造厂图纸的规定；轴承各水平结合面应接触良好；轴瓦的进油孔应清洁畅通，并应与轴承座上的供油孔对正。

b）支持轴承的安装间隙符合要求。

c）对汽轮机本体推力轴承的质量进行检查：推力瓦块应逐个编号，测量其厚度差符合规程；埋入推力瓦的温度测点位置应按图纸要求正确无误、接线牢固；推力轴承定位的承力面应光滑，厚度值应记入安装记录；推力轴承端部支持弹簧的调整应适当、无卡涩，并应在转子放进后用铜棒敲打轴瓦使其水平结合面仍保持原来的纵向水平扬度不变。

d）推力瓦间隙按图纸要求调整，并做好记录。

e）轴瓦紧力（间隙）按制造厂规定进行调整，符合要求。

4.5.3.11.3　主汽门、调速汽门检修监督。

a）调速汽门凸轮间隙及调速汽门框架与球型垫之间间隙应调整适当，以保证在热态时调速汽门能关闭严密，冷态时凸轮间隙适当；

b）A级检修中应检查阀杆弯曲和测量阀杆与套筒间隙，阀体与导向套筒的间隙，不符合标准的应进行更换或处理；

c）检修中应检查阀杆与阀杆套是否存在氧化皮，对较厚的氧化皮应设法清除，氧化皮较厚的部位可用适当放大间隙的办法来防止卡涩；

d）检修中应测量主汽门及各调速汽门预启阀行程，并检查是否卡涩，如有卡涩必须解体检查处理，解体时应彻底除去氧化皮。

4.5.3.12　油系统的检修监督。

a）调速部套油系统管道中的铸造型砂等杂物应彻底清理干净。

b）机组安装时油系统的施工工艺与油循环应符合要求。

c）润滑油中可添加防锈剂，检修时调节部套可在防锈剂母液中浸泡24h以提高防锈效果。

d）为防止大量水进入油系统，应采用汽封片不易倒伏的汽封型式，汽封间隙应调整适当，汽封系统设计及管道配置合理，汽封压力自动调节正常投入。

e）密封油系统平衡阀、压差阀必须保证动作灵活、可靠，密封瓦间隙必须调整合格。若发现发电机大轴密封瓦处轴颈有磨损的沟槽，应进行处理。

f）油系统管道连接的阀门、法兰、油管道的保温作业和检修作业符合防火要求。

4.5.3.13　主要辅机与压力容器（除氧器、加热器）检修监督。

a）应根据设备结构、制造厂的图纸、资料和技术文件、技术规程和有关专业规程的要求，编制现场检修工艺规程和有关的检修管理制度，并建立健全各项检修技术记录。

b）应根据设备的技术状况、受压部件老化、腐蚀、磨损规律以及运行维护条件制定大、小修计划，确定主要辅机、压力容器的重点检验、检修项目，及时消除设备缺陷，确保受压部件、元件经常处于完好状态。

c）压力容器更换应符合原设计要求。改造应有设计图纸、计算资料和施工技术方案。

d）涉及压力容器选型、结构和参数发生变化的改造方案，应报上级公司审批。有关压力容器改造和更换的资料、图纸、文件，应在改造、更换工作完毕后立即整理、归档。

e）禁止在压力容器上随意开孔和焊接其他构件。若必须在压力容器筒壁上开孔或修理，应先核算其结构强度，并参照制造厂工艺制定技术工艺措施，经金属、压力容器监督工程师审定，生产副总经理（或总工程师）批准后，严格按工艺措施实施。

4.5.3.14　检修质量控制与监督。

　　a）严格把关检修项目的每一道工序，按照具体设备、具体部件的检修内容确定检修工序与工艺。

　　b）检修质量管理应实行质检点检查和三级验收相结合的方式，必要时可引入监理制。

　　c）质检人员应按照检修文件包的规定，对直接影响检修质量的 H 点、W 点进行检查和签证。

　　d）检修过程中发现的不符合项，应填写不符合项通知单，并按相应程序处理。

　　e）所有项目的检修施工和质量验收应实行签字责任制和质量追溯制。

4.5.3.15　设备缺陷的处理与监督。

　　a）设备缺陷应进行分类、分级管理，对于运行中发现的设备缺陷应立即登记并列入消缺计划。

　　b）重大设备缺陷与制造厂共同商定缺陷处理方案，并出具体措施，共同签证备案，不能处理的返厂维修或更换。

4.5.3.16　技术改造项目技术监督。

　　a）对存在安全隐患或需要进行节能改造的设备进行性能诊断试验与状态评估。

　　b）根据设备的实际情况，制定设备技改规划和年度改造计划。

　　c）对于可提高机组出力、机组效率、增强调峰能力等重大技改项目，要进行可行性研究，编写可行性研究报告，提交上级公司审批。

　　d）对经论证可行的项目，制定改造方案、施工措施，严格控制技改项目的施工质量，以保障技改效果。

　　e）技术改造项目实施前、后应进行性能试验，评价改造效果，编写技改项目总结报告。

4.5.3.17　检修后验收、试运行。

4.5.3.17.1　分部试运行应具备的条件。

　　a）检修项目完成且符合质量要求，技术记录和有关资料齐全；

　　b）有关异动报告、书面检修交底报告已交运行部门；

　　c）检修现场已清理，安全设施及设备系统各类标识恢复完毕；

　　d）分段试验合格。

4.5.3.17.2　冷（静）态验收应在分部试运行全部结束、试运情况良好后进行。重点对检修质量状况以及分段试验、分部试运行和检修技术资料进行核查，并进行现场检查。

4.5.3.17.3　整体试运行内容包括各项冷（静）、热（动）态试验以及带负荷试验。

4.5.3.17.4　A 级检修后应进行调节保安系统试验，包括调节系统静态试验、汽阀关闭时间测试、汽阀严密性试验、超速试验（含小汽轮机）等。

4.5.3.18　检修评价和总结。

　　a）机组复役后，应及时对汽轮机检修中的安全、质量、项目、工时、材料、费用以及机组试运行情况等进行总结并做出技术经济评价。

　　b）机组复役后，应尽早安排进行汽轮机热力性能试验，提交试验报告，做出效率评价。

　　c）机组复役后，及时汇总、整理 A 级检修中的各种检修记录，对检修项目、质量、安全问题及机组启动、运行情况进行总结、评价，编写并提交检修总结报告。

4.5.3.19　检修设备台账技术监督。

 a）机组检修计划、检修项目、费用、检修工期等整理归档；

 b）设备检修技术记录、试验报告、质检报告、设备异动报告、检修文件包、质量监督验收单、检修管理程序或检修文件等技术资料应按规定归档；

 c）机组检修后整体试运行与启动中的试验项目、试验过程、试验数据记录、试验结果与试验分析等整理编写归档；

 d）机组检修后的热力性能试验项目资料，包括试验措施、试验过程、试验数据记录、试验结果与试验分析等整理编写归档；

 e）修编检修文件包，修订备品定额，完善计算机管理数据库；

 f）技改项目的全过程管理文件应整理编写归档；

 g）设备或系统有异动，应及时修订运行、检修规程及系统图。

5　综合管理

5.1　技术监督组织机构

5.1.1　各火电企业应按照国家电投规章〔2016〕124 号和本细则的要求，成立技术监督领导小组，由主管生产的副总经理（或总工程师）任组长，其成员由各相关部门负责人和专业监督专责人参加，负责管理本单位的技术监督工作。生产管理部门设专人负责本单位技术监督日常管理工作。

5.1.2　依据国家电投规章〔2016〕124 号，在企业技术监督领导小组的领导下，成立汽轮机及旋转设备专业小组，负责全厂汽轮机及旋转设备技术监督网络的组织建设工作，汽轮机及旋转设备技术监督专业组长负责本专业技术监督日常工作的开展和监督管理。

5.1.3　汽轮机及旋转设备技术监督工作归口管理部门应根据人员变动及时对领导小组成员和全厂汽轮机及旋转设备技术监督网络成员进行调整。

5.1.4　汽轮机及旋转设备监督网络应纳入厂级三级管理。第一级为厂级，即技术监督领导小组；第二级为部门（车间）级，包括设备管理部门或运行检修管理部门的技术监督人员；第三级为班组级，即班组专业技术人员。

5.1.5　在生产副总经理（或总工程师）领导下，由汽轮机及旋转设备技术监督负责人统筹安排，协调运行、检修等部门，协调各专业共同配合完成汽轮机及旋转设备技术监督工作。

5.1.6　汽轮机及旋转设备技术监督负责人直接对技术监督领导小组负责。技术监督负责人应由具有较高专业技术水平和现场实际经验的技术人员担任。汽轮机及旋转设备技术监督专工应熟练掌握其负责的专业范围。

5.2　技术监督规章制度

5.2.1　国家、行业的有关技术监督法规、标准、规程及反事故措施，以及国家电投集团相关制度和技术标准，是做好汽轮机及旋转设备技术监督工作的重要依据，各火电企业对汽轮机及旋转设备技术监督用标准等资料应最新有效。

5.2.2　各火电企业应按国家电投集团要求，并根据企业实际情况制定企业"汽轮机及旋转设备技术监督管理制度"，建立健全汽轮机及旋转设备技术监督工作制度、标准、规程，制定规范的检验、试验或监测方法，使监督工作有法可依，有标准对照。

5.2.3　汽轮机及旋转设备技术监督负责人和专工应根据新颁布的国家、行业标准、规程及上级单位的有关规定和受监设备的异动情况，对受监督设备的运行规程、检修规程、作业指导书等技术文件中监督标准的有效性、准确性进行评估，对不符合项进行修订，经归口职能部门领导审核、生产主管领导审批完成后发布实施。

5.3　技术监督工作计划、总结

5.3.1　各火电企业应制定年度汽轮机及旋转设备技术监督工作计划，并对计划实施过程进行跟踪监督。

5.3.2　火电企业汽轮机及旋转设备技术监督专责人每年 11 月 30 日应组织制定下年度技术监督工作计划。

5.3.3　火电企业汽轮机及旋转设备技术监督年度计划的制定依据至少应包括以下主要内容：

　　a）国家、行业、地方有关电力生产方面的政策、法规、标准、规程和反措要求；

　　b）国家电投集团（总部）、二级单位和火电企业汽轮机及旋转设备技术监督管理制度和年度技术监督动态管理要求；

　　c）国家电投集团（总部）、二级单位和火电企业汽轮机及旋转设备技术监督工作规划与年度生产目标；

　　d）汽轮机及旋转设备技术监督体系健全和完善化；

　　e）汽轮机及旋转设备人员培训和监督用仪器设备配备与更新；

　　f）机组检修计划；

　　g）主、辅设备目前的运行状态；

　　h）汽轮机及旋转设备技术监督动态检查、告警、月（季）报提出问题的整改；

　　i）收集的其他有关发电设备设计选型、制造、安装、运行、检修、技术改造等方面的动态信息。

5.3.4　火电企业汽轮机及旋转设备技术监督工作计划应实现动态化，即应每季度制定汽轮机及旋转设备技术监督工作计划。监督工作计划应包括以下主要内容：

　　a）汽轮机及旋转设备技术监督组织机构和网络完善；

　　b）汽轮机及旋转设备技术监督管理标准、技术标准规范制定、修订计划；

　　c）汽轮机及旋转设备技术人员培训计划（主要包括内部培训、外部培训取证，标准规范宣贯）；

　　d）汽轮机及旋转设备技术监督例行工作计划；

　　e）检修期间应开展的汽轮机及旋转设备技术监督项目计划；

　　f）汽轮机及旋转设备技术监督用仪器仪表检定计划；

　　g）技术监督自查、动态检查和复查评估计划；

　　h）汽轮机及旋转设备技术监督告警、动态检查等监督问题整改计划；

　　i）汽轮机及旋转设备技术监督定期工作会议计划。

5.3.5　各火电企业每年1月5日前编制完成上年度汽轮机及旋转设备技术监督工作总结，报送二级单位，同时抄送国家电投集团科学技术研究院。

5.3.6　年度监督工作总结主要应包括以下内容：

　　a）汽轮机及旋转设备主要监督工作完成情况、亮点和经验与教训；

　　b）设备一般事故、危急缺陷和严重缺陷统计分析；

　　c）存在的问题和改进措施；

　　d）下一步工作思路及主要措施。

5.3.7　国家电投集团科学技术研究院每年2月25日前完成上年度国家电投集团技术监督年度总结报告，并提交国家电投集团（总部）。

5.4　监督过程实施

5.4.1　汽轮机及旋转设备技术监督工作实行全过程、闭环监督管理方式，要依据相关技术标准、规程、规定和反措在以下环节开展发电设备的技术监督工作。

　　a）设计审查；

　　b）设备选型与监造；

　　c）安装、调试、工程监理；

　　d）运行；

　　e）检修及停备用；

　　f）技术改造；

　　g）设备退役鉴定；

　　h）仓库管理。

5.4.2　各火电企业对被监督设备（设施）的汽轮机及旋转设备技术监督要求如下：

　　a）应有汽轮机及旋转设备技术规范、技术指标和检测周期；

　　b）应有相应的汽轮机及旋转设备检测手段和诊断方法；

　　c）应有全过程的汽轮机及旋转设备技术监督数据记录；

　　d）应实现数据、报告、资料等的计算机记录；

　　e）应有记录信息的反馈机制和报告的审核、审批制度。

5.4.3　火电企业要严格按技术标准、规程、规定和反措开展汽轮机及旋转设备技术监督工作。当国家标准和制造厂标准存在差异时，按高标准执行；由于设备具体情况而不能执行技术标准、规程、规定和反措时，应进行认真分析、讨论并制定相应的监督措施，由火电企业生产副总经理（或总工程师）批准，并报上级技术监督管理部门备案。

5.4.4　火电企业要积极利用机组检修机会开展汽轮机及旋转设备技术监督工作。在修前应广泛收集机组运行各项技术数据，分析机组修前运行状态，有针对性地制订大修重点治理项目和技术方案，在检修中组织实施。在检修后要对汽轮机及旋转设备技术监督工作项目做专项总结，对监督设备的状况给予正确评估，并总结检修中的经验教训。

5.5　技术监督告警管理

5.5.1　汽轮机及旋转设备技术监督工作实行监督异常告警管理制度。汽轮机及旋转设备技术监督标准应明确汽轮机及旋转设备技术监督告警项目，各火电企业应将告警识别纳入日常监督管理和考核工作中。

5.5.2　国家电投集团科学技术研究院、技术监督服务单位要对监督服务中发现的问题，依据国家电投规章〔2016〕124 号的要求及时提出和签发告警通知单，下发至相关火电企业，同时抄报国家电投集团（总部）、二级单位。

5.5.3　火电企业接到告警通知单后，按要求编制报送整改计划，安排问题整改。告警问题整改完成后，火电企业按照验收程序要求，向告警提出单位提出验收申请，经验收合格后，由验收单位填写告警验收单，并抄报国家电投集团（总部）、二级单位备案。

5.6　技术监督问题整改

5.6.1　汽轮机及旋转设备技术监督工作实行问题整改跟踪管理方式。汽轮机及旋转设备技术监督问题的提出包括：

　　a）国家电投集团科学技术研究院、技术监督服务单位在汽轮机及旋转设备技术监督动态检查、告警中提出的整改问题；

　　b）汽轮机及旋转设备技术监督季度报告中明确的国家电投集团（总部）或二级单位督办问题；

　　c）汽轮机及旋转设备技术监督季度报告中明确的火电企业需关注及解决的问题；

　　d）火电企业汽轮机及旋转设备技术监督专责人每季度对监督计划执行情况进行检查，对不满足监督要求提出的整改问题。

5.6.2　对于汽轮机及旋转设备技术监督动态检查发现问题的整改，火电企业在收到检查报告两周内，组织有关人员会同国家电投集团科学技术研究院或技术监督服务单位，在两周内完成整改计划的制订，经二级单位生产部门审核批准后，将整改计划报送国家电投集团（总部），同时抄送国家电投集团科学技术研究院、技术监督服务单位。电厂应按照整改计划落实整改工作，并将整改实施情况及时在技术监督季报中总结上报。

5.6.3　汽轮机及旋转设备技术监督告警问题的整改，火电企业按照本细则4.5条执行。

5.6.4　汽轮机及旋转设备技术监督季度报告中明确的督办问题、需要关注及解决的问题的整改，火电企业应结合本单位实际情况，制定整改计划和实施方案。

5.6.5　汽轮机及旋转设备技术监督问题整改计划应列入或补充列入年度监督工作计划，火电企业按照整改计划落实整改工作，并将整改实施情况及时在技术监督季度报告中总结上报。

5.6.6　对整改完成的问题，火电企业应保存问题整改相关的试验报告、现场图片、影像等技术资料，作为问题整改情况及实施效果评估的依据。

5.6.7　二级单位应加强对所管理火电企业汽轮机及旋转设备技术监督问题整改落实情况的督促检查和跟踪，组织复查评估工作，保证问题整改落实到位，并将复查评估情况报送国家电投集团（总部）。

5.6.8　国家电投集团（总部）定期组织对火电企业汽轮机及旋转设备技术监督问题整改落实情况和二级单位督办情况进行抽查。

5.7　技术监督工作会议

5.7.1　火电企业每年至少召开两次汽轮机及旋转设备技术监督工作会议，会议由火电企业技术监督领导小组组长主持，检查评估、总结、布置汽轮机及旋转设备技术监督工作，对汽轮机及旋转设备技术监督中出现的问题提出处理意见和防范措施，形成会议纪要，按管理流程批准后发布实施。

5.7.2 汽轮机及旋转设备技术监督网络每月召开会议，传达上级有关每月召开技术监督工作的指示，听取技术监督网络成员的工作汇报，分析存在的问题并制定、布置针对性纠正措施，检查汽轮机及旋转设备技术监督各项工作的落实情况。

5.8 人员培训和持证上岗管理

5.8.1 汽轮机及旋转设备技术监督工作实行持证上岗制度。汽轮机及旋转设备技术监督岗位及特殊专业岗位应符合国家、行业和国家电投集团明确的上岗资格要求，各火电企业应将人员培训和持证上岗纳入日常监督管理和考核工作中。

5.8.2 国家电投集团（总部）、二级单位应定期组织火电企业汽轮机及旋转设备技术监督和专业技术人员培训工作，重点学习宣贯新制度、标准和规范、新技术、先进经验和反措要求，不断提高技术监督人员水平。火电企业汽轮机及旋转设备技术监督专责人员应经考核取得国家电投集团颁发的专业技术监督资格证书。

5.9 确认仪器仪表有效性

5.9.1 火电企业应配备必需的汽轮机及旋转设备技术监督仪表、试验仪器。

5.9.2 火电企业应编制监督用仪器仪表使用、操作、维护规程，规范仪器仪表管理。

5.9.3 火电企业应建立汽轮机及旋转设备技术监督用仪器仪表设备台账，根据检验、使用及更新情况进行补充完善。

5.9.4 火电企业应根据检定周期和项目，制定仪器仪表年度检验计划，按规定进行检验、送检和量值传递，对检验合格的可继续使用，对检验不合格的送修或报废处理，保证仪器仪表有效性。

5.10 建立健全监督档案

5.10.1 汽轮机及旋转设备技术监督负责人应按照国家电投集团规定的技术监督资料目录和格式要求，建立健全技术监督各项台账、档案、规程、制度和技术资料，确保汽轮机及旋转设备技术监督原始档案和技术资料的完整性和连续性。

5.10.2 汽轮机及旋转设备技术监督专责人应建立监督档案资料目录清册，并及时更新；根据监督组织机构的设置和设备的实际情况，明确档案资料的分级存放地点，并指定专人整理保管。逐步实现技术档案的电子信息化和网络化。

5.10.3 所有汽轮机及旋转设备技术监督档案资料，应在档案室保留原件，汽轮机及旋转设备技术监督专工应根据需要留存复印件。

5.11 工作报告报送管理

5.11.1 汽轮机及旋转设备技术监督工作实行工作报告管理方式。各二级单位、火电企业应按要求及时报送监督速报、监督季报等汽轮机及旋转设备技术监督工作报告。

5.11.2 火电企业发生重大汽轮机及旋转设备监督指标异常，受监设备重大缺陷、故障和损坏事件，火灾事故等重大事件后 24h 内，汽轮机及旋转设备技术监督专责人应将事件概况、原因分析、采取措施等情况填写速报并报二级单位和国家电投集团科学技术研究院。

5.11.3　国家电投集团科学技术研究院应分析和总结各火电企业报送的监督速报，编辑汇总后在国家电投集团火电技术监督季度报告中发布，供各火电企业学习、交流。各火电企业要结合本单位设备实际情况，吸取经验教训，举一反三，认真开展技术监督工作，确保设备健康服役和安全运行。

5.11.4　火电企业汽轮机及旋转设备技术监督专责人应按照各专业规定的季报格式和要求，组织编写上季度技术监督季报，每季度首月 5 日前报送二级单位和国家电投集团科学技术研究院。国家电投集团科学技术研究院应于每季度首月 25 日前编写完成国家电投集团火电技术监督季度报告，报送国家电投集团（总部），经国家电投集团（总部）审核后，发送各二级单位及火电企业。

5.12　责任追究与考核

5.12.1　汽轮机及旋转设备技术监督考核包括上级单位组织的汽轮机及旋转设备技术监督现场考核、属地汽轮机及旋转设备技术监督服务单位组织的技术监督考核以及自我考核。

5.12.2　应积极配合上级单位和属地技术监督服务单位组织的现场检查和汽轮机及旋转设备技术监督考核工作。对于考核期间的技术监督事件不隐瞒，不弄虚作假。

5.12.3　对于各级考核提出的问题，包括自查发现的问题，应明确整改责任人，根据整改情况对有关部门和责任人进行奖惩。

5.12.4　对汽轮机及旋转设备技术监督工作做出贡献的部门或人员给予表彰和奖励；对由于技术监督不当或擅自减少监督项目、降低监督标准而造成严重后果的，要追究当事者及相关人员的责任。

附录 A
（资料性附录）
汽轮机典型试验报告格式

表 A.1 主汽门严密性试验

电厂名称		试验名称	主汽门严密性试验	试验日期	
机组名称		试验性质	A级、B级检修后和汽门解体检修后	试验条件	试验过程中主蒸汽压力≥50%额定压力且汽轮机处于真空正常的空负荷阶段
试验数据及试验仪器仪表	试验过程	试验时间：　　　　　　试验结束时间：			
	试验数据	额定主/再热蒸汽压力： 试验过程中主汽压力： 试验过程中再热压力： 试验结束时刻汽轮机转速：			
	试验依据	DL/T 711			
	试验合格标准	试验结束时的最低稳定转速≤（P/P_0）×1000			
结论	主汽门严密性试验合格/不合格				
试验人员				监护人	

表 A.2 主机超速试验

电厂名称		试验名称	主机超速试验	试验日期	
机组名称		试验性质	A 级检修后定期试验	试验条件	发电机并网带 10% ~25% 额定负荷运行 4h 以上，随后在解列空载状态下进行超速试验
试验数据及试验仪器仪表	试验过程	试验时间：		试验结束时间：	
	试验数据	1 号危急遮断器第一次动作转速： 1 号危急遮断器第二次动作转速： 1 号危急遮断器第三次动作转速：（新机组） 2 号危急遮断器第一次动作转速： 2 号危急遮断器第二次动作转速： 2 号危急遮断器第三次动作转速：（新机组） DEH 电超速设定转速/动作转速： TSI 电超速设定转速/动作转速： OPC 电磁阀设定转速/动作转速：			
	试验方法	DEH 画面操作机械超速/电超速试验按钮			
	试验仪器	机头转速表及 DEH 转速			
	试验依据	DL/T 711			
结论	主机超速试验合格/不合格				
试验人员			监护人		

表 A.3 调节保安系统试验

静态指标：		估算调速系统：		不等率/%：		迟缓率/%：						
控制油压（电信号）和调门开度		高压主汽门		高压调门				中压主汽门		中压调门		
		1	2	1	2	3	4	1	2	1	2	
控制油压（电信号）	起点											
	终点											
阀位开度/mm	起点											
	终点											
阀门关闭时间/s												
远方跳闸情况：												
电气超速保护动作值/（r/min）：												
主汽门调门活动试验情况及其活动范围：												
抽汽逆止门活动试验情况及其活动范围：												
检修内容：												

表 A.4　叶片频率测试

机组状态（新机、检修或事故）：　　　　级数：　　　　振动型式：　　　　叶片高度/mm：
频率允许范围/Hz：

序号	频率	序号	频率	序号	频率	序号	频率	序号	频率	序号	频率	序号	频率	序号	频率	序号	频率	序号	频率
1		17		33		49		65		81		97		113		129		145	
2		18		34		50		66		82		98		114		130		146	
3		19		35		51		67		83		99		115		131		147	
4		20		36		52		68		84		100		116		132		148	
5		21		37		53		69		85		101		117		133		149	
6		22		38		54		70		86		102		118		134		150	
7		23		39		55		71		87		103		119		135		151	
8		24		40		56		72		88		104		120		136		152	
9		25		41		57		73		89		105		121		137		153	
10		26		42		58		74		90		106		122		138		154	
11		27		43		59		75		91		107		123		139		155	
12		28		44		60		76		92		108		124		140		156	
13		29		45		61		77		93		109		125		141		157	
14		30		46		62		78		94		110		126		142		158	
15		31		47		63		79		95		111		127		143		159	
16		32		48		64		80		96		112		128		144		160	

共振安全率		分散度		叶片检查情况	

注：叶片编号以末级叶片或出汽侧根部印有［1］为第一片，顺转向记录

表 A.5 真空系统严密性试验

电厂名称		试验名称	真空严密性试验	试验日期	
机组名称		试验依据	DL/T 932	试验条件	发电机并网带80%额定负荷及以上运行
试验数据及试验仪器仪表	试验过程	试验时间:		试验结束时间:	
	试验数据	负荷（MW）： 真空泵（抽气器）关闭后30s开始记录，记录8min，取后5min数据计算。 第一分钟真空（排汽压力）： 第二分钟真空（排汽压力）： 第三分钟真空（排汽压力）： 第四分钟真空（排汽压力）： 第五分钟真空（排汽压力）： 第六分钟真空（排汽压力）： 第七分钟真空（排汽压力）： 第八分钟真空（排汽压力）：			
	试验结果				
	试验合格标准	≤270Pa/min（湿冷机组），≤200Pa/min（空冷机组）			
结论	试验合格/不合格				
试验人员			监护人		

表 A.6.1 20 年 月度汽轮机监督指标报表（一）

机组编号	容量/MW	制造厂	发电量/($10^4 \times$ kWh)	运行小时/h	负荷率/%	启停次数		胶球清洗装置	
						启	停	投入率/%	收球率/%

表 A.6.2 20 年 月季度汽轮机监督指标报表（二）

机组编号	主汽压力/MPa	主汽温度/℃	再热温度/℃	给水温度/℃	高加投入率/%	低压缸排汽压力/kPa	凝汽器端差/℃

表 A.6.3　20　年　月度汽轮机监督指标报表（三）

机组编号	高压缸上、下温差最大值/℃		中压缸上、下温差最大值/℃		低压缸上、下温差最大值/℃		推力瓦温度最高值/℃	润滑油压最低值/MPa	高压缸胀差/mm		中压缸胀差/mm		低压缸胀差/mm	
	内缸	外缸	内缸	外缸	内缸	外缸			最高值	最低值	最高值	最低值	最高值	最低值

表 A.6.4　20　年　月度汽轮机监督指标报表（四）

机组编号	轴向位移/mm	高、中压调门（有/无）卡涩	汽轮机油系统（有/无）泄漏	真空严密性/（Pa/min）

表 A.6.5　20　年　月度汽轮机监督指标报表（五）

方向	轴瓦编号											
	1	2	3	4	5	6	7	8	9	10	11	12
1号汽轮发电机组振动最大值/μm												
X 向轴振												
Y 向轴振												
垂直瓦振												
水平瓦振												
轴向瓦振												
轴瓦温度												
轴瓦回油温度												
2号汽轮发电机组振动最大值/μm												
X 向轴振												
Y 向轴振												
垂直瓦振												
水平瓦振												
轴向瓦振												
轴瓦温度												
轴瓦回油温度												

附录 B
（规范性附录）
汽轮机调节系统/DEH 重要定期试验

表 B.1　汽轮机调节系统/DEH 重要定期试验周期及内容

试验名称	试验内容	试验周期或条件	备　注
汽门活动/松动试验	利用就地试验装置或 DEH 试验逻辑活动汽门 10%～20% 行程	每周	白班进行，对于没有设计调节汽门活动试验装置的机组，应定期（一般每天或每周）进行一次幅度较大的负荷变动
汽门严密性试验	按制造厂/行业标准进行	A 级、B 级检修后和汽门解体检修后	进口机组建议按我国有关标准进行
注/充油试验	利用注/充油试验装置在不提升转速的情况下试验危急保安器的动作	运行每 2000h	带负荷进行时，应注意确认危急保安器确已复位后，再复位试验装置
超速试验	按制造厂/行业标准进行	1. 新建机组或汽轮 A 级检修后 2. 危急保安器解体或调整后 3. 停机一个月后再启动 4. 进行甩负荷试验前 5. 机组运行 2000h 后	机组运行 2000h、EHC 油油质较好的机组，可用危急保安器注/充油试验代替
DEH 遮断（AST）电磁阀、OPC 电磁阀活动试验	利用 DEH 试验逻辑，对冗余串并联设计的每个电磁阀进行真实动作试验	每周	夜班低负荷进行，仅对 DEH 冗余的串并联电磁阀且设计有在线试验功能的有效
主汽门、调节汽门全行程活动试验	利用就地试验装置或 DEH 试验逻辑对汽门进行全行程活动	每月	汽轮机厂家必须承诺可单侧进汽，一般单侧主汽门和调节汽门同时进行，且低负荷、低汽压时进行

试验名称	试验内容	试验周期或条件	备　　注
抽汽止回门关闭/活动试验	利用试验装置部分活动，或直接操作关闭	每月	
可调整抽汽止回门关闭试验和安全门校验		至少每半年一次	
汽轮机调节系统汽门关闭时间测定试验	高、中压主汽门 高、中压调门 抽汽逆止门 抽汽快关阀	1. 在建机组整套试运前 2. 机组每次 A 级检修之后	

表 B.2　推荐定期试验项目

序号	项　　　　　　目	周　　期
1	事故喇叭，热工信号试验	每班一次
2	发电机密封油滤网旋转排污	每班一次
3	发电机底部液位器放水、发电机绝缘过热监测装置排污	每天一次
4	高压主汽门、中压调阀活动动试验	每周一次
5	抽汽逆止门活动试验	每周一次
6	开式水滤网旋转排污	每周一次
7	大、小机油箱放水检查	每周一次
8	电动给水泵启停试验	每月两次
9	主机交流油泵及交流备用油泵启停试验	每月两次
10	大、小机直流油泵启停试验	每月两次
11	空、氢侧直流油泵启停试验	每月一次
12	发电机氢气干燥器排污	每班一次
13	现场测氢（主油箱顶部、氢侧油箱顶部、密封油排烟风机出口）	每周两次
14	凝汽器水侧放空气	每周两次
15	除氧器安全阀定期拉试试验	每季度一次
16	高、低加安全阀定期拉试试验	每年一次
17	真空严密性试验	每月一次
18	对外抽汽供热管道放水（非供热期）	每天一次
19	盘车电机试转	每月一次

表 B.3　推荐定期切换项目

序号	项　　　　　　目	周　　期
1	循环水泵切换	每月两次
2	凝结水泵切换	每季度一次
3	凝结水补水泵切换	每月一次
4	凝结水上水泵试运行	每月一次
5	真空泵切换	每月一次
6	内冷水泵切换	每月一次
7	开式水泵切换	每月一次
8	闭式水泵切换	每月一次
9	抗燃油泵切换	每月一次
10	小机主油泵切换	每月一次
11	小机备用油泵试转	每月一次
12	轴加风机、主油箱排烟风机、空侧密封油箱排烟风机切换	每月一次

表 B.4　推荐机组修后启动前试验项目

序号	项　　　　　　目	要　　　　　求
1	电动门、气动调节门开关试验	机组大、小修后
2	低抗燃油保护试验	机组大、小修后
3	低润滑油保护试验	机组大、小修后
4	低真空保护试验	机组大、小修后
5	轴向位移保护试验	机组大、小修后
7	发电机断水保护试验	机组大、小修后
8	旁路联锁保护试验	机组大、小修后
9	抽汽逆止门联锁保护试验	机组大、小修后
10	高加联锁保护试验	机组大、小修后
11	380V 动力互为断电及低水压联动试验	机组大、小修后
12	6kV 动力静态联动试验	机组大、小修后
13	除氧器打压试验	两个内外部检验周期
14	主机远控及就地脱扣试验	机组大、小修后
15	主机调速系统静态试验	新投产机组及机组 A 级检修后
16	机、电、炉大联锁试验	机组 A 级检修后
17	汽阀关闭时间测试	机组 A 级检修后

序 号	项　　　　　目	要　　　　　求
18	高中压主汽门及调阀活动试验	大小修后，调节保安系统解体以及高中压主汽门，调阀和油动机检修翻板式主汽门不建议进行全行程试验
19	危急保安器充油活动试验	机组运行 2000h 以及停机一个月后再启动时
20	主汽门、调阀严密性试验	机组 A 级检修后、机组甩负荷试验前和机组运行 1 年
21	103％超速保护试验	机组 A 级检修后
22	110％超速保护试验	机组 A 级检修后
23	危急保安器超速动作试验	机组安装或 A 级检修后，危急保安器解体或调整后，停机一个月以后再次启动时，机组进行甩负荷试验前
24	甩负荷试验	新投产的机组或汽轮机调节系统经重大改造后
25	小机调速系统静态试验	小机新投产或 A 级检修后
26	小机危急保安器手动遮断试验	小机大、小修后
27	小机汽动给水泵静态联动试验	小机大、小修后
28	小机轴向位移保护试验	小机大、小修后
29	小机低油压联锁保护试验	小机大、小修后
30	小机低真空联锁保护试验	小机大、小修后
31	小机危急保安器充油活动试验	小机 A 级检修后
32	小机电超速保护试验	小机 A 级检修后
33	小机机械超速保护试验	小机 A 级检修后

附录 C

（规范性附录）

技术监督信息速报

单位名称			
设备名称		事件发生时间	
事件概况			
原因分析			
已采取的措施			
监督专责人签字		联系电话 传　真	
生产厂长或总工程师签字		邮　箱	

附录 D
（规范性附录）
汽轮机监督告警项目

D.1 汽轮机轴系振动超标，仍维持机组运行。

D.2 汽轮机重要保护，如轴向位移保护、振动保护、真空低保护、油位低保护、超速保护等不能正常投入运行。

D.3 汽轮机各监视点蒸汽温度、压力超标。

D.4 汽轮机真空值长期超标。

D.5 汽轮机本体重要部件，如转轴、叶轮、叶片、轴承、汽缸、隔板、螺栓等未按标准进行金属监督、检测。

D.6 汽轮机运行方式调整不符合规程要求。

D.7 汽轮机各抽汽逆止门、主汽门、调速汽门严密性不合格。

D.8 盘车装置不能自动投入。

D.9 汽轮机危急保安器动作转速不符合标准，不按期进行试验。

技术监督异常情况告警通知单

编号：　　　　　　　　　　　　　　　　　　　　　　年　　月　　日

发电企业名称	
设备（系统）	
设备超标、超限情况	
改正要求	
处理情况	

发出单位		部门负责人		签发人	

附录 E

（规范性附录）

技术监督告警验收单

编号： 年 月 日

	发电企业名称	
	设备（系统）	
设备超标、超限情况		
技术监督单位整改建议		
整改结果		
验收单位		验收人	

国家电力投资集团有限公司
STATE POWER INVESTMENT CORPORATION LIMITED

企 业 标 准

火电企业节能技术监督实施细则

2017-12-11 发布

2017-12-11 实施

国家电力投资集团有限公司　发布

目　　录

前　言

为了规范国家电力投资集团有限公司（以下简称国家电投集团）火电企业节能技术监督管理，进一步提高发电机组安全、经济、稳定运行，特制定本标准。

本标准依据国家和行业有关标准、规程和规范，以及国家电投集团火电技术监督管理规定，结合国内外发电的新技术和监督经验制定。

本标准由国家电投集团火电部提出、组织起草并归口管理。

本标准主要起草单位（部门）：国家电投集团科学技术研究院有限公司。

本标准主要起草人：尧国富、张敏、刘艳波。

本标准主要审查人：王志平、徐国生、章义发、岳乔、陈以明、华志刚、侯晓亮、王正发、刘宗奎、李晓民、刘江、李继宏、叶彬、范诚豪、汪少球、项林、丁爱贝。

火电企业节能技术监督实施细则

1 范围

本细则规定了国家电投集团火电企业节能技术监督的对象、内容和管理要求等。

本细则适用于国家电投集团火电企业节能技术监督工作。

2 规范性引用文件

下列文件对于本文件的应用是必不可少的。凡是注日期的引用文件，仅注日期的版本适用于本文件。凡是不注日期的引用文件，其最新版本（包括所有的修改单）适用于本文件。

GB 474　煤样的制备方法

GB 475　商品煤样人工采取方法

GB 755　旋转电机 定额和性能

GB 17167　用能单位能源计量器具配备和管理通则

GB 18613　中小型三相异步电动机能效限定值及能效等级

GB 19761　通风机能效限定值及能效等级

GB 19762　清水离心泵能效限定值及节能评价值

GB 20052　三相配电变压器能效限定值及节能评价值

GB 21258　常规燃煤发电机组单位产品能源消耗限额

GB 24789　用水单位水计量器具配备和管理通则

GB 24790　电力变压器能效限定值及能效等级

GB 28381　离心鼓风机能效限定值及节能评价值

GB 30253　永磁同步电动机能效限定值及能效等级

GB 30254　高压三相笼型异步电动机能效限定值及能效等级

GB 50660　大中型火力发电厂设计规范

GB/T 211　煤中全水分的测定方法

GB/T 212　煤的工业分析方法

GB/T 213　煤的发热量测定方法

GB/T 214　煤中全硫的测定方法

GB/T 219　煤灰熔融性的测定方法

GB/T 476　煤中碳和氢的测定方法

GB/T 2565　煤的可磨性指数测定方法 哈德格罗夫法

GB/T 3216　回转动力泵　水力性能验收试验　1级、2级和3级

GB/T 4756　石油液体手工取样法

GB/T 7064　隐极同步发电机技术要求

GB/T 7721　连续累计自动衡器（电子皮带秤）

GB/T 7723　固定式电子衡器

GB/T 8117　汽轮机热力性能验收试验规程

GB/T 8174　设备及管道保温效果的测试与评价

GB/T 10184　电站锅炉性能试验规程

GB/T 12145　火力发电机组及蒸汽动力设备水汽质量

GB/T 13469　离心泵、混流泵、轴流泵与旋涡泵系统经济运行

GB/T 18916.1　取水定额　第1部分：火力发电

GB/T 19494　煤炭机械化采样

GB/T 21369　火力火电企业能源计量器具配备和管理要求

GB/T 25214　煤中全硫测试　红外光谱法

GB/T 25329　企业节能规划编制通则

GB/T 26925　节水型企业　火力发电行业

GB/T 28553　汽轮机　蒸汽纯度

GB/T 28638　城镇供热管道保温结构散热损失测试与保温效果评定方法

GB/T 28714　取水计量技术导则

GB/T 28749　企业能量平衡网络图绘制方法

GB/T 30730　煤炭机械化采样系统技术条件

GB/T 30731　煤炭联合制样系统技术条件

GB/T 31329　循环冷却水节水技术规范

GB/T 50102　工业循环水冷却设计规范

DL/T 241　火电建设项目文件收集及档案整理规范

DL/T 244　直接空冷系统性能试验规程

DL/T 300　火电厂凝汽器管防腐防垢导则

DL/T 448　电能计量装置技术管理规程

DL/T 461　燃煤电厂电除尘器运行维护导则

DL/T 467　电站磨煤机及制粉系统性能试验

DL/T 469　电站锅炉风机现场性能试验

DL/T 520　火力发电厂入厂煤检测实验室技术导则

DL/T 561　火力发电厂水汽化学监督导则

DL/T 567　火力发电厂燃料试验方法

DL/T 568　燃料元素的快速分析方法

DL/T 569　汽车、船舶运输煤样的人工采取方法

DL/T 586　电力设备监造技术导则

DL/T 606　火力发电厂能量平衡导则

DL/T 712　发电厂凝汽器及辅机冷却器管选材导则

DL/T 747　发电用煤机械采制样装置性能验收导则

DL/T 750　回转式空气预热器运行维护规程

DL/T 794 火力发电厂锅炉化学清洗导则

DL/T 805 火电厂汽水化学导则

DL/T 806 火力发电厂循环水用阻垢缓蚀剂

DL/T 831 大容量煤粉燃烧锅炉炉膛选型导则

DL/T 839 大型锅炉给水泵性能现场试验方法

DL/T 855 电力基本建设火电设备维护保管规程

DL/T 891 热电联产电厂热力产品

DL/T 904 火力发电厂技术经济指标计算方法

DL/T 932 凝汽器与真空系统运行维护导则

DL/T 934 火力发电厂保温工程热态考核测试与评价规程

DL/T 936 火力发电厂热力设备耐火及保温检修导则

DL/T 956 火力发电厂停（备）用热力设备防锈蚀导则

DL/T 964 循环流化床锅炉性能试验规程

DL/T 977 发电厂热力设备化学清洗单位管理规定

DL/T 1027 工业冷却塔测试规程

DL/T 1029 火电厂水质分析仪器实验室质量管理导则

DL/T 1078 表面式凝汽器运行性能试验规程

DL/T 1115 火力发电厂机组大修化学检查导则

DL/T 1116 循环冷却水用杀菌剂性能评价

DL/T 1127 等离子体点火系统设计与运行导则

DL/T 1199 电测技术监督导则

DL/T 1290 直接空冷机组真空严密性试验方法

DL/T 1316 火力发电厂煤粉锅炉少油点火系统设计与运行导则

DL/T 1320 电力企业能源管理体系　实施指南

DL/T 1333 火力火电企业标准体系实施与评价指南

DL/T 1365 名词术语　电力节能

DL/T 5004 火力发电厂试验、修配设备及建筑面积配置导则

DL/T 5153 火力发电厂厂用电设计技术规程

DL/T 5190 电力建设施工技术规范

DL/T 5210 电力建设施工质量验收及评价规程

DL/T 5277 火电工程达标投产验收规程

DL/T 5294 火力发电建设工程机组调试技术规范

DL/T 5295 火力发电建设工程机组调试质量验收及评价规程

DL/T 5390 火力发电厂和变电站照明设计技术规定

DL/T 5437 火力发电建设工程启动试运及验收规程

JB/T 862 汽轮机表面式给水加热器　性能试验规程

JJF 1356 重点用能单位能源计量审查规范

JJG 195 连续累计自动衡器（皮带秤）检定规程

JGJ 173 供热计量技术规程

3 节能技术监督

3.1 规划、设计与选型

3.1.1 以安全、绿色、集约、高效为基本原则，按照能效准入标准、用电规划合理布局新建燃煤发电项目，稳步推进大型煤电基地建设，按照集约化开发模式，采用大容量超临界、超超临界、高效节水等先进适用技术，宜推进煤电一体化开发，建设大型坑口电站，发展煤矸石、煤泥、洗中煤等低热值煤炭资源综合利用发电。火电建设规划应与国民经济及其他新能源发展相匹配。

3.1.2 发展热电联产，落实"以热定电"，科学制定热电联产规划，建设高效燃煤热电机组，同步完善配套供热管网，对集中供热范围内的分散燃煤小锅炉实施替代和限期淘汰。在符合条件的大中城市，适度建设大型热电机组，在中小城市和热负荷集中的工业园区，根据工业负荷和采暖负荷情况进行机组建设，采暖负荷比例高的地区，宜优先建设背压式机组，鼓励发展热电冷多联供。

3.1.3 淘汰落后产能及不符合国家政策的火电机组，具备条件的地区宜通过建设背压式热电机组、高效清洁大型热电机组等方式，对能耗高、污染重的落后燃煤机组实施替代。

3.1.4 新建项目应有节能评估文件及其审查意见、节能登记表及其登记备案意见，作为项目设计、施工和竣工验收的重要依据。

3.1.5 项目的可行性研究报告应包括节能篇章，内容应做到指标先进、技术可行、经济合理，不应使用已公布淘汰的耗能产品和工艺。

3.1.6 项目设计方案应开展节能经济技术对比，在系统优化、设备选型、材料选择等方面，综合考虑节煤、节电、节油、节水等各项措施，确定先进合理的煤耗、油耗、电耗、水耗等能耗设计指标和先进合理的设计方案。

3.1.7 应在满足安全的前提下开展优化设计，使用成熟的节能新材料、新工艺、新技术、新产品。宜采用国家推广的重点节能低碳相关设备和技术，辅助设备容量应与主机配套。

3.1.8 新建燃煤发电项目和供电煤耗应符合国家最新颁布的标准或规定。

3.1.9 火电燃煤机组设计性能指标计算应按 GB 50660 中附录 A 规定的计算方法进行，其中汽轮机的热耗率、锅炉效率宜取用供货合同中制造厂的保证值，管道效率宜取用 99%。机组性能考核工况设计的厂用电率的计算可参考 DL/T 5153 的有关规定。

3.1.10 热电联产电厂热力产品符合 DL/T 891 的规定，热电联产机组的热效率和热电比应符合下列指标：

    a）常规热电机组总热效率年平均应大于 45%；

    b）单机容量 50MW 以下的常规热电机组，其热电比年平均应大于 100%；

    c）单机容量 50MW 至 200MW 以下的常规热电机组，其热电比年平均应大于 50%；

    d）单机容量 200MW 及以上抽汽凝汽两用供热机组，在采暖期热电比应大于 50%。

3.1.11 火力发电按单位装机容量核定取水量，单位装机取水量计算方法和取水量定额指标符合 GB/T 18916.1 的规定。鼓励火力火电企业使用再生水。

3.1.12 设备选型应经过充分调研，设备的性能指标和参数应与同容量、同参数、同类型设备对比，根据已投运设备的实践经验，采用节能型、节水型、可靠性能高的设备，宜采用大容量、高参数设备。设备采购阶段应严格招标制度，进行经济、技术对比分析。

3.1.13 汽轮机设备选型应符合下列规定。

a) 应按电力系统的要求，确定机组承担基本负荷或变动负荷；

b) 对有集中供热条件的地区，应根据近期热负荷和规划热负荷的大小和特性选用供热式机组；

c) 对于干旱指数大于1.5的缺水地区，宜选用空冷式汽轮机组。

3.1.14 锅炉设备选型应符合下列规定。

a) 锅炉设备的选型应根据燃用的设计燃料及校核燃料的燃料特性数据确定；锅炉炉膛选型宜符合 DL/T 831 的有关规定。

b) 当燃用洗煤副产品、煤矸石、石煤、油页岩和石油焦等不能稳定燃烧的燃料时，宜选用循环流化床锅炉；当燃用收到基硫分较高的燃料或燃用灰熔点低、挥发分较低、锅炉易结焦的燃料或燃用低发热量褐煤燃料时，也可选用循环流化床锅炉。

c) 当燃用低灰熔点或严重结渣性的煤种，经技术经济比较合理时，可采用液态排渣锅炉。

d) 大容量煤粉锅炉布置方式可根据工程具体条件选用Π形炉或塔式炉型。

3.1.15 发电机的选型应分别符合 GB/T 7064 和 GB 755 的有关规定。

3.1.16 通风机的能效应符合 GB 19761 的规定，离心鼓风机的能效应符合 GB 28381 的规定，清水离心泵的能效应符合 GB 19762 的规定，电力变压器的能效应符合 GB 24790 的规定。其他设备的能效限定值应符合最新版国家和行业标准的规定。

3.1.17 机组主要辅助设备的设计、选型应按相关标准执行。

3.2 制造、安装与调试

3.2.1 在设备制造过程中，火电企业可自行或委托设备监理单位根据供货合同，按照 DL/T 586 等有关技术标准对设备制造过程的质量实施监督，见证合同产品与合同的符合性，监督和促进制造厂家保证设备制造质量。

3.2.2 重要设备到厂后，应按照订货合同和相关标准进行验收，形成验收记录，并及时收集与设备性能参数有关的技术资料。设备验收后，安装前，应按照设备技术文件和DL/T 855 的要求做好保管工作。

3.2.3 电力建设施工应由具有相应施工能力资格的单位承担，按 DL/T 5190 施工技术规范进行施工，火电企业按 DL/T 5210 进行施工质量验收及评价。

3.2.4 在设计和安装过程中，应配齐生产和非生产所需的煤（气）、油、水、汽、热等能源计量表计，满足商务结算、设备效率检测、指标统计和运行监测的需要。

3.2.5 机组在设计和安装阶段应确定性能试验单位，性能试验单位会同设计、制造、建设和业主单位，根据试验标准布置试验测点，确定测点位置、测点形式、尺寸规格、安装工艺并落实安装单位。试验测点应满足 GB/T 8117、GB/T 10184、DL/T 5277、DL/T 5437 规定的性能试验项目的要求，以及满足其他约定的试验项目的要求。

3.2.6 机组调试工作应由具有相应资质调试能力资格的单位承担，火电项目按 DL/T 5294 调试技术规范进行调试，按 DL/T 5295 进行调试质量验收及评价。

3.2.7 机组建设期间，火电企业宜委托具有资质能力的单位协助开展基建期间的节能技术监督工作。

3.2.8 机组在考核期内，应按基本建设工程启动及竣工验收相关规程中规定的性能、技术经济指标确定考核项目，按国家标准或火电企业与制造厂协商的标准进行热力性能试验和技术经济指标考核验收。

3.2.9 火电企业在考核期内应完成以下节能试验项目。

    a）锅炉热效率试验；

    b）锅炉最大出力试验；

    c）锅炉额定出力试验；

    d）锅炉断油最低稳燃出力试验；

    e）制粉系统出力试验；

    f）磨煤单耗试验；

    g）空气预热器漏风率试验；

    h）汽轮机最大出力试验；

    i）汽轮机额定出力试验；

    j）机组热耗试验；

    k）机组供电煤耗试验；

    l）机组厂用电率测试；

    m）机组散热测试；

    n）其他与能耗相关的性能试验。

3.2.10 火电工程建设应按 DL/T 5277 标准对工程建设过程中有关节能部分的程序合规性、质量控制的有效性以及机组投产后的工程质量，采取量化指标比照和综合检验相结合的方式进行质量符合性验收。

3.2.11 建设项目应根据 DL/T 241 的规定进行文件的收集及档案整理。

3.3 生产运行参数和指标

3.3.1 综合经济技术指标

3.3.1.1 火电企业应对全厂和机组的发电量、发电煤耗、供电煤耗等综合经济技术指标进行统计、分析和考核，统计计算方法按 DL/T 904 标准。计算发、供电煤耗等指标时，应按照 DL/T 1365 的规定，选取标准煤的发热量为 29271.2kJ/kg。

3.3.1.2 火电企业应按照实际入炉煤量和入炉煤机械取样分析的低位发热量正平衡计算发、供电煤耗。在统计期内当以入厂煤和煤场盘煤计算的煤耗与以入炉煤计算的煤耗偏差达到 ±1.0% 时，应及时查找原因。火电企业的煤耗应定期采用反平衡法（热力性能试验）校核。

3.3.1.3 在役燃煤凝汽式机组供电煤耗应不高于 GB 21258 规定的消耗限额或国家最新规定。企业应通过节能技术改造和加强节能管理，使供电煤耗达到先进值。

3.3.1.4 供热机组的供热比、热电比、总热效率、供热量、供热煤耗、供电煤耗指标按 DL/T 904 计算方法统计和计算，并按本标准进行热电联产机组的判别。

3.3.1.5 机组供电煤耗以年度（月度、季度）为周期、以供电煤耗基础变化指标 k_1 和供电煤耗趋势变化指标 k_2 进行监督。

k_1 和 k_2 按公式（1）和公式（2）进行计算。k_1 值和 k_2 值统称为供电标准煤耗变化值。

$$机组供电煤耗基础变化指标\ k_1 = \frac{机组供电煤耗设计值}{机组供电煤耗限定值} \tag{1}$$

$$机组供电煤耗趋势变化指标\ k_2 = \frac{本统计期机组实际供电煤耗}{上一统计期机组实际供电煤耗} \tag{2}$$

式中：机组供电煤耗设计值 — 机组供电煤耗设计值按设计的汽轮机热耗、锅炉效率、管道效率（宜取用99%）和设计的厂用电率计算。当锅炉、汽轮机或其他系统进行了重大技术改造，则供电煤耗设计值按改造后制造厂提供的性能指标重新核定。

机组供电煤耗基础变化指标考核纯凝机组，供热机组考核纯凝工况。

供电煤耗监督评价方法：

a）当 $k_1 \leqslant 1$ 和 $k_2 \leqslant 1$ 时，满足监督要求；

b）当 $k_1 > 1$ 和 $k_2 > 1$ 时，均视为供电煤耗变化值超限，火电企业应专门编写全厂或机组供电煤耗超限报告，说明超限的原因，同时对引起供电煤耗变化值超限的各因素进行理论分析并计算影响值。

3.3.1.6 火电企业应对全厂和机组的综合厂用电率、发电厂用电率、供热厂用电率和设备耗电率等技术指标进行统计、分析和考核，统计计算方法按照标准 DL/T 904。

公用系统用电量按以下原则进行统计计算：

a）对于输煤系统、冲灰渣系统、化学水处理系统及非单元制脱硫系统的耗电量可根据机组发电量按比例分摊统计计算。

b）燃油系统的耗电量可根据机组燃油量按比例进行分摊计算。

c）对于脱硫、脱硝等特许经营的电厂，其脱硫、脱硝等系统的耗电量，不应计入外购电量和非生产厂用电中，应完全统计计入生产厂用电量。

d）对于粉煤灰综合利用的电厂，厂内干排渣、干除灰系统耗用的电量，应计入生产厂用电量。离开厂区的后续工作（如运输、加工建筑材料过程等），不属于电厂管理的设备、设施耗用的电量，则不作统计。

e）对于使用海水淡化作为生产用水的电厂，应根据用途统计进入生产厂用电量中。

3.3.1.7 当机组运行期间对用电设备进行了重大改造、增加或改造了脱硫和脱硝系统等使得厂用电率发生变化，则重新核定改造后的厂用电率。

3.3.1.8 厂用电率（全厂和机组）以年度（月度、季度）为周期、以实际厂用电率和厂用电率趋势变化指标 k_3 进行监督。

厂用电率变化指标 k_3 按公式（3）计算。

$$厂电电率变化指标\ k_3 = \frac{本统计期实际厂用电率}{上一统计期实际厂用电率} \tag{3}$$

厂用电率监督评价方法：

a）当 $k_3 \leqslant 1$ 时，满足监督要求；

b）当 $k_3 > 1$ 时，火电企业应专门编写全厂或机组厂用电率超标报告，说明超标的原因，同时对引起厂用电率变化值超标的各因素进行理论分析并计算影响值。

3.3.1.9 火电企业单位发电量取水量应满足 GB/T 18916.1 的要求，并对全厂的单位发电量取水量（发电水耗率）指标进行统计、分析和考核，各类机组的单位发电量取水量不超过表1的规定数值。力争达到表2规定的节水型企业技术考核指标，考核要求参照GB/T 26925的规程执行。

表1 单位发电量取水量定额指标

单位：$m^3/(MW \cdot h)$

机组冷却形式	单机容量＜300MW	单机容量300MW级	单机容量600MW级及以上
循环冷却	3.2	2.75	2.40
直流冷却	0.79	0.54	0.46
空气冷却	0.95	0.63	0.53

注1：单机容量300MW级包括：300MW≤单机容量＜500MW的机组；单机容量600MW级及以上包括：单机容量≥500MW的机组

注2：热电联产火电企业取水量增加对外供汽、供热不能回收而增加的取水量（含自用水量）

注3：配备湿法脱硫系统且采用直流冷却或空气冷却的火电企业，当脱硫系统采用新水为工艺水时，可按实际用水量增加脱硫系统所需的水量

注4：当采用再生水、矿井水等非常规水资源及水质较差的常规水资源时，取水量可根据实际水质情况适当增加

表2 节水型企业技术考核指标及要求

考核内容		要　　求			
取水量	单位发电量取水量/ (m^3/MWh)	机组冷却形式	单机容量＜300MW	单机容量300MW级	单机容量600MW级及以上
		循环冷却	≤1.85	≤1.71	≤1.63
		直流冷却	≤0.41	≤0.34	≤0.33
		空气冷却	≤0.45	≤0.38	≤0.37

注：循环冷却不包含海水循环冷却，海水循环冷却按直流冷却对待

3.3.1.10 单机容量为125MW及以上循环供水凝汽式电厂全厂复用水率不宜低于95%，缺水和贫水地区单机容量为125MW及以上凝汽式电厂全厂复用水率不宜低于98%。

3.3.1.11 火电企业应使用微油或无油点火技术以降低锅炉点火和稳燃用油，应对全厂点火、稳燃用油指标进行统计、分析和考核。

3.3.1.12 火电企业将实际完成的供电煤耗、厂用电率、发电水耗及油耗指标同设计值、历史最好水平以及国内外同类型机组先进值、优良值进行对标和分析，找出差距，提出改进措施。全国水平参照有关部门发布的各等级机组能效对标及竞赛资料，其中排序在前20%平均值作为同类机组的先进值，可参照取为标杆值；前40%为优良值可参照取为当前目标值；全部的平均值则可作为企业同类机组应达到的基准值。

3.3.1.13 非计划停机次数不应超过0.5次/（年·台），火电企业应分析非计划停机原因，

编制非计划停机分析报告。

3.3.2 锅炉经济技术指标

3.3.2.1 锅炉热效率。锅炉热效率是指锅炉有效利用热量占输入热量的百分比。其测试方法有两种：输入—输出热量法（正平衡法）和热损失法（反平衡法）。锅炉热效率按 GB/T 10184、DL/T 964 标准进行测试和计算。若锅炉燃用煤质发生较大变化或锅炉受热面进行重大改造时，应重新计算锅炉热效率，以重新核算确定的锅炉热效率作为监督值。

额定蒸发量下锅炉热效率应达到保证值。锅炉热效率以统计期间最近一次试验的结果作为考核依据。

3.3.2.2 锅炉主蒸汽压力。锅炉主蒸汽压力是指锅炉末级过热器出口的蒸汽压力值，如锅炉末级过热器出口有多路主蒸汽管，取算术平均值。主蒸汽压力的监督以统计报表、现场检查或测试的数据作为依据。

3.3.2.3 锅炉主蒸汽温度。锅炉主蒸汽温度是指锅炉末级过热器出口的蒸汽温度值，如锅炉末级过热器出口有多路主蒸汽管，取算术平均值。主蒸汽温度的监督以统计报表、现场检查或测试的数据作为依据。

3.3.2.4 锅炉再热蒸汽温度。锅炉再热蒸汽温度是指末级再热器出口管道中的蒸汽温度值，如果有多条管道，取算术平均值。再热蒸汽温度的监督以统计报表、现场检查或测试的数据作为依据。

3.3.2.5 锅炉排烟温度。锅炉排烟温度是指锅炉范围内最后一个受热面出口排出烟气的平均温度。排烟温度应采用网格法测量，并对运行表计进行校核，并依据 GB/T 10184 进行相关修正。若锅炉受热面改动，则根据改动后受热面的变化对锅炉进行热力校核计算，用校核计算得出的温度值作为锅炉排烟温度的规定值。锅炉排烟温度的监督以统计报表、现场检查或测试的数据作为依据。

统计期锅炉排烟温度（修正值）与规定值（或设计值）的偏差不大于规定值的 3%。

3.3.2.6 灰渣可燃物含量。灰渣可燃物含量指飞灰和炉渣中可燃物的质量百分比，由飞灰中可燃物与炉渣中可燃物按质量加权计算。飞灰和炉渣可燃物宜采用离线化验值，并对统计期内的每日飞灰可燃物含量，按各班燃煤消耗量加权计算，飞灰在线数据可做参考。灰渣可燃物含量的监督以统计报表或现场测试的数据作为依据。灰渣可燃物含量不大于设计值或按表 3 执行。

在锅炉额定出力工况（BRL）下，飞灰可燃物 C_{fa} 随着燃煤干燥无灰基挥发分 V_{daf} 的变化见表 3。

表 3 飞灰可燃物 C_{fa} 随燃煤干燥无灰基挥发分 V_{daf} 的变化

单位：%

V_{daf}	煤矸石	$V_{daf} \leq 10$	$10 < V_{daf} \leq 15$	$15 < V_{daf} \leq 20$	$20 < V_{daf} \leq 37$	$V_{daf} > 37$
煤粉炉 C_{fa}	—	≤5	≤4	≤2.5	≤2	≤1.2
流化床 C_{fa}	≤10	≤7	≤5	≤3	≤1.5	
注1：煤粉炉炉渣含碳量大致与飞灰基本相同						
注2：循环流化床锅炉炉渣含碳量不大于2%						

3.3.2.7　石子煤量和热值。石子煤量应不大于中速磨煤机额定出力的 0.05% 或热值不大于 6.27MJ/kg，热值根据需要定期化验。以统计报表或现场测试的数据作为监督依据。

3.3.2.8　运行氧量。运行氧量是指锅炉省煤器后（对于空气预热器和省煤器交错布置的锅炉，选用高温段省煤器后）烟气中氧的容积含量百分比。运行氧量宜通过试验确定经济氧量并形成规定值。运行氧量的监督以统计报表、现场检查或测试的数据作为监督依据。

统计期运行氧量不超过规定值的 ±0.3% 。

3.3.2.9　空气预热器漏风率。空气预热器漏风率是指漏入空气预热器烟气侧的空气质量占进入空气预热器烟气质量的百分比。漏风率的测试方法也可采用氧量法测量。

空气预热器漏风率应每年测试一次，每季度数据以标定后运行数据进行统计，以测试报告的数据为监督依据。

a）管式预热器漏风率不大于 3% ；

b）回转式预热器漏风率不大于 6% 。

3.3.2.10　除尘器漏风率。除尘器漏风率是指漏入除尘器的空气质量占进入除尘器烟气质量的百分比。漏风率的测试方法也可采用氧量法测量。

a）除尘器漏风率至少 A 级检修前测量一次，以测试报告的数据作为监督依据；

b）电除尘器漏风率、电袋及布袋除尘器漏风率均不大于 2% 。

3.3.2.11　吹灰器投入率。相应位置的吹灰器投入率是指考核期间内吹灰器正常投入台次与该装置应投入台次之比值的百分数。吹灰器投入率的监督以统计报表、现场检查或测试的数据作为依据。

统计期间吹灰器投入率不低于 98% 。

3.3.2.12　煤粉细度。煤粉细度是指将煤粉用标准筛筛分后留在筛上的剩余煤粉质量占所筛分的总煤粉质量百分比。应通过试验确定经济煤粉细度。对于燃用无烟煤、贫煤和烟煤时，煤粉细度 R_{90} 可按 $0.5nV_{daf}$（n 为煤粉均匀性指数）选取，煤粉细度 R_{90} 的最小值应控制不低于 4% 。当燃用褐煤时，对于中速磨，煤粉细度 R_{90} 取 30% ~ 50% ，对于风扇磨，煤粉细度 R_{90} 取 45% ~ 55% ，并通过试验确定；循环流化床锅炉入炉煤粒度应在设计范围内。煤粉细度的测试按 DL/T 567.5 进行，煤粉细度的监督以测试报告的数据作为依据。

3.3.2.13　制粉系统漏风系数。制粉系统漏风系数是指制粉系统出口、进口处的过量空气系数之差。通常制粉系统漏风的起点为干燥剂入磨煤机导管截面，终点在负压下运行的排粉机入口（在正压下运行的为分离器出口截面）。制粉系统的漏风系数不高于表 4 的数值，制粉系统漏风系数的监督以测试报告的数据作为依据。

表 4　制粉系统的漏风系数

名　　称	钢球磨煤机	中速磨煤机		风扇磨煤机	
制粉系统形式	储仓式	直吹式	负压	不带烟气下降管	带烟气下降管
漏风系数	0.2 ~ 0.4	0.25	0.2	0.2	0.3

3.3.2.14　通风机能效限定值。通风机能效限定值是指在标准规定测试条件下，允许通风机的效率最低的保证值。通风机能效限定值及能效等级见 GB 19761，以使用区最高风机效率作为能效等级的考核值。风机的能效限定值应不低于 GB 19761 表 1、表 2、表 3 中 3 级

的数值，风机的节能评价值应不低于 2 级的数值。

3.3.2.15 风机组的经济运行效率。风机组的运行效率是指实测的风机组效率与风机组的额定效率相比，比值大于 0.85，则认定风机组运行经济；比值为 0.70 ~ 0.85，则认定风机组运行合理；比值小于 0.70，则认定风机组运行不经济。

3.3.2.16 锅炉过热蒸汽的减温水量（高压加热器前抽出）和再热蒸汽的减温水量不宜超过设计值或规程规定值。

3.3.2.17 脱硝系统的烟气压降宜小于 1400Pa，系统漏风率宜小于 0.4%。

3.3.3 汽轮机经济技术指标

3.3.3.1 热耗率。热耗率是指汽轮机（燃气轮机）热力系统的循环净吸热量与其输出功率之比（kJ/kWh）。

热耗率的试验可分为三级：

a）一级试验（高准确度试验）适用于新建机组或重大技术改造后的性能验收试验；

b）二级试验（宽准确度试验）适用于机组检修前后的性能试验（建议使用高准确度试验）；

c）三级试验适用于机组效率的普查和定期试验。

一、二级试验应由具有该项试验资质的单位和人员承担，应严格按照国家标准或国际通用标准进行试验；三级试验可参照国家标准，通常只进行初终参数修正。热耗率以统计期最近一次试验报告的数据作为监督依据。试验热耗率与设计热耗率的偏差应不高于设计热耗率的 1.2%。

3.3.3.2 汽轮机主蒸汽压力。汽轮机主蒸汽压力是指汽轮机自动主汽门前的蒸汽压力。如果有多路主蒸汽管道，取算术平均值。主蒸汽压力的监督以统计报表、现场检查或测试的数据作为依据。

统计期平均值不低于规定值 0.2MPa，滑压运行机组应按设计（或试验确定）的滑压运行曲线（或经济阀位）对比考核。

3.3.3.3 汽轮机主蒸汽温度。汽轮机主蒸汽温度是指汽轮机自动主汽门前的蒸汽温度，如果有多路主蒸汽管道，取算术平均值。主蒸汽温度的监督以统计报表、现场检查或测试的数据作为依据。

统计期主蒸汽温度平均值不低于规定值 3℃，对于两路以上的进汽管路，各管蒸汽温度偏差应小于 3℃。

3.3.3.4 汽轮机再热蒸汽温度。汽轮机再热蒸汽温度是指蒸汽经锅炉再热后进入汽轮机进口的蒸汽温度。如果有多条管道，取算术平均值。再热蒸汽温度的监督以统计报表、现场检查或测试的数据作为依据。

统计期平均值不低于规定值 3℃，对于两条以上的进汽管路，各管温度偏差应小于 3℃。

3.3.3.5 汽轮机缸效率。汽轮机缸效率是指蒸汽在汽缸的实际焓降与等熵焓降的比值。对排汽为过热蒸汽的缸效率宜每月根据运行参数计算一次（选取额定负荷和平均负荷工况），A/B 级检修前后应进行测试，并与设计值进行比较、分析，以测试报告数据作为监督依据。

3.3.3.6 最终给水温度（锅炉给水温度）。最终给水温度是指汽轮机高压给水加热系统大旁路后的给水温度值。最终给水温度的监督以统计报表、现场检查或测试的数据作为依据。

统计期平均值不低于对应平均负荷设计给水温度 0.5℃。

3.3.3.7 高压加热器投入率。高压加热器投入率是指高压加热器投运小时数与机组投运小时数的百分比，按公式（4）计算：

$$高压加热器投入率 = \left(1 - \frac{\sum 单台高压加热器停运小时数}{高压加热器总台数 \times 机组投运小时数}\right) \times 100\% \qquad (4)$$

高压加热器随机组启停时投入率不低于98%；高压加热器定负荷启停时投入率不低于95%，不考核开停调峰机组。

3.3.3.8 加热器端差。加热器端差分为加热器上端差和加热器下端差。加热器上端差是指加热器进口蒸汽压力下的饱和温度与水侧出口温度的差值。加热器下端差是指加热器疏水温度与水侧进口温度的差值。宜每月根据运行参数计算一次加热器端差（选取额定负荷和平均负荷工况），加热器端差应在 A/B 级检修前后测量。

统计期加热器端差应不大于加热器设计端差。

3.3.3.9 凝汽器真空度。凝汽器真空度是指汽轮机低压缸排汽端（凝汽器喉部）的真空占当地大气压力的百分数。

a）对于具有多压凝汽器的汽轮机，先求出各凝汽器排汽压力所对应蒸汽饱和温度的平均值，再折算成平均排汽压力所对应的真空值。

b）对于闭式循环水系统，统计期凝汽器真空度的平均值不低于92%；对于开式循环水系统，统计期凝汽器真空度的平均值不低于94%。循环水供热机组仅考核非供热期，背压机组不考核。

c）对于空冷机组，统计期凝汽器真空度的平均值不低于85%。

d）当负荷率低于75%负荷时，上述所有真空度再增加1个百分点。

3.3.3.10 真空系统严密性。真空系统严密性是衡量不凝结气体漏入机组真空系统多少，以真空系统严密性试验中排汽压力上升（排汽真空下降）的平均速率表示。真空系统严密性以测试报告和现场实际测试数据作为监督依据。

湿冷机组真空系统严密性试验方法按 DL/T 932 执行，100MW 及以下机组的真空下降速度不高于400Pa/min，100MW 以上机组的真空下降速度不高于270Pa/min。直接空冷机组真空系统严密性试验方法按 DL/T 1290 执行，当真空严密性指标小于或等于200Pa/min时为合格，真空严密性指标小于或等于100Pa/min 时为优秀。

3.3.3.11 凝汽器端差。凝汽器端差是指汽轮机排汽压力下的饱和温度与凝汽器循环水出口温度之差。对于具有多压凝汽器的汽轮机，应分别计算各凝汽器端差。凝汽器端差以统计报表或测试的数据作为监督依据。

凝汽器端差可以根据循环水温度制定不同的考核值。

a）当循环水入口温度小于或等于14℃时，端差不大于9℃；

b）当循环水入口温度大于14℃小于30℃时，端差不大于7℃；

c）当循环水入口温度大于等于30℃时，端差不大于5℃；

d）背压机组不考核，循环水供热机组仅考核非供热期；

e）间接空冷系统表面式凝汽器（哈蒙系统）的端差不大于2.8℃；

f）间接空冷系统喷射式凝汽器（海勒系统）的端差不大于1.5℃。

3.3.3.12　凝结水过冷度。凝结水过冷度是指汽轮机排汽压力（凝结水泵入口热水井所对应凝汽器）对应的饱和温度与凝汽器热井水温度之差。凝结水过冷度以统计报表或测试的数据作为监督依据。

湿冷机组和空冷机组统计期平均值均不大于2℃。

3.3.3.13　胶球清洗装置投入率。胶球清洗装置投入率是指胶球清洗装置正常投入次数与该装置应投入次数之比的百分数。选用合格的胶球，其正常投入运行的胶球数量为凝汽器单侧单流程冷却管根数的7%～13%。

统计期胶球清洗装置投入率不低于98%。

3.3.3.14　胶球清洗装置收球率。胶球清洗装置收球率是指满足系统布置、设备安装及运行条件，在正常投球量下，胶球清洗系统正常运行30min，收球15min，收回的胶球数与投入运行的胶球数的百分比。胶球清洗装置收球率以统计报告和现场实际测试数据作为监督依据。

统计期胶球清洗装置收球率超过90%为合格，达到94%为良好，达到97%为优秀。

3.3.3.15　阀门漏泄率。阀门漏泄率是指内漏和外漏的阀门数量占旁路阀门与疏放水阀门数量之和的百分比，阀门漏泄率不大于3%。应制定阀门检查清单，每月至少检查一次，以检查报告作为监督依据。

a）汽轮机高、低压旁路漏泄。在不投入喷水减温时，高压旁路后温度高于高压缸排汽温度、低压旁路后温度高于低压缸排汽温度，则表明高、低压旁路可能发生漏泄。

b）高压给水旁路漏泄。高压加热器旁路后的给水温度低于旁路前的给水温度1℃以上（排除测量误差），表明高压加热器旁路可能发生漏泄。

c）疏放水阀门漏泄。疏放水阀门后的管壁温度应不高于环境温度（或排放点）25℃（排除热传导）。

3.3.3.16　清水离心泵能效限定值和节能评价值。当流量在5～10000m³/h范围内，泵能效限定值和节能评价值按GB 19762表1确定。当流量大于10000m³/h，单级单吸清水离心泵能效限定值为87%，单级双吸清水离心泵能效限定值为86%，泵效率的节能评价值为90%。

3.3.3.17　水泵组的经济运行效率符合GB/T 13469的规定。实测的水泵组效率与水泵组的额定效率相比，其比值大于0.85，则认定水泵组运行经济；其比值为0.70～0.85，则认定水泵组运行合理；其比值小于0.70，则认定水泵组运行不经济。如果水泵组的效率不同，应用容积流量加权平均效率作为判别指标。

3.3.3.18　湿式冷却塔的冷却能力。按DL/T 1027进行冷却塔的冷却能力测试，当冷却塔的实测冷却能力达到95%及以上时视为达到设计要求；当达到105%以上时视为超过设计要求。以测试报告结论作为监督依据。

3.3.3.19　湿式冷却塔的冷却幅高。湿式冷却塔的冷却幅高是指冷却水塔出口水温度与大气湿球温度的差值。冷却水塔的冷却幅高应每月测量一次，在冷却塔热负荷大于90%的额定负荷、气象条件正常时，夏季测试的冷却水塔出口水温不高于大气湿球温度7℃。以测试报告和现场实际测试数据作为监督依据。

3.3.3.20 直接空冷系统性能。按 DL/T 244 进行性能测试，当以排汽质量流量评价时，修正到设计条件下的各试验工况排汽质量流量达到或超过保证的排汽质量流量；或以排汽压力评价时，修正后的排汽压力低于保证的排汽压力时，则认为空冷系统及其设备运行性能指标达到规定值，否则未达到规定值。以测试报告数据作为监督依据。

3.3.4 节电指标

3.3.4.1 变压器经济运行。变压器的空载损耗和负载损耗按 GB 20052 规定指标进行考核。变压器经济运行判别与评价如下：

a）变压器的空载损耗和负载损耗达到能效标准所规定的节能评价值，且运行在最佳经济运行区，则认定变压器运行经济；

b）变压器的空载损耗和负载损耗达到能效标准所规定的能效限定值，且运行在经济运行区，则认定变压器运行合理；

c）变压器的空载损耗和负载损耗未能达到能效标准所规定的能效限定值或运行在非经济运行区，则认定变压器运行不经济。

3.3.4.2 电动机能效限定值。高压三相笼型异步电动机能效应符合 GB 30254 的规定；永磁同步电动机能效应符合 GB 30253 的规定；中小型三相异步电动机能效应符合 GB 18613 的规定。

3.3.4.3 电动机效率。电动机效率是指电动机输出功率与输入功率之比。电动机综合效率大于或等于额定综合效率表明电动机对电能利用是经济的；电动机综合效率小于额定综合效率但大于或等于额定综合效率的 60%，则电动机对电能利用是基本合理的；电动机综合效率小于额定综合效率的 60%，表明电动机对电能利用是不经济的。在现场计算电动机综合效率有困难的情况下也可用电机输入功率（电流）与额定输入功率（电流）之比来判断电动机的工作状态；输入电流下降在 15% 以内属于经济使用范围；输入电流下降在 35% 以内属于允许使用范围、输入电流下降超过 35% 属于非经济使用范围。

3.3.4.4 调速装置损耗。变频器在额定输出电压、额定输出电流的条件下，低压变频器效率不宜低于 95%，高压变频器效率不宜低于 96%。采用内反馈调速装置的电机，在转速为 50%～100% 额定转速、功率因数不小于 0.9 的条件下，内反馈电动机调速装置的损耗比不应大于 5%。

3.3.4.5 辅助设备耗电率。辅助设备耗电率是指辅助设备消耗的电量与机组发电量的百分比。对 6kV 以上的辅助设备和系统（风机、水泵、空冷风机群、除尘器、脱硫系统、输煤系统、除灰系统等）应每月统计一次耗电率。

3.3.4.6 非生产耗电量。指非生产所消耗的电量。每月应对非生产消耗的电量以及收费的电量进行统计。

3.3.5 节水指标

3.3.5.1 化学自用水率。化学自用水率指化学制水车间消耗的水量占化学制水车间取用水量的百分比。以统计报表作为监督依据。

a）采用单纯离子交换除盐装置和超滤水处理装置的化学自用水率不高于 10%；

b）采用反渗透水处理装置的化学自用水率不高于 25%。

3.3.5.2 机组补水率。机组补水率指向锅炉、汽轮机及其热力循环系统补充的除盐水量〔供热机组扣除对外直接供水（蒸汽）量〕占锅炉实际蒸发量的百分比。以统计报表作为监督依据。

　　a）900MW 级及以上机组应不大于 1.0%；

　　b）300 ~ 600MW 级机组应不大于 1.5%；

　　c）125 ~ 200MW 级机组应不大于 2.0%；

　　d）100MW 以下机组应不大于 3.0%。

3.3.5.3 汽水系统不明泄漏率。汽水系统不明泄漏率指锅炉、汽轮机设备及其热力循环系统由于漏泄引起的汽、水损失量占锅炉实际蒸发量的百分比。以实际测试值作为监督依据。

　　A/B 级检修后测试的汽水系统不明泄漏率应低于 0.5%。

3.3.5.4 水灰比。采用水力除灰系统的电厂（海水除外）水灰比是指输送每吨质量的灰、渣时所耗用水的质量。电厂应在除灰系统管路上设置测量点，并有专门的测量器具，每季度测量一次。以测量报告数据作为监督依据。

　　高浓度灰浆的水灰比应为 2.5 ~ 3，中浓度灰浆应为 5 ~ 6，不宜采用低浓度水力除灰。

3.3.5.5 循环水浓缩倍率。循环水浓缩倍率是指采用湿式冷却水塔的电厂，循环冷却水的含盐量与补充水的含盐量之比。应根据水源水质、冷却水水质控制指标和工况条件等，经技术经济比较，选择适当的浓缩倍率。循环水的补充水经处理后应符合 GB/T 31329 的要求。循环冷却水浓缩倍率应符合下列要求：

　　a）采用地表水、地下水或海水淡化水作为补充水，浓缩倍率不小于 5.0；

　　b）采用再生水作为补充水，浓缩倍率不小于 3.0。

3.3.5.6 循环水排污回收率。循环水排污回收率是指排污水的利用量与循环水排污量的百分比。即排污的循环水可作为脱硫、冲灰除渣或经过简单处理后用于其他系统的供水水源。

　　循环水排污回收率宜大于 95%。

3.3.5.7 工业水回收率。工业水回收率是指用于电厂辅机的密封水、冷却水等回收的水量与使用水量的百分比。电厂辅机的密封水、冷却水等应循环使用或梯级使用。工业水回收率尽可能达到 100%。

3.3.5.8 贮灰场澄清水的回收。贮灰场的澄清水一般不宜外排，应根据澄清水的水质、水量、灰场与电厂之间的距离、电厂的水源条件和环保要求等，经综合技术经济比较后确定回收利用方式。对低浓度水力除灰渣的电厂，应进行灰水回收再利用。

3.3.5.9 冷却水塔飘滴损失水率。机械通风冷却塔，循环水量 1000m³/h 以上的，其飘水率应不大于 0.005%；循环水量 1000m³/h 及以下的，其飘水率应不大于 0.01%；自然通风冷却塔飘水率应不大于 0.01%。冷却水塔飘滴损失水率测试方法见 DL/T 1027，冷却水塔的蒸发损失水率及风吹损失水率按 GB/T 50102 计算。

3.3.5.10 供热输水管网补水率。当火电企业负责对供热管网（一环网）管理并补水时，输水管网补水率应小于 0.5%。

3.3.6 燃料指标

3.3.6.1 燃料检斤率。燃料检斤率是指燃料检斤量与实际燃料收入量的百分比。以统计报表数据作为监督依据。

燃料检斤率应为100%。

3.3.6.2 燃料检质率。燃料检质率是指进行质量检验的燃料数量与实际燃料收入量的百分比。以统计报表数据作为监督依据。

燃料检质率应为100%。

3.3.6.3 入厂煤与入炉煤热量差。入厂煤与入炉煤热量差是指入厂煤收到基低位发热量（加权平均值）与入炉煤收到基低位发热量（加权平均值）之差。计算入厂煤与入炉煤热量差应考虑燃料收到基外在水分变化的影响，并修正到同一外在水分的状态下进行计算。以统计报表数据作为监督依据。

入厂煤与入炉煤的热值差不大于418kJ/kg，水分差控制在1%以内。

3.3.6.4 煤场存损率。煤场存损率是指燃煤储存损失的数量与实际库存燃煤量的百分比。以统计报表数据作为监督依据。

煤场存损率不大于0.5%，也可根据具体情况实际测量煤场存损率，报上级主管单位批准后作为监督依据。

3.3.6.5 燃煤从港口、码头、车站煤场采用车、船进行厂内中转时，中转运输损耗不得超过以下规定：铁路运输损耗应不超过1.2%，公路运输损耗应不超过1%，水路运输损耗应不超过1.5%，每换装一次的损耗应不超过1%。水陆联运的煤炭如经过二次铁路或二次水路运输损耗仍按一次计算，换装损耗按换装次数累加，坑口电站皮带运输的运损率为0%。

3.3.7 平衡与保温

3.3.7.1 能量平衡的结果应符合能量守恒定律，其中燃料平衡的不平衡率不超过±1%；热平衡的不平衡率不超过±1%；电平衡的不平衡率不超过±1%；全厂水平衡的不平衡率不超过±5%，各系统水量不平衡率应在±4%。能量平衡测试方法见标准DL/T 606。

3.3.7.2 保温效果。当环境温度不高于25℃时，热力设备、管道及其附件的保温结构外表面温度不应超过50℃；当环境温度高于25℃时，保温结构外表面温度与环境温度的温差应不大于25℃。

设备、管道及其附件外表面温度超过60℃时应采取保温措施，保温效果的测试参照GB/T 8174、DL/T 934，宜采用红外辐射温度计法。保温效果的测试应在机组A/B级检修前后进行，以测试报告的数据作为监督依据。

对于负责供热管网管理的企业，供热管道保温结构保温效果评定方法见GB/T 28638。

3.4 节能技术措施

3.4.1 运行技术措施

3.4.1.1 运行部门应建立健全能耗小指标记录、统计制度，完善统计台账，为能耗指标分析提供可靠依据。运行人员应加强巡检和对参数的监视，及时进行分析、判断和调整；发现缺陷应按规定填写缺陷单并做好记录，及时联系检修处理，确保机组安全经济运行。

3.4.1.2 以机组能耗分析系统为基础，以耗差分析数据为依据，在运行各值之间开展以机组各主要指标和小指标为对象的值际劳动竞赛，充分调动运行人员的积极性，实现精细化操作。

3.4.1.3　加强贮煤场的日常管理。燃料接卸应按时卸完、卸净；存煤合理分类堆放，定期测温，做好喷淋工作，防止存煤自燃，做好防风损和雨损的措施。按"烧旧存新"的原则安排入炉煤，对于褐煤存放时间宜不超过15d，每月对煤场存煤进行盘点，正确测量体积和密度，做好煤场盈亏统计分析。

3.4.1.4　严格执行煤场采制化管理制度，每班至少分析全水分一次，每天至少做一次由全天入炉煤（即由三班）混合样的工业分析（空气干燥基水分、灰分、挥发分）、硫分和发热量，收到基低位发热量应由全天每班实测的全水分加权平均值计算；入炉煤质的化验结果应及时提供给生产运行人员，以便根据煤质变化情况进行锅炉燃烧调整。

3.4.1.5　合理调整输煤系统运行方式，杜绝设备出力严重受阻现象。加强系统运行监视和缺陷管理，减少系统撒煤、堵煤，减少系统空载运行时间。

3.4.1.6　尽可能燃烧设计煤种，当煤质变化较大或燃用新煤种时，应根据不同煤质及锅炉设备特性及环保排放要求，通过试验确定掺烧方式和掺烧比例。

3.4.1.7　运行中根据煤质分析报告及实际燃烧状况进行燃烧调整，保持锅炉蒸汽参数在规定范围。

　　a）锅炉过热蒸汽温度应通过调整运行氧量、配风方式、磨煤机组合、煤粉细度、燃烧器摆角或吹灰等方式进行控制；

　　b）锅炉再热蒸汽温度应通过改变燃烧器摆角、烟气挡板开度、运行氧量、配风方式等进行控制，尽量不采用喷水减温。

3.4.1.8　制定各种启停炉方式点火和助燃油耗定额，有条件的机组冷态启动时，应投入锅炉底部蒸汽加热、可用邻炉蒸汽加热启动技术，以减少锅炉点火初期的用油。机组正常启停时，应尽量采用滑参数运行，以减少启停用油量。具有中压缸启动功能的机组宜采取中压缸启动方式。

3.4.1.9　实时分析尾部烟道各段的进出口静压差、烟温、风温等（包括送风机、一次风机、引风机、暖风器）数据，掌握尾部烟道的积灰情况和空预器的换热效果；根据吹灰前后排烟温度和主、再热汽温度的变化情况，评价吹灰效果，优化吹灰的次数、时间和程序。

3.4.1.10　运行氧量的调整应在保证锅炉效率的前提下，调整过热蒸汽、再热蒸汽温度在正常范围内，锅炉受热面无超温，且炉内无严重结渣现象，运行氧量应根据锅炉燃烧优化调整试验结果确定的最佳运行氧量曲线进行控制。当煤种发生变化时，应对最佳氧量控制曲线进行相应调整。表盘氧量应定期进行标定。

3.4.1.11　定期检查锅炉本体、空预器及尾部烟道的漏风情况，结合漏风率测试结果，分析评价漏风率变化趋势。重点检查吹灰器、炉底水封、烟道各部位的伸缩节、人孔、检查孔、穿墙管等部位。对于干排渣系统应根据排渣温度控制冷却风门开度。

3.4.1.12　应综合考虑煤的燃烧特性、燃烧方式、炉膛热负荷、煤粉的均匀性、制粉系统电耗、氮氧化物排放浓度等，通过试验确定最佳煤粉细度。磨煤机检修后应进行煤粉细度的核查，对于中速磨煤机，在磨辊运行中、后期，应根据煤粉细度的变化定期调整磨辊的间隙和加载力，带有动态分离器的，应优化转速与煤粉细度对应曲线；对于双进双出磨煤机宜定期检查分离器，避免分离器回粉堵塞引起煤粉变粗。

3.4.1.13 在满足电网调度要求的基础上，优化机组运行方式，进行电、热负荷的合理分配和主要辅机的优化组合，实现经济运行。对于长期停备机组，制定机组停备期间的辅助设备运行方式，节省厂用电。

3.4.1.14 对于喷嘴调节的汽轮机应采用顺序阀运行方式；采用定滑压运行的汽轮机应根据制造厂给定滑压运行曲线或经过滑压运行优化试验确定的曲线运行。

3.4.1.15 各监视段抽汽压力、温度与同负荷工况设计值相比出现异常（压力比设计值高10%、温度比设计值高6℃以上）时，应查找原因或进行有效处理。汽轮机低压缸排汽温度应与凝汽器压力对应的饱和温度相匹配。

3.4.1.16 高压加热器启停时应按规定控制温度变化速率，防止温度急剧变化对加热器的损伤；运行中根据给水温度与负荷的关系曲线来监测给水温度是否达到设计要求；通过监测加热器进出口温度来判断加热器旁路门的严密性；加热器运行时应保持正常水位，疏水方式与设计方式相同；加热器汽侧空气门开度合理；监视和分析加热器的端差和温升，使回热系统保持最经济的运行方式。

3.4.1.17 保持汽轮机在最佳的排汽压力下运行，应定期对凝汽器的端差，循环水温升，凝结水过冷度，真空严密性，真空泵性能、冷却水塔（空冷系统）的冷却性能等进行分析。重点做好以下工作：

a) 绘制不同循环水进口温度与机组负荷、循环水温升、凝汽器端差的关系，确定最佳排汽压力。

b) 循环水系统宜采用扩大单元制供水方式和循环水泵高低速配置，实现不同季节、不同负荷下循环水泵优化运行。

c) 通过分析水塔出口水温与大气湿球温度的差值，及时掌握水塔的冷却性能。

d) 根据真空泵运行台数与排汽压力的关系，确定真空泵运行台数；分析真空泵的工作性能，选择合适的冷却水温度（尤其是夏季），提高真空泵的出力。

e) 通过对循环水系统和凝汽器各项参数的分析，及时掌握凝汽器的换热性能，确定胶球清洗装置投入频率；分析循环水质指标，掌握凝汽器结垢或腐蚀倾向，判断凝汽器是否应进行半侧清洗。

f) 空冷机组在环境温度及机组负荷变化时及时调整空冷风机的运行方式。

3.4.1.18 机组宜采用能耗分析系统，分析热力系统的设备性能及运行参数，优化热力系统各项运行指标；开展在线锅炉效率、汽轮机热耗及机组煤耗计算，分析系统能耗指标偏差，为经济运行提供指导建议。

3.4.1.19 机组运行，水汽监督项目与指标按 GB/T 28553、GB/T 12145、DL/T 561、DL/T 805.1、DL/T 805.2、DL/T 805.3、DL/T 805.4、DL/T 805.5 执行，防止锅炉、汽轮机及热力设备腐蚀、结垢、积盐。

3.4.1.20 应监测机组补水量的变化，根据锅炉水质化验结果控制除氧器排汽和锅炉排污，合理控制厂用蒸汽、吹灰蒸汽和外供蒸汽，降低汽水损失。

3.4.1.21 循环水水质处理方式宜采用石灰处理、弱酸离子交换处理、加酸处理、超滤处理、反渗透处理等工艺，循环冷却水用阻垢缓蚀剂符合 DL/T 806 的要求。采用直流冷却方式的凝汽器发现生物污染现象时，应进行杀菌灭藻处理，杀菌剂按 DL/T 1116 进行性能评价后，连续或定期向循环水系统加入。

3.4.1.22 离子交换除盐系统通过试验确定化学制水系列最佳的制水周期、再生用酸碱量和再生反洗时间，根据试验结果，优化运行操作方法、设备投入顺序，提高周期制水量，降低自用水量和酸碱耗用量。

3.4.1.23 根据脱硫系统、除灰渣系统、输煤栈桥冲洗、灰场喷淋等部位用水量和水质的要求，优化合理利用循环水排污水、化学车间反渗透排污水、处理合格的厂区生产和生活废水以及城市再生水。

3.4.1.24 根据机组负荷，燃料硫分变化，选择合理的浆液循环泵和氧化风机台数及组合，优化脱硫系统运行方式。

3.4.1.25 综合利用锅炉低氮燃烧技术和选择性催化还原脱硝系统，优化锅炉脱硝效率和喷氨量调节，控制氨逃逸率在规定范围内。

3.4.1.26 根据采暖热用户热负荷需求，确定热网加热器、热网循环水泵等设备的最佳运行方式。

3.4.1.27 热电厂应加强供热管理，采取节电、节水等措施，减少热网损失。

3.4.2 维护与检修技术措施

3.4.2.1 科学、适时安排机组检修，避免机组欠修、失修，通过检修恢复机组性能。建立完整、有效的维护与检修质量监督体系，制定检修规程，明确检修工艺和质量要求，检修中加强检查、督促，把好质量关，检修后应有质量验收报告。

3.4.2.2 火电企业应每年编制 3 年检修工程滚动规划和下年度检修工程计划。在机组等级检修临检前，安排机组检修缺陷处理项目。日常发现缺陷应及时处理，做好缺陷统计记录，未能及时处理的应制定处理计划。

3.4.2.3 检修前应编制检修分析报告，并根据目前设备状况，提出具体的处理措施和要求；检修后应进行总结和评价，编制检修后总结报告。

3.4.2.4 各等级检修中应制定标准检修项目，综合评估机组安全与节能的关系，消除运行中发现的缺陷。

3.4.2.5 实行点检制企业按照点检计划对设备进行检查，未实行点检制企业按照巡回检查路线、巡回检查标准对设备进行巡回检查并记录。组织对运行及维护巡检发现的缺陷进行消缺作业，并对缺陷情况进行统计记录。

3.4.2.6 大小修期间加强对燃烧器的检查，燃烧器中心标高、安装角度等应符合要求，及时发现和消除燃烧器存在的缺陷，确保燃烧器状态良好。根据需要开展锅炉空气动力场试验。对于循环流化床锅炉，当流化均匀性异常时应对风帽及时处理。

3.4.2.7 当空气预热器烟气侧压差大于对应工况设计阻力的 150% 时，应利用检修机会清除受热面积灰（如水洗、碱洗），回转式空气预热器的清洗应符合 DL/T 750 的规定。空气预热器漏风率高于 8% 时宜考虑进行密封间隙调整或密封系统改造。

3.4.2.8 做好制粉系统的维护工作，根据煤质变化情况确定钢球磨煤机的最佳钢球装载量、补加钢球的周期和每次补加钢球的数量。中速磨和风扇磨的耐磨部件应及时修复或更换。

3.4.2.9 汽轮机揭缸检修时，对通流部分轴封、隔板汽封、叶顶汽封、径向汽封的间隙按检修规程的要求进行调整，严格验收。对各级汽封宜采用技术先进成熟的汽封装置。汽缸结合面漏汽问题应分析原因，采取先进工艺或技术要得到有效处理。

3.4.2.10 对漏泄的加热器旁路门、水室隔板检修中应及时消除。检修时应清扫加热器换热管，保持加热器清洁。当单台高压加热器堵管率超过1.5%时应考虑更换管系。

3.4.2.11 当真空系统严密性不合格时，检修期间可采用真空系统灌水法，运行期间采用氦质谱检漏法、超声波检漏法等进行真空系统查漏，并采取有效措施进行堵漏。对空冷系统也可采用微正压查漏技术进行查漏。

3.4.2.12 维护热力设备和管道及阀门的保温完好，检修期间应对超温部位进行保温处理，保温工作的技术要求、检修工艺及质量验收见DL/T 936。

3.4.2.13 电厂照明的节能维护和改造方法按DL/T 5390执行，在满足照明效果的前提下，选用节能、安全、耐用的照明器具。

3.4.2.14 加强维护，保证热力系统各阀门处于正确阀位。通过检修，消除阀门和管道泄漏，治理漏汽、漏水、漏油、漏风、漏灰、漏煤、漏粉等问题。

3.4.2.15 冷水塔应按规定做好检查和维护工作，结合检修进行彻底清污和整修；当冷却能力达不到设计要求或冷却幅高超标时，及时查找原因；若循环水流量发生变化，应及时调整塔内配水方式；出现淋水密度不均时，及时更换喷溅装置和淋水填料；冬季采取防冻措施，减少水塔结冰程度；宜采用高效淋水填料和新型喷溅装置（更换新型淋水填料、除水器、喷溅装置时应有性能试验报告），提高水塔冷却效率。

3.4.2.16 空冷系统应有防风、防冻措施，根据空冷散热器的脏污程度，结合当地的环境因素，合理制定空冷散热器冲洗方法和冲洗周期，保证空冷系统换热效率。

3.4.2.17 A级检修期间，按DL/T 1115进行化学专项检查，并按腐蚀，结垢、积盐标准判断腐蚀、结垢、积盐状况。热力设备停（备）用期间按DL/T 956要求做好设备防锈蚀工艺处理。

3.4.2.18 在A级检修或A级检修前的最后一次检修时，应割取水冷壁管，测定垢量，当水冷壁管内的垢量达到表5规定的范围时，应安排化学清洗。当运行水质和锅炉运行出现异常情况时，经过技术分析可安排清洗。当锅炉清洗间隔年限达到表5规定的条件时，宜安排化学清洗。当过热器、再热器垢量超过$400g/m^2$，或者发生氧化皮脱落造成爆管事故时，可进行酸洗。但应有防止晶间腐蚀、应力腐蚀和沉积物堵管的技术措施。清洗方法见DL/T 794。承担锅炉化学清洗的单位应符合DL/T 977的要求，应具备相应的资质，严禁无证清洗。

表5 确定需要化学清洗的条件

炉 型	汽包锅炉				直流炉
主蒸汽压力/MPa	<5.9	5.9～12.6	12.7～15.6	>15.6	—
垢量/(g/m²)	>600	>400	>300	>250	>200
清洗间隔年限/a	10～15	7～12	5～10	5～10	5～10
注：表中的垢量是指在水冷壁管垢量最大处、向火侧180°部位割管取样测量的垢量					

3.4.2.19 做好凝汽器及胶球清洗装置的检修维护工作，保证循环水一次滤网、二次滤网和反冲洗装置处于良好状态。检修期间应彻底清理凝汽器水室及冷却水系统，凝汽器管束

宜采用高压水射流冲洗等方法。凝汽器管束堵管率超过 0.1% 时应及时更换。

3.4.2.20 循环冷却水质的控制指标和冷却水防垢防腐处理方式按 DL/T 300 执行。当机组凝汽器端差超过运行规定时，检修中应安排抽管取样检查管束外壁腐蚀和隔板部位磨损情况、内壁结垢以及腐蚀的程度。局部腐蚀泄漏或大面积均匀减薄量达 1/3 以上壁厚时应先换管再清洗，垢厚大于 0.5mm 或污垢导致端差 8℃ 以上时宜进行化学清洗。

3.4.2.21 采用成熟、可靠的燃烧器及稳燃技术，提高锅炉在低负荷下的稳燃能力，减少助燃用油。

3.4.2.22 加强电除尘器节电智能控制系统的维护，保证其稳定工作在高效、节能状态，使其根据运行条件的变化，结合电除尘器运行优化试验结果，自动调节其高压和低压电器运行方式和参数。

3.4.2.23 对各种运行仪表应加强管理，做到装设齐全、可靠。做好热控系统检测仪表的检修与维护，保证参数测试准确。做好各种计量器具的维护和检修工作，保证计量器具完好、可用、符合计量要求。

3.4.2.24 应做好机组保温工作，积极采用新材料、新工艺，保持热力设备、管道及阀门的保温完好，对保温测试结果超标的部位应及时维护或检修。

3.4.2.25 机组 A、B 级检修后，应评价考核的指标有：

　　a）供电煤耗、厂用电率应达到目标值；

　　b）汽轮机热耗率应达到目标值；

　　c）锅炉效率应达到保证值；

　　d）真空系统严密性应符合规定值；

　　e）给水温度不低于相应负荷设计值 0.5℃；

　　f）胶球清洗装置的投入率达到 100%，胶球清洗装置的收球率不低于 95%；

　　g）在 90% 以上额定负荷，气象条件正常时，夏季冷却塔出水温度与大气湿球温度的差值不高于 5℃；

　　h）凝汽器真空度应达到相应工况下的设计值；

　　i）机组不明泄漏率不高于 0.5%；

　　j）主蒸汽温度、再热蒸汽温度应达到设计值；

　　k）排烟温度修正到设计条件下不大于设计值的 3%；

　　l）空气预热器漏风率（90% 以上负荷）：回转式不超过 6%，管式不超过 3%；

　　m）飞灰可燃物不高于规定值；

　　n）吹灰器投入率高于 98%；

　　o）煤粉细度应符合所燃用煤种规定的煤粉细度值；

　　p）辅机及脱硫系统电耗处于历史最好水平。

3.4.3 技术改造

3.4.3.1 在保证设备、系统安全可靠运行的前提下，采用先进的节能技术、工艺、设备和材料，依靠科技进步，降低设备和系统的能量消耗。鼓励对技术成熟、效益显著的项目进行宣传和推广。

3.4.3.2 对改造项目，改造前要进行节能技术可行性研究，认真制定设计方案，落实施工措施，改造后应有性能考核验收报告，进行项目后评价。

3.4.3.3 汽轮机通流部分改造。对于135MW、200MW及早期投运300MW和600MW亚临界汽轮机经验证通流效率低的，宜实施汽轮机通流技术改造。

3.4.3.4 汽轮机汽封改造。对于汽轮机汽封间隙大，级间漏汽严重的机组宜实施汽轮机汽封改造，改造中应结合汽封的部位，选择合理的汽封形式和结构。

3.4.3.5 锅炉排烟余热回收利用。根据锅炉排烟温度、除尘和入炉煤硫份等情况，经经济技术分析合理后确定是否实施烟气余热利用系统，烟气回收的热量宜被热网回水、汽轮机给水、锅炉进风、凝结水等利用。

3.4.3.6 风机与泵改造。对风机能效低或脱硫、脱硝和除尘改造后风机性能参数不满足要求的宜实施风机改造或增引合一改造；循环水泵宜进行双速电机改造。

3.4.3.7 热力及疏水系统改进。对于热力及疏水系统冗余较多易发生内漏的宜实施优化改造，简化热力系统，减少阀门数量，治理阀门泄漏。

3.4.3.8 空气预热器密封改造。对于回转式空气预热器存在密封不良、低温腐蚀或积灰堵塞等问题宜实施改造，可采用空气预热器自补偿径向密封、柔性接触式密封等技术进行改造，控制空气预热器漏风率在6%以内。

3.4.3.9 电除尘器改造。将电除尘器工频电源改造为大功率高频高压电源或其他形式的节能电源，减小电除尘器电场供电能耗。

3.4.3.10 凝汽式汽轮机供热改造。根据当地供热（采暖和工业）需求，在规划期内满足热电联产机组热电比要求的情况下，宜对汽轮机采用打孔抽汽技术、低真空循环水供热技术、基于吸收式热泵等技术改造。当汽轮机供热抽汽压力较高时，热网循环水泵宜采用该抽汽为汽源的背压式汽轮机驱动。

3.4.3.11 泵与风机调速技术改造。当泵与风机长期在低负载下运行，特别是机组调峰时，运行工况点偏离高效区、流量和压力变化较大时宜采用调速装置变速（内反馈、变频调速、变极调速、永磁调速等）改造，适合于凝结水泵、疏水泵、一次风机、引风机、送风机、增压风机等。

中、低流量变化类型的风机和泵在满足压力时，符合下列条件适宜变频调速改造：

——流量变化幅度≥30%、变化工况时间率≥40%、年运行时间≥3000h；

——流量变化幅度≥20%、变化工况时间率≥30%、年运行时间≥4000h；

——流量变化幅度≥10%、变化工况时间率≥30%、年运行时间≥5000h。

3.4.3.12 凝汽器及冷却器改造。对于凝汽器结垢腐蚀严重、漏泄数量超标或使用再生水等情况宜进行凝汽器改造，改造应结合水质指标选择合适的凝汽器管材，选材导则见DL/T 712。

3.4.3.13 微油和无油点火技术改造。为启动和低负荷稳燃过程中减少用油，应采用锅炉微油点火技术、等离子点火技术等。锅炉微油点火系统设计与运行见DL/T 1316，等离子体点火系统设计与运行见DL/T 1127。

3.4.3.14 对于三项变压器能效指标超过GB 20052规定的能效限定值的变压器实施技术改造。

3.4.3.15 宜实施节水技术改造的几类条件：

a）对闭式循环冷却水，在保证冷却能力的前提下，提高浓缩倍率，降低排污率，并对排污水进行合理利用；

    b）对电厂内部的疏水、排水系统进行改造，使其全部回收再利用；

    c）有条件的电厂，可进行干除灰或干灰输送技术的改造；

    d）对低浓度水力除灰的电厂，积极开展灰水回收再利用，实现灰水零排放；

    e）对严重缺水地区，可进行直接或间接空冷技术改造；

    f）对于海边电厂，宜使用海水淡化技术；

    g）对生产或生活污水进行污水处理回收技术改造；

    h）应加强对生活用水的管理，对卫生间、食堂、浴室等场所采用节水阀门改造。

3.4.3.16　电动机改造。电动机的平均负载率低于50％时，宜更换成较小额定功率的电动机或进行变速改造。

3.4.3.17　在机组改造或更换设备时，优先采购列入国家实行能源效率标识管理产品目录的产品，能效指标应不低于规定的能效限定值，宜满足节能评价值的要求。

3.4.4　能耗指标分析

3.4.4.1　能耗指标分析是指通过对能耗指标的实际值与设计值或目标值进行对比，分析能耗指标偏差，发现设备运行中经济性方面存在的问题，从而为运行优化调整、设备治理和节能改造提供依据和方向。

3.4.4.2　能耗指标分析应坚持实时分析与定期分析相结合，定性分析和定量分析相结合，单项指标分析与综合指标分析相结合的原则。

3.4.4.3　要建立健全能耗指标分析体系，完善能耗指标分析方法，建立能耗指标分析诊断的常态机制，及时发现问题、消除偏差，不断提高机组的经济性。建立单项指标对分项指标、分项指标对综合指标的分析表。

3.5　节能技术检测

3.5.1　基本要求

3.5.1.1　应定期开展对机组和设备参数、性能、效率方面的节能检测（或试验）工作，节能检测应严格执行国家或行业等相关标准，没有标准的，应根据实际情况制定检测方法。常规定期节能检测项目应编制检测报告；专项节能检测项目应有检测方案和检测报告。

3.5.1.2　节能检测应包含对设备的经济性进行鉴定、诊断、分析和评价的内容，掌握机组和设备热效率的实际状况和变化趋势，发现经济性偏差和存在问题，为主辅机的优化运行、设备维护、检修、技术改造和制定节能措施提供依据。

3.5.1.3　对机组和设备的节能检测通常采用直接测定法（正平衡法）；对于利用直接测定法（正平衡法）有困难的，可采用间接测定法（反平衡法）。必要时应同时采用直接测定法和间接测定法进行相互验证。

3.5.1.4　常规节能检测项目火电企业可自行完成，大型节能检测项目可委托专业机构完成。

3.5.2 节能检测人员和设备

3.5.2.1 火电企业宜设专职或兼职节能检测人员，节能检测人员应了解国家有关节能检测方面的政策、法规，掌握常用的节能检测标准，熟悉电厂设备规范和运行状况，熟练掌握测试仪器仪表，能够完成电厂常规节能检测项目和经济性分析。节能检测人员应经过培训考核合格。

3.5.2.2 火电企业应配备常规试验需要的节能检测仪表，检测仪表的精度等级、测量范围和数量应满足相关标准的要求，检测仪表应定期校验，有合格的校验证书。

3.5.2.3 外委的节能检测应在外委单位资质范围内开展工作，检测人员应熟练掌握有关方面的规程和标准，熟悉电厂设备规范和运行状况，熟练掌握测试仪表，具有检测项目经济性分析和评价能力。节能检测人员应经过培训考核合格。

3.5.2.4 外委的节能检测应配备相关专业的节能检测仪器，检测仪器的精度等级、测量范围和数量应满足相关标准和经济性分析的要求，所有检测仪器应在检定周期内，具有合格的检定（校准）证书。

3.5.3 试验测点

3.5.3.1 新建或扩建的电厂应在设计和基建阶段完成试验测点的安装，对投产后不完善的试验测点加以补装。

3.5.3.2 试验测点应满足开展锅炉热效率、汽轮机（燃气轮机）热耗率、发电机效率等测试要求，具有必要的专用测点和试验时可更换的运行表计。

3.5.3.3 试验测点应满足主要辅助设备，如加热器、凝汽器、空冷凝汽器、水塔、大型水泵、磨煤机、风机、空气预热器等性能试验的要求。

3.5.4 节能检测项目

3.5.4.1 常规定期试验项目

a）按 DL/T 567.3 和 DL/T 567.6 每日进行飞灰含碳量、每周进行炉渣含碳量测定；

b）每月或排放异常时进行一次石子煤发热量测试；

c）每月参照 DL/T 567.5 进行一次煤粉细度测定，燃用低挥发份等劣质煤种的机组应适当加大测试频率；

d）每季度按照 GB/T 10184 进行锅炉空气预热器漏风率测试；

e）每月标定一次锅炉表盘氧量；

f）每月按 DL/T 932 或 DL/T 1290 标准进行一次汽轮机真空严密性测试；

g）每月参照 DL/T 1027 进行一次冷却水冷却幅高测试；

h）每月进行一次疏放水阀门漏泄监测；

i）在 A/B 级检修前后进行一次制粉系统漏风率测试（负压系统）；

j）在 A/B 级检修前后按 DL/T 461 进行一次除尘器漏风率测试；

k）在 A/B 级检修前后参照 JB/T 5862 进行加热器端差测试；

l）机组 A 级检修前后按 GB/T 8174、DL/T 934 进行保温效果测试。

3.5.4.2 机组检修前后及专项试验项目

a）锅炉经过 A 级检修前后或重大改造应按标准 GB/T 10184 或 DL/T 964 进行锅炉热效率试验。

b）汽轮机经过 A 级检修前后或重大改造应按标准 GB/T 8117.2（或 GB/T 8117.1、ASME PTC6）或 GB/T 8117.3 进行热耗率（热效率）试验及改造部件性能试验。

c）结合 B/C 级检修，宜开展锅炉热效率、汽轮机热耗率试验。

d）水泵改造前后应进行性能试验；重要水泵（如给水泵、循环水泵、凝结水泵等）宜在 A 级检修前后进行效率试验，采用标准为 GB/T 3216 或 DL/T 839。

e）风机改造前后应进行性能试验；重要风机（如送风机、一次风机、引风机等）宜在 A 级检修前后进行效率试验，标准采用 DL/T 469。

f）磨煤机及制粉系统改造前后应进行性能试验，A 级检修宜进行性能试验，试验标准采用 DL/T 467。

g）凝汽器压力大于对应工况下设计值 15% 以上时，应进行凝汽器传热特性试验，测量项目应包括真空严密性、循环冷却水流量、热负荷、凝汽器清洁系数、传热系数等。测量与评价方法见 DL/T 1078。

h）当空冷凝汽器性能与设计有较大偏差时，宜进行空冷凝汽器性能试验。直接空冷系统性能试验标准采用 DL/T 244。

i）冷却水塔经过改造或当出水温度大于环境湿球温度 7℃ 以上时宜进行冷却水塔的冷却能力试验，有条件时宜开展冷却水塔的性能试验。冷却水塔的试验标准采用 DL/T 1027。

j）新机组投入稳定运行一年内、在役机组每 5 年宜开展一次全厂水平衡、电平衡、热平衡和燃料平衡的测试，若有扩建、大型改造项目，在正常运行后要补做一次，测试标准采用 DL/T 606.1～5，并按 GB 28749 要求绘制能量平衡图。

k）在进行烟气脱硫、烟气脱硝装置性能试验时，宜对电能消耗量和水消耗量及蒸汽消耗量进行检测，必要时进行脱硫、脱硝系统优化试验。

l）当煤质或锅炉燃烧设备发生较大变化或锅炉燃烧出现较大偏差时应进行锅炉燃烧及制粉系统优化调整试验，以确定最佳煤粉细度、一次风粉分配特性、风量配比、磨煤机投运方式等，提出针对不同煤质、不同负荷下的优化运行方案。

m）对具有滑压运行功能的机组应开展高压调门重叠度优化试验、汽轮机滑压运行优化试验，根据主蒸汽流量、主蒸汽压力、循环水温度等参数变化确定最佳滑压运行曲线，并在机组控制系统中应用。

n）汽轮机冷端系统应进行运行方式的优化试验。根据不同负荷、不同循环水温度、凝汽器真空变化，选择循环水泵、真空泵的最佳经济运行方式。对于直接空冷机组，根据环境温度、风向变化及负荷情况调整空冷风机叶片安装角度、风机转速，使机组真空达到最佳值。

o）根据需要并按照相关标准进行的其他节能项目检测。

3.6 能源计量

3.6.1 基本要求

3.6.1.1 能源计量装置的配备和管理按国家或行业有关规定和要求进行，符合 GB 17167、GB/T 21369、JJF 1356 的要求，能源计量装置的选型、精确度、测量范围和数量应能满足能耗定额管理、能耗考核及商务结算的需要。

3.6.1.2 计量器具应实行定期检定（或校准）。凡经检定（或校准）不符合要求的或超过检定周期的计量器具一律不准使用。属强制检定的计量器具，其检定周期、检定方式应遵守有关计量检定法规的要求。

3.6.1.3 应备有能源计量器具量值传递或溯源图，其中作为企业内部标准计量器具使用的，要明确规定其准确度等级、测量范围以及可溯源的上级传递标准。

3.6.1.4 应备有完整的能源计量台账。计量台账应列出计量器具的名称、型号规格、准确度等级、测量范围、生产厂家、出厂编号、企业管理编号、安装使用地点、有效期及使用状态等（指合格、准用、停用等）。

3.6.1.5 应建立能源计量器具档案，内容包括：计量器具使用说明书、出厂合格证、最近两个连续周期的检定（测试、校准）证书、维修记录以及其他相关信息。

3.6.1.6 在用的计量器具宜在明显位置粘贴与计量器具一览表编号对应的标签，以备监督查验和管理。

3.6.1.7 应设专人负责能源计量工作的管理，负责计量器具的配备、使用、检定（校准）、维修、报废等管理工作；计量管理人员应通过相关部门的培训考核，持证上岗；用能单位应建立和保存能源计量管理人员的技术档案。

3.6.1.8 应配置煤检测实验室，实验室的设置、仪器设备和标准物质的配置、检测环境、设施符合 DL/T 520 的要求，检测用标准符合现行规程；仪器设备应定期检定、校准；采样员、制样员、化验员持证上岗；实验室应根据检测周期开展煤样的采取、制备及进行煤的全水分、工业分析、全硫和发热量的测定，宜开展煤元素分析、煤灰熔融性和哈氏可磨性指数测定。对于本实验室不能检测的项目，根据需要进行外检。

3.6.1.9 应配置水质分析实验室、热工自动化实验室、电测计量标准实验室。实验室的仪器设备、标准物质、设施与环境分别符合 DL/T 1029、DL/T 5004 和 DL/T 1199 的要求，热工和电测计量标准应考核合格；计量标准设备定期校验，符合量值传递的要求；计量人员持证上岗；能开展规程规定范围内的现场仪表的定期检定、校准或检验。

3.6.1.10 积极采用先进计量测试技术和先进的管理方法，实现从能源采购到能源消耗全过程监管。

3.6.1.11 生产用能和非生产用能应严格分开，加强管理，节约使用，对非生产用能按规定收费。对外委维护单位的用能应列入委托单位管理。

3.6.2 燃料计量

3.6.2.1 保证入厂燃料计量准确。火车运煤的应有轨道衡，轨道衡宜采用电子动态轨道衡；汽车运煤的应有汽车衡，汽车衡计量宜采用静态电子汽车衡。轨道衡和汽车衡应符合

GB/T 7723 的技术要求。从煤矿由输煤皮带输送的入厂煤和轮船卸煤后由输送皮带输送的入厂煤宜采用电子皮带秤，电子皮带秤的技术要求应符合 GB/T 7721 的要求，驳船运煤可采用水尺计量称重。电厂燃油可采用检斤或检尺法计量，同时做好油温和密度测量。

3.6.2.2 全厂煤、油、气等计量装置应定期校验和检定，并有在检定周期内的合格证书。其中轨道衡和汽车衡的准确度等级为 0.5 级（衡器的自校验周期不应大于 15d、验定周期不超过 1 年）；电子皮带秤的计量性能要求和检定程序符合 JJG 195 的规定，准确度等级为 0.5 级（皮带秤自校验周期不应大于 10d、验定周期为半年）；成品油流量表的准确度等级为 0.5 级，重油、渣油为 1.0 级。

3.6.2.3 入厂煤宜使用机械采制样装置，其技术要求和性能应符合 DL/T 747 的要求。机械化静止煤采样方法适用于火车、汽车和浅驳船载煤的全深度和深部分层采样；机械化移动煤流采样方法适用于煤矿由输煤皮带输送的入厂煤或轮船卸煤由输送皮带输送的入厂煤。机械化采样方法、煤样的制备方法、精密度测定和偏倚试验按 GB/T 19494 执行。

3.6.2.4 入厂煤若采用人工采样，火车运输煤样的人工采取方法按 GB 475 执行；汽车、船舶运输的煤样人工采取方法按 DL/T 569 执行，煤样的制备按 GB 474 执行。石油液体手工取样法按 GB/T 4756 执行。

3.6.2.5 入厂燃料在进厂后，立即采样并制样，24h 内完成化验并提出化验报告。

3.6.2.6 入炉煤量应由输煤段安装的皮带秤或称重式给煤机测量，其计量装置应定期采用实物或循环链码方式进行校验，校验周期不大于 10d。实物检测装置及循环链码的检定周期宜为 1 年。入炉油可用流量计或储油容器液位计算。

3.6.2.7 单元制机组的入炉煤应有分炉计量装置，入炉油应单独装设燃油计量表，考核单台机组的煤耗及油耗。

3.6.2.8 入炉煤样的采取应使用机械化采制样装置，其技术要求和性能符合 GB/T 30730、GB/T 30731、DL/T 747 的要求，入炉煤样应在输送系统中采取移动煤流的采样方法，机械化采样方法、煤样的制备、精密度测定和偏倚试验按 GB/T 19494 执行。采样精密度为当以干燥基灰分计算时，在 95% 的置信概率下为 ±1% 以内，入炉煤样品的采样周期按 DL/T 567.2 执行。机械采样装置投入率在 90% 以上，机械采样装置应每两年经具有检定能力的机构进行性能检定试验。

3.6.2.9 当入炉煤进行人工采样时，人工采取方法按 GB 475 执行，入炉煤样品的制备按 GB 474 执行。入炉石油液体手工取样法按 GB/T 4756 执行。

3.6.2.10 入厂与入炉燃料的化验按下列标准进行。

    a）煤中全水分的测定方法按 GB/T 211 进行；

    b）煤的工业分析方法按 GB/T 212 进行；

    c）煤的发热量测定按 GB/T 213 进行；

    d）煤灰熔融性的测定方法按 GB/T 219 进行；

    e）煤的可磨性指数测定方法按 GB/T 2565 进行；

    f）煤中全硫的测定方法按 GB/T 214 或 GB/T 25214 进行；

    g）燃料元素的分析方法按 GB/T 476 或按 DL/T 568 进行；

    h）燃油发热量的测定按 DL/T 567.8 进行；

    i）燃油元素分析按 DL/T 567.9 进行。

3.6.2.11　库存的燃料（煤、油等）应每月末盘点一次。贮煤场应整形后使用煤堆体积测量仪（激光盘点仪等）测量煤堆体积，测量仪测量精度≤1%；贮煤仓平整高度后，根据贮煤仓形状计算煤堆体积。燃油根据贮油罐油位计算存油量。煤堆堆积密度应选取有代表性的部位，宜采用沉桶法，可采用模拟法测量堆积密度。

3.6.3　电能计量

3.6.3.1　火电企业负责管理本企业内部考核用电能计量装置，并配合当地供电企业管理与本企业有关的商务结算用电能计量装置。配合电网经营企业做好本企业商务结算用电能计量装置的验收、现场检验、周期检定（轮换）、故障处理等工作。

3.6.3.2　发电机出口，主变压器出口，高、低压厂用变压器，高压备用变压器、用于商务结算的上网线路的电能计量装置分类和技术要求、配置原则、运行管理、计量检定与修理等按 DL/T 448 执行。

3.6.3.3　6kV 及以上电动机应配备电能计量装置，电能表精度等级不低于 1.0 级，互感器精度等级不低于 0.5 级，修调前检验合格率应不低于 95%。

3.6.3.4　非生产用电应配齐计量表计，电能表精度等级不低于 2.0 级，检验合格率不低于 95%。

3.6.3.5　电能计量器具应建立档案［规格型号、使用说明书、出厂合格证、最近连续两个周期的检定（测试、校准）证书、维修或更换记录、安装位置等］。对于自行校准且自行确定校准间隔的电能计量器具应有现行有效的受控文件。

3.6.3.6　建立节约用电管理机构，有专人负责电能的计量工作，绘制全厂用电计量点图，随时掌握系统中各计量点的用电情况，根据节能的要求进行有效的控制。

3.6.4　热能计量

3.6.4.1　集中供热（蒸汽和热水）电厂的热量结算点必须安装热量表。热量表的设计、安装及调试应符合以下要求：

　　a）热量表应根据公称流量选型，并校核在设计流量下的压降。公称流量可按照设计流量的 80% 确定。

　　b）热量表流量传感器的安装位置应符合仪表安装要求。

　　c）热量表数据储存宜能够满足当地供暖季供暖天数的日供热量的储存要求，且宜具备功能扩展的能力及数据远传功能。应设置存储参数和周期，内部时钟应校准一致。

3.6.4.2　对火电企业管理的热源、热力站以及供热系统的计量和调节控制应符合 JGJ 173 的规定。

3.6.4.3　向热力系统外供蒸汽和热水的机组应配置必要的热能计量装置。测点布置合理、安装符合技术要求，并应定期校验、检查、维护和修理，保证计量数据的准确性。

3.6.4.4　热能计量仪表的配置应结合热平衡测试的需要，二次仪表应定期检验并有合格检测报告。

　　一级热能计量（对外供热收费的计量）的仪表配备率、合格率、检测率和计量率均应达到 100%。

　　二级热能计量（各机组对外供热及回水的计量）的仪表配备率、合格率、检测率均应达到95%以上，计量率应达到90%。

三级热能计量（各设备和设施用热、生活用热计量）也应配置仪表，计量率应达到85%。

3.6.4.5　应有完整的热能计量仪表的详细资料（一次元件设计图纸、流量设计计算书、二次仪表的规格、精度等级等），电厂应有合格的定期检验报告。

3.6.4.6　应在下列各处设置热能计量仪表。

　　a) 对外收费的供热管；

　　b) 单台机组对外供热管；

　　c) 厂内外非生产用热管；

　　d) 对外供热后的回水管；

　　e) 除本厂热力系统外的其他生产用热。

3.6.4.7　供热介质流量的检测应考虑温度、压力补偿，供热介质流量检测仪表应适应不同季节流量的变化，必要时应安装适应不同季节负荷的两套仪表。对进出电厂的蒸汽工质，其流量测量装置的准确度等级应不小于1.0级，温度测量仪表和压力测量仪表的准确度等级应分别不小于1.0级、0.5级；对进出电厂的热水工质，其流量测量装置的准确度等级应不小于1.5级，温度测量仪表和压力测量仪表的准确度等级应不小于1.5级。

3.6.4.8　热能计量宜安装累积式热能表计。

3.6.4.9　对零散消耗热量和排放热能，可根据现场实际条件，采用直接测量、计算或估算的方法。

3.6.4.10　应绘制全厂供热计量点图，有专人负责热量的计量工作，随时掌握系统中各计量点的用热情况，根据节能的要求进行有效的控制。

3.6.5　水量计量

3.6.5.1　火电企业水计量器具配备和管理应满足GB 24789的有关要求，对各类取水、用水进行分质计量，对取水量、用水量、重复利用水量、排水量等进行分项统计。

3.6.5.2　从外部取水应安装计量仪表，取水计量技术要求符合GB/T 28714的规定。

3.6.5.3　水量计量装置应根据用水和排水的特点、介质的性质、使用场所和功能要求进行选择。测点布置合理、安装符合技术要求，并应定期校验、检查、维护和修理，保证计量数据的准确性。

3.6.5.4　水量计量仪表的配置应满足水平衡测试的需要，二次仪表应定期检验并有合格检测报告。

一级用水计量（取水的计量）的仪表配备率、合格率、检测率和计量率均应达到100%，应具有远传信号功能。

二级用水计量（各类分系统）的仪表配备率、合格率、检测率应达到100%，计量率应达到95%，应具有远传信号功能。

三级用水计量（各设备和设施用水、生活用水计量）也应配置仪表，计量率应达到85%以上。

3.6.5.5　应在下列各处设置累计式流量表：

　　a) 取水泵房（地表和地下水）的原水管；

b）原水入厂区后的水管；

c）进入主厂房的工业用水管；

d）供预处理装置或化学水处理车间的原水总管及化学水处理后的除盐水出水管；

e）循环冷却水补充水管；

f）除灰渣系统及烟尘净化装置系统用水管；

g）热网补充水管；

h）各机组除盐水补水管；

i）脱硫系统用水管；

j）非生产用水总管；

k）其他需要计量处。

3.6.5.6 水计量器具准确度等级优于或等于 2 级，废水排放水表的不确定度优于或等于 5%。

3.6.5.7 水计量器具应实行定期检定（校准）。凡经检定（校准）不符合要求的或超过检定周期的水计量器具禁止使用。属强制检定的水计量器具，其检定周期、检定方式应遵守有关计量技术法规的规定。在用的水计量器具应在明显位置粘贴与水计量器具一览表编号对应的标签，以备查验和管理。

3.6.5.8 应建立水计量器具档案［规格型号、使用说明书、出厂合格证、最近连续两个周期的检定（测试、校准）证书、维修或更换记录、安装位置等］。对于自行校准且自行确定校准间隔的计量器具应有现行有效的受控文件。

3.6.5.9 对零散用水或间歇用水，可根据现场实际条件，采用直接测量、计算或估算的方法。

3.6.5.10 应收集、保存完整的水计量仪表的流量设计计算书、二次仪表规格、精度等级、定期校验报告等技术资料。

3.6.5.11 建立节约用水管理机构，有专人负责水量计量和统计分析工作，编制节水规划和计划，绘制全厂用水计量点图，随时掌握系统中各计量点的用水情况，根据节水的要求进行有效的控制。

3.7 经济调度

3.7.1 火电企业应加强机组维护管理，提高机组可靠性，满足稳发满发和调峰、备用的需要。经济运行和调度应贯彻执行《节能发电调度办法（试行）》和国家电投集团相关节能降耗指导文件的要求。

3.7.2 积极与所在地区主管部门进行沟通，在电量争取、机组运行方式、激励与评价机制等方面采取措施，以争取获得较高的电量、实现内部效益调电、提高整体经济性的目的。

3.7.3 应加强电量营销力度，通过提高机组出力系数和利用小时数，协调厂内不同性能机组间承担负荷的比例及不同时间段的负荷，以达到较好的节能效益。

3.7.4 应优化全厂电量结构，提高大容量高效机组的电量权重。宜按"煤耗等微增率"的原则，根据各台机组效率与负荷的对应关系曲线，制定全厂不同负荷和运行方式下的电量调度策略，实现全厂经济运行。

3.7.5 应合理安排机组检修、备用停机时间，优化年度发电量分配，以提高机组全年整体经济性。

3.7.6 有条件的火电企业，积极与有关部门协商，根据当地负荷状况经经济技术比较后，实现大用户直供电的目的。

3.7.7 积极融入电网企业电力交易平台，制定合理的电力交易电量。

3.7.8 供热机组在满足供热需求的条件下，协调各机组供热与供电分配比例，达到供热与供电的最优化。

4 节能监督管理

4.1 节能监督组织机构

4.1.1 火电企业应根据相关法律法规、政策、标准和其他要求，结合自身规模、能力、需求等状况，依据 DL/T 1320 的规定，建立、实施、保持和持续改进节能监督与能源管理体系，并形成文件。

4.1.2 火电企业应建立健全由主管生产副总经理或总工程师领导下的节能技术监督网络体系，设立节能监督领导小组，配置节能技术监督专责人。节能技术监督网络分为三级，第一级为厂级，包括生产副总经理或总工程师领导下的节能技术监督专责人；第二级为部门级，包含由生产部、运行部、检修部、燃料部、化学部等各专业专工；第三级为班组级，包含各班组长或技术人员。

4.1.3 节能技术监督网严格执行岗位责任制，在生产副总经理或总工程师领导下由节能技术监督专责人统筹安排，协调各部门和各专业共同配合完成节能监督工作。

4.1.4 节能监督人员应具有节能专业知识、实际经验以及管理能力，了解国家和上级有关方针、政策，负责制定本企业、本部门节能管理制度、规定。节能技术监督专责人负责节能监督日常工作的开展和监督管理，负责组织对本企业节能和用能状况进行分析、评价，组织编制节能分析报告，提出节能工作的改进措施并组织实施，负责填报节能报表。

4.1.5 节能技术监督工作归口职能管理部门应根据人员变动情况及时对网络成员进行调整；按照人员培训和上岗资格管理办法的要求，上级单位或技术监督服务单位定期对技术监督专责人和特殊技能岗位人员进行专业和技能培训，使其具有节能岗位能力的资质。

4.2 节能监督规章制度

4.2.1 火电企业依靠技术监督管理体系，建立健全本企业的节能管理制度和考核实施细则，定性和定量制定节能降耗指标体系、监督体系和评价体系，将各项经济技术指标依次分解到各有关责任部门和责任人，将节能目标完成情况作为对部门和责任人考核评价的依据。

4.2.2 按照 DL/T 1320 的规定，及时获取并更新国家、行业、地方及上级有关节能的法律法规、政策、标准，获取并识别法规、标准中与节能相关的适用及应执行的内容，重要法规和标准应采用印刷版存档。

4.2.3 参照 DL/T 1333 的有关规定，每年年末，应组织对管理制度和实施细则进行有效性、准确性评估，修订不符合项，经归口职能部门领导审核，生产主管领导审批后发布实施。

4.2.4　火电企业应建立全体员工参与的节能管理机制，建立相应的奖惩制度，开展小指标竞赛等活动。对节能效果显著的节能技术措施、改造项目、合理化建议或对节能技术有创新的单位和员工，根据节能效果给予奖励，对由于管理不善或工作失误，造成资源、能源浪费的行为应予以批评教育或经济处罚。

4.2.5　编写或执行的节能监督规程和制度可包含但不限于以下内容：

　　a）节能技术监督规定；
　　b）能源计量管理规程；
　　c）发电运行规程；
　　d）设备维护与检修规程；
　　e）技术改造管理制度；
　　f）燃料管理制度；
　　g）节能检测管理制度；
　　h）节能分析制度；
　　i）供热管理制度；
　　j）节电管理办法；
　　k）节水、节汽管理办法；
　　l）非生产用能管理办法；
　　m）能效对标管理办法；
　　n）节能奖惩制度；
　　o）节能培训制度；
　　p）其他管理制度。

4.2.6　编写或执行的节能监督考核实施细则（可与4.2.5项合并），可包含但不限于以下内容：

　　a）运行指标考核实施细则；
　　b）设备维护考核实施细则；
　　c）设备检修考核实施细则；
　　d）燃料管理考核实施细则；
　　e）燃料采制化考核实施细则；
　　f）节油考核实施细则；
　　g）节水（汽）考核实施细则；
　　h）节电考核实施细则；
　　i）其他需要制定的考核实施细则。

4.3　节能监督工作计划、总结

4.3.1　每年末，节能技术监督专责人应参照GB/T 25329组织制定年度节能计划和节能规划，节能计划和规划应在结合企业现状、节能潜力分析、比选节能措施的基础上确定节能目标。计划和规划批准发布后报送上一级公司及技术监督服务单位。

4.3.2 节能规划的主要内容包括总论、发展环境、节能潜力分析、指导思想和规划目标、节能重点项目、保障措施及附件等。年度节能计划具体项目中应包含项目名称、工作范围、原因分析、采取措施、年月预期目标、完成时间、资金落实情况等。指标计划应有对标指标体系的相关内容。计划和规划应落实项目负责单位、项目负责人、批准人、验收人。

4.3.3 制定年度节能计划至少应包含或参照以下几个方面：

    a) 国家、行业、地方有关节能的法律、法规、标准、规范、政策、要求；

    b) 国家电投集团（总部）、二级单位技术监督工作规划、计划和年度生产目标；

    c) 国家电投集团（总部）、二级单位技术监督管理制度和年度技术监督动态管理要求；

    d) 主要设备当前的能耗状态；

    e) 同业对标中比照的标杆企业节能指标；

    f) 技术监督服务单位、上级节能监督管理部门检查、报表提出的问题；

    g) 收集当前主要能耗设备的先进、适用性技术；

    h) 本年度检修、改造等方面的工作计划。

4.3.4 制定年度工作计划时应广泛征求节能监督体系成员的意见和建议，并由节能监督专责人汇总、修改和上报审批。节能计划内容应按工作性质分类说明，至少应包含以下几个方面：

    a) 全厂综合性指标的目标及节能措施；

    b) 各项生产小指标的预期目标及对应的措施；

    c) 机组检修期间的节能监督计划；

    d) 制定节能技术改造及改造效果评估（试验）的项目计划；

    e) 制定节能培训计划（主要包含内部培训、外部培训取证，标准规程宣贯等）；

    f) 制定定期试验、化验计划；

    g) 制定能源计量器具检定、检验、校验计划；

    h) 制定节能监督提出问题的整改计划及监督提出的预警、告警问题的整改计划。

4.4 监督过程实施

4.4.1 节能技术监督工作实行全过程、闭环监督管理方式，要依据相关技术标准、规程、规定和反措在以下环节开展发电设备的技术监督工作。

    a) 设计审查；

    b) 设备选型与监造；

    c) 安装、调试、工程监理；

    d) 正常运行；

    e) 检修及停备用；

    f) 技术改造；

    g) 设备退役鉴定。

4.4.2 火电企业应严格按技术标准、规程、规定和反措开展节能技术监督工作。当国家标准和制造厂标准存在差异时，按高标准执行；由于设备具体情况而不能执行技术标准、规程、规定和反措时，应进行认真分析、讨论并制定相应的监督措施，由火电企业总工程师批准，并报上级技术监督管理部门备案。

4.5 节能监督告警

4.5.1 节能监督告警条件

a）主汽温度、主汽压力、真空度、排烟温度等小指标偏离额定值、规定值或正常值，长期得不到解决；

b）供电煤耗、发电厂用电率严重偏离计划值或设计值。

4.5.2 节能技术监督工作实行监督异常告警管理制度。节能技术监督标准应明确节能技术监督告警项目，各火电企业应将告警识别纳入日常监督管理和考核工作中。

4.5.3 国家电投集团科学技术研究院、技术监督服务单位要对监督服务中发现的问题，及时提出和签发告警通知单，下发至相关火电企业，同时抄报国家电投集团（总部）、二级单位。

4.5.4 火电企业接到告警通知单后，按要求编制报送整改计划，落实整改。

4.6 节能技术监督问题整改

4.6.1 节能技术监督工作实行问题整改跟踪管理方式。节能技术监督问题的提出包括：

a）国家电投集团科学技术研究院、技术监督服务单位在节能技术监督动态检查、告警中提出的整改问题；

b）节能技术监督季度报告中明确的国家电投集团（总部）或二级单位督办问题；

c）节能技术监督季度报告中明确的火电企业需关注及解决的问题；

d）火电企业节能技术监督专责人每季度对监督计划执行情况进行检查，达不到监督要求提出的整改问题。

4.6.2 对于节能技术监督动态检查发现问题的整改，火电企业在收到检查报告两周内，组织有关人员会同国家电投集团科学技术研究院或技术监督服务单位，在两周内完成整改计划的制订，经二级单位生产部门审核批准后，将整改计划报送国家电投集团（总部），同时抄送国家电投集团科学技术研究院、技术监督服务单位。火电企业应按照整改计划落实整改工作，整改结果上报主管部门和监督服务单位。

4.6.3 对整改完成的问题，火电企业应保存问题整改相关的试验报告、现场图片、影像等技术资料，作为问题整改情况及实施效果评估的依据。

4.6.4 二级单位应加强对所管理火电企业节能技术监督问题整改落实情况的督促检查和跟踪，组织复查评估工作，保证问题整改落实到位，并将复查评估情况报送国家电投集团（总部）。

4.6.5 国家电投集团（总部）定期组织对火电企业节能技术监督问题整改落实情况和二级单位督办情况进行抽查。

4.7 技术监督工作会议

4.7.1 火电企业每年至少召开两次技术监督工作会议，会议由火电企业技术监督领导小组组长主持，检查评估、总结、布置节能技术监督工作，对节能技术监督中出现的问题提出处理意见和防范措施，形成会议纪要，按管理流程批准后发布实施。

4.7.2 节能技术监督网每半年召开一次会议，传达上级有关技术监督工作的指示，听取技术监督网络成员的工作汇报，分析存在的问题并制定改进措施，检查节能技术监督各项工作的落实情况。

4.8 人员培训和持证上岗管理

4.8.1 国家电投集团（总部）、二级单位应定期组织火电企业节能技术监督和专业技术人员培训工作，不断提高技术监督人员水平。

4.8.2 节能技术监督工作实行持证上岗制度。节能技术监督岗位及特殊专业岗位应符合国家、行业和国家电投集团明确的上岗资格要求，各火电企业应将人员培训和持证上岗纳入日常监督管理和考核工作中。

4.9 技术资料与档案

4.9.1 建立健全节能技术监督档案、制度和技术资料，确保技术监督档案和技术资料的完整性和连续性。

4.9.2 节能技术资料根据规定及时移交档案室存档。技术监督专责人应建立节能监督档案资料目录清册，并负责及时更新。技术监督专责人和各专业监督负责人应按专业分工保管本专业资料，人员岗位发生变动时及时移交全部资料（包含电子版资料）。

4.9.3 火电建设项目设计和建设阶段应根据 DL/T 241 的规定进行文件的收集、整理、移交和专项验收评价。设计和基建阶段有关节能的资料，主要包含：

    a) 锅炉设计说明书、使用说明书、热力计算书；

    b) 汽轮机设计说明书、使用说明书、热力特性书；

    c) 主要风机（送风机、引风机、一次风机、增压风机等）设计使用说明书（含性能曲线）；

    d) 主要水泵（给水泵、凝结水泵、循环水泵等）设计使用说明书（含性能曲线）；

    e) 高压加热器、低压加热器、除氧器设计说明书；

    f) 凝汽器设计使用说明书；

    g) 冷却水塔或空冷凝汽器设计说明书；

    h) 空气预热器设计使用说明书；

    i) 磨煤机设计使用说明书；

    j) 设计阶段的节能评估报告、节能专题报告；

    k) 基建阶段的调试报告，设备的性能试验报告、投产达标验收报告等。

4.9.4 机组运行期间应根据 DL/T 241 的规定进行文件的收集、整理、移交。节能监督资料档案，主要包含：

    a) 节能技术监督有关的国家和行业最新颁布的标准、规范、文件，国家电投集团颁发的与节能监督有关的标准、规定、文件；

    b) 节能监督制度、考核细则、节能监督三级网络图、各级人员的岗位职责；

    c) 节能规划和年度节能计划；

    d) 月度、季度、年度节能报表；

    e) 节能分析总结及节能工作会议记录，节能培训记录、节能宣传记录；

    f) 技术监督检查资料，包含自查报告、上级公司和技术监督委托服务单位的检查报告、监督总结报告、告警通知单，对提出问题的整改计划；

g）设备技术改造的可行性研究报告、设计方案和设备说明书；

h）主机和主要辅助设备的检修前后的性能试验报告，优化运行调整试验报告；

i）定期试验与测试报告，包含真空系统严密性、空气预热器漏风等；

j）定期化验报告，包括燃料化验、水质化验等；

k）全厂能量平衡测试报告，能源审计报告；

l）能源计量器具一览表、燃料计量点图、电能计量点图、热能计量点图、水计量点图；

m）能源计量器具的检定、检验、校验报告（记录），包含燃料计量、电能计量、热能计量、水计量；

n）主机和辅机重要参数，如压力、温度、流量等二次仪表的检定、检验报告；

o）设备运行参数原始记录；

p）设备维护记录；

q）设备检修记录；

r）全厂各专业运行和检修规程；

s）全厂各专业系统图；

t）其他需要存档的资料。

4.10　工作报告报送管理

4.10.1　节能技术监督工作实行工作报告管理方式。火电企业应按要求及时报送监督月报、监督季报等节能技术监督工作报告。

4.10.2　火电企业发生重大节能监督指标异常，节能技术监督专责人应将异常概况、原因分析、采取措施等情况填写速报并报二级单位和国家电投集团科学技术研究院。

4.10.3　国家电投集团科学技术研究院应分析和总结各火电企业报送的指标异常情况，编辑汇总后在国家电投集团火电技术监督季度报告中发布，供各火电企业学习、交流。各火电企业要结合本单位设备实际情况，吸取经验教训，举一反三，认真开展技术监督工作，确保设备健康服役和安全运行。

4.10.4　火电企业节能技术监督专责人应按照本专业规定的月报格式和要求，组织编写技术监督月报，每月5日前报送二级单位和国家电投集团科学技术研究院。国家电投集团科学技术研究院于每月25日前编写完成国家电投集团火电技术监督月度报告，报送国家电投集团（总部），经国家电投集团（总部）审核后，发送各二级单位及火电企业。

4.11　责任追究与考核

4.11.1　节能技术监督考核包括上级单位组织的节能技术监督现场考核、节能技术监督服务单位组织的技术监督考核以及自我考核。

4.11.2　应积极配合上级单位和技术监督服务单位组织的现场检查和节能技术监督考核工作。对于考核期间的技术监督事件不隐瞒，不弄虚作假。

4.11.3　对于各级考核提出的问题，包括自查发现的问题，应明确整改责任人，根据整改情况对有关部门和责任人进行奖惩。

4.11.4 对节能技术监督工作做出贡献的部门或人员给予表彰和奖励；对由于技术监督不当或擅自减少监督项目、降低监督标准而造成严重后果的，要追究当事者及相关人员的责任。

附录 A

（资料性附录）

发电机组（厂）节能技术监督月报表

表 A.1 发电机组（厂）节能技术监督月报表（A）

火电企业名称：

炉号	锅炉容量/(t/h)	炉产汽量/t		运行小时/h		平均主汽流量/(t/h)		锅炉效率/%		主汽压力/MPa		主汽温度/℃		再热汽压/MPa		再热汽温/℃		给水温度/℃		冷风温度/℃	
		本月	累计	本月	累计	本月	累计	本月	累计	本月	累计	本月	累计	本月	累计	本月	累计	本月	累计	本月	累计

炉号	锅炉容量/(t/h)	排烟温度/℃		运行氧量/%		飞灰含碳量/%		炉渣含碳量/%		煤粉细度/%		空气预热器漏风率/%		吹灰器投入率/%		过热减温水流量/(t/h)		再热减温水流量/(t/h)		石子煤量/(t/h)	
		本月	累计	本月	累计	本月	累计	本月	累计	本月	累计	本月	累计	本月	累计	本月	累计	本月	累计	本月	累计

填报：　　　　　　　　审核：　　　　　　　　批准：　　　　　　　　年　月　日

表 A.2 发电机组（厂）节能技术监督月报表（B）

火电企业名称：

机号	汽机容量/MW	发电量/MWh		供热量/GJ		运行小时/h		平均负荷/MW		发电厂用电率/%		供热厂用电率/(kWh/GJ)		主汽压力/MPa		主汽温度/℃		再热汽压/MPa		再热汽温/℃		给水温度/℃		真空度/%		真空严密性/(Pa/min)	
		本月	累计	本月	累计	本月	累计	本月	累计	本月	累计	本月	累计	本月	累计	本月	累计	本月	累计	本月	累计	本月	累计	本月	累计	本月	累计

机号	汽机容量/MW	凝汽器端差/℃		凝结水过冷度/℃		循环水入口温度/℃		循环水温升/℃		胶球收球率/%		1号高加端差/℃		2号高加端差/℃		3号高加端差/℃		高压缸效率a/%		中压缸效率a/%		热耗率/(kJ/kWh)		供热煤耗/(kg/GJ)		供电煤耗/(g/kWh)	
		本月	累计	本月	累计	本月	累计	本月	累计	本月	累计	上端差	下端差	上端差	下端差	上端差	下端差	本月	累计	本月	累计	本月	累计	本月	累计	本月	累计

a 在___MW负荷时的计算值

填报： 审核： 批准：

年 月 日

火电企业名称：

表A.3 发电机组（厂）节能技术监督月报表（C）

统计内容		发电量/MWh	供热量/GJ	厂用电量 发电/MWh	厂用电量 供热/MWh	厂用电率 发电/%	厂用电率 供热/(kWh/GJ)	标准煤量 发电/t	标准煤量 供热/t	标准煤耗率 发电/(g/kWh)	标准煤耗率 供热/(kg/GJ)
全厂	今年 实际 本月										
	今年 实际 累计										
	去年 实际 当月										
	去年 实际 累计										
	本月计划										
差值	与本月计划比（±）										
	与去年同月比（±）										

主要设备停用影响发电量情况/MWh

机组号	计划停用 时间/h 本月	计划停用 时间/h 累计	计划停用 影响电量 本月	计划停用 影响电量 累计	非计划停用 时间/h 本月	非计划停用 时间/h 累计	非计划停用 影响电量 本月	非计划停用 影响电量 累计	调峰启停影响 次数 本月	调峰启停影响 次数 累计	调峰启停影响 影响电量 本月	调峰启停影响 影响电量 累计
全厂												
机												
炉												
电												
变												

设备主要缺陷　安全运行天数：　　天

燃料消耗情况

项目	单位	煤 本月	煤 累计	油 本月	油 累计
实际入厂量	t				
发电供热用量	t				
非生产用量	t				
运损量	t				
储损量	t				
月末库存量	t				
到货率	%				
检斤率	%				
检出亏吨煤量	t				
追回亏吨煤量	t				
检出质价不符	t				
入厂发热量	MJ/kg				
炉前发热量	MJ/kg				
热值差	kJ/kg				
助燃用油	t		t/月		
点火用油	t		次/月		

国家电投集团火电企业技术监督实施细则和评估标准

续表

指标	单位	本月	累计
综合厂用电率	%		
非生产用电率	%		
非生产用热量	GJ/h		
非生产用水量	t/h		
汽水泄漏点数	个		
除尘系统耗电率	%		
脱硝系统耗电率	%		
脱硫系统耗电率	%		
化学制水耗电率	%		

辅助设备用电率			
设备名称	单位	本月	累计
给水泵	%		
循环水泵	%		
凝结水泵	%		
送风机	%		
引风机	%		
一次风机	%		
磨煤机	%		
除灰系统	%		
输煤系统	%		

水消耗指标			
项目	单位	本月	累计
取水量	m^3		
发电水耗	m^3/MWh		
供热水耗	m^3/GJ		
全厂复用水率	%		
补水率	%		
热网补水率	%		
化学自用水率	%		
循环水浓缩倍率	—		
水灰比	—		

填报：　　　　　审核：　　　　　批准：　　　　　年　月　日

618

附录 B

（资料性附录）

技术监督异常情况预警、告警通知单

（□预警、□告警）

编号：　　　　　　　　　　　　　　　　　　　　　　　年　　月　　日

发电公司名称	
设备（系统）名称及编号	
设备超标、超限情况	
改正要求	
处理情况	

发出单位		部门负责人		签发人	

国家电力投资集团有限公司
STATE POWER INVESTMENT CORPORATION LIMITED

企 业 标 准

火电企业电能质量技术监督实施细则

2017-12-11 发布

2017-12-11 实施

国家电力投资集团有限公司　发布

目　　录

前　　言

为了规范国家电力投资集团有限公司（以下简称国家电投集团）电能质量技术监督管理，进一步提高电能质量，保证发电企业设备安全、稳定、经济运行，保证电网安全稳定运行，特制定本标准。

本标准由国家电投集团火电部提出、组织起草并归口管理。

本标准主要起草单位（部门）：国家电投集团科学技术研究院有限公司。

本标准主要起草人：范龙。

本标准主要审查人：王志平、徐国生、章义发、岳乔、陈以明、华志刚、侯晓亮、王正发、刘宗奎、李晓民、刘江、李继宏、史振翔、郑小平、乔淑芳、张大义、刘卫东、杨惠文、周振宇。

火电企业电能质量技术监督实施细则

1 范围

本标准规定了国家电投集团火电企业电能质量技术监督范围、工作内容、主要指标与技术监督管理等要求。

本标准适用于国家电投集团所属火电企业电能质量技术监督工作。

2 规范性引用文件

下列文件对于本细则的应用是必不可少的。凡是注日期的引用文件，仅注日期的版本适用于本细则。凡是不注日期的引用文件，其最新版本（包括所有的修改单）适用于本细则。

GB/T 12325　电能质量供电电压偏差

GB/T 12326　电能质量电压波动和闪变

GB/T 14549　电能质量公用电网谐波

GB/T 15543　电能质量三相电压不平衡

GB/T 15945　电能质量电力系统频率偏差

GB/T 17626.30　电磁兼容试验和测量技术电能质量测量方法

GB/T 18481　电能质量暂时过电压和瞬态过电压

GB/T 19862　电能质量监测设备通用要求

GB/T 24337　电能质量公用电网间谐波

GB/T 30370　火力发电机组一次调频试验及性能验收导则

DL/T 824　汽轮机电液调节系统性能验收导则

DL/T 1053　电能质量技术监督规程

DL/T 1194　电能质量术语

国家电投规章〔2016〕124号　国家电力投资集团公司火电技术监督管理规定

3 总则

3.1　电能质量技术监督主要范围包括频率允许偏差、电压允许偏差、谐波允许指标、电压允许波动和闪变、三相电压不平衡度。

3.2　电能质量技术监督贯穿于规划、设计、基建、生产运行及用电管理的全过程。应对发电机的无功出力、调压功能、进相运行及电压质量进行管理与监督，应加强有功功率和无功功率的调整、控制及改进，使电源电压和频率等调控在标准规定允许范围之内。

4 技术监督内容与主要指标

4.1 电能质量技术监督内容

4.1.1 电能质量技术监督指标

本细则所指的电能质量是指发电企业各级电压（包括送出线路和厂用电）的电能质量，其内容包括：

a）电压控制点合格率≥98%、电压监视点合格率≥98%、AVC装置投运率≥98%；

b）电力系统频率偏差；

c）电压偏差；

d）电压波动和闪变；

e）三相电压不平衡度；

f）谐波指标。

4.1.2 电能质量技术监督指标定义

a）频率偏差：系统频率的实际值和标称值之差。

b）电压偏差：又称电压偏移，指供配电系统改变运行方式和负荷缓慢地变化使供配电系统各点的电压也随之变化，各点的实际电压与系统的额定电压之差称为电压偏差。

c）电压波动：电压均方根值一系列的变动或连续的改变。

d）电压闪变：灯光照度不稳定造成的视感。

e）三相电压不平衡度：指三相电力系统中三相不平衡的程度，用电压或电流的负序分量与正序分量的均方根值百分比表示。

f）谐波：对周期性交流量进行傅里叶级数分解，得到频率为基波频率大于1整数倍的分量。

4.2 电能质量监测的分类

电能质量的监测分为连续监测、不定时监测和专项监测三种：

a）连续监测主要适用于供电电压偏差和频率偏差的实时监测以及其他电能质量指标的连续记录；

b）不定时监测主要适用于需要掌握供电电能质量而不具备连续监测条件时所采用的方法；

c）专项监测主要适用于非线性设备接入电网（或容量变化）前后的监测，以确定电网电能质量的背景条件、干扰的实际发生量以及验证技术措施的效果等。

4.3 频率质量技术监督

4.3.1 频率允许偏差

电力系统正常频率偏差允许值为±0.2Hz，当系统容量较小时，偏差值可以放宽到

±0.5Hz。

4.3.2 发电机组频率调整要求

a）并网运行的发电机组应具有一次调频的功能，一次调频功能应投入运行。机组的一次调频功能参数应按照电网运行的要求进行整定并投入运行。发电厂应根据调度部门要求安装保证电网安全稳定运行的自动装置。为防止频率异常时发生电网崩溃事故，发电机组应具有必要的频率异常运行能力。

b）正常情况下发电机组不应运行在额定负荷以上，且应满足以下要求。

1）单元制汽轮机发电组在滑压状态运行时，必须保证调节汽门有部分节流，使其具有额定容量 3% 以上的调频能力；

2）发电机组一次调频的负荷响应滞后时间一般不大于 1s，负荷响应时间不大于 15s；

3）汽轮发电机组参与一次调频的负荷变化幅度，正向调频负荷（即机组负荷增加）不应小于机组额定容量的 5%，负向调频负荷则不予限制。

c）汽轮机调速系统的性能指标，如转速不等率、转速迟缓率、转速调节死区等应符合 DL/T 824 的要求。

4.3.3 频率质量监测

供电频率统计时间以秒为单位，供电频率合格率计算公式为：

$$K_X = \left(1 - \frac{\sum t_i}{T_0}\right) \times 100\%$$

式中：t_i——测试期间（年、季、月）第 i 次不合格时间/s；

T_0——测试期间（年、季、月）全部时间/s。

发电企业频率调整合格率统计以当地电网调度部门对一次调频和 AGC 调整的考核为准。

4.4 电压偏差技术监督

4.4.1 电压允许偏差

a）330kV 及以上母线正常运行方式时，最高运行电压不得超过系统标称电压的 +10%；最低运行电压不应影响电力系统同步稳定、电压稳定、厂用电的正常使用及下一级电压的调整。

b）220kV 母线正常运行方式时，电压允许偏差为系统标称电压的 0～+10%；非正常运行方式时为系统标称电压的 -5%～+10%。

c）35～110kV 母线正常运行方式时，电压允许偏差为系统标称电压的 -3%～+7%；非正常运行方式时为系统标称电压的 ±10%。

d）35kV 以下母线电压允许偏差值：为系统标称电压的 ±7%，一般可按 0～+7% 考虑。

e）发电厂带地区供电负荷的 10（6）kV 母线电压在正常运行方式时，应使所带线路的全部高压用户和经配电变压器供电的低压用户电压，均能符合标称电压 0～+7% 要求。

4.4.2 电压偏差技术要求

a）发电企业应按照调度部门下达的电压曲线或发电机无功出力、AVC 调节指令，严格控制高压母线电压。

b）发电厂应保持其发电机组的自动调整励磁装置具有强励限制、低励限制等环节，并投入运行。失磁保护应投入运行。强励顶值倍数应符合有关规定。

c）新安装发电机均应具备在有功功率为额定值时，功率因数进相 0.95 运行的能力。对已投入运行的发电机，应有计划地进行发电机吸收无功电力（进相）能力试验，根据试验结果予以应用。

4.4.3 电压偏差监测

4.4.3.1 电压偏差监测点设置。

发电企业电压监测点设置原则为：

a）当地电网调度部门所列考核点及监测点；

b）厂用高压母线。

4.4.3.2 电压偏差监测统计。

电压合格率的统计分为监测点电压合格率、全厂电压合格率，计算公式分别为：

a）监测点电压合格率计算公式为

$$U_i(\%) = \left(1 - \frac{电压超上限时间 + 电压超下限时间}{电压监测总时间}\right) \times 100\%$$

式中：统计电压合格率的时间/min。

b）全厂电压合格率计算公式为

$$U_总 = \frac{\sum\limits_{i=1}^{n}(监测点电压合格率)}{n}$$

式中：n——电网电压监测点数。

4.5 电压波动和闪变、三相电压不平衡技术监督

a）电压波动和闪变以及三相电压不平衡的监测一般在母线、厂用电接有直供冲击负荷和不对称负荷接入系统前后，应进行专门测量以确定此类负荷对系统所造成的影响程度，必要时进行连续监测。对由于大容量单相负荷所造成的负序电压应进行连续监测。

b）各电压等级母线的三相电压不平衡应符合 GB/T 15543 的要求；电压波动和闪变符合 GB/T 12326 的要求。

c）电网正常运行时，负序电压不平衡度不超过 2%，短时不得超过 4%。

电力系统公共连接点，在系统正常运行的较小方式下，以 1 周（168 h）为测量周期，所有长时间闪变值都应满足表 1 闪变限值的要求。

表1 闪变限值

Plt	
<110kV	>110kV
1	0.8

4.6 谐波技术监督

4.6.1 谐波监测点的设置

a）谐波监测点重点选择在发电厂220kV及以下电压等级的母线上。带有电铁牵引站、大型整流设备、大电弧炉及轧制机械负荷的电厂母线，都必须监测。

b）当谐波源设备、电容器（或滤波器）组等接入电网前后，均应进行专门的谐波测试，以确定电网背景谐波状况、谐波源的谐波发生量、电容器（或滤波器）组对谐波的影响等，以决定其能否正式投入运行。当因谐波造成事故或异常时，根据事故分析或异常的性质和影响范围，及时进行测量分析。

4.6.2 谐波限值

母线谐波电压应符合 GB/T 14549 的要求，各电压等级母线谐波电压限值见表2。

表2 谐波电压限值（相电压）

标称电压/kV	电压总谐波畸变率/%	各次谐波电压含有率/%	
		奇次	偶次
0.38	5.0	4.0	2.0
6	4.0	3.2	1.6
10			
35	3.0	2.4	1.2
66			
110（220）	2.0	1.6	0.8

4.6.3 谐波定期普查

为了全面掌握发电厂的谐波水平和谐波特性，应定期（至少3年一次）对电厂各母线监测点进行谐波普查测试，普查结果应提出专门的报告。测量间隔时间及取值按GB/T 14549执行。测量方法和测量仪器应符合 GB/T 17626.7 的要求。

4.6.4 谐波测试数据整理及分析

谐波实测数据是判断电网谐波污染及谐波源设备谐波发生量的基本依据，应定期进行整理，经分析后向本单位和有关电能质量监督部门提出正式报告。

谐波测量数据整理应包括：

a）各谐波监测点 1~25 次（可根据实际情况增加谐波次数）电压谐波含有率以及电压总谐波畸变率的最大值、95% 概率值；

b）主要谐波监测点典型日主要谐波电压及总畸变率变化曲线；

c）谐波电源电压超标一览表。

谐波分析报告包括：

a）电厂概况及总谐波水平评价；

b）主要谐波源情况及近期发展；

c）电容器组（或滤波器组）及对谐波的影响；

d）谐波异常或事故的分析；

e）电网中谐振因素；

f）新的非线性负荷投入后谐波水平的预测；

g）建议和对策。

4.7 电能质量监测仪器

4.7.1 电能质量监测仪器应满足 GB/T 17626.30 及 GB/T 19862 中对测试仪器的要求，监测装置测量采样窗口应满足 GB/T 17626.30 的要求，取 10 个周波，且每个测量时间窗口应该连续且不重叠，一个基本记录周期为 3s，监测设备各相应指标的准确度应满足下述要求：

——电压偏差：0.5%；

——频率偏差：0.01Hz；

——三相电压不平衡度：0.2%；

——三相电流不平衡度：1%；

——谐波：满足 GB/T 14549—93 规定 A 级标准，具体规定见表 3；

——闪变：5%；

——电压波动：5%。

表 3　电能质量测试仪器谐波精度要求

被 测 量	条 件	允许误差
谐波电压	$U_h \geq 1\% U_N$	$5\% U_h$
	$U_h < 1\% U_N$	$0.05\% U_N$
谐波电流	$I_h \geq 3\% I_N$	$5\% I_h$
	$I_h < 3\% I_N$	$0.15\% I_N$
注：U_N 为标称电压，U_h 为谐波电压，I_N 为标称电流，I_h 为谐波电流		

4.7.2 电能质量监测仪器应按规定进行定期检测，如出现设备故障或不符合标准要求的情况应及时维修或更换。

5 技术监督管理

5.1 技术监督体系建设

5.1.1 应按照国家电投规章〔2016〕124号和本细则开展电能质量监督管理工作，将电能质量技术监督工作及具体任务、指标落实到有关部门和岗位。电能质量技术监督专责人明确，按电能质量技术管理的有关规定开展工作。

5.1.2 发电公司成立技术监督领导小组，由主管生产的副总经理或总工程师任组长，其成员由各相关部门负责人和专业监督专责人参加，负责管理本单位的技术监督工作。生产管理部门设专人负责本单位技术监督日常管理工作。

5.2 制定和执行制度

发电企业应建立健全电能质量技术监督工作制度。根据系统要求及本单位实际情况制定切实可行的电能质量技术监督管理制度、实施细则、规定，其中应包括无功电压控制、进相运行、本厂变压器分接头调整及运行人员对调整电压、电压异常处理、谐波管理的具体办法等。

5.3 年度工作计划

5.3.1 电能质量技术监督专责人每年11月30日前制订下一年度技术监督工作计划，并对计划实施过程进行跟踪监督。

5.3.2 年度电能质量技术监督工作计划主要内容应包括以下几方面：

a）电能质量监督技术标准、监督管理标准修订计划；

b）电能质量技术监督定期工作计划；

c）电压抽测、谐波普测计划；

d）人员培训计划（主要包括内部培训、外部培训取证，规程宣贯）：

e）技术监督发现的重大问题整改计划；

f）电能质量监测仪表送检计划；

g）电能质量技术监督工作会议计划。

5.4 技术资料与档案管理

5.4.1 收集并建立电能质量技术资料

a）应包括中华人民共和国电力法、电力安全工作规程、电力系统电压和无功电力技术导则、电能质量相关标准等相应的法律法规及现行有效规程；

b）应具备技术监督工作条例、电能质量技术监督工作实施细则，技术监督岗位责任制以及电能质量技术监督专业应具备的相关制度。

5.4.2 建立电能质量档案

a）建立健全电能质量监测点，谐波源的技术档案，包括设备的容量、形式、参数、主接线及有关供电系统的参数；有关电容器或滤波器的参数，谐波设计计算值和实测值；负荷类型等。

b）建立健全电能质量监测点、谐波源、电容器的谐波监测数据档案。

c）建立电能质量引起电网及用户的异常故障及事故的档案。

d）电能质量测量数据的整理：主要电能质量监测点典型日总畸变率变化曲线、谐波电源电压超标一览表、谐波电流超标一览表。

e）建立变压器分接头、电抗器、励磁调节器、自动电压控制（AVC）装置、安全稳定装置、电压频率测量与记录仪表等设备档案。

5.5　技术监督工作会议和培训

5.5.1　发电厂每年至少召开两次电能质量技术监督工作会议，检查、布置、总结电能质量技术监督工作，对电能质量技术监督中出现的问题提出处理意见和防范措施，形成会议纪要，按管理流程批准后发布实施。

5.5.2　发电厂每年应组织一次电能质量技术监督培训，对电能质量技术监督专责及相关工作班组人员进行培训，主要针对电能质量监督细则、电能质量相关标准进行宣贯，对电能质量测试方法进行培训。

5.6　技术监督告警

5.6.1　各发电企业对电能质量指标和受监设备要实行动态跟踪、闭环管理。对生产过程的异常情况及时告警和处理，达到进一步提高技术监督工作质量，全过程控制和降低风险的目的。

5.6.2　异常告警项目按照危险程度告警分为两档：二级告警（一般）和一级告警（严重）。以下是电能质量技术监督告警项目的告警条件，符合其中之一，即构成告警一次。当发生下列情况时，发出《技术监督异常情况告警通知单》（附录 A）。

a）因设备维护不良，导致 1 台及以上发电机无功调节能力达不到设计或要求值，持续时间 1 个月；

b）1 台及以上有载调压器不能按调度指令进行有载调压，持续时间 1 个月；

c）调整不当，造成运行电压超出规定允许值；

d）发电厂执行电力调度调整发电出力命令迟缓，造成电网频率超过电网考核范围；

e）1 次调频不满足调度要求；

f）AGC 调整速率、AVC 调节不满足调度要求；

g）安全稳定装置不满足调度要求；

h）厂用电谐波超标，经采取必要措施后，仍未控制到合格范围；

i）由发电企业原因造成电网电压异常波动。

5.6.3　各发电企业对于技术监督发现的异常情况，应采取适当措施和方案以预防风险，或将风险降低至可以接受的水平。接到异常告警通知单的单位，应对被告警内容认真研究，并在规定的时间内处理解决，同时将处理结果及时上报电能质量技术监督主管部门。

国家电投集团火电企业技术监督实施细则和评估标准

5.7 技术监督报表与总结

5.7.1 电能质量技术监督季报

各电厂每季度对电能质量指标进行统计，按附录 B 格式编写季度报表，在每季度 5 日前上报上级公司。

5.7.2 电能质量技术监督年度总结

各电厂在年底对电能质量技术监督工作进行年度总结（附录 C），并于每年 1 月 5 日前上报上级公司。

年度总结应包含以下内容：

a）电能质量技术监督计划完成、监督指标完成、反措落实等情况；

b）技术监督评价检查出的问题整改情况；

c）分析全年运行中的异常情况；

d）年度电能质量指标统计（需与季报数据统一）；

e）下一年度电能质量技术监督的工作计划。

5.8 技术监督检查与考核

5.8.1 各发电企业应建立电能质量技术监督工作的考核奖励与责任处理制度，做到各部门分工明确、职责分明，严格考核与奖惩。

5.8.2 电能质量技术监督检查与考核按国家电投《火电技术监督检查评估标准》表 11 内容执行。

5.8.3 各发电企业应每年按国家电投《火电技术监督检查评估标准》表 11 组织开展自我评价，并编写自查报告，根据评价情况对相关部门和责任人开展技术监督考核工作。

附录 A
（规范性附录）
电能质量技术监督告警单

表 A.1　电能质量技术监督告警单

编号：　　　　　　　告警级别：　　　　　　　　　年　月　日

公司名称	
设备（系统）名称及编号	

设备超标、超限情况	
改正要求	
处理情况	

提出		审核		签发	

附录 B
（规范性附录）
电能质量监督季报

20　年厂第　季度电能质量技术监督工作小结

[第一部分] 季度电能质量技术监督情况汇总以及指标统计分析（含 AVC 装置投运率）
[第二部分] 季度技术监督工作开展情况（包括具体的工作项目及工作内容）
[第三部分] 本季度 110kV 及以上级电网的谐波水平分析
[第四部分] 季度统计报表

表 B.1　母线电压监测统计表

单位	站名	电压等级及母线号	长时间闪变值	三相电压不平衡	总电压畸变率/%	主要谐波电压/%								测试时间
						3	5	7	9	11	13	17	19	

注：超标数据用斜体加粗标注

表 B.2　谐波电流监测统计表

单位	站名	电压等级/kV	线路名称	主要谐波电流/A														测试日期
				1	2	3	4	5	6	7	8	9	10	11	13	17	19	

注：超标数据用斜体加粗标注

批准：　　　　　审核：　　　　　统计：　　　　　填报日期：

附录 C
（规范性附录）
电能质量技术监督工作总结

20   年厂电能质量技术监督工作总结

[第一部分] 年度技术监督指标统计与分析
[第二部分] 技术监督工作开展情况
　　　　　　年度重点工作完成情况
　　　　　　年度培训工作完成情况
　　　　　　年度考核和评奖情况
　　　　　　异常及处理
[第三部分] 存在的主要问题及建议
[第四部分] 下年度工作计划
[第五部分] 附表

表 C.1   电能质量指标异常统计表

指标异常及说明	原因分析	应对方案

注：指标包括"电压总畸变率%""各次谐波电压""电压不平衡度""电压暂态（电压骤降、电压骤升、电压中断）"，当测量点为非线性用户专用线路时，同时考核超标的谐波电流次数

表 C.2   电能质量在线监测网异常或治理设备异常统计表

设备异常情况及过程	原因分析	应对方案

注：范围包括"现场监测装置""通信通道异常""数据丢失""谐波治理设备异常"

表 C.3   异常消除情况统计表

异常及报告时间	已采取的措施

附录 D
（资料性附录）
非线性设备清单

表 D.1 非线性设备清单

类　型	名　　称	所属行业
整流型	电气化铁路、地铁	交通
	直流电弧炉、单晶炉	冶金、机械
	电解槽、电化学	化工
	UPS、开关电源、逆变电源	通信等
	计算机、节能灯等	商业、写字楼等
变频型	中频炉	冶金、机械
	变频电机	制造业
	变频水泵	制造业
	变频空调、大型电梯	商业、写字楼等
电弧型	交流电弧炉	冶金、机械
	电焊机	机械等
冲击负荷	轧机、电铲、绞车等	机械等

国家电力投资集团有限公司
STATE POWER INVESTMENT CORPORATION LIMITED

企 业 标 准

火电企业励磁技术监督实施细则

2017-12-11 发布

2017-12-11 实施

国家电力投资集团有限公司　发布

目　　录

前　言

为了规范国家电力投资集团有限公司（以下简称国家电投集团）发电机励磁系统技术监督工作，进一步提高励磁系统运行水平，保证发电机组及电网安全、稳定、经济运行，特制定本标准。

本标准由国家电投集团火电与售电部提出、组织起草并归口管理。

本标准主要起草单位（部门）：国家电投集团科学技术研究院有限公司。

本标准主要起草人：范龙。

本标准主要审查人：王志平、徐国生、章义发、岳乔、陈以明、华志刚、侯晓亮、王正发、刘宗奎、李晓民、刘江、李继宏、史振翔、郑小平、乔淑芳、张大义、刘卫东、杨惠文、周振宇。

火电企业励磁技术监督实施细则

1 范围

本标准规定了国家电投集团火电企业励磁技术监督范围、内容、主要指标与技术监督管理等要求。

本标准适用于国家电投集团所属火电企业励磁技术监督工作。

2 规范性引用文件

下列文件对于本细则的应用是必不可少的。凡是注日期的引用文件，仅注日期的版本适用于本细则。凡是不注日期的引用文件，其最新版本（包括所有的修改单）适用于本细则。

GB/T 7409.1　同步电机励磁系统　定义
GB/T 7409.2　同步电机励磁系统　电力系统研究用模型
GB/T 7409.3　同步电机励磁系统大、中型同步发电机励磁系统技术要求
GB 50150　电气装置安装工程　电气设备交接试验标准
GB 50171　电气装置安装工程　盘、柜及二次回路接线施工及验收规范
GB 1094.11　电力变压器　第 11 部分：干式变压器
DL/T 279　发电机励磁系统调度管理规程
DL/T 294.1　发电机灭磁及转子过电压保护装置技术条件　第 1 部分：磁场断路器
DL/T 294.2　发电机灭磁及转子过电压保护装置技术条件　第 2 部分：非线性电阻
DL/T 490　发电机励磁系统及装置安装、验收规程
DL/T 596　电力设备预防性试验规程
DL/T 843　大型汽轮发电机励磁系统技术条件
DL/T 1049　发电机励磁系统技术监督规程
DL/T 1051　电力技术监督导则
DL/T 1164　汽轮发电机运行导则
DL/T 1166　大型发电机励磁系统现场试验导则
DL/T 1167　同步发电机励磁系统建模导则
DL/T 1231　电力系统稳定器整定试验导则
DL/T 1391　数字式自动电压调节器涉网性能检测导则
JB/T 7784　透平同步发电机用交流励磁机技术条件
JB/T 9578　稀土永磁同步发电机技术条件
国家电投规章〔2016〕124 号　国家电力投资集团公司火电技术监督管理规定

中电投规章〔2014〕15 号　集团公司安全生产工作规定

国能安全〔2014〕161 号　防止电力生产事故的二十五项重点要求

国网（调/4）457—2014　国家电网公司网源协调管理规定

3　总则

3.1　励磁系统是发电机组的重要组成部分，对发电机组的正常运行有着极其重要的作用。为加强励磁系统技术监督工作，进一步提高励磁系统运行水平，保证发电机组及电网安全、稳定、经济运行，特制定本实施细则。

3.2　励磁系统技术监督的目的是通过技术监督在各个管理阶段建立起科学有效的联系，确保发电机励磁系统满足技术标准和技术合同的规定，满足电厂和电网的技术要求，并减少励磁系统故障，提高发电机和电力系统安全稳定性。

3.3　励磁系统技术监督工作应贯彻"安全第一、预防为主"的方针，实行技术责任制，按照依法监督、分级管理的原则，对励磁系统的设计、选型、安装、试验、运行、检修、设备改造等环节实行全过程的监督管理。

3.4　本实施细则规定了国家电投集团所属火电企业励磁系统技术监督的范围及相关技术指标、工作内容和监督管理要求。本实施细则依据相关标准、规程、规定及（国家电投规章〔2016〕124 号）制定，用于指导国家电投集团所属火电企业励磁系统监督工作的开展。

3.5　本实施细则适用于国家电投集团所属 200MW 及以上发电机组励磁系统监督工作，200MW 以下发电机组励磁系统监督工作可参照执行。

4　技术监督范围、内容与主要指标

4.1　励磁系统技术监督的范围

a）励磁机和副励磁机（适用于多机励磁系统）；

b）励磁变压器（适用于自并励励磁系统）；

c）励磁调节器；

d）功率整流装置（含旋转整流装置）；

e）灭磁和过电压保护装置；

f）起励设备；

g）转子滑环及碳刷；

h）励磁设备的通风及冷却装置；

i）励磁系统相关保护、测量、控制及信号等二次回路。

4.2　励磁系统总体性能及指标

4.2.1　因励磁系统故障引起的发电机强迫停运次数不大于 0.25 次/年，励磁系统年强迫切除率不大于 0.1%。

4.2.2 励磁系统定子电压自动控制方式投入率不低于99%，PSS强行切除次数满足地方调度要求。

4.2.3 励磁系统动态性能指标合格率100%。

4.2.4 励磁系统投入的限制、保护环节正确动作率100%。

4.2.5 励磁系统在受到现场任何电气操作、雷电、静电及无线电收发信机等电磁干扰时不应发生误调、失调、误动、拒动等情况。

4.2.6 励磁系统在发电机变压器高压侧对称或不对称短路时，应能正常工作。

4.2.7 励磁系统应保证发电机励磁电流不超过其额定值的1.1倍时能够连续稳定运行。

4.2.8 励磁设备的短时过负荷能力应大于发电机转子短时过负荷能力。

4.2.9 励磁系统强励特性应满足以下要求：

a）交流励磁机励磁系统顶值电压倍数不低于2倍，自并励静止励磁系统顶值电压倍数在发电机额定电压时不低于2.25倍。

b）当励磁系统顶值电压倍数不超过2倍时，励磁系统顶值电流倍数与顶值电压倍数相同。当顶值电压倍数大于2倍时，顶值电流倍数为2倍。

c）励磁系统允许顶值电流持续时间不低于10s。

4.2.10 交流励磁机励磁系统的电压标称响应比不小于2倍/s。高起始响应励磁系统和自并励静止励磁系统的电压响应时间不大于0.1s。

4.2.11 励磁系统的动态增益应不小于30倍。

4.2.12 励磁系统应保证自动调节方式下发电机端电压静差率小于1%，稳态增益不小于200倍。

4.2.13 发电机空载运行时，频率每变化1%，发电机端电压的变化应不大于额定值的±0.25%。

4.2.14 发电机空载电压阶跃响应特性。

a）按照阶跃扰动不使励磁系统进入非线性区域来确定阶跃量，一般为5%；

b）自并励静止励磁系统的电压上升时间不大于0.5s，振荡次数不超过3次，调节时间不超过5s，超调量不大于阶跃量的30%；

c）交流励磁机励磁系统的电压上升时间不大于0.6s，振荡次数不超过3次，调节时间不超过10s，超调量不大于阶跃量的40%。

4.2.15 发电机带负荷阶跃响应特性：发电机额定工况运行，阶跃量为发电机额定电压的1%~4%，阻尼比应大于0.1，有功功率波动次数不大于5次，调节时间不大于10s。

4.2.16 励磁系统应具有无功调差环节和合理的无功调差系数，调差整定范围应不小于±15%，调差率的整定可以是连续的，也可以在全程内均匀分档，分档不大于1%。接入同一母线的发电机的无功调差系数应基本一致。励磁系统无功调差功能应投入运行。

4.2.17 发电机零起升压时，发电机端电压应稳定上升，其超调量应不大于额定值的10%。

4.2.18 发电机甩额定无功功率时，机端电压应不大于甩前机端电压的1.15倍，振荡不超过3次。

4.2.19 自并励静止励磁系统引起的轴电压应不破坏发电机轴承油膜，一般不大于10V，超过20V时应分析原因并采取相应措施。

4.3 励磁系统组成各装置的性能及指标

4.3.1 励磁调节器

4.3.1.1 自动励磁调节器应有两个独立的调节通道，可以是一个自动通道加一个手动通道，也可以是两个自动通道（至少一套含手动功能）。对于大型发电机组，应设置两个自动通道。

4.3.1.2 励磁调节器双自动通道及手动通道之间互相切换时，发电机端电压或无功功率应无明显波动。双自动通道故障时，应能自动切至手动通道，并发报警信号。

4.3.1.3 自动励磁调节器应具有在线参数整定功能，各参数及各功能单元的输出量应能显示，设置参数应以十进制表示，时间以 s 表示，增益以实际值或标示值表示。

4.3.1.4 正常情况下，发电机励磁调节器应采用机端电压自动调节方式，不宜采用恒无功功率或恒功率因数调节方式。

4.3.1.5 自动励磁调节器电压测量单元的时间常数应小于 30ms。

4.3.1.6 励磁调节器的调压范围和调压速度。

a）自动励磁调节时，应能在发电机空载额定电压的 70% ~ 110% 范围内稳定平滑的调节；

b）手动励磁调节时，上限不低于发电机额定磁场电流的 110%，下限不高于发电机空载磁场电流的 20%；

c）发电机空载运行时，自动励磁调节的调压速度应不大于发电机额定电压的 1%/s，不小于发电机额定电压的 0.3%/s。

4.3.1.7 自动励磁调节器应配置电力系统稳定器（PSS）或具有同样功能的附加控制单元。

a）电力系统稳定器可以采用电功率、频率、转速或其组合作为附加控制信号，电力系统稳定器信号测量回路时间常数应不大于 40ms；

b）具有快速调节机械功率作用的大型发电机组，应首先选用无反调作用的电力系统稳定器；

c）电力系统稳定器或其他附加控制单元的输出噪声应小于 ±0.005p.u.；

d）电力系统稳定器应能自动和手动投切，当发电机有功功率达到一定值时，应能自动投切，故障时能自动退出运行。

4.3.1.8 励磁调节器至少应具备以下限制功能单元。

a）最大励磁电流限制器，限制励磁电流不超过允许的励磁顶值电流；

b）强励反时限限制器，在强励达到允许的持续时间时，应能自动将励磁电流减至长期连续运行允许的最大值；

c）过励磁限制器，保证滞相运行时发电机在 P−Q 限制曲线范围内运行；

d）低励磁限制器，保证进相运行时发电机在 P−Q 限制曲线范围内运行；

e）V/Hz 限制器。

4.3.1.9 励磁调节器应具有 PT 断线保护功能，无论是单相、多相 PT 断线或 PT 一次熔断器缓慢熔断时，励磁调节器都应能准确判断并进行通道切换，防止误强励发生。

4.3.1.10 励磁调节器应具有发电机并网状态自动判断功能，不能仅以并网开关辅助接点判断发电机为空载或负载状态。

4.3.1.11 自动励磁调节器还应具备下列功能：

    a) 自诊断、录波和事件顺序记录功能，失电后记录的数据不应丢失；

    b) 提供检验和调试各功能用的软件和接口；

    c) 可自动检测励磁调节器和环节的输出量。

4.3.1.12 励磁专用电压互感器和电流互感器的准确度等级均不得低于0.5级，二次绕组数量应保证双套励磁调节器的采样回路各自独立。

4.3.2 功率整流装置

4.3.2.1 功率整流装置并联运行的支路数一般应按不小于 $N+1$ 冗余的模式配置，即在当一个整流柜（插件式为一个支路）退出运行时应能满足发电机强励及1.1倍额定励磁电流运行要求。

4.3.2.2 功率整流装置应设置交流侧过电压保护和换相过电压保护，每个支路应有快速熔断器保护，快速熔断器的动作特性应与被保护元件过流特性配合。

    a) 快速熔断器额定电压应不低于励磁变二次侧电压额定电压的1.4倍；

    b) 额定电流应按照退柜运行中的晶闸管最大电流有效值进行选择计算，并且根据快速熔断器的散热条件选取1.1～1.3倍数；

    c) 快速熔断器的热积累参数应小于晶闸管的热积累参数；

    d) 快速熔断器的燃弧峰值电压应小于晶闸管的反向重复峰值电压，快速熔断器的额定分断能力应大于励磁变二次侧三相最大短路电流。

4.3.2.3 功率整流装置可采用开启式风冷、密闭式风冷或热管自冷等冷却方式。强迫风冷整流柜的噪声应小于75dB。

4.3.2.4 风冷功率整流装置风机的电源应为双电源，工作电源故障时，备用电源应能自动投入。如采用双风机配置，则两组风机应接在不同的电源上，当一组风机停运时应能保证励磁系统正常运行。冷却风机故障时应发信号。

4.3.2.5 功率整流装置的均流系数应不小于0.9。

4.3.3 灭磁装置和转子过电压保护

4.3.3.1 励磁系统的灭磁装置必须简单可靠，应在任何需要灭磁的工况下，自动灭磁装置均能可靠灭磁。

4.3.3.2 励磁系统灭磁方式可采用直流侧磁场断路器分断灭磁或交流侧磁场断路器分断灭磁，也可采用逆变灭磁或封脉冲灭磁的方式。当系统配有多种灭磁环节时，要求时序配合正确、主次分明、动作迅速。

4.3.3.3 磁场断路器在操作电源电压额定值的80%时应可靠合闸，在65%时应能可靠分闸，低于30%时应可靠不分闸。

4.3.3.4 灭磁电阻可以采用线性电阻，也可以采用氧化锌或碳化硅非线性电阻。任何情况下灭磁时发电机转子过电压不应超过转子出厂工频耐压试验电压幅值的60%，应低于转子过电压保护动作电压。同时灭磁电阻还应满足以下要求：

a）线性电阻阻值一般按 75℃ 时转子电阻的 1～3 倍选取；

b）采用氧化锌电非线性电阻时：

　　1）其荷电率不大于 60%；

　　2）整组非线性系数 β 应小于 0.1；

　　3）最严重灭磁工况下需要非线性电阻承受的耗能容量不超过其工作容量的 80%，同时当装置内 20% 的组件退出运行时，应能满足最严重灭磁工况下的要求，并允许连续两次灭磁；

　　4）氧化锌非线性电阻的串并联后均能系数不得小于 90%。

c）采用碳化硅非线性电阻时非线性系数 β 宜小于 0.4，碳化硅非线性电阻的串并联后均能系数不得小于 80%，其余技术要求与本条中的 b 相同。

4.3.3.5　灭磁回路应具有可靠措施以保证磁场断路器动作时，能成功投入灭磁电阻。建议采用电子跨接器提前投入灭磁电阻，再配合调节器逆变或功率柜封脉冲的方式，可以实现磁场断路器无弧跳闸。

4.3.3.6　发电机转子回路不宜设置大功率转子过电压保护，如装设发电机转子过电压保护装置以吸收瞬时过电压，应简单可靠。其动作值应高于灭磁和异步运行时的过电压值，低于转子绕组出厂工频耐压试验电压的 70%。

4.3.4　励磁变压器

4.3.4.1　励磁变压器安装在户内时应采用干式变压器，安装在户外时可采用油浸自冷变压器。

4.3.4.2　励磁变压器高压绕组与低压绕组之间应有静电屏蔽并接地。

4.3.4.3　励磁变压器容量应满足强励要求，并应考虑 10% 以上的裕量，抵消谐波损耗、涡流损耗、杂散损耗对励磁变容量和发热的影响。

4.3.4.4　励磁变压器容量应能满足发电机空负荷和短路试验的要求，励磁变低压侧应设有分接档位。

4.3.4.5　励磁变压器的短路阻抗的选择应使直流侧短路时短路电流小于磁场断路器和功率整流装置快速熔断器的最大分断电流。

4.3.4.6　励磁变压器绝缘等级建议采用 F 级或以上，温升按 B 级考核。

4.3.4.7　励磁变压器各相直流电阻的差值应小于平均值的 2%；线间直流电阻差值应小于平均值的 1%；电压比的允许误差在额定分接头位置时为 ±0.5%，三相电压不对称度应不大于 5%。

4.3.4.8　励磁变压器的绕组温度应具有有效的监视手段，并控制其温度在设备允许的范围之内。

4.3.5　交流励磁机和副励磁机

4.3.5.1　交流励磁机应符合带整流负荷交流发电机的要求，应有较大的储备容量，在交流励磁机机端三相短路或不对称短路时不应损坏。

4.3.5.2　交流励磁机的冷却系统应有必要的防尘措施，一般应采用密封式循环冷却。

4.3.5.3　交流励磁机的技术要求还应符合 JB/T 7784 的要求。

4.3.5.4　副励磁机应采用符合 JB/T 9578 要求的永磁式同步发电机。

4.3.5.5　副励磁机负荷从空负荷到相当于励磁系统输出顶值电流时，其端电压的变化应不超过额定值的 10% ~ 15%。

4.4　控制参数及保护定值

4.4.1　主要控制参数及保护包括：

　　a）自动电压主环 PID 控制参数；

　　b）电力系统稳定器参数；

　　c）V/Hz 限制器参数；

　　d）低励限制器参数；

　　e）过励限制器参数；

　　f）定子过流限制器参数；

　　g）转子接地保护定值。

4.4.2　励磁调节器限制定值应和发变组保护定值协调配合，励磁限制应先于发变组保护动作，配合关系如下：

　　a）低励限制应与失磁保护配合；

　　b）过励限制应与发电机转子过负荷保护配合；

　　c）定子过流限制应与发电机定子过负荷保护配合；

　　d）V/Hz 限制应与发电机和主变过激磁保护配合。

4.4.3　对于自并励励磁系统应注意励磁变压器保护定值整定原则的合理性，要求如下：

　　a）如采用励磁变压器差动保护作为主保护，应适当提高差动启动电流值，建议按 0.5 ~ 0.7Ie 整定；

　　b）如采用电流速断保护作为主保护，速断电流应按励磁变压器低压侧两相短路有一定灵敏度要求整定，一般灵敏度可取 1.2 ~ 1.5，动作时间按躲过快速熔断器熔断时间整定，建议取 0.3s；

　　c）过流保护作为励磁变后备保护，其整定值可按躲过强励时交流侧励磁电流整定，动作时间一般为 0.6s；

　　d）过负荷保护电流应取自励磁变低压侧 CT，如动作于停机，过负荷定值应按严重过负荷整定，一般按 1.2 ~ 1.5 倍额定励磁电流整定，延时应躲过强励时间。

4.4.4　励磁系统定子电流限制环节的特性应与发电机定子的过电流能力相一致，但是不允许出现定子电流限制环节先于转子过励限制动作从而影响发电机强励能力的情况。

4.4.5　发电机转子一点接地保护装置原则上应安装于励磁系统柜。接入保护柜或机组故障录波器的转子正、负极采用高绝缘的电缆且不能与其他信号共用电缆。

4.4.6　励磁系统（包括电力系统稳定器）的整定参数应适应跨区交流互联电网不同联网方式运行要求，对 0.1 ~ 2.0Hz 系统振荡频率范围的低频振荡模式应能提供正阻尼。

4.5 监督工作内容

4.5.1 励磁系统设计、选型的技术监督工作

4.5.1.1 励磁系统设备选型应根据 GB/T 7409.3、DL/T 583、DL/T 650、DL/T 730、DL/T 843 以及相关部件的技术标准要求进行。新建及改造励磁系统宜采用通过型式试验、成熟可靠、技术先进，且符合标准、规程要求的产品。

4.5.1.2 在 300MW 及以上机组发电机励磁系统的选型、技术谈判、设备采购技术规范书编制和招标等工作中须有励磁系统专业人员参加。

4.5.1.3 励磁系统主回路设备技术资料，应满足以下要求：

a）转子绕组、励磁主回路各元件的电流和电压参数应匹配。

b）整流元件电流和电压额定参数应大于 3~3.5 倍额定励磁电流，并与快速熔断器匹配。发电机额定运行时出口三相短路和空载误强励两种情况下能可靠灭磁。

c）励磁直流侧短路时，灭磁开关和快速熔断器应满足要求。

d）励磁调节装置工作电源条件：交流电压允许偏差为额定值的 −15% ~ +10%，频率允许偏差为额定值的 −6% ~ +4%；直流电压允许偏差为额定值的 −20% ~ +10%。

e）自并励静止励磁系统的励磁变额定容量应满足 GB/T 7409.3 中要求。

4.5.1.4 电力系统稳定器的类型和功能，如反调、频率范围、结构、与励磁限制的关系、试验用的接口和功能等应满足标准和实际要求。

4.5.1.5 励磁系统的模型（包括电力系统稳定器模型在内）应符合下述要求：

a）大、中型发电机组应采用 GB/T 7409 规定的励磁系统模型；

b）特殊控制理论和特殊模型应经专家分析鉴定、动模试验检验、运行考验，并且应由所在电网方面进行仿真计算予以确认；

c）供货商提供的发电机励磁系统模型应符合实际，模型及其算例应公开，可核实。

4.5.1.6 发电机停机或灭磁的逻辑设计应正确。

4.5.1.7 励磁系统的限制和保护的配置应符合标准和发电机特性的要求。

4.5.1.8 励磁系统性能指标通过励磁设备全部的型式试验。

4.5.1.9 励磁系统设备应经过产品鉴定和运行考核。

4.5.1.10 励磁调节柜和功率柜允许的使用环境条件应符合实际要求。

4.5.2 安装阶段的技术监督工作

4.5.2.1 建设安装单位应严格按照 DL/T 490 标准、设计图纸和励磁厂家安装资料要求进行励磁设备安装工作。

4.5.2.2 励磁变压器的安装就位应按 GB 50171 的要求固定和接地。

4.5.2.3 励磁变压器就位后，应检查其外表及绕组、引线、铁芯、紧固件、绝缘件等完好无损。

4.5.2.4 励磁变压器及其附件安装好后应及时进行清扫，按 GB 50150 的要求开展交接试验，磁场断路器、非线性电阻及过电压保护器的交接试验项目可按 DL/T 489 的要求执行。

4.5.2.5 紧固励磁盘柜间所用的螺栓、垫圈、螺母等紧固件时应使用力矩扳手，应按照

制造厂规定的力矩进行紧固，并应做好标记。螺栓连接紧固后应用 0.05mm 的塞尺检查，其塞入深度应不大于 4mm。

4.5.2.6　励磁盘柜之间接地母排与接地网应连接良好，应采用截面积不小于 50mm² 的接地电线或铜编织线与接地扁铁可靠连接，连接点应镀锡。

4.5.2.7　灭磁柜安装后应测量磁场断路器每个断口触头接触电阻，阻值应不大于出厂值的 120%。应检查分、合闸线圈的直流电阻与厂家说明书一致，应测量磁场断路器的分、合闸时间。

4.5.2.8　电缆敷设与配线应满足下列要求。

　　a）电缆敷设应分层，其走向和排列方式应满足设计要求。屏蔽电缆不应与动力电缆敷设在一起，屏蔽电缆屏蔽层应两端接地，动力电缆接地截面积不小于 16mm²，控制电缆接地截面积不小于 4mm²。

　　b）交、直流励磁电缆敷设弯曲半径应大于 20 倍电缆外径，且并联使用的励磁电缆长度误差应不大于 0.5%。

　　c）控制电缆与动力电缆强、弱电回路应分开走线，可能时应采用分层布置，交、直流回路应采用不同的电缆，以避免强电干扰。配线应美观、整齐，每根线芯应标明电缆编号、回路号、端子号，字迹应清晰，不易褪色和破损。

　　d）控制电缆均应采用屏蔽电缆，电缆屏蔽层应可靠接地。

4.5.2.9　对于在励磁小室内布置的励磁盘柜，为保证盘柜的散热性能，宜保证柜前预留至少 800mm 距离，柜后预留 500mm 距离，柜顶部预留至少 1000mm 距离。

4.5.2.10　励磁小室内应装设两部及以上空调，当一半数量的空调运行时应能达到环境温度调节要求，空调排水应接至室外。

4.5.2.11　励磁变压器高压侧封闭母线外壳用于各相别之间的安全接地连接应采用大截面金属板，不应采用导线连接，防止不平衡的强磁场感应电流烧毁连接线。

4.5.3　励磁系统试验的技术监督工作

4.5.3.1　励磁系统试验应执行 GB 50150、DL/T 596、GB/T 7409、DL/T 583、DL/T 650、DL/T 730、DL/T 843 以及相关标准。励磁系统试验分为型式试验、出厂试验、交接试验及定期检查试验，各类试验所需完成项目见附录 A。

4.5.3.2　应按照合同规定进行出厂试验见证，掌握励磁系统出厂试验情况。出厂试验应当符合相关技术标准、产品技术条件和合同的规定，试验项目完整，结论明确。

4.5.3.3　应掌握励磁系统现场试验（包括交接试验和定期试验）情况，试验单位和人员的资质应符合有关规定，试验仪器设备应在定检的有效期之内，试验内容和方法应符合相关技术标准、产品技术条件和合同的规定，大修技术文件应完整，试验报告应齐全、结论明确。重点检查、分析以下内容：

　　a）电压静差率测定。

　　b）发电机空载阶跃响应和负载阶跃响应品质测定。

　　c）调节器通道和控制方式的人工和模拟故障（电压互感器断线、工作电源故障等）的切换试验。

　　d）灭磁试验。

e）低励限制、低频保护、过励限制、定子过流限制以及伏/赫限制功能和整定值检查试验。

f）无功电流补偿率测定。

g）事故记录功能。

h）发电机励磁系统建模试验属于特殊试验项目，应按照规定确定试验项目和试验时间，由符合规定资质的试验单位和人员进行试验。

i）在每次大修中应进行发电机空载阶跃响应试验，结果与上次试验结果应基本相同。如有显著不同，应查明原因，必要时应在判断是否符合标准要求后提出励磁系统模型参数修正报告。

j）在每次大修中应进行发电机负载阶跃响应试验，检验有、无电力系统稳定器的有功功率振荡衰减阻尼比应与原试验值基本相同。如有显著不同，应查明原因，必要时应进行电力系统稳定器整定试验。

4.5.4 励磁系统交接验收的技术监督工作

4.5.4.1 新建、扩建、技改工程的励磁设备投产前，基建调试单位与业主必须严格执行验收、交接手续，验收的要求按 GB 50150、GB 50170、DL/T 489、DL/T 490 等相关标准执行。未经验收严禁投入运行。验收主要项目如下：

a）检查设备技术文件（包括设备参数，设备技术资料，设备出厂试验报告，设备运行软件和应用软件的备份）是否齐全。

b）检查交接验收试验项目，并根据交接试验结果核对厂家提供的功能、参数和指标，试验报告和整定单。

c）检查自动电压控制器、电力系统稳定器和各种限制器的参数以及无功电流补偿率、调节器的控制方式等。励磁调节器中的各种限制器特性，如过激磁，过励，过电压及低励限制等必须与机组的继电保护相关特性良好配合，严禁保护装置动作时，励磁系统相关限制器还未发生作用的情况发生。检查励磁系统故障直接引起跳机的逻辑。

d）检查是否存在影响运行的缺陷，是否存在未及时完成的试验项目，对设备是否可以投运提出意见。

e）新建工程投入运行时，不得使用临时设备或只投入手动控制功能。

4.5.4.2 基建和设计单位必须按业主规定时间，提交工程竣工图纸、设备有关技术资料及说明书，备品备件、专用试验设备及工器具，试验报告最迟在验收后一个月内移交。

4.5.5 运行阶段的技术监督工作

4.5.5.1 励磁装置运行环境要求：海拔不大于 1000m 时，允许温度为 −10℃～40℃。

4.5.5.2 当海拔超过 1000m 时，环境最高温度和功率整流装置的出力应按表1进行修正。

表1 不同海拔高度时最高环境温度、出力修正表

海拔高度 H/m	H≤1000	1000<H≤1500	1500<H≤2000	2000<H≤2500
最高环境温度/℃	40	37.5	35	32.5
功率整流装置出力/A	1.0In	0.957In	0.914In	0.871In

4.5.5.3 自动电压调节器在发电机并网运行方式下应采用恒电压调节方式，不宜采用恒无功功率调节或恒功率因数调节方式。采用其他控制方式时，需经过调度部门的批准。

4.5.5.4 火电企业人员应定期对励磁系统进行巡视检查，检查内容如下：

a）检查励磁装置有无故障报警；

b）检查调节器工控机有无死机、黑屏或通信故障等；

c）应与 DCS 和发变组保护装置等采样值进行对比，确认励磁电压、励磁电流、有功功率、无功功率等采样值正确并记录；

d）观察功率整流装置输出电流，计算均流系数是否满足要求；

e）确认双自动通道运行方式与规定是否一致；

f）应确认 PSS 投退开关、就地/远方切换开关、功率柜脉冲投切开关等位置正确；

g）应检查风机运转正常，无异音。

4.5.5.5 应定期清洁整流柜前、后滤网积灰，积灰严重时应更换滤网，环境恶劣时应适当增加清洁或更换的频率。

4.5.5.6 具备条件的励磁设备，在机组带大负荷时，应定期使用红外线测温仪或热成像仪检查功率整流柜内主要元件的发热情况，推荐运行温度见表2。

4.5.5.7 机组并网初期或停机前，宜进行调节器双通道切换试验，切换前应检查双通道跟踪正常，参数一致。

4.5.5.8 发电机空载运行时，应进行风机电源和两组风机之间的切换试验。励磁调节器电源取自励磁变压器低压侧时，也应在发电机空载时进行电源切换试验。

表2 功率整流柜内主要元件的运行温度（建议值）

测温对象	测温位置	建议运行温度/℃
可控硅	功率柜出口风温	50
阻容吸收电阻	电阻表面	150
快熔	快熔与钢排连接处	80
铜母排	母排连接处	80

4.5.5.9 应定期对发电机碳刷进行以下检查，发现异常应尽快处理。

a）用红外测温仪或成像仪测量集电环和碳刷的温度是否过热；

b）用钳形电流表测量各碳刷分流是否均衡；

c）碳刷在刷框内有无跳动、摇动或卡涩的情况，弹簧压力是否正常；

d）碳刷刷辫是否完整，与碳刷的连接是否良好，有无发热及触碰机构件的情况；

e）集电环与碳刷之间是否存在接触不良或打火现象，运行中碳刷打火应采取措施消

除，不能消除的要停机处理，一旦形成环火必须立即停机；

f）碳粉是否过多堆积；

g）必要时检查集电环椭圆度，椭圆度超标时应处理。

4.5.5.10 更换碳刷时必须使用同一型号的碳刷，并且碳刷接触面宜大于碳刷截面的80%，每次更换碳刷的数量不得超过单极总数的10%，每个刷架上只许换 1~2 个碳刷。

4.5.5.11 励磁调节器的自动通道发生故障时应及时修复并投入运行。严禁发电机在手动励磁调节（含按发电机或交流励磁机的磁场电流的闭环调节）下长期运行。在手动励磁调节运行期间，在调节发电机的有功负荷时必须先适当调节发电机的无功负荷，以防止发电机失去静态稳定性。

4.5.5.12 励磁系统发生故障时，应冷静对待，并按以下原则进行处理。

a）应准确记录故障信息、故障代码和报警或动作信号，及时收集故障数据和录波图，以便及时查找和分析故障原因；

b）检查励磁系统主要设备有无异常情况和设备损坏；

c）未查明故障原因原则上不允许继续投入使用；

d）故障原因查明后，应向上级和调度部门汇报，整理故障分析报告并存档；

e）发生严重故障后，应及时按照国家电投集团技术监督管理办法速报制度执行。

4.5.6 检修阶段的技术监督工作

4.5.6.1 励磁系统检修应随发电机检修周期同时进行。

4.5.6.2 当励磁系统发生危及安全运行的异常情况或事故时，应退出运行进行故障检修。应根据设备损坏程度和处理难易程度向电网调度申请检修工期，按调度批准的工期进行检修。

4.5.6.3 火电企业大修时励磁系统的试验项目应按照附录 A 中定期试验项目执行，不能漏项，试验方法和要求应按照 DL/T 1166、DL/T 596、DL/T 490 标准执行。同时宜增加磁场断路器导电性能测试、非线性电阻特性测试及转子过电压保护测试等项目。

4.5.6.4 励磁变压器等一次设备的试验项目应按照 DL/T 596 的要求执行。

4.5.6.5 对于基建调试阶段未开展的常规交接试验项目，应在大修中补充进行。

4.5.6.6 新改造励磁系统的试验应按交接试验项目的要求和规定开展，特殊试验按电网调度部门要求进行。

4.5.6.7 火电企业小修时励磁系统试验项目应根据设备运行状况，合理确定有针对性的检验项目，但应至少包含以下试验项目：

a）励磁主要部件和回路的绝缘试验，应加强对励磁共箱母线的绝缘检查；

b）主要设备的清扫，滤网清洁或更换；

c）励磁调节器模拟量采样检查、开入开出量传动检查；

d）二次回路接线紧固；

e）发电机碳刷检查，碳粉清理；

f）励磁系统参数核对。

4.5.6.8 励磁系统运行中遗留的缺陷应尽可能利用发电机组停机备用或临时检修机会消除，避免设备带病运行。

4.5.6.9 检修工作结束后，应提供完整的检修报告，报告要求如下：

a）报告中的试验数据应真实可信；

b）报告中应提供录波曲线，对录波曲线中关键点的数值进行标记，并进行必要的计算，计算结果应符合试验要求；

c）报告中应有检修总结和结论，对检修中发现问题的整改情况进行说明；

d）报告应一式三份，经审核、批准并签字盖章后归档保存。

4.5.6.10 励磁系统检修用的试验设备应满足准确度等级的要求，且检测合格并在有效期内。

5 技术监督管理

5.1 励磁系统技术监督体系建设

5.1.1 火电企业应建立由生产副经理或总工程师负责的企业、生产技术部门、车间班组的三级技术监督网。制定企业、生产技术部门、车间及班组各级岗位技术监督责任制，按责任制的要求一级对一级负责，责任到位，责任到人，负责做好励磁系统技术监督的日常工作。

5.1.2 生产副总经理或总工程师职责

a）建立并完善覆盖本单位、检修和维护受托单位，由各单位技术监督管理专职或兼职管理人员参加的技术监督网络，并担任网络组长。

b）组织制定并批准颁布本单位的励磁技术监督实施细则和制度；审批励磁技术监督的月、季、年报表和总结；检查、协调、落实本单位励磁技术监督工作。

c）每月召开技术监督网络会议，传达上级有关技术监督工作的指示，听取励磁技术监督管理人员的工作汇报，分析存在的问题并制定、布置针对性纠正措施，检查技术监督各项工作的落实情况。

d）负责在生产技术管理部门设置励磁技术监督管理专职或兼职管理人员，负责协助网络组长建立健全覆盖本单位、检修和维护受托单位的技术监督网络。建立本单位及下属车间、班组各级的技术监督责任制。要求励磁技术监督管理专职或兼职管理人员担任励磁技术监督小组的组长，建立并完善由本单位、检修和维护受托单位励磁技术监督兼职或专职人员参加的小组，并保证其有效运行。

5.1.3 生产技术管理部门励磁技术监督管理人职责

a）贯彻执行行业、国家电投集团有关技术监督规程、标准、制度、技术措施等，并制定本单位的励磁技术监督实施细则。

b）制定本单位励磁技术监督工作计划，按时完成励磁技术监督报表和监督工作总结，按要求及时上报。

c）组织建立健全设备台账和档案，对设备的维护、检修进行技术监督。

d）按规定对设备进行监测和试验，对数据进行综合分析，及时发现设备存在的隐患。

e）掌握设备运行、检修中的设备缺陷情况，对于发现的缺陷及时消除，重大设备隐患和故障及时向上级管理部门报告。

f）每月和每季度励磁技术监督指标完成情况，应按规定的格式，见附录C，在规定时间报送上级监督管理部门和技术监督服务单位。

g）组织安排本单位技术监督人员的培训工作。

h）在新扩建机组项目履行励磁技术监督管理主体责任和职责，从设计、设备监造、安装、调试及生产运行的全过程实施有效监督，确保监督到位、资料齐全。组织励磁技术监督人员参加本单位在建和改造工程的设计审查、设备选型、监造、安装、调试、试生产阶段的励磁技术监督和质量验收工作。

i）根据标准要求，配置和完善励磁技术监督试验仪器和计量设备，并做好定期校验和计量传递工作。

j）组织协调与技术监督服务单位的工作，接受技术监督服务单位在励磁监督工作中的专业管理。

k）积极参加当地技术监督部门组织的励磁技术监督活动。

l）负责对所签订的技术监督服务合同执行情况进行考核。

m）制定本单位的技术监督异常情况告警整改实施细则。

n）掌握本单位监督设备的运行、试验、检验情况，对励磁技术监督数据的真实性、可靠性负责。

o）收到《技术监督异常情况告警通知单》后，要立即组织安排整改工作，工作必须落实到人、并明确整改完成时间，整改计划要上报上级单位技术监督管理部门。整改工作完成后要将整改结果以文字形式报送上级单位和有关技术监督服务单位。

5.1.4 车间班组专责工程师（技术员）的技术监督职责

a）监督发电机励磁系统试验检修状况，根据设备状态进行必要的试验检验工作；

b）负责做好励磁自动装置的动作情况记录，特别是异常动作和事故现象动作情况，分析原因并提出对策；

c）建立健全设备台账和档案，整理完善各种试验记录、报告、设备巡检记录等技术资料；

d）按要求开展机组检修、维护、定期巡检及设备消缺等工作；

e）落实技术监督检查提出问题以及告警问题的整改。

5.2 制定和执行制度

5.2.1 火电企业生产技术部门励磁技术监督管理人应按照（国家电投规章〔2016〕124号）和本实施细则的要求，制定本企业的励磁系统技术监督实施细则，并根据国家法律、法规及国家、行业、国家电投集团标准、规范、规程、制度，结合本企业的实际情况，编制励磁监督相关/支持性文件，主要包括：

a）机组运行规程；

b）机组检修规程；

c）安全生产考核管理标准；

国家电投集团火电企业技术监督实施细则和评估标准

d）综合档案管理标准；

e）技术改造项目管理标准；

f）设备检修管理标准；

g）设备异动管理标准；

h）文件控制管理标准。

5.2.2 每年年初，生产技术部门励磁技术监督管理人应根据新颁布的标准规范及设备异动情况，组织对励磁设备运行规程、检修规程等规程、制度的有效性、准确性进行评估，修订不符合项，经归口职能管理部门领导审核、生产主管领导审批后发布实施。国标、行标及上级单位监督规程、规定中涵盖的相关励磁监督工作均应在火电企业的规程及规定中详细列写齐全。

5.2.3 火电企业应严格按照本厂的励磁系统技术监督实施细则执行监督工作，每年应对励磁系统技术监督工作进行自检，并依据监督工作开展情况执行奖惩制度。

5.3 年度工作计划与规划

5.3.1 生产技术部门励磁技术监督管理人每年11月30日前应组织完成下年度技术监督工作计划的制定工作，并将计划报送所属分公司，同时抄送国家电投集团科学技术研究院。

5.3.2 火电企业励磁技术监督年度计划的制定依据至少应包括以下几方面：

a）国家、行业、地方有关电力生产方面的法规、政策、标准、规范、反措要求；

b）国家电投集团（总部）、各分公司、本企业技术监督工作规划和年度生产目标；

c）国家电投集团（总部）、各分公司、本企业技术监督管理制度和年度技术监督动态管理要求；

d）技术监督体系健全和完善；

e）人员培训和监督用仪器设备配备和更新；

f）设备目前的运行状态；

g）技术监督动态检查、预警、月（季报）提出问题的整改；

h）收集的其他有关励磁设备设计选型、制造、安装、运行、检修、技术改造等方面的动态信息；

i）励磁系统重要备品备件的储备情况。

5.3.3 火电企业励磁技术监督年度工作计划主要内容应包括以下几方面。

a）根据实际情况对技术监督组织机构进行完善；

b）监督技术标准、监督管理标准制定或修订计划；

c）技术监督定期工作修订计划；

d）制定检修期间应开展的技术监督项目计划；

e）制定人员培训计划（主要包括内部培训、外部培训，规程宣贯）；

f）制定技术监督发现的重大问题整改计划；

g）试验仪器仪表送检计划；

h）根据上级技术监督动态检查报告制定技术监督动态检查发现问题的整改计划；

i）技术监督定期工作会议计划；

658

j）励磁系统重要备品备件的采购储备计划。

5.4 技术资料与档案管理

5.4.1 设备类技术资料

火电企业应建立和健全励磁技术监督档案、规程、制度和技术资料，确保技术监督原始档案和技术资料的完整性和连续性。根据励磁监督组织机构的设置和受监设备的实际情况，要明确档案资料的分级存放地点和指定专人负责整理保管。应建立励磁档案资料目录清册，并负责及时更新。应包含以下资料：

a）励磁调节装置的原理说明书；

b）励磁系统控制逻辑图、程序框图、分柜图及元件参数表；

c）励磁系统传递函数总框图及参数说明；

d）发电机、励磁机、励磁变、碳刷、互感器、励磁装置等使用维护说明书和用户手册等；

e）励磁系统主要元器件选型说明、计算书；

f）励磁调节器定值单；

g）主设备厂家提供的设备运行限制曲线；

h）发电机、励磁变的设备参数；

i）设计院的励磁系统设计竣工图（包括屏内接线及外部回路）。

5.4.2 试验报告和记录

a）励磁系统设备出厂检验报告、合格证书；

b）励磁装置试验报告（含交接试验报告和定期检验报告）；

c）励磁变压器试验报告（含交接试验报告和预防性试验报告）；

d）发电机进相试验报告；

e）励磁系统模型参数确认报告；

f）电力系统稳定器试验报告；

g）励磁设备管理台账。

5.4.3 缺陷闭环管理记录

a）日常设备维修（缺陷）记录和异动记录；

b）月度缺陷分析。

5.4.4 事故管理报告录

a）设备非计划停运、障碍、事故统计记录；

b）事故分析报告。

5.4.5 设备改造报告和记录

a）可行性研究报告；

  b）技术方案和措施；

  c）技术图纸、资料、说明书；

  d）质量监督和验收报告；

  e）完工总结报告和后评估报告。

5.4.6 监督管理文件

  a）与励磁监督有关的国家法律、法规及国家、行业、国家电投集团标准、规范、规程、制度；

  b）励磁技术监督年度工作计划和总结；

  c）励磁技术监督月报、季报；

  d）技术监督异常情况告警通知单；

  e）励磁技术监督会议纪要；

  f）励磁技术监督工作自查报告和外部检查评价报告；

  g）励磁技术监督人员技术档案、上岗考试证书；

  h）与励磁设备质量有关的重要工作来往文件。

5.5 技术监督工作会议和培训

  电厂每年至少召开两次技术监督工作会议，检查、布置、总结技术监督工作，对技术监督中出现的问题提出处理意见和防范措施，按管理流程批准后发布实施。

  会议主要内容包括：

  a）励磁监督范围内设备及系统的故障、缺陷分析及处理措施；

  b）励磁监督相关工作计划发布及执行情况；

  c）励磁监督专业新知识、新技术、新标准及法律、法规的学习交流；

  d）励磁监督管理工作经验交流总结，提高励磁技术监督管理水平；

  e）励磁监督工作研究、总结，推广运用电力监督成果。

5.6 技术监督告警

5.6.1 技术监督告警分类

  技术监督告警分一般告警和重要告警。一般告警是指技术监督指标超出合格范围，需要引起重视，但不至于短期内造成重要设备损坏、停机、系统不稳定，且可以通过加强运行维护，缩短监视检测周期等临时措施，安全风险在可承受范围内的问题。重要告警是指一般告警问题存在劣化现象且劣化速度超出有关标准规程范围，或有关标准规程及反措要求立即处理的，或采取临时措施后，设备受损、电热负荷减供、环境污染的风险预测处于不可承受范围的问题。

5.6.2 一般告警项目

  a）发电机电压调节达不到额定铭牌或系统规定；

  b）励磁系统各项限制功能未投入运行，例如：强励限制、低励限制及转子过负荷限制等；

c）不能提供励磁系统模型；

d）励磁系统主要保护（例如：过电压、PT 断线、冷却器全停等）未能正常投入运行；

e）可控硅均流系数小于 0.9；

f）励磁回路绝缘小于 0.5MΩ；

g）励磁变温度高报警且 72h 未解除；

h）励磁系统参数整定不能满足机组及电网运行的要求。

5.6.3 重要告警项目

a）转子接地保护动作报警；

b）调节器单套运行且失去备用时间超过 168h；

c）可控硅脉冲丢失，造成分支电流不平衡，励磁电压不稳定，未查明原因而继续运行；

d）励磁系统元件有过热现象，未查明原因和采取必要措施而继续运行；

e）励磁变温度高报警且 168h 未解除。

5.6.4 技术监督异常告警上报制度

a）火电企业对发生的一般告警和重要告警应及时填写《励磁技术监督告警报告单》，格式见附录 B，经审核、签发后报技术监督服务单位及上级技术监督管理部门；

b）当火电企业发生励磁系统受监控设备重大缺陷、故障和损坏事件，火灾事故等重大事件，应及时填写《励磁技术监督告警报告单》，并在 24h 内报送技术监督服务单位及上级技术监督管理部门。

5.6.5 《技术监督异常情况告警通知单》整改制度

当火电企业收到《技术监督异常情况告警通知单》，要立即组织安排整改工作，并明确整改完成时间，整改计划要上报上级单位技术监督管理部门。整改工作完成后一周内要将整改结果以文字形式报送上级单位技术监督管理部门。

5.6.6 监督问题整改管理

5.6.6.1 整改问题的提出

a）对于上级或技术监督服务单位在技术监督动态检查时提出的整改问题；

b）国家电投集团（总部）或分公司在技术监督检查中提出的督办问题和需要关注及解决的问题；

c）生产技术管理部门励磁技术监督管理人每季度对励磁监督计划的执行情况进行检查，对不满足监督要求提出的整改问题。

5.6.6.2 问题整改管理

a）火电企业在收到技术监督评价考核报告后，应组织有关人员会同国家电投集团科学技术研究院或技术监督服务单位在两周内完成整改计划的制订和审核，并将整改计划报送上级单位，同时抄送国家电投集团科学技术研究院或技术监督服务单位；

b）整改计划应列入或补充列入年度监督工作计划，火电企业按照整改计划落实整改工作，并将整改实施情况及时在技术监督季报中总结上报；

c）对整改完成的问题，火电企业应保留问题整改相关的试验报告、现场图片、影像等技术资料，作为问题整改情况评估的依据。

5.7 技术监督报表与总结

5.7.1 火电企业生产技术部门励磁技术监督管理人应对月、季度的励磁系统运行情况进行统计，并按照附录 C 和附录 D 的格式和要求，及时填写励磁系统技术监督报表。经火电企业归口管理部门汇总后报送技术监督服务单位和所属分公司。

5.7.2 每年 1 月 7 日前，火电企业应将上年度的励磁系统运行情况进行统计、分析，形成年度总结，报送技术监督服务单位和所属二级单位。

5.7.3 年度总结的内容及要求如下：

a）励磁技术监督计划完成、监督指标完成、反措落实情况；

b）技术监督评价检查出的问题整改等情况；

c）分析全年运行中的励磁系统装置不正确动作和异常情况；

d）年度统计必须与月报中的统计数据一致。

5.8 技术监督检查与考核

5.8.1 火电企业应将国家电投《火电技术监督检查评估标准》表 12 中的各项要求纳入励磁系统技术监督日常管理及检查工作。

5.8.2 火电企业应按照国家电投《火电技术监督检查评估标准》表 12 中的各项要求，编制完善励磁系统技术监督管理制度和规定，贯彻执行；完善各项励磁系统技术监督的日常管理和检修维护记录，加强受监设备的运行、检修维护技术监督。

5.8.3 火电企业应定期对技术监督工作开展情况进行检查，对不满足监督要求的问题以通知单的形式下发到相关部门进行整改，并对相关部门及责任人进行考核。

附录 A
（规范性附录）
试验项目

表 A.1 试验项目

编号	试验项目	型式试验	出厂试验	交接试验	定期检查试验
1	励磁变压器试验	a			
1.1	绝缘和耐压试验	√	√	√	√
1.2	三相不对称试验	√	√	√	
1.3	温升试验	√	√		
1.4	1.3 倍工频感应耐压试验	√	√		
2	磁场断路器及灭磁开关试验	a			
2.1	绝缘和耐压试验	√	√	√	√
2.2	导电性能检查	√	√	√	√
2.3	操作性能试验	√	√	√	√
2.4	同步性能测试	√	√	√	√
2.5	分断电流试验	√	√	√	√
3	非线性电阻及过电压保护器部件试验	a			
3.1	绝缘和耐压试验	√	√	√	√
3.2	灭磁电阻试验	√	√	b	d
3.3	跨接器试验	√	√	b	d
4	功率整流器试验				
4.1	绝缘和耐压试验	√	√	√	√
4.2	功率元件试验	b	b		
4.3	脉冲变压器试验	√	√		
4.4	电气二次回路试验	√	√		
5	自动励磁调节器试验				
5.1	电气调整试验	√	√		
5.2	绝缘和耐压试验	√	√	√	√
5.3	振动和环境试验	√			

编号	试验项目	型式试验	出厂试验	交接试验	定期检查试验
5.4	电磁兼容性试验	√			
6	励磁系统试验				
6.1	开环高压小电流试验	√	√		
6.2	开环低压大电流试验	√	√		
6.3	零起升压，自动升压，软起励试验	√		√	√
6.4	升降压及逆变灭磁特性试验	√		√	√
6.5	自动/手动及两套独立调节通道的切换试验	√	√	√	√
6.6	空载状态下5%阶跃响应试验	√		√	√
6.7	调压精度测试	√		c	
6.8	电压给定值整定范围及变化速度测试	√	√	√	
6.9	测录自动励磁调节器的发电机电压–频率特性	√		√	
6.10	电压/频率限制试验	√		√	
6.11	TV断线模拟试验	√	√	√	
6.12	整流功率柜的噪声试验	√	√		
6.13	励磁系统整流功率柜的均流试验	√		√	√
6.14	发电机电压静差率及调差率的测定	√		√	
6.15	发电机无功负荷调整及甩负荷试验	√		√	
6.16	发电机在空载和额定工况下的灭磁试验	√		√	
6.17	励磁系统顶值电压及电压响应时间的测定	√		d	
6.18	过励磁限制功能试验	√		√	
6.19	定子过流限制功能试验	√		√	
6.20	欠励磁限制功能试验	√		√	
6.21	电力系统稳定器PSS试验	√		d	
6.22	励磁系统各部分的温升试验	√	√	√	√
6.23	励磁系统在额定工况下的72h连续试运行	√		√	
6.24	发电机轴电压测量	√		√	√

a 每一型号产品由制造厂提供有关按照国家和行业标准所进行的型式试验和出厂试验文件

b 出具有关元件参数文件和功率组件全动态试验报告

c 出具新产品测试报告或在用户特别要求下做

d 可选项

附录 B
（规范性附录）
励磁技术监督告警报告单

报告单编号：　　　告警类别：　　（一般/严重）告警　　日期：20　年　月　日

火电企业名称	
励磁系统名称及编号	
事件概况及原因分析	
已经采取的措施	
整改计划及完成时间	

签发人：	审核人：	填写人：

附录 C
（规范性附录）
励磁系统技术监督月报表

年　月　　　（火电企业名称）励磁系统技术监督月报表

机组编号	机组运行时间/h	AVR自动投入率/%	PSS投入率/%	励磁系统故障情况			励磁系统限制（保护）、告警动作情况			励磁系统相关的一次、二次参数变更情况
				励磁系统故障次数	励磁强迫停机小时数	发生时间、机组工况、故障现象及原因描述	限制（保护）、告警动作次数	信号类型	发生时间、机组工况、现象及原因描述	
1										
2										
3										
总计										
本月专业完成技术监督工作情况简述										
下月专业技术监督工作计划简述										
备　　注										

审批：　　　　　　　审核：　　　　　　　填表：

注1：AVR自动投入率（%）：统计自动运行方式时间占全部运行时间的百分比；PSS投入率（%）：统计投入时间占全部运行时间的百分比；PSS投入率投入率若由于调度投退要求未达到100%的需在备注栏中给予说明

注2：励磁系统故障、限制（保护）或告警栏：统计故障、限制（保护）或告警信息，并描述现象及原因，没有填"无"；故障次数：统计由励磁系统造成停机或机组降负荷运行的故障次数；励磁强迫停机小时数：由于励磁系统故障或事故造成强迫停机的小时数

注3：励磁系统相关的一次、二次参数变更情况：填写机组励磁系统相关的一次、二次参数变更情况，如一次设备改造、机组增容、变压器分接头调整、定值变更等

附录 D
（规范性附录）
励磁系统技术监督季度报表

年　季度　（火电企业名称）励磁系统技术监督季度报表

励磁系统运行情况统计	AVR 自动投入率：　PSS 投入率：　励磁系统故障次数：
上季度上级单位提出问题及整改情况	
上季度监督服务单位提出问题及整改情况	
上季度本单位监督自查提出问题及整改情况	
技术监督异常情况告警项目及整改完成情况	
本季度完成当年监督计划工作情况	
本季度励磁系统故障情况，原因及措施	
本季度励磁系统监督工作（包括管理、试验、运行及检修等方面）	
下季度励磁系统监督主要工作	
审批：　　　　　　审核：　　　　　　　　填表：	

国家电力投资集团有限公司
STATE POWER INVESTMENT CORPORATION LIMITED

企 业 标 准

火电企业生产建（构）筑物
技术监督实施细则

2017-12-11 发布

2017-12-11 实施

国家电力投资集团有限公司　发布

目　　录

前　言

为规范国家电投集团所属火电企业生产建（构）筑物监督管理行为，理顺生产建（构）筑物监督管理工作关系，保证生产建（构）筑物结构安全，确保生产设备安全稳定运行，根据国家、行业有关规定，结合国家电投集团生产管理的实际状况，制定本标准。

本标准由国家电投集团火电与售电部提出、组织起草并归口管理。

本标准主要起草单位：国家电投集团科学技术研究院有限公司。

本标准主要起草人：周勇。

本标准主要审查人：王志平、徐国生、章义发、岳乔、陈以明、华志刚、侯晓亮、王正发、刘宗奎、李晓民、刘江、李继宏、张晓辉、牛春良、李秋义、李吉娃、李涛、王中伟、董富勇、王永焕。

火电企业生产建（构）筑物技术监督实施细则

1 范围

本标准规定了国家电投集团所属火电企业生产建（构）筑物监督的范围、内容和管理要求。

本标准适用于国家电投集团所属火电企业的生产主要建（构）筑物监督工作，包括发电建（构）筑物、水工建筑物、燃油建筑物和电气建（构）筑物。

发电建（构）筑物，指的是主厂房、吸风机室、锅炉房、煤仓间、碎煤机室、除氧间、输煤栈桥、干煤棚、地下输煤廊道、烟囱、管道支架等。

水工建筑物，指的是冷却塔、输回水沟、喷水池、冷却池、灰库灰坝、泵房等。

燃油建筑物，指的是油库、油泵房、油处理构筑物等。

电气建（构）筑物，指的是主控室、变电站支架、地下电缆沟、继电器室、变压器室等。

2 规范性引用文件

下列文件对于本文件的应用是必不可少的。凡是注日期的引用文件，仅注日期的版本适用于本文件。凡是不注日期的引用文件，最新版本（包括所有的修改单）适用于本文件。

GB 50007　　建筑地基基础设计规范
GB 50009　　建筑结构荷载规范
GB 50010　　混凝土结构设计规范
GB 50011　　建筑抗震设计规范
GB 50023　　建筑抗震鉴定标准
GB 50051　　烟囱设计规范
GB 50068　　建筑结构可靠度设计统一标准
GB 50078　　烟囱工程施工及验收规范
GB 50144　　工业建筑可靠性鉴定标准
GB 50204　　混凝土结构工程施工质量验收规范
GB 50300　　建筑工程施工质量验收统一标准
GB/T 50344　　建筑结构检测技术标准
GB/T 50476　　混凝土结构耐久性设计规范
GB 51056　　烟囱可靠性鉴定标准
JGJ 116　　建筑抗震加固技术规范
JGJ 8　　建筑变形测量规范

建标〔2006〕102 号　工程建设标准强制性条文（电力工程部分）

DL 5022　　　　火力火电厂土建结构设计技术规定

DC/T 5210　　　电力建设施工质量验收及评价规程

CECS03　　　　钻芯法检测混凝土强度技术规程

国家电投规章〔2016〕124 号　国家电力投资集团公司火电技术监督管理规定

国家电投火电综管细则　国家电力投资集团公司火电技术监督综合管理实施细则

3　总则

3.1　生产建（构）筑物监督是保证火电企业生产建（构）筑物结构安全，确保生产设备安全稳定运行的重要基础工作，应坚持"安全第一、预防为主"的方针，实行全过程监督。

3.2　各火电企业结合本企业实际情况，制定生产建（构）筑物监督实施细则，开展监督工作；在执行本标准时，必须遵守国家和部委颁发的有关生产建（构）筑物结构安全管理的政策、命令、法规、条例、规定、规范标准和文件。

3.3　本标准明确了国家电投集团所属火电企业生产建（构）筑物结构安全技术监督的内容、职责、权限及考核办法，从事生产建（构）筑物监督的人员，应熟悉和掌握本标准及相关标准和规程中的规定。

4　监督范围

4.1　建设期监督范围

本标准要求的建设期主要监督范围为：监测点设计的审查，监测点的设置与安装，基础施工阶段的监测，监测设施竣工验收。

4.2　运行期监督范围

本标准要求的运行期主要监督范围为：结构安全检查，包括日常巡查、定期检查、应急检查及专业检查。

5　监督内容

5.1　建设期监督内容

5.1.1　监测点设计的审查

5.1.1.1　新建火电工程设计阶段，由火电企业负责主持监测点设计审查，形成审查记录，通过技术监督报表上报二级单位。

5.1.1.2　重点审查内容

a）结构安全监测项目及监测系统布置的合理性；

　　b）结构安全监测设施的可靠性和合理性。

5.1.2　监测点的设置与安装

5.1.2.1　要求项目施工单位设专职人员，完成监测点的设置与安装。

5.1.2.2　火电企业派专职人员参加监测点设置与安装的检查工作。严格按照设计要求进行全面检查，并将施工检查情况存档备份。

5.1.3　基础施工阶段的监测

5.1.3.1　火电企业组织设计、施工、监理等单位按有关规范制定建（构）筑物沉降监测工作内容和主要的安全监控指标。

5.1.3.2　火电企业负责督促施工单位在基础施工阶段完成各项监测设施。

5.1.3.3　火电企业确保建（构）筑物在基础工程隐蔽前取得各个监测项目的监测资料和基准值，并及时整理分析、存档。

5.1.4　建设期监测设施竣工验收

5.1.4.1　项目竣工验收时，要求施工单位按 DL/T 5210 及相关工程施工质量验收规范的要求，编写监测系统竣工报告和施工期监测资料的分析报告。

5.1.4.2　经验收合格后，移交火电企业。火电企业将建（构）筑物观测设施竣工图和施工期观测资料整理为《建（构）筑物竣工观测基础资料》报技术监督归口管理部门存档备案。

5.2　运行期监督内容

5.2.1　构筑物结构安全检查

5.2.1.1　火电企业生产管理部门须建立建（构）筑物台账。

5.2.1.2　火电企业应根据建（构）筑物的工程级别、类别和实际情况，按规范的要求制定检查的项目和检查的程序，定期巡视检查建（构）筑物。

5.2.1.3　检查及其分类。

　　火电厂建（构）筑物检查分为日常巡查、定期检查、应急检查和专业检查。其中日常巡查，以该建（构）筑物内的工作生产人员为主，在工作过程中多留意，发现异常及时报告，做到安全生产、人人有责；定期检查与应急检查由建（构）筑物使用或管理单位组织实施；专业检查由使用或管理单位委托具有相关资质的专业检测鉴定机构实施。

　　a）日常巡查：主要指建（构）筑物的使用者或管理者在使用过程中对建（构）筑物及其附属设施进行的目测检查。

　　b）定期检查：为评定建（构）筑物的总体状况，制定维护计划提供基础数据，对建（构）筑物主体结构、附属结构及地基基础的技术状况进行的全面检查。

　　c）应急检查：遇极端天气、爆炸、火灾及其他自然灾害之后建（构）筑物受到灾害性损伤后，为了查明破损状况，采取应急措施，组织恢复其使用功能，对建（构）筑物进行的有针对性的检查。

d）专业检查：根据定期或应急检查的结果，对需要进一步判明损坏原因、破损程度和使用能力的建（构）筑物，针对破损进行专门的现场试验检测、验算与分析等鉴定工作；或根据建（构）筑物的使用年限对其整体安全性进行的定期检测鉴定工作。

5.2.2 日常巡查

日常巡查方法一般为目测，必要时可配备简易的工器具（比如榔头敲击等）。

在日常巡查中发现重要构件有明显严重破损时，应立即进行专业检查。

5.2.3 定期检查

5.2.3.1 定期检查的时间规定：对于主要生产构建筑物每年进行一次定期检查。

5.2.3.2 定期检查以目测观察结合仪器观测进行，必须接近各构件仔细检查其破损情况，发现重要构件有明显严重破损时，应立即进行专业检查。

5.2.3.3 定期检查内容。

a）建（构）筑物外观完整性；

b）建（构）筑物等主体结构的锈蚀、变形、破损、开裂、漏筋、倾斜情况；

c）构件的表面的完好性，有无损坏、老化变色、开裂、起皮、剥落、生锈；

d）对于有震动的设备厂房应观察其震动是否有异常；

e）地基基础是否有浸水、塌陷现象，上部结构是否存在因地基基础缺陷导致的倾斜、开裂情况发生；

f）烟囱、冷却塔及淋水构件的腐蚀、冻融情况。

5.2.3.4 建（构）筑物定期检查后应将检查结果整理归档。

5.2.4 应急检查

5.2.4.1 主要生产建（构）筑物的外部运行条件恶劣或有重大变化时，对工程的重要部位和薄弱部位，要加强检查监测，如发现威胁建（构）筑物结构安全的问题，应昼夜监视，上报主管单位，采取应急检查措施。

5.2.4.2 出现下列情况时，应立即进行应急检查。

a）在大风、暴雨、暴雪或冰雹等极端天气过后；

b）受撞击、火灾、爆炸、地震或其他外力因素等情况影响造成建（构）筑物损伤时；

c）其他需要进行应急检查的事件发生后。

5.2.4.3 灾害发生后进行应急检查，掌握结构受损情况，为采取对策措施提供依据，并应符合下列规定。

a）应根据受异常事件影响的结构，决定采取的检查方法、工具和设备。

b）应急检查的内容和方法原则上应与定期检查相同，但应针对发生异常情况或者受异常事件影响的结构或构件做重点检查，以掌握其受损情况。需当场对检查情况做记录（含影音资料）。

c）检查的评定标准，应与定期检查相同。当有难以判明破损的原因、程度等情况时，应做专业检查。

d）检查结果的记录要求，应与定期检查相同。检查完成后，应汇总检查情况，评估异常事件的影响，确定合理的对策措施。

5.2.5 专业检查

专业检查应委托具备检测鉴定资质的、相应设计经验和能力的单位承担。

a）在下列情况下，应进行专业检查。

  1）达到设计使用年限拟继续使用时；

  2）用途或使用环境改变时；

  3）进行改造或增容、改建或扩建，影响建（构）筑结构安全时；

  4）遭受灾害或事故时；

  5）存在较严重的质量缺陷或者出现较严重的腐蚀、损伤、变形时；

  6）既有烟囱加固修复、防腐改造时。

b）在下列情况下，宜进行专业检查。

  1）使用维护中需要进行常规检测鉴定时；

  2）需要进行全面、大规模维修时；

  3）其他需要掌握结构技术可靠性水平时。

c）其他情况。

  1）日常巡查、定期检查与应急检查中难以判明损坏原因及程度的建（构）筑物；

  2）在日常巡查、定期检查与应急检查中如有下列情况也应进行专业检查。

表 1　混凝土结构检查情况表

结构名称	检查情况	备　注
地基基础	工业建筑 当地基变形大于 GB 50007 规定的允许值，沉降速率大于 0.05mm/d，建（构）筑物的沉降裂缝有进一步发展趋势，沉降已影响到吊车等机械设备的正常运行 承重构件中出现以上情况的比例超过 20% 时应进行专业检查 民用建筑 不均匀沉降大于 GB 50007 规定的允许沉降差；或连续两个月地基沉降量大于每个月 2mm；或建筑物上部结构砌体部分出现宽度大于 5mm 的沉降裂缝，预制构件连接部位可能出现宽度大于 1mm 的沉降裂缝，且沉降裂缝短期内无终止趋势 承重构件中出现以上情况的比例超过 15% 时应进行专业检查 烟囱 当地基变形大于 GB 50007 规定的允许值，沉降速率大于 0.05mm/d，沉降变形有进一步发展趋势，烟囱上有沉降变形或与烟道有错位、开裂 烟囱结构出现以上情况应进行专业检查	

续表

结构名称	检查情况	备注
主体承重结构	工业建筑	
	当预埋件的构造有缺陷，锚板有变形或锚板、锚筋与混凝土之间有滑移、拔脱现象时	
	当节点焊缝或螺栓连接方式不当，有局部拉脱、剪断、破损或滑移时	
	混凝土有较大范围的缺陷和损伤，或者局部有严重缺陷损伤，深度大于保护层厚度的，外观有沿钢筋方向裂缝或明显锈迹及腐蚀损伤的	
	钢筋混凝土构件室内正常环境下、露天或室内高湿度环境，干湿交替环境下裂缝宽度大于0.3mm（预应力混凝土构件裂缝宽度大于0.1mm）	
	混凝土构件变形（挠度），单层厂房屋架、手动吊车梁大于10/450，多层框架主梁大于10/350（10为构件计算跨度）	
	结构构件侧向位移，有吊车单层厂房柱位移影响吊车使用，无吊车单层厂房柱倾斜大于$H/750$或H大于10m时，倾斜大于30mm	
	多层厂房柱倾斜大于$H/750$或H大于10m时，倾斜大于40mm	
	承重构件中出现以上情况的比例超过20%时应进行专业检查	
	民用建筑	
	连接方式不当，构造有明显缺陷，已导致焊缝或螺栓等发生变形、滑移、局部拉脱、剪坏或裂缝	
	构造有明显缺陷，已导致预埋件发生变形、滑移、松动或其他损坏	
	单层建筑顶点位移大于$H/150$，多层建筑大于$H/200$；高层框架大于$H/250$或者$H/300$mm，高层框剪或框筒结构大于$H/300$或者$H/400$mm	
	混凝土构件变形（挠度），主梁、托梁大于10/200，其余受弯构件大于10/120（7m以下跨度）（10为构件计算跨度）	
	弯曲裂缝和受拉裂缝，室内正常环境下，钢筋混凝土主要构件裂缝宽度大于0.5mm，一般构件裂缝宽度大于0.7mm，预应力混凝土主要构件裂缝宽度大于0.2mm，一般构件裂缝宽度大于0.3mm；高湿度环境下，钢筋混凝土裂缝宽度大于0.4mm，预应力混凝土裂缝宽度大于0.1mm；处于剪切和受压状态下的混凝土构件出现裂缝	
	因主筋锈蚀或腐蚀，导致混凝土产生沿主筋方向开裂保护层剥落掉角	
	混凝土有较大范围的损伤和腐蚀	
	承重构件中出现以上情况的比例超过15%时应进行专业检查	
	烟囱	
	混凝土烟囱筒壁出现环向水平温度裂缝或受力裂缝	
	混凝土筒壁出现因滑模施工或施工缝产生的水平裂缝，范围较大的	
	烟囱洞口局部有明显的破损、裂缝	

结构名称	检查情况	备注
主体承重结构	筒壁受腐蚀损伤严重 钢筋混凝土烟囱筒壁裂缝宽度大于 0.5mm 烟囱筒壁及支承结构倾斜：高度 $h \leqslant 20m$ 的烟囱倾斜（烟囱顶部侧移变位与高度的比值）发展大于 0.013，$20m < h \leqslant 50m$ 的烟囱倾斜发展大于 0.012，$50m < h \leqslant 100m$ 的烟囱倾斜发展大于 0.011，$100m < h \leqslant 150m$ 的烟囱倾斜发展大于 0.008，$150m < h \leqslant 200m$ 的烟囱倾斜发展大于 0.006，$20m < h \leqslant 50m$ 的烟囱倾斜发展大于 0.012，$h > 200m$ 的烟囱倾斜发展大于 0.005 烟囱结构出现以上情况应进行专业检查	
围护结构	工业建筑 围护构件连接方式不当，连接构造有缺陷或有严重缺陷，已有明显变形、松动、局部脱落、裂缝或损坏 围护结构中出现以上情况的比例超过 25% 时应进行专业检查 民用建筑 围护系统的承重构件同主体承重结构 围护结构中出现以上情况的比例超过 20% 时应进行专业检查	

表 2 钢结构检查情况表

结构名称	检查情况	备注
地基基础	当地基变形大于 GB 50007 规定的允许值，沉降速率大于 0.05mm/d，建（构）筑物的沉降裂缝有进一步发展趋势，沉降已影响到吊车等机械设备的正常运行 承重构件中出现以上情况的比例超过 20% 时应进行专业检查	
主体承重结构	当节点焊缝或螺栓连接方式不当，有局部拉脱、剪断、破损或滑移时 构件变形超过规范要求，已经明显影响正常使用 已出现较大面积腐蚀并使截面有明显削弱，或防腐措施已破坏失效 结构构件侧向位移，有吊车单层厂房柱位移影响吊车使用，无吊车单层厂房柱倾斜大于 $H/700$ 或 H 大于 10m 时，倾斜大于 35mm 多层厂房柱倾斜大于 $H/700$ 或 H 大于 10m 时，倾斜大于 45mm 承重构件中出现以上情况的比例超过 20% 时应进行专业检查	
围护结构	连接方式不当，连接构造有缺陷或有严重缺陷，已有明显变形、松动、局部脱落、裂缝或损坏 围护结构中出现以上情况的比例超过 25% 时应进行专业检查	

表3 砌体结构检查情况表

结构名称	检查情况	备注
地基基础	**工业建筑** 当地基变形大于 GB 50007 规定的允许值，沉降速率大于 0.05mm/d，建（构）筑物的沉降裂缝有进一步发展趋势，沉降已影响到吊车等机械设备的正常运行 承重构件中出现以上情况的比例超过 20% 时应进行专业检查 **民用建筑** 不均匀沉降大于 GB 50007 规定的允许沉降差；或连续两个月地基沉降量大于每个月 2mm；或建筑物上部结构砌体部分出现宽度大于 5mm 的沉降裂缝，预制构件连接部位可能出现宽度大于 1mm 的沉降裂缝，且沉降裂缝短期内无终止趋势 承重构件中出现以上情况的比例超过 15% 时应进行专业检查 **烟囱** 当地基变形大于 GB 50007 规定的允许值，沉降速率大于 0.05mm/d，沉降变形有进一步发展趋势，烟囱上有沉降变形或与烟道有错位、开裂 烟囱结构出现以上情况应进行专业检查	
主体承重结构	**工业建筑** 对于变形裂缝和温度裂缝而言，独立柱发现有裂缝时，墙体较大范围开裂，或最大裂缝宽度大于 1.5mm，或裂缝有继续发展的趋势时 出现受力裂缝时 损伤和缺陷影响正常使用时，当构件受到较大面积腐蚀并使截面严重削弱时，砌体块材腐蚀深度大于 5mm，砂浆腐蚀深度大于 10mm，钢筋因腐蚀导致截面损伤率大于 5% 墙柱高厚比超过规范值 20% 时 结构构件侧向位移或倾斜，有吊车单层厂房柱位移影响吊车使用，无吊车单层厂房独立柱倾斜大于 $1.5H/1000$ 和大于 15mm 两者中较大值时 承重构件中出现以上情况的比例超过 20% 时应进行专业检查 **民用建筑** 连接及砌筑方式不当，构造有严重缺陷，已导致构件或连接部位开裂、变形、位移或松动，或已造成其他损坏 单层建筑顶点位移，当墙体高度 ≤7m 时，位移 $>H/250$ 当墙体高度 >7m 时，位移 $>H/300$ 当柱高度 ≤7m 时，位移 $>H/300$ 当柱高度 >7m 时，位移 $>H/330$	

结构名称	检查情况	备注
主体承重结构	多层建筑顶点位移，当墙体高度≤10m 时，位移 $>H/300$	
	当墙体高度 >10m 时，位移 $>H/330$	
	当柱高度≤10m 时，位移 $>H/330$	
	对于受力裂缝，桁架、主梁支座下的墙、柱的端部或中部，出现沿块材断裂（贯通）的竖向裂缝或斜裂缝；空旷房屋承重外墙的变截面处，出现水平裂缝或沿块材断裂的斜向裂缝；明显的受压、受弯或受剪裂缝	
	对于非受力裂缝，纵横墙连接处出现通长的竖向裂缝；承重墙体墙身裂缝严重，且最大裂缝宽度已大于 5mm；独立柱已出现宽度大于 1.5mm 的裂缝，或有断裂、错位迹象	
	砌体结构出现严重损伤和缺陷，明显影响正常使用的	
	承重构件中出现以上情况的比例超过 15% 时应进行专业检查	
	烟囱	
	砖烟囱筒壁出现环向水平裂缝或斜裂缝时	
	烟囱洞口局部有明显的破损、裂缝	
	筒壁受腐蚀损伤严重	
	砖烟囱筒壁裂缝宽度大于 1mm	
	烟囱筒壁及支承结构倾斜：高度 h≤20m 的烟囱倾斜（烟囱顶部侧移变位与高度的比值）发展大于 0.013，20m$<h$≤50m 的烟囱倾斜发展大于 0.012，50m$<h$≤100m 的烟囱倾斜发展大于 0.011，100m$<h$≤150m 的烟囱倾斜发展大于 0.008，150m$<h$≤200m 的烟囱倾斜发展大于 0.006，20m$<h$≤50m 的烟囱倾斜发展大于 0.012，$h$$>$$200$m 的烟囱倾斜发展大于 0.005	
	烟囱结构出现以上情况应进行专业检查	
围护结构	工业建筑	
	围护构件连接方式不当，连接构造有缺陷或有严重缺陷，已有明显变形、松动、局部脱落、裂缝或损坏	
	围护结构中出现以上情况的比例超过 25% 时应进行专业检查	
	民用建筑	
	围护系统的承重构件同主体承重结构	
	围护结构中出现以上情况的比例超过 20% 时应进行专业检查	

d）延寿评估：应根据专业检查报告，由具有设计经验和能力的设计单位进行建（构）筑物延寿评估。

6 监督管理要求

6.1 健全监督网络与职责

6.1.1 按照国家电投火电综管细则，生产建（构）筑物技术监督网络实行三级管理。第一级为生产副厂长副总经理或总工程师领导下的生产建（构）筑物监督专责人；第二级为生产管理及运行检修等部门级生产建（构）筑物监督专工或联系人；第三级为班组级，包括各专工领导的班组人员。在生产副厂长副总经理或总工程师领导下，由监督专责人统筹安排，协调生产管理及运行检修等部门，协调化学、锅炉、汽机、热工、金属、电气、燃料等相关专业共同配合完成生产建（构）筑物技术安全监督工作。

6.1.2 按照国家电投规章〔2016〕124 号和本细则编制本企业生产建（构）筑物监督管理标准，做到分工、职责明确，责任到人。

6.1.3 厂级生产建（构）筑物监督负责人的职责。

6.1.3.1 领导发电企业生产建（构）筑物监督工作，落实生产建（构）筑物监督责任制；贯彻上级有关生产建（构）筑物监督的各项规章制度和要求；审批本企业专业技术实施细则。

6.1.3.2 审批生产建（构）筑物技术监督工作规划、计划。

6.1.3.3 组织落实运行、检修、技改、日常管理、定期监测、试验等工作中的生产建（构）筑物技术监督要求。

6.1.3.4 安排召开生产建（构）筑物技术监督工作会议；检查、总结、考核本企业生产建（构）筑物监督工作。

6.1.3.5 组织分析本企业生产建（构）筑物监督存在的问题，采取措施，提高生产建（构）筑物监督工作效果和水平。

6.1.4 部门级生产建（构）筑物监督专责工程师的职责。

6.1.4.1 认真贯彻执行上级有关生产建（构）筑物监督的各项规章制度和要求，组织编写本企业的生产建（构）筑物监督实施细则和相关制度。

6.1.4.2 组织编写生产建（构）筑物技术监督工作规划、计划。

6.1.4.3 落实运行、检修、技改、日常管理、定期监测、试验等工作中的生产建（构）筑物技术监督要求。

6.1.4.4 定期召开生产建（构）筑物技术监督工作会议；分析、总结本企业生产建（构）筑物技术监督工作情况，指导生产建（构）筑物技术监督工作。

6.1.4.5 按要求及时报送各类生产建（构）筑物监督报表、报告。其中包括运行、试验、检修中发现的缺陷，对危及安全的重大缺陷应立即上报。

6.1.4.6 分析本企业生产建（构）筑物监督存在的问题，采取措施，提高生产建（构）筑物监督工作效果和水平。

6.1.4.7 建立健全本企业生产建（构）筑物技术档案，并熟悉掌握主要生产建（构）筑物当前状况。

6.1.4.8 协助本企业有关部门解决生产建（构）筑物技术监督工作中的技术问题并组织

专业培训。

6.1.5 班组级生产建（构）筑物监督工程师的职责。

日常巡查生产建（构）筑物，及时汇报异常情况。

6.2 制定和执行制度

6.2.1 各火电企业应配备与生产建（构）筑物监督有关的国家、行业技术规程和标准，并能够及时进行宣贯和学习，相关人员应熟练掌握并按标准执行。

6.2.2 各火电企业根据生产建（构）筑物监督的需要可制定下列规章制度：

a）生产建（构）筑物监督实施细则（包括执行标准、工作要求）；

b）生产建（构）筑物检修维护制度。

以上规章与制度，应根据具体情况的变化及时修订或补充。

6.3 制定监督工作计划

6.3.1 生产建（构）筑物监督责任人应组织相关部门和人员，根据上级公司的要求和本单位实际情况，制定本厂生产建（构）筑物监督工作计划。在每一年度末期，组织完成下一年度生产建（构）筑物监督工作计划的制定工作，并将计划报送给上级单位，同时抄送至国家电投集团科学技术研究院及技术监督服务单位。

6.3.2 火电企业生产建（构）筑物监督年度计划的制定依据至少应包括以下几个方面。

a）国家、行业、地方有关电力生产方面的法律、法规、标准、规范、政策、要求；

b）国家电投集团（总部）、二级单位、火电企业技术监督工作计划和年度生产目标；

c）国家电投集团（总部）、二级单位、火电企业技术监督管理制度和年度技术监督动态管理要求；

d）技术监督体系健全和完整化；

e）生产建（构）筑物上年度异常、缺陷等；

f）主要生产建（构）筑物当前状况；

g）技术监督动态检查、季（月）报提出的问题；

h）收集的其他有关生产建（构）筑物等方面的动态信息。

6.3.3 生产建（构）筑物监督年度计划主要内容应包括以下几个方面。

a）健全生产建（构）筑物监督组织机构；

b）监督标准、相关技术文件制、修订；

c）技术监督工作自我评价与外部检查迎检计划；

d）技术监督发现问题的整改计划；

e）人员培训计划（主要包括内部培训、外部培训取证，规程宣贯）；

f）技术监督月报、总结编制、报送计划。

6.3.4 生产建（构）筑物技术监督专责人每月应对监督年度计划执行和监督工作开展情况进行检查评估，对不满足监督要求的问题，通过技术监督不符合项通知单下发到相关部门监督整改，并对相关部门进行考评。

6.4 技术资料和档案管理

6.4.1 各火电企业应按照本标准规定的文件、资料、记录和报告目录以及格式要求，建立健全生产建（构）筑物技术监督档案、规程、制度和技术资料，确保技术监督原始档案和技术资料的完整性和连续性。

6.4.2 本单位生产建（构）筑物建设过程中的监督的全部原始档案资料，主管单位应妥善保管。基建工程移交生产时，建设单位应同时移交生产建（构）筑物全部档案和资料。

6.4.3 根据生产建（构）筑物技术监督组织机构的设置和生产建（构）筑物的实际情况，明确档案资料的分级存放地点，并指定专人负责整理保管。

6.4.4 生产建（构）筑物技术监督负责人应建立生产建（构）筑物档案资料目录清册，并负责及时更新。

6.4.5 所有生产建（构）筑物监督档案资料，应在档案室保留一份原件，三级生产建（构）筑物监督网络的负责人根据需要留存复印件或电子文档。

6.4.6 生产建（构）筑物监督技术资料档案应包括以下内容。

    a）基建阶段技术资料；

    b）生产建（构）筑物台账；

    c）检修（维护）报告与记录；

    d）缺陷处理记录；

    e）事故管理报告和记录；

    f）监测记录文件；

    g）监督管理文件。

        1）与生产建（构）筑物监督有关的国家法律、法规及国家、行业、国家电投集团标准、规范、规程、制度；

        2）电厂制定的生产建（构）筑物监督标准、规程、规定、措施等；

        3）年度生产建（构）筑物监督工作计划和总结；

        4）外部检查评价报告；

        5）岗位技术培训计划、记录和总结；

        6）生产建（构）筑物监督月报、速报等。

6.5 技术监督工作会议和培训

6.5.1 火电企业主管生产的副厂长副总经理或总工程师每月召开技术监督网络会议，传达上级有关技术监督工作的指示，听取各技术监督管理人员的工作汇报，分析存在的问题并制定、布置针对性纠正措施，检查技术监督各项工作的落实情况；火电企业每年召开一次技术监督工作会议，检查、总结、布置全厂生产建（构）筑物技术监督工作。对生产建（构）筑物技术监督中出现的问题提出处理意见和防范措施，形成会议纪要，按管理流程批准后发布实施。

6.5.2 生产建（构）筑物技术监督工作会议主要内容包括：

    a）上次监督会议以来监督工作开展情况；

    b）生产建（构）筑物监督存在的主要问题以及解决措施、方案；

    c）上次监督会议提出问题的整改落实情况，提出评价意见；

    d）技术监督工作计划发布及执行情况，监督计划的变更；

    e）国家电投集团技术监督月报、监督通信，国家电投集团（总部）或二级单位典型案例，新颁布的国家、行业标准规范，监督新技术等学习交流；

    f）生产建（构）筑物监督需要领导协调或其他部门配合和关注的事项；

    g）至下次技术监督会议期间内的工作要点。

6.5.3 火电企业生产建（构）筑物技术监督负责人应定期组织对生产建（构）筑物技术监督人员进行培训，重点对新制度、新标准规范、新技术、先进经验、新的反措要求进行宣贯，对集团通报进行学习交流，不断提高技术监督人员的素质。

6.5.4 积极鼓励专业技术人员参加外部培训工作。

6.6 技术监督报告管理

6.6.1 火电企业发生因生产建（构）筑物事故而停机，生产建（构）筑物监督专责人应将事件概况、原因分析、采取措施填写速报并报二级单位。

6.6.2 生产建（构）筑物技术监督专责人应按照规定的月报格式和要求，组织编写上月技术监督月报，经电厂归口职能管理部门汇总后，于每月5日前报送二级单位。

6.6.3 生产建（构）筑物技术监督专责人于每年1月5日前组织完成上年度技术监督工作总结报告的编写，经电厂归口职能管理部门汇总后，于每年1月10日前报送二级单位。

6.6.4 各火电企业报送的有关资料均应通过企业技术监督负责领导审核批准。

6.7 技术监督检查与考核

6.7.1 技术监督检查与评价

6.7.1.1 火电企业每年由生产副总经理（总工程师）按国家电投《火电技术监督检查评估标准》表13组织进行自检。

6.7.1.2 各火电企业结合每年的自检，按照国家电投《火电技术监督检查评估标准》表13于每一年度末完成自评价，并将自评价得分表连同年度总结一起报二级单位。

6.7.1.3 二级单位根据各火电企业的自评价，结合技术监督年度检查，按照国家电投火电监评标准表13进行技术监督评价复核工作。

6.7.2 技术监督考核

6.7.2.1 结合每年的技术监督检查、评价结果，评比国家电投资集团技术监督先进单位、先进个人。

6.7.2.2 技术监督检查、评价结果与星级企业评定结合。

6.7.2.3 技术监督检查、评价结果与个人工资晋级、评职称挂钩。

———————————

国家电力投资集团有限公司
STATE POWER INVESTMENT CORPORATION LIMITED

企 业 标 准

火电技术监督检查评估标准

2017-12-11 发布

2017-12-11 实施

国家电力投资集团有限公司　发布

目　录

前　　言

技术监督检查评估是对发电企业执行国家、行业有关技术监督法规、标准，贯彻国家电力投资集团有限公司（以下简称国家电投集团）技术监督管理制度情况的量化评价，目的在于提高机组安全、经济、清洁生产水平，实现发电设备寿命期内效益最大化。

为贯彻《电力技术监督导则》及《集团公司火电技术监督管理规定》要求，确保火电企业技术监督业务规范、有序、高效开展，进一步提高技术监督质量，特制定本标准。

本标准由国家电投集团火电部提出、组织起草并归口管理。

本标准主要起草单位（部门）：国家电投集团科学技术研究院有限公司。

本标准主要起草人：门凤臣、宋敬霞、刘宝军、范龙、赵军、梅志刚、李松华、俞冰、王元、尧国富、郭延秋、张敏、王舟宁、马骁、李权耕、周勇。

本标准主要审查人：王志平、徐国生、章义发、岳乔、陈以明、华志刚、侯晓亮、刘宗奎、李晓民、刘江、李继宏、张晓辉。

火电技术监督检查评估标准

1 范围

本标准规定了国家电投集团火电技术监督检查评分标准。

本标准适用于国家电投集团火电技术监督检查评估工作。

2 技术监督综合管理检查评分标准

技术监督综合管理检查评分标准见表1。

3 专业技术监督检查评估与考核

3.1 评估内容

3.1.1 火电企业绝缘、化学、金属和压力容器、电测、热工、环保、继电保护、汽轮机和辅机振动、节能、电能质量、励磁、生产建（构）筑物共计12项专业技术监督检查评分标准见表2～表13。

3.1.2 每项专业技术监督检查评估考核内容包含技术监督管理和专业监督指标执行两部分，总分均为1000分（直流系统技术监督检查除外）。每项检查评分时，如扣分超过本项应得分，则扣完为止。

3.2 评估标准

3.2.1 被评估的火电企业按得分高低分为四个级别：优秀、良好、合格、不符合。

3.2.2 得分率高于或等于90%为"优秀"；得分率80%～89%为"良好"；得分率70%～79%为"合格"；得分率低于70%为"不符合"。

3.3 评估组织与考核

3.3.1 技术监督考核包括上级单位组织的技术监督现场考核、属地电力技术监督服务单位组织的技术监督考核以及技术监督自我考核。

3.3.2 发电企业应积极配合上级单位和属地电力技术监督服务单位组织的现场检查和技术监督考核工作。对于考核期间的技术监督事件不隐瞒，不弄虚作假。

3.3.3 对于各级考核提出的问题，包括发电企业自查发现的问题，应将不符合项以通知单的形式下发到有关部门，明确整改责任人，根据整改情况对有关部门和责任人进行责任追究工作。

表1 技术监督综合管理检查评分标准（500分）

序号	检查项目	标准分	检查方法	评分标准
1	技术监督组织机构	30	检查组织机构文件，与相关人员座谈	企业成立技术监督领导小组，专业技术监督网络组织机构，体系应健全，监督范围覆盖齐全，根据岗位变化进行修订 技术监督组织机构不符合要求，每项扣10分 修订不及时，扣10分
2	技术监督规章制度	50	检查相关的制度、文件及企业制定的技术监督规章制度	配备国家、行业及国家电投集团有关技术监督制度、文件，按国家电投集团要求进行确认有效性 按国家电投集团要求，并根据企业实际情况制定企业"技术监督管理制度""专业技术监督实施细则"等规章制度 配备、制定不全，每项扣2分 未按制度、细则的规定开展工作，每项扣10分 修订不及时扣10分
3	技术监督工作计划、总结	30	检查技术监督工作计划、总结	企业每年制定技术监督工作计划并跟踪实施，每年完成技术监督工作总结 未制定公司年度技术监督工作计划扣5分，未按计划完成工作扣5~10分 缺少监督总结扣10分 总结不完善，每缺一项扣5~10分
4	监督过程实施	100	查看企业技术监督规章制度、会议纪要、重要事故分析报告等资料，查监督报告、报表	落实责任制，所有技术监督规章制度、工作计划、报表、缺陷处理、验收、及事故分析报告等实行审核、批准签字制度 缺少审核、批准签字的每发现一项（次）扣5分 审核、批准签字不规范，每发现一项（次）扣3分 未按制度规定的项目内容开展和完成监督工作，缺一项（次）扣10分 受监设备或指标长期异常，未进行深入分析并提出明确治理措施的，每项扣10分
5	技术监督告警执行情况	50	查看告警单、整改措施及计划、会议纪要、工作总结等资料	及时告警，不隐瞒，对告警问题要进行闭环处理 不按告警要求进行告警，每发现一项扣10分 对告警问题未进行闭环处理，每发现一项扣10分 告警单管理不规范，扣5分

序号	检查项目	标准分	检查方法	评分标准
6	企业技术监督整改情况	50	查看相关记录、整改计划、会议纪要、报告、报表	未针对技术监督检查（评价）发现问题制定企业整改计划及滚动整改计划，扣20分 每缺1个重点关注问题扣10分，其他每缺一项扣5分 对问题未按计划进行闭环处理，每项扣10分
7	技术监督工作会议	30	查看会议纪要等资料	企业每年至少召开2次年度技术监督工作会议，各专业每月召开技术监督网络会议 技术监督工作会议、专业技术监督网络会议每缺1次扣10分 工作会议内容不全每项扣5分
8	人员培训和持证上岗管理	50	检查相关人员的培训计划和记录、专业技术监督资格证书	未制订培训计划的，扣10分 培训记录不规范、不全的，扣10分 不按规定参加有关技术培训的，每人次扣5分 从事电测、热工计量检测、化学水分析、化学仪表检验校准和运行维护、燃煤采制化和电力用油气分析检验、金属无损检测人员持证人数每少于1人，扣10分
9	建立健全监督档案	50	检查档案室 查看技术资料和档案目录，查看档案管理制度和记录	无档案室或档案存放凌乱、档案目录设置不合理造成档案查找不便的，每项扣5分 无档案管理制度扣10分 档案管理制度设置不合理，每发现一处扣5分 借阅归还记录不全，每一处扣5分 清单中的技术资料和档案每发现一处缺失扣5分
10	工作报告报送	50	查看月度分析评估报告及上报记录，查看年度技术监督总结报告及上报记录	月度分析评估报告缺失的不得分 每发现一处填写不规范的扣5分 技术监督总结缺失的不得分 总结不完善，每缺一项内容扣10分 上报滞后的，扣10分
11	责任追究与考核	10	查看技术监督考核记录	对于考核期间的技术监督事件隐瞒，弄虚作假不得分

表 2-1 绝缘技术监督检查评分标准（1000 分）

序号	检查项目	标准分	检查方法	评分标准
1	**绝缘监督管理**	**400**		
1.1	**组织体系建设**	**30**		
1.1.1	建立健全由生产副总经理或总工程师领导下的绝缘监督网，设置绝缘监督负责人和专责工程师，并能根据人员变化及时完善	10	查看绝缘监督组织机构正式文件	未建立监督网或监督网不健全扣 10 分 未设置绝缘监督工程师或未及时完善监督网络扣 5 分
1.1.2	各级岗位职责明确，落实到人	20	查看岗位设置文件	各级岗位设置不全或未落实到人，每一岗位扣 5 分
1.2	**制度与标准**	**50**		
1.2.1	绝缘监督管理制度 本厂绝缘监督管理制度门类齐全，符合国家、行业及上级主管单位的有关规定和要求；符合本厂实际情况	20	查看绝缘监督管理制度文件	按实施细则 7.2.3 的要求，制度每缺一项扣 5 分 制度与国家、行业及上级主管单位的有关规定和要求不符合，每一处扣 5 分 制度不符合国家电投集团要求，每一处扣 1 分 制度与本厂实际不符合，每一处扣 5 分
1.2.2	国家、行业技术标准 保存的技术标准齐全，符合上级单位发布的绝缘监督标准目录；收集的标准及时更新	10	查看标准目录和文件	缺少标准或未及时更新，每一个标准扣 1 分
1.2.3	企业标准 企业标准符合本厂设备情况，根据国家和行业标准和设备异动情况及时调整。企业运行规程、检修规程、预防性试验规程（巡视周期、试验周期、检修周期；性能指标、运行控制指标、检修工艺控制指标）符合或严于国家、行业标准；符合本厂实际，按时修订	20	查看本厂企业标准	企业标准不符合或低于国家行业标准，每一处扣 5 分 每一项标准不符合本厂实际扣 5 分 未及时根据异动或集团下发的更新标准清单更新企业标准，每一个标准扣 2 分

序号	检查项目	标准分	检查方法	评分标准
1.3	**工作规划与年度工作计划**	**30**		
1.3.1	规划和计划的制订 规划、计划制定时间、依据符合要求 计划内容应包括：管理制度、技术标准制定或修订计划；定期工作修订计划；技改或检修期间应开展的绝缘监督项目计划；人员培训计划（主要包括内部培训、外部培训取证，规程宣贯）；重大问题整改计划；试验仪器仪表送检计划；自查或检查中发现问题整改计划；工作会议计划	15	查看本厂绝缘监督工作规划和年度工作计划	规划、计划制定时间、依据不符合要求扣10分 计划内容不全，每缺一项扣5分
1.3.2	规划、计划的审批和上报 规划、计划的制订符合流程：班组或部门编制，绝缘专责人审核，生产副总经理（或总工程师）审批，下发实施；按时上报	15	查看规划、计划制定流程及上报记录	制定流程中每缺一个环节扣3分 上报延时扣3分 未上报扣5分
1.4	**技术资料与档案管理**	**50**		
1.4.1	建立监督档案清单，每类资料有编号、存放地点、保存期限	15	查阅档案清单	档案清单完整性和连续性不符合项，每一处扣1分
1.4.2	报告和记录 各类资料内容齐全、时间连续及时更新记录；及时完成预防性试验报告、运行月度分析、定期检修分析、检修总结、故障分析等报告编写，按流程审核归档	20	查阅各类报告和记录	报告和记录的完整性和连续性以及及时更新，每发现一处不符合项，扣2分
1.4.3	档案管理 资料按规定储存，专人管理；借阅有登记记录；有过期文件处置记录	15	查阅档案管理记录	档案管理记录不符合要求每一处扣1分
1.5	**工作会议和培训**	**40**		
1.5.1	应定期组织召开绝缘监督工作会议或专题会议，并有会议纪要或记录；会议纪要内容全面	20	查看会议纪要和会议记录	未按制度要求召开监督工作会议或缺少会议纪要不得分 会议纪要内容不全每一处扣2分

序号	检查项目	标准分	检查方法	评分标准
1.5.2	按计划开展培训工作；绝缘监督专责工程师应取得国家电投集团颁发的上岗资格证书，且在有效期内	20	检查培训计划和记录，上岗资格证书	培训计划未完成或者培训记录不完善，每一不符合项扣2分 每一个专业未取得上岗资格证书或证书超期，扣5分
1.6	**告警与问题整改**	**20**		
1.6.1	对于告警及其他问题按要求提出整改计划，认真执行整改计划并按时验收，并将验收过程和结果相关的试验报告、现场图片和影像等技术资料存档备查	20	检查告警通知单、整改计划和验收申请单以及验收报告，检查相关的试验报告、图片和影像等	接到告警通知单，未制定整改计划，扣20分 整改计划和验收申请单缺失，扣10分 整改计划和验收报告中，每发现一项不符合，扣5分
1.7	**定期报告、报表及总结的上报**	**50**		
1.7.1	当电厂发生重大监督指标异常，设备重大缺陷、故障和损坏事件，等重大事件后24h内，应将事件概况、原因分析、采取措施迅速报送至上级单位	10	检查绝缘监督重大问题报告	发生重大问题未上报，扣10分 延时上报扣5分 事件描述不符合实际情况，扣3分
1.7.2	掌握本单位电气一次设备的运行、试验、检验情况，保证绝缘监督数据的真实性、可靠性，每月及时按规定向技术监督服务单位和上级技术监督管理部门上报技术监督数据	10	检查绝缘监督月报	延时上报扣5分 格式不符合，每一处扣1分 报表数据不准确每一处扣5分 内容不全面，缺一项内容扣5分
1.7.3	每月按规定格式按时上报绝缘监督月报告	20	检查绝缘监督月报	延时上报，每次扣10分
1.7.4	每年按规定格式上报绝缘监督年度工作总结报告	10	检查绝缘监督年度总结报告	延时上报，扣10分
1.8	**自查与自我考核**	**30**		

序号	检查项目	标准分	检查方法	评分标准
1.8.1	每年都根据自查情况撰写自查报告	10	检查自查报告	没有自查报告扣10分
1.8.2	对于所有绝缘监督提出的问题，都能落实到人，并有工作闭环记录	20	检查闭环记录	每一个问题缺少闭环记录扣5分
1.9	**监督考核指标**	**100**		
1.9.1	不发生由于监督不到位造成电气设备绝缘事故	20	检查事故分析报告	本厂发电机、主变压器、断路器损坏不得分 其余设备损坏一台扣5分
1.9.2	年度监督工作计划完成率达标，100%	20	查看年度监督工作计划	每降低1%扣1分（计划更改不扣分）
1.9.3	技术监督检查提出问题整改完成率达标，100%	10	审核检查提出问题的整改情况	一项未按整改计划完成整改扣2分 无整改完成见证文件不能作为完成整改
1.9.4	技术监督告警问题整改完成率达标，100%	10	查看告警整改计划和告警整改验收单	未按整改计划完成整改扣10分 无告警整改验收单不能作为完成整改
1.9.5	绝缘监督计划或报告中提出问题整改完成率达标，100%	10	查看问题整改计划	在下月月度报表中对提出问题未作反馈，一个问题扣10分 一项未按整改计划完成整改扣2分 无整改完成证据不能作为完成整改
1.9.6	预试完成率：主设备，100%；一般设备，98%	10	查看预试计划、预试报告	未按预试计划完成扣10分（电网不允许停电的原因不扣分）
1.9.7	缺陷消除率：危急缺陷100%；其他缺陷90%	15	查看缺陷处理记录	危急缺陷未达标扣15分 一项其他缺陷未消缺（包括以前遗留的缺陷）并未制定相应措施的扣5分

续表

序号	检查项目	标准分	检查方法	评分标准
1.9.8	需送检的试验仪器校验率，100%	5	查看仪器校验计划、校验报告	未按校验计划完成仪器校验扣5分（已送检，因校验单位的原因未完成不扣分）
2	**绝缘监督专业内容**	**600**		
2.1	**汽轮发电机**	**110**		
2.1.1	发电机交接及预防性试验项目齐全，试验数据符合规程要求。试验方法正确，数据分析合理，结论明确，试验仪器、仪表检定合格，报告经过三级审核签字	10	查看试验报告	试验项目缺项，本项不得分 每发现一处试验报告的不符合项扣1分
2.1.2	发电机不存在如下缺陷，包括：铁心松动；定子线棒、引线固有频率和端部整体的椭圆模态振型落入倍频范围；定子绕组端部松动磨损；空心导线局部堵塞；转子匝间短路；振动值超标；轴电压大于20V或厂家规定值；存在不合格的预试数据	20	查看检修报告、试验报告	存在缺陷，每一项扣10分
2.1.3	有功功率、电压、电流、频率、励磁电压和电流符合发电机技术条件；没有由于设备原因，如转子匝间短路、振动值超标、超温等限制出力和电流的现象	10	现场查看，查阅运行记录	每一不符合项扣5分
2.1.4	运行温度（绕组层间、绕组出水、铁心、集电环、冷却气体、冷却器冷却水）是否在规定的范围内。加强发电机定子线棒各层间及引水管出水间的温差监视，温差是否设置报警，运行规程是否明确此项反措的内容	10	现场查看，查阅运行记录	每一不符合项扣5分
2.1.5	氢冷发电机的氢压、冷氢温度和压差符合规程要求	5	现场查看，查阅运行记录	每一不符合项扣5分
2.1.6	氢气品质（纯度、露点）符合规程规定，氢气干燥器运行良好	5	现场查看，查阅运行记录	每一不符合项扣5分

国家电投集团火电企业技术监督实施细则和评估标准

续表

序号	检查项目	标准分	检查方法	评分标准
2.1.7	氢气泄漏符合规程要求 漏氢量符合要求，漏氢检测（油系统、封母、内冷水箱）完善，数据可靠；按规程要求定期进行漏氢量计算	10	现场查看，查阅运行记录	一项不符合要求或漏氢检测不完善扣5分 漏氢检测报警扣10分 未定期进行漏氢量计算扣5分
2.1.8	水冷发电机内冷水的进水温度、压力、流量符合要求	5	现场查看，查阅运行记录	每一不符合项扣5分
2.1.9	内冷水水质符合规程要求（电导率、pH值和含铜量）	5	现场查看，查阅运行记录	每一不符合项扣5分
2.1.10	落实发电机内冷水堵塞的反措（定期对定子线棒进行反冲洗，滤网更换为激光打孔的不锈钢滤网、定子水流量试验）；防止发电机漏水事故的反措是否健全及落实（重点对绝缘引水管进行检查，引水管外表无伤痕，严禁引水管交叉接触）	5	查阅运行及检修记录等	每一不符合项扣5分
2.1.11	各项检修工作是否按要求进行，检修质量能否得到保证（转子通风试验、定子绕组水压或气压、防止异物进入发电机的措施、氢冷器水压试验等）	10	查阅检修规程、检修记录等	每一不符合项扣5分
2.1.12	集电环和碳刷装置无火花或异常。定期对集电环和碳刷进行巡检、红外测温、碳粉吹扫、刷辫电流分布测量并做好记录	5	现场检查，查阅巡检记录	存在火花或异常扣5分 巡检记录不合格扣每一项扣1分
2.1.13	发电机在线监测装置投运是否正常	5	现场检查	每一项在线监测装置未投运或存在缺陷扣1分
2.1.14	发电机封母微正压系统是否运行正常，维持微正压的空气是否干燥	5	现场检查，查阅运行记录	运行不正常的扣5分
2.2	**变压器及电抗器**	**100**		
2.2.1	变压器及电抗器交接及预防性试验项目齐全，试验数据符合规程要求。试验方法正确，数据分析合理，结论明确，试验仪器、仪表检定合格，报告经过三级审核签字	10	检查试验报告	试验项目缺项，本项不得分 每发现一处试验报告的不符合项扣1分

序号	检查项目	标准分	检查方法	评分标准
2.2.2	变压器缺陷 变压器不存在放电性和过热性缺陷；色谱等预试项目符合规程规定	10	检查试验报告	存在缺陷，每一台扣10分 色谱异常且监督措施不当的扣5分
2.2.3	巡检记录规范，巡检周期合理，按要求进行特殊巡检；对分接开关按要求进行巡检	10	检查巡检记录	记录缺失不得分 巡检记录不规范每缺一项数据扣1分
2.2.4	变压器本体 变压器本体上层油温不超过85℃；铁心、夹件接地良好，铁心接地电流不超过100mA，建立定期检测记录 无异常振动和噪声；无渗漏油	10	现场查看，查阅检查和维护记录	每出现一处不合格项，扣5分
2.2.5	冷却装置 冷却器应定期冲洗；无异物附着或严重积污；风扇运行正常；油泵转动时无异常噪声、振动或过热现象，密封良好；无渗漏油	10	现场查看，查阅检查和维护记录	每出现一处不合格项，扣5分
2.2.6	套管外表面无损伤、爬电痕迹、闪络、接头过热等现象；油位正常；无渗漏油；爬距满足污区要求；每次拆末屏引线后，有确认套管末屏接地的记录	10	现场查看，查阅检查和维护记录	每出现一处不合格项，扣5分
2.2.7	变压器温度计应进行定期校验，上层油温两支温度计读数相差5℃以上，应作为缺陷处理（远方测温装置显示温度与就地表计指示一致）	5	现场查看，查阅温度计校验报告	每出现一处不合格项，扣2分
2.2.8	巡检时记录储油柜油位、温度和负荷；定期检查实际油位，油位与实际油温变化符合厂家曲线；变压器储油柜如有渗漏应及时处理；对运行超过15年的胶囊和隔膜宜更换	5	现场查看，查阅检查和维护记录	每出现一处不合格项，扣2分
2.2.9	定期检查呼吸器的油封、油位及上端密封是否正常，干燥剂保持干燥有效	5	现场查看	每出现一处不合格项，扣2分

续表

序号	检查项目	标准分	检查方法	评分标准
2.2.10	干式变压器 铁心、浇注线圈、风道无积灰；引线、分接头及其他导电部分无过热	5	现场查看、查阅红外测温记录	每出现一处不合格项，扣2分
2.2.11	检修过程监督 按期检修；器身暴露时间符合规定；真空注油工艺规范；检修试验合格；见证点具备现场签字记录；有三级质量验收记录	10	查看检修文件包记录	检修工艺不符合规程要求不得分 检修记录文件每缺一项扣2分
2.2.12	在线监测装置工作正常；有定期数据巡检记录；有定期与离线数据进行比较的记录	5	查看巡检记录	每出现一处不合格项，扣2分
2.2.13	交接及出厂试验报告及图纸齐全，有突发性短路试验报告或抗短路能力计算报告	5	检查资料及报告	每缺一份文件扣1分
2.3	**高压开关设备及GIS**	**90**		
2.3.1	高压开关设备及GIS交接及预防性试验项目齐全，试验数据符合规程要求。试验方法正确，数据分析合理，结论明确，试验仪器、仪表检定合格，报告经过三级审核签字	10	检查试验报告	试验项目缺项，扣10分 每发现一处试验报告的不符合项扣1分
2.3.2	巡检记录规范，参数齐全，巡检周期合理，按要求进行特殊周期巡检	10	查阅巡检记录	巡检记录每发现一处不规范，扣1分
2.3.3	SF₆断路器不存在如下缺陷。导电回路部件温度超过设备允许的最高运行温度；机构打压时间超出规定值；分合闸回路动作电压不符合规定；气动机构自动排污装置工作异常；弹簧机构操作卡涩；操动机构密封不良，防雨、防尘、通风、防潮性能不良，内部干燥清洁状况不好；接地不良	10	现场查看、查阅巡检记录和预试报告	每发现一处缺陷，扣5分

序号	检查项目	标准分	检查方法	评分标准
2.3.4	隔离开关不存在如下缺陷。外绝缘瓷套表面严重积污,运行中存在放电现象;瓷套法兰出现裂纹、破损或放电烧伤痕迹;涂覆 RTV 瓷套憎水性不良,涂层起皮、破损或龟裂;导电部分、转动部分、操动机构润滑不良;操动机构连接拉杆变形;轴销变位、脱落;金属部件锈蚀;支持绝缘子出现裂痕或放电异常声响	10	现场查看、查阅巡检记录和预试报告	每发现一处缺陷,扣5分
2.3.5	真空断路器不存在如下缺陷。分、合位置指示错误;支持绝缘子存在裂痕及放电异常声响;灭弧室异常;接地不良;引线接触过热	10	现场查看、查阅维护记录和预试报告	每发现一处缺陷,扣5分
2.3.6	GIS 不存在如下缺陷。外壳支架锈蚀、损伤;设备室通风不良,氧量仪指示在 18% 以下,SF_6 气体大于 1mL/L,存在异常声音或味道;气室压力表、油位计指示异常;避雷器在线指示异常;断路器动作次数指示异常	10	现场查看、查阅巡检和维护记录	每发现一处缺陷,扣5分
2.3.7	SF_6 气体微水和泄漏试验合格、气体密度继电器定期校验	10	查阅预试报告	发现数据不符合规程规定扣5分 预试报告不规范每一处扣1分
2.3.8	每年核算最大负荷方式下安装地点的短路电流,有核算报告	5	查阅核算报告	无核算报告或额定断路开端电流小于短路电流者扣5分
2.3.9	弹簧机构机械特性试验合格、行程曲线符合厂家规定,10 年以上弹簧检查其拉力,无疲劳现象	5	查看预试报告	发现数据不合格,扣5分
2.3.10	检修过程监督 按期检修;项目齐全;试验合格;见证点具备现场签字记录;有三级质量验收记录	10	查看检修文件包记录	检修工艺不符合规程要求不得分 检修记录文件每缺一项扣5分

续表

序号	检查项目	标准分	检查方法	评分标准
2.4	**互感器、耦合电容器及套管**	**70**		
2.4.1	互感器、耦合电容器及套管交接及预防性试验项目齐全，试验数据符合规程要求。试验方法正确，数据分析合理，结论明确，试验仪器、仪表检定合格，报告经过三级审核签字	10	检查试验报告	试验项目缺项，本项不得分 每发现一处试验报告的不符合项扣1分
2.4.2	设备无严重缺陷。对 CT、PT、耦合电容器、套管等按要求开展油色谱检测工作，SF_6 气体互感器按要求进行微水检测及密度继电器校验，试验结果是否正常（制造厂家有特殊要求的执行厂家标准）。互感器绝缘油中无 C_2H_2；电容器无渗漏油；预试项目合格	15	测试报告	每一件不符合要求扣5分
2.4.3	巡检记录规范，参数齐全，巡检周期合理，按要求进行特殊周期巡检	5	查阅巡检记录	巡检记录每发现一处不规范，扣1分
2.4.4	油浸式互感器和套管：外观完整无损，连接牢靠；外绝缘表面清洁、无裂纹和放电；油色油位正常，膨胀器正常；无渗油；无异常振动、异常声响和味道；接地良好；引线端子无过热或出现火花，接头螺栓无松动	10	现场查看、查阅巡检和维护记录	每发现一处缺陷，扣5分
2.4.5	SF_6 气体绝缘互感器压力表和气体密度继电器指示正常；SF_6 气体年漏气率应小于 0.5%；按要求补气	5	现场查看、查阅巡检和维护记录	每发现一处缺陷，扣5分
2.4.6	环氧浇注互感器无过热、无异常振动和声响；外绝缘表面无积灰、开裂，无放电	5	现场查看、查阅巡检和维护记录	每发现一处缺陷，扣5分
2.4.7	电容式套管存放：水平放置超过1年的 110kV（66kV）及以上备品套管，当不能确认电容芯子全部浸没在油面以下时，安装前应进行局放、额定电压下介损和油色谱试验	5	查阅维护记录和试验报告并现场查看	未按要求进行试验扣5分

序号	检查项目	标准分	检查方法	评分标准
2.4.8	验算 CT 所在地的短路电流，超过 CT 铭牌动热稳定电流时，应及时安排更换	1	查阅校核报告	未定期验算或每一件不符合要求扣 1 分
2.4.9	电容式电压互感器的中间变压器高压侧不应装设 MOA	1	查阅出厂资料	每一件不符合要求扣 1 分
2.4.10	110～500kV 互感器在出厂试验时，应逐台进行全部出厂试验，不得以抽检方式代替。出厂试验包括高电压下的介损、局放及耐压等	2	查阅出厂试验报告	每一件不符合要求扣 1 分
2.4.11	电容式电压互感器故障时应整套更换，特殊情况下更换单节或多节电容器时，必须进行角差、比差校验	1	现场检查及试验报告	每一件不符合要求扣 1 分
2.4.12	检修过程监督 按期检修；项目齐全；试验合格；见证点具备现场签字记录；有三级质量验收记录	10	查看检修文件包记录	检修工艺不符合规程要求不得分 检修记录文件每缺一项扣 5 分
2.5	**避雷器及接地装置**	**40**		
2.5.1	避雷器及接地装置交接及预防性试验项目齐全，试验数据符合规程要求。试验方法正确，数据分析合理，结论明确，仪表检定合格，报告经过三级审核签字	10	检查试验报告	试验项目缺项，本项不得分 每发现一处试验报告的不符合项扣 1 分
2.5.2	设备不存在以下缺陷。外绝缘破损、瓷套基座、法兰裂纹，绝缘外表面存在放电痕迹、均压环歪斜；预试不合格等	10	检查巡检记录及现场检查	存在缺陷一处扣 10 分
2.5.3	巡检记录 安装避雷器在线监测装置，并每天至少巡视一次，并加强数据分析；每年雷雨季节前后开展 110kV 及以上避雷器运行中带电测试；接地网定期进行接地电阻测量，对不符合要求的应进行改造；定期对地网（时间间隔不大于 5 年）进行开挖检查；对设备接地引下线导通情况每年检测一次，根据历次测量结果进行分析，确定是否进行开挖检查、处理	10	查阅巡检记录和试验报告及现场检查	未开展有关测试，扣 10 分 无记录或异常数据未分析扣 5 分

序号	检查项目	标准分	检查方法	评分标准
2.5.4	根据地区短路容量的变化,应每年校核接地装置(包括接地引下线)的热稳定容量	5	检查校核报告	未进行校核扣5分 有不满足热稳定容量要求情况发现一项扣2分
2.5.5	防止在有效接地系统中出现孤立不接地系统,并产生较高工频过电压的异常运行工况:110~220kV 不接地变压器的中性点过电压保护采用棒间隙保护方式;110kV 变压器,中性点绝缘冲击耐受电压小于185kV 时,还应在间隙旁并联金属氧化物避雷器	5	现场查看	发现一处不符合项扣5分
2.6	**设备外绝缘及绝缘子**	**30**		
2.6.1	外绝缘配置是否符合所在地区污秽等级要求,不满足要求的是否采取增爬措施;定期进行污秽度(盐密、灰密)测试,测点分布、测量时间和测试方法符合要求,并记录完整;按照规程进行瓷绝缘子的零值绝缘子检测,复合绝缘设备(含表面涂 RTV 的设备)定期憎水性试验	10	查阅设备外绝缘台账、预试报告及现场检查	每一件设备不符合要求扣5分 测试方法不符合要求扣10分
2.6.2	设备外绝缘及绝缘子不存在严重积污,瓷套表面无裂纹或破损;法兰无裂纹;防污闪措施完善;支柱绝缘子基础无沉降	10	现场检查	现场发现一处不符合项扣5分
2.6.3	未涂涂料的瓷及玻璃绝缘子应做到"逢停必扫",清扫周期根据地区污秽程度为每年 1~2 次;运行中的 RTV 涂层是否失效,不应出现起皮、脱落、龟裂等现象,使用年限超过 RTV 涂料使用寿命周期的,应采取复涂等措施	5	查阅清扫记录及现场检查	清扫工作未开展或开展工作不连续扣5分 RTV 涂层失效,一台设备扣5分
2.6.4	空冷岛下方设备采取了防止快速积污的措施,设置污秽度测点;测点设置安装正确	5	现场检查	未采取措施或者测点不合理扣5分

序号	检查项目	标准分	检查方法	评分标准
2.7	**高压电动机**	**35**		
2.7.1	高压电动机交接及预防性试验项目齐全，试验数据符合规程要求。试验方法正确，数据分析合理，结论明确，试验仪器、仪表检定合格，报告经过三级审核签字	10	检查试验报告	试验项目缺项扣5分 每发现一处试验报告的不符合项扣1分
2.7.2	设备无以下缺陷。定子绕组槽内松动、端部绑扎不紧及引出线固定不牢；鼠笼转子断笼；异常噪声；预试不合格等	10	检查巡检记录和预试报告 现场查看	每发现一处缺陷扣5分 预试数据不合格者每一处扣2分
2.7.3	巡检记录规范，参数齐全，巡检周期合理，按要求进行特殊周期巡检。绕组温升合格；外壳无积灰和异常振动及噪声	5	查阅巡检记录	巡检记录每发现一处不规范，扣1分
2.7.4	检修过程监督 按期检修；项目齐全；试验合格；见证点具备现场签字记录；有三级质量验收记录	10	查看检修文件包记录	检修工艺不符合规程要求扣10分 检修记录文件每缺一项扣5分
2.8	**电力电缆线路**	**40**		
2.8.1	电力电缆交接及预防性试验项目齐全，试验数据符合规程要求。试验方法正确，数据分析合理，结论明确，试验仪器、仪表检定合格，报告经过三级审核签字	10	检查试验报告	试验项目缺项扣10分 每发现一处试验报告的不符合项扣1分
2.8.2	设备无以下缺陷。包括运行中电缆头放电；预试不合格等	10	检查巡检记录和预试报告；现场查看	每发现一处缺陷扣5分 预试数据不合格者每一处扣2分
2.8.3	巡检记录规范，参数齐全，巡检周期合理，按要求进行特殊周期巡检。电缆沟、隧道、电缆井及电缆架等电缆线路每三个月至少巡查一次；电缆竖井内的电缆，每半年至少巡查一次；电缆终端头、中间接头由现场根据运行情况每1~3年停电检查一次；有油位指示的终端头，每年夏、冬季检查一次	10	查阅巡检记录	巡检周期不符合要求，扣5分 巡检记录每发现一处不规范，扣1分

序号	检查项目	标准分	检查方法	评分标准
2.8.4	检查与维护 电缆沟、隧道、电缆井及电缆架等电缆线路分段防火和阻燃隔离设施完整，耐火防爆槽盒无开裂、破损；缆外皮、中间接头、终端头无变形漏油，温度符合要求；钢铠、金属护套及屏蔽层的接地完好终端头完整，引出线的接点无发热现象和电缆铅包无龟裂漏油；电缆槽盒、支架及保护管等金属构件接地完好，接地电阻符合要求；支架无严重腐蚀、变形或断裂脱开；电缆标志牌完整、清晰；靠近高温管道、阀门等热体的电缆隔热阻燃措施是否完整；直埋电缆线路的方位标志或标桩是否完整无缺，对电缆线路靠近热力管或其他热源、电缆排列密集处应进行土壤温度和电缆表面温度监视测量，防止电缆过热；锅炉、燃煤储运车间内桥电缆架上的粉尘是否严重	10	查看检查和维护记录	每一项不符合项扣5分
2.9	**封闭母线**	**25**		
2.9.1	封闭母线交接及预防性试验项目齐全，试验数据符合规程要求。试验方法正确，数据分析合理，结论明确，仪表检定合格，报告经过三级审核签字	5	检查试验报告	试验项目缺项，扣5分 每发现一处试验报告的不符合项扣1分
2.9.2	设备无如下缺陷，包括封母导体与外壳超温；变压器与封母连接处积水积油未处理；封母内不能维持微正压；停运后封母绝缘能力降低影响启动；预试不合格等	10	检查巡检记录和预试报告 现场查看	每发现一处缺陷扣5分 预试数据不合格者每一处扣2分
2.9.3	巡检记录规范，参数齐全，巡检周期合理，按要求进行特殊周期巡检。定期监视导体与外壳温度，包括抱箍接头连接螺栓及多点接地处的温度和温升；检查、确保空压机和干燥器正常工作；封闭母线的外壳及支持结构的金属部分应可靠接地；定期开展封母绝	5	检查巡检记录 现场查看	巡检记录每发现一处不规范，扣1分

序号	检查项目	标准分	检查方法	评分标准
2.9.3	缘子密封检查和绝缘子清扫工作；封母停运后，做好封母绝缘电阻跟踪测量	5	检查巡检记录现场查看	巡检记录每发现一处不规范，扣1分
2.9.4	防止变压器与封母连接处绝缘子受潮：从排污口引出连接管并设有阀门定期巡检排污	5	检查巡检记录；现场查看	未采取措施扣5分巡检记录不完善每一处扣1分
2.10	**红外测温**	**35**		
2.10.1	建立本企业的红外检测制度，对红外检测专责人、测试周期等进行规定	5	查阅制度及检测记录	无制度扣5分制度落实不到位3分
2.10.2	对110kV及以上设备每半年至少进行一次红外热成像测温检查。大负荷时应增加检查次数，应同时记录环境温度、当时负荷、测点温度	10	检查测试记录和分析报告	未开展扣10分测试方法不符合要求扣5分测试记录或分析报告每发现一处不规范，扣1分
2.10.3	红外测温检查运行中变压器套管及出线联板的发热情况、油位和油箱温度分布	5	检查测试记录和分析报告	未开展扣5分测试方法不符合要求扣3分测试记录或分析报告每发现一处不规范，扣1分
2.10.4	红外测温检查开关设备的接头部、断路器本体、隔离开关的导电部分的温度，测温周期不超过半年，发现问题及时采取措施	5	检查测试记录和分析报告	未开展扣5分测试方法不符合要求扣3分测试记录或分析报告每发现一处不规范，扣1分
2.10.5	对运行中的互感器、发电机集电环和碳刷、封闭母线进行红外测温检查，及时发现缺陷	10	检查测试记录和分析报告	未开展无测试记录扣10分测试方法不符合要求扣3分测试记录或分析报告每发现一处不规范，扣1分
2.11	**高压试验仪器、仪表**	**20**		
2.11.1	建立试验仪器、仪表台账，具有使用说明书。台账栏目包括：仪表型号、技术参数（量程、精度等级）、购入时间、供货单位；检验周期、日期、使用状态	10	查阅资料或电子文档	每一处不符合项扣1分

国家电投集团火电企业技术监督实施细则和评估标准

序号	检查项目	标准分	检查方法	评分标准
2.11.1	等。根据需要编制红外检测、避雷器带电测试等专用仪表操作规程；外委单位的仪器仪表校验证书留存有复印件	10	查阅资料或电子文档	每一处不符合项扣1分
2.11.2	试验仪器、仪表清洁、摆放整齐。存放地点整洁，温湿度合格；仪器分类摆放，在用、不合格待修理、报废仪器分别存放	5	现场检查	摆放不整齐或分类不明确扣5分
2.11.3	有准确度要求的试验设备定期校验，并标识。校验计划和报告完整齐全	5	查阅校验报告，现场查看设备	试验设备检验超周期，扣5分标识、校验计划和报告每一处不符合项扣1分
2.12	**绝缘工器具**	**5**		
2.12.1	绝缘工器具存放合理，定期试验记录完整规范	5	现场查看绝缘工器具存放场所，查阅试验报告	存放不合理扣5分超周期检验，扣5分记录不规范每一处扣1分

表2-2 直流系统技术监督检查评分标准（100分）

序号	检查项目	标准分	检查方法	评分标准
1	**直流系统专业监督**	**100**		
1.1	维护电池是否定期测试单个蓄电池的端电压，记录是否齐全	10	查阅现场记录	单个电池端电压不正常扣5分记录不全扣2分较多电池端电压不合格，扣10分
1.2	浮充电运行的蓄电池组浮充电压或电流调整控制是否合适	5	现场检查，查阅运行记录	有欠充、过充现象扣5分
1.3	蓄电池组是否按规程和反措要求进行核对性放电试验	10	查阅试验记录	未定期进行核对性放电试验的扣5分超试验周期的扣5分

序号	检查项目	标准分	检查方法	评分标准
1.4	330kV 及以上电压等级升压站是否采用三台充电、浮充电装置，两组蓄电池组的供电方式	5	现场检查	单蓄电池组的供电方式扣 5 分 采用两台充电装置扣 5 分
1.5	充电装置的交流输入电源压要求具备两路自动切换，交流进线要求安装防止过电压的保护措施（两台以上充电机，各充电机的交流输入电压应互相独立）	5	现场检查，查阅运行记录	两路不能自动切换的扣 5 分 未采取防止过电压的保护措施扣 5 分
1.6	直流系统的电缆是否采用阻燃电缆，两组蓄电池的电缆是否分别铺设在各自独立的通道内	5	现场检查	未采用阻燃电缆、电缆铺设在同一通道内的扣 5 分
1.7	蓄电池室通风、消防、防爆措施是否完善，温湿度正常 蓄电池是否有漏液现象	5	现场检查	每个措施不良扣 1 分 照明器材用非防爆型扣 5 分
1.8	直流母线电压是否正常	5	现场检查	超出正常范围扣 5 分
1.9	是否存在经常性或雨季直流接地情况，处理是否及时	5	查阅设备（监察装置）运行记录，现场测试	存在接地超过 12h 未恢复正常的扣 5 分 对运行设备造成影响的扣 5 分
1.10	现场有无符合实际情况直流系统接线图和网络图，并表明正常运行方式，系统接线方式和运行方式是否合理、可靠	5	现场检查，查阅图纸	无图纸或图纸不符合实际情况扣 5 分 接线方式不合理运行可靠性差扣 5 分
1.11	直流系统各级保险、空气开关的定值应定期核对，以满足动作选择性的要求；现场应有各种规格的备件，抽查核对是否合格	10	查阅校核记录，现场抽查，每支路至少抽查一支，抽查数宜大于 10 支	定值未核定扣 10 分 备件不符合要求扣 10 分
1.12	直流系统绝缘监察装置的测量部分和信号部分是否正常投入，直流母线电压监测装置是否正常投入。直流系统绝缘监测装置，应具有增加交流窜直流故障的测记和报警功能	5	现场检查，查阅试验记录	存在信号失灵缺陷或测量部分功能不正常扣 5 分

序号	检查项目	标准分	检查方法	评分标准
1.13	浮充机和强充机的运行是否稳定，电压、电流稳定度、纹波系数是否符合要求	10	现场检查，查阅试验记录、出厂试验报告	性能存在问题扣10分
1.14	事故照明技术措施是否完善、可靠	5	现场检查试验	自投装置失灵扣5分 事故照明不良、未定期试验扣3分
1.15	升压站控制用直流系统与保护用直流系统是否相互独立	5	现场检查	两个系统未分开扣5分
1.16	机组直流系统和升压站直流系统端子排是否存在与交流端子排混用的现象	5	现场检查	每发现一处混用扣5分

注：直流系统监督的管理部分同绝缘监督一起查

表3 化学技术监督检查评分标准（1000分）

序号	检查项目	标准分	检查内容与要求	评分标准
1	**监督管理**	**300**		
1.1	**组织与职责**	**40**	**查看电厂技术监督组织机构文件、上岗资格证**	
1.1.1	监督组织机构健全	10	建立健全厂级监督领导小组领导下的化学监督组织机构，在归口职能管理部门设置化学监督专责人	1）未建立化学监督网，不得分 2）未落实化学监督专责人，扣5分
1.1.2	职责明确并得到落实	10	各级监督岗位职责明确，落实到人	岗位设置不全或未落实到人，每一岗位扣5分
1.1.3	化学专业技能持证上岗	20	1）实验室水分析：持证人数应不少于2人 2）实验室油化验：持证人数应不少于2人 3）燃煤采、制、化：持证人数应不少于4人 4）在线化学仪表校验维护：持证人数应不少于2人	1）化学专业技能岗位未取得资格证书，每缺一证书扣2分 2）证书超期，每超期一证书扣1分

序号	检查项目	标准分	检查内容与要求	评分标准
1.2	**标准符合性**	**40**	查看： 1）保存现行有效的国家、行业与化学监督有关的技术标准、规范 2）化学监督管理标准 3）企业技术标准	
1.2.1	国家、行业标准配备情况	10	检查是否更新最新版本标准，配备是否齐全	缺少标准或未更新，每一个标准扣2分
1.2.2	化学监督管理标准	10	化学监督管理标准的内容应符合国家、行业法律、法规、标准和国家电投集团相关要求，并符合电厂实际	不符合有关要求及电厂实际，每发现一处扣2分
1.2.3	企业技术标准	20	"化学运行规程""化学检修规程""在线化学仪表校验维护规程""水、油分析和燃煤采制化规程"等符合国家和行业技术标准；符合本厂实际情况，并按时修订	1）未制订"化学运行规程""化学检修规程""在线化学仪表校验维护规程""水、油分析和燃煤采制化规程"，每项标准扣10分 2）制订的规程不符合有关要求，每项扣5分 3）企业标准未按时修编，每项标准扣5分
1.3	**仪器仪表**	**50**	**现场查看仪器仪表台账、检验计划、检验报告**	
1.3.1	仪器仪表配备	10	实验室水、油、气体、燃料监督仪器配备满足日常化学监督要求	水、油、气体、燃料监督仪器、仪表和设备不能满足日常化学监督要求，每缺1台扣2分
1.3.2	仪器仪表台账	10	建立仪器仪表台账，栏目应包括：仪器仪表型号、技术参数、购入时间、供货单位；检验周期、检验日期、使用状态等	1）仪器仪表记录不全，1台扣2分 2）新购仪表未录入或检验，报废仪表未注销和另外存放，每台扣2分
1.3.3	仪器仪表资料	10	1）保存仪器仪表使用说明书 2）编制主要仪器仪表操作规程	1）使用说明书缺失，1台扣2分 2）主要仪器操作规程缺编，1台扣2分

序号	检查项目	标准分	检查内容与要求	评分标准
1.3.4	仪器仪表维护	10	1）水、油、气体、燃料监督分析实验室试验条件满足要求 2）水、油、气体、燃料分析仪器仪表分类摆放，仪器仪表清洁、摆放整齐 3）有效期内的仪器仪表应贴上有效期标识，不与其他仪器仪表一道存放 4）待修理、已报废的仪器仪表应另外分别存放	1）第1项不满足要求，扣5分 2）第2~4项不符合要求，1项扣2分
1.3.5	检验计划和检验报告	10	应制定仪表检验计划并定期送检，且出具检验报告	未制定检验计划不得分，无检验报告，每台扣2分
1.4	**监督计划**	**20**	**现场查看监督计划**	
1.4.1	计划的制订	10	1）计划制定时间、依据符合要求 2）计划内容全面	1）计划制定时间、依据不符合，每个计划扣2分 2）计划内容不全，每缺1个计划扣2分
1.4.2	计划的审批	5	符合工作流程：班组或部门编制→化学技术监督专责人审核→主管主任审定→副总经理（或总工程师）审批→下发实施	审批工作流程缺少环节，不得分
1.4.3	计划的上报	5	计划按期上报	未按期上报，不得分
1.5	**监督档案**	**40**	**现场查看监督档案、档案管理的记录**	
1.5.1	监督档案清单	10	应建有监督档案资料清单。每类资料有编号、存放地点、保存期限	不符合要求，不得分
1.5.2	报告和记录、报表、运行日志等	20	1）各类资料内容齐全、时间连续 2）及时记录新信息 3）及时完成月度分析、检修总结、故障分析等报告的编写，按档案管理流程审核归档	1）第1、2项不符合要求，一件扣3分 2）第3项不符合要求，一件扣5分

序号	检查项目	标准分	检查内容与要求	评分标准
1.5.3	档案管理	10	1）资料按规定储存，由专人管理 2）记录借阅应有借还记录 3）有过期文件处置的记录	不符合要求，1项扣5分
1.6	**评价与考核**	**30**	**查阅评价与考核记录**	
1.6.1	动态检查前自我检查	10	自我检查评价切合实际	1）没有自查报告不得分 2）自我检查评价与动态检查评价的评分相差超过10%，扣5分
1.6.2	定期监督工作会议	10	有监督工作会议纪要	无工作会议纪要，不得分
1.6.3	监督工作考核	10	有监督工作考核记录	发生监督不力事件而未考核，不得分
1.7	**工作报告制度执行情况**	**50**	**查阅最近一年月报表、检查速报事件及上报时间**	
1.7.1	监督月报、年报	20	每月5日前，应将技术监督月报报送二级单位且格式和内容符合要求	1）月报年报上报推迟1天扣5分 2）格式不符合，1项扣5分 3）报表数据不准确，1项扣10分 4）检查发现的问题，未在月报中上报，每个问题扣10分
1.7.2	技术监督速报	20	按规定格式和内容编写技术监督速报并及时上报	1）发现或出现重大设备问题和异常及障碍未及时、真实、准确上报技术监督速报，每1项扣10分 2）上报速报事件描述不符合实际，1件扣10分
1.7.3	年度工作总结报告	10	每年1月5日前完成上年度技术监督工作总结报告的编写且格式和内容符合要求	1）未按规定时间上报不得分 2）内容不全，扣5分
1.8	**监督考核指标**	**30**		

序号	检查项目	标准分	检查内容与要求	评分标准
1.8.1	监督告警问题整改完成率	15	要求：100%	不符合要求，不得分
1.8.2	动态检查问题整改完成率	15	按整改计划如期完成	不符合要求，每延迟1项扣5分
2	**专业技术工作**	**700**		
2.1	**水处理和制氢设备、燃料采样设备**	**160**		
2.1.1	补给水预处理设备〔澄清池、过滤器（池）、活性炭过滤器〕	15	检查近一年的检修记录；抽查近一年的运行记录	1）出水水质超标，每4h扣5分 2）有重大隐患未处理或处理不当，每项扣10分
2.1.2	预除盐设备（超滤、微滤、反渗透设备）	15		1）出水水质超标，每4h扣5分 2）有重大隐患未处理或处理不当，每项扣10分
2.1.3	除盐设备（EDI设备、离子交换设备）	15		1）出水水质超标，每4h扣5分 2）有重大隐患未处理或处理不当，每项扣10分
2.1.4	精处理设备	25		1）出水水质超标，每4h扣5分 2）有重大隐患未处理或处理不当，不得分
2.1.5	制氢设备	15	检查近一年的检修记录；抽查近一年的运行记录	1）氢气纯度、湿度超标，每项每6h扣5分 2）有安全隐患未及时处理或处理不当，不得分
2.1.6	发电机内冷却水处理设备	15		1）水质不合格达4h扣5分 2）有安全隐患未及时处理或处理不当，不得分

序号	检查项目	标准分	检查内容与要求	评分标准
2.1.7	机组加药设备（给水加药、炉水加药、闭式循环冷却水加药、凝汽器循环冷却水加药、机组停用保养加药设备）	20		1）未及时调整或因加药设备故障导致机组水汽质量超标，每4h扣5分 2）炉内给水、炉水加药位置不正确，扣5分 3）循环水加药设备不投运，每台机组扣5分 4）加药设备运行记录不完整，每次扣2分 5）设备缺陷处理不及时，每次扣5分
2.1.8	燃料采样设备	20		1）自动采样装置未完成性能试验，一台扣5分 2）无设备责任人、投运率未达95%，扣5分 3）有重大缺陷未处理或处理不当，一处扣5分
2.1.9	水汽集中取样装置	20	现场检查机组和凝结水精处理取样装置： 1）管路系统无泄漏 2）手工取样的水温不应高于40℃，在线仪表水样经恒温装置调节，水样温度控制在25℃±2℃ 3）氢电导率失效树脂及时再生，交换柱运行正常 4）水样过滤器、流量计和电极无明显脏污 5）在线仪表流量正常	存在不符合问题，每项扣5分
2.2	**化学监督指标情况**	**540**		

序号	检查项目	标准分	检查内容与要求	评分标准
2.2.1	全厂水汽品质合格率≥98%；单机单项水汽合格率≥96%	20	抽查近一年的月报表，核查计算一个月的水汽报表	1）全厂水汽品质合格率每低1%扣10分 2）单机单项合格率每低1%扣5分 3）不按规定日期报送或漏报的，每发生一次扣10分 4）报送报表与抽查结果不一致，不得分
2.2.2	在线化学仪表配备率100%，投入率≥98%，准确率≥96%	20	抽查近一年的月报表	1）在线化学仪表三率每低1%扣10分 2）不按规定日期报送或漏报的，每发生一次扣10分 3）报送报表与抽查结果不一致，不得分
2.2.3	汽轮机油质合格率≥98%,油耗<10%;在役机组汽轮机油和抗燃油颗粒度合格率100%;变压器油质合格率≥98%,油耗<1.0%	20	抽查近一年的月报表	1）油品质合格率每低1%扣10分 2）不按规定日期报送或漏报的，每发生一次扣10分 3）报送报表与抽查结果不一致，不得分
2.2.4	供氢纯度和湿度合格率为100%	10	抽查近一年的月报表	1）氢气品质合格率每低1%扣5分 2）不按规定日期报送或漏报的，每发生一次扣5分 3）报送报表与抽查结果不一致，不得分

序号	检查项目	标准分	检查内容与要求	评分标准
2.2.5	机组、热网停备用保护	30	查看和现场检查：机组、热网停备用保护监督项目、检测记录，热力设备停备用化学监督检查报告，是否符合技术监督标准的规定	1）机组、热网停备用未进行停用保护的，不得分 2）机组停用保养实施过程监督指标检测缺项，每项扣5分 3）锅炉、汽轮机、凝汽器（包括直接空冷机组的空冷岛）、热网系统设备停用保护措施或过程控制不当，造成保护效果差，扣10分 4）热力设备停备用保护没有编写停用化学监督检查报告，没有进行保护效果评价，每台机组扣10分
2.2.6	凝汽器管腐蚀、结垢倾向	30	检查运行、检修记录，检查管样，检查技术措施	1）评价标准不恰当扣10分 2）设备属二类——每机组扣10分；设备属三类——每机组扣20分 3）由于化学监督不力导致凝汽器发生泄漏并导致凝结水超标，每次扣10分 4）胶球清洗投运不正常，扣8分 5）新更换管未按规定进行检验的，扣10分 6）没有完善的安装操作措施的，扣20分 7）凝汽器没有按规定进行冲洗、清洗和镀膜，扣20分
2.2.7	循环水处理控制	30	检查运行记录、技术规程及执行情况	1）根据管材情况选用阻垢防腐处理方案未经小型试验、现场试验论证，扣20分 2）运行监督缺项，扣10分 3）运行化验不规范，扣10分 4）加药不正常，时间超过8h扣10分 5）因循环水原因引起凝汽器腐蚀、结垢或细菌污染，扣20分

序号	检查项目	标准分	检查内容与要求	评分标准
2.2.8	锅炉腐蚀情况	50	检查运行、检修（仅指最近1次的大修）记录，检查管样，检查技术措施	1）评价标准不恰当扣20分 2）设备属二类——每机组扣20分；设备属三类——每机组扣40分（若以前该厂检查报告已查明同一问题，则本次检查不重复扣分）
2.2.9	锅炉水汽质量情况	30	检查运行记录、技术规程及执行情况	1）处理工况异常，每4h扣10分 2）给水加药处理异常，每4h扣10分 3）"三级处理原则"执行不到位，每次扣20分 4）机组启动不严格执行水汽质量标准，每次扣10分
2.2.10	化学清洗	30	1）清洗招、投标过程文件 2）化学清洗小型试验报告、清洗方案、过程记录、验收报告、总结报告 3）化学清洗药品检验、过程监督检测记录	1）运行锅炉受热面垢量或其他条件达到技术标准规定要求进行化学清洗但未进行化学清洗，不得分 2）凝汽器、高加结垢导致端差超标，不进行化学清洗，扣10～20分 3）热网加热器和其他换热器结垢，不进行化学清洗，扣5～10分 4）化学清洗单位没有相应资质，进行清洗，不得分 5）未对锅炉化学清洗方案进行审核、批准，方案不按规定上报主管部门批准、备案，扣5～15分 6）未进行清洗临时系统安装质量、清洗药品的验收，扣5～10分

序号	检查项目	标准分	检查内容与要求	评分标准
2.2.10	化学清洗	30	1）清洗招、投标过程文件 2）化学清洗小型试验报告、清洗方案、过程记录、验收报告、总结报告 3）化学清洗药品检验、过程监督检测记录	7）未对化学清洗过程控制指标进行检测并记录，扣10分 8）未对锅炉、凝汽器、高加和其他换热器等清洗质量进行验收，扣10~20分 9）锅炉化学清洗质量没有达到技术标准合格规定，不得分 10）凝汽器、高加和其他换热器清洗质量没有达到技术标准或合同要求，扣5~10分
2.2.11	内冷水处理	30	检查运行记录、技术规程及执行情况	1）设备运行不正常，每4h扣10分 2）内冷水pH值、电导率、铜离子超标，每项每6h扣5分
2.2.12	汽轮机积盐和腐蚀情况	50	检查运行、检修（仅指最近1次的大修）记录，检查技术规程及执行情况	1）评价标准不恰当扣20分 2）设备属二类——每机组扣20分；设备属三类——每机组扣40分（若以前该厂检查报告已查明同一问题，则本次检查不重复扣分） 3）积盐、腐蚀处理不当扣20分
2.2.13	热网疏水及其循环水水质	15	查看和现场检查： 1）水质监督记录和定期查定记录、报告和台账 2）疏水和厂内循环水水质 3）加热器泄漏处理记录	1）未及时发现泄漏问题并及时通知有关专业切换加热器、改变疏水回收方式，造成机组水汽品质不合格，不得分 2）热网循环水未加药，水质指标不合格，扣5分 3）热网加热器疏水未安装在线氢电导率表，每缺1台扣5分 4）水质监督记录和试验记录不符合规定，每项扣2分

序号	检查项目	标准分	检查内容与要求	评分标准
2.2.14	热网设备系统腐蚀、结垢	15	检查和现场查看：机组检修热网加热器及系统化学监督检查计划、检查记录、照片、总结报告	1）水室换热管端的冲刷腐蚀和管口端腐蚀明显，扣5分 2）水室底部沉积物堆积严重，扣5分 3）换热器管腐蚀、结垢严重，换热器运行发生泄漏，不得分 4）热网循环水管道因腐蚀泄漏，不得分
2.2.15	在线化学仪表	30	现场检查、抽查在线仪表的维护、校验记录	1）无检验计划，扣10分 2）未按周期校验，扣2分/台 3）校验标准不正确，扣10分
2.2.16	汽轮机油油质	20	油质分析记录、试验报告和台账	1）无分析记录、试验报告和台账，不得分 2）运行机组颗粒度按规定周期连续两次检测不合格，油中含水量大于100mg/L，未采取处理措施，不得分 3）补油、混油不符合规定，不得分 4）新建、大修启机前颗粒度检测不合格即启动机组，不得分；运行机组颗粒度不按期检测，一次扣5分 5）没有异常数据报告和处理过程的跟踪化验记录、闭环管理，扣10分 6）油质定期监督试验项目、周期不符合标准、规程规定，存在不合格检测项目，每项扣5分
2.2.17	抗燃油油质	20	油质分析记录、试验报告和台账	1）无分析记录、试验报告和台账，不得分 2）运行机组颗粒度按规定周期连续两次检测不合格，未采取处理措施，不得分

序号	检查项目	标准分	检查内容与要求	评分标准
2.2.17	抗燃油油质	20	油质分析记录、试验报告和台账	3）补油、混油不符合规定，不得分 4）新建、大修启机前颗粒度检测不合格即启动机组，不得分；运行机组颗粒度不按期检测，一次扣5分 5）没有异常数据报告和处理过程的跟踪化验记录、闭环管理，扣10分 6）油质定期监督试验项目、周期不符合标准、规程规定，存在不合格检测项目，每项扣5分
2.2.18	变压器油油质	20	油质分析记录、试验报告和台账 溶解气体色谱分析记录、试验报告和台账	1）无油质分析、溶解气体色谱分析记录、试验报告和台账，不得分 2）溶解气体色谱分析出现异常或超过注意值，未进行原因分析和处理，扣10分 3）没有异常数据报告和处理过程的跟踪化验记录、闭环管理，扣10分 4）油质定期监督试验项目、周期不符合标准、规程规定，存在不合格检测项目，每项扣5分
2.2.19	辅机用油	10	辅机用油台账，监督检测记录、试验报告和台账	1）没有主要辅机用油台账，监督检测记录、试验报告，不得分 2）重要辅机用油检测指标达到换油规定，检修期间未换油，不得分 3）没有异常数据报告和处理过程的跟踪化验记录，闭环管理，不得分 4）油质定期监督试验项目、周期不符合标准、规程规定，存在检测项目不合格，每项扣1分

序号	检查项目	标准分	检查内容与要求	评分标准
2.2.20	六氟化硫	10	1）六氟化硫气体和充六氟化硫气体电气设备分析记录、试验报告和台账 2）六氟化硫电气设备按规定进行检测	1）没有六氟化硫气体和充六氟化硫气体电气设备分析记录、试验报告和台账，不得分 2）没有异常数据报告和处理过程的跟踪化验记录，闭环管理，不得分 3）六氟化硫检测项目、周期不符合规定，每项扣2分 4）六氟化硫检测存在不合格项目，每项扣2分
2.2.21	大宗材料入厂检验（主要包括变压器油、汽轮机油、抗燃油、水处理用酸、碱、水稳剂、联氨、氨水、磷酸盐、絮凝剂等药剂应按标准进行入厂检验）	20	检查原始记录和检验报告	缺一批次检验的，扣5分
2.2.22	入厂煤、入炉煤采样、制样、化验所采用的标准应现行有效；入厂煤、入炉煤检验报告、原始记录应按国标、行标执行，并有规范审核制度；热量计、测硫仪、高温炉等设备应有用标准物质标定的质量监控记录；有燃料管理系统，采制化实行密码制	30	实际检查，并检查记录和试验报告	1）每个检测项目无现行有效标准，一项扣5分 2）入厂煤、入炉煤无机械采制样装置，扣15分 3）入厂煤、入炉煤检验报告、原始记录未按国标、行标执行，无审核制度，一项扣1分 4）热量计、测硫仪、高温炉等设备没有用标准物质标定且并未做质量监控记录，一项扣10分 5）无燃料管理系统，采制化未实行密码制，不得分

表4 金属和压力容器技术监督检查评分标准（1000分）

序号	检查项目	标准分	检查方法	评分标准
1	专业监督管理	250	见1.1~1.4	
1.1	监督考核指标	40	见1.1.1~1.1.6	
1.1.1	仪器仪表校验率	5	通过存档的技术报告和检验、检测记录追溯发电企业及承包商检验、检测用仪器仪表校验报告；检验率应为100%	不符合要求，不得分
1.1.2	技术监督告警单整改情况	5	核对整改进度和实际整改状态对应情况	不符合要求，不得分
1.1.3	检查发现问题整改完成率	10	从发电企业收到检查报告之日起：第1年整改完成率不低于80%，第2年整改完成率不低于95%	不符合要求，不得分
1.1.4	工作计划完成率	10	根据实际情况，核实工作计划进展，季度工作计划完成率应大于等于90%	每减少1%，扣1分
1.1.5	缺陷处理率	5	应为100%	每减少1%，扣1分
1.1.6	缺陷消除率	5	应大于等于95%	每减少1%，扣1分
1.2	设备清册和技术档案	150	见1.2.1~1.2.2	
1.2.1	受监设备清册和台账	60	见1.2.1.1~1.2.1.9	
1.2.1.1	锅炉	5	锅炉清册应包括名称、编号、使用证编号、制造单位、主要参数、累计运行时间、累计启停次数、上次内部检验时间、下次内部检验时间等信息；台账内容至少包括部件检修、更换、检验部位等	内容不全，不得分 更新不及时，每项扣1分
1.2.1.2	压力容器（含气瓶）	10	压力容器（气瓶）清册应包括名称、编号、使用证编号、壳侧压力、安装位置、上次内部检验时间，下次内部检验时间等信息；台账内容至少包括部件检修、更换、检验部位等	内容不全，不得分 更新不及时，每项扣1分

序号	检查项目	标准分	检查方法	评分标准
1.2.1.3	压力管道	15	压力管道清册应包括名称、编号、使用证编号（若当地特种设备安全管理部门要求注册）、材质、规格、上次内部检验时间、下次内部检验时间等信息；台账内容至少包括部件检修、更换、检验部位等	内容不全，不得分 更新不及时，每项扣1分
1.2.1.4	安全阀	5	安全阀清册应包括名称、编号、安装位置、排放量、起座压力、上次校验时间、下次校验时间等信息；台账内容至少包括部件检修、更换、检验部位等	内容不全，不得分 更新不及时，每项扣1分
1.2.1.5	压力容器用压力表	5	压力容器用压力表清册应包括名称、编号、安装位置、量程、上次校验时间、下次校验时间等信息	内容不全，不得分 更新不及时，每项扣1分
1.2.1.6	"四大管道"支吊架	5	支吊架清册应包括名称、编号、型式、安装位置等信息；台账内容至少包括部件检修、更换、检验部位等	内容不全，不得分 更新不及时，每项扣1分
1.2.1.7	高速转动部件	5	高速转动部件清册应包括名称、编号、材质、工作温度、累计运行时间、累计启停次数等信息；台账内容至少包括部件检修、更换、检验部位等	内容不全，不得分 更新不及时，每项扣1分
1.2.1.8	高温紧固件	5	高温紧固件清册应包括名称、编号、材质、工作温度、累计运行时间等信息；台账内容至少包括部件检修、更换、检验部位等	内容不全，不得分 更新不及时，每项扣1分
1.2.1.9	其他附件	5	至少应包括锅炉膨胀指示器、水位计、温度测量装置，压力容器液位计、温度测量装置等附件，内容反映附件的总体概况	内容不全，不得分 更新不及时，每项扣1分
1.2.2	**受监设备技术档案**	**90**	见1.2.2.1~1.2.2.2	

序号	检查项目	标准分	检查方法	评分标准
1.2.2.1	原始资料	30	原始资料包括但不限于： 1）制造资料：包括质量保证书或产品质保书，通常应包括材料牌号、化学成分、热加工工艺、力学性能、结构几何尺寸、制造焊缝坡口形式、焊接及热处理工艺及各项检验结果等 2）设计技术资料：锅炉图纸、热力计算书、强度计算书、热膨胀图，压力管道图纸、应力计算结果，压力容器图纸等 3）监造、安装前检验技术报告等资料 4）安装单位移交的有关检验报告，安装焊缝坡口形式、焊缝位置、焊接及热处理工艺及各项检验结果，代用材料记录，安装过程中异常情况及处理记录等安装资料 5）监理单位移交的部件原材料检验、焊接过程以及安装质量检验监督等资料	每缺少一项记录，扣1分 只在本小项扣分范围内扣分，直到扣完为止
1.2.2.2	运行和检修、检验资料	60	运行和检修、检验资料包括但不限于： 1）机组投运时间，累计运行小时数和启停次数 2）机组或部件的设计、实际运行参数 3）受监部件超温、超压运行记录 4）维修与更换记录、事故记录和事故分析报告、历次检修的检验记录或报告等	每缺少一项记录，扣1分 只在本小项扣分范围内扣分，直到扣完为止
1.3	**技术管理档案**	**40**	**见 1.3.1 ~ 1.3.4**	
1.3.1	相关制度	10	检查制度文本。制度建设应符合实施细则6.2 的要求	制度的内容不详细或完全抄袭上级公司的监督细则，扣5分 制度未制定或未经审批，每项扣3分 制度中发现同现行法律、标准冲突的内容，每项扣1分 制度中引用过期标准，每项扣0.5分

序号	检查项目	标准分	检查方法	评分标准
1.3.2	工作计划	10	检查文件资料。计划的内容应满足实施细则6.3的要求，且需履行编制、审核、批准等审批程序	计划未经审批，不得分 具体内容中，每缺少一项内容，扣1分 缺少50%及以上的内容，不得分
1.3.3	快报、报表、总结	10	抽查速报、报表、总结。应按实施细则的要求填报，数据应真实，准确，且需履行编制、审核、批准等审批程序	未按规定报送速报，不得分 报表、总结未经审批，不得分 具体内容中，每缺少一项内容，扣1分 缺少50%及以上的内容，不得分
1.3.4	其他资料	10	抽查焊接、热处理和检验人员技术档案，专项检验试验报告，仪器设备档案，反事故措施、受监部件缺陷处理情况档案，大、小修记录、总结等资料。内容应真实，准确，符合相关标准	发现同现行标准冲突的内容，每项扣1分 引用过期标准，每项扣0.5分 其他问题，每项扣0.3分
1.4	**评价与考核**	**20**	**见1.4.1~1.4.4**	
1.4.1	自查情况	10	查阅评价与考核记录。自查评价切合实际	自我检查评价与动态检查评价的评分相差10%及以上，扣5分
1.4.2	监督工作会议	5	有监督工作会议纪要	无工作会议纪要，扣5分 每少一份，扣2分
1.4.3	监督工作考核	5	有监督工作考核记录	发生监督不力事件而未考核，扣5分
2	**专业技术监督**	**750**	**见2.1~2.11**	

续表

序号	检查项目	标准分	检查方法	评分标准
2.1	**金属材料的监督**	**80**	见 2.1.1~2.1.5	
2.1.1	受监金属材料和备品配件的质检记录	20	受监金属材料、备品配件的质检资料应包含质量保证书、监检报告、合格证材料质量证明书的内容应当齐全、清晰，并且加盖材料制造单位质量检验章。当材料不是由材料制造单位直接提供时，供货单位应当提供材料质量证明书原件或者材料质量证明书复印件并且加盖供货单位公章和经办人签章	金属材料、备品配件无质检资料，扣10分 材料质量证明书内容不齐全未进行补检的，每缺一项分5分 质量证明书不是原件或未加盖供货单位公章和经办人签章，每件扣5分
2.1.2	受监金属材料和备品配件的入库验收	20	受监金属材料和备品配件入库应进行检验，并建有相应的记录或报告。检验项目应符合实施细则5.3.7.7要求	受监范围内备品配件入库前未按合格证和产品质量证明书验收的，扣20分 检验项目不齐全，每缺一项扣5分
2.1.3	受监金属材料和备品配件的保管	10	受监金属材料和备品配件的存放应有相应的防雨措施，并应按照材质、规格、分类挂牌存放。奥氏体不锈钢应单独存放，严禁与碳钢混放或接触	受监金属材料、备品配件未挂牌标明钢号、规格、用途的，扣10分 受监的金属材料、备品配件未按钢号、规格分类存放的，扣10分 不锈钢未单独存放的，扣5分 露天堆放的，扣5分
2.1.4	受监金属材料和备品配件在使用前的检验	20	受监金属材料在安装、检修更换（或领用出库）时应验证钢号，防止错用，组装后应进行复检，确认无误方可投入运行	更换前未进行材质验证扣15分
2.1.5	材料的代用	10	金属材料的代用原则上应选用成分和性能略优者，并应有相关审批手续、记录	不符合代用原则的，扣10分 未经过审批的，扣10分 未建立代用记录的，扣5分

序号	检查项目	标准分	检查方法	评分标准
2.2	**焊接质量监督**	**50**	见 2.2.1~2.2.5	
2.2.1	焊接工艺、重要部件修复或更换方案	10	应制订并建立受监范围内部件材料的焊接工艺：重要部件（如主蒸汽、再热蒸汽、主给水管道，汽包，联箱，转子，汽缸和阀门，受热面管大量更换等）的修复性焊接或更换前应制订书面焊接方案	未制订焊接工艺，每缺1项扣5分 重要部件修复性焊接或更换前未制订书面焊接方案（包括焊接工艺）的，扣10分
2.2.2	焊条、焊丝的质量抽检监督	10	焊条、焊丝应有制造厂产品合格证、质量证明书，应对合金焊条焊缝进行光谱抽查	没有进行抽查的，每项扣5分 无产品合格证、质量证明书的，扣10分
2.2.3	焊接材料的存放管理	10	存放焊接材料的库房温度和湿度应满足标准规定，并应建有温、湿度记录。焊接材料的存放应挂牌标示	不符合要求的，每项扣5分
2.2.4	焊接材料的使用管理	10	应建有焊接材料发放记录，使用前应进行材质确认，并按规定进行烘干，建有烘干记录	错用焊接材料的，每次扣10分 未按规定烘干使用的，每次扣10分 无发放记录的，扣5分 未建立烘干记录的，扣2分
2.2.5	焊接、热处理设备的监督管理	10	焊接、含热处理设备及仪表应定期检查，需要计量校验的部分应在校验有效期内使用。所有焊接和焊接修复所涉及的设备、仪器、仪表在使用前应确认其与承担的焊接工作相适应	热处理、焊条烘干设备不能正常工作的，扣10分 热处理、焊条烘干设备的温度、时间表计未进行定期校验的，扣10分
2.3	**注册登记、定期检验、校验**	**80**	见 2.3.1~2.3.5	

序号	检查项目	标准分	检查方法	评分标准
2.3.1	锅炉、压力容器登记注册	20	新装或退役后重新启用的锅炉、压力容器，应及时办理登记注册	投产后30日内未申请办理登记注册的，锅炉每台扣10分，压力容器每台扣5分
2.3.2	锅炉定期检验	20	查阅定期检验报告。锅炉应按规定进行定期检验；检验报告内容应符合 TSG G7002、DL 647 等相关规程的规定	一台锅炉超期未检验，不得分 检验报告存在问题，每个问题扣1分
2.3.3	压力容器定期检验	20	查阅定期检验报告。压力容器应按规定进行定期检验；检验报告内容应符合 TSG 21、DL 647 等相关规程的规定	一台容器超期未检验，扣5分 检验报告存在问题，每个问题扣1分
2.3.4	安全阀校验	10	现场检查和查阅校验报告相结合。安全阀应定期进行校验	安全阀超期未校验，无审批手续的，每台扣5分 检验报告存在问题，每个问题扣1分
2.3.5	压力表校验	10	现场检查和查阅校验记录相结合。压力表应定期进行校验	压力表超期未校验，无审批手续的，每台扣3分 检验报告存在问题，每个问题扣1分
2.4	**运行过程监督**	**50**	**见 2.4.1～2.4.3**	
2.4.1	巡检	20	运行或检修人员应加强对高温高压设备的巡视，发现渗漏（或泄漏）、变形、位移等异常情况应及时记录和报告，并按相关要求及时采取措施处理	现场检查发现汽水管道振动严重的，扣10分 存在受监范围部件泄漏的，每项扣5分 支吊架异常、保温破损、膨胀不畅等每处扣3分

序号	检查项目	标准分	检查方法	评分标准
2.4.2	超温、超压监督	20	运行人员应遵守运行操作规程，严禁超温、超压运行，超温超压时要做好记录	未建立超温、超压记录档案或机组长期超温超压未采取措施扣30分 记录不完善的，扣10分
2.4.3	奥氏体不锈钢立式过热器、再热器运行监督	10	受热面管大量使用奥氏体不锈钢的锅炉应制定有启、停炉速度控制措施，并按规定执行	未制订启、停炉速度控制措施的，扣10分 措施未执行的，扣5分
2.5	**检修过程的监督**	**140**	**见2.5.1～2.5.7**	
2.5.1	检修项目计划的制订	20	检修前，应按照DL/T 438、DL 612等的要求制订受监部件的金属检验计划和锅炉压力容器定期检验计划。检验前，应要求检验单位出具相应的检验方案	检修未制订检验计划的，扣20分 检修前无技术方案的，扣10分 检修计划内容不具体的，每项扣5分 临时增加或减少项目无相关说明，每缺一项扣2分
2.5.2	机、炉外管道的检修监督	30	抽查机炉外管道是否按DL/T 438、"二十五项反措"的要求检验；是否制定机炉外管道的普查计划，并落实执行，在技术档案中应如实记录机炉外管道的检修、检验情况	未制定普查计划的，扣20分 未按照普查计划落实执行的，扣10分 运行超10万小时未完成100%检验，扣10分 未按照规定的比例、项目进行检验的，扣5分 未在技术档案中记录检修、检验情况的，每项扣2分
2.5.3	锅炉受热面奥氏体不锈钢立式过热器、再热器管检修监督	10	抽查是否结合检修，开展对锅炉受热面奥氏体不锈钢内壁氧化皮堆积情况的检查（对于内壁氧化皮剥落较为严重的机组应做到逢停必检）	未进行检查的，不得分

序号	检查项目	标准分	检查方法	评分标准
2.5.4	存在记录缺陷部件的监督	20	抽查对于存在记录缺陷危及安全运行的部件，是否及时进行处理；暂不具备处理条件的，是否经安全性评定制订明确的监督运行措施，并严格执行	有书面监督运行措施未严格执行的，扣10分 没有书面监督运行措施的，扣20分
2.5.5	未处理记录缺陷的复查	20	对于存在的记录缺陷进行监督运行的部件，是否利用检修机会进行复查	未按监督运行措施的规定进行复查，每项扣10分
2.5.6	检修中受监部件更换、消缺补焊后焊口的检验	20	应进行100%的检验	每减少1%，扣2分
2.5.7	检验记录、技术报告和总结	20	抽查最近一次等级检修形成的记录、报告和总结 检修结束后，应留存记录、报告和总结记录应完整、真实 技术报告应用标准适当，结论正确，审核、签发手续齐全；总结应全面	引用标准不正确，未使用法定计量单位，图示不明确、照片不清晰，超标缺陷无返修及检验记录，结论不正确或检验结果无结论，措施不可行，每项扣2分 对外委单位移交报告没有审核或审核不到位的，每份扣10分
2.6	**失效分析和反措执行情况**	**40**	**见2.6.1~2.6.4**	
2.6.1	失效分析	10	对受监部件失效进行分析，有书面分析报告。频繁重复的金属失效事件是否查明原因，并采取针对性整改和预防措施	失效后无分析报告，不得分 其他不符合要求的，每项扣2分
2.6.2	缺陷管理	15	检查是否建立遗留缺陷台账；针对每条遗留缺陷是否有具体的监督运行措施，措施落实情况如何	未建立遗留缺陷台账，不得分 监督措施不具体或未落实，每项扣5分 其他不符合要求的，每项扣3分

序号	检查项目	标准分	检查方法	评分标准
2.6.3	防磨防爆检查	10	是否制订锅炉防磨防爆检查制度,并成立防磨防爆检查小组;检查记录是否真实、客观,符合要求	未成立防磨防爆检查小组或未制定制度,不得分 其他不符合要求的,每项扣2分
2.6.4	吹损管理	5	是否制订锅炉吹灰器管理措施	未制定制度,不得分 其他不符合要求的,每项扣1分
2.7	**高温蒸汽管道、联箱**	**100**	**见 2.7.1~2.7.8**	
2.7.1	低合金钢制高温蒸汽管道及管件	20	抽查记录、报告。检查机组每次 A 级检修是否对主蒸汽管道、再热蒸汽管道及导汽管的管件、阀壳及焊缝进行外观、硬度、金相、壁厚和无损探伤。抽查项目和比例是否满足实施细则要求,到第4个 A 级检修是否完成100%检验	没有报告或记录,不得分 其他不符合要求的,每项扣3分
2.7.2	9%~12% Cr 钢制管道及管件	10	抽查记录、报告。检查机组每次 A 级检修是否对 P91、P92 管道、管件和焊缝按规程要求进行硬度和金相检验,检验结果是否满足实施细则的要求	没有报告或记录,不得分 其他不符合要求的,每项扣2分
2.7.3	管道支吊架	10	抽查记录、报告。检查是否按照 DL/T 616 对管道支吊架进行检查,并根据检查结果进行支吊架调整	没有报告或记录,不得分 其他不符合要求的,每项扣2分
2.7.4	低温再热管道	10	抽查记录、报告。检查每次 A 级检修是否按规程要求对带纵焊缝的低温再热蒸汽管道纵缝进行检查,到第4个 A 级检修是否完成100%检验	没有报告或记录,不得分 其他不符合要求的,每项扣2分

序号	检查项目	标准分	检查方法	评分标准
2.7.5	低合金钢制高温联箱	20	抽查记录、报告。检查机组每次 A 级检修是否对运行温度高于 540℃ 的联箱的筒节、焊缝进行硬度和金相检验；对联箱筒体焊缝、封头焊缝、大直径三通焊缝以及管座角焊缝进行外观和无损探伤，到第 4 个 A 级检修是否完成 100% 检验	没有报告或记录，不得分 其他不符合要求的，每项扣 3 分
2.7.6	9% ~ 12% Cr 钢制高温联箱	10	抽查记录、报告。检查机组每次 A 级检修是否对 P91、P92 联箱和焊缝按规程要求进行硬度和金相检验，检验结果是否满足实施细则的要求	没有报告或记录，不得分 其他不符合要求的，每项扣 2 分
2.7.7	接管角焊缝及管口	10	抽查记录、报告。检查与主蒸汽和高温再热蒸汽管道、联箱相连的小管可能积水或凝结水部位（疏水管、空气管、压力表管、取样管）的角焊缝及管孔附近，以及测温座、安全阀、排汽阀管座角焊缝是否按规程要求进行检查	没有报告或记录，不得分 其他不符合要求的，每项扣 2 分
2.7.8	喷水减温器	10	抽查记录、报告。检查是按反措、规程要求对喷水减温器进行检查（重点检查内部喷水管安装方向是否正确，以及喷水管与管座相连的焊缝是否存在裂纹）	没有报告或记录，不得分 其他不符合要求的，每项扣 2 分
2.8	**锅筒、汽水分离器及储水罐**	**40**	**见 2.8.1 ~ 2.8.3**	
2.8.1	表面检查	15	抽查报告、记录。每次 A 级检修，是否对筒体和封头内表面（尤其是水线附近和底部）和焊缝的可见部位 100% 进行表面质量检验	没有报告或记录，不得分 其他不符合要求的，每项扣 3 分
2.8.2	对接焊缝	10	抽查报告、记录。每次 A 级检修，是否抽查锅筒、汽水分离器及储水罐缺陷较少、质量较好的纵向、环向焊缝	没有报告或记录，不得分 其他不符合要求的，每项扣 2 分

序号	检查项目	标准分	检查方法	评分标准
2.8.3	角焊缝	15	抽查报告、记录。每次 A 级检修,是否对角焊缝进行外观和表面探伤抽查,后次检验应为前次未查部位,且对前次检验发现缺陷的部位应进行复查,到第 4 个 A 级检修应完成 100% 的检验	没有报告或记录,不得分 其他不符合要求的,每项扣 3 分
2.9	**受热面管**	**60**	见 2.9.1 ~ 2.9.7	
2.9.1	运行参数分析	10	抽查记录。每次停机后,是否对运行中的汽温、金属壁温、烟温、减温水流量等参数变化曲线进行分析,发现异常后是否进行扩大检查	没有报告或记录,不得分 其他不符合要求的,每项扣 2 分
2.9.2	水冷壁	10	抽查报告、记录。低氮燃烧的锅炉是否已开展水冷壁高温腐蚀及横向裂纹的检查和治理工作;螺旋水冷壁是否定期进行冷灰斗角部的灰渣磨损检查	没有报告或记录,不得分 其他不符合要求的,每项扣 2 分
2.9.3	过热器、再热器	10	抽查报告、记录。运行 2 万小时以上的超临界锅炉以及运行 8 万小时以上的亚临界和超高压锅炉是否对高温过热器、后屏过热器和高温再热器管内壁氧化皮状况(厚度、有无开裂鼓包脱落现象)进行检测和割管抽样检查;运行 5 万小时后,是否按规程要求对壁温大于 450℃ 的过热器和再热器管以及与奥氏体不锈钢相连的异种钢焊接接头进行割管取样金相组织和力学性能试验;壁式再热器管与滑动连接板连接焊缝是否为对称布置,是否对壁再管间的固定连接焊缝进行检查;是否对 TP304 或 S30432 等材料受热面管安装焊口及其附近管段进行检查	没有报告或记录,不得分 其他不符合要求的,每项扣 2 分
2.9.4	省煤器	10	抽查报告、记录 重点检查管排、弯头的磨损情况 对已运行 5 万小时的省煤器是否割管,检查管内结垢、腐蚀情况,重点检查进口水平段氧腐蚀、结垢量	没有报告或记录,不得分 其他不符合要求的,每项扣 2 分

序号	检查项目	标准分	检查方法	评分标准
2.9.5	密封和拉裂检查	10	抽查报告、记录。每次 A 级检修是否对水冷壁、包覆过热器鳍片焊缝及附件焊缝进行检查，检查重点是炉膛四角连接部位、门孔让管及拉稀管鳍片焊缝端部、安装时补装鳍片焊缝、喷燃器外罩壳以及各门孔密封盒与水冷壁管连接焊缝、刚性梁捆绑焊接部位等	没有报告或记录，不得分 其他不符合要求的，每项扣 2 分
2.9.6	带节流孔的锅炉受热面	5	抽查报告、记录。带节流孔的锅炉受热面是否对入口集箱及节流孔部位进行异物检查（根据不同部位采取割管、内窥镜或射线照相方法等）	没有报告或记录，不得分 其他不符合要求的，每项扣 1 分
2.9.7	特殊材料受热面管的补充要求	5	抽查报告、记录。是否对 T23 材料受热面管的安装焊缝进行外观和无损探伤抽查；是否对所有 T91、T92 管焊缝（含异种钢焊缝）进行过 100% 硬度检测（检测部位应包含焊缝、热影响区及母材）	没有报告或记录，不得分 其他不符合要求的，每项扣 1 分
2.10	**汽轮发电机部件**	**30**	**见 2.10.1～2.10.2**	
2.10.1	转子叶轮、叶片	20	抽查报告、记录。机组每次 A 级检修是否对低压转子末三级叶片和叶根、高压转子末一级叶片和叶根以及轴向套装叶轮键槽进行无损检测	没有报告或记录，不得分 其他不符合要求的，每项扣 3 分
2.10.2	大轴	10	抽查报告、记录。是否按规程要求对高中压转子大轴进行硬度和金相检验；机组运行 10 万小时后，是否对转子大轴进行无损检测	没有报告或记录，不得分 其他不符合要求的，每项扣 2 分
2.11	压力容器及连接管	10	抽查报告、记录。重点检查是否定期对高、低压加热器疏水管弯头等部位进行内壁冲蚀检查（背弧连续多点测厚或射线照相）	没有报告或记录，不得分 其他不符合要求的，每项扣 2 分

序号	检查项目	标准分	检查方法	评分标准
2.12	阀体和三通	10	抽查报告、记录。重点检查是否对机炉外管道的 F91/F92 阀体、三通及其焊缝进行硬度和表面无损检测	没有报告或记录,不得分 其他不符合要求的,每项扣 2 分
2.13	螺栓	10	抽查报告、记录。重点检查连接螺栓安装前是否进行外观、光谱、硬度和表面探伤 每次大修是否进行外观和表面无损检测	没有报告或记录,不得分 其他不符合要求的,每项扣 2 分
2.14	汽缸	10	抽查报告、记录。重点检查机组每次 A 级检修是否对大型铸件进行表面检验(特别注意汽缸、主汽门内表面的检查)	没有报告或记录,不得分 其他不符合要求的,每项扣 2 分
2.15	中温中压管道、特殊管道	20	抽查报告、记录。重点检查是否按实施细则中规定的检验项目、检验比例进行检验	没有报告或记录,不得分 其他不符合要求的,每项扣 3 分
2.16	给水管道及低温联箱	10	抽查报告、记录。检查每次 A 级检修是否按规程要求对给水管道及低温联箱的管件、阀壳及焊缝进行外观、硬度、壁厚和无损探伤。抽查项目和比例是否满足实施细则要求,到第 4 个 A 级检修是否完成 100% 检验。主给水管道支吊架是否定期检查	没有报告或记录,不得分 其他不符合要求的,每项扣 2 分
2.17	锅炉钢结构	10	抽查报告、记录。重点检查是否按实施细则中规定的检验项目、检验比例进行检验	没有报告或记录,不得分 其他不符合要求的,每项扣 2 分

表5 电测技术监督检查评分标准 (1000 分)

序号	检查项目	标准分	检查方法	评分标准
1	**电测技术监督管理工作**	**400**		
1.1	**技术监督组织机构**	**20**		

序号	检查项目	标准分	检查方法	评分标准
1.1.1	建立健全由生产副总经理或总工程师领导下的三级电测技术监督网络；技术监督网络成员分工明确，落实到人	15	检查组织机构文件，与相关人员座谈	未建立监督网络，不得分 无文件，扣5分 监督网每一级成员没有落实到人，扣5分
1.1.2	监督网络根据人员、岗位变化进行调整，每年下发文件	5	检查组织机构文件，与相关人员座谈	人员岗位变动未及时修订，不得分 修订后未下发文件，扣2分
1.2	**技术监督规章制度**	**30**		
1.2.1	配备国家、行业及集团公司有关技术监督规程、文件	15	按"火电企业燃煤机组电测技术监督实施细则"（以下称"细则"）附录A检查相关的规程、文件	规范性文件配备不全，每项扣1分 设计审查规程，配备不全，每项扣0.5分 检定规程配备不全，每项扣2分
1.2.2	制定电测专业技术监督工作制度	15	按细则5.2.2检查企业制定的技术监督规章制度	工作制度制定不全，每项扣3分 工作制度制定修订不及时，每项扣2分 无审批流程，每项扣2分
1.3	**技术监督工作计划**	**30**		
1.3.1	计划包括：管理制度、工作标准的制定和修订计划；定期工作计划；技术改造计划；仪器仪表送检计划等	20	检查技术监督工作计划	每缺一项工作计划，扣5分 计划制定时间、依据不符合要求，每项扣3分 计划无审批流程，每项扣2分
1.3.2	技术监督工作计划应结合本企业电气一、二次设备检修计划和电网调度计划进行制定	10	与相关人员沟通，了解电气一、二次设备检修计划和电网调度计划情况	没有结合电气一、二次设备检修计划和电网调度计划制定本专业工作计划的，每项扣5分 计划制定时间、依据不符合要求，每项扣3分 计划无审批流程，每项扣2分

序号	检查项目	标准分	检查方法	评分标准
1.4	**技术监督告警管理**	**20**		
1.4.1	技术监督工作应及时告警，不隐瞒	10	查看告警单、会议纪要等资料	不按告警要求提出一般告警，每项扣5分 不按告警要求提出重要告警，每项扣10分
1.4.2	对告警问题要进行闭环处理	10	查看告警单、整改措施及计划、会议纪要、工作总结等资料	无告警单，每项扣5分 未经本单位生产部门审批的，每项扣5分
1.5	**技术监督问题整改**	**30**		
1.5.1	对于告警及其他技术监督检查（评价）发现问题，制定企业整改计划及滚动整改计划，完成整改	10	查看相关记录、整改计划、会议纪要	两周内未制定整改计划，不得分 整改计划未经本单位生产部门审批的扣5分 在规定（或计划）时限内未完成整改，扣5分
1.5.2	国家电投集团或二级单位明确督办的问题，制定整改计划，完成整改	10	查看相关记录、整改计划、会议纪要	未制定整改计划不得分 整改计划未经本单位生产部门审批的扣5分 在规定（或计划）时限内未完成整改，扣5分
1.5.3	技术监督季度报告中明确关注的问题，制定整改计划，完成整改	10	查看相关记录、整改计划、会议纪要	未制定整改计划不得分 整改计划未经本单位生产部门审批的扣5分 在规定（或计划）时限内未完成整改，扣5分
1.6	**技术监督工作会议**	**20**		

序号	检查项目	标准分	检查方法	评分标准
1.6.1	企业每年至少召开 2 次年度电测技术监督工作会议	10	查看会议纪要等资料	没有召开技术监督工作会议，每缺 1 次扣 5 分 没有会议纪要，扣 3 分
1.6.2	电测专业每月召开技术监督例行会议	10	查看会议纪要等资料	专业技术监督例行会议，每缺 1 次扣 3 分 没有会议记录，扣 2 分 技术监督网络人员未参加会议，扣 2 分
1.7	**人员培训和上岗能力管理**	**20**		
1.7.1	制订培训计划	5	检查相关人员的理论与实际操作培训计划和记录	未制订培训计划，不得分 计划不符合实际，没有培训时间、培训内容，扣 2 分 计划无审批流程，每项扣 2 分
1.7.2	培训记录规范、齐全	5	检查相关人员的培训计划和记录	没有培训记录，不得分 培训记录不规范，没有时间、地点、参加人员、培训内容等，扣 2 分
1.7.3	按规定参加上级部门组织的有关技术培训	5	检查相关人员的培训计划记录	不参加有关技术培训，扣 2 分
1.7.4	电测检定人员具有相应能力，并满足有关计量法律法规要求	5	检查专业技术人员上岗资质	无岗位能力证明，每人次扣 5 分
1.8	**电测计量标准实验室**	**30**		
1.8.1	环境条件符合要求，防尘防振防电磁干扰防辐射措施符合要求，建立缓冲间，配备温湿度调节和监测设备	20	查看实验室	环境不符合要求，不得分 门、窗不严密，扣 5 分 没有建立实验室内缓冲间，扣 5 分 没配备温湿度调节和监测设备，每项扣 3 分

序号	检查项目	标准分	检查方法	评分标准
1.8.2	应有防火措施；动力电源与照明电源应分路设置；动力电源容量按实际所需容量的3倍设计，实验装置的接地线是否安装且牢固，接地良好	5	查看实验室	一项不符合扣3分
1.8.3	应配备专用工作服、鞋及存放设施	5	查看实验室	没有配备专用工作服、鞋及存放设施不得分 不符合要求，扣2分
1.9	**电测计量标准**	**40**		
1.9.1	交直流仪表检定装置	8	查看标准配置情况	未配置，不得分 已配置，但稳定性降低，年变差超差，扣4分 已配置，但功能不全，扣2分
1.9.2	电量变送器检定装置	8	查看标准配置情况	未配置，不得分 已配置，但稳定性降低，年变差超差，扣4分 已配置，但功能不全，扣2分
1.9.3	交流采样测量装置检定装置	8	查看标准配置情况	未配置，不得分 已配置，但稳定性降低，年变差超差，扣4分 已配置，但功能不全，扣2分
1.9.4	交流电能表检定装置	8	查看标准配置情况	未配置，不得分 已配置，但稳定性降低，年变差超差，扣4分 已配置，但功能不全，扣2分
1.9.5	绝缘电阻表、万用表、钳形电流表检定装置	8	查看标准配置情况	未配置，不得分 已配置，但稳定性降低，年变差超差，每项扣2分 已配置，但功能不全，每项扣2分

序号	检查项目	标准分	检查方法	评分标准
1.10	**仪器仪表管理**	**45**		
1.10.1	编制仪器仪表使用、操作、维护规程	15	按"细则"5.8.3条款查看	缺1项，扣5分 编制内容不规范，每项扣3分 无审批流程，每项扣2分
1.10.2	对委托服务单位资质进行资质审核	15	火电企业采用外部委托方式开展电测计量检定，受委托服务单位资质应满足本细则有关要求，检查相关资质说明文件	无计量标准合格证书或实验室认可资质证书，扣5分 计量标准无有效期内检定证书（除计量标准溯源单位），扣4分 计量检定人员无上岗证明（除计量标准溯源单位），扣3分 上述内容符合要求，但本企业未进行备案，扣3分
1.10.3	仪器仪表设备台账齐全	10	按"细则"5.8.5条款查看仪器仪表设备台账	没有建立仪器仪表设备台账，不得分 仪器仪表设备台账信息不够，扣3分 仪器仪表设备台账缺1项，扣3分
1.10.4	建立计量标准使用记录，使用检定合格计量标准	5	检查计量标准使用记录和仪器仪表检定记录中计量标准仪器使用情况	没有建立计量标准使用记录，扣5分 使用校验不合格的仪器，不得分
1.11	**建立健全监督档案**	**30**		
1.11.1	建立健全技术监督档案	15	按"细则"5.9.1条款查看技术监督档案	每少一项档案，扣3分 档案内容不符合实际，扣1分

国家电投集团火电企业技术监督实施细则和评估标准

续表

序号	检查项目	标准分	检查方法	评分标准
1.11.2	档案存放规范	5	查看技术资料和档案	没有专用资料柜，扣1分 没有配备足够的资料盒，扣1分 档案存放没有分类，扣2分
1.11.3	档案目录设置合理	5	查看技术资料和档案目录	没有设置档案目录，扣2分 档案分类没有编号，扣1分 分类编号与资料盒不对应，扣1分
1.11.4	档案借阅归还记录齐全	5	查看技术资料和档案目录借阅归还记录	没有档案借阅、归还记录，扣2分 档案借阅归还记录不认真填写，每次扣1分 目录中的档案每发现一处缺失，扣1分
1.12	工作报告报送管理	30		
1.12.1	当专业发生重大监督指标异常，设备重大缺陷、故障和损坏事件，火灾事故等重大事件后的24h内，应将事件概况、原因分析、采取措施迅速报送至上级单位	10	查看监督速报	没有按要求上报监督速报，不得分 未在事故的24h内及时报送的，扣5分 上报内容缺失的，每缺一项，3分 事件原因分析不清、整改不彻底、责任未落实，扣3分
1.12.2	按要求及时报送监督季报	10	查看季度报表及上报记录	季度报表缺失，一次扣3分 表报数据不真实，扣5分 不按标准格式填写报表，扣1分 无审批流程，每项扣1分

744

序号	检查项目	标准分	检查方法	评分标准
1.12.3	每年完成技术监督工作总结	10	检查技术监督工作总结	未上报技术监督年总结，不得分 总结数据不真实，扣5分 总结内容不完善，每缺一项扣3分 无审批流程，每项扣2分
1.13	**评价与考核**	**55**		
1.13.1	每年要进行技术监督自查，并撰写自查报告	10	检查自查报告和检查报告	没有自查报告，不得分 自查报告和检查报告分数相差10%分以上，扣5分 无审批流程，每项扣2分
1.13.2	对于所有电测监督提出的问题，都能落实责任人，并有工作记录	5	检查考核记录	监督存在问题没有落实到责任人，扣3分 解决问题缺少工作记录，扣2分
1.13.3	年度监督工作计划完成率100%	10	检查试验报告、检定记录、班长工作日志	年度工作计划未完成，每降低10%，扣5分 计划完成后没有工作小结，扣3分 工作小结无审批流程，每项扣2分
1.13.4	监督告警问题整改完成率100%	10	检查告警计划、试验报告、检定记录、班长工作日志	整改未达标，不得分 整改结束未完成闭环管理，扣3分 整改报告无审批流程，每项扣2分
1.13.5	对整改完成的问题，应保存相关的试验报告、现场图片、影像等技术资料	10	查看相关记录、整改计划、试验报告等	整改没有试验报告，扣8分 整改没有其他图片、影像等技术资料，扣2分

序号	检查项目	标准分	检查方法	评分标准
1.13.6	技术监督检查问题整改完成率100%	10	检查整改计划、试验报告、检定记录、班长工作日志	整改未达标，每降低10%，扣3分 没有整改报告或试验报告，扣2分 整改报告或试验报告无审批流程，每项扣2分
2	**电测专业技术工作**	**600**		
2.1	**技术监督主要指标**	**190**		
2.1.1	计量标准校验率、合格率100%	30	查看计量标准周期检定证书	计量标准校验率未达标，每降低5%，扣2分 计量标准合格率未达标，每降低5%，扣2分 年变差超差，扣5分 计量标准完成检验（校准）半年内无报告，扣5分
2.1.2	计量标准考核率100%	20	查看计量标准考核证书	计量标准未考核（复查），不得分 计量标准考核（复查），每缺一项，扣10分
2.1.3	各种电测仪器仪表校验率为100%	20	查看仪器仪表周期检定证书、原始记录	携带式仪表校验率未达标，每降低1%，扣1分 重要仪器仪表校验率未达标，每降低1%，扣1分 其他仪表校验率未达标，每降低1%，扣1分 完成检验一个季度内无报告或原始记录，扣5分 检定原始记录格式不符合要求，扣5分 检定原始记录填写不正确，扣5分

序号	检查项目	标准分	检查方法	评分标准
2.1.4	携带式仪表、重要仪器仪表调前合格率不低于98%	20	查看仪器仪表周期检定证书、原始记录	携带式仪表调前合格率未达标，每降低1%，扣1分 重要仪表调前合格率未达标，每降低1%，扣1分 年变差超差，每块扣1分
2.1.5	其他仪器仪表调前合格率不低于95%	20	查看仪器仪表检定证书、原始记录	仪表调前合格率未达标，每降低1%，扣1分 年变差超差，每块扣1分
2.1.6	关口电能计量装置中电能表检验率100%	10	检查关口电能计量装置中电能表检验报告	检验率未达标，降5%，扣1分 完成检验半年未取得检验报告，扣5分
2.1.7	关口电能计量装置中电流互感器、电压互感器检验率均100%	20	检查电流互感器、电压互感器检验报告	未按周期检验，不得分 完成检验半年未取得检验报告，扣5分
2.1.8	关口电能计量装置中电压互感器二次回路导线压降检验率100%	10	检查关口电能计量装置中电压互感器二次回路导线压降检测报告	未完成周期测试不得分 完成检测半年未取得检测报告，扣5分
2.1.9	当二次回路及其负荷变动时，应及时进行现场检验	10	检查关口电能计量装置中互感器二次回路负荷检测报告	未按要求检验，不得分 完成检验半年未取得检测报告，扣5分
2.1.10	关口电能计量装置中电能表、电流互感器、电压互感器及电压互感器二次回路导线压降合格率均应100%	30	检查关口电能计量装置中电能表、电流互感器、电压互感器及电压互感器二次回路导线压降检验报告	一项超差，扣10分
2.2	**设计审查及设备选型**	**30**		
2.2.1	技术监督人员参与设备改造设计审查会议	15	查看设计审查阶段会议纪要	未参与设备改造设计审查会议，不得分 少参加一次，扣10分 参加会议无记录，扣5分

序号	检查项目	标准分	检查方法	评分标准
2.2.2	设备选型满足技术规程要求	15	查看设备订购技术协议，查看设备是否满足技术规程要求	未参加设备选型会议，扣5分 订购设备未满足技术规程要求的，发现一处，扣10分
2.3	**设备验收、试验**	**90**		
2.3.1	设备使用说明书	10	查看计量标准、关口计量装置、现场安装计量设备资料	验收设备没有说明书，不得分 说明书未存档，扣5分
2.3.2	出厂检验报告	10	查看计量标准、关口计量装置、现场安装计量设备资料	验收设备没有出厂检验报告，不得分 出厂检验报告未存档，扣5分
2.3.3	电测计量方式原理图	10	查看计量标准、关口计量装置、现场安装计量设备资料	验收设备没有计量方式原理图，不得分 计量方式原理图未存档，扣5分
2.3.4	一、二次图纸	10	查看计量标准、关口计量装置、现场安装计量设备资料	验收设备没有一、二次回路图纸及接线图，不得分 一、二次回路图纸及接线图未存档，扣5分
2.3.5	法定授权机构检定报告	50	查看计量标准、关口计量装置、现场安装计量设备资料	没有关口电能表、电流互感器、电压互感器投运前检定证书，每项扣10分 没有对新投运或改造后的电能计量装置在带负荷运行一个月内进行首次电能表现场检验，扣10分
2.4	**计量设备缺陷记录**	**20**		

序号	检查项目	标准分	检查方法	评分标准
2.4.1	缺陷记录完整	10	查看缺陷记录	没建立缺陷记录，不得分 建立后没认真填写，每次扣5分 缺陷名称、原因分析、解决措施，发生时间等填写不全，扣5分
2.4.2	重要缺陷要有分析及处理报告	10	确认缺陷的重要成度，检查分析、试验报告	没有分析报告，扣3分 没有试验报告，扣3分 没有缺陷处理报告，扣2分 重要缺陷分析报告没有审批环节，扣2分
2.5	**巡回检查记录**	**20**		
2.5.1	按要求开展电测设备巡视，巡视后填写记录	20	查看电能计量装置厂站端设备巡视记录	没按要求巡视，扣15分 巡视后填写记录不规范，扣5分
2.6	**核对遥测值**	**30**		
2.6.1	每半年核对电量变送器、交流采样测量装置遥测值	30	查看遥测值核对记录	没按要求核对遥测值，扣20分 没填写遥测值核对记录，扣10分
2.7	**计量标准稳定性考核和重复性试验**	**30**		
2.7.1	每年进行稳定性考核和重复性试验	20	查看计量标准稳定性考核和重复性试验记录	没有进行稳定性考核，扣10分 没有进行重复性试验，扣10分
2.7.2	试验方法正确性	5	查看计量标准稳定性考核和重复性试验记录	试验方法不正确，每项扣2分 实验记录不正确，每项扣2分

序号	检查项目	标准分	检查方法	评分标准
2.7.3	数据正确性	5	查看计量标准稳定性考核和重复性试验记录	数据计算不正确，每项扣2分
2.8	**检定标识**	**10**		
2.8.1	电测设备粘贴检验标识	10	检查现场运行计量器具	没有粘贴计量检定标识，每缺一个扣1分 标识颜色不正确，每个扣1分 标识内没有填写设备检验有效期，每个扣1分
2.9	**电测设备电压、电流回路检查**	**20**		
2.9.1	电测设备电压、电流回路拆接线工作结束后，进行回路正确性检查	10	检查试验记录，与相关人员座谈	未按要求对回路进行检查，扣10分 未结合工作情况，选用正确方法，扣5分
2.9.2	电测设备检定结束恢复接线后，进行设备绝缘性能试验	10	检查试验记录，与相关人员座谈	未按要求进行绝缘性能试验，扣10分 试验方法不正确，扣5分
2.10	**电测专业屏柜内设备按规范要求布置**	**30**		
2.10.1	电测屏柜内未布置无关设备	10	检查电测专业相关屏柜	屏柜内有无关设备，每处扣5分
2.10.2	端子排标识、回路编号准确、清晰	10	检查电测专业相关屏柜	端子排标识、回路编号不符合要求，每处扣5分
2.10.3	二次回路接线规范	10	检查电测专业相关屏柜	不同线径回路并接于同一端子，每处扣5分
2.11	**电测设备电源回路可靠**	**30**		
2.11.1	重要变送器供电电源应由UPS供电	10	检查重要变送器供电电源及图纸资料	变送器未由UPS供电，扣10分
2.11.2	参与发电机组控制功能的有功电量变送器应满足暂态特性要求	5	检查试验记录，现场检查	不满足要求，扣5分

序号	检查项目	标准分	检查方法	评分标准
2.11.3	重要变送器电压回路、辅助电源回路应在本屏柜内端子排分别引接	10	检查重要设备工作回路、供电电源及图纸资料	变送器电压回路未经独立的开关控制，每个扣1分 电压回路未经端子排并接了多个变送器，每个扣1分 变送器辅助电源回路未经独立的开关控制，每个扣1分 辅助电源回路未经端子排并接多个变送器，每个扣1分
2.11.4	电流回路端子的一个连接点不应压两根导线，也不应将两根导线压在一个压接头再接至一个端子	5	现场检查	电流回路端子的一个连接点压两根导线，每个扣2分 两根导线压在一个压接头再接至一个端子，每个扣2分
2.12	**集成（多功能）变送器可靠性**	**20**		
2.12.1	单台集成变送器只允许输出1路参与控制电气量	20	检查集成变送器安装选型及图纸资料	不满足要求，扣5分 工作电源未由UPS供电，扣5分 工作电源未经独立的开关控制，扣5分 参与控制重要设备的变送器没有备品、备件，扣5分
2.13	**I类电能计量装置关口计量回路配置**	**80**		
2.13.1	计量电能表、互感器配置	30	查看电能计量装置配置原理图或接线图	有功电能表不满足0.2S级要求，扣10分 电压互感器准确度等级不满足0.2级，扣10分 电流互感器准确度等级不满足0.2S级，扣10分

序号	检查项目	标准分	检查方法	评分标准
2.13.2	电能计量专用电压、电流互感器及其二次回路	15	检查计量回路一、二次接线图	未配置电能计量专用电压、电流互感器或专用二次绕组，扣10分 接入与电能计量无关的设备，扣5分
2.13.3	试验接线盒	10	检查关口计量回路现场接线	电能计量专用电压、电流互感器或专用二次绕组及其二次回路没有计量专用二次接线盒及试验接线盒，每项扣5分 电能表与试验接线盒未按一对一原则配置，每个扣1分
2.13.4	主副电能表	10	检查关口计量回路现场接线	未配备计量有功电量的主副二只电能表，扣5分 配置的主副二只表型号、准确度等级不同，扣5分
2.13.5	电能计量装置应具电压失压计时功能	5	检查关口计量回路现场接线	电能计量装置未配置电压失压计时器，不得分
2.13.6	互感器二次回路导线截面积	10	检查关口计量回路现场接线	互感器二次回路的连接导线未采用铜质单芯绝缘线，扣4分 电流二次回路连接导线截面积小于$4mm^2$，扣3分 电压二次回路连接导线截面积小于$2.5mm^2$，扣3分

表6 热工技术监督检查评分标准 (1000分)

序号	检查项目	标准分	检查方法	评分标准
1	**热工技术监督管理工作**	**300**		
1.1	**监督体系管理**	**15**		

序号	检查项目	标准分	检查方法	评分标准
1.1.1	企业应建立以生产副厂长或总工程师负责、由生技部门、热工分场及热工各班组参加的热工监督网络	10	检查热工监督三级网络结构图，需有厂管理部门审批、签字、盖章，并且颁布执行纸版和电子版的结构图	根据本厂机构的实际情况考核，没有监督机构的不得分 监督机构不健全的扣3分 监督网成员与实际不相符扣2分 热工监督三级网没有厂部审批（签字或盖章），扣1分
1.1.2	热工监督网络中，应设热工专业基础四项基础监督岗位的监督专责人，即热工自动调节系统监督、热工联锁保护装置监督、热工计量传递工作监督、热工计算机网络监督	5	检查热工监督网络的设置，需有明确的监督专责人	未设置四项基础监督专责人，不得分 设置不完善，每缺1项扣2分
1.2	**规程制度管理**	**50**		
1.2.1	发电企业根据本企业热工设备实际设置，应具有并且执行国家电投集团《火电企业热工技术监督实施细则》（以下简称《实施细则》）附录N所列出的部分国家计量检定规程（应统一形式，或为纸版、或为电子版）	7	检查规程内容	无检定规程，不得分 每缺少1份规程（根据本厂热控设备的实际设置情况确定），或每发生1份规程已废止（未用新规程替代），扣0.5分
1.2.2	计量检定规程应统一管理。若为纸版规程，应统一存放。若为电子版，应统一存放在同一文件夹内	3	检查规程的管理	每发生1份规程未统一管理，扣0.2分 规程数量5份及以上未统一管理，不得分
1.2.3	发电企业至少应具有、并且执行《实施细则》附录O所列出的国家行业法律法规及行业的技术标准及规程	7	检查文本内容	每缺少1份规程，或每发生1份规程已废止（未用新规程替代），扣1分 无计量检定规程，不得分
1.2.4	《实施细则》附录O中所规程标准应统一管理。若为纸版规程，应统一存放。若为电子版，应统一存放在同一文件夹内	3	检查规程的管理	每发生1份规程未统一管理，扣0.5分 规程数量5份及以上未统一管理，不得分

序号	检查项目	标准分	检查方法	评分标准
1.2.5	发电企业应具有并且执行国家电投集团《火电技术监督管理规定（2016年）》《火电企业热工技术监督实施细则》及《火电技术监督检查评估标准》	5	检查文本内容	每缺少1份，扣1分 全部缺失，不得分
1.2.6	制定本发电企业的热工技术监督实施细则（正式纸版形式）	5	检查文件资料。需有企业管理部门审批、签字、盖章、并且颁布执行	制定的内容不详细或完全抄袭上级公司的监督细则，扣2分 未制定不得分
1.2.7	发电企业应按《实施细则》第10.2.5节内容要求，建立制订并执行24项规程、制度	20	检查文件资料。所有建立的规程及制度等需有企业管理部门的审批、签字、盖章，并应有企业管理标准的统一文号	规程制度中，每缺少1项，扣2分 缺少50%（即13项内容），不得分
1.3	**计划规划管理**	**40**		
1.3.1	发电企业每年应制定年度热工监督工作计划	5	检查文件资料。计划需履行编制人签字、计划审核人签字、计划批准人签字等审批程序	无监督工作计划，1.3节均不得分
1.3.2	热工年度监督计划应具有可操作性，能够用来指导本企业全年热工技术监督工作的有序开展	10	按《实施细则》中第10.3.4节内容要求，检查计划内容	《实施细则》中监督计划14项具体内容中，每缺少1项内容，扣1分 缺少50%（即7项）内容，不得分
1.3.3	企业热工技术监督专责人应按年度监督计划的要求，将每月应完成的具体监督工作内容，下发至热工分场	10	检查是否具有月度热工监督工作计划	每缺少1个月的监督计划，扣0.5分 缺少6个月的内容，不得分
1.3.4	企业热工专业应按月度监督工作计划，完成监督内容，月度监督工作完成情况应有小结，并在监督报表中填报	15	检查月度监督计划完成小结，查看监督报表	每缺少1个月的监督计划完成情况小结，扣2分 监督报表中对监督计划完成情况未填报的，每缺少1个月，扣2分 全年缺少6个月的月度监督工作小结或监督报表中6个月未对监督计划完成情况进行填报，不得分

序号	检查项目	标准分	检查方法	评分标准
1.4	**资料档案管理**	**60**		
1.4.1	企业热工专业至少应建立《实施细则》第10.4.2节所要求清册或台账，其内容应符合要求	10	检查清册、清单、台账	无DCS功能说明扣2分 无DCS硬件配置清册扣5分 主要热控系统或装置（FSSS、火焰检测装置、ETS、DEH、TSI、PLC等）台账中，每缺少1项内容扣0.5分 与实际不相符，每发现1处，扣0.5分 无标准计量器具台账，扣3分 标准计量器具的抽查中，每发现1处与台账或清册不符，扣0.5分 所有扣分中，只在本小项扣分范围内扣分，直到扣完为止
1.4.2	企业热工专业至少应建立《实施细则》第10.4.3节所要求的8项技术档案，档案内容应符合要求	10	检查档案	每缺少1个档案，扣1分 缺少5个档案不得分 档案内容不满足要求，或与实际设备不符，每发现1个，扣0.5分 每个档案均出现与实际不相符的问题，不得分
1.4.3	企业热工专业应具有报警、联锁、保护定值清单	5	检查保护定值清单。抽查清单中10个的定值内容，验证其清单内容的准确性。其中模拟量6点，以DCS中设定为准；开关量4点，以检定记录为准	每出现1个定值清单与实际不一致，扣1分 出现3个不一致，不得分

续表

序号	检查项目	标准分	检查方法	评分标准
1.4.4	企业热工专业应具有《实施细则》第10.4.5节所要求9项试验报告和记录，其内容应符合要求	15	检查报告和记录	缺少1项试验报告或记录，扣2分 SSS和ETS每个试验报告中，缺少1项保护保护条件的试验记录，扣2分 RB试验报告中，缺少1项RB试验条件内容，扣2分 重要辅机联锁及保护的试验记录中，缺少1台辅机未试验，扣2分 单台辅机中缺少1项保护或联锁条件，扣1分
1.4.5	热工专业应具有《实施细则》中第10.4.6节中所列出的9种日常维护记录	10	查看记录	每缺少1项记录，扣1分 缺少7项记录，不得分
1.4.6	热工专业应至少应具有《实施细则》第10.4.11节所要求6项监督管理文件，其内容应符合要求	10	查看文件	无本年度热工技术监督工作计划或上一年度热工技术监督工作总结，不得分 热工监督报表每缺少1个月，扣1分，缺少5个月，不得分 有告警单，而已处理完成，但无验收单，每发现1处，扣0.5分 无企业热工监督自评报告，扣1分 热工技术监督人员（生产部监督专工、热工专业四项监督专责）技术档案、上岗考试成绩和证书，每缺少1人，扣1分 热工标准计量器具，每1件超期，扣1分 热工计量标准，每一项超期，扣1分
1.5	**会议培训管理**	**15**		
1.5.1	企业热工监督网每年至少开展两次定期监督网络活动，其活动内容应针对本企业热工生产及管理中当前存在的主要问题进行研讨，制定整改解决方案，并按其落实	5	查看会议纪要	每缺少1次会议纪要，扣1分 无会议纪要，不得分

序号	检查项目	标准分	检查方法	评分标准
1.5.2	企业热工专业应根据员工结构及技术特点，制订培训计划，编写培训大纲，每季度至少组织开展1次技术培训活动	5	查看培训计划、培训大纲、培训记录	无本年度培训计划不得分 无本年度培训大纲，不得分 培训记录每缺少1次，扣1分
1.5.3	热工专业技术培训应有培训考试试卷及培训考核成绩单	5	查看培训考试试卷和考试成绩单	无培训考试席卷，或无考核成绩单，不得分 每缺少1次考试试卷或考核成绩单，扣1分 考核成绩每出现1人不及格，扣0.2分
1.6	**异常告警管理**	**30**		
1.6.1	一级告警单下发1个月之内，企业应做出整改计划，或针对告警单问题做出临时预防措施，整改计划最长不得超过6个月；二级告警单下发半个月之内，企业应做出整改计划，或针对告警单问题做出临时预防措施，整改计划最长不得超过3个月	15	检查告警通知单及整改计划或临时防范措施	对一级告警单，企业未按要求做出整改计划或制定临时防范措施，不得分 每出现1项告警单，未按要求时间完成整改计划或制定临时防范措施，扣3分
1.6.2	企业应按整改计划提出的时间完成告警内容的整改，或采取临时技术措施加以预防	10	查看整改计划及完成情况	对一级告警单，企业未按整改计划进行整改，或按临时防范措施进行防范，不得分 对二级告警，企业未按整改计划进行整改，或按临时防范措施进行防范，每出现1项，扣2分
1.6.3	企业应将告警单、验收单及整改计划的统一管理，每1份告警单与之对应的就应有1份验收单、整改计划或临时技术措施	5	检查告警通知单及整改计划或临时防范措施	告警通知单与告警验收单、告警整改计划或临时防范措施，未统一管理，每缺少1份，扣1分
1.7	**报表总结管理**	**40**		
1.7.1	按规定格式和时间如实上报每月热工技术监督指标完成情况	10	检查监督报表，每月1份	缺少1份扣1分 全年缺少5份监督报表，不得分

续表

序号	检查项目	标准分	检查方法	评分标准
1.7.2	热工监督报表数据应真实，准确	8	抽查本年度中4份监督报表	监督报表中内容与实际不相符，每出现1处，扣0.5分 当监督报表内容与实际不相符超过10处时，此项不得分
1.7.3	热工技术监督报表应按《实施细则》格式及要求内容填报	7	抽查本年度中4份监督报表	每出现1处与要求内容不相符，扣0.5分
1.7.4	企业热工技术监督工作每半年应进行半年工作小结，年终应有年度工作总结。半年或年度热工技术监督工作总结的内容应满足《实施细则》第10.7.6节和第10.7.7节的相关内容的要求	5	查看企业近两年的热工技术监督半年总结和年度总结	每缺少1份监督工作总结，扣2.5分 每缺少1项要求的内容，扣1分 每出现1项总结数据与实际不相符，扣1分
1.7.5	热工专业发生的重大技术改造（机炉主要热工保护系统的控制方式的更改、DCS控制系统或热工自动保护设备的更换），在改造前应有改造方案及其技术论证；在改造后应有技术总结	5	查看年度检修计划（或检修报告），查看重大技术改造的论证及总结	无改造前的技术论证或改造后技术总结，不得分
1.7.6	由热工控制系统故障（DCS系统死机、保护错误动作、自动系统失灵、仪表指示错误）而使机组发生重大事故，应在事故发生后4h内将事故的起因简要的向二级单位及技术监督服务单位报告。事故调查结束后5日内，以电子邮件方式向二级单位及技术监督服务单位提出事故分析报告	5	查看企业安全生产简报及热工专业的事故分析报告	未按要求及时向上级主管部门报告，不得分
1.8	**检查考核管理**	**50**		
1.8.1	发电企业根据本企业定期查评及异常告警制度要求，每年在规定的时间段内，由企业生产技术部门负责，按国家电投集团《热工技术监督评分标准》（以下简称"评分标准"）对本企业热工技术监督工作开展情况进行查评	10	查看企业定期查评计划及定期查评报告	定期查评次数缺少1次，扣2分 定期查评报告中存在明显与查评标准不相符的地方，每出现1处，扣1分 未按企业定期查评计划开展查评工作（无定期查评报告），不得分

序号	检查项目	标准分	检查方法	评分标准
1.8.2	二级单位或技术监督服务单位集中监督检查之前，发电企业应按照《评分标准》进行企业自查，并编制自查报告，在二级单位或技术监督服务单位集中监督检查时，提交自查报告	10	查看企业自查报告	自查报告中存在明显与查评标准不相符的地方，每出现1处，扣1分 无自查报告不得分
1.8.3	热工监督考核指标要纳入本厂绩效考核指标中，对热工三率指标完成情况要有明确的奖惩制度规定	5	检查厂部绩效考核考核办法	没有执行考核条例扣2分 没有将热工三率指标纳入绩效考核不得分
1.8.4	热工技术监督管理综合考评项目：不发生因热工监督不到位造成非计划停运和主设备损坏事件	20	查看企业安全简报及热工监督报表	因热工监督不到位造成非计划停运或造成主设备损坏，不得分
1.8.5	监督整改完成率考核： 1）热工监督告警整改完成率100% 2）热工技术监督动态检查发现问题的整改完成率不低于90%	5	查看热工专业告警通知单及告警整改验收单；查看上级单位下发的热工技术监督动态检查报告及本企业动态监督检查存在问题整改计划、方案、措施及整改报告	监督告警整改完成率未达到100%，每下降1个百分点，扣0.5分 热工监督动态检查发现问题整改完成率低于90%，每下降1个百分点，扣0.5分 整改率低于60%，不得分
2	**热工技术监督生产工作**	**700**		
2.1	**自动投入率**	**70**		
2.1.1	1）容量大于200MW、且采用DCS控制系统的机组，其自动投入率应达到95% 2）单机容量小于等于200MW、且采用DCS控制系统的机组，其自动投入率应达到90% 3）未采用DCS控制系统的机组或循环流化床锅炉，其自动投入率应达到80%	30	1）对主要热工自动调节系统进行现场实际检查 2）检查监督报表	自动投入率每降低1%扣1分 比要求标准降低20%时，本项不得分
2.1.2	本厂所有热工自动系统被调量控制指标标准值清单	8	检查资料	自动统计清单中所列自动系统，每缺少1套自动的控制标准扣0.5分 没有控制指标标准不得分

续表

序号	检查项目	标准分	检查方法	评分标准
2.1.3	未投入自动调节系统原因分析及如何解决的措施或打算	7	检查监督报表中表9内容	以实际检查情况及监督报表为准，缺少1份原因分析或整改措施，扣0.5分 未投入自动全部无原因分析或整改措施，此项不得分
2.1.4	热工自动调节系统中，调节阀门特性试验	5	检查试验曲线	按本厂自动系统统计，应进行阀门特性曲线测试的阀门，每缺少1份特性曲线扣0.5分
2.1.5	机组应具有一次调频功能，一次调频已由属地电科院完成试验，并且试验合格；一次调频应正常投入运行	10	检查一次调频试验报告及运行记录，确认一次调频功能应能正常投入，指标满足当地电网要求	每缺少1台机组的一次调频试验报告，扣1分 全部机组均无1次调频试验报告，不得分 1台机组1次调频未投入，扣1分 全部机组一次调频均未投入，不得分 因1次调频动作不合格，被电网经济考核，酌情扣分
2.1.6	机组应具有自动发电控制（AGC）功能，AGC已由属地电科院完成试验，并且试验合格；AGC应正常投入运行	10	检查机组AGC试验报告及运行记录，确认AGC功能应能正常投入，指标满足当地电网要求	每缺少1台机组的AGC试验报告，扣1分 全部机组均无AGC试验报告，不得分 1台机组AGC未投入，扣1分 全部机组AGC均未投入，不得分 因AGC响应指标不合格，被电网经济考核，酌情扣分
2.2	**保护投入率及正确动作率**	**115**		
2.2.1	机组主保护（FSSS、ETS）投入率应为100%；保护条件数按设计要求，若保护统计基数变更，应有上级单位（集团公司、或二级单位）的批复	20	1）通过操作员站显示器，主机保护条件全部检查 2）检查监督报表	保护投入率每降低1%扣2分 保护投入率低于95%，本项不得分

续表

序号	检查项目	标准分	检查方法	评分标准
2.2.2	机组应设计完整的 RB 保护控制功能；所有设计 RB 条件已全部经过试验（包括经重大改造后的 RB 试验），试验结果正确；RB 保护应全部投入	9	1）查看 RB 组态 SAMA 图，确认 RB 控制功能 2）检查 RB 试验报告（或试验记录） 3）通过操作员站显示器查看，确认 RB 功能正常投入	未设计 RB 功能，不得分 RB 试验报告中，每缺少 1 项 RB 条件的试验，扣 1 分 试验中有 1 项不合格，扣 1 分 有 1 项 RB 条件没有投入，扣 1 分 所有 RB 动作条件全部未投入，不得分
2.2.3	重要辅机保护投入率为 100%。重要辅机内容按《实施细则》附录 A 中第 A.3 节所要求的内容统计；辅机保护条件按目前实际运行的组态逻辑设计条件。对已取消的辅机保护条件（但逻辑中仍在）应有经本企业主管生产的厂级领导签字的批复文件，或经辅机设备厂家签字同意的纸版证明	10	1）通过操作员站显示器，实际抽查保护投入情况 2）检查监督报表	重要辅机保护投入率每降低 1% 扣 0.5 分 重要辅机保护投入率低于 90%，本项不得分
2.2.4	重要辅机联锁投入率不低于 95%。重要辅机内容按《实施细则》附录 A 中第 A.3 节所要求的内容统计。辅机联锁条件按目前实际运行的组态逻辑设计条件。对已取消的辅机联锁条件（但逻辑中仍在）应有经本企业主管生产的厂级领导签字的批复文件，或经辅机设备厂家签字同意的纸版证明	10	1）通过操作员站显示器，实际抽查保护投入情况 2）检查监督报表	重要辅机联锁投入率每降低 1% 扣 0.2 分 重要辅机联锁投入率低于 80%，本项不得分
2.2.5	热工主机保护正确动作率应为 100%	20	1）检查监督报表 2）检查保护动作记录	正确动作率每降低 1%，扣 2 分 低于 95% 时，本项不得分
2.2.6	热工重要辅机保护正确动作率应为 100%	10	1）检查监督报表 2）检查保护动作记录	正确动作率每降低 1%，扣 0.5 分 低于 90% 时，本项不得分

序号	检查项目	标准分	检查方法	评分标准
2.2.7	对未投入的主、辅机保护条件及联锁条件应有原因分析及如何解决的措施或打算；并且应有未投入之前所采取的临时防范措施	10	1）检查监督报表中表8的内容 2）查看临时防范措施内容	以保护统计清单及监督报表为依据，对于未投入的重要辅机保护系统，没有原因分析报告，每缺少1份分析报告扣1分 机组主保护条件未投入，但也未做原因分析，此项不得分
2.2.8	应具有热工联锁保护系统动作记录，其中至少包括如下内容：保护系统名称及动作条件、动作原因、动作时间、动作的正确与否	8	检查保护动作记录及其记录内容	以本年度内热工保护动作次数为依据，每缺少1次保护动作记录扣1分 没有此记录本项不得分
2.2.9	热工联锁保护系统误动或拒动原因分析	8	检查监督报表中表6的内容	以本年度内热工保护错误动作次数为依据，每缺少1份分析记录扣0.5分 没有保护错误动作原因分析，此项不得分
2.2.10	热工报警联锁保护定值至少每2年应进行一次核查。核查程序按热工联锁保护定值定期核查制度执行。核查后的保护定值清单（清册）需具有与核查有关的专业签字，并经生产管理部门及厂领导审批签字	10	检查保护定值清单（清册）	保护定值清单（清册）的核查未按热工联锁保护定值定期核查制度的要求执行，没有与核查相关的专业签字、没有生产管理部门及厂领导审批签字，扣2分 两年内未对保护定值清单（清册）进行核查，此项不得分
2.3	**热工DCS测点投入率、完好率、合格率**	**25**		
2.3.1	分散控制系统I/O测点投入率不应低于99%	8	与DCS数据库内容对照，确认其I/O测点的投入率是否满足要求	投入率每降低1个百分点，扣1分
2.3.2	分散控制系统I/O测点完好率不应低于99%	10	通过CRT画面查看测点完好情况	每出现1个坏质量点，扣1分

续表

序号	检查项目	标准分	检查方法	评分标准
2.3.3	分散控制系统 I/O 测点合格率应达到100%	7	通过抽查模拟量测点检定记录，确认其合格率	合格率每降低 1 个百分点，扣1分
2.4	**主要检测参数抽检率、抽检合格率**	**20**		
2.4.1	热工主要检测参数抽检率应达到100%	10	检查监督报表中表5中相应的内容	抽检率降低 1%，扣0.5分
2.4.2	热工主要检测参数抽检合格率大于99%	10	检查监督报表中表5中相应的内容	合格率降低 1%，扣0.5分
2.5	**强检仪表强检完成率、合格率**	**15**		
2.5.1	热工强检仪表强检完成率100%	8	检查监督报表中表5中相应的内容	强检完成率每降低 1 个百分点，扣1分
2.5.2	热工强检仪表强检合格率不低于99%	7	检查监督报表中表5、表12中相应的内容，抽查强检仪表的检定记录	监督报表表12中检定数据与检定记录数据不一致，每一块表计扣0.5分 强检合格率每降低一个百分点，扣1分
2.6	**标准计量器具送检率、合格率**	**15**		
2.6.1	年度标准计量器具送检率应达到100%	5	检查标准计量器具检定证书，并与送检计划比对 无论任何原因（包括已送检，但证书未得到），未取得检定证书，按未进行检定统计	年度送检率每降低 1 个百分点，扣0.5分
2.6.2	年度标准计量器具检定合格率应达到100%	8	检查标准计量器具检定证书 无论任何原因（包括已送检，但证书未得到），未取得检定证书，按未进行检定统计	检定合格率每降低 1 个百分点，扣0.5分
2.6.3	经检定确认不合格的标准计量器具，应做封存处理或履行报废手续，并应以新的标准计量器具替代	2	检查标准计量器具检定证书。若存在检定不合格的计量器具，则应有封存或报废记录等文字材料	有不合格的标准计量器具，但未履行封存或报废手续，不得分

序号	检查项目	标准分	检查方法	评分标准
2.7	**热工分散控制系统（DCS）**	**55**		
2.7.1	机组分散控制系统（DCS）应对其硬件指标进行性能测试，并具有DCS系统性能测试报告	5	检查DCS性能测试报告	无测试报告，不得分
2.7.2	性能测试报告中，性能指标内容应完整，至少包括如下11项指标是否满足DL/T 1083及DL/T 659的要求 1）抗电磁干扰能力 2）控制器周期 3）系统响应时间 4）显示器响应时间 5）SOE分辨率精度 6）控制器同步精度 7）控制器无扰在线下装 8）控制器无扰切换 9）控制器电源切换 10）网络（以太网）负荷率 11）接地电阻（接地电缆导通性能）	10	检查DCS性能测试报告	测试内容不完整，每缺少其中1项指标测试结论，扣1分 缺少7项及以上时，不得分
2.7.3	企业应根据二十五项反措要求，根据本企业DCS实际情况，制定DCS失灵工况下，热工专业及运行专业应采取的应急处理方案及临时技术措施，即DCS失灵预案。预案中至少应包括如下几个方面的内容： 1）DCS局部主要控制器掉电或死机时，热工专业的应急处理方案 2）DCS局部主要控制器掉电或死机时，运行专业应采取的临时措施 3）DCS部分操作员站黑屏（死机）时，热工专业的应急处理方案 4）DCS部分操作员站黑屏（死机）时，运行专业应采取的临时措施 5）DCS全部操作员站黑屏（死机）时，热工专业的应急处理方案 6）DCS全部操作员站黑屏（死机）时，运行专业应采取的临时措施 7）DCS控制器全部死机时，紧急停机停机的措施	5	检查DCS失灵预案。预案中至少应包括本项检查标准中所提及的7个方面的内容，内容要具体，并且具有可操作性	DCS失灵预案内容不具体，至少缺少本项检查标准中的基本内容，扣1分 无DCS失灵预案，不得分

序号	检查项目	标准分	检查方法	评分标准
2.7.4	企业应针对本企业 DCS 实际情况，制定 DCS 防病毒措施，其中重点应明确如下内容： 1）计算机 U 口的管理，要求应采取技术措施，除必须保留的 U 口（如鼠标、键盘）外，其他 U 口应通过技术手段全部封闭 2）数据定期备份的方式，应采取光盘刻录的方式，如必须采取 U 盘方式，则对 U 盘应明确管理方法，并对 U 口应采取特殊管理方式 3）DCS 与 SIS 信息交换方式及采取的保护措施	5	检查该项措施，要求电厂必须建立有针对性的 DCS 防病毒措施	DCS 防病毒措施内容不具体，至少缺少本项检查标准中的基本内容，扣 1 分 无 DCS 防病毒措施，不得分
2.7.5	DCS 电子设备间环境至少应满足如下要求：湿度 45% ~ 70%、温度 23℃±5℃、无灰尘、无静电、无振动	5	实地检查 DCS 电子间环境（包括湿度、温度、灰尘、静电、振动），确认是否满足 DCS 运行环境条件	DCS 电子设备间环境不满足标准要求，每 1 项扣 1 分
2.7.6	热工分散控制系统供电总电源应满足两路冗余的要求，两路总电源不能取自电气同一段上，至少其中一路取自 UPS 段，另一路取自厂保安段。当企业具有两路独立 UPS 段，（即两路 UPS 段进线断路器，不同在同一厂用段上时），DCS 总电源也可取自两路 UPS 段	7	检查机组电气 UPS 段及保安段配电图纸、检查热工 DCS 系统电源柜电源图纸、实际 DCS 电源柜安装接线	无 DCS 供电总电源图纸（电气专业）或在电气 DCS 供电总电源断路器处无明显指示标志，扣 2 分 热工专业无 DCS 电源柜电源图纸，扣 4 分 DCS 总电源不满足两路彼此相互独立供电电源的冗余要求，不得分
2.7.7	DCS 控制系统中，操作员站供电电源应满足如下要求之一： 1）单个操作员站满足两路冗余供电的要求，应具有专用电源切换装置，切换时间应保证操作员站计算机不发生重新启动的要求 2）若操作员站不具备专用切换装置，而采用普通继电器切换方式实现两路交流电源的冗余切换，则应配备小功率 UPS 装置，以保证在交流切换过程中，操作员站计算机不发生重新启动的要求	7	检查分散控制系统电源柜电源图纸，查看操作员站的供电方式，并进行个别操作员站电源切换（或单独停止 1 台操作员站的供电电源）的试验	操作员站供电电源设计满足要求，但实际试验过程中，个别操作员站发生计算机重启现象，每发现 1 台，扣 2 分 操作员站供电电源不满足本项检查标准中所列要求，不得分

序号	检查项目	标准分	检查方法	评分标准
2.7.7	3）若单台操作员站采用单路交流供电方式，则单台机组所有操作员站应按操作员操作区域的划分，将一部分操作员站由 DCS 供电总电源中的一路电源供电，另一部分操作员站由 DCS 供电总电源中的另一路电源供电。以保证 DCS 供电总电源中任一路失电时，不致使全部操作员站同时失电	7	检查分散控制系统电源柜电源图纸，查看操作员站的供电方式，并进行个别操作员站电源切换（或单独停止 1 台操作员站的供电电源）的试验	操作员站供电电源设计满足要求，但实际试验过程中，个别操作员站发生计算机重启现象，每发现 1 台，扣 2 分。操作员站供电电源不满足本项检查标准中所列要求，不得分
2.7.8	分散控制系统系统两路供电总电源中，任一单路电源故障或失电，应在控制室内设有独立于 DCS 之外的声光报警（只要能够区别于工艺参数超限报警声音即可）	5	检查失电报警信号（灯光或声音）	控制室内无独立于 DCS 之外的"任一路 DCS 供电电源失电"的声光报警（声或光或声光同时），不得分
2.7.9	当 FSSS、ETS、DEH 均采用分散控制系统（可一体化，也可不同的 DCS 设备）设备时：FSSS 控制周期不得大于 100ms；ETS 控制周期不得大于 50ms；DEH 中，转速控制控制周期不得大于 100ms；超速保护 OPT 控制逻辑不得大于 50ms；DEH 中若没有硬件 OPC 控制时，其 OPC 逻辑控制周期不得大于 30ms	6	检查 DCS 控制周期的设定	FSSS、ETS 控制周期任一不满足要求，不得分。DEH 中每 1 项不满足，扣 2 分
2.8	**热工设备运行**	**100**		
2.8.1	在主机组正常运行的工况下，被调量不应超过调节系统运行质量指标的规定范围	5	检查企业热工自动调节系统质量标准。抽检实际运行中的 5 套自动调节系统的调节品质。通过显示器检查正常工况下主要调节系统被调量与设定值的偏差	在被抽查的自动调节系统中，每发现 1 套调节品质不满足质量标准要求，扣 0.5 分。在被抽查的自动调节系统中，若出现 2 套未投入自动运行方式，不得分

序号	检查项目	标准分	检查方法	评分标准
2.8.2	运行中的热工参数检测系统及控制装置应保持整洁、完好	5	检查就地设备，热工变送器或就地压力表的二次门、温度测量元件、连接电缆蛇皮管、电动执行器等就地设备	每发现1处设备缺少或破损（如缺少手轮、偶头盖未盖、蛇皮管破损等），扣0.5分
2.8.3	电子设备间各盘柜及就地控制盘柜均应有标识牌	5	检查热工控制盘柜的标识牌	每缺少1个标识牌，扣0.5分
2.8.4	热工电缆（电源电缆、控制电缆、信号电缆）在电缆的两端均应挂有电缆标识牌	5	检查热工电缆的标识牌	每缺少1个电缆标识牌，扣0.5分
2.8.5	现场安装的热工设备应有明显的标识牌	10	检查热工温度测量元件	每缺少1个测温元件的标识牌，扣0.5分
2.8.6	现场设备标识牌，应通过颜色区分其重要等级。所有进入热工保护的就地一次检测元件以及可能造成机组跳闸的就地元部件，其标识牌都应有明显的高级别的颜色标识	5	抽查直接进入FSSS、ETS的1次测量元件的标识牌，检查其颜色标识是否正确	进入热工重要保护系统中的1次元件，每出现1个标识牌无重要级别颜色标识，扣0.5分 企业未制定颜色标准规范，不得分
2.8.7	DCS机柜内及重要热工联锁保护柜内应张贴本柜内IO接线表（IO分配表）及重要保护原理图及实际安装接线图，并保持及时更新	5	抽查控制柜，检查其IO接线图（表）及图纸的配备情况	每出现1个控制柜内无IO接线图，扣0.5分 ETS柜或FSSS柜内无保护原理图及实际柜内接线图，不得分
2.8.8	热工仪表及控制系统的操作开关、按钮、操作器（包括软操）及执行机构（包括电动门）手轮等操作装置，要有明显的开、关方向标识，并保持操作灵活、可靠	5	检查现场就地安装的热工设备	缺少1个标识或标识不正确，扣0.5分
2.8.9	热工电源盘内各电源开关应有明显标识牌，标识牌名称必须与电源图纸一致，并且其中应标明电源开关容量及额定工况下所带负载的容量	5	检查热工电源盘柜的图纸，并与实际对比，检查热工电源盘、柜内各分开关上标识牌的设置情况	每缺少1份电源盘、柜的图纸，扣0.5分 无热工电源盘、柜图纸，不得分 电源盘柜内各分开关上的标识牌，每缺少1个、或每出现1个标识牌中无开关容量值、所带负荷的容量值，扣0.5分

序号	检查项目	标准分	检查方法	评分标准
2.8.10	热工巡检工作中,每天应对主机DCS系统运行工作状态进行巡回检查,重点检查检查控制器及网络工作/备用状态;检查每个控制器是否存在未下装的组态逻辑修改中IO模件运行状态;检查各散热风扇运转情况及电子间环境温、湿度;对所检查内容及检查结果均应填写检查记录备查	5	检查DCS巡检记录。记录中内容至少应包括本项检查标准中所要求的重点检查内容	DCS巡检记录中,记录内容不满足本项检查标准中所要求的重点检查内容的要求,扣1分 任1台机组无DCS巡检记录,不得分
2.8.11	采用PLC独立装置完成的汽轮机紧急跳闸系统,每天应对PLC工作状态进行1次检查,查看工作/备用状态,PLC装置是否有故障及报警出现,PLC I/O模件状态指示灯是否正常,对所检查内容及检查结果均应填写检查记录备查	5	检查PLC巡检记录。记录中内容至少应包括本项检查标准中所要求的重点检查内容	PLC巡检记录中,记录内容不满足本项检查标准中所要求的重点检查内容的要求,扣1分 任1台机组无PLC巡检记录,不得分
2.8.12	对在机炉主保护(ETS、FSSS)及重要辅机保护控制逻辑中存在保护投退控制的保护系统,每天应检查并记录保护的投退状态,发现有变化时(尤其是保护被退出时),应及时向有关部门及领导汇报,并记录投退变化的原因	5	检查保护投退运行状态巡检记录。记录中内容至少应包括保护投退状态、投退原因及投退时间	保护投退运行状态巡检记录中,记录内容不满足本项检查标准中所要求的重点检查内容的要求,扣1分 任一台机组无保护投退运行状态巡检记录,不得分 机炉主保护中,出现1次未履行保护投退管理制度要求的审批手续,不得分
2.8.13	每天应检查并记录MCS系统每套自动投入情况,发现自动调节系统解为手动时,应及时向有关部门及领导汇报,并记录自动退出原因	8	检查MCS系统运行状态巡检记录。记录中内容至少应包括自动调节系统的运行状态(自动方式/手动方式)、自动退出的时间及退出原因	MCS系统运行状态巡检记录中,记录内容不满足本项检查标准中所要求的重点检查内容的要求,扣1分 任1台机组无MCS系统运行状态巡检记录,不得分

序号	检查项目	标准分	检查方法	评分标准
2.8.14	锅炉炉膛压力、全炉膛灭火、汽包水位和汽轮机超速、轴向位移、振动、润滑油压低、EH 油压低、真空低保护装置在机组运行中严禁退出；FSSS 及 ETS 中其他保护装置被迫退出运行的，经生产副厂长或总工程师批准后，可以暂时退出，但必须在 24h 内恢复，否则应立即停机、停炉处理	10	检查运行中机组保护投退状态及保护投退申请单	机组运行中出现严禁退出的保护被退出，不得分 FSSS 及 ETS 中其他保护装置，未经生产副厂长或总工程师批准而退出，不得分 虽经生产副厂长或总工程师批准后退出，但在 24h 内未恢复，不得分
2.8.15	机炉重要辅机保护在运行中需要限时退出时，退出后在 8h 以内可以恢复投入的保护，可以经生产管理部门安全第一责任人或副总工程师批准，保护退出超过 8h 必须经生产副厂长或总工程师批准	10	检查运行中机组保护投退状态及保护投退申请单	不满足本项检查标准的要求，不得分
2.8.16	热工仪表及控制系统盘内照明电源及检修电源应由专门电源盘提供，热工仪表及控制系统电源不得用做照明电源、检修电源及动力设备电源使用	2	检查热工电源盘柜	出现 1 处热工电源被用做照明电源、检修电源、插座电源及动力电源，扣 1 分
2.8.17	电子设备间要配备消防器具，并检查消防器具在有效期内，确保可靠备用	2	检查电子设备间消防器具的配备	未配备消防设备，或全部超期，不得分 所配备的消防设备存在超期现象，扣 1 分
2.8.18	运行中的热工信号根据工作需要暂时强制的，要办理有关手续，由热工人员执行，并指定专人进行监护	3	检查 DCS 数据库中强制点情况及工程师站内"DCS 强制点记录"	机组实际强制点中，每出现一点实际强制点与强制点记录不相符，扣 1 分 无强制点记录，不得分
2.9	**热工设备检修维护**	**55**		
2.9.1	发电企业热工专业根据本企业机组年度检修计划，并结合机组健康状况，进行标准检修项目和非标准检修项目的检修计划编制	6	检查年度检修计划	无年度检修计划，不得分

序号	检查项目	标准分	检查方法	评分标准
2.9.2	检修计划中应明确检修过程中的 W、H 质检点及验收要求，并根据检修项目的重要程度，确定热工监督项目的内容	6	查看年度检修计划	未明确 W、H 质检点内容及技术监督项目内容，不得分
2.9.3	检修过程中，应进行热工仪表校前检定，热工仪表校前合格率应大于 85%，校后合格率应为 100%	2	检查监督报表中的相关内容	每降低 1%，扣 0.5 分
2.9.4	应编制检修计划内较大检修项目的作业指导书，检修过程中，检修人员按作业指导书要求内容开展检修工作	5	按检修计划内容要求，抽查其中 3 项检修工作的作业指导书	缺少其中任 1 项检修工作的作业指导书，扣 2 分；缺少两项检修工作的作业指导书，不得分
2.9.5	检修记录应完整	5	按检修计划内容要求，抽查检修调整试验记录	缺少其中任 1 项检修调整试验记录，扣 2 分；缺少两项检修调整试验记录，不得分
2.9.6	热工联锁保护装置检修后应进行 100% 的静态传动试验与动态试验；静态传动试验及动态试验均应有相应的试验记录	5	联锁保护的静态传动试验记录及动态试验记录	缺少其中任 1 项静态传动试验记录，扣 2 分；缺少两项静态传动试验记录，或缺少任 1 项动态试验记录，不得分
2.9.7	检修结束后，应严格执行三级验收制度，验收报告内容、签字齐全	4	按计划检修项目内容，抽查 3 个检修项目的验收单。	缺少其中任 1 项检修验收报告，扣 2 分；缺少 2 项检修验收单，不得分；验收单签字不全，未按三级验收标准进行验收，扣 2 分
2.9.8	热工技改项目应有竣工报告、验收记录及评价报告	3	抽查 1 项热工技改项目的记录及报告	无竣工报告不得分，无验收试验记录扣 1 分；无评价报告扣 1 分
2.9.9	检修工作结束后应有检修总结	5	查看年度内所有 A、B 级检修总结	缺少任 1 次检修总结，不得分
2.9.10	检修结束后，热工控制盘台孔洞必须按防火要求封堵	2	检查现场电缆孔洞的封堵	有未封堵此项不得分
2.9.11	热工测量用仪表门、变送器及就地压力表接头应严密无渗漏	3	检查现场抽查 10 处仪表门及变送器接头	每出现 1 处渗漏点扣 0.5 分；漏点数等于大于 5 处，此项不得分

序号	检查项目	标准分	检查方法	评分标准
2.9.12	完成上级单位检查发现问题的整改完成率应大于80%	3	查整改方案、整改完成记录及实际完成情况	每低于1%，扣1分
2.9.13	缺陷管理，应有详细的缺陷处理记录 应定期进行缺陷分析，根据分析结果指出设备维护重点 年度缺陷消除率应大于98%	6	检查缺陷处理记录 检查监督报表中表16中相关内容	缺陷处理率每降低1%，扣1分
2.10	**热工定期工作**	**70**		
2.10.1	应建立本企业热工技术监督定期工作制度 制定度至少应满足《实施细则》中第7.8.5节、7.8.6节、7.8.7节、7.8.8节所规定的全部内容要求	5	检查资料	定期工作制度中每缺少1项定期工作内容扣1分 未制定定期工作制度，不得分
2.10.2	应制定年度定期工作计划 定期工作应在企业年度监督计划中全部包括，计划的制订至少应满足《实施细则》中第10.3.4节有关定期工作所规定的内容要求 定期工作内容应在企业监督报表中全部填报	5	检查监督计划及热工监督报表中表13的全部内容	计划中每少一项定期工作内容，扣1分 计划中只要出现没有具体的完成时间要求及负责人内容，扣2分 监督计划中没有定期工作内容，不得分
2.10.3	主要模拟量调节系统的定期扰动试验（至少每半一次）；试验记录应满足《实施细则》第7.8.7节要求	5	检查试验记录	单台机组缺少1项定期工作记录，扣1分 单台机组缺少1份调节品质分析报告，扣1分 单台机组年度未进行主要模拟量调节系统的定期扰动试验，不得分
2.10.4	热工ETS、FSSS保护装置的定期传动试验（至少应该按C级以上检修计划进行）；试验记录应满足《实施细则》第7.8.7节要求	5	检查试验记录	单台机组缺少ETS或FSSS定期传动试验记录，不得分（机组连续运行超过半年除外）
2.10.5	重要辅机热工保护的定期传动试验（至少应该按C级以上检修计划进行）；试验记录应满足《实施细则》第7.8.7节要求	5	检查试验记录	单台机组缺少1项定期传动试验记录，扣1分 单台机组未进行重要辅机热工保护的定期传动试验，不得分（机组连续运行超过半年除外）

序号	检查项目	标准分	检查方法	评分标准
2.10.6	重要辅机热工联锁的定期传动试验（至少应该按 C 级以上检修计划进行）；试验记录应满足《实施细则》第 7.8.7 节要求	5	检查试验记录	单台机组缺少 1 项定期传动试验记录，扣 1 分 单台机组未进行重要辅机热工保护的定期传动试验，不得分（机组连续运行超过半年除外）
2.10.7	AST 跳闸电磁阀动作的定期试验（至少每季度一次）；试验记录应满足《实施细则》第 7.8.7 节要求	5	检查试验记录	单台机组缺少 3 个月的试验记录，扣 2 分 全年缺少 6 个月的试验记录，不得分
2.10.8	汽轮机润滑油压低、EH 油压低、凝汽器真空低信号回路在线试验（具有在线试验装置的机组）（至少每半年一次）；试验记录应满足《实施细则》第 7.8.7 节要求	5	检查试验记录	单台机组缺少任 2 项在线试验，扣 1 分 单台机组连续 1 年未进行此项在线试验，不得分
2.10.9	主要热工检测参数测量系统的定期抽检（每月 1 次）；应填写抽检记录，并在监督报表中予以填报	5	检查抽检记录及监督报表	每缺少 1 个月的定期抽检记录，扣 1 分 监督报表抽检数据与实际检定记录不相符，扣 1 分 年度内 3 个月未进行抽检，不得分
2.10.10	热工 DCS 冗余控制器的定期切换试验（至少每半年 1 次）；试验记录应满足《实施细则》第 7.8.7 节要求	5	检查试验记录	未按要求试验周期完成定期切换试验，不得分
2.10.11	热工 DCS 系统冗余供电电源的定期切换试验（至少每半年 1 次）；试验记录应满足《实施细则》第 7.8.7 节要求	5	检查试验记录	未按要求试验周期完成定期切换试验，不得分
2.10.12	热工 DCS 系统冗余网络的定期切换试验（至少每半年 1 次）试验记录应满足《实施细则》第 7.8.7 节要求	5	检查试验记录	未按要求试验周期完成定期切换试验，不得分
2.10.13	热工监督报表（每月 1 次）	5	检查监督报表	每缺少 1 份监督报表，扣 1 分

序号	检查项目	标准分	检查方法	评分标准
2.10.14	热工标准计量器具的定期送检	5	检查计量标准器具送计划及检定合格证书或检定报告	每一台件标准计量器具未按计划检定，扣0.5分 热工一类标准计量器具超期率达到50%及以上时，不得分 无检定计划，不得分
2.11	**防止热工保护误动及拒动**	**140**		
2.11.1	三取二冗余方式时，三个信号必须设置在三块模件中	3	检查所有具有三取二冗余方式的信号通道配置情况	缺任一保护信号通道配置图纸或清单，不得分 任一套具有三取二配置的保护，其通道配置不满足本标准要求，不得分
2.11.2	四取二冗余方式的信号组合，必须满足如下要求：4个信号至少应设置在两块DI卡中正逻辑运算时，应按"两或一与"方式实现信号组合，且2个"或运算"的信号通道不能设置在同一块DI卡件中；反逻辑运算时，应按"两与一或"方式实现信号组合，若4个信号仅能设置在两块DI卡中时，2个"与运算"的信号通道必须设置在同一块DI卡件中	4	检查所有具有四取二冗余方式的信号通道配置情况	缺任一保护信号通道配置图纸或清单，不得分 任一套具有四取二配置的保护，其通道配置不满足本标准要求，不得分
2.11.3	汽包锅炉应至少配置两只彼此独立的就地汽包水位计和3只远传汽包水位计（为满足汽包水位保护及调节要求）。水位计的配置应采用两种以上工作原理共存的配置方式，以保证在任何运行工况下锅炉汽包水位计的正确监视	2	检查现场设备	不满足要求，不得分
2.11.4	汽包水位测量中，三台差压变送器信号取样系统，一次门前必须保证至少有两套取样点彼此之间相互独立；一次门后（包括一次门在内）必须保证三只变送器的引压管路及一次门彼此之间完全独立	2	检查现场设备	不满足要求，不得分

序号	检查项目	标准分	检查方法	评分标准
2.11.5	汽包水位保护应满足基本保护功能要求： 1）汽包水位测量取样点为差压式相互独立的三取二方式 2）汽包水位高低一值报警 3）汽包水位高二值联锁开事故放水门，水位回落到高一值以下时联锁关闭事故放水门 4）汽包水位高低三值时，MFT动作	4	检查水位保护控制逻辑	以全厂汽包锅炉总数为依据，每缺少一套水位保护扣2分 有水位保护但未投入运行每台汽包炉扣1分 全厂汽包锅炉中均没有此保护或此保护均未投入，此项不得分 已投入的水位保护中，每缺少基本要求中的1项内容扣0.5分 未投入高低三值MFT跳闸时按水位保护未投入计算
2.11.6	汽包水位保护用三个差压式水位信号，每个补偿用的汽包压力变送器应分别独立配置，其信号与相对应的汽包水位变送器信号接入同一模件	3	检查汽包水位补偿逻辑及 IO 通道设置	不满足本项标准要求，不得分
2.11.7	当汽包水位调节与汽包水位保护共用同一组变送器时，且汽包水位测量信号（包括压力补偿信号）在MCS控制器时，保护用信号应按如下方式配置：在MCS控制柜中，单个汽包水位信号经压力补偿后，并经质量判断后，做出阈值判断；三个经阈值判断后的开关量信号，在MCS柜内进行三取二（此时是信号冗余）冗余运算，最终形成汽包水位保护水位高危险值（水位低危险值）状态信号。水位高危险值（水位低危险值）在MCS柜内经置于不同DO模件上的三个DO通道输出，由硬接线接至FSSS控制柜，在FSSS控制柜中，经三个置于不同模件上的DI通道接入（同时也可将网络传输的该三个信号取来，一硬一软两信号相"或"），在FSSS控制柜中进行三取二（此时是通道冗余）判断，最终形成汽包水位高（汽包水位低）保护控制命令	3	检查汽包水位信号的硬接线回路，检查 MCS 中汽包水位调节组态逻辑及 FSSS 保护中汽包水位保护的组态逻辑	不满足本项标准要求，不得分

续表

序号	检查项目	标准分	检查方法	评分标准
2.11.8	MFT 跳闸条件的设置至少应满足保护动作条件至少应满足《DL/T 5428 火力发电厂热工保护系统设计规定》第6.3节的要求	5	检查 FSSS 控制逻辑	单台锅炉 FSSS 中，每缺少规程中所要求保护项目中的任1项，扣1分
2.11.9	FSSS 中，用于保护跳闸的炉膛压力信号取样系统（从测点至变送器或压力开关）彼此之间必须独立	3	检查炉膛压力取样系统	不满足要求，不得分
2.11.10	FSSS 中，不允许设置 MFT 状态的手动复位按钮；不允许设置可由运行人员操作的手动吹扫完成控制按钮	2	检查 FSSS 控制逻辑	不满足要求，不得分
2.11.11	FSSS 中，不允许设置可供运行人员干预投入或解列保护的手动操作按钮	3	检查 FSSS 控制逻辑	不满足要求，不得分
2.11.12	FSSS 中，锅炉紧急停炉按钮必须采取硬线直接触发跳闸继电器动作的接线方式，不允许经过任何中间环节；同时，手动停炉按钮也应作用于软跳闸逻辑	3	检查 FSSS 控制逻辑及硬跳闸继电器柜的配置	不满足要求，不得分
2.11.13	FSSS 中，炉膛压力信号应为三取二冗余方式。炉膛压力信号宜具有在线监视手段	3	检查 FSSS 控制逻辑	不满足要求，不得分
2.11.14	FSSS 中，送风机全停、引风机全停、一次风机全停、给水泵全停等保护中，保护信号至少应采取"风机停运、风机运行取反、风机电流低于设定值"的三取二冗余方式	5	检查 FSSS 控制逻辑	任1项不满足要求，扣1分
2.11.15	FSSS 中，在失去 FSSS 软件逻辑控制时，硬跳闸控制回路应具有跳闸后状态的自保持功能。硬跳闸继电器柜跳闸状态的复位，可通过吹扫完成状态与 MFT 软逻辑跳闸状态同时复位，也可通过运行人员手动复位（但 MFT 软逻辑跳闸状态必须通过吹扫完成状态复位）	4	检查硬跳闸继电器柜原理图及实际安装接线图。如果现场条件许可，应通过实际试验判断其正确性 自保持功能的实现可通过任何方式，即采用继电器接点自保持；也可采用双位置继电器自保持；也可采用具有保持功能的手动停炉按钮实际自保持	MFT 跳闸继电器硬回路无自保持功能，不得分

序号	检查项目	标准分	检查方法	评分标准
2.11.16	FSSS 中，应进行独立硬手操按钮保护试验，即闭锁软逻辑中紧急停炉按钮的保护功能，紧急停炉按钮完全由硬回路使 MFT 跳闸	2	检查试验记录。无试验记录，即认定未进行此项试验	未进行 FSSS 独立硬手操按钮跳闸功能试验，不得分
2.11.17	ETS 保护动作条件至少应满足《DL/T 5428 火力发电厂热工保护系统设计规定》第8.2节的要求	5	检查 ETS 保护控制逻辑	不满足要求，不得分
2.11.18	汽轮机电超速保护必须为三取二冗余方式，其中 TSI 电超速，超速跳闸信号应取自 TSI 转速测量卡件，在 TSI 中应由三个独立的 DO 通道输出，在 ETS 控制柜中由三个独立的 DI 通道接入，在 ETS 中实现三取二运算	5	检查 TSI 及 ETS 的设置	不满足要求，不得分
2.11.19	DEH 请求 ETS 跳闸。DEH 请求跳闸，其中至少包括 DEH 电超速、DEH 转速信号故障等。DEH 电超速信号取自 DEH 控制柜转速测量卡件，在 DEH 控制器中完成三取二的运算，同 DEH 中其他 ETS 跳闸条件一起，通过三个独立的 DO 通道输出至 ETS 控制柜中，在 ETS 中由三个独立的 DI 通道接入，在 ETS 中进行三取二的冗余判断，形成 DEH 请求 ETS 跳闸的保护命令	5	检查 DEH 及 ETS 的设置	不满足要求，不得分
2.11.20	汽轮机轴向位移大、润滑油压力低、EH 油压力低、凝汽器真空低四项保护，必须并至少应满足三取二的冗余方式要求。若采取四冗余方式时，必须满足四冗余方式的组合判断条件（见四冗余方式的基本要求）	5	检查 ETS 保护控制逻辑	任 1 项不满足要求，不得分
2.11.21	ETS 中，除上述四项保护外，其他保护亦不应为单点保护，应采取三取二的冗余方式	3	检查 ETS 保护控制逻辑	任 1 项不满足要求，不得分

续表

序号	检查项目	标准分	检查方法	评分标准
2.11.22	ETS 中，应具有润滑油主油箱油位低保护，保护信号至少满足三取二的冗余要求	3	检查 ETS 保护控制逻辑	不满足要求，不得分
2.11.23	汽轮机 ETS 保护中，应具有润滑油压低、凝汽器真空低、EH 油压低及 AST 电磁阀的在线试验功能	5	检查 ETS 保护控制逻辑	润滑油压低、凝汽器真空低、EH 油压低六套在线试验功能，每缺少其中 1 项在线试验功能，扣 1 分 AST 电磁阀不具有单阀在线试验功能，不得分
2.11.24	汽轮机 ETS 保护在线试验控制逻辑中，根据试验方式不同，其试验允许条件不同，信号通道试验（润滑油、EH 油、真空），至少应有被试验信号两通道之间的交叉限制及试验内容之间的相互闭锁限制；AST 电磁阀的试验至少应有 ASP 油压的限制及 AST 电磁阀之间的相互闭锁限制	5	检查 ETS 保护控制逻辑	通道在线试验逻辑中，每 1 项保护在线试验允许条件不满足要求，扣 2 分 AST 电磁阀在线试验中，无 ASP 油压限制，不得分
2.11.25	ETS 跳闸继电器采用失电动作方式，应保证从保护跳闸逻辑输出 DO 通道开始，直到 AST 电磁阀为止，跳闸回路全过程均满足失电动作要求	4	检查 ETS 保护硬跳闸控制回路原理图及实际接线图	无 ETS 保护硬跳闸控制回路原理图及实际接线图，扣 2 分 不满足要求，不得分
2.11.26	汽机紧急停机按钮应采取硬线直接触发 AST 电磁阀失电动作的接线方式，不允许经过任何中间环节；同时，紧急停机按钮也应作用于软件跳闸逻辑	3	检查 ETS 保护硬跳闸控制回路原理图及实际接线图	无 ETS 保护硬跳闸控制回路原理图及实际接线图，扣 1 分 不满足要求，不得分
2.11.27	ETS 中，应进行独立硬手操按钮保护试验，即闭锁软逻辑中紧急停机按钮的保护功能，紧急停机按钮完全由硬回路使 ETS 跳闸	2	检查试验记录。无试验记录，即认定未进行此项试验	未进行 ETS 独立硬手操按钮跳闸功能试验，不得分

序号	检查项目	标准分	检查方法	评分标准
2.11.28	ETS 中，硬跳闸控制逻辑应满足 DL/T 5428 第 5.2.8 节的要求，即在失去 ETS 软件逻辑控制时，其 AST 跳闸电磁阀硬跳闸控制回路应具有跳闸后状态的自保持功能	2	检查硬 AST 跳闸电磁阀硬回路原理图及实际安装接线图。如果现场条件许可，应通过实际试验判断其正确性自保持功能的实现可通过任何方式，即采用继电器接点自保持；也可采用双位置继电器自保持；也可采用具有保持功能的手动停炉按钮实际自保持	AST 跳闸电磁阀硬回路无自保持功能，不得分
2.11.29	汽轮机交、直流润滑油泵的联锁，除 DCS 软逻辑中实现的联锁控制外，必须设置独立于 DCS 的硬联锁控制回路，联锁用压力开关必须独立设置，控制信号电缆线路必须直接接至电气控制回路	3	检查交、直流润滑油泵控制原理图及实际安装接线图（此图纸应在电气专业），其中必须明确热工联锁接点的接入位置	无交、直流润滑油泵控制原理图及实际安装接线图，扣 1 分；不具有此项联锁控制功能，或连锁联锁信号选取不正确，或控制电缆连接不满足要求，均不得分
2.11.30	DEH 应具有"接受汽轮机紧急跳闸系统（ETS）指令，实现对机组的停机保护"功能	2	检查 DEH 控制逻辑	无此控制功能不得分
2.11.31	汽轮机润滑油泵、顶轴油泵应有防止误停的限制条件；真空泵入口门应有防止误开启的限制条件	4	检查 DCS 控制逻辑	1 处不满足要求，扣 2 分
2.11.32	锅炉烟风系统的联锁控制应满足《DL/T 5428 火力发电厂热工保护系统设计规定》相关条款的要求	6	检查 DCS 控制逻辑	1 处不满足要求，扣 2 分

序号	检查项目	标准分	检查方法	评分标准
2.11.33	机炉电大联锁中，"炉跳机"联锁保护应满足下述两方面的要求： 1）由 MFT 跳闸继电器柜输出 3 个开关量信号（由 3 个继电器输出），由 ETS 控制装置中 3 个 DI 通道接入，在 ETS 中通过三取二冗余运算，形成"MFT 动作"保护跳闸信号，驱动汽轮机紧急跳闸 2）由 FSSS 控制器输出 3 个"FSSS 动作"跳闸命令信号（正逻辑信号），由 ETS 控制装置中 3 个 DI 通道接入，在 ETS 中通过三取二冗余运算，形成"MFT 动作"保护跳闸信号，驱动汽轮机紧急跳闸	6	检查 FSSS 及 ETS 控制逻辑，检查 MFT 跳闸继电器柜及 ETS 的实际接线	1 项不满足要求，扣 3 分
2.11.34	机炉电大联锁，"机跳炉"联锁保护应满足如下要求之一： 1）若 ETS 中具有"挂闸油压低"保护跳闸控制功能，则由 ETS 控制装置输出 3 个"ETS 动作"跳闸命令信号（正逻辑信号），由 FSSS 控制装置中 3 个 DI 通道接入，在 FSSS 中通过三取二冗余运算，形成"汽轮机紧急停机"保护动作信号，驱动锅炉紧急跳闸 2）若 ETS 中不具有"挂闸油压低"保护跳闸控制功能，则炉跳机的保护条件中，除"ETS 动作"指令外，还应具有"汽轮机挂闸油压低驱动 MFT 跳闸"的保护控制功能。即由 DEH 将挂闸油压低状态信号通过 3 个 DO 通道输出，由 FSSS 中经 3 个 DI 通道接入，在 FSSS 中采用三取二的冗余运算，形成"汽轮机跳闸"保护动作信号，驱动锅炉紧急跳闸	6	检查 FSSS 及 ETS 控制逻辑，检查 MFT 跳闸继电器柜及 ETS 的实际接线	不满足要求扣 3 分

序号	检查项目	标准分	检查方法	评分标准
2.11.35	机炉电大联锁中，"机跳电"联锁保护应满足如下要求之一： 1）若 ETS 中已具有"挂闸油压低"保护控制功能时，则机跳电信号可仅采用"ETS 跳闸输出指令"，即由 ETS 装置的两个独立的 DO 通道输出"ETS 跳闸指令（正逻辑方式）"至发变组保护的电量保护屏 A、B，作为发变组保护中程序逆功率保护的辅助判据，经程序逆功率保护驱动发变组跳闸，实现"机跳电"的联锁保护动作 2）若 ETS 中不具有"挂闸油压低"保护控制功能时，则机跳电信号应仅采用"ETS 跳闸输出指令或者挂闸油压低"的综合判据，即在 ETS 中将"挂闸油压低"信号同"ETS 跳闸命令"进行"或"运算后，由 ETS 装置的两个独立的 DO 通道输出"ETS 跳闸指令（正逻辑方式）"至发变组保护的电量保护屏 A、B，作为发变组保护中程序逆功率保护的辅助判据，经程序逆功率保护驱动发变组跳闸，实现"机跳电"的联锁保护动作 3）可采用"主汽门关闭"状态信号作为发变组保护中程序逆功率保护的辅助判据，经程序逆功率保护驱动发变组跳闸，实现"机跳电"的联锁保护动作。但"主汽门关闭"状态宜采用综合判据，即由 DEH（或 DCS）经"两个高压主汽门中任一个关到位，并且两个中压主汽门任一个关到位"逻辑判断后，形成"主汽门关闭"的综合判据，由 DEH（或 DCS）的两个独立的 DO 通道输出至发变组保护的电量保护屏 A、B 中	8	检查 ETS 逻辑及接线，查看发变组保护中"汽轮机跳闸联锁跳闸发电机"的跳闸控制条件	标准项目标准中 3 条均不满足时，不得分

序号	检查项目	标准分	检查方法	评分标准
2.11.36	机炉电大联锁中，"电跳机"联锁保护应满足如下两个要求： 1）由发变组保护电量保护A、B屏和非电量保护C屏分别各送出一个"发变组保护已动作"的开关量信号，并且该三个开关量信号应在发变组保护屏出线端子排处采用"环并"的方式并联，在ETS保护装置中通过三个DI通道（不同模件）将其接入，采用三取二的冗余方式，形成"发变组保护已动作"的跳闸判据，驱动汽轮机紧急跳闸 2）在DEH中，将"发电机已并网"信号（三取二判断后）取反，形成"发电机已解列"状态信号，采用脉冲信号方式，通过"DEH请求跳闸"的跳闸通道，驱动汽轮机紧急跳闸	7	查看发变组保护屏用于"电跳机"的信号接线方式；检查ETS保护接线及控制逻辑	标准中任1项不满足，扣3分
2.12	**热工计量**	**20**		
2.12.1	各发电企业应按《JJF 1033—2008计量标准考核规范》要求，建立本企业热工计量最高标准	6	检查企业计量标准认证资料；重点查看企业计量标准合格证	计量标准装置超过复查期，扣2分 计量标准装置距复查期不足4个月，但仍未提出复查申请扣1分 未建立计量标准，不得分
2.12.2	热工计量标准实验室环境至少应满足如下要求： 1）无振动 2）无灰尘 3）无强磁场 4）实验室入口应设置缓冲间 5）湿度45%~70% 6）温度20℃±2℃（二级标准室）、20℃±5℃（三级标准室） 7）检定炉与油槽之间应设置隔断，并应设置灭火装置	6	检查实验室	试验室环境条件中，每项不满足要求，扣0.5分

序号	检查项目	标准分	检查方法	评分标准
2.12.3	热工标准计量器具定期送检	4	查看标准计量器具清册；查看标准计量器具检定合格证；查看送检记录	未定期对标准计量器具开展检定，标准计量器具超期使用。每出现1台件超期，扣1分
2.12.4	热工计量检定人员必须熟练地掌握检定的操作过程，原始记录/检定记录完整并符合规定，更改符合规定要求，签字符合要求。出具的检定证书格式规范正确	2	抽查检定记录及检定证书	检定记录每出现一处错误，扣0.5分 检定证书不完整及有涂改现象，扣0.5分 记录信息量不全，扣0.5分
2.12.5	热工计量检定记录必须有检定人、复核人签字，签字人必须具有开展此项计量检定的资质	2	抽查10份检定记录及相应的计量检定员证	无检定人或复核人签字，每一处扣0.5分 检定人或复核人无此项计量检定资质，不得分

表7　环保技术监督检查评分标准（1000分）

序号	检查项目	标准分	检查方法	评分标准
1	**环保技术监督管理**	**400**		
1.1	**组织**	**40**		
1.1.1	三级单位成立环保技术监督领导小组、办公室，建立环保技术监督网络组织机构	12	检查组织机构文件、资料	技术监督组织机构不健全、不符合要求，每项扣5分 补充不及时，扣3分
1.1.2	岗位责任制健全、明确，人员岗位变化应及时补充更新	10	与环保专责及相关班组人员座谈并查阅岗位责任制资料	监督范围覆盖齐全，缺失一项岗位或职责的各扣2分 有1项岗位职责条款不明确的扣1分 岗位没有及时补充每项扣1分
1.1.3	应设置专（兼职）环保技术监督专责	6	了解岗位设置情况	三级单位未设置环保技术监督专责岗位的不得分
1.1.4	技术监督合同签订： 每年一季度内与科研院所签订年度环保技术监督服务合同	12	查看合同及详细条款	技术监督合同条款有1条不明确或有1条缺项扣2分 未及时签订合同扣5分 全年没有签订合同的不得分

续表

序号	检查项目	标准分	检查方法	评分标准
1.2	**制度**	**50**		
1.2.1	配备国家电投集团、二级单位有关环保技术监督制度、文件，按国家电投集团要求进行有效性确认	10	查阅相关制度文件	没有的不得分 缺少 1 项的扣 2 分 未及时更新的 1 项扣 1 分
1.2.2	按国家电投集团要求，并根据企业实际情况制定企业环保技术监督实施细则、应急管理等规章制度	15	查阅企业内部制定的技术监督规章制度	没有的不得分 缺少 1 项制度的扣 5 分 修订不及时扣 3 分
1.2.3	环保设施的运行、检修规程，环保实验室仪器、设备的检定、使用和保管制度等	15	去检修运行班组等检查相应的规程、制度	没有的不得分 缺少 1 项制度、规程的扣 5 分 修订不及时扣 3 分
1.2.4	配备有效的国家和相关行业标准	10	现场查阅相关标准	没有的不得分 缺少 1 项的扣 2 分 缺乏有效性的 1 项扣 1 分
1.3	**计划**	**50**		
1.3.1	制定环保技术监督年度工作计划	20	查环保技术监督计划	未制定不得分 计划不全面缺少 1 项的扣 2 分
1.3.2	年度分解计划应逐项分解到班组	20	检查分厂和班组执行和落实年度计划情况	未完成环保技术监督计划 1 项的扣 2 分 没有整体落实计划的不得分
1.3.3	及时上报环保技术监督年度工作总结、下年计划	10	向相关负责人了解情况	没有上报不得分 上报不及时扣 2 分 拖延超过 1 个月的扣 4 分
1.4	**档案**	**60**		
1.4.1	环保设备清册、规程等技术资料	15	查看环保设备清册、检修运行规程等技术资料和档案	未建立设备档案不得分 不完善或缺项，每项扣 1 分
1.4.2	环保设施可研、环评、设计、制造、安装、调试、运行、检修、技术改造等技术监督原始资料	15	查看档案室建立的全过程环保技术监督资料	未建立档案不得分 不完善或缺项，每项扣 1 分

国家电投集团火电企业技术监督实施细则和评估标准

续表

序号	检查项目	标准分	检查方法	评分标准
1.4.3	气、水、声、煤及渣等原始设计资料	15	查看档案室的环保技术监督资料	未建立档案不得分 不完善或缺项，每项扣1分
1.4.4	基建工程移交生产的环保设备设计、制造、安装、调试及设计变更的全部原始资料	15	查看档案室的基建移交生产的环保资料	未建立档案不得分 不完善或缺项，每项扣1分
1.5	**会议、培训**	**40**		
1.5.1	各三级单位每年要根据环保技术监督情况召开总结、交流会议。每年至少一次环保技术监督工作会，并有策划及纪要	10	询问相关负责人，查阅相关会议资料	没有召开会议不得分（含统一的技术监督会议） 没有会议策划和纪要的每项扣2分
1.5.2	会议内容：总结、分析、部署环保技术监督工作，发现问题并提出处理意见和改进措施，形成会议纪要	10	查看相关会议记录，会议提出问题整改的闭环情况	会议内容不全面，缺少1项内容的扣1分
1.5.3	环保技术监督网络要定期组织对环保技术监督专责和特殊技能岗位进行培训，每年至少进行一次。新到岗人员要进行岗位培训	10	查看厂和分厂培训计划和培训记录	没有培训的扣5分 缺少1项培训的扣1分
1.5.4	环保技术监督监测人员要做到持证上岗	10	检查环保监测人员的上岗证件	没有持证上岗的不得分 有1人没有持证上岗扣1分
1.6	**告警**	**70**		
1.6.1	环保设施故障停运，向地方环保部门提出书面报告，办理停运手续，尽快消除故障	10	通过环保专责及各个分厂了解情况	没有办理必要的停运手续扣5分 没有及时消除故障扣6分
1.6.2	收到环保告警通知单的单位，要立即组织安排整改工作，并明确整改完成时间，整改计划要上报上级管理部门	10	查看告警单、整改计划及措施	没有整改计划的扣5分 整改措施不完善扣3分 没有及时整改的扣3分 上报内容不全的缺少1项扣1分

784

序号	检查项目	标准分	检查方法	评分标准
1.6.3	环保告警整改是否及时按计划完成	10	了解和检查整改完成情况	没有完成计划扣6分 延时完成扣3分
1.6.4	环保告警整改工作完成后一周内要将整改结果以文字形式报送上级单位技术监督管理部门	10	现场检查；查看整改材料上报情况	没有上报整改材料扣6分 延时上报扣2分 上报内容不全每项扣1分
1.6.5	污染物排放超标，向地方环保主管部门提出书面报告，采取控制污染物排放措施，尽快处理恢复达标	10	查看在线监测历史数据了解超标及整改情况	污染物超标排放没有解决不得分 拖延解决扣6分 没有办理书面报告的扣3分
1.6.6	不发生影响企业形象的环保投诉事件	20	查看企业信访、投诉、处罚等相关处理记录、材料	发生环保投诉事件，在市县级范围内对企业形象造成不良影响，扣10分 在省级及全国范围对企业形象造成不良影响，扣20分
1.7	**报表、报告**	**50**		
1.7.1	月报内容真实、完整、准确，报表、报告报送及时	15	检查环保月度报表、报告	报表内容不真实存在弄虚作假1次扣5分 报表和报告内容不完整缺1项扣3分 未及时上报每次扣3分
1.7.2	每季度、每年度的环保技术监督项目及指标完成情况，按规定的格式、要求上报所属二级单位和技术监督服务单位	15	检查环保季度、年度报表	缺少报告每次扣5分 没有按照要求报告1项扣3分
1.7.3	重大环保指标异常，设备重大缺陷、故障和损坏事故后24h内，应将原因、采取措施上报二级单位和技术监督服务单位	10	检查环保设备异常报告内容	没有上报不得分 上报不及时或没有按照规定上报扣5分
1.7.4	技术监督服务单位要至少每半年对监督电厂的环保技术监督工作和指标情况进行1次评价（包括告警），及时发现问题、协助解决、督促整改	10	查看技术监督服务单位环保技术监督报告	缺少1次评价报告扣5分 监督的内容缺失1项扣0.5分

序号	检查项目	标准分	检查方法	评分标准
1.8	**评价、考核**	**40**		
1.8.1	火电厂应组织自评价	10	查看自评价材料	没有按照标准和规定进行自评价扣5分
1.8.2	建立本单位的环保考核规定	10	查看环保考核规定	没有环保考核规定扣5分 每缺失1项扣1分
1.8.3	三级单位要督促技术监督服务单位按节点要求履行合同	10	查阅技术监督服务单位合同履行的相关资料	技术监督服务单位合同执行情况不好扣5分 每缺少1项监督扣1分
1.8.4	技术监督服务单位应按时完成每半年1次的环保技术监督检查，检查完成后1个月内应出具正式的报告	10	查阅技术监督服务单位的环保技术监督资料	正式的报告缺少环保内容扣5分 每缺少1项的扣1分
2	**环保设施及指标**	**400**		
2.1	**除尘器**	**60**		
2.1.1	除尘效率指标达到设计要求	10	查阅性能试验报告或验收监测报告	达不到设计要求，每降低1个百分点扣1分
2.1.2	除尘器出口烟尘浓度达到排放标准要求，排放达标率100%	20	现场检查，查阅运行记录等	达标率达到100%，每降低1个百分点扣1分
2.1.3	除尘器运行稳定，投运率达到100%	20	现场查看及调阅历史曲线	投运率达到100%，每降低1个百分点扣1分
2.1.4	清灰系统正常，灰斗料位计、灰斗加热系统及出灰系统运行正常	10	现场查看及调阅历史曲线	出力不满足要求、发生堵灰、堵管、跑灰的，每项扣2分
2.2	**脱硫设施**	**60**		
2.2.1	脱硫效率达到设计要求	10	查阅性能试验报告或验收监测报告	达不到设计要求，每降低1个百分点扣1分

序号	检查项目	标准分	检查方法	评分标准
2.2.2	出口二氧化硫浓度达到排放标准要求，排放达标率100%	20	现场检查、查阅运行记录、调阅历史曲线等	达标率达到100%，每降低1个百分点扣1分
2.2.3	脱硫设施运行稳定，投运率达到100%	20	现场检查、查阅运行记录、调阅历史曲线等	投运率达到100%，每降低1个百分点扣1分
2.2.4	差压、浆液密度、pH值等关键参数满足设计要求；水耗、电耗、吸收剂耗量、石膏品质等经济性指标应达到设计要求	10	现场检查和查阅缺陷记录及运行分析报告等	关键参数和经济性指标未达到设计值，每1项扣1分
2.3	**脱硝设施**	**60**		
2.3.1	脱硝效率达到设计要求	10	查阅性能试验报告或验收监测报告	达不到设计要求，每降低1个百分点扣1分
2.3.2	出口氮氧化物浓度达到排放标准要求，排放达标率100%	20	现场检查、查阅运行记录、调阅历史曲线等	达标率达到100%，每降低1个百分点扣1分
2.3.3	脱硝设施运行稳定，投运率达到100%	20	现场检查和查阅缺陷记录及运行分析报告等	运行投运率低于100%，每降低1个百分点扣1分
2.3.4	还原剂制备系统运行、检修满足规程要求，还原剂耗量达要设计要求	10	现场检查和查阅缺陷记录及运行分析报告等	达不到要求，每项扣2分
2.4	**烟气排放连续监测系统（CEMS）和烟囱**	**60**		
2.4.1	投运正常，CEMS投运率100%，并保留1年以上历史数据	10	现场检查运行记录、校验记录等	投运率未达100%，每降低1个百分点扣1分 历史数据不足1年，扣5分

序号	检查项目	标准分	检查方法	评分标准
2.4.2	应监测烟尘、二氧化硫、氮氧化物的浓度，同时监测烟气含氧量、温度、湿度、压力、流速及烟气量等参数并按要求进行验收	10	现场检查、查阅验收记录、报告、文件等	监测参数不符合环保部门要求，每缺1项扣1分 未验收扣5分 验收有1项不合格扣1分
2.4.3	准确率100%，定期维护、校准，每季度委托有资质的第三方进行比对监测，监测数据应符合有效性审核要求	10	查阅比对监测报告及有效性审核报告、文件等资料	准确率未达到100%，每出现1项扣1分 比对监测不符合要求的1项扣1分 委托资质不合格的单位进行比对监测不得分
2.4.4	向集团和二级公司传输的环保在线监管信息系统要运行稳定、数据准确、应用功能完整	10	现场检查及查阅历史数据	出现每1项问题扣1分
2.4.5	烟囱采取防腐措施、巡检和维护满足要求	10	现场检查及查阅记录情况	没有做防腐扣5分 巡检和维护不及时各扣2分
2.4.6	监测探头符合国家环保要求，配合做好CEMS有效性审核；污染源自动监测数据准确、无数据缺失和异常情况	10	现场检查及查阅记录、报告、文件等情况	监测探头未按照要求位置安装扣3分 未定期开展有效性审核不得分 比对监测数据出现1项问题扣2分
2.5	**废水处理设施**	**40**		
2.5.1	工业废水、中和池废水、含油废水、脱硫废水、含煤废水、生活污水等处理设施正常运行	15	检查运行记录及现场勘察	缺少其中1项处理设施的扣3分 运行不正常的每项扣2分 出水不满足回用要求扣5分
2.5.2	排污口符合要求，废水排放计量设施符合要求并定期校验；监测点取样设施安全、规范	10	现场检查	排污口不合格扣5分 无计量设施扣3分 未定期校验扣1分 监测取样不符合规范要求扣1分

序号	检查项目	标准分	检查方法	评分标准
2.5.3	废水处理系统出水质达到设计要求；检测项目和周期符合要求	15	查阅检测报告和记录	废水处理系统出水水质未达设计值，1项不达标扣3分 检测项目和周期不符合要求，每项扣2分
2.6	**灰场**	**40**		
2.6.1	按照要求建设和维护灰场设施。未综合利用的干灰应采取封闭方式运往灰场。灰渣外运进行综合利用的，必须制定防止扬尘的措施	7	检查运行记录、灰渣统计记录及现场勘察	灰场维护不到位扣2分 现场检查走访有扬尘现象扣4分
2.6.2	灰场管理规范、有效。配备喷淋、碾压设施；停用灰场及时覆土和植被恢复	8	检查灰场设备运行记录及现场勘察	灰场管理不完善扣3分 防止扬尘措施不全的每项扣1分
2.6.3	灰场应设防渗措施，外排水水质满足环保要求；灰场周围设置观测井，按地下水质标准定期监测、评定地下水水质	15	现场检查及查阅检测记录	没有防渗措施的扣4分 外排水未达标扣2分 灰场没有观测井的扣2分 没有按期监测的扣2分 监测水质不合格扣4分
2.6.4	灰渣综合利用率不低于当地平均水平	10	全面了解情况	每低于1个百分点扣1分
2.7	**煤场、灰库无组织扬尘**	**40**		
2.7.1	煤场喷淋及防风抑尘设施齐全、好用	15	检查运行记录及现场勘察	设施不健全，每项扣5分
2.7.2	灰库除尘器、干灰散装机、调湿搅拌机等主要设备运行正常，不泄漏，不扬尘	10	检查运行记录及现场勘察	造成扬尘现象的，每项扣3分
2.7.3	输灰管道严密，无跑灰、冒灰现象；或输灰线路不扬尘（厂内）	5	检查运行记录及现场勘察	存在跑灰、冒灰现象，每项扣1分 扬尘扣2分
2.7.4	干灰、渣、石膏的装、卸、运输环节无抛洒、无扬尘污染	10	检查运行记录及现场勘察	存在抛洒、扬尘现象的，每项扣2分

序号	检查项目	标准分	检查方法	评分标准
2.8	**噪声、工频电磁场和氨逃逸**	**40**		
2.8.1	氨逃逸率测量准确并满足 SCR<3ppm SNCR<10ppm	15	查看运行记录和 DCS 数据	氨逃逸率测量不准确扣 5 分 氨逃逸率每高于 5% 扣 3 分
2.8.2	厂界噪声及敏感点噪声不超标	15	查阅监测报告	有 1 处超标扣 5 分
2.8.3	厂界工频电磁场监测符合要求	10	查阅监测报告	未监测不得分 超标 1 项扣 4 分
3	**各阶段监督**	**200**		
3.1	**可行性研究、环境影响评价**	**40**		
3.1.1	委托有资质的单位编制环境影响评价文件。报送环保主管部门审查,并获取相应的批准文件	20	查阅可行性研究、环境影响评价报告及环境影响评价批复文件	委托资质不合格单位编制环境影响评价报告扣 10 分 未报送环境影响评价主管部门审查扣 10 分 未取得环境影响评价批复文件扣 5 分
3.1.2	可行性研究报告中环保篇章应有大气、废水、固体废弃物、噪声等方面的污染防治措施的内容,拟排放的各类污染物达到国家及地方的排放标准	10	查阅可行性研究等文件	可行性研究报告没有环保内容的扣 5 分 缺少 1 项扣 1 分 没有达到标准的每项扣 1 分
3.1.3	污染防治措施相对于环评批复发生重大变动和超过 5 年没有建设的项目要进行环境影响评价变更或重新报批环境影响评价	10	查阅环境影响评价变更及重新报批环境影响评价报告	没有按照规定进行环境影响评价变更或重新报批环境影响评价的不得分
3.2	**设计、选型**	**40**		
3.2.1	确保环保设施与主体工程"三同时"	15	查阅机组整套启动记录"168"试运记录等资料	未做到"三同时"不得分

续表

序号	检查项目	标准分	检查方法	评分标准
3.2.2	环评批复的各项环保措施得到落实	10	对照环评批复进行现场检查	按照环评批复要求，每1项未落实扣5分
3.2.3	环保设施应采用工艺先进、运行可靠、经济合理的最佳实用技术，并使设计选型具有前瞻性、留有富裕度	15	查阅环保设备运行记录及改造情况	环保设施投运后运行不可靠、设计裕度不足等每项扣5分
3.3	**制造、安装**	**40**		
3.3.1	重要部件及原材料材质与合同一致。关键部件的加工精度符合图纸的要求	10	调阅制造及安装的相关资料	不符合要求，每项扣1分
3.3.2	环保设备的制造质量进行抽样检查，做好抽检记录，编写抽检报告	10	调阅抽检报告	没有抽检扣5分 抽查报告中有不符合抽检要求的扣2分
3.3.3	环保设备安装单位应编制工作计划、施工方案及进度网络图，按照计划进度完成设备安装	10	查阅原始安装计划、施工方案及进度网络图等资料	没有计划、方案、网络图每项扣1分 没有按照工程计划完成安装扣2分
3.3.4	安装过程中应发挥工程监理的作用，确保工程质量	10	查看工程监理资料	没有监理人员扣10分 监理监督不到位每项扣2分
3.4	**调试、验收**	**40**		
3.4.1	审查调试单位的资质、环保设施调试大纲、技术措施和进度网络图	10	调阅调试档案资料	每缺1项扣2分
3.4.2	电厂相关人员应参与环保设施的分部和整套调试工作，并对环保设施调试结果进行验收	10	查阅调试验收资料	电厂相关人员没有参加环保设备调试的扣5分 电厂人员未在调试验收报告中签字的，每项扣2分
3.4.3	酸洗废水应有相应的处理设施，符合地方排放标准 敏感地区不在夜间锅炉吹管，应有降噪措施	10	查阅相关方案和记录、报告等	酸洗废水排放不达标的扣5分 吹管降噪措施不完善的扣2分

序号	检查项目	标准分	检查方法	评分标准
3.4.4	按时完成新、改、扩建工程的环保设施竣工验收	10	查阅环保设施验收报告、性能试验报告	未组织环保验收扣10分 未进行性能验收试验扣3分 未在规定时间内及时申请验收的扣3分
3.5	**运行、检修**	**40**		
3.5.1	运行中排放浓度超标应及时调整和处理。当环保设施出现故障停运时，应及时向环保部门和上级单位汇报故障原因、处理措施及恢复投运时间，并及时办理停运手续	8	调阅运行历史曲线，查阅运行故障报告、消缺记录	未及时调整、处理超标，停运环保设备未及时办理手续每次扣1分 汇报内容不完整的扣1分
3.5.2	结合本单位实际情况制定《环境突发事件应急预案》，并下发到相关岗位，定期组织演练 当发生环境污染事故时，立即采取应急措施，避免事故扩大，并及时报告上级公司和环保部门	10	查阅《环境突发事件预案》及演练记录，访谈相关人员	无应急预案的扣4分 未组织演练的扣2分 相关岗位人员不熟悉应急处置措施的，扣3分 造成环境污染事件扩大的不得分
3.5.3	主要污染物治理设施的运行必须按照《燃煤发电机组环保电价及环保设施运行监管办法》（发改价格第536号）的规定执行	12	检查设备运行情况及环保电价落实情况	未按照监管办法规定执行的，每项扣4分
3.5.4	编制环保设备检修计划、检修方案，修后设备性能达标。检修过程应严格执行检修文件包，应建立健全环保设施检修分析、消缺记录	10	查阅检修计划、检修方案、分析报告、缺陷记录及检修文件包	无计划及方案的每项扣2分 未达到质量目标的扣4分 质量和工艺不合格的每处扣1分 无检修分析及消缺记录的每项扣1分

表8 继电保护技术监督检查评分标准（1000分）

序号	检查项目	标准分	检查方法	评分标准
1	**继电保护和安全自动装置监督管理**	**350**		
1.1	岗位职责 各级岗位职责明确，落实到人	20	查看岗位设置文件	岗位设置不全或未落实到人，每一岗位扣5分

序号	检查项目	标准分	检查方法	评分标准
1.2	**制度与标准**	**50**		
1.2.1	继电保护监督管理制度 本厂继电保护监督管理制度门类齐全，符合国家、行业及上级主管单位的有关规定和要求，符合本厂实际情况	20	查看继电保护监督管理制度文件	按实施细则的要求，制度每缺1项扣5分 制度与国家、行业及上级主管单位的有关规定和要求不符合，每1处扣5分 制度不符合国家电投集团格式要求，每1处扣1分 制度与本厂实际不符合，每1处扣5分
1.2.2	国家、行业技术标准 保存的技术标准齐全，符合上级单位发布的继电保护监督标准目录，收集的标准及时更新	10	查看标准目录和文件	缺少标准或未及时更新，每1个标准扣1分
1.2.3	企业标准 本厂标准符合本厂设备情况，根据国家和行业标准和设备异动情况及时调整。继电保护及安全自动装置运行维护规程、检修规程；试验仪器仪表使用、操作规程及定期检定规程；继电保护装置投退管理制度、继电保护定值单管理制度符合或严于国家行业标准；符合本厂实际，按时修订	20	查看本厂企业标准	企业标准不符合或低于国家行业标准，每1处扣2分 每1项标准不符合本厂实际扣2分 未及时根据异动或国家行业标准更新情况更新企业标准，每1个标准扣1分
1.3	**工作计划**	**30**		
1.3.1	计划的制订 计划制订时间、依据符合要求；计划内容应包括：管理制度、技术标准制定或修订计划；定期工作计划；技改或检修期间应开展的继电保护监督项目计划；人员培训计划（主要包括内部培训、外部培训取证，规程宣贯）；重大问题整改计划；试验仪器仪表送检计划；自查或检查中发现问题整改计划；工作会议计划	15	查看本厂继电保护监督工作计划	未制订计划，不得分 计划制定时间、依据不符合要求扣5分 计划内容不全，每缺1项扣1分

序号	检查项目	标准分	检查方法	评分标准
1.3.2	计划的审批和上报 计划的制订符合流程：收集班组需要，班组或部门编制，继电保护专工审阅修改，继电保护监督负责人审核，生产厂长审批，下发实施，按时上报	15	查看计划制定流程及上报记录	制定流程中每缺1个环节扣3分 上报延时扣3分 未上报扣5分
1.4	**技术资料与档案管理**	**120**		
1.4.1	建立监督档案清单，每类资料有编号、存放地点、保存期限	15	查阅档案清单	档案清单完整性和连续性不符合项，每一处扣1分
1.4.2	技术资料 各类资料内容齐全、时间连续；及时更新记录；业主单位在机组投产首次全面检验后，应根据现场检验结果，出版继电保护、自动装置的二次回路原理图及端子排图的竣工图，并保证与现场一致 技术资料目录： 1）二次回路（包括控制及信号回路）原理图 2）一次设备主接线图及主设备参数 3）继电保护配置图 4）继电保护、自动装置及控制屏的端子排图或接线图 5）继电保护、自动装置的技术说明书或使用说明书、厂家图纸 6）继电保护及安全自动装置检修文件包或作业指导书 7）继电保护及安全自动装置的投产试验报告及上一次校验报告 8）继电保护、安全自动装置及二次回路改动说明 9）最新年度综合电抗，以及定期校核的原始计算资料 10）最新继电保护整定（校核）方案、校核报告及定值单	40	查阅技术资料	技术资料不全，每缺1份扣5分 报告的完整性和连续性以及及时更新，每发现1处不符合项扣2分

序号	检查项目	标准分	检查方法	评分标准
1.4.3	各种记录 1）继电保护检修工作交待记录 2）继电保护及自动装置设备缺陷及处理记录 3）设备技术改造或改进的详细说明 4）继电保护及自动装置设备异常、障碍、事故记录 5）机组继电保护检修、检定和试验调整记录 6）试验用标准仪器仪表维修、检定记录 7）计算机系统软件和应用软件备份 8）事故通报学习记录 9）保护动作情况记录 10）运行人员留存的保护定值单 11）运行人员高频通道测试记录	50	查阅记录（纸质或电子版）	记录不全，每缺1份扣5分 记录的完整性和连续性以及及时更新，每发现1处不符合项扣2分
1.4.4	档案管理 资料按规定储存，专人管理；记录借阅有登记记录；有过期文件处置记录	15	查阅档案管理记录	档案管理记录不符合要求每1处扣1分
1.5	**自查与自我考核**	**30**		
1.5.1	每年都根据自查情况撰写自查报告，自查报告与技术监督服务单位的检查报告较为一致	10	检查自查报告和检查报告	没有自查报告扣10分 自查报告和检查报告相差10分以上扣3分
1.5.2	对于所有继电保护监督提出的问题，都能落实到人，并有工作考核记录	20	检查考核记录	每一个问题缺少考核记录，扣5分
1.6	**监督考核指标**	**100**		
1.6.1	继电保护和安全自动装置主要考核指标： 1）主系统继电保护及安全自动装置投入率100% 2）全厂继电保护及安全自动装置正确动作率不低于98% 3）故障录波装置完好率100%	50	查看报表、运行记录	保护装置投入率及正确动作率、故障录波装置完好率，每减少0.1%扣10分，主保护扣30分 由于保护造成系统和设备事故，发生1次不得分

序号	检查项目	标准分	检查方法	评分标准
1.6.2	主系统继电保护和安全自动装置年检主要考核指标： 1）设备年检计划完成率不低于95% 2）设备年检合格率不低于98% 3）新投产机组1年内全检完成率100%	50	查阅设备年检计划和检验报告	完成率、合格率每减少1%扣5分
2	**继电保护监督专业内容**	**650**		
2.1	**继电保护和安全自动装置配置**	**70**		
2.1.1	发电机、主变压器、高压厂用变压器（含高压厂用备用变压器）、母线、断路器失灵、非全相、500千伏电抗器和110千伏及以上线路保护装置、同期装置、厂用电快切装置等的配置要符合规程及反措的规定	20	查阅有关台账、图纸、记录、规程等，现场检查、提问	每一设备记录缺少扣5分，任一组件、保护装置的反事故措施未全面落实，不得分 存在严重问题不得分
2.1.2	新建、改扩建工程，继电保护装置和配置的设计是否符合"技术规程"要求，早期投入继电保护装置的配置和设计是否符合"反措"要求： 1）是否按照《继电保护和安全自动装置技术规程》（GB/T 14285）第4.2.1的要求配置发电机匝间短路保护 2）是否实现220kV及以上电压等级的断路器配置断路器本体的三相位置不一致保护，220kV及以上电压等级变压器（含发电厂的备用起动变压器）、高抗等主设备，以及容量在100MW及以上的发变组微机保护双重化配置 3）按照技术规程（GB 14285）第4.2.19条的要求，对300MW及以上机组装设突然加电压保护	50	对照设计图纸、设备查阅有关台账、记录、规程等，现场核对	每一设备记录缺少扣10分 任一组件、保护装置的反事故措施未全面落实，扣20分 存在严重问题不得分
2.2	**继电保护定值管理**	**70**		

序号	检查项目	标准分	检查方法	评分标准
2.2.1	与电网配合的主设备继电保护定值是否合理，并根据所在电网定期提供的系统阻抗值及时校核定值。并满足电网稳定运行的要求	40	查看整定计算、电网下发的定值通知单和校核资料	缺少1项校核扣5分 配合不合理不得分
2.2.2	发变组保护定值计算及校核是否符合规程和标准： 1）应按照《220~500kV电网继电保护装置运行整定规程》（DL/T 559）、《3~110kV电网继电保护装置运行整定规程》（DL/T 584）、《厂用电继电保护整定计算导则》（DL/T 1502）、《大型发电机变压器继电保护整定计算导则》（DL/T 684）相关要求对本企业发电机变压器保护及厂用电保护的定值进行整定，并根据所在电网定期提供的系统阻抗值及时校核定值 2）整定计算发电机定子接地保护时必须根据发电机在带不同负荷的运行工况下基波零序电压和三次谐波电压的实测值数据进行 3）应遵循《大型发电机变压器继电保护整定计算导则》（DL/T 684）校核定子接地基波 $3U_0$ 保护	30	查看整定计算和校核资料	每缺少1项校核过程扣10分 有关定值整定不合理扣15分
2.3	**网源配合**	**30**		
2.3.1	1）按照电网调度部门的要求，及时上报主设备继电保护参数及定值 2）按照电网调度部门的要求，200MW及以上并网机组及时上报发变组的失磁、失步、阻抗、零序电流和电压、复合电压闭锁过流以及发电机的过电压和低电压、低频率和高频率等保护的定值 3）执行电网公司下发的安全稳控装置的定值和控制策略 4）发电机组实现电网线路近距离短路时低电压穿越功能是否满足电网要求	30	查看资料及试验报告	未进行参数测试或者未上报相关数据扣30分 未见电网公司下发的安全稳控装置的控制方案的扣10分

序号	检查项目	标准分	检查方法	评分标准
2.4	**继电保护和安全自动装置的运行和维护**	**190**		
2.4.1	发电机、主变压器、高压厂用变压器（含高压厂用备用变压器）、母线、断路器失灵、非全相、500kV电抗器和110kV及以上线路保护装置和安全自动装置应按有关规程规定和各种反措要求正常投入运行	50	查阅有关台账、记录、规程，现场检查	缺少任一保护和安全自动装置的投退记录扣5分 保护和安全自动装置的反事故措施未全面落实，扣20分 主保护退出运行、存在严重问题不得分
2.4.2	故障录波装置应正常投入，工作情况良好。200MW以上发变组应配置专用故障录波装置	15	现场检查，对照设备查阅有关记录	有1台未投入或查评期内发生应记录未记录（含记录不完整或不清），隐患未消除，不得分
2.4.3	数字式保护装置的电源板（或模件）宜在运行6年后对其更换1次，以免由此引起保护拒动或误启动	10	查看备件更换记录	引起保护拒动或误启动不得分 发生异常情况的扣5分 未定期更换电源模板（或模件）的扣2分
2.4.4	变压器检修工作时，应认真校验气体继电器的整定动作情况。对大型变压器应配备经校验性能良好、整定正确的气体继电器作为备品，并做好相应的管理工作	15	查看校验报告和备品	未进行气体继电器校验的不得分 大型变压器未配备气体继电器作为备品的扣5分
2.4.5	保护室应有防尘、防火和防小动物的措施；微机型继电保护装置室内最大相对湿度不应超过75%，环境温度应在5℃~30℃范围内，若超过此范围应装设空调。空调的管理要列入规程	10	现场检查。对照设备查阅有关记录	不符合环境条件要求的不得分 防尘、防火和防小动物的措施不齐全扣5分 空调失灵未修理扣3分 无空调管理规定扣3分
2.4.6	保护向量测试应符合规定：电压核相正确；差流（电压）应在正常范围内；注意对中性线电流进行测试，并形成正式测试报告	20	查阅测试记录	任1台未测量或数值异常原因未查明，或缺陷未消除者，扣20分 中性线线电流未测试扣10分

序号	检查项目	标准分	检查方法	评分标准
2.4.7	继电保护定值变动应认真执行定值通知单制度，各保护定值应与定值单相符	10	对照检查试验报告、通知单、记录和台账卡片，抽查主要设备	发现 1 处定值未执行或执行错误，本条不得分
2.4.8	按期编制年度校验计划，按作业指导书对各保护及安全自动装置进行了定期校验	20	查阅计划文本、作业指导书及有关记录	未编制年度校验计划本条不得分 因自身原因未完成全部校验扣 10 分 作业指导书不完整、有缺漏扣 5~10 分
2.4.9	机组新投产或大修后保护及安全自动装置静、动态试验的试验报告应完整，各种试验项目应齐全	20	检查试验报告	试验项目不全，每缺少 1 项扣 5 分 不按照启动运行规程要求进行试验不得分
2.4.10	保护和安全自动装置的试验（调试）报告应内容齐全。整组传动、动态试验有详细记录；报告应有试验结论及审批记录。各种保护、自动装置的传动项目、结果和相量测试应写入试验报告	20	检查试验报告、记录	报告和记录每 1 处不符合要求，扣 2 分 存在严重问题，不得分 每缺少 1 项试验项目记录扣 5 分 重要试验记录缺失扣 10 分 无审批手续扣 10 分
2.5	**装置本体及反措**	**270**		
2.5.1	保护和安全自动装置盘柜的继电器、压板、试验端子、操作电源熔断器（空气开关）、端子排等应符合安全要求（包括名称、标志是否齐全、清晰）	15	现场抽查	每 1 处不符合要求，扣 5 分 存在严重问题，不得分
2.5.2	发电机定子接地保护，转子接地保护应经过试验，并按规定投入 100MW 及以上容量发电机定子接地保护宜将基波零序保护与三次谐波保护的出口分开，三次谐波保护投信号	15	现场检查、查看试验报告	未经过试验扣 5 分 未按要求投入扣 5 分

国家电投集团火电企业技术监督实施细则和评估标准

序号	检查项目	标准分	检查方法	评分标准
2.5.3	保护和安全自动装置的二次回路应采用屏蔽电缆；强、弱电要分开，不得共用一根电缆	5	现场检查	未使用屏蔽电缆扣3分 强、弱电共用1根电缆不得分
2.5.4	发电机变压器组非电量保护中间继电器，必须由强电直流起动且应采用启动功率大于5W的中间继电器，其动作速度不宜小于10ms	20	查阅检验报告	中间继电器功率小于5W不得分 有厂家校验报告，但未进行校核的扣10分
2.5.5	现场定期进行高频通道检查（方法及数值记录），检查值班人员是否熟练掌握	5	现场检查和查阅记录	不会操作的不得分 规定及记录不全的扣3分
2.5.6	控制、保护直流分开供电 两套主保护分别经专用熔断器（空气开关）由不同直流母线供电 非电量保护应设置独立的电源回路	5	现场检查	尚未分开，已有改造计划的扣3分
2.5.7	微机保护版本认证及微机保护定值区管理	5	检查记录	有不符合版本要求的不得分 无版本要求的，应有记录，无记录不得分
2.5.8	定值单是否齐全 运行和保护班均有完整的定值单	5	现场检查	定值单不齐不得分
2.5.9	微机、集成电路保护盘1m内禁用对讲机和手机，在规定范围、地点应有明显的标示	5	现场检查	保护室、电缆夹层门口无标志不得分
2.5.10	结合滤波器试验报告及反措执行情况，高频电缆屏蔽线两端接地	5	现场检查	无报告扣3分 未执行不得分
2.5.11	户外端子箱应封堵严密，箱体门可靠	20	现场检查	每1处封堵不严，门关不严的扣5分
2.5.12	二次回路图纸应与现场实际相符	15	现场核对	出现1处错误扣5分 3处以上不得分
2.5.13	运行机组正常停机打闸后，将发电机与系统解列是否采用逆功率保护动作解列	5	查阅图纸	未实现逆功率保护动作解列的不得分 定值不合理的扣3分
2.5.14	同期装置是否按期进行校验 发电机同期系统是否有同期闭锁继电器及回路	10	检查装置和试验报告	自动准同期设备未校验或损坏的不得分 无同期闭锁继电器及回路的扣5分

序号	检查项目	标准分	检查方法	评分标准
2.5.15	直流额定电压为 220V 的直流继电器线圈线径不得小于 0.09mm	5	现场检查	不符合要求不得分
2.5.16	线路及 500kV 联变均启动失灵保护。启动失灵的变压器保护，其瓦斯保护出口必须与其他保护分开。瓦斯保护不启动失灵。直接接于 220kV 以上系统的发变组保护应启动失灵	20	现场检查	不符合要求不得分
2.5.17	变压器有载分接开关及本体气体继电器应加装防雨罩	10	现场检查	未加装防雨罩的不得分 防雨罩安装不符合要求的扣 5 分
2.5.18	二次回路连接牢固、定期清扫没有灰尘、排列整齐、端子排没有松动 电缆屏蔽层两侧可靠接地	20	现场检查	每 1 处不符合要求扣 5 分
2.5.19	检查 PT 二次回路，保证 $3U_0$ 极性正确性，并保证 PT 二次仅一点接地。星形及开口三角接线的"N"必须分开 电流回路只能一点接地，有电气联系的 CT 在连接处一点接地	20	现场检查	不符合要求不得分
2.5.20	电缆夹层是否按要求敷设 $100mm^2$ 铜排并首尾连接。保护盘应与接地铜排联接。接地铜排是否满足要求，是否与开关场端子箱、结合滤波器连接	10	现场检查	未敷设铜排不得分 每 1 处敷设不符合要求扣 5 分
2.5.21	应有防跳回路的试验方案和试验记录	10	查阅资料和报告	未做传动不得分 无传动方案的扣 3 分
2.5.22	保护装置的尾纤弯曲直径应不小于 15cm	5	现场检查	有 1 项不符合的扣 2 分
2.5.23	两套主保护分别作用于两个跳闸线圈，非电量保护同时跳两个线圈	5	现场检查	不符合要求的扣 5 分

序号	检查项目	标准分	检查方法	评分标准
2.5.24	微机型继电保护装置柜屏内的交流供电电源（照明、打印机和调制解调器）的中性线（零线）不应接入等电位接地网。照明、打印机和调制解调器的电源必须经空开或熔断器接入	20	现场查看	中性线（零线）接入等电位接地网不得分 照明、打印机和调制解调器的电源未经空开或熔断器接入扣10分
2.5.25	保护和安全自动装置具有必需的备品备件；并满足存放环境的要求	10	现场检查	每1重要装置无备件扣5分 存放环境不满足扣5分
2.6	**试验仪器、仪表**	**20**		
2.6.1	建立试验仪器、仪表台账，具有使用说明书。台账栏目包括：仪表型号、技术参数、购入时间、供货单位；检验周期、日期、使用状态等。根据需要编制专用仪表操作规程	10	查阅资料或电子文档	每1处不符合项扣1分
2.6.2	试验仪器、仪表清洁、摆放整齐。存放地点整洁，温湿度合格；仪器分类摆放，在用、不合格待修理、报废仪器分别存放	5	现场检查	摆放不整齐或分类不明确扣5分
2.6.3	有准确度要求的试验设备定期校验，并标识。校验计划和报告完整齐全	5	查阅校验报告，现场查看设备	每1处不符合项扣1分

表9　汽轮机及旋转设备技术监督检查评分标准（1000分）

序号	检查项目	标准分	检查方法	评分标准
1	**指标管理**	**300**		
1.1	与技术监督有关的机组非停	135	不发生与汽机监督有关的机组非停	发生与汽机监督有关的机组非停，每次扣45分
1.2	**技术监督指标**	**165**		
1.2.1	主机振动	30	建立机组振动记录簿，振动记录应齐全完善，机组振动应在合格范围内	每个振动测点超标扣3.5分 未进行分析，制定相关处理措施扣7.5分

序号	检查项目	标准分	检查方法	评分标准
1.2.2	轴承瓦温	30	轴瓦温度应在合格范围内	每个轴承瓦温超标扣3.5分 未进行分析，制定相关处理方案扣7.5分
1.2.3	汽缸上下缸温差	30	汽缸上下缸温差应合格范围内	汽缸上下缸温差长期超标扣7.5分 未进行分析，制定相关处理方案扣7.5分
1.2.4	推力瓦温度	30	推力瓦温度应在合格范围内	推力瓦温度长期超标扣7.5分 未进行分析，制定相关处理方案扣7.5分
1.2.5	汽缸胀差	15	汽缸胀差应在合格范围内	汽缸胀差长期超标扣7.5分 未进行分析，制定相关处理方案扣7.5分
1.2.6	重要辅机（泵与风机）振动	30	应对机侧、炉侧重要转动设备（引风机、送风机、给水泵、循环水泵、凝结水泵）的振动情况进行记录，振动值应在合格范围内	每台设备振动超标扣3.5分 未进行分析，制定相关处理措施扣7.5分
2	**设备管理**	**450**		
2.1	主汽门、调速汽门、抽汽逆止门活动试验（包括供热机组的抽汽蝶阀或旋转隔板活动试验）	45	1）按照定期试验要求，进行主汽门、调速汽门活动试验 2）按照定期试验要求抽汽逆止门活动试验 3）记录试验结果	未按照定期试验、轮换制度执行不得分 试验异常未分析每次扣7.5分 试验周期超过要求且未进行原因说明每项3.5分 每缺少1项试验扣7.5分
2.2	机组真空严密性试验	45	每月进行一次真空严密性试验，实验结果应符合标准要求，记录试验结果；超标时及时分析原因，制定处理措施	试验未按规定周期进行每次扣3.5分 未记录每次扣3.5分 超标原因未分析，未制定措施扣7.5分
2.3	润滑油压低试验	30	按照规程要求周期及方法进行润滑油压低试验，记录齐全	未按规程要求周期进行扣15分 未填写试验记录扣15分

序号	检查项目	标准分	检查方法	评分标准
2.4	蓄能器充氮压力检查	30	按照规程要求周期（每2个月）进行蓄能器充氮压力检查，记录齐全	未按规程要求周期进行扣15分 未填写试验记录扣15分
2.5	跳闸电磁阀通道试验	30	按照规程要求周期及方法进行跳闸电磁阀通道试验，记录齐全	未按规程要求周期进行扣15分 未填写试验记录扣15分
2.6	危急保安器注油试验	30	机组运行2000h、机组再次启动应进行危急保安器注油试验，记录油压等参数	未按规程要求周期进行扣15分 试验异常未分析扣15分
2.7	主汽门、调速汽门严密性试验	30	新投产机组投产、A/B级检修后、汽门解体检修后、汽门改进后应进行汽门严密性试验	未进行汽门严密性试验扣30分 试验过程不符合标准要求扣15分
2.8	汽门关闭时间测定	30	A/B级检修后、汽门解体检修后、停机时间超过（2个月）应测取汽门关闭时间	未按要求测取扣30分 关闭时间超时扣15分
2.9	叶片振动频率测试	30	机组进行A级检修时应对调频叶片进行频率测试	未对调频叶片进行频率测试扣30分 无试验报告扣15分
2.10	超速试验	30	机组进行A级检修后，要求进行超速试验，试验应符合标准要求，记录齐全	未按要求进行试验扣30分，无试验记录扣15分
2.11	甩负荷试验	30	新机组投产、调节系统改造后的机组应进行甩负荷试验	未按要求进行甩负荷试验扣30分，试验不符合标准要求扣15分
2.12	油泵类试验	30	1) 按运行规程要求进行交流润滑油泵、直流油泵、高压调速油泵、密封油泵、顶轴油泵、高压抗燃油泵等定期轮换/启停试验 2) 试验应按运行规程要求的周期及方法进行，记录齐全，未进行的应注明原因，并及时安排补做	未按规定周期进行，每项每次扣7.5分 每缺少1项试验报告或记录扣3.5分

序号	检查项目	标准分	检查方法	评分标准
2.13	风机及水泵类试验	30	按照运行规程要求的周期进行引风机、送风机、脱硫增压风机、循环水泵、凝结水泵、给水泵、射水泵（真空泵）、开式泵、闭式泵、定冷水泵等定期轮换试验，记录齐全，未进行的应注明原因，并及时安排补做	未按规定周期进行，每项每次扣7.5分 每缺少1项试验报告或记录扣3.5分
2.14	换热器类定期切换试验	30	闭冷器、冷油器、定冷器等按照运行规程要求的周期进行定期切换试验	未按规定周期进行，每项每次扣7.5分 每缺少1项试验报告或记录扣3.5分
3	**监督管理**	**250**		
3.1	技术监督组织机构	15	检查组织机构文件，与相关人员座谈	企业成立汽机技术监督领导小组，专业技术监督网络组织机构，体系应健全，监督范围覆盖全，根据岗位变化进行修订 技术监督组织机构不符合要求，每项扣5分 修订不及时，扣5分
3.2	技术监督规章制度	20	检查相关的制度、文件及企业制定的技术监督规章制度	配备国家、行业及国家电投集团有关技术监督制度、文件，按集团公司要求进行确认有效性 按国家电投集团要求，并根据企业实际情况制定企业"汽机技术监督管理制度""专业技术监督实施细则"等规章制度 配备、制定不全，每项扣5分 未按制度、细则的规定开展工作，每项扣5分 修订不及时扣5分

序号	检查项目	标准分	检查方法	评分标准
3.3	技术监督工作计划、总结	15	检查技术监督工作计划、总结	企业每年制定汽机专业技术监督工作计划并跟踪实施，每年完成技术监督工作总结 未制定公司年度汽机专业技术监督工作计划扣2.5分 未按计划完成工作扣2.5~5分 缺少监督总结扣5分 总结不完善，每缺1项扣2.5~5分
3.4	监督过程实施	20	查看企业技术监督规章制度、会议纪要、重要事故分析报告等资料，查监督报告、报表	落实责任制，所有汽机专业技术监督规章制度、工作计划、报表、缺陷处理、验收、及事故分析报告等实行审核、批准签字制度 缺少审核、批准签字的每发现1项、次扣2.5分 审核、批准签字不规范，每发现1项、次扣1.5分 未按制度规定的项目内容开展和完成监督工作，缺1项、次扣5分 监督不力，每次扣5分 受监设备或指标长期异常，未进行深入分析并提出明确治理措施的，每项扣5分
3.5	技术监督告警执行情况	25	查看告警单、整改措施及计划、会议纪要、工作总结等资料	及时告警，不隐瞒，对告警问题要进行闭环处理 不按告警要求进行告警，每发现1项扣5分 对告警问题未进行闭环处理，每发现1项扣5分 告警单管理不规范，扣2.5分

序号	检查项目	标准分	检查方法	评分标准
3.6	企业技术监督整改情况	25	查看相关记录、整改计划、会议纪要、报告、报表	未针对汽机专业技术监督检查（评价）发现问题制定企业整改计划及滚动整改计划，扣10分 每缺1个重点关注问题扣5分 其他每缺1项扣2.5分 对问题未按计划进行闭环处理，每项扣5分
3.7	技术监督工作会议	25	查看会议纪要等资料	企业每年至少召开2次年度汽机专业技术监督工作会议 各专业每月召开技术监督网络会议。技术监督工作会议、专业技术监督网络会议每缺1次扣5分 工作会议内容不全每项扣2.5分
3.8	人员培训和持证上岗管理	25	检查相关人员的培训计划和记录、专业技术监督资格证书	未制定汽机专业培训计划的，扣5分 培训记录不规范、不全的，扣5分 不按规定参加有关技术培训的，每人次扣2.5分 从事电测、热工计量检测、化学水分析、化学仪表检验校准和运行维护、燃煤采制化和电力用油气分析检验、金属无损检测人员持证人数每少于1人，扣5分
3.9	仪器仪表有效性	25	检查仪器仪表使用、操作、维护规程；仪器仪表设备台账及年度检验计划与检验结果	汽机专业技术监督用仪器仪表使用、操作、维护规程缺1台次，扣5分 仪器仪表设备台账缺1台次，扣5分 仪器仪表未按规定进行检验、送检和量值传递，缺1台次，扣10分 使用检验不合格仪器，每使用1次扣10分

序号	检查项目	标准分	检查方法	评分标准
3.10	建立健全监督档案	25	检查档案室：查看技术资料和档案目录，查看档案管理制度和记录	无汽机专业技术监督档案室或档案存放凌乱、档案目录设置不合理造成档案查找不便的，扣10分 无档案管理制度扣10分 档案管理制度设置不合理，每发现1处扣2.5分 借阅归还记录不全，每一处扣2.0分 清单中的技术资料和档案每发现1处缺失扣2.5分
3.11	工作报告报送	25	查看季度分析评估报告及上报记录，查看年度技术监督总结报告及上报记录	汽机专业技术监督季度分析评估报告缺失的不得分 每发现一处填写不规范的扣2.5分 技术监督总结缺失的不得分 总结不完善，每缺1项内容扣5分 上报滞后的，扣5分
3.12	责任追究与考核	5	查看技术监督考核记录	对于考核期间的技术监督事件隐瞒，弄虚作假不得分

表10 节能技术监督检查评分标准（1000分）

序号	检查项目	标准分	检查方法	评分标准
1	**节能监督管理**	**400**		
1.1	**节能监督体系**	**40**	**查阅技术监督管理体系文件**	
1.1.1	节能监督网络	10	建立健全由主管领导下的节能技术监督网络体系，在归口职能部门设置节能专责人	未建立节能技术监督领导小组，扣5分 未建立有效的节能监督网络，扣5分 未落实节能监督专责人或监督网络不完善，扣3分 每年未核定及调整节能监督网成员，扣2分

续表

序号	检查项目	标准分	检查方法	评分标准
1.1.2	监督网络人员职责	10	应制定各级（三级）监督网络人员职责	未制定各级监督网络人员职责，扣10分 监督网络岗位设置不全或监督网络人员不明确自身职责，每岗扣5分
1.1.3	节能专工持证上岗	10	厂级节能监督专责人具有节能管理岗位的资质	未取得资质（能力）证书或证书超期，扣10分
1.1.4	节能专工管理工作	10	节能监督专责人负责节能监督日常工作的开展和监督管理	未协调各部门和各专业共同配合完成节能监督工作，扣5分 未负责组织对节能和用能状况进行分析、评价，未组织编写节能分析报告，扣5分
1.2	**节能监督管理制度**	**30**	**查阅节能管理制度和考核实施细则（包含以下内容）**	
1.2.1	节能监督支持文件	20	1）节能技术监督规定 2）能源计量管理规程 3）发电运行规程 4）设备维护与检修规程 5）技术改造管理制度 6）燃料管理制度 7）节能检测管理制度 8）节能分析制度 9）供热管理制度 10）节电管理办法 11）节水、节汽管理办法 12）非生产用能管理办法 13）能效对标管理办法 14）节能奖惩制度 15）节能培训制度	未制定必要的节能监督规定，缺1项扣5分 未根据需要按时修订，每项扣2分 文件未经审批发布，每项扣2分 内容不完善或可操作性差，每项扣2分 指标低于国家、行业标准或上级文件要求，每项扣2分
1.2.2	节能奖惩制度	10	1）运行指标考核实施细则 2）设备维护考核实施细则 3）设备检修考核实施细则 4）燃料管理考核实施细则 5）燃料采制化考核实施细则 6）节油考核实施细则 7）节水(汽)考核实施细则 8）节电考核实施细则	未制定必要的考核实施细则，缺1项扣5分 未根据需要按时修订，每1项扣1分 文件未经审批发布，每项扣1分 内容不完善，每项扣1分 指标低于国家、行业标准或上级文件要求，每项扣1分

序号	检查项目	标准分	检查方法	评分标准
1.3	**节能规划与计划**	**20**	**查阅节能规划和节能计划**	
1.3.1	节能规划	10	节能规划按要求编写，符合实际，具有先进性，并及时制/修订	未制定节能规划，扣10分 没有节能潜力分析，扣4分 未将能耗异常高的设备或系统列入节能规划，扣3分 节能规划没有逐年滚动完善或编制不规范，扣3分
1.3.2	年度节能计划	10	1）全厂综合性指标的目标及节能措施 2）各项生产小指标的预期目标及对应的措施 3）机组检修期间的节能监督计划 4）制定节能技术改造及改造效果评估（试验）的项目计划 5）制定节能培训计划（主要包含内部培训、外部培训取证、标准规程宣贯等） 6）制定定期试验、化验计划 7）制定能源计量器具检定、检验、校验计划 8）制定节能监督提出问题的整改计划及监督提出的预警、告警问题的整改计划	未制定年度节能计划，缺1项扣2分 制订计划的时间不符合要求，每项扣1分 年度计划未经审批流程批准、发布，每项扣1分 计划内容不完善，缺少具体措施，每项扣1分 计划未落实责任部门和责任人，每项扣1分
1.4	**技术资料与档案**	**40**	**查阅技术资料与档案**	
1.4.1	监督档案目录清单	5	节能专工应有全厂节能监督档案目录清单，每份资料应有编号、保存地点、保管人、保存期限	节能专工没有全厂节能监督档案目录清单，扣5分 目录清单不完整，扣2分
1.4.2	技术标准、规程	10	应有节能技术监督相关的国家、行业和上级最新颁布的标准、规范、文件	最新颁布的标准、规范、文件不全，每项扣1分 标准、规范、文件未提供给相关专业人员，每项扣1分

序号	检查项目	标准分	检查方法	评分标准
1.4.3	报告和记录	20	1) 月度、季度、年度节能报表 2) 节能分析总结及节能工作会议记录，节能培训记录、节能宣传记录 3) 技术监督自查报告、检查报告、监督总结报告、预警和告警通知单 4) 重要设备技术改造的可行性研究报告、设计方案和设备说明书 5) 性能试验报告，优化运行调整试验报告等 6) 定期试验与测试报告 7) 定期化验报告 8) 全厂能量平衡测试报告，能源审计报告 9) 其他见本标准相关内容	月度、季度、年度节能报表不全，缺一项扣2分 节能分析总结及记录不全，每项扣1分 技术监督自查报告、检查报告等不全，每项扣2分 重要设备技术改造无可行性研究报告、设计方案，扣2分 性能试验报告，调整试验报告不全，每项扣2分 定期试验与测试报告不全，每项扣2分 定期化验报告不全，每项扣2分 其他项内容不全，每项扣2分
1.4.4	档案管理	5	1) 除档案室保管外，各专业节能人员应有必要的技术资料 2) 档案资料应按专业、专人、定点管理 3) 人员变动，应全部移交	未按规定移交档案室存档，扣3分 有关技术人员没有必要的技术资料，扣2分
1.5	**会议与培训**	**30**	**查阅会议与培训记录**	
1.5.1	节能技术监督会议	10	每半年召开一次节能技术监督网络工作会议，监督会议内容符合要求，有会议纪要	未召开节能监督网络工作会议，缺1次扣5分 会议没有会议纪要或记录，扣2分
1.5.2	技术培训	10	应开展多种形式的节能培训工作，并有记录	未对新颁布的有关节能的法规、标准宣贯，扣3分 未开展节能技术交流及培训活动，扣3分 应参加而未参加必要的外部培训，未取得集团颁发的岗位资质证书，扣2分

序号	检查项目	标准分	检查方法	评分标准
1.5.3	节能宣传	10	应开展多种形式的节能宣传工作，并有记录	未开展节能宣传活动，扣10分 未配合全国节能宣传周进行活动，扣2分
1.6	**监督报告执行情况**	**20**	**查阅监督有关的报告**	
1.6.1	节能报表	10	规定时间和格式完成月度节能报表（附录A）	未按规定时间完成月度节能报表，每次扣2分 报表数据不准确，不真实，扣5分 报表缺项，每缺一项扣0.5分
1.6.2	监督总结	10	按规定时间和格式完成半年和年度节能工作总结	未按规定时间完成半年和年度节能工作总结，每次扣5分 没有上次工作计划执行情况或对存在问题形成闭环管理，扣2分 主要经济技术指标未采用同比分析，扣2分 没有主要经济技术指标偏离设计值或规定值对全厂能耗的影响结果分析，扣2分 没有采用对标方式进行比较，扣1分 没有对下一步工作制订计划，扣2分
1.7	**评价与考核**	**20**	**查阅评价和考核记录**	
1.7.1	自我评价	10	监督检查前（或每年）根据本标准评价表开展自我评价	未进行自我评价或无自评价报告，扣10分 评价不合理，每项扣1分
1.7.2	问题整改	10	1）对上级或监督单位提出的预警或告警的内容及时提出改进计划和措施 2）对上级或监督单位提出的问题及时提出改进计划和措施	没有提出改进计划和措施的报告，扣10分 改进计划和措施不得当，扣3分 改进计划和措施无充分理由未实施，扣2分

序号	检查项目	标准分	检查方法	评分标准
1.8	**技术监督执行**	**40**	**查阅技术监督有关报告**	
1.8.1	委托技术监督管理	20	应委托技术监督服务单位开展技术监督工作	未委托技术监督服务单位开展技术监督工作，扣20分
1.8.2	技术监督执行情况	20	技术监督服务单位应按协议内容开展技术监督工作	发电企业未向监督服务单位提供报表等资料，扣5分 监督服务单位未提交监督检查报告及年度总结报告，扣5分 监督服务单位未提出有效的节能建议和措施，扣5分 监督服务单位未组织开展监督交流、培训，扣3分
1.9	**能耗指标分析**	**40**	**查阅能耗指标分析报告**	
1.9.1	能耗指标分析体系	10	建立健全能耗指标分析体系，完善能耗指标分析方法	未建立健全能耗指标分析体系，扣10分 未建立能耗指标分析方法，扣5分
1.9.2	指标分析项目	20	应按本标准规定的对全厂和机组能耗指标分析项目进行分析，主要包含煤耗，锅炉效率及其影响指标，汽机效率及其影响指标、厂用电率及其影响指标、全厂水耗及其影响指标，油耗等	缺1项能耗指标分析项目，扣2分 节能指标分析方法不正确或节能量计算错误，每项扣2分 未对当前影响能耗的指标进行节能潜力分析，每项扣2分 未针对使能耗增高的项目提出改进措施，每项扣5分
1.9.3	能量平衡图、表	10	应绘制企业能量平衡图和能量平衡表	未绘制企业能量平衡图（5年1次），扣5分 未绘制企业能量平衡表（5年1次），扣5分
1.10	**节能改造**	**40**		
1.10.1	节能改造设备	20	应对能耗偏高或具有较大节能潜力的设备、系统进行改造	未对能耗偏高的设备、系统进行节能诊断，扣10分 未对能耗偏高或具有较大节能潜力的设备、系统提出改造计划，每项扣5分

序号	检查项目	标准分	检查方法	评分标准
1.10.2	改造的实施	20	投资较大的设备改造项目应由有资质的单位进行可行性论证。改造前后应由有资质的单位进行效益测试和评价	改造项目未进行可行性论证，扣10分 改造前后未进行节能效果测试及效益分析，扣5分 改造后未达到预期目标，差1%扣3分 改造后未修订有关技术文件和能耗定额的，扣2分
1.11	**节能检测**	**50**	**检查试验测点和试验报告**	
1.11.1	试验测点	10	试验测点应满足主、辅设备和系统性能试验的要求	现场主要试验测点不齐全，不能满足热力试验要求，每项扣2分
1.11.2	检测方法和仪表	20	各项试验应按最新版规程进行测试，检测仪表应经过校验符合规程要求	检测方法不符合最新版规程要求，每项试验扣5分 检测仪表未定期检定，精度等级不符合规程要求，每项试验扣2分
1.11.3	检测机构和人员	10	1）电厂自行完成的常规检测项目，检测人员应经过培训，符合检测能力的要求 2）外委检测单位应有合格的资质，检测人员符合检测能力的要求	重要试验项目，检测机构不具备相应的资质或超过资质范围检测，扣5分 重要试验项目，检测人员不具备相应的检测能力，扣5分
1.11.4	检测报告	10	检测报告应规范，数据真实准确，结论正确并具有经济性分析要求的内容	检测报告没有检测人、检测单位负责人签字，重要的检测报告没盖章，扣5分 检测数据不准确，结论不正确，没有要求的经济性分析意见和措施，扣5分
1.12	**节能奖惩**	**15**	**查阅相关记录和文件**	
1.12.1	指标竞赛	10	应开展小指标竞赛活动，并按照奖惩制度执行	未开展小指标竞赛活动，扣5分 奖惩制度未落实，扣5分

序号	检查项目	标准分	检查方法	评分标准
1.12.2	合理化建议	5	应开展节能合理化建议的活动，并对节能有贡献的单位或个人给予奖励	没有开展对节能有贡献的奖励活动，扣5分
1.13	**能源计量管理**	**15**	**查阅计量台账和计量点图**	
1.13.1	计量管理体系	10	应备有完整的能源计量台账，编制能源计量器具一览表；设置专（兼）职能源计量管理人员	没有编制能源计量器具台账，扣5分
				能源计量器具台账不完善，扣2分
				没有设置专（兼）职能源计量管理人员，扣5分
1.13.2	计量点图	5	绘制燃料、电能、供热、水计量点图	燃料、电能、供热、水计量点图，缺一项，扣1分
2	**燃料管理**	**100**		
2.1	**入厂燃料**	**25**	**查阅现场实际情况或报告**	
2.1.1	计量器具	10	根据燃料入厂情况，应配备轨道衡、汽车衡、电子皮带秤或水尺计量称重。计量装置有合格校验证书，精度等级满足要求	没有相应的入厂燃料计量器具，每项扣5分
				计量装置没有在检验周期内的合格证书，每项扣1分
				精度等级不满足要求，每项扣1分
2.1.2	检斤、检质率	5	燃料检斤率和检质率应为100%	入厂燃料检斤率未达到100%，每降低1个百分点，扣3分
				入厂燃料检质率未达到100%，每降低1个百分点，扣2分
2.1.3	机械采样	5	入厂煤应配备机械采制样装置，采制样装置或人工采样的采样方法符合相关规程规定	入厂煤无机械采制样装置，扣3分
				采制样装置不符合标准规定，扣2分
				采制样方法不符合标准规定，扣1分
2.1.4	检修与维护	5	燃料接卸应卸净；计量装置和采制样装置应投入运行	燃料接卸未卸净，扣2分
				计量装置未投入运行，扣2分
				机械采制样装置投入率低于98%扣1分

续表

序号	检查项目	标准分	检查方法	评分标准
2.2	**入炉燃料**	**30**		
2.2.1	计量器具	10	应配备皮带秤、给煤机等入炉煤计量装置和燃油计量装置，计量装置有合格校验证书，精度等级满足要求	没有入炉煤计量装置，扣10分 没有入炉油计量装置，扣2分 计量装置没有在检验周期内的合格证书，扣1分 精度等级不满足要求，每项扣1分
2.2.2	检斤率、检质率	5	入炉燃料检斤率和检质率应为100%	入炉燃料检斤率未达到100%，每降低1个百分点，扣3分 入炉燃料检质率未达到100%，每降低1个百分点，扣2分
2.2.3	机械采样	5	入煤煤应配备机械采制样装置，采制样装置采样方法符合相关规程规定	入炉煤无机械采制样装置，扣3分 采制样装置不符合标准规定，扣2分 采制样方法不符合标准规定，扣1分
2.2.4	分炉计量	5	具有多台机组的电厂，应设燃料分炉计量装置	没有燃料分炉计量装置，扣5分
2.2.5	检修与维护	5	计量装置和采制样装置应投入运行	计量装置未投入运行，扣3分 机械采制样装置投入率低于98%，扣2分
2.3	**燃料化验**	**10**		
2.3.1	实验室	5	电厂应配置煤质分析实验室，检测人员应有资格证书，检测仪器应经过检定	实验室的设置、仪器设备和标准物质的配置、检测环境、设施不符合标准要求，每项扣2分 实验室未建标扣2分，检测人员无检测资质证书，每人扣2分 标准仪器没有在检验周期内合格校验证书的，每一项扣2分

续表

序号	检查项目	标准分	检查方法	评分标准
2.3.2	化验与分析	5	应开展煤的全水分、工业分析、全硫和发热量的测定	检测能力缺1项，扣2分 检测记录不正确，扣1分 未在规定时间内完成化验，扣1分 入炉煤质的化验结果未及时提供给生产运行人员，扣1分
2.4	**煤场管理**	**35**		
2.4.1	煤场盘点	5	每月末组织1次煤场盘点，盘点方法合理、准确	未在规定时间进行煤场盘点，扣5分 未使用体积测量仪，扣2分 未按规定方法进行堆积密度计算，扣2分 体积测量仪精度不满足要求，扣1分
2.4.2	储煤情况	5	按煤质分类堆放，有防止存煤损失和自然等措施	未进行烧旧存新，扣2分 未定期测温，扣2分 有自燃现象，扣2分 未配置挡煤墙、消防、排水、喷淋、防扬尘等设施，扣2分
2.4.3	存损率	5	煤场存损率不大于0.5%	煤场存损率不大于0.5% 每升高0.1个百分点，扣5分
2.4.4	热值差	5	入厂煤与入炉煤的热量差不大于418kJ/kg	季度入厂煤、入炉煤热量差比规定值每高升10kJ/kg，扣2分
2.4.5	混配掺烧	5	积极开展经济煤种的混配掺烧工作	未根据煤质情况制订科学、合理的燃料掺烧办法并实施，扣5分
2.4.6	燃油指标	5	燃油指标不超过上级下达的计划指标	燃油指标超过上级下达的计划指标，扣5分
2.4.7	燃料平衡	5	每5年应开展一次燃料平衡试验	5年内未开展燃料平衡试验，扣5分 燃料平衡不平衡率超过±1%；未分析原因，扣3分

续表

序号	检查项目	标准分	检查方法	评分标准
3	**机组运行指标**	**380**		
3.1	**供电煤耗指标**	**30**		
3.1.1	供电煤耗指标	10	新建及在役机组供电煤耗应不高于供电煤耗限定值	实际煤耗率比限定值高,扣10分
3.1.2	供电煤耗指标变化	10	机组通过技术改造升级,供电煤耗逐年降低	供电煤耗指标变化大于1(见本标准),每增大1%,扣5分
3.1.3	煤耗指标计算	10	供电煤耗应按规定方法统计和计算	未按规定标准和方法计算,扣3分 未进行正反平衡煤耗率校核,扣3分 供热机组供热煤耗计算不正确,扣3分
3.2	**锅炉指标**	**170**		
3.2.1	锅炉热效率	20	锅炉效率应达到保证值	额定负荷下锅炉效率比设计保证值每降低0.1个百分点,扣5分 机组A级检修前后未进行热效率试验,扣5分
3.2.2	排烟温度	15	锅炉排烟温度(修正值)与规定值(或设计值)的偏差不大于规定值的3%	锅炉排烟温度偏差超过3%,每升高1℃,扣1分 检修后未进行排烟温度标定,排烟温度代表性差,扣2分
3.2.3	运行氧量	10	运行氧量不超过规定值的±0.3个百分点	运行氧量偏离规定范围每0.1个百分点,扣2分 未按规定进行氧量标定,扣2分 检修后未进行锅炉漏风检查,扣2分 未按燃烧优化调整结果确定的最佳氧量曲线配风,扣2分

序号	检查项目	标准分	检查方法	评分标准
3.2.4	飞灰含碳量	10	飞灰含碳量不高于设计值或规定值 对煤粉锅炉：$V_{daf} \leq 10$，$C_{fa} \leq 5\%$；$10 < V_{daf} \leq 15$，$C_{fa} \leq 4\%$；$15 < V_{daf} \leq 20$，$C_{fa} \leq 2.5\%$；$20 < V_{daf} \leq 37$，$C_{fa} \leq 2\%$；$V_{da} > 37$，$C_{fa} \leq 1.2\%$ 对 CFB 锅炉：煤矸石和 $V_{daf} \leq 10$，$C_{fa} \leq 10\%$；$10 < V_{daf} \leq 15$，$C_{fa} \leq 7\%$；$15 < V_{daf} \leq 20$，$C_{fa} \leq 5\%$；$20 < V_{daf} \leq 37$，$C_{fa} \leq 3\%$；$V_{da} > 37$，$C_{fa} \leq 1.5\%$	飞灰含碳量未按规定定期取样、化验，扣10分 飞灰含碳量比规定值每升高1个百分点，扣5分
3.2.5	炉渣含碳量	10	1）炉渣含碳量不高于设计值或规定值 2）对煤粉锅炉：炉渣含碳量大致与飞灰基本相同 3）对 CFB 锅炉：炉渣含碳量不大于2%	炉渣含碳量未按规定定期取样、化验，扣10分 炉渣含碳量比规定值每升高1个百分点，扣2分
3.2.6	中速磨石子煤热值	5	中速磨石子煤排量在合理范围内，石子煤热值不超标（≤6.27MJ/kg）	未进行石子煤排量统计或石子煤热值未定期化验，扣5分 石子煤热值超过规定值20%，扣5分
3.2.7	空预器漏风率	10	空预器漏风率不超过规定值。管式不大于3%，回转式不大于6%	未定期进行空预器漏风率测试，扣5分 漏风率算术平均值比规定值每升高1个百分点，扣2分
3.2.8	制粉系统漏风系数	10	制粉系统的漏风系数见本标准	未定期进行制粉系统的漏风系数测试，扣5分 漏风系数比规定值每升高1个百分点，扣2分

序号	检查项目	标准分	检查方法	评分标准
3.2.9	除尘器漏风率	10	电除尘器漏风率、电袋及布袋除尘器漏风率均不大于2%	未定期进行除尘器漏风率测试，扣5分 漏风率比规定值每升高1个百分点，扣2分
3.2.10	煤粉细度	10	1）燃用无烟煤、贫煤和烟煤时，煤粉细度 R_{90} 可按 $0.5nV_{daf}$ 选取，煤粉细度 R_{90} 的最小值应控制不低于4% 2）当燃用褐煤时，对于中速磨，煤粉细度 R_{90} 取30%~50%，对于风扇磨，煤粉细度 R_{90} 取45%~55% 3）循环流化床锅炉入炉煤粒度应在设计范围内	煤粉细度未定期取样、化验，扣10分 煤粉细度每偏离规定值20%，扣2分
3.2.11	吹灰器投入率	10	统计期间吹灰器投入率不低于98%	吹灰器投入情况未统计，扣10分 吹灰器投入率每降低1个百分点，扣2分 易积灰、结渣部位无吹灰系统，扣2分
3.2.12	再热减温水流量	10	原则上再热减温水量为零	再热减温水流量阀门内漏严重未采取有效措施，扣10分 未充分利用烟气侧的调节手段，扣5分 流量不高于2t/h，不扣分 流量高于2t/h，每高出1t/h，扣1分
3.2.13	阀门漏泄率	5	锅炉疏放水阀门应严密，无内漏、外漏	未制定疏放水阀门漏泄检查清单，扣2分 未定期进行疏放水阀门漏泄统计，扣5分 疏放水阀门内漏，每点扣1分

续表

序号	检查项目	标准分	检查方法	评分标准
3.2.14	锅炉保温	5	当环境温度不高于 25℃ 时，热力设备、管道及其附件的保温结构外表面温度不应超过 50℃；当环境温度高于 25℃ 时，保温结构外表面温度与环境温度的温差应不大于 25℃	保温结构外表面温度高于规定值 5℃ 的，每处扣 1 分 机组 A 级检修前后未进行保温效果的检测，扣 5 分
3.2.15	风机经济运行	10	1）风机节能评价值不低于能效限定值 2）风机组实际效率与额定效率比值应大于 0.7	风机节能评价值低于能效限定值，每台扣 10 分 风机组实际效率与额定效率比值小于 0.7，每台扣 5 分 送风机、引风机等未开展效率试验，每项扣 1 分
3.2.16	锅炉设备维护	10	运行中对设备、系统异常的问题，及时进行维护	未按点检计划对设备进行巡回检查，每项扣 5 分 维护巡检发现的缺陷未及时进行消缺，每项扣 2 分
3.2.17	锅炉设备检修	10	科学、适时安排机组检修，避免机组欠修、失修，通过检修恢复机组性能	应列入检修项目而未检修的，每项扣 2 分 检修后锅炉效率比检修前降低的，每项扣 2 分
3.3	**汽轮机指标**	**170**		
3.3.1	汽轮机热耗率	20	汽轮机热耗率应达到设计值	汽轮机在阀点工况试验，经修正后的试验热耗率与设计热耗率的偏差高于设计热耗率 1.2%，扣 20 分 A 级检修或新机投产后未做热耗率试验，扣 20 分
3.3.2	主汽温度（机侧）	10	大于等于相应负荷设计值	主蒸汽温度低于设计值 3℃，不扣分 低于设计值 3℃ 后，每降低 1℃ 扣 2 分
3.3.3	再热蒸汽温度（机侧）	10	大于等于相应负荷设计值	再热蒸汽温度低于设计值 3℃，不扣分 低于设计值 3℃ 后，每降低 1℃ 扣 2 分

国家电投集团火电企业技术监督实施细则和评估标准

序号	检查项目	标准分	检查方法	评分标准
3.3.4	主汽压力（机侧）	10	1）定压运行时与设计值偏差不超过±1% 2）滑压运行时，按厂家或滑压运行优化试验确定最佳值	未按定滑压运行曲线运行，扣5分 未进行滑压运行优化试验，扣3分 压力每偏离规定值0.1MPa，扣1分
3.3.5	汽轮机缸效率	5	应定期计算汽轮机缸效率（排汽为过热蒸汽的汽缸）	未定期计算汽缸效率扣5分
3.3.6	凝汽器真空度	15	凝汽器真空度应达到对应循环水进水温度下的设计值，供热机组考核非供热期	真空度比设计值每降低1个百分点，扣5分 没有凝汽器特性曲线，扣2分 凝汽器压力大于设计值15%以上时，未进行凝汽器传热特性试验或采取相应措施，扣3分
3.3.7	真空系统严密性	10	100MW及以下湿冷机组的真空严密性不高于400Pa/min，100MW以上湿冷机组的真空严密性不高于270Pa/min。直接空冷机组真空严密性指标小于或等于200Pa/min，供热机组考核非供热期	对湿冷机组，真空严密性每超过规定值，扣2分 对空冷机组，真空严密性每超过规定值，扣2分 真空严密性试验程序和方法不符合规程规定，扣2分
3.3.8	凝汽器端差	10	凝汽器端差根据循环水温度确定不同的考核值	对应平均循环水入口温度（空气温度），凝汽器端差每升高1℃，扣1分 凝汽器端差超过规定值4℃而未采取有效措施，扣3分
3.3.9	凝结水过冷度	5	湿冷机组和空冷机组统计期平均值均不大于2℃	过冷度超过2℃后，每升高1℃扣1分
3.3.10	冷却水塔冷却幅高	5	夏季测试的冷却水塔出口水温不高于大气湿球温度7℃	冷却水塔冷却幅高未测试，扣5分 冷却幅高高于大气湿球温度7℃后，每升高1℃扣1分

序号	检查项目	标准分	检查方法	评分标准
3.3.11	胶球清洗装置	5	1）胶球清洗装置投入率不低于98% 2）胶球清洗装置收球率高于90%	胶球清洗装置投入率每降低1个百分点，扣2分 胶球清洗装置收球率每降低1个百分点，扣1分
3.3.12	给水温度	10	最终给水温度不低于相应负荷下的设计值0.5℃	未绘制给水温度与负荷的关系曲线，扣5分 最终给水温度低于相应负荷下的设计值0.5℃，再每降低1℃扣2分
3.3.13	加热器端差	5	各加热器端差不低于设计值	未定期计算加热器端差，扣5分 加热器上端差比设计值每增加1℃，每台扣2分 加热器下端差比设计值每增加1℃，每台扣1分
3.3.14	高加投入率	5	高压加热器随机组启停时投入率不低于98%；高压加热器定负荷启停时投入率不低于95%，不考核开停调峰机组	高压加热器投入率比规定值每降低1个百分点，扣2分
3.3.15	阀门漏泄率	10	高低压旁路、给水旁路，疏放水阀门应严密，无内漏、外漏	高、低压旁路内漏，每点扣5分 给水旁路，疏放水阀门内漏，每点扣1分
3.3.16	汽机保温	5	当环境温度不高于25℃时，热力设备、管道及其附件的保温结构外表面温度不应超过50℃；当环境温度高于25℃时，保温结构外表面温度与环境温度的温差应不大于25℃	保温结构外表面温度高于规定值5℃的，每处扣1分 机组A级检修前后未进行保温效果的检测，扣5分

国家电投集团火电企业技术监督实施细则和评估标准

续表

序号	检查项目	标准分	检查方法	评分标准
3.3.17	水泵经济运行	10	1）水泵节能评价值不低于能效限定值 2）水泵组实际效率与额定效率比值应大于0.7	水泵节能评价值低于能效限定值，每台扣10分 水泵组实际效率与额定效率比值小于0.7，每台扣5分 给水泵、凝结水泵、循环水泵等未开展效率试验，每项扣1分
3.3.18	汽机设备维护	10	运行中对设备、系统异常的问题，及时进行维护	未按点检计划对设备进行点检，每项扣5分 缺陷未及时进行消缺，每项扣2分
3.3.19	汽机设备检修	10	科学、适时安排机组检修，避免机组欠修、失修，通过检修恢复机组性能	应列入检修项目而未检修的，每项扣2分 检修后汽轮机热耗比检修前升高的，每项扣2分
3.4	**供热系统**	**10**		
3.4.1	供热计量	5	供热计量满足商务结算的要求，计量表计符合规程要求	热量表的设计、安装及调试不符合要求，扣2分 热能计量装置未定期校验，每项扣1分 计量装置配备率、合格率、检测率和计量率不符合要求，每项扣1分
3.4.2	经济运行	5	供热系统应处于经济运行状态	未根据热网循环水温度和流量变化确定热网循环水泵最佳运行方式，扣2分 热网循环水泵未采用调速水泵，扣2分
4	**电耗指标**	**60**		
4.1	电能计量	20	电能计量器具配备、精度等级、定期检定符合相关规程规定	电能计量器具配备不满足商务结算和用电监测要求的，缺1项扣5分 各类电能计量装置的精度等级不符合要求，每点扣2分 电能计量器具未定期检定（校准），每点扣2分

序号	检查项目	标准分	检查方法	评分标准
4.2	生产厂用电率	10	生产厂用电率不高于上年厂用电率（增加用电设备除外）	机组厂用电率变化指标大于1（见本标准规定），扣5分 生产厂用电率高于上年同类型机组全国平均值，扣2分 生产与非生产用电未分开统计，扣5分
4.3	辅机耗电率	20	1）锅炉辅机（磨煤机、排粉机、送风机、引风机、一次风机、炉水循环泵、除灰系统、除尘系统、脱硫系统、脱销系统）耗电率低于设计值或先进值 2）汽机辅机（给水泵、凝结水泵、循环水泵、真空泵、空冷岛风机）耗电率低于设计值或先进值	电动机能效限值超过规定值，每台扣2分 主要辅机耗电率未按规定统计，每台扣2分 主要辅机耗电率同比和环比上升，未进行原因分析，扣5分
4.4	经济运行	10	应进行主要辅机运行台数优化、变频改造等节电措施	主要电动机效率小于额定综合效率的60%或输入电流下降超过35%，每台扣1分 未进行辅机运行台数优化，每台扣2分 风机或水泵长期在低负载下运行时未进行调速改造的，每台扣2分
5	**水耗指标**	**50**		
5.1	水量计量	20	水量计量器具配备、精度等级、定期检定负荷相关规程规定	水计量装置配备不满足商务结算和用水监测要求的，缺1项扣5分 各类水量计量装置的精度等级不符合要求，每点扣2分 水量计量器具未定期检定（校准），每项扣2分
5.2	**全厂水耗**	**30**		
5.2.1	全厂水耗指标	5	全厂用水量应达到单位发电量取水量定额指标	全厂用水量未达到单位发电量取水量定额指标，每高 0.5m³/MWh，扣5分

序号	检查项目	标准分	检查方法	评分标准
5.2.2	全厂水耗	5	通过技术改造或优化，全厂水耗应逐年降低	发电水耗高于上年同类型机组全国平均值，扣5分 5年内未进行全厂水平衡测试，扣5分 生产用水与非生产用水未分开，扣2分 水耗统计计算方法不正确，扣2分
5.2.3	复用水率	5	单机容量为125MW及以上电厂复用水率不宜低于95%，缺水和贫水地区单机容量为125MW及以上全厂复用水率不宜低于98%	全厂复用水率低于规定值，每降低1个百分点扣5分 湿法烟气脱硫系统、除灰渣系统、输煤栈桥冲洗、灰场喷淋等部位使用新鲜水，扣2分 循环水排污回收率未达100%，扣2分
5.2.4	化学自用水率	5	1）采用单纯离子交换除盐装置和超滤水处理装置的化学自用水率不高于10% 2）采用反渗透水处理装置的化学自用水率不高于25%	化学自用水率比规定值每升高1个百分点，扣1分
5.2.5	机组补水率	5	1）900MW级及以上机组应不大于1.0% 2）300~600MW级机组应不大于1.5% 3）125~200MW级机组应不大于2.0% 4）100MW以下机组应不大于3.0%	机组补水率比规定值每升高0.2个百分点，扣5分
5.2.6	循环水浓缩倍率	5	1）采用地表水、地下水或海水淡化水作为补充水，浓缩倍率不小于5.0 2）采用再生水作为补充水，浓缩倍率不小于3.0	循环水浓缩倍率比规定值差0.5，扣5分
6	热工仪表	10	1）汽机、锅炉主要热工仪表应正常投入，显示准确 2）定期对热工仪表进行检定	主要表计不能正常投入，每点扣2分 主要表计显示不准，每点扣1分

表 11　电能质量技术监督检查评分标准（1000 分）

序号	检查项目	标准分	检查方法	评分标准
1	**电能质量技术监督管理**	**300**		
1.1	技术监督体系建设	40	1）检查是否建立以主管生产副总经理或总工程师领导下的专业监督网络 2）检查技术监督组织机构文件 3）检查电能质量技术监督体系文件	未建立监督网络的不得分 组织机构不完善扣 10 分 缺少相关文件扣 10 分
1.2	职责明确，按有关规定开展工作	30	1）检查岗位职责资料 2）现场询问各级电能质量监督专责	岗位职责资料不齐全，1 处扣 5 分 每级职责不明确扣 5 分
1.3	制度制定和执行。根据系统要求及本厂情况制定切实可行的电能质量技术监督实施细则。其中应包括无功电压控制、进相运行、本厂变压器分接头调整及关于运行人员调整电压、电压异常处理、谐波管理的具体办法	40	1）检查本厂是否制定电能质量技术监督实施细则 2）检查各项工作内容是否完善	未制定实施细则扣 20 分 每项内容不完善扣 5 分
1.4	制定电能质量监督年度工作计划	30	1）检查是否有电能质量监督年度计划 2）检查计划执行情况	未制定年度工作计划的扣 20 分 未按计划执行的，每项扣 5 分
1.5	技术资料与档案管理	40	1）检查国家、行业、法规、标准是否齐全 2）检查国家电投集团监督管理规定、国家电投集团监督实施细则、本厂监督实施细则是否齐全 3）检查是否建立电能质量档案，内容是否齐全	每缺少 1 项法规、标准扣 1 分 每缺少 1 项制度扣 1 分 未建立电能质量档案扣 10 分 档案内容缺少一项扣 1 分

续表

序号	检查项目	标准分	检查方法	评分标准
1.6	技术监督工作会议和培训	30	1）检查会议记录及会议纪要 2）检查培训计划及培训记录	未开展监督会议扣10分 会议记录不全扣2分 未制订培训计划扣5分 未开展培训工作扣10分 培训记录不全扣2分
1.7	电能质量技术监督告警	30	检查告警单及相关记录	未执行电能质量技术监督告警制度扣20分 构成告警条件未填写告警单扣10分 出现告警情况未及时处理扣15分
1.8	技术监督报表与总结	30	1）检查每季度电能质量报表 2）检查年度电能质量监督报告	缺少电能质量季报每项扣5分 季报内容不准确每处扣1分 缺少年度监督报告扣10分 报告内容不准确每处扣1分
1.9	技术监督检查与考核	30	1）检查电厂电能质量技术监督自评报告 2）检查电厂电能质量技术监督考核记录	未开展自评扣10分，缺少自评报告扣5分 未开展考核的扣10分，缺少考核记录扣5分
2	**电能质量技术监督指标**	**130**		
2.1	电压控制点合格率≥98%，电压监视点合格率≥98%，AVC装置投运率98%	30	1）检查季报及年度报告 2）现场检查	按电压曲线考核，每条母线每降低1%扣5分 若发挥了机组最大调压能力后仍不满足要求的，可酌情考虑少扣或不扣 当AVC投入时，电压合格率不做考核
2.2	正常频率偏差允许值为±0.2Hz，系统容量较小时，偏差值可放宽至±0.5Hz	20	1）检查季报及年度报告 2）现场检查	频率允许偏差值超标每次扣5分

序号	检查项目	标准分	检查方法	评分标准
2.3	电压偏差符合国家标准要求	20	1）检查季报及年度报告 2）现场检查	电压允许偏差值超标每次扣5分
2.4	电压波动和闪变符合国家标准要求	20	1）检查季报及年度报告 2）现场检查	电压波动和闪变超标每次扣5分
2.5	电网正常运行时，负序电压不平衡≤2%，短时不得超过4%	20	1）检查季报及年度报告 2）现场检查	三相电压不平衡超标每次扣5分 引起设备和线路损耗超标的每次扣10分
2.6	谐波电压不超限值，谐波电流不超允许值	20	1）检查季报及年度报告 2）现场检查	谐波超标每次扣5分
3	**电能质量技术监督范围及主要工作内容**	**570**		
3.1	**频率质量技术监督**	**120**		
3.1.1	并网运行的发电机组一次调频功能	40	1）检查发电机组是否具有一次调频的功能 2）检查机组的一次调频功能参数是否按照电网运行的要求进行整定并投入运行	发电机组不具备一次调频功能扣40分 机组一次调频功能未按电网运行要求进行投入扣20分
3.1.2	发电机组调频要求满足 1）单元制汽轮机发电组在滑压状态运行时，必须保证调节汽门有部分节流，使其具有额定容量3%以上的调频能力 2）发电机组一次调频的负荷响应滞后时间一般不大于1s，负荷响应时间不大于15s 3）汽轮发电机组参与一次调频的负荷变化幅度，正向调频负荷（即机组负荷增加）不应小于机组额定容量的5%，负向调频负荷则不予限制 4）汽轮机调速系统的性能指标，如转速不等率、转速迟缓率、转速调节死区等应符合DL/T 824的要求	40	1）检查发电机组说明书出厂报告及调试记录 2）检查运行记录 3）现场检查发电机组调频情况	发电机组说明书出厂报告及调试记录不全扣5分 材料证明发电机组不满足调频要求1条扣10分 运行记录不全1处扣2分，发现存在未达到调频要求的情况，1次扣10分 现场检查机组存在不满足要求的情况，发现1处扣10分

序号	检查项目	标准分	检查方法	评分标准
3.1.3	频率质量监测	40	1）检查是否开展频率质量监测工作 2）检查频率监测记录	未开展频率质量监测工作扣40分 未对频率质量进行记录扣10分 记录不准确1处扣5分
3.2	**电压偏差技术监督**	**280**		
3.2.1	运行人员电压调整要适当，应满足逆调压原则	20	1）抽查有关运行值班人员 2）查一线岗位是否有具体规定	运行人员对电网调整电压的要求掌握不全面，扣5分 节日、大负荷特殊期间的母线电压不符合要求一次扣10分
3.2.2	运行人员掌握电网的调压要求	20		
3.2.3	电网下达的节日、大负荷特殊期间的调压要求，现场运行人员应掌握	20		
3.2.4	按照调度部门下达的电压曲线或发电机无功出力，严格控制高压母线电压	30	1）查阅调度下达电压曲线及运行记录 2）检查母线电压历史趋势	调度电压曲线或运行记录不全，1项扣5分 母线电压未能达到电压曲线要求，1次扣5分
3.2.5	发电机组均应具备在有功功率为额定值时，功率因数进相0.95运行的能力	30	1）检查发电机说明书及厂家资料 2）检查发电机进相试验报告	厂家资料不全扣5分 缺少进相试验报告扣5分 发电机不满足进相运行要求扣10分
3.2.6	运行中发电机的无功出力及进相运行能力应能达到制造厂规定的额定值，并经主管部门核定，写入运行规程。各种变送器、仪表可适应发电机进相运行的需要	30	1）查现场运行规程或规定 2）现场检查	运行规程或规定不全1处扣2分 仪器仪表未达到发电机进相运行要求的，1处扣5分
3.2.7	发电机组主变和高厂变分接头位置合适，厂用电压合格，可适应发电机从迟相到进相的全部过程	30	1）检查运行记录 2）现场检查	运行记录不全1处扣2分 分头位置未达到发电机进相运行要求的，1处扣5分

序号	检查项目	标准分	检查方法	评分标准
3.2.8	按规定做好运行电压记录；定期进行调压设备（变压器、励磁系统、仪器仪表等）的检查校验；消缺记录齐全准确	30	1）检查运行电压记录 2）检查调压设备检查校验记录 3）检查设备消缺记录	运行电压记录不全一处扣1分 调压设备校验记录不全一处扣2分 设备消缺记录不全一处扣2分
3.2.9	电压偏差监测统计	30	检查全厂各测点电压偏差监测统计资料	缺少电压偏差统计资料或数据不准确的每测点扣2分
3.3	电压波动和闪变、三相电压不平衡技术监督	40	检查电压波动和闪变、三相电压不平衡监测记录	母线、厂用电接有直供冲击负荷和不对称负荷未进行电压波动闪变和三相电压不平衡监测，1次扣1000分
3.4	**谐波技术监督**	**120**		
3.4.1	谐波监测点设置	40	1）查看设备技术资料及台账 2）现场检查	未按标准要求设置相应监测点的每处扣5分 当谐波源设备、电容器（或滤波器）组等接入后，未进行专项测试的每次扣5分
3.4.2	定期对发电机出口、升压站母线、厂用电6kV及380V的电压情况进行谐波普查	40	1）检查测试计划 2）检查测试记录	未制订测试计划的扣10分 谐波测试超周期扣10分 测量方法存在问题或测试不准确扣10分 试验记录不全或不准确扣10分
3.4.3	谐波测试数据整理及分析	40	检查试验分析报告	未开展谐波测试分析扣20分 谐波测试数据分析不满足要求一处扣5分
3.5	**电能质量监测仪器要求**	**50**		

续表

序号	检查项目	标准分	检查方法	评分标准
3.5.1	电厂应配置电能质量分析仪	20	1）检查设备台账 2）现场检查	未配置电能质量分析仪扣20分 设备不能正常使用扣5分
3.5.2	电能质量分析仪是否满足标准要求	20	1）查阅设备说明书及出厂资料 2）查阅设备校验报告	设备相关资料不全扣5分 设备不满足标准要求扣10分
3.5.3	电能质量分析仪是否检测	10	查阅设备校验报告	设备未校验或超周期扣5分

表 12　励磁技术监督检查评分标准（1000 分）

序号	检查项目	标准分	检查方法	评分标准
1	**励磁系统技术监督管理**	**300**		
1.1	**监督网络机构及职责**	**100**		
1.1.1	火电企业应建立由生产副经理或总工程师负责的企业、生产技术部门、车间班组的三级技术监督网，并能根据岗位变化及时调整	5	查看技术监督组织机构文件	未建立监督网络的不得分 未下文扣3分 机构不完善扣2分
1.1.2	各级励磁系统技术监督负责人是否职责明确	5	查看岗位职责文件及相关工作	每级职责不明确扣2分
1.1.3	励磁系统技术监督机构是否每月定期召开监督工作会议，检查、总结、考核本企业励磁技术监督工作，体系运转正常	5	查看会议纪要及相关文件	监督机构未正常运转的不得分 纪要和相关文件内容缺失的扣3分
1.1.4	结合本企业情况制定励磁系统技术监督实施细则	25	查看监督实施细则	没有不得分，制定内容不完善或不符合本厂实际的一项扣5分
1.1.5	技术监督异常是否按规定上报，对于上级监督机构及监督服务单位监督检查问题和异常告警通知单所提问题是否及时整改，全过程要责任到人，形成闭环管理	60	查阅技术监督异常告警报告单、告警通知单、监督报告等	具备励磁系统技术监督告警条件，未填写《技术监督异常告警报告单》扣20分 监督问题未及时整改扣30分 未形成闭环管理的扣10分

序号	检查项目	标准分	检查方法	评分标准
1.2	**制度、技术资料管理及报表编制**	**200**		
1.2.1	按规定格式和时间如实上报励磁系统技术监督报表、年度总结，重要问题应及时上报	30	查技术监督月、季度报表，年度总结	未按规定上报监督报表不得分 内容不完善1项扣3分
1.2.2	常用国家和行业相关标准、规程齐全（见实施细则中的引用标准文件）	20	查阅标准、规程	规程不齐全，每缺1个扣1分
1.2.3	企业应编制的主要规程、制度： 1）运行规程和检修规程（含励磁系统部分） 2）试验用仪器仪表使用、操作规程及定期检定规程 3）励磁调节器定值单管理制度（可与继电保护合并，内容应完整） 4）励磁系统功能投退管理制度（可与继电保护合并，内容应完整） 5）定期校验制度 6）现场巡回检查制度 7）设备缺陷和事故统计管理制度 8）技术资料、图纸管理制度 9）技术培训制度 10）微机励磁软件版本管理制度（可与继电保护合并，内容应完整） 11）技术监督工作考核奖励制度	50	检查各项规程、制度的文件	未编制主要规程，缺1项扣10分
1.2.4	应具备的技术资料： 1）二次回路（包括控制及信号回路）设计竣工图 2）一次设备主接线图及主设备参数、励磁系统屏柜内部接线图 3）励磁系统传递函数总框图及参数说明 4）励磁系统屏柜的端子排图	50	检查设计、设备厂家、技改文件资料 检查试验报告应包括试验项目、方法、结果、试验中发现的问题及处理方法、试验负责人、试验参加人、试验使用的仪器仪表、设备和试验日	主要资料不全，缺1项扣10分 内容不完整扣5分

序号	检查项目	标准分	检查方法	评分标准
1.2.4	5）励磁系统的原理说明书、原理逻辑图 6）程序框图、分板图、及元器件参数 7）励磁系统的投产交接试验报告及检修后试验报告 8）励磁系统参数测试及 PSS 试验报告 9）发电机组进相试验报告 10）励磁系统及二次回路技术改造相关文件（若有）	50	期等内容 改进说明应包括改进原因，批准人、执行人和改进日期	主要资料不全，缺 1 项扣 10 分 内容不完整扣 5 分
1.2.5	各种记录： 1）励磁系统设备台账及运行检修日志 2）励磁系统缺陷及处理记录及动作分析报告（含录波图） 3）设备技术改造或改进的详细说明 4）机组励磁系统检修、检定和试验调整记录 5）励磁系统故障后的补充检验记录 6）试验用标准仪器仪表维修、检定记录 7）反措整改措施及执行记录	50	检查记录资料	主要记录资料不全，缺 1 项扣 10 分 缺陷处理不及时扣 5 分 事故记录不完整或漏项扣 5 分 保护班组应存有全部检验报告
2	**励磁系统技术监督指标**	**50**		
2.1	励磁系统考核指标： 1）因励磁系统故障引起的发电机强迫停运次数不大于 0.25 次/年，励磁系统强行切除率不大于 0.1% 2）励磁系统定子电压自动控制方式应按要求正常投入，年投入率大于 99%，PSS 强行切除次数满足地方调度要求 3）励磁系统投运动态性能合格率 100% 4）励磁系统投入的限制、保护环节正确动作率 100%	50	查看报表及安全、运行记录	按公司颁布的标准执行，每低于 1% 扣 5 分 对于 200MW 以上机组，要求 AVR 投入率 99%，每降低 1% 扣 5 分 动态性能合格率低于 100%，每降低 1% 扣 3 分 限制、保护环节正确动作率低于 100%，每降低 1% 扣 5 分 PSS 强行切除受地方调度通报的不得分

序号	检查项目	标准分	检查方法	评分标准
3	**励磁技术监督范围及主要工作内容**	**650**		
3.1	**励磁系统及二次系统设计**	**100**		
3.1.1	发电机主辅励磁机及励磁变压器、功率整流装置、励磁调节器（包括 PSS 功能的其他附加控制单元）、手动励磁控制单元、灭磁装置和转子过电压保护、起励、励磁专用电压互感器及电流互感器、励磁回路电缆、母线等设备的设计要符合有关规程规定及各种反措要求	50	对照设备查阅有关技术资料	每套设备的设计不符合"技术规程"要求扣 10 分
3.1.2	两套调节器的电压回路应分别取自不同 PT 的二次绕组	5	现场察看	PT 接入不正确扣 5 分
3.1.3	励磁盘柜之间接地母排与接地网应连接良好，应采用截面积不小于 50mm² 的接地电线或铜编织线与接地扁铁可靠连接，连接点应镀锡。励磁系统按继电保护要求敷设等电位接地网，励磁系统二次回路应采用屏蔽电缆，电缆屏蔽层接入等电位接地网	15	现场检查	接地不符合要求或扣 5 分 敷设不符合要求扣 5 分 未使用屏蔽电缆扣 5 分 未敷设等电位接地网扣 5 分
3.1.4	功率整流装置的一个柜（支路）退出运行时能满足发电机强励和 1.1 倍额定励磁电流运行要求	10	检查设计文件及整流装置技术文件	功率整流配置不满足要求扣 5 分
3.1.5	励磁变设计容量是否满足强励要求，并考虑有 10% 以上的裕度，满足 1.1 倍额定短路电流试验的要求	10	查阅技术资料	不满足强励要求不得分 不满足 1.1 倍短路电流试验要求扣 5 分
3.1.6	二次回路图纸应与装置实际相符	10	现场核对	出现 1 处错误扣 2 分 3 处以上不得分
3.2	**控制参数及保护定值**	**200**		

序号	检查项目	标准分	检查方法	评分标准
3.2.1	1）按照电网调度部门的要求，及时上报涉网保护定值，励磁系统总体传递函数框图、控制参数、励磁系统模型参数测试报告及PSS试验报告 2）按照规程进行发电机进相试验，进相运行限额值及时上报电网调度部门并批复 3）励磁调节器定值单内容完整	150	查看资料及试验报告	未进行参数测试和PSS试验扣50分 未进行进相试验扣50分 未上报相关资料扣30分 未见电网公司下发的进相运行限额值扣10分 励磁调节器定值单内容不完整扣10分
3.2.2	励磁自动电压调节器各主要限制环节定值应合理并满足与继电保护的配合关系： 低励限制应先于失磁保护动作；过励限制应先于发电机转子过负荷保护动作；定子过流限制应先于发电机定子过负荷保护动作；V/Hz限制应先于发电机和主变过激磁保护动作	50	查看整定计算和校核资料	缺少1项校核扣10分 励磁调节器有关定值整定不合理扣10分
3.3	**励磁系统的运行和维护**	**350**		
3.3.1	发电机励磁系统正常应投入自动电压控制和PSS，辅助限制环节应按要求正常投运	30	现场检查及查阅缺陷记录	AVR自动方式投入率不满足要求扣10分 PSS投入率不满足要求扣10分 辅助限制环节未投入扣10分
3.3.2	励磁系统的可控硅整流器或硅整流器应进行过流均压检查，励磁系统设备运行中是否发生过过热现象，对易发热部件是否用热成像仪测温。电压调节范围应达到要求，在调节范围内能稳定平滑调节	20	查阅和红外成像测试记录和巡检检查记录	整流器未进行均流检查或均流系数不满足要求扣10分 未见到红外热成像仪测温报告扣5分 运行中出现超温报警情况扣5分
3.3.3	励磁系统中励磁变、灭磁开关、转子滑环等设备应按规定进行定期巡检。是否定期清理或更换整流柜滤网	20	现场检查及查阅缺陷记录	存在严重问题扣10分 现场若发现发电机转子滑环温度、励磁变温度缺少监测手段的扣10分 励磁变温控器未定期校验扣5分

序号	检查项目	标准分	检查方法	评分标准
3.3.4	向量测试应符合规定：电压核相正确；并形成正式测试报告	20	查阅测试记录	任1台未测量或数值异常原因未查明，或缺陷未消除者，扣10分
3.3.5	励磁盘柜的继电器、试验端子、操作电源熔断器、端子排等应符合安全要求（包括名称、标志是否齐全、清晰）	20	对照实物与安装图进行现场检查	每1处不符合要求，扣5分 3处以上不得分
3.3.6	励磁调节器控制参数变动应认真执行定值通知单制度，各控制参数应与定值单相符。发电机应进行过进相试验并编入运行规程，PSS应进行过试验并具备投入条件	20	对照检查试验报告、定值通知单、记录和台账卡片，抽查主要设备	发现1处主要控制参数和定值单不相符，本条不得分 发电机进相运行未编入运行规程扣10分 PSS不具备投入条件不得分
3.3.7	定值单是否齐全，运行和专业班组均有完整的定值单	20	现场检查	定值单不齐不得分
3.3.8	按期编制年度校验计划，按作业指导书对励磁系统进行了定期校验	20	查阅计划文本、作业指导书及有关记录	未进行年度校验不得分 因自身原因未完成全部校验扣5分 作业指导书不完整、有缺漏扣5分
3.3.9	新投产或改造后励磁系统静、动态试验的试验报告应完整，各种试验项目应齐全： 要求在机组启动试验过程中，进行励磁调节器的起励试验、切换试验、阶跃试验、灭磁试验、V/Hz限制试验、PT断线试验、频率特性试验、过励限制、低励限制试验、定子电流限制、甩无功试验、PSS试验、灭磁开关动作电压特性试验，全面验证励磁系统技术性能	60	检查试验报告	每1项试验项目不全扣5分 试验方法不符合规程扣5分 结论错误扣5分
3.3.10	机组检修后应按实施细则附录A进行励磁系统的定期检查试验，报告内容齐全	25	检查报告	检修后未进行励磁系统定期检查试验不得分 缺少项目1处扣5分

国家电投集团火电企业技术监督实施细则和评估标准

续表

序号	检查项目	标准分	检查方法	评分标准
3.3.11	励磁小室应有防尘、防火和防小动物的措施；励磁小室应配备空调等降温设施，空调的运行方式及管理要列入运行规程	25	现场检查	空调失灵未修理扣10分 无空调管理规定扣5分 防尘、防火和防小动物的措施不齐全扣10分
3.3.12	微机、集成电路励磁调节柜1m内禁用对讲机，在规定范围、地点应有明显的标示	20	现场检查	励磁小室、电缆夹层门口无标志不得分
3.3.13	二次回路连接牢固、定期清扫没有灰尘、排列整齐、端子排没有松动	20	现场检查	每一处不符合要求扣5分 三处以上不得分
3.3.14	励磁设备具有必需的备品备件；并满足存放环境的要求	30	现场检查	重要装置无备件扣15分 存放环境不满足扣15分

表13 生产建（构）筑物监督检查评分标准（1000分）

序号	检查项目	标准分	检查方法	评分标准
1	**监督管理**	**200**		
1.1	**组织与职责**	**70**	**查看电厂技术监督组织机构文件、上岗资格证**	
1.1.1	监督组织机构健全	20	生产建（构）筑物检测制度及规程完整，各级监督岗位责任制健全	生产建（构）筑物结构安全法规、规程不完整酌情扣分
1.1.2	职责明确并得到落实	20	有相应专业的负责生产建（构）筑物结构安全监督专责人员	无相应专业负责生产建（构）筑物结构安全监督的专责人员直接扣20分
		20	生产建（构）筑物结构安全监督负责人认真及时贯彻上级下发的规程、制度，有实施细则或技术措施。督促厂内有关生产建（构）筑物结构安全观测制度及时更新	不认真不及时扣10分
		10	按时完成上级下达的各项任务	完不成酌情扣分

838

序号	检查项目	标准分	检查方法	评分标准
1.2	**监督计划**	**40**	**现场查看监督计划**	
1.2.1	计划的制订	20	1）计划制定时间、依据符合要求 2）计划内容全面	计划制定时间、依据不符合，每个计划扣2分 计划内容不全，每缺1个计划扣2分
1.2.2	计划的审批	10	符合工作流程：班组或部门编制→生产建（构）筑物技术监督专责人审核→主管主任审定→副总经理（或总工程师）审批→下发实施	审批工作流程缺少环节，不得分
1.2.3	计划的上报	10	计划按期上报	未按期上报，不得分
1.3	**监督档案**	**40**	**现场查看监督档案、档案管理的记录**	
1.3.1	监督档案清单	10	应建有监督档案资料清单。每类资料有编号、存放地点、保存期限	不符合要求，不得分
1.3.2	报告和记录、报表等	20	1）各类资料内容齐全、时间连续 2）及时记录新信息	第1、2项不符合要求，1件扣3分
1.3.3	档案管理	10	1）资料按规定储存，由专人管理 2）记录借阅应有借还记录 3）有过期文件处置的记录	不符合要求，1项扣3分
1.4	**评价与考核**	**30**	**查阅评价与考核记录**	
1.4.1	定期监督工作会议	20	有监督工作会议纪要	无工作会议纪要，不得分
1.4.2	监督工作考核	10	有监督工作考核记录	发生监督不力事件而未考核，不得分
1.5	**工作报告制度执行情况**	**20**	**查阅最近1年月报表、检查速报事件及上报时间**	
1.5.1	监督年报	10	每年1月5日前，应将技术监督年报报送二级单位且格式和内容符合要求	年报上报推迟1d扣2分 格式不符合，1项扣2分 报表数据不准确，1项扣3分 检查发现的问题，未在年报中上报，每个问题扣2分

国家电投集团火电企业技术监督实施细则和评估标准

序号	检查项目	标准分	检查方法	评分标准
1.5.2	技术监督速报	10	按规定格式和内容编写技术监督速报并及时上报	发现或出现重大设备问题和异常及障碍未及时、真实、准确上报技术监督速报，每1项扣5分 上报速报事件描述不符合实际，1件扣5分
2	**建设期专业技术工作**	**400**		
2.1	**监测点设计审查**	**100**	**检查监测点设计阶段的审查环节**	
2.1.1	审查记录	50	有审查记录	无审查记录，不得分
2.1.2	重点审查内容	50	内容中有： 1）结构安全监测项目及监测系统布置的合理性 2）结构安全监测设施的可靠性和合理性	内容不全，每缺1项扣5分
2.2	**监测点的设置与安装**	**100**	**检查监测点安装阶段的监督环节**	
2.2.1	专职人员	50	施工单位设专职人员	施工单位未设专职人员，不得分
2.2.2	业主对施工的检查情况	50	施工检查情况存档备份	无施工检查记录，不得分 有施工检查记录，未存档，扣10分
2.3	**基础施工阶段的监测**	**100**	**查阅基础施工阶段的监测**	
2.3.1	监测制度	50	制定建（构）筑物沉降监测工作内容和主要的安全监控指标	无监测制度不得分 内容不全，每缺1项扣5分
2.3.2	监测资料	50	取得各个监测项目的监测资料和基准值，并及时整理分析、存档	无监测资料不得分 资料不全，每缺1项扣5分 未归档扣10分
2.4	**监测设施竣工验收**	**100**		
2.4.1	竣工报告	50	编写监测系统竣工报告和施工期监测资料的分析报告	无竣工报告、分析报告等竣工文件不得分 文件不全，每缺1项扣10分

序号	检查项目	标准分	检查方法	评分标准
2.4.2	资料整理	50	《建（构）筑物竣工观测基础资料》存档备案	无资料不得分 内容不全，每缺 1 项扣 5 分 未归档扣 30 分
3	**运行期专业技术工作**	**400**		
3.1	**建（构）筑物台账**	**40**	**查阅建（构）筑物台账**	
3.1.1	建（构）筑物台账	20	有建（构）筑物台账	无建（构）筑物台账，不得分
3.1.2	台账完整性	20	台账所记录全厂建（构）筑物的全面性等	建（构）筑物台账内容不全，每缺 1 项扣 5 分
3.2	**定期检查**	**70**	**查阅定期检查记录**	
3.2.1	检查记录时间	30	定期检查按规定执行情况	未按规定周期定期检查，每少 1 次扣 5 分
3.2.2	检查记录内容完整性	20	内容齐全，及时记录新信息	无检查记录不得分 内容不全，每缺 1 项扣 3 分
3.2.3	检查记录文件归档	20	资料按规定储存，由专人管理	检查记录未归档不得分 归档不及时酌情扣分
3.3	**应急检查**	**70**	**查阅应急检查记录**	
3.3.1	检查记录及时性	30	需要进行应急检查的事件发生后及时记录新信息	无检查记录不得分 检查记录不及时酌情扣分
3.3.2	检查记录内容完整性	20	检查记录内容齐全	内容不全，每缺 1 项扣 3 分
3.3.3	检查记录文件归档	20	资料按规定储存，由专人管理	检查记录未归档不得分 归档不及时酌情扣分
3.4	**专业检查**	**60**	**查阅专业检查**	
3.4.1	检测鉴定机构资质、资格	30	专业检查的单位是否具备检测鉴定资质的、相应设计经验和能力	无资质或无相应设计经验和能力的单位进行的专业检查，每发现 1 项扣 10 分 并要求重新进行专业检查或对原专业检查进行评审
3.4.2	应进行专业检查项目执行	30	对于应进行专业检查的项目，须安排专业检查	应进行专业检查的项目未安排专业检查，每缺 1 项扣 10 分 并要求进行专业检查

序号	检查项目	标准分	检查方法	评分标准
3.5	**延寿评估**	**100**	**查阅建（构）筑物延寿评估**	
3.5.1	延寿评估执行	40	已达到设计使用年限的建（构）筑物，如继续使用，须进行延寿评估	已达到设计使用年限的建（构）筑物未进行延寿评估，每发现1项扣10分 要求进行延寿评估
3.5.2	评估机构资质、资格	40	延寿评估单位，是否具有延寿评估经验和能力	无资质或无相应评估经验和能力的单位进行的延寿评估，每发现1项扣10分 要求具有延寿评估经验和能力的单位重新进行延寿评估
3.5.3	延寿评估的评审、上报	20	有延寿评估报告评审，上报上级单位	对延寿评估未进行评审的，或未上报上级单位备案的，每发现1项扣5分
3.6	**建（构）筑物缺陷处理**	**60**	**检查建（构）筑物缺陷处理情况**	
3.6.1	缺陷处理	30	对建（构）筑物存在的问题及时处理或提出处理方案	无处理方案扣10分 有处理方案不实施酌情扣分
3.6.2	可靠性问题处理	30	专业检查时发现可靠性不符合现行标准要求，最迟在下一年提出处理措施或方案并努力实施	专业检查时发现可靠性不符合现行标准要求后在1年内提出加固措施并实施得满分 没有措施扣10分 有措施或方案而没有按期实施酌情扣分

注1：专业技术工作，分为建设期与运行期，新建项目采用建设期专业技术工作进行评分；已运行项目采用运行期专业技术工作进行评分，总分600分

注2：对于新建项目或构筑物使用年限少于设计寿命时，不涉及延寿评估，延寿评估项目按100分处理